U0223593

国家出版基金资助项目

现代数学中的著名定理纵横谈丛书

丛书主编　王梓坤

GOLDBACH CONJECTURE(Ⅰ)

刘培杰数学工作室　编译

哈爾濱工業大學出版社
HARBIN INSTITUTE OF TECHNOLOGY PRESS

## 内 容 提 要

本书叙述了哥德巴赫猜想从产生到陈景润解决“1+2”问题的历史进程，突出记叙了陈景润在当时艰苦的生活环境中解决世界级数学难题的勇气、智慧和毅力，他所取得的成绩，他所赢得的殊荣，为千千万万的知识分子树起了一面不凋的旗帜，召唤着青少年奋发向前.

本书可供大学生、研究生以及数论爱好者研读.


**图书在版编目(CIP)数据**

Goldbach 猜想. 上/刘培杰数学工作室编译. —哈尔滨:哈尔滨工业大学出版社，2018.9
(现代数学中的著名定理纵横谈丛书)
ISBN 978-7-5603-7589-2

Ⅰ.①G… Ⅱ.①刘… Ⅲ.①哥德巴赫猜想 Ⅳ.①O156.2

中国版本图书馆 CIP 数据核字(2018)第 180078 号

策划编辑 刘培杰 张永芹
责任编辑 刘立娟
封面设计 孙茵艾
出版发行 哈尔滨工业大学出版社
社　　址 哈尔滨市南岗区复华四道街 10 号 邮编 150006
传　　真 0451-86414749
网　　址 http://hitpress.hit.edu.cn
印　　刷 牡丹江邮电印务有限公司
开　　本 787mm×960mm 1/16 印张 55.75 字数 608 千字
版　　次 2018 年 9 月第 1 版 2018 年 9 月第 1 次印刷
书　　号 ISBN 978-7-5603-7589-2
定　　价 188.00 元


---

## 代序

### 读书的乐趣

你最喜爱什么——书籍.

你经常去哪里——书店.

你最大的乐趣是什么——读书.

这是友人提出的问题和我的回答.真的,我这一辈子算是和书籍,特别是好书结下了不解之缘.有人说,读书要费那么大的劲,又发不了财,读它做什么?我却至今不悔,不仅不悔,反而情趣越来越浓.想当年,我也曾爱打球,也曾爱下棋,对操琴也有兴趣,还登台伴奏过.但后来却都一一断交,“终身不复鼓琴”.那原因便是怕花费时间,玩物丧志,误了我的大事——求学.这当然过激了一些.剩下来唯有读书一事,自幼至今,无日少废,谓之书痴也可,谓之书橱也可,管它呢,人各有志,不可相强.我的一生大志,便是教书,而当教师,不多读书是不行的.

读好书是一种乐趣,一种情操;一种向全世界古往今来的伟人和名人求教的方法，一种和他们展开讨论的方式；一封出席各种活动、体验各种生活、结识各种人物的邀请信；一张迈进科学宫殿和未知世界的入场券；一股改造自己、丰富自己的强大力量.书籍是全人类有史以来共同创造的财富，是永不枯竭的智慧的源泉.失意时读书，可以使人重整旗鼓；得意时读书，可以使人头脑清醒；疑难时读书，可以得到解答或启示；年轻人读书，可明奋进之道；年老人读书，能知健神之理.浩浩乎！洋洋乎！如临大海，或波涛汹涌，或清风微拂，取之不尽，用之不竭.吾于读书，无疑义矣，三日不读，则头脑麻木，心摇摇无主.

## 潜能需要激发

我和书籍结缘，开始于一次非常偶然的机会.大概是八九岁吧，家里穷得揭不开锅，我每天从早到晚都要去田园里帮工.一天，偶然从旧木柜阴湿的角落里，找到一本蜡光纸的小书，自然很破了.屋内光线暗淡，又是黄昏时分，只好拿到大门外去看.封面已经脱落，扉页上写的是《薛仁贵征东》.管它呢，且往下看.第一回的标题已忘记，只是那首开卷诗不知为什么至今仍记忆犹新：

日出遥遥一点红，飘飘四海影无踪.

三岁孩童千两价，保主跨海去征东.

第一句指山东，二、三两句分别点出薛仁贵(雪、人贵).那时识字很少，半看半猜，居然引起了我极大的兴趣，同时也教我认识了许多生字.这是我有生以来独立看的第一本书.尝到甜头以后，我便千方百计去找书，向小朋友借，到亲友家找，居然断断续续看了《薛丁山征西》《彭公案》《二度梅》等，樊梨花便成了我心中的女英雄.我真入迷了.从此,放牛也罢,车水也罢,我总要带一本书,还练出了边走田间小路边读书的本领,读得津津有味,不知人间别有他事.

当我们安静下来回想往事时,往往会发现一些偶然的小事却影响了自己的一生.如果不是找到那本《薛仁贵征东》,我的好学心也许激发不起来.我这一生,也许会走另一条路.人的潜能,好比一座汽油库,星星之火,可以使它雷声隆隆、光照天地;但若少了这粒火星,它便会成为一潭死水,永归沉寂.

## 抄,总抄得起

好不容易上了中学,做完功课还有点时间,便常光顾图书馆.好书借了实在舍不得还,但买不到也买不起,便下决心动手抄书.抄,总抄得起.我抄过林语堂写的《高级英文法》,抄过英文的《英文典大全》,还抄过《孙子兵法》,这本书实在爱得狠了,竟一口气抄了两份.人们虽知抄书之苦,未知抄书之益,抄完毫末俱见,一览无余,胜读十遍.

## 始于精于一,返于精于博

关于康有为的教学法,他的弟子梁启超说:"康先生之教,专标专精、涉猎二条,无专精则不能成,无涉猎则不能通也."可见康有为强烈要求学生把专精和广博(即"涉猎")相结合.

在先后次序上,我认为要从精于一开始.首先应集中精力学好专业,并在专业的科研中做出成绩,然后逐步扩大领域,力求多方面的精.年轻时,我曾精读杜布(J. L. Doob)的《随机过程论》,哈尔莫斯(P. R. Halmos)的《测度论》等世界数学名著,使我终身受益.简言之,即"始于精于一,返于精于博".正如中国革命一样,必须先有一块根据地,站稳后再开创几块,最后连成一片.

## 丰富我文采,澡雪我精神

辛苦了一周,人相当疲劳了,每到星期六,我便到旧书店走走,这已成为生活中的一部分,多年如此.一次,偶然看到一套《纲鉴易知录》,编者之一便是选编《古文观止》的吴楚材.这部书提纲挈领地讲中国历史,上自盘古氏,直到明末,记事简明,文字古雅,又富于故事性,便把这部书从头到尾读了一遍.从此启发了我读史书的兴趣.

我爱读中国的古典小说,例如《三国演义》和《东周列国志》.我常对人说,这两部书简直是世界上政治阴谋诡计大全.即以近年来极时髦的人质问题(伊朗人质、劫机人质等),这些书中早就有了,秦始皇的父亲便是受害者,堪称"人质之父".

《庄子》超尘绝俗,不屑于名利.其中"秋水""解牛"诸篇,诚绝唱也.《论语》束身严谨,勇于面世,"己所不欲,勿施于人",有长者之风.司马迁的《报任少卿书》,读之我心两伤,既伤少卿,又伤司马;我不知道少卿是否收到这封信,希望有人做点研究.我也爱读鲁迅的杂文,果戈理、梅里美的小说.我非常敬重文天祥、秋瑾的人品,常记他们的诗句:"人生自古谁无死,留取丹心照汗青""休言女子非英物,夜夜龙泉壁上鸣".唐诗、宋词、《西厢记》《牡丹亭》,丰富我文采,澡雪我精神,其中精粹,实是人间神品.

读了邓拓的《燕山夜话》,既叹服其广博,也使我动了写《科学发现纵横谈》的心.不料这本小册子竟给我招来了上千封鼓励信.以后人们便写出了许许多多的“纵横谈”.

从学生时代起,我就喜读方法论方面的论著.我想,做什么事情都要讲究方法,追求效率、效果和效益,方法好能事半而功倍.我很留心一些著名科学家、文学家写的心得体会和经验.我曾惊讶为什么巴尔扎克在51年短短的一生中能写出上百本书,并从他的传记中去寻找答案.文史哲和科学的海洋无边无际,先哲们的明智之光沐浴着人们的心灵,我衷心感谢他们的恩惠.

## 读书的另一面

以上我谈了读书的好处,现在要回过头来说说事情的另一面.

读书要选择.世上有各种各样的书:有的不值一看,有的只值看20分钟,有的可看5年,有的可保存一辈子,有的将永远不朽.即使是不朽的超级名著,由于我们的精力与时间有限,也必须加以选择.决不要看坏书,对一般书,要学会速读.

读书要多思考.应该想想,作者说得对吗?完全吗?适合今天的情况吗?从书本中迅速获得效果的好办法是有的放矢地读书,带着问题去读,或偏重某一方面去读.这时我们的思维处于主动寻找的地位,就像猎人追找猎物一样主动,很快就能找到答案,或者发现书中的问题.

有的书浏览即止,有的要读出声来,有的要心头记住,有的要笔头记录.对重要的专业书或名著,要勤做笔记,“不动笔墨不读书”.动脑加动手,手脑并用,既可加深理解,又可避忘备查,特别是自己的灵感,更要及时抓住.清代章学诚在《文史通义》中说:“札记之功必不可少,如不札记,则无穷妙绪如雨珠落大海矣.”

许多大事业、大作品,都是长期积累和短期突击相结合的产物.涓涓不息,将成江河;无此涓涓,何来江河?

爱好读书是许多伟人的共同特性,不仅学者专家如此,一些大政治家、大军事家也如此.曹操、康熙、拿破仑、毛泽东都是手不释卷,嗜书如命的人.他们的巨大成就与毕生刻苦自学密切相关.

王梓坤

# 前言

出师未捷身先死，长使英雄泪满襟.

——杜甫《蜀相》

## 皇冠上的明珠

2006 年，英国著名理论物理学家霍金(S. Hawking)第三次来到中国，也是陈景润逝世十周年纪念之时.

作为一流学者，霍金与陈景润确有可比之处，他们都具有传奇色彩，其病弱的躯体和天才的头脑形成鲜明对比，为世人留下了深刻的印象. 因此，霍金的到来和陈景润的纪念活动，都受到了媒体的关注.

两人还有一个非常相似之处，就是所研究的东西比较抽象，但其结论却往往通俗易懂. 哥德巴赫(C. Goldbach)猜想和一些数论问题，可以对每个中学生都讲清楚；而霍金的《时间简史》则对物理学和宇宙学里的一些深奥道理做了生动的描述，加上精彩的插图，让非专业读者也“找到了感觉”. 数论和宇宙学就是这样在专家和公众之间保持着张力，使得学校教育很容易进入；每个孩子对科学神秘感的向往，数论和宇宙学总是两个最好的切入口.

这里暂且不说宇宙学，就谈一谈数论.

德国著名数学家克罗内克(L. Kronecker)说过：“上帝创造了自然数，其余一切都是人为的.”如果说整数是如此的基本，那么素数则充满了神秘. 素数在数论乃至全部数学中扮演了至关重要的角色，带给每一位智者无法割舍的情结和难以形容的喜悦.

素数主要是希腊数学的产物，早在公元前 6 世纪的毕达哥拉斯(Pythagoras)学派就有研究. 由于第一次数学危机，古希腊人没法说清楚无理数是怎么回事，就把研究重心转向几何. 后来，欧几里得(Euclid)在他的伟大著作《几何原本》里，专辟第 7，8，9 三篇讲述数论，尤其是在第 7 篇中，定义 11、定义 13 分别说明了素数与合数. 命题 31 称：任何一个合数都可以分解为有限个素数的乘积(差不多就是著名的“唯一分解定理”). 换句话说，素数是整数世界的“原子”. 第 9 篇命题 20 则称：素数有无穷多个. 这些命题可以说对初等整数论的基本结果做了相当完整的总结.

过了几百年，古典时期结束了，希腊进入亚历山大(Alexander)时期. 这以马其顿国王亚历山大大帝(他的老师是亚里士多德(Aristotle))的出现为标志，此时希腊人才开始重新注意代数. 丢番图(Diophantus，公元 250 年左右)是亚历山大后期最伟大的数学家，代数和算术的发展在他手里达到了制高点. 之后数学一直缓慢地发展着. 直到 17 世纪，法国的一位律师、业余数

学家费马(P. Fermat)重新燃起了人们对数论的兴趣，他本人也做出了许多了不得的成绩. 18世纪中叶，当时世界上两位最伟大的数学家——瑞士的欧拉(L. Euler)和法国的拉格朗日(L. Lagrange)都十分钟情于曾被忽略上千年的数论，使数论的地位大幅提高. 18世纪末期，一位科学天才横空出世，改变了德国科学落后于法国的局面，他就是高斯(C. F. Gauss). 作为有史以来最伟大的数学家之一，以及杰出的物理学家、天文学家，高斯一生贡献无数，但他最钟爱的，是年轻时做的第一项工作——数论. 这门让法国人为之骄傲了150多年的学问，现在被一个德国人超过了.

高斯曾充满深情地说："数学是科学的皇后，数论是数学的皇后."苏联著名数学家辛钦(A. Я. Хинчин)则把这门迷人的学科中最著名的哥德巴赫猜想称为"皇冠上的明珠". 数学中的猜想不计其数，唯独这个猜想有这么动听的比喻，也唯独这个猜想至今仍牵动着千千万万人的心.

稍微了解点数学史的人都知道，数学中素有"六大难题"的说法，即古代"三大尺规作图问题"——三等分任意角、立方倍积、化圆为方，以及近代的费马大定理、哥德巴赫猜想和四色猜想. 其实重要的数学猜想很多，这六个猜想的特点不过是叙述通俗，人人能懂，当然它们对于数学本身也确实是重要的. 在数学家的不懈努力下，六大难题中如今只剩哥德巴赫猜想依然悬而未决.

就这六大难题的解决情况来看，也十分耐人寻味. 这些难题都依赖于数学理论和计算能力的推进. "三大尺规作图问题"困扰了数学家几千年，到19世纪群论建立后几乎是一举解决.四色猜想则是早就给出了解决方案,等计算机计算速度提高后也很快就被证明.至于费马大定理,在1637年提出至1994年解决前,阶段性成果时断时续.相比之下,哥德巴赫猜想十分特殊,在它提出来将近200年里,人们对它几乎是束手无策.在20世纪上半叶和中叶有过一次高潮,现在似乎又进入了一个相对沉寂的时期.可以说哥德巴赫猜想是六大难题中"最难啃的骨头".270多年过去了,这颗明珠依然光芒四射,令人向往,却又那么遥不可及.

## 信中提出的猜想

哥德巴赫是德国人,1690年出生于"七桥"故乡哥尼斯堡的一个官员家庭.20岁后,他开始游历欧洲,结识了莱布尼兹(G. W. Leibniz)、伯努利(Bernoulli)兄弟等著名数学家.1725年左右,他自荐前往彼得堡科学院任职,几经周折后方获批准.两年后,瑞士大数学家欧拉也来到科学院,两人结为好友.哥德巴赫主要研究微分方程和级数理论.

1728年1月,哥德巴赫受命调往莫斯科,担任沙皇彼得二世等人的家庭教师.1730年,沙皇得了天花猝死,但哥德巴赫在皇室中依然受宠.1732年,他终于重新回到了彼得堡科学院.此时由于他的政治地位越来越高,1742年被调到外交部,从此仕途一帆风顺.1764年,哥德巴赫在莫斯科去世.尽管是非职业数学家,但他出于对数学的敏锐洞察力,以及与许多大数学家的交往,积极推动了数学的发展.

从1729年到1763年,哥德巴赫一直保持与欧拉通信,讨论数论问题.1742年6月,当时在柏林科学院

的欧拉收到移居莫斯科的哥德巴赫的来信，全文如下：

欧拉，我亲爱的朋友！你用极其巧妙而又简单的方法，解决了千百人为之倾倒而又百思不得其解的七桥问题，使我受到莫大的鼓舞，一直鞭策着我在数学的大道上前进.

经过充分的酝酿，我想冒险发表一个猜想.现写信以征求你的意见.我的问题如下：随便取某个奇数，比如77，它可写成三个素数之和：77＝53＋17＋7，再任取一个奇数461，那么461＝449＋7＋5也是三个素数之和.461还可以写成257＋199＋5，仍然是三个素数之和.这样，我就发现：任何大于5的奇数都是三个素数之和.但是怎样证明呢？虽然任何一次试验都可以得到上述结果，但不可能把所有奇数都拿来检验，需要的是一般的证明，而不是个别的检验，你能帮忙吗？

哥德巴赫 6月7日

其实，这一猜想早在笛卡儿(R. Descartes)的手稿中就出现过.哥德巴赫提出时已晚了100多年.看来一个重要的猜想迟早会受到人们的重视.

不久，欧拉回了信：

哥德巴赫，我的老朋友，你好！感谢你在信中对我的颂扬！

关于你的这个命题，我做了认真的推敲和

研究,看来是正确的.但是,我也给不出严格的证明.这里,在你的基础上,我认为:任何一个大于2的偶数都是两个素数之和.不过,这个命题也不能给出一般性的说明.但我确信它是完全正确的.

欧拉 6月30日

后来,欧拉把他们的信公布于世,吁请世界上数学家共同求解这个难题.数学界把他们通信中涉及的问题统称为"哥德巴赫猜想".1770年,华林(E. Waring)将哥德巴赫猜想发表出来.由于人们早已证明"每个充分大的奇数是三个素数之和"(下文会提到),现在的哥德巴赫猜想亦仅指偶数哥德巴赫猜想.

## "上帝让素数相乘,人类让素数相加"

整整2 000年,人们一想到素数就是把它们相乘,没人想知道素数相加又是怎么回事.连20世纪苏联最有名的物理学家朗道(L. D. Landau)在读到哥德巴赫猜想时,也不禁惊呼:"素数怎么能相加呢?素数是用来相乘的!"这么说来,克罗内克的话可以改造成"上帝让素数相乘,人类让素数相加".提出这个猜测确实需要想象力,不过朗道也不无道理,所有这类"人为"的猜想都要冒些风险,多数因为对数学价值不大而被遗忘或忽略.好在哥德巴赫猜想并不然,历史证明它是一个具有重大理论价值的命题,完全打开了数学的新境界.

然而,自哥德巴赫、欧拉、华林"激起一点浪花",这个问题在18世纪没有取得丝毫进展,在整个19世纪

也悄无声息……

20 世纪的钟声快要敲响了. 1900 年 8 月，德国数学家希尔伯特(D. Hilbert)走上了国际数学家大会的讲坛. 在简要回顾了数学的历史及对新世纪的展望后，这位当时的世界数学领袖提出了著名的“23 个问题”，哥德巴赫猜想被列为第 8 问题的一部分. 最后，希尔伯特以他的祝愿——20 世纪带给数学杰出的大师和大批热忱的弟子——结束了他的世纪演讲. 不久，他就注意到一位英国数学家开始崭露头角，他的名字叫哈代(G. H. Hardy).

1920 年前后，这位不列颠绅士和同事李特伍德(J. E. Littlewood)写了一篇长达 70 页的重量级论文，在文章里提出了圆法. 哈代在皇家学会的演讲中说：“我和李特伍德的工作是历史上第一次严肃地研究哥德巴赫猜想.”不过，哈代和李特伍德对奇数哥德巴赫猜想的证明依赖于一个条件——广义黎曼猜想——这个猜想到现在也未被证明.

1937 年，苏联顶尖的数论大师维诺格拉多夫(И. М. Виноградов)改进了圆法，创造了所谓的三角和(或指数和)估值法. 运用这一强有力的方法，维氏无条件地基本证明了奇数哥德巴赫猜想，即任何充分大的奇数都能写成三个素数之和(尽管小于这个“充分大”的数计算机还未能全部验证，但那是次要的事).

维诺格拉多夫出生于牧师与教师家庭，从小具有绘画才能. 1910 年，他进入彼得堡大学，在学习期间对数论产生了浓厚兴趣. 后来他获得硕士学位，并任列宁格勒(今彼得格勒)大学教授. 1929 年当选为苏联科学院院士，1934 年起到去世为止他一直是科学院的斯捷克洛夫数学研究所所长.维氏独身,体格健壮,90 岁了也不乘电梯.他还十分好客,能容忍各种人一起工作,这对苏联数学的发展起到了积极的推动作用.

为什么是奇数哥德巴赫猜想先解决呢?因为奇数哥德巴赫猜想比较容易,表示成三个整数和的方式要比两个整数和多得多,由此可以得出结论:表示成三个素数和的可能性,也要比表示成两个素数和的可能性大许多,而且它是偶数哥德巴赫猜想的推论:如果每个大偶数都能写成两个素数之和,那么任何大奇数都是三个素数之和,因为任何奇数减去 3 都是一个偶数,当然减去 5,7,…也一样.由此看来,偶数哥德巴赫猜想要强得多(自然也难许多),因为它一旦成立,奇数哥德巴赫猜想中的"三个素数"中有一个可随意选取.数学家关于这个猜想难度的估计完全被历史证实,相比之下,庞加莱(H. Poincaré)猜想和黎曼猜想的难度就曾一度大大超乎人们的意料.由于问题久攻不克,数学家们开始考虑从另外的角度来研究这个问题.运用估计的方法,1938 年,我国著名数学家华罗庚证明:几乎所有的偶数都是两个素数之和.

一个退而求其次的显然的想法是,"两个"不行,多一点总比较容易吧?这就是德国著名数论专家朗道(E. Landau,不是前面提到的那位大物理学家!)的想法.在 1912 年国际数学家大会上,他提出一个猜想:存在一个常数 $C$,使每个整数都是不超过 $C$ 个素数的和.但他悲观地表示,即使这一"弱"的命题也是那个时代的数学家无能为力的.

但到 1933 年,情况出现了很大变化,一位年仅 25 岁的苏联数学家须尼尔曼(Л. Г. Шнирельман,他只活

了 33 岁）发明了至今仍有生命力的密率方法，由此他证明 $C\leqslant 800\ 000$. 这个结果不断刷新，到 1970 年，沃恩（R. Vaughan）证出 $C\leqslant 6$. 一般来说，密率法的优点是避免了“充分大”，可适用全体偶数. 最近已有数学家证明全体大于 6 的偶数都可表示为 4 个素数之和.

## 从筛法到陈氏定理

除了对素数个数动脑筋，还有人对素数本身做出“让步”，即仍然是两个数，但不是素数，而是殆素数，即素因子个数不多的正整数. 设 $N$ 为偶数，现用“$a+b$”表示如下命题：每个大偶数 $N$ 都可表为 $A+B$，其中 $A$ 和 $B$ 分别是素因子个数不超过 $a$ 和 $b$ 的殆素数. 显然，哥德巴赫猜想就可写成“1＋1”. 在这一方向上的进展都是用所谓的筛法得到的. 目前看来，殆素数这条途径的成果最为突出.

筛法最早是古希腊著名数学家埃拉托斯尼（Eratosthenes）提出的，这一方法具有强烈的组合味道. 不过原始的筛法没有什么直接用处. 1920 年前后，挪威数学家布朗（V. Brun）做了重大改进，并首先在殆素数研究上取得突破性进展，证明了命题“9＋9”. 后续进展如下：拉德马切尔（H. Rademacher）：“7＋7”（1924 年）；埃斯特曼（T. Estermann）：“6＋6”（1932 年）；里奇（G. Ricci）：“5＋7”（1937 年）；布赫夕塔布（A. A. Buchstab）：“5＋5”（1938 年），“4＋4”（1940 年）；库恩（P. Kuhn）：$a+b\leqslant 6$（1950 年）. 1947 年，挪威数学家、菲尔兹奖得主塞尔伯格（A. Selberg，2007 年以 90 岁高龄去世）改进了筛法，由此王元于 1956 年证明了“3＋4”. 另一位苏联数学家 A. 维诺格拉多夫（A. I.

Vinogradov,不是前面提到的那位)于 1957 年证明了"3+3",王元在同年进一步证明了"2+3".

一切都像是奥运会纪录,不断地被刷新.

上述结果有一个共同特点,就是 $a$ 和 $b$ 中没有一个是 1,即 $A$ 和 $B$ 没有一个是素数. 要是能证明 $a=1$,再改进 $b$,那就是件更了不起的工作. 苏联天才数学家林尼克(Ю. В. Линник)于 1941 年提出一种全新的筛法使得这项工作成为可能. 人们把这种方法称为大筛法,而原先的筛法则称为小筛法.

1932 年,埃斯特曼在广义黎曼猜想成立的前提下首先证明了"$1+b$". 林尼克的学生、匈牙利数学家瑞尼(A. Rényi)于 1947 年对林尼克的大筛法做了重要改进,结合布朗筛法,于 1948 年无条件地证明了命题"$1+b$",$b$ 是个确定的数,不过非常大. 1962 年,潘承洞一次性把 $b$ 从天文数字降到了 5(即"1+5"). 不久,王元证明了"1+4",并指出在广义黎曼猜想成立的前提下可得出"1+3". 同一年,潘承洞也证明了"1+4". 然后,布赫夕塔布证明了潘承洞的方法可推出"1+3". 1965 年,意大利数学家朋比尼 (E. Bombieri)与 A. 维诺格拉多夫无条件地证明了"1+3",这是朋比尼获得菲尔兹奖的工作之一.

当时国际数学界有一种观点认为"1+3"已不能再改进. 但就在 1966 年,一位年轻的中国数学家在《科学通报》上刊登了命题"1+2"证明的简报(由于未附详细证明,国际数学界没有完全接受),他就是传奇数学家陈景润.

陈景润于 1933 年出生于福州,家境贫寒. 1949 年,他考入厦门大学数学系,毕业后几经周折最终留校

任助教.此时的他已熟读华罗庚的著作,并开始思考哥德巴赫猜想.由于在一个数论问题上的见解而引起华罗庚的注意,1957 年他被调到中科院数学研究所.因为各种因素,华罗庚组织的哥德巴赫猜想讨论班就在当年结束了.后来,尽管陈景润数学研究方面的好的结果层出不穷,但他还在想碰一碰这个猜想,当时人们不太在意.

1966 年,“文化大革命”开始了,《科学通报》与《中国科学》随即停刊.由于国际数学界的观点及政治因素,只有闵嗣鹤等少数数学家确信(并审读了)他的论文.1973 年,《中国科学》复刊之后,证明的全文才得以发表.陈景润改进筛法的方法叫“转换原理”,“1+2”被称为“陈氏定理”.数学家们对这个成果极为钦佩.哈伯斯坦(H. Halberstam)与里切特(H. E. Richert)在名著《筛法》的最后一章指出:“陈氏定理是所有筛法理论的光辉顶点.”华罗庚则说,“1+2”是令他此生最为激动的结果.

50 多年过去了,陈景润所达到的高度依然无人超越.大家公认再用筛法去证明“1+1”几乎是不可能的.尽管国际上为这一猜想的证明屡设重奖,但始终无人能够领取.目前“1+1”仍是个相当孤立的命题,与主流数学比较脱节.数学界的普遍看法是,要证明“1+1”,必须发展革命性的新方法.

田廷彦<br>**2018. 1. 7**

# 目录

## 第一编　皇冠上的明珠

## 第7章 从哈代、李特伍德到潘承洞 //752

# 第一编
## 皇冠上的明珠

# 哥德巴赫猜想简介

第1章

## §0 引　言

对于现代数学的普及来讲,最有效的方法莫过于在中学生的题目中渗透近代数学猜想.早在1973年第二十四届美国中学生数学竞赛中就出现了哥德巴赫猜想这一世界著名猜想,原题是这样的:

著名的哥德巴赫猜想指出:任何大于7的偶数可以恰好写成两个不同素数之和.用这种方法表示偶数126,两个素数之间最大的差是(　　).

(A)112　(B)100　(C)92　(D)88　(E)80

答案很容易得到,126=113+13,故选(B).

## §1　哥德巴赫致欧拉(1742 年 6 月 7 日)[①]

——哥德巴赫

我不相信关注那些虽没有证明但很可能正确的命题是无用的. 即使以后它们被验证是错误的,也会对发现新的真理有益. 比如费马的“ $2^{2^{n-1}}+1$ 型的数给出一列素数”的想法尽管不正确,正像你已证明[②]的那样,但要是发现这种数仅能唯一地分解为两个平方因子之积也是很了不起的结果. 我也想同样冒险提出一个假说:每一个由两个素数组成的数都等于许多数之和,这些数的多少随我们的意愿(包括 1),直到所有的数都是 1 的情况为止[③].(哥德巴赫在空白处写道:)重新读过上面的内容后,我发现这一假定如果在 $n$ 的情况下成立,且 $n+1$ 可被分作两个素数之和,那么 $n+1$ 的情况可以被很严格地证明. 证明是非常简单的. 看来无论

---

① 摘自:李文林. 数学珍宝——历史文献精选. 北京:科学出版社,1998.

② 见下文.

③ 即每一数 $n$ 若为两个素数之和,则它也是许多素数之和,这些素数像人们所希望的那么多,但不超过 $n$. 注意欧拉和哥德巴赫将 1 看作素数.

如何,任何大于2的数都是三个素数之和①.

例如

$$4=\begin{cases}1+1+1+1\\1+1+2\\1+3\end{cases}$$

$$5=\begin{cases}2+3\\1+1+3\\1+1+1+2\\1+1+1+1+1\end{cases}$$

$$6=\begin{cases}1+5\\1+2+3\\1+1+1+3\\1+1+1+1+2\\1+1+1+1+1+1\end{cases}$$

---

① 这是哥德巴赫猜想的原始形式,欧拉将其进一步明确化(见下文欧拉致哥德巴赫的信).英国数学家E.华林在他的《代数沉思录》(*Meditationes algebraic*, Cambridge,1770,217;1782,379)中首先给出了哥德巴赫猜想的如下形式:每个偶数是两个素数之和;每个奇数是三个素数之和.一种略经修改的现代标准陈述是:(A)任何大于或等于6的偶数为两个奇素数之和;(B)任何大于或等于9的奇数是三个奇素数之和.猜想(B)已于1937年被苏联数学家维诺格拉多夫证明.显然由(A)也可以推出(B)(王元.哥德巴赫猜想研究.哈尔滨:黑龙江教育出版社,1987).但(A)至今仍为未解决之猜想.1966年,陈景润证明了每个充分大的偶数都可表为一个素数与一个不超过两个素数的乘积之和,这是迄今关于哥德巴赫猜想研究的最好结果.

## §2　欧拉致哥德巴赫(1742年6月30日)

——欧拉

“如果 $2^{2^{n-1}}+1$ 形式的表达式所包括的所有数都可以以唯一的方式分解为两个数的平方和,那么这些数也一定是素数.”这个命题并不正确,因为这些数都被包含在 $4m+1$ 形式的表达式中.只要当 $4m+1$ 是素数时,它就一定可以唯一地分解为两个数的平方和,而 $4m+1$ 若不是素数,则它要么不能分解为两个数的平方和,要么可以由多于一种的方式分解.例如,$2^{32}+1$ 不是素数,它就可以用至少两种方式分拆,这一点可由下面的定理推知:

(1)若 $a$ 和 $b$ 可分为两个平方和,则积 $ab$ 也能被分作两个平方和.

(2)若积 $ab$ 及一个因子 $a$ 能被分作两个平方和,则另一因子 $b$ 也将能分拆为两个平方和.

以上两个定理是可以被严格地证明的.现在 $2^{32}+1$ 是可以分作平方和的,即 $2^{32}$ 和1之和,它可被 $641=25^2+4^2$ 整除.故另一因子,我简单地称作 $b$,一定也是两个平方的和.设 $b=pp+qq$,于是

$$2^{32}+1=(25^2+4^2)(pp+qq)$$

那么

$$2^{32}+1=(25p+4q)^2+(25q-4p)^2$$

而同时有

$$2^{32}+1=(25p-4q)^2+(25q+4p)^2$$

于是 $2^{32}+1$ 至少可用两种方法分为两个平方的和.由此可知我们可以先验地求出双重分拆.因 $p=2\ 556$, $q=409$,故

$$2^{32}+1=65\ 536^2+1^2=62\ 264^2+20\ 449^2$$

至于每个可分为两个素数之和的数可分拆为尽可能多的素数之和这一论断,可由你先前写信向我提到的你的观察,即“每一偶数是两个素数之和”[①] 来说明和证实.事实上,设给定的 $n$ 为偶数,则它是两个素数之和.又因为 $n-2$ 也是两个素数之和,所以 $n$ 一定是三个素数之和,同理也是四个素数之和,如此继续.但如果 $n$ 是一个奇数,那么它一定是三个素数之和,因为 $n-1$ 是两个素数之和,所以它可分拆为尽可能多的素数之和.无论如何“每个数都是两个素数之和”这一定理我认为是相当正确的,虽然我并不能证明这一点[②].

(李家宏 译　朱尧辰 校)

---

① 引号为欧拉所加,并非哥德巴赫原话.

② 欧拉似乎从未试图证明这一定理,但在一封写于1752年5月16日的给哥德巴赫的信中,他提到了一个附加定理(好像也是由哥德巴赫提出的):每个形如 $4n+2$ 的偶数等于两个形如 $4m+1$ 的素数之和;例如 $14=1+13$, $22=5+17$, $30=1+29=13+17$.请参阅上面提到的他们之间的书信集.

## §3　价值百万的数学之谜[①]

——Anjana Ahuja

**编者注**　2000 年 3 月中旬,英国一家出版社悬赏 100 万美元征“哥德巴赫猜想之解”. 我们本不想刊登与此有关的消息,以免误导并不真正了解数学的人贸然涉足这个貌似简单的艰深的数学难题(我国从事数论研究的专家早就提出过忠告:业余数学爱好者不要在解诸如哥德巴赫猜想等数学难题上下功夫,这会白白浪费他们宝贵的时间和精力). 不过,国内影响甚广的报刊已登载了这条消息. 近来全国已有不少人向中国科学院数学与系统科学研究院来电、来信,询问有关情况,甚或声称自己已证明了哥德巴赫猜想. 看来客观地介绍发生在数学圈内这一事件的前因后果,可能更有利于人们对它做出自己正确的判断. 从我们刊出的《泰晤士报》的这篇文章看,“百万奖金”的时限只有两年,难免不给人以哗众取宠之感. 大家知道,1908 年所设悬赏求证费马大定理的奖金时限为 100 年!

如果哪个数学天才能够揭开存在了几世纪之久的数学猜想,出版商费伯将付给他 100 万美元.

这可能不是赢得 100 万美元的最容易的办法,但

---

① 原题:A million-dollar maths question,原载于《数学译林》,2000 年第 2 期,译自:The Times,2000.03.16.

绝对是最“酷”的. 两年内破解一道著名的数学难题，这笔钱就是您的了. 英国费伯出版社向世人提出这个挑战，是为了给它最近出版的希腊作家 Apostolos Doxiadis 的小说《彼得罗斯大叔和哥德巴赫猜想》(*Uncle Petros and Goldbach's Conjecture*) 制造舆论声势. 出版商费伯说，估计世界上有 20 个人有能力解答这个数学猜想，一旦有人胜出，费伯将继 Bridget Jones 之后创造出版史上最令人叫绝的事件.

这个冠名的猜想是一个看上去非常简单的数学难题，它是由德国历史学家和数学家克里斯蒂安·哥德巴赫于 1742 年在给著名数学家莱昂哈特·欧拉的一封信中提出来的. 猜想的内容就是每个大于 2 的偶数都可以表示为两个素数之和(素数就是只能被它本身和 1 整除的数，比如 7 和 13). 例如，18 等于 7 加 11，而且 7 和 11 都是素数. 一般表述为 $n$ 等于 $p_1$ 加 $p_2$($n$ 表示大于 2 的偶数，$p_1$ 和 $p_2$ 都表示素数. —— 校者注). 这个猜想被认为是正确的，但关键是没有人能够提出一个确定的证据证明这个猜想对所有偶数都正确. 正像哥德巴赫在信中写到的：“每一个偶数都是两个素数之和，我认为这是一个无疑的定理，可是我无法证明.”

超级计算机可以在一定程序上检验这个猜想的正确性. 最新计算的里程碑出现在 1998 年，其实发现这个猜想对于每一个小于 $4\times10^{14}$ 的偶数都是正确的. 但没有一项计算技术可以对于直至无穷的每一个偶数确认这个猜想成立. 关键是要找到一个抽象的证明，或者说一种数学技巧来不容置疑地说明这位曾到莫斯科为沙皇彼得二世当过家庭教师的彼得堡数学教授所提出的猜想是正确的.

费伯规定,哥德巴赫猜想的证明必须在下星期小说出版后的两年之内提交给一个权威的数学杂志,并在四年内发表.费伯还将邀请一批世界知名的数学家来判定证明是否正确(费伯拒绝透露评委的姓名,因为他不想让他们受到数学爱好者们大批信件的干扰).而出版社自己却不会损失这笔钱,因为它已经花五位数的钱保了险.托比·费伯说:"现在我们已经保了险,我将很高兴看到有人赢(得这笔钱)."他坚持说他设置这个挑战并非哗众取宠.

那么谁会抢先获得这份丰厚的奖金呢?虽然这个猜想看上去很简单,但实际上除非你是一个顶尖级的数学家,否则根本无法求证.估计世界上只有为数不多的几个男人(很少有女人进入最高层的数学研究领域)能够渡过这智力的海洋.这些人都是数论学家,他们是少数极为聪明的思考者,他们在家里整日沉浸在看不见、摸不着、令人困惑的数字世界之中.而在这些人中经常被提到的就是剑桥大学教授、菲尔兹数学奖得主艾伦·贝克尔(Alen Baker).菲尔兹数学奖是一个数学家能得到的最高荣誉,每四年颁发一次,获奖者都是40岁以下的数学家(诺贝尔奖里没有数学奖).那么,贝克尔能不能完成这项任务呢?

当我告诉贝克尔他被视为一个有希望的竞争者时,贝克尔说:"你无法预测将会发生什么事."他认为哥德巴赫猜想能否在可预见的将来被证明都难以肯定,更不用说在两年之内,因为相关的数学技巧似乎还太粗糙而未能向前推进.但他说也不是绝对没有可能性.他指出,一位姓陈的中国数学家(指陈景润——校者注)就在1966年取得过某些进展.

陈景润证明了每个偶数都是一个素数加上两个素数之积(陈景润定理的确切叙述为:每一充分大的偶数是一个素数及一个不超过两个素数乘积之和. 见《中国科学》,1973,16:111-128. —— 校者注). 例如,$18=3+3\times 5$,也就是 $n=p_1+p_2\cdot p_3$. 这个结论看起来已经很接近哥德巴赫猜想($n=p_1+p_2$),但在之后的 30 年里没有人能够在它和最终公式之间的鸿沟上架桥. 贝克尔总结说:"这是目前为止最好的结果. 我们必须有一个重大的突破才有可能再进一步. 但不幸的是现在还没有这种灵感. 如果我们真的找到了这个灵感,那么我们就会在此基础上有所作为."

也许这笔钱会使得这件事变得更加乐观? 但贝克尔证明了他自己是一位真正的数学家:"我不认为这笔钱能够带来什么奇迹. 如果人们做此事,也只是因为他们想接受挑战."

Warwick 大学数学教授、英国著名数学通俗读物作家艾恩·斯图尔特(Ian Stewart) 不同意这种看法. 他说:"我觉得有些数学家可能会被百万美元冲昏头脑. 这可能会使天平倾斜."虽然斯图尔特对有人能够中奖并不乐观,他仍然指出数学界的一些数论方面的问题是由不为人知的天才所破解的,他们往往使正统出身的数学家惊讶不已. 他说:"这一次可能也会是一个出乎意料的人拿到奖金."

使人们有足够的理由相信没有什么问题是永远不能解决的是费马大定理的证明. 这个定理存在了 350 多年没人破解,但最终还是被现居普林斯顿的一个腼腆的英国天才安德鲁·怀尔斯所证明(不幸的是他的年龄已经太大而无资格获得菲尔兹奖,虽然如此,在

1998年的柏林世界数学家大会上给怀尔斯颁发了“特别奖”. —— 校者注). 也许,哥德巴赫猜想有一天也将不再是一个谜. 更重要的是,怀尔斯花费7年时间为费马大定理找到的证明,原来只是写在一页书的空白处,使广大读者产生了兴趣(费马在丢番图著的《算术》一书页边的空白处写道:“…… 不可能将一个高于2次的幂写成两个同样幂次的和.” 同时写道:“我有一个对这个命题的十分美妙的证明,这里空白太小,写不下.” 这就是所谓的费马大定理的来源,也因此而留下了一个历时358年的谜. —— 校者注). 西蒙·辛格(Simon Singh)对于这个过程的细腻抒情的描写(指西蒙·辛格所著的书 *Fermat's Last Theorem——The story of a riddle that confounded the world's great minds for 358 years*,有中译本:《费马大定理 —— 一个困惑了世间智者358年的谜》,西蒙·辛格著,薛密译,上海译文出版社,1998. —— 校者注)成为继斯蒂芬·霍金的《时间简史》(*A Brief History of Time*)和Dava Sobel的《经度》(*Longitude*)以后的另一本科学畅销书. 从那时起,出版商们就开始寻找这同一个千古不变公式的某种变形 —— 一个人,最好还是一个怪才,加上一个艰深的问题,以及一点点科学或数学,然后看着钱滚滚而来.

即使是历史上已被人们遗忘的数学家也因为这个原因而重新被挖掘出来 —— 厄多斯(Paul Erdös)的传记(《只爱数字的人》,Paul Hoffman 著)和纳什(John Nash)的传记(《聪明的头脑》,Sylvia Nasar 著)就是近期简单易读的例子. 现在我的书架已经被这样的故事装满了,它们是关于以下人物的著作:查尔斯·

达尔文(C. R. Darwin,1809—1892,英国生物学家,进化论创始者,著有《物种起源》《人类的起源及性的选择》等.—— 校者注),查尔斯·巴比奇(Charles Babbage,1792—1871,早期计算机的发明人,英国数学家.他继承先人关于计算器的思想,第一个着手研制与现代计算机原理相同的他称为差分机(difference machine)的计算机械,但于1842年半途而废,差分机最终未能面世.—— 校者注),爱达·洛夫莱斯(Ada Lovelace),即奥加斯特·爱达·拜伦(Augusta Ada Byron. Byron的女儿是巴比奇的灵感源泉,她是巴比奇的知音,可以说她是当时唯一能理解差分机原理的人.她发现可以只用0和1的二进制数来说明这个计算机(她最先认识现代计算机基本数字体系,用数学式子分析了巴比奇的差分机,并用通俗易懂的形式编制了计算步骤 —— 现在称谓的程序,被誉为第一个程序设计师.—— 校者注)),乔治·戈登·拜伦(George Gordon Byron,1788—1824,英国诗人,代表作有《恰尔德·哈罗尔德游记》《唐璜》等.—— 校者注),格雷戈尔·门德尔(Gregor Mendel,1822—1884,遗传学之父,奥地利遗传学家,于1865年发现遗传基因原理,并提供了遗传学的数学原理.—— 校者注),德米特里·门捷列夫(Dmitri Mendeleyev,1834—1907,元素周期表的创造者,俄国化学家,建立了元素周期分类法.—— 校者注)和伽利略(Galileo,1564—1642,意大利数学家、天文学家和物理学家,现代力学和实验物理学创始人,否定地心说,遭罗巴教廷宗教法庭审判.—— 校者注)的女儿的故事.故事的主角也可以不是一个人.有一些“传记”就是关于π和0的.甚至好莱

坞也爱上了数字——在电影 *Good Will Hunting* 中 Matt Damon 就饰演一个天才的清洁工.

46 岁的希腊作家 Doxiadis,18 岁从哥伦比亚大学数学系毕业,现在从事小说与戏剧创作,他只是继续这一赚钱的传统.他说他的经纪人被费伯对一个不知名的外国作家的著作所做的一切惊呆了.他这本描写一个人终其一生寻找一个证明的小说《彼得罗斯大叔和哥德巴赫猜想》已经被译成了 15 种文字.

数学的魅力不仅限于出版界.Carol Vorderman 也许不是牛津大学数学课堂上最好的学生,但她的不凡仪表已经使她成为英国收入最高的电视女主持人.斯图尔特说她改变了人们对于数学家的看法:"这儿有位女士能和数学家沟通,而且还是一个很有魅力的女人."

"我发现目前数学家在宴会中所遇到的事情与过去不同,20 年前如果人们发现我是一个数学家,他们会说'哦,我上学时数学学得差极了',而现在他们会跟我谈论分形."

"人们已经习惯于在生活中的这儿或那儿发现一点数学的影子.我曾经在报纸的新闻版而不是科学版上看到一则有关泡饼干的公式.人们已经注意到数学是一门很有意义的科学."实际上,斯图尔特已经被当成公众人物,Warwick 大学因此决定允许他不再教本科生的课,而继续从事媒体事业.

数学不只是在业余读者中流行起来,更多的青少年选择在大学里学习数学.负责 Bath 大学招生的 Chris Budd 教授说:"许多孩子说他们受到了像《费马大定理》这样的科学书籍的鼓舞,我觉得我们开始进

入黄金时代了.”

这种情况使得在数学领域为数不多的几个顶级人物尤其令人羡慕.几个月前,数学界有一个有关Simon Donaldson教授的传闻,他曾在25岁时因为做出了一项令人震惊的数学成果而出名,4年后获得了菲尔兹数学奖.传说伦敦帝国学院将用六位数的薪金聘请他任教,这将使他成为英国收入最高的数学家.

Donaldson不愿透露他薪金的数额,但他说并非“天文数字”.

观察家们说高薪招聘一位像Donaldson这样的顶级教授实际上能够为大学赚钱.因为他可以吸引更好的研究人员,使伦敦帝国学院的数学系的研究系数进一步提高(原来伦敦帝国学院的数学系的研究系数是5,但仍然比不上牛津或剑桥大学的$5^{+}$).而在研究系数上提高一点就可以在收益上每年增加五十万英镑.从这个角度讲,给一个教授两倍的工资看来是一笔划算的投资.

至于那笔巨额奖金,Doxiadis对有人能赢得这笔奖金还是充满了希望:“是的,怀尔斯用了7年的时间才证明了费马大定理.但如果你在他宣布他揭开这个数学之谜的前一天打赌说在近几年内会有人揭开费马定理,别人都会以为你疯了.有些事情就是绝处逢生.”

(丁逸昊 译　陆柱家 校)

## §4　关于哥德巴赫猜想[①]

——王元

1,2,3,… 这些简单的正整数,从日常生活以至尖端科学技术都是离不开它的.其他的数字,如负数、有理数等,则都是以正整数为基础定义出来的,所以研究正整数的规律非常重要.在数学中,研究数的规律,特别是研究整数的性质的数学,叫作“数论”.数论与几何学一样,是最古老的数学分支.

看起来似乎是十分简单的数字,却包含着许多有趣而深奥的学问.这里,先就本节涉及的一些数学名词做一点解释.除了1,有些正整数除1与它自身以外,不能被其他的正整数整除,这种数叫作“素数”.最初的素数有 2,3,5,7,11,….另外的正整数,就是除 1 与它自身以外,还能被别的正整数除尽,这种数叫作“复合数”.最初的复合数有 4,6,8,9,10,…,所以正整数可以分为1、素数与复合数三类.凡能被2整除的正整数,叫“偶数”,如 2,4,6,…,其余的 1,3,5,… 叫“奇数”.

任何复合数都可以唯一地分解成素数的乘积,这些素数就是复合数的素因子,例如,$30=2\times3\times5$ 等.所以素数在整数中是最基本的.素数性质的研究是数论中最古老与最基本的课题之一,早在欧几里得时代就已经证明了素数有无穷多个,但我们还没有判断任

① 原载于《光明日报》,1978 年 8 月 18 日.

何一个正整数是素数还是复合数的切实可行的方法. 借助于电子计算机，我们迄今所知道的最大素数是 $2^{19\,937}-1$，共 6 002 位. 又如我们可以证明 $2^{16\,384}+1$ 是一个复合数，但我们并不知道它的任何因子. 由此不难看出，我们能够证明与素数有关的命题是很少的.

在数论研究中，往往根据一些感性认识，小心地提出“猜想”，然后再通过严格的数学推导来论证它. 被证明了的猜想，就变成了“定理”，但也有不少猜想被否定了.

上面讲过，任何复合数都可以分解为素数的乘积，把复合数分解成素数之和的情况又如何呢？这里面是否有什么规律呢？

早在 1742 年，哥德巴赫就写信给欧拉提出了两个猜想：(1) 任何一个大于 2 的偶数都是两个素数之和(表示为“1＋1”)；(2) 任何大于 5 的奇数都是 3 个素数之和. 欧拉表示相信哥德巴赫的猜想是对的，但他不能加以证明. 容易证明(2) 是(1) 的推论，所以(1) 是最基本的.

1900 年，德国数学家希尔伯特在国际数学会的演说中，把哥德巴赫猜想看成以往遗留的最重要的问题之一，介绍给 20 世纪的数学家来解决，即所谓希尔伯特第 8 问题的一部分. 1912 年，德国数学家朗道在国际数学会的演说中说，即使要证明较弱的命题(3)，即存在一个正整数 $a$，使每一个大于 1 的整数都可以表示为不超过 $a$ 个素数之和(注意：若(1) 成立，则取 $a=3$ 即可)，也是现代数学家力所不及的. 1921 年，英国数学家哈代在哥本哈根召开的数学会上说过，猜想(1) 的困难程度是可以和任何没有解决的数学问题相比的.

近 70 年来,哥德巴赫猜想吸引了世界上很多著名数学家的兴趣,并在证明上取得了很好的成绩. 此外,研究这一猜想的方法,不仅对数论有广泛的应用,而且也可以用到不少数学分支中去,推动了这些数学分支的发展.

下面我们谈谈关于哥德巴赫猜想的一些主要成果.

早在 1922 年,英国数学家哈代与李特伍德就提出一个研究哥德巴赫猜想的方法,即所谓"圆法". 1937 年,苏联数学家维诺格拉多夫应用圆法,结合他创造的三角和估计方法,证明了每个充分大的奇数都是三个素数之和,从而基本上证明了哥德巴赫信中提出的猜想(2). 因此只剩下信中提出的猜想(1),这就是要证明命题"1 + 1"是正确的.

1920 年,挪威数学家布朗改进了有两千多年历史的埃拉托斯尼"筛法",证明了每个充分大的偶数都是两个素因子个数不超过 9 的正整数之和. 我们将布朗的结果记为"9 + 9". 1930 年,苏联数学家须尼尔曼用他创造的整数"密率"结合布朗筛法证明了命题(3),并可以估计出 $a$ 的值. 但这一方法得到的结果不如前面讲过的三角和方法精密,我们就不叙述了. 德国数学家拉德马切尔在 1924 年证明了"7 + 7",英国数学家埃斯特曼于 1932 年证明了"6 + 6",苏联数学家布赫夕塔布又于 1938 年与 1940 年分别证明了"5 + 5"与"4 + 4". 这就像运动员那样,不断地刷新着世界纪录.

我国数学家华罗庚早在 20 世纪 30 年代就开始研究这一问题,得到了很好的成果,他证明了对于"几乎所有"的偶数,猜想(1) 都是对的. 中华人民共和国成

立后不久,他就倡议并指导他的一些学生研究这一问题,取得了许多成果,获得国内外高度评价.1956年,笔者证明了"3+4",同一年,苏联数学家维诺格拉多夫又证明了"3+3".1957年,笔者证明了"2+3".这些结果的缺点在于两个相加的数中还没有一个可以肯定为素数的.

早在1948年,匈牙利数学家瑞尼就证明了"1+$b$",这里$b$是一个常数.用他的方法确定出的$b$将是很大的,所以并未有人具体确定出$b$来.直到1962年,我国数学家潘承洞证明了"1+5",1963年,潘承洞、巴尔巴恩(Барбан)与笔者又都证明了"1+4".1965年,维诺格拉多夫、布赫夕塔布与意大利数学家朋比尼证明了"1+3".我国数学家陈景润在对筛法做了新的重要改进之后,终于在1966年证明了"1+2",取得了迄今世界上关于猜想(1)最好的成果.他证明了,任何一个充分大的偶数,都可以表示成两个素数之和,其中一个是素数,另一个或为素数,或为两个数的乘积.陈景润的结果在世界数学界引起了强烈反响,为我国赢得了国际荣誉.正因为陈氏定理重要,所以不少数学家致力于简化这个定理的证明.目前世界上共有四个简化证明,最简单的是我国数学家丁夏畦、潘承洞与笔者共同得到的.

由上所述不难看出,哥德巴赫猜想也像其他经典问题一样,它的一切成就,都是在前人成就的基础上,通过迂回的道路而得到的.数学是一门很严格的学问,现在有些同志,连数论的基础书都没有认真看过,就企图去证明"1+1",这不仅得不到结果,浪费了宝贵的时间,反而把一些错误的推导与概念,误认为正确的东西印在脑子里,它对于学习与提高都起着有害的作用,我们要从中吸取有益的教训.我们认为愿意搞这类经典问题的人,应先熟悉已有的成果与方法,再做进一步的探讨,才会是有益的.既要有敢于创新的精神,更要有严谨的科学态度,这对于青年同志尤其重要.当然,这里谈的是经典数学问题.必须指出,在我国,应该有更多的人从事研究更有直接应用价值的课题.这个道理大家都是很明白的.最后,让我们团结起来,为实现我国的数学事业全面赶超世界先进水平而奋斗吧!

## §5 解析数论在中国[①]

——王元

解析数论在中国的研究开始于20世纪30年代,创始者是我国著名数学家华罗庚教授.他对许多著名问题都做过重要贡献,例如,完整三角和的估计、华林问题、塔利问题、华林－哥德巴赫问题及高斯圆内格点问题等.他在解析数论方面的大部分工作收集在他的专著《堆垒素数论》《指数和的估计及其在数论中的应用》《数论导引》中,所以本节不再叙述这些工作.华教授在1953～1957年间,曾在中国科学院数学研究所建立了一个解析数论讨论班,并在讨论班中认真学

① 1979年5～6月,笔者曾应邀在巴黎"德让、毕索,包括研究班"与波恩第20届数学工作会议上,以"筛法与哥德巴赫猜想"为题,报告了本节的有关部分.原载于《自然杂志》,1980,3(8):568-570.

习了解析数论的基本思想与方法,例如,须尼尔曼密率论,布朗与塞尔伯格筛法,哈代与李特伍德圆法,维诺格拉多夫、华罗庚与范·德·科皮特(van der Corput)关于三角和的估计方法,以及林尼克的分析方法等.除此之外,对于数论其他分支的重要进展他也给予密切的关注.讨论班中也可以报告参加者们的工作.华教授领导的讨论班的特点是治学严谨,要求严格.所以,虽然只有短短几年,却出了很多人才与成果.闵嗣鹤、越民义、陈景润、许孔时、严士健、吴方、魏道政、潘承洞、尹文霖与王元等都是讨论班的参加者.在经历了"文化大革命"之后,回顾往昔,感到恢复和发扬优良的学风在数学界已是迫在眉睫的事.对青年数学家来说,更是如此.现将中华人民共和国成立后解析数论在我国的发展概述如下.

### 5.1　筛法及其有关的问题

筛法导源于"埃拉托斯尼筛法".埃拉托斯尼发现$\sqrt{n}$与$n$之间的素数可通过从$2,3,\cdots,n$中去掉那些含有不超过$\sqrt{n}$的素数因子的诸数而得到.命$\pi(x)$为不超过$x$的素数个数,$\Pi=\prod\limits_{p\leqslant\sqrt{n}}p$,此处$p$表示素数,则

$$1+\pi(n)-\pi(\sqrt{n})=\sum_{a\leqslant n}\sum_{d\mid(a,\Pi)}\mu(d)=\sum_{d\mid\Pi}\mu(d)\left[\frac{n}{d}\right]$$

此处$\mu(n)$表示麦比乌斯(Möbius)函数,$[x]$表示$x$的整数部分.如果用$\frac{n}{d}+\theta$来代替$\left[\frac{n}{d}\right]$,那么上式将导致误差项$O(2^{\pi(\sqrt{n})})$.所以埃拉托斯尼筛法几乎是无用的.

布朗在1919年对筛法做了巨大改进,并成功地用于许多艰难而重要的数论问题.1947年,塞尔伯格对

埃拉托斯尼筛法做了另一重要改进，比布朗筛法简单，而结果却更精密. 这些方法已成为数论中强有力的工具.

筛法联系着数论中两个重要猜想：

(1) 每个大于 2 的偶数 $n$ 都是两个素数之和.

(2) 有无穷多对孪生素数 $p, p+2$.

其中(1) 称为哥德巴赫猜想，(2) 称为孪生素数猜想.

命 $A=\{a_v\}(v=1,\cdots,n)$ 为一个整数集合，$P$ 为 $r$ 个素数 $p_1,\cdots,p_r(p_1<\cdots<p_r)$ 的集合. 命 $S(A,P)$ 为 $A$ 中不能被任何 $p_i(1\leqslant i\leqslant r)$ 整除的整数个数. 例如取$a_v=v(n-v)(v=1,\cdots,n)$. 又假定 $P$ 为适合于 $p\leqslant n^{\frac{1}{l+1}}$ 的全体素数，此处 $l$ 为一个正整数. 假定当 $n$ 充分大时，可以证明 $S(A,P)$ 有一个正的下界估计，则下面的命题成立：

(3) 每一个大偶数 $n$ 都是两个素因子个数各不超过 $l$ 的整数之和.

我们将这一命题记为"$l+l$". 类似地，可以定义"$l+m$"$(l\neq m)$.

布朗首先证明了"$9+9$". 一些数学家改进了布朗的方法与结果："$7+7$"—— 拉德马切尔(1924 年)；"$6+6$"—— 埃斯特曼(1932 年)；"$5+7$""$4+9$""$3+15$""$2+366$"—— 里奇(1937 年)；"$5+5$""$4+4$"—— 布赫夕塔布(1938 ～ 1940 年)；"$a+b$"，此处 $a+b\leqslant 6$—— 库恩(1953 ～ 1954 年).

布朗与塞尔伯格方法的要点在于用不等式来代替

$$\sum_{d\mid n}\mu(d)=\begin{cases}1,\text{当 } n=1 \text{ 时}\\0,\text{其他情形}\end{cases}$$

例如,给出任意一组实数$\{\lambda_d\}$,其中$\lambda_1=1$,则

$$S(A,P)=\sum_{v\leqslant n}\sum_{d\mid(a_v,P)}\mu(d)\leqslant\sum_{v\leqslant n}(\sum_{d\mid(a_v,P)}\lambda_d)^2$$

选择适当的$\lambda_d$使上式右端达到极小,即得到塞尔伯格上界方法.特别在综合布朗、塞尔伯格、布赫夕塔布与库恩的方法的基础上,王元证明了"3+4""3+3""$a+b$",此处$a+b\leqslant 5$,"2+3"(1956～1957年),其中"3+3"也被维诺格拉多夫独立地加以证明.

如果我们取$a_p=n-p$,此处$p(p\leqslant n)$为素数,那么当$n$充分大时,$S(A,P)$有一个正的下界估计,即意味着下面的命题成立:

(4)每一个大偶数都是一个素数及一个不超过两个素数的乘积之和.

1932年,首先是埃斯特曼在假定GRH(广义黎曼猜想)的情况下,证明了"1+6".不用未经证明的上述猜想,瑞尼于1948年证明了"$1+c$",此处$c$是一个正常数.在瑞尼的证明中,一个关于$\pi(x,k,l)$的中值公式被证明了用来代替所谓的殆GRH,即

$$\sum_{k\leqslant x^{\delta}}\max_{(l,k)=1}\left|\pi(x,k,l)-\frac{\operatorname{Li}x}{\varphi(k)}\right|=O\left(\frac{x}{\log^A x}\right)\qquad ①$$

此处$\pi(x,k,l)=\sum_{\substack{p\leqslant x\\ p\equiv l(\bmod k)}}1$,$\operatorname{Li}x=\int_2^x\frac{\mathrm{d}t}{\log t}$,$(l,k)$表示$l,k$的最大公约数,$\varphi(k)$表示欧拉函数,$A$为任意正常数,$\delta$为某一正数.式①的证明是基于林尼克的大筛法.还需要注意在瑞尼原来的论文中,$\pi(x,k,l)$需要换成一个加权数和.如果①对于$\delta=\frac{1}{2}-\varepsilon$成立,此处$\varepsilon$表示任意正数,那么①可用来代替埃斯特曼"1+6"证明中的GRH.

王元在GRH之下将6改进为3,即证明了“1+3”.

1961年,巴尔巴恩证明了①对于$\delta=\frac{1}{6}$成立.潘承洞于1962年独立地证明了①对于$\delta=\frac{1}{3}$成立,并结合王元证明“1+3”(假定GRH)的方法,导出了“1+5”.潘承洞与巴尔巴恩还独立地证明了①对于$\delta=\frac{3}{8}$成立,并导出了“1+4”(王元同时指出由潘承洞的$\delta=\frac{1}{3}$也可导出“1+4”).最后,朋比尼与维诺格拉多夫于1965年独立地证明了①对于$\delta=\frac{1}{2}-\varepsilon$成立,从而证明了“1+3”.准确地说,朋比尼公式为

$$\sum_{k\leqslant\sqrt{x}/\log^{B}x}\max_{(l,k)=1}\left|\pi(x,k,l)-\frac{\mathrm{Li}\,x}{\varphi(k)}\right|=O\left(\frac{x}{\log^{A}x}\right)$$

此处$A$为任意正常数,$B=B(A)$.尽管朋比尼公式比维诺格拉多夫公式只是稍强一点,但在数论中却有很大应用.使他获得1974年国际数学家大会菲尔兹奖的,主要也是这一工作.

1966年,陈景润对“1+3”的证明做了重要改进,从而出色地证明了“1+2”,在国际上被称为陈氏定理.这个定理有好些简化证明,其中之一是潘承洞、丁夏畦与王元获得的.国外有学者将陈氏定理看作筛法发展的顶峰,因为一般推测,用筛法是极难证明“1+1”的.

关于孪生素数猜想,用陈景润的方法可以证明存在无穷多个素数$p$,使$p+2$为不超过两个素数的乘积.

筛法还可以用来处理有关殆素数的一些其他问

题,所谓殆素数即素因子个数不超过某一常数的整数.例如,在 1957 年,王元证明了下述结果:

(i) 命 $F(x)$ 为 $s$ 次整值多项式且没有固定素因子,则存在无穷多个整数 $n$ 使 $F(n)$ 为不超过 $s+c\log s$ 个素数的乘积,其中 $c$ 是一个常数.

(ii) 当 $x$ 充分大时,区间 $x<n\leqslant x+x^{\frac{10}{17}}$ 中恒有一个数,其素因子个数不超过 2.

这两个结果分别是前人结果的改进,也被以后的数学家加以改进.例如,布赫夕塔布与里切特独立证明了(i)中的 $s+c\log s$ 可以改进为 $s+1$. 关于(ii),最佳的结果是陈景润证明的,他证明 $x^{\frac{10}{17}}$ 可以用 $x^{\frac{1}{2}-0.023}$ 来代替.

## 5.2　指数和的估计及其有关的问题

假定 $\Omega$ 是 $s$ 维欧氏空间中的一个有限集,$f(x_1,\cdots,x_s)$ 是一个实函数,则估计形如

$$\sum_{(x_1,\cdots,x_s)\in\Omega} e^{2\pi i f(x_1,\cdots,x_s)}$$

的指数和,在解析数论中是十分重要的.除这个问题本身饶有兴趣以外,解析数论中许多重要问题的处理都与指数和的估计有关,例如,华林问题、哥德巴赫问题、高斯圆内格点问题等.

(1) 完整三角和. 假定 $q$ 是一个整数,$f(x)=a_kx^k+\cdots+a_1x$ 是一个整系数多项式,且 $(a_k,\cdots,a_1,q)=1$. 完整三角和 $S(q,f(x))=\sum_{x=1}^{q}e^{\frac{2\pi i f(x)}{q}}$ 的估计在解析数论中是非常重要的. 当 $s=2$ 时,$S(q,x^2)$ 称为高斯和,并由高斯证明了 $|S(q,x^2)|=O(q^{\frac{1}{2}})$. 这一历史难

题是华罗庚在 1940 年出色地解决的. 他证明了

$$|S(q,f(x))| \leqslant c(k)q^{1-\frac{1}{k}} \quad ②$$

此处 $q$ 的阶是臻于至善的. 不少数学家致力于 $c(k)$ 的改进,最佳结果 $c(k) \leqslant e^{7k}$ 是陈景润在 1977 年证明的.

(2) 高斯圆内格点问题. 命 $A(x)$ 表示圆 $u^2+v^2 \leqslant x$ 内格点 $(u,v)$ 的个数. 高斯在 1863 年证明了

$$A(x)=\pi x+O(x^{\frac{1}{2}}) \quad ③$$

此处 $O(x^{\frac{1}{2}})$ 称为误差项. 寻找更佳的误差项使 ③ 成立,通常称作高斯圆内格点问题. 1916 年,哈代证明误差项不能比 $O(x^{\frac{1}{4}-\varepsilon})$ 更好(粗略地说). 谢尔品斯基(W. Sierpiński) 与范·德·科皮特分别于 1906 年与 1923 年证明了误差项可以取作 $O(x^{\frac{1}{3}+\varepsilon})$ 与 $O(x^{\frac{37}{112}+\varepsilon})$. 范·德·科皮特的证明是基于某种三角和的估计,通常称为范·德·科皮特方法. 他的结果被不少数学家改进了. 至 1942 年,最佳估计 $O(x^{\frac{13}{40}+\varepsilon})$ 是华罗庚得到的. 进一步的改进 $O(x^{\frac{12}{37}+\varepsilon})$ 是陈景润在 1963 年证明的. 以后则只有很小幅度的改进了.

(3) 迪利克雷(Dirichlet) 除数问题. 命 $d(n)$ 表示 $n$ 的因子个数,则和数 $D(x)=\sum_{1\leqslant n\leqslant x} d(n)$ 即等于区域

$$uv \leqslant x, u \geqslant 1, v \geqslant 1$$

中的整点 $(u,v)$ 的个数. 迪利克雷于 1849 年证明了

$$D(x)=x(\log x+2\gamma-1)+O(\sqrt{x}) \quad ④$$

此处 $\gamma$ 为欧拉常数. 寻找更佳的误差项使 ④ 成立,通常称作迪利克雷除数问题. 这类问题与圆内格点问题颇类似. 迟宗陶与里切特分别在 1950 年与 1953 年证明了误差项可取作 $O(x^{\frac{15}{46}+\varepsilon})$. 进一步的结果是尹文霖

在 1963 年证明的 $O(x^{\frac{12}{37}+\varepsilon})$. 以后还有些小改进.

(4) 球问题. 作为圆问题的推广, 还可以研究这样的问题: 寻求使公式

$$\sum_{u^2+v^2+w^2\leqslant x} 1 = \frac{4}{3}\pi x^{\frac{3}{2}} + O(x^{\theta}) \qquad ⑤$$

成立的最佳误差项, 即最小的 $\theta$. 这个问题叫作球问题. 目前最好的结果仍是维诺格拉多夫与陈景润在 1963 年独立证明的, 即 $O(x^{\frac{2}{3}+\varepsilon})$. 类似于球问题, 还可以研究三维空间的除数问题, 即估计区域

$$uvw \leqslant x, u \geqslant 1, v \geqslant 1, w \geqslant 1$$

中的格点 $(u,v,w)$ 的个数. 越民义、吴方、尹文霖与陈景润曾先后获得了较精确的结果.

(5) 华林问题. 所谓华林问题, 即研究不定方程

$$n = x_1^k + \cdots + x_s^k \qquad ⑥$$

对于给定整数 $k > 0$ 的可解性问题. 1909 年, 希尔伯特首先证明了对于任意正整数 $k$ 皆存在常数 $s = s(k)$, 使方程 ⑥ 对于任意正整数 $n$ 皆有非负整数解 $x_i$ $(1 \leqslant i \leqslant s)$. 研究华林问题的新方法 —— 哈代与李特伍德圆法可描述如下. 命 $T(\alpha) = \sum_{x=1}^{P} e^{2\pi i \alpha x^k}$ $(P = [n^{\frac{1}{k}}])$, 则显然方程 ⑥ 的解数等于

$$r_s(n) = \int_0^1 T^s(\alpha) e^{-2\pi i n \alpha} d\alpha$$

积分区域可分为两部分: 优弧与劣弧. 粗略地说, 优弧含有 $[0,1]$ 中包含分母较小的分数 $\frac{h}{q}$ 的那些小区间 $M_{h,q}$, 而 $[0,1]$ 中的其余部分则称为劣弧. $r_s(n)$ 的主项由优弧部分的积分得出, 但主要的困难却在于对劣弧的估计, 它往往归结为被称作韦尔(Weyl) 和的指数和

的估计.哈代与李特伍德证明了,当 $s \geqslant 2k+1$ 时

$$\sum_{M_{h,q}} \int_{M_{h,q}} T^s(\alpha) e^{-2\pi i n\alpha} d\alpha \sim G(n) \frac{\Gamma\left(1+\frac{s}{k}\right)}{\Gamma\left(\frac{1}{k}\right)^s} n^{\frac{s}{k}-1}$$

1957 年,华罗庚将 $2k+1$ 改进为 $k+1$.这一结果是臻于至善的.假定 $g(k)$ 是使所有的正整数皆可表示成 $s$ 个非负整数的 $k$ 次幂和的 $s$ 的下确界,陈景润在 1965 年证明了 $g(5)=37$.

(6) 塔利问题.命 $r_t(P)$ 为不定方程组

$$\begin{gathered} x_1+\cdots+x_t=y_1+\cdots+y_t \\ \vdots \\ x_1^k+\cdots+x_t^k=y_1^k+\cdots+y_t^k \end{gathered}$$

的整数解数,此处 $1 \leqslant x_i, y_i \leqslant P$.华罗庚于 1952 ~ 1953 年证明了当 $k \geqslant 11$ 与 $t > [k^2(3\log k+\log\log k+4)]$ 时

$$\lim_{P\to\infty} P^{\frac{k(k+1)}{2}} r_t(P)=G$$

此处 $G$ 是一个常数.这一结果的证明是以关于韦尔和估计的维诺格拉多夫方法及华罗庚关于完整三角和的估计方法为基础的.当 $k$ 较小时,华罗庚与陈景润都曾获得较精确的估计.

(7) 模 $p$ 的最小原根.利用韦伊(A. Weil)关于有限域上代数数域的类似 RH(黎曼猜想)的重要贡献,伯吉斯(Burgess)在 1957 年改进了波利亚(Pólya)关于特征和的估计定理及模 $p$ 最小正二次非剩余 $r(p)$ 的估计.利用他的方法,王元(1959 年)与伯吉斯(1962 年)独立地证明了 $g(p)=O(p^{\frac{1}{4}+\varepsilon})$,此处 $g(p)$ 表示模 $p$ 的最小正原根.这个结果改进了维诺格拉多夫(1930

年)、华罗庚(1942年)与厄多斯(1945年)等的结果.王元还证明了在GRH的假定下有 $g(p)=O(m^6\log^2 p)$,此处 $m$ 表示 $p-1$ 的素因子个数.这个结果是安基尼(Ankeny)结果的改进.

### 5.3　解析数论的其他结果

(1) 命 $(k,l)=1$,$P(k,l)$ 为算术级数 $kn+l(n=1,2,\cdots)$ 中的最小素数.林尼克首先证明了 $P(k,l)=O(k^c)$,此处 $c$ 是一个常数.潘承洞首先证明了 $c=5\ 448$ 满足上式.陈景润、尤梯拉(Jutila)与革拉姆(Graham)曾分别改进了潘承洞的结果.目前最佳的估计 $c=16$ 是陈景润得到的.

(2) 命 $N(T,v)$ 为黎曼 Zeta 函数 $\zeta(s)$ 在矩形 $\frac{1}{2}+v\leqslant\sigma\leqslant 1$,$|t|\leqslant T$ 中的零点个数,此处 $0\leqslant v\leqslant\frac{1}{2}$,$T>0$.在DH(密度猜想)即

$$N(T,v)=O(T^{1-2v}\log(T+2))$$

的假定下,王元于1977年证明了对于任意 $n\geqslant 3$,皆存在素数 $p,p'$ 使 $R(n)=O((\log n)^{\frac{148}{13}+\epsilon})$,此处 $R(n)=|n-p-p'|$.一个类似的定理 $R(n)=O(\log^7 n)$ 首先是林尼克证明的,但在他的证明中有些错误,其结论需要修正为

$$R(n)=O(\exp(c(\log n)^{\frac{10}{11}}\log\log n))$$

潘承洞用塞尔伯格方法也证明了类似的结果 $R(n)=O(\log^c n)$.

(3) 命 $M(x)$ 为不超过 $x$ 的偶数中不能表为两个素数之和的偶数个数.华罗庚等首先证明了 $M(x)=$

$O\left(\frac{x}{\log^A x}\right)$，此处 $A$ 为任意常数．蒙哥马利(D. Montgomery)与沃恩进一步证明了存在 $\delta>0$ 使 $M(x)=O(x^{1-\delta})$．陈景润与潘承洞合作证明了 $\delta>0.01$．

(4) 命 $r(n)$ 为将偶数表为两个素数之和 $n=p+p'$ 的表法个数．陈景润于 1978 年证明了

$$r(n)\leqslant 7.8\prod_{\substack{p\mid n\\ p>2}}\frac{p-1}{p-2}\prod_{p>2}\left(1-\frac{1}{(p-1)^2}\right)\frac{n}{\log^2 n}(1+o(1))$$

这一结果改进了过去用朋比尼中值公式与塞尔伯格方法相结合而得到的估计，即用 8 来代替上式中的 7.8．将 8 换成 $8-\varepsilon$ 一般被看作相当困难的问题．潘承彪对陈景润结果的证明做了简化，当然 7.8 需要换成大一些的数．

(5) 关于须尼尔曼常数、三素数定理的简化与推广、无平方因子数的估计、华林问题的推广、指数和的估计、黎曼 Zeta 函数、殆素数、数论函数的研究等方面，越民义、陈景润、丁夏畦、吴方、潘承洞、尹文霖、邵品琮、任建华、潘承彪、谢盛刚、楼世拓、姚琦、于秀源、陆洪文、陆鸣皋、冯克勤、于坤端及王元等都做了一些值得介绍的工作，在此就不详谈了．

## §6　哥德巴赫猜想(Ⅰ)[①]

——陈景润　邵品琮

公元 1742 年 6 月 7 日，哥德巴赫给当时住在俄国彼得堡的大数学家欧拉写了一封信，问道：是否任何不比 6 小的偶数均可表示成两个奇数之和？同时又问任何不比 9 小的奇数是否均可表示成三个奇素数之和？我们把前者(偶数)称为问题(甲)，后者(奇数)称为问题(乙). 同年 6 月 30 日欧拉复信写道："任何大于 6 的偶数都是两个奇素数之和. 虽然我还不能证明它，但我确信无疑地认为这是完全正确的定理." 即下列问题是否正确应予论证：

(A) 对于每一个偶数 $n \geqslant 6$，均可找到两个奇素数 $p', p''$，使得 $n = p' + p''$.

(B) 对于每一个奇数 $n \geqslant 9$，总可找到三个奇素数 $p_1, p_2, p_3$，使得 $n = p_1 + p_2 + p_3$.

这就是著名的哥德巴赫问题，或说是哥德巴赫猜想.

当然，如果(A)成立的话，(B)便随之成立，这是因为，任一奇数 $N_{奇} = (N_{奇} - 3) + 3, N_{奇} \geqslant 9$，把其中 $N_{奇} - 3$ 这个偶数(大于 4)按(A)(若成立的话)，就有两个素数 $p_1, p_2$，使得 $N_{奇} - 3 = p_1 + p_2$，而把 3 叫作

① 摘自：陈景润，邵品琮. 哥德巴赫猜想. 沈阳：辽宁教育出版社，1987.

$p_3$(也是奇素数),便有

$$N_{奇}=p_1+p_2+p_3 \qquad (*)$$

这就指明了:若(A)成立,则必有(B),但若(B)成立,却反推不出(A)来.

整个19世纪结束时,哥德巴赫问题的研究没有任何进展.当然曾经有人做了具体验证工作,例如,$6=3+3$,$8=3+5$,$10=3+7$,$12=5+7$,$14=11+3$,$16=11+5$,$18=11+7$,等等,现在已知直到$33\times10^6$(3 300万)以内的偶数都是对的,从而相应的奇数也有同样的结论.问题是较大的偶数怎么样?

20世纪初,数学家希尔伯特在巴黎发表了著名的23个难题中,哥德巴赫问题曾被第8个问题所涉及.1912年德国数学家朗道在国际数学会报告中说:"即使要证明下面的较弱的命题:任何大于4的正整数,都能表示成$C$个素数之和,这也是现代数学家力所不及的."但是,20世纪数学迅速发展的事实,响亮地回答了朗道的挑战,果然对问题(B)与(A)均取得了很大的成就.

人们遇到一些困难的理论问题时,往往有两种方式去进行求解:一为直接地去求证本题的结论,即把诸如(*)这类式子理解为一个方程式,当$p_1$,$p_2$,$p_3$限制在素数范围内时,解答个数记为Ⅰ(依赖于$N$),是否大于0呢?这方面就引出了对Ⅰ进行估算的问题,最早对它进行研究的有英国数学家哈代与李特德伍,成功地做出直接贡献的有苏联数学家维诺格拉多夫和我国数学家华罗庚等人.另一方面的研究是将问题先削弱一些,然后逐步逼近而力争解决,这里又分了两个途径:

(1) 弱型哥德巴赫问题：先将 $N$ 写成一些素数之和

$$N = p_1 + p_2 + \cdots + p_k \qquad ①$$

我们希望总有一种较好的分法，使得 $k$ 越少越好，特别当 $N$ 为偶数时，若能证明当 $k=2$ 时有解(即有素数 $p_1$，$p_2$ 使其和为给定的 $N$)，则原来的哥德巴赫问题(A)就解决了. 现在放宽来研究，当 $N$ 给定之后，能做到怎样的 $k$，使 $k$ 个素数之和为 $N$，这便是弱型哥德巴赫问题要研究的目标.

(2) 因数哥德巴赫问题：先将偶数 $N$ 写成两个自然数之和

$$N = n_1 + n_2 \qquad ②$$

而 $n_1$ 与 $n_2$ 中的素因数个数记为 $a_1$ 与 $a_2$，简记为($a_1$，$a_2$) 或写成"$a_1 + a_2$". 这样的问题也可说是"殆素数问题"，即问：是否每一个充分大的偶数都可以表示成两个殆素数之和？这里所谓"殆素数"就是指素因数的个数很少，例如，不超过 $a$ 个的那种整数，即希望有一种好的分法，使得式 ② 中要求的 $a_1$，$a_2$ 均不超过某指定数. 注意，假若能证明对于每一个偶数 $N$，总有 $a_1 = a_2 = 1$，即有"$1 + 1$"结果的话，则哥德巴赫问题就解决了.

### 6.1　关于弱型哥德巴赫问题的研究

苏联数学家须尼尔曼于 1930 年创造了"密率论"方法，结合 1920 年挪威人布朗创建的一种"筛法"，首先回答了朗道 1912 年在国际数学会上的著名挑战. 他证明了下面一个重要的结果：每一个充分大的自然数都可以表为不超过 $k$ 个素数之和，这里 $k$ 是一个常数.

这就开辟了弱型哥德巴赫问题研究的途径.后来有人明确估计出 $k \leqslant 800\ 000$,即在①中,当 $N$ 充分大时,有 $k$ 个素数使其和为 $N$,而 $k \leqslant 800\ 000$,太大了!当然是,最好当 $N$ 为偶数时,能证出 $k \leqslant 2$,当 $N$ 为奇数时,能证出 $k \leqslant 3$,就根本解决了哥氏问题(A)与(B).现在放宽研究 $k$,希望 $k$ 逐渐向2或3靠拢.这方面的研究成果,进展如下(表1里的数字是 $k$ 的上界).其实最后一项结果,还可具体写为:当 $N$ 为偶数时,$k \leqslant 18$,当 $N$ 为奇数时,$k \leqslant 17$.

**表1**

| 结果 | 年份 | 结果获得者 |
|---|---|---|
| 800 000 | 1930 | 须尼尔曼(苏联 Шнирельман) |
| 2 208 | 1935 | 罗曼诺夫(苏联 Романов) |
| 71 | 1936 | 海尔布朗(德国 Heilbronn)<br>朗道(德国 Landau)<br>希尔克(德国 Scherk) |
| 67 | 1937 | 里奇(意大利 Ricci) |
| 20 | 1950 | 夏皮罗(美国 Shapiro)<br>瓦尔加(美国 Warga) |
| 18 | 1956 | 尹文霖(中国) |
| 6 | 1976 | 沃恩(英国 Vaughan) |

现在我们来谈谈须尼尔曼的"密率"是怎么回事.由某些整数所组成的集合记为 $A$,其中在小于或等于 $n$ 内出现的全体元素记为 $A(n)$.如果存在正数 $a_1 > 0$,使得对一切 $n$ 均有 $A(n) \geqslant a_1 n$,即有

$$\frac{A(n)}{n} \geqslant a_1$$

此时说$A$的密度为$a_1$，显然$a_1 \leqslant 1$. 如果能找到一个最大的$a > 0$，使得

$$\frac{A(n)}{n} \geqslant a$$

对一切自然数$n$成立，那么称这个正数$a$为$A$的密率.

记集合$A=\{a_1, a_2, \cdots\}$，若$a_1 > 1$，则显然$A$的密率为0；当$a_n = 1 + r(n-1)(r > 0)$，即首项为1，公差为$r$的等差数列时，则$A$的密率为$\frac{1}{r}$；但每一个等比数列所成集合的密率是0；由素数定理或切比雪夫(Chebyshev)定理知全体素数集合$P$的密率为0；只有当$A$为全体自然数时其密率为1，而且反过来也对：当$A$的密率为1时，$A$就是全体自然数的集合.

须尼尔曼首先给出了下列定理：

**定理1**　设$A$，$B$是两个集合，$A$，$B$的密率分别为$\alpha$，$\beta$，记$C=A+B$，表示$C$的元素由$A$内元素与$B$内元素的和组成[①]，而$C$的密率为$\gamma$，则有

$$\gamma \geqslant \alpha + \beta - \alpha\beta$$

**证明**　为方便起见，我们把集合$A$的密率$\alpha$记为$\alpha = d(A)$，其余记号类似. 用集合记号法，有$C=A+B$，而

$$A(n) = \sum_{\substack{1 \leqslant a \leqslant n \\ a \in A}} 1, B(n) = \sum_{\substack{1 \leqslant b \leqslant n \\ b \in B}} 1, C(n) = \sum_{\substack{1 \leqslant c \leqslant n \\ c \in C}} 1$$

$$d(A) = \alpha, d(B) = \beta, d(C) = \gamma$$

那么，在自然数的·段$(1, n)$中含有$A$内的$A(n)$个整数. 设$a_k$及$a_{k+1}$表示其中依次相邻的两个数，则在这

① 可用记号：$C = \{a_i + b_j \mid a_i \in A, b_j \in B\}$.

两数之间有 $a_{k+1}-a_k-1=l$ 个数不属于 $A$,它们是

$$a_k+1,a_k+2,\cdots,a_k+l=a_{k+1}-1$$

以上各数中间凡可以写成 $a_k+b(b\in B)$ 这种形式的数都属于 $C$,它们的个数等于 $B$ 在 $(1,l)$ 一段中所包含整数的个数,这当然是 $B(l)$.

因此,在 $A$ 的每相邻两数之间,如果所包含的一段自然数的长度(即个数)是 $l$,就至少有 $B(l)$ 个数属于 $C$. 因此在自然数的一段 $(1,n)$ 中,$C$ 所包含整数的个数 $C(n)$ 至少是

$$A(n)+\sum B(l)$$

上式中"$\sum$"的各项通过 $(1,n)$ 中不含 $A$ 内整数的一段一段的自然数. 但根据密率的定义,有 $B(l)\geqslant\beta l$,故

$$C(n)\geqslant A(n)+\beta\sum l=A(n)+\beta\{n-A(n)\}$$

上面最后一个等式的成立是由于 $\sum l$ 等于 $(1,n)$ 中不落在 $A$ 内的整数的个数,当然它等于 $n-A(n)$. 又由 $A(n)\geqslant\alpha n$,故

$$C(n)\geqslant A(n)(1-\beta)+\beta n\geqslant\alpha n(1-\beta)+\beta n$$

由此立刻得到

$$\frac{C(n)}{n}\geqslant\alpha+\beta-\alpha\beta$$

上式对所有整数 $n$ 都成立,故

$$\gamma=d(C)\geqslant\alpha+\beta-\alpha\beta \qquad ③$$

由这个不等式③,还可以引出一个重要的结果:

**定理 2** 若 $C=A+B$,而 $d(A)+d(B)\geqslant1$,则必有 $d(C)=1$(即此时 $C$ 必为全体自然数集合).

**证明** 我们首先指出,若

$$A(n)+B(n)>n-1$$

则有 $n \in A+B$. 事实上,若 $n$ 在 $A$ 或 $B$ 中,则定理已成立. 今设 $n$ 既不在 $A$ 中又不在 $B$ 中,于是

$$A(n)=A(n-1), B(n)=B(n-1)$$

而有

$$A(n-1)+B(n-1)>n-1$$

设在 $(1, n-1)$ 一段内, $A$ 与 $B$ 所包含的数分别为

$$a_1, a_2, \cdots, a_r$$
$$b_1, b_2, \cdots, b_s$$

则

$$r=A(n-1), s=B(n-1)$$

而

$$a_1, a_2, \cdots, a_r$$
$$n-b_1, n-b_2, \cdots, n-b_s$$

都在 $(1, n-1)$ 一段中,它们的总个数是

$$r+s=A(n-1)+B(n-1)>n-1$$

所以其中至少有两个相等,使得

$$a_i=n-b_k$$

则 $n=a_i+b_k$,故 $n$ 在 $A+B$ 中.

注意

$$\frac{A(n)}{n} \geqslant d(A), \frac{B(n)}{n} \geqslant d(B)$$

若 $d(A)+d(B) \geqslant 1$,则有

$$A(n)+B(n) \geqslant n>n-1$$

此时 $n \in C$,这对一切 $n$ 成立. 故 $C$ 为自然数集合,定理 2 成立.

须尼尔曼这个密率不等式定理

$$d(A+B) \geqslant d(A)+d(B)-d(A) \cdot d(B) \quad ③'$$

为弱型哥德巴赫问题的进展奠定了基础. 后来人们总

想改进这个不等式 ③$'$. 故在 $d(A)+d(B)\leqslant 1$ 假设之下,有所谓朗道－须尼尔曼的“假说”

$$d(A+B)\geqslant d(A)+d(B) \tag{④}$$

推广一下,在 $\sum_{i=1}^{k} d(A_i)\leqslant 1$ 的条件下,有没有

$$d\left(\sum_{i=1}^{k} A_i\right)\geqslant \sum_{i=1}^{k} d(A_i) \tag{⑤}$$

成立?

当然,由 ④ 到 ⑤ 是很容易的.

这个假说最初是通过具体的例子,在 1931 年由须尼尔曼和朗道推想出来的,看起来这个假说很简单,其实很难证明. 苏联数学家辛钦在 $d(A_1)=\cdots=d(A_k)$ 的条件下,首先证得了这个假说成立. 接着有不少的数学家试图证实这个“假说”,但都只得到部分的结果. 直到 1942 年,英国一位年轻的工程师名叫曼恩(Mann),在一次听报告时知道了这个问题,他回去后最终把这个不等式 ④ 证出来了,史称曼恩定理. 1943 年美国数学家阿廷(E. Artin)与德国数学家希尔克给出了比较简单的证明,1954 年又由希尔克与刻姆剖曼(Kemperman)给出了一个更新、更简单的证明,并有所推广,成为后来数论教科书上的标准叙述.

对于弱型哥德巴赫猜想来说,有定理 1 与定理 2 就已足够.

事实上,若一个集合 $A$ 的密率为正密率 $a$,则记

$$A_k=\underbrace{A+A+\cdots+A}_{k}\text{(共 } k \text{ 项堆垒集合)}$$

则可得

$$d(A_k)\geqslant 1-(1-a)^k$$

显然只要取 $k$ 足够大时,就有 $d(A_k) > \frac{1}{2}k$,那么对于集合 $C = A_k + A_k$ 就有

$$C(n) = A_k(n) + A_k(n) > \frac{1}{2}n + \frac{1}{2}n = n > n - 1$$

故 $n \in C$,它对一切自然数 $n$ 成立,故此时 $C$ 就是全体自然数集合.

可惜的是全体素数集合 $P$ 的密率恰巧为 0,并非正密率.但用布朗筛法,可以获得集合 $P + P$ 是正密率,从而若干个(例如 $s$ 个)$P + P$ 就是全体自然数集合.于是每一个自然数就可以写成 $2s$ 个素数的和,这样弱型哥德巴赫问题的须尼尔曼定理就成立了.当然,用筛法来证明 $P + P$ 集合具有正密率时,可用 1919 年的布朗筛法,也可用之后更好的 1949 年的塞尔伯格筛法来推演.无论用哪种筛法来证明 $P + P$ 具有正密率这一结论时,均较复杂.这里就不再一一细叙了.

我们还要说明一下用筛法与单用密率方法在弱型哥德巴赫问题中的作用不同.例如,用筛法与密率论相结合的方法可以证明充分大的偶数能表示素数和的定理.这"充分大"到底多大?往往是无法算出来的.如尹文霖证明了每个充分大的偶数可表示至多 18 个素数之和,沃恩进一步证明了每个充分大的偶数可表示至多6个素数之和,均是对"充分大"的偶数而言的.单用密率的方法其优越之处是在于可以证明对所有正整数表素数和的定理.例如,1977 年,沃恩证明了所有正整数均可表为至多 26 个素数之和.1983 年,我国张明尧博士改进为:所有正整数均可表为至多 24 个素数之和.

关于弱型哥德巴赫问题从须尼尔曼到尹文霖以至

沃恩,以及再由沃恩到张明尧的进展思路依据就介绍到这儿.但这里我们还特别应当提下列一段重要的科学史实:曾在 1922 年,英国剑桥大学教授哈代与李特伍德首创了"圆法",也就是前面说到的,他们最早对哥德巴赫问题的解数 ① 做了巧妙的估算.但后来联系哥氏问题求解时,却利用一个"黎曼猜想",在承认黎曼猜想成立的前提下,他证明了奇数哥德巴赫猜想(B) 成立.但是这个黎曼的假想,也是至今未曾解决的世界难题!所以这两位教授的工作有战斗之功劳,无胜利之成果.

1937 年,彼得堡即现在的彼得格勒城的一位数学家维诺格拉多夫不用任何假设,创造了"三角和方法"的数学工具,在世界上第一个证明了大奇数哥德巴赫猜想正式成立,从而称为哥德巴赫 - 维诺格拉多夫定理,或简称维氏定理:当 $N_{奇}$ 充分大时,(B) 成立(例如,1946 年有人具体指出:譬如当 $N \geqslant e^{e^{16.038}}$ —— 大约为 10 的 50 万次方时,便有素数 $p_1, p_2, p_3$ 使(*)成立).

因此,在 ① 中,1937 年已被维氏证明:不论奇偶的大整数 $N$,均有 $k \leqslant 4$,或确切地说,当 $N$ 为大奇数时,有 $k \leqslant 3$;当 $N$ 为大偶数时,有 $k \leqslant 4$. 这已经远比 1950,1956 诸年的 $k \leqslant 20$ 以及 $k \leqslant 18$ 等结果来得优越得多.那么,为什么还将落后于维氏 1937 年的结果加以重视赞扬呢?原因是:维氏用到了诸如复变函数换路积分等精深的复分析方法,但鉴于当初原问题是否能在实分析的限制中用"初等方法"予以求解呢?这在方法上也是颇有特色的,表 1 中的结果全是在初等方法中获得的,因而也引人注目.

这里还应介绍一下,1959 年潘承洞还将 $p_1,p_2,p_3$ 限制在$\frac{N}{3}$附近时,做出了一个很好的估计. 1977 年潘承洞的弟弟我国数学家潘承彪曾对于原来维氏定理的维氏繁难的证明,给出了一个十分简化的很好的证明.

特别应当提出的是:1938 年华罗庚教授证明了几乎所有的偶数都能表成两个奇素数之和,即哥德巴赫猜想几乎对所有的偶数成立. 这就为今天尚在研究的"例外值"课题,开辟了新的道路. 早在 1941 年,华罗庚教授对维氏"三角和方法"做了非常深刻的研究与改进,并对维氏定理做了重要推广,华罗庚教授证明了:每一个充分大的奇数 $N$,皆可表为三个奇素数的 $k$ 次方之和,即

$$N=p_1^k+p_2^k+p_3^k \qquad (*)'$$

其中,$k$ 为任意给定的正整数. 特别地,当 $k=1$ 时,即维氏定理.

### 6.2　关于因数哥德巴赫问题的研究

尽管在哥德巴赫问题上已有弱性问题的一系列成果,尤其是维氏定理与华氏推广等优秀工作,但面临偶数的哥氏原猜想问题,并没有给予直接的、根本的解决.

大奇数哥氏问题(B) 已由维氏所解决,大偶数哥氏问题(A) 怎么办? 针对这一问题,在因数哥德巴赫问题的研究方面,逐步进展,有了一系列的成果. 挪威数学家布朗在 1920 年创造一种"筛法",首先证明了下面一个结果:每一个充分大的偶数都可以表示为两个各不超过 9 个素数的乘积之和,即在 ② 中,当 $N$ 为大

偶数时,有

$$N = p'_1 \cdots p'_{a_1} + p''_1 \cdots p''_{a_2}$$

其中,$p'_i$,$p''_j$ 均表示素数,而素因数个数 $a_1 \leqslant 9$,$a_2 \leqslant 9$,即(9,9),或说证得了“9+9”. 这在殆素数问题的研究上首开记录. 之后便有接二连三的改进工作,特别是我国一些数学家在他们年轻的时候,成功地提出了利用“筛法”及“三角和方法”相结合的新解析数论方法,在20世纪50年代到60年代期间,做出了一系列重要的改进,取得了许多优秀的成果. 在这基础上,陈景润曾于20世纪60年代后期到70年代初获得了“1+2”的重大结论,取得了世界领先的成果. 关于这方面的研究进展情况如表2所示.

**表2**

| 结　　果 | 年份 | 结果获得者 |
|---|---|---|
| “9+9” | 1920 | 布朗(挪威 Brun) |
| “7+7” | 1924 | 拉德马切尔(德国 Rademacher) |
| “6+6” | 1932 | 埃斯特曼(英国 Estermann) |
| “5+7”“3+15”<br>“4+9”“2+366” | 1937 | 里奇(意大利 Ricci) |
| “5+5” | 1938 | 布赫夕塔布(苏联 Бухштаб) |
| “4+4” | 1940 | 布赫夕塔布(苏联 Бухштаб) |
| “1+$c$”,$c$ 常数 | 1948 | 瑞尼(匈牙利 Rényi) |
| “3+4” | 1956 | 王元(中国) |
| “3+3”“2+3” | 1957 | 王元(中国) |
| “1+5” | 1961<br>1962 | 巴尔巴恩(苏联 Барбан)<br>潘承洞(中国) |

**续表 2**

| 结　　果 | 年份 | 结果获得者 |
|---|---|---|
| “1＋4” | 1962 | 王元(中国) |
| | 1963 | 潘承洞(中国) |
| | | 巴尔巴恩(苏联 Барбан) |
| “1＋3” | 1965 | 布赫夕塔布(苏联 Бухштаб) |
| | | 维诺格拉多夫(苏联 А. И. Виноградов) |
| | | 朋比尼(德国 Bombieri) |
| “1＋2” | 1973 | 陈景润(中国) |

这里应当说明的是巴尔巴恩的“1＋4”结果，以及其 1961 年“1＋5”的工作中，证明都有错误，经潘承洞教授在 1964 年指出后，到 1970 年他才给予改正.

这儿还要谈谈 1948 年匈牙利数学家瑞尼的“1＋$c$”($c$ 是常数，很大) 工作，这是很有意思的纪录. 因为这里开始了可以控制住一个为素数，而只要努力降低另一个的素因数个数就行了. 这方面的研究，首先是王元于 1957 年在黎曼假设下证得了“1＋5”成立. 无须任何假设的成果应当归功于 1962 年潘承洞的“1＋5”结果，这个结果第一次定量地而且是低纪录地引向了接近“1＋1”的境界. 实际上，由 1962 年的“1＋5”之后，1963，1965 年相继出现了“1＋4”以及“1＋3”的重要成就. 以至于在 1966 年到 1973 年内又出现了我们的最新成果“1＋2”结论. 顺便说一下，所谓结果是 1966 年到 1973 年完成，是指陈景润实际上已在 1966 年做出了这一结论，也曾用某些方式写过简报，但详尽而正式地写成论文发表(于《中国科学》杂志) 乃是 1973 年，因此一般都说是在 1973 年获得的. 在我们的文章发表后的短短几年中，世界上就出现了很多种简化的证明，其中有四五个简化证明是较好的，其中最好的简单而本质的证明就是在由我国数学家王元、丁夏畦与潘承洞三位教授合作的论文中所给出的. 我们的结果“1 + 2”一发表，就引起了世界数学家的重视与兴趣，英国数学家哈伯斯坦姆和德国数学家黎希特合著的一本叫《筛法》的数论专著，原有十章，付印后见到了我们的“1 + 2”结果，特为之增添写上了第十一章，章目为“陈氏定理”. 所谓“陈氏定理”的“1 + 2”结果，通俗地讲，是指对于任给一个大偶数 $N$，那么总可以找到奇素数 $p'$，$p''$ 或 $p_1$，$p_2$，$p_3$，使得下列两式至少有一个成立，即

$$N = p' + p'' \quad ⑥$$

$$N = p_1 + p_2 p_3 \quad ⑦$$

当然并不排除 ⑥⑦ 同时成立的情形，例如，在“小”偶数时，若 $N = 62$，则可以有

$$62 = 43 + 19$$

以及

$$62 = 7 + 5 \times 11$$

总的来说，哥德巴赫问题是我们科学群山之一峰，在数论中，或扩大一些说，在数学中群山耸立，不少科学的堡垒确实有待我们去攻克，特别是期待着我们的青年数学工作者能够接过老一辈科学家的班而奋勇前进！上述进展表格中所列举的这一系列突出的成就，一方面固然是作者们不倦努力的结晶，另一方面也更应该看到，这二三十年来，以华罗庚教授为首的中国数论学派的发展壮大过程，许多青年数学家曾在老一辈科学家的辛勤培育下，共同努力，形成了一个数论研究的集体，这为奠定我们获得的“1 + 2”结果的学术研究基础

方面的作用,也是不可忽视的重要因素.所以要提倡有一个互相学习的科研集体.正因为这样,20 世纪 80 年代初,我们的已故导师华罗庚教授在英国访问讲学期间,英国皇家数学会的主席杜特(Todd)教授就高度评价了以华罗庚教授为首的中国数论学派的突出成就.那么,这个学派的基本特点是什么呢?第一,华教授要求他的学生们必须具备雄厚的高等数学基础知识,要掌握较熟练的算题技能.第二,华教授要求他的学生们经常保持一个清醒的头脑,要随时明白自己的业务高度,任何时候都要有自己的奋斗目标,始终有一股战斗式的业务上进心.一句话,华教授是以"严"来要求我们的,这也是我国数论研究工作做出重大成果的业务基础,没有这一点是不可思议的.因此建议打算或正在搞哥德巴赫问题或其他著名世界难题的青年们,能正确认识这些难题的艰难性,在努力从"严"打好高等数学基础的前提下,再来向世界难题进军!否则很可能会白费精力和时间,徒劳无功.

## §7　谈谈"哥德巴赫"问题[①]

——王元

### 7.1　前言

在本节中,我们向读者介绍一个著名的数论问题,

---

① 原载于《数学通报》,1964,1:36-39.本文发表后,哥德巴赫问题又有了不少进展,请参看作者以后的文章.

即所谓的哥德巴赫问题. 为了避免引用较高深的数学工具,我们除了谈谈这一问题的发展历史及其成果,只是十分简单地谈一下各种处理方法. 其实本节所写的内容在有关的数论书籍中都有记载,作者只是加以整理与归纳,以便于读者更容易地了解这一问题. 至于欲详细了解这方面工作的读者,请参看华罗庚的著作①.

哥德巴赫问题是在 1742 年哥德巴赫写信给欧拉时提出来的. 在信中,他提出了关于将整数表为"素数"② 之和的猜想. 这个猜想可以用略为修改了的语言叙述为:

(A) 每一个大于或等于 6 的偶数都是两个奇素数之和.

(B) 每一个大于或等于 9 的奇数都是三个奇素数之和.

显然命题(B) 是命题(A) 的推论. 盖若命题(A) 真实,又设 $N \geqslant 9$ 为奇数,则 $N-3 \geqslant 6$ 为偶数. 由(A) 可知存在奇素数 $p_1, p_2$ 使 $N-3=p_1+p_2$,所以 $N=3+p_1+p_2$. 因此命题(B) 成立.

从哥德巴赫写信起到今天,已经积累了不少宝贵的数值资料. 例如皮平(N. Pipping) 核对过命题(A) 当 $N \leqslant 10^5$ 时是正确的. 但是迄今还不能证明这两个命题的真伪.

在第五届国际数学会上,朗道曾经说过,即使要证

① 华罗庚. 指数和的估计及其在数论中的应用. 北京:科学出版社,1963.

② 素数(或称质数) 是除 1 与自身之外,没有其他因子的大于 1 的整数. 例如,2,3,5,7,…. 今后常用 $p, p_1, p_2, \cdots$ 来表示素数. 素数以外的正整数称为复合数.

明如下较弱的命题(C),也是现代数学家力所不及的.

(C) 存在一个正整数 $c$,使每个大于或等于 2 的正整数都可以表为不超过 $c$ 个素数之和.

首先是须尼尔曼在 1930 年(哥德巴赫提出猜想后的 188 年)证明了 $c$ 的存在性.换言之,他完全解决了命题(C).须尼尔曼在他的论文中,引入了关于自然数集合非常重要的概念 —— 正密率,并运用筛法的成果,从而证明了命题(C).

哈代与李特伍德在 20 世纪的 20 年代,系统地开创与发展了堆垒数论①中的一个崭新的解析方法.这个方法就是举世闻名的圆法.他们在广义黎曼猜想②成立的假定下证明了命题(B)当奇数 $N$ 充分大时成立.

为了取消在证明中所用到的未经证明的猜想,我们需要估计某种类型的"指数和"(或称之为"三角和").因此,获得指数和的精确估计,就成了圆法的最主要环节.在近三十年来,维诺格拉多夫创造了一系列估计指数和的重要方法.特别地,他在 1937 年成功地给出某种以素数为变数的指数和以精确的估计,从而证明了命题(B)对于充分大的奇数是正确的.巴雷德金(К. Г. Бороздкий)计算过,当奇数 $n \geqslant e^{e^{16.038}}$ 时,即

---

① 堆垒数论是研究将整数表成某种类型的数之和的分支.例如,熟知任一正整数都是四个整数的平方和,九个整数的立方和,等等.特别研究将整数表为与素数有关的数之和的分支,常常称为堆垒素数论.例如哥德巴赫问题就属于这一分支.

② 广义黎曼猜想是迄今还不能证明的一个函数论的猜想.素数论中一系列重大问题的完满解决往往都归结为这一猜想的解决.在此不详谈了.

能表成三个素数之和.

沿用哈代与李特伍德原来的方法,即不用指数和的估计,而用函数论的方法,林尼克在 1946 年亦证明了同样的结果.

我国著名的数学家华罗庚在 1938 年证明了命题(A)对于"几乎所有"的偶数皆成立. 详细言之,命 $M(x)$ 表示不超过 $x$,而又不能表示成两个素数之和的偶数的个数,则 $\lim\limits_{x\to\infty}\frac{M(x)}{x}=0$. 换言之,使命题(A)成立的偶数的"出现概率"为 1.

另外一个研究哥德巴赫问题的方法就是筛法. 筛法是埃拉托斯尼首创的. 布朗与塞尔伯格曾先后分别对这个方法做出过重要的改进. 用筛法处理这一问题,需要首先将命题(A)换一个提法,即将命题(A)中的素数都换成"殆素数"[①]. 布朗首先在 1920 年证明了每一充分大的偶数都是两个素因子个数各不超过 9 的殆素数之和. 现在我们已经可以将 9 分别改进为 2 与 3.

关于表偶素数为一个素数及一个殆素数之和的问题,首先是埃斯特曼在广义黎曼猜想成立的假定下,运用筛法证明了每一充分大的偶数都是一个素数及一个素因子个数不超过 6 的殆素数之和. 为了取消这一未经证明的猜想,林尼克做出了一系列重要的贡献,特别是他首创的"大筛法". 瑞尼在 1948 年证明了每一充分大的偶数都可以表为一个素数及一个素数因子个数不超过常数 $R$ 的殆素数之和. 现在已经可以确定 $R\leqslant 4$.

---

① 所谓殆素数,即素因子(相同的或相异的)的个数不超过某一固定常数的整数.

在堆垒素数论中，还有比哥德巴赫问题更广的问题，特别是华林－哥德巴赫问题. 这方面卓越的成果是华罗庚得到的，建议读者去看他的著作①.

## 7.2 密率方法

现在介绍一下正密率的概念. 命 $A$ 表示由一些互不相同的非负整数 $a$ 所构成的集合. 命 $A(n)$ 表示 $A$ 中不大于 $n$ 的正整数的个数，即 $A(n)=\sum\limits_{\substack{1\leqslant a\leqslant n\\ a\in A}}1$. 在此需要注意 0 并不计算在内. 若 $\alpha>0$ 为对一切 $n$，$A(n)\geqslant\alpha_n$ 都成立的最大正数，则集合 $A$ 称为具有正密率 $\alpha$，否则称 $A$ 的密率为零. 显然有 $\alpha\leqslant 1$. 若 $\alpha=1$，则 $A$ 包含全体自然数.

例如，全体奇数的密率等于 $\frac{1}{2}$，全体偶数的密率为零.

如果有两个非负整数集合 $A$ 与 $B$，那么形如 $a+b$ $(a\in A,b\in B)$ 的整数所构成的集合 $C$ 称为 $A$ 与 $B$ 的和集，记为 $C=A+B$，特别地，记 $2A=A+A$，运用归纳法，可以定义 $kA=A+(k-1)A$.

命题(C) 的证法可以简单地描述如下：

(1) 关于正密率，须尼尔曼证明了这样的结果：若非负整数集合 $A$ 具有正密率 $\alpha$，且 $0\in A$，则存在仅与 $\alpha$ 有关的常数 $k$，使 $kA$ 的密率为 1，换言之，$kA$ 即全体非负整数.

(2) 命 $A$ 表示由 0，1 及全体形如 $a=p_1+p_2$ 的整

① 华罗庚. 堆垒素数论. 北京：科学出版社，1957.

数所构成的集合.借助于布朗筛法,须尼尔曼证明了 $A$ 具有正密率 $\alpha$,从而由(1) 可知,$kA$ 即全体非负整数.这就是说任何正整数皆可以表为 $k$ 个 $A$ 中的元素之和.命整数 $m > 2$,则

$$m = 2k + (m-2) = 2 + b + p_1 + \cdots + p_t$$

其中,$t \leqslant 2k - b, b \geqslant 0$.显然 $2+b$ 可以表为不超过 $b+1$ 个素数之和,所以 $m$ 可以表为不超过 $c = 2k+1$ 个素数之和.故命题(C) 成立,即得:

**定理 1** 任何大于或等于 2 的整数皆可以表为不超过 $c$ 个素数之和,此处 $c$ 为一个常数.

命 $s$ 表示最小的正整数,使每一充分大的整数都可以表为不超过 $s$ 个素数之和.常常称 $s$ 为须尼尔曼常数.在维诺格拉多夫的结果问世之前[①],估计 $s$ 是很有趣的.须尼尔曼的方法不仅能够得到 $s$ 的存在性,而且可以得到 $s$ 的明确上界.他的方法给出 $s \leqslant 800\ 000$.其后罗曼诺夫得到了 $s \leqslant 2\ 208$(1935 年),沿这一方向,还有海尔布朗、朗道与希尔克的 $s \leqslant 71$(1936 年) 及里奇的 $s \leqslant 67$(1937 年).

$s$ 的改进,主要依靠筛法技巧的改良.在塞尔伯格筛法问世后,运用须尼尔曼方法,$s$ 还有进一步的降低.例如,夏皮罗与瓦尔加得到 $s \leqslant 20$(1950 年) 及尹文霖得到 $s \leqslant 18$(1956 年).附带说一句,运用 1940 年发表的布赫夕塔布及塔尔塔柯夫斯基(В. А. Тартаковский) 对布朗方法的改进,我们也可以得到比 $s \leqslant 67$ 强的结果.

必须指出,用须尼尔曼方法来估计 $s$,一切证明过

---

① 读者不难看出,由维诺格拉多夫的结果可以得到 $s \leqslant 4$.

程都是初等的，即不运用复变函数论或与它同样深度的数学工具.而在维诺格拉多夫定理的证明中，却用到了较高深的数学工具.

密率方法是广有用途的，用这一方法可以得到不少堆垒数论的有趣结果，而且密率论也有其自身的趣味，现在已经渐渐发展成为一个独立的分支了.在此我们就不详谈了.

### 7.3　圆法

命 $n$ 为整数，读者易证

$$\int_0^1 e^{2\pi i n\alpha}\,d\alpha=\begin{cases}1, 当\ n=0\ 时\\0, 当\ n\neq 0\ 时\end{cases} \quad ①$$

借助于这一关系式，方程

$$N=p_1+p_2+p_3 \quad ②$$

（其中，$N$ 为给定奇数，$p_1$，$p_2$，$p_3$ 为素数变元）的解答 $\{p_1, p_2, p_3\}$ 的组数 $r(N)$ 可以表示成积分

$$r(N)=\int_0^1\Big(\sum_{p\leqslant N}e^{2\pi i\alpha p}\Big)^3 e^{-2\pi i N\alpha}\,d\alpha \quad ③$$

式 ③ 的证明如下：将 ③ 的右端展开即得

$$\int_0^1\Big(\sum_{p\leqslant N}e^{2\pi i\alpha p}\Big)^3 e^{-2\pi i\alpha N}\,d\alpha=\sum_{p_1\leqslant N}\sum_{p_2\leqslant N}\sum_{p_3\leqslant N}\int_0^1 e^{2\pi i(p_1+p_2+p_3-N)\alpha}\,d\alpha$$

由 ① 可知

$$\int_0^1 e^{2\pi i(p_1+p_2+p_3-N)\alpha}\,d\alpha=\begin{cases}1, 当\ p_1+p_2+p_3=N\ 时\\0, 当\ p_1+p_2+p_3\neq N\ 时\end{cases}$$

故得式 ③.

因此只要能够证明，当 $N$ 充分大时有

$$r(N)>0$$

即得维诺格拉多夫的结果.维诺格拉多夫定理的证法可以简单描述如下：

(1) 因为 $e^{2\pi i n\alpha}$ 是$\alpha$的具有周期1的函数,所以将上面所有公式中的积分区间$[0,1]$换为任意长度为1的区间$[\beta,\beta+1]$都是可以的. 命 $\tau=\frac{N}{\log^h N}$(其中 $h\geqslant 20$ 为常数),当$(a,q)=1$[①]及$1\leqslant q\leqslant(\log N)^h$时,命$M_{a,q}$表示区间

$$M_{a,q}:\left[\frac{a}{q}-\frac{1}{\tau},\frac{a}{q}+\frac{1}{\tau}\right]$$

可以证明当$N$充分大时,诸区间$M_{a,q}$是互不重叠的. 诸 $M_{a,q}$ 之和集记为 $M$, 称为"优弧". 在区间$\left[-\frac{1}{\tau},1-\frac{1}{\tau}\right]$中去掉$M$后剩下的部分,记为$m$,称作"劣弧". 因此

$$\begin{aligned} r(N)=&\int_{-\frac{1}{\tau}}^{1-\frac{1}{\tau}}\Big(\sum_{p\leqslant N}e^{2\pi i\alpha p}\Big)^3 e^{-2\pi i\alpha N}\,d\alpha=\\ &\int_M\Big(\sum_{p\leqslant N}e^{2\pi i\alpha p}\Big)^3 e^{-2\pi i\alpha N}\,d\alpha+\\ &\int_m\Big(\sum_{p\leqslant N}e^{2\pi i\alpha p}\Big)^3 e^{-2\pi i\alpha N}\,d\alpha \end{aligned}\qquad ④$$

[②]

(2) 运用素数分布理论可以证明,当$N$充分大时有

$$\int_M\Big(\sum_{p\leqslant N}e^{2\pi i\alpha p}\Big)^3 e^{-2\pi i\alpha N}\,d\alpha>\frac{3}{\pi^2}\cdot\frac{N^2}{\log^3 N}\qquad ⑤$$

应该指出,克服这一部分困难的功绩基本上应归功于佩吉(A. Page)与西格尔(C. L. Siegel).

(3) 维诺格拉多夫得到了如下的指数和估计,当

① $(x,y)$表示$x$与$y$的最大公约数.

② $\int_M$与$\int_m$分别表示在优弧与劣弧上的积分.

$\alpha \in m$ 时有

$$\left|\sum_{p\leqslant N} e^{2\pi i\alpha p}\right| \leqslant c_1 \frac{N}{\log^5 N}$$

(其中,$c_1$ 是一个常数) 又命 $\pi(N)$ 表示不超过 $N$ 的素数的个数,则

$$\pi(N) < N$$

因此

$$\begin{aligned}
&\left|\int_m \left(\sum_{p\leqslant N} e^{2\pi i\alpha p}\right)^3 e^{-2\pi i\alpha N} d\alpha\right| \leqslant \\
&\int_m \left|\sum_{p\leqslant N} e^{2\pi i\alpha p}\right|^3 d\alpha \leqslant \\
&c_1 \frac{N}{\log^5 N}\int_m \left|\sum_{p\leqslant N} e^{2\pi i\alpha p}\right|^2 d\alpha < \\
&c_1 \frac{N}{\log^5 N}\int_0^1 \left|\sum_{p\leqslant N} e^{2\pi i\alpha p}\right|^2 d\alpha = \\
&c_1 \frac{N}{\log^5 N}\pi(N) < c_1 \frac{N^2}{\log^5 N} \qquad ⑥
\end{aligned}$$

(4) 由 ④ ~ ⑥ 即得:当 $N$ 充分大时有

$$r(N) > 0$$

换言之,我们得到:

**定理 2**　每一充分大的奇数都可以表成三个素数之和.

在此我们还应该提到埃斯特曼的两个结果,这是他在维诺格拉多夫定理问世之前得到的.他在 1937 年发表了:

(1) 每个充分大的奇数都能表成 $p_1 + p_2 + p_3 p_4$.

(2) 每个充分大的整数都是两个素数及一个平方数之和.

运用圆法,林尼克证明了存在常数 $c$ 使每一偶数 $N \geqslant 4$ 都能表成

$$2N=p_1+p_2+2^{x_1}+\cdots+2^{x_s},s\leqslant c$$

圆法是广有用途的,堆垒数论中不少著名问题的最精密的结果都是用这一方法获得的.指数和的估计更是十分重要的,除堆垒数论以外,它在数论的其他分支中亦有着卓越的应用,例如解析数论与几何数论等.此外,在理论物理、概率论与计算数学的某些问题上,也有过成功的应用.在此就不细谈了.

但需要指出,用圆法来处理命题(A)是十分困难的.盖因将偶数 $N$ 表为两素数之和的表法 $r'(N)$ 为

$$r'(N)=\int_0^1\Big(\sum_{p\leqslant N}\mathrm{e}^{2\pi\mathrm{i}\alpha p}\Big)^2\mathrm{e}^{-2\pi\mathrm{i}\alpha N}\,\mathrm{d}\alpha$$

同样可以将上面的积分区间分成优弧与劣弧,则可以证明

$$\left|\int_M\Big(\sum_{p\leqslant N}\mathrm{e}^{2\pi\mathrm{i}\alpha p}\Big)^2\mathrm{e}^{-2\pi\mathrm{i}\alpha N}\,\mathrm{d}\alpha\right|\leqslant c_2\ \frac{N}{\log^2 N}\log\log N$$

另外,作为应该忽略不计的劣弧上的积分,目前只能得到如下的估计

$$\left|\int_m\Big(\sum_{p\leqslant N}\mathrm{e}^{2\pi\mathrm{i}\alpha p}\Big)^2\mathrm{e}^{-2\pi\mathrm{i}\alpha N}\,\mathrm{d}\alpha\right|\leqslant c_3\ \frac{N}{\log N}$$

因此,看来困难是十分巨大的.

关于维诺格拉多夫定理的推广,吴方与潘承洞做过一些工作.

### 7.4 筛法

筛法最初是用来寻找不超过 $N$ 的全体素数的.笔者曾经撰写过一篇文章(《谈谈“筛法”》,1958,1),简单地介绍了筛法的概念.现在只来谈谈筛法是怎样与哥德巴赫问题联系起来的.

命 $N\geqslant 4$ 为一个偶数,$a\geqslant 2$ 为整数及 $P_a=$

$p_1 \cdots p_r$,此处

$$2 = p_1 < p_2 < \cdots < p_r \leqslant N^{\frac{1}{a}}$$

为不超过 $N^{\frac{1}{a}}$ 的全体素数.又命

$$P(N, N^{\frac{1}{a}}) = \sum_{\substack{2 \leqslant n \leqslant N-2 \\ (n(N-n), P_a) = 1}} 1 \qquad ⑦$$

此处右端表示对满足条件 $2 \leqslant n \leqslant N-2$ 及$(n(N-n), P_a) = 1$ 的整数 $n$ 求和.

倘若能证明

$$P(N, N^{\frac{1}{2}}) > 0 \qquad ⑧$$

则命题(A) 成立.

由于式⑧成立的意义为存在$n$满足$2 \leqslant n \leqslant N-2$ 及$(n(N-n), P_a) = 1$,故 $n$ 与 $N-n$ 必皆为素数.倘若不然,假定 $n$ 的素因子个数大于或等于2,因为小于 $\sqrt{N}$ 的素数都不能整除 $n$,所以 $n$ 的素因子皆大于 $\sqrt{N}$.因此 $n > N$,矛盾,故 $n$ 为素数.同理可知 $N-n$ 亦为素数.由于

$$N = n + (N - n)$$

故得命题(A).

同理可证,若

$$P(N, N^{\frac{1}{a}}) > 0$$

则 $N = n + (N-n)$,此处 $n$ 与 $N-n$ 皆为素因子个数各不超过 $a-1$ 的殆素数.

因此,问题归结为如何估计和⑦的下界.首先是布朗,他本质地改进了古典筛法,从而证明了当 $N$ 充分大时有

$$P(N, N^{\frac{1}{10}}) > 0$$

换言之,他证明了:

**定理 3**　每一个充分大的偶数皆为两个素因子个数各不超过 9 的殆素数之和.

为叙述简单,我们将下面的命题记为"$a+b$":

每一充分大的偶数皆为一个不超过 $a$ 个素数的乘积及一个不超过 $b$ 个素数的乘积之和.

在布朗之后,无论在估计和 ⑦ 方面,还是其用于哥德巴赫问题方面,都有不断的改进.特别应该指出的是在 1947 年,塞尔伯格发表了本质上不同于布朗的估计和 ⑦ 的方法.对于已知的各种情形,都可以用它来改进以往用布朗方法得到的结果.关于定理 3 的进展历史如下:拉德马切尔得到"7 + 7"(1924 年),埃斯特曼得到"6+6"(1932 年),里奇得到"5+7""4+9""3+15"及"2 + 366"(1937 年),布赫夕塔布得到"5 + 5"(1938 年)及"4+4"(1940 年),库恩得到"$a+b$",此处 $a+b\leqslant 6$(1954 年),笔者得到"3+4"(1956 年),还与维诺格拉多夫分别独立地得到"3 + 3"(1957 年),笔者同时还得到"$a+b$",其中 $a+b\leqslant 5$,最后笔者证明了"2 + 3"(1957 年).

关于表充分大的偶数为素数及殆素数之和的问题,需要估计与 ⑦ 相应的和

$$\widetilde{P}(N,N^{\frac{1}{a}})=\sum_{\substack{2\leqslant p\leqslant N-2\\(N-p,P_a)=1}}1 \tag{9}$$

此处右端对满足 $2\leqslant p\leqslant N-2$ 及 $(N-p,P_a)=1$ 的素数 $p$ 求和.

若能证明

$$\widetilde{P}(N,N^{\frac{1}{a}})>0$$

则 $N=p+(N-p)$,此处 $N-p$ 为不超过 $a-1$ 个素数的乘积.特别地,当 $a=2$ 时,则得命题(A).

首先是瑞尼证明了存在常数 $R$ 使

$$\widetilde{P}(N,N^{\frac{1}{R}})>0$$

换言之，他证明了：

**定理 4**　每一个充分大的偶数皆为一个素数及一个素因子个数不超过常数 $R$ 的殆素数之和.

如果用瑞尼原来的方法来计算，$R$ 将是很大的. 巴尔巴恩、潘承洞、勒费(Б. В. Левин)与笔者做了改进，得到 $R\leqslant 4$(1962 年). 在广义黎曼猜想成立的假定之下，笔者曾证明了 $R\leqslant 3$(1957 年).

素数论中一系列困难的问题，只要将素数换成殆素数的提法，往往就能用筛法来处理. 目前殆素数论已经逐渐成为一个独立的分支. 筛法在数论的其他分支中也日益产生重要的应用. 至于筛法这一概念，在其他数学分支中，特别在概率论中亦是颇有用途的.

### 7.5　后语

在本节结束之际，不难看出，事情之间是彼此有联系的. 哥德巴赫问题虽然是离散的整数间的一条规律，但是现有的一切结果，都是在近代数学成就的基础上，通过十分迂回的道路而得到的. 特别地，有时把这一问题化为一个连续性的提法，深刻地运用了连续性的数学工具，才得到了结果. 看来试图从整数的定义出发，用简单的算术方法来处理这一类问题，是不易收效的. 因此笔者认为，有兴趣于这类经典问题者，先熟悉一下已有的成果与方法，再做进一步的探讨，可能是有益的.

## §8　哥德巴赫猜想(Ⅱ)[①]

——徐本顺　解恩泽

哥德巴赫猜想是解析数论的一个中心课题. 这一猜想从提出到现在已经二百多年了,但至今没有被证明. 为了解决这一问题,许多数学家付出了艰苦的劳动,并取得了一系列成果. 我国著名数学家陈景润解决了哥德巴赫猜想"1 + 2"的问题,被数学家誉为"陈氏定理". 到目前为止,这是对哥德巴赫猜想研究的最好结果. 如果解决了哥德巴赫猜想"1 + 1"的问题,那么哥德巴赫猜想就彻底解决了. 目前距解决这一猜想,虽然只有一步之差,但这一步究竟如何迈出,又何时达到终点,是数学家当前难以预料的问题.

### 8.1　猜想的提出

在两个正整数相加中,我们会遇到如下的关系

$$3 + 7 = 10$$

$$3 + 17 = 20$$

$$13 + 17 = 30$$

$$17 + 23 = 40$$

$$13 + 37 = 50$$

我们来分析一下上述等式有什么相似之处. 我们很自

① 摘自:徐本顺,解恩泽. 数学猜想——它的思想与方法. 长沙:湖南科学与技术出版社,1990.

然地会发现:等式右边的数都是偶数,等式左边的两个数都是奇素数.我们已经知道两个奇素数之和必定是一个偶数.反过来,我们要问:任一个偶数都可以分拆成两个奇素数之和吗?我们再做一些观察.第一个等于两个奇素数之和的偶数为

$$6=3+3$$

接下去为

$$8=3+5$$
$$10=3+7=5+5$$
$$12=5+7$$
$$14=3+11=7+7$$
$$16=3+13=5+11$$
$$18=5+13=7+11$$
$$20=3+17=7+13$$
$$22=3+19=5+17=11+11$$
$$24=5+19=7+17=11+13$$
$$26=3+23=7+19=13+13$$
$$28=5+23=11+17$$
$$30=7+23=11+19=13+17$$

通过上述各例观察,可知这些偶数都可分拆成两个奇素数之和,于是,由特殊到一般,我们可提出如下猜想:

(A) 任何大于或等于 6 的偶数都是两个奇素数之和.

对于偶数可提出上述判断,对于奇数是否也可提出类似结论呢?显然,奇数不能分拆成两个奇素数之和.既然两个不行,那么分拆成三个奇素数之和,能行吗?通过下面的实例进行观察

$$9=3+3+3$$

$$11=3+3+5$$

$$31=3+5+23=3+11+17=$$
$$5+7+19=5+13+13$$

由特殊到一般，于是可猜想：

(B) 任何大于或等于 9 的奇数都是三个奇素数之和.

上述规律是否有普遍性？著名数学家哥德巴赫对这个问题产生了浓厚的兴趣，但是，他不敢肯定其正确性. 于是，他于 1742 年写信给当时的数学权威欧拉，就此问题进行请教. 他问欧拉：是不是每个偶数都是两个素数之和，每个奇数都是三个素数之和？欧拉回信说：他验算到 100 多，发现是对的，但不能给出一般性的证明.

到 1770 年，华林首次把这个问题以猜想的形式写在书中，并公之于世. 因为当时把 1 也看成素数，所以问题提的不太确切. 确切的提法是上面所述的猜想(A) 与(B). 猜想(A) 叫作偶数哥德巴赫猜想，猜想(B) 叫作奇数哥德巴赫猜想. 易知，由(A) 成立，可推出(B) 成立. 事实上，如果(A) 成立，设 $N$ 是一个大于 7 的奇数，那么 $N-3$ 就是一个大于或等于 6 的偶数，根据(A)，有

$$N-3=p_1+p_2$$

其中 $p_1$，$p_2$ 为奇素数. 因此

$$N=p_1+p_2+3$$

是三个奇素数之和. 从而猜想(B) 成立. 这样一来，只要解决(A)，(B) 也就随之而解决了.

## 8.2　悲观的预言与惊人的成果

从18世纪40年代哥德巴赫猜想的提出，到19世纪末，许多数学家都对这一猜想进行了研究，但在这一百五十多年中，并没有得到任何实质性的结果和提出有效的研究方法，只是对一些数值做了进一步的验证，使猜想变得更加可信，增加了它的合理性.另外还提出一些简单的关系式和一些新的推测.在这一期间，数学家们虽然对哥德巴赫猜想的探讨做了极大的努力，但是由于用来解决这一问题的数学理论还没有发展到这个地步，因此进展缓慢.与此同时，由于欧拉、高斯、迪利克雷、黎曼、阿达玛(J. Hadamard)等著名数学家的工作，使数论和函数论得到了空前的丰富和发展，特别是分析与数论相结合，在数论中引入了分析的方法，这就为20世纪对这一猜想的研究提供了强有力的工具.在这一百五十多年中，研究哥德巴赫猜想没有什么进展，这从反面说明，解决数学难题得有足够的数学基础知识，那些连初等数论尚没有弄明白，更不用说解析数论和函数论，就想一下子证明哥德巴赫猜想的人，肯定是异想天开，白费力气.

1900年，在巴黎召开的第二届国际数学家大会上，德国著名数学家希尔伯特提出了数学中著名的23个问题，哥德巴赫猜想就是第8个问题的一部分.在这之后的十多年，对哥德巴赫猜想的研究并未取得进展.1912年，德国数学家朗道在英国剑桥召开的第五届国际数学家大会上悲观地说，即使要证明下面较弱的命题(C)，也是当代数学家力所不及的：

(C) 存在一个正整数$k$，使每一个大于或等于2的整数都可表示为不超过 $k$ 个素数之和.

1921 年,英国数学家哈代在一次数学会议上也谈道:哥德巴赫猜想,可能是没有解决的数学问题中最困难的一个.

在解决这一难题的过程中,数学家看到其艰巨性,特别在亲自尝试过程中,其体会更为深刻,但勇于探索的人们,并没有望而止步,而是不断地为之拼搏,努力地从前人研究所走过的道路上,去挖掘解决哥德巴赫猜想可能取得成果的潜在思想.正当一些数学家对此猜想感到无能为力时,另一些数学家却开始从不同的方向上取得了一系列惊人的成果.这些成果的取得,不仅为解决哥德巴赫猜想开拓了途径,而且还有力地推进了数论和其他数学学科的发展.

## 8.3 圆法

19 世纪中叶,迪利克雷和黎曼把分析方法移植到数论中来,从而使数论得到了空前的发展,使一些一筹莫展的问题,有了解决的希望.从 1920 年开始,英国数学家哈代和李特伍德系统地开创与发展了堆垒素数论中的一个崭新方法,1923 年发表论文专论哥德巴赫猜想.这一新方法的思想孕育在 1918 年哈代和印度数学家拉马努金(Ramanujan)的文章中.后来人们就称这个新方法为哈代-李特伍德-拉马努金圆法.这个方法,对于哥德巴赫猜想来说,就是把数论中离散的问题归结到连续问题来处理.其基本思想是:设 $m$ 为整数,由于积分

$$\int_0^1 e(m\alpha)\mathrm{d}\alpha=\begin{cases}1, m=0\\0, m\neq 0\end{cases}$$

其中 $e(x)=e^{2\pi ix}$，所以方程

$$N=p_1+p_2, p_1, p_2 \geqslant 3 \qquad ①$$

的解数为

$$D(N)=\int_0^1 S^2(\alpha,N)e(-N\alpha)\mathrm{d}\alpha \qquad ②$$

方程

$$N=p_1+p_2+p_3, p_1, p_2, p_3 \geqslant 3 \qquad ③$$

的解数为

$$T(N)=\int_0^1 S^3(\alpha,N)e(-N\alpha)\mathrm{d}\alpha \qquad ④$$

其中

$$S(\alpha,N)=\sum_{2<p\leqslant N} e(\alpha p) \qquad ⑤$$

这样一来，猜想(A)就归结为要证明：对于偶数 $N\geqslant 6$，则有

$$D(N)>0$$

猜想(B)就归结为要证明：对于奇数 $N\geqslant 9$，则有

$$T(N)>0$$

于是，哥德巴赫猜想就转化为讨论关系式②④中的积分了.因而这就需要研究由⑤所确定的以素数为变数的三角和.⑤的性质知道了，其积分的值也就求出来了.⑤有什么性质呢？我们猜测：当 $\alpha$ 和分母“较小”的既约分数“接近”时，$S(\alpha,N)$ 就取“较大”的值；而当 $\alpha$ 和分母“较大”的既约分数“接近”时，$S(\alpha,N)$ 就取“较小”的值.这样我们就可把积分区间分成两部分，其中的一部分，是积分的主要项，积分易求出来，而另一部分，是积分的次要项，积分值可忽略不计.这就是圆法的主要思想.

下面就此稍加具体的说明.

设 $M,\tau$ 为两个正数,且

$$1 \leqslant M \leqslant \tau \leqslant N$$

考虑法雷数列

$$\frac{a}{q},(a,q)=1,0 \leqslant a < q,q \leqslant M$$

并设

$$E(q,a)=\left[\frac{a}{q}-\frac{1}{\tau},\frac{a}{q}+\frac{1}{\tau}\right]$$

以及

$$E_1=\bigcup_{1 \leqslant q \leqslant M} \bigcup_{\substack{0 \leqslant a < q \\ (a,q)=1}} E(q,a)$$

$$E_2=\left[-\frac{1}{\tau},1-\frac{1}{\tau}\right] \backslash E_1$$

易证,当

$$2M^2 < \tau$$

时,所有的小区间 $E(q,a)$ 是两两不相交的. 称 $E_1$ 为基本区间,$E_2$ 为余区间. 如果一个既约分数的分母不超过 $M$,我们就说它的分母是"较小"的,否则,就说是"较大"的. 如果两个点之间的距离不超过 $\tau^{-1}$,我们就说是"较近"的. 显然,当 $\alpha \in E_1$ 时,它就和一分母"较小"的既约分数"接近". 当 $\alpha \in E_2$ 时,可以证明它一定和一分母"较大"的既约分数"接近". 这样利用法雷数列就把积分区间 $\left[-\frac{1}{\tau},1-\frac{1}{\tau}\right]$ 分成了圆法所要求的两部分 $E_1$ 和 $E_2$.

为方便起见,我们把积分区间 $[0,1]$ 改为 $\left[-\frac{1}{\tau},1-\frac{1}{\tau}\right]$. 这样一来,②④ 的积分就分成两部分,即

$$D(N)=\int_{-\frac{1}{\tau}}^{1-\frac{1}{\tau}} S^2(\alpha,N)e(-N\alpha)\mathrm{d}\alpha=D_1(N)+D_2(N) \quad ⑥$$

其中

$$D_i(N)=\int_{E_i} S^2(\alpha,N)e(-N\alpha)\mathrm{d}\alpha, i=1,2$$

以及

$$T(N)=\int_{-\frac{1}{\tau}}^{1-\frac{1}{\tau}} S^3(\alpha,N)e(-N\alpha)\mathrm{d}\alpha=T_1(N)+T_2(N) \quad ⑦$$

其中

$$T_i(N)=\int_{E_i} S^3(\alpha,N)e(-N\alpha)\mathrm{d}\alpha, i=1,2$$

圆法就是要计算出 $D_1(N)$ 及 $T_1(N)$，并证明其为 $D(N)$，$T(N)$ 的主要项，而 $D_2(N)$，$T_2(N)$ 分别作为其次要项.

如果不加任何条件限制，那么难以计算出 $D(N)$，$T(N)$ 的渐近式. 这样一来，就想到把考虑问题的范围缩小，于是1923年，哈代、李特伍德取得了第一个突破，他们证明了如下结论.

在弱型广义黎曼猜想成立的前提下，每个大奇数一定可表示为三个奇素数之和，且有渐近公式

$$T(N)=\frac{1}{2}R_3(N)\frac{N^2}{\log^3 N}, N\to\infty \quad ⑧$$

其中

$$R_3(N)=\prod_{p\mid N}\left(1-\frac{1}{(p-1)^2}\right)\prod_{p\nmid N}\left(1+\frac{1}{(p-1)^3}\right) \quad ⑨$$

对于偶数又怎样呢？他们猜测有

$$D(N)=R_2(N)\frac{N}{\log^2 N}, N\to\infty$$

其中

$$R_2(N)=2\prod_{p>2}\left(1-\frac{1}{(p-1)^2}\right)\prod_{\substack{p\mid N\\ p>2}}\frac{p-1}{p-2}$$

对于一个大的猜想,在一段较长的时间解决不了,我们可以将猜想进行转化,可以对猜想加上前提条件,先得到一个带有假设性的结果,或者加上前提条件,再提出新的猜测,然后对这新的猜测进行探求.

显然,哈代、李特伍德没有证明任何无条件的结果,但是他们在证明有条件的结果时所创造的圆法,为人们指明了一个有成功希望的研究方向. 正如他们自己所说:“我们借助于堆垒数论中新的超越方法来攻这个问题,没有解决它,甚至也没有证明任何数是 1 000 000 个素数之和 …… 然而,我们证明了这个问题不是攻不动的 ……”这就是说,他们创造的圆法,消除了人们对研讨哥德巴赫猜想的悲观情绪,增进了解决此问题的必胜信心. 事实上,圆法为人们解决哥德巴赫猜想找到了一个有效途径,为下一个突破创造了良好的条件,同时,它在解决数论中的其他难题中也发挥了积极作用.

1937 年,苏联数学家维诺格拉多夫在“圆法”的基础上,再加上他独创的“三角和估计方法”,去掉了弱型广义黎曼猜想的前提,证明了每一个充分大的奇数都是三个奇素数之和,且有渐近公式 ⑧ 成立. 后来,有人用别的分析方法,也“无前提”地证明了这个结果. 这些大奇数究竟有多大? 它比 1 后面带上几十万个零还要大. 这虽然是一个天文数字,但剩下的数总是有限的,原则上总是可以一一验证的. 由无限转化到有限,这是一个重大突破,因此猜想(B) 算是基本解决了. 这

一结果通常叫作哥德巴赫－维诺格拉多夫定理，简称三素数定理.

维诺格拉多夫是怎样证明三素数定理的呢？

1935 年，佩吉证明了：

**定理 1**　设整数 $q \geqslant 3$，则对所有实的非主特征 $\chi(\bmod q)$[①]，当 $\sigma \geqslant 1-\frac{c_4}{\sqrt{q}\log^4 q}$ 时，有

$$L(\sigma,\chi) \neq 0$$[②]

**定理 2**　设整数 $q \geqslant 1$，$\chi$ 是模 $q$ 的实特征，则对任意给定的 $\varepsilon > 0$，一定存在一个常数 $c=c(\varepsilon) > 0$，使得 $L(s,\chi)$ 的非实零点 $\beta$，满足

$$\beta \leqslant 1-\frac{c(\varepsilon)}{q^{\varepsilon}}$$

由上述两个定理可推出相应的算术级数中素数分布的如下两个定理.

**定理 3**　设 $x \geqslant 2$，则对于任意固定的正数 $A > 1$，及任意的整数 $q,l$ 有

$$1 \leqslant q \leqslant \log^A x,(l,q)=1$$

有渐近公式

$$\psi(x;q,l)=\frac{x}{\phi(q)}+O(x\mathrm{e}^{-c_2\sqrt{\log x}})$$

$$\pi(x;q,l)=\frac{\mathrm{Li}\ x}{\phi(q)}+O(x\mathrm{e}^{-c_2\sqrt{\log x}})$$

成立，其中常数 $c_2$ 依赖于 $A$，且 $O$ 常数是一个绝对常数，$c_2$ 是不能实际计算出的常数.

---

① 特征 $\chi_{(h)}$ 属于模 $q$，记作 $\chi_{(h)}(\bmod q)$，模 $q$ 的特征 $\chi_{(h)}$ 称为模 $q$ 的主特征，其他的所有特征都称为非主特征.

② $L(\sigma,\chi)$ 为 $L$－函数.

**定理 4**　设 $x \geqslant y > 3$,则对所有的模 $q \leqslant y$,可能除一些"例外模"$q$—— 这些 $q$ 一定是某一个可能存在的 $q_0(q_0 \gg \log^2 y(\log\log y)^{-s})$ 的倍数 —— 以外,当 $(q,l)=1$ 时,有如下等式成立,即

$$\pi(x;q,l)=\frac{\mathrm{Li}\ x}{\phi(q)}+O(x\mathrm{e}^{-c_3\sqrt{\log x}})+O(x\mathrm{e}^{-c_3\frac{\log x}{\log y}})$$

其中,$O$ 常数及 $c_3$ 都是绝对且可计算的常数.

上述两个定理之一可推出如下结果.

**定理 5**　对于奇数 $N$ 表示为三个奇数之和的表法个数 $T(N)$ 有渐近公式

$$T(N)=\frac{1}{2}R_3(N)\frac{N^2}{\log^3 N}+O\left(\frac{N^2}{\log^4 N}\right)$$

其中,$R_3(N)$ 如式 ⑨ 所示,且 $R_3(N)>\frac{1}{2}$.

维诺格拉多夫成功地创造了素变数三角和估计方法,证明了哈代、李特伍德关于三角和 $S(\alpha,N)$ 性质的猜测,即证明了适当选取 $M,\tau$,当 $\alpha\in E_2$ 时,有

$$S(\alpha,N)\ll\frac{N}{\log^3 N} \tag{⑩}$$

由此易推出

$$T_2(N)\ll\frac{N}{\log^3 N}\int_0^1|S^2(\alpha,N)|\,\mathrm{d}\alpha\ll\frac{N^2}{\log^4 N}$$

这就表明 $T_2(N)$ 对 $T_1(N)$ 来说是可以忽略的次要项,从而就证明了三素数定理.

维诺格拉多夫处理基本区间 $E_1$ 上的积分用的是分析方法,而处理余区间 $E_2$ 上的积分用的是非分析方法.这种方法上的不一致就促使数学家去探索用分析方法得到线性素变数三角和 $S(\alpha,N)$ 的估计式 ⑩. 1945 年,林尼克提出了所谓的 $L$-函数零点密度估计

方法，他利用这个方法证明了估计式 ⑩，从而使三素数定理给出一个完全有意义的分析法证明. 他的这一方法解决了解析数论中的许多问题. 这种协调一致的方法上的思考是一种数学美的追求. 由于数学美的驱使，促使数学家去创造新的方法，而创造的新方法，又为解决更广泛的一类问题提供了新的工具. 由此看来，追求数学上的美是丰富和发展数学的一种不可忽视的动力.

维诺格拉多夫创造的估计三角和的方法是解析数论中的强有力的工具，应用这一方法，获得了解析数论中许多重要结果，为数论的发展起到了重要的推进作用.

三素数定理被证明了，接下来一个很自然的想法就是再推广这一结果. 1938 年，我国著名的数学家华罗庚证明了如下定理.

**定理 6**　对任意给定的整数 $k$，每一个充分大的奇数都可表为

$$p_1 + p_2 + p_3^k$$

其中，$p_1$，$p_2$，$p_3$ 为奇素数.

特别地，当 $k=1$ 时，就是三素数定理.

另一个自然的想法就是在定理中再加些限制条件进行讨论. 在前面的例子中，我们已经看到，一个奇数分成三个奇素数之和是不唯一的，同一个奇数，有的分解成的三个奇素数相差比较大，有的分解成的三个奇素数差不多一般大. 因此，可提出如下问题：

一个充分大的奇数可否表为三个几乎相等的奇素数之和.

20 世纪 50 年代人们开始研究这一问题，答案是肯

定的.

对于一个猜想,如果加上限制条件,还难以推出结论,就把结论再减弱,这也是解决猜想的一种重要途径. 1923 年,哈代、李特伍德得到了如下的假设性结果:如果广义黎曼猜想成立,那么几乎所有的偶数都能表为两个奇素数之和,即有如下定理.

**定理 7** 若以 $E(x)$ 表示不超过 $x$ 且不能表为两个奇素数之和的偶数个数,在 GRH[①] 下,则有

$$E(x) \ll x^{\frac{1}{2}+\varepsilon}$$

其中,$\varepsilon$ 为一个任意小的正数.

维诺格拉多夫证明了三素数定理之后不久,科皮特、楚德可夫(E. C. Чудаков)、埃斯特曼、海尔布朗及华罗庚,利用维诺格拉多夫的思想方法,几乎同时证明了如下定理.

**定理 8** 对于任给的正数 $A$,有

$$E(x) \leqslant \frac{x}{\log^A x}$$

下面把这一定理的证明思想简述如下.

我们把能够表为两个奇素数之和的偶数称为哥德巴赫数,而把不能够表为两个奇素数之和的偶数称为非哥德巴赫数. 所有不超过 $x$ 的非哥德巴赫数所组成的集合及其个数均用 $E(x)$ 表示. $E(x)$ 称作哥德巴赫数的例外集合. 于是,对于偶数的哥德巴赫猜想就是要证明:当 $x \geqslant 4$ 时,有

---

① 所有 $L(s,\chi)$ 的非显明零点亦都位于直线 $R,S=\frac{1}{2}$ 上,这就是广义黎曼猜想,简记作 GRH.

$$E(x)=2$$

设 $x$ 为充分大的正数，以 $D(n,x)$ 表示方程

$$n=p_1+p_2, 2<p_1\leqslant x, 2<p_2\leqslant x$$

的解数. 显然，当 $n\leqslant 4$ 或 $n>2x$ 时，恒有

$$D(n,x)=0$$

同时，若

$$D(n,x)>0$$

则 $n$ 一定是哥德巴赫数.

设 $S(\alpha,x)=\sum\limits_{2<p\leqslant x}e(\alpha p)$，则显然有

$$D(n,x)=\int_0^1 S^2(\alpha,x)e(-\alpha n)\mathrm{d}\alpha$$

设 $M=\log^{\lambda}x$，$\tau=x^{-1}$，$\lambda\geqslant 9$ 为待定正常数，对于这样的 $M,\tau$，可以确定基本区间 $E_1$ 和余区间 $E_2$. 于是，有

$$D(n,x)=\int_{-\frac{1}{\tau}}^{1-\frac{1}{\tau}} S^2(\alpha,x)e(-\alpha n)\mathrm{d}\alpha=D_1(n,x)+D_2(n,x)$$

其中

$$D_1(n,x)=\int_{E_1} S^2(\alpha,x)e(-\alpha n)\mathrm{d}\alpha=\int_{-\frac{1}{\tau}}^{1-\frac{1}{\tau}} S_1^2(\alpha,x)e(-\alpha n)\mathrm{d}\alpha$$

$$S_1(\alpha,x)=\begin{cases}S(\alpha,x),\alpha\in E_1\\0,\alpha\in E_2\end{cases}$$

$$D_2(n,x)=\int_{E_2} S^2(\alpha,x)e(-\alpha n)\mathrm{d}\alpha=\int_{-\frac{1}{\tau}}^{1-\frac{1}{\tau}} S_2^2(\alpha,x)e(-\alpha n)\mathrm{d}\alpha$$

$$S_2(\alpha,x)=\begin{cases}S(\alpha,x),\alpha\in E_2\\0,\alpha\in E_1\end{cases}$$

如果能够证明

$$|D_1(n,x)|>|D_2(n,x)| \quad ⑪$$

那么一定有

$$D(n,x)>0$$

因而 $n$ 就一定是哥德巴赫数. 利用维诺格拉多夫证明三素数定理的思想及如下关系式

$$\sum_n |D_1(n,x)|^2=\int_{-\frac{1}{\tau}}^{1-\frac{1}{\tau}}|S_1(\alpha,x)|^4\mathrm{d}\alpha=\int_{E_1}|S_1(\alpha,x)|^4\mathrm{d}\alpha$$

$$\sum_n |D_2(n,x)|^2=\int_{-\frac{1}{\tau}}^{1-\frac{1}{\tau}}|S_2(\alpha,x)|^4\mathrm{d}\alpha=\int_{E_2}|S_2(\alpha,x)|^4\mathrm{d}\alpha$$

就可证明:几乎对于所有不超过 $x$ 的偶数 $n$,都有式 ⑪ 成立.

这样一来,对于任意给定的正数 $A$, $\left(\frac{x}{2},x\right]$ 中的偶数 $n$,除了可能有远远小于 $\frac{x}{\log^A x}$ 个例外值,恒有

$$|D_1(n,x)|>|D_2(n,x)|$$

成立. 若以 $E_1(x)$ 表示区间 $\left(\frac{x}{2},x\right]$ 中的非哥德巴赫数的个数,则由此立即推出

$$E_1(x)\ll\frac{x}{\log^A x}$$

这样就推出了定理 8 成立.

定理 8 是利用圆法和维诺格拉多夫思想给予证明的. 当一个强有力的思想问世之后,数学家很快就会接受过来,从而大大推进对于偶数哥德巴赫猜想的研究.

研究猜想一方面要创造新的方法，另一方面也应对科学发展有强烈的敏感性，把其他创造的新思想、新方法移植到自己所研究的问题上来，这样才会给研究工作带来生机勃勃的新局面，做出具有重大意义的成果.

对于一个猜想得到一个较弱的结果之后，再向较强的结果一步步逼近，这是解决猜想的又一个重要途径.

1972年，沃恩证明了：

**定理9**　存在正常数 $c$，使

$$E(x) \ll x\exp(-c\sqrt{\log x}) \tag{12}$$

1975年，蒙哥马利和沃恩进一步改进了⑫，得到：

**定理10**　存在一个可计算的绝对正常数 $\Delta$，使得

$$E(x) \ll x^{1-\Delta}$$

为了证明这一结果，几乎用到了 $L-$ 函数零点分布的全部知识，并且把大筛法应用于对圆法中基本区间的讨论.

1979年，我国两名著名的数学家陈景润和潘承洞确定出常数 $\Delta > 0.01$. 这是目前对于例外集合 $E(x)$ 的阶的估计最好的结果.

### 8.4　筛法

为了证明可把一个偶数拆成两个奇素数之和，我们探讨与此问题有关的更加广泛的问题：

把一个偶数拆成两个数 $a$ 与 $b$ 之和，其中 $a$ 是一个有不超过 $a$ 个素因子的数，$b$ 是一个有不超过 $b$ 个素因子的数. 这样两个数称为殆素数，记作"$a+b$". 哥德巴赫猜想就是要证明"$1+1$". 通过逐步减少素因子的个数的办法来寻求解决猜想(A)的途径，筛法就成了一

个强有力的工具.

筛法是寻求素数的一个古老的方法. 这个方法是两千多年前古希腊学者埃拉托斯尼所创造的,称为埃拉托斯尼筛法. 用此方法可构造出不超过已知数 $N$ 的素数,现在叙述如下:

写出数 $1,2,\cdots,N$,在这一列数中第一个大于 1 的数是素数 2. 从数列中画掉 2 以外的所有 2 的倍数. 接着 2 的第一个没有被画掉的数是素数 3. 从数列中画掉 3 以外的所有 3 的倍数. 接着 3 的第一个没有被画掉的数是素数 5,这样继续下去,就得到不超过已知数 $N$ 的所有素数.

这是一种原始筛法,随着数学的发展,筛法也得到了发展. 什么是筛法? 现在用数学的语言叙述如下:

由有限个且满足一定条件的整数组成的集合以 $A$ 表之,满足一定条件的无限多个不同的素数组成的集合记为 $B$,$z \geqslant 2$ 为任一正数. 令

$$P(z)=\prod_{\substack{p<z \\ p \in B}} p$$

在集合 $A$ 中,所有与 $P(z)$ 互素的元素的个数记为 $S(A;B,z)$,即

$$S(A;B,z)=\sum_{\substack{a \in A \\ (a,P(z))=1}} 1$$

这里 $P(z)$ 就起到一个"筛子"的作用,凡是和它不互素的数都被"筛掉",而与它互素的数都被留下. 所谓"筛法"其含义也正是如此."筛子"的大小是与集合 $B$ 及 $z$ 有关的. $z$ 愈大,筛子就愈大,被筛掉的数就越多. $S(A;B,z)$ 是集合 $A$ 经过筛子 $P(z)$ 筛选后所剩下的元素的个数,我们称 $S(A;B,z)$ 为筛函数. 显然,筛法

的关键就在于对于筛函数要了如指掌.因此研究筛函数的性质及其作用就成为“筛法”中的基本问题，而其中最重要的问题之一就是估计筛函数 $S(A;B,z)$ 的上界和正的下界.

设 $A$ 是一个由有限个整数组成的集合(元素可重复)，$B$ 是一个由无限多个素数组成的集合.再设 $z\geqslant 2$ 是任意实数，并令

$$P(z)=\prod_{\substack{p<z\\ p\in B}} p$$

易知筛函数具有如下简单性质：

(1) $S(A;B,z)=|A|$ [①]；

(2) $S(A;B,z)\geqslant 0$；

(3) $S(A;B,z_1)\geqslant S(A;B,z_2)$，$2\leqslant z_1\leqslant z_2$；

(4) $$S(A;B,z)=\sum_{a\in A}\sum_{d\mid(a,P(z))}\mu(d)=\sum_{d\mid P(z)}\mu(d)\mid A_d\mid. \tag{13}$$

其中 $A_d$ 表示集合 $A$ 中所有能被 $d$ 整除的元素所组成的子集合.

解决一个具体问题，就是归结到所给的问题如何与筛函数发生联系.现在把筛函数与命题“$a+b$”的联系叙述如下.

设 $N$ 为一个大偶数，取集合

$$A=A(N)=\{n(N-n),1\leqslant n\leqslant N\}$$

所有素数组成的集合记为 $B$.再设 $\lambda\geqslant 2$，取 $z=N^{\frac{1}{\lambda}}$.如果能证明筛函数

$$S(A;B,N^{\frac{1}{\lambda}})>0$$

① $|A|$ 表示有限集合 $A$ 的元素的个数.

则显然就证明了命题“$a+a$”,其中

$$a=\begin{cases}\lambda-1,\lambda \text{ 是正整数}\\ [\lambda],\lambda \text{ 不是正整数}\end{cases}$$

特别地,当 $\lambda=2$ 时,这就证明了命题“$1+1$”.

另外,如果求得 $S(A;B,N^{\frac{1}{\lambda}})$ 的一个上界,那么,我们就相应地得到一个大偶数表为两个素因子个数不超过 $a$ 的数之和的表法个数的上界.

如果取集合

$$C=C(N)=\{N-p,p\leqslant N\}$$

我们能证明筛函数

$$S(C;B,N^{\frac{1}{\lambda}})>0$$

那么显然证明了命题“$1+a$”. 同样,如果求得 $S(C;B,N^{\frac{1}{\lambda}})$ 的一个上界,那么,我们也就相应地得到了偶数表为一个素数与一个素因子个数不超过 $a$ 的数之和的表法个数的上界.

由上述可知,命题“$a+b$”和求筛函数的正下界与上界这一问题密切相连. 其中 $z$ 不能取得太小(相对 $N$ 来说),一定要取 $N^{\frac{1}{\lambda}}$ 那么大的阶. 显然 $\lambda$ 取得越小越好. 如果一个筛法理论仅能对较小的 $z$(比如取 $\log N$)才能证明筛函数有正的下界估计,那么这种筛法理论对我们所讨论的问题是无用的. 古老的筛法正是这样的. 因此,要想解决我们的问题,必须发展已有的筛法. 由式 ⑬ 可以看出,筛函数 $S(A;B,z)$ 的估计和集合 $A_d,d\mid P(z)$ 有关. 如果对于给定的集合 $A$ 及 $B$,我们适当选取一个正数 $z>1$,及非负可乘函数

$$\omega(d),\mu(d)\neq 0,(d,\overline{B})=1$$[①]

并设

$$r_d=|A_d|-\frac{\omega(d)}{d}X \tag{14}$$

我们的目的就是用$\frac{\omega(d)}{d}X$代替$|A_d|$. 我们要求就某种平均意义上来说，使误差项$r_d$尽可能小. 怎样选取最好的$X$和$\omega(d)$，这可由集合$A$的性质来确定.

由 ⑬ 及 ⑭ 有

$$S(A;B,z)=\sum_{d\mid P(x)}\mu(d)\frac{\omega(d)}{d}X+\sum_{d\mid P(x)}\mu(d)r_d=$$

$$X\prod_{\substack{p<X\\ p\in B}}\left(1-\frac{\omega(p)}{p}\right)+\theta\sum_{d\mid P(x)}|r_d|,\ |\theta|\leqslant 1$$

当$z$相对于$X$并不是很大时，余项的项数$\sum\limits_{d\mid P(x)}1$，即$P(z)$的除数个数就可能很大，例如，取$P(z)=\prod\limits_{p<z}p$，则当$z>\log X$时，余项的项数就大于$X$，这样就不可能得到有用的估计. 这种方法仅当$z$很小时，例如，$z\ll\log\log X$才有效. 这就是所说的埃拉托斯尼筛法. 这种筛法在理论上是无用的，因为数论问题所需要的是$z$相对于$X$来说是较大的情况. 于是在1920年前后，布朗首先对埃拉托斯尼筛法做了重大改进. 布朗利用他的方法证明了命题"$9+9$". 由于这一方法获得了对于哥德巴赫猜想研究的重大成果，这就开辟了人们利用筛法研究猜想(A)及其他数论问题的新途径. 这种方

---

① $\overline{B}$表示所有不属于$B$的素数组成的集合. 设$\mu$是一个整数集合，$d$为一个整数，$(d,\mu)=1$表示$d$和$\mu$中每一个数都互素.

法叫布朗筛法. 1950 年前后，塞尔伯格对埃拉托斯尼筛法，利用求二次型极值的方法，做了另一个重大改进. 这种方法叫作塞尔伯格方法. 用这种方法，得到了筛函数的上界估计. 这两种方法的共同点在于设法控制余项的项数，使从余项所得的估计相对余项来说可以忽略不计，同时也要使主项得到尽可能好的估计.

把命题“$a+b$”和对一个筛函数的估计直接相联系，这样得到的结果是较弱的. 要得到较强的结果，还要设法通过另一途径来改进筛法. 1941 年，库恩首先提出了所谓的“加权筛法”. 后来数学家对各种形式的“加权筛法”进行了研究，从而使筛法的效用越来越大，所获得的结果也就得到不断的推进.

证明命题“$a+b$”的历史进展可概述如下：

1920 年，布朗证明了命题“$9+9$”；

1924 年，拉德马切尔证明了命题“$7+7$”；

1932 年，埃斯特曼证明了命题“$6+6$”；

1937 年，里奇证明了命题“$5+7$”“$4+9$”“$3+15$”以及“$2+366$”；

1938 年，布赫夕塔布证明了命题“$5+5$”；

1939 年塔尔塔柯夫斯基及 1940 年布赫夕塔布都证明了命题“$4+4$”；

1941 年，库恩提出了“加权筛法”，后来证明了命题“$a+b$”，其中 $a+b\leqslant 6$.

以上的结果都是利用布朗筛法得到的. 以下的结果都是利用塞尔伯格筛法得到的.

1956 年，王元证明了命题“$3+4$”；

1957 年，维诺格拉多夫证明了命题“$3+3$”；

1957 年，王元证明了命题“$2+3$”以及命题“$a+$

$b$”，其中 $a+b\leqslant 5$.

为了证明命题“$1+b$”，需要估计筛函数 $S(B;P,z)$. 当估计筛函数的上界与下界时，需要对主要项进行计算，对余项进行估计. 但在余项的估计上存在很大困难. 这实质上就归结到估计下面的和式

$$R(x,\eta)=\sum_{d\leqslant x^{\eta}}\mu^{2}(d)\max_{y\leqslant x}\max_{(l,d)=1}\left|\psi(y;d,l)-\frac{y}{\phi(d)}\right|$$

对于这一和式进行估计，需要利用复杂的解析数论方法.

1948 年，匈牙利数学家瑞尼利用林尼克所创造的大筛法，研究了 $L$－函数的零点分布，从而证明了一定存在一个正数 $\eta_0$，使对任意一个正数 $\eta<\eta_0$ 及任意正数 $A$，有估计式

$$R(x,\eta)\ll\frac{x}{\log^{A}x}\qquad(*)$$

成立. 进而利用布朗筛法和这一结果证明了“$1+b$”.

利用上述方法确定常数，$\eta_0$ 将是很小的，而 $b$ 将是很大的. 我们希望 $b$ 越小越好，这就需要改进方法，以便确定出尽可能大的 $\eta_0$.

1962 年，潘承洞证明了当 $\eta_0=\frac{1}{3}$ 时，上面的估计式（$*$）成立，从而证明了“$1+5$”.

1962 年，王元从进一步改进筛法着手，由 $\eta_0=\frac{1}{3}$ 推出了命题“$1+4$”. 同时还推得 $\eta_0$ 和 $b$ 之间的一个非显然联系，从而分别推出命题“$1+4$”和“$1+3$”.

1962 年潘承洞及 1963 年巴尔巴恩互相独立地证明了当 $\eta_0=\frac{3}{8}$ 时估计式（$*$）成立，并利用较简单的筛法证明了命题“$1+4$”.

1965 年,布赫夕塔布由 $\eta_0=\frac{3}{8}$ 推出了命题“1+3”.

1966 年,陈景润宣布他证明了命题“1+2”,1973 年,他给出了该命题的详细证明.陈景润之所以能使哥德巴赫猜想的研究推进一大步,是由于他提出了新的权函数.对于同一个问题,选取不同的权函数,就可以得到不同的结果.当权函数 $\rho(a)=1$ 时,可得到命题“1+4”,取 $\rho(a)=1-\frac{1}{2}\rho_1(a)$,就得到命题“1+3”,而取

$$\rho(a)=1-\frac{1}{2}\rho_1(a)-\frac{1}{2}\rho_2(a)$$

就证明了命题“1+2”.由此,我们可猜想,是否可用选取不同的权函数,去证明命题“1+1”呢?可是按此方向考虑问题是否能走通,到目前为止,还看不出有什么眉目.

通过命题“$a+b$”研究过程的简单概述,使我们看到,要推进对猜想研究的结果,应在对已取得成果的基础上,对所用的方法做些不同方向上的改进和突破.方法的改进和突破是在猜想的研究中产生的.方法和成果是相辅相成的,因此,我们对于猜想的研究,应从不同的角度加以探索,这样不但有利于猜想本身的解决,而且在解决猜想的过程中还可以大大丰富数学内容,促使数学理论的发展.

## §9　晶体学约束，置换和哥德巴赫猜想[①]

——John Bamberg Grant Cairns Devin Kilminster

### 9.1　介绍

本节的目的是对哥德巴赫猜想、晶体学约束(Crystallographic Restriction，缩写为 CR) 和对称群的元素的阶之间的联系谈谈一些看法. 首先，对群 $G$ 的一个元 $g$，如果使 $g^{\mathrm{Ord}(g)}=\mathrm{id}$ 成立的最小自然数存在，$g$ 的阶 $\mathrm{Ord}(g)$ 即定义为这个数，否则令 $\mathrm{Ord}(g)=\infty$. $n$ 维的晶体学约束定义为 $n\times n$ 整数矩阵取的有限阶的集合 $\mathrm{Ord}_n$，即

$$\mathrm{Ord}_n=\{m\in\mathbf{N}\mid\exists\mathbf{A}\in GL(n,\mathbf{Z}),\mathrm{Ord}(\mathbf{A})=m\}$$

它的名字来自于这样的事实，它与 $n$ 维(晶) 格的对称群可能的阶的集合一致，它们之间的联系是，对一个给定的格，存在一组明显选择的基使格的对称群能由整数矩阵表示. 在二维时，有著名的 CR：$\mathrm{Ord}_2=\{1,2,3,4,6\}$，这是自 René-Just 在 1822 年的有关晶体学的工作以来就知道的.

为了讨论 CR，我们如下定义一个函数 $\psi:\mathbf{N}\to\mathbf{N}\cup\{0\}$. 对奇素数 $p$ 和 $r-1,2,\cdots$，设 $\psi(p^r)=\phi(p^r)$，这里

① 原题：The Crystallographic Restriction，Permutations，and Goldbach's Conjecture. 译自：The Amer. Math. Monthly，2003，110(3)：202-209.

的 $\phi$ 是欧拉 totient 函数:$\phi(p^r)=p^r-p^{r-1}$. 对 $r>1$,设 $\psi(2^r)=\phi(2^r)$,$\psi(2)=0$,$\psi(1)=0$. 对 $i\in\mathbf{N}$,以 $p_i$ 表示第 $i$ 个素数. 如果 $m\in\mathbf{N}$ 有素分解 $m=\prod_i p_i^{r_i}$,设

$$\psi(m)=\sum_i\psi(p_i^{r_i})$$

相比的是标准公式 $\phi(m)=\prod_i\phi(p_i^{r_i})$. 这时,对 $n$ 维的 CR 有:

**定理 1** $\mathrm{Ord}_n=\{m\in\mathbf{N}\mid\psi(m)\leqslant n\}$.

注意到对所有的 $m$ 有 $\psi(m)$ 为偶数,因此对所有的$k\geqslant1$有 $\mathrm{Ord}_{2k+1}=\mathrm{Ord}_{2k}$. 所以,我们只需要对偶数 $n$ 考虑 $\mathrm{Ord}_n$ 即可. 对偶数 $n$,由定理 1 得到 $\mathrm{Ord}_n\setminus\mathrm{Ord}_{n-1}=\psi^{-1}(n)$,但仍不知道 $\psi^{-1}(n)$ 的公式,我们考虑图 1 中 $\psi$ 的图像就能充分意识到这一点.

## 9.2 计算 CR

设 $\mathrm{Ord}_n^+$ 和 $\mathrm{Ord}_n^-$ 分别表示 $\mathrm{Ord}_n$ 中偶数和奇数的子集. 我们有下面的公式

$$\mathrm{Ord}_n=\bigcup_{0\leqslant i\leqslant L(2,n)}2^i\,\mathrm{Ord}_{n-\psi(2^i)}^- \quad ①$$

这里$L(2,n)$代表满足$\psi(2^{L(2,n)})\leqslant n$的最大整数;就是说

$$L(2,n)=\begin{cases}[\log_2 n]+1,n>0\\1,n=0\end{cases}$$

这里的$[x]$代表 $x$ 的整数部分. ① 的证明只需要一点

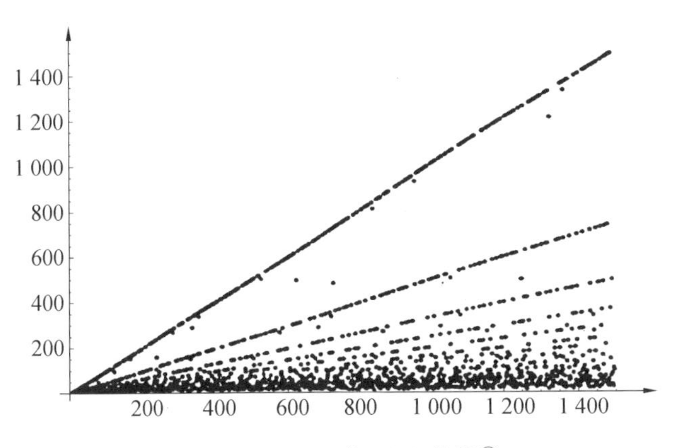


图1　$n\leqslant 1\,500$ 的 $\psi(n)$ 的值①

点观察：$\mathrm{Ord}_n$ 的每个元可以写成 $2^i x$ 的形式，这里 $i\geqslant 0$，$x$ 是奇整数. 公式①在实用中的好处是把问题简化到只计算 $\mathrm{Ord}_n$ 中的奇数元；Hiller 对 $n\leqslant 22$ 计算了 $\mathrm{Ord}_n\setminus\mathrm{Ord}_{n-1}$. 我们可以推广 Hiller 的想法，考虑 $\mathrm{Ord}_n^-$ 中不能被3整除的元，接着考虑在这些元中不能被5整除的元，等等.

在极限的情况，显然有

$$\begin{aligned}\mathrm{Ord}_n=\{2^{r_1}3^{r_2}\cdots p_l^{r_l}\mid\ & 0\leqslant r_1\leqslant L(2,n),\\ & 0\leqslant r_2\leqslant L(3,n-\psi(2^{r_1})),\cdots,\\ & 0\leqslant r_l\leqslant L(p_l,n-\psi(2^{r_1}3^{r_2}\cdots p_{l-1}^{r_{l-1}}))\}\end{aligned}$$

这里的 $p_l$ 是满足 $p_l\leqslant n+1$ 的最大素数，$L(p,n)$ 表示满足 $\psi(p^{L(p,n)})\leqslant n$ 的最大整数. 明确地，对任意的奇素数 $p$，我们有

① 明显的直线是形如 $kp$ 的数，其中 $p$ 是素数，而 $k$ 较小；在最上面两条线之间的孤立的点是素数幂（挂在最上面那条线下的那些点是素数的平方），在第2条和第3条线之间的点是两倍的素数幂……

$$L(p,n)=\begin{cases}\left[\log_p\left(\dfrac{n}{p-1}\right)\right]+1, & p\leqslant n+1\\ 0, & \text{否则}\end{cases}$$

这个简单直接的方法提供了一种快速计算 $\mathrm{Ord}_n$ 的手段(表 1 列出了 $n\leqslant 24$ 时的值). 这个方法也给出了一个计算 $\mathrm{Ord}_n$ 的大小的方法,即

$$|\mathrm{Ord}_n|=\sum_{0\leqslant r_1\leqslant L(2,n),0\leqslant r_2\leqslant L(3,n-\psi(2^{r_1})),\cdots,0\leqslant r_l\leqslant L(p_l,n-\psi(2^{r_1}3^{r_2}\cdots p_{l-1}^{r_{l-1}}))} 1$$

从计算的角度来讲,用下面的算法更有效. 对所有的 $n\in\mathbf{N}\cup\{0\}$,设 $T(n,0)=1$. 同时,对所有的正整数 $n$ 和 $k$,定义

$$T(n,k)=\sum_{0\leqslant r\leqslant L(p_k,n)} T(n-\psi(p_k^r),k-1)$$

这时,对 $n\geqslant 2$,当 $k\to\infty$ 时,$T(n,k)\to|\mathrm{Ord}_n|$,而且只要 $\psi(p_k)>n$,它就达到极限值. 图 2 显示了 $\dfrac{\log\log|\mathrm{Ord}_n|}{\log n}$ 的曲线,这里 $n\leqslant 40\ 000$;这个图像暗示了 $\log|\mathrm{Ord}_n|\sim n^c$,这里的 $c$ 是一个满足 $0.45<c<0.5$ 的常数.

### 9.3 置换和 CR

在对称群 $S_n$ 和一般线性群 $GL(n,\mathbf{Z})$ 之间有一个明显的联系;$S_n$ 的任意一个元 $\sigma$ 导出一个线性变换,它由 $\sigma$ 在 $\mathbf{R}^n$ 的标准基元 $\boldsymbol{e}_1,\cdots,\boldsymbol{e}_n$ 上的作用决定. 这给出了一个群同态 $S_n\to GL(n,\mathbf{Z})$,它的象叫作韦尔子群. 但是,$S_n$ 的这个表示不是不可约的,因为它在向量 $\boldsymbol{e}_1+\cdots+\boldsymbol{e}_n$ 上的作用是不变的. 相反,$S_n$ 标准的不可约表示是如下定义的群同态 $S_n\to GL(n-1,\mathbf{Z})$. 考虑与向量 $\boldsymbol{e}_1+\cdots+\boldsymbol{e}_n$ 垂直的超平面 $V$,即 $V$ 由那些坐标

和为0的向量组成. 很清楚, $V$ 在前面指出的 $S_n$ 的作用下不变, 因此我们得到了一个单射的群同态 $\rho$: $S_n \to \mathrm{End}(V)$, 这里的 $\mathrm{End}(V)$ 是 $V$ 的线性变换群. 向量空间 $V$ 有基 $\{\boldsymbol{e}_1-\boldsymbol{e}_2, \boldsymbol{e}_1-\boldsymbol{e}_3, \cdots, \boldsymbol{e}_1-\boldsymbol{e}_n\}$, 这时的 $\rho$ 可看作取 $GL(n-1,\mathbf{Z})$ 中的值. 例如, 对 $n=3$, 可以看到, 对 $V$ 上面特定的基, $\rho(S_3)$ 由下面的矩阵组成, 即

**表1　$n \leqslant 24$ 时的结晶体约束**

| $n$ | $\psi^{-1}\{n\} = \mathrm{Ord}_n \backslash \mathrm{Ord}_{n-1}$ |
|---|---|
| 2 | 3,4,6 |
| 4 | 5,8,10,12 |
| 6 | 7,9,14,15,18,20,24,30 |
| 8 | 16,21,28,36,40,42,60 |
| 10 | 11,22,35,45,48,56,70,72,84,90,120 |
| 12 | 13,26,33,44,63,66,80,105,126,140,168,180,210 |
| 14 | 39,52,55,78,88,110,112,132,144,240,252,280,360,420 |
| 16 | 17,32,34,65,77,99,104,130,154,156,165,198,220,264,315,330,336,504,630,840 |
| 18 | 19,27,38,51,54,68,91,96,102,117,176,182,195,231,234,260,308,312,390,396,440,462,560,660,720,1 260 |
| 20 | 25,50,57,76,85,108,114,136,160,170,204,208,273,364,385,468,495,520,528,546,616,770,780,792,924,990,1 008,1 320,1 680 |
| 22 | 23,46,75,95,100,119,135,143,150,152,153,190,216,224,228,238,255,270,286,288,306,340,408,455,480,510,585,624,693,728,880,910,936,1 092,1 155,1 170,1 386,1 540,1 560,1 848,1 980 |
| 24 | 69,92,133,138,171,189,200,266,272,285,300,342,357,378,380,429,456,476,540,570,572,612,672,680,714,819,858,1 020,1 040,1 232,1 365,1 584,1 638,1 820 |

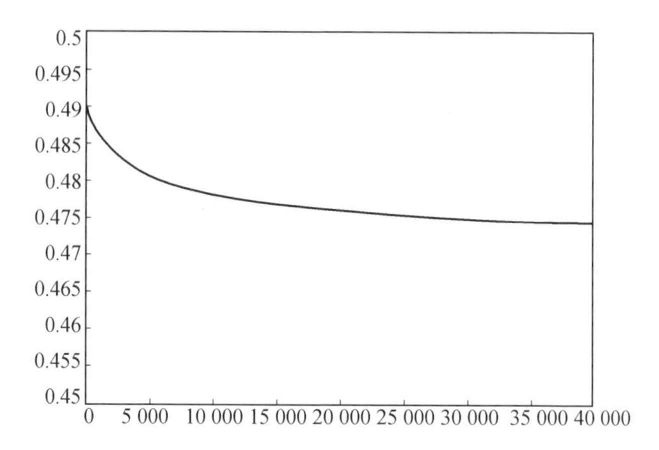


图 2　$n \leqslant 40\ 000$ 时的$(\log\log|\mathrm{Ord}_n|)/\log n$

$$\begin{pmatrix}1 & 0\\0 & 1\end{pmatrix},\begin{pmatrix}0 & 1\\1 & 0\end{pmatrix},\begin{pmatrix}-1 & 0\\0 & 1\end{pmatrix}$$

$$\begin{pmatrix}1 & 0\\0 & -1\end{pmatrix},\begin{pmatrix}-1 & -1\\1 & 0\end{pmatrix},\begin{pmatrix}0 & 1\\-1 & -1\end{pmatrix}$$

它们的阶分别为 1,2,2,2,3 和 3.

标准表示 $\rho: S_n \to GL(n-1,\mathbf{Z})$ 的两个重要的性质是,它是忠实的(即 $\rho$ 是单射),而且没有更小度数的忠实表示(即对任意小于 $n-1$ 的 $k$,不存在单射 $S_n \to GL(k,\mathbf{Z})$).换句话说,$S_n$ 是 $GL(n-1,\mathbf{Z})$ 的子群,但它不是 $GL(n-2,\mathbf{Z})$ 的子群.

$S_n$ 的元可能的阶可以用当它们是晶体学约束时类似的方法计算.考虑如下定义的函数 $S:\mathbf{N}\to\mathbf{N}$,即 $S(1)=1, S(m)=\sum_i p_i^{r_i}$,这里 $m>1$ 有素分解 $m=\prod_i p_i^{r_i}$.类似于定理 1,有:

**定理 2**　$S_n$ 有 $m$ 阶元当且仅当 $S(m)\leqslant n$.

与方程 $\psi^{-1}\{n\}=\mathrm{Ord}_n\setminus\mathrm{Ord}_{n-1}$ 类似,定理 2 指出

$S^{-1}\{n\}$ 是由 $S_n$ 中元可取但 $S_{n-1}$ 中元不可取的阶组成的集合. 集合 $S^{-1}\{n\}$ 可以用上小节描述的计算 $\psi^{-1}\{n\}$ 的程序计算(表 2 列出了 $n \leqslant 24$ 时的 $S^{-1}\{n\}$ 的值). 如表 1 和表 2 所示, 虽然 $S_n$ 和 $GL(n,\mathbf{Z})$ 之间存在联系,

**表 2　$S^{-1}\{n\}, n \leqslant 24$**

| $n$ | $S^{-1}\{n\}$ |
|---|---|
| 2 | 2 |
| 3 | 3 |
| 4 | 4 |
| 5 | 5,6 |
| 6 | |
| 7 | 7,10,12 |
| 8 | 8,15 |
| 9 | 9,14,20 |
| 10 | 21,30 |
| 11 | 11,18,24,28 |
| 12 | 35,42,60 |
| 13 | 13,22,36,40 |
| 14 | 33,45,70,84 |
| 15 | 26,44,56,105 |
| 16 | 16,39,55,63,66,90,120,140 |
| 17 | 17,52,72,210 |
| 18 | 65,77,78,110,126,132,168,180 |
| 19 | 19,34,48,88,165,420 |
| 20 | 51,91,99,130,154,156,220,252,280 |
| 21 | 38,68,80,104,195,231,315,330 |
| 22 | 57,85,102,117,182,198,260,264,308,360 |
| 23 | 23,76,112,273,385,390,462,630,660,840 |
| 24 | 95,114,119,143,170,204,234,240,312,364,396,440,504 |

但在 $S^{-1}\{n\}$ 和 $\psi^{-1}\{n\}$ 之间只有不太明显的关系. 例如,虽然没有从 $S_4$ 到 $GL(2,\mathbf{Z})$ 的单同态,但 $S_4$ 取的所有阶也在 $GL(2,\mathbf{Z})$ 中同样取得. 对这一点有一个简单的原因,正如下面的命题证明的那样.

**命题 1** 设 $n>2$ 是一个偶数. 如果 $S_n$ 包含一个 $m$ 阶元,那么 $GL(n-2,\mathbf{Z})$ 也包含同样阶的元.

**证明** 假设 $S_n$ 含有一个阶 $m=\prod_i p_i^{r_i}$ 的元. 按照定理 2,$S(m)\leqslant n$. 因此

$$\psi(m)\leqslant\sum_i\phi(p_i^{r_i})=S(m)-\sum_i p_i^{r_i-1}\leqslant n-\sum_i p_i^{r_i-1}$$

用定理 1,尚待证明 $\sum_i p_i^{r_i-1}\geqslant 2$. 如果 $m$ 的素分解涉及一个以上的素数,很清楚结论是成立的. 最后,$m=p^r$ 且 $p^{r-1}<2$ 的情况是不可能的,因为那样的话,$r=1$ 且 $m=p$,这与 $m$ 是偶数的假设矛盾.

在 $\mathrm{Ord}_n$ 和 $S_n$ 之间的更深一层联系是:

**命题 2** 如果 $m=p_1\cdots p_k$,这里 $p_1,\cdots,p_k$ 是不同的奇素数,那么存在一个 $m$ 阶的 $n\times n$ 整数矩阵当且仅当 $S_{n+1}$ 含有一个 $m$ 阶元.

**证明** 考虑到定理 1 和定理 2,只需要注意到 $\psi(m)\leqslant n$ 当且仅当 $(p_1-1)+\cdots+(p_k-1)\leqslant n$,这相当于说 $S(m)\leqslant n+k$.

注意,命题 2 中 $k=2$ 的情况对命题 1 中 $m$ 为两个素数的积的特殊情况给了一个反例. 参看表 1 和表 2,另一个性质也是明显的.

**命题 3** 下面的陈述成立:

(1) 对所有的 $n>6$,$S^{-1}\{n\}$ 非空;

(2) 对所有的偶数 $n\geqslant 2$,$\psi^{-1}\{n\}$ 非空.

在证明之前,我们注意到命题 3 的(2) 说明函数 $\psi$

映 **N** 到所有非负偶整数上. 这与 $\phi$ 一 函数的情况正好相反, $\phi$ 不是映到所有偶整数上的(比如, 没有什么数被 $\phi$ 映到 14); 相反, 卡迈克尔(R. D. Carmichael) 猜测, 对任意偶数 $x$, 集合 $\phi^{-1}\{x\}$ 或者是空的或者至少含有两个元.

**证明**　(1) 可由里切特的定理直接得到, 它说的是每个大于 6 的整数可以写作不同素数之和. 为了证明(2), 我们证明一个相似的结果: 对任意的偶数 $n \geqslant 2$, 存在不同的奇素数 $p_1, \cdots, p_k$ 使得 $\psi(p_1 \cdots p_k) = n$. 证明是对 $n$ 进行归纳. 首先, 注意到 $\psi(3) = 2$. 假设 $n = 2x \geqslant 4$, 按照 Bertrand 假设, 存在素数 $p$ 满足 $x + 1 < p \leqslant 2x + 1 = n + 1$. 如果 $p = n + 1$, 这时 $\psi(p) = n$, 我们完成证明, 否则, 设 $n' = n - p + 1$, 这时 $n'$ 是小于 $n$ 的偶数, 因此由归纳假设知存在不同的素数 $p_1, \cdots, p_k$ 使得 $\psi(p_1 \cdots p_k) = n'$. 注意到对每一个素数 $p_i$, 有

$$p_i = \phi(p_i) + 1 \leqslant \psi(p_1 \cdots p_k) + 1 = n' + 1$$

这样, 因为 $x + 1 < p$, 我们有

$$p_i \leqslant n - p + 2 < n - (x + 1) + 2 = x + 1 < p$$

特别地, 对任意的 $i$, $p_i \neq p$, 因此

$$\psi(p_1 \cdots p_k p) = \psi(p_1 \cdots p_k) + \phi(p) = n' + p - 1 = n$$

这样就完成了归纳.

### 9.4　与哥德巴赫猜想的联系

回忆哥德巴赫猜想, 它断言每一个大于 4 的偶自然数可以写作两个奇素数之和. 它的一个常见的变形是:

**强哥德巴赫猜想**　每一个大于 6 的偶自然数 $x$ 能写作两个不同奇素数之和.

Schinzel 证明哥德巴赫猜想隐含着每一个大于 17 的奇整数是三个不同素数之和，接着谢尔品斯基证明强哥德巴赫猜想等价于条件：每个大于 17 的整数是三个不同素数之和. 哥德巴赫猜想已经被验证直到 $4 \times 10^{14}$ 都成立，而且这些计算也支持强哥德巴赫猜想.

我们现在陈述强哥德巴赫猜想、结晶学约束、对称群的元的阶之间的联系.

**定理 3** 下面的陈述等价：

(1) 强哥德巴赫猜想是正确的；

(2) 对每个偶数 $n \geqslant 6$，存在一个 $pq$ 阶的 $n \times n$ 整数矩阵，这里的 $p$ 和 $q$ 是不同奇素数，而且不存在同样阶的更小的整数矩阵；

(3) 对每个偶数 $n > 6$，$S_n$ 中有一个阶为 $pq$ 的元，这里的 $p$ 和 $q$ 是不同奇素数，而且 $S_{n-1}$ 中不存在同样阶的元.

**证明** 为了证明(1) 和(2) 等价，只需要注意到当 $n \geqslant 6$ 时，$n+2=p+q$ 当且仅当 $n=(p-1)+(q-1)=\phi(pq)$，这里的 $p,q$ 是不同的奇素数. (1) 和(3) 的等价直接来自于定理 2.

最后，我们谈谈定理 3 与上下文的关系. 首先，读者容易验证，(1) 和(3) 的等价性可以直接证明，只要用到一个事实：每个置换是不相交的圈的积. 毫不奇怪，这后一个事实构成定理 2 的证明的基础. 其次，回忆厄多斯的猜想：对每个偶数 $x$，存在自然数 $a$ 和 $b$ 使得 $\phi(a)+\phi(b)=x$. 在定理3 中，(1) 隐含着(2) 只是一个明显而且众所周知的事实的另一种形式：强哥德巴赫猜想包含厄多斯猜想. 同样地，命题 3 中的陈述(2) 可以改述为下面的“厄多斯型”的形式：对每一个偶数

$n \geqslant 2$，存在不同奇素数 $p_1, \cdots, p_k$ 满足 $\phi(p_1)+\cdots+\phi(p_k)=n$.

（王平 译　戴宗铎 校）

## §10　关于余新河数学题[①]

——孙琦　郑德勋　张明志

四川大学数学系的孙琦、郑德勋、张明志三位教授1993年证明了：由余新河数学题可以推出哥德巴赫猜想.

余新河数学题是要求证明以下命题Y成立.

命题Y[②]　设数列：

$A_1$：

$$N=\frac{31K+5}{3}+(10K+1)P$$

$K=1,4,7,10,\cdots;P=0,1,2,3,\cdots$

$$N=\frac{11K+3}{3}+(10K+1)P$$

$K=3,6,9,12,\cdots;P=0,1,2,3,\cdots$

$$N=\frac{17K+7}{3}+(10K+3)P$$

$K=1,4,7,10,\cdots;P=0,1,2,3,\cdots$

$$N=\frac{7K+4}{3}+(10K+3)P$$

---

① 原载于《四川大学学报（自然科学版）》，1993，30(3)：325-330.

② 原数学题中，序列 $A_2$ 内似遗漏了 $N=1$，故加上.

$K = 2, 5, 8, 11, \cdots; P = 0, 1, 2, 3, \cdots$

$$N = \frac{29K + 28}{3} + (10K + 9)P$$

$K = 1, 4, 7, 10, \cdots; P = 0, 1, 2, 3, \cdots$

$$N = \frac{19K + 19}{3} + (10K + 9)P$$

$K = 2, 5, 8, 11, \cdots; P = 0, 1, 2, 3, \cdots$

$A_2$:

$$N = \frac{11K + 4}{3} + (10K + 1)P$$

$K = 1, 4, 7, 10, \cdots; P = 0, 1, 2, 3, \cdots$

$$N = \frac{31K + 6}{3} + (10K + 1)P$$

$K = 3, 6, 9, 12, \cdots; P = 0, 1, 2, 3, \cdots$

$$N = \frac{7K + 5}{3} + (10K + 3)P$$

$K = 1, 4, 7, 10, \cdots; P = 0, 1, 2, 3, \cdots$

$$N = \frac{17K + 8}{3} + (10K + 3)P$$

$K = 2, 5, 8, 11, \cdots; P = 0, 1, 2, 3, \cdots$

$$N = \frac{19K + 20}{3} + (10K + 9)P$$

$K = 1, 4, 7, 10, \cdots; P = 0, 1, 2, 3, \cdots$

$$N = \frac{29K + 29}{3} + (10K + 9)P$$

$K = 2, 5, 8, 11, \cdots; P = 0, 1, 2, 3, \cdots$

$N = 1$

$B_1$:

$$N = \frac{13K + 2}{3} + (10K + 1)P$$

$K=1,4,7,10,\cdots;P=0,1,2,3,\cdots$

$N=\frac{23K+3}{3}+(10K+1)P$

$K=3,6,9,12,\cdots;P=0,1,2,3,\cdots$

$N=\frac{29K+21}{3}+(10K+7)P$

$K=0,3,6,9,\cdots;P=0,1,2,3,\cdots$

$N=\frac{19K+14}{3}+(10K+7)P$

$K=1,4,7,10,\cdots;P=0,1,2,3,\cdots$

$B_2$：

$N=\frac{23K+4}{3}+(10K+1)P$

$K=1,4,7,10,\cdots;P=0,1,2,3,\cdots$

$N=\frac{13K+3}{3}+(10K+1)P$

$K=3,6,9,12,\cdots;P=0,1,2,3,\cdots$

$N=\frac{19K+15}{3}+(10K+7)P$

$K=0,3,6,9,\cdots;P=0,1,2,3,\cdots$

$N=\frac{29K+22}{3}+(10K+7)P$

$K=1,4,7,10,\cdots;P=0,1,2,3,\cdots$

$C_1$：

$N=\frac{7K+2}{3}+(10K+1)P$

$K=1,4,7,10,\cdots;P=0,1,2,3,\cdots$

$N=\frac{17K+3}{3}+(10K+1)P$

$K=3,6,9,12,\cdots;P=0,1,2,3,\cdots$

$N=\dfrac{29K+10}{3}+(10K+3)P$

$K=1,4,7,10,\cdots;P=0,1,2,3,\cdots$

$N=\dfrac{19K+7}{3}+(10K+3)P$

$K=2,5,8,11,\cdots;P=0,1,2,3,\cdots$

$C_2$:

$N=\dfrac{17K+4}{3}+(10K+1)P$

$K=1,4,7,10,\cdots;P=0,1,2,3,\cdots$

$N=\dfrac{7K+3}{3}+(10K+1)P$

$K=3,6,9,12,\cdots;P=0,1,2,3,\cdots$

$N=\dfrac{19K+8}{3}+(10K+3)P$

$K=1,4,7,10,\cdots;P=0,1,2,3,\cdots$

$N=\dfrac{29K+11}{3}+(10K+3)P$

$K=2,5,8,11,\cdots;P=0,1,2,3,\cdots$

$D_1$:

$N=\dfrac{23K+7}{3}+(10K+3)P$

$K=1,4,7,10,\cdots;P=0,1,2,3,\cdots$

$N=\dfrac{13K+4}{3}+(10K+3)P$

$K=2,5,8,11,\cdots;P=0,1,2,3,\cdots$

$N=\dfrac{19K+2}{3}+(10K+1)P$

$K=1,4,7,10,\cdots;P=0,1,2,3,\cdots$

$N=\dfrac{29K+3}{3}+(10K+1)P$

$K=3,6,9,12,\cdots;P=0,1,2,3,\cdots$

$$N=\frac{17K+12}{3}+(10K+7)P$$

$K=0,3,6,9,\cdots;P=0,1,2,3,\cdots$

$$N=\frac{7K+5}{3}+(10K+7)P$$

$K=1,4,7,10,\cdots;P=0,1,2,3,\cdots$

$D_2$：

$$N=\frac{13K+5}{3}+(10K+3)P$$

$K=1,4,7,10,\cdots;P=0,1,2,3,\cdots$

$$N=\frac{23K+8}{3}+(10K+3)P$$

$K=2,5,8,11,\cdots;P=0,1,2,3,\cdots$

$$N=\frac{29K+4}{3}+(10K+1)P$$

$K=1,4,7,10,\cdots;P=0,1,2,3,\cdots$

$$N=\frac{19K+3}{3}+(10K+1)P$$

$K=3,6,9,12,\cdots;P=0,1,2,3,\cdots$

$$N=\frac{7K+6}{3}+(10K+7)P$$

$K=0,3,6,9,\cdots;P=0,1,2,3,\cdots$

$$N=\frac{17K+13}{3}+(10K+7)P$$

$K=1,4,7,10,\cdots;P=0,1,2,3,\cdots$

约定从自然数列中扣除某一数列而余下的数列称为该数列的对偶数列. 令 $A'_1,A'_2,B'_1,B'_2,C'_1,C'_2,D'_1,D'_2$ 分别表示 $A_1,A_2,B_1,B_2,C_1,C_2,D_1,D_2$ 的对偶数列,则下列 24 个等式成立:

$A'_i+B'_j=\{a+b \mid a\in A'_i,b\in B'_j\}=\mathbf{Z}^*,i=1,2,j=1,2$;

$A'_i+C'_j=\{a+c \mid a\in A'_i,c\in C'_j\}=\mathbf{Z}^*,i=1,2,j=1,2$;

$A'_i+D'_j=\{a+d \mid a\in A'_i,d\in D'_j\}=\mathbf{Z}^*,i=1,2,j=1,2$;

$B'_i+C'_j=\{b+c \mid b\in B'_i,c\in C'_j\}=\mathbf{Z}^*,i=1,2,j=1,2$;

$B'_i+D'_j=\{b+d \mid b\in B'_i,d\in D'_j\}=\mathbf{Z}^*,i=1,2,j=1,2$;

$C'_i+D'_j=\{c+d \mid c\in C'_i,d\in D'_j\}=\mathbf{Z}^*,i=1,2,j=1,2$.

其中 $\mathbf{Z}^*$ 表示除 1 和 2 以外的全体自然数的集合.

本节将证明以下定理:

**定理** 若命题 Y 成立,则哥德巴赫猜想成立,即对于 $2n>4$,有 $2n=p_1+p_2$,其中 $p_1,p_2$ 为奇素数.

**证明** 利用简单的变数替换可得

$$A_1:\begin{cases}N=30xy+31x+11y+12\\N=30xy+17x+13y+8\\N=30xy+23x+7y+6\\N=30xy+29x+19y+19\end{cases},x\geqslant 0,y\geqslant 0$$

$$A_2:\begin{cases}N=30xy+11x+11y+5\\N=30xy+31x+31y+33\\N=30xy+13x+7y+4\\N=30xy+23x+17y+14\\N=30xy+19x+19y+13\\N=30xy+29x+29y+29\\N=1\end{cases},x\geqslant 0,y\geqslant 0$$

$$B_1:\begin{cases}N=30xy+13x+11y+5\\N=30xy+31x+23y+24\\N=30xy+29x+7y+7\\N=30xy+19x+17y+11\end{cases},x\geqslant 0,y\geqslant 0$$

$$B_2:\begin{cases}N=30xy+23x+11y+9\\N=30xy+31x+13y+14\\N=30xy+19x+7y+5\\N=30xy+29x+17y+17\end{cases},x\geqslant 0,y\geqslant 0$$

$$C_1:\begin{cases}N=30xy+11x+7y+3\\N=30xy+31x+17y+18\\N=30xy+29x+13y+13\\N=30xy+23x+19y+15\end{cases},x\geqslant 0,y\geqslant 0$$

$$C_2:\begin{cases}N=30xy+17x+11y+7\\N=30xy+31x+7y+8\\N=30xy+19x+13y+9\\N=30xy+29x+23y+23\end{cases},x\geqslant 0,y\geqslant 0$$

$$D_1:\begin{cases}N=30xy+23x+13y+10\\N=30xy+19x+11y+7\\N=30xy+31x+29y+30\\N=30xy+17x+7y+4\end{cases},x\geqslant 0,y\geqslant 0$$

$$D_2:\begin{cases}N=30xy+13x+13y+6\\N=30xy+23x+23y+18\\N=30xy+29x+11y+11\\N=30xy+31x+19y+20\\N=30xy+7x+7y+2\\N=30xy+17x+17y+10\end{cases},x\geqslant 0,y\geqslant 0$$

我们可以证明：

$N\in A'_1$ 的充分必要条件是 $30N-19$ 为素数 ①

$N \in A'_2$ 的充分必要条件是 $30N-29$ 为素数 ②

$N \in B'_1$ 的充分必要条件是 $30N-7$ 为素数 ③

$N \in B'_2$ 的充分必要条件是 $30N-17$ 为素数 ④

$N \in C'_1$ 的充分必要条件是 $30N-13$ 为素数 ⑤

$N \in C'_2$ 的充分必要条件是 $30N-23$ 为素数 ⑥

$N \in D'_1$ 的充分必要条件是 $30N-1$ 为素数 ⑦

$N \in D'_2$ 的充分必要条件是 $30N-11$ 为素数 ⑧

兹以证明式 ② 为例,其余结论可类似推出.

易知,$N>1$,$N \in A_2$ 的充要条件是,$30N-29$ 可表为下面 6 种分解式之一:

$$30N-29=(30x+11)(30y+11),x \geqslant 0,y \geqslant 0 \quad ⑨$$

$$30N-29=(30x+31)(30y+31),x \geqslant 0,y \geqslant 0 \quad ⑩$$

$$30N-29=(30x+7)(30y+13),x \geqslant 0,y \geqslant 0 \quad ⑪$$

$$30N-29=(30x+17)(30y+23),x \geqslant 0,y \geqslant 0 \quad ⑫$$

$$30N-29=(30x+19)(30y+19),x \geqslant 0,y \geqslant 0 \quad ⑬$$

$$30N-29=(30x+29)(30y+29),x \geqslant 0,y \geqslant 0 \quad ⑭$$

因此,当 $30N-29$ 为素数时,有 $N \in A'_2$. 反之,如果 $30N-29$ 为 1 或合数,则有

$$N=1 \text{ 或 } 30N-29=(30x+r_1)(30y+r_2) \quad ⑮$$

其中,$xy \geqslant 0$,$(r_1,30)=(r_2,30)=1$,$1<r_1,r_2 \leqslant 31$. 于是

$$r_1 r_2 \equiv 1 \pmod{30} \quad ⑯$$

(i) 若 $r_1 \equiv r_2 \pmod{30}$,则 $r_1^2 \equiv 1 \pmod{30}$,易知

此同余式仅有4个解

$$r_1 \equiv \pm 1, \pm 11 \pmod{30}$$

因此$r_1 = 31, 29, 11, 19$，即式⑩⑭⑨⑬成立．于是$N \in A_2$．

(ii) 若$r_1 \not\equiv r_2 \pmod{30}$，易知这时仅有$r_1 = 7$，$r_2 = 13$及$r_1 = 17, r_2 = 23$这两种可能（不考虑$r_1, r_2$的顺序），即式⑪或⑫成立．于是，仍有$N \in A_2$．证毕．

由关于算术级数中素数的迪利克雷定理知，$A'_1$，$A'_2, \cdots, D'_2$中均有无穷多个素数．

对任意一个大于或等于60的偶数$2m$，依mod 30，总可表为$30N + r$，其中$N \geqslant 2$，且

$$r \in E = \{0, 2, 4, 6, 8, 10, 12, \\ 14, 16, 18, 20, 22, 24, 26, 28\}$$

不难验证，对$\forall r \in E$，均存在$r_1, r_2$，满足：$r_1, r_2$分属4组数

$$\{-19, -29\}, \{-7, -17\}, \{-13, -23\}, \{-1, -11\}$$

中不同的两组，且

$$r \equiv r_1 + r_2 \pmod{30}$$

例如，当$r = 0$时，取$r_1 = -19, r_2 = -11$即可．假如命题Y成立，由$A'_1 + D'_2 = \mathbf{Z}^*$知，存在素数$30N_1 - 19$，$30N_2 - 11$，使$N_1 + N_2 = N + 1$，于是

$$30N = 30(N_1 + N_2 - 1) = \\ (30N_1 - 19) + (30N_2 - 11)$$

即哥德巴赫猜想对$30N(N \geqslant 2)$成立．对其他$r \in E$，类似可证．对$4 < 2m < 60$，可直接验证哥德巴赫猜想成立．证毕．

几点说明：

(1) 命题Y中有的组里的序列有重复，因而可以

去掉,如 $A_1$ 中的

$$N=\frac{31K+5}{3}+(10K+1)P$$

$$K=1,4,7,10,\cdots;P=0,1,2,3,\cdots$$

与

$$N=\frac{11K+3}{3}+(10K+1)P$$

$$K=3,6,9,12,\cdots;P=0,1,2,3,\cdots$$

均可变换为

$$N=30xy+31x+11y+12,x,y\geqslant 0$$

(2) 命题 Y 强于哥德巴赫猜想. 实际上,由命题 Y 可推出大于 6 的偶数均可表为相异的奇素数之和.

(3) 利用命题 Y 证明哥德巴赫猜想,其基本思想是用两个算术级数中的素数之和表示一个算术级数中的偶数. 这些算术级数的公差或模是相同的. 命题 Y 中以 $K=30$ 为模. 对其他模,如 $K=10$,我们可以得到类似的命题. 实际上,可以考虑一个更一般的猜想:

猜想 A　设 $k$ 为一个适当选取的正偶数,对任意整数 $r_1,r_2,1\leqslant r_1<r_2<k,(r_1,k)=(r_2,k)=1$,存在正整数 $n_0$,满足:

设 $M_1=\{n\in\mathbf{Z}_+\mid kn+r_1$ 为素数$\}$,$M_2=\{n\in\mathbf{Z}_+\mid kn+r_2$ 为素数$\}$,$M=\{n\in\mathbf{Z}_+\mid n\geqslant n_0\}\}$,则有

$$M_1+M_2=\{n_1+n_2\mid n_1\in M_1,n_2\in M_2\}=M$$

如果能证明猜想 A,则不难证明哥德巴赫猜想. 同时,由于集合 $M_1,M_2$ 比素数集更稠密,考虑猜想 A 显得比直接考虑哥德巴赫猜想更为有利. 实际上,令

$$M_1(x)=\{n\leqslant x\mid kn+r_1\text{ 为素数}\}$$

在熟知的渐近公式 $\pi(x;k,r_1)\sim\frac{x}{\varphi(k)\log x}$ 中令 $x=$

$(k+1)y$,得

$$|M_1(y)| = \pi((k+1)y;k,r_1) \sim \frac{(k+1)y}{\varphi(k)\log[(k+1)y]} \sim \frac{k+1}{\varphi(k)}\frac{y}{\log y} \sim \frac{k+1}{\varphi(k)}\pi(y)$$

适当选取 $k$ 可使$\frac{k+1}{\varphi(k)}$任意大.

虽然如此,猜想 A 仍然显得十分困难.

(4) 在计算机上的数值验证表明,命题 Y 成立的可能性很大.

# 哥德巴赫猜想综述

# 第2章

## §1 哥德巴赫猜想(Ⅲ)[①]

——王元

### 1.1 导论

在1742年写给欧拉的一封信中，哥德巴赫建议了关于整数表为素数和的两个猜想，用略为修改过的语言，可以将这两个猜想表述如下：

(A)每一大于或等于6的偶数都是两个奇素数之和.

(B)每一大于或等于9的奇数都可以表为三个奇素数之和.

① 摘自：王元．哥德巴赫猜想．哈尔滨：黑龙江教育出版社，1987.

显然，由(A)可以推出(B).

在回复哥德巴赫的信中，欧拉表示虽然他不能证明它们，但他深信这些猜想是对的.

从哥德巴赫写信起到今天，已经积累了不少宝贵的数值资料，指出这两个猜想是对的. 例如，Shen Mok Kong 验证过猜想(A)对于不超过 $3.3\times10^7$ 的偶数是对的. 勒依特(Light)、富勒斯(Forres)、哈蒙特(Hammond)与洛易(Roe)进一步验算至 $10^8$. 尹定更验算至 $5\times10^8$.

在 1900 年巴黎召开的第二届国际数学家大会上，希尔伯特在他的著名演说中，为 20 世纪的数学家建议了 23 个问题，而猜想(A)就是他的第 8 个问题的一部分. 1912 年在剑桥召开的第五届国际数学家大会上，朗道在他的演说中，将猜想(A)作为素数论中四个未解决的难题之一加以推荐. 进而言之，1921 年，哈代在哥本哈根数学会的演讲中宣称猜想(A)的困难程度“是可以与数学中任何未解决的问题相比拟的”. 因此哥德巴赫猜想不仅是数论，也是整个数学中最著名与困难的问题之一.

自从哥德巴赫写信之日起，直至 1920 年，并没有方法来处理这个问题. 研究工作仅限于用数值计算来验证猜想(A)，或对于猜想(A)做一些进一步的建议.

哥德巴赫猜想第一次重大的突破是 20 世纪 20 年代获得的，英国数学家哈代与李特伍德用他们的“圆法”在 1923 年证明了在广义黎曼猜想正确的前提之下，每个充分大的奇数都是三个奇素数之和及几乎所有的偶数都是两个奇素数之和. 挪威数学家布朗在 1919 年用他的“筛法”证明了每个大偶数都是两个素因子个数均不超过 9 的整数之和. 1930 年,苏联数学家须尼尔曼用布朗筛法结合他自己定义的整数密率,证明了堆垒素数论的第一个结果,即任何大于或等于 2 的整数都是不超过 $C$ 个素数之和,此处及以后,我们用 $c, c_1, c_2, \cdots$ 表示绝对常数,但在不同的地方可以表示不相同的数值. 近 70 年来,哥德巴赫问题的研究有了重大与深刻的发展,特别是苏联数学家维诺格拉多夫用圆法及他自己关于素数变数的指数和估计的天才方法,于 1937 年无条件地证明了哈代与李特伍德的两个结论,即取消了他们证明中对于广义黎曼猜想的依赖性. 布朗方法及他的结果在经历了一系列重大改进后,中国数学家陈景润于 1966 年证明了每个大偶数都是一个素数及一个不超过两个素数之积的和.

我们必须注意,哥德巴赫猜想研究的突破与 19 世纪解析数论的重大成就是明显不可分割的,特别是切比雪夫、迪利克雷、黎曼、阿达玛、德・拉・瓦・布桑(de la Vallee Poussin)与冯・曼哥尔德(von Mangoldt)关于素数分布的理论构成了哥德巴赫猜想当今研究的前提.

现在,我们将哥德巴赫猜想研究的主要构思与进展,概要地叙述于后.

(1)圆法.

圆法起始于哈代与拉马努金关于整数分拆与表整数为平方和的一篇文章,更进一步,从 1920 年开始,在总标题为《"整数分拆"的若干问题》(*Some problems of "partitio numerorum"*)的一系列论文中,哈代与李特伍德系统地开始并发展了堆垒数论中的一个崭新的分析方法——圆法,其中文章(Ⅲ)与(Ⅴ)是讨论哥德

巴赫猜想问题的.

令

$$\zeta(s)=\sum_{n=1}^{\infty}\frac{1}{n^{s}},s=\sigma+\mathrm{i}t,\sigma>1$$

当 $\sigma\leqslant 1$ 时,$\zeta(s)$ 可以由解析开拓来定义. $\zeta(s)$ 称为黎曼 Zeta 函数. 黎曼曾猜测 $\zeta(s)$ 在半平面 $\sigma>0$ 上所有的零点 $\rho=\beta+\mathrm{i}\gamma$ 都位于直线 $\sigma=\frac{1}{2}$ 上. 这是一个未解决的问题,我们记之为 RH(黎曼猜想). 一个较弱的猜想是说,$\sigma>0$ 上面的每个 $\rho$ 的实部均小于或等于 $\theta$,此处 $\theta$ 满足 $\frac{1}{2}\leqslant\theta<1$. 这称为弱黎曼猜想,记之为 QRH. 更一般些,我们可以研究迪利克雷 $L-$ 函数

$$L(s,\chi)=\sum_{n=1}^{\infty}\frac{\chi(n)}{n^{s}},s=\sigma+\mathrm{i}t,\sigma>1$$

此处 $\chi(n)$ 为 $\bmod q$ 的一个特征. 若 $\chi\neq\chi_0$,则它在 $s$ 平面上正则,此处 $\chi_0$ 表示主特征;否则,它仅在 $s=1$ 有一个唯一的极,并且 $L(s,\chi_0)=\prod_{p\mid q}\left(1-\frac{1}{p^{s}}\right)\zeta(s)$,此处 $p$ 表示素数. 类似于 RH 与 QRH,我们可以定义 GRH 与 QGRH,即 $L(s,\chi)$ 在 $\sigma>0$ 上的所有零点都位于 $\sigma=\frac{1}{2}$ 上,及 $L(s,\chi)$ 在 $\sigma>0$ 上的每一零点 $\rho$ 都满足 $\beta\leqslant\theta$,此处 $\theta$ 是一个满足上述条件的常数. 哈代与李特伍德的两个结果是基于假定 QGRH 之下而得到的,此处 $\theta$ 满足 $\frac{1}{2}\leqslant\theta<\frac{3}{4}$.

此后,我们用 $p,p',p_1,p_2,\cdots$ 表示素数. 令 $n$ 为一个大于 1 的整数,令

$$f(x)=\sum_{p>2}(\log p)x^{p} \tag{①}$$

此处 $|x|=\mathrm{e}^{-\frac{1}{n}}$,则

$$f^{3}(x)=\sum_{n=1}^{\infty}r_{3}(n)x^{n}$$

此处

$$r_{3}(n)=\sum_{p_{1}+p_{2}+p_{3}=n}\log p_{1}\log p_{2}\log p_{3} \tag{②}$$

为将 $n$ 表为三个素数之和的表示法的加权和.我们可以类似地定义 $r_{2}(n)$.所以猜想(A)与(B)可以表述为

$$r_{2}(n)>0,2\mid n,n>4$$
$$r_{3}(n)>0,2\nmid n,n>7$$

由柯西积分公式得

$$r_{3}(n)=\frac{1}{2\pi\mathrm{i}}\int_{\Gamma}f^{3}(x)x^{-n-1}\mathrm{d}x \tag{③}$$

此处 $\Gamma$ 表示以 0 为中心,$\mathrm{e}^{-\frac{1}{n}}$ 为半径的圆周.因 $f(x)$ 可以精密地由 $f\left(\mathrm{e}^{-\frac{1}{n}}e\left(\frac{h}{q}\right)\right)$ 来近似逼近,此处 $e(y)=\mathrm{e}^{2\pi\mathrm{i}y}$ 及 $x(x\in\Gamma)$ 为 $\mathrm{e}^{-\frac{1}{n}}e\left(\frac{h}{q}\right)$ 的一个邻近点,所以 $\Gamma$ 被分割为诸小弧 $\xi_{hq}$ 之和,此处 $\xi_{hq}$ 上的点 $x$ 的辐角位于

$$\left(\frac{h}{q}-\frac{1}{q(q+q')}\right)2\pi \text{ 与 } \left(\frac{h}{q}+\frac{1}{q(q+q'')}\right)2\pi \pmod 1$$

之间,其中 $\frac{h'}{q'},\frac{h}{q},\frac{h''}{q''}$ 是阶为 $N=[\sqrt{n}]$ 的法雷数列中的三个相邻项,因此

$$r_{3}(n)=\sum_{q=1}^{N}\sum_{h(\bmod q)}{}'\frac{1}{2\pi\mathrm{i}}\int_{\xi_{hq}}f^{3}(x)x^{-n-1}\mathrm{d}x \tag{④}$$

此处 $h$ 过 $\bmod q$ 的一个缩剩余系.当 $x\in\xi_{hq}$ 时,置

$$x=e\left(\frac{h}{q}\right)\mathrm{e}^{-Y},Y=\eta+\mathrm{i}\theta$$

则在假定 QGRH 之下，其中$\frac{1}{2} \leqslant \theta < \frac{3}{4}$，哈代与李特伍德证明了

$$f(x) = \varphi + \Phi \quad ⑤$$

此处

$$\varphi = \frac{\mu(q)}{\varphi(q)Y}, \Phi = O(n^{\theta + \frac{1}{4}}(\log n)^{C})$$

式中 $\mu(q)$ 与 $\varphi(q)$ 分别表示麦比乌斯函数与欧拉函数. 将 ⑤ 代入 ④ 得

$$r_3(n) \sim \frac{1}{2} \prod_{p \nmid n} \left(1 + \frac{1}{(p-1)^3}\right) \prod_{p \mid n} \left(1 - \frac{1}{(p-1)^2}\right) n^2, 2 \nmid n \quad ⑥$$

即当 $2 \nmid n$ 及 $n$ 充分大时，命题(B) 成立. 进而言之，我们容易从 ⑥ 推出将奇数 $n$ 表为三个素数之和的表法数 $R_3(n)$ 的渐近公式，即 $R_3(n)$ 渐近地等于 $r_3(n) \cdot (\log n)^{-3}$，但用圆法来处理 $r_2(n)$ 却是无效的，即使假定了 GRH 的真实性亦是如此. 主要困难不在于主项而在于误差项. 因此，若在 ⑤ 中将 $\Phi$ 略去，即 $\varphi$ 被用来代替 $f$，则得

$$r_2(n) \sim 2 \prod_{p>2} \left(1 - \frac{1}{(p-1)^2}\right) \prod_{\substack{p \mid n \\ p>2}} \frac{p-1}{p-2} n^2, 2 \mid n \quad ⑦$$

由 ⑦ 可知将偶数 $n$ 表为两个素数之和的表法数 $R_2(n)$ 渐近地等于$r_2(n)(\log n)^{-2}$. 这是哈代与李特伍德关于猜想(A) 的著名猜想.

在假定 GRH 之下，哈代与李特伍德证明了

$$\sum_{\substack{m=2 \\ 2 \mid m}}^{n} \left(r_2(m) - 2 \prod_{p>2} \left(1 - \frac{1}{(p-1)^2}\right) \prod_{\substack{p \mid m \\ p>2}} \frac{p-1}{p-2} m^2\right)^2 = O(n^{\frac{5}{2}+\varepsilon}) \quad ⑧$$

此后,我们用 $\varepsilon$ 表示任意给定的正数,及含于记号 $O$ 中的常数仅依赖于 $\varepsilon$. 令 $E(n)$ 表示不超过 $n$ 的偶数中使猜想(A)不成立的偶数个数,则由 ⑧ 立刻推出

$$E(n)=O(n^{\frac{1}{2}+\varepsilon}) \tag{9}$$

由此推知几乎所有的偶数都是两个素数之和.

以后,维诺格拉多夫对圆法做出了一系列重大的改进,其中之一是用有限和

$$F(\alpha)=\sum_{2<p\leqslant n}e(\alpha p) \tag{10}$$

来代替 $f(x)$. 因简单的正交关系

$$\int_0^1 e(\alpha k)\,\mathrm{d}\alpha=\begin{cases}1,\text{当 } k=0 \text{ 时}\\0,\text{其他情形}\end{cases} \tag{11}$$

得出

$$R_3(n)=\sum_{p_1+p_2+p_3=n}1=\int_0^1 F^3(\alpha)e(-\alpha n)\,\mathrm{d}\alpha \tag{12}$$

用这个公式来代替 ③.

维诺格拉多夫的改进源于他在 1928 年关于华林问题的一篇文章.

令 $\tau=n^{-1}(\log n)^{c_1}$ 及 $Q=(\log n)^{c_2}$. 当 $q\leqslant Q$ 时,令

$$M_{hq}=\left[\frac{h}{q}-\tau,\frac{h}{q}+\tau\right],(h,q)=1$$

这称为一段"优弧". 当 $n$ 充分大时,诸优弧是互不相交的. 所有 $M_{hq}$ 的和集记为

$$M=\bigcup_{1<q\leqslant Q}\ {\bigcup_{h(\bmod q)}}' M_{hq}$$

它关于[0,1]的余集称为"劣弧",记为 $m$,所以有

$$R_3(n)=\int_M F^3(\alpha)e(-\alpha n)\,\mathrm{d}\alpha+\int_m F^3(\alpha)e(-\alpha n)\,\mathrm{d}\alpha=$$
$$I+J(\text{定义}) \tag{13}$$

因此对于充分大的 $n$,(B) 的证明归结为往证 $I$ 给出 $R_3(n)$ 的主项而 $J$ 仅给出低阶项.

注记:首先是哈代与李特伍德在他们关于华林问题的工作中提出了优弧与劣弧的划分.

估计 $I$ 的困难是由下面的西格尔－瓦尔菲茨(Walfisz)定理克服的.

令 $q\leqslant Q$ 及 $(h,q)=1$,则

$$\pi(x,q,h)=\sum_{\substack{p\leqslant x\\ p\equiv h(\bmod q)}}1=\frac{1}{\varphi(q)}\int_2^x\frac{\mathrm{d}t}{\log t}+O(x\mathrm{e}^{-c\sqrt{\log x}}) \tag{⑭}$$

此处隐含于 $O$ 中的常数依赖于 $c_2$.

由 ⑭ 可知

$$F(\alpha)=\frac{\mu(q)}{\varphi(q)}\sum_{m=2}^{n-1}\frac{e(\beta m)}{\log m}+O(n\mathrm{e}^{-c\sqrt{\log n}})$$

$$\alpha=\frac{h}{q}+\beta\in M \tag{⑮}$$

将 ⑮ 代入 $I$ 的表达式得

$$I\sim\frac{1}{2}\prod_{p\mid n}\left(1-\frac{1}{(p-1)^2}\right)\cdot\prod_{p\nmid n}\left(1+\frac{1}{(p-1)^3}\right)\frac{n^2}{(\log n)^3},2\nmid n \tag{⑯}$$

因此困难集中于 $F(\alpha)$ 的估计,其中 $\alpha\in m$. 1937 年,维诺格拉多夫用他自己独创的关于素数变数指数和估计的天才方法给出了 $F(\alpha)$ 的一个非寻常的估计,即

$$F(\alpha)\ll n(\log n)^{-c},\alpha\in m \tag{⑰}$$

此处 $c$ 是一个大于或等于 3 的常数,注意给定 $c$,我们可以取 $c_1,c_2$ 为依赖于 $c$ 的常数. 故由 ⑰ 得

$$J\ll n(\log n)^{-c}\int_0^1|F(\alpha)|^2\mathrm{d}\alpha\ll n^2(\log n)^{-4} \tag{⑱}$$

将 ⑯ 与 ⑱ 代入 ⑬ 得

$$R_3(n) \sim \frac{1}{2}\prod_{p|n}\left(1-\frac{1}{(p-1)^2}\right)\cdot$$
$$\prod_{p\nmid n}\left(1+\frac{1}{(p-1)^3}\right)\frac{n^2}{(\log n)^3}, 2\nmid n$$

由此得出存在一个常数 $n_0$,使每一奇数 $n(n>n_0)$ 皆为三个素数之和. 这个定理称为"维诺格拉多夫－哥德巴赫定理"或"三素数定理".

我们必须指出,下面两个定理在三素数定理获得证明之前就已经出现了.

(i) 每一大奇数 $n$ 均可以表示为

$$n = p_1 + p_2 + p_3 p_4 \tag{19}$$

(ii) 每一大整数都是两个素数及一个整数的平方之和(见埃斯特曼的相关成果).

若在估计 $I$ 时,佩吉定理被用来代替西格尔－瓦尔菲茨定理,则三素数定理中的 $n_0$ 是可以算出来的. 巴雷德金给出了 $n_0 = \mathrm{e}^{\mathrm{e}^{16.038}}$.

利用维诺格拉多夫的方法,几位数学家独立地指出,几乎所有的偶数都是两个素数之和,进而言之,对于任何常数 $c$,他们证明了

$$E(n) \ll n(\log n)^{-c} \tag{20}$$

此处隐含于"≪"中的常数仅依赖于 $c$(见范・德・科皮特、埃斯特曼、海尔布朗、华罗庚、朱达科夫(Tchudakov)的相关成果).

在 1946 年,用哈代与李特伍德原来的将 $\Gamma$ 分割为 $M$ 与 $m$ 的方法,苏联数学家林尼克给予 $f(x)$ 一个类似于 ⑰ 的估计,从而他给出了三素数定理的一个新的证明. 林尼克关于 $f(x)$ 的估计方法是建立在他关于

$L-$ 函数的重要密度定理的基础上的. 这一密度定理被用来代替未被证明的 QGRH. 现将密度定理叙述如下：

令 $\chi(n)$ 为 $\bmod q$ 的原特征，令 $N(\beta,T)$ 表示 $L(s,\chi)$ 在矩形

$$\nu \leqslant \sigma \leqslant 1, \ |t| \leqslant T$$

中的零点个数，此处 $T \geqslant q^{50}$，$\beta \geqslant 1$ 及 $\nu = \beta - \frac{1}{2}$，则

$$N(\beta,T) \ll q^{2\nu} T^{1-\frac{\nu}{1-\nu}} (\log T)^{10} + q^{30} \tag{21}$$

以后，于 1975 年，沃恩给出了林尼克关于 $f(x)$ 的估计的一个新的证明，进一步的简化证明是潘承彪于 1977 年独立得到的. 在他们的证明中，仅用到了 $L-$ 函数的一些简单的性质. 关于指数和 $F(\alpha)$ 的估计，沃恩也给出了一些改进，他的主要思想为运用恒等式

$$-\frac{L'}{L} = -\frac{L'}{L}(1-LG) - L'G =$$

$$\left(-\frac{L'}{L} - F\right)(1-LG) - L'G + F - LFG$$

这一点潘承洞也曾独立地指出过.

应用密度定理的进一步结果，沃恩在 1972 年证明了

$$E(n) \ll n\mathrm{e}^{-c\sqrt{\log n}} \tag{22}$$

以后，蒙哥马利与沃恩于 1975 年又改进了 ㉒，他们证明了存在常数 $\delta$ 使

$$E(n) \ll n^{1-\delta} \tag{23}$$

陈景润与潘承洞曾指出 $\delta > 0.01$，而陈景润又将这个估计改进为 $\delta > 0.04$.

此外，林尼克首先用圆法证明了下面两个重要定理：

(i) 对于任何整数 $g>1$,皆存在 $k_0>0$,使当 $k>k_0$ 时,每一大整数 $\equiv kg \pmod 2$ 皆可以表示为

$$n=p_1+p_2+g^{x_1}+\cdots+g^{x_k} \tag{24}$$

此处 $x_1,\cdots,x_k$ 为正整数.

(ii) 在假定 RH 之下,对于任意整数 $n>1$,皆存在 $p_1,p_2$ 使

$$|n-p_1-p_2|\ll(\log n)^{3+\varepsilon} \tag{25}$$

成立.

关于这两个问题,维诺格拉多夫、加勒革尔(Gallagher)、凯蒂(Kaétai)、蒙哥马利与沃恩、王元、帕拉哈(Prachar)、潘承洞、陆鸣皋,及王元均做过有价值的贡献,例如,凯蒂证明过 ㉕ 的右端可以换成 $(\log n)^2$.

(2) 筛法.

筛法导源于公元前 250 年的“埃拉托斯尼筛法”. 埃拉托斯尼注意到$\sqrt{n}$ 与 $n$ 之间的素数可以从序列 2,3,…,$n$ 中去掉不超过$\sqrt{n}$ 的任何素数的倍数而得到. 令 $\pi(x)$(等于 $\pi(x,1,1)$) 表示大于或等于 $x$ 的素数个数及 $\Pi=\prod\limits_{p\leqslant\sqrt{n}}p$,则

$$1+\pi(n)-\pi(\sqrt{n})=$$

$$\sum_{a\leqslant n}\sum_{d\mid(a,\Pi)}\mu(d)=\sum_{d\mid\Pi}\mu(d)\left[\frac{n}{d}\right] \tag{26}$$

如果我们用$\frac{n}{d}+\theta(-1<\theta\leqslant 0)$ 来代替$\left[\frac{n}{d}\right]$,则式 ㉖ 中将产生误差项

$$O(2^{\pi(\sqrt{n})}) \tag{27}$$

与 $n$ 相比,这样大的误差项致使埃拉托斯尼筛法几乎

是无用的.

1919 年,布朗提出了他的新筛法,并成功地用于数论中许多困难的与重要的问题.特别是哥德巴赫问题,这是筛法的一个重大进展.1947 年,塞尔伯格给出了另一个筛法,对于每一个可以应用的情况,均可以得到比布朗筛法更为精密的结果.进而言之,塞尔伯格的上界方法是异常简单的,而且具有最后形式的样子.总之,这些方法构成了数论的不可少的工具.

布朗与塞尔伯格方法的精华在于用不等式来代替

$$\Delta(n)=\sum_{d\mid n}\mu(d)=\begin{cases}1,\text{当 } n=1 \text{ 时}\\0,\text{其他情况}\end{cases} \tag{28}$$

从而使埃拉托斯尼筛法中的误差项得以减少.布朗定义了两个整数集合 $D_1$ 与 $D_2$ 满足

$$\sum_{\substack{d\mid n\\ d\in D_1}}\mu(d)\leqslant\Delta(n)\leqslant\sum_{\substack{d\mid n\\ d\in D_2}}\mu(d) \tag{29}$$

其中 $D_1$ 与 $D_2$ 的构造颇复杂并具有很大的组合性质.塞尔伯格注意到对于任何满足 $\lambda_1=1$ 的实数集合 $\lambda_d$ 均有

$$\Delta(n)\leqslant(\sum_{d\mid n}\lambda_d)^2 \tag{30}$$

选择适当的 $\lambda_d$,则得塞尔伯格的上界方法.塞尔伯格仅发表了他的上界方法,并指出了他在构造下界方法时的作用,但并未发表细节.塞尔伯格的想法由王元、维诺格拉多夫、列文(Levin)、朱尔凯特(Jurkat)与里切特等加以发展与完善.

令 $A=\{a_\nu\}$ 为一个有限整数集合,令 $P$ 表示一个有限素数集合,进而言之,令 $F(A,P)$ 表示 $A$ 中未被 $P$ 筛去的元素个数,取 $a_\nu=\nu(n-\nu)(1\leqslant\nu<n)$ 及 $P$ 表

示所有小于或等于$n^{\frac{1}{l+1}}$的素数,此处$2\mid n$及$l$为一个自然数.记$F(A,P)=F(n,n^{\frac{1}{l+1}})$,假设当$n$很大时,我们可以得到$F(n,n^{\frac{1}{l+1}})$的一个正的下界估计,则可以由此推出每一充分大的偶数$n$都是两个不超过$l$个素数的乘积之和.我们将这一命题记为“$l+l$”.类似地,对于$l\neq m$,我们可以定义“$l+m$”.

布朗首先证明了“9+9”,布朗的方法与他的结果被几个数学家加以改进.例如,“7+7”(拉德马切尔,1924年),“6+6”(埃斯特曼,1932年)及“5+7”“4+9”“3+15”“2+366”(里奇,1937年).

若将一些组合方法巧妙运用,则布朗与塞尔伯格的方法的威力均将大大加强.组合思想有两大类:一类是运用某些组合恒等式来迭代.这一思想源于布赫夕塔布在1937年发表的一篇文章.另一类想法为库恩所首创,即他在1941年引进的加权筛法.

令$F(A,q,q')$表示$A$中适合下面条件的元素个数:$a_\nu\equiv 0(\bmod q)$及$a_\nu\not\equiv 0(\bmod p)(p<q')$,则

$$F(A,p_s)=F(A,p_t)-\sum_{p_t\leqslant p<p_s}F(A,p,p) \quad ㉛$$

这个恒等式被称为布赫夕塔布恒等式.由$F(A,p_t)$的一个下界估计及诸$F(A,p,p)$的上界估计,即可导出$F(A,p_s)$的一个下界估计.类似地,我们可以得到$F(A,p_s)$的一个上界估计.用式㉛来进行逐步迭代,我们可以得到$F(A,P)$的较好的上界与下界估计.运用塞尔伯格方法,朱尔凯特与里切特于1965年对于某种$F(A,P)$,得到了它们上界与下界估计的显式表达式.令$F(A,b,q,q')$表示$A$中适合下面条件的元素个数:$a_\nu\not\equiv 0(\bmod p)(p<q)$及$a_\nu$至多适合同余式$a_\nu\equiv$

$0(\bmod p')(q \leqslant p' < q')$ 中的 $b$ 个,则

$$F(A,b,q,q') \geqslant F(A,q) - \frac{1}{b+1}\sum_{q \leqslant p < q'} F(A,p,q) \quad ㉜$$

选取适当的 $q,q'$ 与 $b$,则 $F(A,b,q,q')$ 的一个正的估计常常引出哥德巴赫问题的较好结果. 布赫夕塔布在1938年与1940年分别证明了“5+5”与“4+4”,其中塔尔塔柯夫斯基也宣布过“4+4”. 库恩于1954年首先证明了“$a+b$”$(a+b \leqslant 6)$.

将布朗、塞尔伯格、布赫夕塔布与库恩的方法综合使用,王元于1956年证明了“3+4”,并于1957年证明了“3+3”“$a+b$”$(a+b=5)$与“2+3”. 维诺格拉多夫在1956年也独立地证明过“3+3”,塞尔伯格曾宣布过“2+3”,但未见他发表过证明,其后,列文与巴尔巴恩于1963年给出“2+3”以另证,在他们的证明中,数值计算是简化了,但需用较深的分析方法.

如果我们取 $A=\{n-p, p<n\}$ 及 $P$ 为小于或等于 $n^{\frac{1}{l+1}}$ 的所有素数,那么由 $F(A,P)$ 的一个正下界即可推出“$1+l$”,这个集合 $A$ 是埃斯特曼在1932年首先引进的,他首先在GRH之下证明了“1+6”. 1956年,在同样的假定下,王元与维诺格拉多夫将“1+6”改进为“1+4”,王元并于1957年给出进一步的改进“1+3”.

为了去掉上述结果中未经证明的猜想,还需要新的想法与方法. 至今所研究的筛法均为对于每个 $p \in P$,将 $A$ 中属于剩余类 $0(\bmod p)$ 的元素筛掉,但在某些应用中,对于每个 $p \in P$,需要将 $A$ 中属于诸剩余类

$$h_{p,l}, \cdots, h_{p,k(p)} (\bmod p)$$

的元素都筛掉. 布朗与塞尔伯格方法可以有效地用于

这种情况,即就平均而言,$k(p)$ 相比于 $p$ 是很小的,否则它们是无效的. 1941 年,林尼克提出了一个天才的方法,即所谓的大筛法,可以得到就平均而言,$k(p)$ 比较大时,$A$ 中不超过 $n$ 而又未被筛去的元素个数的一个上界估计. 匈牙利数学家瑞尼从多方面改进了林尼克的方法,并于 1948 年成功地证明了“$1+c$”. 大筛法方面进一步的重要改进是 1965 年由罗斯(Roth)与朋比尼得到的. 在瑞尼的文章中,他用大筛法证明了一个关于 $\pi(x,k,h)$ 的中值公式,在证明“$1+c$”时,它可以用来代替 QGRH,这个公式为

$$\sum_{k\leqslant x^{\delta}}\max_{(h,k)=1}\left|\pi(x,k,h)-\frac{\mathrm{Li}\,x}{\varphi(k)}\right|=O\left(\frac{x}{(\log x)^{c_1}}\right) \quad ㉝$$

注意在瑞尼的原作中,$\pi(x,k,h)$ 需要改成一个加权和. 若 ㉝ 对于 $\delta=\frac{1}{2}-\varepsilon$ 成立,则它可以用来代替埃斯特曼、维诺格拉多夫与王元的结果中的 GRH(见王元的相关工作).

在 1961 年,巴尔巴恩证明了 ㉝,其中 $\delta=\frac{1}{6}-\varepsilon$. 1962 年,潘承洞独立地证明了 ㉝ 及“$1+5$”,其中 $\delta=\frac{1}{3}-\varepsilon$. 1962 年,王元指出“$1+4$”可以从 $\delta=\frac{1}{3}-\varepsilon$ 中推出来. 1962 年潘承洞与 1963 年巴尔巴恩独立地证明了 ㉝ 对于 $\delta=\frac{3}{8}-\varepsilon$ 成立,从而不需要复杂的计算即能导出“$1+4$”. 1965 年运用 $\delta=\frac{3}{8}-\varepsilon$ 及复杂的计算,布赫夕塔布证明了“$1+3$”. 同时,朋比尼与维诺格拉多夫独立地证明了 ㉝ 对于 $\delta=\frac{1}{2}-\varepsilon$ 成立,并由此简单地

推出"1 + 3",公式 ㉝,其中 $\delta=\frac{1}{2}-\varepsilon$,称为朋比尼—维诺格拉多夫中值定理.进而言之,朋比尼建立了下述重要公式

$$\sum_{k\leqslant x^{\frac{1}{2}}/(\log x)^{c_2}}\max_{(h,k)=1}\left|\pi(x,k,h)-\frac{\mathrm{Li}\,x}{\varphi(k)}\right|=O\left(\frac{x}{(\log x)^{c_1}}\right) \tag{34}$$

其中,$c_1$ 为任何给定的常数,$c_2$ 为依赖于 $c_1$ 的常数.尽管朋比尼公式比具有 $\delta=\frac{1}{2}-\varepsilon$ 的式 ㉝ 强了一点,但它在数论中却有很多重要应用,例如,㉞ 可以用来代替霍勒(Hooley)证明的下述重要定理中用到的 GRH.令 $N(n)$ 表示 $n=p+u^2+v^2$ 的表法个数,则

$$N(n)\sim\frac{\pi n}{\log n}\prod_{p\geqslant 3}\left(1+\frac{\chi(p)}{p(p-1)}\right)\cdot\prod_{\substack{p\equiv 1(\bmod 4)\\ p\mid n}}\frac{(p-1)^2}{p^2-p+1}\prod_{\substack{p\equiv 3(\bmod 4)\\ p\mid n}}\frac{p^2-1}{p^2-p-1} \tag{35}$$

此处 $\chi(n)$ 为 mod 4 的非主特征.

注记:哈代与李特伍德曾用他们的圆法给出了猜想 ㉟,但即使假定 GRH,他们亦未能证明 ㉟.1957 年,霍勒首先在 GRH 之下给出了 ㉟ 一个简捷的证明.然后于 1960 年,林尼克用他复杂的离差方法,完全证明了 ㉟,即不附有任何假定的证明.朋比尼文章的另一优点是他对 ㉞ 的证明是富于创造性及简明的.㉞ 的进一步简化证明则是加勒革尔给出来的.

1966 年,陈景润给予加权筛法以重要的改进,从而证明了"1 + 2",这一结果被称为陈氏定理,即每一大偶数都是一个素数及一个不超过两个素数的乘积之

和. 令

$$M=N-\Omega+O(n^{\frac{9}{10}}) \tag{36}$$

此处

$$N=F(n,n^{\frac{1}{10}})-\frac{1}{2}\sum_{n^{\frac{1}{10}}\leqslant p<n^{\frac{1}{3}}}F(n,p,n^{\frac{1}{10}})$$

$$\Omega=\frac{1}{2}\sum_{\substack{p<n\\(p_{1,2})}}\sum_{\substack{n-p=p_1p_2p_3\\p_3\leqslant n/(p_1p_2)}}1$$

其中 $2\mid n$, $A=\{n-p,p<n\}$ 及 $(p_{1,2})$ 表示条件 $n^{\frac{1}{10}}\leqslant p_1<n^{\frac{1}{3}}\leqslant p_2\leqslant\left(\frac{n}{p_1}\right)^{\frac{1}{2}}$,则当 $n$ 充分大时,由 $M$ 的正的下界估计即推出"1+2". 事实上,$M>0$ 表示存在一个素数 $p$ 使 $n-p$ 在区间 $[n^{\frac{1}{10}},n^{\frac{1}{3}}]$ 中最多只有一个素因子及最多只有一个素因子大于 $n^{\frac{1}{3}}$,或 $n-p$ 仅含大于 $n^{\frac{1}{3}}$ 的素因子. ㊱ 右端的 $N$ 由库恩不等式给出,这里需要选取适当的参变数,它可以由布朗、塞尔伯格与布赫夕塔布方法结合朋比尼 – 维诺格拉多夫公式加以估计. 陈景润的天才想法是引进 $\Omega$,并给它一个非比寻常的估计. 以后,所有关于陈氏定理的简化证明皆在于简化 $\Omega$ 的估计,特别地,潘承洞、丁夏畦与王元指出 $\Omega$ 的估计可以立刻由下面类似于 ㉞ 的中值公式推出:

令 $2\leqslant y\leqslant x$ 及 $\pi(y,a,q,h)=\sum\limits_{\substack{ap\leqslant y\\ap\equiv h(\bmod q)}}1$,则

$$\sum_{q\leqslant x^{\frac{1}{2}}/(\log x)^{c_2}}\max_{y\leqslant x}\max_{(h,q)=1}\left|\sum_{c_3<a\leqslant c_4}f(a)\cdot\left[\pi(y,a,q,h)-\frac{\mathrm{Li}\,\frac{y}{a}}{\varphi(q)}\right]\right|=O\left(\frac{x}{(\log x)^{c_1}}\right) \tag{37}$$

对于适合 $(\log y)^{2c_2}<c_3\leqslant c_4<y^{1-\varepsilon}$ 的 $c_3,c_4$ 一致成

立，此处 $|f(a)| \leqslant 1$，$c_2 = c_1 + 7$ 及隐含于 $O$ 中的常数依赖于 $\varepsilon$ 与 $c_1$. 进而言之，潘承洞与丁夏畦建立了一个包含 ㉞ 与 ㊲ 的中值公式.

(3) 密率.

令 $A$ 表示一个互不相同的非负整数集合，其元素记为 $a$. 令 $A(n) = \sum\limits_{1 \leqslant a \leqslant n} 1$，进而言之，令 $\alpha = \inf\limits_{n \geqslant 1} \frac{A(n)}{n}$，这称为 $A$ 的须尼尔曼密率. 显然有 $0 \leqslant \alpha \leqslant 1$，而 $\alpha = 1$ 即表示 $A$ 含有所有自然数. 类似地，我们可以定义 $B, b, B(n), \beta$ 及 $C, c, C(n), \gamma$. 具有形式 $a + b (a \in A, b \in B)$ 的所有互不相同的整数集记为 $C = A + B$，我们定义 $2A = A + A$ 及 $sA = A + (s-1)A (s \geqslant 2)$. 须尼尔曼证明了两个简单但很重要的定理，即：

(i) 若 $0 \in A$ 及 $1 \in B$，则 $\gamma \geqslant \alpha + \beta - \alpha\beta$.

(ii) 若 $0 \in A$，$1 \in B$，及 $\alpha + \beta \geqslant 1$，则 $\gamma = 1$，换言之，集合 $C$ 含有全体自然数.

由 (i) 可知，若 $\alpha > 0$，则存在整数 $s_0$ 使 $s_0 A$ 的密率大于或等于 $\frac{1}{2}$，从而由 (ii) 可知 $2s_0 A$ 含有全体自然数，故得：

(iii) 若 $0 \in A$ 及 $\alpha > 0$，则每一个正整数皆可以表为 $2s_0$ 个 $A$ 的元素之和.

令 $A^*$ 表示一个非负整数的集合，其中元素是允许重复的. 令 $A$ 表示 $A^*$ 中所有互异元素的集合及 $r(a)$ 表示 $a$ 在 $A^*$ 中重复的次数，则由施瓦兹 (Schwarz) 不等式得

$$\Big(\sum_{1 \leqslant a \leqslant n} r(a)\Big)^2 \leqslant \sum_{1 \leqslant a \leqslant n} r(a)^2 \sum_{1 \leqslant a \leqslant n} 1 = A(n) \sum_{1 \leqslant a \leqslant n} r(a)^2$$

所以：

$$(\text{iv})\, a \geqslant \frac{\left(\sum\limits_{1\leqslant a\leqslant n} r(a)\right)^2}{n\sum\limits_{1\leqslant a\leqslant n} r(a)^2}.$$

须尼尔曼的密率概念确实简单,但很有用. 令 $r(a)$ 表示 $a=p_1+p_2$ 的表示法个数,则由布朗方法可得

$$r(a)\leqslant \frac{ca}{(\log n)^2}\sum_{k\mid a}\frac{\mu(k)^2}{k}$$

取 $A^*$ 为包含 0,1 及所有形如 $a=p_1+p_2$ 的数的集合,则由(iv)可知 $A$ 有正密率,因此由(iii)得著名的须尼尔曼-哥德巴赫定理,即存在常数 $c$,使每个大于 1 的整数都是不超过 $c$ 个素数之和.

令 $s$ 表示最小的整数使每个大整数都是不超过 $c$ 个素数之和,则由须尼尔曼原来的方法可得 $s\leqslant 800\ 000$. 由于须尼尔曼密率及布朗方法方面的结果的进一步改进,特别是辛钦于 1932 年证明了若 $A=B$,则 $\gamma\geqslant\min\{1,2\alpha\}$,曼恩在 1942 年证明了著名的“$\alpha+\beta$”猜想,即 $\gamma\geqslant\min\{1,\alpha+\beta\}$,及塞尔伯格发表了他的新筛法,所以 $s$ 的估计亦有相应改进. 例如,$s\leqslant 2\ 208$(罗曼诺夫,1935 年),$s\leqslant 71$(海尔布朗、朗道与西尔克,1936 年),$s\leqslant 67$(里奇,1936 年),等等. 最佳结果 $s\leqslant 6$ 是沃恩得到的,无论如何,其精密度仍低于由三素数定理推出的 $s\leqslant 4$. 用须尼尔曼方法还可以估计 $S$ 的上界,此处 $S$ 表示每一个大于 1 的整数皆可以表为不超过 $S$ 个素数之和.

尽管三素数定理与“1+2”较“1+1”仅一步之差,似乎用目前方法的改进是不可能证明猜想(A)(或“1+1”)的,甚至在 GRH 之下或假定 ㉝ 对于 $\delta=1-$

ε 成立,即

$$\sum_{k<x^{1-\varepsilon}} \max_{(h,k)=1} \left| \pi(x,k,h) - \frac{\mathrm{Li}\ x}{\varphi(k)} \right| = O\left(\frac{x}{(\log\ x)^{c}}\right)$$

这一公式通常被称为哈伯斯坦猜想. 我们还不能无条件地证明“1 + 1”,因此至今仍有很多人相信哈代演讲中所说的猜想(A) 的困难程度“是可以与数学中任何未解决的问题相比拟的”,无论过去或现在都是对的. 因此我们深信对于进一步研究猜想(A),必须有一个全新的思想.

## §2　哥德巴赫问题(Ⅰ)[①]

——潘承洞

### 2.1　概述

哥德巴赫问题是在 1742 年哥德巴赫写信给欧拉时提出的,在信中,哥德巴赫提出了关于将整数表为素数和的两个猜想,这两个猜想可用略为修改了的语言叙述为:

(A) 每一个大于或等于 6 的偶数都是两个奇素数之和.

(B) 每一个大于或等于 9 的奇数都可以表成三个奇素数之和.

显然,由命题(A) 可以推出命题(B).

从哥德巴赫写信到今天,已经积累了不少宝贵的

① 原载于《山东大学学报》,1978(1):46-53.

数值资料,这些资料指出了这两个猜想是正确的,但迄今还不能证明它们的真伪.

大约在20世纪20年代,即使是证明如下的命题:存在一个自然数$C$,使每一个大于或等于4的整数都可以表为不超过$C$个素数之和也被认为是现代数学家力所不及的事.但是这个弱型哥德巴赫问题在1930年被须尼尔曼解决了.

研究哥德巴赫问题的基本方法是筛法、大筛法及圆法.筛法是埃拉托斯尼首创的,在20世纪20年代,布朗对筛法做出了重要的改进.运用布朗筛法布赫夕塔布证明了任一大偶数可以表示成两个素因子各不超过4个的整数之和,简记为“4+4”.以后塞尔伯格对筛法亦做了重要改进,并且宣布用他的方法可以证明“2+3”成立,但是塞尔伯格并没有给出“2+3”的证明.王元[①②]综合运用了布赫夕塔布与塞尔伯格方法证明了“3+4”成立,1957年他又证明了“2+3”成立.

上面所得到的结果,仅仅是证明了大偶数可表示成两个殆素数之和.运用林尼克的大筛法,1948年,瑞尼首先证明了任一大偶数都是一个素数及一个素因子不超过$C$个的整数之和,即证明了“$1+C$”成立,瑞尼结果的重要性在于他已将一个殆素数改为素数了.运用大筛法及$L$-函数的零点密度估计,1962年,潘承

① 王元.表大偶数为一个不超过三个素数的乘积及一个不超过四个素数的乘积之和.数学学报,1956,6(3):500-513.

② 王元.表大偶数为两个殆素数之和.科学纪录,1957,1(5):267-270.

洞[1]首先给出了 $C$ 的定量估计，证明了 $C \leqslant 5$，即证明了“$1+5$”成立，王元[2]、潘承洞[3]、布赫夕塔布证明了“$1+4$”成立，后来布赫夕塔布、维诺格拉多夫、朋比尼[4]先后证明了“$1+3$”成立. 目前最好的结果是陈景润[5]在 1966 年宣布，且在 1973 年证明的“$1+2$”，此即著名的陈氏定理. 由于这个定理的重要性，丁夏畦、王元、潘承洞[6]对“$1+2$”给出了一个实质性的简化证明，目前在世界上已有四个简化证明.

对哥德巴赫猜想做出另一个重要贡献的就是维诺格拉多夫，他对某种以素数为变数的三角和给出了非显然估计，由此结合哈代－李特伍德所创造的圆法证明了对充分大的奇数，猜想(B) 成立，通常称之为维诺格拉多夫定理，简称为三素数定理.

有人经过计算证明了每一奇数 $N \geqslant e^{e^{16.038}}$ 都能表成三素数之和. 以后林尼克、楚德可夫等人对三素数定理给出了一个全部用分析方法的新证明. 现在已经给出了三素数定理的多种证明方法，最简单的用分析方

---

① 潘承洞. 表大偶数为素数及殆素数之和. 数学学报，1962，12(1)：95-106.

② 王元. On the representation of large integers as a sum of a prime and an almost prime. Scientia Sinica XI，1962，8.

③ 潘承洞. 表大偶数为素数及一个不超过两个素数的乘积之和. 山东大学学报，1962，4.

④ E. Bombieri. On the large sieve. Mathematika，1965，12：201-225.

⑤ 陈景润. 表大偶数为素数及一个不超过两个素数的乘积之和. 中国科学，1973，2.

⑥ 潘承洞，丁夏畦，王元. On the representation of every large even integer as a sum of a prime and an almost prime. Science，1975，18(5)：599-610.

法的新证明是由潘承彪①给出的.

几十年来经过许多数学工作者的努力,创造了许多方法,对哥德巴赫猜想做出了重要贡献,但是从现有的方法来看,要想解决哥德巴赫猜想仍有巨大的困难.下面我们对筛法、大筛法及圆法来做一扼要的介绍.

## 2.2 筛法

设 $N$ 为大偶数,$\Delta=\prod\limits_{\substack{p\leqslant\zeta\\ p\nmid N}}p$. 令

$$P(N,\Delta)=\sum_{\substack{p\leqslant N\\ (N-p,\Delta)=1}}1$$

若取 $\zeta=N^{\frac{1}{2}}$,则哥德巴赫猜想就是要证明 $P(N,\Delta)>0$. 现在我们来研究 $P(N,\Delta)$. 利用麦比乌斯函数 $\mu(d)$ 的性质知

$$\begin{aligned}P(N,\Delta)=&\sum_{\substack{p\leqslant N\\ (N-p,\Delta)=1}}1=\sum_{p\leqslant N}\sum_{d\mid(N-p,\Delta)}\mu(d)=\\&\sum_{d\mid\Delta}\mu(d)\sum_{\substack{p\leqslant N\\ p\equiv N(\bmod d)}}1=\\&\sum_{d\mid\Delta}\mu(d)\left\{\frac{\mathrm{Li}\ N}{\varphi(d)}+R_d(N)\right\}=\\&\sum_{d\mid\Delta}\frac{\mu(d)}{\varphi(d)}\mathrm{Li}\ N+O\Big(\sum_{d\mid\Delta}\mid R_d(N)\mid\Big)\end{aligned}$$

这里 $\varphi(d)$ 为欧拉函数,$R_d(N)$ 为算术级数中素数分布的余项. 显然,上面的主项的阶远小于 $\frac{N}{\log N}$,而余项的项数太多,其阶远大于 $2\zeta$,故除了当 $\zeta$ 比 $N$ 的阶小

① 潘承彪. 三素数定理的一个新证明. 数学学报,1977,20(3):206-210.

得多的情形，上面的方法几乎是无用的，这就是古典的埃拉托斯尼筛法.

针对埃拉托斯尼筛法的缺点，布朗与塞尔伯格用不同的方法来限制余项的项数，用他们的方法得到了 $P(N,\Delta)$ 的上界与下界的估计. 下面来简单介绍一下塞尔伯格对 $P(N,\Delta)$ 进行上界估计的方法.

塞尔伯格筛法的思想很简单，他选取一组实数 $\lambda_d$，满足

$$\lambda_1=1,\lambda_d=0,d>D,D\geqslant\sqrt{S}$$

这样就有

$$\begin{aligned}P(N,\Delta)=&\sum_{\substack{p\leqslant N\\(N-p,\Delta)=1}}1=\sum_{p\leqslant N}\sum_{d\mid(N-p,\Delta)}\mu(d)\leqslant\\&\sum_{p\leqslant N}\Big\{\sum_{\substack{d\mid(N-p,\Delta)\\(d,N)=1}}\lambda_d\Big\}^2=\\&\sum_{\substack{d_1\leqslant D\\d_1\mid\Delta\\(d_1,N)=1}}\lambda_{d_1}\sum_{\substack{d_2\leqslant D\\d_2\mid\Delta\\(d_2,N)=1}}\lambda_{d_2}\sum_{\substack{p\leqslant N\\p\equiv N\left(\bmod\frac{d_1d_2}{(d_1,d_2)}\right)}}1=\\&\sum\lambda_{d_1}\sum\lambda_{d_2}\frac{\mathrm{Li}\,N}{\varphi\left(\frac{d_1d_2}{(d_1,d_2)}\right)}+\\&\sum\lambda_{d_1}\sum\lambda_{d_2}R_{\frac{d_1d_2}{(d_1,d_2)}}(N)=I_1+I_2\end{aligned}$$

显然我们要选取 $\lambda_d$ 使得 $I_1$ 最小，且要使 $I_2$ 的阶比 $I_1$ 的阶小. 塞尔伯格解决了这个极值问题，此时有

$$\lambda_d=\frac{\mu(d)\varphi(d)}{f(d)}\sum_{\substack{1\leqslant k\leqslant D/d\\(k,d)=1\\k\mid\Delta\\(k,N)=1}}\frac{|\mu(k)|}{f(k)}\Big/\sum_{\substack{1\leqslant l\leqslant D\\l\mid\Delta\\(l,N)=1}}\frac{|\mu(l)|}{f(l)}$$

这里

$$f(n)=\varphi(n)\prod_{p\mid n}\frac{p-2}{p-1}$$

可以证明 $|\lambda_d|\leqslant 1$,所以有

$$|I_2|\leqslant \sum_{\substack{d\leqslant D^2\\(d,N)=1}}\mu^2(d)3^{\omega(d)}|R_d(N)| \qquad ①$$

这里 $\omega(d)$ 为 $d$ 的不同素因子的个数,而

$$|R_d(N)|\leqslant \max_{(l,d)=1}\left|\pi(N,l,d)-\frac{\mathrm{Li}\ N}{\varphi(d)}\right|$$

$$\pi(N,l,d)=\sum_{\substack{p\leqslant N\\p\equiv l(\bmod d)}}1$$

为了估计 $I_2$,这就要用到另一种筛法 —— 大筛法. 利用大筛法可以证明当适当选取 $\zeta,D$ 时,有下面的估计

$$I_2=O\left(\frac{N}{\log^3 N}\right) \qquad ②$$

### 2.3 大筛法

式 ② 的证明依赖于下面一条大筛法的著名定理:

**定理** 对任给正数 $A$,当 $B\geqslant 3A+23$ 时,下面的估计式成立,即

$$\sum_{d\leqslant\sqrt{x}\log^{-B}x}\max_{y\leqslant x}\max_{(l,d)=1}\left|\pi(y,l,d)-\frac{\mathrm{Li}\ y}{\varphi(d)}\right|=O\left(\frac{x}{\log^A x}\right) \qquad ③$$

上面的定理是由林尼克、瑞尼、巴尔巴恩、潘承洞、维诺格拉多夫、罗恩、朋比尼等人获得的. 1965 年,朋比尼首先证明了式 ③,它通常称为朋比尼 - 维诺格拉多夫定理,是近代解析数论中的一个基本定理.

证明定理的基本工具是下面的关于特征和的估计

$$\sum_{q\leqslant D}\frac{q}{\varphi(q)}\sum_{\chi}{}^{*}\left|\sum_{n=M+1}^{M+N_1}a_n\chi(n)\right|^2\ll(D^2+N_1)\sum_{n=M+1}^{M+N_1}|a_n|^2 \qquad ④$$

这里“$\sum_{\chi}{}^{*}$”表示通过所有属于模 $q$ 的原特征. 熟知

$$\sum_{\chi}{}^{*}\left|\sum_{n=M+1}^{M+N_1}a_n\chi(n)\right|^2\ll(q+N_1)\sum_{n=M+1}^{M+N_1}|a_n|^2 \quad ⑤$$

由 ⑤ 可得到

$$\sum_{q\leqslant D}\frac{q}{\varphi(q)}\sum_{\chi}{}^{*}\left|\sum_{n=M+1}^{M+N_1}a_n\chi(n)\right|^2\ll$$

$$(D^2\log D+DN_1\log D)\sum_{n=M+1}^{M+N_1}|a_n|^2 \quad ⑥$$

比较 ⑥ 与 ④ 可看出,关键在于改进了第二项,全部大筛法的结果都是由于这个改进而显示其优越性的. 令

$$S(\alpha)=\sum_{n=M+1}^{M+N_1}a_ne(n\alpha)$$

如能证明

$$\sum_{q\leqslant D}\sum_{(a,q)=1}\left|S\left(\frac{a}{q}\right)\right|^2\ll(D^2+N_1)\sum_{n=M+1}^{M+N_1}|a_n|^2 \quad ⑦$$

则 ④ 能从 ⑦ 推出,这一点证明如下:熟知

$$\tau(\bar{\chi})\chi(n)=\sum_{a=1}^{q}\bar{\chi}(a)e\left(\frac{an}{q}\right)$$

故有

$$\frac{1}{\varphi(q)}\sum_{\chi}{}^{*}\left|\sum_{n=M+1}^{M+N_1}a_n\chi(n)\right|^2\leqslant$$

$$\frac{1}{q\varphi(q)}\sum_{\chi}{}^{*}\left|\tau(\bar{\chi})\sum_{n=M+1}^{M+N_1}a_n\chi(n)\right|^2\leqslant$$

$$\frac{1}{q\varphi(q)}\sum_{\chi}{}^{*}\left|\sum_{a=1}^{q}\bar{\chi}(a)\sum_{n=M+1}^{M+N_1}a_ne\left(\frac{na}{q}\right)\right|^2\leqslant$$

$$\frac{1}{q}\sum_{(a,q)=1}\left|\sum_{n=M+1}^{M+N_1}a_ne\left(\frac{na}{q}\right)\right|^2$$

所以关键在于证明式 ⑦. 式 ⑦ 的证明并不是困难的,

下面给出证明提要. 设 $F(\alpha)$ 是周期为 1 的复值可微函数,容易得到

$$\sum_{q\leqslant D}\sum_{(a,q)=1}\left|F\left(\frac{a}{q}\right)\right|\leqslant D^2\int_0^1|F(\alpha)|\mathrm{d}\alpha+\frac{1}{2}\int_0^1|F'(\beta)|\mathrm{d}\beta$$

取 $F(\alpha)=S^2(\alpha)$,即得

$$\sum_{q\leqslant D}\sum_{(a,q)=1}\left|S\left(\frac{a}{q}\right)\right|^2\ll(D^2+N_1)\sum_{n=M+1}^{M+N_1}|a_n|^2$$

利用大筛法,丁夏畦与潘承洞证明了下面形式的均值定理. 设

$$\psi(y,a,l,d)=\sum_{\substack{n\leqslant y/a\\ n\equiv l(\bmod d)}}\Lambda(n)$$

则对任给正数 $A>0$ 及 $0<\varepsilon<1$,当 $1\leqslant A_1<A_2<y^{1-\varepsilon}$ 时,下面的估计式成立,即

$$\sum_{d\leqslant\sqrt{x}\log^{-B}x}\max_{y\leqslant x}\max_{(l,d)=1}\sum_{\substack{A_1\leqslant a<A_2\\ (a,d)=1}}f(a)\left(\psi(y,a,l,d)-\frac{y}{a\varphi(d)}\right)=O\left(\frac{x}{\log^A x}\right) \quad ⑧$$

这里 $|f(a)|\leqslant 1,B\geqslant 2A+50$.

显然,只要令 $f(a)=\begin{cases}1,a=1\\0,\text{其他}\end{cases}$,则由 ⑧ 可推出 ③,然而形如式 ⑧ 的均值定理在"1 + 2"的证明中却起着基本的作用.

### 2.4 圆法

用 $r(N)$ 表示将偶数 $N$ 表成两个素数之和的表法个数,则有

$$r(N)=\int_0^1 S^2(\alpha)\mathrm{e}^{-2\pi\mathrm{i}\alpha N}\mathrm{d}\alpha$$

这里

$$S(\alpha)=\sum_{p\leqslant N}\mathrm{e}^{2\pi\mathrm{i}\alpha p}$$

设 $\log^{16}N\leqslant P\leqslant\frac{1}{2}\sqrt{N}$,令 $Q=N\cdot P^{-1},\tau=\frac{1}{Q}$,将积分区间移至$[\tau,1+\tau]$,以 $m(a,q)$ 表示区间

$$\alpha=\frac{a}{q}+\beta,\ |\beta|\leqslant\tau,1\leqslant q\leqslant P,(a,q)=1$$

容易看出这些区间是两两不相交的. 令

$$m=\bigcup_{1\leqslant q\leqslant P}\ \bigcup_{(a,q)=1}m(a,q)$$

称 $m$ 为基本区间,在$[\tau,1+\tau]$中除去 $m$ 剩下的部分记作 $E$,它称为余区间. 我们首先来考察 $S\left(\frac{a}{q}\right)$,显然有

$$S\left(\frac{a}{q}\right)=\sum_{(l,q)=1}\mathrm{e}^{2\pi\mathrm{i}\frac{a}{q}l}\pi(N,l,q)+O(q)$$

若 $q$ 不太大,例如当 $q\leqslant\log^{16}N$ 时,由熟知的西格尔－瓦尔菲茨定理和上式立即可得到

$$S\left(\frac{a}{q}\right)=\frac{\mu(q)}{\varphi(q)}\mathrm{Li}\ N+O(N\log^{-10}N),q\leqslant\log^{16}N$$

由 $|\beta|\leqslant\tau$,可推出

$$S\left(\frac{a}{q}+\beta\right)=\frac{\mu(q)}{\varphi(q)}\sum_{n\leqslant N}\frac{\mathrm{e}^{2\pi\mathrm{i}\alpha n}}{\log N}+O(N\log^{-16}N),q\leqslant\log^{16}N$$

因此,如果我们取 $P=\log^{16}N$,则可以求出在 $m$ 上的积分值

$$\int_m S^2(\alpha)\mathrm{e}^{-2\pi\mathrm{i}\alpha N}\mathrm{d}\alpha$$

它的渐近公式是容易得到的,其阶远大于$\frac{N}{\log^2 N}$.

上面的方法就是哈代－李特伍德创造的圆法. 困

难在于无法证明

$$\int_E S^2(\alpha)\mathrm{e}^{-2\pi\mathrm{i}\alpha N}\,\mathrm{d}\alpha=O\left(\frac{N}{\log^2 N}\right)$$

因为

$$\int_E |S^2(\alpha)|\,\mathrm{d}\alpha \gg \frac{N}{\log N}$$

所以用圆法来证明 $r(N)>0$,看来是有很大困难的.

然而当 $N$ 为奇数时,圆法是一个十分有力的工具.若以 $r_1(N)$ 记作将奇数 $N$ 表成三个素数之和的表法个数,则有

$$r_1(N)=\int_0^1 S^3(\alpha)\mathrm{e}^{-2\pi\mathrm{i}\alpha N}\,\mathrm{d}\alpha$$

同样将 $r_1(N)$ 写成下面的形式

$$r_1(N)=\int_m S^3(\alpha)\mathrm{e}^{-2\pi\mathrm{i}\alpha N}\,\mathrm{d}\alpha+\int_E S^3(\alpha)\mathrm{e}^{-2\pi\mathrm{i}\alpha N}\,\mathrm{d}\alpha$$

用完全相同的方法来处理第一个积分,可以证明

$$\int_m S^3(\alpha)\mathrm{e}^{-2\pi\mathrm{i}\alpha N}\,\mathrm{d}\alpha \gg \frac{N^2}{\log^3 N}$$

而

$$\left|\int_E S^3(\alpha)\mathrm{e}^{-2\pi\mathrm{i}\alpha N}\,\mathrm{d}\alpha\right| \leqslant \max_{\alpha\in E}|S(\alpha)|\int_0^1 |S^2(\alpha)|\,\mathrm{d}\alpha \ll \frac{N}{\log N}\max_{\alpha\in E}|S(\alpha)|$$

1937 年,维诺格拉多夫证明了

$$\max_{\alpha\in E}|S(\alpha)| \ll \frac{N}{\log^3 N}$$

由此推出

$$\left|\int_E S^3(\alpha)\mathrm{e}^{-2\pi\mathrm{i}\alpha N}\,\mathrm{d}\alpha\right| \ll \frac{N^2}{\log^4 N}$$

由此立即推出当 $N$ 为大奇数时,$r_1(N)>0$.

利用圆法还可以证明在 $[x,2x]$ 内不能表示成两

个素数之和的偶数个数为 $O(x^{1-\delta})(\delta>0)$.

## §3 哥德巴赫问题(Ⅱ)[①]

——[苏]A. A. 卡拉楚巴

本节研究把一个奇数 $N$ 表为三个素数之和的问题(哥德巴赫问题). 这里将证明奇数 $N$ 表为三个素数之和的表法个数的渐近公式,这一成果是属于维诺格拉多夫的. 由此推出,所有充分大的奇数 $N$ 一定可以表为三个素数之和.

首先给出一个比较简单的,但是,是非实效的证明(定理3),然后,给出实效的证明(定理4).

### 3.1 哥德巴赫问题中的圆法

我们先来给出表自然数 $N$ 为三个素数之和的表法个数的解析表达式.

**引理1** 设 $J(N)$ 是方程 $N=p_1+p_2+p_3$ 对于素数 $p_1,p_2,p_3$ 的解的组数,则

$$J(N)=\int_0^1 S^3(\alpha)\mathrm{e}^{-2\pi i\alpha N}\mathrm{d}\alpha \qquad ①$$

其中

$$S(\alpha)=\sum_{p\leqslant N}\mathrm{e}^{2\pi i\alpha p}$$

从关系式

① 摘自:[苏]A. A. 卡拉楚巴. 解析数论基础. 潘承彪,张南岳,译. 北京:科学出版社,1984.

$$\int_0^1 e^{2\pi i\alpha m} d\alpha = \begin{cases} 1, m=0 \\ 0, m \text{ 是整数}, m \neq 0 \end{cases} \quad ②$$

就证明了引理 1.

哈代、李特伍德和拉马努金的圆法的实质在于:从 $J(N)$ 中取出所预料的主要部分来作为当 $N \to +\infty$ 时 $J(N)$ 的渐近公式. 为此,利用既约有理分数(法雷分数)把式 ① 中的积分区间$[0,1)$分为两两不相交的小区间;那些在对应于分母较小的分数的小区间上的积分之和就给出了所预料的主要部分.

首先,我们证明一个用有理数来逼近实数的辅助引理.

**引理 2** 设 $\tau \geqslant 1$,$\alpha$ 是实数,则存在互素的整数 $a$ 和 $q$,$1 \leqslant q \leqslant \tau$,使得

$$\left|\alpha - \frac{a}{q}\right| \leqslant \frac{1}{q\tau}$$

**证明** 不失一般性,可以假定 $0 \leqslant \alpha < 1$. 考虑 $\{\alpha m\}$,$m=0,1,\cdots,[\tau]$,一定可以找到两个整数 $m_1 > m_2$,使得

$$\{\alpha m_1\} - \{\alpha m_2\} \leqslant \frac{1}{\tau}$$

即

$$|\alpha q_1 - b_1| \leqslant \frac{1}{\tau}$$

其中,$0 < m_1 - m_2 = q_1 \leqslant \tau$,$b_1 = [\alpha m_1] - [\alpha m_2]$. 由此即推出引理的结论.

现在假定 $N \geqslant N_0$,$N_0$ 为充分大的固定正数,取 $\tau = N(\log N)^{-20}$. 由于式 ① 中的被积函数是 $\alpha$ 的周期函数,周期为 1,故有

$$J(N)=\int_{-\frac{1}{\tau}}^{1-\frac{1}{\tau}} S^3(\alpha)\mathrm{e}^{-2\pi i\alpha N}\mathrm{d}\alpha$$

根据引理2,区间$\left[-\frac{1}{\tau},1-\frac{1}{\tau}\right)$中的每一个$\alpha$可表为

$$\alpha=\frac{a}{q}+z,1\leqslant q\leqslant \tau,(a,q)=1,\ |z|\leqslant\frac{1}{q\tau}\quad ③$$

容易看出,在这个表达式中,$0\leqslant a\leqslant q-1$,仅当$q=1$时,才有$a=0$. 用$E_1=E_1(A)$表示区间$\left[-\frac{1}{\tau},1-\frac{1}{\tau}\right)$中所有这样的$\alpha$所组成的集合:对于这些$\alpha$,在它的表达式③中,$q\leqslant(\log N)^A$,这里$A$是一个固定的数,$3\leqslant A\leqslant 15$;用$E_2$表示区间$\left[-\frac{1}{\tau},1-\frac{1}{\tau}\right)$中所有其余的$\alpha$组成的集合.

**引理3**　集合$E_1$由两两不相交的区间所组成.

**证明**　对于给定的$(a,q)=1,0\leqslant a<q$,用$E(a,q)$表示所有满足条件

$$\left|\alpha-\frac{a}{q}\right|\leqslant\frac{1}{q\tau},1\leqslant q\leqslant\tau$$

的$\alpha$的集合. 显然,$E(a,q)$是属于$\left[-\frac{1}{\tau},1-\frac{1}{\tau}\right)$的区间. 如果$q\leqslant(\log N)^A$,$q_1\leqslant(\log N)^A$,那么两个不同的区间$E(a,q)$和$E(a_1,q_1)$(即使得$(a-a_1)^2+(q-q_1)^2\neq 0$的两个区间)是不相交的. 事实上,这两个区间的中心之间的距离为

$$\left|\frac{a}{q}-\frac{a_1}{q_1}\right|\geqslant\frac{1}{qq_1}$$

而它们的长度的一半的和为

$$\frac{1}{q\tau}+\frac{1}{q_1\tau}<\frac{1}{qq_1}$$

这就是所要求证的.

用 $J_1$ 表示在集合 $E_1$ 上的积分,$J_2$ 表示在集合 $E_2$ 上的积分,即

$$J_1 = J_1(N) = \int_{E_1} S^3(\alpha)\mathrm{e}^{-2\pi i\alpha N}\mathrm{d}\alpha$$

$$J_2 = J_2(N) = \int_{E_2} S^3(\alpha)\mathrm{e}^{-2\pi i\alpha N}\mathrm{d}\alpha$$

我们就有

$$J = J_1 + J_2$$

下面我们将经常利用不等式:$|\mathrm{e}^{2\pi i\beta} - 1| \ll |\beta|$,$\beta$是实数,而不做特别的说明.

**定理 1** 对于 $J_1 = J_1(N)$ 有渐近公式

$$J_1 = J_1(N) = \sigma(N)\frac{N^2}{2(\log N)^3} + O\left(\frac{N^2}{\log^4 N}\right)$$

其中

$$\sigma(N) = \prod_p\left(1 + \frac{1}{(p-1)^3}\right)\prod_{p\mid N}\left(1 - \frac{1}{p^2 - 3p + 3}\right)$$

**证明** 从 $J_1$ 的定义及引理 3 知

$$J_1 = \sum_{q \leqslant (\log N)^A}\sum_{\substack{0 \leqslant a < q \\ (a,q)=1}}\int_{-\frac{1}{q\tau}}^{\frac{1}{q\tau}} S^3\left(\frac{a}{q} + z\right)\mathrm{e}^{-2\pi i\left(\frac{a}{q} + z\right)N}\mathrm{d}z$$

把 $S\left(\frac{a}{q} + z\right)$ 改写为另一种形式,我们有

$$\pi(n;q,l) = \frac{\mathrm{Li}\ n}{\varphi(q)} + O(n\mathrm{e}^{-c_1\sqrt{\log n}}),\sqrt{N} < n \leqslant N$$

$$S\left(\frac{a}{q} + z\right) = \sum_{\sqrt{N} < p \leqslant N}\mathrm{e}^{2\pi i\frac{a}{q}p}\mathrm{e}^{2\pi i z p} + O(\sqrt{N}) =$$

$$\sum_{\substack{l=1 \\ (l,q)=1}}^{q}\mathrm{e}^{2\pi i\frac{a}{q}l}T(l) + O(\sqrt{N}) \qquad ④$$

其中

$$T(l)=\sum_{\substack{p\equiv l(\bmod q)\\ \sqrt{N}<p\leqslant N}}\mathrm{e}^{2\pi izp}=$$

$$\sum_{\sqrt{N}<n\leqslant N}(\pi(n;q,l)-\pi(n-1;q,l))\mathrm{e}^{2\pi izn}=$$

$$\sum_{\sqrt{N}<n\leqslant N-1}\pi(n;q,l)(\mathrm{e}^{2\pi izn}-\mathrm{e}^{2\pi iz(n+1)})+$$

$$\pi(N;q,l)\mathrm{e}^{2\pi izN}+O(\sqrt{N})=$$

$$\sum_{\sqrt{N}<n\leqslant N-1}\frac{\mathrm{Li}\ n}{\varphi(q)}(\mathrm{e}^{2\pi izn}-\mathrm{e}^{2\pi iz(n+1)})+$$

$$\frac{\mathrm{Li}\ N}{\varphi(q)}\mathrm{e}^{2\pi izN}+O(N\mathrm{e}^{-c_1\sqrt{\log N}})+$$

$$O(N^2\mathrm{e}^{-c_1\sqrt{\log N}}\mid z\mid)=$$

$$\frac{1}{\varphi(q)}\sum_{\sqrt{N}<n\leqslant N}(\mathrm{Li}\ n-\mathrm{Li}(n-1))\mathrm{e}^{2\pi izn}+$$

$$O(N\mathrm{e}^{-c_2\sqrt{\log N}})=$$

$$\frac{1}{\varphi(q)}\sum_{3\leqslant n\leqslant N}\left(\int_{n-1}^{n}\frac{\mathrm{d}u}{\log u}\right)\mathrm{e}^{2\pi izn}+$$

$$O(N\mathrm{e}^{-c_2\sqrt{\log N}})$$

因为当 $n\geqslant 3$ 时，有

$$\frac{1}{\log u}=\frac{1}{\log n}+O\left(\frac{1}{n\log^2 n}\right),n-1\leqslant u\leqslant n$$

所以

$$T(l)=\frac{1}{\varphi(q)}\sum_{n=3}^{N}\frac{\mathrm{e}^{2\pi izn}}{\log n}+O(N\mathrm{e}^{-c_2\sqrt{\log N}})$$

把所得的 $T(l)$ 的表达式代入式 ④ 有

$$S\left(\frac{a}{q}+z\right)=\frac{\mu(q)}{\varphi(q)}\sum_{n=3}^{N}\frac{\mathrm{e}^{2\pi izn}}{\log n}+O(N\mathrm{e}^{-c_3\sqrt{\log N}})=$$

$$\frac{\mu(q)}{\varphi(q)}M(z)+O(N\mathrm{e}^{-c_3\sqrt{\log N}})$$

这里

$$M(z)=\sum_{n=3}^{N}\frac{\mathrm{e}^{2\pi izn}}{\log\ n}$$

进而

$$S^3\left(\frac{a}{q}+z\right)=\frac{\mu(q)}{\varphi^3(q)}M^3(z)+O\Big(\left|S\Big(\frac{a}{q}+z\Big)\right|^2\cdot$$
$$N\mathrm{e}^{-c_3\sqrt{\log N}}\Big)+O(N^3\mathrm{e}^{-c_3\sqrt{\log N}})$$

$$J_1=\sum_{q\leqslant(\log N)^A}\frac{\mu(q)}{\varphi^3(q)}\Big(\sum_{\substack{0\leqslant a<q\\(a,q)=1}}\mathrm{e}^{-2\pi i\frac{a}{q}N}\Big)\int_{-\frac{1}{q\tau}}^{\frac{1}{q\tau}}M^3(z)\mathrm{e}^{-2\pi izN}\mathrm{d}z+$$
$$O(N^2\mathrm{e}^{-c_3\sqrt{\log N}})+O(N^2\mathrm{e}^{-c_3\sqrt{\log N}}\log^{40}N) \quad ⑤$$

我们来讨论上式中的积分,可得

$$\int_{-\frac{1}{q\tau}}^{\frac{1}{q\tau}}M^3(z)\mathrm{e}^{-2\pi izN}\mathrm{d}z=\int_{-\frac{1}{2}}^{\frac{1}{2}}M^3(z)\mathrm{e}^{-2\pi izN}\mathrm{d}z+R \quad ⑥$$

其中

$$|R|\ll\int_{\frac{1}{q\tau}}^{\frac{1}{2}}|M(z)|^3\mathrm{d}z$$

我们来估计 $|M(z)|,0<|z|\leqslant\frac{1}{2}$. 由阿贝尔变换及几何数列求和得出

$$|M(z)|=\left|\sum_{n=3}^{N}\frac{\mathrm{e}^{2\pi izn}}{\log\ n}\right|\leqslant$$
$$\left|\int_3^N\Big(\sum_{3\leqslant n\leqslant u}\mathrm{e}^{2\pi izn}\Big)\frac{\mathrm{d}u}{u\log^2u}\right|+$$
$$\frac{1}{\log\ N}\left|\sum_{3\leqslant n\leqslant N}\mathrm{e}^{2\pi izn}\right|\leqslant\frac{1}{|z|}$$

所以

$$|R|\ll\int_{\frac{1}{q\tau}}^{\frac{1}{2}}\frac{\mathrm{d}z}{z^3}\ll q^2\tau^2\leqslant N^2\log^{-10}N$$

将式 ⑥ 代入式 ⑤ 得到

$$J_1=I(N)\sum_{q\leqslant(\log N)^A}\gamma(q)+O(N^2\log^{-10}N)$$

其中

$$I(N)=\int_{-\frac{1}{2}}^{\frac{1}{2}} M^3(z)\mathrm{e}^{-2\pi i z N}\,\mathrm{d}z$$

$$\gamma(q)=\frac{\mu(q)}{\varphi^3(q)}\sum_{\substack{a=1\\(a,q)=1}}^{q}\mathrm{e}^{-2\pi i\frac{a}{q}N}$$

我们来讨论 $I(N)$. 设

$$M_0(z)=\sum_{3\leqslant n\leqslant N}\frac{\mathrm{e}^{2\pi i z n}}{\log N}$$

那么

$$I(N)=\int_{-\frac{1}{2}}^{\frac{1}{2}} M_0^3(z)\mathrm{e}^{-2\pi i z N}\,\mathrm{d}z+R_1$$

其中

$$|R_1|<\int_{-\frac{1}{2}}^{\frac{1}{2}}|M^3(z)-M_0^3(z)|\,\mathrm{d}z\ll$$

$$\max_{|z|\leqslant\frac{1}{2}}|M(z)-M_0(z)|\cdot$$

$$\int_{-\frac{1}{2}}^{\frac{1}{2}}(|M(z)|^2+|M_0(z)|^2)\,\mathrm{d}z$$

因为

$$|M(z)-M_0(z)|\leqslant\sum_{3\leqslant n\leqslant N}\left(\frac{1}{\log n}-\frac{1}{\log N}\right)=$$

$$\int_3^N\frac{\mathrm{d}u}{\log u}-\frac{N}{\log N}+O(1)=O\left(\frac{N}{\log^2 N}\right)$$

$$\int_{-\frac{1}{2}}^{\frac{1}{2}}|M(z)|^2\,\mathrm{d}z=\sum_{n=3}^{N}\frac{1}{\log^2 n}=$$

$$\sum_{\sqrt{N}<n\leqslant N}\frac{1}{\log^2 n}+O(\sqrt{N})=O\left(\frac{N}{\log^2 N}\right)$$

$$\int_{-\frac{1}{2}}^{\frac{1}{2}}|M_0(z)|^2\,\mathrm{d}z=\frac{N-2}{\log^2 N}$$

所以

$$I(N)=\int_{-\frac{1}{2}}^{\frac{1}{2}}M_0^3(z)\mathrm{e}^{-2\pi \mathrm{i}zN}\,\mathrm{d}z+O\left(\frac{N^2}{\log^4 N}\right)=$$

$$\frac{I_0(N)}{\log^3 N}+O\left(\frac{N^2}{\log^4 N}\right)$$

其中 $I_0(N)$ 是方程

$$n_1+n_2+n_3=N$$

$$3\leqslant n_1,n_2,n_3\leqslant N-6$$

的解数.

对固定的 $n_3$,$3\leqslant n_3\leqslant N-6$,方程

$$n_1+n_2=N-n_3$$

$$3\leqslant n_1,n_2\leqslant N-6$$

有 $N-n_3-5$ 个解,所以

$$I_0(N)=\sum_{n_3=3}^{N-6}(N-n_3-5)=\frac{N^2}{2}+O(N)$$

这样就得到

$$I(N)=\frac{N^2}{2\log^3 N}+O\left(\frac{N^2}{\log^4 N}\right)$$

$$J_1=\frac{N^2}{2\log^3 N}\sum_{q\leqslant(\log N)^A}\gamma(q)+O\left(\frac{N^2}{\log^4 N}\right)$$

我们来讨论上式中的和,可知

$$\sum_{q\leqslant(\log N)^A}\gamma(q)=\sigma(N)-\sum_{q>(\log N)^A}\gamma(q)$$

其中

$$\sigma(N)=\sum_{q=1}^{\infty}\gamma(q)$$

及

$$\left|\sum_{q>(\log N)^A}\gamma(q)\right|\leqslant\sum_{q>(\log N)^A}\frac{1}{\varphi^2(q)}\ll$$

$$\sum_{q>(\log N)^3}\frac{(\log\log q)^2}{q^2}\ll\frac{1}{\log N}$$

因而

$$J_1=\frac{N^2}{2\log^3 N}\sigma(N)+O\left(\frac{N^2}{\log^4 N}\right)$$

级数$\sigma(N)$具有简单的结构.设$(q_1,q_2)=1,q=q_1q_2$,若$a_1$和$a_2$分别遍历模$q_1$和$q_2$的简化剩余系,则$a_1q_2+a_2q_1$就遍历模$q$的简化剩余系.所以

$$\sum_{\substack{a=1\\(a,q)=1}}^{q}\mathrm{e}^{-2\pi i\frac{a}{q}N}=\sum_{\substack{a_1=1\\(a_1,q_1)=1}}^{q_1}\mathrm{e}^{-2\pi i\frac{a_1}{q_1}N}\sum_{\substack{a_2=1\\(a_2,q_2)=1}}^{q_2}\mathrm{e}^{-2\pi i\frac{a_2}{q_2}N}$$

由此推知,级数$\sigma(N)$的项$\gamma(q)$是可乘的.由于自然数的素因子分解式的唯一性及上面已得到的估计,我们有

$$\prod_{p\leqslant X}(1+\gamma(p)+\gamma(p^2)+\cdots)=\sum_{q\leqslant X}\gamma(q)+O\left(\frac{1}{\log X}\right)$$

取极限$X\to+\infty$,得到

$$\sigma(N)=\prod_{p}(1+\gamma(p)+\gamma(p^2)+\cdots)$$

从$\gamma(q)$的定义可得到

$$\gamma(p)=\begin{cases}-\dfrac{1}{(p-1)^2},p\mid N\\ \dfrac{1}{(p-1)^3},p\nmid N\end{cases}$$

$$\gamma(p^r)=0,r\geqslant 2$$

这样就有

$$\sigma(N)=\prod_{p\mid N}\left(1-\frac{1}{(p-1)^2}\right)\prod_{p\nmid N}\left(1+\frac{1}{(p-1)^3}\right)=$$
$$\prod_{p}\left(1+\frac{1}{(p-1)^3}\right)\prod_{p\mid N}\left(1-\frac{1}{p^2-3p+3}\right)$$

这就是所要证明的.

附注：

(1) 在所证明的定理中的 $O$ 常数是非实效的.

(2) 下面(见 3.3) 我们将对 $J_1$ 得到一个具有实效大于 $O$ 常数的渐近公式.

(3) 对奇数 $N$,由显然的不等式

$$\prod_{p\mid N}\left(1-\frac{1}{(p-1)^2}\right)>\prod_{p}\left(1-\frac{1}{p^2}\right)=\frac{6}{\pi^2}$$

$$\prod_{p\nmid N}\left(1+\frac{1}{(p-1)^3}\right)>2$$

得到

$$\sigma(N)>1$$

(至此附注结束).

为了得到 $J=J(N)$ 的渐近公式,我们必须估计 $J_2$,而为此就需要估计 $|S(\alpha)|$,$\alpha$ 属于集合 $E_2$.

### 3.2 素变数的线性三角和

我们来证明维诺格拉多夫的关于素变数的线性三角和估计的定理. 表奇数 $N$ 为三个素数之和的表法个数的渐近公式就是这一定理和定理 1 的推论.

**定理 2** 设

$$H=\mathrm{e}^{0.5\sqrt{\log N}},\alpha=\frac{a}{q}+\frac{\theta}{q^2}$$

$$(a,q)=1,\ |\theta|\leqslant 1,1<q\leqslant N$$

$$S=S(\alpha)=\sum_{p\leqslant N}\mathrm{e}^{2\pi i\alpha p}$$

那么

$$S\ll N(\log N)^3\Delta$$

其中

$$\Delta=\frac{1}{H}+\sqrt{\frac{1}{q}+\frac{q}{N}}$$

**证明**　取

$$P = \prod_{p \leqslant \sqrt{N}} p$$

利用麦比乌斯函数的性质,得到

$$\sum_{\substack{n=1 \\ (n,P)=1}}^{N} e^{2\pi i \alpha n} = \sum_{d \mid p} \mu(d) S_d$$

$$S_d = \sum_{0 < m \leqslant N d^{-1}} e^{2\pi i \alpha m d}$$

由此推得

$$S = S^{(0)} - S^{(1)} + O(\sqrt{N})$$

这里

$$S^{(0)} = \sum_{d_0} \sum_{m \leqslant N} e^{-2\pi i \alpha m d_0}, \mu(d_0) = +1$$

$$S^{(1)} = \sum_{d_1} \sum_{m \leqslant N} e^{2\pi i \alpha m d_1}, \mu(d_1) = -1$$

和 $S^{(0)}$ 及 $S^{(1)}$ 可同样估计. 我们来估计 $S^{(0)}$. 把区间 $0 < m \leqslant N$ 分为远小于 $\log N$ 个这样形式的小区间: $M < m \leqslant M'$, $M' \leqslant 2M$,并考虑和

$$S(M) = \sum_{\substack{md_0 \leqslant N \\ M < m \leqslant M'}} \sum e^{2\pi i \alpha m d_0}$$

若 $M \geqslant H$,则可得

$$S(M) = \sum_{d_0 \leqslant NM^{-1}} \sum_{M < m \leqslant \min\left\{M', \frac{N}{d_0}\right\}} e^{2\pi i \alpha m d_0} \ll$$

$$\sum_{d_0 \leqslant NM^{-1}} \min\left\{\frac{N}{d_0}, \frac{1}{(\alpha d_0)}\right\} \leqslant$$

$$\sum_{n \leqslant NM^{-1}} \min\left\{\frac{N}{n}, \frac{1}{(\alpha n)}\right\} \leqslant$$

$$\sum_{0 < n \leqslant 0.5q} + \sum_{0.5q < n \leqslant 1.5q} + \cdots +$$

$$\sum_{(r-0.5)q<n\leqslant(r+0.5)q} \qquad ⑦$$

其中 $r\leqslant NM^{-1}q^{-1}$. 设 $k$ 是 $an(1\leqslant n\leqslant 0.5q)$ 对模 $q$ 的最小非负剩余,则

$$(\alpha n)=\left(\frac{an}{q}+\frac{\theta n}{q^2}\right)=\left(\frac{k+0.5\theta_1}{q}\right),\ |\ \theta_1\ |\leqslant 1$$

令

$$u=\begin{cases}k,k\leqslant 0.5q\\ q-k,k>0.5q\end{cases}$$

就得到

$$(\alpha n)\geqslant\frac{u-0.5}{q},1\leqslant n\leqslant 0.5q$$

所以式 ⑦ 中的第一项小于或等于

$$q\sum_{0<u\leqslant 0.5q}\frac{1}{u-0.5}\ll q\log q$$

而对于式 ⑦ 中其余的项,我们就得到

$$\begin{aligned}S(M)&\ll q\log q+\sum_{l=1}^{r}\left(\frac{N}{(l-0.5)q}+q\log q\right)\ll\\&q\log q+Nq^{-1}\log N+NM^{-1}\log q\ll\\&N(\log N)\left(\frac{q}{N}+\frac{1}{q}+\frac{1}{H}\right)\end{aligned} \qquad ⑧$$

现在设 $M<H$. 把和 $S(M)$ 表为

$$S(M)=\sum_{M<m\leqslant M'}\sum_{d_0\leqslant Nm^{-1}}e^{2\pi i\alpha m d_0}$$

用字母 $\delta_k$ 来表示每一个恰好有 $k$ 个大于 $H^2$ 的素因子的 $d_0$. 对所有的 $d_0\leqslant N$,设 $k_0$ 是 $k$ 的最大值,则 $2^{k_0}\leqslant N$,即 $k_0\ll\log N$. 这样,我们有

$$S(M)=\sum_{k=0}^{k_0}S_k(M)$$

$$S_k(M)=\sum_{M<m\leqslant M'}\sum_{\delta_k\leqslant Nm^{-1}}e^{2\pi i\alpha m\delta_k}$$

我们来估计 $S_0(M)$. 设 $\kappa$ 是 $\delta_0$ 的素因子个数, $\delta_0 > NM^{-1}H^{-1}$, 则有

$$H^{2\kappa} > NH^{-2}, (2\kappa+2)0.5\sqrt{\log N} > \log N$$

$$\kappa > \sqrt{\log N} - 1, \tau(\delta_0) > 2^{\sqrt{\log N}-1}$$

利用显然的不等式

$$\sum_{n \leqslant x} \tau(n) = \sum_{n \leqslant x} \left[\frac{x}{n}\right] \ll x\log x$$

就得到

$$S_0(M) \ll \sum_{M < m \leqslant M'} \left( \sum_{\delta_0 \leqslant NM^{-1}H^{-1}} 1 + \sum_{NM^{-1}H^{-1} < \delta_0 \leqslant Nm^{-1}} \frac{\tau(\delta_0)}{2^{\sqrt{\log N}}} \right) \ll$$

$$M\left(\frac{N}{MH} + \frac{N\log N}{M \cdot 2^{\sqrt{\log N}}}\right) \ll \frac{N}{H}$$

下面来估计 $S_k(M), k > 0$. 把 $S_k(M)$ 与和

$$T_k = \sum_{M < m \leqslant M'} \sum_{pt \leqslant Nm^{-1}} \mathrm{e}^{2\pi \mathrm{i} \alpha m pt}$$

相比较,其中 $p$ 遍历区间 $H^2 < p \leqslant \sqrt{N}$ 中的素数,而 $t$ 遍历那些恰好有 $k-1$ 个大于 $H^2$ 的素因子的 $d_1$. 设 $k > 1$, 和 $T_k$ 中使 $(p,t) = p$ 的项数远远小于

$$\sum_{M < m \leqslant M'} \sum_{H^2 < p \leqslant \sqrt{N}} \frac{NM^{-1}}{p^2} \ll \frac{N}{H}$$

而和 $T_k$ 中其他的项同和 $S_k(M)$ 中的项是一样的,但和 $S_k(M)$ 中的每一项在 $T_k$ 中恰好出现 $k$ 次. 所以

$$S_k(M) = \frac{1}{k} T_k + O\left(\frac{N}{kH}\right)$$

这一等式当 $k=1$ 时亦成立. 我们来估计 $T_k$. 记 $mp = u$, 把区间

$$MH^2 < u \leqslant M' \sqrt{N}$$

分为远小于 $\log N$ 个小区间

$$U < u \leqslant U', U < U' \leqslant 2U$$

并设

$$T_k(U)=\sum_{U<u\leqslant U'}{}'\sum_{ut\leqslant N}\mathrm{e}^{2\pi i \alpha u t}$$

得到

$$\begin{aligned}|T_k(U)|^2 \leqslant & U\sum_{u=U+1}^{2U}\left|\sum_{ut\leqslant N}\mathrm{e}^{2\pi i\alpha ut}\right|^2=\\ & U\sum_{t_1\leqslant NU^{-1}}\sum_{t_2\leqslant NU^{-1}}\sum_{U<u\leqslant \min\left\{2U,\frac{N}{t_1},\frac{N}{t_2}\right\}}\mathrm{e}^{2\pi i\alpha u(t_1-t_2)}\ll\\ & U\sum_{t_1\leqslant NU^{-1}}\sum_{t_2\leqslant NU^{-1}}\min\left\{U,\frac{1}{(\alpha(t_1-t_2))}\right\}\ll\\ & U\frac{N}{U}\left(\frac{N}{Uq}+1\right)(U+q\log q)\ll\\ & N^2\left(\frac{1}{q}+\frac{U}{N}+\frac{1}{U}+\frac{q}{N}\right)\log N\ll\\ & N^2\left(\frac{1}{q}+\frac{q}{N}+\frac{1}{H^2}\right)\log N\end{aligned}$$

$$|T_k(U)|\ll N\sqrt{\log N}\left(\frac{1}{H}+\sqrt{\frac{1}{q}+\frac{q}{N}}\right)$$

$$|T_k|\ll N(\log N)^{\frac{3}{2}}\left(\frac{1}{H}+\sqrt{\frac{1}{q}+\frac{q}{N}}\right)$$

由此及式⑧推得

$$\begin{aligned}S(M)\ll |S_0(M)|+\sum_{k=1}^{k_0}\left(\frac{1}{k}|T_k|+\frac{N}{kH}\right)\ll\\ N(\log N)^{\frac{3}{2}}(\log\log N)\cdot\\ \left(\frac{1}{H}+\sqrt{\frac{1}{q}+\frac{q}{N}}\right)\end{aligned}$$

$$S\ll N(\log N)^3\left(\frac{1}{H}+\sqrt{\frac{1}{q}+\frac{q}{N}}\right)$$

这正是所要证明的.

**定理3** 对于表奇数 $N$ 为三个素数之和的表法个

数 $J(N)$，有渐近公式

$$J(N)=\sigma(N)\frac{N^2}{2(\log N)^3}+O\left(\frac{N^2}{(\log N)^4}\right)$$

$$\sigma(N)=\prod_p\left(1+\frac{1}{(p-1)^3}\right)\prod_{p\mid N}\left(1-\frac{1}{p^2-3p+3}\right)>1 \qquad ⑨$$

**证明**　从引理 1,3 及定理 1(取 $A=15$)，得到

$$J(N)=J_1(N)+J_2(N)=$$
$$\sigma(N)\frac{N^2}{2(\log N)^3}+$$
$$J_2(N)+O\left(\frac{N^2}{(\log N)^4}\right)$$

其中

$$J_2(N)=\int_{E_2}S^3(\alpha)\mathrm{e}^{-2\pi\mathrm{i}\alpha N}\mathrm{d}\alpha$$

根据集合 $E_2$ 的定义，对 $\alpha\in E_2$，有等式

$$\alpha=\frac{a}{q}+\frac{\theta}{q^2},(a,q)=1$$

$$|\theta|\leqslant 1,(\log N)^{15}<q<N(\log N)^{-20}$$

由定理 2 知

$$S(\alpha)\leqslant N(\log N)^{-4},\alpha\in E_2$$

所以

$$J_2(N)\ll\max_{\alpha\in E_2}|S(\alpha)|\int_0^1|S(\alpha)|^2\mathrm{d}\alpha\ll N^2(\log N)^{-5}$$

由此即得定理的结论.

**推论**(哥德巴赫问题)　存在常数 $N_0$，使得每一个奇数 $N>N_0$ 都是三个素数之和.

由定理 1 的附注知，公式 ⑨ 中的 $O$ 常数是非实效的，所以常数 $N_0$ 亦是非实效的. 在下一小节将得到 $J(N)$ 的实效的渐近公式，因而，推论中的常数 $N_0$ 就亦是实效的.

### 3.3 实效定理

首先,我们要对逼近 $\alpha$ 的有理数的分母很小的情形得到素变数三角和 $S(\alpha)$ 的一个非显然估计.

**引理 4** 设 $\varepsilon_0>0$ 是充分小的常数

$$\tau\geqslant N\mathrm{e}^{-\varepsilon_0\sqrt{\log N}},N_1\geqslant N\mathrm{e}^{-\varepsilon_0\sqrt{\log N}}$$

$$\alpha=\frac{a}{q}+z,(a,q)=1,0<q\leqslant \mathrm{e}^{-\varepsilon_0\sqrt{\log N}},|z|\leqslant\frac{1}{q\tau}$$

那么,有

$$S(\alpha)=\sum_{N-N_1<p\leqslant N}\mathrm{e}^{2\pi\mathrm{i}\alpha p}\ll\frac{N_1\log\log q}{\sqrt{q}\log N}$$

**证明** 因为

$$\pi(n;q,l)=\frac{\mathrm{Li}\ n}{\varphi(q)}-E_1\frac{\chi_1(l)}{\varphi(q)}\int_2^n\frac{u^{\beta_1-1}}{\log u}\mathrm{d}u+$$

$$O(n\mathrm{e}^{-c'\sqrt{\log n}}),\sqrt{N}\leqslant n\leqslant N$$

所以,重复定理 1 的证明的第一部分,即对 $S\left(\frac{a}{q}+z\right)$ 的讨论,我们有

$$S(\alpha)=S\left(\frac{a}{q}+z\right)=\sum_{\substack{l=1\\(l,q)=1}}^{q}T(l)\mathrm{e}^{2\pi\mathrm{i}\frac{a}{q}l}+O(\sqrt{N})$$

$$T(l)=\sum_{N-N_1\leqslant n\leqslant N}(t(n)-t(n-1))\mathrm{e}^{2\pi\mathrm{i}zn}+$$

$$O(N\mathrm{e}^{-c_1\sqrt{\log N}})+O(N^2\mathrm{e}^{-c_1\sqrt{\log N}}|z|)$$

其中

$$t(n)=\frac{\mathrm{Li}\ n}{\varphi(q)}-E_1\frac{\chi_1(l)}{\varphi(q)}\int_2^n\frac{u^{\beta_1-1}}{\log u}\mathrm{d}u$$

因此

$$S(\alpha)=\frac{\mu(q)}{\varphi(q)}\sum_{N-N_1\leqslant n\leqslant N}\left(\int_{n-1}^{n}\frac{\mathrm{d}u}{\log u}\right)\mathrm{e}^{2\pi izn}-$$
$$\frac{E_1}{\varphi(q)}\left(\sum_{l=1}^{q}\chi_1(l)\mathrm{e}^{2\pi i\frac{a}{q}l}\right)\cdot$$
$$\sum_{N-N_1\leqslant n\leqslant N}\left(\int_{n-1}^{n}\frac{u^{\beta_1-1}}{\log u}\mathrm{d}u\right)\mathrm{e}^{2\pi izn}+$$
$$O(qN\mathrm{e}^{-c_1\sqrt{\log N}})+O(qN^2\mathrm{e}^{-c_1\sqrt{\log N}}\mid z\mid) \qquad ⑩$$

因为 $\chi_1$ 是模 $q$ 的某一个实特征，所以

$$\left|\sum_{l=1}^{q}\chi_1(l)\mathrm{e}^{2\pi i\frac{a}{q}l}\right|^2=\frac{1}{\varphi(q)}\sum_{\substack{m=1\\(m,q)=1}}^{q}\left|\sum_{l=1}^{q}\chi_1(l)\mathrm{e}^{2\pi i\frac{m}{q}l}\right|^2\leqslant$$
$$\frac{1}{\varphi(q)}\sum_{m=1}^{q}\sum_{\substack{l=1\\(l,q)=1}}^{q}\sum_{\substack{n=1\\(n,q)=1}}^{q}\chi_1(l)\chi_1(n)\mathrm{e}^{2\pi i\frac{m}{q}(l-n)}\leqslant q$$

由此及式 ⑩ 得到

$$S(\alpha)\ll\frac{\mathrm{Li}\ N-\mathrm{Li}(N-N_1)}{\varphi(q)}+\frac{\sqrt{q}(\mathrm{Li}\ N-\mathrm{Li}(N-N_1))}{\varphi(q)}+$$
$$qN\mathrm{e}^{-c_1\sqrt{\log N}}+qN^2\mathrm{e}^{-c_1\sqrt{\log N}}\mid z\mid\ll$$
$$\frac{N_1}{\log N}\cdot\frac{\log\log q}{\sqrt{q}}$$

这即是要证明的.

**定理 4**　对于表奇数 $N$ 为三个素数之和的表法个数 $J(N)$，有渐近公式

$$J(N)=\sigma(N)\frac{N^2}{2(\log N)^3}+O\left(\frac{N^2}{(\log N)^{3.4}}\right)$$

其中

$$\sigma(N)=\prod_{p}\left(1+\frac{1}{(p-1)^3}\right)\prod_{p\mid N}\left(1-\frac{1}{p^2-3p+3}\right)$$

及 $O$ 常数是实效的.

**证明**　取 $\tau = N(\log N)^{-20}$,由引理 2 知,对于 $\alpha \in \left[-\frac{1}{\tau}, 1-\frac{1}{\tau}\right)$ 有

$$\alpha = \frac{a}{q} + z, 1 \leqslant q \leqslant \tau, (a, q) = 1, |z| \leqslant \frac{1}{q\tau} \quad ⑪$$

用 $E_1$ 表示这样的 $\alpha$ 的集合,对于它有 $q \leqslant (\log N)^3$,而用 $E_2$ 表示其余的 $\alpha$ 的集合. 由引理 3 知,集合 $E_1$ 由两两不相交的区间所组成. 同以前一样,设

$$J = J_1 + J_2$$

其中

$$J_1 = \int_{E_1} S^3(\alpha) e^{-2\pi i \alpha N} d\alpha, J_2 = \int_{E_2} S^3(\alpha) e^{-2\pi i \alpha N} d\alpha$$

估计 $J_2$. 若在表达式 ⑪ 中

$$q \geqslant (\log N)^{20}$$

则由定理 2 得到

$$S(\alpha) \ll N(\log N)^{-7}$$

若 $(\log N)^3 < q \leqslant (\log N)^{20}$,则由引理 4 得到

$$S(\alpha) \ll N(\log N)^{-2.5}(\log \log N)$$

所以

$$J_2 \ll \max_{\alpha \in E_2} |S(\alpha)| \int_0^1 |S(\alpha)|^2 d\alpha \ll N^2(\log N)^{-3.5}(\log \log N)$$

现在来计算 $J_1$. 首先,考虑所有不超过 $y$ 的 $q$ 的集合

$$y = e^{\frac{\log N}{(\log \log N)^2}}$$

当 $\sqrt{N} \leqslant x \leqslant N$ 时,可能除去一些“例外”模 $q$(这些 $q$ 一定是某一个 $q_0$ 的倍数,$q_0 \geqslant c\log^2 y(\log \log y)^{-8} \geqslant c\log^2 N(\log \log N)^{-12}$),对所有其余的 $q$ 有渐近公式

$$\pi(x; q, l) = \frac{\operatorname{Li} x}{\varphi(q)} + O(x e^{-c_1(\log \log x)^2})$$

把积分 $J_1$ 表为两个积分的和

$$J_1 = J'_1 + J''_1$$

这里，$J'_1$ 是在这样的 $\alpha$ 上的积分：在这些 $\alpha$ 的表达式 ⑪ 中，$q \leqslant (\log N)^3$ 且 $q$ 不是“例外”模；而 $J''_1$ 是在这样的 $\alpha$ 上的积分：在这些 $\alpha$ 的表达式 ⑪ 中，$q \leqslant (\log N)^3$ 且 $q$ 属于“例外”模的集合. 对于非“例外”模，重复定理 1 的证明，可得到

$$J'_1 = \frac{N^2}{2(\log N)^3} \sum_{q \leqslant (\log N)^3}{}' \gamma(q) + O\left(\frac{N^2}{\log^4 N}\right) \qquad ⑫$$

其中求和号是表示对非“例外”模求和

$$\gamma(q) = \frac{\mu(q)}{\varphi^3(q)} \sum_{\substack{a=1 \\ (a,q)=1}}^{q} \mathrm{e}^{-2\pi \mathrm{i} \frac{a}{q} N}$$

估计 $J''_1$. 取 $D = (\log N)^{30}$，$A = ND^{-1}$，那么，有

$$\begin{aligned} S\left(\frac{a}{q} + z\right) &= \sum_{s=1}^{D} \sum_{(s-1)A < p \leqslant sA} \mathrm{e}^{2\pi \mathrm{i}\left(\frac{a}{q}+z\right)p} = \\ &\sum_{s=1}^{D} \sum_{(s-1)A < p \leqslant sA} \mathrm{e}^{2\pi \mathrm{i} \frac{a}{q} p} \cdot \mathrm{e}^{2\pi \mathrm{i} z s A} + \\ &O(|z| AN) = \\ &\sum_{s=1}^{D} \mathrm{e}^{2\pi \mathrm{i} z s A} \sum_{(s-1)A < p \leqslant sA} \mathrm{e}^{2\pi \mathrm{i} \frac{a}{q} p} + \\ &O(Nq^{-1} (\log N)^{-10}) \end{aligned}$$

由此得到

$$\begin{aligned} &S^3\left(\frac{a}{q} + z\right) \mathrm{e}^{-2\pi \mathrm{i}\left(\frac{a}{q}+z\right)N} = \\ &\sum_{s_1, s_2, s_3 = 1}^{D} \mathrm{e}^{2\pi \mathrm{i} z A (s_1 + s_2 + s_3 - D)} W(s_1, s_2, s_3) + \\ &O\left(\left| S\left(\frac{a}{q} + z\right)\right|^2 Nq^{-1} (\log N)^{-10}\right) + \\ &O(N^3 q^{-3} (\log N)^{-30}) \end{aligned}$$

其中

$$W(s_1,s_2,s_3)=\sum_{(s_1-1)A<p_1\leqslant s_1A}\ \sum_{(s_2-1)A<p_2\leqslant s_2A}\ \sum_{(s_3-1)A<p_3\leqslant s_3A} e^{2\pi i\frac{a}{q}(p_1+p_2+p_3-N)}$$

这样,对 $J''_1$ 就得到估计

$$J''_1\ll\sum''_{q\leqslant(\log N)^3}\sum_{\substack{a=1\\(a,q)=1}}^{q}\Bigg(\frac{1}{q\tau}\sum_{\substack{s_1,s_2,s_3=1\\s_1+s_2+s_3=D}}^{D}|W(s_1,s_2,s_3)|+\sum_{\substack{s_1,s_2,s_3=1\\s_1+s_2+s_3\neq D}}^{D}\frac{1}{|s_1+s_2+s_3-D|A}\cdot|W(s_1,s_2,s_3)|\Bigg)+N^2(\log N)^{-10}$$

应用引理 4 估计 $|W(s_1,s_2,s_3)|$,得到

$$|W(s_1,s_2,s_3)|\ll\left(\frac{A\log\log N}{\sqrt{q}\log N}\right)^3$$

其次,方程

$$s_1+s_2+s_3-D=\lambda,\lambda\ll D$$

的解数不超过 $D^2$.

所以

$$J''_1\ll\sum''_{q\leqslant(\log N)^3}\left(\frac{1}{\tau}D^2\frac{A^3(\log\log N)^3}{q^{\frac{3}{2}}(\log N)^3}+\frac{q}{A}D^2\frac{A^3(\log\log N)^4}{q^{\frac{3}{2}}(\log N)^3}\right)+N^2(\log N)^{-10}\ll N^2(\log N)^{-10}+\frac{N^2(\log\log N)^4}{(\log N)^3}\sum''_{q\leqslant(\log N)^3}\frac{1}{\sqrt{q}}$$

而且,这里的求和号是表示对“例外”模求和.所以

$$\sum''_{q\leqslant(\log N)^3}\frac{1}{\sqrt{q}}\ll\frac{1}{\sqrt{q_0}}\sum_{m\leqslant(\log N)(\log\log N)^{12}}\frac{1}{\sqrt{m}}\ll$$

$$\frac{1}{\sqrt{q_0}}\sqrt{\log N}(\log\log N)^6 \ll \frac{(\log\log N)^{12}}{\sqrt{\log N}}$$

最后得到

$$J''_1 \ll \frac{N^2(\log\log N)^{16}}{(\log N)^{3.5}} \qquad ⑬$$

从 $\gamma(q)$ 及“例外”模 $q$ 的定义可推得

$$\sum_{q\leqslant(\log N)^3}'' \gamma(q) \ll \sum_{q\leqslant(\log N)^3}'' \frac{1}{\varphi^2(q)} \ll \sum_{q\leqslant(\log N)^3}'' \frac{(\log\log q)^2}{q^2} \ll q_0^{-2}(\log\log\log N)^2 \ll (\log N)^{-4}(\log\log N)^{25}$$

从这一估计及式 ⑬ 得到

$$J''_1 = \frac{N^2}{2(\log N)^3}\sum_{q\leqslant(\log N)^3}'' \gamma(q) + O\left(\frac{N^2(\log\log N)^{16}}{(\log N)^{3.5}}\right)$$

把所得的 $J''_1$ 的这一表达式和式 ⑫ 合在一起，就得到了 $J_1$ 的渐近公式，因而也就得到了 $J$ 的渐近公式

$$J_1 = \frac{N^2}{2(\log N)^3}\sum_{q\leqslant(\log N)^3} \gamma(q) + O\left(\frac{N_2(\log\log N)^{16}}{(\log N)^{3.5}}\right) = \sigma(N)\frac{N^2}{2(\log N)^3} + O\left(\frac{N^2}{(\log N)^{3.4}}\right)$$

$$J = \sigma(N)\frac{N^2}{2(\log N)^3} + O\left(\frac{N^2}{(\log N)^{3.4}}\right)$$

这就是所要求证的.

### 3.4　问题

(1)(楚德可夫) 设 $K(X)$ 为不超过 $X$ 且不能表为

两个素数之和的偶数的个数，证明：对任意固定的 $A > 0$，有

$$K(X) = O\left(\frac{X}{\ln^A X}\right)$$

(2) 对固定的自然数 $n, m, k$，求方程 $np_1 + mp_2 + kp_3 = N$ 的解数的渐近公式，其中 $p_1, p_2, p_3$ 是素数.

(3)(维诺格拉多夫) 设 $ab_1 - a_1 b \neq 0, a, a_1, b, b_1, c, c_1$ 是整数，那么，平面上形如 $(ax + by + c, a_1 x + b_1 y + c_1)$[①] 的整点集合中有无穷多对素数 $(p_1, p_2)$(关于数列 $ax + b$ 中的素数定理的推广，应用圆法).

(4) 设 $p$ 是素数，$(k, p) = 1$，$q$ 是素数，那么，存在绝对常数 $\gamma > 0$，使得

$$\left|\sum_{q < p^\gamma}\left(\frac{q+k}{p}\right)\right| \leqslant cp^{\gamma-\delta}, \delta = \delta(\gamma) > 0$$

由此，对于尽可能小的 $\gamma$，推出在"平移素数序列"$q + k, q < p^\gamma$ 中的平方剩余和非剩余的分布定理.

(5) 设 $p$ 是素数，试讨论在形如 $\mu(n)n + k, (k, p) = 1$ 的序列中，模 $p$ 的平方剩余和非剩余的分布(参看问题(4)).

(6) 设 $\chi$ 是模 $k$ 的原特征，$k \leqslant Q$，则对任意的 $a_n$ 有

$$\sum_{k \leqslant Q}\sum_{\chi(\bmod k)}\left|\sum_{n=M+1}^{M+N} a_n \chi(n)\right|^2 \leqslant c(Q^2 + N)\sum_{n=M+1}^{M+N} |a_n|^2$$

(7) 设 $\mathrm{Re}\, s_\chi = \sigma_\chi \geqslant 0, \mathrm{Im}\, s_\chi = t_\chi, A \leqslant t_\chi \leqslant A + 1$，则在问题(6) 的条件下，有

$$\sum_{k \leqslant Q}\sum_{\chi(\bmod k)}\left|\sum_{n=M+1}^{M+N} a_n \chi(n) n^{-s_\chi}\right|^2 \leqslant c(Q^2 + N)\sum_{n=M+1}^{M+N} |a_n|^2$$

---

① 这里显然应该假定 $(a, b, c) = (a_1, b_1, c_1) = 1$.—— 译者注

(8) 设 $N(\alpha,T,\chi)$ 是 $L(s,\chi)$ 在区域:$\mathrm{Re}\ s\geqslant\alpha$，$|\mathrm{Im}\ s|\leqslant T$ 中的零点个数，那么，对于 $\frac{1}{2}\leqslant\alpha\leqslant 1$，$T\geqslant 2,Q\geqslant 1$，在问题(6)的条件下有

$$\sum_{k\leqslant Q}\sum_{\chi(\mathrm{mod}\ k)}N(\alpha,T,\chi)\leqslant cT(Q^2+QT)^{\frac{4(1-\alpha)}{3-2\alpha}}\log^{10}(Q+T)$$

为此，证明：

① $N(\alpha,T+1,\chi)-N(\alpha,T,\chi)\leqslant c_1\log TQ$.

② 当 $\mathrm{Re}\ s=\sigma>0,Z\geqslant k(|t|+1)$ 时

$$L(s,\chi)=\sum_{n\leqslant Z}\frac{\chi(n)}{n^s}+O(kZ^{-\sigma})$$

③ 设 $M_X(s,\chi)=\sum_{n\leqslant X}\mu(n)\chi(n)n^{-s}$，用它乘以 $L(s,\chi)$，由此来证明：当 $s=\rho,L(\rho,\chi)=0$ 时，以下的不等式必有一个成立，即

$$1\leqslant c_2\left|\sum_{X<n\leqslant X^2}a(n)\chi(n)n^{-\rho}\right|^4$$

$$1\leqslant c_2\left|\sum_{X^2<n\leqslant XY}a(n)\chi(n)n^{-\rho}\right|^2$$

$$1\leqslant c_2\left|\sum_{n\leqslant X}\mu(n)\chi(n)n^{-\rho}\right|^{\frac{4}{3}}\left|\sum_{Y<n\leqslant Z}\chi(n)n^{-\rho}\right|^{\frac{4}{3}}$$

$$1\leqslant c_2k^2Z^{-2\sigma}\left|\sum_{n\leqslant X}\mu(n)\chi(n)n^{-\rho}\right|^2$$

这里

$$L(s,\chi)M_X(s,\chi)=\sum_{n=1}^{\infty}a(n)\chi(n)n^{-s},s>1$$

④ 在③中令 $X=B^{\frac{1}{2}\cdot\frac{1}{3-2\alpha}},Y=B^{\frac{3}{2}\cdot\frac{1}{3-2\alpha}}$，有

$$Z=\begin{cases}B,\frac{1}{2}\leqslant\alpha<\frac{3}{4}\\Y,\frac{3}{4}\leqslant\alpha\leqslant 1\end{cases}$$

$$B=\max\{Q^2,QT\}$$

把③中的不等式先对所有的 $\rho=\rho_\chi(\mathrm{Re}\,\rho_\chi\geqslant\alpha,|\mathrm{Im}\,\rho_\chi|\leqslant T)$ 相加,再对所有的 $\chi$($\chi$ 是模 $k$ 的原特征)相加,最后,对所有的 $k(k\leqslant Q)$ 相加,并应用问题(7),对第三个不等式要先应用赫尔德不等式

$$\sum|a|^{\frac{4}{3}}|b|^{\frac{4}{3}}\leqslant\left(\sum|a|^2\right)^{\frac{2}{3}}\left(\sum|b|^4\right)^{\frac{1}{3}}$$

(9)对任意的 $A>0$ 可找到 $B=B(A)>0$,使得:

① $$\sum_{k\leqslant\sqrt{x}(\ln x)^{-B}}\max_{(l,k)=1}\left|\psi(x;k,l)-\frac{x}{\varphi(k)}\right|\leqslant c\frac{x}{(\ln x)^A}$$

其中 $c>0$ 实际上是不能计算出来的;

②证明:存在常数 $B>0$,使得

$$\sum_{k\leqslant\sqrt{x}(\ln x)^{-B}}\max_{(l,k)=1}\left|\psi(x;k,l)-\frac{x}{\varphi(k)}\right|\leqslant c_2\frac{x}{(\ln x)^{2-\varepsilon}}$$

其中 $c_2>0$ 是可以实际计算的常数.

(10)设 $P$ 是正整数,$z$ 取整数值 $z_1,z_2,\cdots,z_n$,函数 $f(z)\geqslant 0$;再设 $S'$ 表示函数 $f(z)$ 在与 $P$ 互素的那些 $z$ 上的值的和,$S_d$ 表示函数 $f(z)$ 在为 $d$ 的倍数的那些 $z$ 上的值的和.那么,对于偶数 $m>0$,有

$$S'\leqslant\sum_{\substack{d\mid P\\ Q(d)\leqslant m}}\mu(d)S_d$$

(11)①设 $k\leqslant x^{\frac{9}{10}},\ln b=\dfrac{\ln x}{1\,000\ln\ln x},0\leqslant l<k,(l,k)=1$,那么,对于数列 $kn+l,n=0,1,2,\cdots$ 中不能被小于或等于 $b$ 的素数整除且不超过 $x$ 的数的个数 $T$,有估计

$$T\leqslant c\frac{x}{\varphi(k)}\frac{\ln\ln x}{\ln x}$$

②设 $0<\alpha<1,k\leqslant x^\alpha,x\geqslant x_0>0$,则

$$\pi(x;k,l)\leqslant c\frac{x}{\varphi(k)}\frac{\ln\ln x}{\ln x}$$

(12) 证明

$$\sigma(x)=\sum_{p\leqslant x}\tau(p-1)=c_0x+O\left(\frac{x(\ln\ln x)^3}{\ln x}\right)$$

$$\left(\sigma(x)=2\sum_{k\leqslant\sqrt{x}}\pi(x;k,l)+O\left(\sum_{\substack{p=n,m\leqslant x\\ n\leqslant\sqrt{x},m\leqslant\sqrt{x}}}1\right)\right)$$

把对 $k$ 求和的和式分为两部分：当 $k\leqslant\sqrt{x}(\ln x)^{-B}$ 时，利用问题(9)；当 $\sqrt{x}\geqslant k>\sqrt{x}(\ln x)^{-B}$ 时，利用问题(11).

## §4　哥德巴赫猜想(Ⅳ)[①]

——潘承洞

1742 年，哥德巴赫在和欧拉的几次通信中，提出了这样两个猜想：

(A) 每个不小于 6 的偶数是两个奇素数之和.

(B) 每个不小于 9 的奇数是三个奇素数之和.

这就是至今仍未解决的著名的哥德巴赫猜想. 目前所得到的最好结果是：

(1)1937 年，维诺格拉多夫利用圆法和他创造的线性素变数三角和估计方法，证明了存在正常数 $c_1$，使得每个大于 $c_1$ 的奇数是三个奇素数之和. 这就基本上

① 摘自：潘承洞，潘承彪. 解析数论. 北京：科学出版社，1990.

解决了猜想(B)[①],这一结果通常称为哥德巴赫－维诺格拉多夫定理或三素数定理.因而,现在说到哥德巴赫猜想,总是指猜想(A).

(2)1966年,陈景润利用筛法证明了存在一个正常数$c_2$,使得每个大于$c_2$的偶数都是一个素数和一个不超过两个素数的乘积之和.这一结果通常称为陈景润定理.

本节的主要目的是证明三素数定理.我们将给出两个证明:一个是非实效的,即不能具体确定出其中的常数$c_1$(见4.2);另一个是实效的,即可以具体确定出常数$c_1$,但证明要复杂些(见4.3).此外,利用维诺格拉多夫证明三素数定理的思想,立即可以推出:几乎所有的偶数都是两个奇素数之和.这表明对几乎所有的偶数猜想(A)是正确的.在4.1中我们将讨论哥德巴赫问题中的圆法.

### 4.1 哥德巴赫问题中的圆法

在1920年前后,哈代、拉马努金和李特伍德提出和系统地发展了近代解析数论的一个十分强有力的新的分析方法.在许多著名问题:如整数分拆、平方和问题[②]、华林问题,以及本节讨论的哥德巴赫问题上,得到了重要的结果(有些是条件结果).这一方法通常称为哈代－李特伍德－华林圆法,后来在某些问题(包

① 已经证明,可取$c_1 = e^{e^{16.038}}$,这是一个比10的400万次方还要大的数目!目前尚无法验证所有小于$c_1$的奇数都是三个奇素数之和.王天泽和陈景润进一步把16.038改进为11.503.

② E. Grosswald. Representations of integers as sums of squares. New York: Springer-Verlag, 1985.

括哥德巴赫问题和华林问题）中，维诺格拉多夫用有限三角和来代替他们方法中原来用的母函数（无穷幂级数），对圆法做出了重大改进，使得三角和（即指数和）估计方法在解析数论中得到了更为广泛和有成果的应用. 下面来讨论圆法是如何应用于哥德巴赫问题的.

设 $N$ 是正整数，以 $D(N)$，$T(N)$ 分别表示素变数不定方程

$$N=p_1+p_2, p_1\geqslant 3, p_2\geqslant 3 \tag{①}$$

$$N=p_1+p_2+p_3, p_1\geqslant 3, p_2\geqslant 3, p_3\geqslant 3 \tag{②}$$

的解数. 容易看出

$$D(N)=\int_0^1 S^2(\alpha,N)e(-\alpha N)\mathrm{d}\alpha \tag{③}$$

$$T(N)=\int_0^1 S^3(\alpha,N)e(-\alpha N)\mathrm{d}\alpha \tag{④}$$

其中

$$S(\alpha,x)=\sum_{2<p\leqslant x} e(\alpha p) \tag{⑤}$$

这样，猜想(A) 和(B) 就分别是要证明

$$D(N)>0, 2\mid N\geqslant 6 \tag{⑥}$$

$$T(N)>0, 2\nmid N\geqslant 9 \tag{⑦}$$

这样，哥德巴赫猜想就转化为讨论式 ③ 和式 ④ 的积分了. 由于被积函数都以 1 为周期，因此积分区间可取为任一长度为 1 的区间. 简单说来，圆法的思想是认为：对充分大的 $N$，当 $\alpha$ 和分母“较小”的既约分数“较近”时，三角和 $S(\alpha,N)$ 就取“较大”的值，而当 $\alpha$ 和分母“较大”的既约分数“较近”时，三角和 $S(\alpha,N)$ 就取“较小”的值. 因而式 ③ 和式 ④ 中的积分的主要部分应该是在那些以分母“较小”的既约分数为中心的

一些"小区间"上,这里的"小""大""近"的具体含义(当然是和 $N$ 有关的)将在下面做进一步的具体解释.因此,实现圆法的第一步就是要具体地确定这些"小区间",这就是通常所说的法雷分割,即利用法雷分数来构造这些"小区间".在哥德巴赫问题中的法雷分割是这样的:设 $Q,\tau$ 是两个正数(和 $N$ 有关),满足

$$1\leqslant Q<\frac{\tau}{2} \tag{8}$$

考虑 $Q$ 阶法雷数列,即 $[0,1)$ 区间中的所有分母不超过 $Q$ 的既约分数

$$\frac{h}{q},(h,q)=1,0\leqslant h<q\leqslant Q \tag{9}$$

以及相应于它们的一组小区间

$$I(q,h)=\left[\frac{h}{q}-\frac{1}{\tau},\frac{h}{q}+\frac{1}{\tau}\right]^{①}$$
$$(h,q)=1,0\leqslant h<q\leqslant Q \tag{10}$$

这些小区间都在区间 $\left[-\frac{1}{\tau},1-\frac{1}{\tau}\right]$ 中.再设

$$E_1=\bigcup_{1\leqslant q\leqslant Q}\bigcup_{\substack{0\leqslant h<q\\(h,q)=1}}I(q,h) \tag{11}$$

及

$$E_2=\left[-\frac{1}{\tau},1-\frac{1}{\tau}\right]-E_1 \tag{12}$$

对式⑨中任意两个不同的分数 $\frac{h_1}{q_1},\frac{h_2}{q_2}$ 有

$$\left|\frac{h_1}{q_1}-\frac{h_2}{q_2}\right|\geqslant\frac{1}{q_1q_2}\geqslant\frac{1}{Q^2} \tag{13}$$

① 有时候可取小区间为 $\left[\frac{h}{q}-\frac{1}{q\tau},\frac{h}{q}+\frac{1}{q\tau}\right]$,这时当条件⑧满足时这组小区间就两两不相交.

所以,当

$$2Q^2 < \tau \tag{⑭}$$

时,式 ⑩ 给出的这组小区间是两两不相交的. 这样,当条件 ⑭ 成立时,就把区间 $\left[-\frac{1}{\tau}, 1-\frac{1}{\tau}\right]$ 分成了 $E_1$ 和 $E_2$ 两部分,$E_1$ 就是我们所要确定的那些"小区间". 通常把 $E_1$ 称为基本区间或优弧,把 $E_2$ 称为余区间或劣弧. $[0,1]$[①] 区间的这种分割方法就称为法雷分割. 显然,这种分割是和 $Q,\tau$ 的取法有关的. 在这种分割下前面所说的"较小""较大""较近" 就有如下的含义. 当点 $\alpha \in E_1$ 时,它就和一个分母小于或等于 $Q$(这就是"较小" 的含义) 的既约分数相距小于或等于 $\frac{1}{\tau}$(这就是"较近" 的含义). 而下面的引理将证明:当 $\alpha \in E_2$ 时,它就和一个分母大于 $Q$(这就是"较大" 的含义) 的既约分数"较近".

**引理 1**　对任一 $\alpha \in E_2$,一定存在两个正整数 $q$, $h$,满足条件

$$(h,q)=1, Q < q \leqslant \tau \tag{⑮}$$

使得

$$\left|\alpha - \frac{h}{q}\right| < \frac{1}{q\tau} \tag{⑯}$$

**证明**　在引理 19.3.5[②] 中取 $\chi = \alpha, y = \tau$,则必有整数 $q,h$ 满足 $(h,q)=1, 1 \leqslant q \leqslant \tau$,使得

---

① 由于被积函数的周期为 1,所以点 0 和 1,区间 $[0,1]$ 和 $\left[-\frac{1}{\tau}, 1-\frac{1}{\tau}\right]$ 是可看作相同的,这样就可使得以下的讨论简单些.

② 文中未涉及的内容,请参考原文.

$$\left|\alpha-\frac{h}{q}\right|<\frac{1}{q\tau}$$

当 $\alpha\in E_2$ 时,$\alpha>\frac{1}{\tau}$,所以 $h$ 必为正整数.若 $q\leqslant Q$,则由上式及 $E_1$ 的定义知 $\alpha\in E_1$,这和假设矛盾.故必有 $q>Q$,这就证明了所要的结论.

当条件 ⑭ 成立时,相应于所作的分割有

$$D(N)=\int_{-\frac{1}{\tau}}^{1-\frac{1}{\tau}}S^2(\alpha,N)e(-\alpha N)\mathrm{d}\alpha=D_1(N)+D_2(N) \tag{17}$$

其中

$$D_i(N)=\int_{E_i}S^2(\alpha,N)e(-\alpha N)\mathrm{d}\alpha,i=1,2 \tag{18}$$

以及

$$T(N)=\int_{-\frac{1}{\tau}}^{1-\frac{1}{\tau}}S^3(\alpha,N)e(-\alpha N)\mathrm{d}\alpha=T_1(N)+T_2(N) \tag{19}$$

其中

$$T_i(N)=\int_{E_i}S^3(\alpha,N)e(-\alpha N)\mathrm{d}\alpha,i=1,2 \tag{20}$$

对于适当选取的和 $N$ 有关的 $Q,\tau$,利用算术数列中的素数定理,很容易得到 $D_1(N)$ 和 $T_1(N)$ 的渐近公式(见 4.2 和 4.3,4.4).这样,实现圆法的关键就是要去证明:当 $N\to\infty$ 时[①],相对于 $D_1(N)$($N$ 为偶数)和 $T_1(N)$($N$ 为奇数)来说 $D_2(N)$ 和 $T_2(N)$ 分别是可以忽略的误差项;也就是要去证明:当 $\alpha\in E_2$ 时,$|S(\alpha,N)|$ 取"足够小"的值.维诺格拉多夫利用他所

① 这时法雷分割,即集合 $E_1,E_2$ 也在变化.

得到的三角和 $S(\alpha,N)$ 的估计，成功地证明了对于 $T_1(N)$（$N$ 为奇数）来说 $T_2(N)$ 是可以忽略的误差项. 但他的估计对 $D_2(N)$ 来说得不到所期望的结果.

一方面，应该指出，利用圆法仅能证明对充分大的奇数 $N$ 可表为三个奇素数之和，而不能证明每个不小于9的奇数可表为三个奇素数之和. 但另一方面，它不仅证明了这种表法存在，而且还能得到这种表法个数的渐近公式，这是其他方法所不能得到的. 应用圆法所解决的数论问题都有这样的特点.

### 4.2　三素数定理（非实效方法）

设 $\lambda_1,\lambda_2$ 是两个待定正常数，$N$ 为充分大的整数，取

$$Q=\log^{\lambda_1}N,\tau=N\log^{-\lambda_2}N \tag{21}$$

当 $N$ 足够大时，条件 ⑭ 显然成立，这样，由式 ⑪ 和式 ⑫ 就确定了基本区间 $E_1$ 和余区间 $E_2$.

首先，利用西格尔－瓦尔菲茨定理来计算基本区间 $E_1$ 上的积分 $T_1(N)$.

**引理2**　设 $\alpha=\frac{h}{q}+z\in I(q,h)\subseteq E_1$，则有

$$S(\alpha,N)=\frac{\mu(q)}{\varphi(q)}\sum_{n=2}^{N}\frac{e(zn)}{\log n}+O(N\mathrm{e}^{-c_3\sqrt{\log N}}) \tag{22}$$

**证明**　由式(2.1.5)及推论18.2.4可得：当 $(l,q)=1$ 时，有

$$\sum_{\substack{z<p\leqslant N\\ p\equiv l(\bmod q)}}e(zp)=\frac{1}{\varphi(q)}\int_2^N\frac{e(zu)}{\log u}\mathrm{d}u+O(N\mathrm{e}^{-c_4\sqrt{\log N}}) \tag{23}$$

这里用到了 $|z|\leqslant\tau^{-1}$. 由此及式(19.5.4)得

$$S(\alpha,N)=\frac{\mu(q)}{\varphi(q)}\int_{2}^{N}\frac{e(zu)}{\log u}\mathrm{d}u+O(N\mathrm{e}^{-c_5\sqrt{\log N}})\qquad ㉔$$

再利用式(2.1.5)可得

$$\sum_{n=2}^{N}\frac{e(zn)}{\log n}-\int_{2}^{N}\frac{e(zu)}{\log u}\mathrm{d}u\ll$$

$$1+\int_{2}^{N}\left(\frac{|z|}{\log u}+\frac{1}{u\log^2 u}\right)\mathrm{d}u\ll 1+\frac{N|z|}{\log N}\qquad ㉕$$

由以上两式及 $|z|\leqslant\tau^{-1}=N^{-1}\log^{\lambda_2}N$,即得式 ㉒.

**引理 3** 设整数 $N\geqslant 2$,$C_q(l)$ 是由式(13.3.10)给出的拉马努金和,那么级数

$$\mathscr{G}_3(N)=\sum_{q=1}^{\infty}\frac{\mu(q)}{\varphi^3(q)}C_q(-N)\qquad ㉖$$

绝对收敛,且有

$$\mathscr{G}_3(N)=\prod_{p\mid N}\left(1-\frac{1}{(p-1)^2}\right)\prod_{p\nmid N}\left(1+\frac{1}{(p-1)^3}\right)\qquad ㉗$$

及

$$\sum_{q\leqslant Q}\frac{\mu(q)}{\varphi^3(q)}C_q(-N)=\mathscr{G}_3(N)+O(Q^{-1}(\log\log Q)^2)\qquad ㉘$$

**证明** 由于 $\varphi(q)\gg q(\log\log q)^{-1}$,故有

$$\left|\frac{\mu(q)}{\varphi^3(q)}C_q(-N)\right|\leqslant\frac{1}{\varphi^2(q)}\leqslant q^{-2}(\log\log q)^2$$

由上式就证明了级数 ㉖ 绝对收敛,且有式 ㉘ 成立.因为 $\mu(q)\varphi^{-3}(q)C_q(-N)$ 是 $q$ 的可乘函数,所以

$$\mathscr{G}_3(N)=\prod_{p}\left(1-\frac{C_p(-N)}{(p-1)^3}\right)$$

由此及

$$C_p(-N)=\begin{cases}p-1,p\mid N\\-1,p\nmid N\end{cases}\qquad ㉙$$

就证明了式 ㉗.

$\mathscr{G}_3(N)$ 通常称为三素数定理中的奇异级数. 由式㉗容易看出

$$\mathscr{G}_3(N)=0,2\mid N \tag{30}$$

当 $2\nmid N$ 时,有

$$\mathscr{G}_3(N)>\prod_{p\mid N}\left(1-\frac{1}{(p-1)^2}\right)>\prod_{n\geqslant 3}\left(1-\frac{1}{(n-1)^2}\right)=\frac{1}{2} \tag{31}$$

**引理 4**　当 $\lambda_1\geqslant 2,\lambda_2\geqslant\frac{1}{2}$ 时,有

$$T_1(N)=\frac{1}{2}\mathscr{G}_3(N)\frac{N^2}{\log^3 N}+O\left(\frac{N^2}{\log^4 N}\right) \tag{32}$$

**证明**　当 $\alpha=\frac{h}{q}+z\in I(q,h)\subseteq E_1$ 时,由引理2知

$$S^3(\alpha,N)=\frac{\mu(q)}{\varphi^3(q)}\left(\sum_{n=2}^{N}\frac{e(zn)}{\log n}\right)^3+O(N^3\mathrm{e}^{-c_6\sqrt{\log N}})$$

因此

$$\begin{aligned}T_1(N)=&\sum_{q\leqslant Q}\sum_{h=0}^{q-1}{}'\int_{\frac{h}{q}-\frac{1}{\tau}}^{\frac{h}{q}+\frac{1}{\tau}}S^3(\alpha,N)e(-\alpha N)\mathrm{d}\alpha=\\&\left(\sum_{q\leqslant Q}\frac{\mu(q)}{\varphi^3(q)}C_q(-N)\right)\cdot\\&\int_{-\frac{1}{\tau}}^{\frac{1}{\tau}}\left(\sum_{n=2}^{N}\frac{e(zn)}{\log n}\right)^3e(-zN)\mathrm{d}z+\\&O(N^2\mathrm{e}^{-c_7\sqrt{\log N}})\end{aligned} \tag{33}$$

利用估计(19.1.3)可推出:当 $\|z\|\leqslant N^{-\frac{1}{2}}$ 时,有

$$\sum_{n=2}^{N}\frac{e(zn)}{\log n}\ll\frac{N}{\log N}\min\left\{1,\frac{1}{\|z\|N}\right\} \tag{34}$$

此外,有

$$\left|\sum_{n=2}^{N}\frac{e(zn)}{\log n}-\sum_{n=2}^{N}\frac{e(zn)}{\log N}\right|\leqslant$$

$$\sum_{n=2}^{N}\left(\frac{1}{\log n}-\frac{1}{\log N}\right)=$$
$$\int_{2}^{N}\frac{\mathrm{d}u}{\log u}-\frac{N}{\log N}+O(1)\ll\frac{N}{\log^{2}N} \quad ㉟$$

从以上两式得到

$$\int_{-\frac{1}{\tau}}^{\frac{1}{\tau}}\left(\left(\sum_{n=2}^{N}\frac{e(zn)}{\log n}\right)^{3}-\left(\sum_{n=2}^{N}\frac{e(zn)}{\log n}\right)^{3}\right)e(-zN)\mathrm{d}z\ll$$
$$\frac{N^{3}}{\log^{4}N}\int_{-\frac{1}{\tau}}^{\frac{1}{\tau}}\min\left\{1,\frac{1}{N^{2}z^{2}}\right\}\mathrm{d}z\ll\frac{N^{2}}{\log^{4}N}$$

由此从式 ㉝ 推出

$$T_{1}(N)=\frac{1}{\log^{3}N}\left(\sum_{q\leqslant Q}\frac{\mu(q)}{\varphi^{3}(q)}C_{q}(-N)\right)\cdot$$
$$\int_{-\frac{1}{\tau}}^{\frac{1}{\tau}}\left(\sum_{n=2}^{N}e(zn)\right)^{3}e(-zn)\mathrm{d}z+O\left(\frac{N^{2}}{\log^{4}N}\right) \quad ㊱$$

利用估计式(19.1.3)易得

$$\int_{\frac{1}{\tau}}^{\frac{1}{2}}\left(\sum_{n=2}^{N}e(zn)\right)^{3}e(-zN)\mathrm{d}z\ll\int_{\frac{1}{\tau}}^{\frac{1}{2}}\frac{\mathrm{d}z}{z^{3}}\ll\tau^{2}=N^{2}\log^{-2\lambda_{2}}N$$
$$\int_{-\frac{1}{2}}^{-\frac{1}{\tau}}\left(\sum_{n=2}^{N}e(zn)\right)^{3}e(-zN)\mathrm{d}z\ll\tau^{2}=N^{2}\log^{-2\lambda_{2}}N$$

利用以上两式及级数 ㉖ 的收敛性,当 $\lambda_{2}\geqslant\frac{1}{2}$ 时,由式 ㊱ 可得到

$$T_{1}(N)=\frac{1}{\log^{3}N}\left(\sum_{q\leqslant Q}\frac{\mu(q)}{\varphi^{3}(q)}C_{q}(-N)\right)J+O\left(\frac{N^{2}}{\log^{4}N}\right) \quad ㊲$$

其中

$$J=\int_{-\frac{1}{2}}^{\frac{1}{2}}\left(\sum_{n=2}^{N}e(zn)\right)^{3}e(-zN)\mathrm{d}z=$$
$$\sum_{\substack{n_{1}+n_{2}+n_{3}=N\\2\leqslant n_{1},n_{2},n_{3}\leqslant N}}1=\frac{N^{2}}{2}+O(N) \quad ㊳$$

当 $\lambda_1 \geqslant 2$ 时,由以上两式及引理 3 就证明了所要的结果.

式 ㉜ 就是我们所需要的在基本区间上的积分 $T_1(N)$ 的渐近公式.下面我们来估计余区间上的积分 $T_2(N)$.

**引理 5**　当 $\lambda_1 \geqslant 10, \lambda_2 \geqslant 10$ 时,有

$$T_2(N) \ll N^2 \log^{-4} N \tag{39}$$

**证明**　由引理 1 知,当 $\alpha \in E_2$ 时,有

$$\alpha = \frac{h}{q} + z, (q,h) = 1, Q < q \leqslant \tau, \mid z \mid \leqslant \frac{1}{q^2} \tag{40}$$

因此,由定理 19.1.1 及 $\log^{10} N \leqslant Q < q \leqslant \tau \leqslant N\log^{-10} N$ 得到

$$S(\alpha, N) \ll N\log^{-3} N, \alpha \in E_2 \tag{41}$$

进而有

$$\mid T_2(N) \mid \leqslant \int_{E_2} \mid S(\alpha, N) \mid^3 \mathrm{d}\alpha \ll N\log^{-3} N \int_0^1 \mid S(\alpha, N) \mid^2 \mathrm{d}\alpha \tag{42}$$

由此及

$$\int_0^1 \mid S(\alpha, N) \mid^2 \mathrm{d}\alpha = \sum_{2 < p_1 \leqslant N} \sum_{2 < p_2 \leqslant N} \int_0^1 e(\alpha(p_1 - p_2)) \mathrm{d}\alpha = \pi(N) - 1 \tag{43}$$

就证明了式 ㊴.

如果我们用定理 19.2.2,或定理 19.3.1,或定理 19.4.7 来估计当 $\alpha \in E_2$ 时的三角和 $S(\alpha, N)$,那么引理 5 中的 $\lambda_1$ 和 $\lambda_2$ 就应该分别满足:$\lambda_1 \geqslant 11$,或 28,或 56;$\lambda_2 \geqslant 11$,或 28,或 56.

由式 ⑲、引理 4 和引理 5 就证明了三素数定理:

**定理 1**　设 $N$ 是奇数,$T(N)$ 是 $N$ 表为三个奇素

数之和的表法个数,那么我们有渐近公式

$$T(N)=\frac{1}{2}\mathscr{G}_3(N)\frac{N^2}{\log^3 N}+O\left(\frac{N^2}{\log^4 N}\right) \quad ㊹$$

其中 $\mathscr{G}_3(N)$ 由式 ㉖ 给出,且

$$\mathscr{G}_3(N)>\frac{1}{2},2\nmid N$$

**推论** 存在一个正常数 $c_1$,使得每个大于 $c_1$ 的奇数是三个奇素数之和.

应该指出的是,因为在引理 1 中用了西格尔－瓦尔菲茨定理,所以式中的 $O$ 常数是非实效的,因而引理 4、定理 1 中的 $O$ 常数,以及推论中的常数 $c_1$ 都是非实效的.

### 4.3 三素数定理(实效方法)

设 $\lambda_1=3,\lambda_2$ 是待定正常数. 取

$$Q=\log^3 N,\tau=N\log^{-\lambda_2}N \quad ㊺$$

当 $N$ 足够大时,条件 ⑭ 显然满足. 因此,由式 ⑪ 和式 ⑫ 就确定了基本区间 $E_1$ 和余区间 $E_2$.

首先,利用佩吉定理来计算基本区间 $E_1$ 上的积分 $T_1(N)$.

**引理 6** 当 $\lambda_2\geqslant\frac{1}{2}$ 时,有

$$T_1(N)=\frac{1}{2}\mathscr{G}_3(N)\frac{N^2}{\log^3 N}+O\left(\frac{N^2}{(\log N)^{3.4}}\right) \quad ㊻$$

这里 $O$ 常数是实效的,即是可计算的绝对常数.

**证明** 在推论 18.2.5 中取

$$y=\exp(\log N(\log\log N)^{-2}),\sqrt{N}\leqslant x\leqslant N$$

当 $N$ 足够大时必有 $\log^3 N<y<\sqrt{N}$. 此外,对所取的 $y$,当 $y$ 阶例外模 $\tilde{q}$ 存在时,必有

$$\widetilde{q} \gg \log^2 N(\log\log N)^{-12} \tag{47}$$

这样,当 $1 \leqslant q \leqslant y, \widetilde{q} \nmid q, (q, l) = 1$ 时,由推论 18.2.5 得

$$\pi(x; q, l) = \frac{\mathrm{Li}\, x}{\varphi(q)} + O(x\exp(-c_8(\log\log x)^2))$$

由此及式(2.1.5) 可推出,当 $|z| \leqslant \tau^{-1}$ 时,有

$$\begin{aligned}\sum_{\substack{z < p \leqslant N \\ p \equiv l(\bmod q)}} e(zp) &= \sum_{\substack{\sqrt{N} < p \leqslant N \\ p \equiv l(\bmod q)}} e(zp) + O(\sqrt{N}) = \\ &\frac{1}{\varphi(q)} \int_2^N \frac{e(zu)}{\log u} \mathrm{d}u + \\ &O(N\exp(-c_9(\log\log N)^2))\end{aligned}$$

和证明引理 2 一样,由此及式(19.5.4) 容易得到,当 $\alpha = \frac{h}{q} + z \in E_1, \widetilde{q} \nmid q, q \leqslant \log^3 N$ 时,有

$$\begin{aligned}S(\alpha, N) = &\frac{\mu(q)}{\varphi(q)} \sum_{n=2}^{N} \frac{e(zn)}{\log n} + \\ &O(N\exp(-c_{10}(\log\log N)^2))\end{aligned}$$

同式 ㊲ 的推导完全一样,由上式可推得

$$\begin{aligned}&\sum_{\substack{q \leqslant \log^3 N \\ \widetilde{q} \nmid q}} \sideset{}{'}\sum_{h=0}^{q-1} \int_{\frac{h}{q} - \frac{1}{\tau}}^{\frac{h}{q} + \frac{1}{\tau}} S^3(\alpha, N) e(-\alpha N) \mathrm{d}\alpha = \\ &\frac{N^2}{2\log^3 N} \Big( \sum_{\substack{q \leqslant \log^3 N \\ \widetilde{q} \nmid q}} \frac{\mu(q)}{\varphi^3(q)} C_q(-N) \Big) + O\Big( \frac{N^2}{\log^4 N} \Big)\end{aligned} \tag{48}$$

这里还用到了式 ㊳ 和级数 ㉖ 的绝对收敛性. 在 $\widetilde{q} \mid q$ 的那些基本区间 $I(q, h)$ 上的积分用估计式(19.5.1) 可得到

$$\sum_{\substack{q \leqslant \log^3 N \\ \widetilde{q} \nmid q}} \sideset{}{'}\sum_{h=0}^{q-1} \int_{\frac{h}{q} - \frac{1}{\tau}}^{\frac{h}{q} + \frac{1}{\tau}} S^3(\alpha, N) e(-\alpha N) \mathrm{d}\alpha \ll$$

$$\sum_{\substack{q\leqslant\log^3 N\\ \tilde{q}\nmid q}}\varphi(q)\frac{N^3(\log\log q)^3}{q\sqrt{q}\log^3 N}\int_{-\frac{1}{\tau}}^{\frac{1}{\tau}}\min\left\{1,\frac{1}{N^3\mid z\mid^3}\right\}\mathrm{d}z\ll$$

$$\frac{N^2(\log\log\log N)^3}{\log^3 N}\sum_{\substack{q\leqslant\log^3 N\\ \tilde{q}\nmid q}}\frac{1}{\sqrt{q}}\ll\frac{N^2}{\log^{3.4}N} \tag{49}$$

这里还用到了式 ㊼,另外,由式 ㊼ 易得

$$\sum_{\substack{q\leqslant\log^3 N\\ \tilde{q}\nmid q}}\frac{\mu(q)}{\varphi^3(q)}C_q(-N)\ll\sum_{\substack{q\leqslant\log^3 N\\ \tilde{q}\nmid q}}\frac{1}{\varphi^2(q)}\ll\log^{-3}N \tag{50}$$

由式 ㊽ ~ ㊿ 和引理 3 就证明了式 ㊻. 因为这里应用了佩吉定理,所以这里的 $O$ 常数是可以计算的.

下面我们来估计余区间 $E_2$ 上的积分 $T_2(N)$.

**引理 7** 当 $\lambda_2\geqslant 10$ 时,有

$$T_2(N)\ll N^2(\log N)^{-3.4} \tag{51}$$

**证明** 由引理 1 知,当 $\alpha\in E_2$ 时,有

$$\alpha=\frac{h}{q}+z,(q,h)=1$$

$$\log^3 N<q\leqslant N\log^{-10}N,\mid z\mid\leqslant\frac{1}{q^2} \tag{52}$$

当 $\alpha\in E_2,\log^{10}N<q\leqslant N\log^{-10}N$ 时,由定理 19.1.1 知

$$S(\alpha,N)\ll N\log^{-3}N \tag{53}$$

当 $\alpha\in E_2,\log^3 N<q\leqslant\log^{10}N$ 时,由定理 19.5.1 得

$$S(\alpha,N)\ll N(\log N)^{-2.4} \tag{54}$$

因而

$$\mid T_2(N)\mid\leqslant\int_{E_2}\mid S^3(\alpha,N)\mid\mathrm{d}\alpha\ll$$

$$N(\log N)^{-2.4}\int_0^1\mid S^2(\alpha,N)\mid\mathrm{d}\alpha$$

由此及式 ㊸ 就证明了式 ㊿.

由式 ⑲、引理 6 和引理 7 就证明了以下形式的三素数定理.

**定理 2**　设 $N$ 是奇数,我们有渐近公式

$$T(N)=\frac{1}{2}\mathscr{G}_3(N)\frac{N^2}{\log^3 N}+O\Big(\frac{N^2}{(\log N)^{3.4}}\Big) \quad ㊺$$

其中的 $O$ 常数是可以计算的,$\mathscr{G}_3(N)$ 由式 ㊿ 给出,且对奇数 $N$ 有 $\mathscr{G}_3(N)>\frac{1}{2}$.

**推论**　存在一个可计算的常数 $c'_1$,使得每个大于 $c'_1$ 的奇数是三个奇素数之和.

### 4.4　哥德巴赫数

本节将证明以下定理.

**定理 3**　几乎所有的偶数都是两个奇素数之和.

通常把可以表为两个奇素数之和的偶数称为哥德巴赫数. 设 $x>6$,把不大于 $x$ 且不能表为两个奇素数之和的偶数组成的集合及其个数记作 $E(x)$,通常称它为哥德巴赫数的例外集合. 这样,猜想(A) 就是要证明

$$E(x)=2,x>6 \quad ㊻$$

而定理 3 就是要证明:当 $x\to\infty$ 时,有

$$E(x)=o(x) \quad ㊼$$

我们实际上要证明一个更强的结果.

**定理 4**　对任给的正数 $A$,一定有

$$E(x)\ll x\log^{-A}x \quad ㊽$$

其中"$\ll$"常数和 $A$ 有关.

目前最好的结果是由蒙哥马利和沃恩证明的存在一个可计算的正常数 $\delta$,使得

$$E(x)\ll x^{1-\delta} \quad ㊾$$

陈景润和潘承洞[①]具体确定出了这里的常数 $\delta$ 的值.

为了证明式 ㊳,代替式 ① 所定义的 $D(n)$ 我们来考虑 $D(n,x)$:$n$ 表为不超过 $x$ 的两个奇素数之和的表法个数.显然有

$$D(n,x)=\begin{cases}0,\text{当 } n\leqslant 4 \text{ 或 } n>2x \text{ 时}\\ D(n),\text{当 } n\leqslant x \text{ 时}\end{cases} \tag{60}$$

以及

$$D(n,x)=\int_0^1 S^2(\alpha,x)e(-\alpha n)\mathrm{d}\alpha \tag{61}$$

其中 $S(\alpha,x)$ 由式 ⑤ 给出.

对于由式 ⑧⑪⑫ 给出的法雷分割,有

$$D(n,x)=D_1(n,x)+D_2(n,x) \tag{62}$$

其中

$$D_i(n,x)=\int_{E_i} S^2(\alpha,x)e(-\alpha n)\mathrm{d}\alpha=\int_{-\frac{1}{\tau}}^{1-\frac{1}{\tau}} S_i^2(\alpha,x)e(-\alpha n)\mathrm{d}\alpha,i=1,2 \tag{63}$$

$S_i(\alpha,x)(i=1,2)$ 是 $\alpha$ 的以 1 为周期的周期函数.当 $s\in\left[-\frac{1}{\tau},1-\frac{1}{\tau}\right]$时,有

$$S_i(\alpha,x)=\begin{cases}S(\alpha,x),\alpha\in E_i\\ 0,\alpha\notin E_i\end{cases},i=1,2 \tag{64}$$

这样,$D_i(n,x)(-\infty<n<+\infty)$ 可以看作周期函数 $S_i^2(\alpha,x)$(变量是$\alpha$)的傅里叶系数.因而由傅里叶级数理论中的帕塞瓦尔(Marc-Antoine Parseval)定理推出

① 中国科学(A),1983(4):327-342.

$$\sum_{n=-\infty}^{+\infty} |D_1(n,x)|^2 = \int_{-\frac{1}{\tau}}^{1-\frac{1}{\tau}} |S_1(\alpha,x)|^4 \mathrm{d}\alpha = \int_{E_1} |S(\alpha,x)|^4 \mathrm{d}\alpha \tag{65}$$

$$\sum_{n=-\infty}^{+\infty} |D_2(n,x)|^2 = \int_{-\frac{1}{\tau}}^{1-\frac{1}{\tau}} |S_2(\alpha,x)|^4 \mathrm{d}\alpha = \int_{E_2} |S(\alpha,x)|^4 \mathrm{d}\alpha \tag{66}$$

设 $\lambda$ 是待定正常数,现取

$$Q = \log^{\lambda} x, \tau = x\log^{-\lambda} x \tag{67}$$

利用线性素变数三角和估计,立刻推出:

**引理8** 当 $Q,\tau$ 由式 ⑰ 给出时,有

$$\sum_{n=-\infty}^{+\infty} |D_2(n,x)|^2 \ll x^3 Q^{-1} \log^3 x \tag{68}$$

进而,若设 $M(x)$ 是全体整数 $n$ 中满足

$$|D_2(n,x)| > xQ^{-\frac{1}{3}} \tag{69}$$

的 $n$ 的个数,则

$$M(x) \ll xQ^{-\frac{1}{3}} \log^3 x \tag{70}$$

**证明** 由引理1及定理19.1.1可推出

$$S(\alpha,x) \ll xQ^{-\frac{1}{2}} \log^2 x, \alpha \in E_2 \tag{71}$$

由此及式 ⑯ 可得

$$\sum_{n=-\infty}^{+\infty} |D_2(n,x)|^2 \ll x^2 Q^{-1} \log^4 x \int_0^1 |S(\alpha,x)|^2 \mathrm{d}\alpha$$

由此及式 ㊸ 就证明了式 ⑱. 进而由式 ⑱ 及 $M(x)$ 的定义可得

$$M(x) x^2 Q^{-\frac{2}{3}} \ll x^3 Q^{-1} \log^3 x$$

这就得到了式 ⑳.

这个引理给出了 $D_2(n,x)$ 的一个(对 $n$ 的)平均估计. 式 ⑲⑳ 表明:取"大值"的 $|D_2(n,x)|$ 是比较少

的.如果证明中用定理 19.2.2,或定理 19.3.1,或定理 19.4.7 来代替定理 19.1.1 时,引理的表述要做相应的改变,但对式 ⑧ 的证明不起影响.请读者自己做这样的改变.

下面要用计算 $T_1(N)$ 的类似的方法来计算 $D_1(n,x)\left(\frac{x}{2}<n\leqslant x\right)$ 的渐近公式.

**引理 9** 设整数 $n\geqslant 4$,我们有

$$\sum_{q\leqslant Q}\left|\frac{\mu^2(q)}{\varphi^2(q)}C_q(-n)\right|\ll\log\log n \tag{72}$$

式中 $C_q(l)$ 是由式(13.3.10)给出的拉马努金和.

**证明** 由推论 13.3.2 可得

$$\sum_{q\leqslant Q}\left|\frac{\mu^2(q)}{\varphi^2(q)}C_q(-n)\right|=\sum_{q\leqslant Q}\frac{\mu^2(q)}{\varphi^2(q)}\varphi((n,q))=$$

$$\sum_{d\mid n}\varphi(d)\sum_{\substack{q\leqslant Q\\(n,q)=d}}\frac{\mu^2(q)}{\varphi^2(q)}=\sum_{d\mid n}\frac{\mu^2(d)}{\varphi(d)}\sum_{\substack{v\leqslant Q/d\\(v,n/d)=1}}\frac{\mu^2(v)}{\varphi^2(v)}\ll$$

$$\sum_{d\mid n}\frac{\mu^2(d)}{\varphi(d)}=\frac{n}{\varphi(n)} \tag{73}$$

由此及熟知的不等式

$$\frac{n}{\varphi(n)}\ll\log\log n \tag{74}$$

即得式 ⑫.

**引理 10** 设整数 $n\geqslant 4$,我们有

$$\sum_{q>Q}\left|\frac{\mu^2(q)}{\varphi^2(q)}C_q(-n)\right|\ll d(n)Q^{-1}(\log\log Q)^2\log\log n \tag{75}$$

其中 $d(n)$ 是除数函数.

**证明** 和引理 9 的证明一样,由推论 13.3.2 和式 ⑭ 得到

$$\sum_{q>Q}\left|\frac{\mu^2(q)}{\varphi^2(q)}C_q(-n)\right|=\sum_{d\mid n}\frac{\mu^2(d)}{\varphi(d)}\sum_{\substack{v>Q/d\\(v,n/d)=1}}\frac{\mu^2(v)}{\varphi^2(v)}\ll$$

$$Q^{-1}(\log\log Q)^2\sum_{d\mid n}\frac{\mu^2(d)d}{\varphi(d)}\ll$$

$$Q^{-1}(\log\log Q)^2 2^{\omega(n)}\log\log n$$

由此及 $2^{\omega(n)}\leqslant d(n)$ 就证明了式 ⑮.

**引理 11**　设整数 $n\geqslant 4$,那么,级数

$$\mathscr{G}_2(n)=\sum_{q=1}^{\infty}\frac{\mu^2(q)}{\varphi^2(q)}C_q(-n) \tag{76}$$

绝对收敛,且

$$\mathscr{G}_2(n)=\frac{n}{\varphi(n)}\prod_{p\nmid n}\left(1-\frac{1}{(p-1)^2}\right) \tag{77}$$

**证明**　由引理 9 或引理 10 均可推出级数绝对收敛. 由此及式 ㉙ 就得到式 ⑰. 容易看出

$$\mathscr{G}_2(n)=0,2\nmid n \tag{78}$$

$$\frac{n}{\varphi(n)}>\mathscr{G}_2(n)>\frac{n}{\varphi(n)}\prod_{m\geqslant 3}\left(1-\frac{1}{(m-1)^2}\right)=$$

$$\frac{1}{2}\cdot\frac{n}{\varphi(n)}\geqslant 1,2\mid n \tag{79}$$

通常 $\mathscr{G}_2(n)$ 称为关于偶数的哥德巴赫猜想中的奇异级数.

**引理 12**　设 $Q,\tau$ 由式 ⑰ 给出,$\lambda\geqslant 3$,那么,当 $\frac{1}{2}x<n\leqslant x$ 时,有

$$D_1(n,x)=\frac{n}{\log^2 n}\left(\sum_{q\leqslant Q}\frac{\mu^2(q)}{\varphi^2(q)}C_q(-n)\right)+O\left(\frac{x(\log\log x)^2}{\log^3 x}\right) \tag{80}$$

**证明**　证明和式 ㊲ 相类似,由式 ㉑ 得

$$D_1(n,x)=\left(\sum_{q\leqslant Q}\frac{\mu^2(q)}{\varphi^2(q)}C_q(-n)\right)\int_{-\frac{1}{\tau}}^{\frac{1}{\tau}}\left(\sum_{m=2}^{[x]}\frac{e(zm)}{\log m}\right)^2\cdot$$
$$e(-zn)\mathrm{d}z+O(x\mathrm{e}^{-c_{11}\sqrt{\log x}}) \quad ㉛$$

再由式 ㉞ 和式 ㉟ 得

$$\int_{-\frac{1}{\tau}}^{\frac{1}{\tau}}\left\{\left(\sum_{m=2}^{[x]}\frac{e(zm)}{\log m}\right)^2-\left(\sum_{m=2}^{[x]}\frac{e(zm)}{\log[x]}\right)^2\right\}e(-zn)\mathrm{d}z\ll$$
$$\frac{x^2}{\log^3 x}\int_{-\frac{1}{\tau}}^{\frac{1}{\tau}}\min\left\{1,\frac{1}{x\mid z\mid}\right\}\mathrm{d}z\ll\frac{x}{\log^3 x}\left\{1+\int_{\frac{1}{x}}^{\frac{1}{\tau}}\frac{\mathrm{d}z}{z}\right\}\ll$$
$$\frac{x\log\log x}{\log^3 x} \quad ㉜$$

最后一步用到了 $\tau=x\log^{-\lambda}x$. 由以上两式及引理 9 推出

$$D_1(n,x)=\left(\sum_{q\leqslant Q}\frac{\mu^2(q)}{\varphi^2(q)}C_q(-n)\right)\int_{-\frac{1}{\tau}}^{\frac{1}{\tau}}\left(\sum_{m=2}^{[x]}\frac{e(zm)}{\log[x]}\right)^2\cdot$$
$$e(-zn)\mathrm{d}z+O\left(\frac{x(\log\log x)^2}{\log^3 x}\right) \quad ㉝$$

利用 $\lambda\geqslant 3,\frac{x}{2}<n\leqslant x$,有

$$\int_{\frac{1}{\tau}}^{\frac{1}{2}}\left(\sum_{m=2}^{[x]}e(zm)\right)^2e(-zn)\mathrm{d}z\ll\int_{\frac{1}{\tau}}^{\frac{1}{2}}\frac{\mathrm{d}z}{z^2}\ll\tau\ll\frac{x}{\log^3 x}$$
$$\int_{-\frac{1}{2}}^{-\frac{1}{\tau}}\left(\sum_{m=2}^{[x]}e(zm)\right)^2e(-zn)\mathrm{d}z\ll\frac{x}{\log^3 x}$$
$$\int_{-\frac{1}{2}}^{\frac{1}{2}}\left(\sum_{m=2}^{[x]}e(zm)\right)^2e(-zn)\mathrm{d}z=\sum_{\substack{n=m_1+m_2\\2\leqslant m_1,m_2\leqslant[x]}}1=n+O(1)$$

以及引理 9,从式 ㉝ 就证明了式 ㉚.

**定理 4 的证明** 取 $\lambda=3A+9,Q,\tau$ 由式 ㉗ 给出,由引理 10 和引理 12 得到:当 $\frac{x}{2}<n\leqslant x$ 时,有

$$D_1(n,x)=\mathscr{G}_2(n)\frac{n}{\log^2 n}+O\left(\frac{x}{\log^2 x}d(n)Q^{-1}\cdot\right.$$

$$(\log\log x)^3\Big)+O\left(\frac{x(\log\log x)^2}{\log^3 x}\right) \quad ⑭$$

由熟知的估计式

$$\sum_{n\leqslant x} d(n) \ll x\log x$$

知在不超过 $x$ 的正整数 $n$ 中，使 $d(n)>Q\log^{-1}x$ 的 $n$ 的个数远远小于 $xQ^{-1}\log^2 x$. 因此，对满足 $\frac{x}{2}<n\leqslant x$ 的偶数 $n$，除了远远小于 $xQ^{-1}\log^2 x$ 个例外值，有

$$D_1(n,x)=\mathscr{G}_2(n)\frac{n}{\log^2 n}+O\left(\frac{x(\log\log x)^3}{\log^3 x}\right) \quad ⑮$$

对所取的 $\lambda$ 和 $Q$，由此及引理 8、式 ⑫、式 ⑲ 推出：在满足 $\frac{x}{2}<n\leqslant x$ 的偶数 $n$ 中，除了远远小于

$$xQ^{-\frac{1}{3}}\log^3 x=x\log^{-A}x \quad ⑯$$

个例外值，有

$$D(n,x)=\mathscr{G}_2(n)\frac{n}{\log^2 n}+O\left(\frac{x(\log\log x)^3}{\log^3 x}\right) \quad ⑰$$

这就证明了对充分大的 $x$ 有

$$E(x)-E\left(\frac{x}{2}\right)\ll x\log^{-A}x \quad ⑱$$

为了证明式 ㊽，设 $K$ 是正整数使得 $2^K<\sqrt{x}\leqslant 2^{K+1}$. 由式 ⑱ 得

$$E\left(\frac{x}{2^{k-1}}\right)-E\left(\frac{x}{2^k}\right)\ll\frac{x}{2^{k-1}}\log^{-A}x, k=1,\cdots,K+1 \quad ⑲$$

由此就立即推出式 ㊽.

顺便指出，式 ⑰ 表明：在 $\frac{x}{2}<n\leqslant x$ 中，除了那些例外值，偶数 $n$ 表为两个奇素数之和的表法个数应是

$$D(n)=D(n,n)\sim\mathscr{G}_2(n)\frac{n}{\log^2 n} \quad ⑳$$

所以,如果关于偶数的哥德巴赫猜想成立,且表法个数有渐近公式,那么一定就是式 ⑩.

## §5 Goldbach's Famous Conjecture①

——Paulo Ribenboim

In a letter of 1742 to Euler, Goldbach expressed the belief that:

(G) Every integer $n>5$ is the sum of three primes.

Euler replied that this is easily seen to be equivalent to the following statement:

(G′)Every even integer $2n\geqslant 4$ is the sum of two primes.

Indeed, if (G′) is assumed to be true and if $2n\geqslant 6$, then $2n-2=p+p'$, so $2n=2+p+p'$, where $p, p'$ are primes. Also $2n+1=3+p+p'$, which proves (G).

Conversely, if (G) is assumed to be true, and if $2n\geqslant 4$, then $2n+2=p+p'+p''$, with $p, p', p''$ primes; then necessarily $p''=2$(say) and $2n=p+p'$.

---

① 摘自:Paulo Ribenboim. The Book of Prime Number Records. New York:Springer-Verlag World Publishing Corp,1987.

当时中国的一般读者还见不到国外原版书,只有在诸如中科院数学所的资料室中才可见到这种翻印本,书后标明只限在中华人民共和国销售,书名译为《素数论题》.

Note that it is trivial that (G′) is true for infinitely many even integers: $2p = p + p$ (for every prime).

It was also shown by Schinzel in 1959, using Dirichlet's theorem on primes in arithmetic progressions, that given the integers $k \geqslant 2$, $m \geqslant 2$, there exist infinitely many pairs of primes $(p, q)$ such that $2k \equiv p + q \pmod{m}$. Of course, this falls short of proving Goldbach's conjecture, since it would still be necessary to show that if an even number is congruent, modulo every $m \geqslant 2$, to a sum of two primes, then it is itself a sum of two primes.

Very little progress was made in the study of this conjecture before the development of refined analytical methods and sieve theory. And despite all the attempts, the problem is still unsolved.

There have been three main lines of attack, reflected, perhaps inadequately, by the keywords "asymptotic" "almost primes" "basis".

An asymptotic statement is one which is true for all sufficiently large integers.

The first important result is due to Hardy & Littlewood in 1923—it is an asymptotic theorem. Using the circle method and a modified form of the Riemann hypothesis, they proved that there exists $n_0$ such that every odd number $n \geqslant n_0$ is the sum of three primes.

Later, in 1937, Vinogradov gave a proof of Hardy & Littlewood's theorem, without any appeal to the Riemann hypothesis—but using instead very sophisticated analytic methods. A simpler proof was given, for example, by Estermann in 1938. There have been calculations of $n_0$, which may be taken to be $n_0=3^{3^{15}}$.

The approach via almost-primes consists in showing that there exist $h,k\geqslant 1$ such that every sufficiently large even integer is in the set $P_h+P_k$ of sums of integers of $P_h$ and of $P_k$. What, is intended, of course, to show that $h,k$ can be taken to be 1.

In this direction, the first result is due to Brun (1919, C. R. Acad. Sci. Paris): every sufficiently large even number belongs to $P_9+P_9$.

Much progress has been achieved, using more involved types of sieve, and I note papers by Rademacher, Estermann, Ricci, Buchstab, and Selberg, in 1950, who showed that every sufficiently large even integer is in $P_2+P_3$.

While these results involved summands which were both composite, Rényi proved in 1947 that there exists an integer $k\geqslant 1$ such that every sufficiently large even integer is in $P_1+P_k$. Subsequent work provided explicit values of $k$. Here I note papers by Pan, Pan (no mistake—two brothers, Cheng Dong and Cheng Biao), Barban, Wang, Buchstab, Vinogradov, Halberstam, Jurkat, Richert, Bombieri (see detailed references in Halberstam & Richert's

book *Sieve Methods*).

The best result to date—and the closest one has come to establishing Goldbach's conjecture—is by Chen(announcement of results in 1966;proofs in detail in 1973, 1978). In his famous paper, Chen proved:

Every sufficiently large even integer may be written as $2n=p+m$, where $p$ is a prime and $m\in P_2$.

As I mentioned before, Chen proved at the same time, the "conjugate" result that there are infinitely many primes $p$ such that $p+2\in P_2$; this is very close to showing that there are infinitely many twin primes.

The same method is good to show that for every even integer $2k\geqslant 2$, there are infinitely many primes $p$ such that $p+2k\in P_2$; so $2k$ is the difference $m-p$ ($m\in P_2$, $p$ prime) in infinitely many ways.

A proof of Chen's theorem is given in the book of Halberstam & Richert. See also the simpler proof given by Ross(1975).

The "basis" approach began with the famous theorem of Schnirelmann(1930), proved, for example, in Landau's book (1937) and in Gelfond & Linnik's book (translated in 1965):

There exists a positive integer $S$, such that every sufficiently large integer is the sum of at most $S$ primes.

It follows that there exist a positive integer $S_0\geqslant$

$S$ such that every integer(greater than 1) is a sum of at most $S_0$ primes.

$S_0$ is called the Schnirelmann constant.

I take this opportunity to spell out Schnirelmann's method, which is also useful in a much wider context. Indeed, it is applicable to sequences of integers $A=\{0,a_1,a_2,\cdots\}$ with $0<a_1<a_2<\cdots$.

Schnirelmann defined the density of the sequence $A$ as follows. Let $A(n)$ be the number of $a_i\in A$, such that $0<a_i\leqslant n$. Then the density is

$$d(A)=\inf_{n\geqslant 1}\frac{A(n)}{n}$$

So if $1\notin A$, then $d(A)=0$, so $d(A)\leqslant 1$ and $d(A)=1$ exactly when $A=\{0,1,2,3,\cdots\}$.

Some densities may be easily calculated:

If $A=\{0,1^2,2^2,3^2,\cdots\}$, then $d(A)=0$, if $A=\{0,1^3,2^3,3^3,\cdots\}$, then $d(A)=0$, and more generally, if $k\geqslant 2$ and $A=\{0,1^k,2^k,3^k,\cdots\}$, then $d(A)=0$.

Similarly, if $A=\{0,1,1+m,1+2m,1+3m,\cdots\}$ (where $m>0$ is an integer), then $d(A)=\frac{1}{m}$.

If $A=\{0,1,a,a^2,a^3,\cdots\}$ (where $a>1$ is any integer), then $d(A)=0$.

All the preceeding examples were trivial. How about the sequence $P'=\{0,1,2,3,5,7,\cdots,p,\cdots\}$ of primes (to which 0, 1 have been added)? It follows from Tschebycheff's estimates for $\pi(n)$ that $P'$ has density $d(P')=0$.

Many problems in number theory are of the following kind: to express every natural number (or every sufficiently large natural number) as sum of a bounded number of integers from a given sequence. Because sums are involved, these problems constitute the so-called "additive number theory". Hardy & Littlewood studied such questions systematically, already in 1920, and called this branch "partitio numerorum".

Goldbach's problem is a good example: to express every integer $n>5$ as sum of three primes.

If $A=\{a_0=0, a_1, a_2, \cdots\}$, $B=\{b_0=0, b_1, b_2, \cdots\}$, consider all the numbers of the form $a_i+b_j (i, j\geqslant 0)$ and write them in increasing order, each one only once. The sequence so obtained is called $A+B$. This is at once generalized for several sequences

$$A_1=\{0, a_{11}, a_{12}, \cdots\}, \cdots, A_n=\{0, a_{n1}, a_{n2}, \cdots\}$$

In particular, taking $A=B$, then $A+B$ is written $2A$; taking $A_1=\cdots=A_n=A$, then $A_1+\cdots+A_n$ is written $nA$.

A sequence $A=\{0, a_1, a_2, \cdots\}$ is called a basis of order $k\geqslant 1$ if $kA=\{0, 1, 2, 3, \cdots\}$; that is, every natural number is the sum of $k$ numbers of $A$ (some may be 0). And $A$ is called an asymptotic basis of order $k\geqslant 1$ if there exists $N\geqslant 1$ such that $\{N, N+1, N+2, \cdots\}\subseteq kA$.

For example, Lagrange showed that every natural number is the sum of 4 squares (some may be 0);

in this terminology, the sequence $\{0,1^2,2^2,3^2,\cdots\}$ is a basis of order 4.

It is intuitively reasonable to say that the greater the density of a sequence is, the more likely it will be a basis. I proceed to indicate how this is in fact ture.

Schnirelmann showed the elementary, but useful fact: If $A,B$ are sequences as indicated, then

$$d(A+B)\geqslant d(A)+d(B)-d(A)d(B)$$

This is rewritten as

$$d(A+B)\geqslant 1-(1-d(A))(1-d(B))$$

and may be at once generalized to

$$d(A_1+\cdots+A_n)\geqslant 1-\prod_{i=1}^{n}(1-d(A_i))$$

for any sequences $A_1,A_2,\cdots,A_n$.

Here is an immediate corollary.

If $d(A)=\alpha>0$, then there exists $h\geqslant 1$ such that $A$ is a basis of order $h$.

Proof. By the above inequality, if $k\geqslant 1$, then $d(kA)\geqslant 1-(1-\alpha)^k$. Since $\alpha>0$, there exists $k$ such that $d(kA)>\frac{1}{2}$, thus, for every $n\geqslant 1$, $s=(kA)(n)=\#\{a_i\in kA\mid 1\leqslant a_i\leqslant n\}>\frac{n}{2}$. But $2s+1>n$, so the integers $0, a_1,\cdots,a_s,n-a_1,n-a_2,\cdots,n-a_s$, cannot all be distinct. So $n=a_{i_1}=a_{i_2}$. This shows that every natural number is a sum of two integers of $kA$, so $A$ is a basis of order $h=2k$.

Thus, from Schnirelmann's inequality and its corollary, the only sequences which remain to be

considered are those with density 0, like $P'=\{0,1,2,3,5,7,\cdots\}$, or better, $P=\{0,2,3,5,7,\cdots\}$.

Even though $d(P')=0$, Schnirelmann proved that $d(P'+P')>0$ and therefore he concluded that $P'$ is a basis, so $P$ is an asymptotic basis (of some order $S$) for the set of natural numbers.

One extra digression, which will not be further evoked, is about the sharpening of Mann (1942) of Schnirelmann's density inequality

$$d(A_1+\cdots+A_n)\geqslant\min\{1,d(A_1)+\cdots+d(A_n)\}$$

In his small and neat book (1947), Khinchin wrote an interesting and accessible chapter on Schnirelmann's ideas of bases and density of sequences of numbers, and he gave the proof by Artin & Scherk (1943) of Mann's inequality.

In respect to Goldbach's problem, I note that, according to the theorems of Hardy & Littlewood and Vinogradov(which avoids the Riemann hypothesis), Schnirelmann's theorem holds with $S=3$. But the point is that the proof of Schnirelmann's theorem is elementary and based on totally different ideas.

With his method, Schnirelmann estimated that $S\leqslant 800,000$. Subsequent work, at an elementary level, has allowed Vaughan to show in 1976 that $S\leqslant 6$. As for $S_0$, the best values to date are by Deshouillers (1976): $S_0\leqslant 26$, and later by Riesel & Vaughan(1983): $S_0\leqslant 19$.

In 1949, Richert proved the following analogue

of Schnirelmann's theorem: every integer $n>6$ is the sum of distinct primes.

Here I note that Schinzel showed in 1959 that Goldbach's conjecture implies (and so, it is equivalent to) the statement:

Every integer $n>17$ is the sum of exactly three distinct primes.

Thus, Richert's result will be a corollary of Goldbach's conjecture (if and when it will be shown true).

Now I shall deal with the number $r_2(2n)$ of representations of $2n\geqslant 4$ as sums of two primes, and the number $r_3(n)$ of representations of the odd number $n>5$ as sums of three primes. A priori, $r_2(2n)$ might be zero (until Goldbach's conjecture is established), while $r_3(n)>0$ for all $n$ sufficiently large.

Hardy & Littlewood gave, in 1923, the asymptotic formula below, which at first relied on a modified Riemann's hypothesis; later work of Vinogradov removed this dependence

$$r_3(n) \sim \frac{n^2}{2(\log n)^3}\left(\prod_p \left(1+\frac{1}{(p-1)^2}\right)\cdot \prod_{\substack{p\mid n\\ p>2}}\left(1-\frac{1}{p^2-3p+3}\right)+o(1)\right)$$

With sieve methods, it may be shown that

$$r_2(2n)\leqslant C\frac{2n}{(\log 2n)^2}\log\log 2n$$

On the other hand, Powell proposed in 1985 to

give an elementary proof of the following fact (problem in *Mathematics Magazine*): for every $k>0$ there exist infinitely many even integers $2n$, such that $r_2(2n)>k$. A solution by Finn & Frohliger was published in 1986.

For every $x\geqslant 4$ let

$$G'(x)=\#\{2n \mid 2n\leqslant x, 2n \text{ is not a sum of two primes}\}$$

Van der Corput (1937), Estermann (1938), and Tschudakoff (1938) proved independently that $\lim \frac{G'(x)}{x}=0$, and in fact, $G'(x)=O\left(\frac{x}{(\log x)^{\alpha}}\right)$, for every $\alpha>0$.

Using Tschebycheff's inequality, it follows that there exist infinitely many primes $p$ such that $2p=p_1+p_2$, where $p_1<p_2$ are primes; so $p_1, p, p_2$ are in arithmetical progression (this result was already quoted in Section IV, while discussing strings of primes in arithmetical progressions).

The best result in this direction is the object of a deep paper by Montgomery & Vaughan (1975), and it asserts that there exists an effectively computable constant $\alpha$, $0<\alpha<1$, such that for every sufficiently large $x$, $G'(x)<x^{1-\alpha}$. In 1980, Chen & Pan (Cheng Dong) showed that $1-\alpha=\frac{1}{100}$ is a possible choice. In a second paper (1983), Chen succeeded in taking $\alpha=\frac{1}{25}$ (also done independently by Pan). The finding of a sharp upper bound for $G'(x)$—a delicate problem,

full of pitfalls—has eluded many gifted mathematicians(see Pintz, 1986).

Concerning numerical calculations about Goldbach's conjecture, Stein & Stein (1965) calculated $r_2(2n)$ for every even number up to 200,000 and conjectured that $r_2(2n)$ may take any integral value.

In 1964, Shen used a sieving process and verified Goldbach's conjecture up to 33,000,000.

The record belongs to Stein & Stein (1965), and if it were not for Te Riele (thanks for the information), I would have missed it. Indeed, it is hidden in a note added at the end of the paper. Stein & Stein verified Goldbach's conjecture up to $10^8$. Four other people (Light, Forrest, Hammond & Roe), unaware of the elusive note, have done the calculations again up to $10^8$, but much later—in 1980.

To conclude this brief discussion of Goldbach's conjecture, I would like to mention the recent book of Wang(1984), which is a collection of selected important articles on this problem(including the article by Chen), and contains a good bibiography.

I will discuss the problem of expressing natural numbers as sums of $k$th powers of primes (where $k \geqslant 2$). This is a problem of the same kind as Goldbach's problem—which concerned primes, instead of their $k$th powers. It is also a problem of the same type as Waring's problem, which concerns $k$th

powers of integers (whether prime or not) and how economically they may generate additively all integers. It is normal first to consider Waring's problem. Before I enter into any more explanation, I ask to be forgiven for going beyond the prime numbers; but to please the record lovers, I will include plenty of records from a very keen and challenging competition.

## §6　"1+2"以后——介绍陈景润在解析数论研究中的最新成果[①]

——姚琦

近来有很多同志关心哥德巴赫猜想——"1+1"的研究工作进展如何？数学家陈景润同志在他关于"1+2"的著名论文发表之后又有什么出色的新成果？本节向读者简略地介绍陈景润同志发表及即将发表的部分工作.

### 6.1　"系数8"的改进

哥德巴赫猜想是说，每一个不小于6的偶数 $N$ 一定可以表示成两个奇素数 $p_1$，$p_2$ 之和，也就是等式 $N=p_1+p_2$ 成立.

我们也可以换一种提法.首先，让我们研究由两个

① 原载于《自然杂志》，1981(2):28-30.

数组成的“数对”$(p_1, p_2)$. 其中第一个数 $p_1$ 取自小于 $N$ 的奇素数,第二个数 $p_2$ 也取自小于 $N$ 的奇素数. 对于这样一个“数对”,我们可以求得一个“素数和”: $p_1 + p_2$. 这个数显然是一个偶数. 例如,对于“数对”(3, 3)来说,$3+3=6$,也就是“素数和”为 6. 对应于(3, 5),(3, 7),(5, 5)的“素数和”分别是 8,10,10. 这些“素数和”都是偶数. 试问,当 $p_1, p_2$ 都取小于 $N$ 的奇素数时,所有可能得到的“素数和”是否可以取得尽一切在 6 与 $N$ 之间的偶数呢? 如果这个问题对于一切偶数 $N$ 来说,回答都是肯定的,那么我们也就证实了哥德巴赫猜想. 从上面的例子可以看出,当 $N$ 是一个有限数时,例如,$N=10$,这是可以办到的. 可见这个问题的困难在于当 $N$ 趋向于无穷大时是不是也可以办到.

从素数定理①我们知道,比 $\frac{N}{2}$ 小的素数个数大约为 $\frac{N}{2}\log\frac{N}{2}$. 如果我们限制“数对”$(p_1, p_2)$中的两个奇素数 $p_1, p_2$ 都取比 $\frac{N}{2}$ 小的素数,那么由素数定理就可以知道,这样的“数对”的个数约有 $\left(\frac{N}{2}\log\frac{N}{2}\right)^2$ 个. 这个数比 $\frac{N}{2}$ 大,当 $N$ 很大时,它比 $\frac{N}{2}$ 要大得多. 而不大于 $N$ 的偶数的个数不可能比 $\frac{N}{2}$ 多,可见在 $N$ 很大时,

① 素数定理是说:小于 $x$ 的素数个数 $\pi(x)$ 为 $\pi(x)=\frac{x}{\log x}+O\left(\frac{x}{\log^A x}\right)$,这里 $A$ 为任意正数. 事实上,$O$ 项早已得到了改进,为方便起见这里仍这样表达.

$\left(\frac{N}{2}\log\frac{N}{2}\right)^2$ 比不大于 $N$ 的偶数个数要多得多.但是,我们还不能断言这种“数对”的“素数和”可以取尽一切不大于 $N$ 的偶数.这是因为有许多不同的“数对”的“素数和”是相等的.例如,数对(3,11)及(7,7)的“素数和”就是相等的:$3+11=7+7=14$.因而当 $p_1,p_2$ 都取不超过 $\frac{N}{2}$ 的奇素数时,虽然“数对”$(p_1,p_2)$的个数很多,比不大于 $N$ 的偶数个数要大得多,但是相应的“素数和”$p_1+p_2$ 却可以有许多是相同的数,因此,这种“素数和”的全体不一定能够取尽一切不大于 $N$ 的偶数.

从上面的分析可以看出,如果我们将偶数 $N$ 表示成 $p_1+p_2$,而 $p_1,p_2$ 都是奇素数,对于 $N$ 来说,这种表示方法可能有许多种,我们把表示种数记为 $r(N)$.例如,当 $N=16$ 时,$16=13+3=5+11$,可见 $r(16)=2$.许多数学家对于 $r(N)$ 进行了研究,但是,遗憾的是人们对于 $r(N)$ 的了解太少了.在20世纪50年代初,塞尔伯格给出了 $r(N)$ 的一个比较好的上界估计

$$r(N)\leqslant 16C_N\frac{N}{\log^2 N} \qquad ①$$

这里的 $C_N$ 可以表示为下列无穷乘积

$$C_N=\prod_{\substack{p\mid N\\p>2}}\frac{p-1}{p-2}\prod_{p>2}\left[1-\frac{1}{(p-2)^2}\right]$$

(“$\prod\limits_{p>2}$”表示它后面的式子中当 $p$ 取一切大于2的素数时的乘积,而“$\prod\limits_{\substack{p\mid N\\p>2}}$”表示当 $p$ 取一切大于2且能除尽 $N$ 的素数时的乘积),对于每一个固定的 $N$ 来说,$C_N$ 是一

个常数. 我们很自然地希望 $r(N)$ 的上界估计式中的数字系数小一些,因为它越小估计式就越精确. 1965 年,达文波特(Davenport)、朋比尼将式①中的系数 16 改进为 8,即

$$r(N) \leqslant 8C_N \frac{N}{\log^2 N}$$

成立. 这个结果就是本节题目中所谓的"系数 8". 它的证明依赖于著名的朋比尼定理,这将在后面说明.

许多数学家研究了等差级数

$$l, l+q, l+2q, \cdots, l+aq, \cdots \qquad ②$$

中有多少个不超过 $x$ 的素数的问题. 首先我们将不超过 $x$ 的正整数按其除以 $q$ 后得到的余数 $0,1,\cdots,q-1$ 来分类,即

$$\begin{cases} 0\text{ 类}: q, 2q, \cdots, a_0 q \leqslant x \\ 1\text{ 类}: 1, 1+q, 1+2q, \cdots, 1+a_1 q \leqslant x \\ \vdots \\ q-1\text{ 类}: q-1, q-1+q, \cdots, q-1+a_{q-1} q \leqslant x \end{cases} \qquad ③$$

很容易证明其中有些类是没有素数的. 如果 $l$ 与 $q$ 有大于 1 的公因子,那么第 $l$ 类中就没有素数. 我们设这个公因子为 $a$, $a$ 可以除尽 $l$ 及 $q$,那么 $a$ 就一定可以除尽第 $l$ 类中所有的数. 在这 $q$ 类中去掉这些类以后还剩下的类数记为 $\varphi(q)$. 这里的 $\varphi(q)$ 就是著名的欧拉函数.

在本节中我们已经提到过素数定理. 如果将不超过 $x$ 的素数个数记为 $\pi(x)$,那么 $\pi(x)$ 可以用 $\frac{x}{\log x}$ 来近似地表示. 这里所谓的近似是指 $\pi(x)$ 与 $\frac{x}{\log x}$ 之差的绝对值是一个比 $\frac{x}{\log x}$ 小得多的数. 例如,我们可以

把这个绝对值表示为①

$$\left|\pi(x)-\frac{x}{\log x}\right|<C\frac{x}{\log^{A}x} \qquad ④$$

这里的 $C$ 是一个常数，而 $A$ 可以取任意大于 1 的正数. 因而 $C\frac{x}{\log^{A}x}$ 一定比 $\frac{x}{\log x}$ 小. 式 ④ 表示 $\pi(x)$ 用 $\frac{x}{\log x}$ 作为近似值时，误差不超过 $C\frac{x}{\log^{A}x}$. 可见这确实是一种合乎情理的近似.

现在我们再回到等差级数中的素数问题上来. 我们已经知道，不超过 $x$ 的素数近似地有 $\frac{x}{\log x}$ 个，如果这些素数在式 ③ 中被选出的 $\varphi(q)$ 个类中分布得很均匀，那么每一个等差级数中就近似地有 $\frac{x}{\varphi(q)\log x}$ 个素数. 我们已经指出，作为近似值来说，一定要讨论它的误差是多少. 如果记等差级数

$$l,l+q,\cdots,l+aq\leqslant x \qquad ⑤$$

中素数的个数为 $\pi(l,q,x)$，我们得到下面的不等式，即

$$\frac{x}{\varphi(q)\log x}-C\frac{x}{\log^{A}x}<\pi(l,q,x)<\frac{x}{\varphi(q)\log x}+C\frac{x}{\log^{A}x} \qquad ⑥$$

如果我们能够证明不等式 ⑥ 左边大于 0，就可以得到 $\pi(l,q,x)>0$. 由于素数个数 $\pi(l,q,x)$ 一定是正整数或 0，但当 $\pi(l,q,x)>0$ 时，$\pi(l,q,x)$ 不为 0，那么，

---

① 事实上，根据前面所述，这个误差早已可以估计得更小些，但为方便起见，本节中都取这种形式.

$\pi(l,q,x)$ 至少是1,故等差级数 ⑤ 中一定有素数. 在这种情况下,我们将式 ⑥ 改写为

$$\left|\pi(l,q,x)-\frac{x}{\varphi(q)\log x}\right|<C\frac{x}{\log^{A}x} \qquad ⑦$$

我们看到,这时用$\frac{x}{\varphi(q)\log x}$作为$\pi(l,q,x)$的近似值,误差不超过$C\frac{x}{\log^{A}x}$. 这种近似是合理的,同时我们注意到式 ⑦ 只不过是给出了这种情况下误差的上界,对于不同的 $q$ 来说,所产生的误差各不相同,有的可能会比这个上界小得多.

对于充分大的 $x$ 来说,我们虽然还不能就任意的 $q$ 来证明式 ⑥ 左边大于 0, 或者差值 $\left|\pi(l,q,x)-\frac{x}{\varphi(q)\log x}\right|$的上界比$\frac{x}{\varphi(q)\log x}$小得多,但是我们却能证明使得这个差值比较大的那些 $q$ 的个数不是很多. 也就是说,我们可以对 $q$ 取某一范围内的数值时的误差总和进行估计,由此得到的结果,我们称为“均值定理”. 为什么称为“均值定理”呢? 因为在一般情况下,用这种方法虽然不能改进关于每一个 $q$ 的误差估计的上界,但误差和的估计及关于 $q$ 的个数的“平均值”却得到了改进. 在我们研究的问题中,如果能够证明这样一个均值定理:当 $q$ 取不超过$\frac{x^{\alpha}}{\log^{A}x}$的一切正整数时($\alpha$ 是小于1的正数,$A$ 是大于1的正数),假若$\frac{x}{\varphi(q)\log x}$与$\pi(l,q,x)$之差的绝对值之和能够小于 $C\frac{x}{\log^{B}x}$ ($B$ 是大于 2 的正数),则我们应用筛法就可以证明

$$r(N) \leqslant \frac{4}{\alpha} C_N \frac{N}{\log^2 N}$$

1962 年，潘承洞证明了 $\alpha \leqslant \frac{1}{3}$ 时的均值定理，从而得到 $r(N) \leqslant 12C_N \cdot \frac{N}{\log^2 N}$. 1963 年，潘承洞又在 $\alpha \leqslant \frac{3}{8}$ 时证得均值定理，从而 $r(N) \leqslant \frac{32}{3} C_N \frac{N}{\log^2 N}$. 1965 年，朋比尼得到 $\alpha \leqslant \frac{1}{2}$ 时的均值定理，从而证得 $r(N) \leqslant 8C_N \frac{N}{\log^2 N}$.

如果我们承认广义黎曼猜想是正确的，即容易证得 $\alpha \leqslant \frac{1}{2}$ 时的均值定理. 这就是说，朋比利证得了在广义黎曼猜想成立时能够得到的结果，因而被数学家们公认是一项了不起的成就，他也因此而获得菲尔兹奖. 同时，人们认为这个结果很难改进. 但是陈景润绕过了朋比尼定理，改进了 $r(N)$ 的上界估计，从而得到

$$r(N) \leqslant 7.834\,2 C_N \frac{N}{\log^2 N}$$

这项出色的工作已在国际数论界得到了极高的评价.

### 6.2　林尼克常数的改进

在上一小节中我们已经讨论了等差级数

$$l, l+q, \cdots, l+aq, \cdots \qquad ⑧$$

中有多少个不超过 $x$ 的素数的问题. 我们已经知道，当 $l, q$ 有大于 1 的素因子时，级数 ⑧ 中没有素数. 当 $l, q$ 没有大于 1 的因子时，也就是 $l, q$ 互素时，人们已经证明了级数 ⑧ 中一定有素数. 我们进一步考察此时级数

⑧ 中的第一个素数出现在什么位置. 也就是问,当 $x$ 取多大时,在级数 ⑧ 的不超过 $x$ 的那些项中至少有一个素数? 林尼克在 1950 年证明了存在这样一个常数 $C$,如果 $x=q^C$,那么一定可以在 ⑧ 中那些数值不超过 $x$ 的项

$$l, l+q, \cdots, l+bq$$

(这里 $l+bq \leqslant x$,而 $l+(b+1)q>x$) 中找到素数. 由第一小节式 ⑥ 可以看出:当 $x=q^C$ 时,如果 $\varphi(q)$ 很大,式 ⑥ 左边可能是一个负值. 可见这并不是素数定理的一个自然推论.

上面所说的常数 $C$ 究竟是多少呢? 林尼克并没有告诉我们,他只是指出:一定存在这样一个常数. 因而人们就把这个常数称为林尼克常数. 当然,$C$ 取得越小,级数 ⑧ 中不超过 $q^C$ 的项就越少,问题的难度也就越大.

1959 年,潘承洞首次确定出 $C \leqslant 5\,448$,以后有许多数学家陆续改进了这个结果. 1977 年,芬兰数学家尤梯拉证明了 $C \leqslant 60$ 及 $C \leqslant 36$. 1979 年,美国的一位数学家又证明了 $C \leqslant 20$,但在他的论文尚未发表时陈景润已经得到 $C \leqslant 17$,因而这位美国数学家的结果就不再发表了. 最近,陈景润又进一步证明了 $C \leqslant 15$. 这个结果得到了国内外数论界的一致赞赏.

### 6.3 其他方面的成果

(1) 哥德巴赫数的例外集.

如果我们将能够写成两个奇素数之和的偶数叫作哥德巴赫数,那么,哥德巴赫猜想成立就等价于:每一个大于 6 的偶数都是哥德巴赫数. 我们当然还不能证

明这一点,但是我们可以证明几乎所有的偶数都是哥德巴赫数.这就是说,可能不是哥德巴赫数的偶数并不是很多.这里还应指出,我们说“可能不是哥德巴赫数的偶数”,是指我们尚不能判别是不是哥德巴赫数的那些偶数(如果你确实能够找到一个偶数不是哥德巴赫数,那么哥德巴赫猜想就已经被推翻了).我们把这样的偶数全体称为“例外集”.这些偶数中小于 $x$ 的个数记为 $E(x)$.

早在 1937 年,华罗庚教授就证明了 $E(x)$ 不是很大,它比起 $x$ 来是很小的,用极限来表示,可以写为 $\lim\limits_{x\to\infty}\dfrac{E(x)}{x}=0$. 这也就是说,几乎所有的偶数都是哥德巴赫数.同时他还对 $E(x)$ 的上界做了估计

$$E(x)\leqslant\frac{Cx}{\log^A x}$$

($C$ 是常数而 $A$ 是任意正数).我们当然希望 $E(x)$ 的上界估计越小越好.很多数学家研究了这个问题,对于这个上界做了多次改进.1974 年,蒙哥马利和沃恩证明了 $E(x)<Cx^{1-\delta}$,这里的 $\delta$ 是一个正的常数,至于它的数值可以取多少,他们没有给出.但是不论 $\delta$ 多么小,$x^{1-\delta}$ 比起 $\dfrac{x}{\log^A x}$ 来是小得多了.1979 年,陈景润、潘承洞求得 $\delta\leqslant 0.01$.最近,他们又进一步改进了这个结果.

(2) 区间中的殆素数.

当 $x$ 充分大时,$A$ 取多大的数可使 $x$ 与 $x+A$ 之间一定有素数呢?这就是“区间中的素数”问题.如果我们能证明 $A=x^{\frac{1}{2}}$ 时 $x$ 与 $x+A$ 之间一定有素数,那么,特别取 $x=n^2$ 时就可知 $n^2$ 与 $(n+1)^2$ 之间一定有素数,

这就是杰波夫(Desboves)猜想. 但是,在黎曼猜想成立的前提下,我们尚且只能做到 $A=x^{\frac{1}{2}}\log x$. 到目前为止的最好结果是因凡涅斯(Inweniec)与希思 - 布朗(Heath-Brown)在1979年得到的 $A=x^{\theta},\theta>0.55$.

关于这个问题,有许多数学家研究它的减弱形式:$A$ 取多大值时,$x$ 与 $x+A$ 之间有不超过两个素因子的数?这种数我们称为"殆素数",这个问题称为"区间中的殆素数问题". 1975年,陈景润就已经证得 $A=x^{\frac{1}{2}}$ 时 $x$ 与 $x+A$ 之间必有殆素数. 1978年,希思 - 布朗得到 $A=x^{0.4965}$,1979年,陈景润又进一步证明了当 $A=x^{0.477}$ 时 $x$ 与 $x+A$ 之间就已经有殆素数了.

(3)"1 + 2"系数估计的改进.

在陈景润关于"1 + 2"的著名论文中证明了

$$P_x(1,2)\geqslant 0.67\frac{xC_x}{\log^2 x}$$

这里 $P_x(1,2)$ 是大偶数 $x$ 写成两个素数之和或者一个素数加上一个有两个素因子的殆素数的表示种数. 上面的不等式是说,这样的表示种数不小于右边的数. 我们看到,如果能将0.67这个数再改得大一些,就说明这样的表示种数更多一些,$x$ 表示为两个素数之和这种表示法存在的可能性就相对大一些. 1974年,哈伯斯坦、里切特宣布他们将0.67改进为0.689,1978年,陈景润将这个数改进为0.81.

从上面的介绍可以看出,陈景润同志在发表了"1 + 2"以后,在解析数论的许多领域中硕果累累,在很多方面的研究工作中取得了世界领先地位. 我们相信陈景润同志在新长征中一定会取得更大的成绩.

### 6.4　哈洛德·贺欧夫各特[1]:彻底证明弱哥德巴赫猜想

“任一大于 2 的整数都可以写成三个素数之和.”274 年前,哥德巴赫告诉欧拉这句话时,可能自己也没想到一下就在解析数论这个领域挖了一个东非大裂谷级别的“坑”.

那时 1 还是素数.如今数学界已不用这个约定,原话用现在的语言来表示是,“任一大于 5 的整数都可写成三个素数之和.”

欧拉后来回信哥德巴赫,说这句话可以更简洁——“任一大于 2 的偶数都可写成两个素数之和”.后人将这句话记为“1+1”.这个表述如此简单,以至于很多业余爱好者也想在这个问题上一展身手.但它实际上却是那么难,出现之后的 160 年里,没有任何进展.1900 年,希尔伯特在第二届国际数学大会提到它后,又重新燃起数学家们挑战和解决它的热情.然而,至今也没有人证明哥德巴赫猜想.

不过,数学家们已经从 274 年前的出发点走得很远了.从上面关于偶数的哥德巴赫猜想,又可以推出:

任一大于 5 的奇数都可写成三个素数之和.

这被称为“弱哥德巴赫猜想”.1923 年,英国数学家哈代与李特伍德证明了,假设广义黎曼猜想成立,弱哥德巴赫猜想对充分大的奇数是正确的.

---

[1] 哈洛德·贺欧夫各特(1977—　),秘鲁数学家.2013 年 5 月 13 日,贺欧夫各特在网络上发表了两篇论文,宣布彻底证明了弱哥德巴赫猜想.

1937 年,苏联数学家维诺格拉多夫更进一步,在无须广义黎曼猜想的情形下,直接证明了充分大的奇数可以表示为三个素数之和,被称为“三素数定理”. 不过他无法给出“充分大”的界限. 他的学生博罗兹金于 1939 年确定了一个“充分大”的下限:$3^{14\ 348\ 907}$. 这个数字有 6 846 169 位,要验证比该数小的所有数完全不可行.

1995 年,法国数学家奥利维耶·拉马雷证明了不小于 4 的偶数都可以表示为最多六个素数之和. 莱塞克·卡涅茨基证明了在黎曼猜想成立的前提下,奇数都可表示为最多五个素数之和. 2012 年,陶哲轩在无须黎曼猜想的情形下证明了这一结论.

2013 年 5 月 13 日,法国国家科学研究院和巴黎高等师范学院的数论领域的研究员哈洛德·贺欧夫各特,在线发表两篇论文宣布彻底证明了弱哥德巴赫猜想. 贺欧夫各特在文章 *Minor arcs for Goldbach's problem* 中,给出了指数和形式的一个新界. 在文章 *Major arcs for Goldbach's theorem* 中,贺欧夫各特综合使用了哈代-李特伍德-维诺格拉多夫圆法、筛法和指数和等传统方法,把下界降低到了 $10^{30}$ 左右,贺欧夫各特的同事 David Platt 用计算机验证在此之下的所有奇数都符合猜想,从而完成了弱哥德巴赫猜想的全部证明.

哈洛德·贺欧夫各特出生在秘鲁,高中毕业后获得了美国大学的奖学金,后在普林斯顿大学读博士,2003 年获得博士学位,目前在巴黎研究数学. 果壳网前不久对他进行了一次采访.

(1)证明弱哥德巴赫猜想.

果壳网:你最近宣布证明了弱哥德巴赫猜想,能简单介绍一下这个猜想以及你的工作吗?

贺欧夫各特:对的,希望我没有搞错吧(笑).

有两个哥德巴赫猜想:弱哥德巴赫猜想和强哥德巴赫猜想.强哥德巴赫猜想成立,弱哥德巴赫猜想就成立.如果每一个大于 2 的偶数都可以写成两个素数之和,那么对于任意的一个大于 5 的奇数,减去 3 之后就是一个偶数,可以写成两个素数之和.

19 世纪的数学家只能做点手工验算,对于强哥德巴赫猜想,他们验算到了大约两百万.用这个结果,他们将弱哥德巴赫猜想验算到了十亿.怎么做的呢?写出从 3 到大概十亿的一串素数,相邻两个素数之间相差不到两百万.用这条“素数天梯”就能验算弱哥德巴赫猜想.对于任意十亿以下的奇数,我们只要找出素数天梯中恰好比它小的素数,它们的差一定是个不超过两百万的偶数,所以能写成两个素数之和.也就是说,这个奇数能写成三个素数之和.虽然这个方法不错,但只靠手算的话,推进不了多远.

真正的进展始于 20 世纪.不过博罗兹金给出的 $3^{14\,348\,907}$ 实在太大.陈景润和王天泽将常数改进到了大概 10 的 30 000 次方,或者是 20 000,我记不太清了.陈景润就是那位证明了充分大偶数可以表示为一个素数和一个至多只有两个素因子的所谓“殆素数”的和的数学家,我想你们的读者应该对他很熟悉.他们改进的常数比维诺格拉多夫的要好得多,但还远远不够.

后来又有一位中国数学家[①],将常数改进到了 10 的大约 1 300 次方. 这挺好,但也不够.

即使能将常数减小到 10 的 100 次方,还是不够. 这个数比宇宙中所有的粒子数再乘以自大爆炸以来的秒数还要大. 计算机很难在足够短的时间内将猜想验证到 10 的 100 次方,所以,我们要做的就是将常数降低到计算机能处理的范围.

2005 年我开始关注这个问题,在此之前,我看过维诺格拉多夫的证明,那时我就意识到要将常数降得很低,我当时能将它降到 10 的 100 次方,但这对猜想的完全证明没有决定性作用.

从 2006 年左右开始,我一点点地去做这个问题,发掘不同的小想法. 也有别人在干类似的事. 大概一年半前,陶哲轩证明了每个奇数都可以写成最多五个素数之和. 从这个节奏来看,我要赶紧点,当时可能我也有些毛了(笑). 所以从去年开始,我就放下了手头上别的工作,加班加点把所有的小想法拼在一起. 最后我发现它们能行得通,这无疑很棒.

我把常数降低到了 10 的 29 次方. 实际上还可以降低到 10 的 27 次方,但这没什么意义,因为我们的程序已经能验证到大概 $8\times10^{30}$,比实际需要的还高 80 倍,再搞下去就没必要了.

论文已经投到期刊了,现在就是等待审稿的结果,这大概要一年时间吧.

果壳网:你在证明中用到了计算机,那你对计算机在未来的数学证明中发挥的作用有什么看法?

---

① 指香港大学的廖明哲.

贺欧夫各特:在我们的证明里,计算机做的就是验证一些有限的陈述,跟 19 世纪的手工验证没什么区别.

但现在计算机还能独自证明一些简单的小引理.最近有篇论文,其中一个引理的证明就来自计算机.那是一个很小的不等式,就像那些在高中数学竞赛中出现的不等式.这类不等式并不容易证明,所以它们才能出现在高中数学竞赛中.但现在,你可以将这种不等式输到计算机里,计算机就有可能直接给出证明,或者帮你判断对错.

这也就是最近的事.这类小引理的证明算是偶尔会出现的新奇事物.这也是个很有希望的方向,需要发展一下这方面的算法.

不过要分清计算机证明与数值实验.数值实验就是比如说我把某个东西验证到了一百万,然后我说它大概是对的,但这不是一个证明,而只是一种经验式的证据.而计算机证明,我们用到的就是对有限陈述的验证,原则上用笔和纸也能完成的那种.这种有限的验证是不可避免的,在数学分析中,如果变量小于某个数值,主项和误差项相差不够远,这种情况就要一一验证.要分清证明和证据,证据只能指引方向,而证明就真的是无误的逻辑证明.

(2)谈谈张益唐.

果壳网:这几个月对于解析数论来说挺忙碌的,我们有你对弱哥德巴赫猜想的证明,还有张益唐对素数间距方面的突破.你对张益唐的工作有何评价?

贺欧夫各特:还没仔细看过证明,不过我觉得他的证明令人印象深刻.在 Facebook 上我看到了他在哈佛做讲座的消息,宣布了他证明了对于某个有限间距,存在无穷对小于这个间距的素数对.

一开始大家都不太相信,我的 Facebook 好友也持怀疑态度.但很显然他并没有将他的工作发在网上,他可能怕大家不相信他,不会去认真对待他的工作.于是他将论文投到一个期刊,请这个期刊审阅,过了一个月审阅就完成了,对于数学期刊来说这相当高速,非常罕见.几位数论方面的专家匿名审阅后,没有挑出很大的问题,他才将论文放到网上.

在张益唐的证明中,他改进了朋比尼-维诺格拉多夫定理的一种特殊情况.其实之前也有人做过各种各样的改进,但都不太适合素数有限间距的问题.

张益唐的证明里给出了一个常数,对张本人来说,常数本身是多少并不重要,重要的是这是个有限的常数,现在人们在尝试降低这个常数.我个人希望相关的论证能弄得简洁一些,因为如果论证太复杂,这种努力就不太吸引人了.

果壳网:张益唐没有正式的研究职位却取得了重要的成果,在数学界中这很普遍吗?

贺欧夫各特:其实不太普遍.一般说的“纯粹的研究职位”也不是只搞研究,还有些行政方面的工作,也带一些学生.而更普遍的是研究和教学兼有的职位,在法国这很普遍,我相信在中国和其他国家这也是主流.

张益唐特别之处在于,他是大学讲师,大家不会期望一位讲师去做研究.一位讲师证明了这么重要的定理,这不寻常,一般的讲师大概连论文都不太发.

当然,即使张益唐没有正式的研究职位,但他受过专业的数学训练,所以才能解决素数间距的问题.

果壳网:张益唐和陈景润在不太好的境遇中做出了非常好的成果,有些人觉得他们也能像这两位数学家那样解决世界难题,即使他们没接受过数学训练.

贺欧夫各特:总有一些人,他们没有数学背景,不知道何谓数学证明,却整天幻想解决重大的数学猜想.这是一件悲哀的事情,但总有这样的人.我偶尔也会收到这些人给我发的邮件.我真的觉得这是件很悲哀的事,他们应该找点别的事情做.

要想做数学,需要多年的训练,还要与别的数学家交流.对于做数学的人来说,总会碰到艰难的时期.这时陈景润和张益唐的遭遇就会提示我们,只要有坚实的数学训练,再加上坚强的意志和艰苦的工作,常常可以度过困境.但正式的数学训练是必需的.

(3)全球化的数学教育和高层次的数学普及.

果壳网:你平时是怎么工作的呢?

贺欧夫各特:你看,我会看书(指着桌上的一大堆书).在法国我大部分工作时间花在了数学研究上,不过我也会跟数学家朋友们聊聊天,也会带博士,偶尔教教课.我觉得对于数学家来说教课是很重要的.我挺喜欢教课,讲一些大家都比较熟悉的东西,但是用一些新的理解和思路.我不太喜欢那种每个学年的例行讲课.

法国的这个职位有一点好处,就是比较自由.除了研究以外,我可以到全球各地与别人合作.这是一件好事,我相信数学的未来在于全球合作.在欧美的数学家也应该多去欧美以外的地方,像是南美和亚洲,去传播数学.

果壳网:你曾经到印度和秘鲁授课,这就是你的动机吗?

贺欧夫各特:正是如此.那里有不少有才能的学生.我很快就要在秘鲁主持一期暑期学校了.我在秘鲁授课的一个原因当然是我出生在秘鲁,但我觉得每个人都应该走出去传播数学,每个人都可以由此得益,不失为很好的体验.

果壳网:对于希望学数学的中国学生,您有什么建议?

贺欧夫各特:这是个好问题.我就从数论方面讲.如果希望学数论的话,需要掌握很多领域的知识,全面的数学教育是很重要的.另外,数学不仅仅是理论的构建,还包括对实际数学问题的解决,应该注意到这一点.

我最喜欢的一本数学书是维诺格拉多夫的一本小书,《数论基础》.这是我 13 岁的生日礼物.这本书不难,而且有很多很好的习题.我现在的证明改进了维诺格拉多夫的结果,这纯属巧合.

兴趣对于做数学是很重要的.数学研究不仅仅是一种职业(job),更是一种使命(vocation).人生苦短,虽然在工作外还有生活,但工作还是占据了很大一部分时间,这些时间还是花在自己感兴趣的事情上为好.我们应该做有用的事,但同时最好也做最适合自己的东西.

果壳网:对于数学科普,你怎么看?

贺欧夫各特:数学普及很好,数学研究可以由此传达给大众,但我们也应该指导对数学感兴趣的年轻人接受更严肃的数学教育.数学研究者一般在很年轻的时候就开始做数学,比如说高中毕业后或者在大学里.我认为面向大众的数学普及是很好的,但面向有志成

为数学家的年轻人的较高层次的数学普及也很重要.

当然,这两个层次之间还有一层,就是面向科学家和工程师的. 数学是他们重要的工具,但不是他们研究的领域. 他们明白更多的概念,因此可以更深入.

果壳网:职业数学家在数学科普中可以起到什么样的作用?

贺欧夫各特:在我刚才说到的三种数学普及中,职业数学家更适合做中高层次的数学普及. 已经有不少人在做面向大众的普及,而且都做得不错. 但中高层次做的人很少. 我自己也在做一些这方面的工作,比如之前说的去世界各地讲课. 我还有个数学博客,但几乎没有什么内容,因为我最近忙着做论文. 不过,过些时间我会写一篇有关弱哥德巴赫猜想的博文,大概工程师的水平就能看懂,敬请期待.

## 6.5　哈洛德・贺欧夫各特讲述:证明弱哥德巴赫猜想时我们是如何使用计算机的

前不久果壳网对哈洛德・贺欧夫各特进行了一次采访. 在聊到他在证明过程中如何使用计算机时,哈洛德・贺欧夫各特介绍到:

我和我的合作者 David Platt 写了篇小文章,讲的就是用"素数天梯"的方法来验证弱哥德巴赫猜想到大概 10 的 30 次方. 这个计算并不是很难,我们在地下室机房利用空闲时间算了几个星期. 其实随便哪位爱好者有心的话,自己在家算几个月也能大概验证到 10 的 29 次方. 这段计算其实小菜一碟. 因为我希望留点余地,以免论文中有什么计算出错,所以验证到了比较高的 10 的 30 次方.

真正复杂的计算在另一篇 Platt 自己写的论文里,我对此的贡献就是说服他去做这个计算.其实在法国有很多公共资源,只要你能找到合适的人,跟他吃个午饭,这个计算就是这样子来的.在这篇论文里,Platt 延续了他博士论文中的工作.

还记得广义黎曼猜想吗?广义黎曼猜想涉及一类叫 $L-$ 函数的复变函数,它们在复平面上有无穷个非平凡零点.要对这些无穷的东西搞验证似乎是不可能的,但你可以考虑一个有限的问题,比如说先取十亿个 $L-$ 函数,然后对于每个函数,验证虚部绝对值小于十万的所有非平凡零点的实部都是 $\frac{1}{2}$.这是一个可以完成的验证.类似的计算在 19 世纪就有人做过,实际上黎曼在提出他的猜想时,就对黎曼 Zeta 函数这个特殊的 $L-$ 函数验证过小于 100 左右的所有非平凡零点.所以,从原则上,我们考虑的有限的验证可以用手算解决,不过一般还是靠计算机.

Platt 做的就是用计算机完成这样的计算,而且是以严格的方式.对于数学验证而言,严谨性很重要.我们知道,计算机只能表达有理数,它不能直接处理像圆周率这样的无理数.所以,实际上计算机不能处理实数,它只能处理一个区间 $[a,b]$,其中 $a$ 和 $b$ 都是有理数.而你只能问你的计算机,能不能给出一个尽量短的区间 $[c,d]$,使得区间 $[a,b]$ 中的实数的正弦值(或者别的什么函数值)都落在区间 $[c,d]$ 中.这就是所谓的区间算术.

有很多库可以处理区间算术,Platt 自己写了一个特别快的,不过网上也有不少类似的库.我们需要用这

些库,即使这意味着计算速度比直接用浮点数要慢上几倍,但计算的过程和结果是完全严谨的.

### 6.6　哈洛德·贺欧夫各特讲述:解析数论中的圆法和筛法

果壳网前不久对哈洛德·贺欧夫各特进行了一次采访.在讲到圆法和筛法这些问题时,哈洛德·贺欧夫各特做了详细的介绍:

问:您的证明是基于圆法的改进,您的方法能用到别的解析数论问题上吗?

答:为了降低常数,我对现有的技巧进行了很多改良.虽然很多改良都是针对弱哥德巴赫猜想这个特殊问题的,但也有一些可以应用到更广泛的解析数论的问题上.其实我认为有几个技巧甚至可以在解析数论以外的纯数学领域,甚至应用数学中找到应用.

在证明当中,我需要找到某种"平滑化"的手段,这涉及某些积分.你要算一个无限求和的上下界,你不想搞突然截断,舍弃某一项之后的所有东西,你更希望这些项会慢慢变小,"软着陆",这种技巧叫平滑化.

关于这一点,有个很有趣的故事.在哈代他们的证明里用到了无限求和的平滑化,但维诺格拉多夫的证明就搞的突然截断,而自此之后的大部分相关工作都没有用过平滑化,不过 Ramaré 和陶哲轩的工作就重新用了平滑化.

在解析数论中这种技术上的"倒退",就好像当年罗马帝国崩溃之后,人们就忘记怎么造水泥了.就像这样,上一代的数学家好像忘却了平滑化,20 世纪 50 年代人们还在用,60 年代就没人用了.当然,这也要看情况.不过一般来说,还是平滑化的好.

但问题是,用哪种平滑化呢? Ramaré 和陶哲轩用到了指数衰减的平滑化.虽然指数衰减用起来很便利,但是还不够平滑和缓.他们的平滑化其实还不错,但我觉得还不够好,所以我就开始自己开发新的技术.我用高斯函数代替了指数衰减,因为高斯函数更加光滑,下降得也更加快.

下面我讲一下技术细节,虽然有点难,但是我觉得还是挺有趣的.

指数衰减其实真的很好搞,因为实际上它与各种变换有很大的关系,比如说傅里叶变换和梅林变换,而我们对这些变换研究得很深入.但对于高斯函数,人们知道其中一些结论,也知道它跟三角函数有些联系.你可能觉得大家已经对这个高斯函数比较熟悉,但事实不是这样,在解析数论里,很少有人用到高斯函数的平滑化,所以有关的常数之类的东西还没人算出来过.反而在应用数学里,因为经常用到高斯函数,反而搞应用数学的人知道得更多.

在解析数论中,我们常常用到所谓的梅林变换,我觉得用到梅林变换的人之中有一半都是搞解析数论的.但梅林变换其实就是拉普拉斯变换的另一种写法.如果我们考虑高斯函数与三角函数乘积的梅林变换,我们会得到所谓的"抛物圆柱函数".其实一年前我还不知道这个函数叫什么,但貌似物理学家和工程师是这么叫的.他们用这个函数用得不少,但对它的了解却不太透彻.我们知道一些渐近估计,但没有明确的常数,也没有明确的误差项.

所以我必须自己来搞清楚这些东西,我花了一个

半月的时间.因为我平时不研究这个领域,当然比专精的人要慢些.我把这方面的结果都写进论文里了,我觉得这些结果对于工程师和物理学家来说可能会有用,他们可能还会推进这些结果.结果还得走着瞧,不过我觉得这是个很好的例子,说明数论工作也可能有实际应用,因为在数论研究中,我们需要改进各种工具,而这些工具不一定是数论专用的,可能在别的数学领域中也会用到.

问:您的证明里用到了圆法,而张益唐的证明用到了筛法,您能介绍一下这两种方法的异同吗?

答:筛法和圆法其实是很不同的,不过也有相似的地方.有一种叫"大筛法"的,就跟圆法有关.但这与张益唐主要用的"小筛法"很不同,当然他也稍微用到了一些大筛法.圆法的本质就是应用在数论中的傅里叶分析,简单来说就是对圆周上的函数进行分析,而筛法的目的则是给出素数分布的一种近似估计.

在我的论文中就用到了大筛法和圆法的关系.在大筛法中的一些技巧可以直接用到圆法中,反之亦然.两者其实是同一枚硬币的正反两面.张益唐的证明也用到了大筛法,因为他需要类似朋比尼－维诺格拉多夫定理的结果,而那个定理是用大筛法的.其实大约在八年前,大家就知道只要把朋比尼－维诺格拉多夫定理的某个特殊情况推广一下,就可以得到张益唐的结论,而张益唐做的就是这一点.八年来很多聪明人都铩羽而归,大家都觉得这是个很难的问题,但张益唐成功了.我还没细读他的论文,但我感觉他虽然在这个意义上用到了大筛法,但他的改进并不在大筛法上,而是有关其他技巧的改进.

但他和我的证明也有相似之处. 我们的论证都是基于维诺格拉多夫建立的所谓 I 类和 II 类和. 在我的和他的论文里都用到了这些概念.

问:在解析数论中,除了筛法和圆法,还有别的主流方法吗?

答:比如说广义黎曼猜想,我们可以证明一些有限的特殊情况,然后利用这些特殊情况去证明别的东西. 这大概有两种做法.

一是直接去证明一些更弱的结论,其中一个例子就是所谓的"无零点区域". 我们还不知道怎么证明所有非平凡零点的实部都是$\frac{1}{2}$,但我们可以证明零点必定在某个包含所谓"临界线"(实际上就是实部为$\frac{1}{2}$的复数组成的直线)的区域内,而这个区域在实轴附近很小. 这种限制能告诉我们一些重要的信息,而人们一直在使用类似的结论来证明别的问题.

二是直接去验证零点. 我们可以说,对于虚部大于一定数值的零点,我们一无所知;但对于虚部不太大的零点,我们可以直接用计算机去验证. 这样的好处是,对于这些虚部不太大的零点,我们能完全确定它们的位置,而并非只知道它们在某个区域内. 但我们只能对有限个 $L$-函数验证这些结论,而"无零点区域"类的结论可以应用到所有 $L$-函数上. 不过,这种有限的验证也更容易做到.

其实还有很多很多的小技巧,不过它们还没有到达"方法"这一层面.

## 6.7　数学突破奖:告诉你一个真实的数学研究

科学是目前人类探知客观世界最好的方式.尽管投入科学不能一蹴而就地得到切实有用的成果,但长远来看却是技术发展最好的动力源.与技术开发不同,对科学的投入更像是公益活动,因为科学研究得到的成果属于全人类.而数学作为科学的“语言”,也有着类似的性质.

在目前富豪争相投身公益事业的社会潮流下,我们能听到的科学奖项也越来越多.除去老牌的菲尔兹奖、诺贝尔奖,我们时不时还能听到一些新的奖项.有一个新的奖项于 2013 年横空出世,它名为“数学突破奖”,它的目标是“认可本领域内的重要进展,向最好的数学家授予荣誉,支持他们未来的科研事业,以及向一般公众传达数学激动人心之处”.

这个奖项引人注目的原因之一是它的奖金来源:Facebook 的创始人扎克伯格以及数码天空科技的创始人之一米尔诺.此前他们还设立了“基础物理突破奖”与“生命科学突破奖”,合作者更包括 Google 创始人之一布林以及阿里巴巴的创始人马云.他们都是互联网造就的新贵,大概也正因如此,他们更理解科学的重要性:正是科学的飞速发展,带来了日新月异的信息技术,才给他们带来了庞大的财富.

另一个引人注目之处则是高昂的奖金:300 万美元,这是诺贝尔奖的 2.5 倍有余,与解决 3 个克雷研究所千年难题所能获得的金额相同.这是目前科学奖项最高的奖金,它很好地完成了吸引公众眼球的任务.

数学家需要什么? 成吨草稿纸和几面很大的墙.

这些面墙现在可价值不菲.

那么,这次的获奖者都有哪些呢?他们的贡献又是什么呢?

• 西蒙·唐纳森(Simon Donaldson),来自石溪大学以及伦敦帝国学院,他因"四维流形革命性的新不变量,以及在丛和法诺簇两方面,对其中代数几何与全局微分几何中稳定性之间联系的研究"而获奖.

• 马克西姆·孔采维奇(Maxim Kontsevich),来自法国高等科学研究院,他因"在包括代数几何、形变理论、辛拓扑、同调代数,以及动力系统等在数学众多领域中产生深刻影响的工作"而获奖.

• 雅各布·劳瑞(Jacob Lurie),来自哈佛大学,他因"有关高阶范畴论和导出代数几何方面基础性的工作,对全扩展拓扑量子场论的分类,以及对椭圆上同调的参模理论解释"而获奖.

• 陶哲轩(Terence Tao),来自加州大学洛杉矶分校,他因"在调和分析、组合学、偏微分方程,以及解析数论中的众多突破性贡献"而获奖.

• 理查德·泰勒(Richard Taylor),来自普林斯顿高等研究院,他因"在自守形式理论方面的多项突破性工作,包括谷山一韦伊猜想、一般线性群上的局部郎兰兹猜想以及佐藤一泰特猜想"而获奖.

看着这些简介,你现在的脑海里一定充满了各种"这些字每一个我都认识,但是合起来是什么"之类的念头.不要急,先让我带大家分析他们的主要贡献.

(1)理查德·泰勒:代数数论.

我们从理查德·泰勒开始.他的名字可能不太为人熟知,但如果说起费马大定理以及安德烈·怀尔斯,

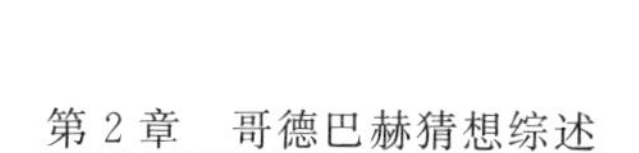



大部分人可能都略有耳闻.泰勒是怀尔斯的学生.在当年怀尔斯证明费马大定理的故事中有一个小插曲,怀尔斯最初发布的证明其实是不正确的,其中存在一个漏洞.大家一开始看不出来,但随着数学界慢慢审视这项重要的工作,漏洞很快就被发现了.怀尔斯花了一年的时间找到了绕过漏洞的方法,而与他一起完成这项工作的,就是泰勒.

在代数数论中,$j$ 不变量是一个具有基础地位的模形式.

泰勒主要研究的领域是自守形式理论,这是代数数论——用代数结构研究自然数的一门数学分支——的一个重要部分.要理解自守形式,最好先从模形式开始.模形式是一种特殊的复值函数,它定义在复平面的上半部分,满足一定的增长条件,而最重要的是它有着高度的对称性,在一个被称为"模群"的特殊变换群的各种变换下仍然保持不变.这个群中的元素都是所谓的"麦比乌斯变换":

这里的 $a,b,c,d$ 都是整数,也正因如此,模形式与数论天生就具有密不可分的关系.许多数论中的问题,甚至最耀眼的黎曼猜想,都能在模形式中找到联系,特别是一类被称为"椭圆曲线"的特殊曲线,与之关系更为密切,而这正是泰勒与他的合作者证明的谷山-韦伊猜想(现在又被称为模性定理)的内容.不仅是费马大定理,许多形式类似的方程解是否存在的问题,最终也能归结到有关某类椭圆曲线与模形式之间的关系,经过谷山-韦伊猜想指示的联系,从而得到解决.(有关群论与模形式理论的另一个联系,请参见科学松鼠会文章"有限单群:一段百年征程".)

除此之外,椭圆曲线除了是代数数论研究的轴心之一,也是计算数论中重要的研究对象,从而在实际生活中的应用占据着一席之地,特别是与每个人密切相关的密码学.与椭圆曲线有关的不对称加密协议,已经成为密码学的重要分支之一.这类加密协议虽然速度较慢,但在相同的密钥长度下,可以提供更可靠的保护.而这些加密协议的有效性以及具体应用,反过来又与椭圆曲线的理论研究息息相关.有许多加密时使用的工具,比如说泰特配对,就来源于理论研究.另外,椭圆曲线本身就能用于整数的因子分解,这也是RSA密码体系的命门.

至于泰勒研究的自守形式,则是模形式的一种推广,而椭圆曲线的对应推广又被称为超椭圆曲线.对于这些“升级版”的研究可以说根本停不下来.它们结构之精致、地位之重要、内涵之丰富,再加上应用的潜力,实在使数学家们欲罢不能.

(2)陶哲轩:解析数论、调和分析.

对于陶哲轩,我们熟悉得多.他是华裔,也是神童,研究的领域之一——解析数论——也早已经由陈景润与哥德巴赫猜想而在中国家喻户晓.

同样研究自然数,陶哲轩的路子跟泰勒相去甚远.泰勒研究的代数数论,是尝试通过代数结构来理解自然数,而陶哲轩研究的解析数论,则是尝试通过函数的解析性质(例如有关上下界的估计)来进行探索.

在解析数论中,能用到的工具很多.除了经典的微积分(也就是高数中能学到的东西),还涉及更复杂的调和分析、代数数论以及组合中的一些工具.解析数论中的两大方法,筛法与圆法,前者可以看成组合学中容

斥原理的巧妙应用，后者则是复分析与调和分析的集大成者.

解析数论中的圆法.

陶哲轩在解析数论领域的重要贡献之一，就是引入了新的工具与技巧. 他与本・格林证明了存在任意长(而不是无限长)的等差数列，其中的每一项都是素数. 在这个证明之中，他们用圆法拓展了组合中一个由斯泽梅雷迪发现的深刻定理，利用了有关加性组合的新思想解决解析数论的问题. 这也使人们更多关注有关加性组合的研究.(解析数论相关知识请参阅科学松鼠会的“素数并不孤独”以及果壳网的专访哈洛德・贺欧夫各特:彻底证明弱哥德巴赫猜想.)

除此之外，陶哲轩在调和分析、偏微分方程方面也有重要的贡献，这两个领域对实际应用的影响更大. 在工程中经常使用的小波分析，其实就是调和分析的一种应用. 而陶哲轩对调和分析的研究，也直接催生了一门新的技术——压缩感知.

压缩感知，其实就是如果我们知道信号的某些特殊性质，那么即使只进行少量的测量，在合适的情况下仍然能大体还原整个信号. 在工程学中，我们经常需要测量某些信号，比如在摄影中，测量就是照相，而信号就是要成像的物体. 利用这种方法，已经有人制作了只需单个像素感光元件的照相机，效果还不错，而需要记录的数据量则大大降低. 这项技术在医疗诊断、人脸识别等广泛的领域都有重要的应用.

陶哲轩在组合学方面的工作，除了与解析数论有关的加性组合，还有代数组合. 他与艾伦・克努森(Allen Knutson)发现的蜂窝模型给出了李特伍德－理查森系数的又一个组合解释,这些系数与一般线性群的表示论以及格拉斯曼簇的上同调有关,他也借此解决了代数组合中的一些猜想.

(3)更广阔的数学.

还有剩下三位的工作又是什么呢?

剩下的这三位,我仅仅知道他们研究的领域都与"代数几何"这一数学分支有关.虽然代数和几何大家都很熟悉,但"代数几何"作为一个整体,听说过的人可说是寥寥无几.代数几何奠基于希尔伯特的零点定理,之后经过格罗滕迪克之手一发不可收拾,目前已经发展成数学中一门非常重要而又高度抽象的分支,与数学的其他分支有着各种各样深刻的联系.我虽然也有做代数几何的朋友,但是聊天的时候从来没有听懂过他们的工作.

所以说到他们具体的研究内容,很遗憾,我也不清楚.

先不要急着用皮鞋追打我,也不要揭穿我各种打小广告的行为,我这样着急,也是有原因的:

①数学的专门性.

数学的跨度实在太广了,而每个领域都太深奥了,现在,即使穷尽一个人的一生,也难以涉猎数学的所有领域,而这些专家的所有工作横跨各种各样的领域,要一一详细解释更是难上加难.即使是数学系学生,对于很多没有钻研过的领域的理解,也只是"听说过大概是那么一回事"的程度而已.实际上,现在整个科学体系经过数百年的不断积累,已经发展为一个庞大的整体.

在牛顿的时代,一人可以跨越数个不同的学科同时有所建树;

在居里夫人的时代,一人最多只能在一个学科的

许多领域都有贡献;

在现代,一人最多只能在一个学科的几个领域得到重大的成果,而绝大部分的研究者熟悉的仅仅是他们主攻的一两个领域.

学科的细分前所未有,这也是一种必然,科学体系经过一代又一代研究者成年累月的积累,迟早会突破个人能掌握的极限,即使是天才.专业化、细分化,这是唯一的出路.而数学研究领域之广阔,研究对象之丰富,研究方法之多样,更是其他学科中少见的.这也造成了数学分支之间前所未有的隔膜.

②数学的抽象性.

除了专门化之外,数学还有一个其他学科少有的特点:高度的抽象化.

在欧拉的时代,数学表现成那种人人熟悉的数学式子;

在希尔伯特的时代,数学家们已不满足于这种略显简单的抽象,决意利用更为抽象的语言将数学精确化,于是诞生了公理集合论;

在代数拓扑与代数几何兴起的时代,随着代数拓扑与代数几何的发展,公理集合论已经略显烦琐,数学家们引入更抽象的范畴,推广出高阶范畴;(即使是无比复杂的结构,也被抽象为点与箭头、箭头之间的箭头、箭头之间的箭头之间的箭头,层次永无止境.)

到了现在,兴起了对一种名为"拓扑斯"的特殊而又更为抽象的范畴,某些数学家甚至希望用它来代替公理集合论作为数学的基础.

数学的这种高度的抽象性决定了它很难被普通大众所理解,有时甚至包括领域不相同的其他数学家们.

研究量子群论的数学家,丝毫不会担心公理集合论中不可达基数的存在性会不会影响他的研究;埋头苦干纳维一斯托克斯偏微分方程的研究生,多半也永远不会用到范畴论中有关自伴逆变算子的结论;即使是代数几何的大拿,如果被问起随机幂律图的直径分布,大概也只能摇摇头.

正因如此,数学中跨领域的合作弥足珍贵,一个领域的数学工具如果能用在另一个领域中,常常也会带来意想不到的惊喜.

③数学的传播困难.

由于数学的专门性和抽象性,向一般大众传播有关数学的新知,常见的结局无非两种:传达的信息正确无误,但读者只能不明觉厉;传达的信息过度简化甚至歪曲,读者读得高兴,自以为理解,实际上却是谬种流传.而在科技日新月异的今天,即使是身边的技术,其中包含的数学也早已非一般人能够掌握.

对于现代的数学研究而言,高中数学不过是玩具,而大学中传说挂了无数人的高数,也只不过是基础中的基础.但对于绝大多数人来说,高数已经远远超过他们所需要掌握的数学.在保持正确性的前提下,现代的数学研究即使经过高度简化也难以为大众所理解,这也是非常正常的事情.如何逾越这个障壁,将数学的美、数学的作用以及研究数学的乐趣向大众传达,走出新的道路,这是一个难题,也是一个必须思考的问题.

互联网新贵们设立这个数学巨奖来奖励数学家,也是这种数学传播的一种尝试.他们希望能将公众的注意力吸引到数学研究上,让更多的人关注数学、喜欢数学,从而间接地鼓励未来的数学研究,还有未来的科技发展.

# 序言与书评

# 第3章

## §1 《哥德巴赫猜想》序[1]

——潘承洞

哥德巴赫猜想是1742年提出来的，它是解析数论的中心问题之一，二百多年来，许多数学家为之付出了艰苦的劳动.然而，仅在最近七十年，对这个著名数学难题的研究才取得了一系列成果，并大大推动了整个解析数论的发展，但是，这一猜想迄今仍然没有被证明.看来，离到达这一问题的最终解决还有一段漫长的路.或许可以认为，目

① 摘自：潘承洞.哥德巴赫猜想.北京：科学出版社，1981.

前对哥德巴赫猜想乃至整个解析数论的研究,正处于一个期待着新突破的相对停滞阶段,哥德巴赫猜想的研究差不多涉及了解析数论中所有的重要方法. 因此,对过去的工作做一个阶段性的总结以利于今后的研究,是十分必要的. 当然,这一重要的工作不是我们力所能及的. 但基于上述原因,并抱着抛砖引玉的愿望,我们写了这一本书. 希望能把有关哥德巴赫猜想的最重要的研究成果,特别是研究这一问题的最重要的方法做一尽可能系统的介绍,以供有志于研究哥德巴赫猜想和解析数论的数学工作者参考.

早在 20 世纪 30 年代,华罗庚教授就开始了对于这一猜想及其他著名解析数论问题的研究,并得到了许多重要成果;中华人民共和国成立后不久,他就在中国科学院数学研究所组织了一批青年数学工作者继续从事这方面的研究,稍后,我的导师闵嗣鹤教授在北京大学数学力学系开设了解析数论专门化课程. 在他们的热情指导和精心培养下,我国年轻的数学工作者对解析数论中许多著名问题的研究做出了重要贡献. 可以认为,解析数论是迄今为止我国在近代数学中取得重大进展的最突出的分支之一,其中对哥德巴赫猜想的研究所取得的成就尤其引人瞩目. 总结我国数学工作者的这些成就,正是本书的主要目的之一.

在本书的写作过程中,始终得到了山东大学党组织的热情关怀和大力支持,我们谨致以深切的谢意.

我们衷心感谢华罗庚教授对撰写本书所给予的宝贵指导;衷心感谢陈景润教授、王元教授和丁夏畦教授,他们对本书的写作提供了极为有益的帮助和意见. 我们还要对裘卓明、楼世拓、姚琦和于秀源等同志所给

予的帮助表示诚挚的谢意.最后,我们要感谢科学出版社的同志,他们为本书的编辑出版做了大量的工作,没有他们的帮助,这本小册子是不可能这样快与读者见面的.

由于我们水平所限,书中缺点、错误和遗漏之处在所难免,希望读者不吝指教.

## §2　《哥德巴赫猜想》引言[①]

——潘承洞(与潘承彪合作)

1742年,数学家哥德巴赫在和他的好朋友、大数学家欧拉的几次通信中,提出了关于正整数和素数之间关系的两个猜想,用现在确切的话来说,就是:

(A)每一个不小于6的偶数都是两个奇素数之和.

(B)每一个不小于9的奇数都是三个奇素数之和.

这就是著名的哥德巴赫猜想.我们把猜想(A)称为"关于偶数的哥德巴赫猜想",把猜想(B)称为"关于奇数的哥德巴赫猜想".因为

$$2n+1=2(n-1)+3$$

所以,从猜想(A)的正确性就立即推出猜想(B)亦是正确的.欧拉虽然没有能够证明这两个猜想,但是对它们

① 摘自:潘承洞,潘承彪.哥德巴赫猜想.北京:科学出版社,1981.

的正确性是深信不疑的. 1742 年 6 月 30 日,在给哥德巴赫的一封信中他写道:“我认为这是一个肯定的定理,尽管我还不能证明出来.”

哥德巴赫猜想提出到今天已经有二百多年了,可是至今还不能最后肯定它们的真伪. 人们积累了许多宝贵的数值资料①,都表明这两个猜想是合理的. 这种合理性以及猜想本身所具有的极其简单、明确的形式,使人们和欧拉一样,也不由得相信它们是正确的. 因而,二百多年来这两个猜想一直吸引了许许多多数学工作者和数学爱好者,特别是不少著名数学家的注意和兴趣,并为此做出了艰巨的努力. 但是,直至 20 世纪,对这两个猜想的研究才取得了一系列引人瞩目的重大进展. 迄今得到的最好结果是:

(1)1937 年,苏联数学家维诺格拉多夫证明了每一个充分大的奇数都是三个奇素数之和.

(2)1966 年,我国数学家陈景润证明了每一个充分大的偶数都可以表为一个素数与一个不超过两个素数的乘积之和.

这是两个十分杰出的成就. 维诺格拉多夫的结果基本上证明了猜想(B)是正确的②. 所以,现在说到哥

---

① 例如,Shen Mok Kong 验证了猜想(A)对于所有不超过 $33\times10^6$ 的偶数都是正确的.

② 后来,巴雷德金具体计算出,当奇数 $N\geqslant e^{e^{16.038}}$ 时,就一定可以表为三个奇素数之和. $e^{e^{16.038}}$ 是一个比 10 的 400 万次方还要大的数(目前知道的最大素数是梅森素数 $2^{21\,701}-1$,这只是一个 6 533 位数). 而对于如此巨大的数字,我们根本没有可能来一一验证对所有小于它的每一个奇数来说,猜想(B)是否一定成立. 所以,维诺格拉多夫是基本上解决了猜想(B).

德巴赫猜想时，总是只指猜想(A)，即关于偶数的哥德巴赫猜想.

下面我们简要地谈一谈研究哥德巴赫猜想的历史.

从提出哥德巴赫猜想到19世纪结束这一百余年中，虽然许多数学家对它进行了研究，但并没有得到任何实质性的结果和提出有效的研究方法. 这些研究大多是对猜想进行数值的验证，提出一些简单的关系式或一些新的推测(见 L. E. Dickson: *History of the Theory of Numbers*, I, P. 421-425). 总之，数学家们还想不出如何着手来对这两个猜想进行哪怕是有条件的极初步的有意义的探讨. 但我们也应该指出：古老的筛法，以及在此期间内欧拉、高斯、迪利克雷、黎曼、阿达玛等在数论和函数论方面所取得的辉煌成就，为20世纪的数学家们对猜想的研究提供了强有力的工具，奠定了不可缺少的坚实基础.

1900年，在巴黎召开的第二届国际数学会上，德国数学家希尔伯特在其展望20世纪数学发展前景的著名演讲中，提出了23个他认为是最重要的没有解决的数学问题，作为今后数学研究的主要方向，并期待在这新的一个世纪里，数学家们能够解决这些难题. 哥德巴赫猜想就是希尔伯特所提出的第8个问题的一部分. 但是，在此以后的一段时间里，对哥德巴赫猜想的研究并未取得什么进展. 1912年，德国数学家朗道在英国剑桥召开的第五届国际数学会上十分悲观地说：即使要证明下面较弱的命题(C)，也是当代数学家力所不及的：

(C)存在一个正整数 $k$，使每一个大于或等于2的

整数都是不超过 $k$ 个素数之和.

1921 年,英国数学家哈代在哥本哈根数学会做的一次讲演中认为:哥德巴赫猜想可能是没有解决的数学问题中最困难的一个.

就在一些著名数学家做出悲观预言和感到无能为力的时候,他们没有料到,或者没有意识到对哥德巴赫猜想的研究正在开始从几个不同方向取得了对以后证明的重大的突破,这就是:1920 年前后,英国数学家哈代、李特伍德和印度数学家拉马努金所提出的"圆法";1920 年前后,挪威数学家布朗所提出的"筛法";以及1930 年前后,苏联数学家须尼尔曼所提出的"密率".在不到 50 年的时间里,沿着这几个方向对哥德巴赫猜想的研究取得了十分惊人的丰硕成果,同时也有力地推进了数论和其他一些数学分支的发展.

### 2.1 圆法

首先我们来谈谈圆法.从 1920 年开始,哈代和李特伍德以总标题为 *Some problems of* "*Partitio numerorum*"发表了七篇论文.在这些文章中,他们系统地开创与发展了堆垒素数论中的一个崭新的分析方法.其中 1923 年发表的第Ⅲ,Ⅴ两篇文章就是专门讨论哥德巴赫猜想的.这个新方法的思想在 1918 年哈代和拉马努金的文章中已经出现过.后来人们就称这个新方法为哈代一李特伍德一拉马努金圆法.对于哥德巴赫猜想来说,圆法的思想是这样的:设 $m$ 为整数,因为积分

$$\int_0^1 e(m\alpha)\,\mathrm{d}\alpha=\begin{cases}1, m=0\\0, m\neq 0\end{cases} \qquad ①$$

其中 $e(x)=\mathrm{e}^{2\pi\mathrm{i}x}$，所以方程

$$N=p_1+p_2,p_1,p_2\geqslant 3 \tag{②}$$

的解数

$$D(N)=\int_0^1 S^2(\alpha,N)e(-N\alpha)\mathrm{d}\alpha \tag{③}$$

方程

$$N=p_1+p_2+p_3,p_1,p_2,p_3\geqslant 3 \tag{④}$$

的解数

$$T(N)=\int_0^1 S^3(\alpha,N)e(-N\alpha)\mathrm{d}\alpha \tag{⑤}$$

其中

$$S(\alpha,N)=\sum_{2<p\leqslant N}e(\alpha p) \tag{⑥}$$

这样，猜想(A)就是要证明：对于偶数 $N\geqslant 6$ 有

$$D(N)>0 \tag{⑦}$$

猜想(B)就是要证明：对于奇数 $N\geqslant 9$ 有

$$T(N)>0 \tag{⑧}$$

因此，哥德巴赫猜想就被归结为讨论关系式 ③ 及 ⑤ 中的积分了. 显然，为此就需要研究由 ⑥ 所确定的以素数为变数的三角和. 他们猜测三角和 ⑥ 有如下的性质：当 $\alpha$ 和分母“较小”的既约分数“较近”时，$S(\alpha,N)$ 就取“较大”的值；而当 $\alpha$ 和分母“较大”的既约分数“接近”时，$S(\alpha,N)$ 就取“较小”的值(这里的“较小”“较大”“较近”的确切含义将在下面做进一步的说明). 进而他们认为，关系式 ③ 及 ⑤ 中积分的主要部分是在以分母“较小”的既约分数为中心的一些“小区间”(即那些和它距离“较近”的点组成的区间)上，而在其余部分上的积分可作为次要部分而忽略. 这就是圆法的主要思想. 为了实现这一方法，首先就要把积分区间分

为上述的两部分,其次把主要部分上的积分计算出来,最后要证明在次要部分上的积分相对于前者来说可以忽略不计.下面我们更具体地来加以说明.

设 $Q,\tau$ 为两个正数

$$1 \leqslant Q \leqslant \tau \leqslant N \tag{9}$$

考虑法雷数列

$$\frac{a}{q},(a,q)=1,0 \leqslant a < q,q \leqslant Q \tag{10}$$

并设[①]

$$I(q,a)=\left[\frac{a}{q}-\frac{1}{\tau},\frac{a}{q}+\frac{1}{\tau}\right] \tag{11}$$

以及[②]

$$E_1=\bigcup_{1\leqslant q\leqslant Q}\bigcup_{\substack{0\leqslant a<q\\(a,q)=1}} I(q,a) \tag{12}$$

$$E_2=\left[-\frac{1}{\tau},1-\frac{1}{\tau}\right]\backslash E_1 \tag{13}$$

容易证明,满足条件

$$2Q^2 < \tau \tag{14}$$

时,所有的小区间 $I(q,a)$ 是两两不相交的.我们称 $E_1$ 为基本区间或优弧(basic intervals 或 major arcs),$E_2$ 为余区间或劣弧(supplementary intervals 或 minor arcs).如果一个既约分数的分母不超过 $Q$,我们就说它的分母是"较小"的,反之就说是"较大"的.如果两个点之间的距离不超过 $\tau^{-1}$,我们就说是"较近"

① 有时亦取 $I(q,a)=\left[\frac{a}{q}-\frac{1}{q\tau},\frac{a}{q}+\frac{1}{q\tau}\right]$.

② "$\cup$"与"\"是集合的和与差的符号.由于被积函数的周期为1,为方便起见,我们把积分区间[0,1]改为$\left[-\frac{1}{\tau},1-\frac{1}{\tau}\right]$.

的. 显然,当 $\alpha \in E_1$ 时,它就和一分母"较小"的既约分数"接近". 可以证明,当 $\alpha \in E_2$ 时,它一定和一分母"较大"的既约分数"接近". 这样,利用法雷数列就把积分区间 $\left[-\frac{1}{\tau}, 1-\frac{1}{\tau}\right]$ 分成了圆法所要求的两部分 $E_1$ 和 $E_2$[①]. 因而,我们有

$$D(N)=\int_{-\frac{1}{\tau}}^{1-\frac{1}{\tau}} S^2(\alpha, N) e(-N\alpha) \mathrm{d}\alpha = D_1(N)+D_2(N) \tag{15}$$

其中

$$D_i(N)=\int_{E_i} S^2(\alpha, N) e(-N\alpha) \mathrm{d}\alpha, i=1,2$$

以及

$$T(N)=\int_{-\frac{1}{\tau}}^{1-\frac{1}{\tau}} S^3(\alpha, N) e(-N\alpha) \mathrm{d}\alpha = T_1(N)+T_2(N) \tag{16}$$

其中

$$T_i(N)=\int_{E_i} S^3(\alpha, N) e(-N\alpha) \mathrm{d}\alpha, i=1,2$$

圆法就是要计算出 $D_1(N)$ 及 $T_1(N)$,并证明它们分别为 $D(N)$ 及 $T(N)$ 的主要项,而 $D_2(N)$ 及 $T_2(N)$ 分别可作为次要项而忽略不计.

哈代－李特伍德首先证明了一个重要的假设性结果:如果存在一个正数 $\theta < \frac{3}{4}$,使得所有的迪利克雷 $L$－函数的全体零点都在半平面 $\sigma \leqslant \theta$ 上,那么充分大的奇数一定可以表为三个奇素数之和,且有渐近公式

① 这种方法通常称为法雷分割.

$$T(N) \sim \frac{1}{2}\mathscr{D}_3(N)\frac{N^2}{\log^3 N}, N \to \infty \tag{17}$$

其中

$$\mathscr{D}_3(N) = \prod_{p|N}\left(1 - \frac{1}{(p-1)^2}\right)\prod_{p\nmid N}\left(1 + \frac{1}{(p-1)^3}\right) \tag{18}$$

同时他们猜测,对于偶数 $N$ 应该有

$$D(N) \sim \mathscr{D}_2(N)\frac{N}{\log^2 N}, N \to \infty \tag{19}$$

其中

$$\mathscr{D}_2(N) = 2\prod_{p>2}\left(1 - \frac{1}{(p-1)^2}\right)\prod_{\substack{p|N\\p>2}}\frac{p-1}{p-2} \tag{20}$$

哈代－李特伍德还证明了一个假设性结果:如果广义黎曼猜想成立,那么几乎所有的偶数都能表为两个奇素数之和.更精确地说,若以 $E(x)$ 表示不超过 $x$ 且不能表为两个奇素数之和的偶数个数,他们在 GRH 下证明了

$$E(x) \ll x^{\frac{1}{2}+\varepsilon} \tag{21}$$

其中 $\varepsilon$ 为一任意小的正数.

可以看出,圆法如果成功的话,是十分强有力的.因为它不但证明了猜想的正确性,而且进一步得到了表为奇素数之和的表法个数的渐近公式,这是至今别的方法都不可能做到的.虽然哈代－李特伍德没有证明任何无条件的结果,但是他们所创造的圆法及其初步探索是对研究哥德巴赫猜想及解析数论的至为重要的贡献,为人们指出了一个十分有成功希望的研究方向.

1937 年,埃斯特曼证明:每一个充分大的奇数一定可以表为两个奇素数及一个不超过两个素数的乘积之和.

1937年，利用哈代－李特伍德圆法，维诺格拉多夫终于以其独创的三角和估计方法无条件地证明了每一个充分大的奇数都是三个奇素数之和，且有渐近公式⑰成立．这就基本上解决了猜想(B)，是一个重大的贡献．通常把这一结果称为哥德巴赫－维诺格拉多夫定理，简称三素数定理．佩吉在1935年及西格尔在1936年证明了关于$L$－函数例外零点的两个十分重要的结果，由此可推出相应的算术级数中素数分布的重要定理．维诺格拉多夫首先利用这两个结果之一(用任意一个结果都可以)证明了对适当选取的$Q$及$\tau$，有

$$T_1(N) \sim \frac{1}{2}\mathcal{D}_3(N)\frac{N^2}{\log^3 N}, N \to \infty \tag{22}$$

而他的主要贡献在于利用他自己创造的素变数三角和估计方法证明了哈代－李特伍德关于三角和$S(\alpha,N)$性质的猜测．简单地说，他证明了对适当选取的$Q$和$\tau$，当$\alpha \in E_2$时，有

$$S(\alpha,N) \ll \frac{N}{\log^3 N} \tag{23}$$

由此容易推出

$$T_2(N) \ll \frac{N}{\log^3 N}\int_0^1 |S^2(\alpha,N)| \mathrm{d}\alpha \ll \frac{N^2}{\log^4 N} \tag{24}$$

这表明相对于$T_1(N)$来说，$T_2(N)$是可以忽略的次要项．这样，由式⑯㉒㉔就证明了三素数定理．

维诺格拉多夫创造和发展了一整套估计三角和的方法，利用他的强有力的方法使解析数论的许多著名问题得到了重要的成果．他对数论的发展做出了重要贡献．

1938年，华罗庚证明了更一般的结果：对任意给定的整数$k$，每一个充分大的奇数都可表为$p_1 + p_2 +$

$p_3^k$,其中 $p_1,p_2,p_3$ 为奇素数.

在维诺格拉多夫的证明中,有一点稍为不调和的地方.他创造的线性素变数三角和估计方法,从本质上来说是一种筛法.这样一来,处理基本区间 $E_1$ 上的积分 $T_1(N)$ 用的是分析方法,而处理余区间 $E_2$ 上的积分 $T_2(N)$ 用的却是初等的非分析方法[①].为了消除这种不一致性,就需要用分析方法来得到线性素变数三角和 $S(\alpha,N)$ 的估计式㉓.1945年,林尼克提出了所谓 $L$-函数零点密度估计方法,他利用这一方法同样证明了估计式㉓,从而对三素数定理给出了一个有价值的新的完全分析的证明.林尼克的方法在解析数论的许多问题中都有重要应用.他原来的证明是十分复杂的,后来一些数学家进一步简化了林尼克的证明,但也仍然是利用零点密度估计方法并要用到比较复杂的分析结果.1975年,沃恩不用 $L$-函数零点密度估计方法,给出了估计式㉓一个分析证明,但他仍需要用到复杂的 $L$-函数的四次中值公式.1977年,潘承彪仅利用 $L$-函数的初等性质及简单的复变积分法对估计式㉓给出了一个新的简单的分析证明.

一些作者还讨论了有限制条件的三素数定理.例如,证明了充分大的奇数可以表为三个几乎相等的素数之和.吴方及一些数学工作者还讨论了其他形式的推广.

由上所述,圆法对于猜想(B)的研究是极为成功的,而用它来研究猜想(A)却收效甚微,得不到任何重

---

① 最近沃恩(C. R. Acad. Sc. Paris, Ser. A, 1977, 285: 981-983)又给出了一个漂亮的初等证明.

要的结果. 在维诺格拉多夫证明了三素数定理后不久, 利用他的思想, 一些数学家差不多同时证明了几乎所有的偶数都可以表为两个奇素数之和. 确切地说, 他们证明了对任给的正数 $A$, 我们有

$$E(x) \ll \frac{x}{\log^A x} \qquad ㉕$$

华罗庚的结果比旁人要强, 他还证明了对任意给定的正整数 $k$, 几乎所有的偶数都可表为 $p_1 + p_2^k$, $p_1$, $p_2$ 为奇素数.

1972 年, 沃恩证明了存在正常数 $c$ 使

$$E(x) \ll x\exp(-c\sqrt{\log x}) \qquad ㉖$$

1973 年, 拉德马切尔把结果 ㉕ 推广到了小区间上.

1975 年, 蒙哥马利和沃恩进一步改进了 ㉖, 证明存在一个正数 $\Delta > 0$, 使

$$E(x) \ll x^{1-\Delta} \qquad ㉗$$

这是一个很漂亮的结果. 在这里他们第一次把大筛法应用于对圆法中基本区间的讨论. 为了证明这一结果几乎用到了 $L$－函数零点分布的全部知识. 最近在相关文献中, 确定出了常数 $\Delta > 0.01$.

通常我们把可以表为两个奇素数之和的偶数称为哥德巴赫数, 而 $E(x)$ 称为不超过 $x$ 的哥德巴赫数的例外集合. 以上关于猜想(A) 的结果证明了几乎所有的偶数都是哥德巴赫数, 并逐步改进了对哥德巴赫数的例外集合 $E(x)$ 的阶的估计.

此外, 还应该提到的是, 林尼克首先利用圆法研究了相邻哥德巴赫数之差这一有趣的问题.

## 2.2 筛法

其次我们来谈谈筛法.在提出圆法的同时,为了研究猜想(A),数论中的一个应用广泛的强有力的初等方法 —— 筛法也开始发展起来了.要解决猜想(A)实在是太困难了,因此人们设想能否先来证明每一个充分大的偶数是两个素因子个数不多的乘积(通常这种数称为殆素数)之和,由此通过逐步减少素因子的个数的办法来寻求一条解决猜想(A)的道路.设 $a,b$ 是两个正整数,为方便起见,我们以命题“$a+b$”来表示下述命题:每一个充分大的偶数是一个不超过 $a$ 个素数的乘积与一个不超过 $b$ 个素数的乘积之和.这样,如果证明了命题“$1+1$”,也就基本上解决了猜想(A).

大家知道,筛法本是一种用来寻找素数的十分古老的方法,是两千多年前的希腊学者埃拉托斯尼所创造的,称为埃拉托斯尼筛法.我们的素数表基本上就是用这种方法编造的.但是,因为这种原始的筛法没有什么理论上的价值,所以在很长的时期里都没有进一步的发展.用现在的语言简单地说,我们可以这样描述筛法:以 $\mathscr{A}$ 表示一个满足一定条件的由有限多个整数组成的集合(元素可重复),以 $\mathscr{P}$ 表示一个满足一定条件的由无限多个不同的素数组成的集合,$z \geqslant 2$ 为任一正数.令

$$P(z)=\prod_{\substack{p<z \\ p \in \mathscr{P}}} p \tag{28}$$

我们以 $S(\mathscr{A};\mathscr{P},z)$ 表示集合 $\mathscr{A}$ 中所有和 $P(z)$ 互素的元素的个数,即

$$S(\mathscr{A};\mathscr{P},z)=\sum_{\substack{a\in\mathscr{A}\\(a,P(z))=1}}1 \qquad ㉙$$

这里 $P(z)$ 好像是一个“筛子”，凡是和它不互素的数都被“筛掉”，而和它互素的数将被留下，这正是“筛法”这一名称的含义. 这里的“筛子”和集合 $\mathscr{P}$ 及 $z$ 有关，$z$ 越大“筛子”就越大，被“筛掉”的数也就越多，而 $S(\mathscr{A};\mathscr{P},z)$ 就是集合 $\mathscr{A}$ 经过“筛子”$P(z)$“筛选”后所“筛剩”的元素个数. 我们把 $S(\mathscr{A};\mathscr{P},z)$ 称为筛函数. 粗略地说，筛法就是研究筛函数的性质与作用，它的一个基本问题就是要估计筛函数 $S(\mathscr{A};\mathscr{P},z)$ 的上界和正的下界（因为 $S(\mathscr{A};\mathscr{P},z)$ 总是非负的）.

现在，我们先来看一下命题“$a+b$”是怎样和筛函数联系起来的. 设 $N$ 为一个大偶数，取集合

$$\mathscr{A}=\mathscr{A}(N)=\{n(N-n),2\leqslant n\leqslant N-2\} \qquad ㉚$$

$\mathscr{P}$ 为所有素数组成的集合. 再设 $\lambda\geqslant 2$，取 $z=N^{\frac{1}{\lambda}}$. 如果能证明

$$S(\mathscr{A};\mathscr{P},N^{\frac{1}{\lambda}})>0 \qquad ㉛$$

那么显然就证明了命题“$a+a$”，这里

$$a=\begin{cases}\lambda-1,\lambda\text{ 是正整数}\\ [\lambda],\ \lambda\text{ 不是正整数}\end{cases} \qquad ㉜$$

若当 $\lambda=2$ 时，㉛ 成立，则证明了命题“$1+1$”. 另外，如果求得 $S(\mathscr{A};\mathscr{P},N^{\frac{1}{\lambda}})$ 的一个上界，那么我们就相应地得到了一个大偶数表为两个素因子个数不超过 $a$ 的数之和的表法个数的上界.

如果我们取集合

$$\mathscr{B}=\mathscr{B}(N)=\{N-p,p\leqslant N-2\} \qquad ㉝$$

那么，若能证明

$$S(\mathscr{B};\mathscr{P},N^{\frac{1}{\lambda}})>0 \qquad ㉞$$

则显然就证明了命题“$1+a$”. 同样,若求得 $S(\mathscr{B};\mathscr{P},N^{\frac{1}{\lambda}})$ 的一个上界,则我们亦就相应地得到了偶数表为一个素数与一个素因子个数不超过 $a$ 的数之和的表法个数的上界.

由以上的讨论可清楚地看出,命题“$a+b$”和求筛函数的正的下界及上界这一问题是紧密相关的. 而且必须着重指出的是,这里要求 $z$ 所取的值相对于 $N$ 来说不能太小,一定要取 $N^{\frac{1}{\lambda}}$ 那么大的阶,显然 $\lambda$ 能取得越小越好. 如果一种筛法理论仅能对较小的 $z$(相对于 $N$),比如说取 $\log^c N$ 大小时才能证明筛函数有正的下界估计,那么这种筛法理论对于我们的问题来说是无用的,而古老的埃拉托斯尼筛法却正是这样一种筛法.

直到 1920 年前后,才由布朗首先对埃拉托斯尼筛法做了具有理论价值的改进,并利用他的方法证明了命题“$9+9$”这一惊人的结果,从此开辟了利用筛法研究猜想(A)及其他许多数论问题的极为广阔且富有成果的新途径. 布朗对数论做出了重大的贡献,人们称他的方法为布朗筛法. 布朗筛法有很强的组合数学的特征,比较复杂,而且应用起来并不方便. 不过布朗的思想是很有启发性的,可能仍有进一步探讨的必要.

1950 年前后,塞尔伯格利用求二次型极值的方法对埃拉托斯尼筛法做了另一重大改进,由他的方法可得到筛函数的上界估计. 这种筛法称为塞尔伯格筛法. 把这种方法和布赫夕塔布恒等式结合起来就可得到筛函数的下界估计. 塞尔伯格筛法不仅便于应用,而且迄今为止它总是比布朗筛法得到更好的结果. 目前,对某种筛函数(也是我们的问题所需要的)所得到的最好的上界及下界估计是由朱尔凯特－里切特利用塞尔

伯格筛法所得到的.本书将仅讨论塞尔伯格筛法,主要目的是证明朱尔凯特－里切特的结果,为证明命题"1＋2"做准备.

这里还要指出一点,在前面的讨论中,我们是把命题"$a+b$"和对一个筛函数的估计直接相联系的,而这样做使我们所得到的结果是比较弱的.1941年,库恩首先提出了所谓的"加权筛法",利用这种方法使我们可以在同样的筛函数上下界估计的基础上得到更强的结果.后来许多数学工作者对各种形式的"加权筛法"进行了深入的研究,从而不断提高了筛法的作用.陈景润正是由于提出了他的新的加权筛法才证明了命题"1＋2",现在所有的最好结果都是利用加权形式的塞尔伯格筛法得到的.

下面我们简述命题"$a+b$"的发展历史.

1920年,布朗证明了命题"9＋9";

1924年,拉德马切尔证明了命题"7＋7";

1932年,埃斯特曼证明了命题"6＋6";

1937年,里奇证明了命题"5＋7""4＋9""3＋15"以及"2＋366";

1938年,布赫夕塔布证明了命题"5＋5";

1939年塔尔塔柯夫斯基及1940年布赫夕塔布都证明了命题"4＋4";

库恩在1941年提出了"加权筛法",后来证明了命题"$a+b$",$a+b\leqslant 6$.

以上的结果都是利用布朗筛法得到的.

1950年,塞尔伯格宣布用他的方法可以证明命题"2＋3",但在长时期内没有发表他的证明.以下的结果都是利用塞尔伯格筛法得到的.

1956 年,王元证明了命题“$3+4$”;

1957 年,维诺格拉多夫证明了命题“$3+3$”;

1957 年,王元证明了命题“$2+3$”以及命题“$a+b$”,$a+b\leqslant 5$.

但是,以上这些结果中,都有一个共同的弱点,就是我们还不能肯定两个数中至少有一个为素数. 为了得到这种结果 —— 要证明命题“$1+b$”,如前所述,我们就需要估计筛函数 $S(\mathscr{B};\mathscr{P},z)$. 在估计筛函数的上界和下界时,同圆法一样,也要计算主要项和估计余项,并证明相对于主项来说,余项是可以忽略的. 在证明以上的命题“$a+b$”时,余项的估计是初等的和比较简单的. 但为了证明命题“$1+b$”,在余项估计上碰到了很大的困难. 这个困难实质上就是要估计下面的和式,即

$$\mathscr{R}(x,\eta)=\sum_{d\leqslant x^{\eta}}\mu^{2}(d)\max_{y\leqslant x}\max_{(l,d)=1}\left|\psi(y;d,l)-\frac{y}{\phi(d)}\right| \tag{35}$$

为了估计这一和式,就需要利用复杂的解析数论方法. 这种类型的估计通常称为算术级数中素数分布的均值定理.

1948 年[①],匈牙利数学家瑞尼首先在这方面做出了开创性的极为重要的推进. 他利用林尼克所创造的大筛法研究 $L-$ 函数的零点分布,从而证明了一定存在一个正常数 $\eta_0$,使对任意的正数 $\eta<\eta_0$ 及任意正数

① 在此之前,埃斯特曼在 GRH 下证明了命题“$1+6$”,布赫夕塔布亦证明了一个有趣的结果. 后来王元在 GRH 下证明了命题“$1+4$”及“$1+3$”.

$A$,有估计式

$$\mathscr{R}(x,\eta) \ll \frac{x}{\log^A x} \tag{36}$$

成立.进而,他利用布朗筛法和这一结果证明了命题"$1+b$".但这里的正数 $\eta_0$ 和正整数 $b$ 都是没有确定出具体数值的常数,所以这是一个有趣的定性结果.若用他原来的方法去确定常数,$\eta_0$ 将会很小,而 $b$ 将是很大的.这样,具体地确定出尽可能大的 $\eta_0$,并确定 $b$ 和 $\eta_0$ 之间的联系,就是证明命题"$1+b$"的关键问题了.

1962 年,潘承洞证明了当 $\eta_0=\frac{1}{3}$ 时,估计式㊱成立,并由此得到命题"$1+5$".

1962 年,王元从进一步改进筛法着手,由 $\eta_0=\frac{1}{3}$ 推出了命题"$1+4$".同时,他还得到了 $\eta_0$ 和 $b$ 之间的一个非显然联系:从 $\eta_0=\frac{1}{3.327}$ 及 $\eta_0=\frac{1}{2.475}$ 可分别推出命题"$1+4$"及"$1+3$".1963 年,勒费把这一结果改进为 $\eta_0=\frac{1}{3.27}$ 及 $\eta_0=\frac{1}{2.495}$.

1962 年潘承洞及 1963 年巴尔巴恩互相独立地证明了 $\eta_0=\frac{3}{8}$ 时估计式㊱成立,并利用较为简单的筛法证明了命题"$1+4$".

1965 年,布赫夕塔布由 $\eta_0=\frac{3}{8}$ 推出了命题"$1+3$".

1965 年,维诺格拉多夫及朋比尼都证明了 $\eta_0=\frac{1}{2}$ 时估计式㊱成立.朋比尼的结果要稍强些,这一结果通常称为朋比尼－维诺格拉多夫定理.它的重要性是在于它在某些数论问题中起到了可以代替 GRH 的作用.由这一结果再利用王元或勒费的工作,他们就得到了命题"1＋3".这里应该指出的是,朋比尼的工作对大筛法,特别是大筛法在数论中的应用做出了重要的贡献.

1966 年,陈景润宣布他证明了命题"1＋2",当时没有给出详细的证明,仅简略地概述了他的方法.1973 年,他发表了命题"1＋2"的全部证明.应该指出的是,在他宣布结果到发表全部证明的整整七年之中,没有别的数学家给出过命题"1＋2"的证明,而且似乎国际数学界仍然认为命题"1＋3"是最好的结果.因此,当陈景润在 1973 年发表了他的很有创造性的命题"1＋2"的全部证明后,立即在国际数学界引起了强烈的反响,公认为这是一个十分杰出的结果,是对哥德巴赫猜想研究的重大贡献,是筛法理论的最卓越运用,并且一致地将这一结果称为陈景润定理.由于这一结果的重要性,在很短的时间内,国内外先后至少发表了命题"1＋2"的五个简化证明.

陈景润的贡献,就方法上来说,在于他提出并实现了一种新的加权筛法.我们将会看到,为了实现他的加权筛法,在估计余项上出现了朋比尼－维诺格拉多夫定理所不能克服的困难.后来,利用陈景润的加权筛法证明命题"1＋2"的基础是证明下面新的一类均值定理

$$\sum_{d\leqslant x^{\frac{1}{2}}\log^{-B}x}\max_{y\leqslant x}\max_{(l,d)=1}\left|\sum_{a\in E(x)}g(a)\left(\phi(y;a,l,d)-\frac{y}{\phi(d)a}\right)\right|\ll\frac{x}{\log^{A}x} \qquad ㊲$$

这亦是陈景润最近改进 $D(N)$ 上界估计的基础.

### 2.3　密率

最后,我们极简单地谈谈密率.密率是须尼尔曼在1930年所首先提出的关于自然数集合的一个十分重要的基本概念.密率理论后来有广泛的发展和应用.

在朗道提出猜想(C),并预言证明它是当代数学家力所不及的之后,仅仅过去了二十年,须尼尔曼在1933年就利用他的密率理论和布朗筛法证明了猜想(C).但他没有确定出其中的常数 $k$.如果我们以 $s$ 表示最小的整数,使每一个充分大的正整数都可表为不超过 $s$ 个素数之和($s$ 通常称为须尼尔曼常数),从须尼尔曼的方法可以证明 $s\leqslant 800\,000$,这一结果后来得到了不断的改进.

1935年,罗曼诺夫证明了 $s\leqslant 2\,208$;

1936年,海尔布朗、朗道及希尔克证明了 $s\leqslant 71$;

1936年,里奇证明了 $s\leqslant 67$;

1950年,夏皮罗证明了 $s\leqslant 20$;

1956年,尹文霖证明了 $s\leqslant 18$.

以上结果都是用初等的密率理论结合筛法得到的.如再利用解析数论的一些高深的结果,可对 $s$ 的数值做进一步的改进.这方面的结果是:

1968年,Siebert 及 Кузяшев 都证明了 $s\leqslant 10$;

1976年,沃恩证明了 $s\leqslant 6$.

还应该提出的是,一些作者确定出了猜想(C)中的常数 $k$,这方面的结果是:

1972年,Климов,Пильтяй 及 Шептицкая 证明了 $k\leqslant 115$;

1975 年,Климов 证明了 $k \leqslant 55$;

1977 年,沃恩证明了 $k \leqslant 27$[①].

因为从三素数定理立即可推出 $s \leqslant 4$,所以本书将不讨论密率及其所得到的结果. 当然,关于常数 $k$ 的结果,目前只有用密率的方法才能得到.

以上我们简单地回顾了二百多年来研究哥德巴赫猜想的历史,介绍了主要的研究方法和取得的主要成果. 对哥德巴赫猜想的研究有力地推动了数论、函数论等一些数学分支的发展. 它和无数例子一样,再一次生动地证明了合理的假设在科学发展中的重要地位和作用. 一个有价值的假设,不管它最终被证明是正确的,错误的,或是部分正确,部分错误的,都将引导人们去探索新的科学真理,推动科学的向前发展.

从 1966 年陈景润宣布他证明了命题"1 + 2",到今天已经过去十三个年头了. 应该说在这个时期中,对哥德巴赫猜想的研究没有重大的实质性的进展. 事情往往是如此,对于研究一个问题来说,迈出开创性的第一步和走上彻底解决它的最后一步都同样是最困难的. 虽然,表面上命题"1 + 2"和命题"1 + 1"—— 哥德巴赫猜想的基本解决 —— 仅"1"之差,但是,看来完成这最后的一步所要克服的困难可能并不比我们已经走过的道路要来得容易. 我们也没有多少把握可以肯定,沿着现有的方法一定可以最终解决哥德巴赫猜想. 至今对于猜想(A),我们甚至还不能给出一个假设性的证明.

只要稍微看一下现有的解析数论的基础理论就不难发现,我们对于迪利克雷特征、素数分布、Zeta 函数、

① 目前最好的结果是 J. M. Deshouiuers 证明的 $k \leqslant 26$.

$L-$函数理论等方面的知识仍然了解得非常之少. 圆法,在对余区间上的积分 $D_2(N)$ 的处理——也就是对线性素变数三角和 $S(\alpha,N)$ 的估计——碰到了巨大的困难. 初等的筛法和密率(也需要筛法)虽然和解析方法相结合使它变得十分强有力,但现在的筛法毕竟是十分粗糙的,也许这种方法有其天然的局限性. 我们对素数的算术性质同样也知道得极其肤浅. 或许可以认为,今天对猜想的研究正处于一个相对的停滞阶段. 这就是说,需要我们对原有的方法和结果做出重大的改进,或提出新的方法才有可能使哥德巴赫猜想的研究得到新的推进. 因此,把迄今为止研究哥德巴赫猜想的主要方法和得到的主要成果做一总结是必要的和有益的.

二百多年来,许许多多的数学家对哥德巴赫猜想从各个不同角度做了大量的研究,从方法到结果都是极其丰富的. 要做一个全面的、恰如其分的、有创见和启发性的总结,显然是不容易的. 这不是本书的任务,也是我们力所不及的. 在这一本小书中,我们打算讨论一下圆法和筛法(塞尔伯格筛法),以及与其有关的大筛法、Zeta 函数、$L-$函数理论、线性素变数三角和估计、复变积分法等. 我们要证明的主要结果是三素数定理和命题"$1+2$",同时介绍一下 $D(N)$ 上界估计的改进及有关哥德巴赫数的若干结果. 就方法和结果来说,我们比较侧重于基本方法的介绍. 有一些结果(如线性素变数三角和估计、算术级数中素数分布的均值定理等)可以用不同的方法加以证明,我们认为这些方法都是重要的,所以都做了介绍. 有时,对所用的方法做更细致、技巧更复杂的讨论后,可以得到更强的结果,但为了把基本方法介绍清楚,我们宁可使这里所证明的结果不是最好的(如命题“1＋3”和“1＋2”中的系数,$D(N)$ 上界估计中的系数等).我们希望本书中所介绍的方法不仅对研究哥德巴赫猜想,而且对整个解析数论都是重要的.有些数学家把哥德巴赫猜想看作一个更广泛的猜想的一部分,本书将丝毫不涉及这种推广,从目前来看,我们认为猜想的最原始、最简单的形式也是最重要的.大家知道,关于偶数哥德巴赫猜想的每一个结果都可相应地推广到孪生素数上去,但本书亦将不讨论这一著名问题.

## §3　评潘承洞、潘承彪著《哥德巴赫猜想》[①]

——潘承洞

潘承洞、潘承彪的专著《哥德巴赫猜想》(科学出版社,纯粹数学与应用数学专著丛书,第7号,1981)出版以来,在国内外已有相当影响与高度评价.

哥德巴赫猜想导源于哥德巴赫在1742年给欧拉的一封信,在这封信中,他提出了表整数为素数和的两个猜想,用略为修改的语言可以将它们表述为:

(A) 每一偶数大于或等于6都是两个奇素数之和.

(B) 每一奇数大于或等于9都是三个奇素数之和.

① 原载于《数学进展》,1987,2:207-210.

猜想(B)是猜想(A)的推论.

在1900年第二届国际数学大会上,希尔伯特在他的著名演讲中,首先阐明了寻找一个好的数学问题,作为数学研究的对象与源泉,对于推动数学的发展是何等重要！他特别列举费马猜想为例子,指出“这样一个非常特殊,似乎不十分重要的问题会对科学产生怎样令人鼓舞的影响.受费马问题的启发,库默尔引进了理想数,并发现了把一个分圆域的数分解为素理想因子的唯一分解定理.这个定理今天已被戴德金与克罗内克推广到任意代数数域,在近代数论中占着中心地位,其意义已远远超出数论的范围而深入到代数和函数论的领域”①.为此,希尔伯特向20世纪的数学家提出了23个问题.历史的发展证明了这些问题的重要性.恰如上述,它们在相当程度上,推动了纯粹数学的发展,其根本意义在于伴随着这些问题研究的进展,一些重要的数学概念与强有力的并带有一般性的数学方法产生了.

到19世纪末,分析方法,特别是复变函数论用于数论,使数论产生了深刻的变化而进入一个新的阶段.解析数论趋于成熟并有相当深度,特别是素数分布理论方面的成就更为突出.例如,切比雪夫证明了不超过$x$的素数个数$\pi(x)$的无穷大阶为$\frac{x}{\log x}$,迪利克雷证明了任何公差与首项互素的算术级数中含有无穷多素数,黎曼更指出了有关素数分布的一些问题与一个半纯函数$\zeta(s)$的零点分布之间有着各种深刻的内在联

① 康斯坦西·瑞德.希尔伯特.上海:上海科学技术出版社,1982.

系,此处 $\zeta(s)=\sum\limits_{n=1}^{\infty}n^{-s}(s=\sigma+\mathrm{i}t,\sigma>1)$. 当 $\sigma\leqslant 1$ 时,可以用解析延拓来定义 $\zeta(s)$. 黎曼特别指出,$\zeta(s)$ 在半平面 $\sigma>0$ 上的零点皆位于直线 $\sigma=\frac{1}{2}$ 上. 这个猜想已被愈来愈多的数学家认为是纯数学中最有挑战性的问题之一. 除这个猜想以外,黎曼的其他猜想均被阿达玛与冯·曼哥尔德证明了. 从而阿达玛与德·拉·瓦·布桑独立地证明了高斯与勒让德的猜想:$\pi(x)\sim\frac{x}{\log x}$,这又称为"素数定律". 证明过程中,大量用到复变函数论,特别是整函数理论.

希尔伯特高瞻远瞩,预见到黎曼猜想的研究将引起数论,甚至数学的巨变. 他也预见到素数变数不定方程的重要性. 最简单的情况为两个素数变数的一次方程

$$ap+bq=c$$

此处 $a,b,c$ 为给定整数,要求 $p,q$ 为素数的解. 分别取 $a=b=1$ 及 $c=2n$,与 $a=1,b=-1$ 及 $c=2$,则得

$$2n=p+q \text{ 及 } 2=p-q$$

对于任意 $n\geqslant 3$,前者皆有奇素数解 $p,q$ 就是猜想(A). 后者有无穷多组素数解答$(p,q)$就是孪生素数猜想,即存在无穷多对相差为 2 的孪生素数对. 这两个猜想是姐妹问题,它们与黎曼猜想一起构成了希尔伯特第八问题.

在 1912 年,第五届国际数学大会上,朗道又将猜想(A) 与孪生素数猜想作为四个素数论中待解决的两

个难题加以推荐[1]. 又在1921年哥本哈根数学会上，哈代在其演讲中宣称猜想(A)的“困难程度是可以和任何数学中未解决的问题相比拟的”[2]. 这么多大数学家瞩目哥德巴赫猜想，正是预见与期望这个问题作为推动数学发展的动力.

果然不出所料，在19世纪素数论伟大成就的基础上，从1920年开始，哥德巴赫猜想的研究有了重大突破. 伴随着这一问题本身成果的获得，一些新的数学概念与崭新的强有力的数学方法产生出来了，其意义远比这个问题本身的结果重要得多. 哈代与李特伍德的“圆法”与维诺格拉多夫的素数变数的指数和估计方法就是研究哥德巴赫猜想的产物(推动这两个方法产生的另一个问题为希尔伯特异常重视的华林问题). 这两个方法最终使得维诺格拉多夫于1937年证明了“三素数定理”，即猜想(B)对于充分大的奇数成立. 命“$a+b$”表示命题：“每一充分大的偶数都是一个不超过$a$个素数的乘积与一个不超过$b$个素数的乘积之和.”布朗在对古老的埃拉托斯尼筛法做了重大改进后，首先用于猜想(A)，并证明了“$9+9$”，这些强有力的数学方法的发展，不仅对数论，而且对不少数学分支都有重要应用.

早在20世纪30年代，华罗庚就证明了对几乎所有的偶数，猜想(A)成立. 详言之，命不超过$x$，使猜想

---

① E. Landau. Gelöste und ungelöste Probleme aus der Theorie der Primzahlverteilung und der Riemannschen Zetafunktion. Proc. 5th Internat. Congress of Math. ,I,1912:93-108.

② G. H. Hardy. Goldbach's conjecture. Math. Tid;B,1922:1-16.

(A) 不成立的偶数个数为 $E(x)$,则对于任何 $c>0$ 皆有 $E(x)=O\left(\frac{x}{\log^c x}\right)$. 20 世纪 50 年代初,在他主持数学研究所工作时,高瞻远瞩地预见到哥德巴赫猜想的可能发展,亲自组织了这个问题的讨论班,由于他的领导与富于见地的计划,使一系列重要的数论结果都出自中国数论学家之手. 特别在筛法与猜想(A) 方面的成就,得到国内外高度评价. 早在 20 世纪 50 年代初,笔者就证明了"$2+3$",首次打破了布赫夕塔布保持的 1940 年的纪录"$4+4$". 20 世纪 60 年代初,潘承洞证明了"$1+4$",大大改进了瑞尼的著名结果"$1+c$",其中 $c$ 是一个大常数. 特别是陈景润在 1966 年发表了"$1+2$",被国际上称为"陈氏定理",并被认为是"筛法发展的顶峰"[①]. 看来,圆法与筛法均已山穷水尽,用它们几乎是不可能证明猜想(A) 的. 数学家殷切地期望新思想与新方法的产生.

处于这个时期,总结好以往的成就,使后来者能较快掌握以往的成就,少走弯路,继续前进,肯定是十分必要的. 上述重要成就与方法,虽已散见于众多专著,但潘承洞与潘承彪的专著却是全面系统论述哥德巴赫猜想的第一本著作,其出版引起国内外数学界的注目是可想而知的. 国外正期待着其英文版早日问世.

仅仅只用三百几十页篇幅,全面总结哥德巴赫猜想研究六十多年来的大量杰出成就,确是十分艰巨的事. 两位作者出色地完成了写作任务. 本书绝非材料的简单堆积,而是一个再创造的研究工作专著. 该书是在

---

① H. Halberstam, H. E. Richert. Sieve methods. Academic: Academic Press, 1974.

假定读者已经了解初等数论与素数分布论的基础上撰写的.

该书第一、二章中,讲述了特征与高斯和后,即开门见山,引入朋比尼与罗斯关于林尼克与瑞尼的大筛法的重大改进的阐述.第三、四章讨论了 Zeta 函数与 $L$－函数的性质,特别是它们的中值公式与零点分布性质.第五、六章即进入“圆法”与素数变数指数和的估计方法的讨论,从而证明了“三素数定理”.对于素数变数指数和的估计,书中讲述了初等方法与分析方法,其中最初等的分析证明方法则是潘承彪给出的.书中对“三素数定理”给出了有效的与非有效的两种证明.所谓有效证明,即可以给出 $n_0$,当 $n > n_0$ 时,猜想(B)成立.第六章还包括了华罗庚关于猜想(B)的推广:任何充分大的奇数 $N$ 均可表为 $N = p_1 + p_2 + p_3^k$,此处 $k$ 为任意给定的正整数.第七章为塞尔伯格筛法,这里讲的是里切特与朱尔凯特的形式,即系数有明显表达式的精密筛法.第八章为关于算术级数素数定理重要的朋比尼－维诺格拉多夫中值公式.在不少素数论的问题中,这一公式可以用来代替未经证明的广义黎曼猜想.在本章中还讲了潘承洞等建立的一个新的中值公式,一方面这一公式包含朋比尼－维诺格拉多夫公式,另一方面可以用这一公式来统一处理一系列重要的问题,其中包括下一章讲的陈景润的两条重要定理①.这个中值公式的想法是潘承洞提出的,他的出发点是下面的恒等式,即

① Pan Chengdong(潘承洞). A new mean value theorem and its applications, “Recent progress in analytic number theory” I, H. Halberstam and C. Hooley, Acad. Press, 1981:275-288.

$$-\frac{L'}{L}=-\frac{L'}{L}(1-LG)-L'G=$$
$$\left(-\frac{L'}{L}-F\right)(1-LG)-L'G+F-FLG$$

沃恩也独立地提出这个想法并加以发展.第九章为陈景润的两条著名定理,即“陈氏定理”与将偶数表示为两个素数之和的表法个数小于或等于 $7.928c(N)\cdot\frac{N}{\log^2 N}$. 恰如上述,书中基于“潘氏公式”给出了这两条定理的证明,比原来的证明有实质性的化简.第十章再一次深入讨论 $L-$ 函数的零点估计.第十一、十二两章,则研究哥德巴赫数(即使(A)成立的偶数),其中包括沃恩与蒙哥马利关于 $E(x)$ 的进一步改进:存在 $\varepsilon>0$ 使 $E(x)=O(x^{1-\varepsilon})$,陈景润与潘承洞首先给出 $\varepsilon$ 的数值.作者还研究了小区间 $[x,x+f(x)]$ 中哥德巴赫数的存在性问题,此处 $f(x)=O(x)$.作者讲了凯蒂的结果:在黎曼猜想之下,取 $f(x)=O(\log x)^2$ 即可保证小区间中有哥德巴赫数.在 Zeta 函数的密度猜想之下或不做任何猜想,潘承洞提出了统一处理哥德巴赫数的方法,它包含现有的重要结果.书中阐述了这个方法.

书的最前面有一个详细的导论,阐述问题的历史及方法概要,指引读者对哥德巴赫问题研究的全貌有所了解.书末有一个经挑选过的详细而有用的参考文献.恰如彼得·肖指出:“书中每一章的材料都是很好地加以组织并具备一个好的导引,包含许多有价值的评述,指出真正困难所在及各种结果之间有启发性的内在联系.写作风格透彻并具启发性,诸定理的证明是秀美的.最近几年,在解析数论方面已出现了一系列很有影响的书(例如,达文波特的《乘积数论》,蒙哥马利的《乘积数论选论》与里切特及哈伯斯坦的《筛法》).这本书是这个文库的一个重要添加者.作为一个教程,

本书不仅对中国初从事解析数论研究的数学家有重要影响,它的英文版本对西方世界亦具有同样的教益.”这绝非溢美之词,两位作者是当之无愧的.

任何书都有一定的范围,本书未讨论须尼尔曼的整数“密率”概念,须尼尔曼结合他自己的密率及布朗筛法,于1930年证明了大于1的正整数都是不超过 $c$ 个素数之和,其中 $c$ 为常数.这是第一个堆垒素数论定理,具有重大的历史意义,但用这个方法是达不到“三素数定理”的深度的,现在不讨论是可以的.本书未论及哥德巴赫问题的推广,将这一猜想与华林问题结合起来可以研究方程

$$N=p_1^k+\cdots+p_s^k$$

的各种可解性问题,其中 $p_i(1\leqslant i\leqslant s)$ 为素数.还可以研究更为广泛的堆垒素数论问题.读者可以读华罗庚的优秀专著[①],我们还可以在代数数域上建立类似的哥德巴赫猜想.三井孝美将“三素数定理”推广至任意代数数域[②].另外,有兴趣阅读与本书有关的各重要原始文献的读者,请参阅笔者编辑的书[③].

① Hua Loo Keng(华罗庚). Additive theory of prime numbers. Trud. Mat. Inst. Steklov,1947,22.

② T. Mitsui(三井孝美). On the Goldbach problem in an algebraic number field, I, II. J. Math. Soc. Japan,1960:290-372.

③ Wang Yuan(王元). Goldbach conjecture. World Sci. Pub. Comp.,1984.

## §4 哥德巴赫著名猜想[①]

——[加拿大]P.里本伯姆

哥德巴赫在1742年写给欧拉的信中,表示他相信:

(A) 每个整数 $n>5$ 均是三个素数之和.

欧拉回信说,容易看出这等价于:

(A′) 每个偶数 $2n\geqslant 4$ 均是两个素数之和.

因为若(A′)成立,而 $2n\geqslant 6$,则 $2n-2=p+p'$,其中 $p$ 和 $p'$ 为素数.从而 $2n+1=3+p+p'$,即(A)成立.反之若(A)成立,则当 $2n\geqslant 4$ 时 $2n+2=p+p'+p''$,其中 $p,p',p''$ 均为素数.然后可知这三个素数中一定有一个(比如说是 $p''$)为2.于是 $2n=p+p'$.

注意(A′)对无穷多个偶数 $2p=p+p$ 是对的($p$ 为所有素数).

一个有关的但是比较弱的问题是:是否每个大于5的奇数均为三个素数之和?这叫作奇数哥德巴赫猜想.由它可推出:每个大于6的整数均可表示成不超过四个素数之和.

在精细的解析方法和筛法研究出来之前,这些猜想的进展甚微.虽然已经做了许多努力,这些问题至今仍未解决.

① 摘自:[加拿大]P.里本伯姆.博大精深的素数.孙淑玲,冯克勤,译.北京:科学出版社,2007.

人们的努力分成三条主线，它们可以(也许不适当)用三个关键词来表达："渐近""殆素数""基".

(1) 渐近性命题是指对充分大的整数均成立的命题.

这方面的第一个重要结果是哈代和李特伍德在1923年的一个渐近定理. 用圆法和黎曼猜想的一个修改形式，他们证明了存在 $n_0$，使每个奇数 $n \geqslant n_0$ 均为三个素数之和.

后来在1937年，维诺格拉多夫不用黎曼猜想证明了上述结果. 1985年，希恩－布朗给出了另一个证明，但是常数 $n_0$ 不是有效的.

Borodzkin 仔细研究了维诺格拉多夫的证明，在1956年给出了 $n_0$ 可取 $3^{3^{15}} \approx 10^{7\,000\,000}$. 1989年，陈景润和王天泽得到 $n_0 = 10^{43\,000}$，1996年他们又得到 $n_0 = 10^{7\,194}$. 但是这仍旧太大，不足以能使计算机来验证小于 $n_0$ 的奇数.

1997年，Deshouillers，Effinger，Te Riele 和 Zinoview 解决了这个问题：每个大于5的奇整数均是三个素数之和，但是需要假设类似于黎曼猜想的一个猜想成立.

(2) 对于 $k \geqslant 1$，不超过 $k$ 个素数的乘积(素因子可以相同)叫作 $k$－殆素数. 所有 $k$－殆素数组成的集合表示成 $P_k$.

用殆素数的方式考虑问题是去证明存在 $h, k \geqslant 1$，使得每个充分大的偶数都可表示成一个 $k$－殆素数与一个 $h$－殆素数之和. 人们希望的当然是 $k$ 和 $h$ 均为1.

在这个方向，第一个结果是由布朗(1919年，C. R. Acad. Sci. Paris) 给出的：每个充分大的偶数都是两个

9 — 殆素数之和. 利用不断改进的筛法,这个问题也不断进展. 1950 年,塞尔伯格证明了每个充分大的偶数都在集合 $P_2 + P_3$ 中,即是 $P_2$ 中一个整数和 $P_3$ 中一个整数之和. 1947 年,瑞尼证明了存在整数 $k \geqslant 1$,使得充分大的偶数均在 $P_1 + P_k$ 之中. 后来的工作是给出 $k$ 的值.

目前最好的结果是陈景润给出的(1966 年宣布,证明细节发表于 1973 年和 1978 年). 在他的著名文章中给出最接近于哥德巴赫猜想的如下结果:

每个充分大的偶整数 $2n$ 都可表示成 $2n = p + m$,其中 $p$ 为素数,而 $m \in P_2$.

与此同时,陈景润还证明了一个"伴随"结果:存在无穷多个素数 $p$,使得 $p + 2 \in P_2$. 这十分接近于孪生素数有无穷多的猜想. 用同样方法还可以证明:对每个偶数 $2k \geqslant 2$,均有无穷多个素数 $p$,使得 $p + 2k \in P_2$. 所以 $2k$ 可以用无穷多种方式表示成 $m - p$,其中 $p$ 为素数,而 $m \in P_2$.

陈氏定理的证明可见哈伯斯坦和里切特的书,也可见罗斯(1975 年) 给出的简化证明.

(3)"基"方法始于须尼尔曼(1930 年) 一个著名的定理,证明可见朗道的书(1937 年) 或 Gelfond 和林尼克的书(1965 年英译本):

存在一个正整数 $S$,使得每个充分大的整数都不超过 $S$ 个素数之和.

由此可以推出,存在一个正整数 $S_0 \geqslant S$,使得每个大于 1 的整数都是不超过 $S_0$ 个素数之和. $S_0$ 叫作须尼尔曼常数. 哥德巴赫猜想可表示成:$S_0 = 3$.

辛钦在他短小精练的书(1947 年) 中对于须尼尔

曼思想和数列密度用一章做了有趣和通俗易懂的介绍.

须尼尔曼常数的有效决定方面有许多计算结果.

**记录**

目前最好估计 $S_0 \leqslant 6$ 是 Ramaré 于 1995 年给出的. 在此之前的最好结果是 Riesel 和沃恩(1983 年)的 $S_0 \leqslant 19$.

1949 年,里切特证明了须尼尔曼定理的一个类比:每个整数 $n>6$ 均可表示成不同素数之和. 请读者注意:Schinzel 于 1959 年证明了由哥德巴赫猜想可以推出(从而等价于):每个整数 $n>17$ 都可表示成恰好三个不同素数之和. 所以里切特的结果为哥德巴赫猜想的一个推论.

(4) 表法个数.

现在讨论 $2n \geqslant 4$ 表示成两个素数之和的表法个数 $r_2(2n)$. 在哥德巴赫猜想被证明之前,$r_2(2n)$ 可能为 0.

哈代和李特伍德于 1923 年给出下面的渐近公式. 他们的证明要假定黎曼猜想一个变化的形式,后来由维诺格拉多夫去掉了这个假定

$$r_2(2n) \leqslant C \frac{2n}{(\log 2n)^2} \log \log 2n$$

对于 $n>2$,以 $\pi^*(n)$ 表示满足 $\frac{n}{2} \leqslant p \leqslant n-2$ 的素数 $p$ 的个数. 显然 $r_2(n) \leqslant \pi^*(n)$. Deshouillers, Granville, Narkiewicz 和 Pomerance 于 1993 年证明了 $n=210$ 是使 $r_2(n)=\pi^*(n)$ 的最大整数.

1985 年,Powell 在数学期刊 *Mathematics*

*Magazine* 中提出一个问题:是否有初等方法,证明对每个 $k>0$ 均存在无穷多偶数 $2n$ 使得 $r_2(2n)>k$? Finn 和 Frohliger 于 1986 年给出了一个解法. 下面是我给出的证明. 只用到以下事实:在不超过 $x$ 的整数中至少有 $\frac{x}{2\log x}$ 个素数,这是比切比雪夫不等式要弱的命题.

**证明** 取 $x$ 使 $\frac{x}{2\log x}>\sqrt{2kx}+1$,以 $P$ 表示不超过 $x$ 的所有奇素数组成的集合,则 $|P|\geqslant\frac{x}{2\log x}$. 又令 $P_2=\{(p,q)\mid p,q\in P,p<q\}$,则

$$|P_2|\geqslant\frac{1}{2}\cdot\frac{x}{2\log x}\left(\frac{x}{2\log x}-1\right)$$

现在令 $f(p,q)=p+q$,则 $f$ 的象是不超过 $2x-2$ 的偶数,所以 $f$ 的象集合最多有 $x-4$ 个元素. 于是存在 $n\leqslant 2x-2$,使得集合 $\{(p,q)\in P_2\mid p+q=n\}$ 的元素个数至少为

$$\frac{P_2}{x-4}>\frac{1}{2x}\left(\frac{x}{2\log x}-1\right)^2>k$$

(5) 例外集合.

对每个 $x\geqslant 4$,令

$$G'(x)=\#\{2n\mid 2n\leqslant x,2n\text{ 不为两个素数之和}\}$$

科皮特(1937 年)、埃斯特曼(1938 年)和切比雪夫(1938 年)各自独立地证明了 $\lim\frac{G'(x)}{x}=0$,并且事实上对每个 $\alpha>0$ 均有 $G'(x)=O\left(\frac{x}{(\log x)^\alpha}\right)$. 希恩－布朗于 1985 年给出另一个证明.

在这方面的最好结果是蒙哥马利和沃恩(1975

年）在一篇深刻论文中给出的：存在有效可计算的 $\alpha(0<\alpha<1)$，使得对每个充分大的 $x$，$G'(x)<x^{1-\alpha}$. 1980 年，陈景润和潘承洞证明了 $\alpha$ 可取为 $\frac{1}{100}$，而陈景润（1983 年）又改成 $\alpha=\frac{1}{25}$（潘承洞也独立地证明此结果）.

关于哥德巴赫猜想的数值结果，下面是目前的记录.

**记录**

（1）先考虑三个素数问题. Saouter 于 1998 年验证了每个小于 $10^{20}$ 的奇数均不超过三个素数之和.

（2）对于哥德巴赫猜想，Deshouillers，Te Riele 和 Saouter 于 1998 年验证了哥德巴赫猜想对于 $10^{14}$ 以内的偶数成立. Richstein（2001 年）又把计算扩大到 $4\times10^{14}$. 最近 T. Oliveirae Silva 进一步验证到 $8\times10^{15}$，并且还在继续他的计算工作.

在此之前，Sinisalo（1993 年）验证到 $4\times10^{11}$，Granville，van de Lune 和 Te Riele（1989 年）验证到 $2\times10^{10}$.

**哥德巴赫问题的一个变异**

这次的问题是把每个奇数表示成一个素数与 2 的一个方幂之和. 从而它既像哥德巴赫问题，又像孪生素数问题. 这个问题由 Prince de Polignac 提出. 他在 1849 年宣称：每个奇自然数均为一个素数和一个 2 的方幂之和. 但很快他发现自己的证明有错误，因为 959 就没有这种表示方法. 详见迪克森的《数论史》第 I 卷第 424 页.

于是仍需要研究集合 $A=\{p+2^k \mid p$ 为素数,$k \geqslant 1\}$. 我这里只介绍一部分结果. 罗曼诺夫于 1934 年证明了 $A$ 具有正密度,即存在 $C>0$,使得对每个 $x \geqslant 1$,$\#\{m \in A \mid m \leqslant x\}/x > C$.

厄多斯于 1950 年研究了此问题. 首先由素数定理得到 $\#\{m \in A \mid m \leqslant x\}=O(x)$. 他还证明了存在由奇整数组成的一个算术级数,其中不包含任何形如 $p+2^k \in A$ 的整数.

整数 $n=7,15,21,45,75,105$ 满足以下性质:对每个 $2^k<n$,$n-2^k$ 均为素数. 厄多斯猜想不再有正整数满足此性质. 令 $R(n)=\#\{(p,k) \mid p$ 为奇素数,$k \geqslant 1$,$p+2^k=n\}$. 厄多斯证明了存在 $C>0$,使得有无穷多个 $n$ 满足 $R(n)>C\log\log n$.

# 第二编

## 中国解析数论群英谱(Ⅰ)

# 须尼尔曼密率论与华罗庚、闵嗣鹤

# 第4章

## §0 数论在中国的发展情况[①]

——闵嗣鹤

在中国,数论的发展有着极其悠久的历史.还在纪元以前,孙子所建立的中国余数定理和距今约七百年前秦九韶所发明的解一次不定方程的方法,都是比较突出的例子.到了近代,数论方面的发展更由于早期向苏联学习而有了长足的进步.谈到近代数论,必须要提起数学研究所所长华罗庚在这方面所做过的许多优秀的贡献.

① 本文是闵嗣鹤先生在欢迎德意志民主共和国洪堡大学第一数学研究所所长格雷耳博士教授大会上的讲稿.

华罗庚的数学研究有很多方面,我现在只能简单地介绍他在数论方面的一些贡献.还是在1935年的时候,华罗庚开始学习苏联维诺格拉多夫院士的新方法,掌握了它的原理、原则,而创造性地予以灵活运用,因而获得了一系列值得称道的结果.

首先应该提起他在华林问题方面的成就.设$\gamma(N)$表示不定方程

$$N=x_1^k+\cdots+x_s^k$$

($k,s$为正整数;$N$为整数)的非负整数解的个数,他证明了当$S\geqslant 2^k+1$时

$$\gamma(N)=\frac{\Gamma^s\left(1+\frac{1}{k}\right)}{\Gamma\left(\frac{s}{k}\right)}\mathfrak{S}(N)^{\frac{k}{s}-1}+O(N^{\frac{s}{k}-1-s})$$

其中$\delta=2^{1-k}S-2-\varepsilon$,而$\varepsilon>0$,$\mathfrak{S}(N)$表示所谓的奇异级数.这个结果优于哈代与李特伍德的结果,而当$k<14$时,也优于维诺格拉多夫的结果.他又推广华林问题到把$N$表示成整数值多项式之和的问题,例如他曾证明每一个大的整数可以表示成8个(满足必要的同余条件的)三次多项式之和.我们必须提起,在中国最早研究三次多项式的华林问题的是杨武之.他用初等方法证明了任一正整数是9个三角级数之和.他的方法后来被很多人用来研究其他的三次多项式的华林问题.对于古特拔黑问题,华罗庚也曾加以推广,他证明了每一个充分大的奇数$n$是两个素数与一个素数的$k$次方之和,几乎所有适合必要的同余条件的正整数皆是一个素数与一个素数的$k$次方之和.

在塔锐问题方面,他有下述结果:设$M(k)$表示能使下列不定方程组有解的$S$的最小值

$$x_1^h+\cdots+x_s^h=y_1^h+\cdots+y_s^h, 1\leqslant h\leqslant k$$
$$x_1^{k+1}+\cdots+x_s^{k+1}\neq y_1^{k+1}+\cdots+y_s^{k+1}$$

则

$$M(k)\leqslant(k+1)\left\{\left[\frac{\log\frac{1}{2}(k+2)}{\log\left(1+\frac{1}{k}\right)}\right]+1\right\}\sim k^2\log k$$

这个结果优于瑞特(Wright)的结果 $M(k)=O(k^4)$. 他又证明:当 $S>S_0$(其中 $S_0$ 也是一个 $k$ 的函数,适合 $S_0\sim 3k^2\log k$)时,可以得到上述方程组的解数的渐近公式.

在堆垒数论里常常要用到下列形式的三角和

$$\sum_{x=1}^{q}\mathrm{e}^{2\pi\mathrm{i}\frac{f(x)}{q}}$$

其中 $f(x)=a_kx^k+\cdots+a_1x+a_0((a_k,\cdots,a_1)=1)$ 是整系数的多项式. 华罗庚利用很精致的方法证明:当 $\varepsilon>0$ 时

$$\sum_{x=1}^{q}\mathrm{e}^{2\pi\mathrm{i}\frac{f(x)}{q}}=O(q^{1-\frac{1}{k}+\varepsilon})$$

此处 $O$ 项中所含的常数只与 $\varepsilon$ 及 $k$ 有关. 他又把这一结果推广到代数数域,这是研究代数数域的华林问题不可少的工具.

他在苏联出版了《堆垒素数论》一书,这本书是当时维诺格拉多夫的研究方法和他自己的研究方法的一个良好的总结,书里面给予维诺格拉多夫的中值定理以显著的中心地位,并且改进了它. 书中把华林问题与古特拔黑问题的研究方法结合起来,把华林问题一方面推广到每一加数是整系数多项式的情形,另一方面限制变数仅取素数值. 书中把塔锐问题也加上变数只

取素数的限制,同时又讨论了更广一些的素未知数的不定方程组

$$p_1^k + \cdots + p_s^k = N_k$$
$$\vdots$$
$$p_1 + \cdots + p_s = N_1$$

他在这些问题中,当 $k$ 大时都得到了相当于维诺格拉多夫对华林问题的结果.

在几何数论方面,他对于圆内格点问题保持了良好的结果.设 $R(x)$ 表示圆 $W^2+V^2\leqslant x$ 内的格点数.他证明了

$$R(x)=\pi x+O(x^{\frac{13}{40}+\varepsilon}),\varepsilon>0$$

这优于迪齐马士的结果.又如以 $R_1(x)$ 表示球 $u^2+v^2+w^2\leqslant x^2$ 内格点的数目,在1940年,他曾证明

$$R_1(x)=\frac{4}{3}\pi x^3+O(x^{1.4-\frac{1}{203}})$$

注意:华罗庚所得原结果 $O$ 项为 $x^{\frac{4}{3}}$,后经检验原证,应改为上述形式.

在数论的其他方面,必须在这里提出的是:他对于素数最小元根的估计.设 $g(p)$ 表示素数 $p$ 的最小元根.他曾证明

$$g(p)\leqslant 2^{m+d}p^{\frac{1}{2}}$$

其中 $d=0$ 或1视 $p\equiv 1$ 或 $3 \pmod 4$ 而定,而 $m$ 表示 $p-1$ 的不同素因子的个数.这个结果优于维诺格拉多夫的结果 $g(p)=O(2mp^{\frac{1}{2}}\log\log p)$.在证明此结果时,他运用了关于特征和数的平均估值,这一方法有不少其他应用,例如对于佩尔(Pell)方程的最小解他得到了优于舒尔(Schur)所曾得到的结果.

华罗庚又曾对一整数分成两两不相同的数之和的

分法个数导出了一个表达式.

以上不过概括地介绍了华罗庚在数论研究上的主要工作,这当然并不是很完全的.对于其他中国数学家在数论方面的贡献(除了我自己的工作),由于手边材料不足,只能更简略地介绍一下.

现在仅就我所知来谈一下柯召在数论方面的贡献.我们知道,在虚二次数域$k(\sqrt{m})(m<0)$中只有五个欧几里得域(即存在欧几里得算法的数域),这五个数域就是$k(\sqrt{m})$,$m=-1,-2,-3,-7,-11$.要想确定出所有实二次欧几里得域是比较困难的问题.但当$m\equiv 2$或$3(\bmod 4)$时容易证明只有有限个实二次数域是欧几里得域,因此,当$m\equiv 1(\bmod 4)$时,要问是否也只有有限个欧几里得域就是一个核心问题,这个问题已经在1938年由柯召、厄多斯与海尔布朗三位数学家予以肯定的回答.华罗庚和我自己都在这方面做过一些工作,曾经先后确定出:当$k(\sqrt{m})$是欧几里得数域时,整数$m$的一些上限.在我1948年所发表的一篇文章里(实际写完是在1945年以前)也说过这个问题离解决不远.不过到1949年问题即为达文波特与恰特兰德(Chatland)全部解决.他们证明了在所有实二次数域$k(\sqrt{m})$中恰好有17个实二次数域是欧几里得域,即相当于$m=2,3,5,6,7,11,13,17,19,21,29,33,37,41,57,73,97$的情形.

柯召另一方面的主要贡献是在二次型方面.他研究过行列式为1的正二次型的类数问题,不可分正二次型和二次型的平方和问题,讨论过包含6个、7个及8个变数的情形,做了一系列的文章.在他的指导下,朱福祖及王绥旃皆曾做出一定的结果.

习惯上我们常把关于黎曼 Zeta 函数的研究看成分析数论的一部分,在这方面已故的王福春做过不少工作. 他曾证明下列形式的中值公式

$$\int_1^T |\zeta(\sigma+\mathrm{i}t)|^2 \mathrm{d}t = T\zeta(2\sigma)+(2\pi)^{2\sigma-1}\frac{\zeta(2-2\sigma)}{2-2\sigma}T^{2-2\sigma}+ O(T^{\frac{5}{6}(1-\sigma)}) \quad ①$$

$$\int_1^T \frac{\log\left|\zeta\left(\frac{1}{2}+\mathrm{i}t\right)\right|}{t^2}\mathrm{d}t = 2\sum_{v=1}^{\infty}\frac{\beta_v}{|\rho_v|^2}+ \int_0^{\frac{\pi}{2}} R\left\{\mathrm{e}^{-\mathrm{i}\theta}\log\zeta\left(\frac{1}{2}+\mathrm{i}\mathrm{e}^{\mathrm{i}\theta}\right)\right\}\mathrm{d}\theta+O\left(\frac{\log T}{T}\right) \quad ②$$

其中 $\rho_v=\beta_v+\mathrm{i}\gamma_v$ 是 $\zeta(s)$ 满足 $\beta_v\geqslant 0$ 的零点,因而改进了佩利－维纳(Paley-Wiener) 的一个定理,原来佩利－维纳只证明上式左边是 $O(\log T)$.

当 $\sigma>\frac{1}{2}$ 时

$$\frac{1}{T}\int_0^T |\zeta(\sigma+\mathrm{i}t)|^2\log|\zeta(\sigma+\mathrm{i}t)|\,\mathrm{d}t \sim \zeta(2\sigma)\log\zeta(2\sigma) \quad ③$$

这和寻常中值公式

$$\frac{1}{T}\int_0^T |\zeta(\sigma+\mathrm{i}t)|^2\mathrm{d}t \sim \zeta(2\sigma)$$

成为一个有趣的对比.

王福春对于黎曼 Zeta 函数的零点个数也做过一些估计,他相信黎曼关于 Zeta 函数的假设是不对的,极力想反证它. 在他故去之前还一直在研究这一个问题,可惜没能完成他的愿望.

现在略微谈一下我自己在数论方面的工作. 我在

黎曼 Zeta 函数方面的工作是这样的：设用 $N(T)$ 表示 $\zeta\left(\frac{1}{2}+\mathrm{i}t\right)$ 在 $0\leqslant t\leqslant T$ 这个区间内的零点个数. 塞尔伯格曾证明有一个常数 $A$ 存在，使得

$$N(T)>\frac{AT\log T}{2\pi} \tag{④}$$

及当 $u>T^{\frac{1}{2}+\varepsilon}(\varepsilon>0)$ 时

$$N(T+u)-N(T)>\frac{Au\log T}{2\pi} \tag{⑤}$$

由⑤可以推出④. 我曾简化了⑤的证明，并证明④中的常数 $A$ 可以取 $\frac{1}{60\ 000}$ 这个值. 另外，我曾证明

$$\zeta\left(\frac{1}{2}+\mathrm{i}t\right)=O(t^{\frac{15}{92}+\varepsilon}),\varepsilon>0 \tag{⑥}$$

这优于迪齐马士的结果. 证明⑥的方法还可用到迪利克雷的除数问题，这件工作已由迟宗陶完成. 他曾证明

$$\sum_{n\leqslant x}d(n)=x\log x+(2\gamma-1)x+O(x^{\frac{15}{46}+\varepsilon}),\varepsilon>0 \tag{⑦}$$

其中 $d(n)$ 表示 $n$ 的除数个数，这优于范・德・科皮特的结果.

最近我发现函数

$$Z_{n,k}(s)=\sum_{x_1=-\infty}^{+\infty}\cdots\sum_{x_k=-\infty}^{+\infty}\frac{1}{(x_1^n+\cdots+x_k^n)^s}=\sum_{m=1}^{\infty}\frac{B(m)}{m^s}$$

$$B(m)=\sum_{x_1=-\infty}^{+\infty}\cdots\sum_{x_k=-\infty}^{+\infty}{}'\,1,x_1^n+\cdots+x_k^n=m$$

（式中“1”表示 $x_1,\cdots,x_k$ 不同时为零，$n$ 为偶数）像 $\zeta(s)$ 一样除只有一个简单极点以外，可以开拓到全平面上，它也有类似的中值公式.

接着让我谈一下过去和华罗庚合作的文章. 我们曾经把莫德尔的定理

$$\sum_{x=0}^{p-1} e^{2\pi i\frac{f(x)}{p}} = O(p^{1-\frac{1}{k}})$$

式中 $p$ 是素数,$f(x)=a_0x^k+\cdots+a_k$,$a_0\not\equiv 0(\mathrm{mod}\ p)$,推广到二重三角和的情形

$$\sum_{x=0}^{p-1}\sum_{y=0}^{p-1} e^{2\pi i\frac{f(x,y)}{p}} = O(p^{2(1-\frac{1}{k})})$$

其中 $f(x,y)$ 是满足适当条件的 $k$ 次多项式. 这个定理曾由我自己推到 $n$ 个变数的情形,至于我和华罗庚合作的另外一些文章,例如关于类似塔锐问题的一个问题的解决等,就不在这里细说了.

在密率论方面,周伯壎考虑了高斯整数的密率问题有一定的结果. 张德馨关于连续素数的结果以及叶彦谦对于凸域上的圆柱内的格点所得的结果也应当提及.

越民义最近曾应用维诺格拉多夫的方法研究含素未知数的不等式的可解问题.

在分析数论方面,还有董光昌在除数问题方面做了不少工作. 他考虑

$$D_k(x) = \sum_{n\leqslant x} d_k(n)$$

其中 $d_k(n)$ 是把 $x$ 分解成 $k$ 个因数乘积的方法数. 仿照⑦我们有下列形式的公式

$$D_k(x) = (a_{k,0}+a_{k,1}\log x+\cdots+a_{k,k-1}\log^{k-1}x)x+\Delta_k(x) \quad ⑧$$

其中 $a_{k,0},\cdots,a_{k,k-1}$ 是适当的常数,而 $\Delta_k(x)$ 是误差项,典型的简单结果是 $\Delta_k(x)=O(T^{k+2}+\varepsilon)(\varepsilon>0)$. 董光昌对于 $\Delta_k(x)$ 给予了比前人更好的估计. 他在这方面还有许多其他的工作未曾发表.

以上只是粗略地介绍了我国近年来在数论方面发

展的情况.由于时间仓促和手边材料不足,很难做出较全面的报告;所有遗漏及详略不是很恰当的地方请予指正.

## 0.1　学术生涯

闵嗣鹤字彦群,父亲闵持正是北平警察局职员,祖父闵少窗是清朝的进士,曾任大名府知府.祖父对闵嗣鹤极其钟爱,亲自教他认字读书、学习古文,希望他长大后学习文学.他自幼聪慧好学,在家自学了全部小学课程.1925 年他考入国立北平师范大学附属中学,逐渐对数学产生了浓厚的兴趣与爱好.1929 年夏,他同时考取了北京大学和国立北平师范大学的理科预科,考虑到学费低、离家近他选择了后者.他 1931 年升入北平师大数学系.闵嗣鹤在大学求学期间为节省开支,坚持走读,任凭大雨或暴雪,也要回家吃午饭,假日还要到中学兼课挣钱养家.虽然家境困难分散了他的精力,他仍表现出对数学的极高热情,他常凝神书案工作到深夜,以致无暇料理自己的生活,使家人们对此不能完全理解.一次有同学到他家,看到狼藉满案的算稿,开玩笑地说"有纸皆算术,无瓷不江西".在学习期间他就发表了 4 篇论文,并积极参加学术活动,曾负责编辑本校的《数学季刊》.1935 年以优异成绩毕业.由于早年丧父,从 17 岁开始,他就一直在中学兼课.大学毕业后由老师傅种孙介绍到国立北平师范大学附中任教.他一边教书一边发愤钻研数学,写出了优秀的数论论文,获得了当时为纪念高君韦女士有奖征文第一名.清华大学杨武之发现了这位才华出众的青年,立即于 1937 年 6 月聘请他去清华大学数学系当助教.他接到聘书未满一个月,尚未开始工作就爆发了卢沟桥事变.闵嗣鹤在安葬了祖父母及父亲的灵柩后,偕母亲和三个妹妹离开了北平,随清华大学南迁,先至长沙后到昆明,在清华大学与北京大学、南开大学合并成立的西南联合大学工作了8年.这是他数学事业中的一个重要时期.他曾为陈省身讲的黎曼几何课任辅导教师,两人结下了深厚的友谊.他曾为华罗庚任辅导教师,参加华领导的数论讨论班,他与华罗庚合作发表了多篇重要论文.华罗庚对他的工作给予很高的评价,在他们合作的一篇论文的底稿扉页上写下了"闵君之工作,占异常重要之地位".从此,闵嗣鹤把数论作为自己的主要研究方向.

1945年他获取了中英庚子赔款基金到英国留学,10月赴牛津大学,在著名数学家迪齐马士的指导下研究解析数论.由于他在黎曼Zeta函数的阶估计这一著名问题上得到了优异成果,1947年获得博士学位.随后他即赴美国普林斯顿高等研究院做研究工作,并参加了数学大师韦尔的讨论班.他在短短的几年中取得了丰硕的研究成果,韦尔真诚地挽留他继续在美工作,迪齐马士也热情邀请他再去英国.但是,报效祖国、思念慈母的赤子之心促使他决定立即回国.1948年秋,他再次在清华大学数学系执教,任副教授,1950年晋升教授.1952年院系调整,任北京大学数学力学系教授,北京师范大学数学系兼职教授,1969年以后主要从事与地球物理勘探相关的科研与教学工作,直至1973年去世.他曾任中国科学院数学研究所筹备处筹备委员,北京数学会理事等职.他的全部论著有50余篇.

闵嗣鹤有很好的古典文学修养，喜爱书法与绘画，精通数门外语. 1950 年他与朱敬一女士结婚，他们有两子三女，其幼女过继给其妹闵嗣霓一家抚养. 朱敬一毕业于北京师范大学教育系，曾在北京大学幼儿园工作，1954 年辞职回家，承担了家务和照顾子女和丈夫的责任.

在闵嗣鹤的一生中机遇和成就几乎总是与灾难或不幸相伴. 他刚考入北京师范大学祖母与父亲便相继去世，当年小妹嗣霓年仅 4 岁，家里的积蓄微薄，他需要兼课或做家教来维持祖父、母亲和三个妹妹一家六口人的生活. 1937 年大学毕业刚接到清华大学的助教聘任书就爆发了卢沟桥事变以及祖父去世. 在昆明西南联大任教学术上初露头角，新婚的次妹和丈夫在与朋友们郊游时不幸被牛车压伤不治身亡. 1946 年博士学位在望，他又遇失恋的烦恼，以致精神几乎失常，一天他路过一个基督教堂，听牧师讲道后他感觉精神得到一些解脱，随后信奉了基督教，并通过了博士论文答辩. 回国后他的宗教信仰和英美国外留学背景使得他在历次政治运动中往往成了审查与批判的对象，多年的身心压力使得他很早患上了高血压. 正当他在地震勘探数字技术研究取得可喜成绩时，突发的冠心病使他 60 岁溘然长逝.

诚如北京大学原校长周培源在《闵嗣鹤论文选集》的序中所述："闵先生一生所走过的道路是比较曲折、坎坷的. 他在旧社会经历过许多苦难与困扰. 在中华人民共和国成立后也多次受到各种干扰，特别是"文化大革命" 的冲击. 这些使他未能发挥更大的作用. 然而闵先生始终不失做人的质朴，始终怀有对科学真理、对数学强烈而执着追求的高尚精神;他长期带病坚持工作,直到生命的最后一刻.他一生做出了许多显著的成就,这是非常难能可贵的.”

### 0.2 学术成就

闵嗣鹤从大学3年级开始就在有关的学术期刊发表数学论文.在学期间他共发表了4篇论文.1934年他在一篇98页长的论文《函数方程式之解法和应用》中写道:该文是受他的老师傅种孙提出的一个与函数方程式有关的三角问题的启发,而转为研究函数方程式的解法的.该系老师范会国阅读了两遍论文初稿,为他提供了参考文献(均为法文或德文),并进行了有关讲解.文中闵嗣鹤还对其他三位老师的帮助表示了感谢.由此可见闵嗣鹤在北平师范大学学习期间取得的成绩,是与师大有关老师的辛勤培养分不开的.

闵嗣鹤对数学的许多分支都有研究.1960年以前,除主要从事数论研究之外,他的工作还涉及几何、调和分析、函数论及微分方程等.从1960年前后开始,他的主要研究方向转向广义解析函数、多重积分的近似计算及滤波分析.他对纯数学方面的主要贡献是在解析数论领域,特别是三角和估计理论及黎曼Zeta函数理论.诚如陈省身所说:“嗣鹤在解析数论的工作是中国数学的光荣.”他在生前的最后5年,主要致力于研究应用数学问题,为我国数字地质勘探事业的发展做出了贡献.

闵嗣鹤的学术贡献主要有以下几方面.

(1)三角和估计和多项式同余方程解.

解析数论中最重要的研究课题之一是各种形式三

角和的估计. 闵嗣鹤大学毕业后的第一个重要工作是研究同余方程

$$f(x_1)+f(x_2)+\cdots+f(x_s)\equiv m(\bmod p),1\leqslant x_i\leqslant p \tag{⑨}$$

解 $x'_is$ 的个数(记为 $\phi(f(x),s)$) 问题,其中 $f(x)$ 是 $n$ 次整系数多项式

$$f(x)=a_nx^n+a_{n-1}x^{n-1}+\cdots+a_1x$$

其系数间无公因子,$p$ 为素数,$m$ 为整数,$2\leqslant n,2\leqslant s\leqslant 2n$. 他在论文中将该问题转换为一个等价的计算三角和问题

$$\phi(f(x),s)=\frac{1}{p}\sum_{a=1}^{p}\Big(\sum_{x=1}^{p}\mathrm{e}^{\frac{2\pi iaf(x)}{p}}\Big)^s\mathrm{e}^{\frac{2\pi ia}{p}m}$$

他证明了如下形式的三角和均值估计

$$\frac{1}{p}\sum_{a=1}^{p}\Big|\sum_{x=1}^{p}\mathrm{e}^{\frac{2\pi iaf(x)}{p}}\Big|^s\ll p^{s-1-\frac{s-n-1}{n-1}}$$

作为推论得到了同余方程 ⑨ 解的个数的渐近估计式

$$\phi(f(x),s)=p^{s-1}+O(p^{s-1-\frac{s-n-1}{n-1}})$$

类似的估计有 1932 年莫德尔得到的著名估计式

$$\sum_{x=1}^{p}\mathrm{e}^{\frac{2\pi iaf(x)}{p}}\ll p^{1-\frac{1}{n}} \tag{⑩}$$

闵嗣鹤得到的估计式在多项式华林等问题中也有重要应用. 他的论文《相和式解数之渐近公式及应用此理以讨论奇异级数》获 1940 年高君韦女士纪念奖金征文论文第一名.

在西南联大闵嗣鹤曾给华罗庚当助教并参加他主持的数论讨论班,他们共合作发表了 5 篇研究论文. 在 2 篇关于双重指数和的论文中,他们研究了具有 $p^m$ 个元素的($p$ 为素数,$m$ 为正整数) 域上的双变量多项式

指数和问题.通过证明 13 个引理,他们得到了下面的定理:

**定理 1** 设 $f(x,y)$ 是一个数域 $\kappa$ 中的 $n$ 次多项式,且 $f(x,y)$ 不等价于 $\kappa$ 中的一个单变量 $n$ 次多项式,$\Xi[a]$ 表示元素 $a$ 在 $\kappa$ 中的迹,则有:

(i) 若 $n\geqslant 4$,则

$$\sum_{x\in\kappa}\sum_{y\in\kappa}\mathrm{e}^{\frac{2\pi i\Xi[f(x,y)]}{p}}=O(p^{m\left(2-\frac{2}{n}\right)})$$

特别地,当 $\kappa$ 为 mod $p$ 的剩余类构成的数域时,则

$$\sum_{\xi=1}^{p}\sum_{\eta=1}^{p}\mathrm{e}^{\frac{2\pi i f(\xi,\eta)}{p}}=O(p^{m\left(2-\frac{2}{n}\right)})$$

(ii) 若 $n=2,3$,则

$$\sum_{x\in\kappa}\sum_{y\in\kappa}\mathrm{e}^{\frac{2\pi i\Xi[f(x,y)]}{p}}=O(p^{m\left(2-\frac{3}{4}\right)})$$

1947 年,闵嗣鹤在 *The Quarterly J. Math.* 发表的论文中,将该结果推广到 $k$ 个变量的 $n$ 次多项式的情形,进一步推广了莫德尔估计式 ⑩.

另一篇华罗庚和闵嗣鹤合作的论文是关于素数剩余类在实二次域中 $R(p^{\frac{1}{2}})$ 的欧几里得算法的.1944 年,他们在 *Trans. of Amer. Math. Soc.* 上发表的论文中证明了下面的定理:

**定理 2** 除了可能的数 $p=17,41,89,113$ 和 $137$,对于素数 $p\equiv 17(\mathrm{mod}\ 24)$,不存在 $R(p^{\frac{1}{2}})$ 中的欧几里得算法.

发表该文的杂志编辑在篇首脚注中写道:“作者们给出的证明方法完全不同于 L. Rédei 有关结果的证明方法,结果给出当 $p>41$ 且具有形式 $24n+17$ 时,在二次域 $R(p^{\frac{1}{2}})$ 中不存在欧几里得算法.”编辑还指出:作者们投稿之前未阅读过 L. Rédei 的论文,因登载该论

文的杂志最近才运抵中国.

当时已知在 $p=17,41$ 时,存在 $R(p^{\frac{1}{2}})$ 中的欧几里得算法. 而 L. Rédei 的结果蕴含着当 $p=89,113$ 和 137 时,不存在欧几里得算法. 因此华罗庚、闵嗣鹤和 L. Rédei 的结果完全解决了"对于一个素数 $p\equiv 17(\bmod 24)$ 是否存在 $R(p^{\frac{1}{2}})$ 中的欧几里得算法问题".

闵嗣鹤 1945 ～ 1947 年在英国牛津大学留学期间,在迪齐马士的指导下研究解析数论,闵嗣鹤完成了5篇研究论文,4篇发表于1947年,1篇发表于1949年. 其中 2 篇是他在国内与陈省身、华罗庚指导的相关研究基础上完成的.

发表于 1949 年的论文《关于 $\zeta\left(\frac{1}{2}+\mathrm{i}t\right)$ 的阶》是闵嗣鹤博士论文的一部分,研究的是 Zeta 函数论中的著名问题:对 Zeta 函数 $\zeta\left(\frac{1}{2}+\mathrm{i}t\right)$ 阶的估计,即求 $\theta$ 的一个上界使得

$$\zeta\left(\frac{1}{2}+\mathrm{i}t\right)=O(t^{\theta})$$

自科皮特和 Koksma 在 1930 年证明了 $\theta\leqslant\frac{1}{6}$ 以后,经瓦尔菲茨,Phillips 等的努力,迪齐马士在 1942 年将该结果改进为 $\theta\leqslant\frac{19}{116}$. 闵嗣鹤在他的论文中,通过改进二维韦尔指数和

$$\sum\sum \mathrm{e}^{2\pi \mathrm{i} f(m,n)}$$

证明了

$$\zeta\left(\frac{1}{2}+\mathrm{i}t\right)=O(t^{\frac{15}{92}+\varepsilon})$$

其中 $\varepsilon$ 是任意大于 0 的常数,得到了当时最好的结果.

(2) 黎曼猜想.

数学中最著名的猜想之一是黎曼猜想:黎曼 Zeta 函数 $\zeta(s)$ 的全部复零点均位于直线 $\frac{1}{2}+\mathrm{i}t(-\infty<t<+\infty)$ 上. 黎曼猜想可以这样表述:记复数 $s=\sigma+\mathrm{i}t$,令 $N(T)$ 等于 $\zeta(s)$ 在区域

$$0\leqslant t\leqslant T,\frac{1}{2}\leqslant\sigma\leqslant 1$$

中的零点的个数. 令 $N_0(T)$ 等于 $\zeta(s)$ 在直线

$$0\leqslant t\leqslant T,\sigma=\frac{1}{2}$$

上的零点的个数. 显然 $N_0(T)\leqslant N(T)$. 黎曼猜想就是要证明

$$N_0(T)=N(T)$$

Zeta 函数论中的一个著名问题是确定出尽可能大的常数 $A$ 使得

$$N_0(T)>AN(T)$$

闵嗣鹤在 1956 年的论文《论黎曼 $\zeta$ - 函数的非明显零点》中首先确定出了 $A>\frac{1}{6\ 000}$. 该结果直到 1974 年才被 N. Levinson 所改进. 1989 年,B. Conrey 证明了存在常数 $T_0$,使得对所有 $T>T_0$,$N_0(T)>0.4N(T)$. 2004 年 10 月,法国的 X. Gourdon 和 P. Demichel 验证了黎曼 Zeta 函数的前十万亿个零点在直线 $\frac{1}{2}+\mathrm{i}t(-\infty<t<+\infty)$ 上. 然而黎曼猜想至今还未获得最终解决.

1954 年，闵嗣鹤对黎曼 Zeta 函数 $\zeta(s)$ 做了推广，提出了一种新的函数

$$Z_{n,k}(s)=\underbrace{\sum_{x_1=-\infty}^{+\infty}\cdots\sum_{x_k=-\infty}^{+\infty}}_{|x_1|+\cdots+|x_k|\neq 0}\frac{1}{(x_1^n+\cdots+x_k^n)^s} \qquad ⑪$$

其中 $n$ 是正偶数. 他证明了 $Z_{n,k}(s)$ 与 $\zeta(s)$ 一样可开拓到整个复数平面，其唯一奇点是简单极点，给出了 $Z_{n,k}(s)$ 的阶的估计. 1956 年他还推出了 $Z_{n,k}(s)$ 的均值公式，由于推导中引用了迪齐马士著作中的一个错误定理，闵嗣鹤和他的学生尹文霖在一篇 1958 年的论文《关于 $Z_{n,k}(s)$ 的均值公式》中对均值公式进行了改正. 他们还进一步研究了 $Z_{n,k}(s)$ 的性质，建立了 $Z_{n,k}(s)$ 函数的基本理论.

(3) 微分几何.

闵嗣鹤一生中只发表过一篇有关微分几何的论文《论广义二次曲面几何》，文章是他在牛津大学留学期间投稿的，在文中他感谢了陈省身的有益建议. 闵嗣鹤在文中证明了传统上将黎曼度量定义在二次曲面的要求是不必要的，黎曼度量可以定义在任意曲面上. 陈省身在 40 年后的一封致潘承洞的"纪念闵嗣鹤教授逝世 15 周年学术会议"的贺函中对那篇论文进行了这样的评价："从三维投影空间的任意曲面构造黎曼度量，它在二次曲面时即为非欧度量. 意见新颖，不袭前人，至为赞佩."

(4) 应用数学.

闵嗣鹤一生中的最后 5 年正值"文化大革命"时期，虽然他已饱受政治运动的各种冲击，但只要给予机会他便满腔热情地投入到应用数学的研究之中. 他与同事们合作用数学知识研究并解决了一些实际问题,为我国的数字地质勘探事业做出了积极的贡献.1969年,北京大学"工宣队"派闵嗣鹤随同数学力学系部分教师到北京地质仪器厂接受工人阶级再教育.他们被分成两大组,一组研究数字滤波,一组在车间劳动兼教工人初等数学.他先被分到劳动组,在钳工车间劳动,并辅导一名工人的初等数学.由于他的良好表现,闵嗣鹤被调入数字滤波研究组.

当时正值北京地质仪器厂攻关制造海洋重力仪.海洋重力测量是海洋地球物理测量的方法之一.重力测量以牛顿万有引力定律为理论基础,以组成地壳和上地幔各种岩层的密度差异所引起的重力变化为测量对象,通过专门仪器测定海洋水域的重力场数值,得出重力异常分布特征和变化规律,为研究地质构造、地壳结构、地球形态和勘探海底矿产等提供依据.

当时只有少数西方国家能够制造海洋重力仪,属于对中国禁运物资.从强噪声背景中提取微弱的重力场数值信号,滤波问题是攻克该设备的理论关键.由于缺乏有关的技术资料,研究的难度很大.闵嗣鹤在深入调研的基础上先后在研究组进行了"数值滤波的若干分析问题""关于不等距离取样对最优化滤波函数的逼近""若干滤波函数逼近后粗略估计"等5个专题报告.他提出了一种"切比雪夫权系数"的数字滤波方法,使所设计的海洋重力仪能成功地从五万倍强噪声背景中提取出有用的微弱信号.仪器造成后取名ZY-1型海洋重力仪.经过5年海上实际勘探的实验,在1975年通过国家鉴定.其性能比日本用三次平均法制造的东京$\alpha$-1海洋重力仪优越得多.

1971年10月起,闵嗣鹤被派到燃料化学工业部石油地球物理勘探局.地震勘探是勘探地球矿产资源的重要手段.地震勘探采用炸药或其他能源等人工的方法激发大地的弹性波,用地震勘探仪器采集大地的震动波信号,以数字的形式进行记录,再用计算机对数据进行处理,提取有意义的信息.根据地震勘探与其他物理资料,可以判断地下岩层的地质的产状和岩石的物理性质,为研究地质构造、地壳结构、和勘探矿产等提供依据.

在地震勘探中,数字地震仪在记录来自地下地层的有效波的同时也记录了来自地上和地下的各种各样的与地下地层无关的规则和无规则干扰波.这不仅增加了识别有效波的困难,而且也很难提取到准确的参数,噪声严重时还容易造成错误解释.数字滤波技术是处理工作中压制噪声突出有效波必须使用的一种技术,也是当时我国石油地震勘探急需提高的关键技术之一.

闵嗣鹤当时已身患冠心病,但他以满腔的热情、全身心地投入到地震勘探数字技术的相关研究.以他雄厚的数学功底和对数学强烈而执着追求的精神,很快地进入了这一新的研究领域.他与同事们密切合作,先后进行了一维数字滤波、二维数字滤波、偏移叠加、全息地震等课题研究.在短短的两年间他和北大的同事以舒立华的笔名与物理勘探局的同事以宏油兵为笔名合作在《数学学报》上发表了两篇相关的研究论文.另两篇他的讲稿由勘探局计算中心站整理后发表在《物探数字技术》(1974,1,2期)上.他还主持编写了教材《地震勘探数字技术》(1,2册,科学出版社).

1972 年盛夏,闵嗣鹤在燃化部举办的全国科技人员培训班上进行了有关地震勘探数字技术的系列讲座. 1973 年 9 月起,他在北京大学为燃化部开办的数字地震勘探技术培训班培训学员直到 10 月 10 日逝世. 他深入生产第一线进行调研和培训. 一次他到渤海勘探基地参加普及地震勘探数字技术的活动,当他看到我国海洋石油勘探开发的壮观景象时,高兴得忘记了病痛,以《出海》为题欣然赋诗一首,抒发自己的远大抱负和民族自豪感:

轻舟出海浪涛涛,听炮观涛兴致高.

鱼嫩菜香都味美,风和雨细胜篮摇.

东洋技术为我用,渤海方船更自豪.

一日往还学大庆,算法如今要赶超.

在他生前的最后一天,他忍着病痛找来有关的技术人员在家中讨论、研究一个数字地震勘探技术急需解决的数学问题,使问题获得解决.

在石油地球物理勘探局计算中心发给闵嗣鹤家属的唁函中这样写道:"在他的热情指导下与耐心帮助下,为我国石油勘探数字化首创了一套数学方法,解决了一系列生产中的有关问题,培养了一批新生力量,使我国石油勘探数字化工作取得了可喜的进展,为祖国石油工业大发展做出了一定的贡献. 他的这种全心全意为祖国石油事业服务的献身精神,与生前的种种模范事迹,永远活在我们心里,值得我们认真学习."

### 0.3 教书育人

闵嗣鹤一生热心于数学教育事业,他在清华、北大执教的 25 年期间讲授过高等微积分、数学分析、复变

函数、初等数论等基础课，以及解析数论等专业课程.无论是基础课还是专业课程，写出初稿后还要写成整齐的讲义，其中的一些讲义是由他的夫人誊写的.他认真备课，一丝不苟.闵嗣鹤凭着他全面深厚的文化修养和对数学的深刻理解，他讲授的课程深入浅出，循循善诱，十分生动，深受学生欢迎.

极限理论是数学分析课程教学中最重要也是最困难的部分.1953年5月，刚刚经历院系调整后的北京大学数学力学系为了提高教学质量，组织了全系观摩教学，由闵嗣鹤主讲"有序变量与无穷小量"一节.他利用自己制作的玻璃教具，直观地演示了求极限过程中$\varepsilon$与$\delta$的依赖关系，内容讲得通俗易懂，非常精彩.一位听过他课的学生30年后回忆说，听闵先生的课就像看电影，使我们对微积分中最难学懂的部分，理解得既快又清楚.他讲稿的部分内容在当年的《数学通报》上刊登，这对北京大学数学力学系乃至全国高校数学教学起了很好的示范推动作用.

闵嗣鹤曾在北京师范大学兼授初等数论课，辅导教师是严士健.他们合作写的教材《初等数论》1957年由人民教育出版社出版，1982年、2003年再版累计印数近30万册，成为我国高等院校初等数论课程的重要教材之一.

闵嗣鹤20世纪50年代曾在北京大学数学力学系为数届大学生、研究生讲授解析数论，他的讲稿，经整理后分《数论的方法》(上、下册)由科学出版社出版.书中也包括了他的一些研究成果.这是国内第一本解析数论基础教材，为在我国开展解析数论的研究和培养人才方面起了很大作用.闵嗣鹤指导学生做出科研成果最多的是在 1956 年,在当年《北京大学学报》(自然科学版)第 2,3 期上登载了他和他的 3 名学生潘承洞、邵品琮、尹文霖和他指导的教师董怀允的 6 篇有关解析数论的研究论文.

1742 年,哥德巴赫提出了一个猜想:任何一个不小于 6 的偶数可表为两个素数之和.200 多年过去了,这道数学难题吸引了无数的数学家的努力,没有人能证明它,也没有人能举出反例.这道难题已成为数学皇冠上的一颗可望而不可即的明珠,甚至被密码学界所用,作为信息加密的一个工具.

闵嗣鹤对陈景润研究哥德巴赫猜想的支持与指导的故事,被数学界传为一段佳话.他们之间的交往大约始于 1963 年,陈景润经常去闵嗣鹤家请教,有时对问题有不同见解就进行热烈的讨论,师生之间亲密无间,使陈景润获益匪浅.尤其是闵嗣鹤正直的为人,严谨的学风,不分亲疏乐于助人的精神,赢得了陈景润对他的尊敬、钦佩和信任.1966 年 5 月 15 号《科学通报》第 17 卷第 9 期上发表了陈景润有关哥德巴赫猜想的著名论文《大偶数表为一个素数及一个不超过二个素数乘积之和》"1 + 2"的简报,陈景润一拿到这期杂志,首先想到的是关心与指导他的闵老师,在杂志封面上端端正正写上了:"敬爱的闵老师:非常感谢您对学生的长期指导,特别是对本文的详细指导.学生陈景润敬礼!1966.5.19."并立即将该期杂志送给最关心、最支持他的闵老师.陈景润关于该定理的证明极其复杂,有 200 多页,无法在当时的有关刊物上发表.因此国内外学术界对他有关"1 + 2"证明的正确性持怀疑态度的大有人在.为了说服于众人,他不断地简化和改进关于

“1 + 2” 的论证.

时间一晃过了 7 年，在 1973 年的寒假，陈景润终于把自己心血的结晶 —— 厚厚的一叠关于“1 + 2” 简化证明的手稿送请他最信任的闵嗣鹤审阅. 这是一件十分繁重费神的工作，当时闵嗣鹤的冠心病经常发作，本来需要好好休息一下，但他知道陈景润的这一关于“1 + 2” 的简化证明如果正确将是对解析数论的一个历史性的重大贡献，是中国数学界的光荣. 因此，他放弃了休息，不顾劳累与疾病，逐步细心审阅，最后判定陈景润的证明是正确的. 闵嗣鹤高兴极了，他看到在激烈的竞争中，新中国自己培养的青年数学家，在解析数论一个最重要的问题 —— 哥德巴赫猜想的研究上，又一次取得了世界领先地位.

陈景润在 1973 年 3 月 13 日将他的这篇论文投给了《中国科学》杂志，该杂志请闵嗣鹤和王元作为陈景润的论文评审人. 据家属回忆闵嗣鹤很快进行了回复，在他的评审意见中强调：该文意义重大，证明正确、建议优先发表. 陈景润的著名论文以 18 页的篇幅立即在 1973 年第 2 期的《中国科学》A 辑上全文发表了，并随即在国际数论界引起了轰动，陈景润有关哥德巴赫猜想“1 + 2” 的证明被学术界称为陈氏定理. 潘承洞、王元等后来做出了陈氏定理的简化证明. 由于在研究哥德巴赫猜想上取得的杰出成就，陈景润、王元和潘承洞共同荣获了 1982 年国家自然科学奖一等奖. 正如当年闵嗣鹤冷静而正确地指出的：要最终解决哥德巴赫猜想还要走很长的一段路. 36 年过去了，陈氏定理尚未被超越，哥德巴赫猜想仍未最终得到解决.

闵嗣鹤也十分热心于中学数学教育和数学普及工

作.在西南联合大学任教期间,他经常为昆明龙渊中学开设数学讲座,有趣的数学知识受到中学生的热烈欢迎.归国后,他曾任《数学通报》的编委,经常写适合中学老师与中学生阅读的通俗数学文章和做科普报告.他的著名的小册子《格点与面积》生动介绍了几何数论中的一些重要而有趣的基本概念和知识,是一本非常好的中学生课外数学读物.他曾多次参与或主持我国高等院校入学考试的数学命题工作,及中学生数学竞赛的命题工作,这些高质量的考题为选拔人才做出了贡献.

闵嗣鹤一贯无私并热情地指导、帮助与支持年轻的数学工作者,被同学们赞为"虔诚的园丁",培养出潘承洞、严士健、潘承彪、李忠、邵品琮、迟宗陶等一批著名专家学者.诚如周培源在《闵嗣鹤论文选集》的序中所说的"当年在他席前的学生与受到他教益的数学工作者,现在有些已经成为我国数学界的栋梁,有些已是国际上知名的数学家.这些都是中国数学界的光荣,这里也浸透着闵先生的心血."

注:本文根据赵慈庚先生写的《闵嗣鹤教授生平事略》(中国科技史料,第三期,1982)、北京大学出版的《闵嗣鹤论文选集》、山东大学出版的《纪念闵嗣鹤教授学术报告会论文选集》中的有关内容,以及北京大学档案馆提供资料综合改编而成,在此表示诚挚的感谢.编写者感谢闵惠泉、闵爱泉、闵苏泉和曹泓等亲友在编写过程中给予的各种帮助.

## 0.4 闵嗣鹤主要论著

闵嗣鹤.函数方程式之解法和应用.数学季刊,

1934,2(1):1-98.

闵嗣鹤. 相和式解数之渐近公式及应用此理以讨论奇异级数. 科学,1940,XXIV(8):591-607.

Hua L K, Min S H. On the distribution of quadratic non-residues and the Euclidean algorithm in real quadratic fields(II). Trans. of Amer. Math. Soc., 1944,56(3):547-569.

Min S H. On a generalized hyperbolic geometry. J. London Math. Soc., 1947,22:153-160.

Min S H. On systems of algebraic equations and certain multiple exponential sums. The Quarterly J. Math. (Oxford Series), 1947,18(71):132-142.

Hua L K, Min S H. On a double exponential sum. Science Report of National Tsing Hua University, 1947,IV(4-6):484-518.

Min S H. On the order of $\zeta\left(\frac{1}{2}+it\right)$. Trans. of Amer. Math. Soc., 1949,65(3):448-472.

闵嗣鹤. 黎曼 $\zeta$-函数的一种推广——I. $Z_{n,k}(s)$ 的全面解析开拓. 数学学报,1955,5(3):285-294.

闵嗣鹤. 黎曼 $\zeta$-函数的一种推广——II. $Z_{n,k}(s)$ 的阶. 数学学报,1956,6(1):1-11.

闵嗣鹤. 黎曼 $\zeta$-函数的一种推广——III. $Z_{n,k}(s)$ 的均值公式. 数学学报,1956,6(3):347-362.

闵嗣鹤,严士健. 初等数论. 北京:高等教育出版社,1957.

闵嗣鹤,尹文霖. 关于 $Z_{n,k}(s)$ 的均值公式. 北京大学学报,1958,4(1):41-50.

闵嗣鹤. 数论的方法:上册. 北京:科学出版社,1958.

Min S H. On concrete examples and the abstract theory of the generalized analytic functions. Scientia Sinica, 1963,XII(9):1269-1283.

燃化部物探局计算中心站,北大数力系,成都地院物探系,等. 地震勘探数字技术:第一册. 北京:科学出版社,1913.

燃化部物探局计算中心站,北大数力系,成都地院物探系,等. 地震勘探数字技术:第二册. 北京:科学出版社,1973.

宏油兵,舒立华. 独立自主发展石油地震数字处理. 数学学报,1975,18(4):231-246.

宏油兵,舒立华. 独立自主发展石油地震数字处理(续完). 数学学报,1976,19(1):64-72.

闵嗣鹤. 数论的方法:下册. 北京:科学出版社,1981.

主要参考文献:

Titchmarsh E C. Introduction to the theory of Fourier integrals. Oxford: Oxford University Press,1937.

Rédei L. Zur Frag des Euklidischen algorithmus in quadratischen zahlkörpern. Math. Ann., 1942, 118:588-608.

赵慈庚. 闵嗣鹤生平事略. 中国科技史料,1982,3:39-47.

纪念闵嗣鹤教授学术报告会论文选集编辑组.纪念闵嗣鹤教授学术报告会论文选集.济南:山东大学出版,1990.

撰写者:

闵乐泉(1951.7— ),北京人,北京科技大学数理学院教授、博士生导师.主要研究方向为细胞神经网络、复杂系统建模、混沌控制及应用.主持了4项国家自然科学基金,参加一项"十一五"国家科技重大专项课题.指导的24名博士生和41名硕士生中已有13人获博士学位,35人获硕士学位.2005年以来发表与合作发表SCI收录论文(文摘)20余篇,EI收录论文40余篇.

## §1 须尼尔曼密率[①]

——华罗庚

### 1.1 密率之定义及其历史

本节之目的在于证明以下两个重要的定理:

"有一正整数 $c$ 存在,凡正整数必可表为不超过 $c$ 个素数之和."

"令 $k$ 表示一正整数,有一正整数 $c_k$(仅与 $k$ 有关)存在,凡正整数必可表为不超过 $c_k$ 个正整数之 $k$ 次方之和."

这两个定理与哥德巴赫及华林问题之关系乃属显

① 摘自:华罗庚.数论导引.北京:科学出版社,1979.

然,并可说:这两个定理乃哥德巴赫问题及华林问题最基本但也最初步之结果. 这两个定理各名为哥德巴赫－须尼尔曼定理及华林－希尔伯特定理.

本节中将引进须尼尔曼所创造之密率概念. 此概念极为初等,但借此概念证明了以上所述之历史上著名定理. 本章关于哥德巴赫－须尼尔曼定理之证明稍异于须尼尔曼之原证. 今将引用塞尔伯格之方法以代替原来之布朗筛法.

在证明华林－希尔伯特定理时,亦不用希尔伯特之原证及须尼尔曼之证明,而将根据林尼克在 1943 年之证明,加以简化及改变而得者.

在这两个证明中须尼尔曼之密率皆居重要地位,密率之定义如下:

**定义 1** 令 $U$ 表示由一些互不相同的非负整数 $a$ 所构成之集合. 令 $A(n)$ 表示 $U$ 中不大于 $n$ 之正整数之个数,即

$$A(n)=\sum_{1\leqslant a\leqslant n}1$$

若有正数 $\alpha$ 存在,使对任一正整数 $n$ 常有 $A(n)\geqslant \alpha n$,则此集合称为有正密率之集合. 有此性质的最大的 $\alpha$ 称为此集合之正密率.

显然有次之简单性质:

(1) 由于 $A(n)\leqslant n$,故得 $\alpha\leqslant 1$;

(2) 若 $\alpha=1$,则 $A(n)=n$,故 $U$ 中包含全部正整数.

**习题 1** 令 $\tau$ 表示大于或等于 1 的实数,求出集合

$$1+[\tau(n-1)],n=1,2,\cdots$$

之密率.

### 1.2 和集及其密率

今引入记号 $B,b,B(n),\beta$ 及 $D,c,C(n),\gamma$,其间之

关系如 $U,a,A(n),\alpha$ 之间之关系，即 $b\in B,B(n)=\sum_{1\leqslant b\leqslant n}1$，而 $\beta$ 是 $B$ 集之正密率等.

**定义 2**　所有的形如 $a+b(a\in U,b\in B)$ 之整数所构成之集合称为 $U,B$ 之和集，以 $D$ 表之，并表为 $U+B=D$.

**定理 1**　若 $D=U+B$，及 $0\in U$，则 $\gamma\geqslant\alpha+\beta-\alpha\beta$.

**证明**　由于 $\beta>0$，故 1 在 $B$ 中. 则下面三类数均为 $D$ 中之正整数，不大于 $n$ 且互不相同.

(1) 将 $B$ 中之 $b_1=1,b_2,\cdots,b_{B(n)}$ 依递增之次序排列，因 $0\in U$，故 $b_1,b_2,\cdots,b_{B(n)}$ 均在 $D$ 中，此种正整数共 $B(n)$ 个.

(2) 对每一 $v,1\leqslant v\leqslant B(n)-1$，当 $a\in U$ 且 $1\leqslant a\leqslant b_{v+1}-b_v-1$ 时，诸 $a+b_v$ 均为正整数，在 $D$ 中，不大于 $n$ 且互不相同. 因

$$a+b_v\leqslant(b_{v+1}-b_v-1)+b_v=b_{v+1}-1\leqslant b_{B(n)}-1\leqslant n-1$$

且

$$a+b_v\geqslant 1+b_v$$

故

$$1+b_v\leqslant a+b_v\leqslant b_{v+1}-1$$

显然，(1) 与(2) 中之诸正整数互不相同. 对每一 $v,1\leqslant v\leqslant B(n)-1$，共有 $A(b_{v+1}-b_v-1)$ 个 $a+b_v$.

(3) 当 $a\in U,1\leqslant a\leqslant n-b_{B(n)}$ 时，诸 $a+b_{B(n)}$ 均为正整数，在 $D$ 中，不大于 $n$ 且互不相同. 因 $a+b_{B(n)}\geqslant 1+b_{B(n)}$，故(3) 中之诸正整数亦与(1)(2) 中不同，且诸 $a+b_{B(n)}$ 共有 $A(n-b_{B(n)})$ 个.

由(1)(2)(3) 之结果，可知

$$C(n)\geqslant B(n)+\sum_{v=1}^{B(n)-1}A(b_{v+1}-b_v-1)+A(n-b_{B(n)})\geqslant$$

$$B(n)+\sum_{v=1}^{B(n)-1}\alpha(b_{v+1}-b_v-1)+\alpha(n-b_{B(n)})=$$
$$B(n)+\alpha(b_{B(n)}-b_1-(B(n)-1)+n-b_{B(n)})=$$
$$B(n)+\alpha(n-B(n))\geqslant$$
$$(1-\alpha)\beta n+\alpha n=$$
$$n(\alpha+\beta-\alpha\beta)$$

因此

$$\frac{C(n)}{n}\geqslant\alpha+\beta-\alpha\beta,\gamma\geqslant\alpha+\beta-\alpha\beta$$

附记:此并非和集密率之最佳定理,而最佳之结果应为 $\gamma\geqslant\min\{1,\alpha+\beta\}$. 此结果在 1942 年由曼恩所证明. 其证明较为复杂,并对本节之主要结果无基本上之改进,故不列入本书之范围. 今取 $U$ 及 $B$ 皆为与 1 同余之正整数 $\bmod q$,并假定 $U$ 还包含 0,则 $U+B$ 包含所有的与 1,2 同余的正整数 $\bmod q$. 显然 $U,B$ 之密率为 $\frac{1}{q}$ 及 $U+B$ 之密率为 $\frac{2}{q}$. 故曼恩之结果不能再改进了.

**定理 2** 若 $0\in U,\alpha+\beta\geqslant 1$,则 $D=U+B$ 之密率 $\gamma$ 为 1,即 $D$ 中包含所有的正整数.

**证明** 假设 $\gamma\neq 1$,则 $\gamma<1$,故有一最小的正整数 $n\notin D$. 因 $\beta>0$,故 $1\in B$,又 $0\in U$,故 $1\in D$,而有 $n\geqslant 2$. 又因 $0\in U$,故知 $n\notin B$.

考虑下面诸不大于 $n-1$ 的自然数 $a$ 及 $n-b$

$$a,1\leqslant a\leqslant n-1,a\in U$$
$$n-b,1\leqslant b\leqslant n-1,b\in B$$

诸 $a$ 与 $n-b$ 互不相同,否则必有 $a=n-b$,即 $n=a+b\in D$,此为一矛盾. 又诸 $a$ 与 $n-b$ 均不大于 $n-1$,故其个数不大于 $n-1$.

另外,诸 $a$ 与 $n-b$ 之个数为 $A(n-1)+B(n-1)$. 因

$$A(n-1)\geqslant\alpha(n-1)$$

$$B(n-1)=B(n)\geqslant \beta n>\beta(n-1)$$

而有

$$A(n-1)+B(n-1)>\alpha(n-1)+\beta(n-1)=(\alpha+\beta)(n-1)\geqslant n-1$$

此与诸$a$与$n-b$之个数不大于$n-1$矛盾. 定理证毕.

**定理3**　若$U$包含0,则任一正整数可以表为$U$中之

$$s_0=2\left[\frac{\log 2}{-\log(1-\alpha)}\right]+2$$

个元素之和. 若$U$不包含0,则任一正整数可以表为$U$中不多于$s_0$个元素之和.

**证明**　定理后半段可由前半段立即得出,因将元素0加于$U$中形成新的集合$\overline{U}$后,再利用定理前半段即可. 今证明定理之前半段.

$0\in U$. 令$U_h=U+\cdots+U$,式中共$h$个$U$相加. $U_h$之正密率用$\alpha_h$表之. $U$之正密率为$\alpha$,则有$\alpha_h\geqslant 1-(1-\alpha)^h$. 今用归纳法,当$h=1$时,有$\alpha_1=\alpha$. 设当$h-1$时,有

$$\alpha_{h-1}\geqslant 1-(1-\alpha)^{h-1}$$

则因$U_h=U+U_{h-1}$,由定理1

$$\alpha_h\geqslant\alpha+\alpha_{h-1}-\alpha\alpha_{h-1}=\alpha+(1-\alpha)\alpha_{h-1}\geqslant \alpha+(1-\alpha)\{1-(1-\alpha)^{h-1}\}=1-(1-\alpha)^h$$

故当$h=1,2,\cdots$时,恒有$\alpha_h\geqslant 1-(1-\alpha)^h$. 今

$$\frac{s_0}{2}=\left[\frac{\log 2}{-\log(1-\alpha)}\right]+1>\frac{\log 2}{-\log(1-\alpha)}$$

故有

$$(1-\alpha)^{\frac{s_0}{2}}\leqslant(1-\alpha)^{\frac{\log 2}{-\log(1-\alpha)}}=\mathrm{e}^{-\frac{\log 2}{\log(1-\alpha)}\cdot\log(1-\alpha)}=\frac{1}{2}$$

于是

$$\alpha_{\frac{s_0}{2}} \geqslant 1-(1-\alpha)^{\frac{s_0}{2}} \geqslant 1-\frac{1}{2}=\frac{1}{2}$$

因 $0 \in U_{\frac{s_0}{2}}$,由定理 2,集合 $U_{s_0}=U_{\frac{s_0}{2}}+U_{\frac{s_0}{2}}$ 包含所有的正整数,故任一正整数可以表为 $U$ 中之 $s_0$ 个元素之和.

**定理 4** 令 $U^*$ 表示一非负整数之集合,其中允许重复. 令 $U$ 为 $U^*$ 中不同元素所构成之最大集合. 令 $r(a)$ 表示 $a$ 在 $U^*$ 中出现之次数. 若对诸 $n \geqslant 1$ 常有

$$\frac{1}{n} \frac{\left(\sum_{1 \leqslant a \leqslant n} r(a)\right)^2}{\sum_{1 \leqslant a \leqslant n} r^2(a)} \geqslant \alpha'(>0)$$

则 $U$ 有正密率 $\alpha \geqslant \alpha'$.

**证明** 由布尼亚柯夫斯基 – 施瓦兹(Буняковский-Schwarz)不等式可知

$$\left(\sum_{1 \leqslant a \leqslant n} r(a)\right)^2 \leqslant \sum_{1 \leqslant a \leqslant n} r^2(a) \sum_{1 \leqslant a \leqslant n} 1^2=A(n) \sum_{1 \leqslant a \leqslant n} r^2(a)$$

故得

$$\frac{A(n)}{n} \geqslant \frac{1}{n}\left(\sum_{1 \leqslant a \leqslant n} r(a)\right)^2 / \sum_{1 \leqslant a \leqslant n} r^2(a) \geqslant \alpha'$$

定理证毕.

### 1.3 哥德巴赫 – 须尼尔曼定理

从 1.3 到 1.5 中,$c, c_1, c_2, \cdots$ 皆表示绝对正常数. 1.3 到 1.5 之目的在于证明:

**定理 5** 有一正整数 $c$ 存在,凡大于 1 之整数皆可表为不超过 $c$ 个素数之和.

定义 $U^*$ 为 1 及所有的 $p_1+p_2$ 之集合,此处 $p_1, p_2$ 经过所有的素数. 因之,$U^*$ 中可能有重复之元素. 再定义 $U$ 为 $U^*$ 中不同元素之最大集合. 欲证定理 5 只需证明:

**定理 6** $U$ 有正密率 $c_1$.

由定理 3 可知任一正整数 $m$ 可以表为最多 $s_0$ 个 $U$ 中之元素之和(即若干个 1 及若干个形如 $p_1+p_2$ 之整数之和),即 $m$ 是最多 $2s_0$ 个素数或 1 之和.故对任一 $n>2$,可以有

$$n=2+(n-2)=2+b\cdot 1+\sum p$$

在此和号内素数 $p$ 之个数小于或等于 $2s_0-b$.又易知 $2+b$ 可以表为不超过 $b+1$ 个素数之和,因此,$n$ 可以表为不超过 $2s_0+1$ 个素数之和.故得定理 5.

又令 $r(1)=1$ 及 $r(a)$ 为 $U^*$ 中 $a$ 出现之次数.故

$$r(a)=\begin{cases}1, a=1\\ \sum\limits_{p_1+p_2=a} 1, a\geqslant 2\end{cases}$$

定理 4 建议,今后之目的在于寻求 $\sum\limits_{1\leqslant a\leqslant n} r(a)$ 之下限及 $\sum\limits_{1\leqslant a\leqslant n} r^2(a)$ 之上限,前者不难获得,后者将为下一小节之主题.

**定理 7**　若 $n\geqslant 2$,则

$$\sum_{1\leqslant a\leqslant n} r(a)\geqslant \frac{c_2 n^2}{\log^2 n} \tag{①}$$

**证明**　设 $n\geqslant 4$.由定理 5.6.2[①] 得

$$\sum_{1\leqslant a\leqslant n} r(a)=1+\sum_{4\leqslant a\leqslant n}\sum_{p_1+p_2=a} 1\geqslant \sum_{p_1+p_2\leqslant \frac{n}{2}} 1=$$

$$\pi^2\left(\frac{1}{2}n\right)\geqslant\left(c_3\ \frac{n}{2}/\log\frac{n}{2}\right)^2\geqslant$$

$$\frac{c_3^2}{4}\ \frac{n^2}{\log^2 n}$$

若 $n=2$ 或 3,易知 $\sum r(a)=1$.故只需取 $c_2=$

① 本节中未涉及的定理请参考原文.

$\min\left\{\frac{c_3^2}{4},\frac{\log^2 2}{4},\frac{\log^2 3}{9}\right\}$,即得定理.

由定理 4 及 $r(1)=1$,可知问题之焦点在于证明:

**定理 8** 若 $n\geqslant 2$,则

$$\sum_{1\leqslant a\leqslant n} r^2(a)\leqslant c_4\frac{n^3}{\log^4 n} \tag{②}$$

换言之,若定理 8 已证明,则由

$$\frac{1}{n}\frac{\left(\sum\limits_{1\leqslant a\leqslant n} r(a)\right)^2}{\sum\limits_{1\leqslant a\leqslant n} r^2(a)}\geqslant\frac{1}{n}\frac{(c_2 n^2/\log^2 n)^2}{c_4 n^3/\log^4 n}=\frac{c_2^2}{c_4}$$

及定理 4 即得出定理 6.

因此,今后只需证明定理 8 即可.

### 1.4 塞尔伯格不等式

本小节中虽然可以不用,但是读者不可不知以下之定理:

**定理 9** 设 $a_i>0(i=1,2,\cdots,n)$ 及 $b_i(i=1,2,\cdots,n)$ 是固定的实数. 在条件 $\sum\limits_{i=1}^n b_i x_i=1$ 之下,$\sum\limits_{i=1}^n a_i x_i^2$ 之极小值为

$$\frac{1}{\sum\limits_{i=1}^n\frac{b_i^2}{a_i}}$$

且当

$$x_i=\frac{\frac{b_i}{a_i}}{\sum\limits_{i=1}^n\frac{b_i^2}{a_i}}$$

时取极值.

**证明** 由布尼亚柯夫斯基-施瓦兹不等式得知

$$\left(\sum_{i=1}^{n} a_i x_i^2\right)\left(\sum_{i=1}^{n} \frac{b_i^2}{a_i}\right) \geqslant \left(\sum_{i=1}^{n} b_i x_i\right)^2 = 1$$

故得

$$\sum_{i=1}^{n} a_i x_i^2 \geqslant \frac{1}{\sum_{i=1}^{n} \frac{b_i^2}{a_i}} \qquad ③$$

又由定理 18.7.1 知式 ③ 等号成立之充要条件为有一实数 $t_0$ 存在使

$$\sqrt{a_i} x_i = t_0 b_i \frac{1}{\sqrt{a_i}}, i = 1, 2, \cdots, n$$

即

$$x_i = \frac{t_0 b_i}{a_i}, i = 1, 2, \cdots, n$$

故得

$$1 = \sum_{i=1}^{n} b_i x_i = \sum_{i=1}^{n} \frac{t_0 b_i^2}{a_i}$$

即

$$t_0 = \frac{1}{\sum_{i=1}^{n} \frac{b_i^2}{a_i}}$$

故得

$$x_i = \frac{\frac{b_i}{a_i}}{\sum_{i=1}^{n} \frac{b_i^2}{a_i}}, i = 1, 2, \cdots, n \qquad ④$$

定理证毕.

**定理 10**(塞尔伯格)　设给定一 $M$ 个整数的集合 $\{b\}$,能被正整数 $k$ 所整除的 $b$ 的个数是

$$\sum_{k \mid b} 1 = g(k)M + R(k) \qquad ⑤$$

此处 $R(k)$ 是余项，而 $g(k)$ 是正值的积性函数，且

$g(p)<1$.

令 $N_\xi$ 表示$\{b\}$中不能被小于或等于$\xi$的素数所整除的$b$的个数,则

$$N_\xi \leqslant \frac{M}{\sum\limits_{1\leqslant k\leqslant \xi}\frac{\mu^2(k)}{f(k)}}+\sum_{1\leqslant k_1,k_2\leqslant \xi}\lambda_{k_1}\lambda_{k_2}R\left\{\frac{k_1k_2}{(k_1,k_2)}\right\}$$

此处

$$f(k)=\sum_{d\mid k}\mu(d)/g\left(\frac{k}{d}\right)^{①} \quad ⑥$$

$$\lambda_k=\frac{\mu(k)}{f(k)g(k)}\sum_{\substack{1\leqslant m\leqslant \xi/k\\(m,k)=1}}\frac{\mu^2(m)}{f(m)}\Big/\sum_{1\leqslant m\leqslant \xi}\frac{\mu^2(m)}{f(m)} \quad ⑦$$

**证明** 令 $1=\lambda_1,\lambda_2,\cdots,\lambda_{[\xi]}$ 为实数. 因 $k_1,k_2$ 之最小公倍数为$\frac{k_1k_2}{(k_1,k_2)}$,由 ⑤ 得

$$N_\xi=\sum_{p\mid b\Rightarrow p>\xi}{}_b 1=\sum_{p\mid b\Rightarrow p>\xi}{}_b 1\Big(\sum_{\substack{k\mid b\\1\leqslant k\leqslant \xi}}\lambda_k\Big)^2\leqslant\sum{}_b\Big(\sum_{\substack{k\mid b\\1\leqslant k\leqslant \xi}}\lambda_k\Big)^2=$$

$$\sum_{1\leqslant k_1,k_2\leqslant \xi}\lambda_{k_1}\lambda_{k_2}\sum_{\substack{k_1\mid b\\k_2\mid b}}{}_b 1=\sum_{1\leqslant k_1,k_2\leqslant \xi}\lambda_{k_1}\lambda_{k_2}\sum_{\frac{k_1k_2}{(k_1,k_2)}\mid b}{}_b 1=$$

$$\sum_{1\leqslant k_1,k_2\leqslant \xi}\lambda_{k_1}\lambda_{k_2}\left\{g\left\{\frac{k_1k_2}{(k_1,k_2)}\right\}M+R\left\{\frac{k_1k_2}{(k_1,k_2)}\right\}\right\}$$

此处 $p\mid b\Rightarrow p>\xi$ 表示$b$的素因子皆大于$\xi$. 由定理 6.2.4,有

$$N_\xi\leqslant MQ+\sum_{1\leqslant k_1,k_2\leqslant \xi}\lambda_{k_1}\lambda_{k_2}R\left\{\frac{k_1k_2}{(k_1,k_2)}\right\} \quad ⑧$$

此处

$$Q=\sum_{1\leqslant k_1,k_2\leqslant \xi}\lambda_{k_1}\lambda_{k_2}\frac{g(k_1)g(k_2)}{g\{(k_1,k_2)\}}$$

---

① 当$k$无平方因子时,$f(k)=\frac{1}{g(k)}\prod\limits_{p\mid k}(1-g(p))>0$.

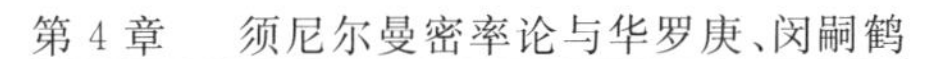


由 ⑥ 及定理 6.4.1,有

$$Q=\sum_{1\leqslant k_1,k_2\leqslant\xi}\lambda_{k_1}\lambda_{k_2}g(k_1)g(k_2)\sum_{d\mid(k_1,k_2)}f(d)=$$
$$\sum_{1\leqslant d\leqslant\xi}f(d)\sum_{\substack{1\leqslant k_1\leqslant\xi\\ d\mid k_1}}\lambda_{k_1}g(k_1)\sum_{\substack{1\leqslant k_2\leqslant\xi\\ d\mid k_2}}\lambda_{k_2}g(k_2)=$$
$$\sum_{1\leqslant d\leqslant\xi}f(d)\Big\{\sum_{\substack{1\leqslant k\leqslant\xi\\ d\mid k}}\lambda_k g(k)\Big\}^2 \tag{⑨}$$

由 ⑦ 及定理6.2.1可知 $\lambda_1=1$(如此选择的 $\lambda_1,\cdots,\lambda_{[\xi]}$,使 $Q$ 最小,读者可用定理 9 自证之).

令

$$s=\sum_{1\leqslant m\leqslant\xi}\frac{\mu^2(m)}{f(m)} \tag{⑩}$$

由定理 6.2.2 可知 $f(n)$ 也是积性的,故由 ⑦ 得

$$\lambda_k g(k)=\frac{\mu(k)}{sf(k)}\sum_{\substack{1\leqslant m\leqslant\xi/k\\ (m,k)=1}}\frac{\mu^2(m)}{f(m)}=\sum_{\substack{1\leqslant m\leqslant\xi/k\\ (m,k)=1}}\mu(m)\frac{\mu(mk)}{sf(mk)}=$$
$$\sum_{1\leqslant m\leqslant\xi/k}\mu(m)\frac{\mu(mk)}{sf(mk)}$$

由定理 6.3.2 有

$$\frac{\mu(m)}{sf(m)}=\sum_{1\leqslant k\leqslant\xi/m}\lambda_{km}g(km)=\sum_{\substack{1\leqslant r\leqslant\xi\\ m\mid r}}\lambda_r g(r)$$

因此,由 ⑨⑩ 有

$$Q=\sum_{1\leqslant d\leqslant\xi}f(d)\Big\{\frac{\mu(d)}{sf(d)}\Big\}^2=\frac{1}{s^2}\sum_{1\leqslant d\leqslant\xi}\frac{\mu^2(d)}{f(d)}=\frac{s}{s^2}=\frac{1}{s}$$

于是,由 ⑧⑩,定理证毕.

**定理 11**　在定理10的条件下,若 $g_1(n)$ 为完全积性函数,且 $g_1(p)=g(p)$,则

$$N_\xi\leqslant\frac{M}{\sum\limits_{1\leqslant k\leqslant\xi}g_1(k)}+\sum_{1\leqslant k_1,k_2\leqslant\xi}\left|R\Big\{\frac{k_1k_2}{(k_1,k_2)}\Big\}\right|\cdot$$
$$\prod_{p\mid k_1}\{1-g_1(p)\}^{-1}\prod_{p\mid k_2}\{1-g_1(p)\}^{-1}$$

**证明** 由 ⑥,有

$$f(p)=\frac{\mu(1)}{g(p)}+\frac{\mu(p)}{g(1)}=\frac{1}{g(p)}-1=\frac{1-g(p)}{g(p)}$$

则

$$\frac{\mu^2(k)}{f(k)}=\mu^2(k)\prod_{p\mid k}\frac{g_1(p)}{1-g_1(p)}=$$
$$\mu^2(k)g_1(k)\prod_{p\mid k}\{1-g_1(p)\}^{-1} \qquad ⑪$$

因此

$$\sum_{1\leqslant k\leqslant\xi}\frac{\mu^2(k)}{f(k)}=\sum_{1\leqslant k\leqslant\xi}\mu^2(k)g_1(k)\prod_{p\mid k}\{1-g_1(p)\}^{-1}=$$
$$\sum_{1\leqslant k\leqslant\xi}\mu^2(k)g_1(k)\prod_{p\mid k}\Big(\sum_{l=0}^{\infty}g_1(p^l)\Big)$$

此式包含所有的 $g_1(k)(1\leqslant k\leqslant\xi)$. 因为如果

$$k=p_1^{m_1}\cdots p_s^{m_s}\leqslant\xi$$

则 $g_1(p_1\cdots p_s),g_1(p_1^{m_1-1}),\cdots,g_1(p_s^{m_s-1})$ 皆出现在此式的各因子中,因此

$$\sum_{1\leqslant k\leqslant\xi}\frac{\mu^2(k)}{f(k)}\geqslant\sum_{1\leqslant k\leqslant\xi}g_1(k)$$

再则

$$|\lambda_k|\leqslant\frac{\mu^2(k)}{f(k)g(k)}=\frac{\mu^2(k)}{f(k)g_1(k)}=\prod_{p\mid k}\{1-g_1(p)\}^{-1}$$

因此得本定理.

**定理 12** 令 $A\geqslant 0,M\geqslant 3$. 记在 $A$ 与 $A+M$ 间的素数个数为 $\pi(A;M)$. 则

$$\pi(A;M)\leqslant\frac{2M}{\log M}\left(1+O\left(\frac{\log\log M}{\log M}\right)\right)$$

此处与 $O$ 有关之常数与 $A$ 及 $M$ 无关.

**证明** 由于

$$\pi(A;M)=\sum_{A<p\leqslant A+M^{\frac{1}{2}}}1+\sum_{A+M^{\frac{1}{2}}<p\leqslant A+M}1\leqslant M^{\frac{1}{2}}+S(A;M) \qquad ⑫$$

现在取整数集合$\{b\}$为适合$A<n\leqslant A+M$的全体整数.用定理11的记号可知

$$S(A;M)\leqslant N_{\xi},1<\xi\leqslant\sqrt{M} \qquad ⑬$$

对所有的$A\geqslant 0$皆成立.现在来估计$N_{\xi}$.因为

$$\sum_{\substack{k\mid b\\ A<b\leqslant A+M}}1=\left[\frac{A+M}{k}\right]-\left[\frac{A}{k}\right]=\frac{M}{k}+R(k),\ |R(k)|\leqslant 1$$

所以$g_1(k)=\frac{1}{k}$.因此

$$\sum_{1\leqslant k\leqslant\xi}g_1(k)=\log\xi+O(1)$$

由定理5.9.3可知

$$\prod_{p\mid k}(1-g_1(p))^{-1}=\prod_{p\mid k}\left(1-\frac{1}{p}\right)^{-1}\leqslant\prod_{p\leqslant k}\left(1-\frac{1}{p}\right)^{-1}=O(\log k)$$

故

$$\sum_{1\leqslant k_1,k_2\leqslant\xi}\left|R\left\{\frac{k_1k_2}{(k_1,k_2)}\right\}\right|\prod_{p\mid k_1}(1-g_1(p))^{-1}\cdot\prod_{p\mid k_2}(1-g_1(p))^{-1}=O\Big(\sum_{1\leqslant k_1,k_2\leqslant\xi}\log k_1\log k_2\Big)=O(\xi^2\log^2\xi)$$

故

$$N_{\xi}\leqslant\frac{M}{\log\xi+O(1)}+O(\xi^2\log^2\xi)$$

取

$$\xi=\frac{M^{\frac{1}{2}}}{\log^2 M}$$

则得

$$N_{M^{\frac{1}{2}}/\log^2 M}\leqslant\frac{2M}{\log M}\left(1+O\left(\frac{\log\log M}{\log M}\right)\right)$$

以此代入 ⑫⑬,即明所欲证.

## 1.5 哥德巴赫一须尼尔曼定理之证明

**定理 13** 若 $a \geqslant 2$,则

$$r(a) \leqslant c_5 \frac{a}{\log^2 a} \sum_{k \mid a} \frac{\mu^2(k)}{k}$$

**证明** 当 $a=2$ 或 $a=3$ 时,因为 $r(a)=0$,定理已成立. 又若 $a$ 是奇数,而 $p_1+p_2=a$,则必 $p_1=2$ 或 $p_2=2$,此时 $r(a) \leqslant 2$. 定理显然成立.

以下设 $a \geqslant 4$ 且为偶数. 易得

$$r(a)=\sum_{p_1+p_2=a} 1 \leqslant \sum_{\substack{p_1+p_2=a \\ p_1, p_2>\sqrt{a}}} 1+\sum_{\substack{p_1+p_2=a \\ p_1 \leqslant \sqrt{a}}} 1+\sum_{\substack{p_1+p_2=a \\ p_2 \leqslant \sqrt{a}}} 1 \leqslant S(a)+2\sqrt{a} \tag{14}$$

此处

$$S(a)=\sum_{\substack{p_1+p_2=a \\ p_1, p_2>\sqrt{a}}} 1$$

现在给一整数集合 $b_c=c(a-c)(c=1,2,\cdots,a)$. 若 $p_1+p_2=a$,而 $p_1, p_2>\sqrt{a}$,则 $p_1(a-p_1)=p_2(a-p_2)=p_1 p_2$ 不能被小于或等于$\sqrt{a}$ 的素数所整除. 若利用 1.4 的记号,则得

$$S(a) \leqslant N_{\xi}, 1<\xi \leqslant \sqrt{a} \tag{15}$$

令 $M(k)$ 表示同余式 $x(a-x) \equiv 0(\bmod k)(0 \leqslant x<k)$ 的解数,则

$$\sum_{k \mid b} {}_b 1=\sum_{\substack{c=1 \\ c(a-c) \equiv 0(\bmod k)}}^{a} 1=\left[\frac{a}{k}\right] M(k)+T(k)$$

此处 $0 \leqslant T(k) \leqslant M(k)$. 故得

$$\sum_{k \mid b} {}_b 1 \leqslant \frac{M(k)}{k} a+M(k)$$

及

$$\sum_{k|b} {}_b 1 \geqslant \left[\frac{a}{k}\right] M(k) > \left(\frac{a}{k} - 1\right) M(k) = \frac{M(k)}{k} a - M(k)$$

令

$$g(k) = \frac{M(k)}{k} \qquad ⑯$$

则

$$\sum_{k|b} {}_b 1 = g(k)a + R(k) \qquad ⑰$$

此处

$$|R(k)| \leqslant M(k) \leqslant k \qquad ⑱$$

由定理 2.8.1 知 $M(k)$ 是 $k$ 的积性函数，故 $g(k)$ 亦然. 又

$$M(p) = \begin{cases} 1, p \mid a \\ 2, p \nmid a \end{cases} \qquad ⑲$$

故由 ⑯ 得

$$g_1(p) = g(p) = \begin{cases} \dfrac{1}{p}, p \mid a \\ \dfrac{2}{p}, p \nmid a \end{cases} \qquad ⑳$$

因为 $2 \mid a$，所以 $g(2) = \dfrac{1}{2}$，因此 $0 < g(p) < 1$，故可应用定理 11. 若 $k = p_1^{a_1} \cdots p_r^{a_r}$，则由式 ⑯ 及式 ⑲ 得

$$g_1(k) = \prod_{s=1}^{r} \{g_1(p_s)\}^{a_s} = \prod_{s=1}^{r} \frac{\{M(p_s)\}^{a_s}}{p_s^{a_s}} = \frac{1}{k} \prod_{\substack{s=1 \\ p_s \nmid a}}^{r} 2^{a_s} \geqslant$$

$$\frac{1}{k} \prod_{\substack{s=1 \\ p_s \nmid a}}^{r} (1 + a_s) = \frac{h(k)}{k}$$

此处

$$h(p_1^{a_1} \cdots p_r^{a_r}) = \prod_{\substack{s=1 \\ p_s \nmid a}}^{r} (1 + a_s) \qquad ㉑$$

其中 $p_1, \cdots, p_r$ 为不同的素数. 因此

$$\prod_{p|a}\left(1-\frac{1}{p}\right)^{-1}\sum_{1\leqslant k\leqslant\xi}g_1(k)\geqslant\sum_{1\leqslant k\leqslant\xi}\frac{h(k)}{k}\prod_{p|a}\left(1-\frac{1}{p}\right)^{-1}\geqslant$$
$$\sum_{1\leqslant k\leqslant\xi}\frac{1}{k}\sum_{\substack{m|k\\ p\left|\frac{k}{m}\Rightarrow p\right|a}}h(m)$$

若记 $k=p_1^{a_1}\cdots p_t^{a_t}q_1^{b_1}\cdots q_u^{b_u}$,其中诸 $p_T$ 与 $q_U$ 均为互不相同的素数,且 $p_T\mid a,q_U\nmid a$. 则 $m$ 可取所有如下形式的整数,即

$$m=\frac{k}{p_1^{c_1}\cdots p_t^{c_t}}=p_1^{a_1-c_1}\cdots p_t^{a_t-c_t}q_1^{b_1}\cdots q_u^{b_u}$$

其中 $0\leqslant c_1\leqslant a_1,\cdots,0\leqslant c_t\leqslant a_t$. 对于这种 $m$,由㉑知

$$h(m)=(1+b_1)\cdots(1+b_u)$$

故由习题 6.5.1 得

$$\prod_{p|a}\left(1-\frac{1}{p}\right)^{-1}\sum_{1\leqslant k\leqslant\xi}g_1(k)\geqslant$$
$$\sum_{1\leqslant k\leqslant\xi}\frac{1}{k}\sum_{c_1=0}^{a_1}\cdots\sum_{c_t=0}^{a_t}(1+b_1)\cdots(1+b_u)=$$
$$\sum_{1\leqslant k\leqslant\xi}\frac{1}{k}(1+a_1)\cdots(1+a_t)(1+b_1)\cdots(1+b_u)=$$
$$\sum_{1\leqslant k\leqslant\xi}\frac{d(k)}{k}\geqslant c_6\log^2\xi$$

故

$$\sum_{1\leqslant k\leqslant\xi}g_1(k)\geqslant c_6\log^2\xi\prod_{p|a}\left(1-\frac{1}{p}\right)=$$
$$c_6\log^2\xi\prod_{p|a}\left(1-\frac{1}{p^2}\right)\prod_{p|a}\left(1+\frac{1}{p}\right)^{-1}\geqslant$$
$$c_6\log^2\xi\prod_{p}\left(1-\frac{1}{p^2}\right)\prod_{p|a}\left(1+\frac{1}{p}\right)^{-1}\geqslant$$
$$c_7\log^2\xi\left\{\sum_{k|a}\frac{\mu^2(k)}{k}\right\}^{-1}\tag{22}$$

其次,若 $k=\prod_{p|k}p^c$,则由

$$\prod_{p|k}\{1-g_1(p)\}^{-1}\leqslant\{1-g_1(2)\}^{-1}\{1-g_1(3)\}^{-1}\cdot$$
$$\prod_{5\leqslant p|k}\{1-g_1(p)\}^{-1}\leqslant$$
$$2\times 3\prod_{5\leqslant p|k}\left(1-\frac{2}{5}\right)^{-1}<$$
$$6\prod_{p|k}(1+c)=$$
$$6d(k)\leqslant 6k$$

故由定理11、⑱及㉒得

$$S(a)\leqslant N_\xi\leqslant\frac{1}{c_7}\cdot\frac{a}{\log^2\xi}\sum_{k|a}\frac{\mu^2(k)}{k}+$$
$$\sum_{1\leqslant k_1,k_2\leqslant\xi}\frac{k_1k_2}{(k_1,k_2)}\cdot 6k_1\cdot 6k_2\leqslant$$
$$\frac{1}{c_7}\cdot\frac{a}{\log^2\xi}\sum_{k|a}\frac{\mu^2(k)}{k}+36\xi^6$$

取 $\xi=a^{\frac{1}{10}}$，由式⑭即得定理.

**定理8之证明** 当 $n\geqslant 2$ 时，有

$$\sum_{1\leqslant a\leqslant n}r^2(a)\leqslant 1+\sum_{4\leqslant a\leqslant n}c_5^2\frac{a^2}{\log^4 a}\sum_{k_1|a}\frac{\mu^2(k_1)}{k_1}\sum_{k_2|a}\frac{\mu^2(k_2)}{k_2}\leqslant$$
$$1+c_5^2\frac{n^2}{\log^4 n}\sum_{4\leqslant a\leqslant n}\sum_{\substack{k_1|a\\k_2|a}}\frac{1}{k_1k_2}\leqslant$$
$$1+c_5^2\frac{n^2}{\log^4 n}\sum_{1\leqslant k_1,k_2\leqslant\xi}\frac{1}{k_1k_2}\sum_{\substack{1\leqslant a\leqslant n\\\frac{k_1k_2}{(k_1,k_2)}|a}}1\leqslant$$
$$1+c_5^2\frac{n^2}{\log^4 n}\sum_{1\leqslant k_1,k_2\leqslant\xi}\frac{1}{k_1k_2}\cdot\frac{n}{\frac{k_1k_2}{(k_1,k_2)}}$$

因为 $(k_1,k_2)\leqslant\min\{k_1,k_2\}\leqslant\sqrt{k_1k_2}$，所以

$$\sum_{1\leqslant a\leqslant n}r^2(a)\leqslant 1+c_5^2\frac{n^2}{\log^4 n}\sum_{1\leqslant k_1,k_2\leqslant n}\frac{n}{(k_1k_2)^{\frac{3}{2}}}\leqslant$$

$$1+c_5^2\frac{n^3}{\log^4 n}\left(\sum_{k=1}^{\infty}\frac{1}{k^{\frac{3}{2}}}\right)^2\leqslant c_4\frac{n^3}{\log^4 n}$$

即得定理.

**习题 2** 设 $x,k,l$ 都是正整数,且 $(k,l)=1$,$\pi(x;k,l)$ 表示算术级数 $a_n=kn+l(n=1,2,\cdots)$ 所包含的不超过 $x$ 的素数的个数,又令 $\delta$ 是满足 $0<\delta<1$ 的固定常数.求证:当 $k<x^{\delta}$ 时,有

$$\pi(x;k,l)\leqslant\frac{2x}{\varphi(k)\log\frac{x}{k}}\left(1+O\left(\frac{(\log\log x)^2}{\log x}\right)\right)$$

此处 $O$ 中所含之常数与 $k$ 无关,但与 $\delta$ 有关.

**习题 3** 若 $p,p+2$ 同时为素数,则 $p$ 与 $p+2$ 就称作一对"孪生素数".以 $Z_2(N)$ 表示小于或等于 $N$ 的"孪生素数"的对数,则

$$Z_2(N)\leqslant c_8\frac{N}{\log^2 N}$$

并证明级数

$$\sum_{p^*}\frac{1}{p^*}$$

收敛,此处 $p^*$ 经过所有的"孪生素数",即 $p^*$ 与 $p^*-2$ 是一对"孪生素数".

### 1.6 华林－希尔伯特定理

在 1.6 与 1.7 中,$c,c_1,c_2,\cdots$ 皆表示仅与 $k$ 有关之正常数,与 $O$ 有关之常数亦仅与 $k$ 有关.1.6 与 1.7 之目的在于证明:

**定理 14**(希尔伯特) 对任一整数 $k(k\geqslant 1)$,有一正整数 $c$ 存在,凡正整数必为不多于 $c$ 个正整数之 $k$ 乘方和.

今定义 $U_l^*$ 为整数

$$x_1^k+\cdots+x_t^k$$

所构成之集合,此处 $x_m$ 各经过所有的非负整数,定义 $U_t$ 为 $U_t^*$ 中不同元素所构成之最大分集合.令

$$c_1=c_1(k)=\frac{1}{2}\cdot 8^{k-1}$$

证明之环节在于证明:

**定理 15**　若 $k\geqslant 2$,则 $U_{c_1}$ 有正密率.

由定理 3 可知定理 14 可由定理 15 直接推得.

定义 $r(a)$ 为不定方程

$$x_1^k+\cdots+x_{c_1}^k=a,x_m\geqslant 0$$

之解数.今先证明:

**定理 16**　若 $n\geqslant 1$,则

$$\sum_{1\leqslant a\leqslant n}r(a)\geqslant c_2(k)n^{\frac{c_1}{k}}$$

**证明**　显然可假定 $n>c_1$,有

$$\begin{aligned}\sum_{1\leqslant a\leqslant n}r(a)=&-1+\sum_{0\leqslant a\leqslant n}\sum_{\substack{x_1^k+\cdots+x_{c_1}^k=a\\ x_m\geqslant 0}}1\geqslant\\ &-1+\sum_{0\leqslant x_1\leqslant (n/c_1)^{1/k}}\cdots\sum_{0\leqslant x_{c_1}\leqslant (n/c_1)^{1/k}}1\geqslant\\ &\left(\frac{n}{c_1}\right)^{\frac{c_1}{k}}-1\geqslant c_3(k)n^{\frac{c_1}{k}}\end{aligned}$$

由定理 16 及定理 4 可知,中心环节在于证明:

**定理 17**　若 $k\geqslant 2$ 及 $n\geqslant 1$,则

$$\sum_{1\leqslant a\leqslant n}r^2(a)\leqslant c_4(k)n^{\frac{2c_1}{k}-1}$$

盖若此定理证明,则由定理 4 及定理 16 即可得出定理 15.

今将定理 17 略变其形式.

**定理 18**　若 $k\geqslant 2$ 及 $P\geqslant 1$,则

$$\int_0^1\left|\sum_{x=0}^{P}\mathrm{e}^{2\pi\mathrm{i}x^k\alpha}\right|^{2c_1}\mathrm{d}\alpha\leqslant c_5(k)P^{2c_1-k}$$

取 $P=[n^{\frac{1}{k}}]$,显然当 $n$ 大时,$c_1P^k>n$.

对一整数 $q$,有

$$\int_0^1 e^{2\pi iq\alpha}d\alpha=\begin{cases}1,q=0\\0,q\neq 0\end{cases}$$

## §2 须尼尔曼的密率论[①]

——闵嗣鹤

### 2.1 堆垒数论的问题

华林问题与哥德巴赫问题是堆垒数论中有代表性的两个著名问题,华林问题所要讨论的是:是不是能找到一个只与 $n$ 有关的常数 $C_n$,使当 $k>C_n$ 时,每一个正整数都可以表示成 $k$ 个非负整数的 $n$ 次方幂之和. 哥德巴赫问题所要讨论的是:

(1) 是不是每一个大于 4 的偶数都能表示成两个奇素数之和.

(2) 是不是每一个大于 7 的奇数都能表示成三个奇素数之和.

由于哥德巴赫问题的解决是非常难的,我们退一步讨论一个比较容易的问题(弱型哥德巴赫问题):是不是每一个自然数都可以表示成不超过一定个数的素数之和. 华林问题和弱型哥德巴赫问题都包含在下列更具一般性的问题之中.

设有 $k$ 个递增的整数序列所组成的集合

---

① 摘自:闵嗣鹤. 数论的方法(上册). 北京:科学出版社,1983.

$$
\begin{aligned}
&(A^{(1)})\ 0=a_0^{(1)},a_1^{(1)},\cdots,a_n^{(1)},\cdots\\
&(A^{(2)})\ 0=a_0^{(2)},a_1^{(2)},\cdots,a_n^{(2)},\cdots\\
&\qquad\vdots\\
&(A^{(k)})\ 0=a_0^{(k)},a_1^{(k)},\cdots,a_n^{(k)},\cdots
\end{aligned}
\qquad ①
$$

其中 $a_v^{(k)}<a_{v+1}^{(k)}$. 我们要问是不是每一个非负整数 $n$ 都可以表示成下列形式

$$n=a_{n_1}^{(1)}+a_{n_2}^{(2)}+\cdots+a_{n_k}^{(k)} \qquad ②$$

在这里,我们最好引进集合 $A^{(1)},A^{(2)},\cdots,A^{(k)}$ 的和的概念. 我们把所有能表示成 ② 的形式的非负整数所组成的集合称为 $A^{(1)},\cdots,A^{(k)}$ 的须尼尔曼和,或简称它们的和,记作

$$A=A^{(1)}+\cdots+A^{(k)}=\sum_{i=1}^{k}A^{(i)} \qquad ③$$

有了以上的定义[①],我们的一般性问题就可以叙述为:是不是 $k$ 个集合 ① 和 ③ 包含全体自然数. 在本节里面,以后所谓集合都指非负整数的集合.

### 2.2 密率的引进

为了研究上述一般性的问题,须尼尔曼首先引进了密率的概念. 考虑任何一个集合

$$(A)0=a_0,a_1,a_2,\cdots,a_n,\cdots$$

($a_n<a_{n+1}$,$a_n$ 是整数)用 $A(n)$ 代表 $A$ 中不超过 $n(n\geqslant 1)$ 的正整数的个数(注意 0 不计算在内),即

$$A(n)=\sum_{\substack{1\leqslant v\leqslant n\\ v\in A}}1$$

则 $0\leqslant A(n)\leqslant n$,而

① 对于不包含 0 的整数集合,应该先把 0 加进去然后求和,所得的和仍称为原来各集合的须尼尔曼和.

$$0 \leqslant \frac{A(n)}{n} \leqslant 1$$

我们定义$\frac{A(n)}{n}(n=1,2,\cdots)$的下确界为 $A$ 的密率,记作 $d(A)$,即

$$d(A)=\inf_{n\geqslant 1}\frac{A(n)}{n} \quad ④$$

从这个定义立刻可以推出以下的一些简单结果:

(1) 当 $a_1>1$(即 $A$ 不包含 1) 时,$d(A)=0$.

(2) 当 $a_n=1+r(n-1)$(即 $A$ 从 $a_1$ 起是以 1 为首项,$r$ 为公差的等差级数) 时

$$d(A)=\frac{1}{r}$$

(3) 每一个等比级数所构成集合的密率是 0.

(4) 所有完全平方所组成集合的密率是 0.

(5) 若 $d(A)=0$,而 $A$ 包含 1,则任给 $\varepsilon>0$ 一定可找到 $N\geqslant 1$ 使得

$$A(N)<\varepsilon N$$

(6) 集合 $A$ 包含自然数全体的充要条件是 $d(A)=1$.

从以上最后一条性质看来,我们就知道上节最后所提出的问题,就是要问 $k$ 个集合之和 $A$ 的密度 $d(A)$ 是不是 1. 因此,下面的定理有着重要的意义.

**定理 1**(须尼尔曼) 设 $A,B$ 是两个集合,则

$$d(A+B)\geqslant d(A)+d(B)-d(A)d(B) \quad ⑤$$

**证明** 设 $A+B=C$,而

$$A(n)=\sum_{\substack{1\leqslant v\leqslant n\\ v\in A}}1,B(n)=\sum_{\substack{1\leqslant v\leqslant n\\ v\in B}}1,C(n)=\sum_{\substack{1\leqslant v\leqslant n\\ v\in C}}1$$

及

$$d(A)=\alpha,d(B)=\beta,d(C)=\gamma$$

在自然数的一段 $(1,n)$ 中含有 $A$ 内的 $A(n)$ 个整数. 设

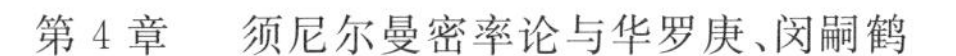


用 $a_k$ 及 $a_{k+1}$ 表示其中依次相邻的两个数，则在这两数之间有 $a_{k+1}-a_k-1=l$ 个数不属于 $A$，它们是

$$a_k+1, a_k+2, \cdots, a_k+l=a_{k+1}-1$$

以上各数中间凡可以写成 $a_k+b(b\in B)$ 这种形式的数都是属于 $C$ 的，它们的个数等于 $B$ 在 $(1,l)$ 一段中所包含整数的个数，这当然就是 $B(l)$.

因此，在 $A$ 的每相邻两数之间，如果所包含的一段自然数的长度(即个数)是 $l$，就至少有 $B(l)$ 个数属于 $C$. 因此在自然数的一段 $(1,n)$ 中，$C$ 所包含整数的个数 $C(n)$ 至少是

$$A(n)+\sum B(l)$$

上式中"$\sum$"的各项通过 $(1,n)$ 中不含 $A$ 内整数的一段一段的自然数. 但根据密率的定义，$B(l)\geqslant \beta l$，故

$$C(n)\geqslant A(n)+\beta\sum l=A(n)+\beta\{n-A(n)\}$$

上面最后一个等式的成立是由于 $\sum l$ 等于 $(1,n)$ 中不落在 $A$ 内的整数的个数，当然它等于 $n-A(n)$. 又 $A(n)\geqslant \alpha n$，故

$$C(n)\geqslant A(n)(1-\beta)+\beta n\geqslant \alpha n(1-\beta)+\beta n$$

由此立刻得到

$$\frac{C(n)}{n}\geqslant \alpha+\beta-\alpha\beta$$

上式对于所有正整数 $n$ 都成立，故

$$\gamma=d(C)\geqslant \alpha+\beta-\alpha\beta$$

证毕.

上面的不等式又可以写成

$$1-d(A+B)\leqslant \{1-d(A)\}\{1-d(B)\}$$

用归纳法即可推广成

$$1-d(A_1+\cdots+A_k)\leqslant \prod_{i=1}^{k}\{1-d(A_i)\}$$

故得下面的推论.

**推论 1**

$$d(A_1+\cdots+A_k)\geqslant 1-\prod_{i=1}^{k}\{1-d(A_i)\}$$

从须尼尔曼的不等式,可以推出一系列值得称道的结果,其中居首要地位的是下面的定理 2. 在叙述这个定理之前,我们先引进一个定义并证明一个引理.

**定义** 若一个集合 $A$ 本身与本身相加至一定次数 $k$ 时就包含自然数全体,则称 $A$ 是自然数的一个基.

**引理 1** 若 $A(n)+B(n)>n-1$,则 $n\in A+B$.

**证明** 若 $n$ 在 $A$ 或 $B$ 中,引理显然成立. 今设 $n$ 既不在 $A$ 又不在 $B$ 中,于是

$$A(n)=A(n-1),B(n)=B(n-1)$$

而

$$A(n-1)+B(n-1)>n-1$$

设在 $(1,n-1)$ 一段内,$A$ 与 $B$ 所包含的数分别为

$$a_1,a_2,\cdots,a_r$$
$$b_1,b_2,\cdots,b_s$$

则

$$r=A(n-1),s=B(n-1)$$

而

$$a_1,a_2,\cdots,a_r$$
$$n-b_1,n-b_2,\cdots,n-b_s$$

都在 $(1,n-1)$ 一段中,它们的总个数是

$$r+s=A(n-1)+B(n-1)>n-1$$

所以其中至少有两个相等,设为 $a_i=n-b_k$,则 $n=a_i+b_k$,故 $n$ 在 $A+B$ 中.

从上面的引理很容易推出下面的推论.

**推论 2** 若 $C=A+B$,而 $d(A)+d(B)\geqslant 1$,则 $d(C)=1$.

**定理 2**(须尼尔曼)　每一个密率是正的集合都是自然数的基.

**证明**　设 $d(A)=\alpha>0$,而

$$A_k=A+A+\cdots+A(\text{共 } k \text{ 项})$$

则由推论 1 得

$$d(A_k)\geqslant 1-(1-\alpha)^k$$

显然当 $k$ 充分大时

$$d(A_k)>\frac{1}{2}$$

故

$$A_k(n)>\frac{1}{2}n>\frac{1}{2}(n-1)$$

即

$$A_k(n)+A_k(n)>n-1$$

由引理 1,$n\in A_k+A_k=A_{2k}$. 但 $n$ 是任意自然数,故定理成立.

从这个简单的定理出发须尼尔曼得出了一系列有趣的定理. 例如,他证明了由 0,1 及一切素数组成的序列 $P$ 是自然数的一个基. 其实这个序列 $P$ 的密率是 0,但他证明了 $P+P$ 的密率是正的,因而推出了:存在一个充分大的 $k$ 使得每一个大于 1 的自然数都可以表示成不超过 $k$ 个素数之和.

## 2.3　朗道 — 须尼尔曼的假说及其证明

所谓朗道 — 须尼尔曼假说就是:在显然必要的条件

$$d(A)+d(B)\leqslant 1$$

之下,可以用不等式

$$d(A+B)\geqslant d(A)+d(B) \tag{⑥}$$

代替前证的

$$d(A+B) \geqslant d(A)+d(B)-d(A)d(B)$$

从 ⑥,在 $\sum_{i=1}^{k} d(A_i) \leqslant 1$ 的条件下,容易推出

$$d\left(\sum_{i=1}^{k} A_i\right) \geqslant \sum_{i=1}^{k} d(A_i) \tag{7}$$

上面的假说最初是通过具体的例子,在 1931 年由须尼尔曼和朗道推想出来的,看起来这个假说很简单,其实很难证明. 辛钦在 $d(A_1)=\cdots=d(A_k)$ 的条件之下,首先证明了这个假说的成立. 接着有不少的数学家试图证实这个假说,但是都只得到部分的结果. 直到 1942 年才由曼恩完全证明了这个假说的成立. 在 1943 年,阿廷与希尔克给出了比较简单的证明. 1954 年,刻姆剖曼与希尔克给出了新的更简单的证明,并有所推广,本节的陈述即以他们的论文为根据. 但为简单明确起见,只涉及整数.

令 $n$ 为任一固定整数,$I_n$ 为小于或等于 $n$ 的非负整数的集合,$A,B,C$ 是 $I_n$ 的子集. 定义

$$A \oplus B=(A+B) \cap I_n \tag{8}$$

特别地,当 $A$(或 $B$) 只包含一个元素 $d$ 时,我们常把 $A \oplus B$ 写作 $d \oplus B$(或 $A \oplus d$). 依照 Hadiwiger,我们又定义 $C \ominus A$ 为满足叙述条件的元素 $d$ 的集合,即 $d \in I_n$ 且 $A \oplus d \subseteq C$. 这样,$C \ominus A$ 就是满足 $A+D \subseteq C$ 的 $I_n$ 的最大子集 $D$. 显然有(我们用"$\leftrightarrow$"表示可以彼此互推)

$$A \oplus B \subseteq C \leftrightarrow B \subseteq C \ominus A \tag{9}$$

现在叙述我们的基本引理如下:

**引理 2** 设 $A \oplus B \subseteq C, 0 \in A, 0 \in B, n \notin C$,则一定有 $m \in I_n$ 存在,具有下列性质

$$C(n)-C(n-m) \geqslant A(m)+B(m) \tag{10}$$

$$m=n \text{ 或 } 0<2m<n \tag{11}$$

$$n-m \in C \ominus A, n-m \in C \ominus B \tag{12}$$

摆在我们面前的有两件事，第一是证明这个基本引理，第二是从基本引理导出不等式⑥．比较起来，第二件事容易得多，因此我们先做第二件事．

显然，若基本引理已建立，则立即推得下面的命题：

对任意自然数 $n$，存在一数 $m(1 \leqslant m \leqslant n)$ 使得

$$C(n)-C(n-m) \geqslant (\alpha+\beta)m$$

式中 $\alpha,\beta$ 分别表示 $A,B$ 的密率 $d(A)$ 及 $d(B)$．换句话说，从数列 $(1,n)$ 中可以截下一段 $(n-m+1,n)$（我们用 $(a,b)$ 表示数列 $a,a+1,\cdots,b$），使得在这一段中 $C$ 的平均密度

$$\frac{C(n)-C(n-m)}{m}$$

至少是 $\alpha+\beta$．

上述命题成立是因为当 $n \in C$ 时

$$C(n)-C(n-1)=1 \geqslant (\alpha+\beta) \cdot 1$$

而当 $n \notin C$ 时，同引理2，有 $m$ 存在且满足

$$C(n)-C(n-m) \geqslant A(m)+B(m) \geqslant (\alpha+\beta) \cdot m$$

利用上述命题，我们可以从 $(1,n)$ 中截取一段 $(n-m+1,n)$ 使得在这段里面 $C$ 的平均密度至少是 $\alpha+\beta$，又同样地可以截下一段 $(n-m-m'+1,n-m)$ 使其中 $C$ 的平均密度至少是 $\alpha+\beta$．如此反复进行，经有限步骤分 $(1,n)$ 成有限段，每段平均密度至少是 $\alpha+\beta$，故对数列 $(1,n)$ 而言，$C$ 的平均密度至少是

$$\frac{m(\alpha+\beta)+m'(\alpha+\beta)+\cdots}{m+m'+\cdots}=\alpha+\beta$$

又因 $n$ 是任意的，故

$$d(C) \geqslant \alpha+\beta$$

证毕．

剩下只有证明基本引理这一件事，但这是很复杂

的一件工作,所以另立一小节来讨论.

### 2.4 基本引理2的证明

由于 $B\subseteq C\ominus A$,只需在较强条件

$$B=C\ominus A \tag{13}$$

的情况下证明基本引理.

设

$$A_0=A,B_0=B \tag{14}$$

又设 $e_1\in A_0$ 是能使下列方程有解的最小元素

$$e_1+b_1+b'_1=\bar{c}\begin{cases}\leqslant n\\ \notin C\end{cases} \tag{15}$$

其中,$b_1,b'_1$ 均需属于 $B_0$(若无此类元素存在,则在下面的式⑳中取 $h$ 为0).取定 $e_1$ 以后,$b_1$ 与 $b'_1$ 一般不是唯一的.设 $B_1^*$ 表示全部解 $b_1,b'_1$ 的集合,而 $A_1^*=e_1\oplus B_1^*$.于是 $B_1^*\subseteq B_0,A_0\cap A_1^*=0$,这是因为若 $a_1\in A_1^*$,则有 $a_1=e_1+b_1$,由集合的构成知必有 $b'_1$ 存在,使得 $e_1+b_1+b'_1=\bar{c}$,即 $a_1+b'_1\notin C$.由此推出 $a_1\notin A_0$(否则 $a_1+b'_1\in C$).

设 $B_1$ 是 $B_1^*$ 在 $B_0$ 中的余集(即属于 $B_0$ 而不属于 $B_1^*$ 的元素的集合).又设 $A_1=A_0\cup A_1^*$.由⑮有

$$0\notin B_1^* \tag{16}$$

$$0\in A_1,0\in B_1 \tag{17}$$

**引理3**

$$B_1=C\ominus A_1$$

**证明** 由⑬及 $A_1$ 与 $B_1$ 的定义有

$$C\ominus A_1\subseteq C\ominus A_0=B_0 \tag{18}$$

$$B_1\subseteq B_0 \tag{19}$$

若 $b_1\in B_1^*$,则有 $b'_1$ 满足⑮,即 $e_1+b_1+b'_1=\bar{c}$,而 $e_1+b'_1\in A_1^*\subseteq A_1$.故 $b_1\notin C\ominus A_1$.由此推知 $C\ominus A_1$ 包含于 $B_1^*$ 的余集 $B_1$ 中,即 $C\ominus A_1\subseteq B_1$.

反之，设 $b_1 \in B_0$，且 $b_1 \notin C \ominus A_1$，则有 $a_1 \in A_1$ 使 $a_1 + b_1 = \bar{c}$. 由于 $A_0 \oplus b_1 \subseteq C$，故 $a_1 \in A_1^*$，即 $a_1 = e_1 + b'_1, b'_1 \in B_1^*$. 由 $a_1 + b_1 = e_1 + b'_1 + b_1 = \bar{c}$ 推知 $b_1 \in B_1^*$，故 $b_1 \notin B_1$，由此

$$B_1 \subseteq C \ominus A_1$$

证毕.

用 $A_1, B_1$ 代替前面的 $A_0, B_0$，我们可以仿前定义 $e_2, B_2^*, A_2^*, B_2, A_2$，重复运用这种步骤，我们可以定义 $e_3, B_3^*, A_3^*, B_3, A_3, \cdots$. 容易看出 $B_v$ 较 $B_{v-1}$ 中确实减少了若干元素，由于 $B_v$ 中元素的有限性，这一系列的步骤进行至有限次后必将停止，设次数为 $h \geqslant 0$. 此时有

$$A_h \oplus B_h \oplus B_h \subseteq C \tag{20}$$

此外按归纳法易证

$$B_v = C \ominus A_v \tag{21}$$

$$0 \notin B_v^*, 0 \in B_v, v = 1, 2, \cdots, h \tag{22}$$

故

$$B_h \subseteq B_h \oplus B_h \subseteq C \ominus A_h = B_h$$

由此有

$$B_h \oplus B_h = B_h \tag{23}$$

**引理 4**

$$e_1 < e_2 < \cdots < e_h \tag{24}$$

**证明**　只需证 $e_1 < e_2$. 由定义 $e_2 \in A_1 = A_0 \cup A_1^*$，若 $e_2 \in A_0$，则由 $e_1$ 的极小性及 $B_1^*$ 的定义即得 $e_1 < e_2$；若 $e_2 \in A_1^*$，则 $e_2 = e_1 + b_1, b_1 \in B_1^*$. 又 $0 \notin B_1^*$，故 $e_1 < e_2$.

证毕.

据 ㉒，$B_h$ 是非空集. 设 $n - m$ 是它的最大元素，我们将证 $m$ 具有 ⑩ ～ ⑫ 所要求的性质.

由 ㉓ 及 $n - m$ 的定义，我们有

$$2(n-m)=n-m \text{ 或 } 2(n-m)>n \quad ㉕$$

但 $B_h \subseteq B=0 \oplus B \subseteq A \oplus B \subseteq C$. 故由 $n \notin C$ 推知 $n \notin B_h$,故有

$$n-m \neq n \quad ㉖$$

结合 ㉕ 导出 ⑪. 显然 $n-m \in B_h \subseteq B=C \ominus A$,即 ⑫ 的前一部分成立. 又由 $n-m \in B_h$ 推知

$$n-m \notin B_1^* \quad ㉗$$

再由 $e_1$ 的极小性,我们可以推出没有 $b'_1 \in B_0$ 能满足

$$0+(n-m)+b'_1\begin{cases}\in I_n\\ \notin C\end{cases}$$

这是因为否则将得出 $n-m \in B_1^*$. 这又验证了 ⑫ 的后一部分: $n-m \in C \ominus B$.

下面我们用几个引理来证明 ⑩ 这个唯一待验证的性质.

**引理 5**

$$B(m)=\sum_{v=1}^{h} B_v^*(m)$$

**证明** $B=B_h \cup B_1^* \cup \cdots \cup B_h^*$. 又 $B_v^*$ 不相交,故只需证

$$B_h(m)=0$$

设 $b \in B_h$ 及 $b>0$. 由 ㉓, $b+(n-m) \in B_h$ 或大于 $n$. 由 $n-m$ 的极大性,第一个可能性不存在,故 $b>m$,即

$$B_h(m)=0$$

证毕.

**引理 6**

$$C(n)-C(n-m) \geqslant A(m)+\sum_{v=1}^{h} A_v^*(m)$$

**证明** $A_h \oplus (n-m) \subseteq A_h \oplus B_h \subseteq C$. 故若 $0<a \leqslant m, a \in A_h$,则可推出

$$n-m < a+(n-m) \leqslant n, a+(n-m) \in C$$

由此

$$C(n)-C(n-m) \geqslant A_h(m)=A(m)+\sum_{v=1}^{h} A_v^*(m)$$

这是因为 $A_h=A \cup A_1^* \cup \cdots \cup A_h^*$ 且 $A, A_1^*, \cdots, A_h^*$ 彼此不相交.

证毕.

**引理 7**

$$A_v^*(m)=B_v^*(m), v=1,2,\cdots,h$$

**证明**　$A_v^*=e_v \oplus B_v^*$，故只需证在

$$b \in B_v^*, 0 < b \leqslant m \qquad ㉘$$

的条件下，可推出 $e_v+b \leqslant m$. 设

$$t=n-m+b \qquad ㉙$$

问题化为证明

$$e_v+t \leqslant n$$

情形 1：$t \notin B_{v-1}$. 由 ㉑ 知存在 $a \in A_{v-1}$ 使

$$a+t=a+(n-m)+b\begin{cases}\leqslant n \\ \notin C\end{cases}$$

又 $n-m \in B_h \subseteq B_{v-1}$，$b \in B_v^* \subseteq B_{v-1}$，由 $e_v$ 的极小性推知 $a \geqslant e_v$，故 $e_v+t \leqslant a+t \leqslant n$.

情形 2：$t \in B_{v-1}$. 据 ㉘㉙ 我们有 $t > n-m$，故 $t \notin B_h$.

由此对某一 $\mu(v \leqslant \mu \leqslant h)$，可得 $t \in B_\mu^*$，即有 $b' \in B_\mu^*$ 存在，使 $e_\mu+t+b'\begin{cases}\leqslant n \\ \notin C\end{cases}$. 由引理 4

$$n \geqslant e_\mu+t+b' > e_\mu+t > e_v+t$$

证毕.

结合引理 5，6，7，我们就得到 ⑩.

## §3　朗道—须尼尔曼猜测和曼恩定理[1]

——A. Я. 辛钦

### 3.1

也许你们已听说过著名的拉格朗日定理：每个自然数是不多于四个平方数之和. 也就是说，每个自然数或为另一个自然数的平方，或为两个、三个或四个自然数的平方和. 稍后，我们将用某种不同的形式表述这个定理的内容. 从 0 开始，写下平方数列

$$0,1,4,9,16,25,\cdots \qquad (Q)$$

这是一个整数列，用 $Q$ 表示，与它完全相同的四个数列，分别记为 $Q_1,Q_2,Q_3$ 和 $Q_4$. 现在，从 $Q_1$ 中任取数 $a_1^2$，从 $Q_2$ 中任取数 $a_2^2$，从 $Q_3$ 中任取数 $a_3^2$，而从 $Q_4$ 中任取数 $a_4^2$，把这四个数加起来，得到和

$$n=a_1^2+a_2^2+a_3^2+a_4^2 \qquad ①$$

它可能是：

(1) 零(如果 $a_1=a_2=a_3=a_4=0$)；

(2) 自然数的平方(如果表达式 ① 中的数 $a_1,a_2,a_3,a_4$ 中有三个为 0，而第四个不为 0)；

(3) 两个自然数的平方和(如果表达式 ① 中的数 $a_1,a_2,a_3,a_4$ 中有两个为 0，而另两个不为 0)；

(4) 三个自然数的平方和(如果表达式 ① 中的数 $a_1,a_2,a_3,a_4$ 中有一个为 0，而其他三个不为 0)；

---

① 摘自：[苏联]A. Я. 辛钦. 数论的三颗明珠. 王志雄，译. 上海：上海科学技术出版社，1984.

(5) 四个自然数的平方和(如果表达式 ① 中的数 $a_1,a_2,a_3,a_4$ 全不为0).

因此,得到的数 $n$ 或为0,或可表为不多于四个平方数之和的形式;显然,反过来,所有这样的自然数可用我们刚才描述的过程得到.

现在,从刚才给你们指出的过程得到的自然数(即分别取自数列 $Q_1,Q_2,Q_3$ 和 $Q_4$ 的四个数之和),我们把它们依大小排成序列

$$0,n_1,n_2,n_3,\cdots \tag{A}$$

(这里,$0<n_1<n_2<n_3<\cdots$,为此,如果得到的数中,有些相等,那么只取其一列入(A)中).这时,拉格朗日定理只是断言数列(A)含有全体自然数,即 $n_1=1$, $n_2=2,n_3=3$ 等.

现在,我们推广这个过程.设有 $k$ 个从0开始的递增整数列

$$0,a_1^{(1)},a_2^{(1)},\cdots,a_m^{(1)},\cdots \tag{$A^{(1)}$}$$

$$0,a_1^{(2)},a_2^{(2)},\cdots,a_m^{(2)},\cdots \tag{$A^{(2)}$}$$

$$\vdots$$

$$0,a_1^{(k)},a_2^{(k)},\cdots,a_m^{(k)},\cdots \tag{$A^{(k)}$}$$

从每个数列 $A^{(i)}(1\leqslant i\leqslant k)$ 中任取一数,并把这 $k$ 个数加起来,这样得到的数的全体排成新的无重复的递增数列,得

$$0,n_1,n_2,\cdots,n_m,\cdots \tag{$A'$}$$

则我们称它为已知数列 $A^{(1)},A^{(2)},\cdots,A^{(k)}$ 的和

$$A'=A^{(1)}+A^{(2)}+\cdots+A^{(k)}=\sum_{i=1}^{k}A^{(i)}$$

那么,拉格朗日定理的内容是:和 $Q+Q+Q+Q$ 含全体自然数.

也许,你们知道著名的费马定理:和 $Q+Q$ 含有被4除余1的素数(数5,13,17,29,…)全体.也许你们也

知道,著名的苏联学者维诺格拉多夫证明了以下的定理:用 $P$ 表示由 0 和全体素数组成的数列

$$0,2,3,5,7,11,13,17,\cdots \qquad (P)$$

则和 $P+P+P$ 含有全体充分大的素数.许多最伟大的数学家曾为这个定理进行了两百多年无成效的奋斗[①].

我在这儿介绍这些例子的唯一且十分简单的目的,是使你们熟悉数列和的概念,并表明:借助这个概念,数论的一些经典定理的阐述是多么方便和简单.

**3.2**

毫无疑问,你们一定注意到,在上一小节的所有例子中,我们竭力要确立:一定个数的数列之和是完全或几乎完全含有另一数类的(例如,全体自然数,充分大的素数,等等).在一切其他类似的问题中,查明已知数列的和是否在某种意义上稠密地分布在自然数列中,这恰是我们的研究目的.这时,经常谈到和含有全体自然数(如我们在第一个例子中看到的).拉格朗日断言:四个数列 $Q$ 的和含有全体自然数.一般地,如果 $k$ 个同样的数列 $A'$ 的和含有全体自然数,那么称数列 $A'$ 为自然数列的 $k$ 阶基.这样一来,拉格朗日定理断言:平方数列 $Q$ 是四阶基.稍后,我们将指明立方数列是 9 阶基.容易看出,一切 $k$ 阶基同时也是 $k+1$ 阶基.

在这些及许多其他的例子中,和的"密率"由被加数列的特殊性质,即这些数列具备的算术性质(它们或是平方,或是素数,或是其他的性质)所决定.著名的苏联学者须尼尔曼在 1930 年首先提出这样的问题:数

① 这个定理实为著名的哥德巴赫猜想的减弱形式.——译者注

列和的密率在怎样的程度上只取决于被加数列的密率，而与它们的算术性质无关？这个问题不仅意义深远和饶有趣味，而且有助于处理一些经典问题.它给许多出色的研究提供了有力的工具，也有了丰富的文献资料.

为了能在这个领域准确地提出问题并不加引号地书写词“密率”，我们必须首先约定应该用怎样的数来度量被研究数列的“密率”(恰如在物理学中，词“热”和“冷”得到准确的科学意义仅在能够量测温度之后).

在我们研究各种问题中采用的“密率”，其十分方便的度量是须尼尔曼提出的.设数列

$$0, a_1, a_2, \cdots, a_n, \cdots \qquad (A'')$$

如通常所要求的，所有的 $a_n$ 是自然数，$a_n < a_{n+1}$ $(n=1, 2, \cdots)$，用 $A(n)$ 表示数列$(A'')$ 中不超过 $n$ 的自然数的个数(零不算在内)，则 $0 \leqslant A(n) \leqslant n$，故

$$0 \leqslant \frac{A(n)}{n} \leqslant 1$$

显然，分数$\frac{A(n)}{n}$对不同的 $n$ 有不同的值，它可视为数列$(A'')$ 在从 1 到 $n$ 的自然数段间的一种平均密度.这些分数全体的最大下界，须尼尔曼建议称之为数列$(A'')$ 在全体自然数列中的“密率”，我们用 $d(A'')$ 来表示它.

为了掌握这个概念的最简单的性质，我建议你们独立证明下列命题：

(1) 若 $a_1 > 1$(即数列$(A'')$ 不含 1)，则 $d(A)=0$.

(2) 若 $a_n = 1 + r(n-1)$(即数列$(A)$ 从 $a_1$ 开始是首项为 1，公差为 $r$ 的算术级数)，则

$$d(A) = \frac{1}{r}$$

(3) 一切几何级数的密率是 0.

(4) 平方数列的密率是 0.

(5) 为了使数列$(A'')$含有全体自然数$(a_n=n,n=1,2,\cdots)$,必须且只需$d(A)=1$.

(6) 若$d(A)=0$且$(A'')$含数1,则对任意的$\varepsilon>0$,可以找到充分大的数$N$,使得

$$A(N)<\varepsilon N$$

如果你们证明了所有这些命题,那么,就能熟悉密率的概念并能应用它了.现在,我希望你们还能证明下面这个虽简单,但十分著名的须尼尔曼引理

$$d(A+B)\geqslant d(A)+d(B)-d(A)d(B) \qquad ②$$

这个不等式的意思可理解为:任意两个数列的和的密率不小于它们密率的和减去密率的积.这个须尼尔曼不等式,对于用被加数列的密率来估计和的密率是第一个意义深远的工具.设$A(n)$表示数列$A$中不超过$n$的自然数的个数,$B(n)$是数列$B$中不超过$n$的自然数的个数,为简便起见,令$d(A)=\alpha$,$d(B)=\beta$,$A+B=C$,$d(C)=\gamma$.自然数段$(1,n)$中含$A(n)$个数在数列$A$中,它们也都在数列$C$中,设$a_k$和$a_{k+1}$是这些数中相邻的两个数,在它们之间有$a_{k+1}-a_k-1=l$个数不在$A$中,即数

$$a_k+1,a_k+2,\cdots,a_k+l=a_{k+1}-1$$

但它们有一些在$C$中,例如形如$a_k+r$的一切数,其中$r$在$B$中(我们将简便地写为$r\in B$).但是最后这种形式的数恰与段$(1,l)$中含数列$B$的数有相同的个数,即$B(l)$,因此,含在数列$A$中相邻两数间长为$l$的一切段,含$C$的数的个数不少于$B(l)$,故得段$(1,n)$中在$C$中的数的数目$C(n)$不少于

$$A(n)+\sum B(l)$$

和号取遍上述一切段.依密率的定义,$B(l)\geqslant\beta l$,故

$$C(n) \geqslant A(n) + \beta \sum l = A(n) + \beta\{n - A(n)\}$$

因此 $\sum l$ 是端点只在 $A$ 中的各段长的和，即段$(1,n)$中不在 $A$ 中的数的个数为 $n - A(n)$. 但 $A(n) \geqslant \alpha n$，故

$$C(n) \geqslant A(n)(1-\beta) + \beta n \geqslant \alpha n(1-\beta) + \beta n$$

由此得

$$\frac{C(n)}{n} \geqslant \alpha + \beta - \alpha\beta$$

因为这个不等式对任意自然数 $n$ 成立，所以

$$\gamma = d(C) \geqslant \alpha + \beta - \alpha\beta$$

这就是所要证明的.

须尼尔曼不等式 ② 可写成等价形式

$$1 - d(A+B) \leqslant \{1 - d(A)\}\{1 - d(B)\}$$

由这个形式不难推广到任意一个被加项的情况

$$1 - d(A_1 + A_2 + \cdots + A_k) \leqslant \prod_{i=1}^{k}\{1 - d(A_i)\}$$

其证明可用简单的归纳法，你们不难证实它. 若把最后一个不等式写成

$$d(A_1 + A_2 + \cdots + A_k) \geqslant 1 - \prod_{i=1}^{k}\{1 - d(A_i)\} \quad ③$$

则可用被加项密率来估计和的密率. 须尼尔曼从他的初等不等式出发，推出一系列十分著名的结论. 首先是以下重要的定理.

**定理**　一切正密率的集合是自然数列的基.

易言之，若 $\alpha = d(A) > 0$，则足够多的数列 $A$ 的和含全部自然数. 这个定理的证明是如此简单，尽管它稍微偏离我们原先的问题，我还是想给你们讲讲它的证明.

为简便计，我们用 $A_k$ 表示 $k$ 个与 $A$ 相同的数列的和，则由不等式 ③ 得

$$d(A_k) \geqslant 1 - (1-\alpha)^k$$

因 $\alpha>0$,当 $k$ 足够大时

$$d(A_k)>\frac{1}{2} \quad ④$$

现在,不难证明数列 $A_{2k}$ 含全部自然数.这可从以下一般的引理推出.

**引理 1** 若 $A(n)+B(n)>n-1$,则 $n$ 在 $A+B$ 中.

实际上,若 $n$ 在 $A$ 或在 $B$ 中,则得证.故我们可以假设 $n$ 不在 $A$ 也不在 $B$ 中,则

$$A(n)=A(n-1),B(n)=B(n-1)$$

因而

$$A(n-1)+B(n-1)>n-1$$

设 $a_1,a_2,\cdots,a_r$ 和 $b_1,b_2,\cdots,b_s$ 分别是在 $A$ 中和 $B$ 中属于段 $(1,n-1)$ 的数,则所有的数

$$a_1,a_2,\cdots,a_r$$

$$n-b_1,n-b_2,\cdots,n-b_s$$

在段 $(1,n-1)$ 中,它们的数目是

$$r+s=A(n-1)+B(n-1)>n-1$$

故上行的数至少有一个等于下行的某一个数,设 $a_i=n-b_k$,则 $n=a_i+b_k$,即 $n$ 在 $A+B$ 中.

现在回到我们原先的讨论中来.因④,对任意的 $n$ 得

$$A_k(n)>\frac{1}{2}n>\frac{n-1}{2}$$

这表明

$$A_k(n)+A_k(n)>n-1$$

故由刚才证明的引理,$n$ 在 $A_k+A_k=A_{2k}$ 中,但 $n$ 是任意的自然数,故我们的定理证毕.

在须尼尔曼的论文中,由这个简单的定理得到一系列重要的推论.他第一个证明了由 1 和全体素数组成的数列是自然数的基.诚然,这个数列 $P$,正如欧拉

证明的，密率是 0，因而不能直接应用刚证明的定理，但须尼尔曼成功地证明了 $P+P$ 有正密率，即 $P+P$ 是基，故 $P$ 也是基. 由此立即得出：对足够大的 $k$，除 1 以外的自然数可表为不多于 $k$ 个素数之和的形式. 当时（1930 年），这是个重大的成果，从而引起了科学界的极大兴趣. 正如我在这一小节开头跟你们说到的，因为维诺格拉多夫的出色研究，在这方面已有更深入的结果了.

**3. 3**

前面的那些，其目的是尽可能快地把你们引导到数论中独特的和有趣的领域中. 须尼尔曼的著作开创了这个领域的研究. 但是，这个领域的一个特殊问题是本节的直接目的. 我现在转而阐述这个问题.

1931 年秋，须尼尔曼从国外出差回来，报告他在哥廷根和朗道的谈话，顺便说到他们发现了如下有趣的事实：在他们能够想到的一切具体例子中，我们在 3. 2 中导出的不等式

$$d(A+B) \geqslant d(A)+d(B)-d(A)d(B)$$

可以用更强（也更简单）的不等式

$$d(A+B) \geqslant d(A)+d(B) \qquad ⑤$$

代替，即和的密率永远不小于被加项的密率之和（在这儿当然要求 $d(A)+d(B) \leqslant 1$）. 自然地，他们因而猜想不等式 ⑤ 是一般规律，但一着手证明这个猜想，开始并未成功. 这立即成为很显然的事，如果他们的猜想是正确的，其证明方法一定是很复杂的. 我们也将注意到，如果猜想的不等式 ⑤，实际上是一般的规律，那么借助于数学归纳法可立即推广到任意一个被加项的情况，即当条件 $\sum_{i=1}^{k} d(A_i) \leqslant 1$ 成立时，则不等式

$$d(\sum_{i=1}^{k}A_i) \geqslant \sum_{i=1}^{k}d(A_i) \qquad ⑥$$

也成立.

这个问题,因为它的简单和精致,同时,也因为它的初等性及解决它的困难性,自然引起了研究者的注意.当时,我自己也迷恋上了它,并为它放弃了其他所有的研究.经过几个月的紧张努力之后,在1932年初,我证明不等式⑤在重要的特殊情况 $d(A)=d(B)$ 下成立(应该承认,这种情况是最重要的,因为在许多具体问题中,所有被加项都是一样的).同时,我证明了一般的不等式⑥当 $d(A_1)=d(A_2)=\cdots=d(A_k)$ 时成立(不难看出,这个结果不能从上一个结果用简单的归纳法得到,而要求单独证明).我用的方法完全是初等的,但很烦琐,后来,我把证明略为简化一些.

不管怎样,这些都仅是特殊情况.我一直以为,我的方法经某些适当而巧妙的改进,就能完全解决这个问题,但是,我在这方面的一切努力没有任何收效.

当时,我的著作一发表,就吸引了世界上相当多的研究者对朗道-须尼尔曼猜想的注意,得到许多并非十分有意义的特殊结果,产生了一系列文献.有一些作者把问题从自然数领域扩充到其他领域.总之,问题变得“时髦”了,科学界为它提供了奖金.在1935年,我的英国朋友写信告诉我说:“英国至少有一半的数学家把他们的日常事务搁置一旁,试图解决这个问题.”朗道在论述堆垒数论的最新成就的书中写道,希望“读者把这个问题记在心里”.但它显得很顽固,最能干的研究者经过了好几年的努力也攻克不下它.直到1942年末,年轻的美国数学家曼恩才攻克了它,他找到⑤(从而也得到⑥)的完全的证明.他的方法完全是初等的,依风格而论,接近于我的方法,但是基于完全不同的另

一种思想.其证明很繁很长,在此,我不想给你们介绍这个证明.在1943年,阿廷和希尔克发表了一个新的证明,它完全是基于另一种思想,尽管同样也是初等的,但较为易懂且简短得多.这就是我要向你们介绍的证明,也是我写这一节的目的.它是以下各小节的内容.

**3.4**

设 $A$ 和 $B$ 是两个数列,令 $A+B=C$,$A(n)$ 和 $d(A)$ 等有通常的意义.记住,我们的数列都是从0开始,而计算 $A(n)$,$B(n)$,$C(n)$,只考虑到这些数列中的自然数.我们要证明:只要 $d(A)+d(B)\leqslant 1$,则不等式

$$d(C)\geqslant d(A)+d(B) \tag{⑦}$$

成立.以后,为简便计,设 $d(A)=\alpha$,$d(B)=\beta$.

**引理2**　对任意自然数 $n$,存在整数 $m(1\leqslant m\leqslant n)$ 使得

$$C(n)-C(n-m)\geqslant(\alpha+\beta)m$$

也就是说,在段 $(1,n)$ 中存在"末端" $(n-m+1,n)$,使数列 $C$ 在这个末端上的平均密度不小于 $\alpha+\beta$.

现在,我们面临着两个问题:(1)证明基本引理;(2)从基本引理推出不等式⑦.其中第二个问题比第一个问题简单,因而,首先解决它.

设引理2成立,则在段 $(1,n)$ 的某末端 $(n-m+1,n)$,数列 $C$ 的平均密度小于 $\alpha+\beta$.但在段 $(1,n-m)$ 上,由于引理2,又有某末端 $(n-m-m'+1,n-m)$,数列 $C$ 在它上面的平均密度不小于 $\alpha+\beta$.显然,如此继续下去,经过有限次,段 $(1,n)$ 分成有限小段,其每一段上,$C$ 的平均密度不小于 $\alpha+\beta$,故在整段 $(1,n)$ 上,数列 $C$ 的平均密度不小于 $\alpha+\beta$.因 $n$ 是任意的,故有

$$d(C)\geqslant\alpha+\beta$$

这正是所要求证的.

因而,问题归结为证明引理 2. 为此,我们要用较长的篇幅和较复杂的技巧.

## 3.5 正规数列

下面,我们将认为数 $n$ 是固定的,而所研究的数列都是由 0 和段$(1,n)$ 中的某些数组成. 数列 $H$ 认为是正规的,如果它具有下列性质:对段$(1,n)$ 中不属于 $H$ 的任意数 $f$ 和 $f'$,数 $f+f'-n$ 也不属 $H$(不排除 $f=f'$ 的情况).

若数 $n$ 属于数列 $C$,则

$$C(n)-C(n-1)=1\geqslant(\alpha+\beta)\cdot 1$$

故引理为真(取 $m=1$). 因此,以后,请记住,我们将假设 $n$ 不在 $C$ 中.

首先,我们不难验证,当 $C$ 是正规数列时,引理 2 成立. 实际上,用 $m$ 表示不在 $C$ 中的最小自然数(因为依假设,$n$ 不在 $C$ 中,故 $m\leqslant n$). 设 $s$ 是在 $n-m$ 和 $n$ 之间的任意数,$n-m<s<n$,则 $0<s+m-n<m$,故 $s\in C$. 实际上,若不然,则由 $C$ 的正规性,数 $s+m-n$ 不在 $C$ 中,但我们刚才指出,这个数小于 $m$,而依假设,$m$ 是不在 $C$ 中的最小自然数.

这样一来,段 $n-m<s<n$ 中的所有数 $s$ 在 $C$ 中,故

$$C(n)-C(n-m)=m-1$$

另外,因 $m$ 不在 $C=A+B$ 中,由 3.2 的引理 1,$A(m)+B(m)\leqslant m-1$. 故

$$C(n)-C(n-m)\geqslant A(m)+B(m)\geqslant(\alpha+\beta)m \quad ⑧$$

即得基本引理.

### 3.6　典式扩张

现在讨论 $C=A+B$ 不具有正规性的情况. 这时，我们将依一定规则，由不在 $B$ 中的某些数组成一个新的集合，并把它附到 $B$ 上，得到扩张集 $B_1$，显然，$A+B_1=C_1$ 是 $C$ 的扩张集. 如上指出，$B$ 和 $C$ 的扩张集(集合 $A$ 不变)是依唯一确定的方式定义的，它们当且仅当 $C$ 不是正规时，才可能产生. 我们将称这种扩张为 $B$ 和 $C$ 的典式扩张. 最后，我们将导出典式扩张的一些重要性质，并借助它完成基本引理的证明.

先给集合 $B$ 和 $C$ 的典式扩张以精确的定义. 若 $C$ 不是正规的，则段 $(0,n)$ 中存在数 $c$ 和 $c'$，使得

$$c\notin C,c'\notin C,c+c'-n\in C$$

因 $C=A+B$，故有

$$c+c'-n=a+b,a\in A,b\in B \tag{⑨}$$

设 $\beta_0$ 是集合 $B$ 中能在等式 ⑨ 中起数 $b$ 作用的最小数. 用另一句话说，$\beta_0$ 是最小的数 $b\in B$，使得在段 $(0,n)$ 中的数 $c\notin C,c'\notin C,a\in A$，经过适当的选择，等式 ⑨ 成立. 我们称这个数为扩张的基.

这样，方程

$$c+c'-n=a+\beta_0 \tag{⑩}$$

一定有解 $c,c',a$，它们满足条件

$$c\notin C,c'\notin C,a\in A$$

同时，这三个数都属于段 $(0,n)$. 满足方程 ⑩ 及上述条件的数 $c$ 和 $c'$，形成集合 $C^*$，显然，$C$ 和 $C^*$ 没有公共元素，其并(即或在 $C$ 中，或在 $C^*$ 中的数全体)

$$C\cup C^*=C_1$$

称为 $C$ 的典式扩张.

现在研究表达式 $\beta_0+n-c$. 若 $c$ 跑遍刚刚构造的集合 $C^*$ 的所有数，则这个表达式的值的全体构成某

个集合 $B^*$. 因⑩,每个这样的数 $\beta_0+n-c(c\in C^*)$ 是形如 $c'-a$ 的,其中 $c'\in C^*,a\in A$.

设 $b^*$ 是 $B^*$ 中任意的数,因有形式 $\beta_0+n-c$,故它大于或等于 $\beta_0\geqslant 0$,又因有形式 $c'-a(c'\in C^*,a\in A)$,故它小于或等于 $c'\leqslant n$,因而,集合 $B^*$ 中的数在段 $(0,n)$ 中. 此外,若 $b^*\in B^*$,则 $b^*\notin B$. 因为否则,由 $b^*=c'-a$ 得 $c'=a+b^*\in A+B=C$,矛盾. 这样一来,$B^*$ 在段 $(0,n)$ 中与 $B$ 没有公共元素. 令

$$B\cup B^*=B_1$$

我们称 $B_1$ 为集合 $B$ 的典式扩张.

我们首先要验证

$$A+B_1=C_1$$

先设 $a\in A,b_1\in B_1$,我们要证明 $a+b_1\in C_1$. 由 $b_1\in B_1$ 得到:或 $b_1\in B$,或 $b_1\in B^*$. 若 $b_1\in B$,则 $a+b_1\in A+B=C\subseteq C_1$;若 $b_1\in B^*$,则 $a+b_1$ 或在 $C$ 中,或在 $C_1$ 中,或 $a+b_1\notin C$. 这时(因 $b_1$ 是 $B^*$ 的元素,有形式 $\beta_0+n-c',c'\notin C$)

$$c=a+b_1=a+\beta_0+n-c'\notin C$$

故

$$c+c'-n=a+\beta_0\in A+B=C$$

而 $c\notin C,c'\notin C$. 依集合 $C^*$ 的定义得

$$c=a+b_1\in C^*\subseteq C_1$$

这样,我们证明了 $A+B_1\subseteq C_1$.

为了证明相反的关系,设 $c\in C_1$,由此得到:或 $c\in C$,或 $c\in C^*$. 若 $c\in C$,则 $c=a+b,a\in A,b\in B\subseteq B_1$;若 $c\in C^*$,则我们已知对某个 $a\in A$,数 $b^*=c-a$ 在 $B^*$ 中,故 $c=a+b^*\in A+B^*\subseteq A+B_1$. 因此 $C_1\subseteq A+B_1$. 又因前面已证 $A+B_1\subseteq C_1$,说明 $C_1=A+B_1$.

现在,我要提醒你们,照我们原先的假设,$n\notin C$.

不难看出(这对后面的论证是重要的),数 $n$ 也不在扩张集 $C_1$ 中.实际上,如果 $n \in C^*$,依 $C^*$ 的定义,在关系式 ⑩ 中,令 $c' = n$,得 $c = a + \beta_0 \in A + B = C$,但依关系式 ⑩ 的意义,$c \notin C$.

若扩张集 $C_1$ 还不是正规的,则由 $A + B_1 = C_1$ 和 $n \notin C_1$,集合类 $A, B_1, C_1$ 有同 $A, B, C$ 一样的性质,可进行新的典式扩张.找到这个扩张的新基,类似于上面的定义,补充集合 $B_1^*, C_1^*$,并令

$$B_1 \cup B_1^* = B_2, C_1 \cup C_1^* = C_2$$

同理可证 $A + B_2 = C_2$ 和 $n \notin C_2$.这个过程显然可以继续下去,直到扩张集 $C_h$ 是正规的.这种情况必确定出现的原因在于:每一次扩张时,我们都在集合 $B_\mu$ 和 $C_\mu$ 中加进段 $(0, n)$ 中不属于 $B_\mu$ 和 $C_\mu$ 的新数.

因此,得到有限集合列

$$B = B_0 \subseteq B_1 \subseteq \cdots \subseteq B_h$$

$$C = C_0 \subseteq C_1 \subseteq \cdots \subseteq C_h$$

同时,一切 $B_{\mu+1}$(相应的 $C_{\mu+1}$)含有不在 $B_\mu(C_\mu)$ 中的数,这些数组成集合 $B_\mu^*(C_\mu^*)$,使

$$B_{\mu+1} = B_\mu \cup B_\mu^*, C_{\mu+1} = C_\mu \cup C_\mu^*, 0 \leqslant \mu \leqslant h - 1$$

我们用 $\beta_\mu$ 表示从 $(B_\mu, C_\mu)$ 到 $(B_{\mu+1}, C_{\mu+1})$ 扩张的基,而且

$$A + B_\mu = C_\mu, n \notin C_\mu, 0 \leqslant \mu \leqslant h$$

最后,$C_h$ 是正规的,而集合 $C_\mu(0 \leqslant \mu \leqslant h - 1)$ 则不是正规的.

### 3.7　典式扩张的性质

以后所需的关于典式扩张的性质,我们用三个引理表述出来并给以证明.证明基本引理只用到最后一个引理,而引理 3 和引理 4 仅在证明引理 5 时用到.

**引理 3**　$\beta_\mu > \beta_{\mu-1}(1 \leqslant \mu \leqslant h - 1)$,即典式扩张列

的基是一个递增数列.

实际上,因 $\beta_\mu \in B_\mu = B_{\mu-1} \cup B_{\mu-1}^*$,则或 $\beta_\mu \in B_{\mu-1}^*$,这时,$\beta_\mu$ 有形式

$$\beta_\mu = \beta_{\mu-1} + n - c$$

其中,$c \in C_{\mu-1}^* \subseteq C_\mu$,因 $c < n$,故 $\beta_\mu > \beta_{\mu-1}$,引理 1 得证;或 $\beta_\mu \in B_{\mu-1}$,这时,依 $\beta_\mu$ 的定义,存在 $a \in A$,$c \notin C_\mu$,$c' \notin C_\mu$,具有关系

$$c + c' - n = a + \beta_\mu \in C_\mu$$

但因 $\beta_\mu \in B_{\mu-1}$,故

$$c + c' - n = a + \beta_\mu \in A + B_{\mu-1} = C_{\mu-1} \tag{11}$$

而 $c \notin C_{\mu-1}$,$c' \notin C_{\mu-1}$,由 $\beta_{\mu-1}$ 的最小性得 $\beta_\mu \geqslant \beta_{\mu-1}$,但如果 $\beta_\mu = \beta_{\mu-1}$,依集合 $C_{\mu-1}^*$ 的定义和式 ⑪ 得

$$c \in C_{\mu-1}^* \subseteq C_\mu, c' \in C_{\mu-1}^* \subseteq C_\mu$$

都不真,故 $\beta_\mu > \beta_{\mu-1}$.

以后,我们将用 $m$ 表示不在 $C_h$ 中的最小正整数.

**引理 4**　若 $c \in C_\mu^*$,$0 \leqslant \mu \leqslant h-1$,且 $n - m < c < n$,则 $c > n - m + \beta_\mu$,即在段 $n - m < c < n$ 中集合 $C_\mu^*$ 的所有数含在这段的一部分中,这个部分用不等式 $n - m + \beta_\mu < c < n$ 表示.

只需要证明不等式

$$c + m - n > \beta_\mu$$

从 $n - m < c < n$,得

$$0 < m + c - n < m$$

由此,依 $m$ 的定义,得

$$m + c - n \in C_h$$

但

$$C_h = C_\mu \cup C_\mu^* \cup C_{\mu+1}^* \cup \cdots \cup C_{h-1}^*$$

因此,下面分两种情况讨论.

(1) 若 $m + c - n \in C_\mu$,则

$$m + c - n = a + b_\mu, a \in A, b_\mu \in B_\mu$$

但 $m \notin C_\mu, c \notin C_\mu$(后者因 $c \in C_\mu^*$). 又因 $\beta_\mu$ 的最小性，应有 $b_\mu \geqslant \beta_\mu$. 但当$b_\mu = \beta_\mu$ 时，依集合 $C_\mu^*$ 的定义，$m \in C_\mu^*$，这因 $C_\mu^* \subseteq C_{\mu+1} \subseteq C_h$ 和 $m \notin C_h$ 而不真. 因此，$b_\mu > \beta_\mu$，故

$$m + c - n = a + b_\mu \geqslant b_\mu > \beta_\mu$$

引理 4 得证.

(2) 若 $c' = m + c - n \in C_\nu^*$ $(\mu \leqslant \nu < h-1)$，则依集合 $C_\nu^*$ 的定义，$c'$ 满足方程 ⑩

$$c' - a = \beta_\nu + n - c''$$

其中 $a \in A, c'' \in C_\nu^*$. 由此 $c' \geqslant c' - a > \beta_\nu \geqslant \beta_\mu$(后者由引理 3 得出)，仍证得引理 4.

**引理 5**　$C_\mu^*(n) - C_\mu^*(n-m) = B_\mu^*(m-1)$ $(0 \leqslant \mu \leqslant h-1)$，即在段$n - m < c < n$ 中，$c \in C_\mu^*$ 的个数恰等于在(等长)段 $0 < b < m$ 中 $b \in B_\mu^*$ 的个数.

研究关系式

$$b = \beta_\mu + n - c \tag{⑫}$$

依集合 $B_\mu^*$ 和 $C_\mu^*$ 的定义，由 $c \in C_\mu^*$ 得 $b \in B_\mu^*$，反之亦然，且若 $n - m + \beta_\mu < c < n$，则 $\beta_\mu < b < m$，反之亦然. 故

$$C_\mu^*(n) - C_\mu^*(n - m + \beta_\mu) = B_\mu^*(m-1) - B_\mu^*(\beta_\mu)$$

但由引理 4

$$C_\mu^*(n - m + \beta_\mu) = C_\mu^*(n-m)$$

另外，由 ⑫ 表示的一切 $b \in B_\mu^*$，因 $c < n$，故大于 $\beta_\mu$，因此 $B_\mu^*(\beta_\mu) = 0$，则得

$$C_\mu^*(n) - C_\mu^*(n-m) = B_\mu^*(m-1)$$

这正是所要证明的.

### 3.8　基本引理的证明

由 3.5 的结果和刚刚证明的引理 5，现在，我们能够很容易证明引理 2.

对数列 $A,B_h,C_h$ 应用形如不等式 ⑧ 的结果（因 $C_h$ 的正则性，这是容许的），得

$$C_h(n)-C_h(n-m)\geqslant A(m)+B_h(m) \tag{13}$$

其中 $m$ 是不在 $C_h$ 中的最小正整数. 显然 $m\notin A$ 且 $m\notin B_h$，故 $A(m)$ 和 $B_h(m)$ 分别可写成 $A(m-1)$ 和 $B_h(m-1)$.

因为在每组并

$$C_h=C\cup C^*\cup C_1^*\cup\cdots\cup C_{h-1}^*$$

$$B_h=B\cup B^*\cup B_1^*\cup\cdots\cup B_{h-1}^*$$

中的集合两两之间没有公共元素，所以

$$C_h(n)-C_h(n-m)=C(n)-C(n-m)+\sum_{\mu=0}^{h-1}\{C_\mu^*(n)-C_\mu^*(n-m)\}$$

$$B_h(m)=B_h(m-1)=B(m-1)+\sum_{\mu=0}^{h-1}B_\mu^*(m-1)$$

在此，当然 $C_0^*=C^*,B_0^*=B^*$. 由 ⑬ 得

$$C(n)-C(n-m)+\sum_{\mu=0}^{h-1}\{C_\mu^*(n)-C_\mu^*(n-m)\}\geqslant A(m)+B(m-1)+\sum_{\mu=0}^{h-1}B_\mu^*(m-1)$$

但是，由引理 5 得

$$C_\mu^*(n)-C_\mu^*(n-m)=B_\mu^*(m-1),0\leqslant\mu\leqslant h-1$$

故得

$$C(n)-C(n-m)\geqslant A(m)+B(m-1)=A(m)+B(m)\geqslant(\alpha+\beta)m$$

由此证明了引理 2.

从而，正如我们在 3.4 中看到的，曼恩定理得到了完全的证明. 这个定理是标志着堆垒数论诞生的具有决定性意义的基本定理.

阿廷和希尔克的构造，难道不是一个辉煌灿烂的

杰作？其构造的奥妙完美和极端初等高度地糅合，特别使我迷恋.

## §4　关于表充分大的整数为素数和[①]

——尹文霖[②]

### 4.1

须尼尔曼于 1930 年证明了存在一绝对常数 $k$，使得充分大的自然数 $n$ 均可表为不超过 $k$ 个素数之和，此常数称为须尼尔曼常数. 其后曾有很多作者致力于明确地确定出它的值. 1937 年，里奇得到了当时的最好结果 $k\leqslant 67$. 同年苏联社会主义劳动英雄维诺格拉多夫院士证明了充分大的奇数可表示成不超过三个素数之和，这样 $k\leqslant 4$，但这里用了最精深的解析数论的工具，即三角和的方法. 夏皮罗与瓦尔加于 1950 年用纯粹的初等方法，即筛法与密率论证明了 $k\leqslant 20$. 本节用渐近密率的概念于全体正偶数的集合，十分容易地证明了定理 1.

**定理 1**　充分大的偶数可表为不超过 18 个素数之和.

让我们先说明一下本节中所采用的符号，大写拉丁字母表示非负整数集，小写拉丁字母表示自然数，集合的加法定义为全体偶和，即 $A+B=\{a+b,a\in A,$

---

① 第一部分于 1956 年 5 月 11 日收到，第二部分于 6 月 13 日收到. 原载于《北京大学学报》1956 年第 3 期.

② 本文是在闵嗣鹤教授指导下所作毕业论文的一部分.

$b\in B\}$,$A_m$ 表示集合 $A$ 自加 $m$ 次的和集,即 $A_m=\sum_{v=1}^{m}A$,$A(n)$ 表示不超过 $n$ 的 $A$ 中正元素的个数,$\delta^*(A)$ 表示 $A$ 的渐近密率,即 $\delta^*(A)=\liminf_{n\to\infty}\frac{A(n)}{n}$,又用 $M$ 表示两奇素数和组成的集合.

先征引若干关于自然数的结果.

**引理 1**[①] $\lim_{n\to\infty}\frac{M(n)}{n}\geqslant 16.$

**引理 2**[②] 设 $A,B$ 为非负整数集,$\delta^*(A)+\delta^*(B)\leqslant 1$,且 $B$ 中至少包含 $k$ 个连续整数,则

$$\delta^*(A+B)\geqslant\delta^*(A)+\left(1-\frac{1}{k}\right)\delta^*(B)$$

**引理 3** 设 $\delta^*(A)=\alpha$,$\delta^*(B)=\beta$,且 $\alpha+\beta>1$,则必有充分大的自然数 $n_0$ 存在,当 $n>n_0$ 时,$n\in(A+B)$.

**证明** 由 $\delta^*(A)$ 及 $\delta^*(B)$ 的定义,任给 $\varepsilon>0$,存在 $n_0$ 使得当 $n>n_0$ 时,$\frac{A(n)}{n}>\alpha-\varepsilon$,$\frac{B(n)}{n}>\beta-\varepsilon$. 取 $\varepsilon=\frac{1}{2}(\alpha+\beta-1)$,则有 $A(n)+B(n)>n$,故由一个熟知的结果[③] $n\in(A+B)$.

现在让我们引进偶数的渐近密率.考虑全体偶数,它们组成一个加权与全体整数.令 $\Sigma=\{2n,n=0,1,2,\cdots\}$,定义偶数集合 $A$ 的渐近密率为 $\delta_\Sigma^*(A)=$

① H. N. Shapiro and J. Warga. Comm. Pure Appl. Math., 1950, 3: 153-176.

② H. H. Ostmann. J. Reine Angew. Math., 1950, 187: 549-640.

③ 参看例如 A. J. Chintschin. Drei Perlen der Zahlentheorie, 21 Lemma.

$\liminf\limits_{n\to\infty}\dfrac{A(2n)}{\Sigma(2n)}$,则引理 2、引理 3 与偶数渐近密率对应成立(当然,此时 $k$ 个连续整数应了解为 $k$ 个连续偶数).

**定理 1 的证明**　由引理 1 知

$$\delta_{\Sigma}^{*}(M)=\liminf_{n\to\infty}\frac{M(2n)}{\Sigma(2n)}=\varliminf_{n\to\infty}\frac{M(2n)}{n}\geqslant\frac{1}{8}$$

由直接验算知 6,8,…,32 均属于 $M$. 反复利用引理 2 有

$$\delta_{\Sigma}^{*}(M_8)\geqslant\frac{1}{8}+\left(1-\frac{1}{14}\right)\frac{7}{8}=\frac{15}{16}$$

故

$$\delta_{\Sigma}^{*}(M_8)+\delta_{\Sigma}^{*}(M)>1$$

由引理 3 知充分大的偶数均属于 $M_9$,明所欲证.

**4.2**

在已完成了充发大的偶数可表为不超过 18 个素数之和的证明之后,进一步注意到如若引用关于渐近基的性质,则可证明如下的定理 2.

**定理 2**　充分大的素数可表为不超过 17 个素数之和.

本小节中所用符号同 4.1,此外令 $\mathbf{N}$ 表示全体自然数集,$\mathbf{N}^0$ 表示全体非负整数集,$\overline{A}$ 表示 $A$ 的补集,$A\sim B$ 表示 $A$ 渐近于 $B$,即 $A,B$ 中充分大的元素完全一致. 设当 $0\in B,m\in A,m>n_0$($n_0$ 为固定自然数)时,$m$ 可表为

$$m=b_1+\cdots+b_h,b_i\in B$$

又设 $l(m)$ 为 $h$ 的最小值,令

$$\lambda^* = \overline{\lim_{n\to\infty}} \frac{1}{A(n)} \sum_{\substack{m=n_0+1 \\ n\in A}}^{n} l(m)$$

则称 $\lambda^*$ 为 $B$ 对 $A$ 的平均渐近阶. 当 $A=\mathbf{N}$(或 $A=\mathbf{N}^0$)时亦简称 $\lambda^*$ 为 $B$ 的平均渐近阶. 又用 $p,p'$ 表示奇素数,$M=\{p+p'\}$,$P=\{p\}$.

**引理 4**[①] 设 $\alpha=\delta^*(A)$,$\lambda^*$ 为 $B$ 的平均渐近阶,则

$$\delta^*(A+B) \geqslant \alpha\left(1+\frac{1-\alpha}{\lambda^*}\right)$$

**定理 2 的证明** 考虑 $P^0=\{p-3\}$,及 $M^0=P^0+P^0$. 由直接验算知 $2n\in M^0$,$0\leqslant n\leqslant 125$. 仿照 4.1 中的证明有

$$\delta_\Sigma^*(M_7)=\delta_\Sigma^*(M_7^0) \geqslant \frac{1}{8}+\left(1-\frac{1}{125}\right)\frac{6}{8}$$

且 $M_9^0\sim\Sigma$,即 $P^0$ 对 $\Sigma$ 的平均渐近阶 $\lambda^*\leqslant 18$.

由引理 4 得

$$\delta_\Sigma^*(M+P^0) \geqslant \frac{1}{8}\left(1+\frac{1-\frac{1}{8}}{18}\right)$$

故

$$\delta_\Sigma^*(M_7)+\delta_\Sigma^*(M+P^0) \geqslant$$
$$1+\frac{7}{8\times 8\times 18}-\frac{6}{8\times 125}>1$$

由此

$$M_8+P^0\sim\Sigma$$

故

$$M_8+P\sim\overline{\Sigma}$$

---

① F. Kasch. Math. Zeit., 1956, 3(64): 243-257.

至此已证充分大的奇数可表为不超过 17 个素数之和.

值得指出，用关于渐近基方面较弱的（如厄多斯[①]所得的）结果代替 4.2 中的引理 4，类似可得 $M_8+P\sim\overline{\Sigma}$.

① P. Erdös. Trav. Inst. Math Tbilissi，1938，3：217-224.

# 从埃拉托斯尼到丁夏畦

# 第5章

## §1 谈谈“筛法”[①]

——王元

在本节中，我们向读者介绍一个在数论中常用的方法，即所谓的“筛法”. 为了避免引用较高深的数学工具，我们除了谈谈最古典的埃拉托斯尼筛法及其某些微应用，只略为涉及一点这一方法在近代的发展. 其实在这里所写的一些结果，有关的数论书籍中都有记载，作者只是加以整理与归纳，以便于读者更易于了解这一方法及提供

① 原载于《数学通报》，1958，1：2-8.

一点作者认为较有趣的数论知识.

### 1.1　找出不超过 $N$ 的全部素数

若 $n \leqslant N$，而 $n$ 为非素数，则 $n = n_1 n_2, n_1 \geqslant n_2 > 1$，则得 $n_2 \leqslant \sqrt{n_1 n_2} = \sqrt{n} \leqslant \sqrt{N}$，这就是说 $n$ 必定能被一个小于或等于 $\sqrt{N}$ 的素数所整除. 这建议我们，如果要找出不超过 $N$ 的所有素数，我们就先找出不超过 $\sqrt{N}$ 的所有素数. 命

$$2 = p_1 < p_2 < \cdots < p_r \leqslant \sqrt{N}$$

为不超过 $\sqrt{N}$ 的所有素数. 将不超过 $N$ 的整数依大小排列如下，即

$$2, 3, 4, \cdots, N$$

先将 $p_1$ 留下，而将 $p_1$ 的其他倍数全部画去；再将 $p_2$ 留下，而将 $p_2$ 的其他倍数画掉；继续行之，待将小于或等于 $\sqrt{N}$ 的素数的倍数都画掉后，剩下来的就是不超过 $N$ 的全体素数了. 这就是大家所熟知的埃拉托斯尼筛法.

素数表都是根据这一方法略加变化而构造出来的. 素数表中最准确者当推莱默(Lehmer)的从 1 到 10 006 721 的素数表(D. N. Lehmer, List of prime numbers from 1 to 10 006 721 Carn. Inst., Washington, 1914, 165). 库利克(Kulik)曾构造出不超过 $10^8$ 的素数表. 他的手稿放在维也纳科学院内.

命 $[x]$ 表示 $x$ 的整数部分. 例如，$[1.5] = 1$，$[0.1] = 0$，$[-3.2] = -4$ 等. 不超过 $N$ 而又为正整数 $d$ 的倍数的正整数个数显然等于 $\left[\frac{N}{d}\right]$. 以 $\pi(N)$ 表示不

超过 $N$ 的素数的个数,则按上述原则可得

$$\pi(N)=r+N-1-\sum_{i=1}^{r}\left[\frac{N}{p_i}\right]+\sum_{1\leqslant i<j\leqslant r}\left[\frac{N}{p_ip_j}\right]-\sum_{1\leqslant i<j<k\leqslant r}\left[\frac{N}{p_ip_jp_k}\right]+\cdots+(-1)^r\left[\frac{N}{p_1p_2\cdots p_r}\right] \quad ①$$

式 ① 的证明如下:首先不超过 $\sqrt{N}$ 的素数个数为 $r$. 其次当计算大于 $\sqrt{N}$ 而又不超过 $N$ 的素数个数时,画去所有 $p_i(1\leqslant i\leqslant r)$ 的倍数,共计画去 $\sum_{i=1}^{r}\left[\frac{N}{p_i}\right]$ 个数. 但若一个数同时是 $p_i$ 与 $p_j(i\neq j)$ 的倍数时,则计算了两遍, 所以, 我们又必须添上, 因此需要加上 $\sum_{1\leqslant i<j\leqslant r}\left[\frac{N}{p_ip_j}\right]$ 个数. 又若一数是 $p_ip_jp_k(i<j<k)$ 的倍数时,则被画去了 $\binom{3}{1}=3$ 次,而被添上了 $\binom{3}{2}=3$ 次,故又必须再行减去,即减去 $\sum_{1\leqslant i<j<k\leqslant r}\left[\frac{N}{p_ip_jp_k}\right]$. 依此类推,若 $n$ 恰有 $k$ 个小于或等于 $\sqrt{N}$ 的素因子,则共减去 $\binom{k}{1}+\binom{k}{3}+\cdots$ 次,共加上 $\binom{k}{2}+\binom{k}{4}+\cdots$ 次,而

$$-\binom{k}{1}+\binom{k}{2}-\binom{k}{3}+\cdots+(-1)^k\binom{k}{n}=(1-1)^2-1=-1$$

故只被减一次. 式 ① 得证.

将这一原则用抽象的术语写出就得到逐步淘汰原则:设有 $N$ 件事物,其中 $N_\alpha$ 件有性质 $\alpha$,$N_\beta$ 件有性质 $\beta$,……,$N_{\alpha\beta}$ 件兼有性质 $\alpha$ 及 $\beta$,……,$N_{\alpha\beta\gamma}$ 件兼有性质 $\alpha$,$\beta$ 及 $\gamma$,依此类推,则此事物中之既无性质 $\alpha$,又无性

质 $\beta$,…… 者之件数为

$$N - N_\alpha - N_\beta - \cdots + N_{\alpha\beta} + \cdots - N_{\alpha\beta\gamma} - \cdots$$

以下我们再举一例来说明这一原则的应用.

以 $\varphi(n)$ 表示不超过 $n$ 而与 $n$ 互素的正整数个数. $\varphi(n)$ 即通常所谓的欧拉函数. 例如 $\varphi(1)=1, \varphi(2)=1, \varphi(3)=2$ 等. 一般言之,我们有

$$\varphi(n) = n\prod_{p|n}\left(1-\frac{1}{p}\right)$$

(此处"$\prod\limits_{p|n}$"表示通过 $n$ 的不同的素因子的乘积).

命 $n=p_1^{\alpha_1}\cdots p_s^{\alpha_s}$ 为 $n$ 的标准分解式. 在逐步淘汰原则中命性质 $\alpha$ 为被 $p_1$ 整除,性质 $\beta$ 为被 $p_2$ 整除,依此类推,则与 $n$ 互素的数既无性质 $\alpha$,又无性质 $\beta$,……. 故由逐步淘汰原则得

$$\varphi(n) = n - \sum_{\substack{p_i|n\\1\leqslant i\leqslant s}}\frac{n}{p_i} + \sum_{\substack{p_ip_j|n\\1\leqslant i<j\leqslant s}}\frac{n}{p_ip_j} - \cdots + (-1)^s\frac{n}{p_i\cdots p_s} = n\prod_{p|n}\left(1-\frac{1}{p}\right)$$

### 1.2　素数之出现概率为零

我们都知道素数的个数有无穷多,但不超过 $N$ 的素数个数 $\pi(N)$ 与 $N$ 的比 $\frac{\pi(N)}{N}$ 的分布情形又如何呢? 如果 $\lim\limits_{N\to\infty}\frac{\pi(N)}{N}$ 存在,我们就称 $\lim\limits_{N\to\infty}\frac{\pi(N)}{N}$ 为素数的出现概率. 运用上一小节的原则,我们将证明:

**定理1**　素数的出现概率为零,即

$$\lim_{N\to\infty}\frac{\pi(N)}{N}=0$$

由定理1立刻推知复合数的出现概率是1. 用数论

的术语来说就是“几乎所有”的数皆非素数,也就是说“几乎所有”的数都是复合数.

在证明定理 1 之前先证次之两引理.

**引理 1** 级数 $\sum_{n=1}^{\infty}\frac{1}{n}$ 发散.

**证明** 当 $t\to\infty$ 时,有

$$\begin{aligned}\sum_{n=1}^{2^t}\frac{1}{n}=1+\frac{1}{2}+\left(\frac{1}{3}+\frac{1}{4}\right)+&\\ \left(\frac{1}{5}+\cdots+\frac{1}{8}\right)+\cdots+&\\ \left(\frac{1}{2^{t-1}+1}+\cdots+\frac{1}{2^t}\right)>&\\ 1+\frac{1}{2}+\left(\frac{1}{4}+\frac{1}{4}\right)+&\\ \left(\frac{1}{8}+\cdots+\frac{1}{8}\right)+\cdots+&\\ \left(\frac{1}{2^t}+\cdots+\frac{1}{2^t}\right)=1+\frac{t}{2}\to\infty&\end{aligned}$$

**引理 2** 乘积 $\prod_p\left(1-\frac{1}{p}\right)=0$,此处 $p$ 通过所有的素数.

**证明** 如果引理不成立,由于 $1-\frac{1}{p}>0$,则必有 $\prod_p\left(1-\frac{1}{p}\right)=a>0$. 故

$$\prod_p\left(1-\frac{1}{p}\right)^{-1}=\frac{1}{a}$$

命 $N=2^t$,此处 $t=2\left(\left[\frac{1}{a}\right]+1\right)$,则由上面引理 1 的证明可知

$$\frac{1}{a}=\prod_{p}\left(1-\frac{1}{p}\right)^{-1}>\prod_{p\leqslant N}\left(1-\frac{1}{p}\right)^{-1}=$$
$$\prod_{p\leqslant N}\left(\sum_{\alpha=0}^{\infty}\frac{1}{p^{\alpha}}\right)>\prod_{p\leqslant N}\left(\sum_{\alpha=0}^{N}\frac{1}{p^{\alpha}}\right)>$$
$$\sum_{n=1}^{N}\frac{1}{n}>1+\frac{t}{2}=$$
$$\left[\frac{1}{a}\right]+2>\frac{1}{a}+1$$

即$\frac{1}{a}+1<\frac{1}{a}$.此为矛盾,故得引理.

**定理1的证明**　与证明式①一样,可知不超过$N$的正整数中不被前$r$个素数整除的整数个数$\pi(N;r)$为

$$\pi(N;r)=N-\sum_{i=1}^{r}\left[\frac{N}{p_i}\right]+\sum_{1\leqslant i<j\leqslant r}\left[\frac{N}{p_ip_j}\right]-\cdots+(-1)^r\left[\frac{N}{p_1\cdots p_r}\right] \quad ②$$

由于大于$p_r$而又不超过$N$的素数不能被前$r$个素数整除,故得

$$\pi(N)\leqslant r+\pi(N;r) \quad ③$$

由于$[x]=x-\theta,0\leqslant\theta<1$,故由式②③得

$$\pi(N)<r+N\left(1-\sum_{i=1}^{r}\frac{1}{p_i}+\sum_{1\leqslant i<j\leqslant r}\frac{1}{p_ip_j}-\cdots+(-1)^r\frac{1}{p_1\cdots p_r}\right)+\left(1+\sum_{i=1}^{r}1+\sum_{1\leqslant i<j\leqslant r}1+\cdots\right)=$$
$$N\prod_{i=1}^{r}\left(1-\frac{1}{p_i}\right)+2^r+r<N\prod_{i=1}^{r}\left(1-\frac{1}{p_i}\right)+2^{r+1}$$

取$r+1=\left[\frac{1}{2}\cdot\frac{\log N}{\log 2}\right]$,则得

$$0<\frac{\pi(N)}{N}<\prod_{i=1}^{\left[\frac{1}{2}\cdot\frac{\log N}{\log 2}\right]-1}\left(1-\frac{1}{p_i}\right)+\frac{2^{\left[\frac{1}{2}\cdot\frac{\log N}{\log 2}\right]}}{N}=$$

$$\prod_{i=1}^{\left[\frac{1}{2}\cdot\frac{\log N}{\log 2}\right]-1}\left(1-\frac{1}{p_i}\right)+\frac{1}{\sqrt{N}}$$

当 $N\to\infty$ 时,由引理 2 即得出 $\lim\limits_{N\to\infty}\frac{\pi(N)}{N}=0$.

定理 1 证毕.

### 1.3 “孪生素数”的倒数级数收敛

当 $p$ 与 $p+2$ 同时为素数时,我们就称$(p,p+2)$为一对“孪生素数”. 素数论中有这样一个引人入胜而迄今未解决的猜测:孪生素数对有无穷多.

欧拉曾证明过 $\sum\limits_{p}\frac{1}{p}$ 发散,此处 $p$ 经过所有的素数,从而提供了“素数有无限多”的另一证明. 因此使人联想起是否有方法能判定级数 $\sum\limits_{p^*}\frac{1}{p^*}$ 之收敛与否呢? 此处之 $p^*$ 通过所有的孪生素数. 倘若级数仍发散,则猜想就成立了,否则仍不能判定孪生素数有限,或无限. 盖若孪生素数有限,则此级数一定收敛;若无限,亦可能收敛. 布朗由于他对埃拉托斯尼筛法的概念进行了极重要的修改,从而证明了:

**定理 2** 级数 $\sum\limits_{p^*}\frac{1}{p^*}$ 收敛,此处 $p^*$ 经过所有的孪生素数.

在证明前先证以下诸引理.

**引理 3**(布朗) 命 $n$ 为无平方因子之一数,$m$ 为正整数;又命 $\Omega(d)$ 为 $d$ 的互异的素因子个数,则

$$\sum_{\substack{d \mid n \\ \Omega(d) \leqslant 2m}} (-1)^{\Omega(d)} \begin{cases} =1, n=1 \\ \geqslant 0, n>1 \end{cases}$$

**证明**　当 $n=1$ 时,引理显然成立.

当 $n>1$ 时,只要证明适合 $d \mid n$ 及 $\Omega(d) \leqslant 2m$ 的 $d$ 之中,$\Omega(d)$ 为偶数者不少于 $\Omega(d)$ 为奇数者.若 $p_0$ 为 $n$ 的最小素因子,对于 $n$ 的每一个因子 $d$,我们按下面的方法构造出 $n$ 的另一个因子 $d'$,即

$$d' = \begin{cases} dp_0, p_0 \nmid d \\ \dfrac{d}{p_0}, p_0 \mid d \end{cases}$$

显然每一个 $d$ 唯一地对应一个 $d'$.

若 $d \mid n, \Omega(d) \leqslant 2m$,而 $2 \nmid \Omega(d)$,则 $\Omega(d) \leqslant 2m-1$.故其对应之 $d'$ 有性质 $d' \mid n, 2 \mid \Omega(d')$ 及 $\Omega(d') \leqslant 2m$.引理得证.

为记载之简便,我们引入同余式.

若 $m$ 为正整数,$a$ 与 $b$ 为整数,又若 $m \mid (a-b)$,则称 $a$ 与 $b$ 对模 $m$ 同余,记之以 $a \equiv b(\bmod m)$.

**引理4**(孙子定理)　若 $d_1$ 与 $d_2$ 互素,则联立同余式

$$\begin{cases} n \equiv a(\bmod d_1) \\ n \equiv b(\bmod d_2) \end{cases}$$

在区间 $1 \leqslant n \leqslant d_1 d_2$ 内有唯一的解.

**证明**　因为 $d_1$ 与 $d_2$ 互素,所以由辗转相除法可知有两个整数 $m_1$ 及 $m_2$ 使

$$m_1 d_1 - m_2 d_2 = 1$$

即得

$$(a-b)(m_1 d_1 - m_2 d_2) = a - b$$

显然

$$n_0=(a-b)(m_2d_2)+a=(a-b)(m_1d_1)+b$$

即为联立同余式的公共解. 而 $n_0+md_1d_2(m=0,\pm1,\cdots)$ 都是公共解,所以 $m_0$ 存在,使 $1\leqslant n_0+m_0d_1d_2\leqslant d_1d_2$.

设有 $n_0$ 及 $n'_0$ 均满足联立同余式,且 $1\leqslant n_0,n'_0\leqslant d_1d_2$,而 $n_0\neq n'_0$,则由于

$$n_0\equiv n'_0\equiv a(\bmod d_1)$$

故 $d_1\mid(n_0-n'_0)$. 同样 $d_2\mid(n_0-n'_0)$. 因为 $d_1$ 与 $d_2$ 互素,所以 $d_1d_2\mid(n_0-n'_0)$,此不可能,除非 $n_0=n'_0$. 故得引理.

**引理 5** 命 $d=q_1\cdots q_s$,此处 $q_1<\cdots<q_s$ 均为素数,则

$$n(n+2)\equiv 0(\bmod d),A<n\leqslant A+d$$

之解数为

$$\begin{cases}2^s,q_1>2\\2^{s-1},q_1=2\end{cases}$$

**证明** 不失一般性,我们可以假定 $A=0$,此乃由于若 $n=a$ 为同余式之解,则 $a+md(m=0,\pm1,\pm2,\cdots)$ 均为其解.

(1)$n(n+2)\equiv0(\bmod 2)(0<n\leqslant2)$ 只有一解 $n=2$.

(2) 命 $p$ 为大于 2 的素数,则同余式 $n(n+2)\equiv 0(\bmod p)(0<n\leqslant p)$ 只有两个解,即 $n=p-2$ 与 $n=p$.

(3) 若 $d_1$ 与 $d_2$ 互素,则同余式

$$n(n+2)\equiv0(\bmod d_1d_2),0<n\leqslant d_1d_2 \tag{④}$$

的解数为同余式

$$n(n+2)\equiv0(\bmod d_1),0<n\leqslant d_1 \tag{⑤}$$

的解数及同余式

$$n(n+2)\equiv 0(\bmod d_2),0<n\leqslant d_2 \qquad ⑥$$

的解数之积.

此事实证明如下:命 $a_1<a_2<\cdots<a_r$ 为式 ⑤ 之解,$b_1<b_2<\cdots<b_s$ 为式 ⑥ 之解.由引理 4 可知每一对 $a_i$ 与 $b_j$ 唯一对应 ④ 之一个解,反之,式 ④ 之一解 $n=c$ 必为式 ⑤⑥ 之解.

综合(1)(2)(3) 即得引理.

**引理 6**　级数 $\sum\limits_{n=1}^{\infty}\frac{1}{n^{\frac{3}{2}}}$ 收敛.

**证明**

$$\begin{aligned}
\sum_{n=1}^{\infty}\frac{1}{n^{\frac{3}{2}}}=1+\sum_{m=1}^{\infty}\sum_{n=2^m}^{2^{m+1}-1}\frac{1}{n^{\frac{3}{2}}}<\\
1+\sum_{m=1}^{\infty}2^{\frac{m+1}{2}}\sum_{n=2^m}^{2^{m+1}-1}\frac{1}{n^2}<\\
1+\sum_{m=1}^{\infty}2^{\frac{m+1}{2}}\sum_{n=2^m}^{2^{m+1}-1}\frac{1}{n(n-1)}=\\
1+\sum_{m=1}^{\infty}2^{\frac{m+1}{2}}\sum_{n=2^m}^{2^{m+1}-1}\left(\frac{1}{n-1}-\frac{1}{n}\right)=\\
1+\sum_{m=1}^{\infty}2^{\frac{m+1}{2}}\left(\frac{1}{2^m-1}-\frac{1}{2^{m+1}-1}\right)<\\
1+\sum_{m=1}^{\infty}2^{\frac{m+1}{2}}\cdot\frac{1}{2^{m-1}}=\\
1+2\sqrt{2}\sum_{m=1}^{\infty}\frac{1}{(\sqrt{2})^m}=\frac{3\sqrt{2}-1}{\sqrt{2}-1}
\end{aligned}$$

**引理 7**　级数 $\sum\limits_{n=2}^{\infty}\frac{1}{n\log^{\frac{3}{2}}n}$ 收敛.

**证明** 由于

$$\frac{1}{2\log^{\frac{3}{2}}2}+\frac{1}{3\log^{\frac{3}{2}}3}<\frac{2}{2\log^{\frac{3}{2}}2}=\frac{1}{\log^{\frac{3}{2}}2}$$

$$\frac{1}{4\log^{\frac{3}{2}}4}+\cdots+\frac{1}{7\log^{\frac{3}{2}}7}<\frac{4}{4\log^{\frac{3}{2}}4}=\frac{1}{2^{\frac{3}{2}}\log^{\frac{3}{2}}2}$$

$$\vdots$$

$$\frac{1}{2^r\log^{\frac{3}{2}}2^r}+\cdots+\frac{1}{(2^{r+1}-1)\log^{\frac{3}{2}}(2^{r+1}-1)}<$$

$$\frac{2^r}{2^r\log^{\frac{3}{2}}2^r}=\frac{1}{r^{\frac{3}{2}}\log^{\frac{3}{2}}2}$$

故由引理 6 得出

$$\sum_{n=2}^{\infty}\frac{1}{n\log^{\frac{3}{2}}n}=\sum_{r=1}^{\infty}\sum_{m=2^r}^{2^{r+1}-1}\frac{1}{m\log^{\frac{3}{2}}m}<\frac{1}{\log^{\frac{3}{2}}2}\sum_{r=1}^{\infty}\frac{1}{r^{\frac{3}{2}}}\leqslant$$

$$\frac{1}{\log^{\frac{3}{2}}2}\cdot\frac{3\sqrt{2}-1}{\sqrt{2}-1}$$

**引理 8** 存在绝对常数 $c(c>3)$,使当 $x\geqslant 3$ 时

$$\sum_{p\leqslant x}\frac{1}{p}<c\log\log x$$

$$\prod_{2<p\leqslant x}\left(1-\frac{2}{p}\right)<\frac{c}{\log^2 x}$$

此处 $p$ 表示素数.

本引理的证明涉及比较多的内容,故略去,读者请看华罗庚所著的《数论导引》第五章,第九节.

**引理 9** 命 $y>90$,$p_i$ 为第 $i$ 个素数,$p_r$ 为不超过 $y$ 最大的素数,$P=p_1\cdots p_r$,又命 $m=[(4c\log\log y)^2]+1$($c$ 为引理 8 中之常数),则

$$\sum_{\substack{d\mid P\\ \Omega(d)\leqslant 2m}}2^{\Omega(d)}\leqslant(2y)^{2(4c\log\log y)^2+5}$$

$$\left|\sum_{\substack{d\mid P\\ 2m<\Omega(d)\leqslant r}}\frac{(-1)^{\Omega(d)}2^{\Omega(d)-\Omega((d,2))}}{d}\right|<\frac{1}{\log^3 y}$$

**证明**　$$\sum_{\substack{d\mid P\\ \Omega(d)\leqslant 2m}}2^{\Omega(d)}\leqslant\sum_{s=0}^{2m}\binom{r}{s}2^s\leqslant\sum_{s=0}^{2m}(2r)^s=$$

$$\frac{(2r)^{2m+1}-1}{2r-1}<$$

$$(2r)^{2m+1}<(2y)^{2(4c\log\log y)^2+5}$$

当 $n>90$ 时，有

$$n!=\mathrm{e}^{\sum\limits_{m=1}^{n}\log m}\geqslant\mathrm{e}^{\sum\limits_{\frac{n}{3}\leqslant m\leqslant n}\log m}\geqslant\mathrm{e}^{\frac{2}{3}n\log\frac{n}{3}}>\mathrm{e}^{\frac{n}{2}\log n}=n^{\frac{n}{2}}$$

故由引理 8(注意 $2m+1>90$) 得

$$\left|\sum_{\substack{d\mid P\\ 2m<\Omega(d)\leqslant r}}\frac{(-1)^{\Omega(d)}2^{\Omega(d)-\Omega((d,2))}}{d}\right|\leqslant$$

$$\sum_{s=2m+1}^{r}\sum_{\substack{d\mid P\\ \Omega(d)=s}}\frac{2^{\Omega(d)}}{d}\leqslant$$

$$\sum_{s=2m+1}^{r}\frac{\left(\frac{2}{p_1}+\cdots+\frac{2}{p_r}\right)^s}{s!}\leqslant$$

$$\sum_{s=2m+1}^{r}\left(\frac{2c\log\log y}{\sqrt{s}}\right)^s\leqslant$$

$$\sum_{s=2m+1}^{r}\left(\frac{2c\log\log y}{\sqrt{2m}}\right)^s<$$

$$\sum_{s=2m+1}^{\infty}\left(\frac{1}{2}\right)^s=\frac{1}{2^{2m}}<$$

$$\frac{1}{2^{2(4c\log\log y)^2}}<\frac{1}{\log^3 y}$$

**引理 10**　以 $Z(N)$ 表示不超过 $N$ 的孪生素数的对数，则存在绝对常数 $C_0$ 及 $N_0$，当 $N>N_0$ 时，有

$$Z(N) < \frac{C_0 N}{\log^{\frac{3}{2}} N}$$

**证明**　如引理 9 之各假定,则得

$$Z(N) \leqslant Z(p_r) + \sum_{\substack{p_r < n \leqslant N \\ (n(n+2), P) = 1}} 1 = Z(y) + \Sigma \qquad ⑦$$

式 ⑦ 之证明甚易,盖当 $n > p_r$,而 $n$ 与 $n+2$ 为一对孪生素数时,则必有 $(n(n+2), P) = 1$.

当 $d \mid P$ 时,由引理 5 得出

$$\sum_{\substack{1 \leqslant n \leqslant N \\ n(n+2) \equiv 0 (\bmod d)}} 1 = 2^{\Omega(d) - \Omega((d,2))} \left[\frac{N}{d}\right] + \theta 2^{\Omega(d)} =$$

$$2^{\Omega(d) - \Omega((d,2))} \frac{N}{d} + \bar{\theta} 2^{\Omega(d)}$$

$$0 \leqslant \theta \leqslant 1, \ |\bar{\theta}| \leqslant 1$$

故由引理 3、引理 8、引理 9 得

$$\Sigma \leqslant \sum_{1 \leqslant n \leqslant N} \sum_{(n(n+2), P) = 1} 1 \leqslant \sum_{1 \leqslant n \leqslant N} \sum_{\substack{d \mid (n(n+2), P) \\ \Omega(d) \leqslant 2m}} (-1)^{\Omega(d)} =$$

$$\sum_{\substack{d \mid P \\ \Omega(d) \leqslant 2m}} (-1)^{\Omega(d)} \sum_{\substack{1 \leqslant n \leqslant N \\ n(n+2) \equiv 0 (\bmod d)}} 1 \leqslant$$

$$N \sum_{\substack{d \mid P \\ \Omega(d) \leqslant 2m}} \frac{(-1)^{\Omega(d)} 2^{\Omega(d) - \Omega((d,2))}}{d} + \sum_{\substack{d \mid P \\ \Omega(d) \leqslant 2m}} 2^{\Omega(d)} =$$

$$N \sum_{d \mid P} \frac{(-1)^{\Omega(d)} 2^{\Omega(d) - \Omega((d,2))}}{d} -$$

$$N \sum_{\substack{d \mid P \\ 2m < \Omega(d) \leqslant r}} \frac{(-1)^{\Omega(d)} 2^{\Omega(d) - \Omega((d,2))}}{d} +$$

$$\sum_{\substack{d \mid P \\ \Omega(d) \leqslant 2m}} 2^{\Omega(d)} < \frac{N}{2} \prod_{2 < p \leqslant y} \left(1 - \frac{2}{p}\right) +$$

$$\frac{N}{\log^3 y} + (2y)^{2(4c\log\log y)^2 + 5} \leqslant$$

$$\frac{cN}{2\log^2 y}+\frac{N}{\log^3 y}+(2y)^{2(4c\log\log y)^2+5}$$

取 $y=\mathrm{e}^{(\log N)^{\frac{3}{4}}}$，由式⑦可知存在 $N_0$，当 $N>N_0$ 时，有

$$Z(N)<y+\frac{cN}{2\log^2 y}+\frac{N}{\log^3 y}+(2y)^{2(4c\log\log y)^2+5}<\frac{c_0 N}{\log^{\frac{3}{2}} N}$$

其实此处之 $N_0$，$c_0$ 皆可以具体算出，即求 $N_0$，当 $N>N_0$ 时，$y<\frac{N}{\log^{\frac{3}{2}} N}$ 及 $(2y)^{2(4c\log\log y)^2+5}<\frac{N}{\log^{\frac{3}{2}} N}$，此处 $y=\mathrm{e}^{(\log N)^{\frac{3}{4}}}$，而 $c_0=\frac{c}{2}+3$.

**定理2的证明**　命 $p_r^*$ 表示第 $r$ 个孪生素数，当 $p_r^*>N_0$ 时，由引理10得

$$r=Z(p_r^*)<\frac{c_0 p_r^*}{\log^{\frac{3}{2}} p_r^*}<c_0\frac{p_r^*}{\log^{\frac{3}{2}} r}$$

即

$$p_r^*>\frac{1}{c_0}r\log^{\frac{3}{2}} r$$

因此由引理7得

$$\sum_{p^*}\frac{1}{p^*}=\sum_{p^*\leqslant N_0}\frac{1}{p^*}+\sum_{p^*>N_0}\frac{1}{p^*}<$$

$$N_0+\sum_{r=2}^{\infty}\frac{1}{\frac{1}{c_0}r\log^{\frac{3}{2}} r}<$$

$$N_0+\frac{c_0}{\log^{\frac{3}{2}} 2}\cdot\frac{3\sqrt{2}-1}{\sqrt{2}-1}$$

筛法的起源很早，在公元前三百年，埃拉托斯尼就提出了这一想法．但其重要及蓬勃的发展，还是近四十年的事．首先是布朗，他将埃拉托斯尼筛法的观念加以重要的修正，从而使得与素数有关的若干经典而著名

的困难问题,在弱调的提法上,即将原来命题中的素数换为殆素数,得到了解决.所谓殆素数者,即素因子个数,包括相同的与相异的,不超过某一确定限的整数.一般说来这一限是可以具体算出来的.就以刚才所说的关于孪生素数的猜想来说,目前我们已能证明:

满足下面条件的正整数对$(n,n+2)$有无穷多.

(1)$n(n+2)$为不超过5个素数的乘积.

(2)$n$与$n+2$的素因子个数均不多于3.(布朗原来的结果为:存在无限多个正整数$n$,而$n$与$n+2$的素因子个数各不超过9.)

布朗的方法引起了不少数学家的兴趣,他们或改进了这一方法,或将这一方法用到其他新问题上去,实际上,有的已逾越了数论的范畴,在此不详谈了.

1947年,塞尔伯格提出了埃拉托斯尼筛法新的改良,一般说来,由此可以获得比布朗方法更精密的结果.苏联数学家林尼克在1941年发表的"大筛法",则是从另一角度来改进埃拉托斯尼筛法,亦有不少卓越而有趣的运用,在此都不介绍了.

关于筛法进一步的知识,我们建议有兴趣的读者去看华罗庚著的《数论导引》第九章与第十九章,以及中国科学院数学研究所数论组所撰写的关于哥德巴赫问题的资料(即将在《数学进展》上登载).最后,我殷切地期待着读者们的建议与批评.

### 1.4　关于大的可加数论函数的几个和[①]

(1) 引言.

设 $\beta(n)=\sum\limits_{p\mid n}p$，$B(n)=\sum\limits_{p^{\alpha}\parallel n}\alpha p$ 和 $B_1(n)=\sum\limits_{p^{\alpha}\parallel n}p^{\alpha}$.

这是三个有趣的可加数论函数，并且是密切相关的. 1977 年，Alladi 和厄多斯[②]研究了函数 $B(n)$ 的算术性质，对含有 $B(n)$ 的和所做的渐近估计揭示了函数 $B(n)$ 与 $n$ 的大素因数之间的联系，并指出 $B(n)$ 同把整数分拆成素数的问题之间有密切联系. 实际上，对于一个给定的正整数 $m$，方程 $B(n)=m$ 的解数，就是把 $m$ 分拆成素数(可以相同) 之和的分拆种数；方程 $\beta(n)=m$，$\mu^2(n)=1$ 的解数，是把 $m$ 分拆成不同素数之和的分拆种数；而 $B_1(n)=m$ 的解数是把 $m$ 分拆成不同的素数的幂之和的分拆种数. 在 Alladi 和厄多斯的论文中得到了下面的一个结果：当 $x\to\infty$ 时，有

$$\sum_{n\leqslant x}\beta(n)\sim\sum_{n\leqslant x}B(n)\sim\sum_{n\leqslant x}p(n)\sim\frac{\pi^2x^2}{12\log x}$$

其中 $p(n)$ 表示整数 $n(n\geqslant 2)$ 的最大素因数，$p(1)=1$. 在 Alladi 和厄多斯的论文中据此称 $\beta(n)$ 和 $B(n)$ 的平均的阶都是 $\dfrac{\pi^2 n}{6\log n}$，并在这个意义上称这两个函数是“大的”，显然函数 $B_1(n)$ 也是“大的”. De Koninck 和

---

① 作者宣体佐(数学系)，原载于《北京师范大学学报》，1984，2：11-17.

② K. Alladi，P. Erdös. Pacific J. Math.，1977，71：275-294.

Ivić[①] 证明了

$$\begin{cases} \sum_{n\leqslant x}\beta(n)=\dfrac{\pi^2x^2}{12\log x}+O\left(\dfrac{x^2}{\log^2 x}\right) \\ \sum_{n\leqslant x}B(n)=\dfrac{\pi^2x^2}{12\log x}+O\left(\dfrac{x^2}{\log^2 x}\right) \end{cases} \quad ⑧$$

并且指出可以证明

$$\sum_{n\leqslant x}B_1(n)=\frac{c_1x^2}{\log x}+O\left(\frac{x^2}{\log^2 x}\right)$$

其中 $c_1$ 是某个正常数. 本小节确定了 $c_1$ 的值,即证明了下面的定理:

**定理 3** $\sum_{n\leqslant x}B_1(n)=\dfrac{\pi^2x^2}{12\log x}+O\left(\dfrac{x^2}{\log^2 x}\right)$.

由定理 3 可知,$B_1(n)$ 的平均的阶也是$\dfrac{\pi^2 n}{6\log n}$.

最近,Alladi 和厄多斯[②]证明了

$$\sum_{2\leqslant n\leqslant x}\frac{B(n)-\beta(n)}{p(n)}=O(x\exp(-c_2(\log x\log_2 x)^{\frac{1}{2}}))$$

其中 $\log_2 x=\log\log x$,$c_2$ 是一个正常数. 本小节进一步得到了下面的结果.

**定理 4** 令 $r>0$ 是任一固定实数,当 $x\to\infty$ 时

$$S(x)=\sum_{2\leqslant n\leqslant x}\frac{B(n)-\beta(n)}{p^r(n)}=$$

$$x\exp\left\{-(2r\log x\log_2 x)^{\frac{1}{2}}-\right.$$

$$\left.\left(\frac{r}{2}\frac{\log x}{\log_2 x}\right)^{\frac{1}{2}}\log_3 x+O\left(\left(\frac{\log x}{\log_2 x}\right)^{\frac{1}{2}}\right)\right\}$$

① De Koninck, A. Ivić. Topics in Arithmetical Functions, Notas de Mathemática, 72, Amsterdam, 1980.

② K. Alladi, P. Erdös. Pacific J. Math., 1979, 82: 295-315.

这个结果还可以写成下面的形式

$$\log S(x)=\log x-(2r\log x\log_2 x)^{\frac{1}{2}}-\left(\frac{r}{2}\frac{\log x}{\log_2 x}\right)^{\frac{1}{2}}\log_3 x+O\left(\left(\frac{\log x}{\log_2 x}\right)^{\frac{1}{2}}\right)$$

利用定理 4,我们还可以得到一些相关的结果.例如,在 De Koninck 与 A. Ivić 的论文中提出了下面两个问题

$$\sum_{2\leqslant n\leqslant x}\left(\frac{1}{\beta(n)}-\frac{1}{B(n)}\right) \text{和} \sum_{2\leqslant n\leqslant x}\left(\frac{1}{\beta^r(n)}-\frac{1}{B^r(n)}\right), r>0$$

下面的定理 5 解决了这两个问题,而定理 5 实质上是定理 4 的直接推论.

**定理 5**　令 $r>0$ 是任一固定实数,当 $x\to\infty$ 时,有

$$\sum_{2\leqslant n\leqslant x}\left(\frac{1}{\beta(n)}-\frac{1}{B(n)}\right)=x\exp\left\{-2(\log x\log_2 x)^{\frac{1}{2}}-\left(\frac{\log x}{\log_2 x}\right)^{\frac{1}{2}}\log_3 x+O\left(\left(\frac{\log x}{\log_2 x}\right)^{\frac{1}{2}}\right)\right\}$$

和

$$\sum_{2\leqslant n\leqslant x}\left(\frac{1}{\beta^r(n)}-\frac{1}{B^r(n)}\right)x\exp\left\{-(2(r+1)\log x\log_2 x)^{\frac{1}{2}}-\left(\frac{r+1}{2}\frac{\log x}{\log_2 x}\right)^{\frac{1}{2}}\log_3 x+O\left(\left(\frac{\log x}{\log_2 x}\right)^{\frac{1}{2}}\right)\right\}$$

最近,在 De Koninck, 厄多斯和 Ivić[①] 的论文中证明了存在正常数 $c_3$ 和 $c_4$,使得

① De Koninck, P. Erdös, A. Ivić. Canad. Math. Bull., 1981, 24:225-231.

$$\sum_{2\leqslant n\leqslant x}\frac{B(n)}{\beta(n)}=x+O(x\exp(-c_3(\log x\log_2 x)^{\frac{1}{2}}))\quad ⑨$$

和

$$\sum_{2\leqslant n\leqslant x}\frac{\beta(n)}{B(n)}=x+O(x\exp(-c_4(\log x\log_2 x)^{\frac{1}{2}}))\quad ⑩$$

在 De Koninck 与 Ivić 的论文中把 ⑨⑩ 两式推广到一般情形，即考虑了下面两个和：$\sum_{2\leqslant n\leqslant x}\frac{B^r(n)}{\beta^r(n)}$ 及 $\sum_{2\leqslant n\leqslant x}\frac{\beta^r(n)}{B^r(n)}$，并得到了类似的结果. 在 De Koninck 与 Ivić 的论文中还提出猜测

$$\sum_{2\leqslant n\leqslant x}\frac{B(n)}{\beta(n)}=x+\Omega_{\pm}(x^{\frac{1}{2}})\quad ⑪$$

我们利用定理 4 可以直接推出下面的定理 6. 定理 6 改进了式 ⑨⑩，将定理 6 同猜测 ⑪ 比较，可知这个猜测是很弱的.

**定理 6** 令 $r>0$ 是任一固定实数，当 $x\to\infty$ 时，有

$$\sum_{2\leqslant n\leqslant x}\frac{B^r(n)}{\beta^r(n)}=x+x\exp\left\{-(2\log x\log_2 x)^{\frac{1}{2}}-\left(\frac{1}{2}\frac{\log x}{\log_2 x}\right)^{\frac{1}{2}}\log_3 x+O\left(\left(\frac{\log x}{\log_2 x}\right)^{\frac{1}{2}}\right)\right\}$$

和

$$\left|\sum_{2\leqslant n\leqslant x}\frac{\beta^r(n)}{B^r(n)}-x\right|=x\exp\left\{-(2\log x\log_2 x)^{\frac{1}{2}}-\left(\frac{1}{2}\frac{\log x}{\log_2 x}\right)^{\frac{1}{2}}\log_3 x+O\left(\left(\frac{\log x}{\log_2 x}\right)^{\frac{1}{2}}\right)\right\}$$

关于函数 $\beta(n)$，$B(n)$ 和 $B_1(n)$ 的倒数和，在 De

Koninck，厄多斯与Ivić的论文中首先给出了它们的上界估计和下界估计. 接着，在Ivić的论文[①]中证明了，若令 $g(n)=p(n),\beta(n)$ 或 $B(n)$，当 $x\to\infty$ 时，有

$$\sum_{2\leqslant n\leqslant x}\frac{1}{g(n)}=x\exp\{-(2\log x\log_2 x)^{\frac{1}{2}}+O((\log x\log_3 x)^{\frac{1}{2}})\}$$

本小节利用定理4的证明方法，得到了比上式略微精密的结果，而证明方法比较简单. 这个结果是：

**定理7**　令 $g(n)=p(n)$ 或 $\beta(n)$ 或 $B(n)$，$r>0$ 是任一固定实数，当 $x\to\infty$ 时，有

$$\sum_{2\leqslant n\leqslant x}\frac{1}{g^r(n)}=x\exp\left\{-(2r\log x\log_2 x)^{\frac{1}{2}}-\left(\frac{r}{2}\frac{\log x}{\log_2 x}\right)^{\frac{1}{2}}\log_3 x+O\left(\left(\frac{\log x}{\log_2 x}\right)^{\frac{1}{2}}\right)\right\}$$

(2) 定理3的证明.

**引理11**　设 $s,r\geqslant 0$，则

$$\sum_{p\leqslant x}\frac{p^s}{(\log p)^r}=\frac{x^{s+1}}{(s+1)(\log x)^{r+1}}+O\left(\frac{x^{s+1}}{(\log x)^{r+2}}\right)$$

**定理3的证明**　容易看出

$$\sum_{n\leqslant x}(B_1(n)-B(n))=\sum_{n\leqslant x}\sum_{p^\alpha\parallel n}(p^\alpha-\alpha p)=\sum_{p\leqslant x^{\frac{1}{2}}}(p^2-2p)\sum_{n\leqslant x,p^2\parallel n}1+\sum_{p\leqslant x^{\frac{1}{\alpha}},\alpha\geqslant 3}(p^\alpha-\alpha p)\cdot\sum_{n\leqslant x,p^\alpha\parallel n}1=\Sigma_1+\Sigma_2$$

由引理11可得

① A. Ivić. Arch. Math., 1981, 36: 57-61.

$$\Sigma_1 = \sum_{p \leqslant x^{\frac{1}{2}}} (p^2 - 2p)\left(\left[\frac{x}{p^2}\right] - \left[\frac{x}{p^3}\right]\right) =$$

$$O(x \sum_{p \leqslant x^{\frac{1}{2}}} 1) + O(\sum_{p \leqslant x^{\frac{1}{2}}} p^2) =$$

$$O\left(\frac{x^{\frac{3}{2}}}{\log x}\right)$$

$$\Sigma_2 = O\left(\log x \sum_{p \leqslant x^{\frac{1}{3}}} (p^3 - 3p)\left(\left[\frac{x}{p^3}\right] - \left[\frac{x}{p^4}\right]\right)\right) =$$

$$O(x\log x \sum_{p \leqslant x^{\frac{1}{3}}} 1) + O(\log x \sum_{p \leqslant x^{\frac{1}{3}}} p^3) = O(x^{\frac{4}{3}})$$

于是得到

$$\sum_{n \leqslant x} (B_1(n) - B(n)) = O\left(\frac{x^{\frac{3}{2}}}{\log x}\right)$$

再由式 ⑧,即得定理 3.

(3) 定理 4,5,6,7 的证明.

设 $y \geqslant 2, x > 0$,令 $\Psi(x,y)$ 表示不超过 $x$,且没有素因数大于 $y$ 的正整数的个数,设 $u = \frac{\log x}{\log y}$,并用 $c_5$,$c_6$,… 表示绝对正常数.

**引理 12** 设 $3 \leqslant u \leqslant \frac{\log x}{\log_2 x}$,则有

$$\Psi(x,y) \leqslant x\exp\{-u\log u - u\log_2 u + O(u)\}$$

**引理 13** 设 $3 \leqslant u \leqslant c_5 \frac{\log x}{\log_2^2 x}$,则有

$$\Psi(x,y) \geqslant x\exp\left\{-u\log u - u\log_2 u + O\left(\frac{u\log_2 u}{\log u}\right)\right\}$$

**证明**　这是哈伯斯坦的论文[①]中定理的较弱形式. 只要将哈伯斯坦的论文中定理的证明中所引用的结果

$$\sum_{p\leqslant x}\frac{1}{p}=\log_2 x+c_6+O\left(\frac{1}{\log x}\right)$$

中的误差项用 $O(\exp(-c_7\sqrt{\log x}))$ 代替，就容易得到引理 13.

在下文中我们总假定 $x$ 是充分大的正数，不再一一声明.

**定理 4 的证明**　我们先估计 $S(x)$ 的上界. 因为对 $n\geqslant 2$，总有

$$p(n)\leqslant\beta(n)\leqslant B(n)\leqslant p(n)\Omega(n)\ll p(n)\log n \tag{12}$$

并注意到，若 $B(n)-\beta(n)>0$，则必有素数 $p$ 存在，使得 $p^2\mid n$. 于是有

$$S(x)=\sum_{2\leqslant n\leqslant x}\frac{B(n)-\beta(n)}{p^r(n)}\ll\sum_{p\leqslant x^{\frac{1}{2}}}\sum_{2\leqslant n\leqslant x}{}'\frac{p\log n}{p^r(n)}=S_1+S_2 \tag{13}$$

其中“$\sum{}'$”表示对适合下述条件的 $n$ 求和：$p^2\mid n$，且这个素数 $p$ 是使 $p^2\mid n$ 成立的最大素数，$S_1$ 和 $S_2$ 的求和范围分别是 $p\leqslant z_2$ 和 $z_2<p\leqslant x^{\frac{1}{2}}$，此处 $z_2=\exp\left\{\frac{5}{\sqrt{r}}(\log x\log_2 x)^{\frac{1}{2}}\right\}$. 由于 $p(n)\geqslant p$，故有

$$S_2=\sum_{z_2<p\leqslant x^{\frac{1}{2}}}\sum_{2\leqslant n\leqslant x}{}'\frac{p\log n}{p^r(n)}\leqslant\frac{x\log x}{z_2^r}\sum_{p\leqslant x^{\frac{1}{2}}}\frac{1}{p}\ll$$

---

① H. Halberstam. Proc. London Math. Soc., 1970, 21(3): 102-107.

$$x\exp\{-4\sqrt{r}(\log x\log_2 x)^{\frac{1}{2}}\} \tag{14}$$

又有

$$S_1 \leqslant \log x \sum_{p\leqslant z_2} \sum_{m\leqslant \frac{x}{p^2}} \frac{p}{p^r(mp^2)} = S_3 + S_4 + S_5 + S_6 \tag{15}$$

其中 $S_3, S_4, S_5$ 和 $S_6$ 的求和范围分别是 $p(m) \leqslant z_1$，$z_1 < p(m) \leqslant z_2$，且 $p(m) < p$，$z_1 < p(m) \leqslant z_2$，$p(m) > p$ 及 $p(m) > z_2$，此处 $z_1 = \exp\left\{\frac{0.1}{\sqrt{r}}(\log x\log_2 x)^{\frac{1}{2}}\right\}$. 由于 $p(mp^2) \geqslant p$，故由引理12得

$$\begin{aligned} S_3 &= \log x \sum_{p\leqslant z_2} \sum_{m\leqslant \frac{x}{p^2}, p(m)\leqslant z_1} \frac{p}{p^r(mp^2)} \leqslant \\ &\log x \sum_{p\leqslant z_2} \frac{1}{p^{r-1}} \Psi\left(\frac{x}{p^2}, z_1\right) \leqslant \\ &x\log x \sum_{p\leqslant z_2} \frac{1}{p^{r+1}} \exp\{-4.5\sqrt{r}(\log x\log_2 x)^{\frac{1}{2}}\} \leqslant \\ &x\exp\{-4\sqrt{r}(\log x\log_2 x)^{\frac{1}{2}}\} \end{aligned} \tag{16}$$

由于 $p(mp^2) \geqslant p(m)$，故有

$$\begin{aligned} S_6 \leqslant \log x \sum_{p\leqslant z_2} \sum_{m\leqslant \frac{x}{p^2}, p(m) > z_2} \frac{p}{p^r(m)} \ll \\ x\exp\{-4\sqrt{r}(\log x\log_2 x)^{\frac{1}{2}}\} \end{aligned} \tag{17}$$

下面估计 $S_4$. 由于 $p(m) < p$，故有

$$\begin{aligned} S_4 = \log x \sum_{z_1 < p\leqslant z_2} \sum_{m\leqslant \frac{x}{p^2}, z_1 < p(m) < p} \frac{p}{p^r(mp^2)} \leqslant \\ \log x \sum_{z_1 < p\leqslant z_2} \frac{1}{p^{r-1}} \Psi\left(\frac{x}{p^2}, p\right) \leqslant \end{aligned}$$

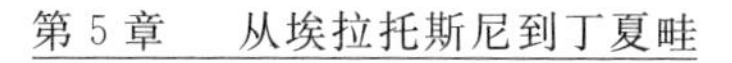

$$\log x\left(\sum_{p\leqslant z_2}\frac{1}{p}\right)\cdot\max_{z_1\leqslant z\leqslant z_2}\frac{1}{z^{r-2}}\Psi\left(\frac{x}{z^2},z\right)$$

令 $z=\exp\left\{\frac{t}{\sqrt{r}}(\log x\log_2 x)^{\frac{1}{2}}\right\}$,$0.1\leqslant t\leqslant 5$,在引理 12 中取

$$u=\frac{\log(x/z^2)}{\log z}=\frac{\sqrt{r}}{t}\left(\frac{\log x}{\log_2 x}\right)^{\frac{1}{2}}+O(1)$$

$$\log u=\frac{1}{2}\log_2 x-\frac{1}{2}\log_3 x+O(1)$$

$$\log_2 u=\log_3 x+O(1)$$

于是有

$$S_4\ll x\log^2 x\cdot\max_{0.1\leqslant t\leqslant 5}\exp\left\{\left(-t+\frac{1}{2t}\right)(r\log x\log_2 x)^{\frac{1}{2}}-\frac{\sqrt{r}}{2t}\left(\frac{\log x}{\log_2 x}\right)^{\frac{1}{2}}\log_3 x+O\left(\left(\frac{\log x}{\log_2 x}\right)^{\frac{1}{2}}\right)\right\}$$

取 $t=\frac{1}{\sqrt{2}}$,即得

$$S_4\leqslant x\exp\left\{-(2r\log x\log_2 x)^{\frac{1}{2}}-\left(\frac{r}{2}\frac{\log x}{\log_2 x}\right)^{\frac{1}{2}}\log_3 x+O\left(\left(\frac{\log x}{\log_2 x}\right)^{\frac{1}{2}}\right)\right\} \qquad ⑱$$

下面估计 $S_5$. 由于 $p(m)>p$,故有

$$S_5\leqslant\log x\sum_{p\leqslant z_2}p\sum_{z_1<p_1\leqslant z_2}\frac{1}{p_1^r}\Psi\left(\frac{x}{p^2p_1},p_1\right)$$

同估计 $S_4$ 类似地可以得到 $S_5$ 的上界,这个上界也如式 ⑱ 右端所示. 再结合式 ⑬ ～ ⑱ 即得 $S(x)$ 的上界如式 ⑱ 右端所示.

下面估计 $S(x)$ 的下界. 显然有,若 $2^2\mid n$,则 $B(n)-\beta(n)>0$,故得

$$S(x) \geqslant \sum_{2 \leqslant n \leqslant x, 2^2 \mid n} \frac{1}{p^r(n)} \geqslant \frac{1}{4} \sum_{m \leqslant \frac{x}{4}, p(m) \leqslant y} \frac{1}{p^r(m)} \geqslant \frac{1}{4y^r} \Psi\left(\frac{x}{4}, y\right)$$

其中 $y = \exp\left\{\frac{1}{\sqrt{2r}}(\log x \log_2 x)^{\frac{1}{2}}\right\}$. 由引理 13 即得

$$S(x) \geqslant x\exp\left\{-(2r\log x\log_2 x)^{\frac{1}{2}} - \left(\frac{r}{2}\frac{\log x}{\log_2 x}\right)^{\frac{1}{2}}\log_3 x + O\left(\left(\frac{\log x}{\log_2 x}\right)^{\frac{1}{2}}\right)\right\}$$

于是定理 4 得证.

**定理 5 的证明** 我们只需证明第二式. 不妨假定 $r \geqslant 1$($0 < r < 1$ 的情形类似可证). 由拉格朗日中值定理可得

$$r(B(n) - \beta(n))\beta^{r-1}(n) \leqslant B^r(n) - \beta^r(n) \leqslant r(B(n) - \beta(n))B^{r-1}(n) \qquad ⑲$$

于是

$$\sum_{2 \leqslant n \leqslant x} \frac{B(n) - \beta(n)}{p^{r+1}(n)(\log n)^{r+1}} \ll \sum_{2 \leqslant n \leqslant x}\left(\frac{1}{\beta^r(n)} - \frac{1}{B^r(n)}\right) \ll \sum_{2 \leqslant n \leqslant x} \frac{B(n) - \beta(n)}{p^{r+1}(n)}$$

再利用定理 4 即得定理 5.

**定理 6 的证明** 我们只需证明第一式. 不妨假定 $r \geqslant 1$. 由式 ⑲ 可得

$$\sum_{2 \leqslant n \leqslant x} \frac{B(n) - \beta(n)}{p(n)\log n} \ll \sum_{2 \leqslant n \leqslant x}\left(\frac{B^r(n)}{\beta^r(n)} - 1\right) \ll (\log x)^{r-1} \sum_{2 \leqslant n \leqslant x} \frac{B(n) - \beta(n)}{p(n)}$$

再利用定理 4 即得定理 6.

**定理 7 的证明** 我们只给出 $g(n) = p(n)$ 的情形

的证明. $g(n)=\beta(n)$ 或 $B(n)$ 的情形容易由第一种情形和式⑫推出.

令

$$T(x)=\sum_{2\leqslant n\leqslant x}\frac{1}{p^r(n)}=T_1+T_2+T_3 \tag{⑳}$$

其中 $T_1$, $T_2$ 和 $T_3$ 的求和范围分别是 $p(n)\leqslant z_1$, $z_1<p(n)\leqslant z_2$ 和 $p(n)>z_2$. 由引理12易得

$$T_1=\sum_{2\leqslant n\leqslant x,\,p(n)\leqslant z_1}\frac{1}{p^r(n)}\leqslant \Psi(x,z_1)\ll x\exp\{-4(r\log x\log_2 x)^{\frac{1}{2}}\} \tag{㉑}$$

又有

$$T_3=\sum_{2\leqslant n\leqslant x,\,p(n)>z_2}\frac{1}{p^r(n)}\ll x\exp\{-4(r\log x\log_2 x)^{\frac{1}{2}}\} \tag{㉒}$$

下面估计 $T_2$, 我们有

$$T_2=\sum_{z_1<p\leqslant z_2}\frac{1}{p^r}\Psi\left(\frac{x}{p},p\right)\leqslant \sum_{p\leqslant z_2}\frac{1}{p}\max_{z_1\leqslant z\leqslant z_2}\frac{1}{z^{r-1}}\Psi\left(\frac{x}{z},z\right)$$

同估计定理4中的 $S_4$ 类似地可得

$$T_2\leqslant x\exp\left\{-(2r\log x\log_2 x)^{\frac{1}{2}}-\left(\frac{r}{2}\frac{\log x}{\log_2 x}\right)^{\frac{1}{2}}\log_3 x+O\left(\left(\frac{\log x}{\log_2 x}\right)^{\frac{1}{2}}\right)\right\} \tag{㉓}$$

由式⑳～㉓可得 $T(x)$ 的上界如式㉓右端所示. 下面估计 $T(x)$ 的下界, 同定理4的证明完全类似地可得, $T(x)$ 的下界也如式㉓右端所示. 于是定理7得证.

最后我们指出, 由定理5和定理7可以推出, 对任一固定实数 $r>0$, 当 $x\to\infty$ 时, 有

$$\sum_{2\leqslant n\leqslant x}\frac{1}{\beta^r(n)}\sim\sum_{2\leqslant n\leqslant x}\frac{1}{B^r(n)}$$

## §2　埃拉托斯尼筛法与哥德巴赫定理[①]

——布朗

### 2.1

熟知的哥德巴赫定理是说每个偶数可以分成两个素数之和.在1742年的一封信中,欧拉写道:"尽管我不能证明它,但我相信这是一条完全对的定理."这条定理至今未被证明,下面的定理也是一样的:孪生素数列有无穷多.1912年在剑桥召开的国际数学会议上,朗道在其演讲中认为这些问题是"近代科学中不可解决的问题".

无论如何,今天处理这些问题已经有了起始点,即可以用一个类似于埃拉托斯尼筛法来处理哥德巴赫问题及孪生素数问题.第一个注意到这件事的是麦尔林[②].

这个方法包含一个二重运用埃拉托斯尼筛法,例

① 这是说一对素数,其相差为2,见史泰克尔的文章(Sitzungsberichte der Heidelberger Akademie Abt. A. Jahrg.,1916. 10,Abh.).

② Bulletin des Sciences mathématiques T. 39,I partie,1915. See also Viggo Brun in "Archiv for Mathematik og Naturvidenskab" 1915, B. 34,nr. 8:Über das Goldbachsche Gesetz und die Anzahl der Primzahlpaare.

如给出偶数 26 的分析，我们写出下列两个数列

$\underline{0}$ 1 2 3 $\underline{4}$ 5 $\underline{6}$ 7 $\underline{8}$ $\underline{9}$ $\underline{10}$ 11 $\underline{12}$ 13 $\underline{14}$ $\underline{15}$ $\underline{16}$ 17 $\underline{18}$ 19 $\underline{20}$ $\underline{21}$ $\underline{22}$ 23 $\underline{24}$ $\underline{25}$ $\underline{26}$

$\underline{26}$ $\underline{25}$ $\underline{24}$ 23 $\underline{22}$ $\underline{21}$ $\underline{20}$ 19 $\underline{18}$ 17 $\underline{16}$ $\underline{15}$ $\underline{14}$ 13 $\underline{12}$ 11 $\underline{10}$ $\underline{9}$ $\underline{8}$ 7 $\underline{6}$ 5 $\underline{4}$ 3 2 1 $\underline{0}$

不超过$\sqrt{26}$的素数为 2，3 与 5. 在我们的两数列中，去掉形如 $2\lambda$，$3\lambda$ 与 $5\lambda$ 的数，第一个数列中一个数与第二个数列中对应的数之和为 26. 如果这两个数均未被画掉，即它们都是素数，这就得到 26 的一个哥德巴赫分拆，我们仅可选取 26 与 0 作为我们画数的起始点. 用这个方法我们就得到将偶数 $x$ 分拆为两个介于$\sqrt{x}$与 $x-\sqrt{x}$ 之间的素数之和的全部分拆，选择 0 与 2 作为我们画数的起始点，则我们可以决定孪生素数，我们不知道用这个方法是否能导出这些定理的证明，但我们可以看到这个方法可以得出非常深刻的结果.

**2. 2**

我们首先研究埃拉托斯尼方法，将这个方法用下面的形式给出.

假定给出数列

| 0 | 1 | 2 | 3 | 4 | 5 | 6 | 7 | 8 | 9 | 10 | … | $x$ |
|---|---|---|---|---|---|---|---|---|---|---|---|---|
| 0 | | 2 | | 4 | | 6 | | 8 | | 10 | … | |
| 0 | | | 3 | | | 6 | | | 9 | | … | |
| | … | | | | | | | | | | | |
| 0 | | $p_n$ | | | $2p_n$ | | | $3p_n$ | | | … | $\lambda p_n$ |

此处 $x$ 为整数及 $p_n$ 为满足

$$p_n \leqslant \sqrt{x} < p_{n+1}$$

的第 $n$ 个素数，而 $\lambda$ 为满足

$$\lambda p_n \leqslant x < (\lambda + 1) p_n$$

的整数.

第一个数列的项,不同于其他所有数列的项者,为1及介于$\sqrt{x}$与$x$间的所有素数.

这些项就是未被埃拉托斯尼筛法画去的数,一般言之,研究下面的算术数列

$$\begin{array}{lll} \Delta & \Delta + D & \Delta + 2D\cdots \\ \hline a_1 & a_1 + p_1 & a_1 + 2p_1\cdots \\ & \vdots & \\ a_r & a_r + p_r & a_r + 2p_r\cdots \end{array}$$

这个数列由0延至$x$,$D$表示与诸素数$p_1,\cdots,p_r$(相继或不相继)互素的一个整数.

$\Delta$与$a_1,\cdots,a_r$为满足下面条件的整数

$$0 < \Delta \leqslant D, 0 < a_i < p_i$$

我们提出下面的问题:第一行中不同于其他所有行的元素的个数是多少?

我们将这个数记为

$$N(\Delta, D, x, a_1, p_1, \cdots, a_r, p_r)$$

或简记为

$$N(D, x, p_1, \cdots, p_r)$$

我们得到基本公式

$$\begin{aligned} & N(\Delta, D, x, a_1, p_1, \cdots, a_r, p_r) = \\ & N(\Delta, D, x, a_1, p_1, \cdots, a_{r-1}, p_{r-1}) - \\ & N(\Delta', Dp_r, x, a_1, p_1, \cdots, a_{r-1}, p_{r-1}) \end{aligned}$$

此处

$$0 < \Delta' \leqslant Dp_r$$

或简记为

$$N(D, x, p_1, \cdots, p_r) =$$

$$N(D,x,p_1,\cdots,p_{r-1})-$$
$$N(Dp_r,x,p_1,\cdots,p_{r-1}) \quad ①$$

这只要首先考虑我们的数列画去直到数列 $a_{r-1}+\lambda p_{r-1}$ 中的相同数,再加上 $a_r+\lambda p_r$ 中对应的数.假定 $N(\Delta,D,x,a_1,p_1,\cdots,a_{r-1},p_{r-1})$ 已知,则 $N(\Delta,D,x,a_1,p_1,\cdots,a_r,p_r)$ 等于 $N(\Delta,D,x,a_1,p_1,\cdots,a_{r-1},p_{r-1})$ 减去最后数列中的数,它是属于第一个数列而不属于中间数列的个数.

我们注意到这个数等于 $N(\Delta',Dp_r,x,a_1,p_1,\cdots,p_{r-1})$.这是由于最后数列 $a_r+\lambda p_r$ 与另一个数列 $\Delta+\mu D$ 恒同的数为0与 $x$ 间的下面算术级数中的所有数

$$\Delta',\Delta'+Dp_r,\Delta'+2Dp_r,\cdots$$

此处

$$0<\Delta'\leqslant Dp_r$$

其中 $\Delta'$ 表示这个数列中的最小正数.

因为 $p_r$ 与 $D$ 互素,所以不定方程

$$a_r+\lambda p_r=\Delta+\mu D$$

或

$$\lambda p_r-\mu D=\Delta-a_r$$

恒有解,这些“解”可以写成

$$\lambda=\lambda_0+tD,\mu=\mu_0+tp_r$$

其中 $\lambda_0,\mu_0$ 为一组解,而 $t=0,\pm1,\pm2,\cdots$.

第二个数列恒等于第一个数列者为

$$a_r+\lambda p_r=a_r+\lambda_0 p_r+tDp_r,t=0,\pm1,\pm2,\cdots$$

这些数为具有公差 $Dp_r$ 的算术数列.

我们定义 $N(\Delta,D,x)$,与简记为 $N(D,x)$ 的数列

$$\Delta,\Delta+D,\Delta+2D,\cdots,\Delta+\lambda D$$

中介于0与 $x$ 间的所有项,此处

$$0<\Delta\leqslant D,\Delta+\lambda D\leqslant x<\Delta+(\lambda+1)D$$

因此我们得

$$\lambda+1=N(D,x)=\frac{x}{D}+\theta,-1<\theta<1$$

**例 1** 选取

$$\Delta=2,D=7,x=60$$
$$a_1=2,p_1=2,a_2=1$$
$$p_2=3,a_3=4,p_3=5$$

(A)2 9 16 23 30 37 44 51 58

(B) 2 4 6 8 10 12 14 16 18 20 22 24 26 28 30 32 34 36 38 40 42 44 46 48 50 52 54 56 58 60

(C) 1 4 7 10 13 16 19 22 25 28 31 34 37 40 43 46 49 52 55 58

(D)4 9 14 19 24 29 34 39 44 49 54 59

(A) 中的数不同于(B) 与(C) 中的数者为 9,23,51,再加上数列(D),(A) 与(D) 中的数恒等者为 9 与 44,具有公差 $7\times5=35$,故得

$$N(7,60,2,3,5)=N(7,60,2,3)-N(7\times5,60,2,3)$$

或 $2=3-1$.

由公式 ① 得

$$\begin{aligned}&N(D,x,p_1,\cdots,p_r)=\\&N(D,x)-N(Dp_1,x)-\\&N(Dp_2,x,p_1)-\cdots-\\&N(Dp_r,x,p_1,\cdots,p_{r-1})\end{aligned}\qquad ②$$

及

$$\begin{aligned}&N(D,x,p_1,\cdots,p_r)=\\&N(D,x)-N(Dp_1,x)-\cdots-\\&N(Dp_r,x)+N(Dp_2p_1,x)+\end{aligned}$$

$$N(Dp_3p_1, x) +$$
$$N(Dp_3p_2, x, p_1) + \cdots +$$
$$N(Dp_rp_1, x) +$$
$$N(Dp_rp_2, x, p_1) + \cdots +$$
$$N(Dp_rp_{r-1}, x, p_1, \cdots, p_{r-2}) \qquad ③$$

我们可以将最后一个公式写成

$$N(D, x, p_1, \cdots, p_r) = N(D, x) - \sum_{a \leqslant r} N(Dp_a, x) + \sum_{a \leqslant r} \sum_{b < a} N(Dp_ap_b, x, p_1, \cdots, p_{b-1}) \qquad ③'$$

当我们的问题需要确定 $N(D, x, p_1, \cdots, p_r)$ 的下界时,可以在公式 ③ 中去掉任意多个正项,我们有几种方法来选取这些项. 例如,去掉某一重线右端诸项,一般言之可得

$$N(D, x, p_1, \cdots, p_r) > N(D, x) - \sum_{a \leqslant r} N(Dp_a, x) + \sum \sum_{\omega_1} N(Dp_ap_b, x, p_1, \cdots, p_{b-1}) \qquad ④$$

此处我们对于 $p_ap_b$ 选的一个范围 $\omega_1$,它属于下面的范围

$$\begin{matrix} p_2p_1 \\ p_3p_1 \quad p_3p_2 \\ \vdots \\ p_rp_1 \quad p_rp_2 \quad \cdots \quad p_rp_{r-1} \end{matrix}$$

两次运用公式 ④,我们得出新公式

$$N(D, x, p_1, \cdots, p_r) >$$
$$N(D, x) - \sum_{a \leqslant r} N(Dp_a, x) +$$

$$\sum_{\omega_1}\sum\Big(N(Dp_ap_b,x)-$$

$$\sum_{c<b}N(Dp_ap_bp_c,x)\Big)+$$

$$\sum_{\omega'_1}\sum\ \sum_{\omega_2}\sum N(Dp_ap_bp_cp_d,$$

$$x,p_1,\cdots,p_{d-1})$$

此处 $\omega'_1\leqslant\omega_1$ 及 $\omega_2$ 表示 $p_cp_d$ 的范围.

继续这一方法,并用

$$N(d,x)=\frac{x}{d}+\theta,-1<\theta<1$$

则最后得

$$\frac{D}{x}N(D,x,p_1,\cdots,p_r)>$$

$$1-\sum_{a\leqslant r}\frac{1}{p_a}+\sum_{\omega_1}\sum\frac{1}{p_ap_b}\Big(1-\sum_{c<b}\frac{1}{p_c}\Big)+$$

$$\sum_{\omega'_1}\sum\ \sum_{\omega_2}\sum\frac{1}{p_ap_bp_cp_d}\Big(1-\sum_{e<d}\frac{1}{p_e}\Big)+\cdots-\frac{RD}{x}\qquad⑤$$

此处 $R$ 表示项数及 $\omega'_1\leqslant\omega_1$ 等.

假定 $p_1=2,p_2=3,p_3=5$ 等,则可以将公式⑤写成

$$N(D,x,2,3,5,\cdots,p_r)>$$

$$\frac{x}{D}\Big(1-\frac{1}{2}-\frac{1}{3}-\frac{1}{5}-\cdots-\frac{1}{p_r}\Big)+$$

$$\frac{1}{3\times2}+$$

$$\frac{1}{5\times2}+\frac{1}{5\times3}\Big(1-\frac{1}{2}\Big)+$$

$$\frac{1}{7\times2}+\frac{1}{7\times3}\Big(1-\frac{1}{2}\Big)+\frac{1}{7\times5}\left(\begin{matrix}1-\frac{1}{2}-\frac{1}{3}\\+\frac{1}{3\times2}\end{matrix}\right)+\cdots+$$

$$\frac{1}{p_r\times 2}+\frac{1}{p_r\times 3}\left(1-\frac{1}{2}\right)+$$

$$\frac{1}{p_r\times 5}\left(\begin{matrix}1-\frac{1}{2}-\frac{1}{3}\\+\frac{1}{3\times 2}\end{matrix}\right)+$$

$$\frac{1}{p_r\times 7}\left(\begin{matrix}1-\frac{1}{2}-\frac{1}{3}-\frac{1}{5}\\+\frac{1}{3\times 2}\\+\frac{1}{5\times 2}+\frac{1}{5\times 3}\left(1-\frac{1}{2}\right)+\cdots\end{matrix}\right)-R$$

此处我们可以去掉(包括跟随着括号中的项)任何带有正号的项.其中 $R$ 表示所有项的个数.

若我们去掉那些项,它乘以 $\frac{x}{D}$ 之后小于所取的项数,则可以得到 $N$ 的较好的下界.

**例 2**　取 $x=1\ 000, D=1$ 及 $p_r=31$,这是不超过 $\sqrt{x}$ 的最大素数.则

$$N(1,10^3,2,3,\cdots,31)>$$

$$10^3\left(1-\frac{1}{2}-\frac{1}{3}-\cdots-\frac{1}{31}+\right.$$

$$\frac{1}{3\times 2}+\frac{1}{5\times 2}+\frac{1}{5\times 3}\left(1-\frac{1}{2}\right)+$$

$$\frac{1}{7\times 2}+\frac{1}{7\times 3}\left(1-\frac{1}{2}\right)+$$

$$\frac{1}{7\times 5}\left(1-\frac{1}{2}-\frac{1}{3}+\frac{1}{3\times 2}\right)+$$

$$\frac{1}{11\times 2}+\frac{1}{11\times 3}\left(1-\frac{1}{2}\right)+$$

$$\frac{1}{11\times5}\left(1-\frac{1}{2}-\frac{1}{3}+\frac{1}{3\times2}\right)+$$

$$\frac{1}{13\times2}+\frac{1}{13\times3}\left(1-\frac{1}{2}\right)+$$

$$\frac{1}{13\times5}\left(1-\frac{1}{2}-\frac{1}{3}+\frac{1}{3\times2}\right)+$$

$$\frac{1}{17\times2}+\frac{1}{17\times3}\left(1-\frac{1}{2}\right)+$$

$$\frac{1}{19\times2}+\frac{1}{19\times3}\left(1-\frac{1}{2}\right)+$$

$$\frac{1}{23\times2}+\frac{1}{23\times3}\left(1-\frac{1}{2}\right)+$$

$$\frac{1}{29\times2}+\frac{1}{29\times3}\left(1-\frac{1}{2}\right)+$$

$$\left.\frac{1}{31\times2}+\frac{1}{31\times3}\left(1-\frac{1}{2}\right)\right)-52$$

因为 $\frac{1}{17\times5}\left(1-\frac{1}{2}-\frac{1}{3}+\frac{1}{3\times2}\right)=0.003\ 9\cdots$, $10^3\times0.003\ 9\cdots=3.9\cdots<4$,所以它被去掉了.在项

$$\frac{1}{11\times7}\left(1-\frac{1}{2}-\frac{1}{3}-\frac{1}{5}+\frac{1}{3\times2}+\right.$$

$$\left.\frac{1}{5\times2}+\frac{1}{5\times3}\left(1-\frac{1}{2}\right)\right)$$

中,因为$\frac{10^3}{11\times7\times5\times3}\left(1-\frac{1}{2}\right)=0.4\cdots<2$,所以去掉$\frac{1}{5\times3}\left(1-\frac{1}{2}\right)$.又因为$10^3\times0.003\cdots=3.\cdots<6$,所以去掉 $\frac{1}{11\times7}\left(1-\frac{1}{2}-\frac{1}{3}-\frac{1}{5}+\frac{1}{3\times2}+\frac{1}{5\times2}\right)$($=0.003\cdots$).

最后得

$$N(1,10^3,2,3,\cdots,31)>109-52=57$$

我们可以用下法来表示这个结果:当我们在1 000个数中去掉2,3,5,直至31的倍数时,至少还剩57个数.我们取0作为画数的起始点,并注意

$$N(1,10^3,2,3,\cdots,31)=\pi(10^3)-\pi(\sqrt{10^3})+1$$

所以在$\pi$与1 000之间的素数个数多于56.这里$\pi(x)$表示不超过$x$的素数个数.

这里我们选择范围$\omega$使之获得最适当的下界结果,用这个原则可得如下结果

$$N(1,10^3,2,3,\cdots,31)>109-52=57$$

而

$$\pi(10^3)-\pi(\sqrt{10^3})=158$$

$$N(1,10^4,2,3,\cdots,97)>820-284=536$$

而

$$\pi(10^4)-\pi(\sqrt{10^4})=1\ 206$$

$$N(1,10^5,2,3,\cdots,313)>5\ 733-1\ 862=3\ 871$$

而

$$\pi(10^5)-\pi(\sqrt{10^5})=9\ 528$$

以下我们将用较简单的方法选取$\omega$.

为了阐述这些原则,我们首先给出三个例子.

**例3**

$$N(1,x,2,3,5,7)>$$

$$x\Big(1-\frac{1}{2}-\frac{1}{3}-\frac{1}{5}-\frac{1}{7}+$$

$$\frac{1}{3\times 2}+\frac{1}{5\times 2}+\frac{1}{5\times 3}\Big(1-\frac{1}{2}\Big)+\frac{1}{7\times 2}+$$

$$\frac{1}{7\times 3}\Big(1-\frac{1}{2}\Big)+\frac{1}{7\times 5}\Big(1-\frac{1}{2}-$$

$$\frac{1}{3}+\frac{1}{3\times2}\Big)\Big)-16=$$

$$x\left(1-\frac{1}{2}\right)\left(1-\frac{1}{3}\right)\left(1-\frac{1}{5}\right)\left(1-\frac{1}{7}\right)-2^4$$

我们不去掉任意项.

**例 4**

$$N(1,x,2,3,5,7,11)>$$
$$x\Big(1-\frac{1}{2}-\frac{1}{3}-\frac{1}{5}-\frac{1}{7}-\frac{1}{11}+$$
$$\frac{1}{3\times2}+\frac{1}{5\times2}+\frac{1}{5\times3}\left(1-\frac{1}{2}\right)+$$
$$\frac{1}{7\times2}+\frac{1}{7\times3}\left(1-\frac{1}{2}\right)+$$
$$\frac{1}{7\times5}\left(1-\frac{1}{2}-\frac{1}{3}\right)+$$
$$\frac{1}{11\times2}+\frac{1}{11\times3}\left(1-\frac{1}{2}\right)+$$
$$\frac{1}{11\times5}\left(1-\frac{1}{2}-\frac{1}{3}\right)+$$
$$\frac{1}{11\times7}\left(1-\frac{1}{2}-\frac{1}{3}-\frac{1}{5}\right)\Big)-26$$

此处去掉的项数是不多的,上式也可以写成

$$N(1,x,2,3,5,7,11)>$$
$$x\Big(\left(1-\frac{1}{2}\right)\left(1-\frac{1}{3}\right)\left(1-\frac{1}{5}\right)\left(1-\frac{1}{7}\right)\left(1-\frac{1}{11}\right)-$$
$$\Big(\frac{1}{7\times5\times3\times2}+\frac{1}{11\times5\times3\times2}+\frac{1}{11\times7\times3\times2}+$$
$$\frac{1}{11\times7\times5\times2}+\frac{1}{11\times7\times5\times3}\Big)+$$
$$\left(\frac{1}{11\times7\times5\times3\times2}\right)\Big)-\left(1+5+\frac{5\times4}{1\times2}+\frac{5\times4\times3}{1\times2\times3}\right)=$$

$x(0.207\,8-0.012\,1+0.000\,4)-26=0.196\,1x-26$

在此我们去掉所有形如$\dfrac{1}{p_a p_b p_c p_d}$与$\dfrac{1}{p_a p_b p_c p_d p_e}$的项.

**例 5**

$$N(1,x,2,3,5,7,11,13,17,19)>$$

$$x\Bigg[1-\frac{1}{2}-\frac{1}{3}-\frac{1}{5}-\frac{1}{7}-\frac{1}{11}-\frac{1}{13}-$$

$$\frac{1}{17}-\frac{1}{19}+\frac{1}{3\times 2}+\frac{1}{5\times 2}+\frac{1}{5\times 3}\left(1-\frac{1}{2}\right)+$$

$$\frac{1}{7\times 2}+\frac{1}{7\times 3}\left(1-\frac{1}{2}\right)+\frac{1}{7\times 5}\left(1-\frac{1}{2}-\right.$$

$$\left.\frac{1}{3}+\frac{1}{3\times 2}\right)+\frac{1}{11\times 2}+\frac{1}{11\times 3}\left(1-\frac{1}{2}\right)+$$

$$\frac{1}{11\times 5}\begin{pmatrix}1-\dfrac{1}{2}-\dfrac{1}{3}\\+\dfrac{1}{3\times 2}\end{pmatrix}+\frac{1}{11\times 7}\begin{pmatrix}1-\dfrac{1}{2}-\dfrac{1}{3}-\dfrac{1}{5}\\+\dfrac{1}{3\times 2}\\+\dfrac{1}{5\times 2}\end{pmatrix}+$$

$$\frac{1}{13\times 2}+\frac{1}{13\times 3}\left(1-\frac{1}{2}\right)+\frac{1}{13\times 5}\begin{pmatrix}1-\dfrac{1}{2}-\dfrac{1}{3}\\+\dfrac{1}{3\times 2}\end{pmatrix}+$$

$$\frac{1}{13\times 7}\begin{pmatrix}1-\dfrac{1}{2}-\dfrac{1}{3}-\dfrac{1}{5}\\+\dfrac{1}{3\times 2}\\+\dfrac{1}{5\times 2}\end{pmatrix}+$$

$$\frac{1}{17\times 2}+\frac{1}{17\times 3}\left(1-\frac{1}{2}\right)+\frac{1}{17\times 5}\left(\begin{array}{l}1-\frac{1}{2}-\frac{1}{3}\\ +\frac{1}{3\times 2}\end{array}\right)+$$

$$\frac{1}{17\times 7}\left(\begin{array}{l}1-\frac{1}{2}-\frac{1}{3}-\frac{1}{5}\\ +\frac{1}{3\times 2}\\ +\frac{1}{5\times 2}\end{array}\right)+$$

$$\frac{1}{19\times 2}+\frac{1}{19\times 3}\left(1-\frac{1}{2}\right)+\frac{1}{19\times 5}\left(\begin{array}{l}1-\frac{1}{2}-\frac{1}{3}\\ +\frac{1}{3\times 2}\end{array}\right)+$$

$$\left.\frac{1}{19\times 7}\left(\begin{array}{l}1-\frac{1}{2}-\frac{1}{3}-\frac{1}{5}\\ +\frac{1}{3\times 2}\\ +\frac{1}{5\times 2}\end{array}\right)\right)-72=$$

$0.163x-72$

在此我们去掉垂线右端的所有项,可以看出表达式具有形式

$$1-\sum\frac{1}{p_a}+\sum\sum\frac{1}{p_ap_b}-\sum\sum\sum\frac{1}{p_ap_bp_c}+\sum\sum\sum\sum\frac{1}{p_ap_bp_cp_d}$$

此处 $p_a,p_b,p_c$ 与 $p_d$ 过下面的数值

$p_a$　2 3 5 7 11 13 17 19

$p_d$　2 3 5 7

$p_c$　2 3 5 7

$p_b$　2

其中，$a > b > c > d$.

**2. 3**

我们首先研究例 4 的方法.

我们不应用一般的公式 ⑤，而直接由 ③′ 推出

$$N(D,x,p_1,\cdots,p_r)=$$
$$N(D,x)-\sum_{a\leqslant r}N(Dp_a,x)+$$
$$\sum_{a\leqslant r}\sum_{b<a}N(Dp_ap_b,x,p_1,\cdots,p_{b-1})$$

运用这个公式两次则得

$$N(D,x,p_1,\cdots,p_r)=$$
$$N(D,x)-\sum_{a\leqslant r}N(Dp_a,x)+$$
$$\sum_{a\leqslant r}\sum_{b<a}N(Dp_ap_b,x)-$$
$$\sum_{a\leqslant r}\sum_{b<a}\sum_{c<b}N(Dp_ap_bp_c,x)+$$
$$\sum_{a\leqslant r}\sum_{b<a}\sum_{c<b}\sum_{d<c}N(Dp_ap_bp_cp_d,x,p_1,\cdots,p_{d-1})\quad ⑥$$

最后一个和为正的(或 0). 利用

$$N(d,x)=\frac{x}{d}+\theta,-1\leqslant\theta<1$$

则得

$$N(D,x,p_1,\cdots,p_r)>$$
$$\frac{x}{D}\Big(1-\sum_{a\leqslant r}\frac{1}{p_a}+\sum_{a\leqslant r}\sum_{b<a}\frac{1}{p_ap_b}-$$
$$\sum_{a\leqslant r}\sum_{b<a}\sum_{c<b}\frac{1}{p_ap_bp_c}\Big)-R\quad ⑦$$

或简记为

$$N(D,x,p_1,\cdots,p_r)>\frac{x}{D}(1-\sum\nolimits_1+\sum\nolimits_2-\sum\nolimits_3)-R \tag*{⑦$'$}$$

此处"$\sum_1$"等于下面三行中第一行诸项之和

$$\frac{1}{p_1}+\frac{1}{p_2}+\cdots+\frac{1}{p_r}=\sigma$$
$$\frac{1}{p_1}+\frac{1}{p_2}+\cdots+\frac{1}{p_r}$$
$$\frac{1}{p_1}+\frac{1}{p_2}+\cdots+\frac{1}{p_r}$$

"$\sum_2$"等于所有第一行的每个元素乘以第二行这个元素左边的各元素之和,而"$\sum_3$"可以类似地来定义.

以下我们用图1来计算

$$1-\sum\nolimits_1+\sum\nolimits_2-\sum\nolimits_3$$

$r$ 项

三行

图 1

我们来比较 $\sum_2$ 与 $\sigma^2$,有

$$\sigma^2=\left(\frac{1}{p_1}\right)^2+\left(\frac{1}{p_2}\right)^2+\cdots+\left(\frac{1}{p_r}\right)^2+2\sum\nolimits_2>2\sum\nolimits_2$$

或

$$\sigma\sum\nolimits_1>2\sum\nolimits_2$$

我们将要证明

$$\sigma\sum\nolimits_2>3\sum\nolimits_3$$

或

$$\left(\sum_{c\leqslant r}\frac{1}{p_c}\right)\left(\sum_{a\leqslant r}\sum_{b<a}\frac{1}{p_ap_b}\right)>3\left(\sum_{a\leqslant r}\sum_{b<a}\sum_{c<b}\frac{1}{p_ap_bp_c}\right)$$

任何项$\frac{1}{p_\alpha p_\beta p_\gamma}$，此处$\gamma<\beta<\alpha\leqslant r$，皆在$\sum_3$中出现一次，而在$\sigma\sum_2$中出现三次.

我们首先在$\sum_{c\leqslant r}\frac{1}{p_c}$中找出$\frac{1}{p_\alpha}$及在$\sum_{a\leqslant r}\sum_{b<a}\frac{1}{p_ap_b}$中找到$\frac{1}{p_\beta p_\gamma}$，然后在$\sum_{c\leqslant r}\frac{1}{p_c}$中找出$\frac{1}{p_\beta}$及在$\sum_{a\leqslant r}\sum_{b<a}\frac{1}{p_ap_b}$中找出$\frac{1}{p_\alpha p_\gamma}$，最后在$\sum_{c\leqslant r}\frac{1}{p_c}$中找出$\frac{1}{p_\gamma}$及在$\sum_{a\leqslant r}\sum_{b<a}\frac{1}{p_ap_b}$中找到$\frac{1}{p_\alpha p_\beta}$.

项$\frac{1}{p_\alpha p_\beta p_\gamma}$在$\sigma\sum_2$中出现三次，它还包含形如$\frac{1}{p_\alpha^2p_\beta}$的项等，因此得$\sigma\sum_2>3\sum_3$.

用 ⑥ 来计算 ⑥ 中最后一个和，则我们可以推广 ⑦. 继续这个步骤，则可得一个类似于 ⑦ 的公式，或简单些，类似于 ⑦′ 的公式

$$N(D,x,p_1,\cdots,p_r)>$$
$$\frac{x}{D}\left(1-\sum_1+\sum_2-\cdots-\sum_m\right)-R \qquad ⑧$$

此处$m$为适合$m\leqslant r$的奇数，及此处表达式$1-\sum_1+\sum_2-\cdots-\sum_m$可以用图 2 来计算. 对于特殊情况$m=r$，我们可以计算表达式

$$1-\sum_1+\sum_2-\cdots+(-1)^r\sum_r=$$
$$\left(1-\frac{1}{p_1}\right)\left(1-\frac{1}{p_2}\right)\cdots\left(1-\frac{1}{p_r}\right)=$$

$$1-\sum_{a\leqslant r}\frac{1}{p_a}+\sum_{a\leqslant r}\sum_{b<a}\frac{1}{p_a p_b}-\cdots$$

$r$ 项

$m$ 行

图 2

此处 $r$ 是奇或偶,这种情况下,项数为 $2^r$,故得公式

$$N(D,x,p_1,\cdots,p_r)>\frac{x}{D}\left(1-\frac{1}{p_1}\right)\left(1-\frac{1}{p_2}\right)\cdots\left(1-\frac{1}{p_r}\right)-2^r \qquad ⑨$$

一般情况,我们将决定表达式

$$1-\sum_1+\sum_2-\cdots-\sum_m$$

的下界.

如前,我们可以证明

$$\sigma=\sum_1,\sigma\sum_i>(i+1)\sum_{i+1},1\leqslant i\leqslant m-1$$

因此 $\sigma^m>m!\ \sum_m$.

因此

$$\sum_m<\frac{\sigma}{m}\sum_{m-1} \qquad ⑩$$

由斯特林公式

$$m!\ =\left(\frac{m}{\mathrm{e}}\right)^m(\sqrt{2\pi m}+\theta),-1<\theta<1$$

得

$$\sum_m<\frac{\sigma^m}{m!}<\left(\frac{\mathrm{e}\sigma}{m}\right)^m \qquad ⑪$$

现在用不同的方法将公式 ⑧ 记为

$N(D,x,p_1,\cdots,p_r)>$

$$\frac{x}{D}\left[\left(1-\sum{}_{1}+\sum{}_{2}-\cdots+(-1)^{r}\sum{}_{r}\right)-\right.$$
$$\left.\left(\sum{}_{m+1}-\sum{}_{m+2}+\cdots+(-1)^{r}\sum{}_{r}\right)\right]-R$$

我们知道右端第一个括弧可以表为乘积的形式.当 $m+2>\sigma$ 时,第二个括弧中各次的数值递减,故其绝对值不超过 $\sum_{m+1}<\left(\frac{\mathrm{e}\sigma}{m+1}\right)^{m+1}$,所以

$$N(D,x,p_1,\cdots,p_r)>$$
$$\frac{x}{D}\left(\left(1-\frac{1}{p_1}\right)\cdots\left(1-\frac{1}{p_r}\right)-\left(\frac{\mathrm{e}\sigma}{m+1}\right)^{m+1}\right)-R$$

不难确定出 $R$ 的值[①]

$$R=1+\binom{r}{1}+\binom{r}{2}+\cdots+\binom{r}{m}<$$
$$1+r+r^2+\cdots+r^m<r^{m+1}$$

所以当

$$m+2>\sigma=\frac{1}{p_1}+\cdots+\frac{1}{p_r}$$

时有公式

$$N(D,x,p_1,\cdots,p_r)>$$
$$\frac{x}{D}\left(\left(1-\frac{1}{p_1}\right)\cdots\left(1-\frac{1}{p_r}\right)-\left(\frac{\mathrm{e}\sigma}{m+1}\right)^{m+1}\right)-r^{m-1} \quad ⑫$$

这个公式比⑨有用,这是由于 $r^{m+1}$ 的增长比 $2^r$ 缓慢.但对我们的目的,$R$ 的增长仍嫌太快.

**2.4**

为此目的,我们将用另法选取 $\omega$,即如例5(见2.2)

① 例如,见朗道,Handbuch der Lehre von der Verteilung der Primzahlen,I. P. 67.

那样去掉垂线右边各项.

首先我们在公式 ③ 中去掉一条垂线右边各项,则得下面的公式

$$N(D,x,p_1,\cdots,p_r)>$$
$$N(D,x)-\sum_{a\leqslant r}N(Dp_a,x)+$$
$$\sum_{a\leqslant r}\sum_{\substack{b<a\\b<t}}N(Dp_ap_b,x,p_1,\cdots,p_{b-1}) \qquad ⑬$$

此处 $t$ 为一个小于 $r$ 的整数.

上面公式的最后一项可以用同样的方法来计算,故得

$$N(D,x,p_1,\cdots,p_r)>$$
$$N(D,x)-\sum_{a\leqslant r}N(Dp_a,x)+$$
$$\sum_{a\leqslant r}\sum_{\substack{b<a\\b<t}}N(Dp_ap_b,x)-$$
$$\sum_{a\leqslant r}\sum_{\substack{b<a\\b<t}}\sum_{\substack{c<b\\c<t}}N(Dp_ap_bp_c,x)+$$
$$\sum_{a\leqslant r}\sum_{\substack{b<a\\b<t}}\sum_{\substack{c<b\\c<t}}\sum_{\substack{d<c\\c<u}}N(Dp_ap_bp_cp_d,x,p_1,\cdots,p_{d-1})$$

此处 $u$ 为一个小于 $r$ 的整数.

继续这个步骤,并利用

$$N(d,x)=\frac{x}{d}+\theta,-1<\theta<1$$

则最后得公式

$$N(D,x,p_1,\cdots,p_r)>$$
$$\frac{x}{D}\Bigg(1-\sum_{a\leqslant r}\frac{1}{p_r}+\sum_{a\leqslant r}\sum_{\substack{b<a\\b<t}}\frac{1}{p_ap_b}-$$
$$\sum_{a\leqslant r}\sum_{\substack{b<a\\b<t}}\sum_{\substack{c<b\\c<t}}\frac{1}{p_ap_bp_c}+\sum_{a\leqslant r}\sum_{\substack{b<a\\b<t}}\sum_{\substack{c<b\\c<t}}\sum_{\substack{d<c\\d<u}}\frac{1}{p_ap_bp_cp_d}-\cdots\Bigg)-R$$

⑭

或简记为

$$N(D,x,p_1,\cdots,p_r)>\frac{x}{D}(1-s_1+s_2-\cdots-s_{2n-1})-R \tag{⑭'}$$

其中表达式

$$E_n=1-s_1+s_2-\cdots-s_{2n-1}$$

用下面的阶梯形来计算

$$\overbrace{\frac{1}{p_1}+\cdots+\frac{1}{p_{w-1}}}^{\sigma_n}+\cdots+\overbrace{\frac{1}{p_u}+\cdots+\frac{1}{p_{t-1}}}^{\sigma_2}+$$

$$\overbrace{\frac{1}{p_t}+\cdots+\frac{1}{p_r}}^{\sigma_1}$$

$$\frac{1}{p_1}+\cdots+\frac{1}{p_{w-1}}+\cdots+\frac{1}{p_u}+\cdots+\frac{1}{p_{t-1}}$$

$$\frac{1}{p_1}+\cdots+\frac{1}{p_{w-1}}+\cdots+\frac{1}{p_u}+\cdots+\frac{1}{p_{t-1}}\quad (2n-1)\text{行}$$

$$\vdots$$

$$\frac{1}{p_1}+\cdots+\frac{1}{p_{w-1}}$$

$$\frac{1}{p_1}+\cdots+\frac{1}{p_{w-1}}$$

我们在图 3 的下述区间中选取相继的诸素数.

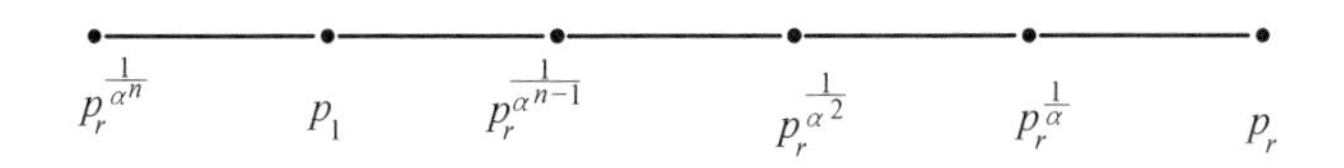


图 3

此处 $\alpha>1$.

由麦尔顿[①]公式可得

---

① 见"Journal fur die reine und angewandte Mathematik" B. 78, 1874,或朗道,Handbuch,I,P. 201.

$$\sum_{p=2}^{x}\frac{1}{p}=\log\log x+0.261\cdots+\theta\frac{5}{\log x}$$

$$-1<\theta<1$$

$$\prod_{p=2}^{x}\left(1-\frac{1}{p}\right)=e^{\frac{\Theta}{\log x}}\frac{0.561\cdots}{\log x},-1<\Theta<1$$

此处“log”表示自然对数.

因此我们得

$$\prod_{p=x}^{x^{\alpha}}\frac{1}{p}=\log\alpha+\theta\frac{5\left(1+\frac{1}{\alpha}\right)}{\log x}$$

$$\prod_{p=x}^{x^{\alpha}}\left(1-\frac{1}{p}\right)=\frac{1}{\alpha}e^{\left(1-\frac{1}{\alpha}\right)\frac{7\Theta}{\log x}}$$

当 $\alpha_0>\alpha$ 时,我们可以取 $p_1$ 充分大,使

$$\begin{cases}\sigma_1=\dfrac{1}{p_t}+\cdots+\dfrac{1}{p_r}<\log\alpha_0\\ \sigma_2=\dfrac{1}{p_u}+\cdots+\dfrac{1}{p_{t-1}}<\log\alpha_0\\ \qquad\vdots\\ \sigma_n=\dfrac{1}{p_1}+\cdots+\dfrac{1}{p_{w-1}}<\log\alpha_0\end{cases}\tag{15}$$

及

$$\begin{cases}\pi_1=\left(1-\dfrac{1}{p_t}\right)\cdots\left(1-\dfrac{1}{p_r}\right)>\dfrac{1}{\alpha_0}\\ \pi_2=\left(1-\dfrac{1}{p_u}\right)\cdots\left(1-\dfrac{1}{p_{t-1}}\right)>\dfrac{1}{\alpha_0}\\ \qquad\vdots\\ \pi_n=\left(1-\dfrac{1}{p_1}\right)\cdots\left(1-\dfrac{1}{p_{w-1}}\right)>\dfrac{1}{\alpha_0}\end{cases}\tag{16}$$

我们特别假定 $\log\alpha_0<1$.

我们要实现和数的逐步计算,为此需要给出阶梯

形的图形.

假定我们已经用表达式

$$E_m=1-s_1+s_2-\cdots-s_{2m-1}$$

给出的图形(图 4) 进行了计算.

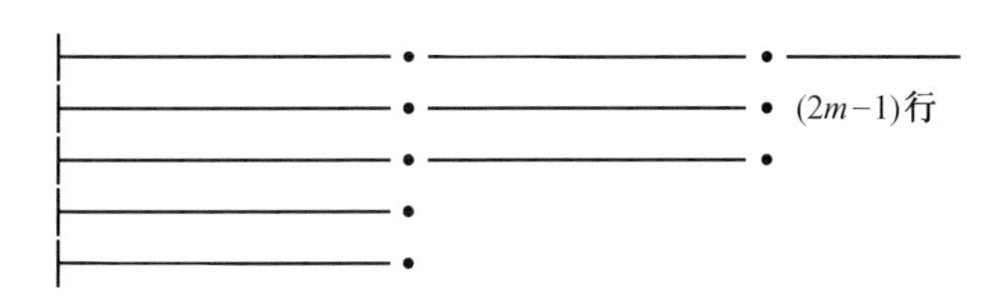


图 4

我们在图形左边添加 $2m+1$ 行(取它们仅仅为了表达式$1-\sum_1+\sum_2-\cdots-\sum_{2m+1}$)(图 5) 和$\sum\frac{1}{p_a}$现在等于$\sum_1+s_1$. 考虑下面三种可能情况,可知$\sum\sum\frac{1}{p_ap_b}$等于$\sum_2+s_1\sum_1+s_2$.

$p_a$ 取自 $L$ 之左及 $p_b$ 亦取自 $L$($\sum_2$) 之左.

$p_a$ 取自 $L$ 之左及 $p_b$ 取自 $L$($s_1\sum_1$) 之右.

$p_a$ 取自 $L$ 之右及 $p_b$ 亦取自 $L$($s_2$) 之右.

一般言之,我们可以用下法

$$\begin{aligned}E_{m+1}=&1-(\sum_1+s_1)+(\sum_2+s_1\sum_1+s_2)-\\&(\sum_3+s_1\sum_2+s_2\sum_1+s_3)+\cdots-\\&(\sum_{2m+1}+s_1\sum_{2m}+\cdots+s_{2m-1}\sum_2)\end{aligned}$$

来计算表达式 $E_{m+1}$.

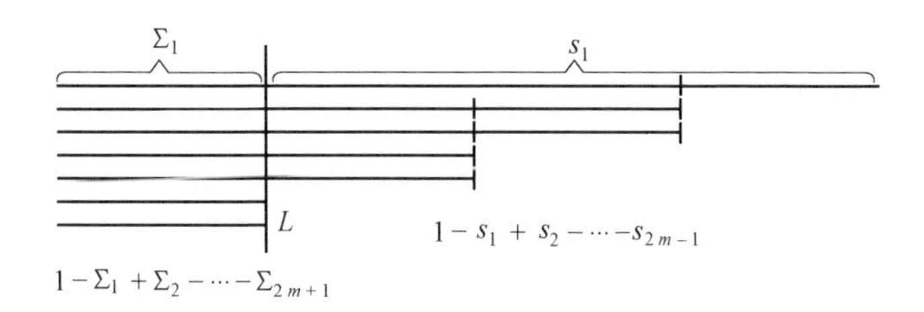


图 5

比较这个表达式与下面的乘积

$$\left(1-\sum\nolimits_1+\sum\nolimits_2-\cdots\pm\sum\nolimits_v\right)(1-s_1+s_2-\cdots-s_{2m-1})=$$
$$1-\left(\sum\nolimits_1+s_1\right)+\left(\sum\nolimits_2+s_1\sum\nolimits_1+s_2\right)-\cdots-$$
$$\left(\sum\nolimits_{2m+1}+s_1\sum\nolimits_{2m}+\cdots+s_{2m-1}\sum\nolimits_2\right)+$$
$$\left(\sum\nolimits_{2m+2}+s_1\sum\nolimits_{2m+1}+\cdots+s_{2m-1}\sum\nolimits_3\right)-\cdots$$

第一个因子含有尽可能多的项数,即 $v$ 等于 $\sum_1$ 的项数,易见这个乘积包含 $E_{m+1}$ 的所有项,再加一些括弧,因为 $\sum_1=\sigma_{m+1}<\log\alpha_0<1$,所以由 ⑩ 可知它们的值是递减的. 因此

$$E_{m+1}>\pi_{m+1}E_m-\left(E_{2m+2}+s_1\sum\nolimits_{2m+1}+\cdots+s_{2m-1}\sum\nolimits_3\right) \tag{17}$$

我们可以决定最后一个括弧的上界,这是一个不同的 $2m+2$ 个 $\frac{1}{p}$ 的乘积之和,其中 $\frac{1}{p}$ 来自于 $s_1$ 与 $\sum_1$,组成由图形(图 6) 计算的和

$$\left(s_1+\sum\nolimits_1\right)_{2m+2}$$

即得所有上述形式的乘积之和.

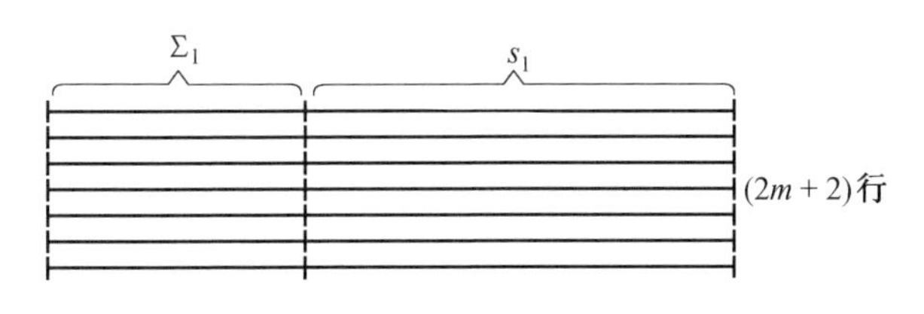


图 6

由 ⑪ 与 ⑮ 得

$$(s_1+\sum\nolimits_1)_{2m+2}<\left[\frac{\mathrm{e}(s_1+\sum_1)}{2m+2}\right]^{2m+2}<\left(\frac{\mathrm{e}(m+1)\log\alpha_0}{2(m+1)}\right)^{2m+2}=\left(\frac{\mathrm{e}\log\alpha_0}{2}\right)^{2m+2}$$

我们欲算的括弧(见 ⑰) 更小些,故得

$$E_{m+1}>\pi_{m+1}E_m-\left(\frac{\mathrm{e}\log\alpha_0}{2}\right)^{2m+2} \tag{18}$$

因为 $E_1=1-s_1$,所以由 ⑯ 得

$$E_1>1-\log\alpha_0$$

$$E_2>\pi_2E_1-\left(\frac{\mathrm{e}\log\alpha_0}{2}\right)^4>\pi_2\left(1-\log\alpha_0-\alpha_0\left(\frac{\mathrm{e}\log\alpha_0}{2}\right)^4\right)$$

继续这一方法得

$$E_n>\pi_2\pi_3\cdots\pi_n\left(1-\log\alpha_0-\alpha_0\left(\frac{\mathrm{e}\log\alpha_0}{2}\right)^4-\cdots-\alpha_0^{n-1}\left(\frac{\mathrm{e}\log\alpha_0}{2}\right)^{2n}\right)$$

或由于 $\pi_1<1$,当 $\alpha_0\left(\frac{\mathrm{e}\log\alpha_0}{2}\right)^2<1$ 时,有

$$E_n > \pi_1\pi_2\cdots\pi_n\left[1-\log\alpha_0-\frac{\alpha_0\left(\frac{e\log\alpha_0}{2}\right)^4}{1-\alpha_0\left(\frac{e\log\alpha_0}{2}\right)^2}\right]$$

特别地,选取

$$\alpha=\frac{3}{2},\alpha_0=1.51$$

得

$$E_n > 0.3\left(1-\frac{1}{p_1}\right)\cdots\left(1-\frac{1}{p_r}\right) \tag{19}$$

我们来研究 $E_n$ 中项数构成的数$(R)$,组成乘积

$$\left(1-\frac{1}{p_1}-\cdots-\frac{1}{p_r}\right)\left(1-\frac{1}{p_1}-\cdots-\frac{1}{p_{t-1}}\right)^2\cdot\cdots\cdot\left(1-\frac{1}{p_1}-\cdots-\frac{1}{p_{w-1}}\right)^2$$

这个乘积包含 $E_n$ 所有的项还更多,第一个因子的项数小于 $p_r$,第二个因子的项数小于 $p_r^{\frac{1}{\alpha}}$,等等.将 $-\frac{1}{p}$ 换成 1,即得乘积所有的项数,所以

$$R < p_r p_r^{\frac{2}{\alpha}}\cdots p_{r}^{\frac{2}{\alpha^n}} < p_r^{\frac{\alpha+1}{\alpha-1}}=p_r^5$$

我们可以将 ⑭ 写成形式

$$N(D,x,p_1,\cdots,p_r) > \frac{x}{D}\cdot 0.3\left(1-\frac{1}{p_1}\right)\cdots\left(1-\frac{1}{p_r}\right)-p_r^5 \tag{20}$$

这个公式对于所有相继素数 $p_1,\cdots,p_r$ 都是对的,此处 $p_1 > p_e$,其中 $p_e$ 是一个可以决定的素数.

特别地,假定 $p_1=p_{e+1}$ 为第 $e+1$ 个素数.

当问题是要计算 $N(D,x,2,\cdots,p_e,p_1,\cdots,p_r)$ 时,我们在图形(式 ⑭ 下面)上增加由表达式

$$\left(1-\frac{1}{2}\right)\cdots\left(1-\frac{1}{p_e}\right)=1-\sum\nolimits_1+\sum\nolimits_2-\cdots\pm\sum\nolimits_e$$

引起的

$$\frac{1}{2}+\frac{1}{3}+\cdots+\frac{1}{p_e}$$

$$\vdots$$

$$\frac{1}{2}+\frac{1}{3}+\cdots+\frac{1}{p_e}$$

它们共 $2^e$ 项,此处行数大于或等于 $e$.

我们如此得到新的图形(图 7),它用于表达式

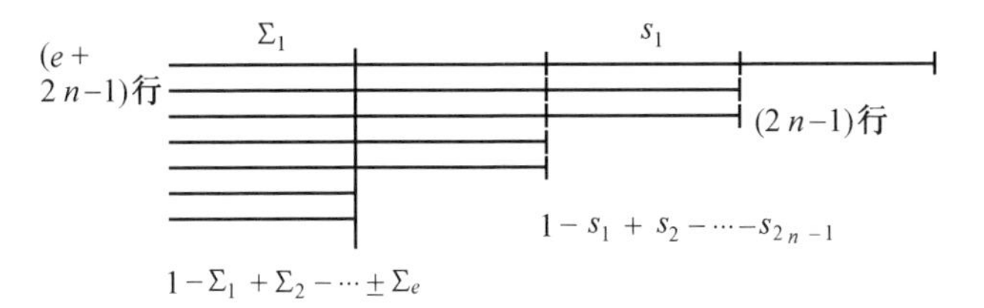


图 7

$$\begin{aligned}E_{n+1}=&1-(\sum\nolimits_1+s_1)+(\sum\nolimits_2+s_1\sum\nolimits_1+s_2)-\cdots+\\&(\sum\nolimits_e+s_1\sum\nolimits_{e-1}+\cdots+s_e)-\\&(s_1\sum\nolimits_e+s_2\sum\nolimits_{e-1}+\cdots+s_{e+1})+\cdots+\\&(s_{2n-e}\sum\nolimits_e+\cdots+s_{2n-1}\sum\nolimits_1)+\cdots+(s_{2n-1}\sum\nolimits_e)\end{aligned}$$

或

$$\begin{aligned}E_{n+1}=&(1-\sum\nolimits_1+\sum\nolimits_2-\cdots+\sum\nolimits_e)\cdot\\&(1-s_1+s_2-\cdots-s_{2n-1})=\\&\left(1-\frac{1}{2}\right)\cdots\left(1-\frac{1}{p_e}\right)E_n\end{aligned}$$

此处我们假定 $e$ 为偶数.

由 ⑲ 我们得公式

$N(D,x,2,3,\cdots,p_r)>$

$$\frac{x}{D}\cdot 0.3\left(1-\frac{1}{2}\right)\left(1-\frac{1}{3}\right)\cdots\left(1-\frac{1}{p_r}\right)-2^e p_r^{\frac{5}{r}} \quad ㉑$$

对于所有 $r(r>e)$ 成立,此处 $e$ 表示一个可以决定的数.请注意 $\left(1-\frac{1}{2}\right)\left(1-\frac{1}{3}\right)\cdots\left(1-\frac{1}{p_r}\right)$ 的每一项被乘以 $E_n$ 的每一项.

由麦尔顿公式,我们可以决定 $c$ 使对于所有的 $r>c$ 皆有

$$N(D,x,2,3,\cdots,p_r)>\frac{0.168x}{D\log p_r}-2^e p_r^{\frac{5}{r}} \quad ㉒$$

此处 $c$ 是一个可以决定的数($c\geqslant e$).

如果我们选取 $D=1$ 及 $p_r=p(\sqrt[6]{x})$,即不超过 $\sqrt[6]{x}$ 的最大素数:$p_r\leqslant\sqrt[6]{x}<p_{r+1}$,我们得到

$$N(1,x,2,3,\cdots,p(\sqrt[6]{x}))>\frac{1.008x}{\log x}-2^e x^{\frac{5}{6}}>\frac{x}{\log x}$$

对于所有的 $x>x_0$ 成立.

我们可以叙述下列定理:

若我们在 $x$ 个相邻整数中,去掉 2 的倍数,3 的倍数,直到 $p(\sqrt[6]{x})$ 的倍数,则当 $x>x_0$ 时,剩下的数的个数多于 $\frac{x}{\log x}$.

画数的起始点可以自由选取,而 $x_0$ 是一个可以决定的数.

由 ㉒,我们还可以得到下述定理:

当 $n>n_0$ 时,在 $n$ 与 $n+\sqrt{n}$ 之间恒存在一个数,其素因子个数不超过 11.

在公式 ㉒ 中取

$$D=1,x=\sqrt{n},p_r=p(n^{\frac{1}{11}})$$

我们得到,当 $n>n_0$ 时

$$N(1,\sqrt{n},2,3,\cdots,p(n^{\frac{1}{11}}))>\frac{1.8\sqrt{n}}{\log n}-2^{e}n^{\frac{5}{11}}>1$$

若我们在区间$[n,n+\sqrt{n}]$中去掉所有 2 的倍数，3 的倍数，直到 $p(n^{\frac{1}{11}})$ 的倍数，则至少还剩下一个数. 我们取 $n$ 作为画数的起始点，则在这种情况下，每个因子皆小于$\sqrt[12]{n+\sqrt{n}}$，所以当 $n>n_0$ 时，小于$\sqrt[11]{n}$，即未被画去的数不能包含 12 个或更多的素因子，凡被 2，3，…，$p(n^{\frac{1}{11}})$ 除得尽的数都被画掉了.

**2.5**

我们已经假定在公式㉑中的素数2，3，…，$p_r$ 为相继素数.

研究相邻素数列

$$q_1,q_2,\cdots,q_{\alpha-1},q_\alpha,q_{\alpha+1},\cdots,q_{\gamma-1},q_\gamma,q_{\gamma+1},\cdots,q_r$$

(此处 $q_1=2$ 等) 的一部分；非相邻素数列

$$q_1,q_2,\cdots,q_{\alpha-1},q_{\alpha+1},\cdots,q_{\gamma-1},q_{\gamma+1},\cdots,q_r$$

我们易于推广并如前(见 ㉑) 得到

$$N(D,x,q_1,\cdots,q_{\alpha-1},q_{\alpha+1},\cdots,q_r)>$$

$$\frac{x}{D}\cdot 0.3\left(1-\frac{1}{q_1}\right)\cdots\left(1-\frac{1}{q_{\alpha-1}}\right)\cdot$$

$$\left(1-\frac{1}{q_{\alpha+1}}\right)\cdots\left(1-\frac{1}{q_r}\right)-2^{e}q_r^{5}$$

或

$$N(D,x,q_1,\cdots,q_{\alpha-1},q_{\alpha+1},\cdots,q_r)>$$

$$\frac{x}{D}\cdot 0.3\frac{\left(1-\frac{1}{q_1}\right)\cdots\left(1-\frac{1}{q_r}\right)}{\left(1-\frac{1}{q_\alpha}\right)\cdots\left(1-\frac{1}{q_\gamma}\right)}-2^{e}q_r^{5}$$

因此得到

$$N(D,x,q_1,\cdots,q_{\alpha-1},q_{\alpha+1},\cdots,q_r)>$$
$$\frac{0.168x}{D\log q_r}\frac{1}{\left(1-\frac{1}{q_\alpha}\right)\cdots\left(1-\frac{1}{q_\gamma}\right)}-2^e q_r^5$$

我们研究算术数列

$$\Delta,\Delta+D,\Delta+2D,\cdots$$

从 0 至 $x$ 的一段,其中 $\Delta$ 与 $D$ 互素.假定

$$D=q_d^a\cdots q_r^c$$

选取 $q_r=q(\sqrt[6]{x})$,并画去被下列素数除得尽

$$q_1,\cdots,q_{\alpha-1},q_{\alpha+1},\cdots,q_{\gamma-1},q_{\gamma+1},\cdots,q_r$$

的所有数.则当 $x>x_0$ 时,有

$$N(D,x,q_1,\cdots,q_{\alpha-1},q_{\alpha+1},\cdots,q_r)>$$
$$\frac{0.168x}{\varphi(D)\log q_r}-2^e q_r^5>\frac{1.008x}{\varphi(D)\log x}-2^e x^{\frac{5}{6}}>$$
$$\frac{1}{\varphi(D)}\cdot\frac{x}{\log x}$$

未被画去的数不能被

$$q_1,\cdots,q_{\alpha-1},q_{\alpha+1},\cdots,q_{\gamma-1},q_{\gamma+1},\cdots,q_r$$

整除.因为 $\Delta$ 与 $D$ 互素,所以它们亦不能被 $q_\alpha,\cdots,q_\gamma$ 整除.故未被画去的数包含 5 个或更少的素因子.

因此我们推出下面类似的迪利克雷定理:

每一个算术数列,其首项与公差互素,包含无限多个素因子个数不超过 5 的项.

**2.6**

现在来研究麦尔林筛法,我们画去两列数中所有 2 的倍数,3 的倍数,5 的倍数,直至 $p_r$ 的倍数.一般言之,我们研究下面的算术数列

$$\begin{array}{llll}
\Delta & \Delta+D & \Delta+2D & \cdots \\
a_1 & a_1+p_1 & a_1+2p_1 & \cdots \\
b_1 & b_1+p_1 & b_1+2p_1 & \cdots \\
\vdots & \vdots & \vdots & \\
a_r & a_r+p_r & a_r+2p_r & \cdots \\
b_r & b_r+p_r & b_r+2p_r & \cdots
\end{array}$$

所有的记号都在 2.2 中已经定义，进而言之，我们假定 $a_i \neq b_i$ 及 $p_1 \geqslant 3$，记为

$$P(\Delta, D, x, a_1, b_1, p_1, \cdots, a_r, b_r, p_r)$$

或简记为

$$P(D, x, p_1, \cdots, p_r)$$

这表示第一列的数而又不同于以后诸列的任何数的数的个数. 如前一样，我们得到基本公式

$$\begin{aligned}
&P(\Delta, x, a_1, b_1, p_1, \cdots, a_r, b_r, p_r)= \\
&P(\Delta, D, x, a_1, b_1, p_1, \cdots, a_{r-1}, b_{r-1}, p_{r-1})- \\
&P(\Delta', Dp_r, x, a_1, b_1, p_1, \cdots, a_{r-1}, b_{r-1}, p_{r-1})- \\
&P(\Delta'', Dp_r, x, a_1, b_1, p_1, \cdots, a_{r-1}, b_{r-1}, p_{r-1})
\end{aligned}$$

或简记为

$$P(D, x, p_1, \cdots, p_r)=P(D, x, p_1, \cdots, p_{r-1})- 2P(Dp_r, x, p_1, \cdots, p_{r-1}) \quad ㉓$$

在此我们用 $2P(Dp_r, x, p_1, \cdots, p_{r-1})$ 表示形如 $P(\Delta, Dp_r, x, a_1, b_1, p_1, \cdots, a_{r-1}, b_{r-1}, p_{r-1})$ 的两个表达式之和，请勿混淆或误解.

由 ㉓，我们可得类似于 ⑤ 的一般公式

$$\frac{D}{x}P(D, x, p_1, \cdots, p_r)>$$

$$1-\sum_{a\leqslant r}\frac{2}{p_a}+\sum_{\omega_1}\sum\frac{2^2}{p_ap_b}\left(1-\sum_{c<b}\frac{2}{p_c}\right)+$$

$$\sum_{\omega'_1}\sum\sum_{\omega_1}\sum\frac{2^4}{p_ap_bp_cp_d}\left(1-\sum_{c<d}\frac{2}{p_c}\right)+\cdots+\frac{RD}{x}\qquad ㉔$$

此处 $\omega'_1\leqslant\omega_1$ 等.

$R$ 表示公式中形如 $\pm\frac{1}{n}$ 的项数 $\left(此处\frac{2}{n}=\frac{1}{n}+\frac{1}{n}等\right)$. 我们已假定 $p_1\geqslant 3$,除特别声明以外,公式均如 ⑤ 所示.

特别地,假定 $p_1=3,p_2=5,p_3=7$ 等,我们可以给 ㉔ 以如下形式

$$P(D,x,3,5,\cdots,p_r)>$$
$$\frac{x}{D}\left(1-\frac{2}{3}-\frac{2}{5}-\cdots-\frac{2}{p_r}+\right.$$
$$\frac{4}{5\times 3}+\frac{4}{7\times 3}+\frac{4}{7\times 5}\left(1-\frac{2}{3}\right)+\cdots+$$
$$\frac{4}{p_r\times 3}+\frac{4}{p_r\times 5}\left(1-\frac{2}{3}\right)+\frac{1}{p_r\times 7}\left(\begin{array}{l}1-\frac{2}{3}-\frac{2}{5}\\+\frac{4}{5\times 3}\end{array}\right)+$$
$$\left.\frac{4}{p_r\times 7}\left(\begin{array}{l}1-\frac{2}{3}-\frac{2}{5}-\frac{2}{7}\\+\frac{4}{5\times 3}\\+\frac{4}{7\times 3}+\frac{4}{7\times 5}\left(1-\frac{2}{3}\right)\end{array}\right)+\cdots\right)-R\qquad ㉕$$

此处我们可以去掉带有正号的每一项(括弧包含在内).

例如,研究下面算术数列从 0 至 11 776 间的一段

1 3 5 7 9 11 13 15 ⋯ 11 769 11 771 11 773 11 775

0 3 6 9 12 15 ⋯ 11 769 11 772 11 775

1 4 7 10 13 ⋯ 11 770 11 773 11 776

⋯

0 19 ⋯ 11 761

15 ⋯ 11 757 11 776

画数的起始点为 0 与 11 776(见 2.1).

因为 $11\ 776 = 2^9 \times 23$ 除不尽 $3,5,7,\cdots,19$,所以由 ㉕ 并注意 $a_i \neq b_i$,我们得

$$
\begin{aligned}
&P(2,11\ 776,3,5,\cdots,19) > \\
&\frac{11\ 776}{2}\Bigg(1-\frac{2}{3}-\frac{2}{5}-\frac{2}{7}-\frac{2}{11}-\frac{2}{13}- \\
&\frac{2}{17}-\frac{2}{19}+\frac{4}{5\times 3}+\frac{4}{7\times 3}+\frac{4}{7\times 5}\left(1-\frac{2}{3}\right)+ \\
&\frac{4}{11\times 3}+\frac{4}{11\times 5}\left(1-\frac{2}{3}\right)+ \\
&\frac{4}{11\times 7}\left(\begin{array}{l}1-\frac{2}{3}-\frac{2}{5}\\ +\frac{4}{5\times 3}\end{array}\right)+ \\
&\frac{4}{13\times 3}+\frac{4}{13\times 5}\left(1-\frac{2}{3}\right)+ \\
&\frac{4}{13\times 7}\left(\begin{array}{l}1-\frac{2}{3}-\frac{2}{5}\\ +\frac{4}{5\times 3}\end{array}\right)+ \\
&\frac{4}{17\times 3}+\frac{4}{17\times 5}\left(1-\frac{2}{3}\right)+ \\
&\frac{4}{19\times 3}+\frac{4}{19\times 5}\left(1-\frac{2}{3}\right)\Bigg)-R
\end{aligned}
$$

此处

$$R=1+14+4+16+52+52+32=171$$

所以

$$P(2,11\ 776,3,5,\cdots,19)>296-171=125$$

第一列中未被画去的数($t$)的个数多于125,它们有下述性质:$t$ 与 $11\ 776-t$ 不能被2,3,5,…,19整除.因为$\sqrt[3]{11\ 776}<22.9$,所以它们不能为3个或更多的素数的乘积.

因此11 776可以表示为两个素因子个数不超过2的整数之和,表法多于125.

无论如何,我们未能用这个方法给出哥德巴赫猜想正确答案的一个例子.

然而,我们能从㉔得出重要的结果,推导的方法与前面完全相同.

我们只要在每个地方将$\frac{1}{p_i}$换成$\frac{2}{p_i}$.

将$\frac{1}{p_i}$换成$\frac{2}{p_i}$,我们用2.4所示的阶梯形图形来计算.运用公式

$$\prod_{p=3}^{x}\left(1-\frac{2}{p}\right)=\frac{0.832\ 2}{\log^2 x}\cdot \mathrm{e}^{\frac{c\theta}{\log x}}$$

而将2.4所考虑的和与乘积换为

$$\sigma_1=\frac{2}{p_t}+\cdots+\frac{2}{p_r}<2\log \alpha_0$$

等;与

$$\Pi_1=\left(1-\frac{2}{p_t}\right)\cdots\left(1-\frac{2}{p_r}\right)<\frac{1}{\alpha_0^2}$$

等.

我们现在假定 $2\log \alpha_0<1$.

类似于 ⑱,我们得

$$E_{m+1} > \Pi_{m+1} E_m - (e\log \alpha_0)^{2m+2}$$

所以

$$E_n > \Pi_1 \cdots \Pi_n \left(1 - 2\log \alpha_0 - \frac{\alpha_0^2 (e\log \alpha_0)^4}{1 - \alpha_0^2 (e\log \alpha_0)^2}\right)$$

特别地,选取

$$\alpha = \frac{5}{4} = 1.25, \alpha_0 = 1.250\ 1$$

因此

$$E_n > 0.05\left(1 - \frac{2}{p_1}\right) \cdots \left(1 - \frac{2}{p_r}\right) \tag{26}$$

我们研究 $E_n$ 中的项数$(R)$.考虑乘积

$$\left(1 - \frac{2}{p_1} - \cdots - \frac{2}{p_r}\right)\left(1 - \frac{2}{p_1} - \cdots - \frac{2}{p_{t-1}}\right)^2 \cdot \cdots \cdot \left(1 - \frac{2}{p_1} - \cdots - \frac{2}{p_{w-1}}\right)^2$$

这个乘积包含 $E_n$ 所有的项及更多项.第一个因子的项数 $2r+1$ 小于 $p_r$,此处 $p_1 > 3$,第二个因子的项数小于 $p_r^{\frac{1}{\alpha}}$,等等.故得

$$R < p_r p_r^{\frac{2}{\alpha}} \cdots p_r^{\frac{2}{\alpha^n}} < p^{\frac{\alpha+1}{\alpha-1}} = p_r^9$$

我们得到

$$P(D, x, p_1, \cdots, p_r) > \frac{x}{D} \cdot 0.05\left(1 - \frac{2}{p_1}\right) \cdots \left(1 - \frac{2}{p_r}\right) - p_r^9 \tag{27}$$

这个公式对于所有相继素数 $p_1, \cdots, p_r$ 皆成立,此处 $p_1 \geqslant p_e$,其中 $p_e$ 是一个可以决定的素数.

我们得到下面与 ㉑ 相类似的公式.对于所有 $r > e$ 皆有

$$P(D, x, 3, 5, \cdots, p_r) >$$

$$\frac{x}{D}\cdot 0.05\left(1-\frac{2}{3}\right)\cdots\left(1-\frac{2}{p_r}\right)-3^e p_r^9 \tag{28}$$

因此对于所有的 $r>c\geqslant e$ 皆有

$$P(D,x,3,5,\cdots,p_r)>\frac{x}{D}\cdot\frac{0.041}{(\log p_r)^2}-3^e p_r^9 \tag{29}$$

(特别地,取 $p_r=p(x^{\frac{1}{10}})$) 则对于所有的 $x>x_0$ 皆有

$$P(D,x,3,5,\cdots,p(x^{\frac{1}{10}}))>$$

$$\frac{0.41x}{D(\log x)^2}-3^e x^{\frac{9}{10}}>\frac{0.4x}{D(\log x)^2} \tag{30}$$

假定 $D=1$,则我们可以叙述出下面的定理:

当我们去掉双行 $x$ 项的数列中 3 的倍数,5 的倍数,直至 $p(x^{\frac{1}{10}})$ 的倍数,且当 $x>x_0$ 时,至少还多于 $\frac{0.4x}{(\log x)^2}$ 项.

我们已经假定

$$a_i\neq b_i$$

这就是说,没有一个二重画数会变成一个单重画数.当问题为研究数 $x=2^s p_\alpha^t\cdots p_\gamma^v$ 的哥德巴赫分析时,我们可以看出

$$a_\alpha=b_\alpha,\cdots,a_\gamma=b_\gamma$$

当画数被缩小后(比较2.5),$P$ 的下界自然不会减小.这时 $\frac{2}{p_\alpha}$ 需要换成 $\frac{1}{p_\alpha}$ 及 $\frac{2}{p_\gamma}$ 需要换成 $\frac{1}{p_\gamma}$,如此则得 $P$ 的新的下界

$$\frac{0.4x}{D(\log x)^2}\cdot\frac{\left(1-\frac{1}{p_\alpha}\right)\cdots\left(1-\frac{1}{p_\gamma}\right)}{\left(1-\frac{2}{p_\alpha}\right)\cdots\left(1-\frac{2}{p_\gamma}\right)}>\frac{0.4x}{D(\log x)^2}$$

如同前例一样,选取 $D=2$,则得下面类似于哥德巴赫定理的结果:

每一个大于 $x_0$ 的偶数 $x$ 皆可分成两个素因子个数皆不超过 9 的整数之和. $x_0$ 是一个可以决定的数，而素因子可以是相同的亦可以是相异的.

我们也可以得到下面的定理：

存在无穷多个数对，其差皆为 2，每个数的素因子个数皆不超过 9.

**2.7**

我们也可以决定使用埃拉托斯尼与麦尔林筛法后，剩下未被筛去的元素个数的上界估计.

我们用下面的不等式

$$N(\Delta,D,x,a_1,p_1,\cdots,a_r,p_r,\cdots,a_n,p_n)\leqslant N(\Delta,D,x,a_1,p_1,\cdots,a_r,p_r)$$

或简记为

$$N(D,x,p_1,\cdots,p_r,\cdots,p_n)\leqslant N(D,x,p_1,\cdots,p_r) \quad ㉛$$

此处 $r<n$.

我们亦用公式

$$N(D,x,p_1,\cdots,p_r)=N(D,x)-\sum_{a\leqslant r}N(Dp_a,x)+\sum_{a\leqslant r}\sum_{b<a}N(Dp_ap_b,x,p_1,\cdots,p_{b-1}) \quad ㉛'$$

为了估计第一个和，我们运用 ㉛ 及 ㉛′. 继续这样做，我们得类似于 ⑭ 的公式

$$N(D,x,p_1,\cdots,p_r)<\frac{x}{D}\Big(1-\sum_{a\leqslant r}\frac{1}{p_a}+\sum_{b\leqslant r}\sum_{\substack{b<a\\b<r}}\frac{1}{p_ap_b}-\sum_{a\leqslant r}\sum_{\substack{b<a\\b<r}}\sum_{\substack{c<b\\c<t}}\frac{1}{p_ap_bp_c}+$$

$$\sum_{a\leqslant r}\sum_{\substack{b<a\\b<r}}\sum_{\substack{c<b\\c<t}}\sum_{\substack{d<c\\d<t}}\frac{1}{p_ap_bp_cp_d}-\cdots\Big)+R \qquad ㉜$$

或者简记为

$$N(D,x,p_1,\cdots,p_r)<\frac{x}{D}(1-s_1+s_2-\cdots+s_{2n})+R$$

此处表达式

$$E_n=1-s_1+s_2-\cdots+s_{2n}$$

用图 8 来计算.

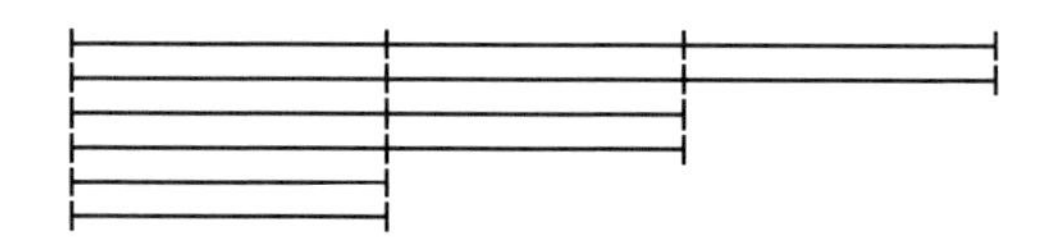

图 8

用与以前相同的方法得

$$E_{m+1}<\Pi_{m+1}E_m+\left(\frac{\mathrm{e}\log\alpha_0}{2}\right)^{2m+3}$$

特别地,有

$$E_1<\Pi_1+\left(\frac{\mathrm{e}\log\alpha_0}{2}\right)^{3}$$

与

$$E_2<\Pi_1\Pi_2\left(1+\alpha_0\left(\frac{\mathrm{e}\log\alpha_0}{2}\right)^{3}+\alpha_0^2\left(\frac{\mathrm{e}\log\alpha_0}{2}\right)^{5}\right)$$

继续下去,我们得

$$E_n<\Pi_1\cdots\Pi_n\left(1+\alpha_0\left(\frac{\mathrm{e}\log\alpha_0}{2}\right)^{3}+\alpha_0^2\left(\frac{\mathrm{e}\log\alpha_0}{2}\right)^{5}+\cdots\right)$$

或

$$E_n < \left(1-\frac{1}{p_1}\right)\cdots\left(1-\frac{1}{p_r}\right)\left[1+\frac{\alpha_0\left(\frac{\mathrm{e}\log\alpha_0}{2}\right)^3}{1-\alpha_0\left(\frac{\mathrm{e}\log\alpha_0}{2}\right)^2}\right] \quad ㉝$$

此处

$$\alpha_0\left(\frac{\mathrm{e}\log\alpha_0}{2}\right)^2 < 1$$

特别地，取

$$\alpha=\frac{3}{2}, \alpha_0=1.51$$

则得

$$E_n < 1.505\left(1-\frac{1}{p_1}\right)\cdots\left(1-\frac{1}{p_r}\right)$$

为了研究 $E_n$ 中的项数 $(R)$，我们考虑下面的乘积

$$\left(1-\frac{1}{p_1}-\cdots-\frac{1}{p_r}\right)^2\left(1-\frac{1}{p_1}-\cdots-\frac{1}{p_{t-1}}\right)^2\cdot\cdots\cdot\left(1-\frac{1}{p_1}-\cdots-\frac{1}{p_{w-1}}\right)^2$$

如前一样可得

$$R < p_r^2 p_{r^{\alpha}}^{\frac{2}{\alpha}}\cdots p_{r^{\alpha^n}}^{\frac{2}{\alpha^n}} < p_r^{\frac{2\alpha}{\alpha-1}}=p_r^6$$

我们可以给 ㉜ 以下面的形式

$$N(D,x,p_1,\cdots,p_r) < \frac{x}{D}\cdot 1.505\left(1-\frac{1}{p_1}\right)\cdots\left(1-\frac{1}{p_r}\right)+p_r^6$$

故对于所有 $r>e$ 皆有

$$N(D,x,2,3,\cdots,p_r) < \frac{x}{D}\cdot 1.505\left(1-\frac{1}{2}\right)\left(1-\frac{1}{3}\right)\cdots\left(1-\frac{1}{p_r}\right)+2^e p_r^6$$

由麦尔顿公式，我们得

$$N(D,x,2,3,\cdots,p_r)<\frac{0.9x}{D\log p_r}+2^e p_r^6$$

对于所有的 $r>c$ 皆成立,此处 $c\geqslant e$.

特别地,取 $p_r=p(2\sqrt[7]{x})$,则由切比雪夫定理可知

$$\sqrt[7]{x}<p_r\leqslant 2\sqrt[7]{x}$$

所以对于所有 $x>x_0$,我们有

$$N(1,x,2,3,\cdots,p(2\sqrt[7]{x}))<\frac{6.5x}{\log x}+2^{e+6}x^{\frac{6}{7}}<\frac{7x}{\log x} \quad ㉞$$

运用不等式 ㉛ 可知,对于所有的 $x>x_0$,下式成立,即

$$N(1,x,2,\cdots,p(\sqrt{x}))\leqslant$$
$$N(1,x,2,\cdots,p(\sqrt[6]{x}))\leqslant$$
$$N(1,x,2,\cdots,p(2\sqrt[7]{x}))<\frac{7x}{\log x}$$

特别地,对于所有 $x>x_0$ 有

$$\pi(x)-\pi(\sqrt{x})+1<\frac{7x}{\log x}$$

此处 $\pi(x)$ 表示不超过 $x$ 的素数个数.所以

$$\pi(x)<\frac{7x}{\log x}+\sqrt{x}<\frac{8x}{\log x}$$

与 2.4 的定理相比较,我们得

$$\frac{x}{\log x}<N(1,x,2,\cdots,p(\sqrt[6]{x}))<\frac{7x}{\log x} \quad ㉟$$

当我们在 $x$ 个数中去掉 $2,3,\cdots,p(\sqrt[6]{x})$ 的倍数后,总可以剩下 $N$ 个数,此处 $N$ 为区间 $\left[\frac{x}{\log x},\frac{7x}{\log x}\right]$ 中的一个数,其中 $x>x_0$.

最后我们来研究麦尔林筛法,我们得到类似于 ㉝

的公式

$$E_n < \left(1-\frac{2}{p_1}\right)\cdots\left(1-\frac{2}{p_r}\right)\left(1+\frac{\alpha_0^2(e\log \alpha_0)^3}{1-\alpha_0^2(e\log \alpha_0)^2}\right)$$

特别地,取

$$\alpha=1.25,\alpha_0=1.250\ 1$$

则得

$$E_n < 1.82\left(1-\frac{2}{p_1}\right)\cdots\left(1-\frac{2}{p_r}\right)$$

如前一样,可得

$$P(D,x,3,5,\cdots,p_r) < \frac{x}{D}\cdot 1.82\left(1-\frac{2}{3}\right)\left(1-\frac{2}{5}\right)\cdots\left(1-\frac{2}{p_r}\right)+3^e p_r^{10}$$

或

$$P(D,x,3,5,\cdots,p_r) < \frac{1.6x}{D(\log p_r)^2}+3^e p_r^{10} \qquad ㊱$$

对于所有的 $r > c$ 成立,此处 $c \geqslant e$(见 2.6).

选取 $p_r = p(2x^{\frac{1}{11}})$,则对于所有的 $x > x_0$,我们有

$$P(D,x,2,3,\cdots,p(2x^{\frac{1}{11}})) < \frac{194x}{D(\log x)^2}+3^{e+10}x^{\frac{10}{11}} < \frac{195x}{D(\log x)^2}$$

运用不等式

$$P(D,x,2,3,\cdots,p(\sqrt{x})) \leqslant P(D,x,2,3,\cdots,p(2\sqrt[11]{x}))$$

及等式

$$Z(x)-Z(\sqrt{x}+2)+1=P(2,x,2,3,\cdots,p(\sqrt{x}))$$

此处 $Z(x)$ 表示不超过 $x$ 的孪生素数个数,及此处我们取 0 与 2 作为画数的起始点.

我们则得

$$Z(x) < \frac{195x}{2(\log x)^2}+\sqrt{x}+2$$

或

$$Z(x) < \frac{100x}{(\log x)^2}$$

对于所有的 $x > x_0$ 成立,此处 $x_0$ 表示一个可以决定的数,及 $Z(x)$ 表示不超过 $x$ 的孪生素数个数.

## §3 关于多项式的素因子

——库恩

我们用小写拉丁字母表示自然数,或简称为数,用 $p,q,s,t$ 表示素数,命

$$P_n(x) = a_0x^n + a_1x^{n-1} + \cdots + a_n, a_0 > 0 \quad ①$$

为一个整值本原多项式,它是 $r(1 \leqslant r \leqslant n)$ 个整值既约本原多项式之积. 假定 ① 的固定素因子为 $T = t_1^{b_1}\cdots t_e^{b_e}$.

我们将寻求尽可能小的整数 $k$ 使数列

$$P_n(1), P_n(2), \cdots, P_n(x), \cdots \quad ②$$

中存在无限多个数,除固定素因子 $t_i$ 以外,最多含有 $k$ 个素因子.

拉德马切尔[①]与里奇[②]用布朗筛法处理了这个问题. 他们仅对于 $r=1$,找到了一个较小的 $k$,对于 $1 < r \leqslant n$, 我们亦需要寻求出对应的数 $k$. 本节将给出 $r=$

① H. Rademacher. Abh. Math. Sem. Univ. Hamburg,1924,3:12-30.

② G. Ricci. Ann. Scuola Norm. Sup. Pisa,1937,6(2):1-90. II,ibid.,91-116.

$n$ 时的证明.

假定 $p$ 过所有适合

$$p \leqslant x^{\frac{1}{v}}, p \neq t_i \quad ③$$

的素数,此处 $v$ 为 $n$ 的函数,将于以后确定.

命 $d$ 为适合 $d \not\equiv 0 \pmod{p}$ 及 $d \not\equiv 0 \pmod{t_i}$ 的整数.命 $N_n(dx, x^{\frac{1}{v}})$ 为 ② 中适合下面条件的整数个数

$\leqslant P_n(x), \equiv 0 \pmod{d}, \not\equiv 0 \pmod{p}, \not\equiv 0 \pmod{t_i^{b_i+1}}$

用布朗方法可知当 $r=n$ 及 $x \to \infty$ 时,有

$$N_n(x, x^{\frac{1}{v}}) > C_n \cdot 0.98 x v^n \log^{-n} x + O(x^{\frac{\chi(n)}{v}} v^{n+1} \log^{-n-1} x)$$

$$N_n(dx, x^{\frac{1}{v}}) < C_n \cdot 1.016 \frac{nx}{d} v^n \log^{-n} x + O(x^{\frac{\chi(n)}{v}} v^{n+1} \log^{-n-1} x)$$

$$\chi(2) \geqslant 9.99, \chi(3) \geqslant 13.67, \chi(4) \geqslant 17.50, \chi(5) \geqslant 22.02, \cdots \quad ④$$

此处 $C_n$ 为一个依赖于 $P_n(x)$ 的常数.

**定理**　若 $r=n$,则取 $k=\omega+n$ 即可,此处 $\omega$ 为满足下式的最小整数

$$\frac{0.98}{1.016}(\omega+1) > n\log \chi(n) \quad ⑤$$

例如,$n=2, k=6$;$n=3, k=10$;$n=4, k=15$;$n=5, k=21$;$\cdots$.

假定在 ③ 中取 $v=2\chi(n)$ 及 $q$ 过满足

$$x^{\frac{1}{v}} < q \leqslant (2a_0 x)^{\frac{1}{2}} + 1, q \neq t_i \quad ⑥$$

的所有素数,命 $m$ 表示 ② 中适合

$$m \leqslant P_n(x), m \not\equiv 0 \pmod{p}, m \not\equiv 0 \pmod{t_i^{b_i+1}}, m \not\equiv 0 \pmod{q^2} \quad ⑦$$

的数. 命$U$表示整数$m$的个数$M_n(x,x^{\frac{1}{2}})$的下界估计. 因为$M_n(x,x^{\frac{1}{v}})=N_n(x,x^{\frac{1}{v}})+O(x^{1-\frac{1}{v}})$,所以由④可知

$$U=C_n\cdot 0.98xv^n\log^{-n}x+O(x^{\frac{1}{2}}\log^{-n-1}x)+O(x^{1-\frac{1}{v}}) \tag{8}$$

命$M_n(qx,x^{\frac{1}{v}})$表示适合$m\equiv 0(\bmod q)$的数$m$的个数. 命$V$表示$\sum\limits_q M_n(qx,x^{\frac{1}{v}})=L_n$的上界估计,此处$q$过⑥. 则$L_n\leqslant\sum\limits_q N_n(qx,x^{\frac{1}{v}})$,所以由④可知

$$V=C_n\cdot 1.016\sum_q\frac{nx}{q}v^n\log^{-n}x+O(x\log^{-n-1}x) \tag{9}$$

若$m$最少有$\omega+1$个素因子$q$,则它在$L_n$中至少被计算过$\omega+1$次,所以表示式$\Delta=U-\frac{1}{\omega+1}V$给出适合下面条件的$m$的个数的下界估计:除$t_i$之外,$m$最多只有$\omega$个素因子$q$,$m$的其他素因$s$皆大于$(2a_0x)^{\frac{1}{2}}+1$. 因为$P_n(x)$的每个线性因子,当$x\to\infty$时,最多只有一个素因子$s$,所以这种素因子$s$的个数最多为$n$. 因此若

$$\frac{0.98}{1.016}(\omega+1)>\sum_q\frac{n}{q} \tag{10}$$

则当$x\to\infty$时有$\Delta\to\infty$. 因为$\sum\limits_q\frac{1}{q}\sim\log\chi(n)$,所以定理得证.

## §4　埃拉托斯尼筛法的新改进

——布赫夕塔布

在1919年，布朗[1]给出了一个方法，将埃拉托斯尼筛法用于一系列数论问题.

布朗证明了存在无穷多个整数对满足：

(1) 整数对中每个整数均最多只有9个素因子.

(2) 每对整数之差均等于2，此处2可以换成任意偶数.

布朗也证明了每个大偶数都是两个素因子个数不超过9的整数之和. 1924年，拉德马切尔[2]将上述结果中的9改进为7. 在1930年，布赫夕塔布将7改进为6. 1932年，埃斯特曼也做到了这一步.

在本节中，我们将给出这些问题一个新的处理方法，使素因子个数降低到5. 用更精密的积分迭代，素因子个数还可以进一步减少.

我们研究方程 $2=n'-n''$ 与 $2N=n'+n''$ 的可解性问题，此处 $n'$ 与 $n''$ 的素因子个数要求不超过一个固定常数. 布朗与其后继者考虑的其他问题也可以类似地处理.

同时，布赫夕塔布得到了上述方程解数的较好的

---

① V. Brun. Skr. Norske Vid. -Akad. Kristiania, I, No. 3, 1920.

② H. Rademacher. Abh. Math. Sem. Univ. Hamburg, 1924, 3: 12-30.

上界估计.

引理 1 与引理 2 给出的估计是由普通的布朗方法求得的.

有别于其他工作者,我们将要在这里给出充分接近的上下界估计.本节的基本部分已在布赫夕塔布的文章①中做了叙述.

(1) 我们用 $P_{\omega}(x,y)$ 表示小于或等于 $x$ 的非负整数的个数,这些数不包含在下面 $2r+1$ 个数列中的任何一个之中

$$\begin{array}{l} a_0,a_0+p_0,a_0+2p_0,\cdots \\ a_1,a_1+p_1,a_1+2p_1,\cdots \\ b_1,b_1+p_1,b_1+2p_1,\cdots \\ \vdots \\ a_r,a_r+p_r,a_r+2p_r,\cdots \\ b_r,b_r+p_r,b_r+2p_r,\cdots \end{array} \quad ①$$

此处 $p_0=2,0\leqslant a_0\leqslant 2,p_i$ 为小于或等于 $y$ 的素数,具有次序

$$3=p_1<\cdots<p_r\leqslant y$$

$$0\leqslant a_i<p_i,0\leqslant b_i<p_i,a_i\neq b_i$$

及指标 $\omega$ 表示 ① 中整数集合 $a_i$ 与 $b_i$.

**引理 1** 若 $p_1=3,p_2,\cdots,p_r$ 为所有小于或等于 $\sqrt[10]{x}$ 的奇素数,则

$$P_{\omega}(x,x^{\frac{1}{10}})>98\cdot\frac{cx}{\log^2 x}$$

对于 $a_i$ 与 $b_i$ 的集合 $\omega$ 一致地成立,此处 $c$ 是一个常数.

依照上面引用的拉德马切尔的文章可得

① A. A. Buchstab. Mat. Sbornik,1937,44:1239-1246.

$$P_\omega(x,x^{\frac{1}{10}})=P_\omega(x,p_r)>\frac{x}{2}E-R$$

此处

$$E=\left(1-2\sum_{1\leqslant a\leqslant r}\frac{1}{p_a}\right)+\sum_{1\leqslant a\leqslant r}\sum_{1\leqslant b\leqslant r_1}\frac{2^2}{p_ap_b}\left(1-2\sum_{1\leqslant c\leqslant b}\frac{1}{p_c}\right)+$$
$$\sum_{1\leqslant a\leqslant r}\ \sum_{1\leqslant b\leqslant r_1}\sum_{1\leqslant c\leqslant r_1}\ \sum_{1\leqslant d\leqslant r_2}\frac{2^4}{p_ap_bp_cp_d}\left(1-2\sum_{1\leqslant e\leqslant d}\frac{1}{p_e}\right)+\cdots$$

及 $R$ 表示 $E$ 中项 $\frac{1}{p_ap_b\cdots}$ 的个数.

命 $r=r_1$ 及 $p_r$ 表示小于或等于 $x^{\frac{1}{10}}$ 的最大素数.命 $p_{r_k}$ 表示小于或等于 $x^{\frac{1}{10Bh^{k-2}}}$ 的最大素数,此处 $2\leqslant k\leqslant t-1$,$B=\frac{22}{17}-\varepsilon$ 及 $h=\sqrt[4]{\mathrm{e}}-\varepsilon$,其中 $\varepsilon$ 为任意给予的正数,$t$ 满足 $p_{r_{t+1}}^{\frac{1}{h}}<\omega_0\leqslant p_{r_{t+1}}$.

当 $t+1<k\leqslant n$ 时,我们取 $p_{r_k}=p_{r_{t+1}}$ 及 $p_{r_{n+1}}=p_0=2$.

当 $k=1,2,\cdots,n$ 时,我们用 $E_k$ 表示 $E$ 中那些项之和,这些项的分母只含指标大于 $r_{k+1}$ 的素因子,即分母最多含有 $2k+1$ 个素因子.我们有 $E_n=E$,及

$$E_k=1-E_k^{(1)}+\cdots+E_k^{(2k)}-E_k^{(2k+1)}$$

此处 $E_k^{(i)}$ 表示 $E_k$ 中分母正好含有 $i$ 个素因子的项之和.

命 $S_k^{(i)}$ 表示数

$$\frac{2}{p_{r_{k+1}}+1},\frac{2}{p_{r_{k+1}}+2},\cdots,\frac{2}{p_{r_k}}$$

的 $i$ 次初等对称函数及

$$\Pi_k=\prod_{i=r_{k+1}+1}^{r_k}\left(1-\frac{2}{p_i}\right)$$

则得不等式

$$E_{k+1}\geqslant E_k\Pi_{k+1}-\Phi_{k+1}\qquad ②$$

此处

$$\Phi_{k+1}=S_{k+1}^{(2k+4)}+S_{k+1}^{(2k+3)}E_k^{(1)}+\cdots+S_{k+1}^{(3)}E_k^{(2k+1)}$$

$$\Phi_{k+1}=0,k+1>t\qquad ③$$

及

$$E_1>\Pi_1-S_1^{(4)}\qquad ④$$

不断应用不等式 ② 与 ④ 可得

$$E=E_n>\Pi_1\Pi_2\cdots\Pi_n\cdot\left(1-\frac{1}{\Pi_1}S_1^{(4)}-\frac{1}{\Pi_1\Pi_2}\Phi_2-\frac{1}{\Pi_1\Pi_2\Pi_3}\Phi_3-\cdots\right)$$

选取 $\omega_0$ 使

$$S_1^{(1)}=2\sum_{a=r_2+1}^{r_1}\frac{1}{p_a}<2\log\frac{22}{17}<0.516$$

$$S_k^{(1)}=2\sum_{a=r_{k+1}+1}^{r_k}\frac{1}{p_a}<2\log\sqrt[4]{e}=\frac{1}{2},2\leqslant k\leqslant t$$

$$S_k^{(i)}\leqslant\frac{S^{(1)i}}{i\,!}<\frac{1}{2^i i\,!},1\leqslant i\leqslant 2k+1\text{ 及 }2\leqslant k\leqslant t$$

特别地

$$S_1^{(4)}<\frac{S_1^{(1)4}}{4\,!}>0.003$$

所以

$$\frac{1}{\Pi_1}=\prod_{i=r_2+1}^{r_1}\left(1-\frac{2}{p_i}\right)^{-1}<\left(\frac{22}{17}\right)^2<1.675$$

$$\frac{1}{\Pi_k}=\prod_{i=r_{k+1}+1}^{r_k}\left(1-\frac{2}{p_i}\right)^{-1}<\sqrt{e},2\leqslant k\leqslant t$$

将 $E_k^{(i)}$ 表示为

$$E_k^{(i)}=S_k^{(i)}+S_k^{(i-1)}E_{k-1}^{(1)}+\cdots+S_k^{(1)}E_{k-1}^{(i-1)}+E_{k-1}^{(i)},i=1,2,\cdots,2k+1$$

$$E_{k-1}^{(2k)}=E_{k-1}^{(2k+1)}=0$$

因为

$$E_1^{(i)}=S_1^{(i)}<2.14\cdot\frac{1}{4^i},i=1,2,3$$

所以对于所有 $k\leqslant t-1$ 皆有

$$E_k^{(i)}<2.14\cdot\frac{1}{4^i}\mathrm{e}^{2(i-1)}$$

并由 ③ 得

$$\Phi_{k+1}<2.14\cdot\frac{1}{4^{2k+4}}\mathrm{e}^{2(k-1)}(\mathrm{e}^2-5),2\leqslant k+1\leqslant t$$

因此

$$\Phi=\frac{1}{\Pi_2}\Phi_2+\frac{1}{\Pi_2\Pi_3}\Phi_3+\cdots<$$

$$2.14(\mathrm{e}^2-5)\cdot\frac{1}{4^6}\left(\mathrm{e}^{\frac{1}{2}}+\mathrm{e}^{\frac{6}{2}}\ \frac{1}{4^2}+\mathrm{e}^{\frac{11}{2}}\ \frac{1}{4^4}+\cdots\right)=$$

$$2.14(\mathrm{e}^2-5)\mathrm{e}^{\frac{1}{2}}4^{-6}\left(1-\frac{\mathrm{e}^{\frac{5}{2}}}{16}\right)^{-1}<0.008\ 7$$

及

$$1-\frac{1}{\Pi_1}(S_1^{(4)}+\Phi)>0.98$$

记

$$A=\lim_{x\to\infty}\left(2\log\log x+\sum_{3\leqslant p\leqslant x}\log\left(1-\frac{2}{p}\right)\right)$$

当 $n$ 充分大时,我们有

$$\Pi_1\cdots\Pi_n=\prod_{3\leqslant p<x^{\frac{1}{10}}}\left(1-\frac{2}{p}\right)=$$

$$100\cdot\frac{\mathrm{e}^A}{\log^2 x}+O\left(\frac{1}{\log^3 x}\right)$$

及

$$E>98\cdot\frac{2c}{\log^2 x}+O\left(\frac{1}{\log^3 x}\right)$$

此处 $c=\frac{1}{2}\mathrm{e}^{A}=0.416\ 1\cdots$.

$R$ 不超过表达式

$$\left(1-\sum_{a=1}^{r_1}\frac{2}{p_a}\right)\left(1-\sum_{b=1}^{r_1}\frac{2}{p_b}\right)\left(1-\sum_{c=1}^{r_1}\frac{2}{p_c}\right)\left(1-\sum_{d=1}^{r_2}\frac{2}{p_d}\right)\cdots$$

中项$\frac{1}{p_a p_b\cdots}$的个数,所以

$$\begin{aligned}R&\leqslant(2r_1+1)^3(2r_2+1)^2\cdots(2r_n+1)^2<\\&p_{r_1}^3p_{r_2}^3\cdots p_{r_n}^3<A_1x^{\frac{3}{10}}x^{\frac{2}{10B}}x^{\frac{2}{10Bh}}\cdots=\\&A_1x^{\frac{3}{10}+\frac{2h}{10B(h-1)}}\end{aligned}$$

因为$\frac{3}{10}+\frac{2h}{10B(h-1)}<0.999$,此处取 $\varepsilon$ 充分小,所以

$$R<O(x^{0.999})=O\left(\frac{x}{\log^3 x}\right)$$

因此

$$P_{\omega}(x,x^{\frac{1}{10}})>98\cdot\frac{cx}{\log^2 x}+O\left(\frac{x}{\log^3 x}\right)$$

**引理 2** $P_{\omega}(x,x^{\frac{1}{10}})<101.6\cdot\frac{cx}{\log^2 x}+O\left(\frac{x}{\log^3 x}\right)$.

用同样的记号可知对于 $3=p_1<\cdots<p_r<x^{\frac{1}{10}}$ 有

$$P_{\omega}(x,x^{\frac{1}{10}})<\frac{x}{2}E+R+1$$

此处

$$\begin{aligned}E=1-\sum_{a\leqslant r_1}\frac{2}{p_a}\left(1-\sum_{b\leqslant a}\frac{2}{p_b}\right)-\\\sum_{a\leqslant r_1}\sum_{b\leqslant r_1}\sum_{c\leqslant r_2}\frac{2^3}{p_a p_b p_c}\left(1-\sum_{d\leqslant c}\frac{2}{p_d}\right)-\cdots\end{aligned}$$

其中,$r\geqslant r_1\geqslant r_2\geqslant\cdots$. 命 $p_{r_1}$ 为小于或等于 $x^{\frac{1}{10}}$ 的最大素数,即 $r=r_1$. 当 $2\leqslant k\leqslant t+1$ 时,命 $p_{r_k}$ 表示小于

或等于 $x^{\frac{1}{10Bh^{k-2}}}$ 的最大素数，此处 $B=\frac{26}{23}-\varepsilon$ 及 $h=\sqrt[4]{e}-\varepsilon$，其中 $t$ 满足 $p_{r_{t+1}}^{\frac{1}{h}}<\omega_0\leqslant p_{r_{t+1}}$. 当 $t+1\leqslant k\leqslant m$ 时，定义 $p_{r_k}=p_{r_{t+1}}$ 及 $p_{r_{m+1}}=2$，则

$$E_k=1-E_k^{(1)}+E_k^{(2)}-\cdots+E_k^{(2k)},1\leqslant k\leqslant t$$

$$E_m=E$$

及

$$E_{k+1}\geqslant \Pi_{k+1}E_k+\Phi_{k+1}$$

此处

$$\Phi_{k+1}=S_{k+1}^{(2k+3)}+S_{k+1}^{(2k+2)}E_k^{(1)}+\cdots+S_{k+1}^{(3)}E_k^{(2k)}$$

$$\Phi_{k+1}=0,k\geqslant t$$

及

$$E_1<\Pi_1+S_1^{(3)}$$

不断地运用上面的不等式可得

$$E=E_m<\Pi_1\cdots\Pi_m\left(1+\frac{1}{\Pi_1}S_1^{(3)}+\frac{1}{\Pi_1\Pi_2}\Phi_2+\frac{1}{\Pi_1\Pi_2\Pi_3}\Phi_3+\cdots\right)$$

选取 $\omega_0$ 满足

$$S_1^{(1)}=2\sum_{a=r_2+1}^{r_1}\frac{1}{p_a}<2\log\frac{26}{23}<0.245\ 3$$

$$S_1^{(3)}<\frac{S_1^{(1)3}}{6}<0.002\ 5$$

$$\frac{1}{\Pi_1}=\prod_{a=r_2+1}^{r_1}\left(1-\frac{2}{p_a}\right)^{-1}<\left(\frac{26}{23}\right)^2<1.28$$

当 $k\geqslant 2$ 时，$S_k^{(i)}$ 与 $\frac{1}{\Pi_k}$ 的估计类似于引理 1. 现在我们估计 $\Phi_i$ 如下

$$\Phi_2=S_2^{(5)}+S_2^{(4)}E_1^{(1)}+S_2^{(3)}E_1^{(2)}<0.001\ 54$$

$$E_2^{(1)} = S_1^{(1)} + E_1^{(1)} < 0.746$$

$$E_2^{(2)} = S_2^{(2)} + S_2^{(1)} E_1^{(1)} + E_1^{(2)} < 0.278$$

$$E_2^{(3)} = S_2^{(3)} + S_2^{(2)} E_1^{(1)} + S_2^{(1)} E_1^{(2)} < 0.068$$

$$E_2^{(4)} = S_2^{(4)} + S_2^{(3)} E_1^{(1)} + S_2^{(2)} E_1^{(2)} < 0.012$$

由 $E_2^{(i)} < 4.45 \cdot \dfrac{1}{4^i} (i=1,2,3,4)$ 可得

$$E_k^{(i)} < 4.45\mathrm{e}^{2(k-2)} \cdot \frac{1}{4^i}, i=1,2,\cdots,2k$$

及

$$\Phi_{k+1} < 4.45\mathrm{e}^{2(k-2)} \cdot \frac{1}{4^{2k+3}} (\mathrm{e}^2 - 5)$$

因此

$$\Phi = \frac{1}{\Pi_2 \Pi_3} \Phi_3 + \frac{1}{\Pi_2 \Pi_3 \Pi_4} \Phi_4 + \cdots <$$

$$4.45(\mathrm{e}^2 - 5)\mathrm{e}\left(\frac{1}{4^7} + \frac{\sqrt{\mathrm{e}^5}}{4^9} + \frac{\sqrt{\mathrm{e}^9}}{4^{11}} + \cdots\right) =$$

$$4.45(\mathrm{e}^2 - 5)\mathrm{e} \cdot 4^{-7}\left(1 - \frac{\mathrm{e}^{\frac{5}{2}}}{16}\right)^{-1} < 0.007\,4$$

及

$$1 - \frac{1}{\Pi_1}\left(S_1^{(3)} + \frac{1}{\Pi_2}\Phi_2 + \Phi\right) < 1.016$$

由 $m$ 的定义可知 $\Pi_1 \cdots \Pi_m$ 等于

$$\prod_{3 \leqslant p \leqslant x^{\frac{1}{10}}} \left(1 - \frac{2}{p}\right) = 100 \cdot \frac{\mathrm{e}^A}{\log^2 x} + O\left(\frac{1}{\log^3 x}\right)$$

对于充分小的 $\varepsilon$，$R$ 可以估计如下

$$R < A_2 x^{\frac{2}{10}} x^{\frac{2}{10B}} x^{\frac{2}{10Bh}} \cdots = A_2 x^{\frac{1}{5}\left(1 + \frac{h}{B(h-1)}\right)} <$$

$$A_2 x^{0.999\,9} = O\left(\frac{x}{\log^3 x}\right)$$

所以

$$P_{\omega}(x,x^{\frac{1}{10}})<101.6\cdot\frac{cx}{\log^2 x}+O\left(\frac{x}{\log^3 x}\right)$$

此处 $c$ 为一个常数，如引理 1 所示.

**引理 3**　命 $u$ 与 $v$ 为两个常数或依赖于 $x$ 的变数，且满足 $2\leqslant u\leqslant v\leqslant A$，此处 $A$ 为一个常数，则

$$\sum_{x^{\frac{1}{v}}\leqslant p<x^{\frac{1}{u}}}\frac{1}{p\left(\log\frac{x}{p}\right)^2}=$$

$$\frac{1}{\log^3 x}\left(\log\frac{v-1}{u-1}+\frac{u}{u-1}-\frac{v}{v-1}\right)+O\left(\frac{1}{\log^4 x}\right)$$

(2) 现在考虑函数 $P_{\omega}(x,x^{\frac{1}{\alpha}})$ $(\alpha\leqslant 10)$. 显然当 $2\leqslant\alpha\leqslant 10$ 时有

$$P_{\omega}(x,x^{\frac{1}{\alpha}})\leqslant P_{\omega}(x,x^{\frac{1}{10}})\qquad ⑤$$

$$P_{\omega}(x,x^{\frac{1}{\alpha}})\geqslant 0\qquad ⑤'$$

由引理 1 与不等式 ⑤ 可知存在非递减函数 $\lambda(\alpha)$，它是连续的或在区间 $2\leqslant\alpha\leqslant 10$ 中仅有一个第一类不连续点，使

$$P_{\omega}(x,x^{\frac{1}{\alpha}})>\lambda(\alpha)\cdot\frac{cx}{\log^2 x}+O\left(\frac{x}{\log^3 x}\right)$$

对于 $\omega$ 一致成立，此处 $c$ 如引理 1 与引理 2 中的定义.

例如，$\lambda(\alpha)$ 定义为

$$\lambda(\alpha)=0,2\leqslant\alpha<10$$

$$\lambda(\alpha)=98,\alpha=10$$

由引理 2 与 ⑤ 可知，在区间 $2\leqslant\alpha\leqslant 10$ 中存在一个连续非递减函数 $\Lambda(\alpha)$，使对于任何 $\omega$ 皆有

$$P_{\omega}(x,x^{\frac{1}{\alpha}})<\Lambda(\alpha)\cdot\frac{cx}{\log^2 x}+O\left(\frac{x}{\log^3 x}\right)$$

作为例子，我们可以取

$$\Lambda(\alpha)=101.6,2\leqslant\alpha\leqslant 10$$

我们用$\lambda_i(\alpha)$与$\Lambda_i(\alpha)$表示具有与$\lambda(\alpha)$,$\Lambda(\alpha)$相类似性质的函数.

**定理1** 假定$\lambda_i(\alpha)$与$\Lambda_k(\alpha)$为两个适合上述条件的函数,则由

$$\Psi(\alpha)=0,2\leqslant\alpha\leqslant\tau$$

$$\Psi(\alpha)=\lambda_i(\beta)-2\int_{\alpha-1}^{\beta-1}\Lambda_k(z)\frac{z+1}{z^2}\mathrm{d}z,3\leqslant\tau\leqslant\alpha\leqslant 10$$

定义的函数$\Psi(\alpha)$,此处$\beta$为满足$\alpha\leqslant\beta\leqslant 10$的任何数,亦是一个$\lambda$-函数,即$\Psi(\alpha)=\lambda_{i+1}(\alpha)$.

首先注意$P_\omega(x,p_{r+1})$与$P_\omega(x_1,p_r)$之差小于或等于$x$,属于数列

$$a_r,a_r+p_r,a_r+2p_r,\cdots$$
$$b_r,b_r+p_r,b_r+2p_r,\cdots$$

但不属于①中前$2r-1$个数列的整数个数.若$a_r+kp_r=a_i+np_i$,则$k\equiv a'_i(\mathrm{mod}\ p_i),i\geqslant 1(0\leqslant k\leqslant\frac{x-a_r}{p_r},a'_i<p_i)$,及若$a_r+kp_r=b_i+np_i$,则$k\equiv b'_i(\mathrm{mod}\ p_i),i\geqslant 1(b'_i<p_i)$.因此数列$a_r,a_r+p_r,a_r+2p_r,\cdots$中不属于①中前$2r-1$个数列又不超过$x$的整数个数等于不超过$\frac{x-a_r}{p_r}$的整数而又不含于数列

$$a'_i,a'_i+p_i,a'_i+2p_i,\cdots,i=0,1,\cdots,r-1$$
$$b'_i,b'_i+p_i,b'_i+2p_i,\cdots,i=1,2,\cdots,r-1$$

者的个数,即等于$P_{\omega'_r}\left(\frac{x-a_r}{p_r},p_r\right)$,此处$\omega'_r$表示整数$a'_i$与$b'_i$的集合.

类似地,含于数列$b_r,b_r+p_r,b_r+2p_r,\cdots$而不含于数列①的前$2r-1$个数列的不超过$x$的整数个数等

于 $P_{\omega''_r}\left(\frac{x-b_r}{p_r},p_r\right)$，$P_{\omega'_r}\left(\frac{x-a_r}{p_r},p_r\right)$ 或者等于 $P_{\omega'_r}\left(\frac{x}{p_r},p_r\right)$，或者与它相差 1，$P_{\omega''_r}\left(\frac{x-b_r}{p_r},p_r\right)$ 与 $P_{\omega''_r}\left(\frac{x}{p_r},p_r\right)$ 的情况是类似的.

我们得

$$P_\omega(x,p_{r+1})=P_\omega(x,p_r)-P_{\omega'_r}\left(\frac{x}{p_r},p_r\right)-P_{\omega''_r}\left(\frac{x}{p_r},p_r\right)-\mu_r \qquad ⑥$$

此处 $0\leqslant\mu_r\leqslant 2$. 命 $p_t,p_{t+1},\cdots,p_r$ 为 $x^{\frac{1}{\beta}}$ 与 $x^{\frac{1}{\alpha}}$ 之间的所有素数，即

$$x^{\frac{1}{\beta}}\leqslant p_t<p_{t+1}<\cdots<p_n<x^{\frac{1}{\alpha}}\leqslant p_{r+1}$$

则

$$P_\omega(x,x^{\frac{1}{\alpha}})=P_\omega(x,p_{r+1})$$

与

$$P_\omega(x,x^{\frac{1}{\beta}})=P_\omega(x,p_t)$$

不断地运用 ⑥ 可得

$$P_\omega(x,x^{\frac{1}{\alpha}})=P_\omega(x,x^{\frac{1}{\beta}})-\sum_{x^{\frac{1}{\beta}}\leqslant p_i<x^{\frac{1}{\alpha}}}P_{\omega'_i}\left(\frac{x}{p_i},p_i\right)-\sum_{x^{\frac{1}{\beta}}\leqslant p_i<x^{\frac{1}{\alpha}}}P_{\omega''_i}\left(\frac{x}{p_i},p_i\right)-\sum\mu_i \qquad ⑦$$

此处 $\sum\mu_i=O(\sqrt{x})$.

为了简单起见，今后我们略去指标 $i$. 命

$$u_s=\alpha+\frac{\beta-\alpha}{n}s-1,s=0,1,\cdots,n$$

此处 $c_1\log x\leqslant n\leqslant c_2\log x$. 对于满足 $x^{\frac{1}{u_{s+1}+1}}\leqslant$

$p<x^{\frac{1}{u_s+1}}$ 的素数 $p$,我们有

$$\alpha-1\leqslant u_s<\frac{\log\frac{x}{p}}{\log p}\leqslant u_{s+1}\leqslant\beta-1$$

$$T_s=\sum_{x^{\frac{1}{u_{s+1}+1}}\leqslant p<x^{\frac{1}{u_s+1}}}\left(P_{\omega'_i}\left(\frac{x}{p},p\right)+P_{\omega''_i}\left(\frac{x}{p},p\right)\right)=$$

$$\sum_{x^{\frac{1}{u_{s+1}+1}}\leqslant p<x^{\frac{1}{u_s+1}}}\left(P_{\omega'_i}\left(\frac{x}{p},\left(\frac{x}{p}\right)^{\frac{\log p}{\log\frac{x}{p}}}\right)+\right.$$

$$\left.P_{\omega''_i}\left(\frac{x}{p},\left(\frac{x}{p}\right)^{\frac{\log p}{\log\frac{x}{p}}}\right)\right)\leqslant$$

$$2c\sum_{x^{\frac{1}{u_{s+1}+1}}\leqslant p<x^{\frac{1}{u_s+1}}}\frac{x}{p\log^2\frac{x}{p}}\Lambda_k\left(\frac{\log\frac{x}{p}}{\log p}\right)+$$

$$O\left(\sum_{x^{\frac{1}{u_{s+1}+1}}\leqslant p<x^{\frac{1}{u_s+1}}}\frac{x}{p\log^3\frac{x}{p}}\right)$$

由引理3得

$$T_s\leqslant 2c\Lambda_k(u_{s+1})\frac{x}{\log^2 x}\left(\log\frac{u_{s+1}}{u_s}+\frac{u_{s+1}-u_s}{u_su_{s+1}}\right)+$$

$$O\left(\frac{x}{\log^3 x}\left(\log\frac{u_{s+1}}{u_s}+\frac{u_{s+1}-u_s}{u_su_{s+1}}\right)\right)$$

因此

$$T=\sum_{x^{\frac{1}{\beta}}\leqslant p<x^{\frac{1}{\alpha}}}\left(P_{\omega'_i}\left(\frac{x}{p},p\right)+P_{\omega''_i}\left(\frac{x}{p},p\right)\right)=$$

$$\sum_{s=0}^{n-1}T_s\leqslant 2c\frac{x}{\log^2 x}\sum_{s=0}^{n-1}\Lambda_k(u_{s+1})\cdot$$

$$\left(\log\frac{u_{s+1}}{u_s}+\frac{u_{s+1}-u_s}{u_su_{s+1}}\right)+$$

$$O\left(\frac{x}{\log^3 x}\sum_{s=0}^{n-1}\left(\log\frac{u_{s+1}}{u_s}+\frac{u_{s+1}-u_s}{u_su_{s+1}}\right)\right)$$

因为

$$\sum_{s=0}^{n-1}\Lambda(u_{s+1})\left(\log\frac{u_{s+1}}{u_s}+\frac{u_{s+1}-u_s}{u_s u_{s+1}}\right)=$$

$$\int_{\alpha-1}^{\beta-1}\Lambda_k(z)\left(\mathrm{dlog}\ z+\frac{\mathrm{d}z}{z^2}\right)+O\left(\frac{1}{n}\right)=$$

$$\int_{\alpha-1}^{\beta-1}\Lambda_k(z)\ \frac{z+1}{z^2}\mathrm{d}z+O\left(\frac{1}{\log\ x}\right)$$

及

$$\sum_{s=0}^{n-1}\left(\log\frac{u_{s+1}}{u_s}+\frac{u_{s+1}-u_s}{u_s u_{s+1}}\right)=O(1)$$

所以

$$T\leqslant 2c\ \frac{x}{\log^2 x}\int_{\alpha-1}^{\beta-1}\Lambda_k(z)\ \frac{z+1}{z^2}\mathrm{d}z+O\left(\frac{x}{\log^3 x}\right)$$

由 ⑦ 得

$$P_\omega(x,x^{\frac{1}{\alpha}})\geqslant$$

$$\frac{cx}{\log^2 x}\left(\lambda_i(\beta)-2\int_{\alpha-1}^{\beta-1}\Lambda_k(z)\ \frac{z+1}{z^2}\mathrm{d}z\right)+O\left(\frac{x}{\log^3 x}\right)$$

即

$$\lambda_{i+1}(\alpha)=\lambda_i(\beta)-2\int_{\alpha-1}^{\beta-1}\Lambda_k(z)\ \frac{z+1}{z^2}\mathrm{d}z$$

定理证毕.

**定理 2**　命 $\lambda_i(\alpha)$ 与 $\Lambda_k(\alpha)$ 为两个适合上述条件的函数,则由

$$\omega(\alpha)=\Lambda_k(\beta)-2\int_{\alpha-1}^{\beta-1}\lambda_i(z)\ \frac{z+1}{z^2}\mathrm{d}z,3\leqslant\alpha\leqslant 10$$

定义的函数 $\omega(\alpha)$,此处 $\beta$ 为满足 $\alpha\leqslant\beta\leqslant 10$ 的任何数,亦是一个 $\Lambda$ — 函数,即 $\omega(\alpha)=\Lambda_{k+1}(\alpha)$.

定理 2 的证明与定理 1 的证明是完全类似的.

命 $\beta\leqslant 10$,$\lambda_0(\alpha)$ 与 $\Lambda_0(\alpha)$ 为区间 $6\leqslant\alpha\leqslant\beta$ 中的两个函数,满足

$$\lambda_0(\alpha)=0,\alpha<\beta$$

$\lambda_0(\beta)$ 等于一个正常数,及

$$\Lambda_0(\alpha)=\Lambda_0(\beta),6\leqslant\alpha\leqslant\beta$$

不断利用定理 1 与定理 2,由 $\lambda_0(\alpha)$ 与 $\Lambda_0(\alpha)$ 出发可得

$$\lambda_{i+1}(x)=\lambda_0(\beta)-2\int_{\alpha-1}^{\beta-1}\Lambda_i(y)\frac{y+1}{y^2}\mathrm{d}y$$

$$\begin{aligned}\Lambda_{i+1}(\beta-1)=&\Lambda_0(\beta)-2\int_{\beta-2}^{\beta-1}\lambda_{i+1}(x)\frac{x+1}{x^2}\mathrm{d}x=\\&\Lambda_0(\beta)-2\lambda_0(\beta)\int_{\beta-2}^{\beta-1}\frac{x+1}{x^2}\mathrm{d}x+\\&4\Lambda_i(\beta-1)\int_{\beta-2}^{\beta-1}\int_{x-1}^{\beta-1}\frac{x+1}{x^2}\cdot\\&\frac{y+1}{y^2}\mathrm{d}x\mathrm{d}y,i=0,1,\cdots\end{aligned}$$

此处对于所有 $i,\Lambda_i(\beta)=\Lambda_0(\beta),\lambda_i(\beta)=\lambda_0(\beta)$,及当 $y<\beta-1$ 时,$\Lambda_i(y)=\Lambda_i(\beta-1)$.

当 $8\leqslant\beta\leqslant 10$ 时,在上面的表达式中,$\Lambda_i(\beta-1)$ 的系数小于1,因而经过逐步迭代后,我们得到 $\Lambda(\beta-1)$,它非常接近于对应方程的根,即我们得到一个 $\Lambda$ 一 函数 $\overline{\Lambda_0}(\alpha)$,即

$$\overline{\Lambda_0}(\alpha)=\overline{\Lambda_0}(\beta-1)=\frac{\Lambda_0(\beta)-2\lambda_0(\beta)\int_{\beta-2}^{\beta-1}\frac{x+1}{x^2}\mathrm{d}x}{1-4\int_{\beta-2}^{\beta-1}\int_{x-1}^{\beta-1}\frac{x+1}{x^2}\cdot\frac{y+1}{y^2}\mathrm{d}x\mathrm{d}y}+\varepsilon$$

此处 $7\leqslant\alpha\leqslant\beta-1$ 及 $\varepsilon$ 充分小.

现在,我们得到一个新的 $\lambda$ 函数 $\overline{\lambda_0}(\alpha)$,即

$$\overline{\lambda_0}(\beta-1)=\lambda_0(\beta)-2\int_{\beta-2}^{\beta-1}\overline{\Lambda_0}(x)\frac{x+1}{x^2}\mathrm{d}x-\varepsilon=$$

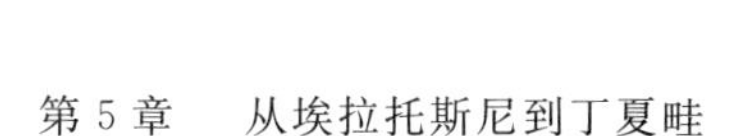



$$\lambda_0(\beta)-\overline{\Lambda_0}(\beta-1)\int_{\beta-2}^{\beta-1}\frac{x+1}{x^2}\mathrm{d}x-\varepsilon_1$$

当 $\alpha<\beta-1$ 时 $\overline{\lambda_0}(\alpha)=0$.

用类似的方法，由 $\overline{\lambda_0}$ 与 $\overline{\Lambda_0}$ 可得 $\overline{\overline{\lambda_0}}$ 与 $\overline{\overline{\Lambda_0}}$，等等. 从 $\lambda_0(10)=98$ 与 $\Lambda_0(10)=101.6$ 出发，迭代结果如下

$$\overline{\Lambda_0}(9)=\frac{101.6-2\cdot 93\int_8^9\frac{x+1}{x^2}\mathrm{d}x}{1-4\int_8^9\int_{x-1}^9\frac{x+1}{x^2}\cdot\frac{y+1}{y^2}\mathrm{d}x\mathrm{d}y}+\varepsilon=85.1$$

$$\overline{\lambda_0}(9)=98-2\cdot 85.1\int_8^9\frac{x+1}{x^2}\mathrm{d}x-\varepsilon_1=75.58$$

$$\overline{\overline{\Lambda_0}}(8)=\frac{85.1-2\cdot 75.58\int_7^8\frac{x^2+1}{x^2}\mathrm{d}x}{1-4\int_7^8\int_{x-1}^8\frac{x+1}{x^2}\cdot\frac{y+1}{y^2}\mathrm{d}x\mathrm{d}y}+\varepsilon'=72.86$$

$$\overline{\overline{\lambda_0}}(8)=75.58-2\cdot 72.86\int_7^8\frac{x+1}{x^2}\mathrm{d}x-\varepsilon'_1=53.51$$

$$\overline{\overline{\overline{\Lambda_0}}}(7)=\frac{72.86-2\cdot 53.51\int_6^7\frac{x+1}{x^2}\mathrm{d}x}{1-4\int_6^7\int_{x-1}^7\frac{x+1}{x^2}\cdot\frac{y+1}{y^2}\mathrm{d}x\mathrm{d}y}+\varepsilon''=67.58$$

最后得

$$\lambda(6)=\overline{\overline{\lambda_0}}(8)-2\,\overline{\overline{\overline{\Lambda_0}}}(7)\int_5^7\frac{x+1}{x^2}\mathrm{d}x-\varepsilon''_1=0.03$$

即

$$P_\omega(x,x^{\frac{1}{6}})<0.03\cdot\frac{cx}{\log^2 x}+O\left(\frac{x}{\log^3 x}\right)\qquad ⑧$$

与

$$P_\omega(x,x^{\frac{1}{6}})\leqslant P_\omega(x,x^{\frac{1}{7}})<67.58\cdot\frac{cx}{\log^2 x}+O\left(\frac{x}{\log^3 x}\right)$$

对于 $\omega$ 一致成立.

特别地,若我们取 $a_i=0$ 及 $b_i=p_i-2$,则 $P_\omega(x, x^{\frac{1}{6}})$ 等于满足 $n\leqslant x$ 及 $n$ 与 $n+2$ 均不能被小于或等于 $x^{\frac{1}{6}}$ 的素数整除的整数 $n$ 的个数,即存在一组整数 $n$ 与 $n+2$,其素因子个数皆不超过 5.

不等式 ⑧ 表示这种数对有无穷多个,也就是说,我们证明了下面的结果:

存在无穷多个数对,每个数对中的整数皆最多只有 5 个素因子,每个数对包含的两整数之差为 2.

假定 $x$ 为一个偶数,$a_i=0$ 及 $b_i$ 为 $x$ 模 $p_i$ 的最小非负剩余,则当 $p_i\mid x$ 时有 $a_i=b_i$. 在 $P_\omega(x,x^{\frac{1}{\alpha}})$ 的所有估计之中, $\frac{x}{\log^2 x}$ 需换成 $\frac{x}{\log^2 x}v(x)$, 此处 $v(x)=\prod\limits_{\substack{p\mid x\\ p>2}}\frac{p-1}{p-2}$. 当 $x^{\frac{1}{10}}\leqslant p<x^{\frac{1}{2}}$ 时有 $v\left(\frac{x}{p}\right)=v(x)\cdot\frac{p-2}{p-1}=v(x)\left(1+O\left(\frac{1}{\sqrt[10]{x}}\right)\right)$,对应于定理 1 与定理 2 的结果仍成立,故得:

存在常数 $A_0$ 使每一大于 $A_0$ 的偶数皆可以表为两个素因子个数皆不超过 5 的整数之和.

关于区间 $[2,x]$ 中孪生素数对的个数 $Z(x)$,我们有

$$Z(x)<28.2\cdot\frac{x}{\log^2 x}$$

此处 $x>x_0$,在此我们用到 $c=\frac{\mathrm{e}^A}{2}<0.417$.

## §5　线性组合筛法[①]

——谢盛刚

### 5.1　前言

筛法开始于埃拉托斯尼(公元前 3 世纪),当时用来构造素数表. 直接用这个方法在理论上得不到什么结果,所以在长时期内不为数学家们所注意. 1920 年,挪威数学家布朗对埃拉托斯尼筛法做了极其重要的改进,从而证明了"$9+9$". 这里和今后我们用"$a+b$"表示命题:任一充分大的偶数皆可表为不超过 $a$ 个素数的乘积与不超过 $b$ 个素数的乘积之和,所以命题"$1+1$"基本上就是哥德巴赫猜想.

在此后的几十年间,筛法有了很大的发展,并已成为数论研究中强有力的工具之一.

1950 年,塞尔伯格对埃拉托斯尼筛法做了另一重大改进,他的方法与组合方法相结合,大大推动了有关数论问题的研究.

另外,苏联数学家布赫夕塔布在 20 世纪 40 年代左右创造的组合方法,使布朗筛法更加精密化,从而证明了"$5+5$""$4+4$"等优秀的结果.

我国数学家对筛法有重要贡献. 王元在 20 世纪 50 年代第一个将筛法系统地介绍到国内,他把塞尔伯格筛法与布赫夕塔布的方法结合起来先后证明了"$3+$

---

① 原载于《数学进展》,1984,13(2):119-144.

4”“2 + 3”“1 + 4”等结果.潘承洞在改进了算术级数中的均值定理之后也证明了“1 + 4”,他的证明不需要复杂的计算.1966 年,陈景润在对筛法做了重要改进之后并运用强有力的解析方法证明了“1 + 2”,这一结果在国际数论界引起了强烈的反响.他后来还用他所创造的方法改进了哥德巴赫问题的上界估计①②.

朱尔凯特和里切特把线性筛法的结果做到了最好的程度,他们的方法原则上是王元所用方法的一种极限状态,但不需要多少计算.

罗斯(Rosser)和 Horrington 合著了一本论述筛法的书,其中提出了另一种组合筛法,但这本书并没有出版.因凡涅斯注意到他的方法,并加以整理.利用这个新的方法,他证明了两个引人注目的结果:

(1) 有无穷多个正整数 $n$ 使 $n^2+1$ 有至多两个素因子③.

(2) 任给 $\theta > 0.55$,当 $x$ 充分大时,在区间 $(x, x+x^{\theta})$ 中必有素数④.但因凡涅斯本人和其他一些学者都指出,他的方法实际上是受到陈景润的一篇讨论短区间殆素数的分布的文章⑤的影响和启发而得到的.

---

① 陈景润. On the Goldbach's problem and the sieve methods. Sci. Sin., 1978, 21: 701-739.

② 潘承彪.偶数表为二个素数之和的表法个数的上界估计.中国科学,1980,7:628-636;Sci. Sin., 1980, 23(11): 1368-1377.

③ H. Iwaniec. Almost-primes represented by quadratic poloynomials. Invent. math., 1978, 47: 171-188

④ Heath-Brown, H. Iwaniec. On the difference between consecutive primes. Invent. math., 1979, 55: 49-69.

⑤ 陈景润. On the distribution of almost primes in an interval(II). Sci. Sin., 1979, 22: 253-275.

从上面的简单叙述可以看出筛法的发展和数学上其他重大课题一样，是众多数学家承前启后不断努力的结果. 本节正是为了这个目的，向有兴趣的读者介绍罗斯和因凡涅斯的线性组合筛法.

哈伯斯坦和里切特合著的 *Sieve Methods* 一书对筛法有详尽的论述，并附有十分丰富的参考文献目录. 本节只附一些近年的文献，并且由于条件限制不可能搜集得十分完善.

潘承洞和潘承彪合著的《哥德巴赫猜想》一书对与筛法有关的分析方法有详细介绍，参考文献目录也十分丰富.

本节主要取材于上述两本书和本桥洋一教授 1980 年来华讲学的部分内容.

## 5.2　组合筛法的一般方法

(1) 筛法的基本问题.

设 $\mathscr{P}$ 是由互不相同的素数组成的集合，$z \geqslant w \geqslant 2$，令

$$P(z)=\prod_{\substack{p<z\\ p\in P}} p,\quad P(w,z)=\prod_{\substack{w\leqslant p<z\\ p\in P}} p$$

设 $\mathscr{A}$ 是由有限多个不同的整数组成的集合，又设

$$S(\mathscr{A};\mathscr{P},z)=\sum_{\substack{a\in\mathscr{A}\\ (a,P(z))=1}} 1$$

它代表 $\mathscr{A}$ 中不被 $\mathscr{P}$ 中小于 $z$ 的素数所整除的元素的个数，称为筛函数，筛法的基本问题就是估计筛函数的上界和下界.

筛函数有两个十分重要而又很明显的性质：

(i) $S(\mathscr{A};\mathscr{P},z)\geqslant 0$；

(ii)$S(\mathscr{A};\mathscr{P},z)$ 是 $z$ 的减函数.

**例** 设 $\mathscr{P}$ 为全体素数,$N$ 为大偶数,令 $\mathscr{A}=\{N-p\mid p<N,p$ 为素数$\}$. 则筛函数 $S(\mathscr{A};\mathscr{P},N^{\frac{1}{\alpha}})$ 就等于或小于 $N$ 并使 $N-p$ 的素因子都不小于 $N^{\frac{1}{\alpha}}$ 的素数 $p$ 的个数. 很显然如果证明了对充分大的偶数 $N$ 和给定正整数 $k(k\geqslant z)$,都有 $S(\mathscr{A};\mathscr{P},N^{\frac{1}{k}})>0$,就证明了命题"$1+(k-1)$". 这说明筛法的研究在数论中有重要意义.

下面引进几个筛法中常用的记号.

设 $d$ 是正整数,令

$$\mathscr{A}_d=\{a\mid a\in\mathscr{A},d\mid a\}$$

$$\mathscr{P}_d=\{p\mid p\in\mathscr{P},p\nmid d\}$$

$$P_d(z)=\prod_{\substack{p<z\\ p\in\mathscr{P}_d}}p,P_d(w,z)=\prod_{\substack{w\leqslant p<z\\ p\in\mathscr{P}_d}}p$$

设 $\mu$ 是一个有限集,常用 $|\mu|$ 表示 $\mu$ 中元素的个数.

在筛法中一般要求当 $d\mid P(\infty)$ 时有渐近公式

$$|\mathscr{A}_d|=\frac{\rho(d)}{d}X+R_d \tag{①}$$

这里 $X$ 是只与 $\mathscr{A}$ 有关的常数,$\rho(d)$ 是非负积性函数. 又设 $z\geqslant 2$,且令

$$W(z)=\prod_{\substack{p<z\\ p\in\mathscr{P}}}\left(1-\frac{\rho(p)}{p}\right)=\prod_{p\mid P(z)}\left(1-\frac{\rho(p)}{p}\right)$$

设 $n$ 是正整数,定义 $p(1)=\infty$,$p(n)$ 为 $n(n\geqslant 2)$ 的最小素因子.

上面的记号以后要经常使用,不再一一说明.

利用麦比乌斯函数可以得到

$$S(\mathscr{A};\mathscr{P},z)=\sum_{a\in\mathscr{A}}\sum_{d\mid(a,P(z))}\mu(d)=\sum_{d\mid P(z)}\mu(d)\mid\mathscr{A}_d\mid \quad ②$$

这就是埃拉托斯尼的筛法公式. 将 ① 代入 ② 得

$$S(\mathscr{A};\mathscr{P},z)=XW(z)+\sum_{d\mid P(z)}\mu(d)R_d \quad ③$$

这虽然是筛函数的一个表达式,但它并没有什么用处. 因为式 ③ 右端第二项包含的项数非常多,只有当 $z$(常要求 $z\ll\log\log X$) 非常小时,这个和式才比第一个和式小. 而前面举的例子说明要使 $z$(通常要有 $X^{\alpha}\ll z$) 相当大才有用. 此外还要注意,只当 $z$ 比之 $X$ 很小时,③ 中的 $XW(z)$ 才是筛函数的近似值,而当 $z$ 不是很小时就不是这样.

例如,令 $\mathscr{P}$ 是全体素数,$x$ 为充分大的实数,令 $\mathscr{A}=\{n\mid 1\leqslant n\leqslant x\}$,显然有

$$\pi(x)=\pi(\sqrt{x})+S(\mathscr{A};\mathscr{P},\sqrt{x})$$

由于 $\mid\mathscr{A}_d\mid=\frac{x}{d}+R_d(-1<R_d<1)$,故由 ③ 知

$$S(\mathscr{A};\mathscr{P},\sqrt{x})=x\prod_{p<\sqrt{x}}\left(1-\frac{1}{p}\right)+\sum_{d\mid P(\sqrt{x})}\mu(d)R_d$$

由 Mertens 公式可知

$$\prod_{p<\sqrt{x}}\left(1-\frac{1}{p}\right)\sim\frac{2\mathrm{e}^{-\gamma}}{\log x},x\to\infty,\gamma \text{ 为欧拉常数}$$

而由素数定理可知

$$S(\mathscr{A};\mathscr{P},\sqrt{x})\sim\pi(x)\sim\frac{x}{\log x}$$

因此并不能有

$$S(\mathscr{A};\mathscr{P},\sqrt{x})\sim xW(\sqrt{x})$$

(2) 组合筛法中的重要等式.

**引理 1**(布赫夕塔布)　设 $z\geqslant w\geqslant 2$,则有

$$S(\mathscr{A};\mathscr{P},z)=S(\mathscr{A};\mathscr{P},w)-\sum_{p\mid P(w,z)}S(\mathscr{A}_p;\mathscr{P},p) \tag{④}$$

$$W(z)=W(w)-\sum_{p\mid P(w,z)}\frac{\rho(p)}{p}W(p) \tag{⑤}$$

**证明** 由定义可知

$$S(\mathscr{A};\mathscr{P},w)-S(\mathscr{A};\mathscr{P},z)=$$

$$\sum_{p\mid P(w,z)}\sum_{\substack{a\in\mathscr{A}\\ p(a)=p}}1=\sum_{p\mid P(w,z)}S(\mathscr{A}_p;\mathscr{P},p)$$

此即 ④. 又

$$W(z)-W(w)=\sum_{\substack{d\mid P(z)\\ d\nmid P(w)}}\mu(d)\frac{\rho(d)}{d}=$$

$$\sum_{p\mid P(w,z)}\sum_{d\mid P(p)}\mu(pd)\frac{\rho(pd)}{pd}=$$

$$-\sum_{p\mid P(w,z)}\frac{\rho(p)}{p}\sum_{d\mid P(p)}\mu(d)\frac{\rho(d)}{d}=$$

$$-\sum_{p\mid P(w,z)}\frac{\rho(p)}{p}W(p)$$

此即 ⑤. 引理证毕.

在引理 1 中取 $w=2$,即得下述的推论:

**推论**

$$S(\mathscr{A};\mathscr{P},z)=|\mathscr{A}|-\sum_{p\mid P(z)}S(\mathscr{A}_p;\mathscr{P},p) \tag{⑥}$$

$$W(z)=1-\sum_{p\mid P(z)}\frac{\rho(p)}{p}W(p) \tag{⑦}$$

**引理 2** 任给实值函数 $\chi(n)$,使 $\chi(1)=1$,则对任给的正整数 $r$ 有

$$S(\mathscr{A};\mathscr{P},z)=\sum_{\substack{d\mid P(z)\\ \omega(d)<r}}\mu(d)\chi(d)|\mathscr{A}_d|+$$

$$\sum_{\substack{d\mid P(z)\\ \omega(d)=r}}\mu(d)\chi(d)S(\mathscr{A}_d;\mathscr{P},p(d))+$$

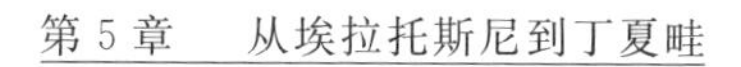



$$\sum_{\substack{1<d\mid P(z)\\ \omega(d)\leqslant r}}\mu(d)\left\{\chi\left(\frac{d}{p(d)}\right)-\chi(d)\right\}\cdot S(\mathscr{A}_d;\mathscr{P},p(d)) \qquad ⑧$$

$$W(z)=\sum_{\substack{d\mid P(z)\\ \omega(d)<r}}\mu(d)\chi(d)\frac{\rho(d)}{d}+\sum_{\substack{d\mid P(z)\\ \omega(d)=r}}\mu(d)\chi(d)\frac{\rho(d)}{d}W(p(d))+\sum_{\substack{1<d\mid P(z)\\ \omega(d)\leqslant r}}\mu(d)\left\{\chi\left(\frac{d}{p(d)}\right)-\chi(d)\right\}\cdot \frac{\rho(d)}{d}W(p(d)) \qquad ⑨$$

**证明**　先证 ⑧. 对 $r$ 采用数学归纳法. $r=1$ 即是 ⑥. 在 ⑥ 中用 $\mathscr{A}_d$ 代 $\mathscr{A}$, $p(d)$ 代 $z$ 就得到

$$\sum_{\substack{d\mid P(z)\\ \omega(d)=r}}\mu(d)\chi(d)\mid\mathscr{A}_d\mid-\sum_{\substack{d\mid P(z)\\ \omega(d)=r}}\mu(d)\chi(d)S(\mathscr{A}_d;\mathscr{P},p(d))=$$

$$\sum_{\substack{d\mid P(z)\\ \omega(d)=r}}\mu(d)\chi(d)\sum_{p\mid P(p(d))}S(\mathscr{A}_{pd};\mathscr{P},p)=$$

$$-\sum_{\substack{d\mid P(z)\\ \omega(d)=r+1}}\mu(d)\chi\left(\frac{d}{p(d)}\right)S(\mathscr{A}_d;\mathscr{P},p(d))$$

代入 ⑧ 即得到 $r+1$ 的情况.

同样,用数学归纳法类似可证 ⑨.

在引理 2 中取 $r=\infty$ 即得到下述的引理 3.

**引理 3**

$$S(\mathscr{A};\mathscr{P},z)=\sum_{d\mid P(z)}\mu(d)\chi(d)\mid\mathscr{A}_d\mid+\sum_{1<d\mid P(z)}\mu(d)\left\{\chi\left(\frac{d}{p(d)}\right)-\chi(d)\right\}\cdot S(\mathscr{A}_d;\mathscr{P},p(d)) \qquad ⑩$$

$$W(z)=\sum_{d\mid P(z)}\mu(d)\chi(d)\frac{\rho(d)}{d}+\sum_{1<d\mid P(z)}\mu(d)\left\{\chi\left(\frac{d}{p(d)}\right)-\chi(d)\right\}\cdot\frac{\rho(d)}{d}W(p(d))\tag{11}$$

**引理 4** 设 $z\geqslant w\geqslant 2$,则有

$$S(\mathscr{A};\mathscr{P},z)=\sum_{d\mid P(w,z)}\mu(d)\chi(d)S(\mathscr{A}_d;\mathscr{P},w)+\sum_{1<d\mid P(w,z)}\mu(d)\left\{\chi\left(\frac{d}{p(d)}\right)-\chi(d)\right\}\cdot S(\mathscr{A}_d;\mathscr{P},p(d))\tag{12}$$

**证明** 在引理 3 中用 $\widetilde{A}=\{a\mid a\in\mathscr{A},(a,P(w))=1\}$ 代替 $\mathscr{A}$,即得引理 4.

埃拉托斯尼筛法由 ② 出发,而组合筛法由 ⑩ 出发.如果我们能找到两个数论函数 $\chi_1(n)$ 和 $\chi_2(n)$ 使 $\chi_1(1)=\chi_2(1)=1$,并对任何满足 $1<d\mid P(z)$ 的 $d$ 都有

$$(-1)^v\left\{\chi_v\left(\frac{d}{p(d)}\right)-\chi_v(d)\right\}\geqslant 0,v=1,2\tag{13}$$

我们就能得到

$$(-1)^vS(\mathscr{A};\mathscr{P},z)\geqslant(-1)^v\sum_{d\mid P(z)}\mu(d)\chi_v(d)\mid\mathscr{A}_d\mid\tag{14}$$

这时再将 ① 代入 ⑭,就得到不等式

$$(-1)^v\left\{S(\mathscr{A};\mathscr{P},z)-X\sum_{d\mid P(z)}\mu(d)\chi_v(d)\frac{\rho(d)}{d}\right\}\geqslant(-1)^v\sum_{d\mid P(z)}\mu(d)\chi_v(d)R_d\tag{15}$$

显然应该取许多 $\chi_v(d)=0$,这样 ⑮ 右端第二个和式的项数就不是很多.又从 ⑩ 看,要得到较好的结果必须

取 $\chi_v(d)$ 使 ⑩ 右端第二项尽可能小,这可通过对较大的筛函数 $S(\mathscr{A}_d;\mathscr{P},p(d))$ 取 $\chi(d)=\chi\left(\frac{d}{p(d)}\right)$ 来实现.而组合筛法的中心问题正是构造适合上述要求的数论函数 $\chi(d)$.

## 5.3　预备知识

在使用筛法的时候,常对 $\rho(d)$ 有下述要求:

(i) 存在绝对常数 $A>1$,使对素数 $p$ 都有

$$0\leqslant\frac{\rho(p)}{p}<1-\frac{1}{A} \tag{16}$$

(ii) 存在正常数 $A,k,L$ 使对任何 $v\geqslant u\geqslant 2$ 都有

$$-L<\sum_{p\mid P(u,v)}\frac{\rho(p)}{p}\log p-k\log\frac{v}{u}<A \tag{17}$$

这里及以后,$A$ 均表示绝对常数,但彼此不一定相同.$L$ 则可能和 $X$ 有关,常比 $X$ 小得多.⑰ 中的 $k$ 是一个很重要的常数,它代表 $\rho(p)$ 的平均值,通常称为筛法的“维数”.当 $k=1$ 时,常称为线性筛法,我们就主要讨论这种情形.

(1) 阿贝尔求和法及其有关的应用.

**引理 5**(阿贝尔求和法)　设 $0<u<v$,$f(t)$ 在 $[u,v]$ 上有连续导数.令

$$A(t)=\sum_{u\leqslant n<t}a(n)$$

则我们有

$$\sum_{u\leqslant n<v}a(n)f(n)=A(v)f(v)-\int_u^v A(t)f'(t)\mathrm{d}t \tag{18}$$

**证明**　设 $l$ 是大于或等于 $u$ 的最小正整数,$m$ 是小于或等于 $v$ 的最大正整数.若 $m<l$,则 ⑱ 两端都等于零.若 $m\geqslant l$,则有

$$\sum_{u\leqslant n<v}a(n)f(n)=\sum_{n=l}^{m}(A(n+1)-A(n))f(n)=$$
$$A(m+1)f(m)+$$
$$\sum_{n=l+1}^{m}A(n)(f(n-1)-f(n))=$$
$$A(v)f(m)-\sum_{n=l+1}^{m}A(n)\int_{n-1}^{n}f'(t)\mathrm{d}t=$$
$$A(v)f(m)-\int_{l}^{m}A(t)f'(t)\mathrm{d}t=$$
$$A(v)f(v)-\int_{u}^{v}A(t)f'(t)\mathrm{d}t$$

即得引理.阿贝尔求和法又称分部求和法,在数论的各种求和中经常使用.

**引理 6**　若 ⑰ 成立,则对 $2\leqslant u<v$ 有

$$-\frac{L}{\log u}<\sum_{p\mid P(u,v)}\frac{\rho(p)}{p}-k\log\frac{\log v}{\log u}<\frac{A}{\log u}\qquad ⑲$$

**证明**　由引理 5 及 ⑰ 可知

$$\sum_{p\mid P(u,v)}\frac{\rho(p)}{p}=\frac{1}{\log v}\sum_{p\mid P(u,v)}\frac{\rho(p)}{p}\log p+$$
$$\int_{u}^{v}\sum_{p\mid P(u,t)}\frac{\rho(p)}{p}\log p\,\frac{\mathrm{d}t}{t\log^{2}t}<$$
$$\frac{A}{\log v}+\frac{k}{\log v}\log\frac{v}{u}+$$
$$\int_{u}^{v}\frac{k(\log t-\log u)}{t\log^{2}t}\mathrm{d}t=$$
$$k\log\frac{\log v}{\log u}+\frac{A}{\log u}$$

此即 ⑲ 右边的不等式.左边的不等式类似可证.

**引理 7**　若 ⑯⑰ 成立,则有

$$\frac{\log^{k}v}{\log^{k}u}\left(1+O\left(\frac{L}{\log u}\right)\right)<\prod_{p\mid P(u,v)}\left(1-\frac{\rho(p)}{p}\right)^{-1}<$$

$$\frac{\log^k v}{\log^k u}\left(1+O\left(\frac{1}{\log u}\right)\right) \quad ⑳$$

**证明**　由 ⑯ 和引理 6 可知

$$\log\prod_{p\mid P(u,v)}\left(1-\frac{\rho(p)}{p}\right)^{-1}=$$

$$\sum_{p\mid P(u,v)}\frac{\rho(p)}{p}+\sum_{p\mid P(u,v)}\left(\frac{\rho(p)}{p}\right)^2\sum_{n=2}^{\infty}\frac{1}{n}\left(\frac{\rho(p)}{p}\right)^{n-2}<$$

$$k\log\frac{\log v}{\log u}+\frac{A}{\log u}+A\sum_{p\mid P(u,v)}\frac{\rho^2(p)}{p^2} \quad ㉑$$

在 ⑰ 中取 $u=p, v=p+\delta(1>\delta>0)$ 可知 $\frac{\rho(p)}{p}\log p<A$，故

$$\sum_{p\mid P(u,v)}\frac{\rho^2(p)}{p^2}<A\sum_{p\mid P(u,v)}\frac{\rho(p)}{p\log p}$$

类似于引理 6 可证

$$\sum_{p\mid P(u,v)}\frac{\rho(p)}{p\log p}\leqslant\frac{k}{\log u}-\frac{k}{\log v}+\frac{A}{\log^2 u} \quad ㉒$$

由此及 ㉑ 即得

$$\log\prod_{p\mid P(u,v)}\left(1-\frac{\rho(p)}{p}\right)^{-1}<k\log\frac{\log v}{\log u}+O\left(\frac{1}{\log u}\right)$$

此即 ⑳ 右边的不等式.

又由 ⑯ 和引理 6

$$\log\prod_{p\mid P(u,v)}\left(1-\frac{\rho(p)}{p}\right)^{-1}\geqslant$$

$$\sum_{p\mid P(u,v)}\frac{\rho(p)}{p}>$$

$$k\frac{\log v}{\log u}-\frac{L}{\log u}$$

此即 ⑳ 左边的不等式. 证毕.

**引理 8**　若 ⑯⑰ 成立，则当 $z\geqslant 2$ 时，有

$$W(z)=c(\rho)\frac{\mathrm{e}^{-k\gamma}}{\log^k z}\left(1+O\left(\frac{L}{\log z}\right)\right) \tag{23}$$

此处对 $p\notin\mathscr{P}$,定义 $\rho(p)=0$ 及

$$c(\rho)=\prod_p\left(1-\frac{\rho(p)}{p}\right)\left(1-\frac{1}{p}\right)^{-k} \tag{24}$$

**证明** 由引理 7 及 Mertens 定理可知,对 $z>w>2$ 有

$$\prod_{w\leqslant p<z}\left(1-\frac{\rho(p)}{p}\right)\left(1-\frac{1}{p}\right)^{-k}=1+O\left(\frac{L}{\log w}\right)$$

由于 ㉔ 右端每个因子都是正数,故无穷乘积收敛到正数 $c(\rho)$. 又利用 Mertens 定理可得

$$W(z)=c(\rho)\prod_{p<z}\left(1-\frac{1}{p}\right)^k\prod_{p>z}\left(1-\frac{\rho(p)}{p}\right)\left(1-\frac{1}{p}\right)^{-k}=$$
$$c(\rho)\frac{\mathrm{e}^{-k\gamma}}{\log^k z}\left(1+O\left(\frac{L}{\log z}\right)\right)$$

即得引理.

**引理 9** 设 ⑯⑰ 成立,又设 $\psi(t)$ 当 $t\geqslant 1$ 时为单调非负并有连续导数. 则对 $x\geqslant v^2$ 及 $z\geqslant v\geqslant u\geqslant 2$ 有

$$\sum_{p\mid P(u,v)}\frac{\rho(p)}{p}W(p)\psi\left(\frac{\log x/p}{\log p}\right)=$$
$$kW(z)\frac{\log^k z}{\log^k x}\int_{\log x/\log v}^{\log x/\log u}\psi(t-1)t^{k-1}\,\mathrm{d}t+$$
$$O\left(LM\frac{W(z)\log^k z}{\log^{k+1}u}\right) \tag{25}$$

这里 $M$ 是 $\psi\left(\frac{\log x/\xi}{\log \xi}\right)$ 在 $u\leqslant\xi\leqslant v$ 中的最大值.

**证明** 令 $D(t)=\frac{1}{W(z)}\sum_{p\mid P(u,v)}\frac{\rho(p)}{p}W(p)$,由 ⑤ 及引理 7 可知

$$D(t)=\frac{W(u)}{W(z)}-\frac{W(t)}{W(z)}=\frac{\log^k z}{\log^k u}-\frac{\log^k z}{\log^k t}+O\left(\frac{L\log^k z}{\log^{k+1}u}\right)$$

又由 $\psi(t)$ 的性质可知，在 $u \leqslant t \leqslant v$ 中，函数 $\eta(t) = \psi\left(\frac{\log x/t}{\log t}\right)$ 为非负单调并有连续导数. 用分部求和法可得

$$\sum_{p \mid P(u,v)} \frac{\rho(p)}{p} \frac{W(p)}{W(z)} \psi\left(\frac{\log x/p}{\log p}\right) =$$

$$D(v)\eta(v) - \int_u^v D(t)\eta'(t)\mathrm{d}t =$$

$$k\int_{\log x/\log v}^{\log x/\log u} \psi(s-1)s^{k-1} \frac{\mathrm{d}s}{\log^k x} + O\left(\frac{LM\log^k z}{\log^{k+1} u}\right)$$

即得 ㉕. 引理证毕.

(2) 函数 $\phi_v(u)(v=0,1)$.

设连续函数 $\phi_0(u)$ 和 $\phi_1(u)$ 适合方程

$$\begin{cases} \phi_0(u) = 0, u\phi_1(u) = 2\mathrm{e}^{\gamma}, 0 < u \leqslant 2 \\ (u\phi_0(u))' = \phi_1(u-1), (u\phi_1(u))' = \phi_0(u-1), u > 2 \end{cases} \tag{㉖}$$

容易证明，除 $\phi_0(u)$ 在 $u=2$ 以外，两个函数在 $u>0$ 都有连续导数.

由 ㉖ 容易算出

$$u\phi_1(u) = 2\phi_1(2) + \int_2^u \phi_0(t-1)\mathrm{d}t = 2\mathrm{e}^{\gamma}, 2 \leqslant u \leqslant 3$$

$$u\phi_0(u) = 2\phi_0(2) + \int_2^u \phi_1(t-1)\mathrm{d}t =$$

$$2\mathrm{e}^{\gamma}\log(u-1), 2 \leqslant u \leqslant 4 \tag{㉗}$$

连续使用上述方法可以求出 $\phi_0(u)$ 和 $\phi_1(u)$ 在任意点的值. 本小节主要研究当 $u \to \infty$ 时 $\phi_0(u)$ 和 $\phi_1(u)$ 的渐近性状.

令 $G(u) = \phi_1(u) + \phi_0(u)$，$g(u) = \phi_1(u) - \phi_0(u)$. 容易验证 $G(u)$ 和 $g(u)$ 适合方程

$$uG(u) = ug(u) = 2\mathrm{e}^{\gamma}, u \leqslant 2 \tag{㉘}$$

$$(uG(u))'=G(u-1),(ug(u))'=-g(u-1),u>2$$

**引理 10** $g(u)$ 为正值减函数,且 $g(u)=O(\Gamma^{-1}(u))$.

**证明** 由 ㉘ 可知,当 $u>2$ 时,有

$$\frac{\mathrm{d}}{\mathrm{d}u}\int_{u-1}^{u}tg(t)\mathrm{d}t=ug(u)-(u-1)g(u-1)=(u(u-1)g(u))'$$

故必有常数 $c$ 使

$$\int_{u-1}^{u}tg(t)\mathrm{d}t=u(u-1)g(u)+c,u>2$$

令 $u\to 2$,则由连续性可知 $c=0$,即有

$$\int_{u-1}^{u}tg(t)\mathrm{d}t=u(u-1)g(u) \qquad ㉙$$

显然当 $0<u\leqslant 3$ 时 $g(u)>0$. 若 $g(u)$ 有零点,则必有最小零点,设为 $u_0(u_0>3)$. 由 ㉙ 可知

$$0=u_0(u_0-1)g(u_0)=\int_{u_0-1}^{u_0}tg(t)\mathrm{d}t$$

因 $u_0>3$,故在 $(u_0-1,u_0)$ 中 $tg(t)>0$,上式不可能,故 $g(u)$ 没有零点,由连续性可知 $g(u)>0(u>0)$.

又由 ㉘ 可知,当 $u>2$ 时,有

$$g'(u)=-\frac{1}{u}(g(u)+g(u-1))<0$$

而当 $0<u\leqslant 2$ 时,由定义可知 $g'(u)<0$. 故 $g(u)$ 为正值单调减少函数.

最后证明当 $u>1$ 时,有

$$g(u)<\frac{2\mathrm{e}^{\gamma}}{\Gamma(u)} \qquad ㉚$$

当 $1<u\leqslant 2$ 时由 $\Gamma(u)<1<u$ 及 $g(u)$ 的定义即得上式. 设 $n<u\leqslant n+1$,对 $n$ 用数学归纳法.

由 ㉙ 及 $g(u)$ 的递减性可知

$$u(u-1)g(u)=\int_{u-1}^{u}tg(t)\mathrm{d}t<$$

$$ug(u-1)<u\frac{2\mathrm{e}^{\gamma}}{\Gamma(u-1)}$$

故

$$g(u)<\frac{2\mathrm{e}^{\gamma}}{\Gamma(u)}$$

即得㉚.引理证毕.

**引理11**　$\phi_1(u)$为正值减函数,$\phi_0(u)$为正值增函数,并有$\phi_1(u)>\phi_0(u)$.

**证明**　由$g(u)$恒正可知$\phi_1(u)>\phi_0(u)$.

由㉗可知,当$0<u\leqslant 3$时$\phi_1(u)$为正值减函数.若$u_0$是$\phi'_1(u)$的最小零点,则显然$u_0>3$,并在$(0,u_0)$中,$\phi_1(u)<0$.故必有$u_1,u_2$满足$2<u_0-1<u_1<u_0$及$u_1-1<u_2<u_1$使

$$\begin{aligned}0=u_0\phi'_1(u_0)=\phi_0(u_0-1)-\phi_1(u_0)<\\ \phi_0(u_0-1)-\phi_0(u_0)=-\phi'_0(u_1)=\\ -\frac{1}{u_1}(\phi_1(u_1-1)-\phi_0(u_1))<\\ \frac{1}{u_1}(\phi_1(u_1)-\phi_1(u_1-1))=\frac{1}{u_1}\phi'_1(u_2)<0\end{aligned}$$

此乃矛盾,故$\phi'_1(u)$无零点.由连续性$\phi'_1(u)<0$,故$\phi_1(u)$单调减少.又当$u>2$时,有

$$u\phi'_0(u)=\phi_1(u-1)-\phi_0(u)>\phi_1(u-1)-\phi_1(u)>0$$

故$\phi'_0(u)>0$.故$\phi_0(u)$为正值递增函数.引理证毕.

**引理12**　$G'(u)=O(\Gamma^{-1}(u))$.

**证明**　用数学归纳法证明当$u\geqslant n\geqslant 2$时,有

$$|G'(u)|<\frac{4\mathrm{e}^{\gamma}}{\Gamma(n+1)} \qquad ㉛$$

当$n=2$时,由引理11可知

$$|G'(u)| = \frac{1}{u} |G(u-1) - G(u)| <$$

$$\frac{1}{2} \times 2\phi_1(2) = \frac{4e^\gamma}{\Gamma(3)}, u \geqslant 2$$

又由微分中值定理知

$$|G'(u)| = \frac{1}{u} |G(u-1) - G(u)| =$$

$$\frac{1}{u} |G'(u_1)|, u - 1 < u_1 < u$$

因为 $u \geqslant n$ 及 $|G'(u_1)| < \dfrac{4e^\gamma}{\Gamma(n)}$,立刻得到 ㉛. 取 $n = [u]$ 立刻得到引理.

**引理 13** $G(u) = 2 + O(\Gamma^{-1}(u))$.

**证明** 由引理 11 可知 $\lim\limits_{u\to\infty} G(u) = G(\infty)$ 存在. 又由引理 12 可知

$$G(u) = G(\infty) - \int_u^\infty G'(t)\,dt = G(\infty) + O(\Gamma^{-1}(u))$$

以下证明 $G(\infty) = 2$. 设

$$y(u) = \int_1^\infty e^{-us} G(s)\,ds, u > 0 \tag{32}$$

容易证明 ㉜ 右端可在积分号下求导数,于是

$$y'(u) = -\int_1^\infty e^{-us} sG(s)\,ds =$$

$$-\int_1^2 2e^\gamma e^{-us}\,ds - \int_2^\infty sG(s) e^{-us}\,ds =$$

$$-\frac{e^{-u}}{u}(2e^\gamma + y(u))$$

利用分离变量法解上述微分方程得

$$\log(2e^\gamma + y(u)) = -\int_1^u \frac{e^{-t}}{t}\,dt + c, u > 0 \tag{33}$$

因为 $G(s)$ 是有界量,所以

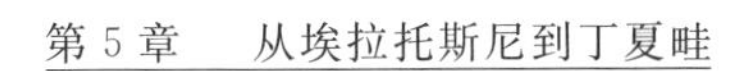


$$|y(u)| \ll \int_1^{\infty} \mathrm{e}^{-us}\mathrm{d}s = \frac{\mathrm{e}^{-u}}{u} \to 0, u \to \infty$$

利用熟知的积分

$$\int_0^1 \frac{1-\mathrm{e}^{-t}}{t}\mathrm{d}t - \int_1^{\infty} \frac{\mathrm{e}^{-t}}{t}\mathrm{d}t = \gamma$$

确定出 ㉝ 中的常数 $c$，最后得到

$$y(u) = \frac{2}{u}\exp\left(-\int_0^u \frac{\mathrm{e}^{-t}-1}{t}\mathrm{d}t\right) - 2\mathrm{e}^{\gamma}$$

因此

$$\lim_{u \to 0^+} uy(u) = 2 \tag{34}$$

又

$$y(u) = \int_1^{\infty} \mathrm{e}^{-us}G(s)\mathrm{d}s =$$

$$2\mathrm{e}^{\gamma}\frac{\mathrm{e}^{\gamma-u}}{u} + \frac{1}{u}\int_1^{\infty}\mathrm{e}^{-us}G'(s)\mathrm{d}s, u > 0$$

即

$$uy(u) = 2\mathrm{e}^{\gamma}\mathrm{e}^{-u} + \int_1^{\infty}\mathrm{e}^{-us}G'(s)\mathrm{d}s, u > 0 \tag{35}$$

容易验证 ㉟ 右端积分在 $u \geqslant 0$ 时为一致收敛，故

$$2 = \lim_{u \to 0^+} uy(u) = 2\mathrm{e}^{\gamma} + \int_1^{\infty} G'(s)\mathrm{d}s = G(\infty)$$

即得引理.

由引理 11 和引理 13 立刻可以推出引理 14.

**引理 14**　$\phi_v(u) = 1 + O(\Gamma^{-1}(u))(v = 0, 1)$.

## 5.4　组合筛法实例 —— 罗斯筛法

本小节介绍罗斯筛法. 这里介绍的方法是本桥洋一给出的.

设 $y > 0, \beta \geqslant 2$ 是两个实数，定义 $\chi_v(1) = 1, v = 1, 2$. 对 $d > 1, \mu(d) \neq 0$，令 $d = p_1 \cdots p_r (p_1 > \cdots > p_r)$，

定义

$$\chi_v(d)=\begin{cases}1,若\ p_{2l-v}^{\beta+1}p_{2l-v-1}\cdots p_1<y,1\leqslant 2l-v\leqslant r\\0,其他\end{cases}$$

㊱

我们来验证这样定义的 $\chi_v(d)$ 适合 ⑬.

显然,若 $d>1,\chi_v(d)=1$,则必有 $\chi_v\left(\frac{d}{p(d)}\right)=1$. 因此若 $\chi_v\left(\frac{d}{p(d)}\right)-\chi_v(d)\neq 0$,则必有 $\chi_v\left(\frac{d}{p(d)}\right)=1$, $\chi_v(d)=0$.

设 $d=p_1\cdots p_r(p_1>\cdots>p_r),\chi_v\left(\frac{d}{p(d)}\right)=1$, $\chi_v(d)=0$,则对任意满足$1\leqslant 2l-v\leqslant r-1$的正整数 $l$,有 $p_{2l-v}^{\beta+1}p_{2l-v-1}\cdots p_1<y$,而且还有满足 $1\leqslant 2m-v\leqslant r$ 的正整数 $m$ 使 $p_{2m-v}^{\beta+1}p_{2m-v-1}\cdots p_1\geqslant y$. 因此只能有 $2m-v=r$,即$\omega(d)\equiv v(\bmod 2)$,亦即 ⑬ 恒成立. 还要注意,这时 $p_r^{\beta+1}p_{r-1}\cdots p_1=p(d)^\beta d\geqslant y$.

按 ㊱ 定义 $\chi_v(d)$,就得到罗斯筛法.

**引理 15** 设 $z<y^{\frac{1}{2}},\chi_v(d)$ 按 ㊱ 定义,若 $d\mid P(z),\chi_v(d)=1$,则

$$\log d<\left(1-\frac{1}{2}\left(\frac{\beta-1}{\beta+1}\right)^{\frac{\omega(d)}{2}}\right)\log y \tag{37}$$

**证明** 设 $\omega(d)=2m+1-v$. 若 $m=0$,则 $d=1$, ㊲ 显然成立. 以下设 $m\geqslant 1$,令 $d=p_1\cdots p_{2m+1-v}$ $(p_1>\cdots>p_{2m+1-v})$,则

$$p_{2l+1-v}p_{2l-v}<p_{2l-v}^2<\left(\frac{y}{p_1\cdots p_{2l-1-v}}\right)^{\frac{2}{\beta+1}},1\leqslant l\leqslant m$$

即有

$$\frac{y}{p_1\cdots p_{2l+1-v}} > \left(\frac{y}{p_1\cdots p_{2l-1-v}}\right)^{\frac{\beta-1}{\beta+1}}, 1\leqslant l\leqslant m$$

于是

$$\log\frac{y}{d} > \frac{\beta-1}{\beta+1}\log\frac{y}{p_1\cdots p_{2m-1-v}} > \cdots > \begin{Bmatrix}\left(\frac{\beta-1}{\beta+1}\right)^{m-1}\log\frac{y}{p_1}, v=2\\ \left(\frac{\beta-1}{\beta+1}\right)^{m}\log y, v=1\end{Bmatrix} > \frac{1}{2}\left(\frac{\beta-1}{\beta+1}\right)^{\frac{\omega(d)}{2}}\log y$$

这里用到 $\beta\geqslant 2$ 及 $p_1 < z < y^{\frac{1}{2}}$，此即 ㊲.

又 $\omega(d)=2m-v$ 的情况和上面类似可证.

**定理 1**　设 $2\leqslant z\leqslant y^{\frac{1}{2}}, u=\frac{\log y}{\log z}, \rho(n)$ 满足 ⑯ 和 ⑰，$(q,P(z))=1$，则必有 $\xi_v(d)(v=1,2)$ 满足 $\xi_v(1)=1, |\xi_v(d)|\leqslant 1, \xi_v(d)=0(d\geqslant y)$，使

$$(-1)^v\left\{S(\mathscr{A}_q;\mathscr{P},z)-XW(z)\frac{\rho(q)}{q}(1+O(\mathrm{e}^{-\frac{u}{2}\log u}))\right\}\geqslant (-1)^v\sum_{\substack{d|P(z)\\ d<y}}\xi_v(d)R_{qd} \tag{38}$$

**证明**　取 $\xi_v(d)=\mu(d)\chi_v(d)$，这里 $\chi_v(d)$ 由 ㊱ 定义. 显然这样定义的 $\xi_v(d)$ 满足定理的要求. 由 ⑩ 知

$$(-1)^v\{S(\mathscr{A}_q;\mathscr{P},z)-\sum_{d|P(z)}\mu(d)\chi_v(d)|\mathscr{A}_{qd}|\}\geqslant 0$$

将 $|\mathscr{A}_{qd}|$ 的渐近公式代入上式得

$$(-1)^v\left\{S(\mathscr{A}_q;\mathscr{P},z)-X\frac{\rho(q)}{q}\sum_{d|P(z)}\mu(d)\chi_v(d)\frac{\rho(d)}{d}\right\}\geqslant (-1)^v\sum_{\substack{d|P(z)\\ d<y}}\xi_v(d)R_{qd} \tag{39}$$

又由 ⑪ 可知

$$\sum_{d \mid P(z)} u(d)\chi_v(d)\frac{\rho(d)}{d}=$$

$$W(z)-\sum_{1<d \mid P(z)} u(d)\left\{\chi_v\left(\frac{d}{p(d)}\right)-\chi_v(d)\right\}\frac{\rho(d)}{d}W(p(d))$$

⑩

前面已经指出，要使 $\chi_v\left(\frac{d}{p(d)}\right)-\chi_v(d)=1$，必须 $\omega(d)=2m-v$ 及 $p(d)^{\beta}d \geqslant y$. 因 $d \mid P(z)$，故 $z^{\beta+\omega(d)} \geqslant y$，即 $2m-v \geqslant u-p$，$m \geqslant \frac{u-\beta+1}{2}$. 所以我们有

$$\Sigma=\left|\sum_{1<d \mid P(z)} \mu(d)\left\{\chi_v\left(\frac{d}{p(d)}\right)-\chi_v(d)\right\}\frac{\rho(d)}{d}W(p(d))\right| \leqslant$$

$$\sum_{m \geqslant \frac{1}{2}(u+1-\beta)} \sum_{\substack{d \mid P(z) \\ \omega(d)=2m-v \\ \chi_v(d)=0}} \chi_v\left(\frac{d}{p(d)}\right)\frac{\rho(d)}{d}W(p(d)) \ll$$

$$W(z)\sum_{m \geqslant \frac{1}{2}(u+1-\beta)} \sum_{\substack{d \mid P(z) \\ \omega(d)=2m-v \\ \chi_v(d)=0}} \chi_v\left(\frac{d}{p(d)}\right)\cdot$$

$$\frac{\rho(d)}{d}\left(\frac{\log z}{\log p(d)}\right)^{k} \qquad ⑪$$

这里用到 ⑳. 又由引理 15 可知，若 $\chi_v\left(\frac{d}{p(d)}\right)=1$，则

$$\log \frac{d}{p(d)}<\left(1-\frac{1}{2}\left(\frac{\beta-1}{\beta+1}\right)^{m}\right)\log y$$

又因为当 $\chi_v(d)=0$ 时，$p(d)^{\beta}d \geqslant y$，综合上式知此时有

$$\log p(d)>\frac{1}{3\beta}\left(\frac{\beta-1}{\beta+1}\right)^{m}\log y$$

因此由 ⑪ 可知

$$\Sigma \ll W(z) \sum_{m \geqslant \frac{1}{2}(u+1-\beta)} \sum_{\substack{d \mid P(z) \\ \omega(d)=2m-v \\ p(d) \geqslant y^{\alpha(m)}}} \frac{\rho(d)}{d}\left(\frac{\log z}{\log p(d)}\right)^{k} \leqslant$$

$$W(z) \sum_{m \geqslant \frac{1}{2}(u+1-\beta)}\left(\frac{\log z}{\log y^{\alpha(m)}}\right)^{k} \cdot$$

$$\frac{1}{(2m-v)!}\left(\sum_{y^{\alpha(m)} \leqslant p<z} \frac{\rho(p)}{p}\right)^{2m-v} \ll$$

$$W(z)\left(\frac{\beta}{u}\right)^{k} \sum_{m \geqslant \frac{1}{2}(u+1-\beta)} \frac{1}{(2m-v)!} \cdot$$

$$\left(k\left(\frac{\beta+1}{\beta-1}\right)^{k} \log \frac{3\beta(\beta+1)^{m}}{u(\beta-1)^{m}}\right)^{2m-v}$$

其中 $\alpha(m)=\frac{1}{3\beta}\left(\frac{\beta-1}{\beta+1}\right)^{m}$，在上面我们还用到 ⑲.

当 $u$ 小于某常数 $B$ 时，取 $\beta=10k+1$，容易验证 ㊶ 右端的无穷级数是收敛的. 于是有

$$\Sigma \ll W(z) \mathrm{e}^{-\frac{B}{2} \log B} \ll W(z) \mathrm{e}^{-\frac{u}{2} \log u} \tag{42}$$

当 $u$ 充分大时，取 $\beta=\frac{u}{3}+1$，由 ㊶ 可知

$$\Sigma \ll W(z) \sum_{m \geqslant \frac{u}{3}} \frac{1}{(2m-v)!}\left(c_{m} \log \frac{u+6}{u}\right)^{2m-v} \ll$$

$$W(z) \sum_{m \geqslant \frac{u}{3}}\left(\frac{6c}{u} \cdot \frac{\mathrm{e}^{m}}{2m-v}\right)^{2m-v} W(z) \ll$$

$$\left(\frac{c_{1}}{u}\right)^{\frac{2u}{3}-3} W(z) \ll W(z) \exp\left(-\frac{u}{2} \log u\right) \tag{43}$$

式中的 $c, c_1$ 均是绝对常数.

由 ㊴㊵㊷㊸ 诸式可知 ㊳ 成立. 定理证毕.

组合筛法的另一个例子是布朗筛法. 用布朗筛法也能得到定理 1 的类似结果，但余项的形式有所不同. 布朗筛法的讨论比较烦琐，这里不做介绍，有兴趣的读

者可参阅 *Sieve Methods* 一书的有关章节.

由前面的讨论可以看到,虽然我们对 $\chi_v(d)$ 的取法几乎没有什么限制,但为了得到实际的结果,却又不得不给 $\chi_v(d)$ 加上十分苛刻的条件,究竟 $\chi_v(d)$ 可不可以取成更好的形式?这还不知道.

### 5.5 朱尔凯特－里切特－罗斯定理

本小节只讨论线性筛法,即假定 ⑯ 和 ⑰ 中的 $k=1$. 本小节将证明一个和线性筛法中的朱尔凯特－里切特定理形式上几乎完全一样的定理,不过是用罗斯筛法得到的.这个证明是由本桥洋一给出的,比因凡涅斯原来的证明简明一些.

设 $\phi_0(u)$ 和 $\phi_1(u)$ 满足 ㉖,令

$$\phi_r(u)=\begin{cases}\phi_0(u), r\equiv 0(\bmod 2)\\ \phi_1(u), r\equiv 1(\bmod 2)\end{cases} \tag{44}$$

**引理 16** 设 $2\leqslant u\leqslant v\leqslant y^{\frac{1}{2}}$, $\beta=2$, $\chi_v(d)(v=1,2)$ 由 ㊱ 定义,则对任意正整数 $r$ 都有

$$\begin{aligned}&W(v)\phi_v\left(\frac{\log y}{\log v}\right)=\\&W(u)\sum_{\substack{d\mid P(u,v)\\ \omega(d)<r}}\mu(d)\chi_v(d)\cdot\\&\frac{\rho(d)}{d}\phi_{v+\omega(d)}\left(\frac{\log y/d}{\log u}\right)+\\&\sum_{\substack{d\mid P(u,v)\\ \omega(d)=r}}\mu(d)\chi_v(d)\frac{\rho(d)}{d}\cdot\\&W(p(d))\phi_{v+r}\left(\frac{\log y/d}{\log p(d)}\right)+\\&O\left(LW(v)\frac{\log^2 v}{\log^3 u}\right)\end{aligned} \tag{45}$$

其中与“$O$”有关的常数与 $r$ 无关.

**证明**　先证

$$W(v)\phi_v\left(\frac{\log y}{\log v}\right)=$$

$$W(u)\sum_{\substack{d\mid P(u,v)\\ \omega(d)<r}}\mu(d)\chi_v(d)\cdot$$

$$\frac{\rho(d)}{d}\phi_{v+\omega(d)}\left(\frac{\log y/d}{\log u}\right)+$$

$$\sum_{\substack{d\mid P(u,v)\\ \omega(d)=r}}(-1)^r\chi_v(d)\frac{\rho(d)}{d}\cdot$$

$$W(p(d))\phi_{v+r}\left(\frac{\log y/d}{\log p(d)}\right)+$$

$$O\left(\frac{L}{\log^2 u}\right)\left(W(v)\log v+\right.$$

$$\left.\sum_{\substack{\omega(d)<r\\ 1<d\mid P(u,v)}}\frac{\rho(d)}{d}W(p(d))\log p(d)\right) \qquad ㊻$$

在引理 9 中取 $\psi(t)=\phi_{v+1}(t)$, $x=y$, $z=v$, 即得到

$$\sum_{p\mid P(u,v)}W(p)\frac{\rho(p)}{p}\phi_{v+1}\left(\frac{\log y/p}{\log p}\right)=$$

$$W(v)\frac{\log v}{\log y}\int_{\log y/\log v}^{\log y/\log u}\phi_{v+1}(t-1)\,\mathrm{d}t+O\left(LM(v)\frac{\log v}{\log^2 u}\right)=$$

$$W(u)\phi_v\left(\frac{\log y}{\log u}\right)-W(v)\phi_v\left(\frac{\log y}{\log v}\right)+O\left(LW(v)\frac{\log v}{\log^2 u}\right) \qquad ㊼$$

由定义知 $\chi_2(p)=1$; 又若 $\chi_1(p)=0$, 则 $p^3\geqslant y$, 此时 $\frac{\log y/p}{\log p}\leqslant 2$, 故 $\phi_0\left(\frac{\log y/p}{\log p}\right)=0$. 因此恒有

$$\sum_{p\mid P(u,v)}W(p)\frac{\rho(p)}{p}\phi_{v+1}\left(\frac{\log y/p}{\log p}\right)=$$

$$\sum_{p\mid P(u,v)}W(p)\frac{\rho(p)}{p}\chi_v(p)\phi_{v+1}\left(\frac{\log y/p}{\log p}\right) \qquad ㊽$$

代入 ㊼ 就得到 ㊻ 当 $r=1$ 时的情况.

将 ㊼ 中的 $v+1$ 换成 $v+r$,将 $v$ 换成 $p(d)$ 代入 ㊻,就得到

$$W(v)\phi_v\left(\frac{\log y}{\log v}\right)=$$

$$W(u)\sum_{\substack{d\mid P(u,v)\\ \omega(d)\leqslant r}}\mu(d)\chi_v(d)\frac{\rho(d)}{d}\phi_{v+\omega(d)}\left(\frac{\log y/d}{\log u}\right)+$$

$$\sum_{\substack{d\mid P(u,v)\\ \omega(d)=r}}(-1)^{r+1}\sum_{p\mid P(u,p(d))}\frac{\rho(pd)}{pd}\chi_v(d)\phi_{v+r+1}\left(\frac{\log y/(pd)}{\log p}\right)+$$

$$O\left(\frac{L}{\log^2 u}\right)\left(W(v)\log v+\sum_{\substack{d\mid P(u,v)\\ \omega(d)\leqslant r}}\frac{\rho(d)}{d}W(p(d))\log p(d)\right)\tag{49}$$

而

$$\sum_{\substack{d\mid P(u,v)\\ \omega(d)=r}}\sum_{p\mid P(u,p(d))}\frac{\rho(pd)}{pd}\chi_v(d)\phi_{v+r+1}\left(\frac{\log y/(pd)}{\log p}\right)=$$

$$\sum_{\substack{d\mid P(u,v)\\ \omega(d)=r+1}}\frac{\rho(d)}{d}\chi_v\left(\frac{d}{p(d)}\right)\phi_{v+r+1}\left(\frac{\log y/d}{\log p(d)}\right)\tag{50}$$

当 $\omega(d)=r+1\equiv v+1\pmod 2$ 时,由定义可知 $\chi_v\left(\frac{d}{p(d)}\right)=\chi_v(d)$,且若 $\chi_v(d)=1$,则必有 $p(d)d<y$,此时 $\log\frac{y}{d}>\log p(d)$,故

$$0<\phi_{v+r+1}\left(\frac{\log y/d}{\log p(d)}\right)=\phi_1\left(\frac{\log y/d}{\log p(d)}\right)<\phi_1(1)=2e^{\gamma}$$

当 $\omega(d)=r+1\equiv v\pmod 2$ 时,若 $\chi_v(d)=1$,则有 $\chi_v\left(\frac{d}{p(d)}\right)=1$;若 $\chi_v(d)=0$,而 $\chi_v\left(\frac{d}{p(d)}\right)=1$,则必有 $p(d)^2d\geqslant y$,此时

$$\phi_{v+r+1}\left(\frac{\log y/d}{\log p(d)}\right)=\phi_0\left(\frac{\log y/d}{\log p(d)}\right)=0$$

综上所述,㊿右端即等于

$$\sum_{\substack{d\mid P(u,v)\\ \omega(d)=r+1}}\frac{\rho(d)}{d}\chi_v(d)\phi_{v+r+1}\left(\frac{\log y/d}{\log p(d)}\right) \tag{51}$$

综合㊾～51,并由数学归纳法可知㊻成立.又对任意正整数 $r$ 有

$$\sum_{\substack{\omega(d)<r\\ 1<d\mid P(u,v)}}\frac{\rho(d)}{d}W(p(d))\log p(d)\ll$$

$$W(v)\sum_{j=1}^{\infty}\sum_{\substack{\omega(d)=j\\ d\mid P(u,v)}}\frac{\rho(d)}{d}\log v\ll$$

$$W(v)\sum_{j=1}^{\infty}\frac{1}{j!}\left(\sum_{p\mid P(u,v)}\frac{\rho(p)}{p}\right)^j\log v\ll$$

$$W(v)\frac{\log^2 v}{\log u} \tag{52}$$

由52和㊻即得㊺.引理证毕.

在引理 16 中取 $r=\infty$,就得到引理 17.

**引理 17**　在引理 16 的条件下有

$$W(v)\phi_v\left(\frac{\log y}{\log v}\right)=$$

$$W(u)\sum_{p\mid P(u,v)}\mu(d)\chi_v(d)\cdot$$

$$\frac{\rho(d)}{d}\phi_{v+\omega(d)}\left(\frac{\log y/d}{\log u}\right)+$$

$$O\left(LW(v)\frac{\log^2 v}{\log^3 u}\right) \tag{53}$$

**引理 18**　设 $2\leqslant u\leqslant v\leqslant x^{\frac{1}{2}}$,则

$$\Sigma=\sum_{\substack{p_1p_2\mid P(u,v)\\ p_2<p_1,\ p_2^3p_1<x}}\frac{\rho(p_1p_2)}{p_1p_2}W(p_2)\exp\left(-\frac{\log x/(p_1p_2)}{\log p_2}\right)\leqslant$$

$$\eta W(v)\exp\left(-\frac{\log x}{\log v}\right)\left(1+O\left(\frac{L\log v}{\log^2 u}\right)\right)^2 \tag{54}$$

这里

$$\eta=\frac{1}{2}\left(\frac{1}{3}+\log 3\right)<0.72$$

**证明**　分两种情况证明.

(1) 当 $v\leqslant x^{\frac{1}{4}}$ 时,由 $p_1p_2\mid P(u,v)$ 可知 $p_2^3p_1<x$ 恒成立. 利用引理 9 可得

$$\Sigma=\sum_{\substack{p_1p_2\mid P(u,v)\\ p_2<p_1}}\frac{\rho(p_1p_2)}{p_1p_2}W(p_2)\exp\left(-\frac{\log x/(p_1p_2)}{\log p_2}\right)\leqslant$$

$$\frac{\mathrm{e}}{3}\sum_{p_1\mid P(u,v)}\frac{\rho(p_1)}{p_1}W(p_1)\exp\left(-\frac{\log x/p_1}{\log p_1}\right)\left(1+O\left(\frac{L\log v}{\log^2 u}\right)\right)\leqslant$$

$$\frac{\mathrm{e}^2}{12}W(v)\exp\left(-\frac{\log x}{\log v}\right)\left(1+O\left(\frac{L\log v}{\log^2 u}\right)\right)^2 \tag{55}$$

(2) 若 $x^{\frac{1}{4}}\leqslant v<x^{\frac{1}{2}}$,把 $\Sigma$ 分成两部分

$$\Sigma=\Sigma_1+\Sigma_2$$

这里 $\Sigma_1$ 过 $p_1<x^{\frac{1}{4}}$ 求和,$\Sigma_2$ 过 $x^{\frac{1}{4}}\leqslant p_1<v$ 求和. 同 ㊹ 的证明一样有

$$\Sigma_1\leqslant\frac{\mathrm{e}}{3}\sum_{p_1\mid P(u,x^{\frac{1}{4}})}\frac{\rho(p_1)}{p_1}W(p_1)\exp\left(-\frac{\log x/p_1}{\log p_1}\right)\cdot$$

$$\left(1+O\left(L\frac{\log v}{\log^2 u}\right)\right)\leqslant$$

$$\frac{\mathrm{e}^{-2}}{3}W(v)\frac{\log v}{\log x}\left(1+O\left(\frac{L\log v}{\log x}\right)\right)^2 \tag{56}$$

又由引理 9 可知

$$\Sigma_2\leqslant\sum_{p_1\mid P(x^{\frac{1}{4}},v)}\ \sum_{p_2\mid P(u,(x/p_1)^{\frac{1}{3}})}\frac{\rho(p_1p_2)}{p_1p_2}\cdot$$

$$W(p_2)\exp\left(-\frac{\log x/(p_1p_2)}{\log p_2}\right)\leqslant$$

$$e^{-2}\sum_{p_1 \mid P(x^{\frac{1}{4}},v)} \frac{\rho(p_1)}{p_1} W(p_1) \frac{\log p_1}{\log x/p_1} \cdot$$

$$\left(1+O\left(\frac{L\log v}{\log^2 u}\right)\right)=$$

$$e^{-2}W(v)\frac{\log v}{\log x}\log\frac{3}{\frac{\log x}{\log v}-1}\cdot$$

$$\left(1+O\left(\frac{L\log v}{\log^2 u}\right)\right)^2 \quad ㊼$$

由 ㊻㊼ 可知

$$\Sigma=\Sigma_1+\Sigma_2\leqslant$$

$$\Delta\left(\frac{\log x}{\log v}\right)W(v)\exp\left(-\frac{\log x}{\log v}\right)\left(1+O\left(\frac{L\log v}{\log^2 u}\right)\right)^2 \quad ㊽$$

这里

$$\Delta(\xi)=\left(\frac{1}{3}+\log\frac{3}{\xi-1}\right)\frac{e^{\xi-2}}{\xi}$$

当 $x^{\frac{1}{4}}\leqslant v\leqslant x^{\frac{1}{2}}$ 时，有

$$2\leqslant\frac{\log x}{\log v}\leqslant 4$$

容易验证

$$\Delta'(\xi)=\frac{\xi-1}{\xi^2}e^{\xi-2}\Delta_0(\xi)$$

这里

$$\Delta_0(\xi)=\frac{1}{3}-\frac{\xi}{(\xi-1)^2}+\log\frac{3}{\xi-1}$$

易知

$$\max_{2\leqslant\xi\leqslant 4}\Delta_0(\xi)=\Delta_0(3)=-0.011\,2\cdots$$

故在[2,4]上 $\Delta_0(\xi)<0$，即 $\Delta'(\xi)<0$. 因此

$$\max_{2\leqslant\zeta\leqslant 4}\Delta(\zeta)=\Delta(z)=\frac{1}{2}\left(\frac{1}{3}+\log 3\right)=\eta \tag{59}$$

由于$\frac{\mathrm{e}^2}{12}<\eta$,故由 ⑤⑤⑤⑧⑤⑨ 即得引理.

**定理 2**(朱尔凯特－里切特－罗斯)　设 $z<y^{\frac{1}{2}}$, $L<\log^{0.05}y$,则对任何$(q,P(z))=1$都有

$$(-1)^v\left\{S(\mathscr{A}_q;\mathscr{P},z)-\frac{\rho(q)}{q}XW(z)\cdot\right.$$
$$\left.\left(\phi_v\left(\frac{\log y}{\log z}\right)+O\left(\frac{L}{\log^{\frac{1}{14}}y}\right)\right)\right\}\geqslant-\sum_{\substack{d\mid P(z)\\ d<y}}|R_{qd}| \tag{60}$$

**证明**　若$\log z<\frac{\log y}{(\log\log y)^2}$,则由定理 1 和引理 14 即可得证.

设$\log z\geqslant\frac{\log y}{(\log\log y)^2}$,令$\beta=2,\chi_v(d)(v=1,2)$按 ㊱ 定义,则由引理 4 可知,当$2\leqslant w\leqslant z$时,有

$$(-1)^vS(\mathscr{A}_q;\mathscr{P},z)\geqslant(-1)^v\sum_{d\mid P(w,z)}\mu(d)\chi_v(d)S(\mathscr{A}_{qd};\mathscr{P},w) \tag{61}$$

将 ⑤③ 两端乘以$(-1)^vX\frac{\rho(q)}{q}$与 ⑥① 相减就得到

$$(-1)^v\left\{S(\mathscr{A}_q;\mathscr{P},z)-\frac{\rho(q)}{q}XW(z)\phi_v\left(\frac{\log y}{\log z}\right)\right\}\geqslant$$
$$(-1)^v\sum_{d\mid P(w,z)}\mu(d)\chi_v(d)\left\{S(\mathscr{A}_{qd};\mathscr{P},w)-\frac{\rho(qd)}{qd}XW(w)\right\}+$$
$$(-1)^v\sum_{d\mid P(w,z)}\mu(d)\chi_v(d)\frac{\rho(qd)}{qd}XW(w)\cdot$$
$$\left(1-\phi_{v+\omega(d)}\left(\frac{\log y/d}{\log w}\right)\right)+$$
$$O\left(LXW(z)\frac{\rho(q)}{q}\cdot\frac{\log^2 z}{\log^3 w}\right) \tag{62}$$

分别记 ⑥② 右端两个和式为 $\Sigma_1$ 与 $\Sigma_2$.

由定理 1 可知

$$|\Sigma_1| \leqslant \sum_{d|P(w,z)} \chi_v(d) \sum_{\substack{d_1|P(w)\\ d_1<y/d}} |R_{qdd_1}| + O\left(\frac{\rho(q)}{q} XW(w) \sum_{d|P(w,z)} \chi_v(d) \cdot \frac{\rho(d)}{d} \exp\left(-\frac{\log y/d}{\log w}\right)\right) \tag{63}$$

将 ⑥③ 右端"$O$"项中的和式按 $\omega(d) \leqslant 2l$ 和 $\omega(d) > 2l$ 分成两个和式 $\Sigma_{11}$ 和 $\Sigma_{12}$，这里 $l$ 为适合

$$3^{l-1} \leqslant \frac{\log^{0.3} y}{(\log\log y)^2} < 3^l \tag{64}$$

的正整数. 取 $\log w = \log^{0.7} y$.

由引理 15 知，当 $d \mid P(w,z)$，$\chi_v(d)=1$，$\omega(d) \leqslant 2l$ 时，有

$$\log\frac{y}{d} > \frac{1}{2} 3^{-\frac{\omega(d)}{2}} \log y \geqslant \frac{3^{-l}}{2} \log y \geqslant \frac{1}{6} \log^{0.7} y (\log\log y)^2$$

故此时有

$$\Sigma_{11} \leqslant W(w) \exp\left(-\frac{1}{6}(\log\log y)^2\right) \sum_{d|P(w,z)} \frac{\rho(d)}{d} \ll \frac{W(z)}{\log^2 y} \frac{W(w)}{W(z)} \sum_{m=0}^{\infty} \frac{1}{m!} \left(\sum_{p|P(w,z)} \frac{\rho(p)}{p}\right)^m \ll W(z) \log^{-2} y \tag{65}$$

容易验证，当 $0 < x < a$ 时，$\frac{1}{x}\exp\left(-\frac{a}{x}\right)$ 是 $x$ 的增函数. 又因为当 $1 < d \mid P(w,z)$，$\chi_v(d) = 1$ 时，$p(d)d < y$，所以 $\log w \leqslant \log p(d) < \log\frac{y}{d}$，因此这

时

$$\frac{1}{\log w}\exp\left(-\frac{\log y/d}{\log w}\right)\leqslant\frac{1}{\log p(d)}\exp\left(-\frac{\log y/d}{\log p(d)}\right)$$

即有

$$\frac{W(w)}{W(p(d))}\exp\left(-\frac{\log y/d}{\log w}\right)\ll\frac{W(p(d))}{W(w)}\exp\left(-\frac{\log y/d}{\log w}\right)\leqslant$$

$$\exp\left(-\frac{\log y/d}{\log p(d)}\right)$$

因此

$$\Sigma_{12}\ll\sum_{\substack{d\mid P(w,z)\\ \omega(d)>2l}}\chi_v(d)\frac{\rho(d)}{d}W(p(d))\exp\left(-\frac{\log y/d}{\log p(d)}\right) \tag{66}$$

又当 $\omega(d)=2m+v+1$ 及 $\chi_v(d)=1$ 时，$\chi_v\left(\frac{d}{p(d)}\right)=1$；而当 $\omega(d)=2m+v$ 及 $\chi_v(d)=1$ 时，$p(d)^2d<y$，因此由引理 9 知

$$\sum_{\substack{d\mid P(w,z)\\ \omega(d)=2m+v+1}}\chi_v(d)\frac{\rho(d)}{d}W(p(d))\exp\left(-\frac{\log y/d}{\log p(d)}\right)=$$

$$\sum_{\substack{d\mid P(w,z)\\ \omega(d)=2m+v}}\chi_v(d)\frac{\rho(d)}{d}\sum_{p\mid P(w,p(d))}\frac{\rho(p)}{p}\cdot$$

$$W(p)\exp\left(-\frac{\log y/(pd)}{\log p}\right)=$$

$$\sum_{\substack{d\mid P(w,z)\\ \omega(d)=2m+v}}\chi_v(d)\frac{\rho(d)}{d}\left\{W(p(d))\frac{\log p(d)}{\log y/d}\cdot\right.$$

$$\left.\int_{\frac{\log y/d}{\log p(d)}}^{\frac{\log y/d}{\log w}}\mathrm{e}^{1-t}\mathrm{d}t+O\left(L\frac{W(p(d))\log p(d)}{\log^2 w}\right)\right\}\leqslant$$

$$\frac{\mathrm{e}}{2}\sum_{\substack{d\mid P(w,z)\\ \omega(d)=2m+v}}\chi_v(d)\frac{\rho(d)}{d}W(p(d))\cdot$$

$$\exp\left(-\frac{\log y/d}{\log p(d)}\right)\left(1+O\left(\frac{L\log z}{\log^2 w}\right)\right)$$

因此

$$\Sigma_{12} \ll \sum_{m\geqslant l-1}\sum_{\substack{d\mid P(w,z)\\ \omega(d)=2m+v}}\chi_v(d)\frac{\rho(d)}{d}W(p(d))\cdot$$
$$e^{-\frac{\log y/d}{\log p(d)}}\left(1+O\left(\frac{L\log z}{\log^2 w}\right)\right) \quad ⑯'$$

由 $\chi_v(d)$ 的定义及引理18可知上式的内和等于

$$\sum_{\substack{d\mid P(w,z)\\ \omega(d)=2m-2+v}}\chi_v(d)\frac{\rho(d)}{d}\sum_{\substack{p_1p_2\mid P(w,p(d))\\ p_2<p_1,\,p_2^3p_1<y/d}}\frac{\rho(p_1p_2)}{p_1p_2}\cdot$$
$$W(p_2)\exp\left(-\frac{\log y/(p_1p_2d)}{\log p_2}\right)\leqslant$$
$$\eta\left(1+O\left(\frac{L\log z}{\log^2 w}\right)\right)^2\sum_{\substack{d\mid P(w,z)\\ \omega(d)=2m-2+v}}\chi_v(d)\frac{\rho(d)}{d}\cdot$$
$$W(p(d))\exp\left(-\frac{\log y/d}{\log p(d)}\right)\cdots\leqslant$$
$$\eta^m\left(1+O\left(\frac{L\log z}{\log^2 w}\right)\right)^{2m}\sum_{\substack{d\mid P(w,z)\\ \omega(d)=v}}\chi_v(d)\cdot$$
$$\frac{\rho(d)}{d}W(p(d))\exp\left(-\frac{\log y/d}{\log p(d)}\right) \quad ⑰$$

再用引理9并注意到 $\chi_v(d)$ 的定义容易证明⑰右端的和式远远小于 $W(z)$，即

$$\Sigma_{12} \ll W(z)\sum_{m\geqslant l-1}\eta^m\left(1+O\left(\frac{L\log z}{\log^2 w}\right)\right)^{2m} \ll$$
$$\left(\frac{3}{4}\right)^{l-1}W(z) \ll W(z)\log^{-\frac{1}{14}}y \quad ⑱$$

由 $\phi_v(u)$ 的渐近性质可知 $\Sigma_2$ 可以并入⑬右端的“$O$”项中去. 因此综合⑫⑬⑮⑱即得到定理.

用定理2估计筛函数，必须估计⑩右边的余项之和. 这通常要涉及精深的解析方法.

利用朱尔凯特－里切特－罗斯定理很容易证明"$1+4$",如果用一般的加权筛法(例如王元、潘承洞在证明"$1+4$"时用过的权)很容易证明"$1+3$",用陈景润的权则能证明"$1+2$". 以上这些证明都要用到"算术级数中素数分布的均值定理". 所有这些都已收集在《哥德巴赫猜想》一书中.

## 5.6 因凡涅斯筛法

因凡涅斯改进了罗斯的方法,成功地应用于素数分布的某些问题. 本小节介绍他的方法,写法主要根据本桥洋一的证明,这要比因凡涅斯原来的写法要简明一些. 本小节也只讨论线性筛法.

设 $z \geqslant w \geqslant 2$,将区间 $I_0=[w,z)$ 分成有限多个互不相交的小区间 $I$(带下标或不带下标),即有 $I_0=\bigcup I$. 用 $K$(带下标或不带下标)表示某些互不相同的 $I$ 的直积. 用$(I)$ 表示 $I$ 的右端点,$I_1 \leqslant I_2$ 表示$(I_1) \leqslant (I_2)$.

又设 $K=\prod\limits_{j=1}^{r} I_j(I_1 \geqslant I_2 \geqslant \cdots \geqslant I_r)$,引进下列记号

$$(K)=\prod_{j=1}^{r}(I_j);\omega(K)=r;p(K)=I_r,I_1\cdots I_{r-1}=\frac{K}{p(K)}$$

用 $d \in K$ 表示 $d=p_1\cdots p_r$,而 $p_j \in I_j(j=1,\cdots,r)$;用 $I \leqslant K$ 表示$(I) \leqslant (I_r)$.

约定只当 $K=\varnothing$(空集)时,$1 \in K$;约定 $\omega(\varnothing)=0$ 及对任何 $I$ 都有 $I<\varnothing$.

以下在引用上述记号和约定时不再一一说明.

为了书写方便,假定$\mathscr{P}$就是全体素数.这不失一般性.在不致混淆的时候,把$S(\mathscr{A};\mathscr{P},x)$记成$S(\mathscr{A};x)$.

**引理 19**　设实值函数$\chi(K)$定义在$\{K\}$上,并满足$\chi(\varnothing)=1$,则对任何正整数$r$都有

$$\begin{aligned}S(\mathscr{A};z)=&\sum_{\omega(K)<r}(-1)^{\omega(K)}\chi(K)\sum_{d\in K}S(\mathscr{A}_d;w)+\\&\sum_{\omega(K)=r}(-1)^r\chi(K)\sum_{d\in K}S(\mathscr{A}_d;p(d))+\\&\sum_{1\leqslant\omega(K)\leqslant r}(-1)^{\omega(K)}\left\{\chi\left(\frac{K}{p(K)}\right)-\chi(K)\right\}\cdot\\&\sum_{d\in K}S(\mathscr{A}_d;p(d))+\\&\sum_{\omega(K)<r-1}\sum_{I<K}(-1)^{\omega(K)}\chi(IK)\cdot\\&\sum_{\substack{p,p'\in I\\p<p',d\in K}}S(\mathscr{A}_{pp'd};p)\end{aligned}\qquad ⑲$$

**证明**　当$r=1$时⑲就是布赫夕塔布等式④.

当$r\geqslant 2$时在引理2中将$\mathscr{A}$换成

$$\dot{\mathscr{A}}=\{a\mid a\in\mathscr{A},(a,P(w))=1\}$$

可得

$$\begin{aligned}S(\mathscr{A};z)=&\sum_{\substack{d\mid P(w,z)\\\omega(d)<r}}\mu(d)\chi(d)S(\mathscr{A}_d;w)+\\&\sum_{\substack{d\mid P(w,z)\\\omega(d)=r}}\mu(d)\chi(d)S(\mathscr{A}_d;p(d))+\\&\sum_{\substack{d\mid P(w,z)\\1\leqslant\omega(d)\leqslant r}}\mu(d)\left\{\chi\left(\frac{d}{p(d)}\right)-\chi(d)\right\}\cdot\\&S(\mathscr{A}_d;p(d))\end{aligned}\qquad ⑳$$

定义$\chi(d)$如下:若$d\in K$,则令$\chi(d)=\chi(K)$;若$d\notin K$,则令$\chi(d)=0$,显然这时在$K$的某个因子$I$中包含$d$的两个素因子.

这时 ⑦0 右端前两项就是 ⑥9 右端前两项.

式 ⑦0 右端第三项分成三种情形讨论：

(1) $p(d)\in I,\dfrac{d}{p(d)}\in K(I<K)$. 对这些 $d$ 求和就是 ⑥9 右端第三项.

(2) $\dfrac{d}{p(d)}\in K$,但 $d$ 不属于任何 $K$,这时 $d$ 的两个最小的素因子均在 $p(K)$ 中. 容易看出对这些 $d$ 求和就得到 ⑥9 右端第四项.

(3) $\dfrac{d}{p(d)}$ 不属于任何 $K$,这时 $d$ 不属于任何 $K$,因此这些 $d$ 在和式中不出现.

由此可见,⑦0 右端第三项就等于 ⑥9 右端最后两项之和.

综上所述即得引理.

定义 $\chi_v(\varnothing)=1,v=1,2$. 对 $K=I_1\cdots I_r(I_1>\cdots>I_r)$ 定义

$$\chi_v(K)=\begin{cases}1,(I_{2l-v})^3(I_{2l-v-1}\cdots I_1)<y,1\leqslant 2l-v\leqslant r\\0,\text{其他}\end{cases}\tag{71}$$

对 $\omega(K)\geqslant 1$ 总有

$$(-1)^{\omega(K)+v}\left\{\chi_v\left(\frac{K}{p(K)}\right)-\chi_v(K)\right\}\geqslant 0\tag{72}$$

因此由引理 19 及筛函数的递减性可知

$$\begin{aligned}(-1)^vS(\mathscr{A};z)\geqslant&\sum_{\omega(K)<r}(-1)^{\omega(K)+v}\chi_v(K)\sum_{d\in K}S(\mathscr{A}_d;w)+\\&\sum_{\omega(K)=r}(-1)^{r+v}\chi_v(K)\sum_{d\in K}S(\mathscr{A}_d;p(d))-\\&\sum_{\substack{\omega(K)<r-1\\ \omega(K)\equiv v+1(\bmod 2)\\ I<K}}\chi_v(IK)\sum_{\substack{p,p'\in I\\ p<p'\\ d\in K}}S(\mathscr{A}_{pp'd};w)\end{aligned}\tag{73}$$

令 $z=wz_1^J(z\leqslant z_1\leqslant w)$，这里 $J$ 是正整数，区间 $I_j=[wz_1^{j-1},wz_1^j](1\leqslant j\leqslant J)$，则有如下引理：

**引理 20**　若 $2\leqslant w<z\leqslant y^{\frac{1}{2}}$，$\chi_v(K)(v=1,2)$ 按 ⑪ 定义，则对任何正整数 $r$ 有

$$W(z)\phi_v\left(\frac{\log y}{\log z}\right)=$$
$$W(w)\sum_{\omega(K)<r}(-1)^{\omega(K)}\chi_v(K)\cdot$$
$$\sum_{d\in K}\frac{\rho(d)}{d}\phi_{v+\omega(K)}\left(\frac{\log y/d}{\log w}\right)+$$
$$(-1)^r\sum_{\omega(K)=r}\chi_v(K)\cdot$$
$$\sum_{d\in K}\frac{\rho(d)}{d}W(p(d))\phi_{v+r}\left(\frac{\log y/d}{\log p(d)}\right)+$$
$$O\Big(\frac{W(z)\log z}{\log^2 w}\Big(\sum_{m=1}^{r}\frac{L+\log z_1}{(m-1)!}\Big(\sum_{w\leqslant p<z}\frac{\rho(p)}{p}\Big)^{m-1}+$$
$$\sum_{m=1}^{r}\frac{m-1}{m!}\log z_1\Big(\sum_{w\leqslant p<z}\frac{\rho(p)}{p}\Big)^{m}\Big)\Big)\qquad ⑭$$

**证明**　此引理的证明与引理 16 的证明十分类似，下面仅将不同之处加以说明.

首先证明当 $r=1$ 时引理成立. 相应地要讨论 $\chi_1(I)=0$ 的情形，这时有 $(I)^3\geqslant y,(I)\geqslant y^{\frac{1}{3}}$，于是对 $I$ 中的 $p$ 都有 $z_1p\geqslant(I)\geqslant y^{\frac{1}{3}}$，可知

$$\frac{\log y/p}{\log p}\leqslant 2+\frac{3\log z_1}{\log p}\leqslant 2+\frac{3\log z_1}{\log w}$$

由 $\phi_0(u)$ 的性质可知

$$\phi_0\left(\frac{\log y/p}{\log p}\right)\leqslant\phi_0\left(2+\frac{3\log z_1}{\log w}\right)-\phi_0(2)=$$
$$\frac{3\log z_1}{\log w}\phi_0^1(\xi)\ll\frac{\log z_1}{\log w}$$

$$2<\xi<2+\frac{3\log z_1}{\log w}$$

同引理 16 的证明相似就可以证明 $r=1$ 的情形.

以下对 $r$ 用数学归纳法,相应地得到

$$\begin{aligned}&W(z)\phi_v\Big(\frac{\log y}{\log z}\Big)=\\&W(w)\sum_{\omega(K)\leqslant r}(-1)^{\omega(K)}\chi_v(K)\cdot\\&\sum_{d\in K}\frac{\rho(d)}{d}\phi_{v+\omega(d)}\Big(\frac{\log y/d}{\log w}\Big)+\\&(-1)^{r+1}\sum_{\omega(K)=r}\chi_v(K)\sum_{d\in K}\frac{\rho(d)}{d}\cdot\\&\Big\{\sum_{w\leqslant p<p(d)}\frac{\rho(p)}{p}W(p)\phi_{v+r+1}\Big(\frac{\log y/(pd)}{\log p}\Big)+\\&O\Big(LW(p(d))\frac{\log p(d)}{\log^2 w}\Big)\Big\}+\\&O\Big(\frac{W(z)\log z}{\log^2 w}M(r)\Big)\end{aligned}\tag{75}$$

这里

$$\begin{aligned}M(r)=&\sum_{m=1}^{r}\frac{L+\log z_1}{(m-1)!}\Big(\sum_{w\leqslant p<z}\frac{\rho(p)}{p}\Big)^{m-1}+\\&\sum_{m=1}^{r}\frac{m-1}{m!}\log z_1\Big(\sum_{w\leqslant p<z}\frac{\rho(p)}{p}\Big)^{m}\end{aligned}\tag{76}$$

将 ⑮ 中第二项记为 $\Sigma$,可知有

$$\begin{aligned}\Sigma=&\sum_{\omega(K)=r+1}\chi_v\Big(\frac{K}{p(K)}\Big)\cdot\\&\sum_{d\in K}\frac{\rho(d)}{d}W(p(d))\phi_{v+r+1}\Big(\frac{\log y/d}{\log p(d)}\Big)+\\&\sum_{\substack{\omega(K)=r-1\\I<K}}\chi_v(IK)\sum_{d\in K}\frac{\rho(d)}{d}\cdot\end{aligned}$$

$$\sum_{\substack{p,p'\in I\\ p<p'}}\frac{\rho(pp')}{pp'}W(p)\phi_{v+r+1}\left(\frac{\log y/(pp'd)}{\log p}\right)+$$

$$O\left(LW(z)\frac{\log z}{\log^2 w}\cdot\frac{1}{r!}\left(\sum_{w\leqslant p<z}\frac{\rho(p)}{p}\right)^r\right) \qquad ⑰$$

⑰ 右端第一个和的处理与引理 16 中 ⑮ 以下的处理完全一样.

下面考察 ⑰ 右端第二个和式 $\Sigma'$.

当 $r\equiv v(\bmod 2)$ 时,对 $I<K,\omega(K)=r-1$, $\chi_v(IK)=1$,必有 $(I)^3(K)<y$. 故在 $\Sigma'$ 的内和中 $p^2p'd<y$,即要有 $y/(pp'd)>p$. 故这时

$$\phi_{v+r+1}\left(\frac{\log y/(pp'd)}{\log p}\right)=\phi_1\left(\frac{\log y/(pp'd)}{\log p}\right)<$$

$$\phi_1(1)=2\mathrm{e}^{\gamma}$$

当 $r\equiv v+1(\bmod 2)$ 时,恒有

$$\phi_{v+r+1}(u)=\phi_0(u)<\phi_0(\infty)=1$$

因此,若用 $I(d)$ 表示 $p(d)$ 所在的区间 $I$,则

$$\Sigma'=\sum_{\substack{\omega(K)=r-1\\ d\in K}}\frac{\rho(d)}{d}\sum_{I<K}\sum_{p,p'\in I}\frac{\rho(p')\rho(p)}{pp'}W(p)\ll$$

$$\sum_{\omega(d)=r}\frac{\rho(d)}{d}W(p(d))\sum_{p\in I(d)}\frac{\rho(p)}{p}\ll$$

$$\sum_{\omega(d)=r}\frac{\rho(d)}{d}W(p(d))\log\frac{\log wz_1}{\log w}\ll$$

$$W(z)\frac{\log z\log z_1}{\log^2 w}\cdot\frac{1}{r!}\left(\sum_{\omega\leqslant p<z}\frac{\rho(p)}{p}\right)^r \qquad ⑱$$

综合 ⑮ ~ ⑱ 等式,即得到 $r+1$ 的情况. 由此引理证毕.

在引理 20 中取 $r=\infty$ 即得到引理 21.

**引理 21**　在引理 20 的假设下

$$W(z)\phi_v\left(\frac{\log y}{\log z}\right)=$$

$$W(w)\sum_{K}(-1)^{\omega(K)}\chi_v(K)\cdot$$
$$\sum_{d\in K}\frac{\rho(d)}{d}\phi_{v+\omega(d)}\left(\frac{\log y/d}{\log w}\right)+$$
$$O\left(W(z)\frac{\log^2 z}{\log^3 w}\left(L+\log z_1\log\frac{\log z}{\log w}\right)\right) \qquad ⑲$$

**引理 22** 令$(\varnothing)=1$,设 $y=MN\geqslant z^2$,$\chi_v(K)=1$,则必有 $K=K_1K_2$ 使$(K_1)<M$,$(K_2)<N$.

又如 $\chi_v(IK)=1$,$I<K$,$\omega(K)\equiv v+1(\bmod 2)$,则必有 $\chi_v(K)=1$,并有 $K=K_1K_2$ 使$\{(K_1I)<M,(K_2I)<N\}$,$\{(K_1)(I)^2<M,(K_2)<N\}$ 和 $\{(K_1)<M,(K_2)(I)^2<N\}$ 三种情形之一成立.

**证明** 若 $K=\varnothing$,显然有 $K=\varnothing\varnothing$,$(\varnothing)=1\leqslant\min\{M,N\}$,设 $K=I_1\cdots I_r(r\geqslant 1,I_1>\cdots>I_r)$.若第一个论断不成立,因$(I_1)<z\leqslant y^{\frac{1}{2}}\leqslant\max\{M,N\}$,故 $I_1=\varnothing I_1$,$(I_1)<\max\{M,N\}$,$(\varnothing)=1\leqslant\min\{M,N\}$.设 $j(j<r)$ 是使 $I_1\cdots I_j=K_1K_2$ 及$(K_1)<M$,$(K_2)<N$ 成立的最大整数. 因 $\chi_v(K)=1$,故 $(I_{j+1})^2(I_j)\cdots(I_1)<y$,即有$(K_1I_{j+1})(K_2I_{j+1})<MN$,故必有$(K_1I_{j+1})<M$ 或$(K_2I_{j+1})<N$,此说明 $I_1\cdots I_{j+1}=K_1I_{j+1}K_2$,而$(K_1I_{j+1})<M$,$(K_2)<N$,此与 $j$ 的定义相矛盾,故得结论.

当 $\omega(K)\equiv v+1(\bmod 2)$,$I<K$,$\chi_v(KI)=1$ 时,必有$(I)^3(K)<MN$.又显然要有 $\chi_v(K)=1$,故由前述有 $K=K_1K_2$,使$(K_1)<M$,$(K_2)<N$.若三种情况都不成立,则可推出$(K_1)(K_2)(I)^3\geqslant MN$.这证明了第二个论断.

**引理 23** 若 $\chi_v(K)=1$,$d\in K$,则

$$\log \frac{y}{d} > \frac{1}{2} 3^{-\frac{\omega(d)}{2}} \log y$$

**证明**　设 $\chi_v(d)$ 按 ㊱ 定义（其中 $\beta=2$），则对于 $\chi_v(K)=1, d \in K$ 都有 $\chi_v(d)=1$，故由引理 15 即得证.

**定理 3**　设 $y=MN \geqslant z^2, L < \frac{\log z}{\log \log z}$，则有

$$(-1)^{v-1}\left(S(\mathscr{A};z)-XW(z)\left(\phi_v\left(\frac{\log y}{\log z}\right)+O((\log \log z)^{-0.05})\right)\right) \leqslant \log z \max_{\alpha,\beta}\left|\sum_{\substack{m<M \\ n<N}} \alpha_m \beta_n R_{mn}\right| \quad ⑧⓪$$

其中 $\alpha_m, \beta_n$ 为绝对值小于 1 的实数.

**证明**　在 ⑦③ 中取 $r=\infty$，将 ⑥⑨ 两端乘以 $(-1)^v X$ 与之相减，即得到

$$(-1)^v\left\{S(\mathscr{A};z)-XW(z)\phi_z\left(\frac{\log y}{\log z}\right)\right\} \geqslant \sum_K (-1)^{\omega(K)+v}\chi_v(K) \cdot \sum_{d \in K}\left\{S(\mathscr{A}_d;w)- \chi \frac{\rho(d)}{d} W(w) \phi_{\omega(K)+v}\left(\frac{\log y/d}{\log w}\right)\right\} - \sum_{\substack{I<K \\ \omega(K) \equiv v+1 (\bmod 2)}} \chi_v(IK) \sum_{\substack{p,p' \in I \\ p<p', d \in K}} S(\mathscr{A}_{pp'd};w)+ O\left(W(z)\frac{\log^2 z}{\log^3 w}\left(L+\log z_1 \log \frac{\log z}{\log w}\right)\right) \quad ⑧①$$

由定理 1 可知，若 $s \geqslant 2$，则有 $|\xi_v(d)| \leqslant 1$，使

$$(-1)^v\left\{S(\mathscr{A}_q;w)-\frac{\rho(q)}{q}XW(w)(1+O(\mathrm{e}^{-\frac{1}{2}S\log S}))\right\} \geqslant (-1)^v \sum_{\substack{t \mid P(w) \\ t<w^s}} \xi_v(t) R_{qt} \quad ⑧②$$

将 ⑧② 代入 ⑧① 即得到

$$(-1)^v\left\{S(\mathscr{A};z)-XW(z)\phi_v\left(\frac{\log y}{\log z}\right)\right\} \geqslant$$

$$\sum_{K}(-1)^{\omega(K)+v}\chi_{v}(K)\sum_{d\in K}\sum_{\substack{t\mid P(w)\\ t<w^{s}}}\xi_{\omega(K)+v}(t)R_{dt}-$$

$$\sum_{\substack{I<K\\ \omega(K)\equiv v+1(\bmod 2)}}\chi_{v}(IK)\sum_{\substack{d\in K\\ p,p'\in I,p<p'}}\sum_{\substack{t\mid P(w)\\ t<w^{s}}}\xi_{1}(t)R_{pp'dt}+$$

$$O\Big(\sum_{K}\chi_{v}(K)\sum_{d\in K}\frac{\rho(d)}{d}XW(w)\mathrm{e}^{-\frac{1}{2}S\log S}\Big)+$$

$$O\Big(\sum_{K}\chi_{v}(K)\sum_{d\in K}\frac{\rho(d)}{d}XW(w)\Big(1-\phi_{\omega(d)+v}\Big(\frac{\log y/d}{\log w}\Big)\Big)\Big)+$$

$$O\Big(\sum_{\substack{I<K\\ \omega(K)\equiv v+1(\bmod 2)}}\chi_{v}(IK)\sum_{\substack{d\in K\\ p,p'\in I,p<p'}}XW(w)\frac{\rho(pp'd)}{pp'd}\Big)+$$

$$O\Big(XW(z)\frac{\log^{2}z}{\log^{3}w}\Big(L+\log z_{1}\log\frac{\log z}{\log w}\Big)\Big) \qquad ⑧③$$

取 $\varepsilon=(\log\log z)^{-0.1}$，$w=z^{\varepsilon^{3}}$，$J=[\log\log z]=[\varepsilon^{-10}]$，$S=\varepsilon^{-1}=(\log\log z)^{0.1}$，这时 $\log z_{1}<\frac{\log z}{\log\log z}$，$z_{1}<z^{\varepsilon^{10}}$.

我们有

$$\sum_{K}\chi_{v}(K)\sum_{d\in K}\frac{\rho(d)}{d}XW(w)\mathrm{e}^{-\frac{1}{2}S\log S}\ll\frac{XW(z)}{\log\log z} \qquad ⑧④$$

$$XW(w)\sum_{\substack{I<K\\ \omega(K)\equiv v+1(\bmod 2)}}\chi_{v}(IK)\sum_{\substack{d\in K\\ p,p'\in I,p<p'}}\frac{\rho(pp'd)}{pp'd}\ll\frac{XW(z)}{(\log\log z)^{0.1}} \qquad ⑧⑤$$

及

$$\sum_{K}\chi_{v}(K)\sum_{d\in K}\frac{\rho(d)}{d}XW(w)\exp\Big(-\frac{\log y/d}{\log w}\Big)\leqslant$$

$$\sum_{d\mid P(w,z)}\chi_{v}(d)XW(w)\frac{\rho(d)}{d}\exp\Big(-\frac{\log y/d}{\log w}\Big) \qquad ⑧⑥$$

这里 $\chi_{v}(d)$ 按 ㊱ 定义(其中 $\beta=2$).

取 $l$ 为满足

$$3^{l-1} \leqslant (\log\log z)^{0.2} < 3^l$$

的正整数.与定理2的证明(63～68)相类似,可证86右端远远小于

$$w(z)(\log\log z)^{-0.05} \tag{87}$$

又易知

$$\frac{\log^2 z}{\log^3 w}\left(L+\log z_1 \log\frac{\log z}{\log w}\right) \ll (\log\log z)^{-0.05} \tag{88}$$

综合83～88即得到

$$\begin{aligned}&(-1)^{v-1}\left\{S(\mathscr{A};z)-XW(z)\left(\phi_v\left(\frac{\log y}{\log z}\right)+\right.\right.\\&\left.\left.O(\log\log z)^{-0.05}\right)\right\} \leqslant\\&\sum_K \sum_{\substack{t\mid P(w)\\ t<w^s}} \lambda_v(K,t)\sum_{d\in K} R_{dt}+\\&\qquad\sum_{\substack{I<K\\ \omega(K)\equiv v+1 \pmod 2}} \sum_{\substack{t\mid P(w)\\ t<w^s}} \chi_v(IK,t)\sum_{\substack{d\in K\\ p,p'\in I\\ p<p'}} R_{pp'dt}\end{aligned} \tag{89}$$

其中$\lambda_v(K,t)$,$\chi_v(IK,t)$皆是绝对值不超过1的实数.

由引理22可知89右边等于

$$\begin{aligned}&\sum_K \sum_{\substack{t\mid P(w)\\ t<w^s}} \lambda_v(K,t)\sum_{\substack{d_1\in K_1\\ d_2\in K_2}} R_{d_1d_2t}+\\&\qquad\sum_{\substack{I<K\\ \omega(K)\equiv v+1 \pmod 2}} \sum_{\substack{t\mid P(w)\\ t<w^s}} \chi_v(IK,t)\sum_{\substack{d_1\in K_1,d_2\in K_2\\ p,p'\in I,p<p'}} R_{pp'd_1d_2t} \leqslant\\&2^{J+1}\max_{\alpha,\beta}\left|\sum_{\substack{m<Mw^s\\ m<N}} \alpha_m\beta_n R_{mn}\right|\end{aligned} \tag{90}$$

把上面的$M$换成$MW^{-s}$,则由

$$\begin{aligned}\phi_v\left(\frac{\log MNW^{-s}}{\log z}\right)&=\phi_v\left(\frac{\log y}{\log z}-S\frac{\log w}{\log z}\right)=\\&\phi_v\left(\frac{\log y}{\log z}\right)+O(\log\log z)^{-0.2}\end{aligned}$$

及

$$2^{J+1} < \log z$$

就得到定理了.

**定理 4** 在定理 3 的假定下有

$$\begin{aligned}&(-1)^{v-1}\left(S(\mathscr{A};z)-XW(z)\left(\phi_v\left(\frac{\log y}{\log z}\right)+\right.\right.\\&\left.\left.O((\log\log z)^{-0.05})\right)\right)\leqslant\\&\sum_K\chi_v(K)\sum_{\substack{t\mid P(w)\\t<w^s}}\xi_v(K,t)\left|\sum_{d\in K}R_{dt}\right|+\\&\sum_{I<K}\chi_v(IK)\sum_{\substack{t\mid P(w)\\t<w^s}}\eta_v(IK,t)\left|\sum_{\substack{d\in K\\p,p'\in K\\p<p'}}R_{pp'dt}\right|\end{aligned}\qquad(91)$$

其中 $\chi_v(K)$ 按 (71) 定义,$w=z^{\varepsilon^3}$,$\varepsilon=(\log\log z)^{-0.1}$,$S=(\log\log z)^{0.1}$,而 $\xi_v(K,t)$ 与 $\eta_v(K,t)$ 均是小于 1 的非负数.

**证明** 由 (89) 立刻可得证.

定理 3 和定理 4 的余项形式与定理 2 不同. 希思-布朗和因凡涅斯利用这两个定理结合分析的方法,证明了我们在前言中提到的两个结果.

## 5.7 数的主人塞尔伯格的生活与数学[①]

著名的挪威数学家塞尔伯格于 2007 年 8 月 6 日在普林斯顿家中辞世. 他是 20 世纪数学的一位巨匠. 他对数学的贡献是如此的深刻,如此的具有独创性,这使

① 译自:Bulletin(New Series) of the AMS, 2008,45(4):617-649,The Lord of the Numbers, Atle Selberg on His Life and Mathematics, Nils A. Baas and Christian F. Skau.

他的名字将永远成为数学史中的一个重要部分.他的专业领域是广义上的数论.

塞尔伯格 1917 年 6 月 14 日生于挪威的朗厄松(Langesund).他在卑尔根(Bergen)附近长大,并在约维克(Gjovik)进入了高中.他的父亲拥有数学博士学位,是一位高级中学的数学教师,他的两个哥哥 Henrik 和 Sigmund 后来都成为挪威的数学教授.他 12 岁时已经在学习大学水平的数学,15 岁时在 *Norsk Matematisk Tidsskrift* 上发表了一篇小短文.

他就读于奥斯陆大学,1939 年在那里获得硕士(Cand. real.)学位.在 1943 年秋季,他进行了(博士)论文答辩,论文是关于黎曼假设的.那时几乎没有什么数值实例支持黎曼假设.他想到了研究黎曼 Zeta 函数的零点是一个重要题目,这使得他做出了著名的零点个数的估计公式,由此又导出具有正实部的零点必位于临界线上,这个结果引起了国际上的广泛关注和认可.

当时已住在美国的西格尔问玻尔,二战时期数学界有什么事发生,玻尔的回答是:塞尔伯格.

1946 年夏季,塞尔伯格认识到,他在黎曼 Zeta 函数方面的工作可以用来估计一个区间中的素数个数,这是最后发展成为著名的塞尔伯格筛法的起点.

1947 年,塞尔伯格到了美国普林斯顿高等研究院并继续他的筛法研究.1948 年春,他证明了塞尔伯格基本公式,并在同年末由此导出了素数定理的一个初等证明.初等证明的可能性一直被哈代和其他数学家所怀疑,他的成功引起了轰动.

由于这些成果,他获得了 1950 年的菲尔兹奖章,当时是数学界的最高奖.

他在1949年成为高等研究院的永久成员,1951年成为那里的教授,他的这一职位一直延续到1987年退休.

在20世纪50年代早期,塞尔伯格又做出了新的深刻的结果,即我们现在所谓的塞尔伯格迹公式.塞尔伯格是受了H. Maass关于微分算子的一篇文章的启发,认识到在这方面可以利用自己的硕士学位论文的某些思想.塞尔伯格迹公式在数学中有很多重要应用,也可以应用到理论物理上,但塞尔伯格对于这些范围广大的应用领域从不感兴趣.在他的迹公式中,塞尔伯格将众多数学领域,像自守形式、群表示、谱理论和调和分析等以一种错综复杂而深奥的方式结合起来,很多数学家都认为塞尔伯格迹公式是20世纪最重要的数学成果之一.他后来在自守形式方面的工作导出了高秩李群的格的一些很强的结果.

在以后的年代里,他继续在他钟爱的领域中工作:筛法、Zeta函数和迹公式.2003年有人问塞尔伯格,他是否认为黎曼假设是正确的,他的回答是"如果在我们的宇宙中还有什么东西是正确的,那必定就是黎曼假设,若找不出其正确的其他理由,那纯粹的美学理由就够了."他总是强调数学中简单性的重要.他说:"简单的思想(simple ideas)是永存的."他的工作风格是独自按照自己的步调走,不受别人的干扰.

在获得1950年的菲尔兹奖之后,塞尔伯格又在1986年获得了沃尔夫奖,然后在阿贝尔奖正式颁发前的2002年(正式颁发在2003年——校注)接受了荣誉阿贝尔奖.他还是多个科学院的院士.

塞尔伯格受到国际数学界的高度尊重，他具有很自然的、令人印象深刻的权威性，使得每个人都极为关注他所说的话.

他爱他的祖国挪威，他常常满怀深情地谈论挪威的自然风光、语言和文学作品. 他还在 1987 年被命名为爵士，授予挪威圣奥拉夫之星勋章.

在 2005 年 11 月，我们(Nils A. Baas 和 Christian F. Skau) 在普林斯顿高等研究院拜访了塞尔伯格，并对他进行了采访，范围涉及他的生活和数学. 采访于 11 月 11 日、14 日和 15 日在塞尔伯格位于 Fuld 大楼中的办公室进行，记录采访过程一部分是用录音带，但绝大部分是录像带. 采访是用挪威语进行的，并且全部材料都已用挪威文字写出来. 影像资料超过了 6 小时，有一部 20 分钟的带有英文字幕的短片曾于 2008 年 1 月 11 日在高等研究院举行的塞尔伯格纪念会上放映过，一个较长的大约一小时的版本于 2007 年 10 月 13 日在挪威电视台播放过. 编辑过的挪威语完整版本将分为 4 部分登在 *Normat*(*Nordisk Matematisk Tidsskrift*) 的第 56 卷(2008) 上，前两部分已经刊出了.

大家要求我们提供采访中某些最有趣的部分的英译文，这里我们进行了选择，材料的编辑与重新组合是必要的，但不会改变其本意.

人们特别感兴趣的是塞尔伯格对围绕素数定理的初等证明这个事件的个人看法. 在文献中我们可以见到关于这个事件的各种看法，在扩充的译文版本中可以找到塞尔伯格更详细的评论. 在此扩充版中，塞尔伯格提供了由外尔写给雅各布森(Nathan Jacobson) 的两封信，后者是当时《美国数学会通报》(*Bulletin of the American Mathematical Society*)的编辑. 所有这些都可以在 http://www.math.ntnu.no/Selberginterview/ 上找到(也可参见 *Normat*,56#2(2008)). 从该网址也可得到挪威语访谈的一个完整的文字稿,加上一些有关他 90 岁生日和他去世的照片和材料.

标题页封上是塞尔伯格给他哥哥 Sigmund 手写信的第一页,日期是 1948 年 9 月 26 日,信中给出他关于素数定理初等证明的第一个手写版本. 信是用挪威文写出的.

(1) 访谈记.

问:你是什么时候认识到自己有特殊的数学才能的?

答:我要告诉你我记得的第一次表现. 我当时住在邻近卑尔根的内斯通(Nesttum),我应当是 7 岁或是 8 岁,和邻居的一些孩子约定玩一种球戏,我想我们管它叫作"朗球(langball)",这是一种垒球游戏. 在这个游戏中,常会有时间站在那里不做任何事情,这时我常常做心算. 我注意到相连的两个数的平方的差,发现总会得到奇数,我设法去找证明. 那时我没有使用字母或符号,就想一个数的平方以及这个数加 1 的平方,我就在中间插入一个该数与该数加 1 的乘积,于是可以很容易地计算两边的差. 我又发现相继地把奇数加起来,总会得到平方数,觉得这很有趣. 稍后,我又用同样的推理方法发现了一个事实,用公式表达就是 $A^2-B^2$ 等于 $(A+B)(A-B)$. 这可以在两个平方中间插入 $AB$ 作中间项,比较两边的差而证明. 后者对我做心算大有帮助:用这种方法可以使计算简化很多,特别是因为平

方是很容易记住的，而且可以记住很大的数的平方.

问：你与高斯相比如何？高斯是孩童时，老师让他求 $1+2+3+\cdots$ 直到 100 的和.

答：是的，是的，我想他做得更高明. 我不能确信我是否能想出类似的方法，但是没有人要我从 1 加到 100.

问：你是否告诉过别人，或跟你父亲讨论过你的这个发现？

答：没有，我没有这样做. 我得到这些发现是一种很有趣的经历，以至于我今天仍然记得. 这些我设法建立起来的规律给我留下了十分深刻的印象 —— 那是普遍成立的，而不仅仅是一些具体例子. 几年后，我开始读一些书. 我父亲收藏了相当多的数学书，其中还有从丹麦来的课本. 丹麦来的书的质量比挪威的要高，而且很清楚是由较好的数学家写的. 我看了丹麦的课本，学会了如何解一元二次方程和多变元线性方程组 —— 是用消元法而不是行列式. 我接触行列式相当晚，而且我必须承认我曾经不太喜欢行列式，后来我才发现它们太有用了. 然后，我开始读更高等的数学书，我发现了 Störmer 的数学讲义，我父亲有一本特别好的老版本，是手抄本. 我常常翻阅这本书，找到一个公式

$$\frac{\pi}{4}=1-\frac{1}{3}+\frac{1}{5}-\frac{1}{7}+\cdots$$

我想这太奇怪了，因为我已经知道 $\pi$ 是与圆有联系的. 于是我下决心要搞清楚这究竟是怎么回事，我从头开始仔细地读这本书. 我始终没有放弃去读它真是个奇迹，因为这本书一开始就使用戴德金分割引入实数. 我

通读了它,却不能理解它好在哪里.我觉得自己对实数有非常清楚的概念,我想的是小数,也许是无限小数.我必须说,欧拉无疑对于实数是什么已经有了清楚的概念,所以没有理由认为它是由戴德金引进的.我不能理解 Störmer 的讲义这样引入实数的目的和用处,但是我确实通读了它.在我读完了这本书中的那一节之后,我开始对整部书的内容感兴趣.直到今天我还认为 Störmer 的讲义写得非常好,然而我觉得很不幸的是它已被 Tambs Lyche 的教材所代替了.从某种意义上说,在我所读过的所有数学文献中,Störmer 的书也许是对我的数学发展最有意义的一本书!

问:你是从 Störmer 的讲义中首次接触到连分式的概念吗?

答:我觉得连分式很有趣,尤其是,我发现它与由于某种理由被冠名为佩尔的方程有某些关系.其实,佩尔与这个方程毫不相干.韦伊有一次说,如果数学中的某个东西被冠以一个人的名字,那么十之八九这个人与这个数学内容毫无关系.

问:你是从多大开始读 Störmer 的书的?

答:我相信这是在我上七年级前的那个夏天,所以应当是 12 岁左右.

问:你所在学校的数学教育对你没有什么益处,是不是?

答:我没有学到几何.我首先是从幂级数遇到三角函数的,也通过利用 $e^{ix}$ 和 $e^{-ix}$ 表示正弦和余弦的欧拉公式知道它们.

问:但你后来变得对几何很有兴趣?

答:我得说,那仅仅是在我能够利用它的时候.后

来我所做的工作，有时需要从几何方向考虑.甚至在我专注于离散问题时，我觉得用符号和分析处理更容易.我从未对一般函数论产生特别的兴趣，我喜欢特殊的函数，例如椭圆函数和自守函数，特别是模函数和模形式这样的函数.我觉得对一般的解析函数从兴趣上来说和对待一般的实数一样，人们基本上不会对它们有兴趣.实数这种无产者在某种意义上没有那么有趣，虽然在确定它们的性质时——它们是否是无理数，是否是代数数还是别的什么——可能是很困难的.例如，欧拉常数，到现在仍没有人知道它的性质.

问:黎曼曲面怎么样?

答:当然，我阅读函数论时接触到黎曼曲面，但是我对代数黎曼曲面比对一般概念更感兴趣，当然也对单值化理论和自守函数感兴趣.

问:你对自守形式的兴趣是否源于你发现了拉马努金的工作?

答:是的，是的.这个工作始于拉马努金，那是我首次接触它.它不是从一般的自守函数和一般的群出发的，而是从模群和与之相联系的经典的模函数出发的，也跟模群的有限指数子群相关，这些就是我研究的对象.

但我现在要回过头来再说一点:原来我对分析最感兴趣，后来我哥哥 Sigmund 把我的兴趣转移到了数论.但那不是丢番图方程，丢番图方程是我哥哥在高中和早期研究生时期的兴趣所在，但这些从未引起我的想象力，但是 Sigmund 使我知道了在我父亲的数学图书馆中的一本书，其中有一节是切比雪夫关于素数分布理论的工作.我读了它，并从此全身心地投入到这个数学领域之中. 在一个暑假,也是 Sigmund 从奥斯陆大学图书馆借回家拉马努金的选集. 这正是在 Störmer 关于拉马努金的文章在挪威文数学杂志 *Norsk Matematisk Tidsskrift* 上发表后不久,我读了这篇文章. 所有这些都抓住了我的兴趣,成为我学习和研究不连续群、模函数和模形式,以及更一般的自守函数、自守形式的动力.

事实上,我的哥哥 Sigmund 是我在挪威时唯一一个和我讨论数学的人,其他以他们自己的特殊方式对我有帮助的人是我的哥哥 Henrik 和 Störmer 教授. 当我 1935 年进入奥斯陆大学学习时,Henrik 为我的第一篇文章打字. 他在打字稿中填写进公式 —— 他觉得我的手写体不够漂亮 —— 然后把我介绍给 Störmer,他随即将我的文章提交给奥斯陆的挪威科学和文学院(Videnskapsakademiet). 这都是发生在同一年秋季的事.

问:让我们回到中小学时期吧! 你是否跟着通常的教学走?

答:我自己学习了几种外语. 在小学时我已经开始学英语,我从父亲的图书馆 —— 非数学部分 —— 找到一本书,即《爱丽斯漫游仙境》. 我对于它的表述极感兴趣,我想把全文一个字一个字地翻译出来. 这自然不是聪明的办法,我的姐姐将它念给我听并为我翻译. 这是我的大姐 Anna,我非常感激她,我不知道当时她自己是不是对这本书特别感兴趣.

问:能不能告诉我们关于你写成文章的第一数学发现?

答:我已经提过我的第一个发现是关于平方数的

差的！我读了很多不同的数学书，但并没有做出什么值得一提的发现. 有一些特别的事，像找到了积分 $\int_0^1 \frac{\mathrm{d}x}{x^x}$ 与级数 $\sum_{n=1}^{\infty} \frac{1}{n^n}$ 之间的联系. 如果知道 Γ(伽马) 函数及它的欧拉积分，证明是相当简单的. 那是一个很容易证明的公式.

问：那时你多大？

答：那要晚几年. 我当时大概是 15 岁.

问：这个结果 1932 年发表在 *Norsk Matematisk Tidsskrift* 上，所以你是 15 岁？

答：在 1932 年？这年的什么时候？我不能确定它用了多长时间才出版. 不是我寄给杂志社的，一定是我父亲寄的. 所论的公式还可以推广.

问：能否告诉我们，你在读了拉马努金和哈代关于分拆函数的著作后所得到的发现？

答：那就是引出了我的第一篇文章 *Über einige arithmetische identitäten*（关于一个算术恒等式）. 我花了很长时间去钻研拉马努金所谓的伪 theta 函数 (mock theta function). 有一位英国数学教授 G. N. Waston 曾经写文章讨论了 3 阶和 5 阶的这种函数，证明了两者之间的关系，他使用了拉马努金对这种函数的称呼. 拉马努金也导出了他称之为 7 阶的伪 theta 函数. 我已说过利用这些东西引出了我的第一篇文章，我设法证明了这些函数具有拉马努金所定义的性质，即这些函数是能够用位于单位圆上的无理点来逼近的（正如人们可以表示出的那样）；也就是说，它们也能够用模形式来逼近. 所以我开始看哈代和拉马努金关于“分拆”的文章，我找到了精确的公式. 但是这件事的结果令我十分失望. 你知道,我在 1937 年夏天结束了我关于分拆函数的研究,并回到了奥斯陆大学,当时我翻看了 *Zentralblatt*(德国的《数学文摘》——译注),我发现对我的第一篇文章的评论,在同一页上还有对拉德马切尔关于分拆函数的文章的评论. 我(文章中)有一些东西拉德马切尔是没有的,而且在相关级数中出现的系数有更简单的表达式. 无疑,如果拉马努金沿着他的完全幂级数的路走下去,那他一定会做出这些结果. 事实上,分拆的生成函数的逆正是一个 theta 函数,而且出现在变换公式中 theta 函数前面的单位根,总可以表示为一类高斯和. 如果人们做到这点,就会很清楚,分拆函数的幂级数可以通过单位根的逆和共轭来变换. 做到这点并将它应用到这些系数的定义中,以 $A_q(n)$ 表示分拆函数幂级数 $P(n)$ 中项数 $q$(的系数),我们就得到更简单的级数,展现出这些系数的数量级. 级数的收敛性是很显然的,从某种意义上讲,这是哈代和拉马努金应该做到的事,但我想是哈代阻碍了得到最后的结果,因为拉马努金早在到英国之前,就在从印度写给哈代的信中表明已经发现了正确的公式. 他们在合作写文章时,无疑拉马努金的身体很不好,他身体受损大概是由于维生素缺少;他只吃从印度寄来的食物,不吃水果和蔬菜,也不吃其他新鲜食物,吃的都是干燥食品. 他的健康恶化显然是由于极端严重的营养缺失.

问:能告诉我们,当你发现拉德马切尔在你之前已得到这个结果时的失望之情吗?

答:我下决心不出版我提到的那个关于系数的结果. 我想可写的东西太少了. 但我决定做点别的,我决

定做的就是我1938年在Helsingfors召开的斯堪的纳维亚数学家大会上所报告的内容(当时我们称赫尔辛基为Helsingfors).我做了一个20分钟的短报告,这是我第一次做报告.在会上,我遇见了不少数学家,例如我在那里遇到了林德勒夫(Lindelöf),卡莱曼(Carleman)也在那儿.我做报告时,卡莱曼担任主席,我必须说,他对我相当友好,玻尔也是如此.大会给我留下深刻印象的还有博灵(Arne Beurling)的报告.这个报告的内容相当多,其中一个问题是关于他的广义素数和与之相关的素数定理的推广.正像我告诉你们的,这给了我很深的印象.1939年我得到一笔津贴,是旅行基金.我很想用这笔钱到德国的汉堡去见赫克(Erich Hecke).在1936年的奥斯陆ICM大会上,赫克做的报告给我留下的印象极深.我当时没去听他的报告——没有足够的兴趣听,但是会议录出版之后我就读了.这是会议录的文章中给我留下印象最深的一篇,所以我想去汉堡旅行,见一见赫克.我已经在1939年春季学期得到了奥斯陆大学的硕士学位,而且在1939年夏季我已经服完了我的第一阶段的义务兵役.我结束了大学学习,希望通过游学来得到新的刺激是很自然合理的事.然而第二次世界大战正在我服完兵役后的那个夏季发生了,所以我决定不去汉堡而去瑞典的乌普萨拉(Uppsala).我听说那儿的数学系有一个非常好的数学图书馆.

那时在奥斯陆十分不方便,数学系所在的布林登(Blinder)没有很多专题论文,数学期刊及类似的杂志难得一见,人们不得不去大学的图书馆,它位于德拉门斯威恩(Drammensreien).图书馆不许我们自己去找东西,我们只能看目录然后预约.大学图书馆的位置对我们十分不方便,从布林登到那里简直是太麻烦了.在瑞典的情况会好许多,所以我想旅行去乌普萨拉以替代汉堡.此外,我以为博灵可能在那儿,但是他已被征募去服兵役,在一个搞密码学的单位 —— 他们称之为“密码单位”—— 工作.他在二战中做出一些令人难忘的工作.他在这方面颇有才能.我在那儿时只遇见过博灵一次,那是一个星期日,我正坐在数学所的图书馆里独自工作时,博灵来了.一年前在赫尔辛基开的斯堪的纳维亚数学家大会上我就跟他相识.我和他谈了一次,但除了这次邂逅,他对我一点用也没有,就因为他不在那里.纳格尔(Nagell)在那里,他讲一些课,我去参加,但大多数时间我都坐在图书馆里,这对我很有好处.他们那里有很多杂志,所以我接触文献的机会比在奥斯陆时多多了 —— 我的意思是说容易见到文献.在奥斯陆,正如我讲过的,想得到这些东西太麻烦了.

问:你是什么时候开始对黎曼假设感兴趣的? 是不是这个时候?

答:不是,那是后来才有的,是在 1940 年挪威战役结束之后.我必须说,我还有过另一次失望.当我来到乌普萨拉时,我看到一篇文章,从中我学到了一些以前不知道的东西.我没有学过双曲几何的知识,特别是我以前从未听说过测度$\frac{\mathrm{d}x\mathrm{d}y}{y^2}$的事.这是在上半平面相对于双曲几何的不变测度.当我在那儿时,正好看了一本刚到达德国的杂志,我从中了解到了它.那时我渐渐悟到我可以做一些事,就是我已完成的关于模群的硕士论文可以用这种更好的方法来做.于是我坐下来写了

今天称之为兰金(Rankin)－塞尔伯格卷积的文章.如果你有两个模形式,你可以作一个迪利克雷级数,其系数是两个模形式对应的系数的乘积,并满足一个函数方程.我给出了函数方程的证明并导出了一些推论,对这些推论我没有给出完全的证明,只给出了证明的思路.我一直等到回奥斯陆之后才提交这篇稿子,那是在1940年春.我是1939年12月底回到奥斯陆的,并且下定决心不再回乌普萨拉,因为那儿冬天的气候太坏了.在一年中的早一点的时候还相当好,但冬天是很可怕的.在冬天下雪的日子里,很快就转为融雪和泥泞,所以很难保持脚下的干爽.我也不喜欢这么多风.奥斯陆要强得多了——它冬天的气候要温和得多.奥斯陆是冷的,但还是好一点.在奥斯陆的冬天可以见到更多的太阳,而且也没有那么多的风,所以我决心不再回到乌普萨拉,而是在奥斯陆度过春季.

3 月里,我在《数学文摘》上见到了对兰金文章的评论.他并没有真正定义出两个函数的卷积,而只是计算了一个函数以及与之相联系的系数的平方,所以比我做得更特殊一些.他还导出了这些结果的某些推论.他做的只能应用于相同的权或自守因子的模形式上,而我定义的可以应用于具有两个不同的权的模形式上.我的思想在某些方面比他更一般,但毫无疑问,他是这方面的第一人,即使我将我的文章从乌普萨拉寄给 Störmer,优先权仍是属于兰金的.从我见到的手稿看出,他在1939年春季完成了他的工作,而我的文章是秋季写好的.

问:所以这就使你再一次感到失望了?

答:我得承认,这很令人失望.这时,西格尔在去美国途中经过奥斯陆,他做了一个报告,我去听了,给我留下很深的印象.我没有去听他 1936 年在奥斯陆举行的 IMU 大会上的报告.我没有足够的见识对于应该去听哪个报告做出正确的选择.我确实听了其他人的报告,在这些报告中,莫德尔和波利亚的报告是我最喜欢的.我得说,我的哥哥 Henrik 有时拉着我去填充听众席,因为有的报告听众太少了,所以我听了一些我绝对没有兴趣听的报告.但另一方面,Henrik 以其他的方式帮助我,所以我并不抱怨他.

1940 年 4 月,战火开始在挪威蔓延,中断了我的数学研究.当我在挪威军队中于居德布兰河谷(Gudbrandalen)抵抗德国侵略者时,我不想与数学有关的事情.当我作为战俘关在特兰达姆(Trandum)战俘营中时,我都没有思考数学.当我最终被释放时,我来到了挪威的西海岸,后来和我的家人到了哈当厄(Hardanger),我希望开始做一些全新的事情.这时我看到了波利亚的文章《整数值的整函数》(*Über ganze ganzwertige Funktionen*),在这篇文章中他对哈代的一个结果做了一些强化.

我看着这篇文章,觉得我能够做出更强的结果,所以我写了一篇文章,是关于那种在正整数变量上取整数值的整解析函数.波利亚还写过另一篇文章:关于取整数值的整函数,变量为正整数或负整数.在这种情形下,我能够做同样的改进.我还写了第 3 篇关于取整数值的整函数的文章,但在其中我还考虑了可微到某一阶的微商取整数值.

然后,我的注意力转移到了黎曼 Zeta 函数 $\zeta(s)$.对于大于 1 的实数 $s$,欧拉已证明了乘积公式

$$\zeta(s)=\sum_{n=1}^{\infty}n^{-s}=\prod_{p\in\mathfrak{P}}(1-p^{-s})^{-1}$$

其中 $\mathfrak{P}$ 表示全体素数. 黎曼证明 $\zeta(s)$,其中 $s=\sigma+\mathrm{i}t$,可扩充为 $C$ 上的亚纯函数,在 $s=1$ 处是单极点,且在 $-2,-4,-6,\cdots$ 处有所谓的平凡零点. 非平凡零点在 $0<\mathrm{Re}\,s<1$ 这条临界带上,而且黎曼猜想 —— 也称为黎曼假设,是说:所有非平凡零点都在临界线 $\mathrm{Re}\,s=\frac{1}{2}$ 上. 我开始有了这样一种想法:通过对某种矩量(moment)的仔细考虑,来证明黎曼 Zeta 函数 $\zeta(s)$ 的零点在临界线上的存在性. 这些不是 Zeta 函数的矩量,但是当你考虑利用函数方程

$$\pi^{-\frac{s}{2}}\Gamma\left(\frac{s}{2}\right)\zeta(s)=\pi^{-\frac{(1-s)}{2}}\Gamma\left(\frac{1-s}{2}\right)\zeta(1-s)$$

的对称形式(其中 $\Gamma$ 表示 gamma 函数)得到实值函数的积分时,我们就得到了一个函数,它在临界线上是实值的. 通过考虑这个函数及其各种矩量,并注意这些矩量的符号变化,我们就可以对临界线上的零点说些什么了. 我可以顺着这个思路做出一些工作,但是不能给出比哈代和李特伍德所得到的更精确的结果. 于是我更仔细地研究他们的文章,懂得了他们为什么没有得到(比他们已得的结果)更好的结果的理由. 可以这么说,我发现了他们的方法中的基本缺陷,以及他们误解的东西. 在他们的文章的结尾处给出了一些注释,证明了

$$N_0(T)>\text{常数}\cdot T$$

这里,$N_0(T)$ 表示在临界线上 0 和 $T$ 之间的零点数. 他们的注释跟自变量的变化有关,而我想明白了,这可能是不对的. 我对此做了检查,并看明白应这样做:人们

必须尝试去减少摆动,因为人们在临界线上得到的实函数是一个强烈摆动的函数.它会振幅很大,一些地方波动小些,另一些地方很大.当他们,哈代和李特伍德考虑平方积分时,仅仅取一个短区间,然后在一个长区间中计算平均值.会有这样的区域,在一个短区间中振幅非常大,这是占支配地位的.这样做的时候,就得不到关于函数平均性质的信息,仅仅得到当振幅很大时所发生的情况.所以我就有了这样的想法,试图使强烈的变化缓和并正规化,使得振幅小的地方的贡献适当加大,而振幅大的适当减小.我尝试做的第一件事是取出欧拉乘积的一段,然后求它的绝对值的平方根.对这个结果我写了一篇文章, 寄给了 *Archiv for Mathematik og Naturvidenskab*.然后我开始尝试着考虑一段$(\zeta(s))^{-\frac{1}{2}}$的迪利克雷级数的逼近,并约化系数使之当$n\geqslant z$时变为0,然后利用其绝对值的平方作为直线$s=\frac{1}{2}+\mathrm{i}t$上的光滑化因子.结果我得到了越来越好的结果,一直到我发现了约化系数的最好的办法:用因子$\left(1-\frac{\log n}{\log z}\right)$,$n<z$来乘系数,然后得到

$$\sum_{n\leqslant z}\frac{\mu(n)}{n^s}\cdot\frac{\log z/n}{\log z}$$

其中$\mu$表示麦比乌斯函数.这样我就较快地找到了$N_0(T)$的正确的数量级.

还要求去估算出现的积分中的和,但我耐心地设法得到的结果是$N_0(T)$大于一个正常数乘以$T\log T$,这是正确的数量级.我没有想去计算那个常数,但如果我有兴趣做,就可以对证明做些修正以得到更好的常

数. 按正确的路子修正，我想人们可以得一个位于$\frac{1}{10}$和$\frac{1}{20}$之间的常数. 我从来未做过这类计算.

问：你寄给 *Archiv for Mathematik og Naturvidenskab* 的文章中有没有那个正确的常数 $T\log T$?

答：在校对过程中，我把它加在了一个脚注中. 我把宣布这个结果的短文送到位于特隆赫姆(Trondheim)的挪威皇家科学与文学学会，发表于1942年学会的年报中.

问：这就成为你的博士论文?

答：这篇文章确是我选择用来作博士论文的. 那时我已经发表了好几篇文章，但是我的想法是博士论文应当有点分量，不能太短，而是要有很多页. 我的论文有70页长，于是我写出这个结果并作为我的博士论文递交上去.

问：这是发生在挪威被德国占领期间. 你论文中包含的结果与丹麦的玻尔交流过吗? 这是一个轰动的结果，是吧?

答：这篇论文自然是经 Störmer 提交给了奥斯陆的挪威科学与文学院. 作为同行与对手，显然该选择玻尔，因为在挪威，没有其他人真能胜任这个领域；第2个对手是斯科伦(Skolem)，自然，他也在这个方向奋斗过. 我可以放心地说，这真不是属于他的领域. 那时，玻尔不能到挪威来，因为挪威被占领了. 他也逃离了被德国占领的丹麦.

问：他是待在瑞典吗?

答：他是待在瑞典，他的兄弟 Niels Bohr 那时已在美国.

问:答辩是怎样进行的?

答:Störmer 宣读玻尔的报告.斯科伦已经改进了我的英文表述,他改得很对.事实上,我刚刚转变为用英文写文章.我决定不再用德文写文章,虽然德文是我掌握得最好的语言.我已经开始读更多用英文写的文章,特别是哈代和李特伍德的.

问:后来莱文森(Norman Levinson)得到一个关于临界线上零点的更好的结果,他是否在本质上利用了你的方法和技巧呢?

答:他确实利用了我引入的光滑化因子,但他将其应用到另一函数上.他的证明给出了相当好的常数,但问题是他的方法仅仅适合 Zeta 函数以及具有很简单的函数方程的所谓的 $L-$ 函数.如果人们要考虑二次数域,或者是从具有欧拉乘积的模形式中得到 $L-$ 函数,那么用我的方法可以证明出来的结果用莱文森的方法就无法证明,理由是用莱文森的方法所能得到的结果是用两个东西的差表示出来的.问题就变成了你所减去的量是否足够小,以便还有东西留下.你需要很好地估算它,而这只能在函数方程很简单时才可以做到.

例如,它对二次数域就行不通.对于更高次的数域,人们不能证明什么,因为这时函数方程太复杂了,以致人们无法去计算所需要的相关的积分.

问:你是在 1943 年秋季通过你的博士论文答辩的?

答:是的,完全正确.答辩是在 1943 年秋季举行的.

问:1943年秋季,就在你博士论文答辩之后,你和奥斯陆的其他大学生一起被德国人抓起来了,后来你从监狱中被放了出来,那时你的工作条件变得更加困难了吧?

答:是的,特别是在学校被关闭之后.我被抓起来又被放出来,但秘密警察告诉我不能回奥斯陆,而要我回老家约维克,我父母住的地方.所以在二战余下的年代里我都在那里生活和工作,除了少数假期我离开过那里,我没去奥斯陆.有两三次,我确实去了奥斯陆,查阅大学图书馆的文献,它倒是一直开着的,但是我需要取得警局的特别许可.

问:在这段时间里,你是继续在研究黎曼假设,还是改变了课题?

答:我在Zeta函数方面做了大量工作,但我也研究了其他问题.我写了两篇与我的博士论文一样长的文章.一篇是关于Zeta函数的,它讨论的是在临界线外的可能的零点.另一篇是关于迪利克雷$L-$函数的对应问题,但不是确切相同的问题,因为我想那太平凡了,但人们能够去做类比.有一位英国数学家佩利(Paley),他开始考虑一种他称之为"$k-$类比"的东西.如果考虑属于同一模$k$的所有$L-$函数,那就会有某一种类比,其中有一个函数,可以观察它在临界线上当虚部变化时的性状.所以我写了一些关于这些类比的文章,改进了佩利的结果,并利用了这些改进.这些改进是足够精确的,我能够对另一些结果做类比,能够推出我在博士论文中已经得到的结果.设

$$h=\frac{\varphi(k)}{\log k}$$

其中 $\varphi(k)$ 是 $k$ 的函数，当 $k \to \infty$ 时，$\varphi(k) \to \infty$，且 $|T| < k^a$，$a$ 是某个正常数，那么“几乎所有”属于模 $k$ 的 $L-$函数，在 $T < t < T+h$ 的区间内，在直线 $s = \frac{1}{2} + \mathrm{i}t$ 上有零点. 由此可以推出相当多的结果，我后来得到了关于 $L-$函数以及 Zeta 函数在临界线上的邻域内的值的分布结果.

问：你有了新的独创方法去研究 Zeta 函数，利用这个方法你是否成功地证明了你的重要成果?

答：其他人真的没有一个想到以这种方式引入光滑化因子. 有些东西，诸如一直在用的与研究临界线以外的零点相关的方法 —— 玻尔和朗道的方法 —— 实际上是没有什么意义的，只能给出较弱的结果. 有一位瑞典人卡尔松(Fritz Carlson)，他证明了关于 Zeta 函数在临界线以外零点的第一个“稠密性(density)”结果. 他使用了 $(\zeta(s))^{-1}$ 的迪利克雷级数的一段，即有限部分和，其中到某个切断的界都以麦比乌斯函数 $\mu(n)$ 作为系数，然后乘以 Zeta 函数. 当实变量大于 $\frac{1}{2}$ 时，这促使对其平均而言相当接近于 1. 所以卡尔松就能够证明有关它的某些重要结果，这些结果就是最初所谓的“稠密性”结果.

没有人试图关于临界线本身，也就是实部等于 $\frac{1}{2}$ 的情形做些事情. 首先，它是相当难，其次，我猜想没有人想到它是特别有用的. 我必须说，从我开始看到光滑化因子非常有效之后，很快就清楚地理解到它很有用. 它后来变得比我最初想得更有效，因为我原本没有想到我会得到这么漂亮的结果，我找出了临界线上零点

的正确数量级.我曾不相信这个方法能走到这么远,结果是在我找到正确的光滑化因子之前不需要做长长的试验,完成这项工作并没有花费我很长的时间.但是在实施所需估值的计算时它变得相当复杂.如果使用傅里叶(Fourier)分析可能简化证明,如战后迪奇马士所做的,但他的证明也挺复杂.他把文章寄给我,我让他知道他可以在什么地方简化证明,结果,当他发表时这个证明变得短了许多.但是我仍觉得为了找到好的数值估计,傅里叶积分还不是最好的方法.所以人们还不如在我使用的方法上做点变更来得好.

问:你的方法,也许还包括其他人的方法都具有平均和统计的特点,所以说,这些都不能引出黎曼假设的证明.这样说是否正确?

答:通过一种统计方法,人们可以得到相当多的东西,但绝不能引出黎曼假设的证明.我曾向你们提起过,我可以用这种方法研究 Zeta 函数在临界线及它的邻域的值分布.在我 1947 年到普林斯顿前后,我在这个邻域得到了好几个结果,但当时我并未发表它们.理由是我对另一件事更加起劲:我可以在数论的初等方法上做些事,这都是因我的筛法版本而引起的.

问:早些时候我们曾和你谈起关于 1946 年你在哥本哈根第十届斯堪的纳维亚数学大会上所做的报告,好像是你对黎曼猜想有所怀疑,但你却对此断然地否认?

答:在哥本哈根会议上我想强调的是,当时人们还提不出数值证据来印证黎曼假设的真实性,所做的计算还没有走到那么远,所以,即使在临界线以外确实存在零点,你也不要指望它能那么早就被发现.事实上,用黎曼－西格尔公式计算函数在临界线上的值只是对比 1 000 大一点的虚部进行的. 此时起作用的项过少，函数的性状极为正规. 人们还使用了所谓的格拉姆（Gram）定律，这是由丹麦数学家格拉姆提出来的，而且就当时进行的计算而言仅有两个例外不符合格拉姆定律. 似乎由格拉姆定律可以推出黎曼假设是肯定的，但它也蕴含着零点的分布过于有规律了. 从我早些时候得到的结果，我知道格拉姆定律变得越来越不对了；别说那几个例外，如果它是真的，那它本身倒是个例外. 就像我说的：如果在临界线之外确有零点的话，可以期待的是第一批零点一定在格拉姆定律的第一批例外出现很长时间之后才会出现. 所以当时的数值资料，并没有指向将出现的情况，另一些结果只具有统计性质. 但是我必须说，如果人们相信这个世界上还有什么值得相信的东西，我想那必然就是黎曼假设的真实性. 它给出了最可能的素数分布，它也是人们从统计学观点最值得期待的，那就是它跟

$$\mathrm{Li}(x)=\int_2^x \frac{\mathrm{d}t}{\log t}$$

的偏差不大于 $x$ 的平方根. 此外，我必须说，我非常相信黎曼的直觉.

问：你预料过，在临界线上零点分布会有某种规律性吗？

答：毫无疑问，其中必然有某种规律，但是它能到达什么程度就很难猜了. 例如，我们可以问零点的虚部是否总会与我们所熟悉的另一些数学常数有联系. 当然，现在没有人知道任何这样的事，但存在这种联系也并非不可能. 实际上，我不排除这样的可能性，即可能

存在众多意料之外的规律正等待我们去发现呢.情况可能真是这样的,我的意思是,我们没有理由认为我们在奔向未来的研究之路上已走得很远.完全可能存在新奇的方法来处理它,从中得出它与数学其他领域的完全出人意料的联系.

问:是你第一个使用谱理论方法的吗?

答:我真的不知道.关于这件事要做个回顾,很多人推测,零点也许以某种方式跟谱问题有联系,但没人能够指出具体的东西来.我觉得,去猜测某人将很快得到明确的攻克这个问题的想法并得到结果,这是毫无益处的.我相信,它将发生在某一天;不过我们需要等待多久,或者你们需要等待多久!这当然是很难猜的.

问:但如果你必须猜的话,你对围绕某种类型的空间——目前它仍是未知的——的谱问题的核心思想怎么看,它能最终导致黎曼假设的解决吗?

答:这肯定是某些人的想法.如果他们假定黎曼假设是正确的,就能够构做出一个这样的空间,还能定义与之相关的算子.很好,但是这样做基本上没给我们什么东西.如果事先假定这个结果成立,那是无助于解决问题的,是没有多大价值的.

问:过去的 30 年间,你自己是否在认真地研究黎曼假设?

答:我时时都在想它.有一次我有了一个想法,我以为它也许能够引出一个证明.我按照这个想法做了一段时间后,觉得按照这条路不像能达到目的.目的只是为了给出关于 Zeta 函数 $\zeta(s)$ 和某些迪利克雷 $L$-函数的黎曼假设的证明,而非其他什么.我后来从未试图去完成这种证明.这个想法依赖于我所发现的一种用多项式逼近$\varphi(s)\zeta(s)L(s)$的方法.这里$L(s)$是一个具有二次特征$\chi$的$L$-函数,使得$\chi(-1)=-1$;$\varphi(s)$是一个整函数,使乘积在直线$s=\frac{1}{2}+it$上是实的.多项式内在的对称性这件事带来了希望,即沿着这条路可能获得某些结果.问题在于人们可以说明这些多项式的零点.过了一阵,我越来越坚信我最初想到的路行不通,我觉得它靠不住了.然而,我不时地看到有的人以一种看来是“异想天开”(“hare-brained”,我借用这个英文单词来表达)的办法去攻一个问题,结果是他们的方法有效,能够证明一些用其他方法很难证明的东西.另一方面,我看到有的人有一些看来绝对棒的想法,但问题在于沿着这条路走到头,也不能从它得到任何东西.所以有两条道路:有时有一个好的想法,却未必能奏效;而有些看似毫无价值的,甚至是白痴般的想法,实际上却可能奏效.

问:你的这些想法与别人交流过吗?

答:交流过,我和你讲的这些我都向别人提到过.我告诉人们,我不是特别相信我的这条路能引出什么结果,即使顺着它再往前走.它在开始时很吸引我,在一长段时间里我努力顺着它走,但是我越来越相信这条路靠不住,不大可能从中得到任何东西.不过,我一直没能证明它完全不起作用.

问:你想把你的很多想法或其他的思想留给后人吗?

答:没有,对黎曼假设我不能说三道四.我有一些统计性质的结果.最近几年有一些人跟我说,希望出版我的几次报告的详细讲稿,即关于某种迪利克雷级数

的线性组合的报告.这些线性组合有相类似的一些性质,它们像 Zeta 函数那样有函数方程,由此导出在临界线上有一实值函数,使得具有正实部的零点总是在临界线上.我必须说能做出这个结果是很有趣的,但人们不能用它去做任何实质性的事.它实际上没有加进很多新思想,而只是老思想以新的方式做的组合.所以我以为做出这个结果很有趣就讲了,但我不知道是否要出版它.它可能变得比我实际感觉要写的长度长很多.正像我早些时候告诉过你们,我的本性是有点懒的,这就是我没有那么多出版物的理由.我的这些东西中有许多一点一点地被别人出版了,所以,我想即使我自己不出版,那么最终会有别人来做这件事.

问:你曾提到过其他致力于证明黎曼假设的人,像孔涅(Alain Connes).在你看来,从本质上说,他们是否只是重新给出了一些更确切的阐释?

答:是的.那是一条得到清晰公式的新路子——可以说是一条新途径.但是它基本上没有给出更多的东西.孔涅无疑相信从他做的东西中可以导出一个证明;我最近和他交谈时,他已经认识到了这一点.这种情况常常伴随着相当形式化的那种类型的工作发生.例如,有一个日本数学家松本(Matsumoto),他做了几次报告,使不少人相信他有了一个证明.

# §6 相邻素数差①

——楼世拓 姚琦

设 $p_n$ 是第 $n$ 个素数，本节研究相邻两素数之差 $d_n=p_n-p_{n-1}$ 的上界估计，即研究当 $x$ 充分大，$y$ 满足什么条件时

$$\pi(x)-\pi(x-y)>0 \qquad ①$$

当 $x>y\geqslant x^{\theta}$ 时，许多数学工作者研究了使式①成立的 $\theta$ 的下界. 1972 年，Huxley② 证明了 $\theta>\frac{7}{12}$，1979 年，因凡涅斯和尤梯拉③证明了 $\theta>\frac{13}{23}$，希恩-布朗和因凡涅斯④指出，应用注释②的方法，可以证明 $\theta>\frac{5}{9}$，同时他们证明了当 $\theta>\frac{11}{20}$ 时式①成立. 本节证明：

**定理** 对于 $\theta\geqslant\frac{35}{64}$ 及充分大的 $x=x(\theta)$，当 $x>y\geqslant x^{\theta}$ 时，下式成立

$$\pi(x)-\pi(x-y)>c_0\left(\frac{y}{\log x}\right) \qquad ②$$

这里 $c_0\geqslant 0.001\,9$. 因而 $d_n=p_n-p_{n-1}\ll p_n^{\theta}$ 也成立.

---

① 原载于《自然杂志》，1984，7(9)：113.

② M. N. Huxley. Invent. Math.，1972(15)：164.

③ H. Iwaniec，M. Jutila. Arkiv för Matematik，1979(17)：167.

④ D. R. Heath-Brown，H. Iwaniec. Invent. Math.，1979(55)：49.

**证明**　取 $\mathscr{A}=\{n \mid x-y<n\leqslant x\}, y=x^{\theta}, \theta\geqslant \frac{35}{64}, S(\mathscr{A},z)=|\{n\in\mathscr{A},(n,P(z))=1\}|$. 这里记号"$||$"表示集合中元素的个数;$P(z)=\prod\limits_{p<z} p$,$p$ 取遍小于 $z$ 的素数;$\mathscr{A}_d=\{n\in\mathscr{A}, d\mid n\}$. 于是有

$$\begin{aligned}
&\pi(x)-\pi(x-y)=S(\mathscr{A},x^{\frac{1}{2}})=\\
&S(\mathscr{A},z)-\sum_{z\leqslant p<z_1} S(\mathscr{A}_p,p)-\\
&\sum_{z_1\leqslant p<z_2} S\left(\mathscr{A}_p,\left(\frac{D}{p}\right)^{\frac{1}{3}}\right)+\sum_{\substack{\left(\frac{D}{p}\right)^{\frac{1}{3}}\leqslant q<p\\ z_1\leqslant p<z_2}} S(\mathscr{A}_{pq},q)-\\
&\sum_{z_2\leqslant p<z_3} S(\mathscr{A}_p,p)-\sum_{z_3\leqslant p<x^{\frac{1}{2}}} S\left(\mathscr{A}_p,\left(\frac{D}{p}\right)^{\frac{1}{3}}\right)+\\
&\sum_{\substack{\left(\frac{D}{p}\right)^{\frac{1}{3}}\leqslant q<p\\ z_3\leqslant p<x^{\frac{1}{2}}}} S(\mathscr{A}_{pq},q)=\\
&\Sigma_1-\Sigma_2-\Sigma_3+\Sigma_4-\Sigma_5-\Sigma_6+\Sigma_7
\end{aligned}$$

其中,$z=x^{\frac{23-24t_0}{122}}, z_1=x^{\frac{34-36t_0}{73}}, z_2=T^{\frac{16}{5}}x^{-1}, z_3=T^{-\frac{6}{5}}x$,这里 $T=x^{1-2\eta}y^{-1}, t_0=\frac{\log T}{\log x}$,$\eta$ 是充分小的正数. 文中给出了函数 $D=D(p)$,用筛法估计 $\Sigma_1$ 的下界,$\Sigma_2,\Sigma_3,\Sigma_6$ 的上界;用加权密度筛法估计 $\Sigma_4,\Sigma_5,\Sigma_7$,从而得到式 ②.

## §7 一个素数论中的初等方法

——塞尔伯格

下面我们概要地描述一个初等方法,它可以用于由布朗发展的"筛法"所能处理的同样问题.

假定我们给出总数为 $N$ 的数列 $a$. 令 $N_z$ 表示不能被小于或等于 $z$ 的素数整除的数 $a$ 的个数[①]. 我们将研究寻求 $N_z$ 的上界估计问题.

当 $1\leqslant v\leqslant z$ 时,我们定义整数列 $\{\lambda_v\}$ 满足 $\lambda_1=1$, 而其他 $\lambda_v$ 为任意实数,则得

$$N_z\leqslant\sum_a\Big\{\sum_{v\mid q}\lambda_v\Big\}^2=\sum_{v_1v_2\leqslant z}\lambda_{v_1}\lambda_{v_2}\sum_{\frac{v_1v_2}{\chi}\mid a}1 \qquad ①$$

此处 $\chi$ 表示 $v_1$ 与 $v_2$ 的最大公因子.

我们假定当 $\rho$ 为一个正整数时,可以有一个能被 $\rho$ 整除的 $a$ 个数满足的渐近公式

$$\sum_{\rho\mid a}1=\frac{1}{f(\rho)}N+R_\rho$$

此处 $R_\rho$ 表示余项. 我们进一步假定 $f(\rho)$ 是可积的,即当 $\rho_1$ 与 $\rho_2$ 互素时,有 $f(\rho_1\rho_2)=f(\rho_1)f(\rho_2)$. 因为 $\dfrac{1}{f(\rho)}$ 表示能被 $\rho$ 整除的 $a$ 的"概率",所以后面的假定表示当 $(\rho_1,\rho_2)=1$ 时,"事件" $\rho_1\mid a$ 与"事件" $\rho_2\mid a$ 是独立

① 我们可以用 $a\not\equiv r_p\pmod p$ 来代替 $a\not\equiv 0\pmod p$,此处 $p\leqslant z$ 及 $r_p$ 为仅依赖于 $p$ 的整数.

的，在这种情况下，我们有

$$\sum_{\frac{v_1 v_2}{\chi} \mid a} 1 = \frac{1}{f\left(\frac{v_1 v_2}{\chi}\right)} N + R_{\frac{v_1 v_2}{\chi}} = \frac{f(\chi)}{f(v_1) f(v_2)} N + R_{\frac{v_1 v_2}{\chi}}$$

将这个式子代入关于 $N_z$ 的不等式可得

$$N_z \leqslant N \sum_{v_1 v_2 \leqslant z} \frac{\lambda_{v_1}}{f(v_1)} \cdot \frac{\lambda_{v_2}}{f(v_2)} f(\chi) + \sum_{v_1 v_2 \leqslant z} \lambda_{v_1} \lambda_{v_2} R_{\frac{v_1 v_2}{\chi}}$$

记

$$Q(\lambda) = \sum_{v_1 v_2 \leqslant z} \frac{\lambda_{v_1}}{f(v_1)} \cdot \frac{\lambda_{v_2}}{f(v_2)} f(\chi)$$

我们将决定 $\lambda_v (2 \leqslant v \leqslant z)$ 使 $Q$ 取得极小值. 当 $\rho$ 为整数时，我们记

$$f_1(p) = \sum_{d \mid \rho} \mu(d) f\left(\frac{\rho}{d}\right)$$

此处 $\mu(d)$ 表示麦比乌斯函数，特别地，当 $q$ 为无平方因子数时，有

$$f_1(p) = f(\rho) \prod_{p \mid \rho} \left(1 - \frac{1}{f(p)}\right)$$

由一个熟知的公式，我们得

$$f(\chi) = \sum_{\rho \mid \chi} f_1(\rho) = \sum_{\substack{\rho \mid v_1 \\ \rho \mid v_2}} f_1(\rho)$$

代入表达式 $Q$，则得

$$Q = \sum_{\rho \leqslant z} f_1(\rho) \left\{ \sum_{\substack{\rho \mid v \\ v \leqslant z}} \frac{\lambda_v}{f(v)} \right\}^2$$

当 $1 \leqslant \rho \leqslant z$ 时，记

$$y_\rho = \sum_{\substack{\rho \mid v \\ v \leqslant z}} \frac{\lambda_v}{f(v)}$$

则得

$$\frac{\lambda_v}{f(v)}=\sum_{\rho\leqslant\frac{z}{v}}\mu(\rho)y_{\rho v}$$

现在我们在条件

$$\sum_{\rho\leqslant z}\mu(\rho)y_\rho=\frac{\lambda_1}{f(1)}=1$$

之下来决定二次型

$$Q=\sum_{\rho\leqslant z}f_1(\rho)y_\rho^2$$

的极小值,易知 $y_\rho$ 取

$$y_\rho=\frac{\mu(\rho)}{f_1(\rho)}\cdot\frac{1}{\sum\limits_{\rho'\leqslant z}\frac{\mu^2(\rho')}{f_1(\rho')}}$$

时,$Q$ 有极小值

$$\frac{1}{\sum\limits_{\rho\leqslant z}\frac{\mu^2(\rho)}{f_1(\rho)}}$$

对于对应的值 $\lambda_v$,当 $1\leqslant v\leqslant z$ 时,我们有

$$\lambda_v=\frac{f(v)}{\sum\limits_{\rho\leqslant z}\frac{\mu^2(\rho)}{f_1(\rho)}}\cdot\sum_{\rho\leqslant\frac{z}{v}}\frac{\mu(\rho)\mu(\rho v)}{f_1(\rho v)}=$$

$$\mu(v)\prod_{p\mid N}\left(1-\frac{1}{f(p)}\right)^{-1}\cdot$$

$$\frac{1}{\sum\limits_{\rho\leqslant z}\frac{\mu^2(\rho)}{f_1(\rho)}}\cdot\sum_{\substack{\rho\leqslant\frac{z}{v}\\(\rho,v)=1}}\frac{\mu^2(\rho)}{f_1(\rho)} \tag{②}$$

将这些 $\lambda$ 的值代入 ①,则得

$$N_z\leqslant\frac{N}{\sum\limits_{\rho\leqslant z}\frac{\mu^2(\rho)}{f_1(\rho)}}+\sum_{v_1v_2\leqslant z}\left|\lambda_{v_1}\lambda_{v_2}R_{\frac{v_1v_2}{\chi}}\right| \tag{③}$$

因此,若右端第二项不太大时,可得 $N_z$ 的上界.

将这个方法用于数 $a=n(n+2)$,$1\leqslant n\leqslant x$,取

$z=x^{\frac{1}{2}-\varepsilon}$,此处$\varepsilon$为一个充分小的正数,则得不超过$x$的孪生素数个数小于

$$\frac{10.6x}{\log^2 x}, x \geqslant x_0$$

这比用布朗方法得到的最佳上界更好.

基于同样的原则,我亦发展了一个处理这个问题下界的方法.关于这些方法的详细叙述及其在若干问题上的应用,将于以后发表.

## §8　表大偶数为一个不超过三个素数的乘积及一个不超过四个素数的乘积之和[①]

——王元

### 8.1　引言

布朗[②]最初在1920年证明了:

每一充分大的偶数可表为两个各不超过9个素数的乘积之和,简记为"9+9".

后来,不少数学家改进与简化了布朗的方法,因此,布朗的结果也得到了相应的改进,现在将其发展历史写于下

"9+9"　(布朗,1920年)

---

① 原载于《数学学报》,1956,6(3):500-513.

② V. Brun. Le cribe d'Eratosthène et le théorème de Goldbach, Videnskabs-selskabt: Kristiania Skrifter I. Mate. -Naturvidenskapelig Klasse. ,1920,3:1-36.

"7 + 7" (拉德马切尔,1924 年)[①]

"6 + 6" (埃斯特曼,1932 年)[②]

"5 + 7""4 + 9""3 + 15""2 + 366" (里奇,1937 年)[③]

"5 + 5" (布赫夕塔布,1938 年)[④]

"4 + 4" (布赫夕塔布,1940 年)[⑤]

华罗庚教授指出用塞尔伯格[⑥]的方法结合布朗—布赫夕塔布的方法可以改进上述结果,本节的目的在于根据这一指示将上述结果改进为"3 + 4",即:

**定理 1** 每一充分大的偶数可表为一个不超过 3 个素数的乘积及一个不超过 4 个素数的乘积之和.

**定理 2** 存在无限多个整数 $n$,$n$ 为不超过 3 个素数的乘积,而 $n+2$ 为不超过 4 个素数的乘积.

本节所用之 $p, p', p'', \cdots; p_1, p_2, \cdots$ 均表示素数.

用本节的方法证明"3 + 3"的可能性看来是存在的,但涉及冗长而复杂的数值计算.

① H. Rademacher. Beitrage zur Viggo Brunschen Methode in der Zahlen-Theorie. Abh. Math. Sem. Hamburgischen Univ. ,1924, 3:12-30.

② T. Estermann. Eine neue Darstellung und neue Anwendungen der Viggo Brunschen Methode. J. Reine Angew. Math. ,1932,168:106-116.

③ G. Ricci. Su la congettura di Goldbach e la constante di Schnirelmann. Annali della R. Scuola Normale Superiore di pisa,1937, 6(2):70-115.

④ A. A. Бухштаб. Новые улучшения в методе эратосфенова решета. матем. сб,1938,4:375-387.

⑤ A. A. Бухштаб. О разложении чётных чисел на сумму двух слагаемых с ограниченным числом множителей. ДАН СССР,1940,29: 544-548.

⑥ A. Selberg. On an elementary method in the theory of primes. Norske Vid. Selsk. Forhdl. 1949,19(18):64-67.

## 8.2　若干计算

**引理1**　若 $x\geqslant 1, N\geqslant 1, \Omega(n)$ 表示 $n$ 的不同素因子的个数，则

$$\sum_{\substack{n\leqslant N\\(n,x)=1}}\frac{|\mu(n)|2^{\Omega(n)}}{n}=$$

$$\frac{1}{2}\prod_{p\mid x}\frac{p}{p+2}\prod_{p}\left(1-\frac{1}{p}\right)^{2}\left(1+\frac{2}{p}\right)\log^{2}N+$$

$$O(\log 2N\cdot\log\log 3xN)+O((\log\log 3x)^{2})$$

此处 $\mu(n)$ 表示熟知的麦比乌斯函数.

证明见相关文献①.

**引理2**　令 $g(1)=1; g(2)=\frac{1}{2}; g(p)=\frac{2}{p}(p>2)$；当 $n$ 无平方因子时，$g(n)=\prod_{p\mid n}g(p)$，则当 $z\geqslant 1$ 时

$$\sum_{\substack{n\leqslant z\\2\nmid n}}|\mu(n)|g(n)\prod_{p\mid n}(1-g(p))^{-1}=$$

$$\frac{1}{8}\prod_{p>2}\frac{(p-1)^{2}}{p(p-2)}\log^{2}z+O(\log 2z\cdot\log\log 3z)$$

**证明**　令 $\psi(q)=\prod_{p\mid q}(p-2)$，则

$$\sum_{\substack{n\leqslant z\\2\nmid n}}|\mu(n)|g(n)\prod_{p\mid n}(1-g(p))^{-1}=$$

$$\sum_{\substack{n\leqslant z\\2\nmid n}}|\mu(n)|\frac{2^{\Omega(n)}}{n}\prod_{p\mid n}\frac{p}{p-2}=$$

$$\sum_{\substack{n\leqslant z\\2\nmid n}}|\mu(n)|\frac{2^{\Omega(n)}}{n}\prod_{p\mid n}\left(1+\frac{2}{p-2}\right)=$$

---

① H. N. Shapiro, J. Warga. On representation of large integers as sum of primes, part I. Comm. Pure Appl. Math., 1950, 3: 153-176.

$$\sum_{\substack{n\leqslant z\\2\nmid n}}|\mu(n)|\frac{2^{\Omega(n)}}{n}\sum_{r\mid n}\frac{2^{\Omega(r)}}{\psi(r)}=$$

$$\sum_{\substack{r\leqslant z\\2\nmid r}}|\mu(r)|\frac{2^{2\Omega(r)}}{\psi(r)r}\sum_{\substack{s\leqslant z/r\\(s,2r)=1}}\frac{|\mu(s)|2^{\Omega(s)}}{s}=$$

$$\sum_{\substack{r\leqslant z\\2\nmid r}}|\mu(r)|\frac{2^{2\Omega(r)}}{\psi(r)r}\Bigl(\frac{1}{2}\prod_{p}\frac{(p-1)^2(p+2)}{p^3}\cdot$$

$$\prod_{p\mid 2r}\frac{p}{p+2}\log^2\frac{z}{r}+O(\log 2z\cdot\log\log 3z)\Bigr)=$$

$$\frac{1}{4}\prod_{p}\frac{(p-1)^2(p+2)}{p^3}\log^2 z\cdot\sum_{\substack{r\leqslant z\\2\nmid r}}\frac{4^{\Omega(r)}|\mu(r)|}{\prod_{p\mid r}(p^2-4)}+$$

$$O\left(\log 2z\cdot\sum_{\substack{r\leqslant z\\2\nmid r}}\frac{4^{\Omega(r)}|\mu(r)|\log r}{\prod_{p\mid r}(p^2-4)}\right)+$$

$$O(\log 2z\cdot\log\log 3z)=$$

$$\frac{1}{8}\prod_{p>2}\frac{(p-1)^2}{p(p-2)}\log^2 z+O(\log 2z\cdot\log\log 3z)$$

**引理 3** 当 $n$ 无平方因子时,令

$$f(n)=\sum_{d\mid n}\frac{\mu(d)}{g\left(\frac{n}{d}\right)}=\frac{1}{g(n)}\prod_{p\mid n}(1-g(p))$$

则当 $z\geqslant 1$ 时,有

$$\sum_{n\leqslant z}\frac{|\mu(n)|}{f(n)}=\frac{1}{4}\prod_{p>2}\frac{(p-1)^2}{p(p-2)}\log^2 z+O(\log 2z\cdot\log\log 3z)$$

**证明**

$$\sum_{n\leqslant z}\frac{|\mu(n)|}{f(n)}=\sum_{\substack{n\leqslant z\\2\nmid n}}\frac{|\mu(n)|}{f(n)}+\sum_{\substack{n\leqslant z\\2\mid n}}\frac{|\mu(n)|}{f(n)}=$$

$$\sum_{\substack{n\leqslant z\\2\nmid n}}|\mu(n)|g(n)\prod_{p\mid n}(1-g(p))^{-1}+$$

$$\frac{1}{f(2)}\sum_{\substack{n\leqslant z/2\\2\nmid n}}|\mu(n)|g(n)\prod_{p\mid n}(1-g(p))^{-1}=$$

$$\frac{1}{8}\prod_{p>2}\frac{(p-1)^2}{p(p-2)}\log^2 z+$$

$$\frac{1}{8f(2)}\prod_{p>2}\frac{(p-1)^2}{p(p-2)}\log^2\frac{z}{2}+$$

$$O(\log 2z\cdot\log\log 3z)=$$

$$\frac{1}{4}\prod_{p>2}\frac{(p-1)^2}{p(p-2)}\log^2 z+$$

$$O(\log 2z\cdot\log\log 3z)$$

**引理4** 若 $\alpha$ 和 $\beta$ 是两固定数, $2<\alpha<\beta$, 则

$$\sum_{x^{\frac{1}{\beta}}<p\leqslant x^{\frac{1}{\alpha}}}\frac{1}{p\log^2\frac{x}{p}}=\frac{1}{\log^2 x}\left(\log\frac{\beta-1}{\alpha-1}+\frac{1}{\alpha-1}-\frac{1}{\beta-1}\right)+O\left(\frac{1}{\log^3 x}\right)$$

证明见相关文献①②.

**8.3**

给出一组数列

$(w)a=0$ 或 $1, 0\leqslant a_i, b_i<p_i, a_i\neq b_i, 1\leqslant i\leqslant r$

此处 $3=p_1<p_2<\cdots<p_r\leqslant\xi$ 为不超过 $\xi$ 的全部奇素数.

令 $P_w(x,\xi)$ 为适合下面条件的整数 $n$ 的个数

$$n\leqslant x, n\equiv a\pmod 2, n\not\equiv a_i\pmod{p_i}$$

---

① А. А. Бухштаб. Новые улучшения в методе эратосфснова решета. матем. сб, 1938, 4: 375-387.

② А. А. Бухштаб. Асиптотическая оценка одной общей теоретико-числовой функчии. матсм. сб, 1937, 2: 1239-1245.

$$n \not\equiv b_i(\bmod p_i), 1 \leqslant i \leqslant r \quad ①$$

由孙子定理可知下面的联立同余式

$$\begin{cases} y \equiv 1 + a(\bmod 2) \\ y \equiv a_i(\bmod p_i), 1 \leqslant i \leqslant r \end{cases}$$

$$\begin{cases} y \equiv 1 + a(\bmod 2) \\ y \equiv b_i(\bmod p_i), 1 \leqslant i \leqslant r \end{cases}$$

在区间 $0 \leqslant y < 2p_1 \cdots p_r$ 内均有唯一的解,命其分别为 $a^*, b^*$.

现在来证明适合式 ① 的整数 $n$ 的个数与适合下式的整数个数相同

$$n \leqslant x, (n - a^*)(n - b^*) \not\equiv 0(\bmod p_i), 1 \leqslant i \leqslant r$$

$$(n - a^*)(n - b^*) \not\equiv 0(\bmod 2) \quad ②$$

实际上,当 $n$ 适合式 ① 时,则

$$(n - a^*)(n - b^*) \equiv (n - a_i)(n - b_i) \not\equiv 0(\bmod p_i), 1 \leqslant i \leqslant r$$

$$(n - a^*)(n - b^*) \equiv (a - 1 - a)^2 \equiv 1(\bmod 2)$$

故 $n$ 亦适合式 ②.

反之,若 $n$ 适合式 ②,则

$$(n - a_i)(n - b_i) \equiv (n - a^*)(n - b^*) \not\equiv 0(\bmod p_i), 1 \leqslant i \leqslant r$$

即

$$n \not\equiv a_i(\bmod p_i), n \not\equiv b_i(\bmod p_i), 1 \leqslant i \leqslant r$$

又

$$(n - 1 - a)^2 \equiv (n - a^*)(n - b^*) \not\equiv 0(\bmod 2)$$

故 $n \not\equiv 1 + a(\bmod 2)$,即 $n \equiv a(\bmod 2)$. 因此 $n$ 又适合式 ①.

**定理 3** 令 $c > 0, P = \prod_{p \leqslant \xi} p$,则对于任何给予的整数列$(w)$ 皆有

$$P_w(x,\xi)\leqslant$$

$$\frac{x}{\sum\limits_{\substack{1\leqslant k\leqslant\xi^c\\ k|P}}\frac{\mu^2(k)}{f(k)}}+O\Big(\sum_{\substack{1\leqslant k_1,k_2\leqslant\xi^c\\ k_1|P\\ k_2|P}}|\lambda_{k_1}\lambda_{k_2}|2^{\Omega(k_1)}2^{\Omega(k_2)}\Big)$$

此处 $g(1)=1;g(2)=\frac{1}{2};g(p)=\frac{2}{p}(p>2)$；当 $n$ 无平方因子时，$g(n)=\prod\limits_{p|n}g(p);f(n)=\sum\limits_{d|n}\frac{\mu(d)}{g\left(\frac{n}{d}\right)}$，及

$$\lambda_n=\frac{\mu(n)}{g(n)f(n)}\sum_{\substack{1\leqslant m\leqslant\xi^c/n\\ (n,m)=1\\ m|P}}\frac{\mu^2(m)}{f(m)}\Big/\sum_{\substack{1\leqslant l\leqslant\xi^c\\ l|P}}\frac{\mu^2(l)}{f(l)}$$

**证明**　当 $k\mid P$ 时，有

$$\sum_{\substack{k|(n-a^*)(n-b^*)\\ n\leqslant x}}1=2^{\Omega(k)-\Omega((k,2))}\left[\frac{x}{k}\right]+O(2^{\Omega(k)})=$$

$$\frac{2^{\Omega(k)-\Omega((k,2))}}{k}x+O(2^{\Omega(k)})=$$

$$g(k)x+O(2^{\Omega(k)})$$

由于满足条件①与条件②的整数个数相同，以及 $\lambda_1=1,\lambda_d=0(d>\xi^c)$，故

$$P_w(x,\xi)=\sum_{\substack{n\leqslant x\\ ((n-a^*)(n-b^*),P)=1}}1=$$

$$\sum_{n\leqslant x}\sum_{d|((n-a^*)(n-b^*),P)}\mu(d)\leqslant$$

$$\sum_{n\leqslant x}\Big(\sum_{d|((n-a^*)(n-b^*),P)}\lambda_d\Big)^2=$$

$$\sum_{\substack{d_1\leqslant P\\ d_1\leqslant\xi^c}}\sum_{\substack{d_2|P\\ d_2\leqslant\xi^c}}\lambda_{d_1}\lambda_{d_2}\sum_{\substack{\frac{d_1d_2}{(d_1,d_2)}\Big|(n-a^*)(n-b^*)\\ n\leqslant x}}1=$$

$$x\sum_{\substack{d_1|P\\d_1\leqslant\xi^c}}\sum_{\substack{d_2|P\\d_2\leqslant\xi^c}}\lambda_{d_1}\lambda_{d_2}g\left(\frac{d_1d_2}{(d_1,d_2)}\right)+$$

$$O\Big(\sum_{\substack{d_1|P\\d_1\leqslant\xi^c}}\sum_{\substack{d_2|P\\d_2\leqslant\xi^c}}|\lambda_{d_1}\lambda_{d_2}|2^{\Omega(d_1)+\Omega(d_2)}\Big)=$$

$$xQ+R$$

当 $n$ 无平方因子时,有

$$\frac{1}{g(n)}=\sum_{\tau|n}\frac{1}{g(\tau)}\sum_{d|n/\tau}\mu(d)=\sum_{d\tau|n}\frac{\mu(d)}{g(\tau)}=$$

$$\sum_{k|n}\sum_{d|k}\frac{\mu(d)}{g\left(\frac{k}{d}\right)}=\sum_{k|n}f(k)$$

故

$$Q=\sum_{\substack{1\leqslant d_1\leqslant\xi^c\\d_1|P}}\sum_{\substack{1\leqslant d_2\leqslant\xi^c\\d_2|P}}\lambda_{d_1}\lambda_{d_2}\frac{g(d_1)g(d_2)}{g((d_1,d_2))}=$$

$$\sum_{\substack{1\leqslant d_1\leqslant\xi^c\\d_1|P}}\sum_{\substack{1\leqslant d_2\leqslant\xi^c\\d_2|P}}\lambda_{d_1}\lambda_{d_2}g(d_1)g(d_2)\sum_{d|(d_1,d_2)}f(d)=$$

$$\sum_{\substack{1\leqslant d\leqslant\xi^c\\d|P}}f(d)\Big(\sum_{\substack{1\leqslant k\leqslant\xi^c\\d|k|P}}\lambda_kg(k)\Big)^2$$

令

$$S=\sum_{\substack{1\leqslant m\leqslant\xi^c\\m|P}}\frac{\mu^2(m)}{f(m)}$$

则

$$\lambda_kg(k)=\frac{1}{S}\sum_{\substack{1\leqslant m\leqslant\xi^c/k\\(m,k)=1\\m|P}}\frac{\mu(k)\mu^2(m)}{f(k)f(m)}=\frac{1}{S}\sum_{\substack{1\leqslant m\leqslant\xi^c/k\\(m,k)=1\\m|P}}\frac{\mu(mk)\mu(m)}{f(mk)}$$

$$\sum_{\substack{d|k|P\\1\leqslant k\leqslant\xi^c}}\lambda_kg(k)=\frac{1}{S}\sum_{\substack{d|k|P\\1\leqslant k\leqslant\xi^c}}\sum_{\substack{1\leqslant m\leqslant\xi^c/k\\m|P}}\frac{\mu(mk)\mu(m)}{f(mk)}=$$

$$\frac{1}{S}\sum_{\substack{1\leqslant r\leqslant \xi^c\\ d|r|P}}\frac{\mu(r)}{f(r)}\sum_{d|k|r}\mu\left(\frac{r}{k}\right)=\frac{1}{S}\cdot\frac{\mu(d)}{f(d)}$$

故

$$Q=\frac{1}{S}$$

证毕.

**8.4　定理3的应用**

先估计定理3中不等式右端的第二项. 令 $\xi>3$，则

$$R=O\Big(\sum_{\substack{k_1\leqslant\xi^c\\ k_1|P}}\sum_{\substack{k_2\leqslant\xi^c\\ k_2|P}}|\lambda_{k_1}\lambda_{k_2}|\,2^{\Omega(k_1)}\cdot 2^{\Omega(k_2)}\Big)=$$

$$O\Big(\Big(\sum_{\substack{1\leqslant k\leqslant\xi^c\\ k|P}}|\lambda_k|\,2^{\Omega(k)}\Big)^2\Big)=$$

$$O\left(\left(\sum_{\substack{1\leqslant k\leqslant\xi^c\\ k|P}}\frac{|\mu(k)|}{|f(k)g(k)|}2^{\Omega(k)}\right)^2\right)=$$

$$O\left(\left(\sum_{1\leqslant k\leqslant\xi^c}\frac{|\mu(k)|\,2^{\Omega(k)}}{\prod\limits_{2<p\leqslant\xi^c}\left(1-\frac{2}{p}\right)}\right)^2\right)=$$

$$O\Big(\log^4\xi\cdot\Big(\sum_{1\leqslant k\leqslant\xi^c}d(k)\Big)^2\Big)=O(\xi^{2c}\log^6\xi)\quad ③$$

此处 $d(k)=\sum\limits_{\tau|k}1$，并用到熟知的事实：$2^{\Omega(k)}\leqslant d(k)$ 及 $\sum\limits_{k\leqslant\xi}d(k)=O(\xi\log\xi)$.

当 $l\leqslant c\leqslant l+1$ 时（$l$ 为正整数）

$$\sum_{\substack{1\leqslant n\leqslant\xi^c\\ n|P}}\frac{|\mu(n)|}{f(n)}=$$

$$\sum_{1\leqslant n\leqslant \xi^c}\frac{|\mu(n)|}{f(n)}-\sum_{\xi<p\leqslant \xi^c}\sum_{\substack{1\leqslant n\leqslant \xi^c\\ p|n}}\frac{|\mu(n)|}{f(n)}+$$

$$\sum_{\substack{\xi<p_1<p_2\\ p_1p_2\leqslant \xi^c}}\sum_{\substack{1\leqslant n\leqslant \xi^c\\ p_1p_2|n}}\frac{|\mu(n)|}{f(n)}-\cdots+$$

$$(-1)^l\sum_{\substack{\xi<p_1<\cdots<p_l\\ p_1\cdots p_l\leqslant \xi^c}}\sum_{\substack{1\leqslant n\leqslant \xi^c\\ p_1\cdots p_l|n}}\frac{|\mu(n)|}{f(n)}=$$

$$\sum_{1\leqslant n\leqslant \xi^c}\frac{|\mu(n)|}{f(n)}-\sum_{\xi<p\leqslant \xi^c}\frac{1}{f(p)}\sum_{\substack{1\leqslant n\leqslant \xi^c/p\\ (p,n)=1}}\frac{|\mu(n)|}{f(n)}+$$

$$\sum_{\substack{\xi<p_1<p_2\\ p_1p_2\leqslant \xi^c}}\frac{1}{f(p_1)f(p_2)}\sum_{\substack{1\leqslant n\leqslant \xi^c/(p_1p_2)\\ (p_1p_2,n)=1}}\frac{|\mu(n)|}{f(n)}-\cdots+$$

$$(-1)^l\sum_{\substack{\xi<p_1<\cdots<p_l\\ p_1\cdots p_l\leqslant \xi^c}}\frac{1}{f(p_1)\cdots f(p_l)}\sum_{\substack{1\leqslant n\leqslant \xi^c/(p_1\cdots p_l)\\ (n,p_1\cdots p_l)=1}}\frac{|\mu(n)|}{f(n)} \qquad ④$$

(1) 当 $1\leqslant c\leqslant 2$ 时,由于

$$\sum_{\xi<p\leqslant \xi^c}\frac{1}{f(p)}-\sum_{\xi<p\leqslant \xi^c}\frac{2}{p}=\sum_{\xi<p\leqslant \xi^c}\left(\frac{2}{p-2}-\frac{2}{p}\right)=O\left(\sum_{n>\xi}\frac{1}{n^2}\right)=O\left(\frac{1}{\xi}\right)$$

故由式 ④ 及引理 3 可知

$$\sum_{\substack{1\leqslant n\leqslant \xi^c\\ n|P}}\frac{|\mu(n)|}{f(n)}=\sum_{1\leqslant n\leqslant \xi^c}\frac{|\mu(n)|}{f(n)}-\sum_{\xi<p\leqslant \xi^c}\frac{2}{p}\cdot\sum_{1\leqslant n\leqslant \xi^c/p}\frac{|\mu(n)|}{f(n)}+O\left(\frac{\log^2\xi}{\xi}\right)=$$

$$\frac{1}{4}\prod_{p>2}\frac{(p-1)^2}{p(p-2)}\log^2\xi^c-\sum_{\xi<p\leqslant \xi^c}\frac{2}{p}\cdot$$

$$\frac{1}{4}\prod_{p>2}\frac{(p-1)^2}{p(p-2)}\log^2\frac{\xi^c}{p}+$$
$$O(\log\xi\log\log\xi)=$$
$$\frac{1}{4}\prod_{p>2}\frac{(p-1)^2}{p(p-2)}\{(2c-1)^2-$$
$$2c^2\log c\}\log^2\xi+$$
$$O(\log\xi\log\log\xi)$$

此处用了熟知的公式

$$\sum_{p\leqslant x}\frac{1}{p}=\log\log x+c_1+O\left(\frac{1}{\log x}\right)\quad(c_1\text{ 为常数})$$

$$\sum_{p\leqslant x}\frac{\log p}{p}=\log x+O(1)$$

$$\sum_{p\leqslant x}\frac{\log^2 p}{p}=\frac{1}{2}\log^2 x+O(\log x)$$

取 $\xi=\frac{x^{\frac{1}{2c}}}{\log^5 x}$，$2c=d$，则由定理 3 及式 ③ 可知

$$P_w(x,x^{\frac{1}{d}})\leqslant P_w\left(x,\frac{x^{\frac{1}{d}}}{\log^5 x}\right)\leqslant$$
$$2\mathrm{e}^{-2\gamma}\prod_{p>2}\left(1-\frac{1}{(p-1)^2}\right)\cdot$$
$$\Lambda(d)\frac{x}{\log^2 x}+O\left(\frac{x\log\log x}{\log^3 x}\right)\qquad⑤$$

此处 $\gamma$ 为欧拉常数，及

$$\Lambda(d)=2\mathrm{e}^{2\gamma}\left[\frac{d^2}{(d-1)^2-2\left(\frac{d}{2}\right)^2\log\frac{d}{2}}\right],2\leqslant d\leqslant 4\qquad⑥$$

(2) 当 $2\leqslant c\leqslant 3$ 时，由于

$$\sum_{\xi<p\leqslant\xi^c}\frac{1}{f(p)}\sum_{1\leqslant n\leqslant\xi^c/p}\frac{|\mu(n)|}{f(n)}-$$

$$\sum_{\xi<p\leqslant\xi^c}\frac{1}{f(p)}\sum_{\substack{1\leqslant n\leqslant\xi^c/p\\(p,n)=1}}\frac{|\mu(n)|}{f(n)}=$$

$$O\Big(\sum_{\xi<p\leqslant\xi^c}\frac{1}{f(p)}\sum_{\substack{1\leqslant n\leqslant\xi^c/p\\p\mid n}}\frac{|\mu(n)|}{f(n)}\Big)=$$

$$O\Big(\sum_{\xi<p\leqslant\xi^c}\frac{1}{f(p)^2}\log^2\xi\Big)=O\Big(\frac{\log^2\xi}{\xi}\Big)$$

及

$$\sum_{\substack{\xi<p<p'\\pp'\leqslant\xi^c}}\frac{1}{f(p)f(p')}-\sum_{\substack{\xi<p<p'\\pp'\leqslant\xi^c}}\frac{4}{pp'}=$$

$$\sum_{\substack{\xi<p<p'\\pp'\leqslant\xi^c}}\Big(\frac{2}{p-2}\cdot\frac{2}{p'-2}-\frac{2}{p-2}\cdot\frac{2}{p'}\Big)+$$

$$\sum_{\substack{\xi<p<p'\\pp'\leqslant\xi^c}}\Big(\frac{2}{p-2}\cdot\frac{2}{p'}-\frac{4}{pp'}\Big)=$$

$$O\Big(\sum_{\xi<p\leqslant\xi^c}\frac{1}{p}\sum_{p'>\xi}\frac{1}{p'^2}\Big)+$$

$$O\Big(\sum_{\xi<p'\leqslant\xi^c}\frac{1}{p'}\sum_{p>\xi}\frac{1}{p^2}\Big)=O\Big(\frac{1}{\xi}\Big)$$

故由引理 3 及式 ④ 可知

$$\sum_{\substack{n\leqslant\xi^c\\n\mid P}}\frac{|\mu(n)|}{f(n)}=$$

$$\sum_{n\leqslant\xi^c}\frac{|\mu(n)|}{f(n)}-\sum_{\xi<p\leqslant\xi^c}\frac{2}{p}\sum_{1\leqslant n\leqslant\xi^c/p}\frac{|\mu(n)|}{f(n)}+$$

$$\sum_{\substack{\xi<p<p'\\pp'\leqslant\xi^c}}\frac{4}{pp'}\sum_{1\leqslant n\leqslant\xi^c/(pp')}\frac{|\mu(n)|}{f(n)}+O\Big(\frac{\log^2\xi}{\xi}\Big)=$$

$$\frac{1}{4}\prod_{p>2}\frac{(p-1)^2}{p(p-2)}\Big[(2c-1)^2-2c^2\log c+$$

$$\left(\sum_{\substack{\xi<p<p'\\ pp'\leqslant\xi^c}}\frac{4}{pp'}\log^2\frac{\xi^c}{pp'}\right)\frac{1}{\log^2\xi}\Bigg]\log^2\xi+$$

$$O(\log\xi\log\log\xi)$$

取 $\xi=\dfrac{x^{\frac{1}{2c}}}{\log^5 x}$，$d=2c$，则由定理 3 及式 ③ 可知，当 $4\leqslant d\leqslant 6$ 时，式 ⑤ 亦成立，但

$$\Lambda(d)=2\mathrm{e}^{2\gamma}\left|\frac{d^2}{(d-1)^2-2\left(\frac{d}{2}\right)^2\log\frac{d}{2}+\delta\left(\frac{d}{2}\right)}\right|$$

$$4\leqslant d\leqslant 6 \qquad ⑦$$

此处

$$\delta(c)=4\sum_{\substack{\xi<p<p'\\ pp'\leqslant\xi^c}}\frac{1}{pp'}\log^2\frac{\xi^c}{pp'}/\log^2\xi,\ c\geqslant 2 \qquad ⑧$$

同理可知，当 $6\leqslant d\leqslant 8$ 时，有

$$\Lambda(d)=2\mathrm{e}^{2\gamma}\left|\frac{d^2}{(d-1)^2-2\left(\frac{d}{2}\right)^2\log\frac{d}{2}+\delta\left(\frac{d}{2}\right)-\kappa\left(\frac{d}{2}\right)}\right|$$

$$6\leqslant d\leqslant 8 \qquad ⑨$$

此处

$$\kappa(c)=8\sum_{\substack{pp'p''\leqslant\xi^c\\ \xi<p<p'<p''}}\frac{1}{pp'p''}\log^2\frac{\xi^c}{pp'p''}/\log^2\xi,\ c\geqslant 3 \qquad ⑩$$

以下可以依此类推了.

**8.5**

**定理 4**　若 $\Lambda_k(\alpha)$ 与 $\lambda_i(\alpha)$ $(2\leqslant\alpha\leqslant 15)$ 为至多只有有限多个第一种类型的不连续点的递增函数，且对于任何 $(w)$ 皆有

$$P_w(x,x^{\frac{1}{\alpha}})>\lambda_i(\alpha)\frac{cx}{\log^2 x}+O\left(\frac{x}{\log^3 x}\log\log x\right)$$

$$2 \leqslant \alpha \leqslant 15 \tag{11}$$

$$P_w(x, x^{\frac{1}{\alpha}}) < \Lambda_k(\alpha) \frac{cx}{\log^2 x} + O\left(\frac{x}{\log^3 x} \log \log x\right)$$

$$2 \leqslant \alpha \leqslant 15 \tag{12}$$

此处 $c = 2\mathrm{e}^{-2\gamma} \prod\limits_{p>2} \left(1 - \frac{1}{(p-1)^2}\right)$,$\gamma$ 为欧拉常数,则

$$\psi(\alpha) = \begin{cases} 0, 2 \leqslant \alpha \leqslant \tau \\ \lambda_i(\beta) - 2\int_{\alpha-1}^{\beta-1} \Lambda_k(z) \frac{z+1}{z^2} \mathrm{d}z, 2 \leqslant \tau \leqslant \alpha \leqslant \beta \leqslant 15 \end{cases}$$

与

$$w(\alpha) = \Lambda_k(\beta) - 2\int_{\alpha-1}^{\beta-1} \lambda_i(z) \frac{z+1}{z^2} \mathrm{d}z$$

$$2 \leqslant \tau \leqslant \alpha \leqslant \beta \leqslant 15$$

亦分别适合 ⑪ 与 ⑫. 通常记 $\psi(\alpha) = \lambda_{i+1}(\alpha)$,$w(\alpha) = \Lambda_{k+1}(\alpha)$.

证明见相关文献[①].

给出一组整数

$$(w) \quad a = 0 \text{ 或 } 1, 0 \leqslant a_i < p_i, 1 \leqslant i \leqslant r$$

$$0 \leqslant b_j < p_j, 1 \leqslant j \leqslant s$$

$$a_v \neq b_v, v = 1, 2, \cdots, \min\{r, s\}$$

此处 $3 = p_1 < \cdots < p_r \leqslant y$ 为不超过 $y$ 的全部奇素数,$3 = p_1 < p_2 < \cdots < p_s \leqslant z$ 为不超过 $z$ 的全部奇素数.

令 $P_w(x, y, z)$ 为适合下面条件的整数个数

$$n \leqslant x, n \equiv a \pmod 2, n \not\equiv a_i \pmod{p_i}, 1 \leqslant i \leqslant r$$

$$n \not\equiv b_i \pmod{p_i}, 1 \leqslant i \leqslant s \tag{13}$$

特别地,当 $y = z$ 时,即得

① А. А. Бухштаб. Новые улучшения в методе эратосфенова решета. матем. сб, 1938, 4:375-387.

$$P_w(x,y,z)=P_w(x,y)$$

**定理5**　若对于任何$(w)$皆有

$$P_w(x,x^{\frac{1}{\alpha}})<\Lambda(\alpha)\frac{cx}{\log^2 x}+O\left(\frac{x}{\log^3 x}\log\log x\right)$$

$$2\leqslant\alpha\leqslant 15$$

此处$\Lambda(d)$为仅有有限多个第一种类型的不连续点的递增函数，则对于给予的三个正数$2<\gamma\leqslant\beta\leqslant\alpha$，有

$$P_w(x,x^{\frac{1}{\gamma}},x^{\frac{1}{\alpha}})>P_w(x,x^{\frac{1}{\beta}},x^{\frac{1}{\alpha}})-$$
$$\Lambda\left(\frac{(\beta-1)\alpha}{\beta}\right)c\int_{\gamma-1}^{\beta-1}\frac{z+1}{z^2}\mathrm{d}z\cdot\frac{x}{\log^2 x}+$$
$$O\left(\frac{x}{\log^3 x}\log\log x\right)$$

**证明**　若$p_m\geqslant p_r$，则由定义可知$P_w(x,p_m,p_r)$与$P_w(x,p_{m+1},p_r)$之差为适合下面条件的整数个数

$$n\leqslant x,n\equiv a(\bmod 2),n\not\equiv b_i(\bmod p_i),1\leqslant i\leqslant r$$
$$n\not\equiv a_j(\bmod p_j),1\leqslant j\leqslant m,n\equiv a_{m+1}(\bmod p_{m+1})\qquad ⑭$$

令同余式

$$\begin{cases}p_{m+1}y+a_{m+1}\equiv a_i(\bmod p_i),0\leqslant y<p_i\\ p_{m+1}y+a_{m+1}\equiv b_i(\bmod p_i),0\leqslant y\leqslant p_i\\ p_{m+1}y+a_{m+1}\equiv a(\bmod 2),0\leqslant y\leqslant 1\end{cases}$$

的解分别是$a_i^*$，$b_i^*$及$\tilde{a}_m$，可知$a_i^*\neq b_i^*(1\leqslant i\leqslant r)$.

因此，满足条件⑭的整数个数，即等于满足下面条件的整数个数，即

$$n\leqslant\frac{x-a_{m+1}}{p_{m+1}},n\equiv\tilde{a}_m(\bmod 2)$$
$$n\not\equiv a_i^*(\bmod p_i),1\leqslant i\leqslant m$$
$$n\not\equiv b_i^*(\bmod p_i),i\leqslant r\qquad ⑮$$

令

$$(w_m)\quad 0\leqslant \tilde{a}_m\leqslant 1,0\leqslant a_i^*<p_i,i\leqslant m$$
$$0\leqslant b_j^*<p_j,j\leqslant r$$

则满足条件 ⑮ 的整数个数为 $P_{w_m}\left(\frac{x-a_{m+1}}{p_{m+1}},p_m,p_r\right)$.

故得

$$P_w(x,p_m,p_r)-P_w(x,p_{m+1},p_r)=$$
$$P_{w_m}\left(\frac{x-a_{m+1}}{p_{m+1}},p_m,p_r\right)\leqslant$$
$$P_{w_m}\left(\frac{x}{p_{m+1}},p_m,p_r\right)\leqslant P_{w_m}\left(\frac{x}{p_{m+1}},p_r\right) \tag{16}$$

现在将 $x^{\frac{1}{\beta}}$ 与 $x^{\frac{1}{\gamma}}$ 之间的素数排列如下

$$p_t\leqslant x^{\frac{1}{\beta}}<p_{t+1}<\cdots<p_s\leqslant x^{\frac{1}{\gamma}}<p_{s+1}$$

可知

$$P_w(x,x^{\frac{1}{\beta}},x^{\frac{1}{\alpha}})=P_w(x,p_t,x^{\frac{1}{\alpha}})$$
$$P_w(x,x^{\frac{1}{\gamma}},x^{\frac{1}{\alpha}})=P_w(x,p_s,x^{\frac{1}{\alpha}})$$

连续运用式 ⑯ 可知

$$P_w(x,x^{\frac{1}{\beta}},x^{\frac{1}{\alpha}})\leqslant$$
$$P_w(x,x^{\frac{1}{\gamma}},x^{\frac{1}{\alpha}})+$$
$$\sum_{x^{\frac{1}{\beta}}<p_{i+1}\leqslant x^{\frac{1}{\gamma}}}P_{w_i}\left(\frac{x}{p_{i+1}},x^{\frac{1}{\alpha}}\right)=$$
$$P_w(x,x^{\frac{1}{\gamma}},x^{\frac{1}{\alpha}})+$$
$$\sum_{x^{\frac{1}{\beta}}<p_{i+1}\leqslant x^{\frac{1}{\gamma}}}P_{w_i}\left(\frac{x}{p_{i+1}},\left(\frac{x}{p_{i+1}}\right)^{\frac{\log x^{\frac{1}{\alpha}}}{\log\frac{x}{p_{i+1}}}}\right)\leqslant$$
$$P_w(x,x^{\frac{1}{\gamma}},x^{\frac{1}{\alpha}})+$$
$$\sum_{x^{\frac{1}{\beta}}<p_{i+1}\leqslant x^{\frac{1}{\gamma}}}P_{w_i}\left(\frac{x}{p_{i+1}},\left(\frac{x}{p_{i+1}}\right)^{\frac{1}{\frac{(\beta-1)\alpha}{\beta}}}\right)\leqslant$$

$$P_w(x,x^{\frac{1}{\gamma}},x^{\frac{1}{\alpha}})+$$

$$\sum_{x^{\frac{1}{\beta}}<p_{i+1}\leqslant x^{\frac{1}{\gamma}}}\Lambda\left(\frac{(\beta-1)\alpha}{\beta}\right)\frac{cx}{p_{i+1}\log^2\frac{x}{p_{i+1}}}+$$

$$O\left(\sum_{x^{\frac{1}{\beta}}<p_{i+1}\leqslant x^{\frac{1}{\gamma}}}\frac{x}{p_{i+1}\log^3\frac{x}{p_{i+1}}}\log\log\frac{x}{p_{i+1}}\right)$$

由引理 4 可知

$$\begin{aligned}P_w(x,x^{\frac{1}{\beta}},x^{\frac{1}{\alpha}})\leqslant{}&P_w(x,x^{\frac{1}{\gamma}},x^{\frac{1}{\alpha}})+\\&\Lambda\left(\frac{(\beta-1)\alpha}{\beta}\right)\left(\log\frac{\beta-1}{\gamma-1}+\right.\\&\left.\frac{1}{\gamma-1}-\frac{1}{\beta-1}\right)\frac{cx}{\log^2 x}+\\&O\left(\frac{x}{\log^3 x}\log\log x\right)=\\&P_w(x,x^{\frac{1}{\gamma}},x^{\frac{1}{\alpha}})+\\&\Lambda\left(\frac{(\beta-1)\alpha}{\beta}\right)\int_{\gamma-1}^{\beta-1}\frac{z+1}{z^2}\mathrm{d}z\cdot\\&\frac{cx}{\log^2 x}+O\left(\frac{x}{\log^3 x}\log\log x\right)\end{aligned}$$

证毕.

### 8.6 定理的证明

令 $\lambda(\alpha)$ 及 $\Lambda(\alpha)$ 对于 $(w)$ 无关,且是使下式成立的仅有有限多个连续点的递增函数

$$\lambda(\alpha)\frac{cx}{\log^2 x}+O\left(\frac{x}{\log^3 x}\log\log x\right)<P_w(x,x^{\frac{1}{\alpha}})<$$

$$\Lambda(\alpha)\frac{cx}{\log^2 x}+O\left(\frac{x}{\log^3 x}\log\log x\right),2\leqslant\alpha\leqslant 15$$

这种函数记为 $\lambda_0(\alpha),\Lambda_0(\alpha);\lambda_1(\alpha),\Lambda_1(\alpha);\cdots$.

由 ⑥⑦⑨ 及定理 4 经过实际计算得表 1.

**表 1**

| $\alpha$ | $\lambda_0(\alpha)$ | $\Lambda_0(\alpha)$ |
|---|---|---|
| 4 | 0 | 29.390 23 |
| 5 | 9.181 09 | 34.896 66 |
| 6 | 26.709 25 | 43.008 2 |
| 7 | 43.515 54 | 54.393 52 |
| 8 | 60.888 17 | 68.525 11 |
| 9 | 79.784 69 | 82.720 7 |
| 10 | 99.981 81① | 100.020 73 |

将区间 $\alpha-1\leqslant x\leqslant\beta-1$ 分为 $n$ 个小区间,$u_i<x\leqslant u_{i+1}(i=0,1,2,\cdots,n-1)$,$u_0=\alpha-1$,$u_n=\beta-1$. 由于 $\lambda(\alpha)$ 及 $\Lambda(\alpha)$ 均为递增函数,故

$$\int_{\alpha-1}^{\beta-1}\lambda(z)\frac{z+1}{z^2}\mathrm{d}z\geqslant\sum_{s=0}^{n-1}\lambda(u_s)\int_{u_s}^{u_{s+1}}\frac{z+1}{z^2}\mathrm{d}z$$

$$\int_{\alpha-1}^{\beta-1}\Lambda(z)\frac{z+1}{z^2}\mathrm{d}z\geqslant\sum_{s=0}^{n-1}\Lambda(u_{s+1})\int_{u_s}^{u_{s+1}}\frac{z+1}{z^2}\mathrm{d}z$$

取 $u_{s+1}-u_s=0.02$,从 $\lambda_0(\alpha)$ 及 $\Lambda_0(\alpha)$ 出发,利用定理 4 经过几次计算则得表 2.

① $\Lambda(10)=100.020\ 73$ 及 $\lambda(10)=99.981\ 81$ 取自 A. A. Бухштаб,О разложении чётных чисел на сумму двух олагаемых с ограниченным числом множителей,ДАН СССР,1940,29:544-548.

表2

| $\alpha$ | $\lambda_i(\alpha)$ | $\Lambda_i(\alpha)$ |
|---|---|---|
| 5 | 11.758 11 | 34.896 66 |
| 6 | 29.286 27 | 43.008 2 |
| ⋮ | ⋮ | ⋮ |
| 9 | 80.711 87 | 81.364 41 |
| 10 | 99.981 81 | 100.020 73 |

又由定理5得

$$P_w(x,x^{\frac{1}{4}},x^{\frac{1}{5}})>P_w(x,x^{\frac{1}{4.2}},x^{\frac{1}{5}})-\Lambda\left(\frac{3.2\times5}{4.2}\right)\int_3^{3.2}\frac{z+1}{z^2}\mathrm{d}z\cdot\frac{cx}{\log^2x}+O\left(\frac{x}{\log^3x}\log\log x\right)>\cdots>$$

$$P_w(x,x^{\frac{1}{5}},x^{\frac{1}{5}})-\left(\Lambda\left(\frac{3.2\times5}{4.2}\right)\int_3^{3.2}\frac{z+1}{z^2}\mathrm{d}z+\Lambda\left(\frac{3.4\times5}{4.4}\right)\int_{3.2}^{3.4}\frac{z+1}{z^2}\mathrm{d}z+\Lambda\left(\frac{3.6\times5}{4.6}\right)\int_{3.4}^{3.6}\frac{z+1}{z^2}\mathrm{d}z+\Lambda\left(\frac{3.8\times5}{4.8}\right)\int_{3.6}^{3.8}\frac{z+1}{z^2}\mathrm{d}z+\Lambda(4)\int_{3.8}^{4}\frac{z+1}{z^2}\mathrm{d}z\right)\frac{cx}{\log^2x}+O\left(\frac{x}{\log^3x}\log\log x\right)>$$

$$(11.758\,11-10.757\,28)\frac{cx}{\log^2x}+$$

$$O\left(\frac{x}{\log^3 x}\log\log x\right)=$$

$$1.000\,83\frac{cx}{\log^2 x}+$$

$$O\left(\frac{x}{\log^3 x}\log\log x\right) \qquad ⑰$$

(1) 当 $x$ 为偶数时,令 $a=1, a_i=0, b_i\equiv x \pmod{p_i}(i=1,2,\cdots)$,则由 ⑰ 可知,存在 $x_0$ 使

$$P_w(x, x^{\frac{1}{4}}, x^{\frac{1}{5}})=\sum_{\substack{n\leqslant x \\ p\mid n\Rightarrow p>x^{\frac{1}{4}} \\ p\mid(x-n)\Rightarrow p>x^{\frac{1}{5}}}} 1>\frac{cx}{\log^2 x}, x>x_0$$

即存在 $n\leqslant x$,而 $n$ 的素因子皆大于 $x^{\frac{1}{4}}$,故 $n$ 的素因子个数不能多于 3,又 $x-n$ 的素因子皆大于 $x^{\frac{1}{5}}$,故其素因子个数不能多于 4,但是 $x=n+(x-n)$,故定理 1 成立.

(2) 取 $a=1, a_i=0, b_i=p_i-2(i=1,2,\cdots)$,则式 ⑰ 即为

$$P_w(x, x^{\frac{1}{4}}, x^{\frac{1}{5}})=\sum_{\substack{n\leqslant x \\ p\mid n\Rightarrow p>x^{\frac{1}{4}} \\ p\mid(n+2)\Rightarrow p>x^{\frac{1}{5}}}} 1>\frac{cx}{\log^2 x}, x>x_0$$

故定理 2 得证.

塞尔伯格曾在两次国际数学集会的报告中,宣布若干用他的方法或能获得的结果.例如,在 1950 年他说任一充分大的偶数可能表为一个不超过 2 个素数的

乘积及一个不超过 3 个素数的乘积之和[①]，但在 1952 年仅说任一充分大的偶数可能表为两个各不超过 3 个素数的乘积之和[②].

运用这一方法，王元还证明了其他的结果（即将在另文发表），例如，令 $F(x)$ 为无固定素因子的既约 $k$ 次整值多项式；当 $x=1,2,\cdots,N$ 时，$\pi(N;F(x))$ 为使 $F(x)$ 为素数的 $x$ 的个数，则：

(i) 存在无限多个 $x$，而 $F(x)$ 为不超过 $[2.1k]$ 个素数的乘积.

$$\text{(ii)}\ \pi(N;F(x))\leqslant 2e^{\gamma}\mu_F\frac{N}{\log N}+o\left(\frac{N}{\log N}\right).$$

此处 $\gamma$ 为欧拉常数，$\mu_F$ 为仅与 $F(x)$ 有关的常数，与"$o$"有关的常数仅与 $F(x)$ 有关.

又在广义黎曼猜测之下，即假定所有的迪利克雷 $L$－函数 $L(s,\chi)$ 的零点的实数部分皆小于或等于 $\frac{1}{2}$，则：

(iii) 每一充分大的偶数可表为一个素数及一个不超过 4 个素数的乘积之和.

(iv) 令 $Z_2(N)$ 表示不超过 $N$ 的孪生素数的对数（当 $p$ 与 $p+2$ 同时为素数时，就称 $(p,p+2)$ 为一对孪生素数），则

---

① A. Selberg. The general sieve method and its place in prime number theory. Proc. of the International Congress of Math., 1950, 1: 286-292.

② A. Selberg. On elementary methods in prime number theory and their limitations. Den 11-te Skandinaviske Matematikerkongress, 1952: 13-22.

$$Z_2(N) \leqslant (8+\varepsilon)\prod_{p>2}\left(1-\frac{1}{(p-1)^2}\right)\frac{N}{\log^2 N}+O\left(\frac{N}{\log^3 N}\right)$$

此处$\varepsilon > 0$为任何正数,与"$O$"有关的常数只与$\varepsilon$有关.

## §9 表大偶数为两个殆素数之和[①②]

——王元

为简单记,我们将下面的命题记为"$a+b$":

每一充分大的偶数可表为两个大于1的整数$c_1$与$c_2$之和,$c_1$与$c_2$的素因子个数分别不超过$a$与$b$.

本节的目的在于用王元过去所用的方法[③④],将他1955年的结果"3+4"[⑤]改进为"3+3"及"$a+b$"($a+b\leqslant 5$),并进一步运用布赫夕塔布[⑥]的方法及比较复杂的数值计算,证明了"2+3".最近,我们发现维诺格拉多夫[⑦]关于"3+3"的证明中某些数值计算的错误,将

① 原载于《科学记录》新辑,1957,1(5).

② 殆素数即素因子个数不超过某一确定限的整数.

③ 王元.论筛法及其有关的若干问题.科学记录新辑,1957,1(1):9-11.

④ 王元.论筛法及其若干应用.科学记录新辑,1957,1(3):1-4.

⑤ 王元.表大偶数为一个不超过三个素数的乘积及一个不超过四个素数的乘积之和.数学学报,1956,3:500-513.

⑥ А. А. Бухштаб. О Разложонии Чётных чисел на Сумму Двух Слагаомых с Ограничонным Числом Множителей. ДАН СССР,1940,29:544-548.

⑦ А. И. Виноградов. Прииенение $\zeta(s)$ к Решету эратосфона. Мамем. сб.,1957,1(4):49-80.

在本节末指出.

本节以 $p$ 表示素数，$p_i$ 表示第 $i$ 个奇素数.

给出偶数 $x$ 及实数 $\xi$，给出一组整数

$$(w)\quad a;a_i,b_i,1\leqslant i\leqslant r$$

适合下面的条件：

(1)$a=0$ 或 $1,0\leqslant a_i,b_i<p_i$，若 $p_i\mid x$，则 $a_i=b_i$，否则 $a_i\neq b_i(1\leqslant i\leqslant r)$，此处 $p_r\leqslant\xi<p_{r+1}$. 令 $P_w(x,\xi)$ 表示适合下面条件的 $n$ 的个数：

(2)$1\leqslant n\leqslant x,n\equiv a(\bmod 2),n\not\equiv a_i(\bmod p_i)$，$n\not\equiv b_i(\bmod p_i)(1\leqslant i\leqslant r)$. 给出两数 $v>u>1$，以 $N$ 表示适合下面条件的整数 $n(x-n)$ 的集合：

(3)$1\leqslant n\leqslant x,n(x-n)\not\equiv 0(\bmod 2),n(x-n)\not\equiv 0(\bmod p_i)(1\leqslant i\leqslant s)$，此处 $p_s\leqslant x^{\frac{1}{v}}<p_{s+1}$. 以 $M$ 表示适合(3) 再加上下面条件的整数 $n(x-n)$ 的集合：

(4)$n(x-n)\not\equiv 0(\bmod p_{s+j}^2)(1\leqslant j\leqslant t-s)$，此处 $p_t\leqslant x^{\frac{1}{u}}<p_{t+1}$. 集合 $N$ 及 $M$ 的元素的个数[①]分别记为 $N(x,x^{\frac{1}{v}})$ 与 $M(x,x^{\frac{1}{v}},x^{\frac{1}{u}})$.

**引理 1**　$M(x,x^{\frac{1}{v}},x^{\frac{1}{u}})=N(x,x^{\frac{1}{v}})+O(x^{1-\frac{1}{v}})+O(x^{\frac{1}{u}})$.

**证明**　$N(x,x^{\frac{1}{v}})-M(x,x^{\frac{1}{v}},x^{\frac{1}{u}})\leqslant$

$$\sum_{x^{\frac{1}{v}}<p\leqslant x^{\frac{1}{u}}}\ \sum_{\substack{1\leqslant n\leqslant x\\ n(x-n)\equiv 0(\bmod p^2)}}1=\sum_{x^{\frac{1}{v}}<p\leqslant x^{\frac{1}{u}}}S_p$$

(i)$p\mid x:S_p\leqslant\sum\limits_{\substack{1\leqslant n\leqslant x\\ n\equiv 0(\bmod p)}}1\leqslant\left[\dfrac{x}{p}\right]+1=O(x^{1-\frac{1}{v}})$;

---

① 若 $n=x-n'$ 而 $n(x-n)\in R$(或 $M$)，则规定 $n(x-n)$ 与 $(x-n')[x-(x-n')]$ 各算一次.

(ii) $p \nmid x$: $S_p = \sum_{\substack{1 \leqslant n \leqslant x \\ n(x-n) \equiv 0 (\bmod p^2)}} 1 \leqslant 2\left[\frac{x}{p^2}\right] + 2.$

故得

$$\sum_{x^{\frac{1}{v}} < p \leqslant x^{\frac{1}{u}}} S_p = O\Big(\sum_{\substack{p \mid x \\ p > x^{\frac{1}{v}}}} x^{1-\frac{1}{v}}\Big) + O\Big(\sum_{m > x^{\frac{1}{v}}} \frac{x}{m^2}\Big) + O\Big(\sum_{m \leqslant x^{\frac{1}{u}}} 1\Big) = O(x^{1-\frac{1}{v}}) + O(x^{\frac{1}{u}})$$

引理证毕.

**引理 2** 存在适合(1) 的诸整数列$(w_j)(1 \leqslant j \leqslant t-s)$,使 $M$ 中至少被 $l$ 个 $p_{s+j}$ 整除的 $n(x-n)$ 的个数不超过

$$\frac{2}{l} \sum_{\substack{1 \leqslant j \leqslant t-s \\ p_{s+j} \nmid x}} P_{w_j}\left(\frac{x}{p_{s+j}}, x^{\frac{1}{v}}\right) + O(x^{1-\frac{1}{v}})$$

**证明** 当 $1 \leqslant j \leqslant t-s$ 时,$M$ 中能被 $p_{s+j}$ 整除的元素的集合记为 $\Gamma_j$. 实际上,$\Gamma_j$ 就是适合(3)(4) 及下面条件的整数 $n(x-n)$ 的集合:

(5) $n(x-n) \equiv 0 (\bmod p_{s+j})$.

(i) $p_{s+j} \mid x$: $\Gamma_j$ 的元素的个数显然不超过 $\sum_{\substack{1 \leqslant n \leqslant x \\ n \equiv 0 (\bmod p_{s+j})}} 1 = O(x^{1-\frac{1}{v}})$;

(ii) $p_{s+j} \nmid x$:由条件(5) 得出 $n \equiv 0 (\bmod p_{s+j})$ 或 $n \equiv x (\bmod p_{s+j})$. 令$(w_j) a = 1$;当 $p_i \mid x$ 时,$a_i = b_i = 0$,否则 $a_i = 0, b_i p_{s+j} \equiv x (\bmod p_i)$ $(1 \leqslant i \leqslant s)$. 显然,$\Gamma_j$ 的元素的个数不超过 $2P_{w_j}\left(\frac{x}{p_{s+j}}, x^{\frac{1}{v}}\right)$.

若 $n(x-n) \in M$ 且至少被 $l$ 个 $p_{s+j}$ 整除,则 $n(x-n)$ 至少属于 $l$ 个类 $\Gamma_j$. 故得引理.

**引理 3** 令 $c > 1$ 为一个常数,则存在非负递增且

仅有有限多个不连续点的函数 $\lambda(z)$ 及 $\Lambda(z)(0<z\leqslant c)$ 使下式对$(w)$与 $z$ 一致成立.

(6) $\lambda(z)\dfrac{c_x x}{\log^2 x}+O\left(\dfrac{c_x x}{\log^2 x\log\log x}\right)\leqslant P_w(x,x^{\frac{1}{z}})\leqslant\Lambda(z)\dfrac{c_x x}{\log^2 x}+O\left(\dfrac{c_x x}{\log^2 x\log\log x}\right)(0<z\leqslant c)$,

此处 $c_x=2\mathrm{e}^{2\gamma}\prod\limits_{p>2}\left(1-\dfrac{1}{(p-1)^2}\right)\prod\limits_{\substack{p\mid x\\ p>2}}\dfrac{p-1}{p-2}$,而 $\gamma$ 为欧拉常数.

此引理可以立刻由布朗方法得出.

**基本定理**　令 $\lambda(z)$ 与 $\Lambda(z)(0<z\leqslant c)$ 为具有引理 3 所述性质的两个函数.令 $c>v>u>1$ 为两个给定的正数,$m$ 为非负整数.

(7) 若 $\lambda(v)-\dfrac{1}{m+1}\displaystyle\int_{u-1}^{v-1}\Lambda\left(\frac{vz}{z+1}\right)\frac{z+1}{z^2}\mathrm{d}z>0$,则当 $x$ 充分大时,区间 $1<n<x-1$ 中存在 $n$ 使 $n(x-n)$ 不能被小于或等于 $x^{\frac{1}{v}}$ 的素数整除,最多被区间 $x^{\frac{1}{v}}<p\leqslant x^{\frac{1}{u}}$ 中 $m$ 个素数整除.

**证明**　取$(\overline{w})a=1$;当 $p_i\mid x$ 时,$a_i=b_i=0$,否则 $a_i=0,b_i\equiv x(\bmod p_i),i=1,2,\cdots$.则得 $N(x,x^{\frac{1}{v}})=P_{\overline{w}}(x,x^{\frac{1}{v}})$.由引理 1、引理 2、引理 3 可知,当 $x$ 充分大时,$M$ 中最多被 $m$ 个 $p_{s+j}(1\leqslant j\leqslant t-s)$ 整除的元素的个数不少于

$$M(x,x^{\frac{1}{v}},x^{\frac{1}{u}})-\frac{1}{m+1}\sum_{\substack{1\leqslant j\leqslant t-s\\ p_{s+j}\nmid x}}P_{w_j}\left(\frac{x}{p_{s+j}},x^{\frac{1}{v}}\right)+O(x^{1-\frac{1}{v}})=$$

$$P_{\overline{w}}(x,x^{\frac{1}{v}})-\frac{1}{m+1}\sum_{\substack{1\leqslant j\leqslant t-s\\ p_{s+j}\nmid x}}P_{w_j}\left(\frac{x}{p_{s+j}},x^{\frac{1}{v}}\right)+$$

$$O(x^{1-\frac{1}{v}})+O(x^{\frac{1}{u}})\geqslant$$
$$\left(\lambda(v)-\frac{1}{m+1}\int_{u-1}^{v-1}\Lambda\left(\frac{vz}{z+1}\right)\frac{z+1}{z^2}\mathrm{d}z\right)\frac{c_x x}{\log^2 x}+$$
$$O\left(\frac{c_x x}{\log^2 x\log\log x}\right)>3$$

此即为当 $x$ 充分大时,区间 $1<n<x-1$ 中存在 $n$ 使 $n(x-n)$ 不能被小于或等于 $x^{\frac{1}{v}}$ 的素数整除,最多被区间 $x^{\frac{1}{v}}<p\leqslant x^{\frac{1}{u}}$ 中 $m$ 个素数整除,明所欲证.

由布朗－布赫夕塔布－塞尔伯格方法(参看相关文献①)得表 1.

**表 1**

| $\alpha$ | $\Lambda(\alpha)$ | $\lambda(\alpha)$ |
|---|---|---|
| ⋮ | ⋮ | ⋮ |
| 4 | 29.390 23 | 0 |
| ⋮ | ⋮ | ⋮ |
| 5 | 34.896 66 | 9.181 09 |
| ⋮ | ⋮ | ⋮ |
| 6 | 43.008 2 | 26.709 25 |
| ⋮ | ⋮ | ⋮ |
| 8 | 68.525 11 | 60.888 17 |
| ⋮ | ⋮ | ⋮ |

由表 1 经计算得

① 王元.表大偶数为一个不超过三个素数的乘积及一个不超过四个素数的乘积之和.数学学报,1956,3:500-513.

$$\lambda(6)-\frac{2}{3}\int_{2}^{5}\Lambda\left(\frac{6z}{z+1}\right)\frac{z+1}{z^{2}}\mathrm{d}z>0.33829$$

及

$$\lambda(8)-\frac{1}{2}\int_{1}^{7}\Lambda\left(\frac{8z}{z+1}\right)\frac{z+1}{z^{2}}\mathrm{d}z>0.56125$$

故由基本定理得“$3+3$”与“$a+b$”($a+b\leqslant 5$).

进一步运用布赫夕塔布的方法[①]及比较复杂的数值计算,表 1 中的数值可以改善,得到表 2.

**表 2**

| $\alpha$ | $\Lambda(\alpha)$ | $\lambda(\alpha)$ |
| --- | --- | --- |
| ⋮ | ⋮ | ⋮ |
| 5 | 34.896 66 | 13.615 59 |
| ⋮ | ⋮ | ⋮ |
| 6 | 41.018 97 | 31.004 145 |
| ⋮ | ⋮ | ⋮ |
| 7 | 50.529 826 | 47.471 252 |
| ⋮ | ⋮ | ⋮ |
| 8 | 64.403 149 | 63.599 31 |
| ⋮ | ⋮ | ⋮ |

由表 2 得出

$$\lambda(8)-\frac{2}{3}\int_{\frac{9}{7}}^{7}\Lambda\left(\frac{8z}{z+1}\right)\frac{z+1}{z^{2}}\mathrm{d}z>0.43$$

---

① А. А. Бухштаб. О Разложении Чётных чисел на Сумму Двух Слагаомых с Олраниченным Числом Множителей. ДАН СССР,1940,29:544-548.

故由基本定理得出“2 + 3”.

最后我们将要指出维诺格拉多夫关于“3 + 3”证明中的某些错误①. 在此我们引用他的记号而不做任何解释. 他得到:

(8)$3.2I - 2I_1 < 0.316\,7$.

故当 $z$ 充分大时,有:

(9)$\int_{1.1}^{\lambda} \varepsilon(u)(2u+1)\mathrm{d}u \leqslant \frac{\mathrm{e}^{2w-1.1}}{\pi}(3.2I - 2I_1) + O\left(\frac{1}{\sqrt{\log z}}\right) < 0.5$.

另外,由于 $\varepsilon(u)$ 是非负递减函数及 $1-\varepsilon(2) = (4.5 - 4\log 2)\mathrm{e}^{-2\gamma}$,故得:

(10)$\int_{1.1}^{\lambda} \varepsilon(u)(2u+1)\mathrm{d}u \geqslant \int_{1.1}^{2} \varepsilon(u)(2u+1)\mathrm{d}u \geqslant \varepsilon(2)\int_{1.1}^{2}(2u+1)\mathrm{d}u > 1.5$.

此与(9)相矛盾. 进一步,我们还能证明:

(11)$(4.1)^2 - 4\int_{1.55}^{\lambda} \frac{\varepsilon(u)}{1-\varepsilon(u)}(2u+1)\mathrm{d}u < 16.81 - 4\int_{1.55}^{3} \frac{\varepsilon(u)}{1-\varepsilon(u)}(2u+1)\mathrm{d}u < -1$.

我们亦获得了关于孪生素数问题对应的结果.

---

① 我收到通知,他亦发现了该错并做了更正(见 Матем. сб. 1957, 41(83):3,415). 作者于 1957 年 9 月 6 日.

## §10　嵌入定理与代数数域上的大筛法[①]

——丁夏畦

### 10.1　记号

本节把数理方程研究中常用的嵌入定理稍做推广，应用到代数数域上，并把相关文献[②]中第四章的定理 4.2 和均值定理[③④]推广到代数数域上.

为此，先介绍一些符号与约定.

设 $K$ 为一个 $n$ 次代数数域，按通常的记号，记作 $n=r_1+2r_2$，以 $Z_K$ 表示 $K$ 中的整数环.

(1) 设 $\mathscr{A}$ 为一个理想，若 $\alpha,\beta\in Z_K$，$\mathscr{A}\mid(\alpha-\beta)$，则记 $\alpha\equiv\beta(\bmod\ \mathscr{A})$. 按此可把 $K$ 中的整数分类，其类数为 $N\mathscr{A}$. $Z_K$ 中与 $\mathscr{A}$ 互素的整数在上述分类中占类数为 $\phi(\mathscr{A})$，如此之类构成一个阿贝尔群，其上的特征记为 $X(\alpha)$.

(2) $K$ 中任两个理想 $\mathscr{A},\mathscr{B}$，若存在 $\alpha,\beta\in Z_K$，使 $(\alpha)\mathscr{A}=(\beta)\mathscr{B}$，则称 $\mathscr{A}\sim\mathscr{B}$. 按此可将 $K$ 中的理想分类，其类数为 $h$，这是理想的广义分类.

---

① 原载于《数学学报》，1979，22(7)：448-458.

② Pan Cheng-dong, Ding Xia-xi, Wang Yuan. On the representation of every large even integer as a sum of a prime and an almost prime. Scientia Sinica, 1975(5):599-610.

③ Hugh L. Montgomery. Topics in multiplicative number theory. Lecture Notes in Math., 1971, 227.

④ 潘承洞，丁夏畦. 一个均值定理. 数学学报，1975，18(4)，254-262.

(3) 若 $\mathscr{A}$,$\mathscr{B}$ 和 $Q$ 互素,且 $\alpha,\beta\in Z_K$ 与 $Q$ 互素,$(\alpha)\mathscr{A}=(\beta)\mathscr{B}$,$\alpha\equiv\beta(\bmod Q)$,$\alpha\succ 0$,$\beta\succ 0$,则称 $\mathscr{A}\sim\mathscr{B}(\bmod Q)$,$\alpha\succ 0$ 之意义指 $\alpha$ 的诸共轭实数为正.按此可将 $K$ 中与 $Q$ 互素的理想分类,此诸类构成一个阿贝尔群,其阶数为 $h(Q)=\dfrac{h\cdot 2^{r_1}\phi(Q)}{T(Q)}$,其中 $T(Q)$ 表示整数,按 $\bmod Q$ 的既约剩余类中含单位者之类数[①].

我们把任何主理想均表为$(\alpha)$,其中 $\alpha$ 的诸共轭元的绝对值小于或等于 $c(N(\alpha))^{\frac{1}{n}}$.

设 $Q=Q_1Q_2\cdots Q_s$,其中 $Q_j$ 为整除同一有理素数的素理想的乘积,则必有 $Q'_j$ 使 $Q_jQ'_j=(q_j)$,$q_j$ 为 $Q_j$ 中的最小正整数.今后假定 $Q$ 无分支素理想因子,这样显然 $(Q_j,Q'_j)=1$,$(Q_i,Q_j)=1$,$(Q_i,Q'_j)=1$,$i\neq j$.故对 $K$ 中任何整数 $\alpha$,同余式组

$$\alpha^*\equiv\alpha(\bmod Q_j),\alpha^*\equiv 0(\bmod Q'_j)\qquad ①$$

有公共解 $\alpha^*$.定义

$$E\left(\frac{\alpha}{Q}\right)=e\left(\operatorname{tr}\frac{\alpha^*}{q}\right),q=q_1\cdots q_s\qquad ②$$

设 $\omega_1,\cdots,\omega_n$ 为 $K$ 中之一组整底,$\lambda_1,\cdots,\lambda_n$ 为对应于迹函数的共轭底,即适合

$$\operatorname{tr}(\omega_j\lambda_k)=\begin{cases}1,j=k\\0,j\neq k\end{cases}$$

的一组底(不一定为整底).令

$$S\left(\frac{\alpha}{Q}\right)=\sum_{\nu\in\Gamma}a_\nu E\left(\frac{\nu\alpha}{Q}\right)=\sum_{\nu\in\Gamma}a_\nu e\left(\operatorname{tr}\frac{\nu\alpha^*}{q}\right)=$$

---

① Robin J. Wilson. The large sieve in algebraic number fields. Mathematika,1969,16(2):189-240.

$$\sum_{\nu \in \Gamma} a_\nu e(r_1\nu_1 + \cdots + r_n\nu_n) \tag{③}$$

其中

$$\nu = \nu_1\omega_1 + \cdots + \nu_n\omega_n$$

$$\frac{\alpha^*}{q} = r_1\lambda_1 + \cdots + r_n\lambda_n$$

$\Gamma$ 中的整数 $\nu$ 均先假定其所有共轭数的绝对值小于或等于 $c(N\nu)^{\frac{1}{n}}$.

### 10.2　大筛法

我们证明了如下的嵌入不等式[①]:

**定理 1**　若 $f \in W_2^l(E^n)$,即 $f \in L_2(E^n)$,所有的 $\frac{\partial^l f}{\partial x_1^{l_1} \cdots \partial x_n^{l_n}} \in L_2(E^n)$,$l = l_1 + \cdots + l_n$,$n < 2l$,则

$$|f|^2 \leqslant c\left(\int_{E^n} |f|^2 \mathrm{d}x\right)^{1-\frac{n}{2l}} \cdot \left(\int_{E^n} \sum_{l=l_1+\cdots+l_n} \frac{l!}{l_1! \cdots l_n!} \left(\frac{\partial^l f}{\partial x_1^{l_1} \cdots \partial x_n^{l_n}}\right)^2 \mathrm{d}x\right)^{\frac{n}{2l}} \tag{④}$$

今将定理 1 稍做推广,以 $O_{2,n_1,\cdots,n_k}^{l_1,\cdots,l_k}$ 表示如下的函数空间:

$f(x_1,\cdots,x_n) \in L_2(E^n)$,令 $f^\Lambda(\alpha_1,\cdots,\alpha_n)$ 表示 $f$ 的富氏积分,$\alpha_1^2 + \cdots + \alpha_{n_1}^2 = r_1^2$,$\alpha_{n_1+1}^2 + \cdots + \alpha_{n_1+n_2}^2 = r_2^2$,$\cdots$,$\alpha_{n_1+\cdots+n_{k-1}+1}^2 + \cdots + \alpha_n^2 = r_k^2$,$n = n_1 + \cdots + n_k$,有

$$(1+r_1^2)^{\frac{l_1}{2}} \cdots (1+r_k^2)^{\frac{l_k}{2}} f^\Lambda(\alpha_1,\cdots,\alpha_n) \in L_2$$

**推广的嵌入定理**　若 $f \in O_{2,n_1,\cdots,n_k}^{l_1,\cdots,l_k}$,$n_i < 2l_i$,则

① 丁夏畦. 一类泛函不等式. 数学进展,1964,7(1):49-56.

$$|f|^2 \leqslant c\left(\int_{E^n}|f|^2\mathrm{d}x\right)^{\left(1-\frac{n_1}{2l_1}\right)\cdots\left(1-\frac{n_k}{2l_k}\right)}\cdot$$

$$\left[\prod_i\left(\int_{E^n} r_i^{2l_i}|f^{\Lambda}(\alpha)|\mathrm{d}\alpha\right)^{\left(1-\frac{n_1}{2l_1}\right)\cdots\frac{n_i}{2l_i}\cdots\left(1-\frac{n_k}{2l_k}\right)}\right]\cdot\cdots\cdot$$

$$\left(\int_{E^n} r_1^{2l_1}\cdots r_k^{2l_k}|f^{\Lambda}(\alpha)|^2\mathrm{d}\alpha\right)^{\frac{n_1}{2l_1}\cdots\frac{n_k}{2l_k}}=$$

$$c\left(\int_{E^n}|f|^2\mathrm{d}x\right)^{\left(1-\frac{n_1}{2l_1}\right)\cdots\left(1-\frac{n_k}{2l_k}\right)}\cdot$$

$$\prod_{i=1}^{k}\left[\int_{E^n}\sum_{l_i=l_{i_1}+\cdots+l_{i_{n_i}}}\frac{l_i!}{l_{i_1}!\cdots l_{i_{n_i}}!}\cdot\right.$$

$$\left.\left(\frac{\partial^{l_i}f}{\partial^{l_{i_1}}x_{n_1+\cdots+n_{i-1}+1}\cdots\partial^{l_{i_{n_i}}}x_{n_1+\cdots+n_i}}\right)^2\mathrm{d}x\right]^{\left(1-\frac{n_1}{2l_1}\right)\cdots\frac{n_i}{2l_i}\cdots\left(1-\frac{n_k}{2l_k}\right)}\cdot\cdots\cdot$$

$$\left[\int_{E^n}\sum_{l_i=l_{i_1}+\cdots+l_{i_{n_i}}}\prod_{i=1}^{k}\frac{l_i!}{l_{i_1}!\cdots l_{i_{n_i}}!}\cdot\right.$$

$$\partial^{l_1+\cdots+l_k}f/(\partial x_{n_1}^{l_{1_1}}\cdots\partial x_{n_1 n_1}^{l_{1}}\,\partial x_{n_1+\cdots+n_{i-1}+1}^{l_{i_1}}\cdots\partial x_{n_1^i+\cdots+n_i}^{l_{i_{n_i}}}\cdot\cdots\cdot$$

$$\left.\partial x_{n_1+\cdots+n_{k-1}+1}^{l_{k_1}}\cdots\partial x_{n}^{l_{k_{n_k}}})^2\mathrm{d}x\right]^{\frac{n_1}{2l_1}\cdots\frac{n_k}{2l_k}} \qquad ⑤$$

此定理之证明,只需按 $n_i$ 的顺序连续使用式④即可.此定理实际上对 Соболев 嵌入定理做了加强,因为在 Соболев 的定理中,要把 $W_2^l(E^n)$ 嵌入 $C$,需要所有的 $l(n<2l)$ 阶广义导数属于 $L_2(E^n)$.此定理指出这是不需要的.这里只需要最高阶 $l_1+\cdots+l_k$ 的某些混合微商属于 $L_2(E^n)$,再加上某些低阶微商属于 $L_2(E^n)$ 之后,就可得出嵌入定理.

**引理 1**(大筛法) 设 $S(\boldsymbol{x})=\sum_{\lambda=1}^{k}\sum_{|\boldsymbol{m}_\lambda|\leqslant N_\lambda}a_{\boldsymbol{m}}e(\boldsymbol{x}\cdot\boldsymbol{m})$,其中

$$\boldsymbol{x}=(x_1,\cdots,x_n),\boldsymbol{m}=(m_1,\cdots,m_n)$$

$$\boldsymbol{m}_\lambda=(0,\cdots,0,m_1+\cdots+m_{\lambda-1}+1,\cdots,$$
$$m_1+\cdots+m_\lambda,0,\cdots,0)$$

$$\boldsymbol{x}_\lambda=(0,\cdots,0,x_{m_1+\cdots+m_{\lambda-1}+1},\cdots,x_{m_1+\cdots+m_\lambda},0,\cdots,0)$$

于单位立方体内任取 $P$ 个点 $\boldsymbol{x}^i,i=1,\cdots,P$,有

$$\min_{\substack{n_1+\cdots+n_{\lambda-1}+1\leqslant t\leqslant n_1+\cdots+n_\lambda\\ x_t^i\neq x_t^j}}\|x_t^i-x_t^j\|=2\delta(\boldsymbol{x}_\lambda^i)$$

则有

$$\sum_{i=1}^{p}\frac{1}{(N_1^{n_1}+\delta^{-n_1}(x_1^i))\cdots(N_k^{n_k}+\delta^{-n_k}(x_k^i))}|S(\boldsymbol{x}^i)|^2\ll$$
$$\sum_{\lambda=1}^{k}\sum_{|\boldsymbol{m}_\lambda|\leqslant N_\lambda}|a_{\boldsymbol{m}}|^2 \qquad ⑥$$

**证明** 对每一个 $\boldsymbol{x}^i$ 取函数

$$\varepsilon_i(\boldsymbol{x})=\begin{cases}\mathrm{e}^{\frac{r^2}{r^2-\delta^2(\boldsymbol{x}^i)}},r\leqslant\delta(\boldsymbol{x}^i)\\0,r\geqslant\delta(\boldsymbol{x}^i)\end{cases}$$

则 $\varepsilon_i(\boldsymbol{x})$ 为无穷可微函数,且 $D_x^j\varepsilon_i(\boldsymbol{x})\ll\delta^{-j}(\boldsymbol{x}^i),j=j_1+\cdots+j_n$. 令

$$\varepsilon(\boldsymbol{x})=\begin{cases}\varepsilon_i(\boldsymbol{x}),\text{当 }|\boldsymbol{x}-\boldsymbol{x}^i|\leqslant\delta(\boldsymbol{x}^i)\text{ 时}\\0,\text{其他}\end{cases}$$

$$f_i(\boldsymbol{x})=\varepsilon_i(\boldsymbol{x})S(\boldsymbol{x}),\Omega_i:|\boldsymbol{x}^i-\boldsymbol{x}|\leqslant\delta$$

其中,$\Omega$ 表示单位立方体. 在式 ④ 中令 $l=n$,得

$$|f_i(\boldsymbol{x}^i)|^2=|S(\boldsymbol{x}^i)|^2\leqslant$$
$$c\left(\int_{\Omega_i}|f_i(\boldsymbol{x})|^2\mathrm{d}\boldsymbol{x}\right)^{\frac{1}{2}}\cdot$$
$$\left(\int_{\Omega_i}\sum_{l=l_1+\cdots+l_n}\left(\frac{\partial^l f_i}{\partial x_1^{l_1}\cdots\partial x_n^{l_n}}\right)^2\mathrm{d}\boldsymbol{x}\right)^{\frac{1}{2}}\leqslant$$
$$c\left(\int_{\Omega_i}|f_i(\boldsymbol{x})|^2\mathrm{d}\boldsymbol{x}\right)^{\frac{1}{2}}\cdot$$

$$\left[\sum_{l=l_1+\cdots+l_n}\sum_{l-j\text{的分量}\geqslant 0}\left(\int_{\Omega_i}|D_x^j\varepsilon_i(\boldsymbol{x})D^{l-j}S(\boldsymbol{x})|^2\mathrm{d}\boldsymbol{x}\right)^{\frac{1}{2}}\right]\leqslant$$

$$c\left(\int_{\Omega_i}|f(\boldsymbol{x})|^2\mathrm{d}\boldsymbol{x}\right)^{\frac{1}{2}}\left[\sum_{l=l_1+\cdots+l_n}\sum_{l-j\text{的分量}\geqslant 0}\delta^{-j}(\boldsymbol{x}^i)\cdot\right.$$

$$\left.\left(\int_{\Omega_i}|D^{l-j}S(\boldsymbol{x})|^2\mathrm{d}\boldsymbol{x}\right)^{\frac{1}{2}}\right]$$

所以

$$\sum_{i=1}^{P}\frac{1}{N^n+\delta^n(\boldsymbol{x}^i)}|S(\boldsymbol{x}^i)|^2\leqslant$$

$$C\sum_{i=1}^{P}\left(\int_{\Omega_i}|f_i(\boldsymbol{x})|^2\mathrm{d}\boldsymbol{x}\right)^{\frac{1}{2}}\cdot$$

$$\left[\sum_{l=l_1+\cdots+l_n}\sum_{l-j\text{的分量}\geqslant 0}\frac{1}{N^n}\left(\int_{\Omega_i}|D^{l-j}S(\boldsymbol{x})|^2\mathrm{d}\boldsymbol{x}\right)^{\frac{1}{2}}\right]\leqslant$$

$$c\left(\int_{\Omega}|S(\boldsymbol{x})|^2\mathrm{d}\boldsymbol{x}\right)^{\frac{1}{2}}\cdot$$

$$\left[\sum_{l=l_1+\cdots+l_n}\sum_{l-j\text{的分量}\geqslant 0}\frac{1}{N^n}\left(\int_{\Omega}|D^{l-j}S(\boldsymbol{x})|^2\mathrm{d}\boldsymbol{x}\right)^{\frac{1}{2}}\right]\ll$$

$$\sum_{\lambda=1}^{k}\sum_{|\boldsymbol{m}_\lambda|\leqslant N_\lambda}|a_{\boldsymbol{m}}|^2$$

令 $S\left(\frac{\alpha}{\mathscr{D}}\right)=\sum_{\nu\in\Gamma}a_\nu E\left(\frac{\alpha_\nu}{\mathscr{D}}\right)$,则有引理 2.

**引理 2**

$$\sum_{N\mathscr{D}\leqslant d}{}'\frac{1}{\prod_{\lambda=1}^{k}\left(N_\lambda^{n_\lambda}+(N\mathscr{D}\cdot d)^{\frac{n_\lambda}{n}}\right)}\sum_{\substack{\alpha(\operatorname{mod}\mathscr{D})\\(\alpha,\mathscr{D})=1}}\left|S\left(\frac{\alpha}{\mathscr{D}}\right)\right|^2\ll$$

$$\sum_{\nu\in\Gamma}|a_\nu|^2 \tag{7}$$

其中“$\sum'$”的意思是指对所有无分支素理想因子的乘积求和.

**证明**

$$\sum_{N\mathscr{D}\leqslant d}{}' \frac{\sum\limits_{\alpha(\bmod \mathscr{D})}\left|S\left(\frac{\alpha}{\mathscr{D}}\right)\right|^2}{\prod\limits_{\lambda=1}^{k}(N_{\lambda}^{n_\lambda}+(N\mathscr{D}\cdot d)^{\frac{n_\lambda}{n}})}=$$

$$\sum_{N\mathscr{D}\leqslant d}{}' \frac{1}{\prod\limits_{\lambda=1}^{k}(N_{\lambda}^{n_\lambda}+(N\mathscr{D}\cdot d)^{\frac{n_\lambda}{n}})}\sum_{\substack{\alpha(\bmod \mathscr{D})\\(\alpha,\mathscr{D})=1}}\left|\sum_{\nu\in\Gamma}a_\nu e\left(\operatorname{tr}\frac{\nu\alpha^*}{q}\right)\right|\leqslant$$

$$\sum_{N\mathscr{D}\leqslant d}{}' \frac{1}{\prod\limits_{\lambda=1}^{k}(N_{\lambda}^{n_\lambda}+(N\mathscr{D}\cdot d)^{\frac{n_\lambda}{n}})}\cdot$$

$$\left|\sum_{\nu\in\Gamma}a_\nu e(r_1\nu_1+\cdots+r_n\nu_n)\right|^2\ll\sum_{\nu\in\Gamma}|a_\nu|^2 \qquad ⑧$$

上面的最后一步用到了 $|r_i-\tilde{r}_i|\gg(dN\mathscr{D})^{-\frac{1}{n}}$(参看相关文献[①]中的引理 5).

和相关文献[②]中引理 7 的推导过程类似,容易得到:

**引理 3**　设 $S(\chi)=\sum\limits_{\nu\in\Gamma}a_\nu\chi(\mathscr{A}_\nu)$,则

$$\sum_{N\mathscr{D}\leqslant d}{}' \frac{N(\mathscr{D})}{\phi(\mathscr{D})}\prod_{\lambda=1}^{k}\frac{1}{N_{\lambda}^{n_\lambda}+(dN\mathscr{D})^{\frac{n_\lambda}{n}}}\sum_{\chi(\bmod \mathscr{D})}{}^{*}|S(\chi)|^2\ll$$

$$\sum_{\nu\in\Gamma}|a_\nu|^2$$

## 10.3　应用

我们把上面的引理用到代数数域上,就能得到:

---

① Robin J. Wilson. The large sieve in algebraic number fields. Mathematika,1969,16(2):189-240.

② 同上.

**定理 2**

$$\left|\sum_{\nu\in\Gamma}a_{\nu}\right|^{2}\ll\frac{N_{1}^{n_{1}}\cdots N_{k}^{n_{k}}}{L'}\sum_{\nu\in\Gamma}|a_{\nu}|^{2} \quad ⑨$$

其中,$a_{\nu}$ 为复数集合,对于每一素理想 $P$,以 $\omega(P)$ 表示使 $a_{\nu}=0$ 的 $\nu$ 的 mod $P$ 的剩余类数.则

$$L'=\sum_{NQ\leqslant x}\mu^{2}(Q)\prod_{\lambda=1}^{k}\frac{1}{1+N_{\lambda}^{-n_{\lambda}}(NQ\cdot x)^{\frac{n_{\lambda}}{n}}}\cdot$$

$$\prod_{P|Q}\frac{\omega(P)}{NP-\omega(P)}$$

且 $Q$ 的不同素因子整除不同的有理素数.

若 $a_{\nu}$ 只取 0 与 1 两个值,则得到 $\Gamma$ 中的整数 $\nu$ 筛去属于若干个剩余类中的 $\nu$ 之后的估计式.

欲证明此定理,只需证明如下的引理:

**引理 4**

$$\left|\sum_{\nu\in\Gamma}a_{\nu}\right|^{2}\mu^{2}(Q)\prod_{P|Q}\frac{\omega(P)}{NP-\omega(P)}\leqslant\sum_{\alpha(\bmod Q)}^{*}\left|S\left(\frac{\alpha}{Q}\right)\right|^{2} \quad ⑩$$

此引理证明之后,问题就归结到

$$\sum_{NQ\leqslant x}\prod_{\lambda}\frac{1}{N_{\lambda}^{n_{\lambda}}+(NQ\cdot x)^{\frac{n_{\lambda}}{n}}}\sum_{\substack{\alpha(\bmod Q)\\(\alpha,Q)=1}}\left|S\left(\frac{\alpha}{Q}\right)\right|^{2}\ll$$

$$\sum_{\nu\in\Gamma}|a_{\nu}|^{2}$$

而此即引理 2.

**引理 4 的证明** 由 10.1 中 $Q$ 的定义知 $Q$ 无平方因子,凡使 $a_{\nu}=0$ 的 $\nu$ 构成集合 $\Gamma_{1}$,其他的 $\nu$ 构成 $\Gamma_{2}$.设对于素理想 $P_{i}$ 来说,mod $P_{i}$ 的 $NP_{i}$ 个剩余类的代表为 $\nu_{i}^{1},\cdots,\nu_{i}^{NP_{i}}$,设 $\Gamma_{1}$ 中的 $\nu$ 占有前 $\omega(P_{i})$ 个剩余类,我们知道由孙子定理 $\sum_{i}M'_{i}M_{i}\nu_{i}^{j}$ 将构成 mod $Q$ 的一组

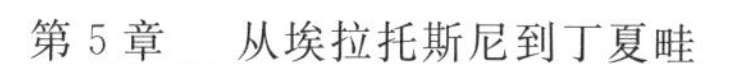

完全剩余系,其中

$$M'_iM_i=1(\bmod p_i)$$
$$q=p_1\cdots p_k=p_iM_i$$

以$\beta_1,\cdots,\beta_{NQ}$表示上述剩余系,$R(Q)$表示诸$\beta$的集合,对于$a_\nu\neq0$的$\nu$满足$(\nu-\beta,Q)=1$者,容易看出$R(Q)$中的$\beta$正是所有满足$\sum\limits_i M'_iM_i\nu_i^j,j\leqslant\omega(P_i)$者.事实上,对于$\Gamma_2$中的$\nu$,$(\nu-\sum\limits_i M'_iM_i\nu_i^j,Q)=1,j\leqslant\omega(P_i)$,否则,存在$P_i$使$P_i\left|\left(\nu-\sum\limits_i M'_iM_i\nu_i^j\right)\right.$,所以$\nu\equiv\sum\limits_i M'_iM_i\nu_i^j(P_i)$,所以$\nu\equiv\nu_i^j(P_i),j\leqslant\omega(P_i)$,故$\nu\in\Gamma_1$,此不可;又如对$\Gamma_2$中的所有$\nu$,$(\nu-\sum\limits_i M'_iM_i\nu_i^j,Q)=1$,其中$j$可跑过某些大于或等于$\omega(P_i)$者,则必有某些$j\geqslant\omega(P_i)$使$(\nu-\sum\limits_i M'_iM_i\nu_i^j,P_i)=1$,即$(\nu-M'_iM_i\nu_i^j,P_i)=1$或$(\nu-\nu_i^j,P_i)=1$,所以$\nu\not\equiv\nu_i^j(P_i),j\geqslant\omega(P_i)$,此不可,故无$j\geqslant\omega(P_i)$者.上面就证明了$R(Q)$中恰好含有$\prod\limits_{P\mid Q}\omega(P)$个数.由拉马努金公式知

$$\mu(Q)=\sum_{\substack{\alpha(\bmod Q)\\(\alpha,Q)=1}}E\left(\frac{\alpha}{Q}\right)$$

若$(\beta,Q)=1$,则亦有$\mu(Q)=\sum\limits_{\substack{\alpha(\bmod Q)\\(\alpha,Q)=1}}E\left(\frac{\alpha\beta}{Q}\right)$,故对所有的$\beta\in R(Q)$有

$$a_\nu\mu(Q)=\sum_{\substack{\alpha(\bmod Q)\\(\alpha,Q)=1}}a_\nu E\left(\frac{(\nu-\beta)\alpha}{Q}\right)$$

对所有的$\nu$及$\beta\in R(Q)$求和得

$$\left(\sum_{\nu\in\Gamma}a_\nu\right)\mu(Q)\prod_{P|Q}\omega(P)=$$

$$\sum_{\substack{\alpha(\bmod Q)\\(\alpha,Q)=1}}\left[\left(\sum_{\nu\in\Gamma}a_\nu E\left(\frac{\nu\alpha}{Q}\right)\right)\left(\sum_{\beta\in R(Q)}E\left(\frac{-\alpha\beta}{Q}\right)\right)\right]$$

$$\left|\sum_{\nu\in\Gamma}a_\nu\right|^2\mu^2(Q)\prod_{P|Q}\omega^2(P)\leqslant$$

$$\left(\sum_{\substack{\alpha(\bmod Q)\\(\alpha,Q)=1}}\left|S\left(\frac{\alpha}{Q}\right)\right|^2\right)\left(\sum_{\substack{\alpha(\bmod Q)\\(\alpha,Q)=1}}\left|\sum_{\beta\in R(Q)}E\left(\frac{-\beta\alpha}{Q}\right)\right|^2\right)$$

但最后一个乘积等于

$$\prod_{P|Q}\left(\sum_{\substack{\alpha(\bmod P)\\(\alpha,P)=1}}\left|\sum_{\beta\in R(P)}E\left(\frac{-\alpha\beta}{P}\right)\right|^2\right)=$$

$$\prod_{P|Q}\left(\sum_{\beta_1\in R(P)}\sum_{\beta_2\in R(P)}\sum_{\substack{\alpha(\bmod P)\\(\alpha,P)=1}}E\left(\frac{\alpha(\beta_2-\beta_1)}{P}\right)\right)$$

易知最内和当 $P\mid(\beta_2-\beta_1)$ 时为 $NP-1$,否则为 $-1$,故得

$$\text{上式}=\prod_{P|Q}((NP-1)\omega(P)-\omega(P)(\omega(P)-1))=$$

$$\prod_{P|Q}\omega(P)(NP-\omega(P))$$

引理证毕.

**注**

$$\sum_{\substack{\alpha(\bmod Q)\\(\alpha,Q)=1}}\left|\sum_{\beta\in R(Q)}E\left(\frac{-\beta\alpha}{Q}\right)\right|^2=$$

$$\prod_{P|Q}\left(\sum_{\alpha(\bmod P)}\left|\sum_{\beta\in R(P)}E\left(\frac{-\alpha\beta}{P}\right)\right|^2\right)$$

的证明如下:

$\alpha$ 可写成 $\alpha=\sum_{i=1}^{k}x_i\alpha_i$, $x_ip_i=p_1\cdots p_k$, $P_k\mid p_k$,其中 $\alpha_i$ 跑过 mod $P_i$ 的既约剩余类,所以

$$E\left(\frac{-\beta\alpha}{Q}\right)=\prod_i E\left(\frac{-\beta(x_i\alpha_i)}{P_1\cdots P_k}\right)=$$

$$\prod_i e\left(\operatorname{tr}\frac{-\beta x_i\alpha_i^*}{p_1\cdots p_k}\right)=$$

$$\prod_i e\left(\operatorname{tr}\frac{-\beta\alpha_i^*}{p_i}\right)=$$

$$\prod_i E\left(\frac{-\beta\alpha_i}{P_i}\right)$$

而

$$\beta=\sum_i M'_i M_i \nu_i^j\equiv\nu_i^j(\bmod P_i)$$

所以

$$E\left(\frac{-\beta\alpha}{Q}\right)=\prod_i E\left(\frac{-\nu_i^j\alpha_i}{P_i}\right)$$

所以上式右端等于

$$\prod_{P\mid Q}\left(\sum_{\alpha(\bmod P)}\left|\sum_{\beta\in R(P)}E\left(\frac{-\alpha\beta}{P}\right)\right|^2\right)$$

## 10.4 均值定理

为了证明均值定理，我们在引理3中取 $k=1$，可得：

**引理5**

$$\sum_{N\mathscr{D}\leqslant d}{}'\frac{N\mathscr{D}}{\phi(\mathscr{D})}\sum_{\chi(\bmod\mathscr{D})}{}^*|S(\chi)|^2\ll(N+d^2)\sum_{\nu\in\Gamma}|a_\nu|^2 \tag{11}$$

$$\sum_{d_1<N\mathscr{D}\leqslant d}{}'\frac{1}{\phi(\mathscr{D})}\sum_{\chi(\bmod\mathscr{D})}{}^*|S(\chi)|^2\ll\left(\frac{N}{d_1}+d\right)\sum_{\nu\in\Gamma}|a_\nu|^2 \tag{12}$$

其中 $N=\max\limits_{\nu\in\Gamma}N(\nu)$. 若 $S(\chi)$ 中 $\chi(\mathscr{A})$ 的系数依赖于理想 $\mathscr{A}$，则上面的 $N$ 应相应换为 $N=\max N\mathscr{A}$.

令

$$\psi(y,\mathscr{A},\mathscr{S},\mathscr{D})=\sum_{\substack{N\mathscr{B}\mathscr{A}\leqslant y\\ \mathscr{B}\mathscr{A}\equiv\mathscr{S}(\bmod \mathscr{D})}}\Lambda(\mathscr{B})$$

其中$(\mathscr{A},\mathscr{D})=(\mathscr{S},\mathscr{D})=1$,则有如下定理:

**均值定理**　若$1\leqslant a_1<a_2\leqslant x^{1-\varepsilon}$,则

$$\sum_{N\mathscr{D}\leqslant x^{\frac{1}{n+1}}\log^{-b}x}\max_{y\leqslant x}\max_{(\mathscr{S},\mathscr{D})=1}\frac{1}{T(\mathscr{D})}\left|\sum_{a_1\leqslant N\mathscr{A}<a_2}f(\mathscr{A})\cdot\left(\psi(y,\mathscr{A},\mathscr{S},\mathscr{D})-\frac{y}{N\mathscr{A}h(\mathscr{D})}\right)\right|\ll\frac{x}{\log^a x}\qquad ⑬$$

其中,$b$为由$a$确定的适当大正常数,$a_1$,$a_2$一般可为$x$的函数.

**证明**　$a_2\leqslant\log^b x$,$b>\frac{n+1}{n}B(a+1)$,$B(a)$为推广的朋比尼定理所得出的常数$B(A)$,参看相关文献[①].

这样

$$x^{\frac{1}{n+1}}\log^{-b}x\leqslant\left(\frac{x}{N\mathscr{A}}\right)^{\frac{1}{n+1}}\log^{-b}x(N\mathscr{A})^{\frac{1}{n+1}}\leqslant$$

$$\left(\frac{x}{N\mathscr{A}}\right)^{\frac{1}{n+1}}\log^{-\frac{n}{n+1}b}x\leqslant$$

$$\left(\frac{x}{N\mathscr{A}}\right)^{\frac{1}{n+1}}\log^{-B(a+1)}\frac{x}{N\mathscr{A}}$$

故由相关文献[②]中推出的推广的朋比尼定理得出

$$\sum_{N\mathscr{D}\leqslant x^{\frac{1}{n+1}}\log^{-b}x}\max_{y\leqslant x}\max_{(\mathscr{S},\mathscr{D})=1}\frac{1}{T(\mathscr{D})}\cdot$$

---

① Robin J. Wilson. The large sieve in algebraic number fields. Mathematika,1969,16(2):189-240.

② 同上.

$$\left|\sum_{N\mathscr{A}\leqslant \log^b x} f(\mathscr{A})\left(\psi\left(\frac{y}{N\mathscr{A}},\mathscr{S},\mathscr{D}\right)-\frac{y}{N\mathscr{A}h(\mathscr{D})}\right)\right|\leqslant$$

$$\sum_{N\mathscr{A}\leqslant \log^b x}\ \sum_{N\mathscr{D}\leqslant \left(\frac{x}{N\mathscr{A}}\right)^{\frac{1}{n+1}}\log^{-b(a+1)}\frac{x}{N\mathscr{A}}} \max_{y\leqslant x}\max_{(\mathscr{S},\mathscr{D})=1}\frac{1}{T(\mathscr{D})}\cdot$$

$$\left|\psi\left(\frac{y}{N\mathscr{A}},\mathscr{S},\mathscr{D}\right)-\frac{y}{N\mathscr{A}h(\mathscr{D})}\right|\ll$$

$$\sum_{N\mathscr{A}\leqslant \log^b x}\frac{\frac{x}{N\mathscr{A}}}{\log^{(a+1)}\frac{x}{N\mathscr{A}}}\leqslant\frac{x}{\log^a x}$$

上面用到了

$$\sum_{N\mathscr{A}\leqslant x}\frac{1}{N\mathscr{A}}\ll \log x$$

故只需考虑

$$\log^b x<a_1\leqslant a_2<x^{1-\varepsilon} \tag{14}$$

为此,我们令

$$\psi_1(y,\mathscr{A},\mathscr{S},\mathscr{D})=\sum_{\substack{N\mathscr{B}\mathscr{A}\leqslant y\\ \mathscr{B}\mathscr{A}\equiv\mathscr{H}(\bmod \mathscr{D})}}\Lambda(\mathscr{B})\log\frac{y}{N\mathscr{A}N\mathscr{B}} \tag{15}$$

先证

$$\sum_{N\mathscr{D}\leqslant x^{\frac{1}{n+1}}\log^{-b}x}\max_{y\leqslant x}\max_{(\mathscr{S},\mathscr{D})=1}\frac{1}{T(\mathscr{D})}\cdot$$

$$\left|\sum_{a_1\leqslant N\mathscr{A}<a_2} f(\mathscr{A})\left(\psi_1(y,\mathscr{A},\mathscr{S},\mathscr{D})-\frac{y}{N\mathscr{A}h(\mathscr{D})}\right)\right|\ll$$

$$\frac{x}{\log^a x}$$

实际上,我们还可得出较强的结果,即可将上式左边算到 $\sum\limits_{N\mathscr{A}\leqslant x^{\frac{1}{2}}\log^{-b}x}'$ .注意

$$\psi_1(y,\mathscr{A},\mathscr{S},\mathscr{D})=\sum_{\substack{N\mathscr{B}\mathscr{A}\leqslant y\\ \mathscr{B}\mathscr{A}\equiv\mathscr{H}(\bmod \mathscr{D})}}\Lambda(\mathscr{B})\log\frac{y}{N\mathscr{A}N\mathscr{B}}=$$

$$\frac{1}{h(\mathscr{D})}\sum_{\chi}\overline{\chi}(\mathscr{S})\chi(\mathscr{A})\cdot$$

$$\sum_{\substack{N\mathscr{B}\leqslant\frac{y}{N\mathscr{A}}\\(\mathscr{B},\mathscr{D})=1}}\chi(\mathscr{B})\Lambda(\mathscr{B})\log\frac{y}{N\mathscr{A}N\mathscr{B}}$$

所以

$$\psi_1(y,\mathscr{A},\mathscr{S},\mathscr{D})-\frac{1}{h(\mathscr{D})}\sum_{\substack{N\mathscr{B}\leqslant\frac{y}{N\mathscr{A}}\\(\mathscr{B},\mathscr{D})=1}}\Lambda(\mathscr{B})\log\frac{y}{N\mathscr{A}N\mathscr{B}}=$$

$$\frac{1}{h(\mathscr{D})}\sum_{\chi\neq\chi_0}\overline{\chi}(\mathscr{S})\chi(\mathscr{A})\sum_{\substack{N\mathscr{B}\leqslant\frac{y}{N\mathscr{A}}\\(\mathscr{B},\mathscr{D})=1}}\chi(\mathscr{B})\Lambda(\mathscr{B})\log\frac{y}{N\mathscr{A}N\mathscr{B}}=$$

$$\frac{1}{h(\mathscr{D})}\sum_{\mathscr{D}_1\mid\mathscr{D}}\sum_{\chi(\bmod\mathscr{D}_1)}{}^{*}\overline{\chi}(\mathscr{S})\chi(\mathscr{A})\cdot$$

$$\sum_{\substack{N\mathscr{B}\leqslant\frac{y}{N\mathscr{A}}\\(\mathscr{B},\mathscr{D}_2)=1}}\chi(\mathscr{B})\Lambda(\mathscr{B})\log\frac{y}{N\mathscr{A}N\mathscr{B}}$$

因为

$$\sum_{\substack{N\mathscr{B}\leqslant\frac{y}{N\mathscr{A}}\\(\mathscr{B},\mathscr{D})=1}}\Lambda(\mathscr{B})=\frac{y}{N\mathscr{A}}+O\left(\frac{y}{N\mathscr{A}}e^{-\varepsilon\sqrt{\log y}}\right)$$

所以

$$I=\sum_{N\mathscr{D}\leqslant d}{}'\max_{y\leqslant x}\max_{(\mathscr{S},\mathscr{D})=1}\frac{1}{T(\mathscr{D})}\left|\sum_{a_1\leqslant N\mathscr{A}<a_2}f(\mathscr{A})\cdot\right.$$

$$\left.\left(\psi_1(y,\mathscr{A},\mathscr{S},\mathscr{D})-\frac{y}{N\mathscr{A}\mathscr{B}}\right)\right|\leqslant$$

$$\sum_{N\mathscr{D}_1\leqslant d}{}'\frac{1}{\phi(\mathscr{D}_1)}\sum_{N\mathscr{D}_2\leqslant d}{}'\frac{1}{\phi(\mathscr{D}_2)}\cdot$$

$$\max_{y\leqslant x}\sum_{\chi}{}^{*}\left|\sum_{\substack{a_1\leqslant N\mathscr{A}<a_2\\(\mathscr{A},\mathscr{D}_2)=1}}f(\mathscr{A})\chi_{\mathscr{D}_1}(\mathscr{A})\cdot\right.$$

$$\sum_{\substack{N\mathscr{B}\leqslant\frac{cy}{N\mathscr{A}}\\(\mathscr{B},\mathscr{D}_2)=1}}\chi_{\mathscr{D}_1}(\mathscr{B})\Lambda(\mathscr{B})\log\frac{y}{N\mathscr{A}N\mathscr{B}}\Bigg|\leqslant$$

$$\log x\max_{N\mathscr{M}\leqslant d}\sum_{N\mathscr{D}\leqslant d}{}'\frac{1}{\phi(\mathscr{D})}\cdot$$

$$\max_{y\leqslant x}\sum_{\chi}{}^{*}\Bigg|\sum_{\substack{a_1\leqslant N\mathscr{A}<a_2\\(\mathscr{A},\mathscr{M})=1}}f(\mathscr{A})\chi(\mathscr{A})\cdot$$

$$\sum_{\substack{N\mathscr{B}\leqslant\frac{y}{N\mathscr{A}}\\(\mathscr{B},\mathscr{M})=1}}\chi(\mathscr{B})\Lambda(\mathscr{B})\log\frac{y}{N\mathscr{A}N\mathscr{B}}\Bigg|+O\left(\frac{x}{\log^a x}\right)$$

由西格尔－瓦尔菲茨定理知,当 $d_1=\log^{\frac{b}{2}}x$ 时,有

$$I\leqslant\log x\max_{N\mathscr{M}\leqslant d}\sum_{d_1<N\mathscr{D}\leqslant d}\frac{1}{\phi(\mathscr{D})}\cdot$$

$$\max_{y\leqslant x}\sum_{\chi}{}^{*}\Bigg|\sum_{a_1\leqslant N\mathscr{A}<a_2}f(\mathscr{A})\chi(\mathscr{A})\cdot$$

$$\sum_{\substack{N\mathscr{B}\leqslant\frac{y}{N\mathscr{A}}\\(\mathscr{B},\mathscr{M})=1}}\chi(\mathscr{B})\log\frac{y}{N\mathscr{A}N\mathscr{B}}\Lambda(\mathscr{B})\Bigg|+O\left(\frac{x}{\log^a x}\right)$$

令

$$I_{\mathscr{M}}\leqslant\sum_{d_1<N\mathscr{D}\leqslant d}\frac{1}{\phi(\mathscr{D})}\max_{y\leqslant x}\sum_{\chi}{}^{*}\Bigg|\sum_{\substack{a_1\leqslant N\mathscr{A}<a_2\\(\mathscr{A},\mathscr{M})=1}}f(\mathscr{A})\chi(\mathscr{A})\cdot$$

$$\sum_{\substack{N\mathscr{B}\leqslant\frac{y}{N\mathscr{A}}\\(\mathscr{B},\mathscr{M})=1}}\chi(\mathscr{B})\Lambda(\mathscr{B})\log\frac{y}{N\mathscr{A}N\mathscr{B}}\Bigg| \qquad ⑯$$

$$I_m(j,k)=\sum_{2^jd_1<N\mathscr{D}\leqslant 2^{j+1}d_1}{}'\frac{1}{\phi(\mathscr{D})}\cdot$$

$$\max_{y\leqslant x}\sum_{\chi}{}^{*}\Bigg|\sum_{2^ka_1\leqslant N\mathscr{A}<2^{k+1}d_1}g(\mathscr{A})\chi(\mathscr{A})\cdot$$

$$\sum_{N\mathscr{B}\leqslant\frac{y}{N\mathscr{A}}}\chi(\mathscr{B})d^k(\mathscr{B})\Bigg| \qquad ⑰$$

其中,$g(\mathscr{A})=f(\mathscr{A})$,$d^k(\mathscr{B})=\Lambda(\mathscr{B})\log\frac{y}{N\mathscr{A}\mathscr{B}}$,当$(\mathscr{A},\mathscr{M})=(\mathscr{B},\mathscr{M})=1$时,$g(\mathscr{A})=0$,$d^k(\mathscr{B})=0$,其他.

今取

$$M_2=(2^j d_1)^2,N=\mathrm{e}^{\log^2 x}$$

$$f_k(s,\chi)=\sum_{(\mathscr{A})}\frac{d^k(\mathscr{A})\chi(\mathscr{A})}{(N\mathscr{A})^s}=$$

$$\sum_{N\mathscr{A}\leqslant M_2}\frac{d^k(\mathscr{A})\chi(\mathscr{A})}{N\mathscr{A}^s}+$$

$$\sum_{M_2<N\mathscr{A}\leqslant N}\frac{d^k(\mathscr{A})\chi(\mathscr{A})}{N\mathscr{A}^s}+O(x^{-\frac{4}{5}})=$$

$$f_1(s,\chi)+f_2(s,\chi)+O(x^{-\frac{4}{5}}) \tag{18}$$

下面以$(\mathscr{D})$简记

$$2^j d_1<N\mathscr{D}\leqslant 2^{j+1}d_1$$

则

$$I_m(j,k)\ll$$

$$\int_{(\frac{1}{2})}\sum_{(\mathscr{D})}{}'\frac{1}{\phi(\mathscr{D})}\sum_{\chi}{}^*\mid g_k(s,\chi)f_1(s,\chi)\mid\frac{\mid y^s\mid}{\mid s\mid^2}\mid\mathrm{d}s\mid+$$

$$\int_c\sum_{(\mathscr{D})}{}'\frac{1}{\phi(\mathscr{D})}\sum_{\chi}{}^*\mid g_k(s,\chi)f_2(s,\chi)\mid\cdot$$

$$\frac{\mid y\mid^a}{\mid s\mid^2}\mid\mathrm{d}s\mid+O\left(\frac{x}{\log^a kx}\right)\leqslant$$

$$x^{\frac{1}{2}}\max_{a=\frac{1}{2}}\left(\sum_{(\mathscr{D})}{}'\frac{1}{\phi(\mathscr{D})}\sum_{\chi}{}^*\mid g_k\mid^2\right)^{\frac{1}{2}}\cdot$$

$$\left(\sum_{(\mathscr{D})}{}'\frac{1}{\phi(\mathscr{D})}\sum_{\chi}{}^*\mid f_1(s,\chi)\mid^2\right)^{\frac{1}{2}}+$$

$$x\max_{a=c=1+\frac{1}{\log x}}\left(\sum_{(\mathscr{D})}{}'\frac{1}{\phi(\mathscr{D})}\sum_{\chi}{}^*\mid g_k\mid^2\right)^{\frac{1}{2}}\cdot$$

$$\left(\sum_{(\mathscr{D})}{}' \frac{1}{\phi(\mathscr{D})} \sum_{\chi}{}^{*} | f_2(s,\chi) |^2\right)^{\frac{1}{2}}$$

易知，当 Re $s = a = \frac{1}{2}$ 时，由引理 4，有

$$\sum_{(\mathscr{D})}{}' \frac{1}{\phi(\mathscr{D})} \sum_{\chi}{}^{*} | g_k(s,\chi) |^2 \ll \left(2^{j+1} d_1 + \frac{2^{k+1} a_1}{2^j d_1}\right) \log x$$

$$\sum_{(\mathscr{D})}{}' \frac{1}{\phi(\mathscr{D})} \sum_{\chi}{}^{*} | f_1(s,\chi) |^2 \ll \left(2^{j+1} d_1 + \frac{(2^j d_1)^2}{2^j d_1}\right) \log^2 x$$

又当 Re $s = a = 1 + \frac{1}{\log x}$ 时，有

$$\sum_{(\mathscr{D})}{}' \frac{1}{\phi(\mathscr{D})} \sum_{\chi}{}^{*} | f_2(s,\chi) |^2 \ll$$

$$\log^2 x \sum_{i=0}^{2\log^2 x} \sum_{(\mathscr{D})}{}' \frac{1}{\phi(\mathscr{D})} \cdot$$

$$\sum_{\chi}{}^{*} \left| \sum_{2^i M_2 \leqslant N\mathscr{A} < 2^{i+1} M_2} \frac{d^k(\mathscr{A})\chi(\mathscr{A})}{N\mathscr{A}^s} \right| \ll$$

$$\left(\frac{2^{j+1} d_1}{M_2} + \frac{1}{2^j d_1}\right) \log^6 x$$

$$\sum_{(\mathscr{D})} \frac{1}{\phi(\mathscr{D})} \sum_{\chi}{}^{*} | g_k |^2 \ll \left(\frac{2^{j+1} d_1}{2^k a_1} + \frac{1}{2^j d_1}\right)$$

故对适当大的 $b$，得

$$I_{\mathscr{M}}(j,k) \ll x^{\frac{1}{2}} \log^4 x (d^2 + a_2)^{\frac{1}{2}} +$$

$$x \log^5 x \left(\frac{1}{2^k a_1} + \frac{1}{d_1^2}\right)^{\frac{1}{2}} + O\left(\frac{x}{\log^{(a+3)} x}\right) \ll$$

$$d x^{\frac{1}{2}} \log^4 x + x \log^{(5-\frac{b}{2})} x + O\left(\frac{x}{\log^{(a+3)} x}\right) =$$

$$O\left(\frac{x}{\log^{(a+3)} x}\right)$$

故对所有的 $k$，有

$$I_{\mathscr{M}}(j,k) = O\left(\frac{x}{\log^{(a+3)} x}\right)$$

$$I_{\mathscr{M}} \ll \log^2 x \frac{x}{\log^{(a+3)} x} = O\left(\frac{x}{\log^{(a+1)} x}\right)$$

故

$$I = O\left(\frac{x}{\log^a x}\right) \tag{19}$$

由上述对于 $\psi_1(y, \mathscr{A}, \mathscr{S}, \mathscr{D})$ 的均值定理,经过熟知的方法,就可得到 $\psi(y, \mathscr{A}, \mathscr{S}, \mathscr{D})$ 的均值定理.

如果我们采用相关文献[①]的处理法,当然能把上述均值定理提成更一般的形式,即 $A_1, A_2$ 可为 $y$ 的函数,就是说,当 $1 \leqslant A_1(y) \leqslant N\mathscr{A} < A_2(y) \leqslant y^{1-\varepsilon}$ 时,上述均值定理依然正确. 又相关文献[①] 中的均值定理的证法,实际上给出了朋比尼的均值定理的另一证法,此方法当然也可以推广到代数数域上来.

① 龙瑞麟. 局部紧 Abel 群上的加权大筛法不等式.

# 从维诺格拉多夫到吴方

## 第6章

### §1 哥德巴赫问题(Ⅲ)[1]

——维诺格拉多夫

在本节里，我要来解决哥德巴赫关于任何大于或等于 $c_0$($c_0$ 充分大)的奇数 $N$ 可以表示成三个素数之和的问题，并导出表法的种数的渐近公式.

这里所运用的方法也有可能用来解决更一般的堆垒素数问题. 例如，对于整数 $n>1$，将整数 $N\geqslant c_0$ 表示成

$$N=p_1^n+\cdots+p_s^n$$

的形式的问题(素变数的华林问题). 但

① 摘自《数学进展》第一卷.

我不在这里来讨论这类一般性的问题.

为了解决哥德巴赫问题,我先来研究一个积分,它与哈代及李特伍德为了同一目的所曾指出的积分相似.亦如将积分区间分成基本区间及余区间,关于对应于基本区间的那部分积分的研究,在1937年论哥德巴赫问题的工作出现之前不久,英国的学者们即曾做出了一般性的方法.以佩治关于算术数列中的素数分布的结果为基础的埃斯特曼方法,这种方法既可用于哥德巴赫问题,也可以用于更一般的素变数的堆垒问题.这种方法以近代的$L$-级数论为基础.在这里,关于这一部分积分的研究,我利用了简化过的佩治的结果(引理1),并结合布朗方法的某些基本成分.对于与余区间对应的那部分积分的估值,我只用了我自己的一般性方法.

在本节里,$p$常表示素数,$c_0$为一个充分大的数,$N$为大于或等于$c_0$的整数,最后,$\ln N=r$.

**引理1**(佩治)　设$\varepsilon_0$为正数,$c_1$与$c$为任意大的数,则在算术数列

$$qx+l,0<q\leqslant r^{c_1},(q,l)=1,0\leqslant l<q$$

中,其不超过$N$的素数的个数$\pi(N,q,l)$可以表示成公式

$$\pi(N,q,l)=\frac{1}{q_1}\int_2^N\frac{\mathrm{d}x}{\ln x}+H,q_1=\varphi(q)$$

于此,对于一切$q$,可能除去一列特殊的$q$,其为某一满足条件

$$q_0\geqslant r^{2-\varepsilon_0}$$

的$q=q_0$的倍数.此外,我们有不等式

$$H\ll\frac{Nr^{-c}}{q_1r}$$

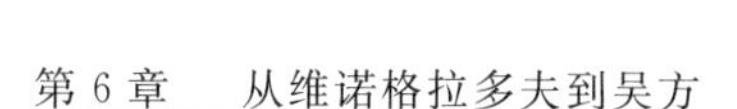



**证明**　此定理的证明,我不能放在这里,它是佩治[①]做出的.证明所根据的是一般 $L$ — 级数论,这是由迪利克雷、黎曼、阿达玛、哈代 — 李特伍德、朗道等人的努力所研究出来的.

**引理2**　设 $\tau = Nr^{-c}$,于此,$c \geqslant 4$,又设

$$R = \int_{-\tau^{-1}}^{\tau^{-1}} (J(z))^3 \mathrm{e}^{-2\pi \mathrm{i} zN} \mathrm{d}z, J(z) = \int_2^N \frac{\mathrm{e}^{2\pi \mathrm{i} zx}}{\ln x} \mathrm{d}x$$

则有

$$R = \frac{N^2}{2r^3} + O\left(\frac{N^2}{r^4}\right)$$

**证明**　将积分 $R$ 与积分

$$R_0 = \int_{-\frac{1}{2}}^{\frac{1}{2}} (I(z))^3 \mathrm{e}^{-2\pi \mathrm{i} zN} \mathrm{d}z, I(z) = \int_2^N \frac{\mathrm{e}^{2\pi \mathrm{i} zx}}{r} \mathrm{d}x$$

比较,我们有

$$R - R_0 = \int_{-\tau^{-1}}^{\tau^{-1}} ((J(z))^3 - (I(z))^3) \mathrm{e}^{-2\pi \mathrm{i} zN} \mathrm{d}z + \left(\int_{-\tau^{-1}}^{\tau^{-1}} (I(z))^3 \mathrm{e}^{-2\pi \mathrm{i} zN} \mathrm{d}z - R_0\right)$$

但对右边第一项中的被积函数,我们有

$$| J(z) - I(z) | < \int_2^N \left(\frac{1}{\ln x} - \frac{1}{r}\right) \mathrm{d}x \ll \frac{N}{r^2}$$

因之,此第一项将远远小于

$$\int_{-\tau^{-1}}^{\tau^{-1}} \frac{N}{r^2} 3z^2 \mathrm{d}z \ll \int_0^{N^{-1}} \frac{N^3}{r^4} \mathrm{d}z + \int_{N^{-1}}^{\tau^{-1}} \frac{N}{r^4 z^2} \mathrm{d}z \ll \frac{N^2}{r^4}$$

又右边第二项远远小于

$$\int_{\tau^{-1}}^{\frac{1}{2}} z^3 \mathrm{d}z \ll \int_{\tau^{-1}}^{\frac{1}{2}} \frac{\mathrm{d}z}{z^3 r^3} \ll \frac{N^2}{r^{11}}$$

故 $R - R_0 \ll N^2 r^{-4}$.此外,假定

① Proc. London Math. Soc., 1935, 39(2): 116-141.

$$R'=\int_{-\frac{1}{2}}^{\frac{1}{2}}(S(z))^3\mathrm{e}^{-2\pi izN}\mathrm{d}z,S(z)=\sum_{x=3}^{N}\frac{\mathrm{e}^{2\pi izx}}{r}$$

即有

$$I(z)-S(z)\ll r^{-1}$$

$$R_0-R'\ll\int_0^{\frac{1}{2}}z^2r^{-1}\mathrm{d}z=$$

$$\int_0^{N^{-1}}\frac{N^2}{r^3}\mathrm{d}z+\int_{N^{-1}}^{\frac{1}{2}}\frac{\mathrm{d}z}{r^3z^2}\ll\frac{N}{r^3}$$

因之,$R-R'\ll N^2r^{-4}$.但$r^3R'$显然是表示将数$N$表示成

$$N=x_1+x_2+x_3$$

的形式的表法个数,于此,$x_1,x_2,x_3$是大于2的整数.对每一$x_1=3,4,\cdots,N-6$,等式$x_2+x_3=N-x_1$有$N-x_1-5$次得以实现,故

$$r^3R'=\sum_{x_1=3}^{N-6}(N-x_1-5)=$$

$$\frac{(N-7)(N-8)}{2}=\frac{N^2}{2}+O(N)$$

于是,我们的引理即已证明.

**定理 1** 将奇正数$N$表示成三个素数之和

$$N=p_1+p_2+p_3$$

的形式的表法个数$I(N)$可以写成公式

$$I(N)=\frac{N^2}{2r^3}S(N)+O\left(\frac{N^2}{r^{3.5-\varepsilon}}\right)$$

于此

$$S(N)=\prod_p\left(1+\frac{1}{(p-1)^3}\right)\prod{}''\left(1-\frac{1}{p^2-3p+3}\right)$$

“$\prod_p$”展布于所有的素数,而“$\prod''$”则仅展布于数目$N$的素因子.此外

$$S(N) > 0.6$$

**推论**(哥德巴赫定理)　存在一个数 $c_0$,使得所有奇数 $N \geqslant c_0$ 皆可表示成三个素数之和

$$N = p_1 + p_2 + p_3$$

的形式.

**证明**　设 $\tau = Nr^{-14}$,我们有

$$I(N) = \int_{-\tau^{-1}}^{-\tau^{-1}+1} S_\alpha^3 \mathrm{e}^{-2\pi i\alpha N} \mathrm{d}\alpha, S_\alpha = \sum_{p \leqslant N} \mathrm{e}^{-2\pi i\alpha p}$$

包含所有形如

$$\alpha = \frac{a}{q} + z, (a,q) = 1, -\tau^{-1} \leqslant z \leqslant \tau^{-1}, 0 < q \leqslant r^3$$

的 $\alpha$ 的区间名为基本区间;自区间 $-\tau^{-1} \leqslant \alpha \leqslant -\tau^{-1} + 1$ 中除去基本区间后留下的区间名为余区间. 所有余区间中的 $\alpha$ 皆可表示成

$$\alpha = \frac{a}{q} + z, (a,q) = 1, -\frac{1}{q\tau} \leqslant z \leqslant \frac{1}{q\tau}, r^3 < q \leqslant \tau$$

的形式. 不难看出,当 $N$ 充分大时,对应于不同数对 $a$ 与 $q$ 的基本区间不可能包含共有的 $\alpha$ 值. 实际上,由

$$\frac{a}{q} + z = \frac{a_1}{q_1} + z_1, \frac{a}{q} \gtrless \frac{a_1}{q_1}, |z| \leqslant \frac{1}{\tau}, |z_1| \leqslant \frac{1}{\tau}$$

就会得出

$$\left|\frac{aq_1 - a_1 q}{qq_1}\right| \leqslant \frac{2}{\tau}, \frac{1}{qq_1} \leqslant \frac{2}{\tau}, N \leqslant 2r^{20}$$

对应于所说的将积分区间分成基本区间及余区间的分法,积分 $I(N)$ 即被分成两项之和

$$I(N) = I_1(N) + I_2(N)$$

(1) $I_2(N)$ 的估值. 当 $q > r^{14}$ 时,有

$$S_\alpha \ll Nr^{4.5}\left(\sqrt{\frac{1}{q} + \frac{q}{N}} + \mathrm{e}^{-0.5\sqrt{r}}\right) \ll Nr^{-2.5}$$

而当 $r^3 < q \leqslant r^{14}$ 时,有

$$S_\alpha \ll N r^{-2.5+\varepsilon_1}$$

因之

$$I_2(N) \ll N r^{-2.5+\varepsilon_1} \int_0^1 |S_\alpha|^2 \mathrm{d}\alpha =$$

$$N r^{-2.5+\varepsilon_1} \int_0^1 \sum_{p' \leqslant N} \sum_{p \leqslant N} \mathrm{e}^{2\pi \mathrm{i}\alpha(p-p')} \mathrm{d}\alpha \ll$$

$$N^2 r^{-3.5+\varepsilon_1}$$

(2) 与不算特殊的 $q$ 值对应的基本区间. 任给一 $\varepsilon_0$,并令 $c_1 = 3, c = 48$,则对引理 1 中所说的 $H$,可能除去一列特殊的 $q$,其为某一满足条件

$$q_0 \geqslant r^{2-\varepsilon_0}$$

的 $q = q_0$ 的倍数. 此外,我们有

$$H \ll \frac{N r^{-49}}{q_1}$$

我们现在来研究积分 $I_1(N)$ 中对应于包含分数 $\frac{a}{q}$ 的部分 $I_{a,q}$,这里的分母 $q$ 不算在特殊者之内,且满足条件 $q \leqslant r^3$. 在如上的区间中任取一 $\alpha$,我们将和数 $S_\alpha$ 分成$[r^{31}]$个形如

$$S_{\alpha, N_1} = \sum_{N_1 - A < p \leqslant N_1} \mathrm{e}^{2\pi \mathrm{i}\left(\frac{a}{q}+z\right)p}, A = N[r^{31}]^{-1}$$

之和. 对于这个和数中的项, $|zp - zN_1| \leqslant zA$;又这种项的数目(引理 1,令 $q = 1$)将远远小于 $Ar^{-1}$,而 $zAAr^{-1} \ll Ar^{-18}$. 因之

$$S_{\alpha, N_1} = \mathrm{e}^{2\pi \mathrm{i} z N_1} \sum_{N_1 - A < p \leqslant N_1} \mathrm{e}^{2\pi \mathrm{i}\frac{a}{q}p} + O(Ar^{-18})$$

但当满足条件 $0 \leqslant l < q, (l, q) = 1$ 的 $l$ 给定时,区间 $N_1 - A < p \leqslant N_1$ 中形如 $qx + l$ 的素数 $p$ 的个数可以表示成公式

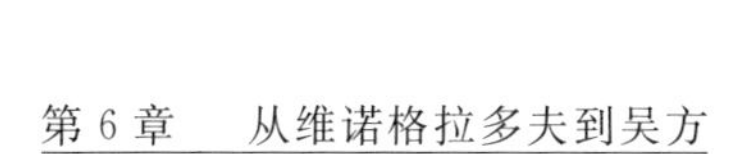



$$\frac{1}{q_1}\int_{N_1-A}^{N_1}\frac{\mathrm{d}x}{\ln x}+O\left(\frac{Ar^{-18}}{q_1}\right)$$

因之

$$S_{\alpha,N_1}=\sum_l \mathrm{e}^{2\pi\mathrm{i}\frac{a}{q}l}\ \frac{1}{q_1}\int_{N_1-A}^{N_1}\frac{\mathrm{e}^{2\pi\mathrm{i}zN_1}}{\ln x}\mathrm{d}x+O(Ar^{-18})$$

我们有

$$\sum_l \mathrm{e}^{2\pi\mathrm{i}\frac{a}{q}l}=\mu(q)$$

$$|zN_1-zx|\leqslant|z|A$$

$$\frac{1}{q_1}\int_{N_1-A}^{N_1}\frac{|z|A}{\ln x}\mathrm{d}x\ll\frac{|z|A^2}{q_1r}\ll\frac{Ar^{-18}}{q_1}$$

$$S_{\alpha,N_1}=\int_{N_1-A}^{N_1}\frac{\mathrm{e}^{2\pi\mathrm{i}zx}}{\ln x}\mathrm{d}x+O(Ar^{-18})$$

$$S_\alpha=\frac{\mu(q)}{q_1}J(z)+O(Nr^{-18})$$

$$J(z)=\int_2^N\frac{\mathrm{e}^{2\pi\mathrm{i}zx}}{\ln x}\mathrm{d}x$$

但

$$\frac{1}{q_1}J(z)\ll\frac{Z}{q_1}$$

$$\frac{Z}{q_1}\gg\frac{\tau r^{-1}}{q_1}\gg Nr^{-18}$$

$$S_\alpha^3-\frac{\mu(q)}{q_1^3}(J(z))^3\ll\frac{Z^2}{q_1^2}Nr^{-18}$$

$$I_{a,q}-\int_{-\tau^{-1}}^{\tau^{-1}}\frac{\mu(q)}{q_1^3}(J(z))^3\mathrm{e}^{-2\pi\mathrm{i}\left(\frac{a}{q}+z\right)N}\mathrm{d}z\ll$$

$$\int_0^{\tau^{-1}}Z^2q_1^{-2}Nr^{-18}\mathrm{d}z\ll$$

$$Nr^{-18}q_1^{-2}\left(\int_0^{N^{-1}}N^2r^{-2}\mathrm{d}z+\int_{N^{-1}}^{\tau^{-1}}\frac{\mathrm{d}z}{r^2z^2}\right)\ll$$

$$N^2r^{-20}q_1^{-2}$$

对于给定的 $q$,就数列 $0,1,\cdots,q-1$ 中所有与 $q$ 互素的 $a$ 求和,并注意这些 $a$ 值关于模 $q$ 仍以某种次序与 $-a$ 所取之值同余,我们即得

$$\sum_{a} I_{a,q}=G(q)R+O(N^2 r^{-20} q_1^{-1})$$

$$G(q)=\frac{\mu(q)}{q_1^3}\sum_{a} \mathrm{e}^{2\pi \mathrm{i}\frac{a}{q}N}$$

$$R=\int_{-\tau^{-1}}^{\tau^{-1}}(J(z))^3 \mathrm{e}^{-2\pi \mathrm{i} zN}\mathrm{d}z$$

于是,由引理 2 及不等式 $|G(q)|\leqslant q_1^{-2}$,我们易得

$$\sum_{a} I_{a,q}=\frac{N^2}{2r^3}G(q)+O\left(\frac{N^2}{r^4 q_1^2}\right)$$

(3) 对应于特殊 $q$ 值的基本区间. 现设 $q$ 属于特殊者之内,我们有

$$I_{a,q}=\int_{-\tau^{-1}}^{\tau^{-1}}\sum_{p'\leqslant N}\sum_{p''\leqslant N}\sum_{p'''\leqslant N}\mathrm{e}^{2\pi \mathrm{i}\left(\frac{a}{q}+z\right)(p'+p''+p'''-N)}\mathrm{d}z$$

令 $D=[r^{33}]$,则

$$A=ND^{-1}$$

$$I_{a,q}=\sum_{s'=1}^{D}\sum_{s''=1}^{D}\sum_{s'''=1}^{D} I'_{a,q}$$

于此

$$I'_{a,q}=\int_{-\tau^{-1}}^{\tau^{-1}}\sum_{(s'-1)A<p'\leqslant s'A}\ \sum_{(s''-1)A<p''\leqslant s''A}\ \sum_{(s'''-1)A<p'''\leqslant s'''A} 1\cdot \mathrm{e}^{2\pi \mathrm{i}\left(\frac{a}{q}+z\right)(p'+p''+p'''-N)}\mathrm{d}z$$

将乘积 $zs'A,zs''A,zs'''A$ 分别代替 $zp',zp'',zp'''$,则除远远小于 $A^4 r^{-3}\tau^{-2}\ll N^2 r^{-8} D^{-3}$ 的误差以外,积分 $I'_{a,q}$ 等于乘积 $UW$,于此

$$U=\sum_{(s'-1)A<p'\leqslant s'A}\ \sum_{(s''-1)A<p''\leqslant s''A}\ \sum_{(s'''-1)A<p'''\leqslant s'''A}\mathrm{e}^{2\pi \mathrm{i}\frac{a}{q}(p'+p''+p'''-N)}$$

$$W=\int_{-\tau^{-1}}^{\tau^{-1}}\mathrm{e}^{2\pi \mathrm{i} z(s'+s''+s'''-D)A}\mathrm{d}z$$

但

$$U \ll \frac{A^3 r^{\varepsilon_2}}{r^3 q^{1.5}}, W \ll \min\left\{\frac{1}{\tau}, \frac{1}{|s'+s''+s'''-D|A}\right\}$$

此外，对于给定的整数 $h \ll D, s'+s''+s'''-D=h$ 的解的个数将远远小于 $D^2$. 因之

$$I_{a,q} \ll \frac{N^2}{r^8} + \frac{A^3 r^{\varepsilon_2}}{r^3 q^{1.5}} D^2 \left(\frac{1}{\tau} + \sum_{h=1}^{2D} \frac{1}{hA}\right) \ll \frac{N^2 r^{\varepsilon_3}}{r^3 q^{1.5}}$$

$$\sum_a I_{a,q} \ll \frac{N^2 r^{\varepsilon_3}}{r^3 q^{0.5}}$$

由于 $N^2 r^{-3} G(q) \ll N^2 r^{-3} q_1^{-2}$，我们可以记

$$\sum_a I_{a,q} = \frac{N^2}{2r^3} G(q) + O\left(\frac{N^2 r^{\varepsilon_3}}{r^3 q^{0.5}}\right)$$

(4) $I(N)$ 的初步公式. 我们有

$$I_1(N) - \sum_{q \leqslant r^3} \frac{N^2}{2r^3} G(q) \ll$$

$$\sum_{q \leqslant r^3} \frac{N^2}{r^4 q_1^2} + \sum_{s \leqslant r^3 q_0^{-1}} \frac{N^2 r^{\varepsilon_3}}{r^3 (q_0 s)^{0.5}} \ll$$

$$\frac{N^2}{r^4} + \frac{N^2 r^{\varepsilon_3}}{r^3 \sqrt{q_0}} \sqrt{\frac{r^3}{q_0}} \ll \frac{N^2 r^{\varepsilon_3}}{r^{3.5}}$$

$$\sum_{q > r^3} \frac{N^2}{2r^3} G(q) \ll \sum_{q > r^3} \frac{N^2}{r^3 q_1^2} \ll \frac{N^2}{r^4}$$

$$I(N) = \frac{N^2}{2r^3} S(N) + O\left(\frac{N^2 r^{\varepsilon}}{r^{3.5}}\right)$$

$$S(N) = \sum_{q=1}^{\infty} G(q)$$

(5) $S(N)$ 的转换与研究. 我们现在来研究级数 $S(N)$. 不难证明，对于两两互素的正数 $q_1, \cdots, q_k$，我们有

$$G(q_1) \cdots G(q_k) = G(q_1 \cdots q_k) \qquad ①$$

欲明此,只需考察 $k=2$ 的情形即可. 令 $\varphi(q_1)=q_{1,1}$, $\varphi(q_2)=q_{2,1}$,我们有

$$G(q_1)G(q_2)=$$

$$\frac{\mu(q_1)\mu(q_2)}{q_{1,1}^3 q_{2,1}^3}\sum_{\substack{0\leqslant a_1<q_1\\(a_1,q_1)=1}}\sum_{\substack{0\leqslant a_2<q_2\\(a_2,q_2)=1}}\mathrm{e}^{2\pi\mathrm{i}\left(\frac{a_1}{q_1}N+\frac{a_2}{q_2}N\right)}=$$

$$\frac{\mu(q_1)\mu(q_2)}{(q_{1,1}q_{2,1})^3}\sum_{a_1}\sum_{a_2}\mathrm{e}^{2\pi\mathrm{i}\frac{a_1q_2+a_2q_1}{q_1q_2}N}=G(q_1q_2)$$

因为

$$\mu(q_1)\mu(q_2)=\mu(q_1q_2)$$

$$q_{1,1}q_{2,1}=\varphi(q_1q_2)$$

及 $a_1q_2+a_2q_1$ 跑过模 $q_1q_2$ 的一个既约剩余系.

由于 $G(q)\ll q_1^{-2}$,故级数 $S(N)$ 绝对收敛. 级数

$$\xi_p=1+G(p)+G(p^2)+\cdots$$

也绝对收敛,因为它的项皆包含在 $S(N)$ 内. 运用(1),当 $x>2$ 时,我们有

$$\prod_{p\leqslant x}\xi_p=\sum_{q\leqslant x}G(q)+\sum_{q>x}{}'G(q)$$

于此,"$\sum'$"展布于不为大于 $x$ 的素数所除尽的 $q$. 由于 $S(N)$ 绝对收敛,故当 $x$ 无限增大时,右边前一项趋于 $S(N)$,而第二项则趋于零. 因之,若用记号"$\prod_p$"来记展布于所有素数之上的乘积,我们即有

$$S(N)=\prod_p\xi_p$$

但当 $s>1$ 时 $G(p^s)=0$. 此外,显而易见

$$G(p)=\begin{cases}\dfrac{1}{(p-1)^3},\text{若 } N \text{ 不被 } p \text{ 除尽}\\[2ex]\dfrac{-1}{(p-1)^2},\text{若 } N \text{ 能被 } p \text{ 除尽}\end{cases}$$

故得

$$S(N)=\prod{}'\left(1+\frac{1}{(p-1)^3}\right)\prod{}''\left(1-\frac{1}{(p-1)^2}\right)\quad ②$$

于此,“$\prod'$”展布于除不尽 $N$ 之 $p$,而“$\prod''$”则展布于除得尽 $N$ 之 $p$. 但我们有

$$\prod{}'\left(1+\frac{1}{(p-1)^3}\right)>1$$

$$\prod{}''\left(1-\frac{1}{(p-1)^2}\right)>\prod_p\left(1-\frac{1}{p^2}\right)>\frac{6}{\pi^2}>0.6$$

因为在“$\prod''$”中,由于 $N$ 为奇数,故只包含奇素数,因而常有 $p_1-1\geqslant p$,此处的 $p$ 是与 $p_1$ 最接近且小于 $p_1$ 的素数. 因而我们真正有 $S(N)>0.6$.

等式 ② 可以改写成

$$S(N)=\prod_p\left(1+\frac{1}{(p-1)^3}\right)\prod{}''\frac{1-\frac{1}{(p-1)^2}}{1+\frac{1}{(p-1)^3}}=$$

$$\prod_p\left(1+\frac{1}{(p-1)^3}\right)\cdot$$

$$\prod{}''\left(1-\frac{\frac{1}{(p-1)^2}+\frac{1}{(p-1)^3}}{1+\frac{1}{(p-1)^3}}\right)$$

这已经容易化成定理的陈述中所说的形式.

## §2 关于奇数哥德巴赫问题[①]

——陈景润　王天泽

陈景润院士和河南大学数学系的王天泽教授1996年通过$L$-函数非零区域的扩张及相应的素数分布均值问题的研究证明了：每一个奇数$N \geqslant \exp(\exp(9.715))$都能够表示成三个素数之和.

自1937年苏联数学家维诺格拉多夫证明三素数定理(每一个充分大的奇数$N \geqslant N_0$都可以表示成三个素数之和)之后，奇数情形哥德巴赫猜想彻底解决的关键便是"大常数"$N_0$的具体确定了. 1989年前后，我们曾通过对迪利克雷$L$-函数非零区域及算术数列中素数分布问题的研究，证明了$N_0$可以取为$\exp(\exp(11.503))(\approx 10^{43\,001})$.[②]但是对于像$10^{43\,001}$这样大的数，至今还是无法一一验证奇数哥德巴赫猜想的正确性. 本节通过对$L$-函数非零区域的扩张及素数分布均值结果的改进，证明下述的定理：

**定理**　每一个奇数$N \geqslant \exp(\exp(9.715))(\approx 10^{7\,194})$都能够表示成三个素数之和.

作为准备，我们先给出下述几个引理.

**引理1**　设$\alpha_1 \geqslant 1, \alpha_2 \geqslant 1, x \geqslant \exp(\exp(9.7))$是

---

① 原载于《数学学报》，1996，39(2)：169-174.

② 陈景润，王天泽. 关于哥德巴赫问题. 数学学报，1989，32：702-718.

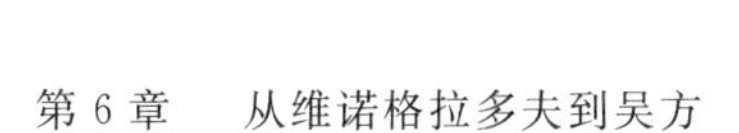



实数，$1\leqslant q\leqslant(\log x)^{\alpha_1}$，则函数 $\prod\limits_{\substack{\chi(\bmod q)\\ \chi\neq\chi_0}}L(s,\chi)$ 在区域

$$1-\frac{0.2285}{(\alpha_1+\alpha_2)\log\log x}\leqslant\sigma<1,\ |t|\leqslant(\log x)^{\alpha_2} \tag{①}$$

中至多有两对共轭零点，其中 $\chi_0$ 表示模 $q$ 的主特征.

**证明**　由相关文献①中的式(97)，使用与相关文献②中的引理 6 完全类似的证明方法，通过简单计算即可证明本引理.

**引理 2**　在引理 1 的条件和符号下，设 $\chi$ 是模 $q$ 的非主特征，$\rho_j=1-\frac{\beta_j}{\log\log x}+\mathrm{i}\gamma_j\,(1\leqslant j\leqslant 3)$ 是 $L(s,\chi)$ 在区域

$$0\leqslant\sigma<1,\ |t|\leqslant(\log x)^{\alpha_2} \tag{②}$$

中的零点，则当 $0<|\gamma_1-\gamma_2|\leqslant\frac{1.4}{(\alpha_1+\alpha_2)\log\log x}$，$\beta_3\geqslant\beta_2\geqslant\beta_1$ 时，有

$$\beta_3\geqslant\frac{0.29}{\alpha_1+\alpha_2}$$

**证明**　使用与引理 1 完全相同的证明方法即可证之.

**引理 3**　在引理 1 的条件和符号下，设 $\chi_j\,(1\leqslant j\leqslant 100)$ 是模 $q$ 的非主特征，$\rho_j=1-\frac{\beta_j}{\log\log x}+\mathrm{i}\gamma_j$ 是

---

① 陈景润. 关于 $L$－函数的三个定理. 曲阜师范大学学报(自然科学版)，1986，3(2)：1-14.

② 陈景润，王天泽. 关于算术数列中素数分布的一个定理. 中国科学，1989，32：1121-1132.

$L(s,\chi_j)$ 在式 ② 中的零点，则当 $|\gamma_j-\gamma_{j'}|\geqslant\frac{1.4}{(\alpha_1+\alpha_2)\log\log x}(j\neq j')$ 时，有

$$\max_{1\leqslant j\leqslant 100}\{\beta_j\}\geqslant\frac{0.380\ 64}{\alpha_1+\alpha_2}$$

**证明** 令 $\sigma=1+\frac{0.4}{(\alpha_1+\alpha_2)\log\log x}$，$s_j=\sigma+\mathrm{i}\gamma_j$，则由相关文献①中的引理 4 可得

$$\mathrm{Re}\frac{1}{s_j-\rho_j}\leqslant 0.314\ 2(\alpha_1+\alpha_2)\log\log x+\mathrm{Re}\frac{L'}{L}(s_j,\chi_j)$$

将上式两边同时对 $j$ 求和得到

$$\sum_{j=1}^{100}\frac{\log\log x}{\frac{0.4}{\alpha_1+\alpha_2}+\beta_j}\leqslant 31.42(\alpha_1+\alpha_2)\log\log x-\sum_{j=1}^{100}\sum_{n=1}^{\infty}\mathrm{Re}\frac{\Lambda(n)\chi_j(n)}{n^{\sigma+\mathrm{i}\gamma_j}}\qquad ③$$

使用赫尔德不等式得

$$\left|\sum_{j=1}^{100}\sum_{n=1}^{\infty}\mathrm{Re}\frac{\Lambda(n)\chi_j(n)}{n^{\sigma+\mathrm{i}\gamma_j}}\right|^2\leqslant$$

$$\left|\sum_{n=1}^{\infty}\frac{\Lambda(n)}{n^{\sigma}}\sum_{j=1}^{100}\mathrm{Re}(\chi_j(n)n^{-\mathrm{i}\gamma_j})\right|^2\leqslant$$

$$\sum_{m=1}^{\infty}\frac{\Lambda(m)\chi_0(m)}{m^{\sigma}}\sum_{n=1}^{\infty}\frac{\Lambda(n)}{n^{\sigma}}\left|\sum_{j=1}^{100}\chi_j(n)n^{-\mathrm{i}\gamma_j}\right|^2\leqslant$$

$$\frac{1}{\sigma-1}\sum_{n=1}^{\infty}\frac{\Lambda(n)}{n^{\sigma}}\sum_{j=1}^{100}\sum_{j'=1}^{100}\chi_j(n)\overline{\chi_{j'}(n)}n^{-\mathrm{i}(\gamma_j-\gamma_{j'})}\leqslant$$

---

① 陈景润，王天泽. 关于 Dirichlet $L$－函数的零点分布. 四川大学学报(自然科学版)，1989：145-155.

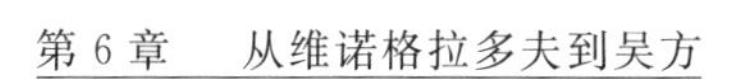



$$\frac{100}{(\sigma-1)^2}+\frac{1}{\sigma-1}\sum_{1\leqslant j\neq j'\leqslant 100}\sum_{n=1}^{\infty}\frac{\Lambda(n)\chi_j(n)\overline{\chi_{j'}(n)}}{n^{\sigma+\mathrm{i}(\gamma_j-\gamma_{j'})}} \tag{④}$$

当 $\chi_j\overline{\chi_{j'}}\neq\chi_0$ 时，由相关文献[①]中的引理2得

$$\sum_{n=1}^{\infty}\frac{\Lambda(n)\chi_j(n)\overline{\chi_{j'}(n)}}{n^{\sigma+\mathrm{i}(\gamma_j-\gamma_{j'})}}\leqslant 0.325\,3(\alpha_1+\alpha_2)\log\log x \tag{⑤}$$

当 $\chi_j\overline{\chi_{j'}}=\chi_0$ 时，由相关文献[②]中的式(A)和相关文献[③]中的定理3有

$$\begin{aligned}&\sum_{n=1}^{\infty}\frac{\Lambda(n)\chi_j(n)\overline{\chi_{j'}(n)}}{n^{\sigma+\mathrm{i}(\gamma_j-\gamma_{j'})}}\leqslant\\&\frac{\sigma-1}{(\sigma-1)^2+(\gamma_j-\gamma_{j'})^2}+0.009\,5+\\&0.276\,4\log(2+|\gamma_j-\gamma_{j'}|)+\sum_{p\mid q}\frac{\log p}{p^{\sigma}-1}\leqslant\\&1.97+0.1\alpha_1\log\log x+\max\{0.200\,8(\alpha_1+\alpha_2),\\&0.297\,27\alpha_2\}\log\log x\leqslant\\&0.352\,35(\alpha_1+\alpha_2)\log\log x\end{aligned} \tag{⑥}$$

由式③－⑥可得

$$\frac{100}{\dfrac{0.4}{\alpha_1+\alpha_2}+\max\limits_{1\leqslant j\leqslant 100}\{\beta_j\}}\leqslant\sum_{j=1}^{100}\frac{1}{\dfrac{0.4}{\alpha_1+\alpha_2}+\beta_j}\leqslant 128.1(\alpha_1+\alpha_2)$$

---

① 陈景润，王天泽. 关于 Dirichlet $L$－函数的零点分布. 四川大学学报(自然科学版)，1989:145-155.

② 同上.

③ 陈景润. 关于 $L$－函数的三个定理. 曲阜师范大学学报(自然科学版)，1986，3(2):1-14.

由此即知本引理成立.

**引理 4** 设 $x \geqslant \exp(\exp(9.7))$ 是一个实数. 在相关文献①中的定理的符号下,记

$$\Omega(x;q,a)=$$

$$\left|\sum_{l=1}^{q}{}' e\left(\frac{al}{q}\right)\Psi(x;q,l)-\frac{\mu(q)x}{\varphi(q)}+\frac{\widetilde{E}\widetilde{\chi}(a)\tau(\widetilde{\chi})x^{\widetilde{\beta}}}{\widetilde{\beta}\varphi(q)}\right|$$

则当 $1 \leqslant q \leqslant (\log x)^3$ 时,有

$$\Omega(x;q,a) \leqslant 0.077xq^{0.5}(\log x)^{-10.35} \qquad ⑦$$

当 $(\log x)^3 \leqslant q \leqslant (\log x)^{6.5}$ 时,有

$$\Omega(x;q,a) \leqslant 0.022xq^{0.5}(\log x)^{-7.5} \qquad ⑧$$

**证明** 我们只给出式⑦的证明. 对于式⑧,可以用完全相同的方法计算而得. 记 $T=(\log x)^{12.7}$,则当 $\chi$ 是模 $q$ 的原特征时,由于 $x \geqslant \exp(\exp(9.7))$,故利用相关文献②中的引理 12 的证明方法可以得到

$$\psi(x,\chi)=\sum_{n\leqslant x}\Lambda(n)\chi(n)=\sum_{|\mathrm{Im}\,\rho|\leqslant T'}\frac{x^{\rho}}{\rho}+R_1 \qquad ⑨$$

其中 $\rho$ 是 $L(s,\chi)$ 的任意一个非显然零点,$T'$ 是满足 $|T'-T|\leqslant 1$ 的一个实数,$|R_1|\leqslant 2.086\ 64x\cdot(\log x)^{-10.7}$. 当 $\chi\neq\chi_0,\widetilde{\chi}$ 时,设 $\chi^*$ 是模 $q^*$ 的与 $\chi$ 相对应的原特征,则有

$$\psi(x,\chi)=\psi(x,\chi^*)+R_2 \qquad ⑩$$

其中

$$|R_2|\leqslant(\log 2)^{-1}(\log x)^2$$

当 $x \geqslant \exp(\exp(9.7))$ 时,由⑨⑩两式及相关文

① 陈景润,王天泽. 关于 Dirichlet $L$-函数的零点分布. 四川大学学报(自然科学版),1989:145-155.

② 同上.

献[1]中的引理 8 和相关文献[2]中的定理可得

$$\begin{aligned}
&\left|\sum_{\chi\neq\chi_0,\tilde{\chi}}\psi(x,\chi)\tau(\bar{\chi})\chi(a)\right|\leqslant\\
&(q^{0.5})\sum_{\chi\neq\chi_0,\tilde{\chi}}|\psi(x,\chi)|\leqslant\\
&(\log 2)^{-1}\varphi(q)q^{0.5}(\log x)^2+\\
&(q^{0.5})\sum_{\chi\neq\chi_0,\tilde{\chi}}|\psi(x,\chi^*)|\leqslant\\
&2.0867(\varphi(q)-2)q^{0.5}x(\log x)^{-10.7}+\\
&(q^{0.5})\sum_{\chi\neq\chi_0,\tilde{\chi}}\sum_{|\mathrm{Im}\,\rho|\leqslant T'}\frac{x^{\beta}}{|\rho|}\leqslant\\
&\mathrm{e}^{19}q^{0.5}|\rho|^{-1}x^{\beta}+(\varphi(q)-2)(q^{0.5})\cdot\\
&(2.0867x(\log x)^{-10.7}+\\
&(600)(\log\log x)^2x^{1-\frac{2}{15.7\log\log x}})\leqslant\\
&(\varphi(q)-2)(q^{0.5})\Big(0.07x(\log x)^{-10.35}+\\
&\frac{\mathrm{e}^{19}x^{\beta}}{(\varphi(q)-2)|\rho|}\Big)
\end{aligned}\tag{⑪}$$

由引理 1 ～ 3 并注意使用 $x\geqslant\exp(\exp(9.7))$，通过简单的计算可以得到

$$\begin{aligned}
&\frac{\mathrm{e}^{19}x^{\beta}}{(\varphi(q)-2)|\rho|}\leqslant\frac{1}{(\varphi(q)-2)|\rho|}\cdot\\
&(\mathrm{e}^{19}x^{1-\frac{0.29}{\log(q|\mathrm{Im}\,\rho|)}}+96x^{1-\frac{0.2285}{\log(q|\mathrm{Im}\,\rho|)}}+4x^{\beta})\leqslant\\
&(3)\exp(-6.064)x(\log x)^{-10.35}
\end{aligned}\tag{⑫}$$

由 ⑪⑫ 两式可知，当 $x\geqslant\exp(\exp(9.7))$ 时，有

---

① 陈景润，王天泽．关于算术数列中素数分布的一个定理．中国科学，1989，32：1121-1132．

② 陈景润，王天泽．关于 Dirichlet $L$－函数的零点分布．四川大学学报（自然科学版），1989：145-155．

$$\left|\sum_{\chi\neq\chi_0,\tilde{\chi}}\psi(x,\chi)\tau(\bar{\chi})\chi(a)\right|\leqslant$$

$$0.077(\varphi(q)-2)q^{0.5}x(\log x)^{-10.35} \qquad ⑬$$

使用类似的方法计算可知,当 $x\geqslant\exp(\exp(9.7))$ 时,有

$$|\psi(x)-x|\leqslant 0.077x(\log x)^{-10.35}$$

及

$$\left|\psi(x,\tilde{\chi})+\frac{x^{\tilde{\beta}}}{\tilde{\beta}}\right|\leqslant 0.077x(\log x)^{-10.35}$$

故由式 ⑬ 和相关文献[①]中的式(38) 即知式 ⑦ 能够成立. 这样我们就完成了本引理的证明.

下面我们来给出本节定理的证明. 自此以下,我们将使用相关文献[②]中的记号,并总设奇数 $N\geqslant\exp(\exp(9.715))$. 由该文中的(21)(22) 两式和相关文献[③]中的定理我们有

$$I_1(N)\geqslant 0.626\,9N^2r^{-3}-\sum_{j=1}^{3}M_j \qquad ⑭$$

对任一实数 $t\geqslant\exp(\exp(9.71))$,当 $1\leqslant q\leqslant r^3$ 时,由式 ⑦ 得

$$\Delta_{t,q,a}=0.077tq^{0.5}(\log t)^{-11.35}+$$

$$\int_2^{t(\log t)^{-12}}(2+\log y)(\log y)^{-2}\mathrm{d}y+$$

---

① 陈景润,王天泽. 关于算术数列中素数分布的一个定理. 中国科学,1989,32:1121-1132.

② 陈景润,王天泽. 关于哥德巴赫问题. 科学学报,1989,32:702-718.

③ 陈景润,王天泽. 奇数情形 Goldbach 猜想中拟主项的估计. 数学物理学报(英文),1991(3).

$$\int_{t(\log t)^{-12}}^{t} 0.077q^{0.5}(\log y)^{-12.35}\mathrm{d}y \leqslant 0.082tq^{0.5}(\log t)^{-11.35} \quad ⑮$$

由于 $N \geqslant \exp(\exp(9.715))$，故

$$Nr^{-7} \geqslant \exp(\exp(9.71))$$

于是由式⑮知，当 $1 \leqslant q \leqslant r^3$ 时，有

$$\Omega_{N,q,a} = \int_{2}^{Nr^{-7}} q^{0.5}rt\,\mathrm{d}t + \int_{Nr^{-7}}^{N} 0.082tq^{0.5}(\log t)^{-11.35}\mathrm{d}t \leqslant (1.05)(0.041)N^2q^{0.5}r^{-11.35} + 0.5N^2q^{0.5}r^{-13} \leqslant 0.044N^2q^{0.5}r^{-11.35} \quad ⑯$$

由式⑭～⑯和相关文献[①]中的式(33)～(35)可知，当 $N \geqslant \exp(\exp(9.715))$ 时，有

$$I_1(N) \geqslant 0.6249N^2r^{-3} \quad ⑰$$

当 $\alpha \in E_3$ 时，有 $q \geqslant r^{6.5}$。故当 $N \geqslant \exp(\exp(9.715))$ 时，由相关文献[②]中的定理可得

$$|S(\alpha)| \leqslant 2.94Nr^{-2.5}\log r$$

于是由 $\pi(N) \leqslant 1.5Nr^{-1}$ 得

$$|I_3(N)| \leqslant (2.94Nr^{-2.5}\log r)\pi(N) \leqslant 0.333N^2r^{-3} \quad ⑱$$

下面我们来估计 $I_2(N)$。为此先给出式⑧的如下简单变形。

**引理5**　在引理4的条件下，如果实数 $x \geqslant \exp(\exp(9.706))$，则当 $r^3 \leqslant q \leqslant r^{6.5}$ 时，有

---

① 陈景润，王天泽．关于哥德巴赫问题．科学学报，1989，32：702-718.

② 陈景润．某种三角和的估计及其应用．中国科学，1985，28：449-458.

$$\left|\sum_{l=1}^{q}{}'e\left(\frac{al}{q}\right)\pi(x;q,l)-\frac{\mu(q)L_i(x)}{\varphi(q)}+\frac{\widetilde{E}\widetilde{\chi}(a)\tau(\widetilde{\chi})}{\varphi(q)}\int_2^x\frac{t^{\widetilde{\beta}-1}}{\log t}\mathrm{d}t\right|\leqslant 0.023xq^{0.5}(\log x)^{-8.5}$$

**证明** 由引理4,使用相关文献[①]中引理6的证明方法,通过简单的计算即可证明本引理.

**引理6** 如果奇数 $N\geqslant\exp(\exp(9.715))$,则有

$$|I_2(N)|\leqslant 0.138N^2r^{-3}$$

**证明** 因为 $Nr^{-3}\geqslant\exp(\exp(9.706))$,所以由引理5和相关文献[②]中的式(50)即 $N_z(l)$ 的定义我们有

$$\Bigg|\sum_{l=1}^{q}{}'e\left(\frac{al}{q}\right)\Bigg(N_z(l)-\sum_{Nr^{-3}\leqslant k\leqslant N-1}\left(\frac{L_i(k)}{\varphi(q)}-\frac{\widetilde{E}\widetilde{\chi}(l)}{\varphi(q)}\int_2^k\frac{t^{\widetilde{\beta}-1}}{\log t}\mathrm{d}t\right)\cdot(e(zk)-e(z(k+1)))-\left(\frac{L_i(k)}{\varphi(q)}-\frac{\widetilde{E}\widetilde{\chi}(l)}{\varphi(q)}\int_2^N\frac{t^{\widetilde{\beta}-1}}{\log t}\mathrm{d}t\right)e(Nz)+\left(\frac{L_i(Nr^{-3}-1)}{\varphi(q)}-\frac{\widetilde{E}\widetilde{\chi}(l)}{\varphi(q)}\int_2^{Nr^{-3}-1}\frac{t^{\widetilde{\beta}-1}}{\log t}\mathrm{d}t\right)\cdot e(Nr^{-3}z)\Bigg)\Bigg|\leqslant$$

$$0.023Nq^{0.5}r^{-8.5}+0.023Nr^{-3}q^{0.5}(r-3\log r)^{-8.5}+\sum_{Nr^{-3}\leqslant k\leqslant N-1}(2\pi|z|)(0.023q^{0.5})k(\log k)^{-8.5}\leqslant$$

---

① 陈景润,王天泽. 关于哥德巴赫问题. 科学学报,1989,32:702-718.

② 同上.

$$0.08Nr^{-2.5} \tag{19}$$

由式 ⑲ 和相关文献[1]中的式(50)知，当 $N \geqslant \exp(\exp(9.715))$ 时，有

$$|S(\alpha)| \leqslant 0.081Nr^{-2.5} + |T(\alpha)| \tag{20}$$

其中 $T(\alpha)$ 的定义见相关文献[2]中的式(52). 由式 ⑧ 和相关文献[3]中的式(10) 可得

$$|T(\alpha)| \leqslant \frac{|\mu(q)|}{\varphi(q)}\int_{Nr^{-3}-1}^{N}\frac{\mathrm{d}t}{\log t} + \frac{q^{0.5}}{\varphi(q)}\int_{Nr^{-3}-1}^{N}\frac{\mathrm{d}t}{\log t} \leqslant 3.65Nr^{-2.38} \tag{21}$$

当 $N \geqslant \exp(\exp(9.715))$ 时，由 ⑳㉑ 两式和 $\pi(N) \leqslant 1.5Nr^{-1}$ 可得

$$|I_2(N)| \leqslant (\max_{\alpha \in E_2}|S(\alpha)|)\int_0^1 |S(\alpha)|^2 \mathrm{d}\alpha \leqslant 0.138N^2r^{-3}$$

这样我们就完成了本引理的证明.

由 ⑰⑱ 两式和引理 6 知，当 $N \geqslant \exp(\exp(9.715))$ 时，有

$$I(N) \geqslant (0.6249 - 0.138 - 0.333)N^2r^{-3} > 0$$

定理得证.

---

① 陈景润，王天泽. 关于哥德巴赫问题. 科学学报，1989，32：702-718.

② 同上.

③ 同上.

## §3 表奇数为三个素数之和

——维诺格拉多夫

我的方法在素数论中的应用的一些简单例子已于相关文献[1]中给出.

本节我们给出这个方法在和

$$\sum_{p\leqslant N} e^{2\pi i\alpha p}$$

的估计方面的应用.运用这一估计及一个算术级数中素数分布的新定理(数列中的项之差与项数同时缓慢增加),我得到将一个奇数 $N>0$ 表示为

$$N=p_1+p_2+p_3$$

的表示法的渐近公式,由此直接推出每个大奇数都是三个素数之和,这标志着关于奇数的哥德巴赫问题的完全解决.

本节给出的估计可以换成更准确的估计.

记号:$N>0$ 为一个大奇数,$n=\log N$.

$h,h_1,h_2,\cdots$ 为任意大于 3 的大常数,且

$$\tau=Nn^{-3h},\tau_1=Nn^{-h}$$

$\theta$ 为实数及 $|\theta|\leqslant 1$,且

$$A\ll B,A=O(B)$$

表示$\frac{|A|}{B}$不超过某一常数.

① I. M. Vinogradov. Dokl,Akad. Nauk,1934,4(2):185-187.

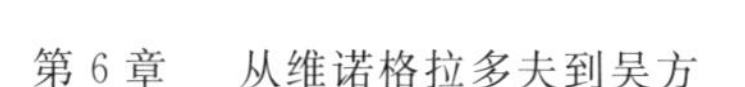



不超过$\sqrt{N}$ 的所有素数的乘积记为 $H$，$(d)$ 表示满足$d\leqslant N$的$H$ 的因子的集合；$(d_0)$ 表示$(d)$ 的子集，其中 $d$ 具有偶数个素因子；$(d_1)$ 为具有奇数个素因子的 $d$ 构成的子集. 集合$(d)$ 亦可分成两个集合$(d')$ 与$(d'')$. 前者包含这样的数 $d$，其素因子皆小于或等于$n^{3h}$，后者包含其余的 $d$.

集合$(d_0)$ 与$(d_1)$ 亦对应地分成集合$(d'_0)$，$(d''_0)$与$(d'_1)$，$(d''_1)$.

**引理**　令$(x)$ 与$(y)$ 表示两个递增的正整数集合，且

$$1<U_0<U_1\leqslant N_1\leqslant N$$

$m$ 为正整数；

$$\alpha=\frac{a}{q}+\frac{\theta}{q\tau},(a,q)=1,0<q\leqslant\tau,m=m_1\delta$$

$$q=q_1\delta,\delta=(m,q),T=\sum_x\sum_y \mathrm{e}^{2\pi i\alpha mxy}$$

此处 $x$ 过$(x)$ 中适合

$$U_0<x\leqslant U_1$$

的数，而给定 $x$ 后，$y$ 过$(y)$ 中适合

$$0<y\leqslant\frac{N_1}{x}$$

的数. 则

$$T\ll N_1 n\sqrt{\frac{n}{U_0}+\frac{U_1}{N_1}+\frac{q_1 n}{N_1}+\frac{1}{q_1}+\frac{m_1}{\tau}}$$

**定理 1**　令

$$\alpha=\frac{a}{q}+\frac{\theta}{q\tau},(a,q)=1,n^{3h}\leqslant q\leqslant\tau$$

则得

$$S=\sum_{p\leqslant N}\mathrm{e}^{2\pi i\alpha p}\ll Nn^{2-h}$$

**证明** 我们有

$$S=\sum_{(d)}\mu(d)S_d+O(\sqrt{N}),S_d=\sum_{m=1}^{\frac{N}{d}}\mathrm{e}^{2\pi i\alpha md} \quad ①$$

所以

$$S=\sum_{d>\tau_1}\mu(d)S_d+O(Nn^{-h+1})=T_0-T_1+O(Nn^{-h+1})$$

$$T_0=\sum_{(d_0)}S_d,T_1=\sum_{(d_1)}S_d \quad ②$$

此处 $d$ 过大于 $\tau_1$ 的值. 我们仅仅估计 $T_0$，而 $T_1$ 的估计是类似的.

交换求和次序得

$$T_0=\sum_{m}T(m),T(m)=\sum_{d}\mathrm{e}^{2\pi i\alpha md} \quad ③$$

此处 $m$ 过下列诸数

$$m=1,\cdots,[n^h]$$

而对于每个 $m$，$d$ 过以下诸数

$$\tau_1<d\leqslant\frac{N}{m}$$

进而言之，我们有

$$T(m)=T''(m)+O\left(\frac{N}{m}n^{-h}\right) \quad ④$$

此处 $T''(m)$ 含有 $T(m)$ 中对应于集合 $(d''_0)$ 的那些项. $T(m)$ 的对应于 $(d'_0)$ 的部分 $T'(m)$ 不超过 $(d')$ 中不超过 $\frac{N}{m}$ 的项数，这个数的阶大大地小于

$$\frac{N}{m}n^{-h}$$

若 $d\in(d''_0)$ 及 $k$ 为 $d$ 的超过 $n^{3h}$ 的素因子个数，则

$$k<n$$

所以

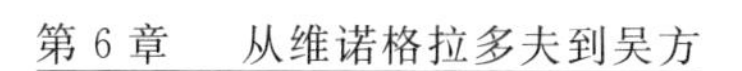

$$T''(m)=\sum_{k<n}T_k(m) \tag{5}$$

此处 $T_k(m)$ 包含 $T''(m)$ 的那些项，其中 $d$ 正好含有 $k$ 个大于 $n^{3h}$ 的素因子. 进而言之

$$T_k(m)=\frac{1}{k}T_{k_0}(m)+O\left(\frac{N}{mk}n^{-3h}\right) \tag{6}$$

此处

$$T_{k_0}(m)=\sum_u\sum_v \mathrm{e}^{2\pi i\alpha muv}$$

及 $u$ 过属于$(d)$ 且大于或等于 $n^{3h}$ 的素数，而固定 $u$，$v$ 过属于$(d_1)$ 且满足

$$\frac{\tau_1}{u}<v\leqslant\frac{N}{mu}$$

的整数，直接应用引理，我们得

$$T_{k_0}(m)\ll N\frac{n^{\frac{3}{2}-\frac{3}{2}h}}{\sqrt{m}}$$

所以由 ② ～ ⑥ 即得定理 1.

**定理 2**　令 $I_N$ 表示

$$N=p_1+p_2+p_3$$

的表示法个数，则

$$I_N=RS+O(N^2n^{-c})$$

此处 $c$ 为任意大于 3 的大常数及

$$S=\sum_{q=1}^{\infty}\frac{\mu(q)}{q_1^2}\sum_{\substack{0\leqslant a<q\\(a,q)=1}}\mathrm{e}^{2\pi i\frac{a}{q}N}$$

$$R=\frac{N^2}{2n^3}(1+\lambda),\lim_{N\to\infty}\lambda=0,q_1=\varphi(q)$$

**证明**　(1) 我们有

$$I_N=\int_0^1 S_\alpha^3\mathrm{e}^{-2\pi i\alpha N}\mathrm{d}\alpha,S_\alpha=\sum_{p\leqslant N}\mathrm{e}^{2\pi i\alpha p}$$

我们划分积分区间为两类：

(i)$\alpha=\frac{a}{q}+z$;$(a,q)=1$;$0<q\leqslant n^{3h}$,$-\frac{1}{\tau}\leqslant z\leqslant\frac{1}{\tau}$.

(ii) 剩余的诸区间. 对于这些区间有

$$\alpha=\frac{a}{q}+z,(a,q)=1,n^{3h}<q\leqslant\tau,|z|\leqslant\frac{1}{q\tau}$$

对应于这种分割,我们有

$$I_N=I_{N_1}+I_{N_2} \tag{7}$$

(2) 由定理 1 我们得

$$\begin{aligned}I_{N_2}&\ll Nn^{2-h}\int_0^1|S_\alpha|^2\mathrm{d}\alpha\ll\\&Nn^{2-h}\int_0^1\sum_{p\leqslant N}\sum_{p_1\leqslant N}\mathrm{e}^{2\pi\mathrm{i}\alpha(p-p_1)}\mathrm{d}\alpha\ll\\&Nn^{2-h}\frac{N}{n}\ll N^2n^{1-h}\end{aligned} \tag{8}$$

(3)$I_{N_1}$ 的估计是没有困难的,它与华林问题的做法是一样的,但这里我们用到算术级数中素数分布的一个新定理. 若 $\alpha$ 属于第一类区间,则

$$S_\alpha=\frac{\mu(q)}{q_1}V(z)+O(Nn^{-h_1})$$

$$V(z)=\int_2^N\frac{\mathrm{e}^{2\pi\mathrm{i}zx}}{\log x}\mathrm{d}x$$

因此 $I_{N_1}$ 对应于分数$\frac{a}{q}$ 的部分可以表示为

$$R\frac{\mu(q)}{q_1^3}\mathrm{e}^{-2\pi\mathrm{i}\frac{a}{q}N}+O(Nn^{-h_2})$$

$$R=\int_{-\frac{1}{\tau}}^{\frac{1}{\tau}}(V(z))^3\mathrm{e}^{-2\pi\mathrm{i}zN}\mathrm{d}z$$

此处 $R$ 可以表示为

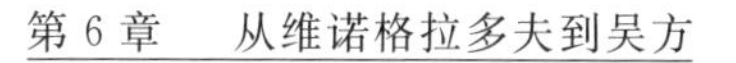

$$R=\frac{N^2}{2n^3}(1+\lambda),\lim_{N\to\infty}\lambda=0$$

因此我们容易算出

$$I_{N_1}=RS+O(N^2n^{-h_3})$$

故由 ⑦⑧ 即得定理.

**附录**　Representation of an odd number as a sum of three primes[1].

Some simple examples[2] illustrating the application of my method to the theory of primes were given in 1934.

In this paper I shall apply this method to estimate the sum

$$\sum_{p\leqslant N}\mathrm{e}^{2\pi i\alpha p}$$

Using this estimate and a new theorem on the distribution of primes in an arithmetical progression[3](the common difference increasing slowly with the increasing number of terms), I shall derive an asymptotic expression for the number of representations of

---

① 摘自:维诺格拉多夫选集.(译自俄文)斯普林格出版公司,1985.

注:由于一些众所周知的原因,这本文集从来没在中国正式发售过,但为了研究的需要,一些机构翻印过,本书于1988年购于长春一家小书店.

② On some new problems in the theory of numbers. Dokl. Akad. Nauk SSSR,1934,3,(1).

③ Some theorems in analytic number theory. Dokl. Akad. Nauk SSSR,1934,4(4):185-187.

A. Walfisz. Zur additiven Zahlentheorie II. Math. Z. 1935,40:592-607.

an odd number $N>0$ in the form

$$N=p_1+p_2+p_3$$

It directly follows that any sufficiently large odd number can be represented in the form of a sum of three primes. This is the complete solution of the Goldbach problem for odd numbers.

The estimates derived in this paper can be improved further.

**Notations** $N>0$ is a sufficiently large odd number; $n=\log N$; $h, h_1, h_2$ are arbitrary large constants (greater than 3); $\tau=Nn^{-3h}$; $\tau_1=Nn^{-h}$; $\theta$ is a real number; $|\theta|\leqslant 1$; $A\ll B$ or $A=O(B)$ denotes that the ratio $\frac{|A|}{B}$ does not exceed a certain constant; $(d)$ stands for a sequence of divisors $d\leqslant N$ of the product $H$ of all primes less than $\sqrt{N}$; $(d_0)$ denotes that part of this sequence which contains all $d$ with an odd number of prime divisors, while $(d_1)$ denotes that part which contains all $d$ with an even number of prime divisors. The sequence $(d)$ can also be divided into two subsequences $(d')$ and $(d'')$ as follows: the first contains the numbers $d$ satisfying the condition that all prime divisors are less than $n^{3h}$ and the second contains all the remaining numbers $d$.

Accordingly, the sequences $(d_0)$ and $(d_1)$ are divided into subsequences $(d'_0)$, $(d''_0)$ and $(d'_1)$, $(d''_1)$, respectively.

**Lemma** Let $(x)$ and $(y)$ denote two increasing

sequences of positive integers

$$1<U_0<U_1\leqslant N_1\leqslant N$$

$m$ is an integer greater than 0

$$\alpha=\frac{a}{q}+\frac{\theta}{q\tau},(a,q)=1,0<q\leqslant\tau,m=m_1\delta,q=q_1\delta$$

$$\delta=(m,q),T=\sum_{x}\sum_{y}\mathrm{e}^{2\pi i\alpha mxy}$$

where $x$ runs through all the members of $(x)$ satisfying the condition

$$U_0<x\leqslant U_1$$

and $y$, for a given $x$, runs through all the members of $(y)$ satisfying the condition

$$0<y\leqslant\frac{N_1}{x}$$

Then

$$T\ll N_1 n\sqrt{\frac{n}{U_0}+\frac{U_1}{N_1}+\frac{q_1 n}{N_1}+\frac{1}{q_1}+\frac{m_1}{\tau}}$$

**Theorem 1** Let

$$\alpha=\frac{a}{q}+\frac{\theta}{q\tau},(a,q)=1,n^{3h}\leqslant q\leqslant\tau$$

Then

$$S=\sum_{p\leqslant N}\mathrm{e}^{2\pi i\alpha p}\ll Nn^{2-h}$$

**Proof** We have

$$S=\sum_{(d)}\mu(d)S_d+O(\sqrt{N}),S_d=\sum_{m=1}^{\frac{N}{d}}\mathrm{e}^{2\pi i\alpha md} \quad ⑨$$

Hence we find

$$S=\sum_{d>\tau_1}\mu(d)S_d+O(Nn^{-h+1})=T_0-T_1+O(Nn^{-h+1})$$

$$T_0=\sum_{(d_0)}S_d,T_1=\sum_{(d_1)}S_d \quad ⑩$$

where $d$ runs through those values which are greater than $\tau_1$. We shall only estimate $T_0$, because $T_1$ can be estimated in the same manner. By changing the order of summation, we obtain

$$T_0=\sum_m T(m),T(m)=\sum_d e^{2\pi i\alpha m d} \quad ⑪$$

where $m$ runs through

$$m=1,\cdots,[n^h]$$

and $d$, for each given $m$, runs through the numbers $(d_0)$ satisfying the condition

$$\tau_1<d\leqslant\frac{N}{m}$$

Furthermore, we find that

$$T(m)=T''(m)+O\left(\frac{N}{m}n^{-h}\right) \quad ⑫$$

where $T''(m)$ contains only those terms in the sum $T(m)$ that correspond to the values of $d$ in the sequence $(d''_0)$. Indeed, the part $T'(m)$ of the sum $T(m)$ which corresponds to the values of $d$ in the sequence $(d'_0)$ does not exceed the number of those terms in the sequence $(d')$ which are not greater than $\frac{N}{m}$. But the order of this numbers is far less than

$$\frac{N}{m}n^{-h}$$

If $d$ belongs to $(d''_0)$ and $k$ is the number of prime divisors of $d$, then

$$k<n$$

Therefore

$$T''(m)=\sum_{k<n}T_k(m) \tag{13}$$

where $T_k(m)$ contains those terms in $T''(m)$ which contain exactly $k$ prime divisors greater than $n^{3h}$. Moreover

$$T_k(m)=\frac{1}{k}T_{k_0}(m)+O\left(\frac{N}{mk}n^{-3h}\right) \tag{14}$$

where

$$T_{k_0}(m)=\sum_u\sum_v \mathrm{e}^{2\pi i\alpha muv}$$

Here $u$ runs through the primes greater or equal to $n^{3h}$ belonging to $(d)$, while $v$ runs, for a given $u$, through the numbers satisfying the condition

$$\frac{\tau_1}{u}<v\leqslant\frac{N}{mu}$$

Applying the lemma to the sum $T_{k_0}(m)$, we obtain

$$T_{k_0}(m)\ll N\frac{n^{\frac{3}{2}-\frac{3h}{2}}}{\sqrt{m}}$$

Thus, from ⑩～⑭ we obtain Theorem 1.

**Theorem 2**　The number $I_N$ of the representations of $N$ in the form

$$N=p_1+p_2+p_3$$

is given by the expression

$$I_N=RS+O(N^2n^{-c})$$

where $c$ is an arbitrarily large constant greater than 3 and

$$S=\sum_{q=1}^{\infty}\frac{\mu(q)}{q_1^3}\sum_{\substack{0\leqslant a<q\\(a,q)=1}}\mathrm{e}^{2\pi i\frac{a}{q}N}$$

$$R=\frac{N^2}{2n^3}(1+\lambda),\lim_{N\to\infty}\lambda=0,q_1=\varphi(q)$$

**Proof** (1) We have

$$I_N=\int_0^1 S_\alpha^3 e^{-2\pi i\alpha N}\,d\alpha, S_\alpha=\sum_{p\leqslant N} e^{2\pi i\alpha p}$$

Divide the range of integration into intervals of two classes as follows: class I contains all intervals satisfying the conditions

$$\alpha=\frac{a}{q}+z,(a,q)=1,0<q\leqslant n^{3h},-\frac{1}{\tau}\leqslant z\leqslant\frac{1}{\tau}$$

Class II contains all other remaining intervals for which

$$\alpha=\frac{a}{q}+z,(a,q)=1,n^{3h}<q\leqslant\tau,|z|\leqslant\frac{1}{q\tau}$$

Accordingly, we have

$$I_N=I_{N_1}+I_{N_2} \tag{15}$$

(2) Applying Theorem 1 we find that

$$I_{N_2}\ll Nn^{2-h}\int_0^1 |S_\alpha|^2\,d\alpha\ll$$

$$Nn^{2-h}\int_0^1\sum_{p\leqslant N}\sum_{p_1\leqslant N} e^{2\pi i\alpha(p-p_1)}\,d\alpha\ll$$

$$Nn^{2-h}\frac{N}{n}\ll N^2 n^{1-h}$$

(3) It is not difficult to calculate $I_{N_1}$. It is calculated by the procedure that was used in Waring's problem, but here we have to use a new theorem on the distribution of primes in an arithmetical progression.

If $\alpha$ belongs to an interval of the first class, then we find

$$S_\alpha=\frac{\mu(q)}{q_1}V(z)+O(Nn^{-h_1}),V(z)=\int_2^N\frac{e^{2\pi izx}}{\log x}dx$$

Hence that part of $I_{N_1}$ which corresponds to a given fraction $\frac{a}{q}$ is represented as

$$R\frac{\mu(q)}{q_1^3}\mathrm{e}^{-2\pi\mathrm{i}\frac{a}{q}N}+O(Nn^{-h_2}),R=\int_{-\frac{1}{\tau}}^{\frac{1}{\tau}}(V(z))^3\mathrm{e}^{-2\pi\mathrm{i}zN}\mathrm{d}z \tag{16}$$

where $R$ can be expressed in the from

$$R=\frac{N^2}{2n^3}(1+\lambda),\lim_{N\to\infty}\lambda=0$$

Hence, without any difficulty we find that

$$I_{N_1}=RS+O(N^2n^{-h_3})$$

and by virtue of ⑮ and ⑯ the theorem follows immediately.

## §4　算术级数中的奇数哥德巴赫问题(Ⅰ)[1]

——张振峰　王天泽

中国科学院研究生院信息安全国家重点实验室的张振峰研究员和河南大学数学与信息科学学院的王天泽教授 2003 年给出了算术级数的模的精确数值上界，在该算术级数中奇数哥德巴赫问题可解. 我们的结果蕴含了林尼克常数的一个数值上界.

### 4.1　引言及定理

奇数哥德巴赫猜想断言：每一个奇数 $N\geqslant 9$ 可以

① 原载于《数学学报》,2003,46(5):965-980.

表示为三个奇素数之和. 在广义黎曼猜想(GRH)假设下,哈代和李特伍德于1921年证明了这一猜想对于充分大的奇数 $N$ 成立. 1937年,维诺格拉多夫首次得到了素变数指数和的一个非显然估计,并由此无条件地证明了:对于充分大的奇数 $N$,素变数方程

$$N = p_1 + p_2 + p_3 \qquad ①$$

可解. 由于哈代－李特伍德和维诺格拉多夫的杰出工作,许多作者考虑了当素变数 $p_j(1 \leqslant j \leqslant 3)$ 限制于算术级数 $\{kj + l\}_{j=0,1,\cdots}$ 中时式 ① 的可解性问题,其中 $k$ 和 $l$ 是正整数且满足 $l \leqslant k$,$(k,l) = \gcd(k,l) = 1$. 更确切地说,设正整数 $l_1$,$l_2$ 和 $l_3$ 满足 $(l_j,k) = 1(1 \leqslant j \leqslant 3)$,他们证明了素变数方程 ① 对于充分大的奇数 $N = l_1 + l_2 + l_3 \pmod k$ 可解,其中 $p_j \equiv l_j \pmod k$ $(1 \leqslant j \leqslant 3)$. 实际上,他们给出了对任意的正整数模 $k \leqslant (\log N)^C$ 的结果,其中 $C$ 是一个固定的正数. 这一结果被廖明哲和王天泽,廖明哲和展涛分别通过不同的途径推广到大模的算术级数中,即对任意的正整数模 $1 \leqslant k \leqslant N^\theta$ 都成立,其中 $0 < \theta < 1$ 是一个可计算的绝对常数. 其结果如下:

**定理0** 设整数 $l_1$,$l_2$,$l_3$ 和 $k \geqslant 1$,满足 $(l_j,k) = 1$,$1 \leqslant j \leqslant 3$;$N$ 是一个充分大的奇数,满足 $N \equiv l_1 + l_2 + l_3 \pmod k$,则存在一个可计算的绝对常数 $\theta(0 < \theta < 1)$,使得对任意的正整数 $k \leqslant N^\theta$,素变数方程 ① 对于 $p_j \equiv l_j \pmod k$ $(1 \leqslant j \leqslant 3)$ 可解.

如果我们不关心 $\theta$ 的精确数值,定理0中对于算术级数的模 $k$ 的推广显然是最好的. 关于 $\theta$ 的定量结果,Wolke 于1993年证明了对于"几乎所有"的素数模定理0中的 $\theta$ 可以取为 $\frac{1}{11}$. 这里,"几乎所有"指除去

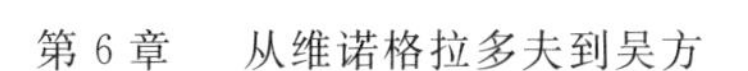



$o\left(\frac{N^{\theta}}{\log N}\right)$ 个例外，定理 0 对其余所有满足 $1 \leqslant k \leqslant N^{\theta}$ 的模 $k$ 成立. 刘建亚和展涛把这一结果改进为：对于"几乎所有"的整数模 $\theta=\frac{1}{8}$，对于"几乎所有"的素数模 $\theta=\frac{3}{20}$. 然而，对应于所有整数模的 $\theta$ 的数值却从未确定过. 本节的主要目的是证明下面的定理 1，从而说明定理 0 中的 $\theta$ 可以取为 $\frac{1}{42}$.

**定理 1**　设整数 $l_1, l_2, l_3$ 和 $k \geqslant 1$，满足 $(l_j, k)=1$，$1 \leqslant j \leqslant 3$；$N$ 是一个充分大的奇数，满足 $N \equiv l_1+l_2+l_3 \pmod k$. 则对于任意的整数 $k$，$1 \leqslant k \leqslant N^{\frac{1}{42}}$，素变数方程 ① 对于 $p_j \equiv l_j \pmod k$ $(1 \leqslant j \leqslant 3)$ 可解.

若我们令 $l_1=l_2=l_3=l$，并且取固定的大奇数 $N$，满足 $k^{\frac{1}{\theta}} \leqslant N \ll k^{\frac{1}{\theta}}$ 和 $N \equiv 3l \pmod k$，则定理 0 表明在算术级数 $\{kj+l\}_{j=0,1,\cdots}$ 中存在素数 $p_1, p_2$ 和 $p_3$，使得

$$p_1+p_2+p_3=N \ll k^{\frac{1}{\theta}}$$

因此算术级数 $\{kj+l\}_{j=0,1,\cdots}$ 中的最小素数一定满足 $\ll k^{\frac{1}{\theta}}$. 也就是说，定理 0 蕴含了关于算术级数中的最小素数的著名的林尼克定理，从而定理 1 蕴含了林尼克常数小于或等于 42. 需要指出的是，目前关于最小素数的最好上界是希思－布朗于 1992 年得到的 $\ll k^{5.5}$.

我们应用圆法来证明定理 1. 设 $k$ 和 $N$ 如定理 1 所定义，$\varepsilon_0$ 是一个固定的充分小的正数

$$\mathscr{L}=\log N, Q=k^{2+\varepsilon_0}\mathscr{L}^{9}, \tau=N^{-1}k^{3.5+2.5\varepsilon_0}\mathscr{L}^{19},$$

$$T=k^{6+4\varepsilon_0}\mathscr{L}^{31},L=\log(kQ) \quad ②$$

记 $\Lambda(n)$ 为 von Mongoldt 函数,对于任意的实数 $y$,$e(y)=\exp(2\pi \mathrm{i} y)$. 字母 $n$ 和 $p$,无论有无下标总是分别表示正整数和素数. 对于 $1\leqslant j\leqslant 3$,设

$$S_j(x)=\sum_{\substack{\frac{N}{4}\leqslant n\leqslant N\\ n\equiv l_j(\bmod k)}}\Lambda(n)e(xn) \quad ③$$

并且

$$I(N)=\sum_{(n_1,n_2,n_3)}\Lambda(n_1)\Lambda(n_2)\Lambda(n_3) \quad ④$$

其中和式“$\sum\limits_{(n_1,n_2,n_3)}$”遍历所有满足下面的条件的三元数组$(n_1,n_2,n_3)$:

$$\frac{N}{4}\leqslant n_j\leqslant N,n_j\equiv l_j(\bmod k),1\leqslant j\leqslant 3$$

并且

$$n_1+n_2+n_3=N$$

根据实数有理逼近的迪利克雷引理,任意的 $x\in[\tau,1+\tau]$ 可以写为下面的形式

$$x=hq^{-1}+z,(h,q)=1,1\leqslant q\leqslant \tau^{-1},|z|\leqslant\frac{\tau}{q}$$

定义主区间 $\mathscr{M}_1$ 和余区间 $\mathscr{M}_2$ 分别为

$$\mathscr{M}_1=\{x:x\in[\tau,1+\tau],x=hq^{-1}+z,(h,q)=1,$$
$$1\leqslant q\leqslant Q,|z|\leqslant\frac{\tau}{q}\}$$
$$\mathscr{M}_2=[\tau,1+\tau]-\mathscr{M}_1$$

由于 $k\leqslant N^{\frac{1}{42}}$ 及式 ② 可知,$\mathscr{M}_1$ 是所有形如 $m(h,q)=\left[\frac{h-\tau}{q},\frac{h+\tau}{q}\right]$的互不相交的闭区间的并. 从式 ③ 和式 ④ 我们得到

$$I(N)=\int_{\tau}^{1+\tau}e(-Nx)\prod_{j=1}^{3}S_j(x)\mathrm{d}x=$$
$$\left\{\int_{\mathscr{M}_1}+\int_{\mathscr{M}_2}\right\}e(-Nx)\sum_{j=1}^{3}S_j(x)\mathrm{d}x=$$
$$I_1(N)+I_2(N) \qquad ⑤$$

其中 $I_1(N)$ 和 $I_2(N)$ 分别是在主区间 $\mathscr{M}_1$ 和余区间 $\mathscr{M}_2$ 上的积分.

### 4.2　预备引理

我们以 $\varepsilon$ 和 $C$ 分别表示一个充分小的正数和一个正常数,但在不同情形下未必相同;以 $\chi(\mathrm{mod}\ q)$ 表示模 $q$ 的迪利克雷特征,$L(\sigma+\mathrm{i}t,\chi)$ 表示迪利克雷 $L$-函数.设

$$\Pi(P)=\prod_{q\leqslant P}\prod_{\chi(\mathrm{mod}\ q)}{}^{*}L(\sigma+\mathrm{i}t,\chi) \qquad ⑥$$

其中“$*$”表示乘积“$\prod\limits_{\chi(\mathrm{mod}\ q)}{}^{*}$”遍历所有模 $q$ 的原特征 $\chi(\mathrm{mod}\ q)$.

**引理 1**　在式 ② 的注记下,函数 $\Pi(kQ)$ 至多有一个零点 $\tilde{\beta}$ 位于如下区域中

$$\sigma>1-\frac{0.364}{L},\ |t|\leqslant C$$

这一零点 $\tilde{\beta}$ 通常称为例外零点或西格尔零点.如果 $\tilde{\beta}$ 存在,那么它是实的、简单的,而且对应于一个模为 $\tilde{r}\leqslant kQ$ 的非主实原特征 $\tilde{\chi}$.

**证明** 这是相关文献[①]中的命题 2.3.

**引理 2** 假定引理 1 中的例外零点$\tilde{\beta}$确实存在,对任意的常数$0<c<1$和实数$\varepsilon>0$,存在只依赖于$c$和$\varepsilon$的$K(c,\varepsilon)>0$,使得$\Pi(kQ)$的任意零点$\rho=\beta+\mathrm{i}\gamma\neq\tilde{\beta}$(对应于$\chi(\bmod q)$).若满足$[\tilde{r},q]|\gamma|>K(c,\varepsilon)$,则必有

$$\beta\leqslant 1-\min\left\{\frac{c}{6},\frac{(1-c)(2/3-\varepsilon)}{\log([\tilde{r},q]|\gamma|)}\cdot\log\left(\frac{(1-c)(2/3-\varepsilon)}{(1-\tilde{\beta})\log([\tilde{r},q]|\gamma|)}\right)\right\} \quad ⑦$$

而且对任意的正数$\varepsilon$,存在一个只依赖于$\varepsilon$的常数$c(\varepsilon)>0$,使得

$$1-\frac{0.364}{L}\leqslant\tilde{\beta}\leqslant 1-c(\varepsilon)\tilde{r}^{-\varepsilon} \quad ⑧$$

**证明** 可参见相关文献[②]中的引理 2.6.

**引理 3** 对任意的$x\geqslant 2$和$y\geqslant 1$,设

$$N(\alpha,x,y)=\sum_{q\leqslant x}\sum_{\chi(\bmod q)}{}^{*}\sum_{\substack{\rho=\beta+\mathrm{i}\gamma\\|\gamma|\leqslant y,\beta\geqslant\alpha}}1$$

其中"$*$"表示和式"$\sum\limits_{\chi(\bmod q)}{}^{*}$"遍历所有的原特征$\chi(\bmod q)$;$\rho=\beta+\mathrm{i}\gamma$是$L(s,\chi)$的任意非显然零点,那么

$$N(\alpha,x,y)\ll(x^2y)^{\frac{3(1-\alpha)}{2-\alpha}}\log^9(x,y),\frac{1}{2}\leqslant\alpha\leqslant\frac{4}{5} \quad ⑨$$

---

① M. C. Liu, T. Z. Wang. A numerical bound for small prime solutions of some ternary linear equations. Acta Arith., 1998,86(4):343-383.

② 同上.

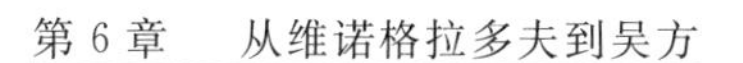

$$N(\alpha,x,y) \ll (x^2 y)^{(2+\varepsilon)(1-\alpha)},\frac{4}{5} \leqslant \alpha \leqslant 1 \qquad ⑩$$

**证明**　式⑨是相关文献[①]中的定理 4.4,式⑩是相关文献[②]中的定理 1.

### 4.3　主区间上的积分 $I_1(N)$ 的简化

设 $d=(k,q)$ 和 $D=[k,q]$ 分别是 $k$ 和 $q$ 的最大公因数与最小公倍数. 对任意的整数 $l$,满足 $(l,q)=1$,同余式组 $n \equiv l_j \pmod{k}$ 和 $n \equiv l \pmod{q}$ 可解当且仅当 $l \equiv l_j \pmod{d}$;如果可解,其解 $s_j$ 模 $D$ 是唯一的,并且 $(s_j,D)=1$. 对任意的整数 $h$ 和特征 $\chi \pmod{D}$,定义

$$G_j(\chi,h,q) = \sum_{\substack{l=1 \\ (l,q)=1 \\ l \equiv l_j \pmod{d}}}^{q} e\left(\frac{h}{q}l\right)\chi(s_j),1 \leqslant j \leqslant 3 \qquad ⑪$$

以 $\varphi$ 表示欧拉函数,记 $\chi_0=\chi_{0D}$ 为模 $D$ 的主特征. 和式"$\sum_{|\gamma| \leqslant T}{}'$"遍历 $L(s,\chi)$ 的所有满足条件:$\beta \geqslant \frac{1}{2}$,$|\gamma| \leqslant T$ 的非显然零点 $\rho=\beta+\mathrm{i}\gamma(\neq \tilde{\beta})$. 设

$$\delta_D = \begin{cases} 1,如果\ \tilde{r} \mid D \\ 0,否则 \end{cases}$$

以及

$$I(z) = \int_{\frac{N}{4}}^{N} e(zt)\,\mathrm{d}t,\tilde{I}(z) = \int_{\frac{N}{4}}^{N} e(zt)t^{\tilde{\beta}-1}\,\mathrm{d}t,$$

$$I(\chi,z) = \int_{\frac{N}{4}}^{N} e(zt)\sum_{|\gamma| \leqslant T}{}' t^{\rho-1}\,\mathrm{d}t,$$

---

① C. D. Pan, C. B. Pan. Goldbach conjecture(English version). Beijing:Science Press, 1992.

② M. Jutila. On Linnik's constant. Math. Scand, 1977, 41:45-62.

$$H_j(h,q,z)=G_j(\chi_0,h,q)I(z)-\delta_D G_j(\widetilde{\chi}\chi_0,h,q)\widetilde{I}(z)-\sum_{\chi(\bmod D)} G_j(\widetilde{\chi},h,q)I(\chi,z) \tag{12}$$

那么,由相关文献[①]中的式(3.10),取 $a_1=a_2=a_3=1$,对任意的 $x=\frac{h}{q}+z\in m(h,q)$,有

$$S_j(x)=\varphi(D)^{-1}H_j(h,q,z)+O((1+N\mid z\mid)N\mathscr{L}^2T^{-1}\varphi(q))=A_j+O(R),1\leqslant j\leqslant 3 \tag{13}$$

**引理4** 设 $I_1(N)$ 如式⑤所定义.在式②和式⑫的注记下,对任意的正整数 $k\leqslant N^{\frac{1}{42}}$,有

$$I_1(N)=\sum_{q\leqslant Q}\varphi(D)^{-3}\sum_{\substack{h=1\\(h,q)=1}}^{q}e\left(-\frac{h}{q}N\right)\cdot\int_{-\frac{\tau}{q}}^{\frac{\tau}{q}}e(-Nz)\prod_{j=1}^{3}H_j(h,q,z)\mathrm{d}z+O(\Omega)$$

其中

$$\Omega=N^2k^{-2-\varepsilon_0}\mathscr{L}^{-1} \tag{14}$$

**证明** 根据式⑤中 $I_1(N)$ 的定义及 $\mathscr{M}_1$ 的定义,有

$$I_1(N)=\sum_{q\leqslant Q}\sum_{\substack{h=1\\(h,q)=1}}^{q}e\left(-\frac{h}{q}N\right)\cdot\int_{-\frac{\tau}{q}}^{\frac{\tau}{q}}e(-Nz)\prod_{j=1}^{3}S_j\left(\frac{h}{q}+z\right)\mathrm{d}z \tag{15}$$

---

① M. C. Liu, T. Z. Wang. On the equation $a_1p_1+a_2p_2+a_3p_3=b$ with prime variables in arithmetic progressions. CRM Proceedings and Lecture Notes, AMS Press, 1999,19:243-263.

注意到 $S_j(x)$ 有表达式 ⑬,证明过程中要用到下面的基本估计式

$$S_1S_2S_3=A_1A_2A_3+O(|S_1S_2|R+|S_1|^2R+R^3) \tag{16}$$

记 $E_j(j=1,2,3)$ 分别为式 ⑯ 右边 $O$ 项中第一项到第三项对于式 ⑮ 的贡献,则由

$$R=(1+N|z|)N\mathscr{L}^2T^{-1}\varphi(q)$$

可得

$$E_1 \ll \sum_{q\leqslant Q}\sum_{\substack{h=1\\(h,q)=1}}^{q}\int_{-\frac{\tau}{q}}^{\frac{\tau}{q}}(1+N|z|)N\mathscr{L}^2T^{-1}\varphi(q)\cdot \prod_{j=1}^{2}\left|S_j\left(\frac{h}{q}+z\right)\right|\mathrm{d}z \ll N^2\tau\mathscr{L}^2T^{-1}\int_{\tau}^{1+\tau}\prod_{j=1}^{2}|S_j(x)|\mathrm{d}x$$

由柯西不等式及显然估计 $\Lambda(n)\ll\mathscr{L}(n\leqslant N)$,上式可以进一步估计为 $\ll N^3\tau\mathscr{L}^4T^{-1}k^{-1}\ll\Omega$.

类似地,可以推得

$$E_3 \ll \sum_{q\leqslant Q}\sum_{\substack{h=1\\(h,q)=1}}^{q}\int_{-\frac{\tau}{q}}^{\frac{\tau}{q}}(1+N|z|)^3\cdot (N\mathscr{L}^2T^{-1}\varphi(q))^3\mathrm{d}z \ll N^6\mathscr{L}^6T^{-3}\tau^4Q\ll\Omega$$

注意到 $|S_1|R^2\ll|S_1|^2R+R^3$,即得 $E_2\ll\Omega$. 于是由式 ⑮、式 ⑯ 以及这些估计即得引理 4.

展开乘积 $\prod_{j=1}^{3}H_j(h,q,z)$,得到 27 项(如果例外零点 $\tilde{\beta}$ 存在),把它们分为下面的三类:

$(\mathrm{T}_1)$ 仅有一项 $\prod_{j=1}^{3}(G_j(\chi_0,h,q)I(z))$;

($T_2$)共 19 项，每一项至少含有一个因子 $\sum\limits_{\chi(\bmod D)} G_j(\tilde{\chi},h,q)I(\chi,z)$；

($T_3$)剩余的 7 项(如果 $\tilde{\beta}$ 存在).

对于 $i=1,2,3$,定义

$$M_i=\sum_{q\leqslant Q}\varphi(D)^{-3}\sum_{\substack{h=1\\(h,q)=1}}^{q}e\left(-\frac{h}{q}N\right)\cdot$$

$$\int_{-\frac{\tau}{q}}^{\frac{\tau}{q}}e(-Nz)\{(T_i)\text{ 中所有项之和}\}\mathrm{d}z \qquad ⑰$$

结合引理 4 和式 ⑰,我们得到

$$I_1(N)=M_1+M_2+M_3+O(\Omega) \qquad ⑱$$

### 4.4 $M_1$ 的渐近公式

对任意的正整数 $q$,定义

$$A(q)=\left(\frac{\varphi(d)}{\varphi(q)}\right)^3\sum_{\substack{h=1\\(h,q)=1}}^{q}e\left(-\frac{h}{q}N\right)\prod_{j=1}^{3}G_j(\chi_0,h,q) \qquad ⑲$$

容易验证 $A(q)$ 是可乘函数,并且对于任意的 $h$ 满足 $(h,q)=1$,有

$$G_j(\chi_0,h,q)=\sum_{\substack{l=1\\(l,q)=1\\l\equiv l_j(\bmod d)}}^{q}e\left(\frac{h}{q}l\right)=$$

$$\begin{cases}\mu\left(\frac{q}{d}\right)e\left(\frac{hul_j}{d}\right),\text{如果}\left(d,\frac{q}{d}\right)=1\\0,\text{否则}\end{cases} \qquad ⑳$$

其中 $0\leqslant u<d$ 是同余式 $\frac{qu}{d}\equiv 1(\bmod d)$ 的唯一解. 为了估计 $M_1$,需要下面的预备引理.

**引理 5** 对于素数 $p$ 和任意的正整数 $m$,有

$$A(p^m)=\begin{cases}\varphi(p^m),\text{如果 } p^m\mid k\\-(1-p)^{-3},\text{如果 } p\nmid N,p\nmid k,m=1\\-(1-p)^{-2},\text{如果 } p\mid N,p\nmid k,m=1\\0,\text{否则}\end{cases}$$

**证明**　对任意的 $h$ 满足 $(h,q)=1$，由式⑳有 $G_j(\chi_0,h,p^m)=0$，从而

$$A(p^m)=0 \text{ 除非 } p^m\mid k,\text{或者 } m=1 \text{ 且 } (p,k)=1 \quad ㉑$$

当 $m=1$ 并且 $(p,k)=1$ 时，由式⑲得到

$$A(p)=\varphi(p)^{-3}\sum_{h=1}^{p-1}e\left(-\frac{h}{p}N\right)\prod_{j=1}^{3}\sum_{l=1}^{p-1}e\left(\frac{h}{p}l\right)=$$
$$\begin{cases}-(1-p)^{-3},\text{如果 } p\nmid N\\-(1-p)^{-2},\text{如果 } p\mid N\end{cases} \quad ㉒$$

对于 $p^m\mid k$，由式⑲并注意到 $l_1+l_2+l_3\equiv N(\bmod k)$，有

$$A(p^m)=\sum_{\substack{h=1\\(h,p)=1}}^{p^m}e\left(-\frac{h}{p^m}N\right)\prod_{j=1}^{3}e\left(\frac{h}{p^m}l_j\right)=$$
$$\sum_{\substack{h=1\\(h,p)=1}}^{p^m}e\left(\frac{l_1+l_2+l_3-N}{p^m}h\right)=\varphi(p^m)$$

由此并结合式㉑和式㉒即得引理5.

我们以 $\mathrm{ord}_p(n)$ 表示满足 $p^\alpha\mid n$ 的最大的整数 $\alpha$. 对任意的正数 $y$，根据引理5，有

$$\sum_{q\leqslant y}|A(q)|\leqslant\prod_{\substack{p\leqslant y\\(p,k)=1}}(1+|A(p)|)\cdot$$
$$\prod_{\substack{p\leqslant y\\p\mid k}}(1+|A(p)|+\cdots+$$
$$|A(p^{\mathrm{ord}_p(k)})|)\leqslant$$
$$k\prod_{p\leqslant y}\left(1+\frac{1}{(p-1)^2}\right)\ll k \quad ㉓$$

因此级数$\sum A(q)$绝对收敛. 对于任意的素数$p$满足$(p,k)=1$,定义

$$s(p)=1+A(p) \tag{24}$$

易见

$$\sum A(q)=\prod_{(p,k)=1}(1+A(p))\cdot \prod_{p\mid k}(1+A(p)+\cdots+A(p^{\operatorname{ord}_p(k)}))=k\prod_{(p,k)=1}s(p) \tag{25}$$

**引理6** 对任意的复数$\rho_j$满足$0<\operatorname{Re}\rho_j\leqslant 1, j=1,2,3$,有

$$\int_{-\infty}^{+\infty}e(-Nz)\left(\prod_{j=1}^{3}\int_{\frac{N}{4}}^{N}t^{\rho_j-1}e(zt)\mathrm{d}t\right)\mathrm{d}z=N^2\int_{\mathscr{D}}\prod_{j=1}^{3}(Nx_j)^{\rho_j-1}\mathrm{d}x_1\mathrm{d}x_2$$

其中$x_3=1-x_1-x_2$,$\mathscr{D}=\{(x_1,x_2):\frac{1}{4}\leqslant x_1,x_2,x_3\leqslant 1\}$.

**证明** 这由相关文献[①]中的引理4.7即可得证. 从略.

**引理7** 设$M_1$如式⑰的定义,且

$$M_0=N^2k\varphi(k)^{-3}\prod_{(p,k)=1}s(p)\int_{\mathscr{D}}\mathrm{d}x_1\mathrm{d}x_2$$

则:

(i)$M_1=M_0+O(\Omega)$;

① M. C. Liu, K. M. Tsang. Small prime solutions of linear equations. Théorie des Nombres, J. M. De Koninck and C. Levesque(eds.) de Gruyter, Berlin, 1998:595-624.

(ii) $M_0 \gg N^2 k\varphi(k)^{-3}$.

**证明**　根据式⑰和式⑲推得

$$M_1=\varphi(k)^{-3}\sum_{q\leqslant Q}A(q)\int_{-\frac{\tau}{q}}^{\frac{\tau}{q}}e(-Nz)I^3(z)\mathrm{d}z \tag{26}$$

根据相关文献[①]中的引理 3.2，有 $I(z)\ll\min\{N,|z|^{-1}\}$. 于是由式㉓、式②以及式⑭，当我们把式㉖中的积分区域扩充到 $(-\infty,+\infty)$ 时，所产生的误差为

$$\begin{aligned}&\ll\varphi(k)^{-3}\sum_{q\leqslant Q}|A(q)|\int_{\frac{\tau}{q}}^{+\infty}z^{-3}\mathrm{d}z\ll\\&\varphi(k)^{-3}\left(\frac{\tau}{Q}\right)^{-2}\sum_{q\leqslant Q}|A(q)|\ll\\&k\varphi(k)^{-3}\tau^{-2}Q^2\ll\Omega\end{aligned}\tag{27}$$

再由引理 5 得

$$\begin{aligned}\sum_{q>Q}|A(q)|\leqslant Q^{-1}\sum_{q=1}^{+\infty}q|A(q)|=&\\Q^{-1}\prod_{(p,k)=1}(1+p|A(p)|)\cdot&\\\prod_{p|k}(1+pA(p)+\cdots+&\\p^{\mathrm{ord}_p(k)}A(p^{\mathrm{ord}_p(k)}))\ll&\\Q^{-1}k^2\prod_{\substack{(p,k)=1\\p|N}}\left(1+\frac{p}{(p-1)^2}\right)\cdot&\\\prod_{\substack{(p,k)=1\\p\nmid N}}\left(1+\frac{p}{(p-1)^3}\right)\ll&\\Q^{-1}k^2\mathscr{L}&\end{aligned}\tag{28}$$

---

① M. C. Liu, K. M. Tsang. Small prime solutions of linear equations. Théorie des Nombres, J. M. De Koninck and C. Levesque(eds.) de Gruyter, Berlin, 1998:595-624.

于是根据式㉕至式㉘,并在引理 6 中取 $\rho_1=\rho_2=\rho_3=1$ 以及式⑭,得到

$$M_1=N^2\varphi(k)^{-3}\int_{\mathscr{D}}\mathrm{d}x_1\mathrm{d}x_2\cdot$$

$$\Big(\sum_{q=1}^{+\infty}A(q)+O\Big(\sum_{q>Q}|A(q)|\Big)\Big)+O(\Omega)=$$

$$M_0+O(\Omega)$$

这里注意到,根据引理 6 中 $\mathscr{D}$ 的定义,有 $\int_{\mathscr{D}}\mathrm{d}x_1\mathrm{d}x_2=\frac{1}{32}$. 这样就证明了(i). 由于 $N$ 是奇数,由引理 5,有

$$1\ll\prod_{p\geqslant3}\left(1-\frac{1}{(p-1)^2}\right)\leqslant\prod_{(p,k)=1}s(p)\leqslant$$

$$\prod_{(p,k)=1}\left(1+\frac{1}{(p-1)^3}\right)\ll1$$

于是(ii) 成立. 因此引理 7 得证.

### 4.5 奇异级数

设 $r_1,r_2,r_3$ 是正整数,记 $r=[r_1,r_2,r_3]$ 为 $r_1,r_2$ 和 $r_3$ 的最小公倍数. 对任意的原特征 $\chi_j(\bmod r_j)(1\leqslant j\leqslant3)$ 以及 $r\mid D$,定义

$$Z_1(q)=Z_1(q;\chi_1,\chi_2,\chi_3)=$$

$$\sum_{\substack{h=1\\(h,q)=1}}^{q}e\left(-\frac{h}{q}N\right)\prod_{j=1}^{3}G_j(\chi_j\chi_0,h,q)\tag{29}$$

本小节的主要目的是估计下面的奇异级数

$$\Sigma_2=\sum_{\substack{q\leqslant Q\\r\mid D}}\varphi(D)^{-3}Z_1(q)\tag{30}$$

我们采用如下记号. 设 $\nu=\mathrm{ord}_p(k)$, $\alpha=\mathrm{ord}_p(r)$, $\alpha_j=\mathrm{ord}_p(r_j)$, $j=1,2,3$,并且记

$$r'=\prod_{\substack{p\mid r\\ \alpha>\nu}}p^{\alpha},r'_j=\prod_{\substack{p\mid r_j\\ \alpha_j>\nu}}p^{\alpha_j},r''=\frac{r}{r'},r''_j=\frac{r_j}{r'_j} \quad ㉛$$

由于 $\chi_j(\bmod r_j)$ 是原特征，而且 $r_j=r'_jr''_j,(r'_j,r''_j)=1$，分解 $\chi_j(\bmod r_j)=\chi'_j(\bmod r'_j)\chi''_j(\bmod r''_j)(1\leqslant j\leqslant 3)$，其中 $\chi'_j$ 和 $\chi''_j$ 都是原特征. 定义

$$Z_2(q)=Z_2(q;\chi'_1,\chi'_2,\chi'_3)=\sum_{\substack{h=1\\ (h,q)=1}}^{q}e\left(-\frac{h}{q}N\right)\cdot\prod_{j=1}^{3}\sum_{\substack{l=1\\ (l,q)=1\\ l\equiv l_j(\bmod d)}}^{q}e\left(\frac{h}{q}l\right)\chi'_j(l) \quad ㉜$$

**引理 8**　设 $\Sigma_2$ 和 $s(p)$ 分别由式 ㉚ 和式 ㉔ 所定义，那么有

$$|\Sigma_2|\leqslant 2.140\ 782k\varphi(k)^{-3}\prod_{(p,k)=1}s(p)$$

**证明**　根据引理 5 和式 ㉔，有

$$\left|\sum_{\substack{q\leqslant Q/r'\\ (q,r')=1}}A(q)\right|\leqslant\prod_{\substack{p\nmid r'\\ p\mid k}}(1+\varphi(p)+\cdots+\varphi(p^{\nu}))\cdot\prod_{\substack{p\nmid kr'\\ p\mid N}}\left(1+A(p)+\frac{2}{(p-1)^2}\right)\cdot\prod_{\substack{p\nmid kr'\\ p\nmid N}}(1+A(p))\leqslant$$

$$\prod_{\substack{p\nmid r'\\ p\mid k}}p^{\nu}\prod_{p\nmid kr'}s(p)\prod_{p\geqslant 3}\frac{(p-1)^2+1}{(p-1)^2-1}\leqslant 2.140\ 782\prod_{\substack{p\nmid r'\\ p\mid k}}p^{\nu}\prod_{p\nmid kr'}s(p) \quad ㉝$$

应用相关文献[1]的在引理5.4中取$a_1=a_2=a_3=1$的讨论,并且用式㉝代替该文的式(5.39)和(5.40),即可得到引理8.

**引理9** 设$\Sigma_2$如式㉚所定义.若至少有一个$\chi_j$ $(1\leqslant j\leqslant 3)$是$\chi_{01}$,则有

$$\Sigma_2\ll k^2\varphi(k)^{-3}r^{-1}(\log\log r')^2$$

**证明** 不失一般性,假定$\chi_1=\chi_{01}$,则$r_1=1$,从而$r'_1=1$.于是由式㉙、式㉚和相关文献[2]的式(5.24),取$a_1=a_2=a_3=1$,得

$$\Sigma_2\leqslant\varphi(k)^{-3}\left(\frac{\varphi((k,r'))}{\varphi(r')}\right)^3\cdot \left|Z_2(r';\chi_{01},\chi'_2,\chi'_3)\right|\cdot \left|\sum_{\substack{q\leqslant Q/r'\\(q,r')=1}}A(q)\right| \tag{34}$$

下面先给出$Z_2(r';\chi_{01},\chi'_2,\chi'_3)$的一个上界.为此把$r'$分解为$r'=r^{(1)}r^{(2)}$,其中$(r^{(2)},k)=1$,并且所有$r^{(1)}$的素因子均含于$k$中.注意到$d=(k,r')$,由式㉛,有

$$\left(d,\frac{r'}{d}\right)=\Big(\prod_{p\mid r^{(1)}}p^{\mathrm{ord}_p(k)},\prod_{p\mid r^{(1)}}p^{\mathrm{ord}_p(r)-\mathrm{ord}_p(k)}\Big)$$

从而

$$\begin{cases}\left(d,\dfrac{r'}{d}\right)>1,若\ r^{(1)}\neq 1\\ \left(d,\dfrac{r'}{d}\right)=1,若\ r^{(1)}=1\end{cases} \tag{35}$$

---

① M. C. Liu, T. Z. Wang. On the equation $a_1p_1+a_2p_2+a_3p_3=b$ with prime variables in arithmetic progressions. CRM Proceedings and Lecture Notes, AMS Press, 1999,19:243-263.

② 同上.

根据式㉜和式⑪，得

$$Z_2(r';\chi_{01},\chi'_2,\chi'_3)=\sum_{\substack{h=1\\(h,r')=1}}^{r'}e\left(-\frac{h}{r'}N\right)G_1(\chi_0,h,r')\cdot\prod_{j=2}^{3}\sum_{\substack{l=1\\(l,r')=1\\l\equiv l_j(\mathrm{mod}\ d)}}^{r'}e\left(\frac{h}{r'}l\right)\chi'_j(l)\qquad ㊱$$

如果 $r^{(1)}\neq 1$，对于任意 $h$ 满足 $(h,r')=1$，由式㉟和式⑳可知 $G_1(\chi_0,h,r')=0$，而由式㊱可知 $Z_2(r';\chi_{01},\chi'_2,\chi'_3)=0$，故不妨在下面的证明中假定 $r^{(1)}=1$，从而 $r'=r^{(2)}$ 并且 $d=(k,r')=(k,r^{(2)})=1$. 此时式㊱中关于 $l$ 的和式变成了经典的高斯和. 而且，对于 $(h,r')=1$，有 $G_1(\chi_0,h,r')=\mu(r')$，所以可以把式㊱重写为

$$Z_2(r';\chi_{01},\chi'_2,\chi'_3)=\mu(r')\sum_{\substack{h=1\\(h,r')=1}}^{r'}e\left(-\frac{h}{r'}N\right)\prod_{j=2}^{3}G(h,\chi'_j\chi_{0r'})\qquad ㊲$$

其中 $G(h,\chi)=\sum_{l=1}^{q}\chi(l)e\left(\frac{h}{q}l\right)$. 众所周知，对任意的整数 $n$，如果 $\chi(\mathrm{mod}\ q)$ 是由原特征 $\chi^*(\mathrm{mod}\ r^*)$ 所诱导，并且 $q^*=\frac{q}{(q,h)}$，那么

$$G(h,\chi)=\begin{cases}\overline{\chi}^*\left(\frac{h}{(h,q)}\right)\varphi(q)\varphi(q^*)^{-1}\mu\left(\frac{q^*}{r^*}\right)\cdot\\ \chi^*\left(\frac{q^*}{r^*}\right)G(1,\chi^*),\text{如果 } r^*\mid q^*\\ 0,\text{如果 } r^*\nmid q^*\end{cases}\qquad ㊳$$

假设 $\mu(r')\neq 0$ 且 $(h,r')\neq 1$. 由于 $r'=[r'_2,r'_3]$，对任意的 $p$ 满足 $p\mid(h,r')$，我们不妨假定 $p\mid r'_2$. 由于

$\mathrm{ord}_p(r')=1$，$r'_2$ 不能整除 $\frac{r'}{(h,r')}$，因而根据式㊳，有 $G(h,\chi'_2\chi_{0r'})=0$，所以式㊲中的条件 $(h,r')=1$ 是多余的，从而

$$\begin{aligned}&|Z_2(r';\chi_{01},\chi'_2,\chi'_3)|=\\&\left|\mu(r')\sum_{h=1}^{r'}e\left(-\frac{h}{r'}N\right)\prod_{j=2}^{3}\sum_{\substack{l=1\\(h,r')=1}}^{r'}e\left(\frac{h}{r'}l\right)\chi'_j(l)\right|\leqslant\\&r'\left|\sum_{\substack{1\leqslant l^{(j)}\leqslant r'\\(l^{(j)},r')=1,j=2,3\\l^{(2)}+l^{(3)}\equiv N(\bmod r')}}\chi'_2(l^{(2)})\chi'_3(l^{(3)})\right|\leqslant\\&r'\varphi(r')\end{aligned}\tag{39}$$

而由式㉛，有 $r=r'r''$，$r''\mid k$. 因此从式㉞、式㊴以及式㉓，可推得

$$\begin{aligned}\Sigma_2&\leqslant\varphi(k)^{-3}r'\varphi(r')^{-2}\sum_{q\leqslant Q/r'}|A(q)|\ll\\&k^2\varphi(k)^{-3}r^{-1}(\log\log r')^2\end{aligned}$$

引理证毕.

### 4.6 $M_3$ 的处理

首先，我们引进一些记号. 令 $\tilde{\alpha}=\mathrm{ord}_p(\tilde{r})$，$\nu=\mathrm{ord}_p(k)$，$\tilde{r}'=\prod\limits_{\substack{p\mid\tilde{r}\\\tilde{\alpha}>\nu}}p^{\tilde{\alpha}}$，$\tilde{r}''=\frac{\tilde{r}}{\tilde{r}'}$. 分解

$$\tilde{\chi}(\bmod\tilde{r})=\tilde{\chi}'(\bmod\tilde{r}')\tilde{\chi}''(\bmod\tilde{r}'')$$

其中 $\tilde{\chi}'$ 和 $\tilde{\chi}''$ 都是实的原特征. 对于 $1\leqslant m_1<m_2<\cdots\leqslant3$，定义

$$g(m_1,m_2,\cdots)=\tilde{\chi}''(l_{m_1})\tilde{\chi}''(l_{m_2})\cdots\widetilde{\sum}\tilde{\chi}'(l^{(m_1)})\tilde{\chi}'(l^{(m_2)})\cdots.$$

$$P(m_1,m_2,\cdots)=\int_{\mathscr{D}}(Nx_{m_1})^{\tilde{\beta}-1}(Nx_{m_2})^{\tilde{\beta}-1}\cdots\mathrm{d}x_1\mathrm{d}x_2$$

其中和式"$\widetilde{\sum}$"遍历所有满足如下条件的三元数组 $(l^{(1)},l^{(2)},l^{(3)})$：$l^{(j)}=1,\cdots,\tilde{r}'$，$(l^{(j)},\tilde{r}')=1,l^{(j)}\equiv l_j(\bmod(k,\tilde{r}'))$ 及 $\sum_{j=1}^{3}l^{(j)}\equiv N(\bmod\ \tilde{r}')$. 把式⑰中 $M_3$ 的积分区间扩充到 $(-\infty,+\infty)$，则由式②、式⑭和相关文献[①]的引理 3.3，由此所产生的误差为 $\ll\Omega$. 因此，完全用证明相关文献[②]中引理 7.1 的方法可以得到下面的结果.

**引理 10**　在上述注记下，令

$$C_0=N^2\varphi(k)^{-3}\left(\frac{\varphi((k,\tilde{r}'))}{\varphi(\tilde{r}')}\right)^3\tilde{r}'\prod_{\substack{p\nmid\tilde{r}\\ p\mid k}}p^{\nu}\prod_{p\nmid k\tilde{r}}s(p)$$

那么有

$$\begin{aligned}M_3=C_0\Big\{&-\sum_{j=1}^{3}P(j)g(j)+\\&\sum_{1\leqslant i<j\leqslant 3}P(i,j)g(i,j)-\\&P(1,2,3)g(1,2,3)\Big\}+\\&O(N^2k^2\varphi(k)^{-3}Q^{-1}\tilde{r}'\mathscr{L}+\Omega)\end{aligned}$$

用推导相关文献[③]中式(8.5)的方法，可以得到 $M_3$ 的如下上界

---

① M. C. Liu, K. M. Tsang. Small prime solutions of linear equations. Théorie des Nombres, J. M. De Koninck and C. Levesque(eds.) de Gruyter, Berlin, 1998:595-624.

② M. C. Liu, T. Z. Wang. On the equation $a_1p_1+a_2p_2+a_3p_3=b$ with prime variables in arithmetic progressions. CRM Proceedings and Lecture Notes, AMS Press, 1999, 19:243-263.

③ 同上.

$$M_3 \ll N^2 k\varphi(k)^{-3}\tilde{r}'^{-\frac{1}{2}}(\log\log \tilde{r}')^2 \quad ㊵$$

## 4.7 三重和式的精确估计

**引理 11** 设 $\varepsilon_1$ 为一个固定的充分小的正数.如果引理 1 中的例外零点 $\tilde{\beta}$ 存在,令 $\omega=(1-\tilde{\beta})L$.假设 $\omega \leqslant \varepsilon_1$,对于任意的 $\varepsilon>0$ 以及任意的正整数 $k \leqslant N^{\frac{1}{42}}$,有

$$\Sigma_3=\sum_{q\leqslant kQ}\sum_{\chi(\bmod q)}\sum_{|\gamma|\leqslant(kQ)^{\varepsilon}}{}'\left(\frac{N}{4}\right)^{\beta-1} \ll \varepsilon_1^{0.3}\omega^3$$

**证明** 设 $\rho=\beta+\mathrm{i}\gamma(\neq\tilde{\beta})$ 为函数 $L(s,\chi)$ 的任一满足 $|\gamma|\leqslant(kQ)^{\varepsilon}$ 的零点.由式 ⑦ 和 $\omega=(1-\tilde{\beta})L$,对任意的参数 $0<c<1$,有

$$\beta \leqslant 1-\min\left\{\frac{c}{6},\frac{(1-c)(2/3-\varepsilon)}{\log([q,\tilde{r}](kQ)^{\varepsilon})}\cdot \log\left(\frac{(1-c)(2/3-\varepsilon)}{(1-\tilde{\beta})\log([q,\tilde{r}](kQ)^{\varepsilon})}\right)\right\} \leqslant$$
$$1-\min\left\{\frac{c}{6},\frac{(1-c)(2/3-\varepsilon)}{(2+\varepsilon)L}\cdot \log\left(\frac{(1-c)(2/3-\varepsilon)}{(2+\varepsilon)\omega}\right)\right\} \quad ㊶$$

对于任意的 $\varepsilon>0$,根据式 ⑧,有

$$\omega \geqslant (kQ)^{-\varepsilon} \quad ㊷$$

因而对任意固定的充分小的参数 $c$,式 ㊶ 的花括号中的第二项总是小于第一项 $\frac{c}{6}$.于是式 ㊶ 保证了

$$\beta \leqslant 1-\frac{(1-c)(2/3-\varepsilon)}{(2+\varepsilon)L}\cdot \log\left(\frac{(1-c)(2/3-\varepsilon)}{(2+\varepsilon)\omega}\right) \leqslant$$

$$1-\frac{1-\varepsilon}{3L}\log\left(\frac{1-\varepsilon}{3\omega}\right)=1-\eta(kQ) \tag{43}$$

根据引理3中 $N(\alpha,x,y)$ 的定义,有

$$\Sigma_3\leqslant-\int_{\frac{1}{2}}^{1-\eta(kQ)}\left(\frac{N}{4}\right)^{\alpha-1}\mathrm{d}N(\alpha,kQ,(kQ)^{\varepsilon})=$$

$$\left(\frac{N}{4}\right)^{-\frac{1}{2}}N\left(\frac{1}{2},kQ,(kQ)^{\varepsilon}\right)+$$

$$\mathscr{L}\left\{\int_{\frac{1}{2}}^{\frac{4}{5}}+\int_{\frac{4}{5}}^{1-\eta(kQ)}\right\}N(\alpha,kQ,$$

$$(kQ)^{\varepsilon})\left(\frac{N}{4}\right)^{\alpha-1}\mathrm{d}\alpha \tag{44}$$

类似于相关文献[①]中引理4.5的证明,式㊹右边的前两项之和可以估计为 $\ll N^{-0.12}\ll\varepsilon_1\omega^3$. 根据式②中的 $Q=k^{2+\varepsilon_0}\mathscr{L}^9$ 以及 $k\leqslant N^{\frac{1}{42}}$,有 $N\geqslant(kQ)^{14-\varepsilon(\varepsilon_0)}$. 于是由式⑩和㊶,式㊹右边的第三项可以估计为

$$\ll\mathscr{L}\int_{\frac{4}{5}}^{1-\eta(kQ)}N^{\alpha-1}(k^{2+\varepsilon}Q^{2+\varepsilon})^{(2+\varepsilon)(1-\alpha)}\mathrm{d}\alpha\ll$$

$$\mathscr{L}\int_{\frac{4}{5}}^{1-\eta(kQ)}(kQ)^{(14-\varepsilon(\varepsilon_0)-4)(\alpha-1)}\mathrm{d}\alpha\ll$$

$$\exp\left\{-(14-\varepsilon(\varepsilon_0)-4)\frac{1-\varepsilon}{3}\log\left(\frac{1-\varepsilon}{3\omega}\right)\right\}\ll$$

$$\omega^{3.3}\ll\varepsilon_1^{0.3}\omega^3$$

引理证毕.

以 $N(\chi,\alpha,C)$ 表示函数 $L(s,\chi)$ 位于矩形:$\alpha\leqslant\beta\leqslant1-\frac{0.364}{L}$, $|\gamma|\leqslant C$ 中的零点 $\rho=\beta+\mathrm{i}\gamma$ 的个数.

---

① M. C. Liu, T. Z. Wang. A numerical bound for small prime solutions of some ternary linear equations. Acta Arith., 1998,86(4):343-383.

设 $N^*(\alpha,kQ,C)=\sum_{q\leqslant kQ}\sum_{\chi(\bmod q)}{}^* N(\chi,\alpha,C)$.

**引理 12** 在引理 11 和式 ② 的注记下,如果例外零点 $\tilde{\beta}$ 不存在,或者存在并且满足 $\omega>\varepsilon_1$,则对于任意的正整数 $k\leqslant N^{\frac{1}{42}}$,有:

$$(\mathrm{I})\quad \Sigma_4=\sum_{q\leqslant kQ}\sum_{\chi(\bmod q)}{}^*\sum_{|\gamma|\leqslant C}{}'\left(\frac{N}{4}\right)^{\beta-1}\leqslant \begin{cases}0.134,\text{如果 }\tilde{\beta}\text{ 不存在}\\ 2.1\omega^3,\text{如果 }\tilde{\beta}\text{ 存在并且 }\omega>\varepsilon_1\end{cases}$$

$$(\mathrm{II})\Sigma_5=\sum_{q\leqslant kQ^{\varepsilon_0}}\sum_{\chi(\bmod q)}{}^*\sum_{|\gamma|\leqslant C}{}'\left(\frac{N}{4}\right)^{\beta-1}\leqslant \begin{cases}6.2\times10^{-3},\text{如果 }\tilde{\beta}\text{ 不存在}\\ 0.012\omega^3,\text{如果 }\tilde{\beta}\text{ 存在并且 }\omega>\varepsilon_1\end{cases}$$

**证明** 首先假定例外零点 $\tilde{\beta}$ 不存在. 根据引理 1 以及相关文献①的引理 6.2 中的 $\lambda$ 的界,把 $\Sigma_4$ 写为

$$\Sigma_4\leqslant\left(\frac{N}{4}\right)^{-\frac{1}{2}}N^*\left(\frac{1}{2},kQ,C\right)+\mathscr{L}\left\{\int_{1/2}^{4/5}+\int_{4/5}^{1-\log\log L/L}+\int_{1-\log\log L/L}^{1-6/L}+\int_{1-6/L}^{1-2/L}+\int_{1-2/L}^{1-1/L}+\int_{1-1/L}^{1-0.696/L}+\int_{1-0.696/L}^{1-0.504/L}+\int_{1-0.504/L}^{1-0.364/L}\right\}\cdot\left(\frac{N}{4}\right)^{\alpha-1}N^*(\alpha,kQ,C)\mathrm{d}\alpha=\sum_{j=1}^{9}D_j$$

应用引理 3,$Q=k^{2+\varepsilon_0}\mathscr{L}^9$ 和 $k\leqslant N^{\frac{1}{42}}$,可以得到 $D_1+$

---

① M. C. Liu, T. Z. Wang. A numerical bound for small prime solutions of some ternary linear equations. Acta Arith., 1998,86(4): 343-383.

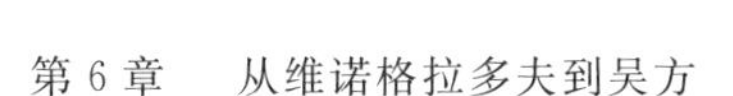



$D_2+D_3\ll(\log L)^{-9}$. 应用相关文献[①]的引理 3.1,可以估计 $D_4$ 到 $D_8$,分别为

$$D_4\leqslant 2.061\,1\times 10^{-25}, D_5\leqslant 3.239\,3\times 10^{-8}$$

$$D_6\leqslant 0.001\,676\,2, D_7\leqslant 0.037\,003$$

$$D_8\leqslant 0.084\,29$$

由相关文献[②]的引理2.5得到 $D_9\leqslant 0.010\,518$. 把上述估计加起来就得到所要的 $\Sigma_4$ 的估计.

下面假设 $\tilde{\beta}$ 存在来估计 $\Sigma_4$. 根据 $\omega$ 的数值界限: $10^{-5}$, 0.002 5, 0.066, 0.2, 0.306 和 0.364,分为六种情形来分别进行讨论.

(i) 如果 $\omega\leqslant 10^{-5}$,对于函数 $\Pi(kQ)$ 的任意的零点 $\rho=\beta+\mathrm{i}\gamma(\neq\tilde{\beta})$,注意到 $\omega>\varepsilon_1$,用推导式㊸的方法容易证明式㊸仍然成立. 于是由 $\omega\leqslant 10^{-5}$ 得到 $\eta(kQ)L\geqslant 3.47$. 类似于相关文献[③]引理6.2中的讨论可以证明:当 $\omega\leqslant 10^{-5}$ 时,有 $\Sigma_4\leqslant 1.68\omega^3$ 成立.

注意到这里的 $\omega$ 起着相关文献[④]表2中 $\lambda_1$ 的作用,于是应用表 2 中的 $\lambda_1$ 的界进行下面的讨论:

(ii) 如果 $10^{-5}<\omega\leqslant 0.002\,5$,那么 $\beta\leqslant 1-\dfrac{4.55}{L}$. 于是由相关文献[⑤]的引理 3.1 可以推得

$$\Sigma_4\leqslant\sum_{j=1}^{4}D_j+14\int_{4.55}^{6}\exp(-(14-\varepsilon(\varepsilon_0))\lambda)\cdot$$

---

① M. C. Liu, T. Z. Wang. A numerical bound for small prime solutions of some ternary linear equations. Acta Arith., 1998, 86(4): 343-383.

② 同上.

③ 同上.

④ 同上.

⑤ 同上.

$$N^*\left(1-\frac{\lambda}{L},kQ,C\right)\mathrm{d}\lambda\leqslant$$
$$1.45\times10^{-20}\leqslant1.45\times10^{-5}\omega^3$$

(iii) 如果$0.0025<\omega\leqslant0.066$,那么$\beta\leqslant1-\frac{2}{L}$.于是$\Sigma_4\leqslant3.24\times10^{-8}\leqslant2.1\omega^3$.

(iv) 如果$0.066<\omega\leqslant0.2$,那么$\beta\leqslant1-\frac{1.16}{L}$.于是$\Sigma_4\leqslant3.02\times10^{-4}\leqslant1.1\omega^3$.

(v) 如果$0.2<\omega\leqslant0.306$,那么$\beta\leqslant1-\frac{0.867}{L}$.于是$\Sigma_4\leqslant0.00663\leqslant0.83\omega^3$.

(vi) 如果$0.306<\omega\leqslant0.364$,那么$\beta\leqslant1-\frac{0.75}{L}$.于是$\Sigma_4\leqslant0.0222\leqslant0.78\omega^3$.

比较上述情形(i)至(vi)即得到:当例外零点$\tilde{\beta}$存在时总有$\Sigma_4\leqslant2.1\omega^3$成立.

对于$\Sigma_5$,我们根据$\tilde{\beta}$存在与否分两种情况讨论.

(1) 例外零点$\tilde{\beta}$不存在.根据引理1,函数$\Pi(kQ^{\varepsilon_0})$至多可能存在一个零点$\tilde{\beta}_1$,满足

$$1-\frac{0.364}{\log(kQ^{\varepsilon_0})}<\tilde{\beta}_1<1-\frac{0.364}{\log(kQ)}$$

假如$\tilde{\beta}_1$不存在,完全类似于(Ⅰ)中的讨论,可得$\Sigma_5\leqslant5.167\times10^{-7}$.而对于$\tilde{\beta}_1$存在的情形,有

$$\Sigma_5\leqslant5.167\times10^{-7}+N^{\tilde{\beta}_1-1}\leqslant$$
$$5.167\times10^{-7}+\exp\left\{-0.364\frac{\log N}{\log(kQ)}\right\}\leqslant$$
$$6.2\times10^{-3}$$

(2) 例外零点 $\tilde{\beta}$ 存在并且 $\omega > \varepsilon_1$. 由于 $\omega=(1-\tilde{\beta})L$ 以及 $\tilde{\beta}$ 的定义，我们仍然应用情形(Ⅰ)中 $\beta$ 的数值上界. 根据式 ⑦，此时式 ㊸ 可以修改为

$$\beta \leqslant 1-\frac{1-\varepsilon(\varepsilon_0)}{2L}\log\left(\frac{1-\varepsilon(\varepsilon_0)}{2\omega}\right)$$

于是我们根据 $\omega$ 的数值上界 $3.07\times 10^{-7}$, 0.002 5, 0.066 和 0.364 分为四种情况进行讨论. 由情形(Ⅰ)中的方法，并用相关文献[①]引理 3.1 中 $N^*(\alpha,kQ^{\varepsilon_0},C)$ 的上界代替 $N^*(\alpha,kQ,C)$ 的上界，就可以得到 $\Sigma_5$ 的上界 $0.012\omega^3$.

最后我们给出三重和式的一个粗略估计. 对于 $k\leqslant N^{\frac{1}{42}}$，由相关文献[②]中引理 4.5 的证明方法可得

$$\sum_{q\leqslant kQ}\sum_{\chi(\bmod q)}{}^{*}\sum_{|\gamma|\leqslant T}{}' N^{\beta-1}\ll 1 \tag{45}$$

### 4.8　$M_2$ 的估计

**引理 13**　设 $\rho=\beta+\mathrm{i}\gamma$, $\frac{1}{2}\leqslant\beta\leqslant 1$，对于任意的实数 $z$，有

$$\int_{\frac{N}{4}}^{N} e(zt)t^{\rho-1}\,\mathrm{d}t \ll \begin{cases} \min\{N^{\beta},|z|^{-\beta}\}, \text{如果 } \gamma=0 \\ N^{\beta}|\gamma|^{-1}, \text{如果 } |z|\leqslant\dfrac{|\gamma|}{4\pi N} \\ N^{\beta}|\gamma|^{-\frac{1}{2}}, \text{如果 } \dfrac{|\gamma|}{4\pi N}<|z|\leqslant\dfrac{4|\gamma|}{\pi N} \\ N^{\beta-1}|z|^{-1}, \text{如果 } \dfrac{4|\gamma|}{\pi N}<|z| \end{cases}$$

---

① M. C. Liu, T. Z. Wang. A numerical bound for small prime solutions of some ternary linear equations. Acta Arith., 1998, 86(4): 343-383.

② 同上.

**证明** 这实际上是相关文献[①]中的引理 3.2.

根据式 ⑰,我们注意到 $M_2$ 的积分区域中一共有 19 项,它们可以分为下面的六类:

$(T_{21})$3 项形如 $\prod_{j=1}^{2}(G_j(\chi_0,h,q)I(z))\sum_{\chi(\bmod D)}G_3(\overline{\chi},h,q)I(\chi,z)$;

$(T_{22})$6 项形如 $\delta_D G_1(\chi_0,h,q)I(z)G_2(\widetilde{\chi}\chi_0,h,q)\widetilde{I}(z)\sum_{\chi(\bmod D)}G_3(\overline{\chi},h,q)I(\chi,z)$;

$(T_{23})$3 项形如 $\delta_D\prod_{j=1}^{2}(G_j(\widetilde{\chi}\chi_0,h,q)\widetilde{I}(z))\cdot\sum_{\chi(\bmod D)}G_3(\overline{\chi},h,q)I(\chi,z)$;

$(T_{24})$3 项形如 $G_1(\chi_0,h,q)I(z)\prod_{j=2}^{3}\sum_{\chi(\bmod D)}G_j(\overline{\chi},h,q)I(\chi,z)$;

$(T_{25})$3 项形如 $\delta_D G_1(\widetilde{\chi}\chi_0,h,q)\widetilde{I}(z)\cdot\prod_{j=2}^{3}\sum_{\chi(\bmod D)}G_j(\overline{\chi},h,q)I(\chi,z)$;

$(T_{26})$ 剩余的一项 $\prod_{j=1}^{3}\sum_{\chi(\bmod D)}G_j(\overline{\chi},h,q)I(\chi,z)$.

对这六类的处理方法都非常类似,我们只详细说明属于第四类中的一项,即

$$M_{24}=\sum_{q\leqslant Q}\varphi(D)^{-3}\sum_{\substack{h=1\\(h,q)=1}}^{q}e\left(-\frac{h}{q}N\right)\cdot$$

① M. C. Liu, K. M. Tsang. Small prime solutions of linear equations. Théorie des Nombres, J. M. De Koninck and C. Levesque(eds.) de Gruyter, Berlin, 1998:595-624.

$$\int_{-\frac{\tau}{q}}^{\frac{\tau}{q}} e(-Nz)G_1(\chi_0,h,q)I(z)\cdot$$

$$\prod_{j=2}^{3}\sum_{\chi(\mathrm{mod}\ D)} G_j(\overline{\chi},h,q)I(\chi,z)\mathrm{d}z$$

注意到式 ㉙ 中 $Z_1(q)$ 的定义,有

$$M_{24}=\sum_{r_2\leqslant kQ}\sum_{\chi_2(\mathrm{mod}\ r_2)}{}^{*}\sum_{r_3\leqslant kQ}\sum_{\chi_3(\mathrm{mod}\ r_3)}{}^{*}\sum_{\substack{q\leqslant Q\\ [r_2,r_3]|D}}\varphi(D)^{-3}\cdot$$

$$Z_1(q;\chi_{01},\overline{\chi_2},\overline{\chi_3})\cdot$$

$$\int_{-\frac{\tau}{q}}^{\frac{\tau}{q}} e(-Nz)I(z)\prod_{j=2}^{3}I(\chi_j,z)\mathrm{d}z \tag{46}$$

由于 $I(\chi,z)$ 的定义(见式 ⑫),我们可以把式 ㊻ 中关于 $z$ 的积分重新写为

$$\sum_{|\gamma_2|\leqslant T}{}'\sum_{|\gamma_3|\leqslant T}{}'\int_{-\frac{\tau}{q}}^{\frac{\tau}{q}} e(-Nz)I(z)\cdot$$

$$\prod_{j=2}^{3}\left(\int_{\frac{N}{4}}^{N} e(zt)t^{\rho_j-1}\mathrm{d}t\right)\mathrm{d}z=$$

$$\Big\{\sum_{|\gamma_2|\leqslant C_1}{}'\sum_{|\gamma_3|\leqslant C_1}{}'+\sum_{|\gamma_2|\leqslant C_1}{}'\sum_{C_1\leqslant|\gamma_3|\leqslant T}{}'+$$

$$\sum_{C_1\leqslant|\gamma_2|\leqslant T}{}'\sum_{|\gamma_3|\leqslant C_1}{}'+\sum_{C_1\leqslant|\gamma_2|\leqslant T}{}'\sum_{C_1\leqslant|\gamma_3|\leqslant T}{}'\Big\} \tag{47}$$

其中 $C_1$ 是一个正数,满足 $4\pi\leqslant C_1\leqslant(kQ)^{\frac{\varepsilon_0}{2}}$,其具体值将在后面确定.由柯西不等式和引理 13,式 ㊼ 右边的第四项可以估计为

$$\ll\prod_{j=2}^{3}\sum_{C_1\leqslant|\gamma_j|\leqslant T}{}'\left(\int_{-\frac{\tau}{q}}^{\frac{\tau}{q}}|I(z)|\left|\int_{\frac{N}{4}}^{N} e(zt)t^{\rho_j-1}\mathrm{d}t\right|^2\mathrm{d}z\right)^{\frac{1}{2}}\ll$$

$$\prod_{j=2}^{3}\sum_{C_1\leqslant|\gamma_j|\leqslant T}{}'\Big\{\int_0^{N^{-1}} N(N^{\beta_j}|\gamma_j|^{-1})^2\mathrm{d}z+$$

$$\int_{J_1} z^{-1}(N^{\beta_j}|\gamma_j|^{-1})^2\mathrm{d}z+$$

$$\int_{J_2} z^{-1} N^{2\beta_j} \mid \gamma_j \mid^{-1} \mathrm{d}z + \int_{J_3} z^{-3} N^{2\beta_j - 2} \mathrm{d}z \Big\}^{\frac{1}{2}} \ll$$

$$\prod_{j=2}^{3} \sum_{C_1 \leqslant |\gamma_j| \leqslant T} {}' N^{\beta_j} \mid \gamma_j \mid^{-\frac{1}{2}} \ll C_1^{-1} \prod_{j=1}^{2} \sum_{|\gamma_j| \leqslant T} {}' N^{\beta_j} \qquad ㊽$$

其中 $J_1, J_2$ 和 $J_3$ 表示区间:$z \in \left[N^{-1}, \frac{\tau}{q}\right]$分别满足 $z \leqslant \frac{|\gamma_j|}{4\pi N}, \frac{|\gamma_j|}{4\pi N} < z \leqslant \frac{4|\gamma_j|}{\pi N}$ 和 $z > \frac{4|\gamma_j|}{\pi N}$. 同样由柯西不等式和引理 13,并应用估计式 ㊽,式 ㊼ 右边的第三项可以估计为

$$\ll \Big\{ \sum_{C_1 \leqslant |\gamma_2| \leqslant T} {}' N^{\beta_2} \mid \gamma_2 \mid^{-\frac{1}{2}} \Big\} \cdot$$

$$\Big\{ \sum_{|\gamma_3| \leqslant C_1} {}' \Big( \int_0^{\frac{\tau}{q}} \mid I(z) \mid \left| \int_{\frac{N}{4}}^{N} e(zt) t^{\rho_3 - 1} \mathrm{d}t \right|^2 \mathrm{d}z \Big)^{\frac{1}{2}} \Big\} \qquad ㊾$$

如果 $\gamma_3 = 0$,则式 ㊾ 中关于 $z$ 的积分可以估计为

$$\ll \int_0^{\frac{\tau}{q}} \min\{N, z^{-1}\} \min\{N^{2\beta_3}, z^{-2\beta_3}\} \mathrm{d}z \ll$$

$$\int_0^{N^{-1}} N^{1+2\beta_3} \mathrm{d}z + \int_{N^{-1}}^{\frac{\tau}{q}} z^{-2\beta_3 - 1} \mathrm{d}z \ll N^{2\beta_3}$$

如果 $\gamma_3 \neq 0$,由显然估计$\int_{\frac{N}{4}}^{N} e(zt) t^{\rho_3 - 1} \mathrm{d}z \ll N^{\beta_3}$,式 ㊾ 中关于 $z$ 的积分即为

$$\ll \int_0^{N^{-1}} N^{2\beta_3 + 1} \mathrm{d}z + \int_{J_1} z^{-1} N^{2\beta_3} \mid \gamma_3 \mid^{-2} \mathrm{d}z +$$

$$\int_{J_2} z^{-1} N^{2\beta_3} \mid \gamma_3 \mid^{-1} \mathrm{d}z + \int_{J_3} z^{-3} N^{2\beta_3 - 2} \mathrm{d}z \qquad ㊿$$

其中 $J_1, J_2$ 和 $J_3$ 为上面所定义的区间(取 $j = 3$). 如果式 ㊿ 中的第二项存在,则必有 $|\gamma_3| > 4\pi$,因而它可以估计为 $\ll \int_{N^{-1}}^{|\gamma_3|/(4\pi N)} z^{-1} N^{2\beta_3} \mid \gamma_3 \mid^{-2} \mathrm{d}z \ll N^{2\beta_3}$. 如果式

㊿ 中的第三项存在,则有 $|\gamma_3| > \frac{\pi}{4}$,因而它可以估计为 $\ll N^{2\beta_3}|\gamma_3|^{-1}\int_{|\gamma_3|/(4\pi N)}^{4|\gamma_3|/(\pi N)} z^{-1}\mathrm{d}z \ll N^{2\beta_3}$. 易见式 ㊿ 的第四项为 $\ll \int_{N^{-1}}^{\frac{\tau}{q}} z^{-3}N^{2\beta_3-2}\mathrm{d}z \ll N^{2\beta_3}$ 以及第一项为 $\ll N^{2\beta_3}$.

结合上述各种情况可以看出,式 ㊾ 中关于 $z$ 的积分为 $\ll N^{2\beta_3}$. 由此以及式 ㊾,式 ㊼ 右边的第三项可以估计为

$$\ll \sum_{C_1\leqslant|\gamma_2|\leqslant T}{}' N^{\beta_2}|\gamma_2|^{-\frac{1}{2}}\sum_{|\gamma_3|\leqslant C_1}{}' N^{\beta_3} \ll C_1^{-\frac{1}{2}}\prod_{j=2}^{3}\sum_{|\gamma_j|\leqslant T}{}' N^{\beta_j} \tag{51}$$

对式 ㊼ 右边的第二项可以用同样的方法来处理. 由式 ㊽、式 ⑸①、式 ㊺ 以及引理 8,式 ㊼ 中的后三项在式 ㊻ 中所产生的误差为

$$\ll N^2k\varphi(k)^{-3}C_1^{-\frac{1}{2}}\prod_{j=2}^{3}\sum_{r_j\leqslant kQ}\sum_{\chi_j(\operatorname{mod} r_j)}{}^{*}\sum_{|\gamma_j|\leqslant T}{}' N^{\beta_j-1} \ll N^2k\varphi(k)^{-3}C_1^{-\frac{1}{2}} \tag{52}$$

对于式 ㊼ 右边的第一项,首先把关于 $z$ 的积分区域扩充到 $(-\infty, +\infty)$,并记 $R_{24}$ 为因此而产生的误差项. 由式 ② 和 $|\gamma_j| \leqslant C_1 \leqslant (kQ)^{\frac{\varepsilon_0}{2}}$,对 $q \leqslant Q$,有 $\frac{\tau}{q} \geqslant \frac{4|\gamma_j|}{\pi N}$. 于是由柯西不等式和引理 13,得到

$$R_{24} \ll \sum_{j=2}^{3}\sum_{|\gamma_j|\leqslant C_1}{}'\left(\int_{\frac{\tau}{q}}^{+\infty} z^{-3}N^{2\beta_j-2}\mathrm{d}z\right)^{\frac{1}{2}} \ll \tau^{-2}Q^2\prod_{j=2}^{3}\sum_{|\gamma_j|\leqslant C_1}{}' N^{\beta_j-1}$$

从而 $R_{24}$ 在式㊻中所产生的误差可以估计为

$$\ll k\varphi(k)^{-3}\tau^{-2}Q^{2}\ll N^{2}k\varphi(k)^{-3}C_{1}^{-\frac{1}{2}} \qquad ㊼$$

结合式㊻㊼㊾㊼,得到

$$\begin{aligned}|M_{24}|\leqslant&\sum_{r_2\leqslant kQ}\sum_{\chi_2(\bmod r_2)}{}^{*}\sum_{r_3\leqslant kQ}\sum_{\chi_3(\bmod r_3)}{}^{*}\sum_{\substack{q\leqslant Q\\ [r_2,r_3]\mid D}}\varphi(D)^{-3}\cdot\\&|Z_1(q;\chi_{01},\overline{\chi}_2,\overline{\chi}_3)|\cdot\\&\sum_{|\gamma_2|\leqslant C_1}{}'\sum_{|\gamma_3|\leqslant C_1}{}'\int_{-\infty}^{+\infty}e(-Nz)I(z)\cdot\\&\prod_{j=2}^{3}\left(\int_{\frac{N}{4}}^{N}e(zt)t^{\rho_j-1}\mathrm{d}t\right)\mathrm{d}z+\\&O(N^{2}k\varphi(k)^{-3}C_1^{-\frac{1}{2}})\leqslant\\&N^{2}\Bigg\{\sum_{\substack{r_j\leqslant kQ^{\varepsilon_0}\\ j=2,3}}+\sum_{\substack{r_j\leqslant kQ,j=2,3\\ \text{至少其中之一}r_j\geqslant kQ^{\varepsilon_0}}}\Bigg\}\cdot\\&\sum_{\chi_2(\bmod r_2)}{}^{*}\sum_{\chi_3(\bmod r_3)}{}^{*}\sum_{|\gamma_2|\leqslant C_1}{}'\sum_{|\gamma_3|\leqslant C_1}{}'\sum_{\substack{q\leqslant Q\\ [r_2,r_3]\mid D}}\varphi(D)^{-3}\cdot\\&|Z_1(q;\chi_{01},\widetilde{\chi}_2,\widetilde{\chi}_3)|\cdot\\&\int_{\mathscr{D}}(Nx_2)^{\beta_2-1}(Nx_3)^{\beta_3-1}\mathrm{d}x_1\mathrm{d}x_2+\\&O(N^{2}k\varphi(k)^{-3}C_1^{-\frac{1}{2}})\end{aligned} \qquad ㊾$$

不妨假设上式花括号中的第二个多重和式中 $r_2>kQ^{\varepsilon_0}$,则由引理 9 和式㊺,它可以估计为

$$\begin{aligned}&\ll N^{2}k\varphi(k)^{-3}\sum_{kQ^{\varepsilon_0}<r_2\leqslant kQ}\frac{k}{r_2}\log^{2}\mathscr{L}\cdot\\&\sum_{\chi_2(\bmod r_2)}{}^{*}\sum_{|\gamma_2|\leqslant C_1}{}'\left(\frac{N}{4}\right)^{\beta_2-1}\cdot\\&\sum_{r_3\leqslant kQ}\sum_{\chi_3(\bmod r_3)}{}^{*}\sum_{|\gamma_3|\leqslant C_1}{}'\left(\frac{N}{4}\right)^{\beta_3-1}\ll\\&N^{2}k\varphi(k)^{-3}Q^{-\varepsilon_0}\log^{2}\mathscr{L}\ll N^{2}k\varphi(k)^{-3}C_1^{-\frac{1}{2}}\end{aligned} \qquad ㊿$$

根据式 ⑭、式 ⑮,并应用引理 8 于式 ⑭ 花括号中的第一个多重和式,得到

$$|M_{24}| \leqslant 2.140\,782 M_0 \Sigma_5^2 + O(M_0 C_1^{-\frac{1}{2}}) \quad ⑯$$

记 $M_{2j}$ 为$(\mathrm{T}_{2j})$中所列诸项对于 $M_2$ 的贡献.用同样的方法可以得到

$$\begin{cases} |M_{21}|, |M_{22}| \leqslant 2.140\,782 M_0 \Sigma_5 + O(M_0 C_1^{-1}) \\ |M_{23}| \leqslant 2.140\,782 M_0 \Sigma_4 + O(M_0 C_1^{-1}) \\ |M_{25}| \leqslant 2.140\,782 M_0 \Sigma_4^2 + O(M_0 C_1^{-1}) \\ |M_{26}| \leqslant 2.140\,782 M_0 \Sigma_4^3 + O(M_0 C_1^{-\frac{1}{6}}) \end{cases} \quad ⑰$$

**引理 14**　设 $M_2$ 如式 ⑰ 所定义,那么有

$$|M_2| \leqslant \begin{cases} 0.05 M_0, \text{如果 } \tilde{\beta} \text{ 不存在} \\ 16\omega^3 M_0, \text{如果 } \tilde{\beta} \text{ 存在} \end{cases}$$

**证明**　如果例外零点 $\tilde{\beta}$ 不存在,则 $M_{22}$,$M_{23}$ 和 $M_{25}$ 不存在.取 $C_1$ 为一个充分大的常数,由式 ⑯、式 ⑰ 及引理 12 得到

$$|M_2| \leqslant (2.140\,782) M_0 \{3 \times (6.2 \times 10^{-3}) + 3 \times (6.2 \times 10^{-3})^2 + (0.134)^3\} \leqslant 0.05 M_0$$

如果 $\tilde{\beta}$ 存在,我们根据 $\omega \leqslant \varepsilon_1$ 与否分情况进行讨论.当 $\omega \leqslant \varepsilon_1$ 时,我们取 $C_1 = (kQ)^{\frac{\varepsilon_0}{2}}$,则由引理 11 和式 ㊷,我们推得 $M_{2j} \ll \varepsilon_1^{0.3} \omega^3 M_0$,$1 \leqslant j \leqslant 6$.因此有

$$M_2 \ll \varepsilon_1^{0.3} \omega^3 M_0 \quad ⑱$$

当 $\omega > \varepsilon_1$ 时取 $C_1 > \varepsilon_1^{-55}$ 为一个充分大的常数,则式 ⑯ 和式 ⑰ 中的 $O$ 项可以被吸收,因而由引理 12 得到

$$|M_2| \leqslant (2.140\,782) \{9(0.012\omega^3) +$$

$$3(2.1\omega^3)+3(0.012\omega^3)^2+$$
$$3(2.1\omega^3)^2+(2.1\omega^3)^3\}M_0\leqslant 16\omega^3M_0 \quad ⑤⑨$$

比较 ⑤⑧ 和 ⑤⑨ 两式可以看出,当$\tilde{\beta}$存在时,$|M_2|$的上界为 $16\omega^3M_0$ 总是成立的. 于是引理得证.

**4.9 定理 1 的证明**

首先给出 $M_1+M_3$ 的两个下界. 一方面由相关文献①中的式(8.1),有

$$C_0\widetilde{\sum}\int_{\mathscr{D}}\mathrm{d}x_1\mathrm{d}x_2=N^2k\varphi(k)^{-3}\prod_{(p,k)=1}s(p)\int_{\mathscr{D}}\mathrm{d}x_1\mathrm{d}x_2=M_0 \quad ⑥⓪$$

于是由式 ⑥⓪ 以及相关文献②中引理 5.5 的类似讨论,可得

$$M_1+M_3\geqslant 20\omega^3M_0+O(N^2k^2\varphi(k)^{-3}Q^{-1}\tilde{r}'\mathscr{L}+\Omega) \quad ⑥①$$

另一方面,根据引理 7 和式 ④⓪,有

$$M_1+M_3=M_0+O(N^2k\varphi(k)^{-3}\tilde{r}'^{-\frac{1}{2}}(\log\log\tilde{r}')^2+\Omega) \quad ⑥②$$

如果例外零点$\tilde{\beta}$不存在,那么 $M_3$ 不存在. 于是由式 ①⑧、引理 7、引理 14,及式 ①④,得到

$$I_1(N)=M_1+M_2+O(\Omega)\geqslant$$

① M. C. Liu, T. Z. Wang. On the equation $a_1p_1+a_2p_2+a_3p_3=b$ with prime variables in arithmetic progressions. CRM Proceedings and Lecture Notes, AMS Press, 1999, 19: 243-263.

② M. C. Liu, T. Z. Wang. A numerical bound for small prime solutions of some ternary linear equations. Acta Arith., 1998, 86(4): 343-383.

$$(1-0.05)M_0+O(N^2k^{-2-\varepsilon_0}\mathscr{L}^{-1})\gg M_0$$

如果例外零点 $\tilde{\beta}$ 存在并且满足 $\tilde{r}'\geqslant\mathscr{L}$，根据式 ㊷、式 ⑱、引理 7、引理 14，以及式 ⑭，得

$$I_1(N)\geqslant(1-16\omega^3)M_0+$$
$$O(\Omega+N^2k\varphi(k)^{-3}\tilde{r}'^{-\frac{1}{2}}(\log\log\tilde{r}')^2)\gg M_0$$

如果例外零点 $\tilde{\beta}$ 存在但是 $\tilde{r}'<\mathscr{L}$，由式 ㊶、式 ⑱、引理 7、引理 14，以及式 ⑭，得

$$I_1(N)\geqslant(20-16)\omega^3M_0+O(\Omega+$$
$$N^2k^2\varphi(k)^{-3}Q^{-1}\tilde{r}'\mathscr{L})\gg\omega^3M_0$$

总之，我们总有

$$I_1(N)\gg\omega^3M_0 \tag{63}$$

成立. 根据相关文献①中的结果，有

$$S_1(x)\ll(Nq^{-\frac{1}{2}}+N^{\frac{1}{2}}q^{\frac{1}{2}}+N^{\frac{4}{5}}k^{\frac{3}{5}})\mathscr{L}^{\frac{5}{2}}$$

其中 $S_1(x)$ 如式 ③ 所定义. 根据 $\mathscr{M}_2$ 的定义，对于任意的 $x=\frac{h}{q}+z\in\mathscr{M}_2$，有 $Q<q\leqslant\tau^{-1}$，因此

$$S_1(x)\ll(NQ^{-\frac{1}{2}}+N^{\frac{1}{2}}\tau^{-\frac{1}{2}}+N^{\frac{4}{5}}k^{\frac{3}{5}})\mathscr{L}^{\frac{5}{2}}\ll$$
$$Nk^{-1-\frac{\varepsilon_0}{2}}\mathscr{L}^{-2}$$

由此结合式 ⑤ 以及显然估计 $\sum\limits_{\substack{\frac{N}{4}\leqslant n\leqslant N\\ n\equiv l_j(\bmod k)}}\Lambda^2(n)\ll N\mathscr{L}^{1+\varepsilon}k^{-1}$，可得

$$I_2(N)\ll Nk^{-1-\frac{\varepsilon_0}{2}}\mathscr{L}^{-2}\prod_{j=2}^{3}\left(\int_{\tau}^{1+\tau}|S_j(x)|^2\mathrm{d}x\right)^{\frac{1}{2}}\ll$$

---

① Z. F. Zhang. Exponential sums over primes in an arithmetic progression. Journal of Henan University, 2001, 2: 17-20.

$$N^2 k^{-2-\frac{\varepsilon_0}{2}} \mathscr{L}^{-1+\varepsilon} \qquad (64)$$

根据式 ⑤(63)(64)(42) 得到

$$I(N) = I_1(N) + I_2(N) \gg \omega^3 M_0 \gg \omega^3 N^2 k^{-2}$$

因此由式 ④ 以及 $k \leqslant N^{\frac{1}{42}}$,定理 1 得证.

## §5 算术级数中的奇数哥德巴赫问题(Ⅱ)[1]

——崔振

上海交通大学数学系的崔振教授 2006 年考察了几乎所有模的算术级数中的奇数哥德巴赫问题,证明了对几乎所有的模 $r \leqslant N^{\frac{1}{6}-\varepsilon}$,充分大的正奇数 $N$ 可表示为三个素数之和,其中每个素数取在模 $r$ 的满足必要同余条件的任意剩余系中.

### 5.1 引言及定理

对充分大的正奇数 $N$ 及正整数 $r$,定义 $b=(b_1,b_2,b_3)$ 及

$$B(N,r) = \{b \in N^3 : 1 \leqslant b_j \leqslant r, (b_j, r) = 1, \\ b_1 + b_2 + b_3 \equiv N (\bmod r)\} \qquad ①$$

则

$$\# B(N,r) = r^2 \prod_{\substack{p \mid r \\ p \mid N}} \frac{(p-1)(p-2)}{p^2} \prod_{\substack{p \mid r \\ p \nmid N}} \frac{p^2 - 3p + 3}{p^2} \qquad ②$$

---

① 原载于《数学学报》,2006,49(1):129-138.

我们考察方程

$$\begin{cases}N=p_1+p_2+p_3\\p_j\equiv b_j(\bmod r),j=1,2,3\end{cases} \quad ③$$

的可解性.甚至在维诺格拉多夫解决奇数哥德巴赫问题之前,拉德马切尔就在GRH假设下证明了对任意的固定正整数 $r$,令 $J(N;r,b)$ 表示方程③的解数,则对奇数 $N$ 及所有的 $b\in B(N,r)$,有

$$J(N;r,b)=\sigma(N;r)\frac{N^2}{2\log^3 N}(1+o(1)) \quad ④$$

其中奇异级数 $\sigma(N;r)$ 满足

$$\sigma(N;r)=\frac{C(r)}{r^2}\prod_{p\mid r}\frac{p^3}{(p-1)^3+1}\cdot\prod_{\substack{p\mid N\\p\nmid r}}\frac{(p-1)((p-1)^2-1)}{(p-1)^3+1}\cdot\prod_{p>2}\left(1+\frac{1}{(p-1)^3}\right)\gg 1 \quad ⑤$$

其中 $p>2$,且

$$C(r)=\begin{cases}2,r\text{ 为奇数}\\8,r\text{ 为偶数}\end{cases}$$

在维诺格拉多夫的工作之后,Zularf和Ayoub分别用不同的方法独立地得到了无条件结果.对他们的方法稍做改进可以证明式④对所有 $r\leqslant\log^A N$ 成立,其中 $A$ 可取为任意正常数.一个自然的问题是:方程③对更大的 $r$(例如,$r$ 大到 $N$ 的某个正方幂)仍然可解吗?1993年,Wolke首先打破了 $\log^A N$ 的界限,得到了如下的朋比尼－维诺格拉多夫型均值公式

$$\sum_{q\leqslant Q}\max_{y\leqslant x}\max_{(a,q)=1}\max_{|\lambda|\leqslant\theta}\left|\sum_{n\leqslant y}\Lambda(n)e\left(n\left(\frac{a}{q}+\lambda\right)\right)-\frac{\mu(q)}{\varphi(q)}\sum_{n\leqslant y}e(n\lambda)\right|\ll x\log^{-A}x \quad ⑥$$

对

$$Q=x^{\frac{1}{4}}\log^{-B}x\ ,\theta=Q^{-4}\log^{-B}x \qquad ⑦$$

成立,其中 $B>0$ 是一个仅依赖于 $A$ 的常数,进而利用圆法证明了式 ④ 对几乎所有素数模$r=p\leqslant N^{\frac{1}{11}}$ 成立.后来,展涛和刘建亚扩大了式 ⑦ 中 $Q$ 和 $\theta$ 的取值范围,证明了均值估计 ⑥ 对

$$Q=x^{\frac{1}{3}}\log^{-B}x\ ,\theta=Q^{-3}\log^{-B}x \qquad ⑧$$

成立,其中 $B>0$ 是一个仅依赖于 $A$ 的常数.需要指出的是,式 ⑧ 中 $Q$ 和 $\theta$ 的取值范围已经同 GRH 下一样好了.利用这一改进,刘建亚证明了拉德马切尔的公式 ④ 对几乎所有素数模 $r=p\leqslant N^{\frac{3}{20}}\log^{-B}N$ 成立.最近,崔振用不同的办法证明了公式 ④ 对几乎所有素数模 $r=p\leqslant N^{\frac{1}{6}-\varepsilon}$ 成立.对正整数模的情况,刘建亚和展涛证明了式 ④ 对几乎所有模 $r\leqslant N^{\frac{1}{8}-\varepsilon}$ 成立.另外,几位作者(例如,刘建亚和展涛的工作)分别用不同的方法证明了存在可计算常数 $\delta>0$,使得方程 ③ 对任意 $r\leqslant N^{\delta}$ 及任意 $b\in B(N,r)$ 可解.最近,张振锋和王天泽证明了 $\delta\leqslant\dfrac{1}{42}$ 是可容许的.后来,张振锋又在他的博士论文中将这一结果改进为 $\delta\leqslant\dfrac{1}{34}$.

本节我们关心的是在平均意义下 $r$ 可以取得多大.我们证明了式 ④ 对几乎所有的正整数模 $r\ll N^{\frac{1}{6}-\varepsilon}$ 及所有 $b\in B(N,r)$ 成立,其中 $\varepsilon>0$ 是任意常数.有如下定理:

**定理1** 令 $N$ 为一个充分大的正整数,$\varepsilon$ 为任意小的正常数,$R\leqslant N^{\frac{1}{6}-\varepsilon}$.令 $A>0$ 为任意常数,$B(N,r)$ 的

定义同式 ①，则对所有正整数 $r \leqslant R$，最多除去 $O(R\log^{-A}N)$ 个例外，素变数方程 ③ 对所有 $b \in B(N, r)$ 可解，且其解数由式 ④ 给出.

定理 1 是定理 2 的直接推论.

**定理 2**　记号同定理 1，则

$$\sum_{R/2<r\leqslant R} r \max_{b\in B(N,r)} \left| \sum_{\substack{N=p_1+p_2+p_3 \\ p_j\equiv b_j (\bmod r)}} (\log p_1)(\log p_2)(\log p_3) - \frac{\sigma(N;r)N^2}{2} \right| \ll N^2\log^{-A}N \tag{9}$$

**定理 1 的证明**　以 $E(R)$ 表示满足 $\frac{R}{2} < r \leqslant R$，且使

$$\max_{b\in B(N,r)} \left| \sum_{\substack{N=p_1+p_2+p_3 \\ p_j\equiv b_j (\bmod r)}} (\log p_1)(\log p_2)(\log p_3) - \frac{\sigma(N;r)N^2}{2} \right| > \frac{r}{\varphi^3(r)} \cdot \frac{N^2}{\log N}$$

的正整数 $r$ 的集合，则由定理 2，有

$$\sum_{r\in E(R)} \frac{r^2}{\varphi^3(r)} \leqslant \log^{-A}N$$

进而有

$$\# E(R) = \sum_{r\in E(R)} 1 \leqslant R \sum_{r\in E(R)} \frac{r^2}{\varphi^3(r)} \ll R\log^{-A}N$$

因为

$$\frac{r}{\varphi^3(r)} \ll \sigma(N;r) \ll \frac{r}{\varphi^3(r)} \tag{10}$$

所以式 ④ 对所有 $r \notin E(R)$ 和任意 $b \in B(N,r)$ 成立. 证毕.

我们将用圆法证明定理 2. 在余区间上，需要在大模的算术级数中的素变数三角和的估计中取得一定的

节省,这使得主区间取得非常“大”,从而更难处理.崔振得到了算术级数中的素变数三角和的一个新的估计.这一估计虽然不能使单个主区间“小”下来,但有效地降低了主区间的数量,并使得主区间中对应算术级数中的奇数哥德巴赫问题的关键变量$\frac{rq}{(r,q)}$变小,从而得到了指数$\frac{1}{6}$.不同于此前的作者,我们应用了刘建亚和展涛建立起来的新方法来处理增大了的主区间(后来这一方法又被刘建亚和廖明哲改进,最后,刘建亚和展涛又进一步发展出了更有效的迭代方法).此方法不仅总是得到较朋比尼-维诺格拉多夫型均值定理更好的结果,还能处理更复杂的主区间(可参考我们的主区间与相关文献①中的主区间).最后,我们指出这里模$r$的取值范围已经同素数模的情况同样好了.

### 5.2 记号与方法概述

本节的记号都是标准的,特别地,$r$总表示正整数,记$L=\log N$,$\varepsilon$表示充分小的正数,在不同的地方可能取值不同,一些不需要定出数值的常数统一用$c$表示,如果有必要,以下标区分,$r\sim R$表示$\frac{1}{2}R<r\leqslant R$.令$B=A+100$,对正整数$r$和$q$,令$h=(r,q)$,则$r$,$q$及$h$有(唯一)分解式

$$r=p_1^{\alpha_1}\cdots p_s^{\alpha_s}r_0,(p_j,r_0)=1$$
$$q=p_1^{\beta_1}\cdots p_s^{\beta_s}q_0,(p_j,q_0)=1$$

① J. Y. Liu, T. Zhan. The ternary Goldbach problem in arithmetic progressions. Acta Arith., 1997,532(3):197-227.

$$h = p_1^{\gamma_1} \cdots p_s^{\gamma_s}$$

其中 $\gamma_j = \min\{\alpha_j, \beta_j\}, j = 1, \cdots, s$. 依据 $\alpha_j = \gamma_j$ 与否令 $\delta_j = \alpha_j$ 或 0. 定义 $h_1 = p_1^{\delta_1} \cdots p_s^{\delta_s}, h_2 = \frac{h}{h_1}$, 则有 $h_1 h_2 = h$, $(h_1, h_2) = 1, \left(\frac{r}{h_1}, \frac{q}{h_2}\right) = 1$. 令

$$P = R^2 L^{2B}, Q = NR^{-2} L^{-3B} \tag{11}$$

则由迪利克雷有理逼近定理知，对任意 $\alpha \in \left[\frac{1}{Q}, 1 + \frac{1}{Q}\right]$, 有

$$\alpha = \frac{a}{q} + \lambda, q \leqslant Q, 1 \leqslant a \leqslant q, (a, q) = 1, |\lambda| \leqslant \frac{1}{qQ} \tag{12}$$

以 $\mathfrak{M}(a, q)$ 记式 ⑫ 中 $\alpha$ 之集, 我们如下定义主区间 $\mathfrak{M}$ 和余区间 $\mathfrak{m}$, 即

$$\mathfrak{M} = \bigcup_{\substack{q \leqslant P \\ h > q^{\frac{1}{2}} L^{-B}}} \bigcup_{\substack{a=1 \\ (a,q)=1}}^{q} \mathfrak{M}(a, q), \mathfrak{m} = \left[\frac{1}{Q}, 1 + \frac{1}{Q}\right] \backslash \mathfrak{M}$$

记 $e(\alpha) = \mathrm{e}^{2\pi i \alpha}$ 并令 $M = NL^{-12}$. 定义算数级数中的三角和

$$S(\alpha; r, b) = \sum_{\substack{M < p \leqslant N \\ p \equiv b (\bmod r)}} (\log p) e(p\alpha) \tag{13}$$

则定理 2 等价于对任意 $A > 0$, 有

$$\sum_{r \sim R} r \max_{b \in B(N, r)} \left| \int_{\frac{1}{Q}}^{1+\frac{1}{Q}} S(\alpha; r, b_1) S(\alpha; r, b_2) \cdot S(\alpha; r, b_3) e(-N\alpha) - \sigma(N; r) \frac{N^2}{2} \right| \ll N^2 L^{-A}$$

故只需证

$$\sum_{r \sim R} r \max_{b \in B(N, r)} \left| \int_{\mathfrak{M}} S(\alpha; r, b_1) S(\alpha; r, b_2) \cdot \right.$$

$$S(\alpha;r,b_3)e(-N\alpha)-\sigma(N;r)\frac{N^2}{2}\Bigg|\ll N^2L^{-A} \quad ⑭$$

和

$$\sum_{r\sim R}r\max_{b\in B(N,r)}\Bigg|\int_{\mathfrak{m}}S(\alpha;r,b_1)S(\alpha;r,b_2)\cdot$$
$$S(\alpha;r,b_3)e(-N\alpha)\Bigg|\ll N^2L^{-A} \quad ⑮$$

为了控制余区间中 $S(\alpha;r,b)$ 的估计,我们需要如下引理.

**引理1** 令 $S(\alpha;r,b)$ 如式⑬定义,则对满足 $r\alpha=\frac{a_1}{q_1}+\lambda_1$,$|\lambda_1|\leqslant\frac{1}{q_1^2}$,$(a_1,q_1)=1$ 和 $r^2\alpha=\frac{a_2}{q_2}+\lambda_2$,$|\lambda_2|\leqslant\frac{1}{q_2^2}$,$(a_2,q_2)=1$ 的 $\alpha$,我们有

$$S(\alpha;r,b)\ll\left(q_1+\frac{N}{rq_1}+\frac{N}{rq_2^{\frac{1}{2}}}+\frac{N^{\frac{5}{6}}}{r^{\frac{1}{2}}}+N^{\frac{1}{2}}q_2^{\frac{1}{2}}\right)L^3 \quad ⑯$$

特别地,对 $\alpha\in\mathfrak{m}$ 和 $r\sim R$,一致地有

$$S(\alpha;r,b)\ll\frac{N}{rL^{A+1}} \quad ⑰$$

**式⑰的证明** $q>P$ 的情况易由式⑯和分部求和公式得到. 而对 $q\leqslant P$,注意到 $R\leqslant N^{\frac{1}{6}-\varepsilon}$,总有 $q\geqslant q_1\geqslant\frac{q}{h}$ 及 $q\geqslant q_2\geqslant\frac{q}{(q,r^2)}\geqslant\frac{q}{h^2}$. 再注意到在余区间 $\mathfrak{m}$ 中,$h<q^{\frac{1}{2}}L^{-B}$,也由式⑯可得所需估计. 证毕.

**式⑮的证明** 由式⑰易知对 $r\sim R$,一致地有

$$\int_{\mathfrak{m}}S(\alpha;r,b_1)S(\alpha;r,b_2)S(\alpha;r,b_3)e(-N\alpha)\mathrm{d}\alpha\ll$$
$$\max_{\alpha\in\mathfrak{m}}|S(\alpha;r,b_1)|\left(\int_0^1|S(\alpha;r,b_2)|^2\mathrm{d}\alpha|\right)^{\frac{1}{2}}\cdot$$
$$\left(\int_0^1|S(\alpha;r,b_3)|^2\mathrm{d}\alpha\right)^{\frac{1}{2}}\ll\frac{N^2}{r^2}L^{-A-1}$$

从而式 ⑮ 右端 $\ll N^2L^{-A}$. 证毕.

**注 1**　引理 1 就是在 5.1 小节末尾提到的算术级数中的三角和估计,其作用是尽可能地缩小主区间中的关键变量的取值. 崔振是通过沃恩分拆来证明引理 1 的. 现在我们知道多种方法都可以得到各种相类似的结果,例如本节中采用的展涛和刘建亚处理主区间的方法就可以给出一个局部的结果,并可推广到高次和其他类型的情况. 这一类型的新结果与已有的全局结果结合往往能给很多问题带来改进. Kumchev 的方法能给出目前适用范围最广的结果,我们将另文讨论.

### 5.3　广义高斯和与主区间上的准备工作

对迪利克雷特征 $\eta\left(\bmod \frac{q}{h_2}\right)$,定义

$$G(\eta,q,b,r,a)=\sum_{\substack{c=1\\(c,q)=1\\c\equiv b(\bmod r)}}^{q}\bar{\eta}(c)e\left(\frac{ac}{q}\right) \tag{18}$$

及

$$G(q,b,r,a)=G(\chi^0,q,b,r,a) \tag{19}$$

易见 $G(\chi,q,b,r,a)$ 是经典高斯和 $G(\chi,a)$ 在算数级数中的推广. 对特征 $\chi\left(\bmod \frac{rq}{h}\right)$,有唯一分解 $\chi=\xi\eta$,其中对 $\xi\left(\bmod \frac{r}{h_1}\right)$ 及 $\eta\left(\bmod \frac{q}{h_2}\right)$,我们有:

**引理 2**　设 $\eta\left(\bmod \frac{q}{h_2}\right)$ 由原特征 $\eta^*(\bmod q^*)$ 导出,则有 $|G(\eta,q,b,r,a)|\leqslant q^{*\frac{1}{2}}$.

定义

$$V(\lambda)=\sum_{M<m\leqslant N}e(m\lambda)$$

$$W(\chi,\lambda)=\sum_{M<p\leqslant N}(\log p)\chi(p)e(p\lambda)-\delta_\chi V(\lambda) \quad ⑳$$

其中 $\delta_\chi=1$ 或 0 依 $\chi$ 是否为主特征而定. 易见,对 $\alpha\in\mathfrak{M}(a,q)$,有

$$\begin{aligned}S(\alpha;r,b)=&\sum_{\substack{c=1\\(c,q)=1}}^{q}e\left(\frac{ac}{q}\right)\sum_{\substack{M<p\leqslant N\\p\equiv b(\bmod r)\\p\equiv c(\bmod q)}}(\log p)e(p\lambda)=\\&\frac{1}{\varphi\left(\frac{r}{h_1}\right)\varphi\left(\frac{q}{h_2}\right)}\sum_{\xi\left(\bmod\frac{r}{h_1}\right)}\bar{\xi}(b)\cdot\\&\sum_{\eta\left(\bmod\frac{q}{h_2}\right)}G(\eta,q,b,r,a)\cdot\\&\sum_{M<p\leqslant N}\xi\eta(p)(\log p)e(p\lambda)=\\&\frac{G(q,b,r,a)}{\varphi\left(\frac{r}{h_1}\right)\varphi\left(\frac{q}{h_2}\right)}V(\lambda)+\\&\frac{1}{\varphi\left(\frac{r}{h_1}\right)\varphi\left(\frac{q}{h_2}\right)}\sum_{\xi\left(\bmod\frac{r}{h_1}\right)}\bar{\xi}(b)\cdot\\&\sum_{\eta\left(\bmod\frac{q}{h_2}\right)}G(\eta,q,b,r,a)W(\xi\eta,\lambda)=\\&S_1(r,a,q,\lambda)+S_2(r,a,q,\lambda)\end{aligned} \quad ㉑$$

定义

$$J=\max_{s_1\leqslant R}\frac{1}{s_1^{\frac{1}{2}-\varepsilon}}\sum_{s\leqslant R^2L^{3B}}\frac{1}{s^{\frac{1}{2}-\varepsilon}}\sum_{\chi(\bmod s)}{}^{*}\max_{|\lambda|\leqslant\frac{s_1}{sQ}}|W(\chi,\lambda)|$$

此处和下文中的求和号“$\sum^*$”表示对原特征求和.

**引理 3** 对正整数 $r,q$,令 $h,h_1,h_2$ 如上定义,则

$$\sum_{\substack{r\leqslant N_1\\r^*\mid\frac{r}{h_1}}}\sum_{\substack{q\leqslant N_2\\q^*\mid\frac{q}{h_2}}}\frac{1}{\varphi\left(\frac{r}{h_1}\right)\varphi\left(\frac{q}{h_2}\right)}\ll\frac{d(r^*)}{r^*q^*}\log^3N_1\log^2N_2 \quad ㉒$$

### 5.4　主区间的简化

利用柯西不等式易见 $b_1,b_2$ 和 $b_3$ 的差别在本节中不产生影响，所以将其统一简记为 $b$，有

$$\int_{\mathfrak{M}}(S_1(r,a,q,\lambda)+S_2(r,a,q,\lambda))^3e(-N\alpha)\mathrm{d}\alpha=$$

$$\sum_{\substack{q\leqslant P\\ h>q^{\frac{1}{2}}L^{-B}}}\sum_{\substack{a=1\\(a,q)=1}}^{q}\int_{\frac{a}{q}-\frac{1}{qQ}}^{\frac{a}{q}+\frac{1}{qQ}}S_1^3(r,a,q,\lambda)e\left(-N\left(\frac{a}{q}+\lambda\right)\right)\mathrm{d}\lambda+$$

$$O\Big(\sum_{\substack{q\leqslant P\\ h>q^{\frac{1}{2}}L^{-B}}}\max_{a,\lambda}|S_2(r,a,q,\lambda)|\cdot$$

$$\int_{\mathfrak{M}}(|S(\alpha;r,b)|^2+|S_1(r,a,q,\lambda)|^2)\mathrm{d}\alpha\Big)=$$

$$\int_{\mathfrak{M}}S_1^3(r,a,q,\lambda)e(-N\alpha)\mathrm{d}\alpha+$$

$$O\left(\frac{N}{r}\sum_{\substack{q\leqslant P\\ h>q^{\frac{1}{2}}L^{-B}}}\max_{a,\lambda}|S_2(r,a,q,\lambda)|\right)=$$

$$I_1+O\left(\frac{N}{r}\sum_{\substack{q\leqslant P\\ h>q^{\frac{1}{2}}L^{-B}}}\max_{a,\lambda}S_2(r,a,q,\lambda)|\right)\tag{23}$$

在5.6小节中我们将证明主项由 $I_1$ 产生，将证明上式最后一行的 $O$ 余项是可容许的. 对 $r$ 求和，有

$$\sum_{r\sim R}\sum_{\substack{q\leqslant P\\ h>q^{\frac{1}{2}}L^{-B}}}\max_{a,\lambda}|S_2(r,a,q,\lambda)|=$$

$$\sum_{r\sim R}\sum_{\substack{q\leqslant P\\ h>q^{\frac{1}{2}}L^{-B}}}\max_{a,\lambda}\left|\frac{1}{\varphi\left(\frac{r}{h_1}\right)\varphi\left(\frac{q}{h_2}\right)}\cdot\right.$$

$$\left.\sum_{\xi\left(\bmod\frac{r}{h_1}\right)}\bar{\xi}(b)\sum_{\eta\left(\bmod\frac{q}{h_2}\right)}G(\eta,q,b,r,a)W(\xi\eta,\lambda)\right|$$

在上式中按原特征求和,有

$$\sum_{r\sim R}\sum_{\substack{q\leqslant P\\ h>q^{\frac{1}{2}}L^{-B}}}\max_{a,\lambda}|S_2(r,a,q,\lambda)|\ll$$

$$\sum_{s_1\leqslant R}\sum_{\substack{s_2\leqslant R^2L^{3B}/s_1\\ (s_1,s_2)=1}}\sum_{\substack{r\leqslant R\\ s_1\mid\frac{r}{h_1}}}\sum_{\substack{q\leqslant P\\ s_2\mid\frac{q}{h_2}}}\frac{s_2}{\varphi\left(\frac{r}{h_1}\right)\varphi\left(\frac{q}{h_2}\right)}\cdot$$

$$\max_{|\lambda|\leqslant\frac{1}{qQ}}\sum_{\xi(\bmod s_1)}{}^{*}\sum_{\eta(\bmod s_2)}{}^{*}|W(\xi\eta,\lambda)|\ll$$

$$L^5\sum_{s_1\leqslant R}\sum_{\substack{s_2\leqslant R^2L^{3B}/s_1\\ (s_1,s_2)=1}}\frac{1}{s_1s_2^{\frac{1}{2}-\varepsilon}}\cdot$$

$$\sum_{\xi(\bmod s_1)}{}^{*}\sum_{\eta(\bmod s_2)}{}^{*}\max_{|\lambda|\leqslant\frac{1}{s_2Q}}|W(\xi\eta,\lambda)|\ll L^5J$$

此处用到了引理 3 和熟知的估计 $d(n)\ll n^{\varepsilon}$.

### 5.5 $J$ 的估计

对 $M<u\leqslant N$,令 $M_1,\cdots,M_{10}$ 为满足下式的正整数

$$2^{-10}M\leqslant M_1\cdots M_{10}<u,2M_6,\cdots,2M_{10}\leqslant u^{\frac{1}{5}}\qquad ㉔$$

记 $M=(M_1,M_2,\cdots,M_{10})$. 对 $j=1,\cdots,10$,分别令

$$a_j(m)=\begin{cases}\log m,当\ j=1\ 时\\ 1,当\ j=2,3,4,5\ 时\\ \mu(m),当\ j=6,7,8,9,10\ 时\end{cases}$$

定义复函数 $f$ 及 $F$ 为

$$f_j(s)=f_j(s,\chi)=\sum_{m\sim M_j}\frac{a_j(m)\chi(m)}{m^s}$$

$$F(s)=F(s,\chi)=f_1(s)\cdots f_{10}(s)$$

则刘建亚和廖明哲证明了:

**引理 4**　令 $F(s,\chi)$ 如上定义,则对任意的 $S\geqslant 1$

及 $0 < T_3 \leqslant N$,有

$$\sum_{s\sim S}\sum_{\chi(\bmod s)}{}^{*}\int_{T_3}^{2T_3}\left|F\left(\frac{1}{2}+\mathrm{i}t,\chi\right)\right|\mathrm{d}t \ll$$
$$(S^2T_3+ST_3^{\frac{1}{2}}N^{\frac{3}{10}}+N^{\frac{1}{2}})L^c \tag{25}$$

**引理 5**　对 $T \geqslant 2$,以 $N^*(\alpha,q,T)$ 表示原特征 $\chi(\bmod q)$ 对应的 $L$ - 函数 $L(s,\chi)$ 在区域 $\mathrm{Re}\ s \geqslant \alpha$, $|\mathrm{Im}\ s| \leqslant T$ 中的零点个数,则有

$$N^*(\alpha,q,T) \ll (qT)^{\frac{12(1-\alpha)}{5}}\log^c(qT)$$

**引理 6**　存在绝对正常数 $c_1 > 0$,使得 $\prod\limits_{\chi(\bmod q)} L(s,\chi)$ 在区域

$$\mathrm{Re}\ s \geqslant 1-\frac{c_1}{\max\{\log q,\log^{\frac{4}{5}}T\}},\ |\mathrm{Im}\ s| \leqslant T$$

中除可能的西格尔零点以外再无其他零点.

引理 5 和引理 6 是数论中熟知的结果.关于引理 5 和引理 6 的证明可见相关文献①②.利用二分法,只需估计 $J_S$,即

$$J_S = \max_{s_1 \leqslant R}\frac{1}{s_1^{\frac{1}{2}-\varepsilon}}\sum_{s\sim S}\frac{1}{s^{\frac{1}{2}-\varepsilon}}\sum_{\chi(\bmod s)}{}^{*}\max_{|\lambda|\leqslant\frac{s_1}{sQ}}|W(\chi,\lambda)|$$

此处 $S \leqslant R^2L^{3B}$.显然

$$J \ll L\max_S J_S \tag{26}$$

**引理 7**　对任意 $A_1 > 0$,我们有

$$J_S \ll NL^{-A_1} \tag{27}$$

此处隐含常数只与 $A_1$ 有关.

---

① T. Zhan, J. Y. Liu. A Bombieri type mean-value theorem concerning exponiential sums over primes. Chinese Sci. Bull., 1990, 43:363-366.

② K. Prachar. Primzahlverteilung. Berlin:Springer,1957.

**证明** 依 $S$ 的大小分两种情况证明式㉗. 对充分大的正常数 $F$ 及 $S\leqslant L^F$,我们采用经典迪利克雷 $L$-函数的零点密度和非零区域来证明,而对 $L^F<S\leqslant R^2L^{3B}$,我们采用围道积分和引理 4 来证明式㉗.

令

$$\hat{W}(\chi,\lambda)=\sum_{M<m\leqslant N}(\Lambda(m)\chi(m)-\delta_\chi)e(m\lambda) \tag{28}$$

则

$$W(\chi,\lambda)-\hat{W}(\chi,\lambda)=-\sum_{j\geqslant 2}\sum_{M<p^j\leqslant N}(\log p)\chi(p)e(p^j\lambda)\ll N^{\frac{1}{2}} \tag{29}$$

从而在下文中用 $\hat{W}(\chi,\lambda)$ 代替 $W(\chi,\lambda)$ 产生的余项是可容许的.

(i)$S\leqslant L^F$,我们有显式公式

$$\sum_{m\leqslant u}\Lambda(m)\chi(m)=\delta_\chi u-\sum_{|\gamma|\leqslant T}\frac{u^\rho}{\rho}+O\left\{\left(\frac{u}{T}+1\right)\log^2(quT)\right\} \tag{30}$$

其中 $\rho=\beta+\mathrm{i}\gamma$ 是 $L(s,\chi)$ 的非显然零点,$2\leqslant T\leqslant u$. 取 $T=N^{\frac{1}{3}}$,并将式㉚代入 $\hat{W}(\chi,\lambda)$,则有

$$\hat{W}(\chi,\lambda)=\int_M^N e(u\lambda)\mathrm{d}\left\{\sum_{m\leqslant u}(\Lambda(m)\chi(m)-\delta_\chi)\right\}\ll NL^3\sum_{|\gamma|\leqslant N^{\frac{1}{3}}}N^{(\beta-1)}+O(N^{\frac{2}{3}}R^2L^c)$$

记 $\eta(T)=c_1\log^{-\frac{4}{5}}T$. 由引理 6,$\prod_{\chi(\bmod q)}L(s,\chi)$ 在区域 $\sigma\geqslant 1-\eta(T)$,$|t|\leqslant T$ 内除可能的西格尔零点以外再无其他零点. 而由西格尔定理及特征之模 $s\sim S\leqslant L^F$,西格尔零点不存在. 再由引理 5,有

$$\sum_{|\gamma|\leqslant N^{\frac{1}{3}}}N^{(\beta-1)}\ll L^c\int_0^{1-\eta(N^{\frac{1}{3}})}(N^{\frac{1}{3}})^{\frac{12(1-\alpha)}{5}}N^{\frac{\alpha-1}{2}}\mathrm{d}\alpha\ll$$

$$L^c N^{\frac{-\eta(N^{\frac{1}{3}})}{10}} \ll \exp(-c_2 L^{\frac{1}{5}})$$

进而

$$J_S \ll \sum_{s\sim S} \sum_{\chi(\mathrm{mod}\, s)}{}^{*} (NL^c \exp(-c_3 L^{\frac{1}{5}}) + N^{\frac{2}{3}} R^2 L^c) \ll NL^{-A_1}$$

从而对 $S \leqslant L^F$,式 ㉗ 成立.

(ii)$L^F < S \leqslant R^2 L^{3B}$. 应用希思－布朗恒等式,取 $k=5$,则有

$$\Lambda(m) = \sum_{j=1}^{5} \binom{5}{j} (-1)^{j-1} \sum_{\substack{m_1 \cdots m_{2j} = m \\ m_{j+1}, \cdots, m_{2j} \leqslant u^{\frac{1}{5}}}} (\log m_1) \cdot \mu(m_{j+1}) \cdots \mu(m_{2j})$$

进而

$$\sum_{M < m \leqslant u} \Lambda(m) \chi(m) \tag{31}$$

可表示为 $O(L^{10})$ 个具有如下形式的项的线性组合

$$\sigma(u;M) = \sum_{m_1 \sim M_1} \cdots \sum_{m_{10} \sim M_{10}} a_1(m_1)\chi(m_1) \cdots a_{10}(m_{10})\chi(m_{10})$$

利用 Perron 求和公式并将积分围道拉到 $\sigma = \frac{1}{2}$ 处,则

$$\sigma(u;M) = \frac{1}{2\pi \mathrm{i}} \int_{1+\frac{1}{L}-\mathrm{i}N}^{1+\frac{1}{L}+\mathrm{i}N} F(s,\chi) \frac{u^s - M^s}{s} \mathrm{d}s + O(L^2) =$$

$$\frac{1}{2\pi \mathrm{i}} \int_{\frac{1}{2}-\mathrm{i}N}^{\frac{1}{2}+\mathrm{i}N} F(s,\chi) \frac{u^s - M^s}{s} \mathrm{d}s + O(L^2) =$$

$$\frac{1}{2\pi} \int_{-N}^{N} F\left(\frac{1}{2} + \mathrm{i}t, \chi\right) \frac{u^{\frac{1}{2}+\mathrm{i}t} - M^{\frac{1}{2}+\mathrm{i}t}}{\frac{1}{2} + \mathrm{i}t} \mathrm{d}t + O(L^2)$$

由于 $S > L^F$(此时 $\chi \neq \chi^0$),有

$$\hat{W}(\chi,\lambda) = \sum_{M < m \leqslant N} \Lambda(m) \chi(m) e(m\lambda) =$$

$$\int_M^N e(u\lambda)\mathrm{d}\Big\{\sum_{M<m\leqslant u}\Lambda(M)\chi(m)\Big\} \tag{32}$$

进而 $\hat{W}(\chi,\lambda)$ 可表示为 $O(L^{10})$ 个具有如下形式的项的线性组合

$$\begin{aligned}\int_M^N e(u\lambda)\mathrm{d}\sigma(u;M) = & \frac{1}{2\pi}\int_{-N}^N F\left(\frac{1}{2}+\mathrm{i}t,\chi\right)\cdot \\ & \int_M^N u^{-\frac{1}{2}+\mathrm{i}t}e(u\lambda)\mathrm{d}u\mathrm{d}t + \\ & O(L^2(1+|\lambda|N)) \ll \\ & L^{10}\max_M\left|\int_{-N}^N F\left(\frac{1}{2}+\mathrm{i}t,\chi\right)\cdot\right. \\ & \left.\int_M^N u^{-\frac{1}{2}}e\left(\frac{t}{2\pi}\log u+\lambda u\right)\mathrm{d}u\mathrm{d}t\right| + \\ & R^2L^{4B}\end{aligned} \tag{33}$$

易见

$$\frac{\mathrm{d}}{\mathrm{d}u}\left(\frac{t}{2\pi}\log u+\lambda u\right)=\frac{t}{2\pi u}+\lambda$$

$$\frac{\mathrm{d}^2}{\mathrm{d}u^2}\left(\frac{t}{2\pi}\log u+\lambda u\right)=-\frac{t}{2\pi u^2}$$

由迪奇马士文章①中的引理 4.4 和引理 4.3,式㉝中内层积分有估计

$$\ll M^{-\frac{1}{2}}\min\left\{\frac{N}{(|t|+1)^{\frac{1}{2}}},\frac{N}{\min\limits_{M<u\leqslant N}|t+2\pi\lambda u|}\right\}\ll$$

$$\begin{cases}N^{\frac{1}{2}}\dfrac{L^6}{(|t|+1)^{\frac{1}{2}}}, & \text{当 } |t|\leqslant T_0 \text{ 时}\\ N^{\frac{1}{2}}\dfrac{L^6}{|t|}, & \text{当 } T_0<|t|\leqslant T \text{ 时}\end{cases} \tag{34}$$

---

① E. C. Titchmarsh. The theory of the Riemann Zeta-function. 2nd ed. Oxford: Oxford University Press, 1986.

此处 $T_0=8\pi s_1\dfrac{N}{SQ}$ 保证了当 $|t|>T_0$ 时，$|t+2\pi\lambda u|>\dfrac{|t|}{2}$. 进而式 ㉗ 化为以下的两个估计：

对 $0<T_1\leqslant T_0$，有

$$\sum_{s\sim S}\sum_{\chi(\bmod s)}{}^{*}\int_{T_1}^{2T_1}\left|F\left(\frac{1}{2}+\mathrm{i}t,\chi\right)\right|\mathrm{d}t\ll s_1^{\frac{1}{2}}S^{\frac{1}{2}}N^{\frac{1}{2}}(T_1+1)^{\frac{1}{2}}L^{-A_1} \quad ㉟$$

对 $T_0<T_2\leqslant T$，有

$$\sum_{s\sim S}\sum_{\chi(\bmod s)}{}^{*}\int_{T_2}^{2T_2}\left|F\left(\frac{1}{2}+\mathrm{i}t,\chi\right)\right|\mathrm{d}t\ll s_1^{\frac{1}{2}}S^{\frac{1}{2}}N^{\frac{1}{2}}T_2L^{-A_1} \quad ㊱$$

在引理 4 中分别取 $T_3=T_1$ 和 $T_3=T_2$ 就得到了式 ㉟ 和式 ㊱. 需要注意，此处限制了 $S\leqslant N^{\frac{1}{3}-\varepsilon}$. 进而 $R\leqslant N^{\frac{1}{6}-\varepsilon}$. 证毕.

### 5.6　主项

我们还需要计算 $I_1$，即

$$I_1=\int_{\mathfrak{M}}S_1^3e(-N\alpha)\mathrm{d}\alpha=\sum_{\substack{q=1\\h>q^{\frac{1}{2}}L^{-B}}}^{P}\sum_{\substack{a=1\\(a,q)=1}}^{q}\int_{-\frac{1}{qQ}}^{\frac{1}{qQ}}\frac{1}{\varphi^3(q)}\cdot C(q,b_1,r,a)C(q,b_2,r,a)C(q,b_3,r,a)\cdot V^3(\lambda)e\left(-N\left(\frac{a}{q}+\lambda\right)\right)\mathrm{d}\lambda=$$

$$\sum_{\substack{q=1\\h>q^{\frac{1}{2}}L^{-B}}}^{P}\sum_{\substack{a=1\\(a,q)=1}}^{q}\frac{1}{\varphi^3(q)}\cdot C(q,b_1,r,a)C(q,b_2,r,a)C(q,b_3,r,a)\cdot$$

$$e\left(-\frac{aN}{q}\right)\int_{-\frac{1}{qQ}}^{\frac{1}{qQ}}V^3(\lambda)e(-N\lambda)\mathrm{d}\lambda=$$

$$\sum_{\substack{q=1\\h>q^{\frac{1}{2}}L^{-B}}}^{P}\sum_{\substack{a=1\\(a,q)=1}}^{q}\frac{1}{\varphi^3(q)}\cdot$$

$$C(q,b_1,r,a)C(q,b_2,r,a)C(q,b_3,r,a)\cdot$$

$$e\left(-\frac{aN}{q}\right)\left(\int_{-\frac{1}{2}}^{\frac{1}{2}}V^3(\lambda)e(-N\lambda)\mathrm{d}\lambda+O((qQ)^2)\right)=$$

$$\sum_{\substack{q=1\\h>q^{\frac{1}{2}}L^{-B}}}^{P}\sum_{\substack{a=1\\(a,q)=1}}^{q}\frac{1}{\varphi^3(q)}\cdot$$

$$C(q,b_1,r,a)C(q,b_2,r,a)C(q,b_3,r,a)\cdot$$

$$e\left(-\frac{aN}{q}\right)\left(\frac{1}{2}N^2+O(N^2L^{-2B})\right) \quad ㊲$$

取整数 $t$,使得$\frac{tq}{h}\equiv 1(\bmod h)$.易证

$$\frac{1}{\varphi^3(r)}\sum_{\substack{q=1\\(q/h,h)=1}}^{\infty}\frac{\mu(q/h)}{\varphi^3(q/h)}\cdot$$

$$\sum_{\substack{a=1\\(a,q)=1}}^{q}e\left(\frac{a(b_1+b_2+b_3)t}{h}-\frac{aN}{q}\right)=$$

$$\sum_{\substack{q=1\\h>q^{\frac{1}{2}}L^{-B}}}^{P}\sum_{\substack{a=1\\(a,q)=1}}^{q}\frac{1}{\varphi^3(q)}\cdot$$

$$C(q,b_1,r,a)C(q,b_2,r,a)C(q,b_3,r,a)\cdot$$

$$e\left(-\frac{aN}{q}\right)+O\left(\frac{1}{\varphi^2(r)L^B}\right) \quad ㊳$$

## §6　哥德巴赫－维诺格拉多夫定理的新证明

——林尼克

### 6.1

在我的论文 *On the possibility of a method for some "additive" and "distributive" problems in the theory of prime numbers*① 中，我概要地给出了哥德巴赫问题的一个证明，它基于 $L$ － 级数与围道积分的纯黎曼－阿达玛方法与 $L$ － 级数零点密度的某些定理.

本节给出了用黎曼－阿达玛方法证明三素数定理的详细过程，从而哈代－李特伍德的条件解法被完全解决了.

### 6.2

我们的基本工具为下述引理，其详细证明含于我的文章 *On the density of the zeros of L-series*② 中.

**基本引理**　令 $q$ 为一个自然数，$\chi(n)$ 为一个本原特征 $(\bmod q)$ 及 $L(\omega,\chi)$ 为它对应的 $L$ － 级数. 令

$$\omega=\sigma+\mathrm{i}t, T\geqslant q^{50}, \beta\geqslant 1 \text{ 及 } v=\beta-\frac{1}{2}\geqslant 0$$

则 $L(\omega,\chi)$ 在矩形 $\beta\leqslant\sigma\leqslant 1$，$|t|\leqslant T$ 中的零点个数

---

① Ju. V. Linnik. Dokl. Akad. Nauk SSSR, 1945, 48: 3-7.

② Ju. V. Linnik. Nzv. Akad. Nauk SSSR, Ser. Mat, 1946, 10: 35-46.

满足估计

$$Q(\beta, T) < c_1 q^{2v} T^{1-\frac{v}{1-v}} \ln^{10} T + c_2 q^{30} \qquad ①$$

此处 $c_1$ 与 $c_2$ 为绝对常数.

**6.3**

令

$$S(N, \theta) = \sum_{n=1}^{\infty} \Lambda(n) \mathrm{e}^{-\frac{n}{N}} \mathrm{e}^{-2\pi i n\theta}$$

此处 $N$ 为一个奇数,我们希望把它分解成三个素数之和,则

$$Q(N) = \mathrm{e}\int_0^1 S^3(N, \theta) \mathrm{e}^{2\pi i N\theta} \mathrm{d}\theta + O(N^{\frac{3}{2}+\varepsilon})$$

此处

$$Q(N) = \sum_{p+p'+p''=N} \ln p \ln p' \ln p''$$

令

$$r = \ln N, \tau = r^{10\,000}, H_1 = \tau^{100}$$

对于每个 $\theta \in [0,1]$,我们有连分数逼近

$$\theta = \frac{a}{q} + \alpha, |\alpha| \leqslant \frac{1}{q\tau}, q \leqslant \tau \qquad ②$$

满足 $|\alpha| \leqslant H_1 N^{-1} = \tau^{100} N^{-1}$ 的那些 $\theta$ 构成的集合 $M$ 称为“优弧”[1].

当 $\theta \in M$ 时,$S(N, \theta)$ 的渐近性质可以由经典的黎曼—阿达玛方法结合西格尔[2]与佩吉[3]定理来建立,因此积分

① E. Landau. Vorlesungen Über Zahlentheorie, Bd. II, 1927.

② C. L. Siegel. Acta Arith., 1935, 1: 83-86.

③ A. Page. Proc. London Math. Soc., 1935, 39: 116-141.

$$\int_M S^3(N,\theta)e^{2\pi iN\theta}d\theta$$

构成了我们的问题的主项.

我们用 $m$ 表示 $M$ 相对于 $[0,1]$ 的余区间.

对于 $\theta\in m$,我们有

$$\theta=\frac{a}{q}+\alpha,\frac{1}{q\tau}\geqslant|\alpha|\geqslant\frac{H_1}{N},q\leqslant\tau \qquad ③$$

我们现在来证明当 $\theta\in m$ 时,$S(N,\theta)$ 的估计可以由黎曼－阿达玛方法来建立.

**6.4**

我们用 $\chi$ 表示一个本原特征(mod $q$),此处 $q$ 满足式 ③;$E(\chi)=1$,此处 $\chi$ 为主特征,否则 $E(\chi)=0$;及 $\rho$ 表示 $L(\omega,\chi)$ 的一个非寻常零点.

假定 $x$ 满足 $\mathrm{Re}\ x>0$,则由李特伍德[①]的推导可知,若 $L(0,\chi)\neq 0$,则

$$S(N,\alpha,\chi)=$$

$$\sum_{n=1}^{\infty}\chi(n)\Lambda(n)e^{-nx}=$$

$$E(\chi)x^{-1}-\sum_{\rho}x^{-\rho}\Gamma(\rho)-\frac{L'}{L}(0,\chi)+$$

$$\frac{1}{2\pi i}\int_{-\frac{1}{2}-i\infty}^{-\frac{1}{2}+i\infty}x^{-\omega}\left(-\frac{L'}{L}(\omega,\chi)\right)\Gamma(\omega)d\omega$$

而当 $L(0,\chi)=0$ 时的证明并无实质改变.

令 $x=N^{-1}+2\pi i\alpha$,此处 $\alpha$ 满足式 ③,则 $|x|<1$.

为了估计余项

---

① J. E. Littlewood. Proc. London. Math. Soc.,1928,27:358-371.

$$R=\frac{1}{2\pi\mathrm{i}}\int_{-\frac{1}{2}-\mathrm{i}\infty}^{-\frac{1}{2}+\mathrm{i}\infty}x^{-\omega}\left(-\frac{L'}{L}(\omega,\chi)\right)\Gamma(\omega)\mathrm{d}\omega$$

我们注意当 $\sigma=-\frac{1}{2}$ 时,有

$$\frac{L'}{L}(\omega,\chi)\ll\ln q(|t|+2)$$

$$x^{-\omega}=\mathrm{e}^{-\omega\ln|x|-\mathrm{i}\omega\operatorname{arc}x}$$

$$|\mathrm{e}^{-\omega\ln|x|}|<1,\ |\mathrm{e}^{-\mathrm{i}\omega\operatorname{arc}x}|\leqslant\mathrm{e}^{|t|\operatorname{arc}x}$$

$$\Gamma(\omega)\ll|t|^{-1}\mathrm{e}^{-\frac{\pi}{2}|t|}$$

取 $\eta=\frac{\pi}{2}-\operatorname{arc}x=\arctan\frac{1}{2\pi N\alpha}$,则

$$R\ll\int_2\mathrm{e}^{\left(\operatorname{arc}x-\frac{\pi}{2}\right)t}\cdot\frac{\ln qt}{t}\mathrm{d}t\ll\ln^3\frac{1}{\eta}$$

对于 $\theta\in m$,有

$$\arctan\frac{1}{2\pi N\alpha}>\frac{1}{4\pi N\alpha},R\ll(\ln N\alpha)^3$$

因为$\frac{L'}{L}(0,\chi)\ll q$ 及 $x^{-1}\ll\alpha^{-1}$,所以

$$S(N,\alpha,\chi)\ll\alpha^{-1}+(\ln N\alpha)^3+\left|\sum_\rho x^{-\rho}\Gamma(\rho)\right| \quad ④$$

**6.5**

令 $v_0=\frac{\ln\ln N}{\ln N}$,为了估计$\left|\sum_\rho x^{-\rho}\Gamma(\rho)\right|$,我们将临界带区域分成带$\sigma_0$:$0\leqslant\sigma\leqslant\frac{1}{2}+v_0=\beta_0$ 与诸带 $\sigma_\rho$:$\beta\leqslant\sigma\leqslant\beta+\frac{1}{\ln N}$,$\beta\geqslant\frac{1}{2}+v_0$ 之和,令$\alpha>0$ 及 $N_0\geqslant N\alpha$.熟知 $L(\omega,\chi)$ 在矩形 $0\leqslant\sigma\leqslant\beta$,$|t|\leqslant N_0$ 中的零点个数有寻常估计

$$Q_L(\beta,N_0)\ll N_0\ln(qN_0)$$

置 $\rho_k=\beta_k+\mathrm{i}t_k$，因 $|x|\sim 2\pi\alpha$ 及

$$|\Gamma(\beta+\mathrm{i}t)|<c_3 t^{\beta_0-\frac{1}{2}}\mathrm{e}^{-\frac{\pi|t|}{2}},|t|\geqslant 1,-\frac{1}{2}\leqslant\sigma\leqslant 1 \quad ⑤$$

故得

$$\begin{aligned}&\left|\sum_{\rho_k\in\sigma_{\rho_0}}x^{-\rho_k}\Gamma(\rho_k)\right|\ll\\&\alpha^{-\beta_0}\sum_{\rho_k\in\sigma_{\beta_0}}\mathrm{e}^{\left(\operatorname{arc}x-\frac{\pi}{2}\right)|t_k|}|t_k|^{\beta_k-\frac{1}{2}}\ll\\&\alpha^{-\beta_0}\sum_{\rho_k\in\sigma_{\beta_0}}\mathrm{e}^{-\frac{|t_k|}{4\pi N\alpha}}|t_k|^{\beta_0-\frac{1}{2}}\ll\\&\alpha^{-\beta_0}N\alpha\ln(N\alpha)(N\alpha)^{v_0}\ll\\&\alpha^{\frac{1}{2}-v_0}N^{2v_0}N\end{aligned}$$

此处与“≪”有关的常数与 $\chi,N,\alpha,v$ 无关.

因为 $\alpha=\frac{1}{q\tau}$，所以

$$\alpha^{-v_0}\ll(\ln N)^{20\,000v_0}\ll 1,N^{2v_0}=(\ln N)^2=r^2$$

从而

$$\alpha^{\frac{1}{2}-v_0}N^{2v_0}N\ll\frac{Nr^2}{(q\tau)^{\frac{1}{2}}}<\frac{N}{q^{\frac{1}{2}}\tau^{\frac{1}{4}}} \quad ⑥$$

**6.6**

假定 $\frac{1}{2}+v_0\leqslant\beta\leqslant 0.6$，即 $v_0\leqslant v\leqslant 0.1$，则由基本引理(不等式 ①) 得

$$Q_L(\beta,N_0)<c_1q^{2v}N_0^{1-\frac{v}{1-v}}\ln^{10}N_0+c_2q^{30}$$

注意 $N_0\geqslant N\alpha>H_1=\tau^{100}\geqslant q^{100}$. 因此

$$\left|\sum_{\rho_k\in\sigma_\beta}x^{-\rho_k}\Gamma(\rho_k)\right|\ll$$

$$\alpha^{-\frac{1}{2}-v}\sum_{\rho_k\in\sigma_\beta} e^{-\frac{|t_k|}{4\pi N\alpha}} \mid t_k \mid^v \ll$$

$$(N\alpha)^{1-\frac{v}{1-v}}q^{2v}(N\alpha)^v\alpha^{-\frac{1}{2}-v}\ln^{10}N \ll$$

$$(N\alpha)^{1-v^2}q^{2v}\alpha^{-\frac{1}{2}-v}r^{10} =$$

$$N^{1-v^2}\alpha^{\frac{1}{2}-v-v^2}r^{10}q^{2v} \leqslant$$

$$\frac{Nq^{2v}r^{10}}{(q\tau)^{\frac{1}{2}-v-v^2}} \ll \frac{N}{q\tau^{\frac{1}{4}}} \qquad ⑦$$

**6.7**

假定 $0.1\leqslant v\leqslant\frac{1}{3}$,则 $\frac{3}{2}-\frac{1}{1-v}\geqslant 0$,所以

$$\left|\sum_{\rho_k\in\sigma_\beta}x^{-\rho_k}\Gamma(\rho_k)\right| \ll$$

$$\alpha^{-\frac{1}{2}-v}(N\alpha)^{1-\frac{v}{1-v}}(N\alpha)^v q^{2v}\ln^{10}N \ll$$

$$N^{1-v^2}\alpha^{\frac{3}{2}-\frac{1}{1-v}}q^{2v} \ll N^{1-0.01}q^{2v}$$

因为 $q\leqslant\tau$,所以

$$\left|\sum_{\rho_k\in\sigma_\beta}x^{-\rho_k}\Gamma(\rho_k)\right| \ll \frac{N}{q^{\frac{1}{2}}N^{0.005}} \qquad ⑧$$

假定 $\frac{1}{3}\leqslant v\leqslant 0.4$,则 $\frac{3}{2}-\frac{1}{1-v}<0$,而最大估计是由在范围 $\alpha\geqslant\frac{H_1}{N}$ 中取极小值而求得的,即 ⑧ 的右端远远小于

$$N^{1-\frac{v^2}{1-v}}r^{10}q^{2v}\left(\frac{N}{H_1}\right)^{\frac{1}{1-v}-\frac{3}{2}} \ll$$

$$\frac{N^{\frac{1}{2}+v}q^{2v}v^{10}}{H_1^{\frac{1}{1-v}-\frac{3}{2}}} < N^{0.9}qr^{10} <$$

$$\frac{N}{q^{\frac{1}{2}}N^{0.05}} \qquad ⑨$$

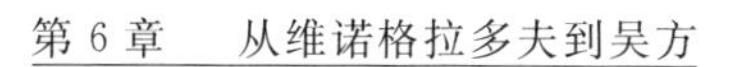

最后，对于 $0.4\leqslant v\leqslant\frac{1}{2}$，则上述和满足

$$
\alpha^{-\frac{1}{2}-v}(N\alpha)^{1-\frac{v}{1-v}}r^{10}q^{2v}(N\alpha)^{v}<
$$

$$
N^{1-\frac{v^2}{1-v}}r^{10}q^{2v}\left(\frac{N}{H_1}\right)^{\frac{1}{1-v}-\frac{3}{2}}\ll
$$

$$
\frac{N^{\frac{1}{2}+v}q^{2v}r^{10}}{H_1^{\frac{5}{3}-\frac{3}{2}}}\ll\frac{N}{qH_1^{0.1}} \tag{⑩}
$$

**6.8**

对于 $\theta=\frac{a}{q}+\alpha(\theta\in m)$，由 ④ ～ ⑩ 可知

$$
\sum_{n=1}^{\infty}\chi(n)\Lambda(n)\mathrm{e}^{-\frac{n}{N}}\mathrm{e}^{-2\pi in\alpha}\ll
$$

$$
r\mid\alpha\mid^{-1}+(\ln N\alpha)^3+\frac{N}{q^{\frac{1}{2}}\tau^{\frac{1}{4}}}+
$$

$$
\frac{N}{q^{\frac{1}{2}}N^{0.005}}+\frac{N}{q^{\frac{1}{2}}N^{0.05}}+\frac{N}{qH_1^{0.1}}
$$

$$
\mid\alpha\mid^{-1}\ll\frac{N}{qH_1^{\frac{1}{2}}}
$$

因此存在一个小正数 $c_5>0$ 使

$$
\sum_{n=1}^{\infty}\chi(n)\Lambda(n)\mathrm{e}^{-\frac{n}{N}}\mathrm{e}^{-2\pi in\alpha}\ll\frac{N}{q^{\frac{1}{2}+c_5}\tau^{0.1}} \tag{⑪}
$$

从而，当 $\theta=\frac{a}{q}+\alpha(\theta\in m)$ 时，有

$$
S(N,\theta)=\sum_{n=1}^{\infty}\Lambda(n)\mathrm{e}^{-\frac{n}{N}}\mathrm{e}^{-2\pi in\theta}=
$$

$$
\sum_{n=1}^{\infty}(\Lambda(n)\mathrm{e}^{-\frac{n}{N}}\mathrm{e}^{2\pi i(\frac{a}{q}+\alpha)n})=
$$

$$
\sum_{\substack{(l,q)=1\\ l(\bmod q)}}\mathrm{e}^{-2\pi i\frac{a}{q}l}\sum_{n\equiv l(\bmod q)}\Lambda(n)\mathrm{e}^{-\frac{n}{N}}\mathrm{e}^{-2\pi in\alpha}+O(q^{\varepsilon})=
$$

$$\frac{1}{\varphi(q)}\sum_{\chi}\left(\sum_{l}\overline{\chi}(l)\mathrm{e}^{\frac{-2\pi \mathrm{i}al}{q}}\right)\cdot$$

$$\sum_{n=1}^{\infty}\chi(n)\Lambda(n)\mathrm{e}^{-\frac{n}{N}}\mathrm{e}^{-2\pi \mathrm{i}n\alpha}+O(q^{\varepsilon})$$

因

$$\sum_{l}\overline{\chi}(l)\mathrm{e}^{-\frac{2\pi \mathrm{i}al}{q}}\ll q^{\frac{1}{2}+\varepsilon}$$

故由 ⑪ 可知

$$S(N,\theta)\ll\frac{q^{\frac{1}{2}}\varphi(q)}{\varphi(q)}\cdot\frac{q^{\varepsilon}N}{q^{\frac{1}{2}+c_5}\tau^{0.1}}\ll\frac{N}{\tau^{0.1}}<\frac{N}{(\ln N)^{1\,000}} \quad ⑫$$

这对于解决哥德巴赫问题已经充足了.

## §7 哥德巴赫—维诺格拉多夫定理[①]

——闵嗣鹤

### 7.1 引论

哥德巴赫曾经猜测过:每一个大于 7 的奇数都可以表成三个奇素数之和.哈代与李特伍德借助一个至今还未证明的假设[②]证明了充分大的奇数都可以表成三个素数之和.但在 1937 年,维诺格拉多夫不用任何假设证明了同样的结果,因此这个结果常称为哥德巴

① 摘自:闵嗣鹤.数论的方法(下册).北京:科学出版社,1983.

② 他们假定有实数 $\theta<\frac{3}{4}$ 存在,使得所有迪利克雷 $L$-函数在 $\sigma>\theta$ 半面上都无零点.

赫－维诺格拉多夫定理.

在维诺格拉多夫的证明中起着主要作用的是他对于形如

$$\sum_{p\leqslant v}e(px),e(z)=\mathrm{e}^{2\pi iz} \qquad ①$$

(其中,$v$是正数,$x$是实数,而$p$通过不超过$v$的素数)的三角和的估计.本节的目的就是介绍维诺格拉多夫的方法.在证明中要用到西格尔的一个很深刻的定理(引理2).

### 7.2　证明的主要步骤

用$r(n)$表示把自然数$n$表成三个素数之和

$$n=p_1+p_2+p_3$$

的方法的个数,那么,哥德巴赫－维诺格拉多夫定理就等于说:对于充分大的奇数$n$都有$r(n)>0$.实际上,我们可以把$r(n)$的渐近公式找出来,从而推出$r(n)>0$.首先需要说明怎样利用形如①的三角和表出$r(n)$.

设

$$f(x,v)=\sum_{p\leqslant v}e(px),v\geqslant 0 \qquad ②$$

则

$$f^3(x,n)=\sum_{p_1\leqslant n}\sum_{p_2\leqslant n}\sum_{p_3\leqslant n}e\{(p_1+p_2+p_3)x\}=$$
$$\sum_{m=6}^{3n}r(m,n)e(mx)$$

其中,$r(m,n)$是把$m$表成三个素数(每一个不超过$n$)之和的方法个数.特别是$r(n,n)=r(n)$,因而对于任何实数$x_0$都有

$$r(n)=\int_{x_0}^{x_0+1}f^3(x,n)e(-nx)\mathrm{d}x \qquad ③$$

摆在我们面前的是一个非常有趣的问题:怎样把 $r(n)$ 的主要部分求出来.哈代与李特伍德首先观察到除去当 $x$ 接近于一个分母很小的有理数时,$|f(x,n)|$ 的值都是很小的;而当 $x$ 接近于那种有理数$\left(\text{如}\dfrac{h}{q}\right)$时,则可以利用 $f\left(\dfrac{h}{q},n\right)$ 求出 $f(x,n)$ 的近似公式.因此,我们最好把积分区间$(x_0,x_0+1)$分成两部分,记作 $E_1$ 及 $E_2$,其中 $E_1$ 是区间中接近于分母很小的有理数的各数的集合,而 $E_2$ 则包含区间内剩下的部分.因此,$E_1$ 包含着许多的小区间,每一个小区间包含一个分母很小的有理数.所谓"接近"和"很小"的确切意义并不是很重要的.为便利计,我们取

$$x_0=n^{-1}\log^{15}n \qquad ④$$

并且把"接近"解释为"距离不超过 $x_0$",把"很小"解释为"不超过 $\log^{15}n$".我们通常称 $E_1$ 为基本区间,$E_2$ 为余区间.于是由 ③ 知

$$r(n)=\sum_{q\leqslant\log^{15}n}\sum_{\substack{0<h\leqslant q\\(h,q)=1}}J(h,q)+\int_{E_2}f^3(x,n)e(-nx)\mathrm{d}x=\Sigma+I \qquad ⑤$$

其中

$$J(h,q)=\int_{\frac{h}{q}-x_0}^{\frac{h}{q}+x_0}f^3(x,n)e(-nx)\mathrm{d}x \qquad ⑥$$

应该注意的是上面的$\dfrac{h}{q}$是分母很小的分数,并且当 $n$ 大于某一常数 $n_0$,即

$$n>n_0 \qquad ⑦$$

时,由 ④ 知道当 $q\leqslant\log^{15}n,0<h\leqslant q,(h,q)=1$ 时,

各封闭小区间$\left[\frac{h}{q}-x_0,\frac{h}{q}+x_0\right]$彼此不相互重叠并且都包含在$(x_0,x_0+1)$内.

剩下要做的有两件事:其一是从$\Sigma$内提出$r(n)$的主要部分,这当然等于从$J(h,q)$内提出主要部分再求和;另一件是估计$I$,这里要用到维诺格拉多夫的创造性的三角和估计方法.我们先做较容易的第一件工作.

### 7.3　基本区间上的积分

前面曾经提过,当$x$接近于某一有理数$\frac{h}{q}$时,可以利用$f\left(\frac{h}{q},v\right)$求出$f(x,v)$的近似公式.我们首先估计

$$f\left(\frac{h}{q},v\right)=\sum_{p\leqslant v}e\left(\frac{h}{q}p\right) \tag{8}$$

这里我们假定$q$比起$v$来相当小(即$q\leqslant\log^{15}n$,而$v\leqslant n$).为此,我们引进所谓的拉马努金和,即

$$C_m(h)=\sum_{\substack{1\leqslant l\leqslant m\\(l,m)=1}}e\left(\frac{hl}{m}\right) \tag{9}$$

我们有:

**引理 1**　$C_m(h)=\sum\limits_{d|h,d|m}\mu\left(\frac{m}{d}\right)d.$

特别地,当$(h,q)=1$时,就得到

$$C_q(h)=\mu(q)$$

**证明**　考虑$m$个分数

$$\frac{l}{m},1\leqslant l\leqslant m \tag{10}$$

其中每一个可以唯一地表成不可约分数,如

$$\frac{l}{m}=\frac{a}{d}$$

其中

$$d \mid m, 1 \leqslant a \leqslant d,(a, d)=1 \tag{11}$$

反过来,每一个满足 ⑪ 的不可约分数 $\frac{a}{d}$ 必等于 ⑩ 中的一个分数. 因此,对于任何函数 $F(x)$(特别是 $F(x)=e(hx)$)都有

$$\sum_{1 \leqslant l \leqslant m} f\left(\frac{l}{m}\right)=\sum_{d \mid m} \sum_{\substack{1 \leqslant a \leqslant d \\ (a, d)=1}} f\left(\frac{a}{d}\right) \tag{12}$$

设

$$g(m)=\sum_{1 \leqslant l \leqslant m} f\left(\frac{l}{m}\right), f(m)=\sum_{\substack{1 \leqslant l \leqslant m \\ (l, m)=1}} f\left(\frac{l}{m}\right)$$

则 ⑫ 变成

$$g(m)=\sum_{d \mid m} f(d)$$

由麦比乌斯反转公式[①]

$$f(m)=\sum_{d \mid m} \mu\left(\frac{m}{d}\right) g(d)$$

即

$$\sum_{\substack{1 \leqslant l \leqslant m \\ (l, m)=1}} F\left(\frac{l}{m}\right)=\sum_{d \mid m} \mu\left(\frac{m}{d}\right) \sum_{1 \leqslant a \leqslant d} F\left(\frac{a}{d}\right) \tag{13}$$

令 $F(x)=e(hx)$,即得

$$f(m)=C_m(h)$$

$$g(m)=\sum_{1 \leqslant l \leqslant m} e\left(\frac{lh}{m}\right)=\begin{cases} m, m \mid h \\ 0, m \nmid h \end{cases}$$

于是 ⑬ 变成

① 维诺格拉多夫. 数论基础. 裘光明,译,第二章问题 17c.

$$C_m(h)=\sum_{d\mid m,d\mid h}\mu\left(\frac{m}{d}\right)d$$

特别地，当$(m,h)=1$时即得

$$C_m(h)=\mu(m)$$

设

$$g(x,v)=\sum_{2\leqslant m\leqslant v}\frac{e(mx)}{\log m},v\geqslant 2 \tag{14}$$

我们要证明可以用$\frac{\mu(q)}{\varphi(q)}g(0,v)$来很好地逼近$f\left(\frac{h}{q},v\right)$. 现在把它写成一个引理如下：

**引理 2**　设正整数$m\geqslant 3,k\leqslant\log^u m$（$u$是任意大的正数），而$(k,l)=1$. 若用$\pi(m;k,l)$表示在算术级数$kn+l,n=1,2,\cdots$内不超过$m$的素数个数，则

$$\left|\pi(m;k,l)-\frac{Ism}{\phi(k)}\right|\leqslant Am\exp\left(-\frac{\sqrt{\log m}}{200}\right)$$

其中，$A$是常数.

根据上面的引理我们容易证明：

**引理 3**　设$(h,q)=1,q\leqslant\log^{15}n,n>n_0$（充分大），则

$$\left|f\left(\frac{h}{q},v\right)-\frac{\mu(q)}{\phi(q)}g(0,v)\right|<2nq\log^{-100}n,0\leqslant v\leqslant n$$

**证明**　当$v\leqslant n^{\frac{1}{2}}$时上式显然成立. 因而不妨假定$n^{\frac{1}{2}}<v\leqslant n$，由 ② 知

$$\left|f\left(\frac{h}{q},v\right)-\sum_{\substack{p\leqslant v\\ p\nmid q}}e\left(\frac{ph}{q}\right)\right|\leqslant\sum_{p\mid q}1<q$$

又由引理 1 和引理 2 知

$$\sum_{\substack{p\leqslant v\\ p\nmid q}}e\left(\frac{ph}{q}\right)=\sum_{\substack{0<l\leqslant q\\(l,q)=1}}e\left(\frac{lh}{q}\right)\sum_{\substack{p\leqslant v\\ p\equiv l(\bmod q)}}1=$$

$$\sum_{\substack{0<l\leqslant q\\(l,q)=1}} e\left(\frac{lh}{q}\right)\pi([v];q,l)=$$
$$\frac{Is[v]}{\phi(q)}C_q(h)+R$$

这里

$$|R|\leqslant Aqn\exp\left(-\frac{\sqrt{\log n}}{200}\right)<qn\log^{-100}n$$

注意到 $Is[v]=g(0,v)$ 及 $C_q(h)=\mu(q)$,从而得到

$$\left|f\left(\frac{h}{q},v\right)-\frac{\mu(q)}{\phi(q)}g(0,v)\right|\leqslant$$
$$q+qn\log^{-100}n<$$
$$2nq\log^{-100}n$$

进一步,我们要估计 $f\left(\frac{h}{q}+y,n\right)$,这要用到下面的引理.

**引理 4** 若

$$F(x,v)=\sum_{0<m\leqslant v}a_m e(mx)$$

则

$$F(x_1+x_2,v)=e(vx_2)F(x_1,v)-$$
$$2\pi\mathrm{i}x_2\int_0^v e(ux_2)F(x_1,u)\mathrm{d}u$$

现在我们可以证明:

**引理 5** 设

$$q\leqslant\log^{15}n,\ |y|\leqslant x_0,(h,q)=1 \tag{15}$$

则当 $n>n_0$($n_0$ 充分大)时,有

$$\left|f\left(\frac{h}{q}+y,n\right)-\frac{\mu(q)}{\phi(q)}g(y,n)\right|<n\log^{-69}n$$

**证明** 由引理 4 知

$$f\left(\frac{h}{q}+y,n\right)=e(ny)f\left(\frac{h}{q},n\right)-$$

$$2\pi \mathrm{i} y\int_0^n e(yv)f\left(\frac{h}{q},v\right)\mathrm{d}v$$

$$g(y,n)=e(ny)g(0,n)-2\pi \mathrm{i} y\int_0^n e(yv)g(0,v)\mathrm{d}v$$

故

$$\left|f\left(\frac{h}{q}+y,n\right)-\frac{\mu(q)}{\phi(q)}g(y,n)\right|=$$

$$\left|e(ny)\left(f\left(\frac{h}{q},n\right)-\frac{\mu(q)}{\phi(q)}g(0,n)\right)-\right.$$

$$\left.2\pi \mathrm{i} y\int_0^n e(vy)\left(f\left(\frac{h}{q},v\right)-\frac{\mu(q)}{\phi(q)}g(0,v)\right)\mathrm{d}v\right|\leqslant$$

$$\left|f\left(\frac{h}{q},n\right)-\frac{\mu(q)}{\phi(q)}g(0,n)\right|+$$

$$2\pi x_0\int_0^n\left|f\left(\frac{h}{q},v\right)-\frac{\mu(q)}{\phi(q)}g(0,v)\right|\mathrm{d}v$$

最后一步用到 $|y|\leqslant x_0$.

我们记得 $x_0=\frac{1}{n}\log^{15}n$，故由引理3，当 $n>n_0$ 时，上式右边不超过

$$2n\log^{-85}n(1+2\pi x_0 n)<14n\log^{-70}n<n\log^{-69}n$$

进一步，我们可以证明下面的引理：

**引理6**　设

$$\rho(n)=\sum_{\substack{m_1+m_2+m_3=n\\ m_1\geqslant 2,m_2\geqslant 2,m_3\geqslant 2}}\frac{1}{\log m_1\log m_2\log m_3} \tag{16}$$

则

$$\frac{1}{3}n^2\log^{-3}n<\rho(n)<n^2 \tag{17}$$

（$n$ 充分大）且在上述引理的条件下

$$\left|J(h,q)-\frac{\mu(q)}{\phi^3(q)}\rho(n)e\left(-\frac{nh}{q}\right)\right|\leqslant$$

$$6n^2\log^{-54}n+n^2\phi^{-3}(q)\log^{-30}n \tag{18}$$

**证明** (1)⑯ 右边的项数是$\frac{1}{2}(n-4)(n-5)$,而每一项在 $\log^{-3}n$ 与 1 之间,故 ⑰ 成立.

(2) 当 $|Z|\leqslant C$, $|W|\leqslant C$ 时,易见

$$|Z^3-W^3|\leqslant 3C^2|Z-W|$$

又显然

$$|f(x,n)|\leqslant n,\ |g(y,n)|\leqslant n$$

故由上述引理立刻可以推出

$$\left|f^3\left(\frac{h}{q}+y,n\right)-\frac{\mu(q)}{\phi^3(q)}g^3(y,n)\right|\leqslant 3n^3\log^{-69}n$$

(3) 由 $J(h,q)$ 的定义(即式 ⑥)知

$$J(h,q)=e\left(-\frac{nh}{q}\right)\int_{-x_0}^{x_0}f^3\left(\frac{h}{q}+y,n\right)e(-ny)\mathrm{d}y$$

故由(2) 及 $x_0=\frac{1}{n}\log^{15}n$ 知

$$\left|J(h,q)-\frac{\mu(q)}{\phi^3(q)}J_1e\left(\frac{-nh}{q}\right)\right|\leqslant 6n^2\log^{-54}n \tag{19}$$

其中

$$J_1=\int_{-x_0}^{x_0}g^3(y,n)e(-ny)\mathrm{d}y$$

(4) 我们要证明可以用 $\rho(n)$ 去逼近 $J_1$. 用分项积分容易看出

$$\rho(n)=\int_{-\frac{1}{2}}^{\frac{1}{2}}g^3(y,n)e(-ny)\mathrm{d}y$$

但

$$\left|\sum_{m=2}^{m_1}e(my)\right|\leqslant\frac{1}{|\sin\pi y|}\leqslant\frac{1}{2|y|}$$

$$m_1\geqslant 2,0<|y|\leqslant\frac{1}{2}$$

故由阿贝尔引理知

$$|g(y,n)|=\left|\sum_{2\leqslant m\leqslant n}\frac{e(my)}{\log m}\right|<|y|^{-1},0<|y|\leqslant\frac{1}{2}$$

因此

$$|\rho(n)-J_1|\leqslant 2\int_{x_0}^{\frac{1}{2}}y^{-3}\mathrm{d}y<x_0^{-2}=n^2\log^{-30}n$$

而由上式及 ⑲ 容易得到

$$\left|J(h,q)-\frac{\mu(q)}{\phi^3(q)}\rho(n)e\left(\frac{-nh}{q}\right)\right|\leqslant$$

$$6n^2\log^{-54}n+\frac{n^2\log^{-30}n}{\phi^3(q)}$$

最后,我们回到 $\Sigma$ 的估计:

**引理 7**　当 $n>n_0$ 时,有

$$\left|\Sigma-\rho(n)\sum_{q\leqslant\log^{15}n}\frac{\mu(q)}{\phi^3(q)}C_q(n)\right|<7n^2\log^{-24}n$$

**证明**　由引理 6 及 $C_q(n)$ 的定义(见 ⑨)知道当 $n>n_0$,$n_0$ 充分大时,有

$$\left|\sum_{q\leqslant\log^{15}n}\sum_{\substack{0<h\leqslant q\\(h,q)=1}}J(h,q)-\rho(n)\sum_{q\leqslant\log^{15}n}\frac{\mu(q)}{\phi^3(q)}C_q(n)\right|\leqslant$$

$$6n^2\log^{-24}n+n^2\log^{-30}n\sum_{q\leqslant\log^{15}n}\phi^{-2}(q)<$$

$$6n^2\log^{-24}n+n^2\log^{-24}n$$

最后一步可以利用 $\phi(q)\geqslant\pi(q)>\frac{Aq}{\log q}$($A$ 是常数)得出来.

### 7.4　余区间上的积分

在这一小节里面,我们要估计余区间上的积分.首先我们来证明下面的引理:

**引理 8**　设

$$n\log^{-3}n<v\leqslant n,\log^{15}n<q\leqslant n\log^{-15}n,(h,q)=1 \tag{20}$$

则当 $n>n_0$(充分大)时,有

$$\left|f\left(\frac{h}{q},v\right)\right|\leqslant n\log^{-3}n \tag{21}$$

**证明** (1)我们在下面用 $j,m,l,L$ 及 $\xi$ 表示正整数,$p$ 表示素数.令

$$b_1=\sum_{\substack{m\leqslant v\\(m,a_1)=1}}e\left(\frac{mh}{q}\right) \tag{22}$$

其中

$$a_1=\prod_{p\leqslant\sqrt{n}}p \tag{23}$$

($p$ 通过素数)则 $m$ 通过 1 及满足 $\sqrt{n}<p\leqslant v$ 的一切素数.因此

$$\left|f\left(\frac{h}{q},v\right)-b_1\right|\leqslant\sqrt{n} \tag{24}$$

所以,我们只要证明

$$|b_1|\leqslant\frac{2}{3}n\log^{-3}n,n>n_0 \tag{25}$$

引理即随之成立.

(2)由于 $\sum\limits_{d|a}\mu(d)=1$ 或 0 视 $a=1$ 或 $a>1$ 而定,故

$$\sum_{j|a_1,j|m}\mu(j)=\sum_{j|(m,a_1)}\mu(j)=\begin{cases}1,(m,a_1)=1\\0,(m,a_1)>1\end{cases}$$

故

$$b_1=\sum_{m\leqslant v}e\left(\frac{mh}{q}\right)\sum_{j|a_1,j|m}\mu(j)=$$

$$\sum_{j|a_1}\sum_{k\leqslant\frac{v}{j}}\mu(j)e\left(\frac{hjk}{q}\right)=b_2+b_3 \tag{26}$$

其中

$$b_2=\sum_{\substack{j\mid a_1\\ j\leqslant v\log^{-5}n}}\mu(j)\sum_{k\leqslant\frac{v}{j}}e\left(\frac{hjk}{q}\right) \tag{27}$$

$$b_3=\sum_{k<\log^5 n}\sum_{\substack{j\mid a_1\\ v\log^{-5}n<j\leqslant\frac{v}{k}}}\mu(j)e\left(\frac{hjk}{q}\right) \tag{28}$$

今先估计 $b_2$. 显然

$$|b_2|\leqslant\sum_{j\leqslant v\log^{-5}n}\left|\sum_{k\leqslant\frac{v}{j}}e\left(\frac{hjk}{q}\right)\right|=\sum_{-\frac{q}{2}<l\leqslant\frac{q}{2}}b_4(l) \tag{29}$$

其中

$$b_4(l)=\sum_{\substack{j\leqslant v\log^{-5}n\\ hj\equiv l(\bmod q)}}\left|\sum_{k\leqslant\frac{v}{j}}e\left(\frac{lk}{q}\right)\right| \tag{30}$$

由 ⑳ 得($n>n_0$,充分大)

$$b_4(0)=\sum_{\substack{j\leqslant v\log^{-5}n\\ q\mid j}}\left[\frac{v}{j}\right]=\sum_{m\leqslant q^{-1}v\log^{-5}n}\left[\frac{v}{qm}\right]\leqslant$$

$$\frac{n}{q}\sum_{m\leqslant n}\frac{1}{m}\leqslant 2n\log^{-14}n \tag{31}$$

又若 $0<|l|\leqslant\frac{q}{2}$,则

$$\left|\sum_{k\leqslant\frac{v}{j}}e\left(\frac{lk}{q}\right)\right|=\left|\frac{e\left(l\left[\frac{v}{j}\right]/q\right)-1}{e\left(\frac{l}{q}\right)-1}\right|\leqslant$$

$$\frac{2}{\left|e\left(\frac{l}{q}\right)-1\right|}=\frac{1}{\left|\sin\frac{\pi l}{q}\right|}\leqslant\frac{q}{2|l|}$$

代入 ㉚ 即得(注意$(h,q)=1$)

$$b_4(l)\leqslant\frac{q}{2|l|}\sum_{\substack{j\leqslant v\log^{-5}n\\ hj\equiv l(\bmod q)}}1\leqslant\frac{1}{2|l|}(v\log^{-5}n+q)$$

故

$$\sum_{\substack{l\neq 0\\ -\frac{1}{2}q<l\leqslant\frac{1}{2}q}} b_4(l)\leqslant(v\log^{-5}n+q)\sum_{0<l\leqslant\frac{q}{2}} l^{-1}\leqslant 2n\log^{-4}n$$

由上式及 ㉛ 得

$$|b_2|\leqslant 3n\log^{-4}n \tag{32}$$

因此,由 ㉖ 知道只要证明

$$|b_3|\leqslant\frac{1}{3}n\log^{-3}n,n>n_0 \tag{33}$$

即容易推出 ㉕,而引理即随之成立.

(3) 现在要估计 $b_3$. 我们有

$$b_3=\sum_{k<\log^5 n}\sum_{\substack{j|a_1\\ v\log^{-5}n<j\leqslant\frac{v}{k}}}\mu(j)e\left(\frac{hjk}{q}\right)=\sum_{k<\log^5 n} b_5(k) \tag{34}$$

其中

$$b_5(k)=\sum_{\substack{j|a_1\\ v\log^{-5}n<j\leqslant\frac{v}{k}}}\mu(j)e\left(\frac{hjk}{q}\right) \tag{35}$$

令

$$a_2=\prod_{p\leqslant\log^{15}n} p \tag{36}$$

则

$$b_5(k)=b_6+b_7 \tag{37}$$

其中

$$b_6=\sum_{\substack{j|a_2\\ v\log^{-5}n<j\leqslant\frac{v}{k}}}\mu(j)e\left(\frac{hjk}{q}\right) \tag{38}$$

与(利用 ㉓)

$$b_7=\sum_{\substack{j|a_1,j\nmid a_2\\ v\log^{-5}n<j\leqslant\frac{v}{k}}}\mu(j)e\left(\frac{hjk}{q}\right) \tag{39}$$

显然由 ⑳ 知

$$|b_6| \leqslant \sum_{\substack{j \mid a_2 \\ v\log^{-8} n < j \leqslant n}} 1 \tag{40}$$

用 $\omega(m)$ 表示 $m$ 的不同素因数的个数，则由 ㊱ 知，当 $j \mid a_2$ 时，有

$$j \leqslant (\log^{15} n)^{\omega(j)}$$

因 $\tau(j) = 2^{\omega(j)}$，故 $\tau(j) \geqslant j^{\log 2/15\log\log n}$. 当 $j > n\log^{-8} n$ 时，有

$$\tau(j) \geqslant (n\log^{-8} n)^{\log 2/15\log\log n} > \log^{101} n$$

$n > n_0$ 充分大，因此

$$|b_6| \log^{101} n \leqslant \sum_{j \leqslant n} \tau(j) = \sum_{j \leqslant n} \sum_{L \mid j} 1 = \sum_{L \leqslant n} \sum_{\substack{j \leqslant n \\ L \mid j}} 1 = \sum_{L \leqslant n} \left[\frac{n}{L}\right] \leqslant n \sum_{L \leqslant n} \frac{1}{L} < n(1 + \log n)$$

故

$$|b_6| \leqslant n\log^{-100} n \tag{41}$$

$n > n_0$ 充分大. 剩下只要去估计 $b_7$，容易看出，若能证明

$$|b_7| \leqslant 10nk^{-\frac{1}{2}}\log^{-6} n\log\log n, k < \log^5 n, n > n_0 \tag{42}$$

㉝ 即随之成立，因而引理成立.

(4) 现在估计 $b_7$. 由 ㊴ 知

$$b_7 = b_8\left(\frac{v}{k}\right) - b_8(v\log^{-5} n), k < \log^5 n \tag{43}$$

其中

$$b_8(x) = \sum_{\substack{j \mid a_1, j \nmid a_2 \\ j \leqslant x}} \mu(j) e\left(\frac{hjk}{q}\right), 0 < x \leqslant \frac{n}{k} \tag{44}$$

显然我们只要证明

$$|b_8(x)| \leqslant 5nk^{-\frac{1}{2}}\log^{-6}n\log\log n, 0 < x \leqslant \frac{n}{k} \quad ㊺$$

㊷ 即随之成立,因而引理成立.

(5) 现在考虑 $b_8(x)$. 设 $j \mid a_1$ 及 $j \nmid a_2$. 由 $a_1$ 及 $a_2$ 的定义(㉓ 与 ㊱),$j$ 所包含超过 $\log^{15}n$ 的素因数个数是 $\omega\left\{\left(j,\frac{a_1}{a_2}\right)\right\}$. 若 $j \nmid a_2$ 且 $j \leqslant n$,则

$$1 \leqslant \omega\left\{\left(j,\frac{a_1}{a_2}\right)\right\} \leqslant \log n$$

故由 ㊹ 知

$$b_8(x) = \sum_{m \leqslant \log n} b_9(m) \quad ㊻$$

其中

$$b_9(m) = \sum_{\substack{j \mid a_1, j \leqslant x \\ \omega\left\{\left(j,\frac{a_1}{a_2}\right)\right\} = m}} \mu(j)e\left(\frac{hjk}{q}\right) \quad ㊼$$

因此

$$mb_9(m) = \sum_{\substack{j \mid a_1, j \leqslant x \\ \omega\left\{\left(j,\frac{a_1}{a_2}\right)\right\} = m}} \mu(j)e\left(\frac{hjk}{q}\right) \sum_{p \mid \left(j,\frac{a_1}{a_2}\right)} 1 =$$

$$\sum_{p \mid \frac{a_1}{a_2}} \sum_{\substack{pL \mid a_1, pL \leqslant x \\ \omega\left\{\left(pL,\frac{a_1}{a_2}\right)\right\} = m}} \mu(pL)e\left(\frac{hpLk}{q}\right) =$$

$$-\sum_{p \mid \frac{a_1}{a_2}} \sum_{\substack{L \mid \frac{a_1}{p}, L \leqslant \frac{x}{p} \\ \omega\left\{\left(L,\frac{a_1}{a_2}\right)\right\} = m-1}} \mu(L)e\left(\frac{hpLk}{q}\right)$$

由 $a_1$ 及 $a_2$ 的定义(㉓ 与 ㊱),条件 $p \mid \frac{a_1}{a_2}$ 等价于

$\log^{15} n < p \leqslant \sqrt{n}$，又在这个条件成立时，条件 $L \mid \frac{a_1}{p}$ 可用 $L \mid a_1$ 及 $p \nmid L$ 两个条件代替. 因此

$$mb_9(m) = -b_{10} + b_{11} \tag{48}$$

其中

$$b_{10} = \sum_{\log^{15} n < p \leqslant \sqrt{n}} \sum_{\substack{L \mid a_1, L \leqslant \frac{x}{p} \\ \omega\left\{\left(L, \frac{a_1}{a_2}\right)\right\} = m-1}} \mu(L) e\left(\frac{hpLk}{q}\right) \tag{49}$$

$$b_{11} = \sum_{\log^{15} n < p \leqslant \sqrt{n}} \sum_{\substack{L \mid a_1, p \mid L, L \leqslant \frac{x}{p} \\ \omega\left\{\left(L, \frac{a_1}{a_2}\right)\right\} = m-1}} \mu(L) e\left(\frac{hpLk}{q}\right) \tag{50}$$

显然

$$|b_{11}| \leqslant \sum_{p > \log^{15} n} \sum_{L \leqslant \frac{x}{p}, p \mid L} 1 = \sum_{p > \log^{15} n} \left[\frac{x}{p^2}\right] < 2x \log^{-15} n$$

故

$$|b_{11}| \leqslant 2nk^{-1} \log^{-15} n, x \leqslant \frac{n}{k} \tag{51}$$

剩下只要去估计 $b_{10}$. 我们要证明

$$|b_{10}| \leqslant 3nk^{-\frac{1}{2}} \log^{-6} n, x \leqslant \frac{n}{k} \tag{52}$$

假定上式成立，则结合 ⑤1 即知（见 ④8）

$$m \mid b_9(m) \mid \leqslant 4nk^{-\frac{1}{2}} \log^{-6} n$$

$n > n_0$ 充分大，因而由 ④6 知道

$$|b_8(x)| \leqslant 5nk^{-\frac{1}{2}} \log^{-6} n \log \log n$$

$n > n_0$ 充分大，而引理随之成立. 因此我们剩下的问题只需证明 ⑤2.

（6）现在考虑 $b_{10}$. 首先，我们可以消去 $k$ 与 $q$ 的最大公因数 $(q, k)$. 设

$$\alpha=\frac{q}{(q,k)},\beta=\frac{kh}{(q,k)}$$

则由$(h,q)=1$(见 ⑳) 可以知道

$$(\alpha,\beta)=1 \tag{53}$$

又因$\frac{q}{k}\leqslant\alpha\leqslant q$,故由 $\log^{15}n<q\leqslant n\log^{-15}n$(见 ⑳) 可以推出

$$k^{-1}\log^{15}n<\alpha\leqslant n\log^{-15}n \tag{54}$$

因此由 ㊾ 知

$$b_{10}=\sum_{\log^{15}n<p\leqslant\sqrt{n}}\sum_{L\leqslant\frac{x}{p}}g(L)e\left(\frac{\beta pL}{\alpha}\right) \tag{55}$$

其中

$$g(L)=\begin{cases}\mu(L),\text{当 } L\mid a_1 \text{ 且 } \omega\left\{\left(L,\frac{a_1}{a_2}\right)\right\}=m-1 \text{ 时}\\ 0,\text{其他}\end{cases}$$

显然

$$|g(L)|\leqslant 1 \tag{56}$$

设用 $\lambda$ 表示满足

$$2^{\lambda-1}<\sqrt{n}\log^{-15}n\leqslant 2^{\lambda} \tag{57}$$

的整数,则由 ㊺ 知

$$|b_{10}|\leqslant\sum_{\log^{15}n<j\leqslant 2^{\lambda}\log^{15}n}\left|\sum_{L\leqslant\frac{x}{j}}g(L)e\left(\frac{\beta jL}{\alpha}\right)\right|=\sum_{\xi\leqslant\lambda}b_{12}(\xi) \tag{58}$$

其中

$$b_{12}(\xi)=\sum_{2^{\xi-1}\log^{15}n<j\leqslant 2^{\xi}\log^{15}n}\left|\sum_{L\leqslant\frac{x}{j}}g(L)e\left(\frac{\beta jL}{\alpha}\right)\right|$$

由施瓦兹一布尼亚科夫斯基不等式

$$b_{12}^2(\xi)\leqslant 2^{\xi}\log^{15}n\sum_{2^{\xi-1}\log^{15}n<j\leqslant 2^{\xi}\log^{15}n}\left|\sum_{L\leqslant\frac{x}{j}}g(L)e\left(\frac{\beta jL}{\alpha}\right)\right|^2=$$

$$2^{\xi}\log^{15}n\cdot b_{13} \quad ⑲$$

其中

$$b_{13}=\sum_{2^{\xi-1}\log^{15}n<j\leqslant 2^{\xi}\log^{15}n}\sum_{L\leqslant\frac{x}{j}}\sum_{L'\leqslant\frac{x}{j}}g(L)\cdot$$

$$g(L')e\left(\frac{\beta j(L-L')}{\alpha}\right)=$$

$$\sum_{L<x_1}\sum_{L'<x_1}g(L)g(L')\cdot$$

$$\sum_{x_2<j\leqslant x_3}e\left(\frac{\beta j(L-L')}{\alpha}\right) \quad ⑳$$

而

$$x_1=x2^{1-\xi}\log^{-15}n$$

$$x_2=2^{\xi-1}\log^{15}n$$

$$x_3=\min\left\{2^{\xi}\log^{15}n,\frac{x}{L},\frac{x}{L'}\right\} \quad ㉑$$

因 $|g(L)|\leqslant 1$(见 ⑯),故

$$b_{13}\leqslant\sum_{L<x_1}\sum_{L'<x_1}\left|\sum_{x_2<j\leqslant x_2}e\left(\frac{\beta j(L-L')}{\alpha}\right)\right|=\sum_{-\frac{\alpha}{2}<l\leqslant\frac{\alpha}{2}}b_{14}(l)$$

$$㉒$$

其中

$$b_{14}(l)=\sum_{L<x_1}\sum_{\substack{L'<x_1\\ \beta(L-L')\equiv l(\bmod \alpha)}}\left|\sum_{x_2<j\leqslant x_3}e\left(\frac{lj}{\alpha}\right)\right| \quad ㉓$$

由$(\alpha,\beta)=1$(见 ⑬) 知

$$\sum_{\substack{L'<x_1\\ \beta(L-L')\equiv l(\bmod \alpha)}}1<\frac{x_1}{\alpha}+1$$

故

$$\sum_{L<x_1}\sum_{\substack{L'<x_1\\ \beta(L-L')\equiv l(\bmod \alpha)}} 1<x_1\left(\frac{x_1}{\alpha}+1\right) \qquad ⑭$$

由 ⑭⑬⑪ 可立刻推出

$$b_{14}(0)<2^{\xi}\log^{15}n\cdot x_1\left(\frac{x_1}{\alpha}+1\right)=2x\left(\frac{x_1}{\alpha}+1\right) \qquad ⑮$$

又仿前容易证明(看紧接着 ㉛ 的几行)

$$\left|\sum_{x_2<j\leqslant x_3} e\left(\frac{lj}{\alpha}\right)\right|\leqslant\frac{\alpha}{2\mid l\mid},0<\mid l\mid\leqslant\frac{1}{2}\alpha$$

故由 ⑬ 及 ⑭ 知

$$b_{14}(l)\leqslant 2^{-1}\mid l\mid^{-1}x_1(x_1+\alpha),0<\mid l\mid\leqslant\frac{1}{2}\alpha \qquad ⑯$$

代入 ⑫ 得

$$b_{13}\leqslant 2x\left(\frac{x_1}{\alpha}+1\right)+x_1(x_1+\alpha)(1+\log\alpha)$$

因 $0<x\leqslant\frac{n}{k}$(见 ⑫),$k^{-1}\log^{15}n<\alpha\leqslant n\log^{-15}n$(见 ⑭)

及 $x_1=x2^{1-\xi}\log^{-15}n$(见 ⑪),故当 $n$ 充分大时,有

$$b_{13}\leqslant 2\frac{n}{k}(n2^{1-\xi}\log^{-30}n+1)+$$

$$\frac{n}{k}2^{1-\xi}\log^{-15}n\left(\frac{n}{k}2^{1-\xi}\log^{-15}n+n\log^{-15}n\right)\log n$$

因此,由 ⑲ 及 $2^{\lambda-1}<\sqrt{n}\log^{-15}n\leqslant 2^{\lambda}$(见 ⑰),可以推出

$$b_{12}^2(\xi)\leqslant 2\frac{n}{k}(2n\log^{-15}n+2^{\xi}\log^{15}n)+$$

$$2\frac{n}{k}\log^{-14}n\left(\frac{n}{k}2^{1-\xi}+n\right)\leqslant$$

$$5n^2k^{-1}\log^{-14}n,\xi\leqslant\lambda$$

故由 ⑱ 及 ⑰ 知

$$\mid b_{10}\mid\leqslant 3\lambda nk^{-\frac{1}{2}}\log^{-7}n\leqslant 3nk^{-\frac{1}{2}}\log^{-6}n,x\leqslant\frac{n}{k}$$

这就是 ㉜,故引理成立.

现在可以进而估计 $I$ 了. 我们还要用到下面已知的事实:

**引理 9**　任给实数 $x$ 及 $y \geqslant 1$,一定可以找到互素的整数 $h$ 与 $q$,使得 $q \leqslant y$ 与

$$|qx-h|<\frac{1}{y}$$

现在要证明:

**引理 10**

$$|I|=\left|\int_{E_2} f^3(x,n)e(-nx)\mathrm{d}x\right| \leqslant Cn^2\log^{-4}n$$

其中 $C$ 是一个常数.

**证明**　设 $x \in E_2$,则由上面的引理,可以找到互素的 $h$ 与 $q$ 使得 $q \leqslant n\log^{-15}n$ 及

$$|qx-h|<n^{-1}\log^{15}n=x_0 \tag{67}$$

这里的 $q$ 一定超过 $\log^{15}n$,否则由上式及 $E_1$ 的定义(见 7.2)就可以推出 $x \in E_1$ 了. 由此可知引理 8 里面的条件都满足了,所以根据这个引理及显然的不等式 $\left|f\left(\frac{h}{q},v\right)\right| \leqslant v$,可以看出

$$\left|f\left(\frac{h}{q},v\right)\right| \leqslant n\log^{-3}n, 0<v\leqslant n \tag{68}$$

令 $y=x-\frac{h}{q}$,则由 ㊼ 及 $q>\log^{15}n$ 可得 $|y|<n^{-1}$. 故由引理 4 知

$$|f(x,n)|=\left|e(ny)f\left(\frac{h}{q},n\right)-\right.$$
$$\left.2\pi\mathrm{i}y\int_0^n e(uy)f\left(\frac{h}{q},u\right)\mathrm{d}u\right| \leqslant$$
$$(1+2\pi)n\log^{-3}n, x \in E_2 \tag{69}$$

由此立刻得到

$$\left|\int_{E_2} f^3(x,n)e(-nx)\mathrm{d}x\right| \leqslant (1+2\pi)n\log^{-3}n \cdot \int_{E_2} |f(x,n)|^2\mathrm{d}x$$

但

$$\int_{E_2} |f(x,n)|^2\mathrm{d}x \leqslant \int_0^1 |f(x,n)|^2\mathrm{d}x = \sum_{p\leqslant n}\sum_{p'\leqslant n}\int_0^1 e\{(p-p')x\}\mathrm{d}x = \sum_{p\leqslant n}1 = \pi(n) < \frac{An}{\log n}$$

其中,$A$ 是常数,故

$$\left|\int_{E_2} f^3(x,n)e(-nx)\mathrm{d}x\right| \leqslant Cn^2\log^{-4}n$$

### 7.5 $r(n)$ 的渐近公式

**引理 11** 当 $n>n_0$($n$ 充分大)时,有

$$|r(n)-S(n)\rho(n)| \leqslant C_1 n^2\log^{-4}n$$

其中,$C_1$ 是常数,而

$$S(n)=\prod_p\left(1-\frac{C_p(n)}{(p-1)^3}\right)$$

$$\rho(n)=\sum_{m_1+m_2+m_3=n}\frac{1}{\log m_1\log m_2\log m_3}$$

**证明** 把引理 10 及引理 7 的结果应用到式⑤立刻得到

$$r(n)-\rho(n)\sum_{q\leqslant\log^{15}n}\frac{\mu(q)}{\phi^3(q)}C_q(n)=O(n^2\log^{-4}n) \quad ⑰$$

设

$$T(n)=\sum_{q=1}^{\infty}\frac{\mu(q)}{\phi^{3}(q)}C_{q}(n)$$

则(参看引理 7 的证明)

$$\left|T(n)-\sum_{q\leqslant\log^{15}n}\frac{\mu(q)}{\phi^{3}(q)}C_{q}(n)\right|\leqslant$$

$$\sum_{q>\log^{15}n}\phi^{-2}(q)=O(\log^{-14}n)$$

结合上式及 ⑳ 并由 ⑰ 得

$$|r(n)-T(n)\rho(n)|\leqslant C_{1}n^{2}\log^{-14}n$$

但因 $C_q(n)$ 是 $q$ 的乘性函数，故容易验证

$$T(n)=\prod_{p}\left(1-\frac{C_{p}(n)}{(p-1)^{3}}\right)=S(n)$$

引理证毕.

**定理**(哥德巴赫－维诺格拉多夫)　存在 $n_0>0$，使得每一个大于 $n_0$ 的奇数 $n$ 都可以表成三个素数之和.

**证明**　由上述引理，我们只要证明当 $n$ 是充分大的奇数时，有

$$S(n)\rho(n)>An^{2}\log^{-3}n \tag{71}$$

其中，$A$ 是正的常数. 由定义(见 ⑨)

$$C_{p}(n)=\sum_{1\leqslant l<p}e\left(\frac{nl}{p}\right)=\begin{cases}p-1,p\mid n\\-1,p\nmid n\end{cases}$$

因此，当 $n$ 是偶数时，$S(n)=0$，而当 $n$ 是奇数时，有

$$S(n)=2\prod_{p>2}\left(1-\frac{C_{p}(n)}{(p-1)^{3}}\right)\geqslant$$

$$2\prod_{p>2}\{1-(p-1)^{-2}\}\geqslant$$

$$2\prod_{m=2}^{\infty}(1-m^{-2})=1$$

又由引理 6,当 $n$ 充分大时,有

$$\rho(n)>\frac{1}{3}n^{2}\log^{-3}n$$

故 ⑦1 成立,定理随之证毕.

## §8 Гольдбах 问题[1]

——华罗庚

### 8.1 维诺格拉多夫定理

用 $r(N)$ 表示将一个奇数 $N$ 表成三个素数之和的表法个数,则有

$$r(N)=\int_{0}^{1}(S(\alpha))^{3}\mathrm{e}^{-2\pi iN\alpha}\,\mathrm{d}\alpha$$

此处

$$S(\alpha)=\sum_{p\leqslant N}\mathrm{e}^{2\pi i\alpha p}$$

$p$ 经过小于或等于 $N$ 的全体素数.

将积分区间移至 $\left(-\frac{1}{\tau},1-\frac{1}{\tau}\right)$,此处 $\tau=NL^{-h}$,而 $L=\log N$,$h$ 为一个大于或等于 16 的正整数. 用 $M_{h,q}$ 表示区间

$$\alpha=\frac{a}{q}+\beta,\ |\beta|\leqslant\frac{1}{\tau},1\leqslant q\leqslant L^{h},(a,q)=1$$

这些小区间互不重叠. 区间的剩余部分用 $E$ 表示.

在 $M_{h,q}$ 上,可有

---

① 摘自:华罗庚. 指数和的估计及其在数论中的应用. 北京:科学出版社,1963.

$$\sum_{p\leqslant N}\mathrm{e}^{2\pi\mathrm{i}\alpha p}=\sum_{p\leqslant N}\mathrm{e}^{2\pi\mathrm{i}(\frac{a}{q}+\beta)p}=$$

$$\sum_{\substack{r=1\\(r,q)=1}}^{q}\mathrm{e}^{2\pi\mathrm{i}\frac{ar}{q}}\sum_{n\leqslant N}\mathrm{e}^{2\pi\mathrm{i}\beta n}(\pi(n;q,r)-$$

$$\pi(n-1;q,r))+O(q)=$$

$$\sum_{\substack{r=1\\(r,q)=1}}^{q}\mathrm{e}^{2\pi\mathrm{i}\frac{ar}{q}}\Big(\sum_{n\leqslant N-1}\pi(n;q,r)(\mathrm{e}^{2\pi\mathrm{i}\beta n}-$$

$$\mathrm{e}^{2\pi\mathrm{i}\beta(n+1)})+\pi(N;q,r)\mathrm{e}^{2\pi\mathrm{i}\beta N}\Big)+O(q)$$

由西格尔－瓦尔菲茨定理我们得到

$$\sum_{p\leqslant N}\mathrm{e}^{2\pi\mathrm{i}\alpha p}=\frac{1}{\varphi(q)}\sum_{\substack{r=1\\(r,q)=1}}^{q}\mathrm{e}^{2\pi\mathrm{i}\frac{ar}{q}}\Big(\sum_{n\leqslant N-1}\mathrm{Li}\ n(\mathrm{e}^{2\pi\mathrm{i}\beta n}-$$

$$\mathrm{e}^{2\pi\mathrm{i}\beta(n+1)})+\mathrm{Li}\ N\cdot\mathrm{e}^{2\pi\mathrm{i}\beta N}\Big)+O(NL^{-4h})=$$

$$\frac{\mu(q)}{\varphi(q)}\Big(\sum_{2<n\leqslant N}\mathrm{e}^{2\pi\mathrm{i}\beta n}\int_{n-1}^{n}\frac{\mathrm{d}t}{\log t}\Big)+O(NL^{-4h})=$$

$$\frac{\mu(q)}{\varphi(q)}\int_{2}^{N}\frac{\mathrm{e}^{2\pi\mathrm{i}\beta t}}{\log t}\mathrm{d}t+O(NL^{-4h})$$

最后一步是因为

$$\mathrm{e}^{2\pi\mathrm{i}\beta n}-\mathrm{e}^{2\pi\mathrm{i}\beta t}=2\pi\mathrm{i}\beta\int_{t}^{n}\mathrm{e}^{2\pi\mathrm{i}\beta u}\,\mathrm{d}u\ll\beta(n-t)\ll\frac{n-t}{\tau}$$

在 $E$ 上，可有

$$|S(\alpha)|\ll NL^{5-\frac{1}{2}h}$$

所以得到

$$r(N)=\sum_{M}\int_{M_{a,q}}(S(\alpha))^{3}\mathrm{e}^{-2\pi\mathrm{i}N\alpha}\,\mathrm{d}\alpha+O(N^{2}L^{-4})=$$

$$\frac{N^{2}}{2L^{3}}\text{Б}(N)+O(N^{2}L^{-4}\log L)$$

式中

$$Б(N)=\prod_{p\nmid N}\left(1+\frac{1}{(p-1)^{3}}\right)\prod_{p\mid N}\left(1-\frac{1}{(p-1)^{2}}\right)$$

由于

$$Б(N)>\prod_{p\mid N}\left(1-\frac{1}{(p-1)^{2}}\right)>\prod_{p}\left(1-\frac{1}{p^{2}}\right)=\frac{6}{\pi^{2}}$$

故得定理.

(1) 除了哈代与李特伍德的开创性工作,我们还要提到埃斯特曼的两个结果,这两个结果是在维诺格拉多夫的重大贡献之前得到的. 他证明了:

(i) 每一个大的奇整数都能表成形如 $p_1+p_2+p_3p_4$ 的和数,这里的 $p_1,p_2,p_3,p_4$ 都是素数;

(ii) 每一个大的整数都是两个素数与一个平方数的和.

(2) 在维诺格拉多夫的工作之后,林尼克与Чудаков给出了另外两个证明,这两个证明都以 $L-$函数在临界带状区域中的零点分布为基础. 更确切地说,所用到的性质是迪利克雷 $L-$函数 $L(s,\chi)$ 在矩形 $\beta\leqslant\sigma\leqslant1$, $|t|\leqslant T$ 中的零点个数等于

$$O(q^{2\beta-1}T^{4(1-\beta)(3-2\beta)^{-1}}\log^{10}T+q^{30})$$

此处 $\chi$ 表示 $\bmod q$ 的本原特征,又记号 $O$ 中所含的常数与 $q$ 无关.

### 8.2 维诺格拉多夫定理的推广

(1) 不少数学工作者研究了有“比例条件”的Гольдбах问题,此即

$$N=p_1+p_2+p_3,p_i\sim\frac{1}{3}N$$

当 $N\to\infty$ 时成立. 最好的结果是 Haselgrove 所宣布的:每一个大的奇整数都能表成

$$N = p_1 + p_2 + p_3, p_i = \frac{1}{3}N + O(N^{\theta})$$

的形式，由此得$\frac{63}{64} < \theta < 1$.

(2) 另外一些数学工作者研究了如下类型的问题：对于 $s \geqslant 3$，找出

$$N = a_1 p_1 + a_2 p_2 + \cdots + a_s p_s$$

的可解条件，这里的 $a_1, \cdots, a_s$ 都是给定的整数，而

$$p_{\nu} \equiv l_{\nu} (\bmod q), 1 \leqslant \nu \leqslant s$$

对于 $s \geqslant 3$，处理这些问题并无本质的困难. 吴方更进一步推广了这个问题，他在某些条件下建立了

$$\sum_{\nu=1}^{m} a_{\mu\nu} p_{\nu} = b_{\mu}, \mu = 1, 2, \cdots, n, m \geqslant 2n + 1$$

$$2 \leqslant p_{\nu} \leqslant P, \nu = 1, 2, \cdots, m$$

的解数的渐近公式.

## 8.3　关于偶数的 Гольдбах 问题的结果

在维诺格拉多夫的重要工作之后，很多数学工作者彼此独立地证明了下面的定理：几乎全体偶整数都能表成两个素数之和. 华罗庚的结果较别人的结果稍强，他证明了 $p_1 + p_2^k$ 可表出几乎全体偶数.

林尼克做出了主要的推进.

(1) 在黎曼猜想正确的假定下，对于任何 $\varepsilon > 0$ 及每一大的整数 $N$，总可以找到两个素数 $p_1$ 及 $p_2$，使

$$| N - p_1 - p_2 | < (\log N)^{3+\varepsilon}$$

成立. 又在一较弱的假定下，即若

$$N(\sigma, T) = O(T^{2(1-\sigma)} \log^2 T)$$

则得

$$| N - p_1 - p_2 | < (\log N)^7$$

由 Ingham 关于相继素数的定理,我们立刻得到 $|N-p_1-p_2|<N^{\frac{25}{64}+\varepsilon}$. 林尼克证明了由此甚至能够得出

$$|N-p_1-p_2|<N^{0.13}$$

(2) 对于任何给定的正整数 $g>1$,恒存在正整数 $k_0$,使对任何给定的 $k>k_0$,每一个恒等于 $kg \pmod 2$ 的大整数都能用

$$p_1+p_2+g^{x_1}+\cdots+g^{x_k}$$

表出,这里的 $p_1$ 与 $p_2$ 都是素数,而 $x_1,\cdots,x_k$ 都是正整数.

瑞尼做出了另一个有趣的推进.

(3) 存在常数 $k$,使每一大偶数都是某一素数与另一个不超过 $k$ 个素数的乘积之和. 在此以前,布赫夕塔布证明了:对于任何给定的 $\lambda>0$,每一大偶数 $N$ 都能表成 $N=p+N'$ 的形式,这里的 $p$ 是素数,而 $N'$ 的素因子都小于 $(\log N)^{\lambda}$. 这种表法的个数小于 $\frac{cN}{\log N\log\log N}$,而 $c>0$.

此外,佩吉证明了:将偶数 $N$ 分解成一个素数与一个无平方因子数的方法数等于

$$\prod_{p}(1-(p^2-p)^{-1})\prod_{p\mid N}\frac{p^2-p}{p^2-p-1}\int_2^N\frac{\mathrm{d}u}{\log u}+$$

$$O\left(\frac{N}{\log^5 N}(\log\log N)^8\log\log\log N\right)$$

王元证明了:

(4) 在广义黎曼猜想正确的假定下,每一大偶数都是一个素数与一个至多是四个素数乘积的数之和.

瑞尼的证明主要基于林尼克的所谓"大筛法"的某一改进的应用,就许多关系来说,这个大筛法与布朗

的方法相似. 这两个方法的主要不同点是:在布朗的方法中,由 mod $p$ 的全体剩余类中所除去的类数 $k$ 对一切 $p$ 都是固定的,但在林尼克的方法中,它们能够随 $p$ 而变. 因为林尼克的大筛法曾被很多数学工作者成功地应用过,所以我们现在把它的轮廓做如下的描述:设 $p_1,\cdots,p_y$ 为任意 $y$ 个适合 $p_i\leqslant\sqrt{N}(i=1,\cdots,y)$ 的素数.

**定理**　用 $f(p)$ 表示一个正值函数,$f(p)<p$,又令

$$\tau=\min_{i=1,2,\cdots,y}\frac{f(p_i)}{p_i}$$

假如从序列 $1,2,\cdots,N$ 中除去那些属于 mod $p_i(i=1,\cdots,y)$ 的 $f(p_i)$ 个确定的剩余类中某一类的整数,则余下的整数个数不超过

$$\frac{20\pi N}{\tau^2 y}$$

**证明**　设 $n_1<n_2<\cdots<n_Z\leqslant N$ 为从序列 $1,2,\cdots,N$ 中除去属于 $f(p_i)$ 个 mod $p_i(i=1,2,\cdots,y)$ 的剩余类中某一类的那些整数后所余下的整数. 令

$$S(\alpha)=\sum_{j=1}^{Z}\mathrm{e}^{2\pi\mathrm{i}\alpha n_j}$$

则对 $\delta=\dfrac{\tau}{20\pi N}$,显然有

$$Z=I=\int_0^1|S(\alpha)|^2\mathrm{d}\alpha\geqslant$$

$$\sum_{p_j}\sum_{y=1}^{p_j-1}\int_{-\delta}^{+\delta}\left|S\left(\frac{y}{p_j}+x\right)\right|^2\mathrm{d}x=\sum_{p_j}I'_{p_j}$$

这是因为任何两个积分区间都不交叠. 另外,我们有

$$I'_p=\sum_{y=0}^{p-1}\int_{-\delta}^{\delta}\left|S\left(\frac{y}{p}+x\right)\right|^2\mathrm{d}x-\int_{-\delta}^{\delta}|S(x)|^2\mathrm{d}x\geqslant$$

$$2\delta p\left(1-\frac{\tau}{10}\right)\sum_{n_i\equiv n_j(\bmod p)}\sum 1-2\delta Z^2$$

用 $a_i$ 表示 $n_1,\cdots,n_Z$ 诸数中与同一 $\xi_i$ 模 $p$ 同余者的个数,则由施瓦兹不等式,可以得出

$$\sum_{n_i\equiv n_j(\bmod p)}\sum 1=\left(\sum_i a_i^2\right)\geqslant\frac{\left(\sum_i a_i\right)^2}{p-f(p)}=$$

$$\frac{Z^2}{p-f(p)}\geqslant\frac{Z^2}{p}(1+\tau)$$

于是得到

$$Z\geqslant y\delta\tau Z^2=y\frac{\tau^2}{20\pi N}Z^2$$

证毕.

这个定理具有下述的等价形式:

设 $n_1<n_2<\cdots<n_Z\leqslant N$ 为 $Z$ 个正整数.用 $f(p)$ 表示一个适合 $f(p)<p$ 的正值函数,而令

$$\tau=\min_{p\leqslant\sqrt{N}}\frac{f(p)}{p}>0$$

则至多除了

$$\frac{20\pi N}{\tau^2 Z}$$

个例外的素数,对于每一素数 $p\leqslant\sqrt{N}$,整数 $n_1,\cdots,n_Z$ 一定分落在不少于 $p-f(p)$ 个不同的模 $p$ 剩余类中.

## §9　素数变数的线性方程组[①]

——吴方

### 9.1　引言

在华罗庚教授的著作《堆垒素数论》第十二章中曾经提出了关于整系数素数变数的线性方程组

$$\sum_{\nu=1}^{2n+1} a_{\mu\nu} p_\nu = b_\mu, \mu = 1, \cdots, n \qquad ①$$

的解的问题[②]. 这个问题是著名的维诺格拉多夫－Гольдбах定理的自然推广. 1937年苏联的维诺格拉多夫院士首先证明了[③]任何充分大的奇整数 $N$ 都能表成三个素数之和,且若令 $I(N)$ 为表示法的种数,则

$$I(N) = \frac{1}{2} \prod_{p=2}^{\infty} \left(1 + \frac{1}{(p-1)^3}\right) \cdot \prod_{p \mid N} \left(1 - \frac{1}{p^2 - 3p + 3}\right) \frac{N^2}{\log^3 N} + O\left(\frac{N^2}{\log^{3.5-\varepsilon} N}\right)$$

其后詹姆斯与外尔[④]、里切特[⑤]先后考虑了当整数

---

① 原载于《数学学报》,1957,7(1):102-122.

② 华罗庚.堆垒素数论.中国科学院出版,1953.

③ И. М. Виноградов. Представление нечетного числа суммой трех простых чисел. Доклады АН СССР, 1937(15):291-394.

④ R. D. James, H. Weyl. Elementary note on prime number problems of Vinogradoff's type. Amer. J. Math., 1942(64):539-552.

⑤ Hans Egon. Richert. Aus der additiven Zahlentheorie. Jour. Reine Angew. Math., 1953(191):179-198.

$a_1,\cdots,a_m$ 两两互素,且 $b\equiv\sum_{\nu=1}^{m}a_\nu \pmod 2$ 时,方程

$$b=a_1p_1+\cdots+a_mp_m,m\geqslant 3 \qquad ②$$

在 $3\leqslant p_\nu\leqslant P$ 内的素数解的问题:如果令 $I(b;P)$ 表示此方程的素数解的个数,而令 $J(b;P)$ 表示此方程的正整数解的个数,里切特证明了

$$I(b;P)=\frac{G(b)}{\log^m P}J(b;P)+O\left(\frac{P^{m-1}}{\log^{m+1}P}\right)$$

此处

$$G(b)=\prod_{p\nmid bA_m}\left(1+\frac{(-1)^{m+1}}{(p-1)^m}\right)\cdot \prod_{\substack{p\mid bA_m\\ p\mid(b,A_m)}}{}'\left(1+\frac{(-1)^{m+1}}{(p-1)^{m-2}}\right)\cdot \prod_{\substack{p\mid bA_m\\ p\nmid(b,A_m)}}\left(1+\frac{(-1)^m}{(p-1)^{m-1}}\right)$$

而 $A_m=a_1a_2\cdots a_m$. 特别地,当 $a_\nu>0(1\leqslant\nu\leqslant m)$ 时,等式

$$I(P;P)=\frac{G(P)}{(m-1)!\ A_m}\cdot\frac{P^{m-1}}{\log^m P}+O\left(\frac{P^{m-1}}{\log^{m+1}P}\right)$$

成立. 易见当 $m=3$ 时,式 ② 即为式 ① 当 $n=1$ 时的特殊情形.

范·德·科皮特[①]于 1939 年也曾考虑过方程组 ① 解的问题,但他没有得到全部结果,以后也没有看到他解决此问题.

华罗庚教授建议吴方采取一致逼近的方法来考虑

---

① J. G. van der Corput. Propriétés additives I. Acta Arithmetica, 1939(3):180-234.

这个问题,这个方法是一般处理堆垒素数论中有关方程组的问题时所采用的方法.

在本节中,将引进以下的一些记号,并做如下一些假定:

令 $a_{\mu\nu}(\mu=1,\cdots,n;\nu=1,\cdots,2n+1)$ 为 $n(2n+1)$ 个给定的整数. 今假定矩阵

$$\begin{pmatrix} a_{11} & \cdots & a_{1,2n+1} \\ \vdots & & \vdots \\ a_{n1} & \cdots & a_{n,2n+1} \end{pmatrix} \tag{③}$$

的所有 $n$ 级子式全不为 0,且在这些 $n$ 级子式间没有 1 以外的公因子.

设 $b_1,\cdots,b_n$ 为 $n$ 个整数,又设 $P$ 表示一个充分大的正整数. 令 $L=\log P$,而以 $I(b;P)$ 表示方程组 ① 在 $2\leqslant p_\nu\leqslant P(\nu=1,\cdots,2n+1)$ 内的解的组数,则

$$I(b;P)=\sum_{\substack{p_1=2 \\ \sum\limits_{\nu=1}^{2n+1} a_{\mu\nu}p_\nu=b_\mu(1\leqslant\mu\leqslant n)}}^{P}\cdots\sum_{p_{2n+1}=2}^{P}1=$$

$$\int_0^1\cdots\int_0^1\prod_{\nu=1}^{2n+1}\Big(\sum_{p\leqslant P}e\big(p\sum_{\mu=1}^{n}a_{\mu\nu}\alpha_\mu\big)\Big)\cdot e\big(-\sum_{\mu=1}^{n}b_\mu\alpha_\mu\big)\,\mathrm{d}\alpha_1\cdots\mathrm{d}\alpha_n \tag{④}$$

其中 $e(x)=\mathrm{e}^{2\pi\mathrm{i}x}$.

又令 $(\phi(p))^{2n+1}\dfrac{s(p)}{p^n}$ 表示同余组

$$\sum_{\nu=1}^{2n+1}a_{\mu\nu}l_\nu\equiv b_\mu\pmod p,\mu=1,\cdots,n \tag{⑤}$$

在 $1\leqslant l_\nu\leqslant p-1(\nu=1,\cdots,2n+1)$ 内的解的组数.

本节的主要结果为:

**定理 1**　在以上的假定下

$$I(b;P)=$$

$$\prod_{p=2}^{+\infty}s(p)\cdot\frac{P^{n+1}}{L^{2n+1}}\int_{-\infty}^{+\infty}\cdots\int_{-\infty}^{+\infty}\prod_{\nu=1}^{2n+1}\left(\int_0^1 e\left(s\sum_{\mu=1}^{n}a_{\mu\nu}\beta_\mu\right)\mathrm{d}s\right)\cdot$$

$$e\left(-\sum_{\mu=1}^{n}\frac{b_\mu}{P}\beta_\mu\right)\mathrm{d}\beta_1\cdots\mathrm{d}\beta_n+O\left(\frac{P^{n+1}}{L^{2n+2}}(\log L)^n\right)\qquad ⑥$$

$\left(当 n=1 时,误差项可改为 O\left(\frac{P^2}{L^4}\right)\right)$,其中“$\prod_{p=2}^{+\infty}$”经过所有的素数,而 $O$ 内所含的常数与 $b_\mu$ 无关.

与定理 1 的证明完全类似地可以证明:

**定理 2** 若 $m\geqslant 2n+1$,整系数矩阵

$$\begin{pmatrix}a_{11}&\cdots&a_{1m}\\ \vdots&&\vdots\\ a_{n1}&\cdots&a_{nm}\end{pmatrix}\qquad ③'$$

的所有 $n$ 级子式全不为 0,且在这些 $n$ 级子式间没有 1 以外的公因子,则

$$\sum_{\nu=1}^{m}a_{\mu\nu}p_\nu=b_\mu,\mu=1,\cdots,n\qquad ①'$$

在 $2\leqslant p_\nu\leqslant P(\nu=1,\cdots,m)$ 内的解数为

$$I_1(b;P)=$$

$$\prod_{p=2}^{+\infty}s_1(p)\frac{P^{m-n}}{L^m}\int_{-\infty}^{+\infty}\cdots\int_{-\infty}^{+\infty}\prod_{\nu=1}^{m}\left(\int_0^1 e\left(s\sum_{\mu=1}^{m}a_{\mu\nu}\beta_\mu\right)\mathrm{d}s\right)\cdot$$

$$e\left(-\sum_{\mu=1}^{n}\frac{b_\mu}{P}\beta_\mu\right)\mathrm{d}\beta_1\cdots\mathrm{d}\beta_n+O\left(\frac{P^{m-n}}{L^{m+1}}(\log L)^n\right)\qquad ⑥'$$

$\left(当 n=1 时,误差项可改为 O\left(\frac{P^{m-1}}{L^{m+1}}\right)\right)$,其中 $s_1(p)$ 的意义与 $s(p)$ 相类似,而 $O$ 内所含的常数也与 $b_\mu$ 无关.

特别地,当 $n=1$ 时,我们可以得到:

**定理 3** 设 $(a_1,\cdots,a_m)=1,m\geqslant 3,b\equiv$

$\sum_{\nu=1}^{m} a_\nu \pmod 2$. 若对任意 $m-1$ 个 $a_\nu$，常有

$$(a_{\nu_1},\cdots,a_{\nu_{m-1}},b)=1$$

则方程 ② 在 $3\leqslant p_\nu\leqslant P$ 内的素数解的个数为

$$I(b;P)=\frac{P^{m-1}}{L^m}\frac{G_1(b)}{|a_1|}\underset{\substack{0<s_1<1\\ \sum_{\nu=1}^{m}a_\nu s_\nu=\frac{b}{p}}}{\int_0^1\cdots\int_0^1}\mathrm{d}s_2\cdots\mathrm{d}s_m+O\left(\frac{P^{m-1}}{L^{m+1}}\right) \tag{7}$$

其中 $G_1(b)$ 也为一个无穷乘积(详见 9.6)，且恒大于一个与 $b$ 无关的正数. 又若 $a_\nu>0(1\leqslant\nu\leqslant m)$，则可得到

$$I(P;P)=\frac{G_1(P)}{(m-1)!\ A_m}\frac{P^{m-1}}{L^m}+O\left(\frac{P^{m-1}}{L^{m+1}}\right) \tag{8}$$

### 9.2　奇异级数

令 $e(x)=\mathrm{e}^{2\pi\mathrm{i}x}$，则

$$A(q)=\sum_{\substack{h_1=1\\(h_1,\cdots,h_n,q)=1}}^{q}\cdots\sum_{h_n=1}^{q}\frac{\prod_{\nu=1}^{2n+1}\sum_{1\leqslant l\leqslant q}{}'e\left(\frac{l}{q}\sum_{\mu=1}^{n}a_{\mu\nu}h_\mu\right)}{(\phi(q))^{2n+1}}e\left(-\sum_{\mu=1}^{n}b_\mu\frac{h_\mu}{q}\right) \tag{9}$$

其中和号“$\sum_{1\leqslant l\leqslant q}{}'$”表示对 $l$ 求和，而 $l$ 经过模 $q$ 的缩系.

**引理 1**　$A(q)$ 是积性函数，即若 $(q_1,q_2)=1$，则

$$A(q_1q_2)=A(q_1)\cdot A(q_2) \tag{10}$$

**证明**　令

$$h_\mu=j_\mu q_2+k_\mu q_1,\mu=1,\cdots,n$$
$$l=l_1q_2+l_2q_1$$

则由 $(h_1,h_2,\cdots,h_n,q_1q_2)=1$ 可以推得

$$(j_1,j_2,\cdots,j_n,q_1)=1,(k_1,k_2,\cdots,k_n,q_2)=1$$

反之也能从后者推得前者.又当 $l$ 经过模 $q_1q_2$ 的一组缩系时,$l_1$,$l_2$ 分别经过模 $q_1$ 与模 $q_2$ 的一组缩系,因此

$$A(q_1q_2)=\sum_{\substack{h_1=1\\(h_1,\cdots,h_n,q_1q_2=1)}}^{q_1q_2}\cdots\sum_{h_n=1}^{q_1q_2}\frac{\prod_{\nu=1}^{2n+1}\sum_{1\leqslant l\leqslant q_1q_2}{}' e\left(\frac{l}{q_1q_2}\sum_{\mu=1}^{n}a_{\mu\nu}h_\mu\right)}{(\phi(q_1q_2))^{2n+1}}\cdot$$

$$e\left(-\sum_{\mu=1}^{n}\frac{h_\mu}{q_1q_2}b_\mu\right)=$$

$$\sum_{\substack{j_1=1\\(j_1,\cdots,j_n,q_1)=1}}^{q_1}\cdots\sum_{j_n=1}^{q_1}\frac{\prod_{\nu=1}^{2n+1}\sum_{1\leqslant l_1\leqslant q_1}{}' e\left(\frac{l_1}{q_1}\sum_{\mu=1}^{n}a_{\mu\nu}j_\mu\right)}{(\phi(q_1))^{2n+1}}\cdot$$

$$e\left(-\sum_{\mu=1}^{n}\frac{j_\mu}{q_1}b_\mu\right)\cdot$$

$$\sum_{\substack{k_1=1\\(k_1,\cdots,k_n,q_2)=1}}^{q_2}\cdots\sum_{k_n=1}^{q_2}\frac{\prod_{\nu=1}^{2n+1}\sum_{1\leqslant l_2\leqslant q_2}{}' e\left(\frac{l_2}{q_2}\sum_{\mu=1}^{n}a_{\mu\nu}k_\mu\right)}{(\phi(q_2))^{2n+1}}\cdot$$

$$e\left(-\sum_{\mu=1}^{n}\frac{k_\mu}{q_2}b_\mu\right)=A(q_1)\cdot A(q_2)$$

**引理 2** 当 $l\geqslant 2$ 时,有

$$A(p^l)=0 \tag{11}$$

**证明** 令 $m=a+bp^{l-1}$,则

$$\sum_{1\leqslant m\leqslant p^l}{}' e\left(\frac{m}{p^l}\sum_{\mu=1}^{n}a_{\mu\nu}h_\mu\right)=$$

$$\sum_{1\leqslant a\leqslant p^{l-1}}{}' \sum_{b=1}^{p}e\left(\frac{a+bp^{l-1}}{p^l}\sum_{\mu=1}^{n}a_{\mu\nu}h_\mu\right)=$$

$$\sum_{1\leqslant a\leqslant p^{l-1}}{}' e\left(\frac{a}{p^l}\sum_{\mu=1}^{n}a_{\mu\nu}h_\mu\right)\sum_{b=1}^{p}e\left(\frac{b}{p}\sum_{\mu=1}^{n}a_{\mu\nu}h_\mu\right)=$$

$$\begin{cases} p \sum\limits_{1 \leqslant a \leqslant p^{l-1}}' e\left(\frac{a}{p^l} \sum\limits_{\mu=1}^{n} a_{\mu\nu} h_\mu\right), \sum\limits_{\mu=1}^{n} a_{\mu\nu} h_\mu \equiv 0 (\bmod p) \\ 0, \sum\limits_{\mu=1}^{n} a_{\mu\nu} h_\mu \not\equiv 0 (\bmod p) \end{cases}$$

所以仅当

$$\sum_{\mu=1}^{n} a_{\mu\nu} h_\mu \equiv 0 (\bmod p) \qquad ⑫$$

对所有的 $1 \leqslant \nu \leqslant 2n+1$ 都成立时

$$\prod_{\nu=1}^{2n+1} \sum_{1 \leqslant m \leqslant p^l}' e\left(\frac{m}{p^l} \sum_{\mu=1}^{n} a_{\mu\nu} h_\mu\right)$$

才可能不等于 0. 但因假定矩阵 ③ 的所有 $n$ 级子式间无公因子，故当 $(h_1, \cdots, h_n, p) = 1$ 时，同余组 ⑫ 无解，故得引理.

**引理 3**　令

$$(\phi(p))^{2n+1} \frac{s(p)}{p^n}$$

表示同余组

$$\sum_{\nu=1}^{2n+1} a_{\mu\nu} l_\nu \equiv b_\mu (\bmod p), \mu = 1, \cdots, n$$

在 $1 \leqslant l_\nu \leqslant p-1 (\nu = 1, \cdots, 2n+1)$ 中的解数，则

$$1 + A(p) = s(p) \qquad ⑬$$

**证明**　因

$$1 + A(p) = \sum_{h_1=1}^{p} \cdots \sum_{h_n=1}^{p} \frac{\prod\limits_{\nu=1}^{2n+1} \sum\limits_{l=1}^{p-1} e\left(\frac{l}{p} \sum\limits_{\mu=1}^{n} a_{\mu\nu} h_\mu\right)}{(\phi(p))^{2n+1}} \cdot$$

$$e\left(-\sum_{\mu=1}^{n} \frac{h_\mu}{p} b_\mu\right) =$$

$$\frac{p^n}{(\phi(p))^{2n+1}}\sum_{\substack{l_1=1 \\ \sum\limits_{\nu=1}^{2n+1} a_{\mu\nu} l_\nu \equiv b_\mu \pmod p}}^{p-1}\cdots\sum_{l_{2n+1}=1}^{p-1} 1=s(p)$$

故得引理.

**引理 4** 对于任何正数 $\varepsilon$,常有

$$A(q)=O(q^{-2+\varepsilon}) \tag{14}$$

**证明** 先考虑 $q$ 为素数 $p$ 的情形. 当 $p$ 大于矩阵③的所有 $n$ 级子式的绝对值时,若 $h_1,\cdots,h_n$ 不全为 $p$ 的倍数,则在 $2n+1$ 个线性式

$$\sum_{\mu=1}^{n} a_{\mu\nu} h_\mu,\nu=1,\cdots,2n+1$$

中至多只可能有 $n-1$ 个能为 $p$ 的倍数. 因此

$$|A(p)|\leqslant \sum_{\substack{h_1=1 \\ (h_1,\cdots,h_n,p)=1}}^{p}\cdots\sum_{h_n=1}^{p}\frac{\prod\limits_{\nu=1}^{2n+1}\left|\sum\limits_{1\leqslant l\leqslant p}{}' e\left(\frac{l}{p}\sum\limits_{\mu=1}^{n}a_{\mu\nu}h_\mu\right)\right|}{(\phi(p))^{2n+1}}\leqslant$$

$$\sum_{h_1=1}^{p}\cdots\sum_{h_n=1}^{p}\frac{1}{(\phi(p))^{n+2}}=\frac{p^n}{(\phi(p))^{n+2}}$$

故必有正数 $C$ 使

$$|A(p)|\leqslant Cp^{-2}$$

对所有的素数都成立.

对于一般的 $q$,若 $q$ 含有 1 以外的平方因子,则 $A(q)=O$;若不然,令 $v(q)$ 表示 $q$ 的素因子的个数,则

$$|A(q)|\leqslant C^{\nu(q)}q^{-2}=O(q^{-2+\varepsilon})$$

对任何正数 $\varepsilon$ 都成立.

由以上诸引理,立刻得到:

**引理 5** 级数

$$\sum_{q=1}^{\infty}A(q)$$

绝对收敛，且

$$\sum_{q=1}^{\infty} A(q)=\prod_{p=2}^{\infty} s(p) \tag{15}$$

## 9.3　基本引理

**引理6**(西格尔—瓦尔菲茨)①　令 $\sigma_1,\sigma_2$ 为任意给定的两个正实数，若 $q\leqslant L^{\sigma_1}$，$(l,q)=1$，$x\leqslant P$，而令 $\pi(x;l,q)$ 表示算术级数 $qm+l$ 中不大于 $x$ 的素数的个数，则

$$\pi(x;l,q)=\sum_{\substack{p\leqslant n\\ p\equiv l(\bmod q)}} 1=\frac{1}{\phi(q)}\int_2^x \frac{\mathrm{d}t}{\log t}+O(P\mathrm{e}^{-\sigma_2\sqrt{L}})$$

符号“$O$”所包含的常数与 $P$ 及 $q$ 无关.

**引理7**　设 $\sigma_3,\sigma_4$ 为两个任意给定的正实数，则对适合

$$\left|\alpha-\frac{h}{q}\right|\leqslant P^{-1}L^{\sigma_4},q\leqslant L^{\sigma_1}$$

的实数 $\alpha$，常有

$$\sum_{p\leqslant P}\mathrm{e}^{2\pi\mathrm{i}p\alpha}-\frac{\sum_{1\leqslant l\leqslant q}{}' e\left(\frac{lh}{q}\right)}{\phi(q)}\int_2^P\frac{e\left(t\left(\alpha-\frac{h}{q}\right)\right)}{\log t}\mathrm{d}t=O(PL^{-\sigma_3}) \tag{16}$$

**证明**　应用引理6，并由部分求和法，得

$$\sum_{p\leqslant P}\mathrm{e}^{2\pi\mathrm{i}p\alpha}=\sum_{1\leqslant l\leqslant q}{}' e\left(\frac{lh}{q}\right)\sum_{\substack{p\leqslant P\\ p\equiv l(\bmod q)}} e\left(p\left(\alpha-\frac{h}{q}\right)\right)+O(q)=$$

$$\sum_{1\leqslant l\leqslant q}{}' e\left(\frac{lh}{q}\right)\sum_{m\leqslant P}e\left(m\left(\alpha-\frac{h}{q}\right)\right)(\pi(m;l,q)-$$

① A. Walfisz. Zur additiven Zahlentheorie II. Math. Zeits., 1936(40):592-607.

$$\pi(m-1;l,q))+O(q)=$$

$$\sum_{1\leqslant l\leqslant q}{}' e\left(\frac{lh}{q}\right)\left(\sum_{m\leqslant P-1}\left(e\left(m\left(\alpha-\frac{h}{q}\right)\right)-\right.\right.$$

$$\left.e\left((m+1)\left(\alpha-\frac{h}{q}\right)\right)\right)\pi(m;l,q)+$$

$$\left.\pi(P;l,q)e\left(P\left(\alpha-\frac{h}{q}\right)\right)\right)+O(q)=$$

$$\frac{1}{\phi(q)}\sum_{1\leqslant l\leqslant q}{}' e\left(\frac{lh}{q}\right)\left(\sum_{m\leqslant P-1}\left(e\left(m\left(\alpha-\frac{h}{q}\right)\right)-\right.\right.$$

$$\left.e\left((m+1)\left(\alpha-\frac{h}{q}\right)\right)\right)\int_2^m\frac{\mathrm{d}t}{\log t}+$$

$$\left.e\left(P\left(\alpha-\frac{h}{q}\right)\right)\int_2^P\frac{\mathrm{d}t}{\log t}\right)+O(PL^{-\sigma_3})=$$

$$\frac{1}{\phi(q)}\sum_{1\leqslant l\leqslant q}{}' e\left(\frac{lh}{q}\right)\sum_{3\leqslant m\leqslant P}e\left(m\left(\alpha-\frac{h}{q}\right)\right)\cdot$$

$$\int_{m-1}^m\frac{\mathrm{d}t}{\log t}+O(PL^{-\sigma_3})=$$

$$\frac{1}{\phi(q)}\sum_{1\leqslant l\leqslant q}{}' e\left(\frac{lh}{q}\right)\sum_{3\leqslant m\leqslant P}\int_{m-1}^m\frac{e\left(t\left(\alpha-\frac{h}{q}\right)\right)}{\log t}\mathrm{d}t+O(PL^{-\sigma_3})$$

此即引理.

**引理 8**(维诺格拉多夫)[①] 令 $\sigma_5$ 为任何给定的正实数,$\sigma_6=2\sigma_5+9$,则对 $\alpha$ 之不在任何区间

$$\left(\frac{h}{q}-P^{-1}L^{\sigma_6},\frac{h}{q}+P^{-1}L^{\sigma_6}\right)$$

中者($q\leqslant L^{\sigma_6}$),恒有

$$\sum_{p\leqslant P}\mathrm{e}^{2\pi\mathrm{i}p\alpha}\ll PL^{-\sigma_5} \tag{17}$$

① И. М. Виноградов. Метод тригонометрических сумм в теории чисел. Избранные труэы,АН СССР,237-331.

### 9.4　余区间上的估计

令 $\sigma_5 \geqslant 2(n+1)$ 为任何给定的正实数，而令

$$\sigma_6 = 2\sigma_5 + 9, \sigma_1 = n\sigma_6 + 1 \tag{18}$$

又令 $\tau = PL^{-\sigma_1}$，而以 $M = M\left(\frac{h_1}{q}, \cdots, \frac{h_n}{q}\right)$ 表示 $n$ 维空间中的立方体

$$\left|\alpha_\mu - \frac{h_\mu}{q}\right| < \tau^{-1}, \mu = 1, \cdots, n \tag{19}$$

其中，$\alpha = (\alpha_1, \cdots, \alpha_n)$ 为 $n$ 维空间中的一点，而

$$(h_1, \cdots, h_n, q) = 1, 0 \leqslant h_\mu < q \leqslant L^{\sigma_1}$$

则当 $P$ 很大时，易见两个不同的 $M$ 不能相交. 又以 $K$ 表示从立方体

$$-\tau^{-1} < \alpha_\mu < 1 - \tau^{-1}, \mu = 1, \cdots, n$$

中除去全部 $M$ 后所剩余的部分. 于是令

$$U(b;P) = \int_{-\tau^{-1}}^{\tau^{-1}} \cdots \int_{-\tau^{-1}}^{\tau^{-1}} \prod_{\nu=1}^{2n+1} \left[\int_2^P \frac{e\left(t \sum_{\mu=1}^{n} a_{\mu\nu}\alpha_\mu\right)}{\log t} \mathrm{d}t\right] \cdot$$
$$e\left(-\sum_{\mu=1}^{n} b_\mu \alpha_\mu\right) \mathrm{d}\alpha_1 \cdots \mathrm{d}\alpha_n \tag{20}$$

$$U_1(b;P) = \sum_M \int_M \left(\frac{\prod_{\nu=1}^{2n+1} {\sum_{1 \leqslant l \leqslant q}}' e\left(\frac{l}{q} \sum_{\mu=1}^{n} a_{\mu\nu} h_\mu\right)}{(\phi(q))^{2n+1}} \cdot\right.$$
$$\prod_{\nu=1}^{2n+1} \left[\int_2^P \frac{e\left(t \sum_{\mu=1}^{n} a_{\mu\nu}\left(\alpha_\mu - \frac{h_\mu}{q}\right)\right)}{\log t} \mathrm{d}t\right] -$$
$$\left.\prod_{\nu=1}^{2n+1} \left(\sum_{p \leqslant P} e\left(p \sum_{\mu=1}^{n} a_{\mu\nu}\alpha_\mu\right)\right)\right) \cdot$$

$$e\left(-\sum_{\mu=1}^{n} b_{\mu}\alpha_{\mu}\right) \mathrm{d}\alpha_1 \cdots \mathrm{d}\alpha_n \tag{21}$$

及

$$U_2(b;P)=\int_K \prod_{\nu=1}^{2n+1}\left(\sum_{p\leqslant P} e\left(p\sum_{\mu=1}^{n} a_{\mu\nu}\alpha_{\mu}\right)\right)\cdot$$

$$e\left(-\sum_{\mu=1}^{n} b_{\mu}\alpha_{\mu}\right) \mathrm{d}\alpha_1 \cdots \mathrm{d}\alpha_n \tag{22}$$

则因 $e(x)$ 的周期为 1,故得

$$I(b;P)=\int_{-\tau^{-1}}^{1-\tau^{-1}} \cdots \int_{-\tau^{-1}}^{1-\tau^{-1}} \prod_{\nu=1}^{2n+1}\left(\sum_{p\leqslant P} e\left(p\sum_{\mu=1}^{n} a_{\mu\nu}\alpha_{\mu}\right)\right)\cdot$$

$$e\left(-\sum_{\mu=1}^{n} b_{\mu}\alpha_{\mu}\right) \mathrm{d}\alpha_1 \cdots \mathrm{d}\alpha_n =$$

$$\left(\sum_{M}\int_{M}+\int_{K}\right) \prod_{\nu=1}^{2n+1}\left(\sum_{p\leqslant P} e\left(p\sum_{\mu=1}^{n} a_{\mu\nu}\alpha_{\mu}\right)\right)\cdot$$

$$e\left(-\sum_{\mu=1}^{n} b_{\mu}\alpha_{\mu}\right) \mathrm{d}\alpha_1 \cdots \mathrm{d}\alpha_n =$$

$$U(b;P)\sum_{q\leqslant L^{\sigma_1}} A(q)-U_1(b;P)+U_2(b;P)$$

由引理 4 及引理 5 得到

$$I(b;P)=U(b;P)\prod_{p=2}^{\infty} s(p)-U_1(b;P)+$$

$$U_2(b;P)+O(L^{-\frac{\sigma_1}{2}}U(b;P)) \tag{23}$$

今将分别进行估计 $U_2(b;P)$,$U_1(b;P)$ 及 $U(b;P)$.

**引理 9** 对于 $K$ 中任何一点 $\alpha=(\alpha_1,\cdots,\alpha_n)$,必有一自然数 $\lambda\leqslant n$,使

$$\sum_{p\leqslant P} e\left(p\sum_{\mu=1}^{n} a_{\mu\lambda}\alpha_{\mu}\right) \ll PL^{-\sigma_5} \tag{24}$$

**证明** 若能证明对于 $\alpha$,必有一自然数 $\lambda\leqslant n$,使 $\sum_{\mu=1}^{n} a_{\mu\lambda}\alpha_{\mu}$ 不在任何区间

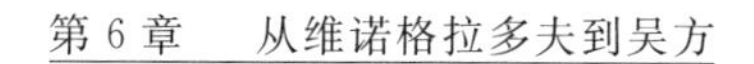



$$(r-P^{-1}L^{\sigma_6},r+P^{-1}L^{\sigma_6})$$

内，$r$ 为一分母不大于 $L^{\sigma_6}$ 的既约分数，则由引理8即可得到证明.

事实上，若对于 $\alpha$ 有 $n$ 个分母不大于 $L^{\sigma_6}$ 的既约分数 $r_1,\cdots,r_n$，使

$$\left|\sum_{\mu=1}^{n}a_{\mu\nu}\alpha_{\mu}-r_{\nu}\right|<P^{-1}L^{\sigma_6},\nu=1,\cdots,n$$

同时成立，则必有一组有理数 $\frac{h_1}{q},\cdots,\frac{h_n}{q}$ 适合

$$(h_1,\cdots,h_n,q)=1,q>0$$

使

$$\sum_{\mu=1}^{n}a_{\mu\nu}\frac{h_{\mu}}{q}=r_{\nu},\nu=1,\cdots,n$$

同时成立. 由此易见 $q\ll L^{n\sigma_6}$，故若取 $P$ 很大，则必能使 $q\leqslant L^{n\sigma_6+1}=L^{\sigma_1}$. 又由

$$\left|\sum_{\mu=1}^{n}a_{\mu\nu}\left(\alpha_{\mu}-\frac{h_{\mu}}{q}\right)\right|<P^{-1}L^{\sigma_6},\nu=1,\cdots,n$$

可以得到

$$\alpha_{\mu}-\frac{h_{\mu}}{q}\ll P^{-1}L^{\sigma_6}$$

取 $P$ 很大，可使

$$\left|\alpha_{\mu}-\frac{h_{\mu}}{q}\right|<\tau^{-1}=P^{-1}L^{\sigma_1},\mu=1,\cdots,n$$

易见 $0\leqslant h_{\mu}<q\leqslant L^{\sigma_1}$，即存在 $M=M\left(\frac{h_1}{q},\cdots,\frac{h_n}{q}\right)$，使 $\alpha\in M$，这与 $\alpha\in K$ 相矛盾，故引理得证.

**引理 10**　不等式

$$U_2(b;P)\ll P^{n+1}L^{-\sigma_5} \qquad ㉕$$

成立.

**证明**　由引理9可得

$$U_2(b;P) \ll PL^{-\sigma_5}\sum_{\lambda=1}^{n} I_\lambda$$

其中

$$I_\lambda = \int_0^1 \cdots \int_0^1 \prod_{\substack{\nu=1\\ \nu\neq\lambda}}^{2n+1} \left| \sum_{p\leqslant P} e\left(p\sum_{\mu=1}^{n} a_{\mu\nu}\alpha_\mu\right) \right| \mathrm{d}\alpha_1\cdots\mathrm{d}\alpha_n$$

令$(\lambda, k_1, \cdots, k_n, l_1, \cdots, l_n)$为$(1, \cdots, 2n+1)$的一种排列，于是由 Буняковский－施瓦兹不等式，可得

$$I_\lambda^2 \ll \int_0^1 \cdots \int_0^1 \prod_{j=1}^{n} \left| \sum_{p\leqslant P} e\left(p\sum_{\mu=1}^{n} a_{\mu k_j}\alpha_\mu\right) \right|^2 \mathrm{d}\alpha_1\cdots\mathrm{d}\alpha_n \cdot$$

$$\int_0^1 \cdots \int_0^1 \prod_{j=1}^{n} \left| \sum_{p\leqslant P} e\left(p\sum_{\mu=1}^{n} a_{\mu l_j}\alpha_\mu\right) \right|^2 \mathrm{d}\alpha_1\cdots\mathrm{d}\alpha_n = I_{\lambda_1} I_{\lambda_2}$$

但

$$I_{\lambda_1} = \sum_{p_1\leqslant P}\cdots\sum_{p_n\leqslant P}\sum_{q_1\leqslant P}\cdots\sum_{q_n\leqslant P}\int_0^1\cdots\int_0^1 e\left(\sum_{j=1}^{n}(p_j - q_j)\cdot\right.$$

$$\left.\sum_{\mu=1}^{n} a_{\mu k_j}\alpha_\mu\right)\mathrm{d}\alpha_1\cdots\mathrm{d}\alpha_n =$$

$$\sum_{\substack{p_1\leqslant P\\ \sum_{\nu=1}^{n} a_{\mu k_j}(p_j-q_j)=0}}\cdots\sum_{p_n\leqslant P}\sum_{q_1\leqslant P}\cdots\sum_{q_n\leqslant P} 1 \ll P^n$$

同理可得 $I_{\lambda_2} \ll P^n$，因此 $I_\lambda \ll P^n$，故得

$$U_2(b;P) \ll P^{n+1}L^{-\sigma_5}$$

## 9.5 基本区间上的估计

令

$$V(b;P) = \int_{-\tau^{-1}}^{\tau^{-1}}\cdots\int_{-\tau^{-1}}^{\tau^{-1}} \prod_{\nu=1}^{2n+1}\left(\int_0^P e\left(t\sum_{\mu=1}^{n} a_{\mu\nu}\alpha_\mu\right)\mathrm{d}t\right)\cdot$$

$$e\left(-\sum_{\mu=1}^{n} b_\mu\alpha_\mu\right)\mathrm{d}\alpha_1\cdots\mathrm{d}\alpha_n \tag{26}$$

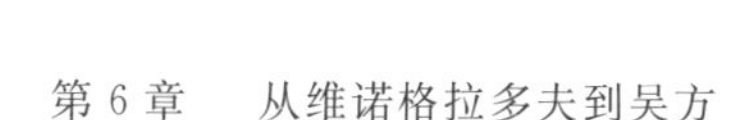


$$W(b;P)=\int_{-\infty}^{+\infty}\cdots\int_{-\infty}^{+\infty}\prod_{\nu=1}^{2n+1}\left(\int_0^P e\left(t\sum_{\mu=1}^{n}a_{\mu\nu}\alpha_\mu\right)\mathrm{d}t\right)\cdot$$
$$e\left(-\sum_{\mu=1}^{n}b_\mu\alpha_\mu\right)\mathrm{d}\alpha_1\cdots\mathrm{d}\alpha_n \qquad ㉗$$

**引理 11**　若

$$|\alpha_\mu|<\tau^{-1},\mu=1,\cdots,n$$

并不都成立时，必有一自然数 $\lambda\leqslant n$，使

$$\int_0^P e\left(t\sum_{\mu=1}^{n}a_{\mu\lambda}\alpha_\mu\right)\mathrm{d}t\ll PL^{-\sigma_1+1}$$

**证明**　因 $|\alpha_\mu|<\tau^{-1}(\mu=1,\cdots,n)$ 不同时成立，故

$$\left|\sum_{\mu=1}^{n}a_{\mu\lambda}\alpha_\mu\right|<P^{-1}L^{\sigma_1-1},\lambda=1,\cdots,n$$

不能同时成立，否则将有

$$|\alpha_\mu|\ll P^{-1}L^{\sigma_1-1},\mu=1,\cdots,n$$

而导出

$$|\alpha_\mu|<P^{-1}L^{\sigma_1}=\tau^{-1},\mu=1,\cdots,n$$

矛盾（取 $P$ 很大）. 因此必有一 $\lambda\leqslant n$，使

$$\left|\sum_{\mu=1}^{n}a_{\mu\lambda}\alpha_\mu\right|\geqslant P^{-1}L^{\sigma_1-1}$$

对此 $\lambda$，有

$$\int_0^P e\left(t\sum_{\mu=1}^{n}a_{\mu\lambda}\alpha_\mu\right)\mathrm{d}t\ll\frac{1}{\left|\sum_{\mu=1}^{n}a_{\mu\lambda}\alpha_\mu\right|}\ll PL^{-\sigma_1+1}$$

即得引理.

**引理 12**　等式

$$W(b;P)=V(b;P)+O(P^{n+1}L^{-\sigma_1+1}) \qquad ㉘$$

成立. 符号“$O$”内所含的常数与 $b_1,\cdots,b_n$ 无关.

**证明**　由以上引理得

$$W(b;P)-V(b;P)\ll PL^{-\sigma_1+1}\sum_{\lambda=1}^{n}J_\lambda$$

此处

$$J_\lambda=\int_{-\infty}^{+\infty}\cdots\int_{-\infty}^{+\infty}\prod_{\substack{\nu=1\\ \nu\neq\lambda}}^{2n+1}\left|\int_0^P e\left(t\sum_{\mu=1}^{n}a_{\mu\nu}\alpha_\mu\right)\mathrm{d}t\right|\mathrm{d}\alpha_1\cdots\mathrm{d}\alpha_n$$

令$(\lambda,\sigma_1,\cdots,\sigma_n,\tau_1,\cdots,\tau_n)$为$(1,2,\cdots,2n+1)$的一种排列,则

$$J_\lambda^2\leqslant\left(\int_{-\infty}^{+\infty}\cdots\int_{-\infty}^{+\infty}\prod_{\nu=1}^{n}\left|\int_0^P e\left(t\sum_{\mu=1}^{n}a_{\mu\sigma_\nu}\alpha_\mu\right)\mathrm{d}t\right|^2\mathrm{d}\alpha_1\cdots\mathrm{d}\alpha_n\right)\cdot$$
$$\left(\int_{-\infty}^{+\infty}\cdots\int_{-\infty}^{+\infty}\prod_{\nu=1}^{n}\left|\int_0^P e\left(t\sum_{\mu=1}^{n}a_{\mu\tau_\nu}\alpha_\mu\right)\mathrm{d}t\right|^2\mathrm{d}\alpha_1\cdots\mathrm{d}\alpha_n\right)=$$
$$J_{\lambda_1}J_{\lambda_2}$$

作变换

$$\beta_\nu=\sum_{\mu=1}^{n}a_{\mu\sigma_\nu}\alpha_\mu,\nu=1,\cdots,n$$

则

$$J_{\lambda_1}=\frac{1}{|\det(a_{\mu\sigma_\nu})|}\int_{-\infty}^{+\infty}\cdots\int_{-\infty}^{+\infty}\prod_{\nu=1}^{n}\left|\int_0^P e(t\beta_\nu)\mathrm{d}t\right|^2\mathrm{d}\beta_1\cdots\mathrm{d}\beta_n=$$
$$\frac{1}{|\det(a_{\mu\sigma_\nu})|}\left(\int_{-\infty}^{+\infty}\left|\int_0^P e(t\beta)\mathrm{d}t\right|^2\mathrm{d}\beta\right)^n=$$
$$\frac{\pi^{-n}P^n}{|\det(a_{\mu\sigma_\nu})|}\left(\int_{-\infty}^{+\infty}\frac{\sin^2 x}{x^2}\mathrm{d}x\right)^n\ll P^n$$

同理$J_{\lambda_2}\ll P^n$,因此$J_\lambda\ll P^n$. 引理由此得证.

**引理 13** 等式

$$U(b;P)=\frac{1}{L^{2n+1}}W(b;P)+O\left(\frac{P^{n+1}}{L^{2n+2}}(\log L)^n\right)\quad ㉙$$

成立. 特别地,当$n=1$时,误差项可改为$O\left(\frac{P^2}{L^4}\right)$.

**证明** 当$n\geqslant2$时,由引理 12,可知只需证明

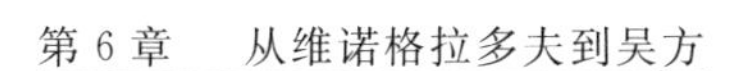


$$U(b;P)=\frac{1}{L^{2n+1}}V(b;P)+O\Big(\frac{P^{n+1}}{L^{2n+2}}(\log L)^n\Big)$$

即证明

$$\int_{-\tau^{-1}}^{\tau^{-1}}\cdots\int_{-\tau^{-1}}^{\tau^{-1}}\left[\prod_{\nu=1}^{2n+1}\left[\int_2^P\frac{e\left(t\sum\limits_{\mu=1}^{n}a_{\mu\nu}\alpha_\mu\right)}{\log t}\mathrm{d}t\right]-\right.$$

$$\left.\prod_{\nu=1}^{2n+1}\left[\int_0^P\frac{e\left(t\sum\limits_{\mu=1}^{n}a_{\mu\nu}\alpha_\mu\right)}{L}\mathrm{d}t\right]\right]\cdot$$

$$e\Big(-\sum_{\mu=1}^{n}b_\mu\alpha_\mu\Big)\,\mathrm{d}\alpha_1\cdots\mathrm{d}\alpha_n=$$

$$O\Big(\frac{P^{n+1}}{L^{2n+2}}(\log L)^n\Big)$$

便已足够.

因为 $|\alpha_\mu|<\tau^{-1}(\mu=1,\cdots,n)$,所以

$$\Big|\sum_{\mu=1}^{n}a_{\mu\nu}\alpha_\mu\Big|\ll\tau^{-1},\nu=1,2,\cdots,2n+1$$

由

$$\int_2^P\frac{e\left(t\sum\limits_{\mu=1}^{n}a_{\mu\nu}\alpha_\mu\right)}{\log t}\mathrm{d}t\ll\min\left\{\frac{P}{L},\frac{1}{L\left|\sum\limits_{\mu=1}^{n}a_{\mu\nu}\alpha_\mu\right|}\right\}$$

$$\frac{1}{L}\int_0^P e\Big(t\sum_{\mu=1}^{n}a_{\mu\nu}\alpha_\mu\Big)\,\mathrm{d}t\ll\min\left\{\frac{P}{L},\frac{1}{L\left|\sum\limits_{\mu=1}^{n}a_{\mu\nu}\alpha_\mu\right|}\right\}$$

及

$$\int_2^P\frac{e\left(t\sum\limits_{\mu=1}^{n}a_{\mu\nu}\alpha_\mu\right)}{\log t}\mathrm{d}t-\int_0^P\frac{e\left(t\sum\limits_{\mu=1}^{n}a_{\mu\nu}\alpha_\mu\right)}{L}\mathrm{d}t=$$

$$\int_2^P\Big(\frac{1}{\log t}-\frac{1}{L}\Big)e\Big(t\sum_{\mu=1}^{n}a_{\mu\nu}\alpha_\mu\Big)\,\mathrm{d}t+O\Big(\frac{1}{L}\Big)\ll PL^{-2}$$

得到

$$\prod_{\nu=1}^{2n+1}\int_2^P \frac{e\left(t\sum_{\mu=1}^{n} a_{\mu\nu}\alpha_\mu\right)}{\log t}\mathrm{d}t-\frac{1}{L^{2n+1}}\prod_{\nu=1}^{2n+1}\int_0^P e\left(t\sum_{\mu=1}^{n} a_{\mu\nu}\alpha_\mu\right)\mathrm{d}t\ll$$

$$\frac{P}{L^{2n+2}}O\left(\sum_{\lambda=1}^{2n+1}\prod_{\substack{\nu=1\\ \nu\neq\lambda}}^{2n+1}\min\left\{\frac{1}{\left|\sum_{\mu=1}^{n} a_{\mu\nu}\alpha_\mu\right|},P\right\}\right)$$

今固定一$\lambda$,而考虑

$$K_\lambda=\int_{-\tau^{-1}}^{\tau^{-1}}\cdots\int_{-\tau^{-1}}^{\tau^{-1}}\prod_{\substack{\nu=1\\ \nu\neq\lambda}}^{2n+1}\min\left\{\frac{1}{\left|\sum_{\mu=1}^{n} a_{\mu\nu}\alpha_\mu\right|},P\right\}\mathrm{d}\alpha_1\cdots\mathrm{d}\alpha_n$$

将区域$|\alpha_\mu|<\tau^{-1}(\mu=1,\cdots,n)$分成两个区域$D_1$与$D_2$,使当$\alpha\in D_1$时,常有$n$个或$n$个以上的$\nu(1\leqslant\nu\leqslant 2n+1,\nu\neq\lambda)$使

$$\left|\sum_{\mu=1}^{n} a_{\mu\nu}\alpha_\mu\right|<\frac{1}{P}$$

成立.因此,当$\alpha\in D_1$时,常有$\alpha_\mu\ll P^{-1}(\mu=1,\cdots,n)$,于是

$$\int\cdots\int_{D_1}\prod_{\substack{\nu=1\\ \nu\neq\lambda}}^{2n+1}\min\left\{\frac{1}{\left|\sum_{\mu=1}^{n} a_{\mu\nu}\alpha_\mu\right|},P\right\}\mathrm{d}\alpha_1\cdots\mathrm{d}\alpha_n\ll$$

$$P^{2n}\int\cdots\int_{D_1}\mathrm{d}\alpha_1\cdots\mathrm{d}\alpha_n\ll P^n$$

又由$D_1,D_2$的定义,可知对$D_2$中的$\alpha$,必至少有$n$个$\nu_1,\cdots,\nu_n(1\leqslant\nu_i\leqslant 2n+1,\nu_i\neq\lambda)$适合

$$P^{-1}\leqslant\left|\sum_{\mu=1}^{n} a_{\mu\nu_j}\alpha_\mu\right|\ll\tau^{-1},j=1,\cdots,n$$

以$D_2(\nu_1,\cdots,\nu_n)$表示所有使上式成立的$\alpha$的全体所构成的集合,则

$$\int\cdots\int_{D_2}\prod_{\substack{\nu=1\\ \nu\neq\lambda}}^{2n+1}\min\left\{\frac{1}{\left|\sum\limits_{\mu=1}^{n}a_{\mu\nu}\alpha_\mu\right|},P\right\}\mathrm{d}\alpha_1\cdots\mathrm{d}\alpha_n\leqslant$$

$$\sum_{(\nu_1,\cdots,\nu_n)}\int\cdots\int_{D_2(\nu_1,\cdots,\nu_n)}P^n\prod_{j=1}^{n}\frac{1}{\left|\sum\limits_{\mu=1}^{n}a_{\mu\nu_j}\alpha_\mu\right|}\mathrm{d}\alpha_1\cdots\mathrm{d}\alpha_n\ll$$

$$P^n\int_{P^{-1}}^{O(\tau^{-1})}\cdots\int_{P^{-1}}^{O(\tau^{-1})}\frac{1}{\beta_1\cdots\beta_n}\mathrm{d}\beta_1\cdots\mathrm{d}\beta_n\ll$$

$$P^n(\log L)^n$$

所以

$$K_\lambda=\left(\int\cdots\int_{D_1}+\int\cdots\int_{D_2}\right)\prod_{\substack{\nu=1\\ \nu\neq\lambda}}^{2n+1}\min\left\{\frac{1}{\left|\sum\limits_{\mu=1}^{n}a_{\mu\nu}\alpha_\mu\right|},P\right\}\mathrm{d}\alpha_1\cdots\mathrm{d}\alpha_n\ll$$

$$P^n(\log L)^n$$

又当 $n=1$ 时,容易证明

$$K_\lambda\ll P$$

所以由以上的讨论得到

$$U(b;P)-\frac{1}{L^{2n+1}}V(b;P)=O\left(\frac{P}{L^{2n+2}}\sum_{\lambda=1}^{2n+1}K_\lambda\right)$$

故得引理.

作变换

$$t=Ps,\beta_\mu=P\alpha_\mu,\mu=1,\cdots,n$$

由 $W(b;P)$ 的定义,易见

$$W(b;P)=P^{n+1}\int_{-\infty}^{+\infty}\cdots\int_{-\infty}^{+\infty}\prod_{\nu=1}^{2n+1}\left(\int_0^1 e\left(s\sum_{\mu=1}^{n}a_{\mu\nu}\beta_\mu\right)\mathrm{d}s\right)\cdot$$

$$e\left(-\sum_{\mu=1}^{n}\frac{b_\mu}{P}\beta_\mu\right)\mathrm{d}\beta_1\cdots\mathrm{d}\beta_n \qquad (30)$$

且用引理12的证明方法不难证明

$$\int_{-\infty}^{+\infty}\cdots\int_{-\infty}^{+\infty}\prod_{\nu=1}^{2n+1}\left(\int_0^1 e\left(s\sum_{\mu=1}^{n}a_{\mu\nu}\beta_\mu\right)\mathrm{d}s\right)\cdot$$

$$e\Big(-\sum_{\mu=1}^{n}\frac{b_{\mu}}{P}\beta_{\mu}\Big)\,\mathrm{d}\beta_1\cdots\mathrm{d}\beta_n=O(1) \qquad ㉛$$

而符号“$O$”内所含常数与 $b_1,\cdots,b_n$ 无关.

于是由引理 13 及式 ㉚ 得到

$$U(b;P)=\frac{P^{n+1}}{L^{2n+1}}\int_{-\infty}^{+\infty}\cdots\int_{-\infty}^{+\infty}\prod_{\nu=1}^{2n+1}\Big(\int_0^1 e\big(s\sum_{\mu=1}^{n}a_{\mu\nu}\beta_{\mu}\big)\,\mathrm{d}s\Big)\cdot$$
$$e\Big(-\sum_{\mu=1}^{n}\frac{b_{\mu}}{P}\beta_{\mu}\Big)\,\mathrm{d}\beta_1\cdots\mathrm{d}\beta_n+O\Big(\frac{P^{n+1}}{L^{2n+1}}(\log L)^n\Big) \qquad ㉜$$

而当 $n=1$ 时,误差项为 $O\Big(\frac{P^2}{L^4}\Big)$.

**引理 14** 不等式

$$U_1(b;P)\ll P^{n+1}L^{-\sigma_5} \qquad ㉝$$

成立.

**证明** 由引理 7 可知,当 $\alpha\in M$ 时,有

$$\sum_{p\leqslant P}e\big(p\sum_{\mu=1}^{n}a_{\mu\nu}\alpha_{\nu}\big)-\frac{\sum_{1\leqslant l\leqslant q}{}' e\Big(\frac{l}{q}\sum_{\mu=1}^{n}a_{\mu\nu}h_{\mu}\Big)}{\phi(q)}\cdot$$
$$\int_2^P\frac{e\Big(t\sum_{\mu=1}^{n}a_{\mu\nu}\Big(\alpha_{\mu}-\frac{h_{\mu}}{q}\Big)\Big)}{\log t}\mathrm{d}t\ll$$
$$PL^{-\sigma_5-(2n+1)\sigma_1}$$

因此

$$\prod_{\nu=1}^{2n+1}\big(\sum_{p\leqslant P}e\big(p\sum_{\mu=1}^{n}a_{\mu\nu}\alpha_{\mu}\big)\big)-\frac{\prod_{\nu=1}^{2n+1}\sum_{1\leqslant l\leqslant q}{}' e\Big(\frac{l}{q}\sum_{\mu=1}^{n}a_{\mu\nu}h_{\mu}\Big)}{(\phi(q))^{2n+1}}\cdot$$
$$\prod_{\nu=1}^{2n+1}\int_2^P\frac{e\Big(t\sum_{\mu=1}^{n}a_{\mu\nu}\Big(\alpha_{\mu}-\frac{h_{\mu}}{q}\Big)\Big)}{\log t}\mathrm{d}t\ll$$

$$P^{2n+1}L^{-\sigma_5-(2n+1)\sigma_1}$$

故得

$$U_1(b;P) \ll \sum_{q \leqslant L^{\sigma_1}} \sum_{h_1=1}^{q} \cdots \sum_{h_n=1}^{q} P^{2n+1}L^{-\sigma_5-(2n+1)\sigma_1}(P^{-1}L^{\sigma_1})^n \ll P^{n+1}L^{-\sigma_5}$$

引理得证.

由引理10、引理14及㉓㉛㉜诸式,得到定理1的证明.

又以上诸引理可以毫无困难地推广到变数个数为$m(m \geqslant 2n+1)$的情形,因而得到定理2的证明.

## 9.6　正可解条件与同余可解条件的研究

为了使定理1(及定理2)有实际的意义,还需要探讨

$$\prod_{s=2}^{\infty} s(p) > 0, \prod_{p=2}^{\infty} s_1(p) > 0 \qquad ㉞$$

与

$$B(b;P) = \int_{-\infty}^{+\infty} \cdots \int_{-\infty}^{+\infty} \prod_{\nu=1}^{2n+1} \left(\int_0^1 e\left(s \sum_{\mu=1}^{n} a_{\mu\nu}\beta_\mu\right) \mathrm{d}s\right) \cdot e\left(-\sum_{\mu=1}^{n} \frac{b_\mu}{P}\beta_\mu\right) \mathrm{d}\beta_1 \cdots \mathrm{d}\beta_n \geqslant \delta > 0 \qquad ㉟$$

及

$$B_1(b;P) = \int_{-\infty}^{+\infty} \cdots \int_{-\infty}^{+\infty} \prod_{\mu=1}^{m} \left(\int_0^1 e\left(s \sum_{\mu=1}^{n} a_{\mu\nu}\beta_\mu\right) \mathrm{d}s\right) \cdot e\left(-\sum_{\mu=1}^{n} \frac{b_\mu}{P}\beta_\mu\right) \mathrm{d}\beta_1 \cdots \mathrm{d}\beta_n \geqslant \delta > 0 \qquad ㊱$$

的性质,此处$\delta$为一个与$P$无关的正数.华罗庚教授称保证式㉞成立的条件为同余可解条件,而称保证式㉟或㊱成立的条件为正可解条件.

**引理 15**　若对任何素数 $p$,同余组

$$\sum_{\nu=1}^{m} a_{\mu\nu} l_{\nu} \equiv b_{\mu} \pmod p, \mu=1,\cdots,n$$

在 $1 \leqslant l_{\nu} \leqslant p-1(\nu=1,\cdots,m)$ 内常有解,则

$$\prod_{p=2}^{\infty} s_1(p) > 0$$

**证明**　在引理假定的条件下,常有 $s_1(p)>0$. 又因 $s_1(p)=1+A_1(p)$,而级数 $\sum_{p=2}^{\infty} A_1(p)$ 收敛,故引理得证.

今仅讨论当 $n=1$ 时的同余可解条件.

**引理 16**　若$(a_1,a_2,\cdots,a_m)=1$,则同余式

$$a_1 l_1 + a_2 l_2 + \cdots + a_m l_m \equiv b \pmod p, 1 \leqslant l_{\nu} \leqslant p-1 \tag{37}$$

对所有的素数 $p$ 都有解的充分必要条件为:

(1)$b \equiv \sum_{\nu=1}^{m} a_{\nu} \pmod 2$;

(2)$b$ 与任意 $m-1$ 个 $a_{\nu}$ 无公因子,即

$$(a_{\nu_1},\cdots,a_{\nu_{m-1}},b)=1$$

且在这两个条件下

$$\begin{aligned}\prod_{p=2}^{\infty} s_1(p) &= \prod_{t=0}^{m-1} \prod_{p_t \nmid b} \left(1+\frac{(-1)^{m-t+1}}{(p_t-1)^{m-t}}\right) \cdot \\ &\quad \prod_{t=0}^{m-2} \prod_{p_t \mid b} \left(1+\frac{(-1)^{m-t}}{(p_t-1)^{m-t-1}}\right) \geqslant \\ &\quad 2\prod_{p=3}^{\infty}\left(1-\frac{1}{(p-1)^2}\right)\end{aligned} \tag{38}$$

其中,$p_t$ 表示素数之恰能整除 $t$ 个 $a_{\nu}$ 者.

**证明**　(1)(2) 的必要性显然. 今假定(1)(2) 成立,并不妨假定 $p_t \mid a_{\nu}(m-t+1 \leqslant \nu \leqslant m)$,而考虑同

余式

$$a_1 l_1 + a_2 l_2 + \cdots + a_{m-t} l_{m-t} \equiv b \pmod{p_t}$$
$$1 \leqslant l_\nu \leqslant p_t - 1 \tag{39}$$

的解组个数.

若 $p_t \nmid b$，因 $p_t \nmid a_\nu (1 \leqslant \nu \leqslant m-t)$，可用数学归纳法证明 ㊴ 的解组个数为

$$\frac{1}{p_t}((\phi(p_t))^{m-t} + (-1)^{m-t-1})$$

故 ㊲ 的解组个数为

$$\frac{1}{p_t}((\phi(p_t))^m + (-1)^{m-t-1}(\phi(p_t))^t)$$

故由 $s_1(p)$ 的定义，得到

$$s_1(p_t) = 1 + \frac{(-1)^{m-t-1}}{(p_t - 1)^{m-t}} \geqslant 1 - \frac{1}{(p_t - 1)^2}$$

若 $p_t \mid b$，用同法可以证明

$$s_1(p_t) = 1 + \frac{(-1)^{m-t}}{(p_t - 1)^{m-t-1}} \geqslant 1 - \frac{1}{(p_t - 1)^2}$$

又因 $s_1(2) = 2$，故得引理.

**引理 17**　令

$$D = \begin{vmatrix} a_{11} & \cdots & a_{1n} \\ \vdots & & \vdots \\ a_{n1} & \cdots & a_{nn} \end{vmatrix}$$

则有

$$B_1(b; P) = \frac{1}{|D|} \underset{\substack{0 < s_\mu < 1 \quad (1 \leqslant \mu \leqslant n) \\ \sum_{\nu=1}^{m} a_{\mu\nu} s_\nu = P^{-1} b_\mu}}{\int_0^1 \cdots \int_0^1} \mathrm{d}s_{n+1} \cdots \mathrm{d}s_m \tag{40}$$

**证明**　令

$$B_1(\omega_n, \cdots, \omega_1) = \int_{-\omega_n}^{\omega_n} \cdots \int_{-\omega_1}^{\omega_1} \prod_{\nu=1}^{m} \left( \int_0^1 e\left(s \sum_{\mu=1}^{n} a_{\mu\nu} \beta_\mu\right) \mathrm{d}s \right) \cdot$$

$$e\left(-\sum_{\mu=1}^{n}\frac{b_\mu}{P}\beta_\mu\right)\mathrm{d}\beta_1\cdots\mathrm{d}\beta_n$$

显然有

$$B_1(b;P)=\lim_{\omega_1\to\infty}\cdots\lim_{\omega_n\to\infty}B_1(\omega_n,\cdots,\omega_1)$$

交换积分号,可得

$$B_1(\omega_n,\cdots,\omega_1)=$$

$$\int_0^1\cdots\int_0^1\mathrm{d}s_1\cdots\mathrm{d}s_m\prod_{\mu=1}^{n}\left(\int_{-\omega_\mu}^{\omega_\mu}e\left(\beta\left(\sum_{\nu=1}^{m}a_{\mu\nu}s_\nu-\frac{b_\mu}{P}\right)\right)\mathrm{d}\beta\right)=$$

$$\frac{1}{\pi^n}\int_0^1\cdots\int_0^1\prod_{\mu=1}^{n}\frac{\sin 2\pi\omega_\mu\left(\sum\limits_{\nu=1}^{m}a_{\mu\nu}s_\nu-P^{-1}b_\mu\right)}{\sum\limits_{\nu=1}^{m}a_{\mu\nu}s_\nu-P^{-1}b_\mu}\mathrm{d}s_1\cdots\mathrm{d}s_m$$

再作变换

$$t_\mu=\sum_{\nu=1}^{m}a_{\mu\nu}s_\nu-P^{-1}b_\mu,1\leqslant\mu\leqslant n$$

得到

$$B_1(\omega_n,\cdots,\omega_1)=\frac{1}{\pi^n\mid D\mid}\int_0^1\cdots\int_0^1\mathrm{d}s_{n+1}\cdots\mathrm{d}s_m\cdot$$

$$\int\cdots\int_{\mathscr{D}(s_{n+1},\cdots,s_m)}\prod_{\mu=1}^{m}\frac{\sin 2\pi\omega_\mu t_\mu}{t_\mu}\mathrm{d}t_1\cdots\mathrm{d}t_m$$

故由迪利克雷定理,得到

$$B_1(b;P)=\lim_{\omega_1\to\infty}\cdots\lim_{\omega_n\to\infty}B_1(\omega_n,\cdots,\omega_1)=$$

$$\frac{1}{\mid D\mid}\int_0^1\cdots\int_0^1_{\substack{0<s_\mu<1\\ t_\mu=0(1\leqslant\mu\leqslant n)}}\mathrm{d}s_{n+1}\cdots\mathrm{d}s_m$$

而引理得证.

特别地,当 $n=1$ 时,有

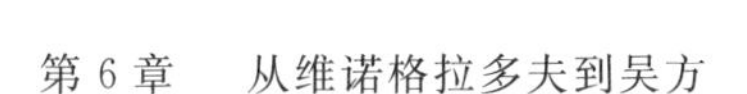


$$B_1(b;P)=\frac{1}{|a_1|}\underset{\substack{0<s_1<1\\ \sum_{\nu=1}^{m}a_\nu s_\nu=P^{-1}b}}{\int_0^1\cdots\int_0^1}\mathrm{d}s_2\cdots\mathrm{d}s_m$$

当 $a_\nu>0(1\leqslant\nu\leqslant m)$ 时,容易计算出

$$B_1(b;P)=\frac{1}{(m-1)!\ a_1a_2\cdots a_m}\left(\frac{b}{P}\right)^{m-1}$$

故定理 2 得证.

## §10　关于素数变数的线性方程组[①]

——陆鸣皋　陈文德

### 10.1　引言

华罗庚[②]曾提出关于整系数素数变数的线性方程组

$$\sum_{\nu=1}^{n+1}a_{\mu\nu}p_\nu=b_\mu,\mu=1,2,\cdots,n \qquad ①$$

对几乎所有适合同余可解条件的正整数组($b_1,b_2,\cdots,b_n$)的可解性问题.在维诺格拉多夫证明了每个充分大

① 原载于《数学学报》,1965,15(5):731-748.

② 华罗庚.堆垒素数论.北京:科学出版社,1957.

的奇数都能表成三个素数之和以后,华罗庚等[①②③④⑤]证明了几乎所有的偶数都能表成两个素数之和.后来,А. Ф. Лаврик[⑥] 在 1961 年指出,对几乎所有适合同余可解条件的正整数组$(b_1,b_2,\cdots,b_n)$,方程组 ① 在系数矩阵为

$$\begin{pmatrix} 1 & 0 & 0 & \cdots & 0 & -1 \\ 0 & 1 & 0 & \cdots & 0 & -1 \\ \vdots & \vdots & \vdots & & \vdots & \vdots \\ 0 & 0 & 0 & \cdots & 1 & -1 \end{pmatrix}$$

时都可解.在本节中,陆鸣皋与陈文德研究了方程组 ① 在系数矩阵较广的条件下,对几乎所有适合同余可解条件的正整数组$(b_1,b_2,\cdots,b_n)$的可解性问题.

我们现在引进以下一些记号,并做如下的一些假定:

设 $a_{\mu\nu}(\mu=1,2,\cdots,n;\nu=1,2,\cdots,n+1)$ 为 $n(n+1)$ 个给定的整数,记

---

① 华罗庚. Some results in the additive prime number theory. Quart. J. Math., 1938, 9: 68-80.

② J.G. van der Corput. Sur l'hypothèse de Goldbach pour presque tous les nombres pairs. Acta Arithm., 1937, 2: 266-290.

③ Ж. Г. удоков. О проблеме гольдбах. ДАН СССР, 1937, 17: 331-334.

④ J. Estermann. Proof that almost all even postive integers are sum of two primes. Proc. London. Math. Soc., 1938, 44(1): 307-314.

⑤ H. Hellbrann. Zentralblatt für Mathematik und Grenzgebiete, 1937, 16: 291-292.

⑥ А. Ф. Лаврик. К теории распределения простых чисел на основа метеда тригонометрических сумм И. М. Виноградова. Труды математического института имени В. А. Стеклова, том. LXIV, Издательство АН СССР, Москва, 19.

$$\boldsymbol{A}=\begin{pmatrix} a_{11} & \cdots & a_{1,n+1} \\ \vdots & & \vdots \\ a_{n1} & \cdots & a_{n,n+1} \end{pmatrix}$$

$$\Delta_n^i=(-1)^{n+1-i}\begin{vmatrix} a_{11} & \cdots & a_{1,i-1} & a_{1,i+1} & \cdots & a_{1,n+1} \\ \vdots & & \vdots & \vdots & & \vdots \\ a_{n1} & \cdots & a_{n,i-1} & a_{n,i+1} & \cdots & a_{n,n+1} \end{vmatrix} \quad ②$$

且设

$$\Delta_n^i \neq 0, i=1,2,\cdots,n+1,(\Delta_n^1,\Delta_n^2,\cdots,\Delta_n^{n+1})=1 \quad ③$$

那么必有整数 $a_{n+1,j}(j=1,2,\cdots,n+1)$ 存在,使得

$$\sum_{i=1}^{n+1} a_{n+1,i}\Delta_n^i=1$$

由此我们再设

$$\boldsymbol{A}_1=\begin{pmatrix} a_{11} & \cdots & a_{1,n+1} \\ \vdots & & \vdots \\ a_{n+1,1} & \cdots & a_{n+1,n+1} \end{pmatrix} \quad ④$$

则显然有

$$\det \boldsymbol{A}_1=1$$

确定出 $\boldsymbol{A}_1$ 的逆阵

$$\boldsymbol{U}=\boldsymbol{A}_1^{-1}=\begin{pmatrix} u_{11} & \cdots & u_{1n} & \Delta_n^1 \\ u_{21} & \cdots & u_{2n} & \Delta_n^2 \\ \vdots & & \vdots & \vdots \\ u_{n+1,1} & \cdots & u_{n+1,n} & \Delta_n^{n+1} \end{pmatrix} \quad ⑤$$

其中,$u_{ij}(i=1,2,\cdots,n+1;j=1,2,\cdots,n)$ 都是整数.

现设

$$\boldsymbol{v}=\begin{cases} r_v, 若\ \Delta_n^v<0 \\ s_v, 若\ \Delta_n^v>0 \end{cases}$$

如果标号 $r_v$ 及 $s_v$ 不同时存在,那么我们对矩阵 $\boldsymbol{A}$ 不再

做任何假定;否则,我们假定

$$\max_{r_\nu}\frac{u_{r_\nu j}}{\Delta_n^{r_\nu}}<\min_{s_\mu}\frac{u_{s_\mu j}}{\Delta_n^{s_\mu}},j=1,2,\cdots,n \qquad ⑥$$

令 $P$ 是一个充分大的正整数,$c,c_1,c_2,\cdots$ 是一些与 $P$ 及 $\boldsymbol{b}=(b_1,b_2,\cdots,b_n)$ 无关的正常数,$L=\log P$,$X=cP,1\leqslant b_\mu\leqslant X(\mu=1,2,\cdots,n)$. 现以 $I(\boldsymbol{b},P)$ 表示方程组 ① 在 $2\leqslant p_\nu\leqslant P(\nu=1,2,\cdots,n+1)$ 内的解组数,而设 $(\varphi(p))^{n+1}\cdot\dfrac{S(p)}{p^n}$ 为同余方程组

$$\sum_{\nu=1}^{n+1}a_{\mu\nu}l_\nu\equiv b_\mu(\bmod p),\mu=1,2,\cdots,n \qquad ⑦$$

在 $1\leqslant l_\nu\leqslant p-1(\nu=1,2,\cdots,n+1)$ 内的解组数.

对于任何 $1\leqslant j\leqslant n$ 与从 $1,2,\cdots,n+1$ 中任意选出的 $j$ 个整数 $\nu_1,\cdots,\nu_j$(假设 $\nu_1<\nu_2<\cdots<\nu_j$),在 $\boldsymbol{A}$ 适合 ③ 的假定下,必能找到适合 $1\leqslant\mu_1<\mu_2<\cdots<\mu_j\leqslant n$ 的 $j$ 个整数,使

$$\Delta_j^{(\nu)}=\det\begin{pmatrix}a_{\mu_1\nu_1} & \cdots & a_{\mu_1\nu_j}\\ \vdots & & \vdots\\ a_{\mu_j\nu_1} & \cdots & a_{\mu_j\nu_j}\end{pmatrix}\neq 0 \qquad ⑧$$

(数组 $\mu_1,\cdots,\mu_j$ 的取法可能并不唯一,当有多种取法时,任意选取一种),而令 $\mu_1,\cdots,\mu_j,\mu_{j+1},\cdots,\mu_n$ 为 $1,2,\cdots,n$ 的一个排列且 $\mu_{j+1}<\cdots<\mu_n$. 按这样的定义,对于一组 $\nu_1<\cdots<\nu_j$,必有 $1,2,\cdots,n$ 的一个排列 $\mu_1,\cdots,\mu_n$ 与它对应,并且具有以上的性质.

如果从标号 $1,2,\cdots,n+1$ 中任意取出 $n-j$ 个数,$\nu_1^{(j)}<\nu_2^{(j)}<\cdots<\nu_{n-j}^{(j)}$,以"$\prod\limits_{(\nu^{(j)})}$"表示取所有这样的 $\{\nu_i^{(j)}\}$ 来进行相乘,又以 $(a_1,\cdots,a_m)$ 表示整数 $a_1,\cdots,a_m$ 的最大公因子,那么,我们可记

$$B=\prod_{(\nu')}\begin{vmatrix} b_{\mu'_1} & a_{\mu'_1\nu'_1} & \cdots & a_{\mu'_1\nu'_{n-1}} \\ \vdots & \vdots & & \vdots \\ b_{\mu'_n} & a_{\mu'_n\nu'_1} & \cdots & a_{\mu'_n\nu'_{n-1}} \end{vmatrix}\cdot$$

$$\prod_{(\nu^{(2)})}\left(\begin{vmatrix} b_{\mu_1^{(2)}} & a_{\mu_1^{(2)}\nu_1^{(2)}} & \cdots & a_{\mu_1^{(2)}\nu_{n-2}^{(2)}} \\ \vdots & \vdots & & \vdots \\ b_{\mu_{n-1}^{(2)}} & a_{\mu_{n-1}^{(2)}\nu_1^{(2)}} & \cdots & a_{\mu_{n-1}^{(2)}\nu_{n-2}^{(2)}} \end{vmatrix},\right.$$

$$\left.\begin{vmatrix} b_{\mu_1^{(2)}} & a_{\mu_1^{(2)}\nu_1^{(2)}} & \cdots & a_{\mu_1^{(2)}\nu_{n-2}^{(2)}} \\ \vdots & \vdots & & \vdots \\ b_{\mu_{n-2}^{(2)}} & a_{\mu_{n-2}^{(2)}\nu_1^{(2)}} & \cdots & a_{\mu_{n-2}^{(2)}\nu_{n-2}^{(2)}} \\ b_{\mu_n^{(2)}} & a_{\mu_n^{(2)}\nu_1^{(2)}} & \cdots & a_{\mu_n^{(2)}\nu_{n-2}^{(2)}} \end{vmatrix}\right)\cdot\cdots\cdot$$

$$\prod_{(\nu^{(n-1)})}\left(\begin{vmatrix} b_{\mu_1^{(n-1)}} & a_{\mu_1^{(n-1)}\nu_1^{(n-1)}} \\ b_{\mu_2^{(n-1)}} & a_{\mu_2^{(n-1)}\nu_1^{(n-1)}} \end{vmatrix},\right.$$

$$\begin{vmatrix} b_{\mu_1^{(n-1)}} & a_{\mu_1^{(n-1)}\nu_1^{(n-1)}} \\ b_{\mu_3^{(n-1)}} & a_{\mu_3^{(n-1)}\nu_1^{(n-1)}} \end{vmatrix},\cdots,$$

$$\left.\begin{vmatrix} b_{\mu_1^{(n-1)}} & a_{\mu_1^{(n-1)}\nu_1^{(n-1)}} \\ b_{\mu_n^{(n-1)}} & a_{\mu_n^{(n-1)}\nu_1^{(n-1)}} \end{vmatrix}\right)\cdot(b_1,b_2,\cdots,b_n) \qquad ⑨$$

这里的 $\mu_j^{(i)}$ $(i=1,2,\cdots,n-1;j=1,2,\cdots,n)$ 也由所取的标号 $\{\nu\}$ 确定，其中 $\mu_l^{(i)}<\mu_k^{(i)}$ $(l<k,i=1,2,\cdots,n-1)$，而且，根据式 ⑧，每个行列式右上方的最大真子式不等于 0.

如果对所有的素数 $p$，都有

$$S(p)>0 \qquad ⑩$$

及

$$B\neq 0 \qquad ⑪$$

那么我们就称 $[1,X]$ 中这样的整数组 $(b_1,\cdots,b_n)$ 为非奇异组，并以 $Y(X)$ 记它的组数.

在上述假定下,本节的主要结果是:

**定理 1** 存在 $0 < c_1 < 1$,使

$$Y(X) > c_1 X^n \tag{12}$$

**定理 2** 使 $I(\boldsymbol{b}, p) = 0$ 的非奇异组 $(b_1, b_2, \cdots, b_n)$ 的组数

$$R(X) \ll X^n L^{-M} \tag{13}$$

其中,$M$ 是一个任意给定的正实数.

对于偶数表为两个素数之和的 Гольдбах 问题,当 $\boldsymbol{A} = (1,1)$ 时,可取 $a_{21} = 0, a_{22} = 1$,从而得出

$$\boldsymbol{U} = \begin{pmatrix} 1 & -1 \\ 0 & 1 \end{pmatrix}, \frac{u_{11}}{\Delta_1^1} = -1 < 0 = \frac{u_{22}}{\Delta_1^2}$$

因此条件 ⑥ 成立. 又对于 А. Ф. Лаврик 的结果,易知 $\Delta_n^i = 1 (i = 1, 2, \cdots, n+1)$,此时条件 ③ 显然成立. 于是,我们既得出了几乎所有偶数均能表成两个素数之和的结果,又推广了 А. Ф. Лаврик 的结果.

最后我们还需要指出,利用维诺格拉多夫关于三角和的一个估值,本节的结果不难推广到适合某种同余条件的素数未知数的情况,即 $p_\nu \equiv l_\nu (\bmod k_\nu)$,$(l_\nu, k_\nu) = 1 (\nu = 1, 2, \cdots, n+1)$.

我们的工作始终得到吴方老师的指导和帮助,谨在此向他表示衷心的感谢!

### 10.2 奇异级数

令 $e(x) = \mathrm{e}^{2\pi i x}$,有

$$A(q) = \sum_{h_1=0}^{q-1} \sum_{h_2=0}^{q-1} \cdots \sum_{\substack{h_n=0 \\ (h_1, h_2, \cdots, h_n, q)=1}}^{q-1} \frac{\prod_{\nu=1}^{n+1} \sum_{1 \leqslant l \leqslant q}{}' e\left(\frac{l}{q} \sum_{\mu=1}^{n} a_{\mu\nu} h_\mu\right)}{(\varphi(q))^{n+1}}.$$

$$e\left(-\sum_{\mu=1}^{n} b_\mu \frac{h_\mu}{q}\right) \tag{14}$$

其中"$\sum\limits_{1\leqslant l\leqslant q}{}'$"表示对 $l$ 求和,而 $l$ 经过 $\bmod q$ 的缩剩余系.

**引理 1**　$A(q)$ 是积性函数,即若 $(q_1,q_2)=1$,则

$$A(q_1q_2)=A(q_1)A(q_2) \tag{15}$$

**引理 2**　当 $l\geqslant 2$ 时

$$A(p^l)=0 \tag{16}$$

**引理 3**　$S(p)$ 的定义如 10.1,则

$$1+A(p)=S(p) \tag{17}$$

以上三个引理的证明见相关文献①.

**引理 4**　对于适合 $1\leqslant j\leqslant n$ 的任何 $j$,以及从 $1,2,\cdots,n$ 的一个排列 $\nu_1,\nu_2,\cdots,\nu_n$ 中任意选出的 $n-j$ 个数 $\nu_1^{(j)}<\nu_2^{(j)}<\cdots<\nu_{n-j}^{(j)}$,令

$$W_j^{(\nu^{(j)})}(\boldsymbol{b},p)=\sum_{\substack{h_1=0\\ (h_1,\cdots,h_n,p)=1\\ \sum\limits_{\mu=1}^{n} a_{\mu\nu_i^{(j)}}h_\mu\equiv 0(\bmod p)\\ i=1,2,\cdots,n-j}}^{p-1}\sum_{h_2=0}^{p-1}\cdots\sum_{h_n=0}^{p-1} e\left(-\sum_{\mu=1}^{n} b_\mu \frac{h_\mu}{p}\right) \tag{18}$$

则当 $p$ 大于一个仅与矩阵 $\mathbf{A}$ 有关的常数时

$W_j^{(\nu^{(j)})}(\boldsymbol{b},p)=$

---

① 吴方.素数变数的线性方程组.数学学报,1959,7:102-122.

$$
\begin{cases}
p^j-1,\text{若 } p \left| \left( \begin{vmatrix} b_{\mu_1^{(j)}} & a_{\mu_1^{(j)}\nu_1^{(j)}} & \cdots & a_{\mu_1^{(j)}\nu_{n-j}^{(j)}} \\ \vdots & \vdots & & \vdots \\ b_{\mu_{n-j+1}^{(j)}} & a_{\mu_{n-j+1}^{(j)}\nu_1^{(j)}} & \cdots & a_{\mu_{n-j+1}^{(j)}\nu_{n-j}^{(j)}} \end{vmatrix}, \right. \right. \\
\qquad \begin{vmatrix} b_{\mu_1^{(j)}} & a_{\mu_1^{(j)}\nu_1^{(j)}} & \cdots & a_{\mu_1^{(j)}\nu_{n-j}^{(j)}} \\ \vdots & \vdots & & \vdots \\ b_{\mu_{n-j}^{(j)}} & a_{\mu_{n-j}^{(j)}\nu_1^{(j)}} & \cdots & a_{\mu_{n-j}^{(j)}\nu_{n-j}^{(j)}} \\ b_{\mu_{n-j+2}^{(j)}} & a_{\mu_{n-j+2}^{(j)}\nu_1^{(j)}} & \cdots & a_{\mu_{n-j+2}^{(j)}\nu_{n-j}^{(j)}} \end{vmatrix}, \cdots, \\
\qquad \left. \begin{vmatrix} b_{\mu_1^{(j)}} & a_{\mu_1^{(j)}\nu_1^{(j)}} & \cdots & a_{\mu_1^{(j)}\nu_{n-j}^{(j)}} \\ \vdots & \vdots & & \vdots \\ b_{\mu_{n-j}^{(j)}} & a_{\mu_{n-j}^{(j)}\nu_1^{(j)}} & \cdots & a_{\mu_{n-j}^{(j)}\nu_{n-j}^{(j)}} \\ b_{\mu_n^{(j)}} & a_{\mu_n^{(j)}\nu_1^{(j)}} & \cdots & a_{\mu_n^{(j)}\nu_{n-j}^{(j)}} \end{vmatrix} \right) \\
-1,\text{其他}
\end{cases}
$$

**证明**　由 ⑧，同余方程组

$$\sum_{\mu=1}^{n} a_{\mu\nu_i^{(j)}} h_\mu \equiv 0(\bmod p), i=1,2,\cdots,n-j$$

当 $p>|\Delta_{n-j}^{(\nu^{(j)})}|$ 时可解出

$$
h_{\mu_i^{(j)}} \equiv -\frac{1}{\Delta_{n-j}^{(\nu^{(j)})}} \cdot \sum_{k=n-j+1}^{n} 1 \cdot
\begin{vmatrix}
a_{\mu_1^{(j)}\nu_1^{(j)}} & \cdots & a_{\mu_{i-1}^{(j)}\nu_1^{(j)}} & a_{\mu_k^{(j)}\nu_1^{(j)}} & a_{\mu_{i+1}^{(j)}\nu_1^{(j)}} & \cdots & a_{\mu_{n-j}^{(j)}\nu_1^{(j)}} \\
a_{\mu_1^{(j)}\nu_2^{(j)}} & \cdots & a_{\mu_{i-1}^{(j)}\nu_2^{(j)}} & a_{\mu_k^{(j)}\nu_2^{(j)}} & a_{\mu_{i+1}^{(j)}\nu_2^{(j)}} & \cdots & a_{\mu_{n-j}^{(j)}\nu_2^{(j)}} \\
\vdots & & \vdots & \vdots & \vdots & & \vdots \\
a_{\mu_1^{(j)}\nu_{n-j}^{(j)}} & \cdots & a_{\mu_{i-1}^{(j)}\nu_{n-j}^{(j)}} & a_{\mu_k^{(j)}\nu_{n-j}^{(j)}} & a_{\mu_{i+1}^{(j)}\nu_{n-j}^{(j)}} & \cdots & a_{\mu_{n-j}^{(j)}\nu_{n-j}^{(j)}}
\end{vmatrix} h_{\mu_k^{(j)}}
\tag{19}
$$

$$i=1,2,\cdots,n-j$$

于此$\dfrac{1}{\Delta_{n-j}^{(\nu^{(j)})}}$表示适合$x\Delta_{n-j}^{(\nu^{(j)})}\equiv 1(\bmod p)$的一个整数.

由此及$(h_1,\cdots,h_n,p)=1$得出

$$(h_{\mu_{n-j+1}^{(j)}},h_{\mu_{n-j+2}^{(j)}},\cdots,h_{\mu_n^{(j)}},p)=1$$

将 ⑲ 代入 ⑱ 的右端，即得

$$W_j^{(\nu^{(j)})}(\boldsymbol{b},p)=\sum_{\substack{h_{\mu_{n-j+1}^{(j)}}=0\\(h_{\mu_{n-j+1}^{(j)}},\cdots,h_{\mu_n^{(j)}},p)=1}}^{p-1}\cdots\sum_{h_{\mu_n^{(j)}}=0}^{p-1}e\Bigg(\frac{(-1)^{n-j+1}}{\Delta_{n-j}^{(\nu^{(j)})}p}\cdot$$

$$\sum_{k=n-j+1}^{n}\begin{vmatrix}b_{\mu_1^{(j)}} & a_{\mu_1^{(j)}\nu_1^{(j)}} & \cdots & a_{\mu_1^{(j)}\nu_{n-j}^{(j)}}\\ \vdots & \vdots & & \vdots\\ b_{\mu_{n-j}^{(j)}} & a_{\mu_{n-j}^{(j)}\nu_1^{(j)}} & \cdots & a_{\mu_{n-j}^{(j)}\nu_{n-j}^{(j)}}\\ b_{\mu_n^{(j)}} & a_{\mu_n^{(j)}\nu_1^{(j)}} & \cdots & a_{\mu_n^{(j)}\nu_{n-j}^{(j)}}\end{vmatrix}h_{\mu_k^{(j)}}\Bigg)=$$

$$\prod_{k=n-j+1}^{n}\sum_{h_{\mu_k^{(j)}}=0}^{p-1}e\Bigg(\frac{(-1)^{n-j+1}}{\Delta_{n-j}^{(\nu^{(j)})}p}\cdot$$

$$\begin{vmatrix}b_{\mu_1^{(j)}} & a_{\mu_1^{(j)}\nu_1^{(j)}} & \cdots & a_{\mu_1^{(j)}\nu_{n-j}^{(j)}}\\ \vdots & \vdots & & \vdots\\ b_{\mu_{n-j}^{(j)}} & a_{\mu_{n-j}^{(j)}\nu_1^{(j)}} & \cdots & a_{\mu_{n-j}^{(j)}\nu_{n-j}^{(j)}}\\ b_{\mu_k^{(j)}} & a_{\mu_k^{(j)}\nu_1^{(j)}} & \cdots & a_{\mu_k^{(j)}\nu_{n-j}^{(j)}}\end{vmatrix}h_{\mu_k^{(j)}}\Bigg)-1$$

由于$\left(\frac{(-1)^{n-j+1}}{\Delta_{n-j}^{(\nu^{(j)})}},p\right)=1$，故立刻得到引理.

**引理 5**　对任给的实数$\varepsilon>0$，有

$$A(q)\ll(B,q)q^{-2+\varepsilon} \tag{⑳}$$

**证明**　我们先考虑$q=p$为素数时的情形. 此时，若$p$大于一个仅与矩阵$\mathbf{A}$有关的常数，则因矩阵$\mathbf{A}$的$n$级子式全不为零

$$A(p)=\sum_{\substack{h_1=0\\(h_1,h_2,\cdots,h_n,p)=1}}^{p-1}\cdots\sum_{h_n=0}^{p-1}\frac{\prod_{\nu=1}^{n+1}\sum_{1\leqslant l\leqslant p}{}'e\left(\frac{l}{p}\sum_{\mu=0}^{n}a_{\mu\nu}h_\mu\right)}{(\varphi(p))^{n+1}}\cdot$$

$$e\left(-\sum_{\mu=1}^{n} b_\mu \frac{h_\mu}{p}\right)=$$

$$\sum^{C_{n+1}^{n-1}}\left(\frac{\mu(p)}{\varphi(p)}\right)^{2}\widetilde{W}_1^{(\nu')}(\boldsymbol{b},p)+$$

$$\sum^{C_{n+1}^{n-2}}\left(\frac{\mu(p)}{\varphi(p)}\right)^{3}\widetilde{W}_2^{(\nu^{(2)})}(\boldsymbol{b},p)+\cdots+$$

$$\sum^{C_{n+1}^{1}}\left(\frac{\mu(p)}{\varphi(p)}\right)^{n}\widetilde{W}_{n-1}^{(\nu^{(n-1)})}(\boldsymbol{b},p)+$$

$$\sum^{C_{n+1}^{0}}\left(\frac{\mu(p)}{\varphi(p)}\right)^{n+1}\widetilde{W}_n^{(\nu^{(n)})}(\boldsymbol{b},p) \tag{21}$$

其中

$$\widetilde{W}_j^{(\nu^{(j)})}(\boldsymbol{b},p)=\sum_{\substack{h_1=0\\(h_1,\cdots,h_n,p)=1}}^{p-1}\cdots\sum_{h_n=0}^{p-1} e\left(-\sum_{\mu=1}^{n} b_\mu \frac{h_\mu}{p}\right) \tag{22}$$

$$\sum_{\mu=1}^{n} a_{\mu\nu_i^{(j)}} h_\mu \equiv 0 \pmod p,\ i=1,2,\cdots,n-j$$

$$\sum_{\mu=1}^{n} a_{\mu\nu_i^{(j)}} h_\mu \not\equiv 0 \pmod p,\ i=n-j+1,\cdots,n+1$$

而“$\sum^{C_{n+1}^{j}}$”表示一个具有 $C_{n+1}^{j}$ 项的关于$(\nu^{(n-j)})$求的和，即从 $1,2,\cdots,n+1$ 中取出一组

$$\nu_1^{(n-j)}<\nu_2^{(n-j)}<\cdots<\nu_j^{(n-j)}$$

构成一个 $\widetilde{W}_{n-j}^{(\nu^{(n-j)})}(\boldsymbol{b},p)$，然后按 $\nu_i^{(n-j)}(i=1,2,\cdots,j)$ 所有不同的取法来求和.

由 ㉒ 及 ⑱，可得等式

$$\widetilde{W}_j^{(\nu^{(j)})}(\boldsymbol{b},p)=W_j^{(\nu^{(j)})}(\boldsymbol{b},p)-\sum^{C_{j+1}^{j}}\widetilde{W}_{i-1}^{(\nu^{(j-1)})}(\boldsymbol{b},p)-$$

$$\sum^{C_{j+1}^{j-1}}\widetilde{W}_{j-2}^{(\nu^{(j-2)})}(\boldsymbol{b},p)-\cdots-$$

$$\sum^{C_{j+1}^{2}} \widetilde{W}_{1}^{(\nu')}(\boldsymbol{b},p) \tag{23}$$

对 $j=1,2,\cdots,n$ 皆成立，且此处“$\sum\limits^{C_{j+1}^{i}}$”的意义与上述完全相似. 由 ③，当 $p$ 充分大时

$$\widetilde{W}_{1}^{(\nu')}(\boldsymbol{b},p)=W_{1}^{(\nu')}(\boldsymbol{b},p)$$

故从递推公式 ㉓ 得出

$$\begin{aligned}\widetilde{W}_{j}^{(\nu^{(j)})}(\boldsymbol{b},p)=&W_{j}^{(\nu^{(j)})}(\boldsymbol{b},p)+\\&K_{1}W_{j-1}^{(\nu^{(j-1)})}(\boldsymbol{b},p)+\cdots+\\&K_{j-1}\widetilde{W}_{1}^{(\nu')}(\boldsymbol{b},p)\end{aligned}$$

此处 $K_1,K_2,\cdots,K_{j-1}$ 为可求出的仅与矩阵 $\boldsymbol{A}$ 有关的 $j-1$ 个整数. 于是由引理 4 可知

$$\widetilde{W}_{j}^{(\nu^{(j)})}(\boldsymbol{b},p)=W_{j}^{(\nu^{(j)})}(\boldsymbol{b},p)+O(p^{j-1}) \tag{24}$$

将 ㉔ 代入 ㉑，再利用引理 4 及 $B$ 的定义，就得到

$$A(p)\ll\begin{cases}p^{-2+\varepsilon},p\nmid B\\p^{-1+\varepsilon},p\mid B\end{cases} \tag{25}$$

从而，由引理 1 及引理 2，设 $\nu(q)$ 是 $q$ 的不同素因子的个数，就有

$$|A(q)|\leqslant\frac{C_{2}^{\nu(q)}(B,q)}{q^{2-\varepsilon}}\ll(B,q)q^{-2+\varepsilon}$$

其中，$C_2$ 为 ㉕ 的记号“$\ll$”中隐含的正常数.

**推论**　若 $B\neq0$，则

$$\sum_{q=1}^{\infty}A(q)=\prod_{p=2}^{\infty}S(p) \tag{26}$$

**证明**　当 $B\neq0$ 时，由 ⑳ 知

$$A(q)\ll|B|q^{-2+\varepsilon}$$

因此，$\sum\limits_{q=1}^{\infty}A(q)$ 对任意固定的 $\boldsymbol{b}=(b_1,\cdots,b_n)(1\leqslant b_\mu\leqslant$

$X;\mu=1,\cdots,n)$ 绝对收敛. 再由欧拉恒等式及引理 3, 即得

$$\sum_{q=1}^{\infty}A(q)=\prod_{p=2}^{\infty}S(p)$$

**引理 6** 对非奇异组$(b_1,b_2,\cdots,b_n)$,皆有

$$\prod_{p=2}^{\infty}S(p)\geqslant c_3>0 \tag{27}$$

**证明** 我们设

$$|\Delta_n^{i_0}|=\min_{1\leqslant i\leqslant n+1}|\Delta_n^i|$$

那么,当 $p>|\Delta_n^{i_0}|$ 时,由克莱姆法则,同余方程组

$$\sum_{\nu=1}^{n+1}a_{\mu\nu}l_\nu\equiv b_\mu(\bmod p),\mu=1,2,\cdots,n \tag{28}$$

可解成

$$(-1)^{n-i_0+1}\Delta_n^{i_0}l_\nu\equiv-\Delta_{n(\nu)}^{i_0}l_{i_0}+\Delta_{n(\nu)}^{i_0}(\boldsymbol{b})(\bmod p) \tag{29}$$

$$\nu=1,2,\cdots,i_0-1,i_0+1,\cdots,n+1$$

其中 $\Delta_{n(\nu)}^{i_0}$ 和 $\Delta_{n(\nu)}^{i_0}(\boldsymbol{b})$ 分别表示在矩阵 $\boldsymbol{A}$ 中去掉第 $\nu$ 列及第 $i_0$ 列并以 $i_0$ 列和 $\boldsymbol{b}=(b_1,\cdots,b_n)$ 代入第 $\nu$ 列而得的两个行列式.

由 ㉙ 可知,同余方程组 ㉘ 的解数恰为 $p$. 又由 ㉙ 知,若令 $r_n(\boldsymbol{b},p)$ 为同余方程

$$l_1l_2\cdots l_{n+1}\equiv(-1)^n\prod_{\substack{\nu=1\\ \nu\neq i_0}}^{n+1}\Delta_{n(\nu)}^{i_0}\cdot l_{i_0}^{n+1}+\cdots+$$

$$\prod_{\substack{\nu=1\\ \nu\neq i_0}}^{n+1}\Delta_{n(\nu)}^{i_0}(\boldsymbol{b})\cdot l_{i_0}\equiv 0(\bmod p) \tag{30}$$

的解数,则由 10.1 的假定

$$(\varphi(p))^{n+1}\frac{S(p)}{p^n}=p-r_n(\boldsymbol{b},p)$$

此即

$$\prod_{p>|\Delta_n^{i_0}|} S(p)=\prod_{p>|\Delta_n^{i_0}|}\left(1-\frac{r_n(\boldsymbol{b},p)}{p}\right)\Big/\left(1-\frac{1}{p}\right)^{n+1} \quad ㉛$$

因 ㉚ 中的首项系数仅与矩阵 $\mathbf{A}$ 有关，故存在 $c_4>0$，使当 $p>c_4$ 时，㉚ 中的系数不能同时都是 $p$ 的倍数. 于是，当 $p>\max\{c_4,n+1,|\Delta_n^{i_0}|\}$ 时，$r_n(\boldsymbol{b},p)\leqslant n+1$，即由 ㉛ 有

$$\prod_{p>\max\{c_4,n+1,|\Delta_n^{i_0}|\}} S(p)\geqslant$$

$$\prod_{p>\max\{c_4,n+1,|\Delta_n^{i_0}|\}}\left(1-\frac{n+1}{p}\right)\Big/\left(1-\frac{1}{p}\right)^{n+1}=$$

$$\prod_{p>\max\{c_4,n+1,|\Delta_n^{i_0}|\}}\left(1-\frac{n(n+1)/2}{p^2}+O\left(\frac{1}{p^3}\right)\right)>c_5>0$$

而当 $p\leqslant\max\{c_4,n+1,|\Delta_n^{i_0}|\}$ 时，对非奇异组的 $\boldsymbol{b}=(b_1,\cdots,b_n)$，$S(p)\geqslant p^{-1}\left(1-\frac{1}{p}\right)^{-n-1}$. 因此

$$\prod_{p=2}^{\infty} S(p)\geqslant\prod_{p\leqslant\max\{c_4,n+1,|\Delta_n^{i_0}|\}} p^{-1}\left(1-\frac{1}{p}\right)^{-n-1}\cdot$$

$$\prod_{p>\max\{c_4,n+1,|\Delta_n^{i_0}|\}} S(p)>c_3>0$$

此即引理.

**引理 7**

$$\sum_{b_1=1}^{X}\sum_{b_2=1}^{X}\cdots\sum_{b_n=1}^{X} d(|B|)\ll X^n L^a \quad ㉜$$

其中，$a=2^{\sum_{i=0}^{n-1}C_{n+1}^i}-1$，$d(n)$ 表示 $n$ 的因子数.

**证明**　易知 $B$ 是 $m=\sum_{i=0}^{n-1}C_{n+1}^i$ 项的乘积. 由 $B$ 的定义及函数 $d(n)$ 的性质，再利用几何平均不大于算术平均的不等式，就得到

$$\sum_{b_1=1}^{X}\cdots\sum_{b_n=1}^{X} d(|B|) \leqslant$$

$$\sum_{b_1=1}^{X}\cdots\sum_{b_n=1}^{X} d(b_1)\prod_{(\nu^{(n-1)})}\left(\left|\begin{vmatrix} b_{\mu_1^{(n-1)}} & a_{\mu_1^{(n-1)}\nu_1^{(n-1)}} \\ b_{\mu_2^{(n-1)}} & a_{\mu_2^{(n-1)}\nu_1^{(n-1)}} \end{vmatrix}\right|\right)\cdot$$

$$\prod_{(\nu')} d\left(\left|\begin{vmatrix} b_{\mu'_1} & a_{\mu'_1\nu'_1} & \cdots & a_{\mu'_1 v'_{n-1}} \\ \vdots & \vdots & & \vdots \\ b_{\mu'_n} & a_{\mu'_n\nu'_1} & \cdots & a_{\mu'_n v'_{n-1}} \end{vmatrix}\right|\right) \leqslant$$

$$\frac{1}{m}\sum_{b_1=1}^{X}\cdots\sum_{b_n=1}^{X}\left( d^m(b_1) + \right.$$

$$\sum_{(\nu^{(n-1)})} d^m\left(\left|\begin{vmatrix} b_{\mu_1^{(n-1)}} & a_{\mu_1^{(n-1)}\nu_1^{(n-1)}} \\ b_{\mu_2^{(n-1)}} & a_{\mu_2^{(n-1)}\nu_1^{(n-1)}} \end{vmatrix}\right|\right) + \cdots +$$

$$\left.\sum_{(\nu')} d^m\left(\left|\begin{vmatrix} b_{\mu'_1} & a_{\mu'_1 v'_1} & \cdots & a_{\mu'_1 v'_{n-1}} \\ \vdots & \vdots & & \vdots \\ b_{\mu'_n} & a_{\mu'_n v'_1} & \cdots & a_{\mu'_n v'_{n-1}} \end{vmatrix}\right|\right)\right) \tag{33}$$

因此,展开行列式,我们的问题就归结为估计和

$$\sum_{b_1=1}^{X}\cdots\sum_{b_n=1}^{X} d^m(|a_1 b_{\mu_1^{(n-j)}} + \cdots + a_j b_{\mu_j^{(n-j)}}|) \tag{34}$$

其中,$a_1,\cdots,a_j$ 是只与矩阵 $\mathbf{A}$ 有关的整数. 利用估计[①]

$$\sum_{t\leqslant x} d^m(t) \ll x(\log x)^{2^m-1}$$

此种和就显然远远小于

$$X^{n-1}\sum_{\xi=1}^{c_6 X} d^m(\xi) \ll X^n L^{2^m-1} = X^n L^a$$

再由 ㉝,就得到引理.

**引理 8** 设 $\gamma$ 为不小于 $M$ 的给定实数,$a$ 的定义如

---

① 华罗庚. 数论导引. 北京:科学出版社,1957.

前引理，$\sigma_0 > \gamma + a$ 是一个实数，$\varepsilon > 0$ 任意小，那么，非奇异组中使

$$A'(\boldsymbol{b}, P) = \sum_{q \leqslant L^{\sigma_0}} A(q) \geqslant c_7 > 0 \qquad ㉟$$

不成立的 $(b_1, \cdots, b_n)$ 的组数 $J(X)$ 满足

$$J(X) \ll X^n L^{-\gamma}$$

**证明**　由引理 5 的推论

$$A'(\boldsymbol{b}, P) = \sum_{q=1}^{\infty} A(q) - \sum_{q > L^{\sigma_0}} A(q) = \prod_{p=2}^{\infty} S(p) - \sum_{q > L^{\sigma_0}} A(q)$$

再由 ⑳ 知

$$\sum_{q > L^{\sigma_0}} A(q) \ll \sum_{q > L^{\sigma_0}} (B, q) q^{-2+\varepsilon} \leqslant \sum_{d \mid |B|} d \sum_{m > L^{\sigma_0}/d} (dm)^{-2+\varepsilon} = \sum_{d \mid |B|} d^{-1+\varepsilon} \sum_{m > L^{\sigma_0}/d} m^{-2+\varepsilon} \ll \sum_{d \mid |B|} d^{-1+\varepsilon} \left( \frac{d}{L^{\sigma_0}} \right)^{1-\varepsilon} = L^{-\sigma_0(1-\varepsilon)} \sum_{d \mid |B|} 1 = L^{-\sigma_0(1-\varepsilon)} d(|B|)$$

如果 $d(|B|) \leqslant L^{\delta}$，$0 < \delta < \sigma_0(1-\varepsilon)$，那么，由引理 6，当 $p$ 充分大时，式 ㉟ 显然成立. 因此，$J(X)$ 不超过使 $d(|B|) > L^{\delta}$ 的 $(b_1, \cdots, b_n)$ 的组数，即

$$J(X) L^{\delta} \leqslant \sum_{b_1=1}^{X} \cdots \sum_{b_n=1}^{X} d(|B|)$$

利用 ㉜，对给定的 $\gamma$，$\sigma_0$ 和 $a$，就有

$$J(X) \ll X^n L^{a-\delta}$$

我们取 $\varepsilon$ 充分小，$\delta$ 和 $\sigma_0(1-\varepsilon)$ 充分接近，于是由假定有

$$J(X) \ll X^n L^{-\gamma}$$

**定理 3**　非奇异组的组数

$$Y(X) > c_1 X^n \tag{36}$$

其中,$0 < c_1 < 1$.

**证明** (1)由 $B$ 的定义可知,若 $B=0$,则必有它的一个因子为零. 我们假定最大公因子 $(0,0,\cdots,0)=0$,从而只需研究

$$\begin{vmatrix} b_{\mu_1^{(j)}} & a_{\mu_1^{(j)}\nu_1^{(j)}} & \cdots & a_{\mu_1^{(j)}\nu_{n-j}^{(j)}} \\ \vdots & \vdots & & \vdots \\ b_{\mu_{n-j}^{(j)}} & a_{\mu_{n-j}^{(j)}\nu_1^{(j)}} & \cdots & a_{\mu_{n-j}^{(j)}\nu_{n-j}^{(j)}} \\ b_{\mu_{n-j+t}^{(j)}} & a_{\mu_{n-j+t}^{(j)}\nu_1^{(j)}} & \cdots & a_{\mu_{n-j+t}^{(j)}\nu_{n-j}^{(j)}} \end{vmatrix} = 0$$

$$1 \leqslant t \leqslant j, j=1,2,\cdots,n \tag{37}$$

因已知此行列式右上方最大真子式不为零,故把 ㊲ 看成是以 $\{b_{\mu_i^{(j)}}\}$ 为未知数的线性方程时,至少有一个系数异于零,它的变数自由度至少减少 1. 故使 $B=0$ 的 $(b_1,\cdots,b_n)$ 的组数远远小于 $X^{n-1}$.

(2)由引理 6 的证明及 $S(p)$ 的定义可知,当 $p > \max\{c_4, n+1, |\Delta_n^{i_0}|\}$ 时,对任意的 $\boldsymbol{b}=(b_1,\cdots,b_n)$ 皆有 $S(p)>0$. 对 $p \leqslant \max\{c_4,n+1,|\Delta_n^{i_0}|\}$,我们取 $b_\mu \equiv \sum_{\nu=1}^{n+1} a_{\mu\nu} \pmod p\ (\mu=1,2,\cdots,n)$; 对这样的 $(b_1,\cdots,b_n)$,显然有 $S(p)>0$,而适合上面同余式的 $(b_1,\cdots,b_n)$ 的解组数不少于

$$\left[\frac{X}{p}\right]^n > \left(\frac{X}{p}-1\right)^n \gg \frac{X^n}{p^n}$$

利用孙子定理,得出使 $S(p)>0$ 的 $(b_1,\cdots,b_n)$ 的组数远远大于

$$X^n \prod_{p \leqslant \max\{c_4, n+1, |\Delta_n^{i_0}|\}} \frac{1}{p^n} > c_7 X^n$$

综合(1)和(2),就得 ㊱.

### 10.3　主要引理

**引理9**　设③已成立，对于适合 $1\leqslant b_1,\cdots,b_n\leqslant X$ 的任意一组整数 $(b_1,\cdots,b_n)$，用 $Z(\boldsymbol{b},P)$ 表示方程组

$$\sum_{\nu=1}^{n+1} a_{\mu\nu}x_\nu=b_\mu,\mu=1,2,\cdots,n \qquad ㊳$$

在 $2\leqslant x_\nu\leqslant P(\nu=1,2,\cdots,n+1)$ 中的整解组数，那么，存在一组仅与矩阵 $\boldsymbol{A}$ 有关的正常数 $f_1,\cdots,f_n$ 及常数 $f_{n+1}$，当 $s_\mu,r_\nu$ 不同时存在时

$$Z(\boldsymbol{b},P)\geqslant \max\left\{\left[\sum_{i=1}^{n} f_ib_i-f_{n+1}\right],0\right\} \qquad ㊴$$

成立；而当 $s_\mu,r_\nu$ 同时存在时，㊴成立的充要条件是⑥成立，特别地，可取

$$f_i=\begin{cases}\min\limits_{s_\mu}\dfrac{u_{s_\mu i}}{\Delta_n^{s_\mu}}-\max\limits_{r_\nu}\dfrac{u_{r_\nu i}}{\Delta_n^{r_\nu}},\text{若 } s_\mu,r_\nu \text{ 皆存在，且⑥成立}\\ 1,\text{若 } s_\mu,r_\nu \text{ 不同时存在}\end{cases}$$

$$i=1,2,\cdots,n$$

$$f_{n+1}=\begin{cases}2\left(\min\limits_{s_\mu}\dfrac{1}{\Delta_n^{s_\mu}}-\min\limits_{r_\nu}\dfrac{1}{\Delta_n^{r_\nu}}\right),\text{若 } s_\mu,r_\nu \text{ 皆存在，且⑥成立}\\ 0,\text{若 } s_\mu,r_\nu \text{ 不同时存在}\end{cases}$$

**证明**[①]　(1)引入一个整变数参数 $t$，将㊳写成

$$\boldsymbol{A}_1\boldsymbol{x}=\boldsymbol{b}^*$$

其中

$$\boldsymbol{x}=\begin{pmatrix}x_1\\ \vdots\\ x_{n+1}\end{pmatrix},\boldsymbol{b}^*=\begin{pmatrix}b_1\\ \vdots\\ b_n\\ t\end{pmatrix}$$

① 本引理也可由整数矩阵的理论证得，但方法较繁.

已知 $\boldsymbol{A}_1$ 是一个正模方阵,故

$$\boldsymbol{x}=\boldsymbol{A}_1^{-1}\boldsymbol{b}^*=\boldsymbol{U}\boldsymbol{b}^*$$

此即

$$x_\nu=\sum_{j=1}^{n}u_{\nu j}b_j+\Delta_n^\nu t,\nu=1,2,\cdots,n+1 \tag{40}$$

若标号 $s_\mu,r_\nu$ 皆存在,则由上式,当

$$\frac{2-\sum_{j=1}^{n}u_{r_\nu j}b_j}{\Delta_n^{r_\nu}}\geqslant t\geqslant\frac{2-\sum_{j=1}^{n}u_{s_\mu j}b_j}{\Delta_n^{s_\mu}}$$

对所有 $s_\mu,r_\nu$ 皆成立时,有 $x_\nu\geqslant 2(\nu=1,2,\cdots,n+1)$. 又适当地选取 $c$,使得满足 $X=cP$,可使 $x_\nu\leqslant P(\nu=1,2,\cdots,n+1)$. 从而

$$Z(\boldsymbol{b},P)\geqslant\left[\sum_{j=1}^{n}b_j\left(\min_{s_\mu}\frac{u_{s_\mu j}}{\Delta_n^{s_\mu}}-\max_{r_\nu}\frac{u_{r_\nu j}}{\Delta_n^{r_\nu}}\right)-2\left(\max_{s_\mu}\frac{1}{\Delta_n^{s_\mu}}-\min_{r_\nu}\frac{1}{\Delta_n^{r_\nu}}\right)\right]=\left[\sum_{i=1}^{n}f_ib_i-f_{n+1}\right]$$

但显然有 $Z(\boldsymbol{b},P)\geqslant 0$,此时 ㊴ 成立.

又若 $s_\mu,r_\nu$ 不同时存在,则 $\Delta_n^\nu(\nu=1,2,\cdots,n+1)$ 同号,于是可取 $t$ 和$\Delta_n^\nu(\nu=1,2,\cdots,n+1)$ 同号,当$|t|$充分大时,恒有 $x_\nu\geqslant 2(\nu=1,\cdots,n+1)$. 再适当选取 $c$,满足 $X=cP$,就可证明 ㊴ 成立,即

$$Z(\boldsymbol{b},P)=\sum_{i=1}^{n}b_i>0$$

(2) 若标号 $s_\mu,r_\nu$ 皆存在,但式 ⑥ 不成立,则在自然数 $1,2,\cdots,n$ 中,存在 $j_1,\cdots,j_k(1\leqslant k\leqslant n)$,使得

$$\min_{s_\mu}\frac{u_{s_\mu j_m}}{\Delta_n^{s_\mu}}\leqslant\max_{r_\nu}\frac{u_{r_\nu j_m}}{\Delta_n^{r_\nu}},m=1,2,\cdots,k$$

$$\min_{s_\mu} \frac{u_{s_\mu j}}{\Delta_n^{s_\mu}} > \max_{r_\nu} \frac{u_{r_\nu j}}{\Delta_n^{r_\nu}}, j \neq j_m, 1 \leqslant m \leqslant k \qquad ㊶$$

此时我们必能找到一对自然数 $s_\mu^{(0)}, r_\nu^{(0)}$，使得

$$\frac{u_{s_\mu^{(0)} j_1}}{\Delta_n^{s_\mu^{(0)}}} \leqslant \frac{u_{r_\nu^{(0)} j_1}}{\Delta_n^{r_\nu^{(0)}}}$$

同时我们能取

$$\boldsymbol{b}_0: \begin{cases} b_{j_1} = [c_8 P], i \neq j_1 \\ b_i = c_9 \end{cases}$$

此处 $c_9$ 是一个取定的正整数，且 $c_9, [c_8 P] \leqslant X$. 因为由 ㊵，仅对适合条件

$$\min_{r_\nu} \frac{2 - \sum_{j=1}^{n} u_{r_\nu j} b_j}{\Delta_n^{r_\nu}} \geqslant t \geqslant \max_{s_\mu} \frac{2 - \sum_{j=1}^{n} u_{s_\mu j} b_j}{\Delta_n^{s_\mu}}$$

的整数 $t$，方程组 ㊳ 才有我们需要的解，故对上述之 $\boldsymbol{b}_0$，就有

$$Z(\boldsymbol{b}_0, P) \leqslant$$

$$\left[\min_{r_\nu} \frac{2 - \sum_{j=1}^{n} u_{r_\nu j} b_j}{\Delta_n^{r_\nu}} - \max_{s_\mu} \frac{2 - \sum_{j=1}^{n} u_{s_\mu j} b_j}{\Delta_n^{s_\mu}}\right] + 1 \leqslant$$

$$\left[\sum_{j=1}^{n} \left[\frac{u_{s_\mu^{(0)} j}}{\Delta_n^{s_\mu^{(0)}}} - \frac{u_{r_\nu^{(0)} j}}{\Delta_n^{r_\nu^{(0)}}}\right] b_j + 2\left(\frac{1}{\Delta_n^{r_\nu^{(0)}}} - \frac{1}{\Delta_n^{s_\mu^{(0)}}}\right)\right] + 1 =$$

$$\left[\sum_{j=1}^{n} \left[\frac{u_{s_\mu^{(0)} j_1}}{\Delta_n^{s_\mu^{(0)}}} - \frac{u_{r_\nu^{(0)} j_1}}{\Delta_n^{r_\nu^{(0)}}}\right] b_{j_1} + \sum_{\substack{i=1 \\ i \neq j_1}}^{n} \left[\frac{u_{s_\mu^{(0)} i}}{\Delta_n^{s_\mu^{(0)}}} - \frac{u_{r_\nu^{(0)} i}}{\Delta_n^{r_\nu^{(0)}}}\right] b_i + \right.$$

$$\left. 2\left(\frac{1}{\Delta_n^{r_\nu^{(0)}}} - \frac{1}{\Delta_n^{s_\mu^{(0)}}}\right)\right] + 1 < c_{10}$$

但当 $p$ 充分大时，对上述 $\boldsymbol{b}_0$，由引理的假定，显然有

$$\left[\sum_{i=1}^{n} f_i b_i - f_{n+1}\right] \geqslant c_{10}$$

因此,当 $s_\mu, r_\nu$ 皆存在时,⑥ 是使 ㊴ 成立的必要条件.

**引理 10** 假定 ③ 和 ⑥ 成立,使

$$S_P^{(\nu)}(\boldsymbol{\alpha})=\sum_{p\leqslant P}e\left(p\sum_{\mu=1}^{n}a_{\mu\nu}\alpha_\mu\right) \tag{42}$$

$$\widetilde{S}_P^{(\nu)}\left(q,\boldsymbol{\alpha}-\frac{\boldsymbol{h}}{q}\right)=\frac{\sum'_{1\leqslant l\leqslant q}e\left(\frac{l}{q}\sum_{\mu=1}^{n}a_{\mu\nu}h_\mu\right)}{\varphi(q)}\cdot\sum_{t=2}^{P}\frac{e\left(t\sum_{\mu=1}^{n}a_{\mu\nu}\left(\alpha_\mu-\frac{h_\mu}{q}\right)\right)}{\log t} \tag{43}$$

则

$$Q(P)=\int_0^1\cdots\int_0^1\left|\prod_{\nu=1}^{n+1}S_P^{(\nu)}(\boldsymbol{\alpha})-\sum_{q\leqslant L^{\sigma_0}}\sum_{\substack{h_1=0\\(h_1,\cdots,h_n,q)=1}}^{q-1}\cdots\sum_{h_n=0}^{q-1}\prod_{\nu=1}^{n+1}\widetilde{S}_P^{(\nu)}\left(q,\boldsymbol{\alpha}-\frac{\boldsymbol{h}}{q}\right)\right|^2\mathrm{d}\alpha_1\cdots\mathrm{d}\alpha_n\geqslant$$
$$\sum_{b_1=1}^{X}\cdots\sum_{b_n=1}^{X}\{I(\boldsymbol{b},P)-A'(\boldsymbol{b},P)T(\boldsymbol{b},P)\}^2 \tag{44}$$

其中,$I(\boldsymbol{b},P)$ 的定义如 10.1,$A'(\boldsymbol{b},P)$ 仍由 ㉟ 定义,而

$$T(\boldsymbol{b},P)=\sum_{\substack{t_1=2\\ \sum_{\nu=1}^{n+1}a_{\mu\nu}t_\nu=b_\mu\\ \mu=1,2,\cdots,n}}^{P}\cdots\sum_{t_{n+1}=2}^{P}\frac{1}{\log t_1\log t_2\cdots\log t_{n+1}} \tag{45}$$

**证明** 因

$$\prod_{\nu=1}^{n+1}S_P^{(\nu)}(\boldsymbol{\alpha})=\sum_{p_1\leqslant P}\cdots\sum_{p_{n+1}\leqslant P}e\left(\sum_{\mu=1}^{n}\left(\sum_{\nu=1}^{n+1}a_{\mu\nu}p_\nu\right)\alpha_\mu\right)=$$
$$\sum_{\boldsymbol{b}\in\mathscr{D}(P)}\cdots\sum I(\boldsymbol{b},P)e\left(\sum_{\mu=1}^{n}b_\mu\alpha_\mu\right)$$

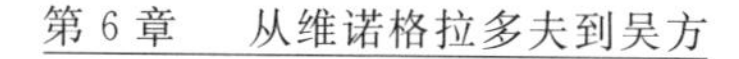

$$\prod_{\nu=1}^{n+1}\widetilde{S}_P^{(\nu)}\left(q,\boldsymbol{\alpha}-\frac{\boldsymbol{h}}{q}\right)=\frac{\prod\limits_{\nu=1}^{n+1}\sum\limits_{1\leqslant l\leqslant q}{}'e\left(\frac{l}{q}\sum\limits_{\mu=1}^{n}a_{\mu\nu}h_{\mu}\right)}{(\varphi(q))^{n+1}}\cdot$$

$$\sum_{t_1=2}^{P}\cdots\sum_{t_{n+1}=2}^{P}\frac{e\left(\sum\limits_{\mu=1}^{n}\left(\sum\limits_{\nu=1}^{n+1}a_{\mu\nu}t_{\nu}\right)\left(\alpha_{\mu}-\frac{h_{\mu}}{q}\right)\right)}{\log t_1\log t_2\cdots\log t_{n+1}}=$$

$$\sum_{\boldsymbol{b}\in\mathscr{D}(P)}\cdots\sum\frac{\prod\limits_{\nu=1}^{n+1}\sum\limits_{1\leqslant l\leqslant q}{}'e\left(\frac{l}{q}\sum\limits_{\mu=1}^{n}a_{\mu\nu}h_{\mu}\right)}{(\varphi(q))^{n+1}}\cdot$$

$$e\left(-\sum_{\mu=1}^{n}b_{\mu}\frac{h_{\mu}}{q}\right)\cdot T(\boldsymbol{b},P)e\left(\sum_{\mu=1}^{n}b_{\mu}\alpha_{\mu}\right)$$

其中，$\mathscr{D}(P)$ 表示 $\sum\limits_{\nu=1}^{n+1}a_{\mu\nu}t_{\nu}(\mu=1,2,\cdots,n;2\leqslant t_{\nu}\leqslant P,\nu=1,2,\cdots,n+1)$ 经过的一切整数组. 因为当 $Z(\boldsymbol{b},P)=0$ 时

$$I(\boldsymbol{b},P)=T(\boldsymbol{b},P)=0$$

所以由正交函数的性质以及 $A'(\boldsymbol{b},P)$ 是一个实函数，有

$$Q(P)=\sum_{\boldsymbol{b}\in\mathscr{D}(P)}\cdots\sum\{I(\boldsymbol{b},P)-A'(\boldsymbol{b},P)T(\boldsymbol{b},P)\}^2\geqslant$$
$$\sum_{b_1=1}^{X}\cdots\sum_{b_n=1}^{X}\{I(\boldsymbol{b},P)-A'(\boldsymbol{b},P)T(\boldsymbol{b},P)\}^2$$

**引理 11**　若 $R(P)$ 的定义如 10.1，则

$$R(P)\ll[Q(P)L^{2n+2}]^{\frac{n}{n+2}}+X^nL^{-\gamma}\qquad ㊻$$

其中，$\gamma$ 由引理 8 定义.

**证明**　设 $\mathscr{R}(P)$ 为由 $I(\boldsymbol{b},P)=0,A'(\boldsymbol{b},P)>c_7$ 及 $1\leqslant b_1,\cdots,b_n\leqslant X$ 组成的区域，于是由 ㊹ 得

$$\sum_{\boldsymbol{b}\in\mathscr{R}(P)}\cdots\sum T^2(\boldsymbol{b},P)\ll Q(P)\qquad ㊼$$

现记 $\mathscr{R}(P)$ 中整数组 $(b_1,\cdots,b_n)$ 的组数为 $R_1(P)$，则可

假定 $R_1(P)\geqslant X^{n-1}$,否则利用引理 8 就得定理 2. 利用引理 9 及 ㊺,显然有

$$\sum_{\boldsymbol{b}\in\mathcal{R}(P)}\cdots\sum T^2(\boldsymbol{b},P)\geqslant$$

$$L^{-2n-2}\sum_{\boldsymbol{b}\in\mathcal{R}(P)}\cdots\sum\left\{\max\left\{\left[\sum_{i=1}^{n}f_ib_i-f_{n+1}\right],0\right\}\right\}^2\gg$$

$$L^{-2n-2}\sum_{\boldsymbol{b}\in\mathcal{R}(P)}\cdots\sum\left(\sum_{i=1}^{n}b_i^2\right)$$

现若记

$$E(P)=\{\boldsymbol{b}\mid 1\leqslant b_i<R_1^{\frac{1}{n}}(P),i=1,2,\cdots,n\}$$

则

$$\sum_{\boldsymbol{b}\in\mathcal{R}(P)}\cdots\sum\left(\sum_{i=1}^{n}b_i^2\right)=\left(\sum_{\boldsymbol{b}\in\mathcal{R}(P)\cap E(P)}\cdots\sum+\sum_{\boldsymbol{b}\in\mathcal{R}(P)-\mathcal{R}(P)\cap E(P)}\cdots\sum\right)\left(\sum_{i=1}^{n}b_i^2\right)\geqslant$$

$$\sum_{\boldsymbol{b}\in\mathcal{R}(P)\cap E(P)}\cdots\sum b_1^2+\sum_{\boldsymbol{b}\in\mathcal{R}(P)-\mathcal{R}(P)\cap E(P)}\cdots\sum R_1^{\frac{2}{n}}(P)\geqslant$$

$$\sum_{\boldsymbol{b}\in\mathcal{R}(P)\cap E(P)}\cdots\sum b_1^2+\sum_{\boldsymbol{b}\in E(P)-\mathcal{R}(P)\cap E(P)}\cdots\sum b_1^2=$$

$$\sum_{\boldsymbol{b}\in E(P)}\cdots\sum b_1^2\gg(R_1(P))^{1+\frac{2}{n}}$$

利用 ㊼,就得

$$R_1(P)\ll(Q(P)L^{2n+2})^{\frac{n}{n+2}}$$

再由引理 8 及 $R(P)$,$R_1(P)$ 的定义,就有

$$R(P)\ll(Q(P)L^{2n+2})^{\frac{n}{n+2}}+X^nL^{-\nu}$$

## 10.4 基本引理

**引理 12**(西格尔－瓦尔菲茨[①]) 令 $\sigma$,$\sigma_2$ 为任意给定的正实数,若 $q\leqslant L^{\sigma}$,$(l,q)=1$,$x\leqslant P$,再令 $\pi(x;q,l)$

① A. Walfisz. Zur additive Zahlentheorie II. Math. Zeits., 1936, 40:592-607.

表示算术级数 $qm+l$ 中不大于 $x$ 的素数个数，则

$$\pi(x;q,l)=\sum_{\substack{P\equiv l(\bmod q)\\P\leqslant x}}1=\frac{1}{\varphi(q)}\sum_{2\leqslant t\leqslant x}\frac{1}{\log t}+O(P\mathrm{e}^{-\sigma_2\sqrt{L}})\tag{48}$$

符号"$O$"包含的常数与 $q$ 无关.

**引理 13**　设 $\sigma_3,\sigma_4$ 为任意给定的两个正实数，则对适合

$$\left|\alpha-\frac{h}{q}\right|\leqslant p^{-1}L^{\sigma_4},q\leqslant L^{\sigma_0}$$

的实数 $\alpha$，常有

$$\sum_{p\leqslant P}e(p\alpha)-\frac{\sum_{1\leqslant l\leqslant q}'e\left(\frac{l}{q}h\right)}{\varphi(q)}\sum_{t=2}^{P}\frac{e\left(t\left(\alpha-\frac{h}{q}\right)\right)}{\log t}=O(pL^{-\sigma_3})$$

**证明**　利用引理 12 及分部求和法即得证. 可参考相关文献[①]中引理 7 的证明.

**引理 14**　设 $|\beta_\mu|<\tau^{-1}=P^{-1}L^{\sigma_1}(\mu=1,2,\cdots,n)$ 不能同时成立，又 $|\beta_\mu|\leqslant 1-\tau^{-1}(\mu=1,2,\cdots,n)$，那么，若 ③ 成立，则必存在一个自然数 $\lambda(1\leqslant\lambda\leqslant n+1)$，使得

$$\sum_{t=2}^{P}\frac{e\left(t\sum_{\mu=1}^{n}a_{\mu\lambda}\beta_\mu\right)}{\log t}\ll PL^{-\sigma_1+1}\tag{49}$$

**证明**　我们首先证明，存在一个自然数 $\lambda(1\leqslant\lambda\leqslant n+1)$，使得

$$\left\langle\sum_{\mu=1}^{n}a_{\mu\lambda}\beta_\mu\right\rangle\geqslant P^{-1}L^{\sigma_1-1}\tag{50}$$

① 吴方. 素数变数的线性方程组. 数学学报，1957，7：102-122.

其中,$\langle x\rangle$ 表示 $x$ 和整数间的最近距离.

若 ⑩ 不成立,则必有

$$|\theta_\nu|<\tau^{-1}L^{-1},\nu=1,2,\cdots,n+1$$

使

$$\sum_{\mu=1}^{n}a_{\mu j}\beta_\mu=i_j+\theta_j,j=1,2,\cdots,n+1 \qquad ⑪$$

此处 $i_j$ 是整数.利用引理 6 中的记号,由 ⑪ 解得

$$(-1)^{n-j+1}\Delta_n^j\beta_\nu=\Delta_{n(\nu)}^j(\boldsymbol{i})+\Delta_{n(\nu)}^j(\boldsymbol{\theta}),\nu=1,2,\cdots,n \qquad ⑫$$

对 $j=1,2,\cdots,n+1$ 皆成立.因 $(\Delta_n^1,\Delta_n^2,\cdots,\Delta_n^{n+1})=1$,故必存在整数组 $m_1,m_2,\cdots,m_{n+1}$,使

$$\sum_{j=1}^{n+1}m_j(-1)^{n-j+1}\Delta_n^j=1$$

从而由 ⑫ 得

$$\beta_\nu=\sum_{j=1}^{n+1}m_j\Delta_{n(\nu)}^j(\boldsymbol{i})+\sum_{j=1}^{n+1}m_j\Delta_{n(\nu)}^j(\boldsymbol{\theta}),1\leqslant\nu\leqslant n \qquad ⑬$$

此时 ⑬ 右边第一项是整数,第二项为 $O(\tau^{-1}L^{-1})$,因此,若 $\sum_{j=1}^{n+1}m_j\Delta_{n(\nu)}^j(\boldsymbol{i})=0,\nu=1,2,\cdots,n$,则与假设"与 $|\beta_\mu|<\tau^{-1}$ 不能同时成立"相矛盾.又如果存在 $\nu_0$,使得 $\sum_{j=1}^{n+1}m_j\Delta_{n(\nu_0)}^j(\boldsymbol{i})\neq 0$,那么,当 $P$ 充分大时,$O(\tau^{-1}L^{-1})>-\tau^{-1}$,就得出与 $|\beta_\mu|\leqslant 1-\tau^{-1}(\mu=1,2,\cdots,n)$ 相矛盾,所以 ⑩ 成立.

根据阿贝尔求和

$$\left|\sum_{t=2}^{P}\frac{e\left(t\sum_{\mu=1}^{n}a_{\mu\lambda}\beta_\mu\right)}{\log t}\right|\ll\max_{N\leqslant P}\left|\sum_{2\leqslant t\leqslant N}e\left(t\sum_{\mu=1}^{n}a_{\mu\lambda}\beta_\mu\right)\right|\ll$$

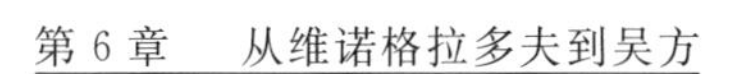


$$\frac{1}{\langle \sum_{\mu=1}^{n} a_{\mu\lambda}\beta_{\mu} \rangle} \leqslant PL^{-\sigma_1+1}$$

此即引理.

### 10.5　余区间上的估计

令 $M$ 是定理 2 中任意给定的正实数,$\gamma$ 为不小于 $M$ 的实数,取

$$\begin{cases} \sigma_5 = \left(\frac{n+2}{n}M + n + 2\right)/2 \\ \sigma_6 = 2\sigma_5 + 9 \\ \sigma_0 = \max\{(n\sigma_6 + 1), \gamma + a'\}, a' > a = 2^{\sum_{i=0}^{n-1} \mathrm{C}_{n+1}^{i}} - 1 \\ \sigma_1 = \left(\frac{n+2}{n}M + 3(n+1)\sigma_0 + n + 4\right)/2 \\ \sigma_3 = \left(\frac{n+2}{n}M + (n+1)\sigma_0 + n\sigma_1 + 2n + 2\right)/2 \end{cases} \quad ㊹$$

如前,设 $\tau = PL^{-\sigma_1}$,而以 $M\left(\frac{h_1}{q}, \cdots, \frac{h_n}{q}\right)$ 表示 $n$ 维空间中的立方体

$$\left|\alpha_{\mu} - \frac{h_{\mu}}{q}\right| < \tau^{-1}, \mu = 1, 2, \cdots, n \quad ㊺$$

其中,$\boldsymbol{\alpha} = (a_1, a_2, \cdots, a_n)$ 为 $n$ 维空间中的一点,而

$$(h_1, h_2, \cdots, h_n, q) = 1, 0 \leqslant h_{\mu} < q \leqslant L^{\sigma_0}$$

则当 $P$ 充分大时,易见两个不同的 $M$ 不能相交. 又以 $K$ 表示从立方体

$$-\tau^{-1} < \alpha_{\mu} \leqslant 1 - \tau^{-1}, \mu = 1, 2, \cdots, n$$

中除去全部 $M$ 后剩余的部分. 由 ㊹ 知

$$Q(P) = \left(\sum_{M}\int_{M} + \int_{K}\right) \left| \prod_{\nu=1}^{n+1} S_P^{(\nu)}(\boldsymbol{\alpha}) - \right.$$

$$\sum_{q\leqslant L^{\sigma_0}}\sum_{\substack{h_1=0\\(h_1,\cdots,h_n,q)=1}}^{q-1}\cdots\sum_{h_n=0}^{q-1}\prod_{\nu=1}^{n+1}\widetilde{S}_P^{(\nu)}\left(q,\boldsymbol{\alpha}-\frac{\boldsymbol{h}}{q}\right)\Big|^2\mathrm{d}\alpha_1\cdots\mathrm{d}\alpha_n=$$

$$Q_1(P)+Q_2(P) \tag{56}$$

现先估计 $Q_2(P)$. 对 $Q_2(P)$,有

$$Q_2(P)\ll\int_K\left|\prod_{\nu=1}^{n+1}S_P^{(\nu)}(\boldsymbol{\alpha})\right|^2\mathrm{d}\alpha_1\cdots\mathrm{d}\alpha_n+$$

$$\int_K\left|\sum_{q=L^{\sigma_0}}\sum_{\substack{h_1=0\\(h_1,\cdots,h_n,q)=1}}^{q-1}\cdots\sum_{h_n=0}^{q-1}\prod_{\nu=1}^{n+1}\widetilde{S}_P^{(\nu)}\left(q,\boldsymbol{\alpha}-\frac{\boldsymbol{h}}{q}\right)\right|^2\cdot$$

$$\mathrm{d}\alpha_1\cdots\mathrm{d}\alpha_n=$$

$$Q'_2(P)+Q''_2(P) \tag{57}$$

**引理 15** 对于 $K$ 中任何一点 $\boldsymbol{\alpha}=(\alpha_1,\cdots,\alpha_n)$,必有一个自然数 $\lambda\leqslant n$,使得

$$\sum_{p\leqslant P}e\left(P\sum_{\mu=1}^{n}a_{\mu\lambda}\alpha_\mu\right)\ll PL^{-\sigma_5} \tag{58}$$

**引理 16**

$$Q'_2(P)\ll P^{n+2}L^{-2\sigma_5-n} \tag{59}$$

**证明** 由引理 15 和 ⑰ 知

$$Q'_2(P)\ll P^2L^{-2\sigma_5}\sum_{\lambda=1}^{n}\int_0^1\cdots\int_0^1\left|\prod_{\substack{\nu=1\\\nu\neq\lambda}}^{\lambda+1}S_P^{(\nu)}(\boldsymbol{\alpha})\right|^2\mathrm{d}\alpha_1\cdots\mathrm{d}\alpha_n \tag{60}$$

给出 $1,2,\cdots,n+1$ 的一个排列 $\lambda,\nu_1,\cdots,\nu_n$,于是有

$$\int_0^1\cdots\int_0^1\left|\prod_{\substack{\nu=1\\\nu\neq\lambda}}^{n+1}S_P^{(\nu)}(\boldsymbol{\alpha})\right|^2\mathrm{d}\alpha_1\cdots\mathrm{d}\alpha_n=$$

$$\int_0^1\cdots\int_0^1\left|\prod_{j=1}^{n}S_P^{(\nu_j)}(\boldsymbol{\alpha})\right|^2\mathrm{d}\alpha_1\cdots\mathrm{d}\alpha_n=$$

$$\sum_{p_1\leqslant P}\cdots\sum_{p_n\leqslant P}\sum_{q_1\leqslant P}\cdots\sum_{q_n\leqslant P}\int_0^1\cdots\int_0^1 e\Big(\sum_{j=1}^{n}(p_j-$$

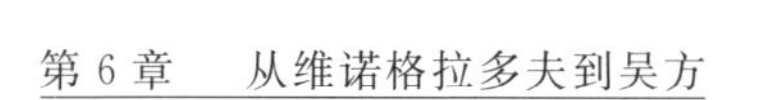



$$q_j)\sum_{\mu=1}^{n}a_{\mu\nu_j}\alpha_\mu)\mathrm{d}\alpha_1\cdots\mathrm{d}\alpha_n=$$

$$\sum_{p_1\leqslant P}\cdots\sum_{p_n\leqslant P}\sum_{q_1\leqslant P}\cdots\sum_{q_n\leqslant P}1=$$
$$\sum_{j=1}^{n}a_{\mu\nu_j}(p_j-q_j)=0$$
$$\mu=1,2,\cdots,n$$

$$\sum_{p_1\leqslant P}\cdots\sum_{p_n\leqslant P}1\ll\left(\frac{P}{L}\right)^n \tag{61}$$

这里利用了矩阵 $\mathbf{A}$ 的 $n$ 级子式全不为零的假定. 将 ⑹ 代入 ⑹,就得到 ⑸.

**引理 17**

$$Q''_2(P)\ll P^{n+2}L^{-2\sigma_1+2(n+1)\sigma_0-n+2} \tag{62}$$

**证明**　(1) 先证:若 $\boldsymbol{\alpha}\in K, q\leqslant L^{\sigma_0}, (h_1,\cdots,h_n, q)=1$,则必有一个自然数 $\lambda(1\leqslant\lambda\leqslant n+1)$,使得

$$\sum_{2\leqslant t\leqslant P}\frac{e\left(t\sum_{\mu=1}^{n}a_{\mu\lambda}\left(\alpha_\mu-\frac{h_\mu}{q}\right)\right)}{\log t}\ll PL^{-\sigma_1+1} \tag{63}$$

当 $\boldsymbol{\alpha}\in K, q\leqslant L^{\sigma_0}, (h_1,\cdots,h_n,q)=1$ 时,由 $K$ 的定义,可知 $\left|\alpha_\mu-\frac{h_\mu}{q}\right|<\tau^{-1}(\mu=1,2,\cdots,n)$ 不能同时成立. 又因 $\frac{h_\mu}{q}$ 的最大值不超过 $\frac{L^{\sigma_0}-1}{L^{\sigma_0}}=1-L^{-\sigma_0}$,最小值为零,而 $-\tau^{-1}<\alpha_\mu\leqslant1-\tau^{-1}$,故当 $P$ 充分大时

$$\left|\alpha_\mu-\frac{h_\mu}{q}\right|\leqslant\max\{1-\tau^{-1},1-L^{-\sigma_0}+\tau^{-1}\}=$$
$$1-\tau^{-1},\mu=1,\cdots,n$$

因此,利用引理 14,就得到 ⑹.

(2) 由 ⑸⑷⑹ 及 Буняковский－施瓦兹不等式

$$Q''_2(P)=\int_K\left|\sum_{\substack{q\leqslant L^{\sigma_0}\\(h_1,\cdots,h_n,q)=1}}\sum_{h_1=0}^{q-1}\cdots\sum_{h_n=0}^{q-1}\prod_{\nu=0}^{n+1}\widetilde{S}_P^{(\nu)}\left(q,\right.\right.$$

$$\boldsymbol{\alpha}-\frac{\boldsymbol{h}}{q}\Big)\Big|^{2}\mathrm{d}\alpha_1\cdots\mathrm{d}\alpha_n\leqslant$$

$$\Big(\sum_{q\leqslant L^{\sigma_0}}\sum_{\substack{h_1=0\\(h_1,\cdots,h_n,q)=1}}^{q-1}\cdots\sum_{h_n=0}^{q-1}1\Big)\cdot$$

$$\sum_{q\leqslant L^{\sigma_0}}\sum_{\substack{h_1=0\\(h_1,\cdots,h_n,q)=1}}^{q-1}\cdots\sum_{h_n=0}^{q-1}\int_K\Big|\prod_{\nu=1}^{n+1}\sum_{2\leqslant t\leqslant P}\frac{1}{\log t}\cdot$$

$$e\Big(t\sum_{\mu=1}^{n}a_{\mu\nu}\Big(\alpha_\mu-\frac{h_\mu}{q}\Big)\Big)\Big|^{2}\mathrm{d}\alpha_1\cdots\mathrm{d}\alpha_n\ll$$

$$L^{(n+1)\sigma_0}P^2L^{-2\sigma_1+2}\Big(\sum_{q\leqslant L^{\sigma_0}}\sum_{\substack{h_1=0\\(h_1,\cdots,h_n,q)=1}}^{q-1}\cdots\sum_{h_n=0}^{q-1}\sum_{\lambda=1}^{n+1}I_\lambda\Big)\qquad(64)$$

其中

$$I_\lambda=\int_0^1\cdots\int_0^1\Bigg|\prod_{\substack{\nu=1\\\nu\neq\lambda}}^{n+1}\sum_{2\leqslant t\leqslant P}\frac{e\Big(t\sum\limits_{\mu=1}^{n}a_{\mu\nu}\Big(\alpha_\mu-\frac{h_\mu}{q}\Big)\Big)}{\log t}\Bigg|^{2}\mathrm{d}\alpha_1\cdots\mathrm{d}\alpha_n$$

再取 $1,2,\cdots,n+1$ 的一个排列 $\lambda,\nu_1,\cdots,\nu_n$,即得

$$I_\lambda=\int_0^1\cdots\int_0^1\Bigg|\prod_{j=1}^{n}\sum_{2\leqslant t\leqslant P}\frac{e\Big(t\sum\limits_{\mu=1}^{n}a_{\mu\nu_j}\Big(\alpha_\mu-\frac{h_\mu}{q}\Big)\Big)}{\log t}\Bigg|^{2}\mathrm{d}\alpha_1\cdots\mathrm{d}\alpha_n=$$

$$\sum_{2\leqslant t_1\leqslant P}\cdots\sum_{2\leqslant t_n\leqslant P}\sum_{2\leqslant s_1\leqslant P}\cdots\sum_{2\leqslant s_n\leqslant P}\int_0^1\cdots\int_0^1 e\Big(\sum_{j=1}^{n}(t_j-$$

$$s_j)\sum_{\mu=1}^{n}a_{\mu\nu_j}\alpha_\mu\Big)(\log t_1\cdots\log t_n\cdot$$

$$\log s_1\cdots\log s_n)^{-1}\mathrm{d}\alpha_1\cdots\mathrm{d}\alpha_n=$$

$$\sum_{2\leqslant t_1\leqslant P}\cdots\sum_{2\leqslant t_n\leqslant P}\sum_{2\leqslant s_1\leqslant P}\cdots\sum_{\substack{2\leqslant s_n\leqslant P\\\sum\limits_{j=1}^{n}a_{\mu\nu_j}(t_j-s_j)=0\\\mu=1,2,\cdots,n}}(\log t_1\cdots\log t_n\cdot$$

$$\log s_1\cdots\log s_n)^{-1}=$$

$$\left(\sum_{t=2}^{P}\frac{1}{\log^2 t}\right)^n \ll \left(\frac{P}{L}\right)^n \tag{65}$$

这里也用了矩阵 $\mathbf{A}$ 的 $n$ 级子式不为零的假定及 $e(x)$ 为周期函数的性质. 将 ⑥⑤ 代入 ⑥④,就得到引理.

### 10.6　基本区间的估计

由 ⑤⑥ 及 Буняковский－施瓦兹不等式

$$Q_1(P)=\sum_M\int_M\left|\prod_{\nu=1}^{n+1}S_P^{(\nu)}(\boldsymbol{\alpha})-\right.$$

$$\left.\sum_{\substack{q\leqslant L^{\sigma_0}\\(h_1,\cdots,h_n,q)=1}}\sum_{h_1=0}^{q-1}\cdots\sum_{h_n=0}^{q-1}\prod_{\nu=1}^{n+1}\tilde{S}_P^{(\nu)}\left(q,\boldsymbol{\alpha}-\frac{\boldsymbol{h}}{q}\right)\right|^2\mathrm{d}\alpha_1\cdots\mathrm{d}\alpha_n=$$

$$\sum_{M(q,\boldsymbol{h})}\int_M\left|\prod_{\nu=1}^{n+1}S_P^{(\nu)}(\boldsymbol{\alpha})-\prod_{\nu=1}^{n+1}\tilde{S}_P^{(\nu)}\left(q,\boldsymbol{\alpha}-\frac{\boldsymbol{h}}{q}\right)-\right.$$

$$\left.\sum_{\substack{q'\leqslant L^{\sigma_0}\\(h'_1,\cdots,h'_n,q')=1\\h'_1,\cdots,h'_n,q'\neq h_1,\cdots,h_n,q}}\sum_{h'_1=0}^{q'-1}\cdots\sum_{h'_n=0}^{q'-1}\prod_{\nu=1}^{n+1}\tilde{S}_P^{(\nu)}\left(q',\boldsymbol{\alpha}-\frac{\boldsymbol{h}'}{q'}\right)\right|^2\mathrm{d}\alpha_1\cdots\mathrm{d}\alpha_n\ll$$

$$\sum_{M(q,\boldsymbol{h})}\int_M\left|\prod_{\nu=1}^{n+1}S_P^{(\nu)}(\boldsymbol{\alpha})-\prod_{\nu=1}^{n+1}\tilde{S}_P^{(\nu)}\left(q,\boldsymbol{\alpha}-\frac{\boldsymbol{h}}{q}\right)\right|^2\mathrm{d}\alpha_1\cdots\mathrm{d}\alpha_n+$$

$$\sum_{M(q,\boldsymbol{h})}\int_M\left|\sum_{\substack{q'\leqslant L^{\sigma_0}\\(h'_1,\cdots,h'_n,q')=1\\h'_1,\cdots,h'_n,q'\neq h_1,\cdots,h_n,q}}\sum_{h'_1=0}^{q'-1}\cdots\sum_{h'_n=0}^{q'-1}\prod_{\nu=1}^{n+1}\tilde{S}_P^{(\nu)}\left(q',\boldsymbol{\alpha}-\frac{\boldsymbol{h}'}{q'}\right)\right|^2\mathrm{d}\alpha_1\cdots\mathrm{d}\alpha_n=$$

$$Q'_1(P)+Q''_1(P) \tag{66}$$

此处 $h'_1,\cdots,h'_n,q'\neq h_1,\cdots,h_n,q$ 表示等式 $h'_1=h_1,\cdots,h'_n=h_n,q=q'$ 不能同时成立.

**引理 18**

$$Q'_1(P)\ll P^{n+2}L^{-2\sigma_3+(n+1)\sigma_0+n\sigma_1} \tag{67}$$

**证明**　由引理 13 可知,当 $\boldsymbol{\alpha}\in M$ 时

$$S_P^{(\nu)}(\boldsymbol{\alpha})-\widetilde{S}_P^{(\nu)}\left(q,\boldsymbol{\alpha}-\frac{\boldsymbol{h}}{q}\right)\ll PL^{-\sigma_3},\nu=1,2,\cdots,n+1$$

因此

$$\prod_{\nu=1}^{n+1}S_P^{(\nu)}(\boldsymbol{\alpha})-\prod_{\nu=1}^{n+1}\widetilde{S}_P^{(\nu)}\left(q,\boldsymbol{\alpha}-\frac{\boldsymbol{h}}{q}\right)\ll P^{n+1}L^{-\sigma_3}$$

从而由 ⑯ 并因每个 $M$ 的体积是$(p^{-1}L^{\sigma_1})^n$,可得

$$Q'_1(P)\ll\sum_{q\leqslant L^{\sigma_0}}\sum_{\substack{h_1=0\\(h_1,\cdots,h_n,q)=1}}^{q-1}\cdots\sum_{h_n=0}^{q-1}P^{2n+2}L^{-2\sigma_3}(P^{-1}L^{\sigma_1})^n\ll$$

$$P^{n+2}L^{-2\sigma_3+n\sigma_1+(n+1)\sigma_0}$$

**引理 19**

$$Q''_1(P)\ll P^{n+2}L^{-2\sigma_1-n+2+3(n+1)\sigma_0} \tag{68}$$

**证明** (1) 类似于引理 17 的证明(1),可得:当 $\boldsymbol{\alpha}\in M$ 而 $h'_1,\cdots,h'_n,q'\neq h_1,\cdots,h_n,q$ 时,必有一个 $\lambda$,使得

$$\sum_{2\leqslant t\leqslant P}\frac{e\left(t\sum_{\mu=1}^{n}a_{\mu\lambda}\left(\alpha_\mu-\frac{h'_\mu}{q'}\right)\right)}{\log t}\ll PL^{-\sigma_1+1} \tag{69}$$

(2) 由 ⑯⑲ 及 Буняковский－施瓦兹不等式

$Q''_1(P)=$

$$\sum_{M(q,\boldsymbol{h})}\int_M\Bigg|\sum_{\substack{q'\leqslant L^{\sigma_0}\\(h'_1,\cdots,h'_n,q')=1\\h'_1,\cdots,h'_n,q'\neq h_1,\cdots,h_n,q}}\sum_{h'_1=0}^{q'-1}\cdots\sum_{h'_n=0}^{q'-1}\prod_{\nu=1}^{n+1}\widetilde{S}_P^{(\nu)}\cdot$$

$$\left(q',\boldsymbol{\alpha}-\frac{\boldsymbol{h}'}{q'}\right)\Bigg|^2\mathrm{d}\alpha_1\cdots\mathrm{d}\alpha_n\leqslant$$

$$\sum_{M(q,\boldsymbol{h})}\Bigg(\Bigg(\sum_{\substack{q'\leqslant L^{\sigma_0}\\(h'_1,\cdots,h'_n,q')=1\\h'_1,\cdots,h'_n,q'\neq h_1,\cdots,h_n,q}}\sum_{h'_1=0}^{q'-1}\cdots\sum_{h'_n=0}^{q'-1}1\Bigg)\cdot$$

$$\sum_{\substack{q'\leqslant L^{\sigma_0} \\ (h'_1,\cdots,h'_n,q')=1 \\ h'_1,\cdots,h'_n,q'\neq h_1,\cdots,h_n,q}} \sum_{h'_1=0}^{q'-1}\cdots\sum_{h'_n=0}^{q'-1}\int_M\left|\prod_{\nu=1}^{n+1}\widetilde{S}_P^{(\nu)}\cdot\right.$$

$$\left.\left(q',\boldsymbol{\alpha}-\frac{\boldsymbol{h}'}{q'}\right)\right|^2\mathrm{d}\alpha_1\cdots\mathrm{d}\alpha_n\Big)\ll$$

$$L^{(n+1)\sigma_0}\sum_{M(q,\boldsymbol{h})}\sum_{\substack{q\leqslant L^{\sigma_0} \\ (h'_1,\cdots,h'_n,q')=1 \\ h'_1,\cdots,h'_n,q'\neq h_1,\cdots,h_n,q}}\sum_{h'_1=0}^{q'-1}\cdots\sum_{h'_n=0}^{q'-1}P^2L^{-2\sigma_1+2}\sum_{\lambda=1}^{n+1}I_\lambda$$

此处 $I_\lambda$ 和 ⑭ 中完全相同，故有

$$Q''_1(P)\ll P^{n+2}L^{-2\sigma_1-n+2+3(n+1)\sigma_0}$$

**定理 2 的证明**　由 ㊹㊻㊼㊾㊷㊻㊼㊽ 可得

$$Q(P)\ll P^{n+2}L^{-\frac{n+2}{n}M-2n-2}$$

于是由 ㊻ 知

$$R(P)\ll P^nL^{-M}+X^nL^{-\gamma}\ll X^nL^{-M}$$

## §11　关于素数变数线性方程组的一点注记
## ——同余可解条件的研究[①]

——陆鸣皋

华罗庚[②]曾提出关于整系数素数变数的线性方程组

$$\sum_{\nu=1}^{2n+1}a_{\mu\nu}p_\nu=b_\mu,\mu=1,2,\cdots,n \qquad ①$$

① 原载于《中国科学技术大学学报》，1980，10(4)：141-144.

② 华罗庚. 堆垒素数论. 北京：科学出版社，1957.

的解的问题. 关于这个问题,詹姆斯和外尔[①]、里切特[②],以及科皮特[③]曾对一些特殊的情形做了研究. 1957 年,吴方[④]在某些条件下建立了 ① 的解数的渐近公式. 若以 $I(\boldsymbol{b};P)$ 表示方程组 ① 在 $2\leqslant p_\nu\leqslant P(\nu=1,2,\cdots,2n+1)$ 下的解组数,他指出

$$I(\boldsymbol{b};P)=\prod_{p=2}^{\infty}s(p)\cdot\frac{P^{n+1}}{L^{2n+1}}\cdot \int_{-\infty}^{+\infty}\cdots\int_{-\infty}^{+\infty}\prod_{\nu=1}^{2n+1}\left(\int_0^1 e\left(s\sum_{\nu=1}^{n}a_{\mu\nu}\beta_\mu\right)\mathrm{d}s\right)\cdot e\left(-\sum_{\mu=1}^{n}\frac{b_\mu}{P}\beta_\mu\right)\mathrm{d}\beta_1\cdots\mathrm{d}\beta_n+O\left(\frac{P^{n+1}}{L^{2n+2}}(\log L)^n\right) \quad ②$$

这里 $L=\log P$,$(\varphi(p))^{2n+1}\dfrac{s(p)}{p^n}$ 表示同余方程组

$$\sum_{\nu=1}^{2n+1}a_{\mu\nu}l_\nu\equiv b_\mu(\bmod p),\mu=1,2,\cdots,n \quad ③$$

在 $1\leqslant l_\nu\leqslant p-1(\nu=1,2,\cdots,2n+1)$ 下的解组数.

熟知要使 ② 有意义,需要讨论

$$\prod_{p=2}^{\infty}s(p)\geqslant A_1>0 \quad ④$$

及

$$\int_{-\infty}^{+\infty}\cdots\int_{-\infty}^{+\infty}\prod_{\nu=1}^{2n+1}\left(\int_0^1 e\left(s\sum_{\mu=1}^{n}a_{\mu\nu}\beta_\mu\right)\mathrm{d}s\right)\cdot$$

① R. D. James, H. Weyl. Amer. J. Math., 1942, 64: 539-552.

② Hans Egon. Richert. Jour. Reine Angew. Math., 1953, 191: 179-198.

③ J. G. Van der Corput. Propriétés Additives. I, Acta Arithmetica, 1939, 3: 180-234.

④ 吴方. 素数变数的线性方程组. 数学学报, 1957, 7: 102-122.

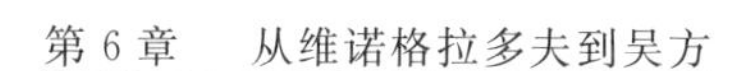



$$e\left(-\sum_{\mu=1}^{n}\frac{b_\mu}{P}\beta_\mu\right)\mathrm{d}\beta_1\cdots\mathrm{d}\beta_n\geqslant A_2>0 \qquad ⑤$$

成立的条件，其中 $A_1$ 是与 $\boldsymbol{b}=(b_1,\cdots,b_n)$ 无关，而 $A_2$ 是与 $P,\boldsymbol{b}$ 都无关的常数. 称保证 ④ 成立的条件为同余可解条件，而称保证 ⑤ 成立的条件为正可解条件.

在前文提到的吴方的论文中，仅讨论了 $n=1$ 时的同余可解条件，本节对一般情形的同余可解条件进行了讨论. 文中假定，方程组 ① 的系数矩阵

$$\begin{pmatrix} a_{11} & a_{12} & \cdots & a_{1,2n+1} \\ a_{21} & a_{22} & \cdots & a_{2,2n+1} \\ \vdots & \vdots & & \vdots \\ a_{n1} & a_{n2} & \cdots & a_{n,2n+1} \end{pmatrix} \qquad ⑥$$

的所有 $n$ 级子式全不为 0，且在这些子式间没有 1 以外的公因子. 现在设 $\Delta_n^{(\nu_1,\cdots,\nu_n)}$ 是矩阵 ⑥ 中取第 $\nu_1,\cdots,\nu_n$ 列所构成的 $n$ 级子式，而 $\Delta_{n(j)}^{(\nu_1,\cdots,\nu_n)}(\boldsymbol{b})$ 是以 $(b_1,\cdots,b_n)$ 取代 $\Delta_n^{(\nu_1,\cdots,\nu_n)}$ 中的第 $j$ 列构成的 $n$ 阶行列式. 因为 ⑥ 的 $n$ 级子式互素，所以对任何素数 $p$，必存在一组整数 $\nu_1,\cdots,\nu_n$，$1\leqslant\nu_1<\nu_2<\cdots<\nu_n\leqslant 2n+1$，使得 $p\nmid\Delta_n^{(\nu_1,\cdots,\nu_n)}$. 在这样的假定下，本节的主要结果是：

**定理 1**　若 $p>n+1$，且对 $1,2,\cdots,2n+1$ 的一个排列 $\nu_1,\nu_2,\cdots,\nu_{2n+1}$，有

$$p\nmid\Delta_n^{(\nu_1,\cdots,\nu_n)} \qquad ⑦$$

$$p\nmid\prod_{j=1}^{n}(\Delta_n^{(\nu_1,\cdots,\nu_{j-1},\nu_{j+1},\cdots,\nu_n,\nu_{n+1})},\cdots,$$
$$\Delta_n^{(\nu_1,\cdots,\nu_{j-1},\nu_{j+1},\cdots,\nu_n,\nu_{2n+1})},\Delta_{n(j)}^{(\nu_1,\cdots,\nu_n)}(\boldsymbol{b}))$$

这里 $(a_1,\cdots,a_k)$ 表示 $a_1,\cdots,a_k$ 的最大公因子，那么

$$s(p)>0$$

**推论**　设

$$C_1=\max\{\max_{(\nu_1,\cdots,\nu_n)}|\Delta_n^{(\nu_1,\cdots,\nu_n)}|,n+1\} \qquad ⑧$$

这里“$\max\limits_{(\nu_1,\cdots,\nu_n)}$”表示在 $1,2,\cdots,2n+1$ 中任取 $n$ 个数 $\nu_1$，$\nu_2,\cdots,\nu_n$ 而构成的 $|\Delta_n^{(\nu_1,\cdots,\nu_n)}|$ 中取最大者. 则当 $p>C_1$ 时，$s(p)>0$. 特别地，若

$$b_\mu\equiv\sum_{\nu=1}^{2n+1}a_{\mu\nu}\ (\mathrm{mod}\prod_{p\leqslant C_1}p),\mu=1,2,\cdots,n \qquad ⑨$$

则对所有的素数 $p$，皆有 $s(p)>0$.

**定理 2** 取

$$C_2=\max\{2n+1,C_1\}$$

$$\delta=\prod_{p\leqslant C_2}\left(1-\frac{1}{p}\right)^{-2n-1}p^{-n-1}\prod_{p>C_2}\left(1-\frac{2n+1}{p}\right)\left(1-\frac{1}{p}\right)^{-2n-1}$$

若对所有的素数 $p$，皆有 $s(p)>0$，则

$$\prod_{p=2}^{\infty}s(p)\geqslant\delta>0$$

**引理 1**① 设 $F_q$ 是一个含有 $q$ 个元素的有限域，$f(x_1,\cdots,x_r)$ 是 $F_q$ 上的一个非零多项式，且每个 $x_i$ 的次数都小于 $q$，则必存在

$$(c_1,\cdots,c_r)\in F_q^r=\underbrace{F_q\times\cdots\times F_q}_{r\text{个}}$$

使 $f(c_1,\cdots,c_r)\neq 0$.

**引理 2**② 设 $f(x_1,\cdots,x_r)$ 是 $F_q$ 上的次数为 $d$ 的非零多项式，那么 $f(x_1,\cdots,x_r)$ 在 $F_q$ 中的零点个数 $N$ 满足

---

① Nathan Jacobson. Basic algebra 1. W. H. Freeman and Company, 1974.

② Wolfgang M. Schmidt. Equations over finite fields. Lecture Notes in Mathematics, 536, Springer-Verlag, 1976.

$$N \leqslant dq^{r-1} \tag{10}$$

**定理1的证明** 因为 $p \nmid \Delta_n^{(\nu_1,\cdots,\nu_n)}$，所以由克莱姆法则，同余方程组

$$\sum_{\nu=1}^{2n+1} a_{\mu\nu} l_\nu \equiv b_\mu (\bmod p), \mu = 1,2,\cdots,n \tag{11}$$

可解成

$$\Delta_n^{(\nu_1,\cdots,\nu_n)} l_{\nu_j} \equiv (-1)^{n-j+1} \sum_{k=n+1}^{2n+1} \Delta_n^{(\nu_1,\cdots,\nu_{j-1},\nu_{j+1},\cdots,\nu_n,\nu_k)} l_{\nu_k} + \Delta_{n\binom{1}{j}}^{(\nu_1,\cdots,\nu_n)}(\boldsymbol{b}), j = 1,2,\cdots,n (\bmod p) \tag{12}$$

由此可知同余方程组 ⑪ 的解组数恰为 $p^{n+1}$. 再考虑同余方程

$$l_1 l_2 \cdots l_{2n+1} \equiv 0 (\bmod p) \tag{13}$$

由 ⑫，此即

$$\prod_{j=1}^{n} \left( (-1)^{n-j+1} \sum_{k=n+1}^{2n+1} \Delta_n^{(\nu_1,\cdots,\nu_{j-1},\nu_{j+1},\cdots,\nu_n,\nu_k)} l_{\nu_k} + \Delta_{n\binom{1}{j}}^{(\nu_1,\cdots,\nu_n)}(\boldsymbol{b}) \right) l_{\nu_{n+1}} l_{\nu_{n+2}} \cdots l_{\nu_{2n+1}} \equiv 0 (\bmod p) \tag{14}$$

由定理的假定，上面同余式左边为 $F_p$ 上的非零多项式，又当 $p > n+1$ 时，依引理1得知 ⑭，即 ⑬ 的解数不超过 $p^{n+1} - 1$，故得定理.

**定理2的证明** 当 $p > C_2$ 时，由引理2，同余方程组 ⑭ 的解数

$$r_n(\boldsymbol{b}; p) \leqslant (2n+1) p^n$$

于是由

$$(\varphi(p))^{2n+1} \frac{s(p)}{p^n} = p^{n+1} - r_n(\boldsymbol{b}; p)$$

得出

$$s(p) = \left(1 - \frac{r_n(\boldsymbol{b}; p)}{p^{n+1}}\right) \left(1 - \frac{1}{p}\right)^{-2n-1} \geqslant$$

$$\left(1-\frac{2n+1}{p}\right)\left(1-\frac{1}{p}\right)^{-2n-1}$$

而当 $p\leqslant C_2$ 时

$$s(p)>0$$

即为

$$(\varphi(p))^{2n+1}\frac{s(p)}{p^n}\geqslant 1, s(p)\geqslant\left(1-\frac{1}{p}\right)^{-2n-1}p^{-n-1}$$

因此

$$\prod_p s(p)\geqslant\prod_{p\leqslant C_2}\left(1-\frac{1}{p}\right)^{-2n-1}p^{-n-1}\cdot$$
$$\prod_{p>C_2}\left(1-\frac{2n+1}{p}\right)\left(1-\frac{1}{p}\right)^{-2n-1}\geqslant\delta>0$$

以上结果当变数个数为 $m\geqslant 2n+1$ 时仍成立.

## §12 关于哥德巴赫问题(Ⅰ)[①]

——陈景润

在本节中我们证明了:每一个正奇数 $N\geqslant e^{e^{11.503}}$ 都能够表示成三个素数之和.

### 12.1 引言

早在1742年哥德巴赫在写给欧拉的一封信中提出了如下的猜测:每一个大于4的偶数都能够表示成两个素数之和;每一个大于5的奇数都能够表示成三

① 原载于《数学学报》,1989,32(5):702-718.

个素数之和.这就是著名的哥德巴赫猜想.1937年苏联数学家维诺格拉多夫证明了:存在一个充分大的绝对常数 $N_0$,使得每一个大于 $N_0$ 的奇数都能够表示成三个素数之和.在1956年苏联学者巴雷德金宣布了 $N_0$ 可以取为 $e^{e^{16.038}}$,但至今尚未见到其证明.在本节中我们改进了这一结果,证明了如下的定理.

**定理**　每一个奇数 $N \geqslant e^{e^{11.503}}$ 都能够表示成三个素数之和.

为了叙述本节的结果,我们先引入如下的记号:$p, p_k (k=1,2,\cdots)$ 总表示素数,$N$ 恒表示正奇数.令 $r=\log N, \tau=Nr^{-7.5}$,$I(N)$ 表示将 $N$ 表示成 $N=p_1+p_2+p_3$ 的形式的表法个数,则我们有

$$I(N)=\int_0^1 S^3(\alpha)e(-N\alpha)\mathrm{d}\alpha=\int_{-\tau^{-1}}^{1-\tau^{-1}} S^3(\alpha)e(-N\alpha)\mathrm{d}\alpha$$

其中,$S(\alpha)=\sum\limits_{p\leqslant N}e(p\alpha)$,对于任何实数 $\theta, e(\theta)=e^{2\pi i\theta}$.熟知区间 $[-\tau^{-1}, 1-\tau^{-1}]$ 上每一点 $\alpha$ 都能够表示成

$$\alpha=\frac{a}{q}+z,(a,q)=1,1\leqslant q\leqslant\tau,\ |z|\leqslant\frac{1}{q\tau}$$

的形式.我们用 $E_1$ 表示满足 $1\leqslant q\leqslant r^3$ 的 $\alpha$ 所组成的集合,用 $E_2$ 表示满足 $r^3\leqslant q\leqslant r^{6.5}$ 的 $\alpha$ 所组成的集合,用 $E_3$ 表示从 $[-\tau^{-1}, 1-\tau^{-1}]$ 中去掉 $E_1$ 和 $E_2$ 以后的点所组成的集合.最后我们令

$$I_1(N)=\int_{E_1} S^3(\alpha)e(-N\alpha)\mathrm{d}\alpha$$

$$I_2(N)=\int_{E_2} S^3(\alpha)e(-N\alpha)\mathrm{d}\alpha$$

$$I_3(N)=\int_{E_3} S^3(\alpha)e(-N\alpha)\mathrm{d}\alpha$$

## 12.2 关于 $I_1(N)$ 的一个下界

**引理 1** 设 $\beta \geqslant 0$, $z$ 是实数, $N \geqslant e^{100}$, 令

$$J_N(z,\beta)=\int_2^N \frac{e(zt)}{t^\beta \log t}\mathrm{d}t$$

则我们有

$$|J_N(z,\beta)| \leqslant \begin{cases} 1.02Nr^{-1}, & |z| \leqslant N^{-1} \\ 0.747(|z|r)^{-1}, & N^{-1} \leqslant |z| \leqslant \frac{1}{2}N^{-\frac{79}{80}} \\ 1.03|z|^{-1}, & \frac{1}{2}N^{-\frac{79}{80}} \leqslant |z| \leqslant \frac{1}{2} \end{cases}$$

**证明** 当 $N \geqslant e^{100}$ 时, 我们有

$$|J_N(z,\beta)| \leqslant \int_2^N \frac{\mathrm{d}t}{\log t}=\frac{N}{r}-\frac{2}{\log 2}+\int_2^N \frac{\mathrm{d}t}{(\log t)^2} \leqslant$$
$$\frac{N}{r}+\frac{N}{r^2}+2\int_2^N \frac{\mathrm{d}t}{(\log t)^3} \leqslant \frac{1.02N}{r} \qquad ①$$

当 $N^{-1} \leqslant |z| \leqslant \frac{1}{2}$ 时, 有

$$|J_N(z,\beta)| \leqslant \left|\int_2^N \frac{\cos 2\pi zt}{t^\beta \log t}\mathrm{d}t+\mathrm{i}\int_2^N \frac{\sin 2\pi zt}{t^\beta \log t}\mathrm{d}t\right| \leqslant$$
$$(U^2+V^2)^{\frac{1}{2}} \qquad ②$$

其中

$$|U|=\left|\int_2^N \frac{\cos 2\pi zt}{t^\beta \log t}\mathrm{d}t\right| \leqslant$$
$$\left|\int_{4|z|}^{2N|z|} \frac{\cos \pi u}{2|z|\log \frac{u}{2|z|}}\mathrm{d}u\right| \leqslant$$
$$\int_{4|z|}^{4|z|+1} \frac{\mathrm{d}u}{2|z|\log \frac{u}{2|z|}}=$$

$$\int_2^{2+\frac{1}{2|z|}} \frac{\mathrm{d}t}{\log t}$$

$$|V| \leqslant \int_2^{2+\frac{1}{2|z|}} \frac{\mathrm{d}t}{\log t}$$

当 $|z| \leqslant \frac{1}{2}$ 时,我们有

$$\int_2^{2+\frac{1}{2|z|}} \frac{\mathrm{d}t}{\log t} \leqslant \frac{1}{1.38|z|}$$

若

$$N \geqslant \mathrm{e}^{100}, 2|z| \leqslant N^{-\frac{79}{80}}$$

则

$$\int_2^{2+\frac{1}{2|z|}} \frac{\mathrm{d}t}{\log t} = \frac{2+\frac{1}{2|z|}}{\log\left(2+\frac{1}{2|z|}\right)} - \frac{2}{\log 2} + \int_2^{2+\frac{1}{2|z|}} \frac{\mathrm{d}t}{(\log t)^2} \leqslant \frac{0.528}{|z|r}$$

注意到 $\frac{2^{\frac{1}{2}}}{1.38} \leqslant 1.03$ 以及 $(0.528)(2^{\frac{1}{2}}) \leqslant 0.747$,由①② 两式可以知道本引理能够成立.

现在我们就来估计 $I_1(N)$. 由 $I_1(N)$ 的定义和 $N \geqslant \mathrm{e}^{100}$ 可得

$$I_1(N) = \sum_{q=1}^{r^3} \sum_{a=1}^{q}{}' \int_{-\frac{1}{q\tau}}^{\frac{1}{q\tau}} S^3\left(\frac{a}{q}+z\right) e\left(-\left(\frac{a}{q}+z\right)N\right) \mathrm{d}z \tag{③}$$

其中,“$\sum_{a=1}^{q}{}'$”表示“$\sum_{\substack{a=1\\(a,q)=1}}^{q}$”. 由 $S(\alpha)$ 的定义我们有

$$S(\alpha) = S_1(\alpha) + \sum_{\substack{p\leqslant N\\p|q}} e(p\alpha) \tag{④}$$

其中,$S_1(\alpha)=\sum\limits_{\substack{p\leqslant N\\(p,q)=1}} e(p\alpha)$. 定义

$$\mathrm{Li}(n)=\begin{cases}0, 当\ n\leqslant 2\ 时\\ \displaystyle\int_2^n \frac{\mathrm{d}t}{\log t}, 当\ n>2\ 时\end{cases}$$

令

$$\psi(t;q,l)=\sum_{\substack{n\leqslant t\\ n\equiv l(\bmod q)}}\Lambda(n)$$

则由

$$\alpha=\frac{a}{q}+z,(a,q)=1,1\leqslant q\leqslant r^3,\ |z|\leqslant\frac{r^{7.5}}{qN}$$

我们有

$$S_1(\alpha)=$$

$$\sum_{l=1}^{q}{}' e\left(\frac{al}{q}\right)\sum_{\substack{p\leqslant N\\ p\equiv l(\bmod q)}} e(pz)=$$

$$\sum_{l=1}^{q}{}' e\left(\frac{al}{q}\right)\int_2^N e(tz)\mathrm{d}\pi(t;q,l)=$$

$$\sum_{l=1}^{q}{}' e\left(\frac{al}{q}\right)\Big(e(Nz)\pi(N;q,l)-$$

$$2\pi\mathrm{i}z\int_2^N e(tz)\pi(t;q,l)\mathrm{d}t\Big)=$$

$$\frac{1}{\varphi(q)}\sum_{l=1}^{q}{}'\left(e(Nz)\left(\mathrm{Li}(N)-\widetilde{E}\widetilde{\chi}(l)\int_2^N\frac{t^{\beta-1}}{\log t}\mathrm{d}t\right)\right)-$$

$$2\pi\mathrm{i}z\left(\int_2^N e(tz)\left(\mathrm{Li}(t)-\widetilde{E}\widetilde{\chi}(l)\int_2^t\frac{s^{\beta-1}}{\log s}\mathrm{d}s\right)\mathrm{d}t\right)e\left(\frac{al}{q}\right)+$$

$$\sum_{l=1}^{q}{}'\Big(e(Nz)\Big(\pi(N;q,l)-$$

$$\frac{\mathrm{Li}(N)}{\varphi(q)}+\frac{\widetilde{E}\widetilde{\chi}(l)}{\varphi(q)}\int_2^N\frac{t^{\beta-1}}{\log t}\mathrm{d}t\Big)-$$

$$2\pi\mathrm{i}z\int_{2}^{N}e(tz)\Bigg(\pi(t;q,l)-\frac{\mathrm{Li}(t)}{\varphi(q)}+$$

$$\frac{\widetilde{E}\widetilde{\chi}(l)}{\varphi(q)}\int_{2}^{t}\frac{s^{\widetilde{\beta}-1}}{\log s}\mathrm{d}s\Bigg)\mathrm{d}t\Bigg)e\left(\frac{al}{q}\right)=$$

$$\left(\frac{\mu(q)}{\varphi(q)}\right)\Bigg(e(Nz)\mathrm{Li}(N)-$$

$$2\pi\mathrm{i}z\int_{2}^{N}e(tz)\mathrm{Li}(t)\mathrm{d}t\Bigg)-$$

$$\left(\frac{\widetilde{E}\widetilde{\chi}(a)\tau(\widetilde{\chi})}{\varphi(q)}\right)\Bigg(\int_{2}^{N}\frac{e(Nz)t^{\widetilde{\beta}-1}}{\log t}\mathrm{d}t-$$

$$2\pi\mathrm{i}z\int_{2}^{N}\left(e(tz)\int_{2}^{t}\frac{s^{\widetilde{\beta}-1}}{\log s}\mathrm{d}s\right)\mathrm{d}t\Bigg)+R(\alpha)=$$

$$\left(\frac{\mu(q)}{\varphi(q)}\right)\int_{2}^{N}\frac{e(tz)}{\log t}\mathrm{d}t-$$

$$\frac{\widetilde{E}\widetilde{\chi}(a)\tau(\widetilde{\chi})}{\varphi(q)}\int_{2}^{N}\frac{e(tz)t^{\widetilde{\beta}-1}}{\log t}\mathrm{d}t+R(\alpha) \qquad ⑤$$

其中

$$R(\alpha)=R_{1}(\alpha)+R_{2}(\alpha),\tau(\widetilde{\chi})=\sum_{n=1}^{q}\widetilde{\chi}(n)e\left(\frac{n}{q}\right)$$

当存在模 $q$ 的实特征 $\widetilde{\chi}$ 使得 $L(s,\widetilde{\chi})$ 有实零点 $\widetilde{\beta}\geqslant 1-\frac{0.1077}{\log q}$ 时 $\widetilde{E}=1$，否则 $\widetilde{E}=0$. 又

$$R_{1}(\alpha)=$$

$$(e(Nz))\Bigg(\sum_{l=1}^{q}{}'e\left(\frac{al}{q}\right)\int_{2}^{N}\frac{\mathrm{d}\psi(t;q,l)}{\log t}-$$

$$\frac{\mu(q)\mathrm{Li}(N)}{\varphi(q)}+\frac{\widetilde{E}\widetilde{\chi}(a)\tau(\widetilde{\chi})}{\varphi(q)}\cdot\int_{2}^{N}\frac{t^{\widetilde{\beta}-1}}{\log t}\mathrm{d}t\Bigg)-$$

$$2\pi\mathrm{i}z\int_{2}^{N}\Bigg(\sum_{l=1}^{q}{}'e\left(\frac{al}{q}\right)\int_{2}^{t}\frac{\mathrm{d}\psi(s;q,l)}{\log s}-\frac{\mu(q)\mathrm{Li}(t)}{\varphi(q)}+$$

$$\frac{\widetilde{E}\widetilde{\chi}(a)\tau(\widetilde{\chi})}{\varphi(q)}\int_2^t \frac{s^{\beta-1}}{\log s}\mathrm{d}s\Big)e(tz)\mathrm{d}t$$

$$R_2(\alpha)=-(e(Nz))\Big(\sum_{l=1}^{q}{}'e\Big(\frac{al}{q}\Big)\sum_{p\leqslant N^{\frac{1}{2}}}\sum_{\substack{j=2\\ p^j\equiv l(\bmod q)}}^{\log N/\log p}\frac{1}{j}\Big)+$$

$$2\pi\mathrm{i}z\int_2^N e(tz)\sum_{l=1}^{q}{}'e\Big(\frac{al}{q}\Big)\Big(\sum_{p\leqslant t^{\frac{1}{2}}}\sum_{\substack{j=2\\ p^j\equiv l(\bmod q)}}^{\log t/\log p}\frac{1}{j}\Big)\mathrm{d}t$$

由 $N\geqslant \mathrm{e}^{100}$ 易得

$$|R_2(\alpha)|\leqslant\frac{1}{10}N^{\frac{1}{2}}q+\frac{2}{15}\pi|z|N^{\frac{3}{2}}q \qquad ⑥$$

由 $R_1(\alpha)$ 的定义我们有

$$R_1(\alpha)=$$

$$(e(Nz))\Big(\sum_{l=1}^{q}{}'e\Big(\frac{al}{q}\Big)\Big(\frac{\psi(N;q,l)}{\log N}-\frac{\psi(2;q,l)}{\log 2}+$$

$$\int_2^N\frac{\psi(t;q,l)}{t(\log t)^2}\mathrm{d}t\Big)-\Big(\frac{N}{\log N}-\frac{2}{\log 2}+$$

$$\int_2^N\frac{\mathrm{d}t}{(\log t)^2}\Big)\Big(\frac{\mu(q)}{\varphi(q)}\Big)+\Big(\frac{\widetilde{E}\widetilde{\chi}(a)\tau(\widetilde{\chi})}{\varphi(q)}\Big)\cdot$$

$$\Big(\frac{N^{\beta}}{\widetilde{\beta}\log N}-\frac{2^{\beta}}{\widetilde{\beta}\log 2}+\int_2^N\frac{t^{\beta-1}}{\widetilde{\beta}(\log t)^2}\mathrm{d}t\Big)\Big)-$$

$$2\pi\mathrm{i}z\int_2^N\Big(\sum_{l=1}^{q}{}'e\Big(\frac{al}{q}\Big)\Big(\frac{\psi(t;q,l)}{\log t}-$$

$$\frac{\psi(2;q,l)}{\log 2}+\int_2^t\frac{\psi(s;q,l)}{s(\log s)^2}\mathrm{d}s\Big)-$$

$$\Big(\frac{t}{\log t}-\frac{2}{\log 2}+\int_2^t\frac{\mathrm{d}s}{(\log s)^2}\Big)\Big(\frac{\mu(q)}{\varphi(q)}\Big)+$$

$$\Big(\frac{\widetilde{E}\widetilde{\chi}(a)\tau(\widetilde{\chi})}{\varphi(q)}\Big)\Big(\frac{t^{\beta}}{\widetilde{\beta}\log t}-\frac{2^{\beta}}{\widetilde{\beta}\log 2}+$$

$$\int_2^t\frac{s^{\beta-1}}{\widetilde{\beta}(\log s)^2}\mathrm{d}s\Big)\Big)e(tz)\mathrm{d}t=$$

$$R_3(\alpha)+R_4(\alpha) \tag{7}$$

其中

$$R_3(\alpha)=(e(Nz))\Big(-\sum_{l=1}^{q}{}'\frac{e\left(\frac{al}{q}\right)\psi(2;q,l)}{\log 2}+\frac{2\mu(q)}{\varphi(q)\log 2}-\frac{\widetilde{E}\widetilde{\chi}(a)\tau(\widetilde{\chi})2^{\beta}}{\widetilde{\beta}\varphi(q)\log 2}\Big)-2\pi\mathrm{i}z\int_2^N e(tz)\Big(-\sum_{l=1}^{q}{}'\frac{e\left(\frac{al}{q}\right)\psi(2;q,l)}{\log 2}+\frac{2\mu(q)}{\varphi(q)\log 2}-\frac{\widetilde{E}\widetilde{\chi}(a)\tau(\widetilde{\chi})2^{\beta}}{\widetilde{\beta}\varphi(q)\log 2}\Big)\mathrm{d}t$$

并且我们有

$$\begin{aligned}|R_4(\alpha)|\leqslant&\left(\frac{1}{r}\right)\Big|\sum_{l=1}^{q}{}'e\left(\frac{al}{q}\right)\psi(N;q,l)-\frac{\mu(q)N}{\varphi(q)}+\frac{\widetilde{E}\widetilde{\chi}(a)\tau(\widetilde{\chi})N^{\beta}}{\widetilde{\beta}\varphi(q)}\Big|+\\&\int_2^N\Big(\frac{1}{t(\log t)^2}\Big)\Big|\sum_{l=1}^{q}{}'e\left(\frac{al}{q}\right)\psi(t;q,l)-\frac{\mu(q)t}{\varphi(q)}+\frac{\widetilde{E}\widetilde{\chi}(a)\tau(\widetilde{\chi})t^{\beta}}{\widetilde{\beta}\varphi(q)}\Big|\mathrm{d}t+\\&2\pi|z|\int_2^N\Big(\Big|-\frac{\mu(q)t}{\varphi(q)}+\sum_{l=1}^{q}{}'e\left(\frac{al}{q}\right)\psi(t;q,l)+\frac{\widetilde{E}\widetilde{\chi}(a)\tau(\widetilde{\chi})t^{\beta}}{\widetilde{\beta}\varphi(q)}\Big|\cdot\Big(\frac{1}{\log t}\Big)+\\&\int_2^t\Big|\sum_{l=1}^{q}{}'e\left(\frac{al}{q}\right)\psi(s;q,l)-\frac{\mu(q)s}{\varphi(q)}+\frac{\widetilde{E}\widetilde{\chi}(a)\tau(\widetilde{\chi})s^{\beta}}{\widetilde{\beta}\varphi(q)}\Big|\cdot\Big(\frac{\mathrm{d}s}{s(\log s)^2}\Big)\Big)\mathrm{d}t\end{aligned} \tag{8}$$

令

$$J_N(z)=J_N(z,0)$$

$$R_5(\alpha)=R(\alpha)-\frac{\widetilde{E}\widetilde{\chi}(\alpha)\tau(\widetilde{\chi})}{\varphi(q)}\int_2^N\frac{t^{\beta-1}e(tz)}{\log t}\mathrm{d}t+\sum_{\substack{p\leqslant N\\ p\mid q}}e(p\alpha)$$

则由式 ④ 和 ⑤ 可得

$$S(\alpha)=\frac{\mu(q)J_N(z)}{\varphi(q)}+R_5(\alpha) \tag{9}$$

由于当 $n\geqslant 11$ 时,有

$$n^{0.96}(n-1)^{-1}\leqslant 1$$

故有

$$\begin{aligned}\frac{|\mu(q)|}{\varphi(q)}&=\left(\frac{|\mu(q)|}{q^{0.96}}\right)\left(\prod_{p\mid q}\frac{p^{0.96}}{p-1}\right)\leqslant\\&\frac{((2)(3)(5)(7))^{0.96}|\mu(q)|}{(2)(4)(6)q^{0.96}}\leqslant\\&\frac{3.54|\mu(q)|}{q^{0.96}}\end{aligned} \tag{10}$$

我们有

$$\begin{aligned}&\prod_{p\geqslant 3}\left(1-\frac{1}{(p-1)^2}\right)=\\&\frac{\prod\limits_{p\geqslant 2}(1-p^{-2})}{1-\frac{1}{4}}\cdot\prod_{p\geqslant 3}\frac{1-(p-1)^{-2}}{1-p^{-2}}=\\&\left(\frac{4}{3}\right)\left(\frac{6}{\pi^2}\right)\left(\prod_{3\leqslant p\leqslant 113}\frac{p^2(p^2-2p)}{(p+1)(p-1)^3}\right)\left(1-\frac{1}{(127-1)^2}\right)\cdot\\&\left(\prod_{p\geqslant 131}\left(1-\frac{1}{(p-1)^2}\right)\right)\left(\prod_{p\geqslant 127}(1-p^{-2})\right)^{-1}\geqslant 0.66012\end{aligned} \tag{11}$$

由式 ⑩ 知道当 $N\geqslant \mathrm{e}^{6000}$ 时,有

$$\sum_{q\geqslant r^3}\frac{|\mu(q)|}{(\varphi(q))^2}\leqslant 10^{-5}$$

故由式⑪可得当奇数 $N\geqslant e^{6\,000}$ 时，有

$$\sum_{1\leqslant q\leqslant r^3}\frac{\mu(q)}{(\varphi(q))^3}\sum_{a=1}^{q}{}'e\left(-\frac{aN}{q}\right)\geqslant$$

$$\sum_{q\geqslant 1}\frac{\mu(q)}{(\varphi(q))^3}\sum_{a=1}^{q}{}'e\left(-\frac{aN}{q}\right)-\sum_{q\geqslant r^3}\frac{|\mu(q)|}{(\varphi(q))^2}\geqslant$$

$$\left(\sum_{p\mid N}\left(1-\frac{1}{(p-1)^2}\right)\right)\prod_{p\nmid N}\left(1+\frac{1}{(p-1)^3}\right)-10^{-5}\geqslant$$

$$(2)(0.660\,12)-10^{-5}\geqslant 1.320\,23 \quad ⑫$$

当 $N\geqslant e^{100}$，$|z|\leqslant\frac{1}{2}$ 时，由引理1可得

$$\left|\int_2^N\frac{e(tz)}{\log t}dt-\sum_{m=2}^{N-1}\frac{e(mz)}{\log m}\right|=$$

$$\left|\sum_{m=2}^{N-1}\int_m^{m+1}\int_m^t\left(d\left(\frac{e(zu)}{\log u}\right)\right)dt\right|\leqslant$$

$$\sum_{m=2}^{N-1}\int_m^{m+1}\left(\frac{2\pi|z|}{\log m}+\frac{1}{m(\log m)^2}\right)(t-m)dt\leqslant$$

$$1.03\pi|z|Nr^{-1}+1.242 \quad ⑬$$

当 $N\geqslant e^{6\,000}$ 时，则由引理1和式⑬可得

$$\int_{-\frac{1}{q\tau}}^{\frac{1}{q\tau}}\left|(J_N(z))^3-\left(\sum_{m=2}^{N-1}\frac{e(mz)}{\log m}\right)^3\right|dz\leqslant$$

$$(3)(1.03\pi q^{-1}\tau^{-1}Nr^{-1}+1.242)\cdot$$

$$\int_0^{\frac{1}{q\tau}}\left(|J_N(z)|^2+\left|\sum_{m=2}^{N-1}\frac{e(mz)}{\log m}\right|^2\right)dz\leqslant$$

$$(9.8r^{6.5}q^{-1})\left(\int_0^{N^{-1}}(1.02Nr^{-1})^2dz+\right.$$

$$\int_{N^{-1}}^{\frac{1}{2}N^{-\frac{79}{80}}}(0.747z^{-1}r^{-1})^2dz+$$

$$\left.\int_{\frac{1}{2}N^{-\frac{79}{80}}}^{\frac{1}{2}}(1.03z^{-1})^2dz+\sum_{m=2}^{N-1}\frac{1}{(\log m)^2}\right)\leqslant$$

$$26.5Nr^{4.5}q^{-1} \quad ⑭$$

由式 ⑩ 我们有

$$\sum_{q\geqslant 1}\frac{|\mu(q)|}{(\varphi(q))^2}\leqslant 1+1+\frac{1}{4}+\frac{1}{16}+\frac{1}{4}+\frac{1}{36}+\sum_{q\geqslant 10}\frac{(3.54)^2}{q^{1.92}}\leqslant 4.38 \qquad ⑮$$

由 $N\geqslant \mathrm{e}^{100}$ 容易得出

$$\left|\sum_{m=2}^{N-1}\left(\frac{e(mz)}{\log m}-\frac{e(mz)}{\log(N-1)}\right)\right|\leqslant\frac{1.1N}{r^2}$$

故由式 ⑮ 和 $\frac{1}{q\tau}=\frac{r^{7.5}}{qN}$ 可得

$$\sum_{1\leqslant q\leqslant r^3}\frac{|\mu(q)|}{(\varphi(q))^2}\int_{\frac{1}{q\tau}}^{\frac{1}{2}}\left|\sum_{m=2}^{N-1}\frac{e(mz)}{\log m}\right|^3\mathrm{d}z\leqslant$$

$$\sum_{1\leqslant q\leqslant r^3}\frac{|\mu(q)|}{(\varphi(q))^2}\int_{\frac{1}{q\tau}}^{\frac{1}{2}}\left(\frac{1.1N}{r^2}+\frac{1}{rz}\right)\left|\sum_{m=2}^{N-1}\frac{e(mz)}{\log m}\right|^2\mathrm{d}z\leqslant$$

$$\sum_{1\leqslant q\leqslant r^3}\frac{|\mu(q)|}{(\varphi(q))^2}\cdot\left(\frac{1.1N}{r^2}+\frac{qN}{r^{8.5}}\right)\int_0^{\frac{1}{2}}\left|\sum_{m=2}^{N-1}\frac{e(mz)}{\log m}\right|^2\mathrm{d}z\leqslant$$

$$5Nr^{-2}\int_0^{\frac{1}{2}}\left|\sum_{m=2}^{N-1}\frac{e(mz)}{\log m}\right|^2\mathrm{d}z \qquad ⑯$$

完全类似于式 ⑯ 我们可以得到

$$\sum_{1\leqslant q\leqslant r^3}\frac{|\mu(q)|}{(\varphi(q))^2}\int_{-\frac{1}{2}}^{-\frac{1}{q\tau}}\left|\sum_{m=2}^{N-1}\frac{e(mz)}{\log m}\right|^3\mathrm{d}z\leqslant$$

$$5Nr^{-2}\int_{-\frac{1}{2}}^{0}\left|\sum_{m=2}^{N-1}\frac{e(mz)}{\log m}\right|^2\mathrm{d}z \qquad ⑰$$

又我们有

$$\int_{-\frac{1}{2}}^{\frac{1}{2}}\left(\sum_{m=2}^{N-1}\frac{e(mz)}{\log m}\right)^3 e(-Nz)\,\mathrm{d}z=$$

$$\sum_{\substack{m_1=2\\ m_1+m_2+m_3=N}}^{N-1}\sum_{m_2=2}^{N-1}\sum_{m_3=2}^{N-1}\frac{1}{(\log m_1)(\log m_2)(\log m_3)}\geqslant$$

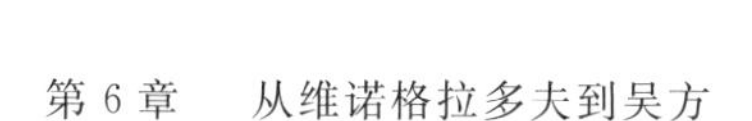



$$(\log N)^{-3}\sum_{m_1=2}^{N-4}\sum_{m_2=2}^{N-m_1-2}1\geqslant 2(N-6)^2r^{-3} \qquad ⑱$$

当 $N\geqslant \mathrm{e}^{6\,000}$ 时,则由式 ⑫⑭ ~ ⑱ 可得

$$\left|\sum_{1\leqslant q\leqslant r^3}\sum_{a=1}^{q}{}'\frac{\mu(q)}{(\varphi(q))^3}\int_{-\frac{1}{q\tau}}^{\frac{1}{q\tau}}(J_N(z))^3\cdot\right.$$

$$\left.e\left(-\left(\frac{a}{q}+z\right)N\right)\mathrm{d}z\right|\geqslant$$

$$\left|\sum_{1\leqslant q\leqslant r^3}\sum_{a=1}^{q}{}'\frac{|\mu(q)|}{(\varphi(q))^3}\int_{-\frac{1}{q\tau}}^{\frac{1}{q\tau}}\left(\sum_{m=2}^{N-1}\frac{e(mz)}{\log m}\right)^3\cdot\right.$$

$$\left.e\left(-\left(\frac{a}{q}+z\right)N\right)\mathrm{d}z\right|-\sum_{1\leqslant q\leqslant r^3}\frac{|\mu(q)|}{(\varphi(q))^2}\cdot$$

$$\int_{-\frac{1}{q\tau}}^{\frac{1}{q\tau}}\left|(J_N(z))^3-\left(\sum_{m=2}^{N-1}\frac{e(mz)}{\log m}\right)^3\right|\mathrm{d}z\geqslant$$

$$\left|\sum_{1\leqslant q\leqslant r^3}\sum_{a=1}^{q}{}'\frac{\mu(q)}{(\varphi(q))^3}\cdot\right.$$

$$\left.e\left(-\frac{aN}{q}\right)\int_{-\frac{1}{2}}^{\frac{1}{2}}\left(\sum_{m=2}^{N-1}\frac{e(mz)}{\log m}\right)^3e(-Nz)\mathrm{d}z\right|-$$

$$\sum_{1\leqslant q\leqslant r^3}\frac{|\mu(q)|}{(\varphi(q))^2}\int_{\frac{1}{q\tau}}^{\frac{1}{2}}\left|\sum_{m=2}^{N-1}\frac{e(mz)}{\log m}\right|^3\mathrm{d}z-$$

$$\sum_{1\leqslant q\leqslant r^3}\frac{|\mu(q)|}{(\varphi(q))^2}\int_{-\frac{1}{2}}^{-\frac{1}{q\tau}}\left|\sum_{m=2}^{N-1}\frac{e(mz)}{\log m}\right|^3\mathrm{d}z-$$

$$(26.5Nr^{4.5})\cdot\sum_{1\leqslant q\leqslant r^3}\frac{|\mu(q)|}{q(\varphi(q))^2}\geqslant$$

$$\frac{(1.320\,23)(N-6)^2}{2r^3}-$$

$$5Nr^{-2}\int_{-\frac{1}{2}}^{\frac{1}{2}}\left|\sum_{m=2}^{N-1}\frac{e(mz)}{\log m}\right|^2\mathrm{d}z-$$

$$(26.5Nr^{4.5})\cdot\sum_{1\leqslant q\leqslant r^3}\frac{|\mu(q)|}{q(\varphi(q))^2}\geqslant$$

$$0.66N^2r^{-3}-5.5N^2r^{-4}-(26.5Nr^{4.5})\cdot\left(1+\frac{1}{2}+\frac{1}{12}+\frac{1}{80}+\frac{1}{24}+\frac{1}{252}+\sum_{q\geqslant 10}\frac{(3.54)^2}{q^{2.92}}\right)\geqslant 0.659N^2r^{-3} \tag{19}$$

令

$$\Delta_{t,q,a}=\left(\frac{1}{\log t}\right)\left|\sum_{l=1}^{q}{}'e\left(\frac{al}{q}\right)\psi(t;q,l)-\frac{\mu(q)t}{\varphi(q)}+\frac{\widetilde{E}\widetilde{\chi}(a)\tau(\widetilde{\chi})t^{\widetilde{\beta}}}{\widetilde{\beta}\varphi(q)}\right|+\int_2^t\left|-\frac{\mu(q)y}{\varphi(q)}+\sum_{l=1}^{q}{}'e\left(\frac{al}{q}\right)\psi(y;q,l)+\frac{\widetilde{E}\widetilde{\chi}(a)\tau(\widetilde{\chi})y^{\widetilde{\beta}}}{\widetilde{\beta}\varphi(q)}\right|\cdot\frac{\mathrm{d}y}{y(\log y)^2}$$

$$\Omega_{N,q,a}=\int_2^N\Delta_{t,q,a}\mathrm{d}t$$

则由式 ⑥ ～ ⑧ 可得

$$\left|R_5\left(\frac{a}{q}+z\right)\right|\leqslant\frac{1}{10}N^{\frac{1}{2}}q+\frac{2}{15}\pi\mid z\mid N^{\frac{3}{2}}q+\log N+(3)\left(1+\frac{1}{\log 2}+\frac{2q^{\frac{1}{2}}}{\widetilde{\beta}\varphi(q)\log 2}\right)+\left|\frac{\widetilde{E}\tau(\widetilde{\chi})}{\varphi(q)}\int_2^N\frac{e(tz)t^{\widetilde{\beta}-1}}{\log t}\mathrm{d}t\right|+R_6\left(\frac{a}{q}+z\right)\leqslant\frac{1}{5}N^{\frac{1}{2}}q+\frac{2}{15}\pi\mid z\mid N^{\frac{3}{2}}q+r+\left|\frac{\widetilde{E}\tau(\widetilde{\chi})}{\varphi(q)}\int_2^N\frac{e(tz)t^{\widetilde{\beta}-1}}{\log t}\mathrm{d}t\right|+R_6\left(\frac{a}{q}+z\right) \tag{20}$$

其中

$$R_6\left(\frac{a}{q}+z\right)=\Delta_{N,q,a}+2\pi\mid z\mid \Omega_{N,q,a}$$

由式 ③⑲⑳ 可得

$$I_1(N)\geqslant 0.659N^2r^{-3}-\sum_{j=1}^{5}M_j \qquad ㉑$$

其中

$$M_1=\sum_{1\leqslant q\leqslant r^3}\frac{3\mid\mu(q)\mid}{(\varphi(q))^2}\int_{-\frac{1}{q\tau}}^{\frac{1}{q\tau}}\mid J_N(z)\mid^2\cdot$$

$$\sum_{a=1}^{q}{}'\left|R_6\left(\frac{a}{q}+z\right)\right|\mathrm{d}z$$

$$M_2=\sum_{1\leqslant q\leqslant r^3}\frac{3\mid\mu(q)\mid}{\varphi(q)}\int_{-\frac{1}{q\tau}}^{\frac{1}{q\tau}}\mid J_N(z)\mid\cdot$$

$$\sum_{a=1}^{q}{}'\left|R_6\left(\frac{a}{q}+z\right)\right|^2\mathrm{d}z$$

$$M_3=\sum_{1\leqslant q\leqslant r^3}\int_{-\frac{1}{q\tau}}^{\frac{1}{q\tau}}\sum_{a=1}^{q}{}'\left|R_6\left(\frac{a}{q}+z\right)\right|^3\mathrm{d}z$$

$$M_4=\sum_{1\leqslant q\leqslant r^3}\frac{3\mid\mu(q)\mid}{(\varphi(q))^2}\int_{-\frac{1}{q\tau}}^{\frac{1}{q\tau}}\mid J_N(z)\mid^2\cdot$$

$$\sum_{a=1}^{q}{}'\left(\frac{1}{5}N^{\frac{1}{2}}q+\frac{2}{15}\pi\mid z\mid N^{\frac{3}{2}}q+r\right)\mathrm{d}z+$$

$$\sum_{1\leqslant q\leqslant r^3}\frac{3\mid\mu(q)\mid}{\varphi(q)}\int_{-\frac{1}{q\tau}}^{\frac{1}{q\tau}}\mid J_N(z)\mid\cdot$$

$$\sum_{a=1}^{q}{}'\left(\left(\frac{1}{5}N^{\frac{1}{2}}q+\frac{2}{15}\pi\mid z\mid N^{\frac{3}{2}}q+r\right)^2+\right.$$

$$2\left|R_6\left(\frac{a}{q}+z\right)\right|\cdot$$

$$\left.\left(\frac{1}{5}N^{\frac{1}{2}}q+\frac{2}{15}\pi\mid z\mid N^{\frac{3}{2}}q+r\right)\right)\mathrm{d}z+$$

$$\sum_{1\leqslant q\leqslant r^3}\int_{-\frac{1}{q\pi}}^{\frac{1}{q\pi}}\sum_{a=1}^{q}{}'\Big(\Big(\frac{1}{5}N^{\frac{1}{2}}q+\frac{2}{15}\pi\mid z\mid N^{\frac{3}{2}}q+r\Big)^3+$$

$$3\Big(\frac{1}{5}N^{\frac{1}{2}}q+\frac{2}{15}\pi\mid z\mid N^{\frac{3}{2}}q+r\Big)^2\Big|R_6\Big(\frac{a}{q}+z\Big)\Big|+$$

$$3\Big(\frac{1}{5}N^{\frac{1}{2}}q+\frac{2}{15}\pi\mid z\mid N^{\frac{3}{2}}q+r\Big)\cdot$$

$$\Big|R_6\Big(\frac{a}{q}+z\Big)\Big|^2\Big)\mathrm{d}z$$

$$M_5=\sum_{1\leqslant q\leqslant r^3}\frac{3\mid\mu(q)\mid}{(\varphi(q))^2}\int_{-\frac{1}{q\pi}}^{\frac{1}{q\pi}}\mid J_N(z)\mid^2\cdot$$

$$\sum_{a=1}^{q}{}'\left|\frac{\widetilde{E}\tau(\widetilde{\chi})}{\varphi(q)}\int_2^N\frac{e(tz)t^{\widetilde{\beta}-1}}{\log t}\mathrm{d}t\right|\mathrm{d}z+$$

$$\sum_{1\leqslant q\leqslant r^3}\frac{3\mid\mu(q)\mid}{\varphi(q)}\int_{-\frac{1}{q\pi}}^{\frac{1}{q\pi}}\mid J_N(z)\mid\cdot$$

$$\sum_{a=1}^{q}{}'\left(\left|\frac{\widetilde{E}\tau(\widetilde{\chi})}{\varphi(q)}\int_2^N\frac{e(tz)t^{\widetilde{\beta}-1}}{\log t}\mathrm{d}t\right|^2+\right.$$

$$\left|\frac{2\widetilde{E}\tau(\widetilde{\chi})}{\varphi(q)}\int_2^N\frac{e(tz)t^{\widetilde{\beta}-1}}{\log t}\mathrm{d}t\right|\cdot$$

$$\Big(\frac{1}{5}N^{\frac{1}{2}}q+\frac{2}{15}\pi\mid z\mid N^{\frac{3}{2}}q+r+$$

$$\left.\Big|R_6\Big(\frac{a}{q}+z\Big)\Big|\Big)\right)\mathrm{d}z+$$

$$\sum_{1\leqslant q\leqslant r^3}\int_{-\frac{1}{q\pi}}^{\frac{1}{q\pi}}\sum_{a=1}^{q}{}'\left(\left|\frac{\widetilde{E}\tau(\widetilde{\chi})}{\varphi(q)}\int_2^N\frac{e(tz)t^{\widetilde{\beta}-1}}{\log t}\mathrm{d}t\right|^3+\right.$$

$$3\left|\frac{\widetilde{E}\tau(\widetilde{\chi})}{\varphi(q)}\int_2^N\frac{e(tz)t^{\widetilde{\beta}-1}}{\log t}\mathrm{d}t\right|^2\cdot$$

$$\Big(\frac{1}{5}N^{\frac{1}{2}}q+\frac{2}{15}\pi\mid z\mid N^{\frac{3}{2}}q+$$

$$r+\Big|R_6\Big(\frac{a}{q}+z\Big)\Big|\Big)+$$

$$3\left(\frac{1}{5}N^{\frac{1}{2}}q+\frac{2}{15}\pi\mid z\mid N^{\frac{3}{2}}q+\right.$$

$$\left.r+\left|R_6\left(\frac{a}{q}+z\right)\right|\right)^2\cdot$$

$$\left.\left|\frac{\widetilde{E}\tau(\widetilde{\chi})}{\varphi(q)}\int_2^N\frac{e(tz)t^{\widetilde{\beta}-1}}{\log t}\mathrm{d}t\right|\right)\mathrm{d}z$$

令 $f_1(x)=2^{-80}x(\log x)^{-600}$，当 $x\geqslant \mathrm{e}^{6\,000}$ 时，则由

$$f_1(\mathrm{e}^{6\,000})>1$$

$$f'_1(x)=2^{-80}\left(1-\frac{600}{\log x}\right)(\log x)^{-600}\geqslant 0$$

可得 $f_1(x)\geqslant 1$. 所以当 $N\geqslant \mathrm{e}^{6\,000}$ 时我们有 $N\geqslant 2^{80}r^{600}$，故有 $\frac{1}{q\tau}\leqslant\frac{1}{2}N^{-\frac{79}{80}}$. 于是当 $N\geqslant \mathrm{e}^{6\,000}$ 时由引理 1 可得

$$M_4=6\sum_{1\leqslant q\leqslant r^3}\frac{\mid\mu(q)\mid}{\varphi(q)}\left(\int_0^{N^{-1}}\left(\frac{1.02N}{r}\right)^2\cdot\right.$$

$$\left(\frac{1}{5}N^{\frac{1}{2}}q+\frac{2}{15}\pi\mid z\mid N^{\frac{3}{2}}q+r\right)\mathrm{d}z+$$

$$\int_{N^{-1}}^{\frac{1}{q\tau}}(0.747z^{-1}r^{-1})^2\cdot$$

$$\left.\left(\frac{1}{5}N^{\frac{1}{2}}q+\frac{2}{15}\pi\mid z\mid N^{\frac{3}{2}}q+r\right)\mathrm{d}z\right)+$$

$$6\sum_{1\leqslant q\leqslant r^3}\mid\mu(q)\mid\left(\int_0^{N^{-1}}\left(\frac{1.02N}{r}\right)\cdot\right.$$

$$\left(\left(\frac{1}{5}N^{\frac{1}{2}}q+\frac{2}{15}\pi zN^{\frac{3}{2}}q+r\right)^2+\right.$$

$$2\left(\frac{1}{5}N^{\frac{1}{2}}q+\frac{2}{15}\pi\mid z\mid N^{\frac{3}{2}}q+r\right)\cdot$$

$$\left.(4N+4\pi N^2z)\right)\mathrm{d}z+$$

$$\int_{N^{-1}}^{\frac{1}{q\pi}}(0.747z^{-1}r^{-1})\cdot$$

$$\left(\left(\frac{1}{5}N^{\frac{1}{2}}q+\frac{2}{15}\pi\mid z\mid N^{\frac{3}{2}}q+r\right)^2+\right.$$

$$2\left(\frac{1}{5}N^{\frac{1}{2}}q+\frac{2}{15}\pi\mid z\mid N^{\frac{3}{2}}q+r\right)\cdot$$

$$\left.(4N+4\pi N^2z)\right)\mathrm{d}z\Big)+2\sum_{1\leqslant q\leqslant r^3}(q)\cdot$$

$$\int_0^{\frac{1}{q\pi}}\left(\left(\frac{1}{5}N^{\frac{1}{2}}q+\frac{2}{15}\pi zN^{\frac{3}{2}}q+r\right)^3+\right.$$

$$3\left(\frac{1}{5}N^{\frac{1}{2}}q+\frac{2}{15}\pi zN^{\frac{3}{2}}q+r\right)^2\cdot$$

$$(4N+4\pi N^2z)+$$

$$3\left(\frac{1}{5}N^{\frac{1}{2}}q+\frac{2}{15}\pi zN^{\frac{3}{2}}q+r\right)\cdot$$

$$\left.(4N+4\pi N^2z)^2\right)\mathrm{d}z\leqslant$$

$$(6)(3.54)\sum_{1\leqslant q\leqslant r^3}\frac{\mid\mu(q)\mid}{q^{0.96}}\cdot$$

$$\left(\left(\frac{1.02N}{r}\right)^2(0.41N^{-\frac{1}{2}}q)+(0.747r^{-1})^2\cdot\right.$$

$$\left.(3.2N^{\frac{3}{2}}q\log r)\right)+6\sum_{1\leqslant q\leqslant r^3}\mid\mu(q)\mid\cdot$$

$$\left(\left(\frac{1.02N}{r}\right)(9.3N^{\frac{1}{2}}q+0.19q^2)+\right.$$

$$\left.(0.747r^{-1})(0.17Nqr^{7.5}+5.3N^{\frac{3}{2}}q^{-1}r^{15})\right)+$$

$$\sum_{1\leqslant q\leqslant r^3}(2q)(0.08N^{\frac{1}{2}}q^{-1}r^{30}+$$

$$6.7Nq^{-2}r^{30}+66.2N^{\frac{3}{2}}q^{-3}r^{30})\leqslant$$

$$0.0001N^2r^{-3} \tag{22}$$

令 $f_2(x)=\mathrm{e}^{-\mathrm{e}^{11.5}}\cdot x(\log x)^{-12}$，当 $x\geqslant \mathrm{e}^{\mathrm{e}^{11.502}}$ 时，则由

$$f'_2(x)=\mathrm{e}^{-\mathrm{e}^{11.5}}\cdot\left(1-\frac{12}{\log x}\right)\cdot(\log x)^{-12}\geqslant 0$$

$$f_2(\mathrm{e}^{\mathrm{e}^{11.502}})>1$$

可得

$$x(\log x)^{-12}\geqslant \mathrm{e}^{\mathrm{e}^{11.5}}$$

所以当 $t\geqslant \mathrm{e}^{\mathrm{e}^{11.502}}$ 时由相关文献①中的定理可得

$$\begin{aligned}\Delta_{t;q,a}\leqslant&\frac{0.13q^{\frac{1}{2}}t}{(\log t)^{11.35}}+\int_2^{t(\log t)^{-12}}\frac{y(\log y+2)}{y(\log y)^2}\mathrm{d}y+\\&\int_{t(\log t)^{-12}}^{t}\frac{0.13q^{\frac{1}{2}}\mathrm{d}y}{(\log y)^{12.35}}\leqslant\\&0.132q^{\frac{1}{2}}t(\log t)^{-11.35}\end{aligned}\qquad ㉓$$

当 $N\geqslant \mathrm{e}^{\mathrm{e}^{11.503}}$ 时，则由式㉓和 $Nr^{-7}\geqslant \mathrm{e}^{\mathrm{e}^{11.502}}$ 可得

$$\begin{aligned}\Omega_{N;q,a}\leqslant&\int_2^{Nr^{-7}}q^{\frac{1}{2}}rt\,\mathrm{d}t+\int_{Nr^{-7}}^{N}0.132q^{\frac{1}{2}}t(\log t)^{-11.35}\mathrm{d}t\leqslant\\&\frac{(1.01)(0.132)N^2q^{\frac{1}{2}}}{2r^{11.35}}+\frac{N^2q^{\frac{1}{2}}}{2r^{13}}\leqslant\\&0.07N^2q^{\frac{1}{2}}r^{-11.35}\end{aligned}\qquad ㉔$$

当 $r=\log N\geqslant \mathrm{e}^{11.503}$ 时，对任何实数 $0<\Delta<0.1$ 我们有

$$\begin{aligned}\left|\int_2^N\frac{e(tz)}{t^{\Delta}\log t}\mathrm{d}t\right|\leqslant&\int_2^N\frac{\mathrm{d}t}{t^{\Delta}\log t}\leqslant\\&\left(\frac{1}{1-\Delta}\right)\left(\frac{N^{1-\Delta}}{r}+\int_2^N\frac{\mathrm{d}t}{t^{\Delta}(\log t)^2}\right)\leqslant\\&\left(\frac{1}{1-\Delta}\right)\left(\frac{N^{1-\Delta}}{r}+\left(\frac{1}{1-\Delta}\right)\cdot\right.\end{aligned}$$

① Chen Jingrun, Wang Tianze. On the distribution of primes in an arithmetical progression. Scientia Sinica, to appear.

$$\left(\frac{N^{1-\Delta}}{r^2}+2\int_2^N \frac{\mathrm{d}t}{t^{\Delta}(\log t)^3}\right)\Big)\leqslant$$

$$1.111\,3N^{1-\Delta}r^{-1} \tag{25}$$

令 $1-\widetilde{\beta}=\widetilde{\delta}$,当 $N\geqslant e^{e^{11.503}}$ 时,则由式⑩㉓～㉕、引理1、相关文献[①]中的定理1,我们有

$$\sum_{1\leqslant q\leqslant r^3}\frac{3\mid\mu(q)\mid}{(\varphi(q))^2}\int_{-\frac{1}{q\tau}}^{\frac{1}{q\tau}}\mid J_N(z)\mid^2\cdot$$

$$\sum_{a=1}^{q}{}'\left|\frac{\widetilde{E}\tau(\widetilde{\chi})}{\varphi(q)}\int_2^N\frac{e(tz)t^{\widetilde{\beta}-1}}{\log t}\mathrm{d}t\right|\mathrm{d}z\leqslant$$

$$(6)(3.54)^2\sum_{1\leqslant q\leqslant r^3}\left(\frac{\widetilde{E}q^{\frac{1}{2}}}{q^{1.92}}\right)\left(\int_0^{N-1}\left(\frac{1.02N}{r}\right)^2\left(\frac{1.111\,3N^{1-\delta}}{r}\right)\mathrm{d}z+\right.$$

$$\left.\int_{N^{-1}}^{\frac{1}{q\tau}}(0.747z^{-1}r^{-1})^2\left(\frac{1.111\,3N^{1-\delta}}{r}\right)\mathrm{d}z\right)\leqslant$$

$$(6)(3.54)^2\Big((1.156\,4N^2r^{-3})\sum_{1\leqslant q\leqslant r^3}\frac{\widetilde{E}N^{-\delta}}{q^{1.42}}+$$

$$(0.620\,2N^2r^{-3})\sum_{1\leqslant q\leqslant r^3}\frac{\widetilde{E}N^{-\delta}}{q^{1.42}}\Big)\leqslant$$

$$(133.6N^2r^{-3})\left(\frac{1}{q_0^{1.42}}\right)N^{-\frac{1}{240\log r}}\sum_{1\leqslant k\leqslant r^3}\frac{1}{k^{1.42}}\leqslant$$

$$e^{-30}N^2r^{-3} \tag{26}$$

$$\sum_{1\leqslant q\leqslant r^3}\frac{3\mid\mu(q)\mid}{\varphi(q)}\int_{-\frac{1}{q\tau}}^{\frac{1}{q\tau}}\mid J_N(z)\mid\cdot$$

$$\sum_{a=1}^{q}{}'\left|\frac{\widetilde{E}\tau(\widetilde{\chi})}{\varphi(q)}\int_2^N\frac{e(tz)t^{\widetilde{\beta}-1}}{\log t}\mathrm{d}t\right|^2\mathrm{d}z\leqslant$$

---

① 陈景润,王天泽.关于 $L$ — 函数例外零点的一个定理.数学学报,1989,32(6):841-858.

$$(6)(3.54)^2\sum_{1\leqslant q\leqslant r^3}\left(\frac{\widetilde{E}}{q^{0.92}}\right)\left(\int_0^{N^{-1}}\left(\frac{1.02N}{r}\right)\left(\frac{1.111\,3N^{1-\delta}}{r}\right)^2\mathrm{d}z+\right.$$

$$\left.\int_{N^{-1}}^{\frac{1}{q\tau}}(0.747z^{-1}r^{-1})\left(\frac{1.111\,3N^{1-\delta}}{r}\right)^2\mathrm{d}z\right)\leqslant$$

$$(6)(3.54)^2(6.412)(N^2r^{-3}\log r)\sum_{1\leqslant q\leqslant r^3}\frac{\widetilde{E}N^{-2\delta}}{q^{0.92}}\leqslant$$

$$\mathrm{e}^{-47.5}N^2r^{-3} \tag{27}$$

$$\sum_{1\leqslant q\leqslant r^3}\frac{3\mid\mu(q)\mid}{\varphi(q)}\int_{-\frac{1}{q\tau}}^{\frac{1}{q\tau}}\mid J_N(z)\mid\cdot$$

$$\sum_{a=1}^{q}{}'\left(\frac{1}{5}N^{\frac{1}{2}}q+\frac{2}{15}\pi\mid z\mid N^{\frac{3}{2}}q+r+\right.$$

$$\left.\left|R_6\left(\frac{a}{q}+z\right)\right|\right)\left|\frac{2\widetilde{E}\tau(\widetilde{\chi})}{\varphi(q)}\right|\cdot\left|\int_2^N\frac{e(tz)t^{\widetilde{\beta}-1}}{\log t}\mathrm{d}t\right|\mathrm{d}z\leqslant$$

$$(12)(3.54)\sum_{1\leqslant q\leqslant r^3}\left(\frac{\widetilde{E}}{q^{0.46}}\right)\left(\int_0^{N^{-1}}\left(\frac{1.02N}{r}\right)\cdot\right.$$

$$\left(\frac{1}{5}N^{\frac{1}{2}}q+\frac{2}{15}\pi zN^{\frac{3}{2}}q+r+0.132Nq^{\frac{1}{2}}r^{-11.35}+\right.$$

$$\left.0.14\pi zN^2q^{\frac{1}{2}}r^{-11.35}\right)\cdot\left(\frac{1.111\,3N^{1-\delta}}{r}\right)\mathrm{d}z+$$

$$\int_{N^{-1}}^{\frac{1}{q\tau}}(0.747z^{-1}r^{-1})\cdot\left(\frac{1}{5}N^{\frac{1}{2}}q+\frac{2}{15}\pi zN^{\frac{3}{2}}q+\right.$$

$$\left.r+0.132Nq^{\frac{1}{2}}r^{-11.35}+0.14\pi zN^2q^{\frac{1}{2}}r^{-11.35}\right)\cdot$$

$$\left.\left(\frac{1.111\,3N^{1-\delta}}{r}\right)\mathrm{d}z\right)\leqslant$$

$$(42.48)(2.781N^2r^{-5.75}\log r)\sum_{1\leqslant q\leqslant r^3}q^{-0.96}\leqslant\mathrm{e}^{-19.7}N^2r^{-3} \tag{28}$$

$$\sum_{1\leqslant q\leqslant r^3}\int_{-\frac{1}{q\tau}}^{\frac{1}{q\tau}}\sum_{a=1}^{q}{}'\left|\frac{\widetilde{E}\tau(\widetilde{\chi})}{\varphi(q)}\int_2^N\frac{e(tz)t^{\widetilde{\beta}-1}}{\log t}\mathrm{d}t\right|^3\mathrm{d}z\leqslant$$

$$(2)(3.54)^2\sum_{1\leqslant q\leqslant r^3}\left(\frac{\widetilde{E}}{q^{0.42}}\right)\int_0^{\frac{1}{q\tau}}\left(\frac{1.111\ 3N^{1-\delta}}{r}\right)^2\mathrm{d}z\leqslant$$

$$(34.44N^2r^{4.6})\sum_{1\leqslant q\leqslant r^3}\frac{\widetilde{E}N^{-3\delta}}{q^{1.42}}\leqslant \mathrm{e}^{-13.48}N^2r^{-3} \quad ㉙$$

$$\sum_{1\leqslant q\leqslant r^3}\int_{-\frac{1}{q\tau}}^{\frac{1}{q\tau}}\sum_{a=1}^{q}{}'(3)\left|\frac{\widetilde{E}\tau(\widetilde{\chi})}{\varphi(q)}\int_2^N\frac{e(tz)t^{\widetilde{\beta}-1}}{\log t}\mathrm{d}t\right|^2\cdot$$

$$\left(\frac{1}{5}N^{\frac{1}{2}}q+\frac{2}{15}\pi\mid z\mid N^{\frac{3}{2}}q+r+\left|R_6\left(\frac{a}{q}+z\right)\right|\right)\mathrm{d}z\leqslant$$

$$(6)(3.54)\sum_{1\leqslant q\leqslant r^3}(\widetilde{E}q^{0.04})\left(\int_0^{\frac{1}{q\tau}}\left(\frac{1.111\ 3N^{1-\delta}}{r}\right)^2\cdot\right.$$

$$\left(\frac{1}{5}N^{\frac{1}{2}}q+\frac{2}{15}\pi zN^{\frac{3}{2}}q+r+0.132Nq^{\frac{1}{2}}r^{-11.35}+\right.$$

$$\left.\left.0.14\pi zN^2q^{\frac{1}{2}}r^{-11.35}\right)\mathrm{d}z\right)\leqslant$$

$$(13.13N^2r^{-3})r^{4.85}\sum_{1\leqslant q\leqslant r^3}\widetilde{E}q^{-1.46}N^{-2\delta}\leqslant \mathrm{e}^{-11.47}N^2r^{-3} \quad ㉚$$

$$\sum_{1\leqslant q\leqslant r^3}\int_{-\frac{1}{q\tau}}^{\frac{1}{q\tau}}\sum_{a=1}^{q}{}'(3)\left|\frac{\widetilde{E}\tau(\widetilde{\chi})}{\varphi(q)}\int_2^N\frac{e(tz)t^{\widetilde{\beta}-1}}{\log t}\mathrm{d}t\right|\cdot$$

$$\left(\frac{1}{5}N^{\frac{1}{2}}q+\frac{2}{15}\pi\mid z\mid N^{\frac{3}{2}}q+r+\left|R_6\left(\frac{a}{q}+z\right)\right|\right)^2\mathrm{d}z\leqslant$$

$$(6)\sum_{1\leqslant q\leqslant r^3}(\widetilde{E}q^{\frac{1}{2}})\left(\frac{1.111\ 3N^{1-\delta}}{r}\right)\cdot$$

$$\int_0^{\frac{1}{q\tau}}\left(\frac{1}{5}N^{\frac{1}{2}}q+\frac{2}{15}\pi zN^{\frac{3}{2}}q+r+0.132Nq^{\frac{1}{2}}r^{-11.35}+\right.$$

$$\left.0.14\pi zN^2q^{\frac{1}{2}}r^{-11.35}\right)^2\mathrm{d}z\leqslant$$

$$(1.778N^2r^{-0.9})\sum_{1\leqslant q\leqslant r^3}\frac{\widetilde{E}N^{-\delta}}{q^{1.5}}\leqslant \mathrm{e}^{-10.49}N^2r^{-3} \quad ㉛$$

当 $N\geqslant \mathrm{e}^{\mathrm{e}^{11.503}}$ 时,则由式 ㉖ ~ ㉛ 我们有

$$M_5\leqslant(\mathrm{e}^{-30}+\mathrm{e}^{-47.5}+\mathrm{e}^{-19.7}+\mathrm{e}^{-13.48}+$$

$$e^{-11.47}+e^{-10.49})N^2r^{-3}\leqslant$$
$$0.000\ 1N^2r^{-3} \quad (32)$$

令

$$\Delta_{N,q}^{(j)}=\sum_{a=1}^{q}{}'(\Delta_{N,q,a})^j,\Omega_{N,q}^{(j)}=\sum_{a=1}^{q}{}'(\Omega_{N,q,a})^j,1\leqslant j\leqslant 3$$

当 $N\geqslant e^{6\ 000}$ 时,则由引理 1 可得

$$M_1\leqslant 6\sum_{1\leqslant q\leqslant r^3}\frac{|\mu(q)|}{(\varphi(q))^2}\left(\int_0^{N^{-1}}\left(\frac{1.02N}{r}\right)^2\cdot\right.$$
$$\sum_{a=1}^{q}{}'(\Delta_{N,q,a}+2\pi z\Omega_{N,q,a})\mathrm{d}z+$$
$$\int_{N^{-1}}^{\frac{1}{q\tau}}(0.747z^{-1}r^{-1})^2\cdot$$
$$\left.\sum_{a=1}^{q}{}'(\Delta_{N,q,a}+2\pi z\Omega_{N,q,a})\mathrm{d}z\right)\leqslant$$
$$\frac{9.6N}{r^2}\sum_{1\leqslant q\leqslant r^3}\frac{|\mu(q)|\Delta_{N,q}^{(1)}}{(\varphi(q))^2}+$$
$$\frac{160.1\log r}{r^2}\sum_{1\leqslant q\leqslant r^3}\frac{|\mu(q)|\Omega_{N,q}^{(1)}}{(\varphi(q))^2} \quad (33)$$

$$M_2\leqslant(6)\sum_{1\leqslant q\leqslant r^3}\frac{|\mu(q)|}{\varphi(q)}\left(\int_0^{N^{-1}}\left(\frac{1.02N}{r}\right)\cdot\right.$$
$$\sum_{a=1}^{q}{}'(\Delta_{N,q,a}+2\pi z\Omega_{N,q,a})^2\mathrm{d}z+$$
$$\int_{N^{-1}}^{\frac{1}{q\tau}}(0.747z^{-1}r^{-1})\cdot$$
$$\left.\sum_{a=1}^{q}{}'(\Delta_{N,q,a}+2\pi z\Omega_{N,q,a})^2\mathrm{d}z\right)\leqslant$$
$$0.05\sum_{1\leqslant q\leqslant r^3}\frac{|\mu(q)|\Delta_{N,q}^{(2)}}{\varphi(q)}+$$
$$(88.5r^{14}N^{-2})\cdot\sum_{1\leqslant q\leqslant r^3}\frac{|\mu(q)|\Omega_{N,q}^{(2)}}{q^2\varphi(q)}+$$

$$\frac{56.4r^{6.5}}{N}\sum_{1\leqslant q\leqslant r^3}\frac{|\mu(q)|}{q\varphi(q)}{\sum_{a=1}^{q}}'\Delta_{N,q,a}\Omega_{N,q,a} \quad ㉞$$

$$M_3\leqslant(2)\sum_{1\leqslant q\leqslant r^3}\int_0^{\frac{1}{q\tau}}{\sum_{a=1}^{q}}'(\Delta_{N,q,a}+2\pi z\Omega_{N,q,a})^3\mathrm{d}z\leqslant$$

$$\left(\frac{2r^{7.5}}{N}\right)\sum_{1\leqslant q\leqslant r^3}\frac{\Delta_{N,q}^{(3)}}{q}+\left(\frac{124.1r^{30}}{N^4}\right)\sum_{1\leqslant q\leqslant r^3}\frac{\Omega_{N,q}^{(3)}}{q^4}+$$

$$\left(\frac{18.85r^{12}}{N^2}\right)\sum_{1\leqslant q\leqslant r^3}\frac{1}{q^2}{\sum_{a=1}^{q}}'(\Delta_{N,q,a})^2(\Omega_{N,q,a})+$$

$$\left(\frac{78.96r^{22.5}}{N^3}\right)\sum_{1\leqslant q\leqslant r^3}\frac{1}{q^3}{\sum_{a=1}^{q}}'(\Delta_{N,q,a})(\Omega_{N,q,a})^2 \quad ㉟$$

当 $N\geqslant \mathrm{e}^{\mathrm{e}^{11.503}}$ 时,则由式㉑~㉔及㉜~㉟可得

$$I_1(N)\geqslant 0.659N^2r^{-3}-0.000\,2N^2r^{-3}-$$

$$\frac{9.6N}{r^2}\sum_{1\leqslant q\leqslant r^3}\frac{0.132q^{\frac{1}{2}}N}{(\varphi(q))r^{11.35}}-$$

$$\left(\frac{160.1\log r}{r^2}\right)\sum_{1\leqslant q\leqslant r^3}\frac{0.07q^{\frac{1}{2}}N^2}{\varphi(q)r^{11.35}}-$$

$$0.05\sum_{1\leqslant q\leqslant r^3}(0.132)^2qN^2r^{-22.7}-$$

$$\frac{88.5r^{14}}{N^2}\sum_{1\leqslant q\leqslant r^3}(0.07)^2q^{-1}N^4r^{-22.7}-$$

$$\left(\frac{56.4r^{6.5}}{N}\right)\sum_{1\leqslant q\leqslant r^3}(0.132)(0.07)N^3r^{-22.7}-$$

$$\frac{2r^{7.5}}{N}\sum_{1\leqslant q\leqslant r^3}(0.132)^3q^{\frac{3}{2}}N^3r^{-34.05}-$$

$$\frac{124.1r^{30}}{N^4}\sum_{1\leqslant q\leqslant r^3}(0.07)^3q^{-2.5}\varphi(q)N^6r^{-34.05}-$$

$$\frac{18.85r^{15}}{N^2}\sum_{1\leqslant q\leqslant r^3}(0.132)^2(0.07)\cdot$$

$$q^{-0.5}N^4r^{-34.05}\varphi(q)-\frac{78.96r^{22.5}}{N^3}\cdot$$

$$\sum_{1\leqslant q\leqslant r^3}(0.132)(0.07)^2 q^{-1.5}N^5 r^{-34.05}\varphi(q)\geqslant$$
$$0.657N^2 r^{-3}$$

这样我们就证明了如下的引理：

**引理2**　若奇数 $N\geqslant \mathrm{e}^{\mathrm{e}^{11.503}}$，则我们有

$$I_1(N)\geqslant 0.657N^2 r^{-3}$$

## 12.3　估计 $I_2(N)$ 所需要的几个引理

**引理3**　设 $\chi$ 是模 $q$ 的一个本原特征

$$x\geqslant \mathrm{e}^{10\,000},(\log x)^3\leqslant q\leqslant(\log x)^{6.5}$$

令 $(\log x)^{10}=T$，则有

$$\psi(x,\chi)=\sum_{n\leqslant x}\Lambda(n)\chi(n)=-\sum_{|\mathrm{Im}\,\rho|\leqslant T_1}\frac{x^\rho}{\rho}+R_7$$

其中，$|R_7|\leqslant 1.837\,24x(\log x)^{-8}$，$|T_1-T|\leqslant 1$，$\rho$ 是 $L(s,\chi)$ 的任意一个非显然零点.

**证明**　与相关文献①中的引理12相类似即可证得本引理.

**引理4**　设 $x\geqslant \mathrm{e}^{20\,000}$ 是一个实数，$(\log x)^3\leqslant q\leqslant(\log x)^{6.5}$，则对任何实数 $A\geqslant 1$，函数 $\prod\limits_{\substack{\chi(\bmod q)\\ \chi\neq\chi_0}}(s,\chi)$ 在区域

$$1-\frac{g(A)}{\log\log x}\leqslant\sigma<1,\ |t|\leqslant(\log x)^A$$

中至多有两对共轭零点，其中

$$g(A)=\frac{3}{4.580\,31A+30.616\,4}-\frac{0.378}{A+6.5}$$

① Chen Jingrun, Wang Tianze. On the distribution of primes in an arithmetical progression. Scientia Sinica, to appear.

**证明** 设$\rho_j=\beta_j+\mathrm{i}\gamma_j(j=1,2,3)$是$\prod\limits_{\substack{\chi(\bmod q)\\ \chi\neq\chi_q}}L(s,\chi)$的三个零点,其中

$$\beta_j=1-\frac{b_j}{\log\log x}$$

$$|\gamma_j|\leqslant(\log x)^A,\rho_j\neq\overline{\rho}_k,1\leqslant j<k\leqslant 3$$

令$\sigma=1+\dfrac{0.378}{(6.5+A)\log\log x}$,则有

$$\begin{aligned}0\leqslant 4\sum_{n=1}^{\infty}\frac{\Lambda(n)}{n^{\sigma}}\prod_{j=1}^{3}\left(1+\mathrm{Re}\,\frac{\chi_j(n)}{n^{\mathrm{i}\gamma_j}}\right)=\\ S(\chi_1,\chi_2,\chi_3;\rho_1,\rho_2,\rho_3)+\\ S(\chi_1,\chi_2,\overline{\chi}_3;\rho_1,\rho_2,\overline{\rho}_3)+\\ S(\chi_1,\overline{\chi}_2,\chi_3;\rho_1,\overline{\rho}_2,\rho_3)+\\ S(\chi_1,\overline{\chi}_2,\overline{\chi}_3;\rho_1,\overline{\rho}_2,\overline{\rho}_3)\end{aligned} \tag{36}$$

其中

$$\begin{aligned}&S(\chi_1,\chi_2,\chi_3;\rho_1,\rho_2,\rho_3)=\\ &-\mathrm{Re}\left(\frac{\zeta'}{\zeta}(\sigma)+\sum_{j=1}^{3}\frac{L'}{L}(\sigma+\mathrm{i}\gamma_j,\chi_j)+\right.\\ &\sum_{1\leqslant j<k\leqslant 3}\frac{L'}{L}(\sigma+\mathrm{i}(\gamma_j+\gamma_k),\chi_j\chi_k)+\\ &\left.\frac{L'}{L}(\sigma+\mathrm{i}(\gamma_1+\gamma_2+\gamma_3),\chi_1\chi_2\chi_3)\right)\end{aligned}$$

我们有

$$\begin{aligned}&-\mathrm{Re}\,\frac{\zeta'}{\zeta}(\sigma)\leqslant\sum_{n=1}^{\infty}\frac{\Lambda(n)}{n^{\sigma}}\leqslant\\ &\frac{1}{\sigma-1}+(0.1877)(\sigma-1)-0.5772\leqslant\\ &\frac{A+6.5}{0.378}\log\log x-0.57054\end{aligned} \tag{37}$$

当$\chi_1\chi_2,\chi_2\chi_3,\chi_1\chi_3,\chi_1\chi_2\chi_3$都是非主特征时，则由相关文献[①]中的引理2和引理4

$$-\operatorname{Re}\frac{L'}{L}(\sigma+\mathrm{i}\gamma_j,\chi_j)\leqslant$$
$$0.276\,4\log q(2+(\log x)^A)+$$
$$d_q+0.723\,61-\frac{1}{\sigma-\beta_j},1\leqslant j\leqslant 3 \quad ㊳$$

$$-\operatorname{Re}\frac{L'}{L}(\sigma+\mathrm{i}(\gamma_j+\gamma_k),\chi_j\chi_k)\leqslant$$
$$0.276\,4\log q(2+2(\log x)^A)+d_q$$
$$1\leqslant j<k\leqslant 3 \quad ㊴$$

$$-\operatorname{Re}\frac{L'}{L}(\sigma+\mathrm{i}(\gamma_1+\gamma_2+\gamma_3),\chi_1\chi_2\chi_3)\leqslant$$
$$0.276\,4\log q(2+3(\log x)^A)+d_q \quad ㊵$$

其中，$d_q$的定义见相关文献[②]中的引理2.由式㊲～㊵易得

$$S(\chi_1,\chi_2,\chi_3;\rho_1,\rho_2,\rho_3)\leqslant$$
$$\left(\frac{A+6.5}{0.378}+(7)(0.276\,4)(A+6.5)\right)\log\log x+$$
$$(3)(0.723\,61)+7d_q+(3)(0.276\,4\log 2)+$$
$$0.276\,4\log 3+0.000\,387-\sum_{j=1}^{3}\frac{1}{\sigma-\beta_j}\leqslant$$
$$(4.580\,31A+30.616\,4)\cdot$$
$$\log\log x-\sum_{j=1}^{3}\frac{1}{\sigma-\beta_j} \quad ㊶$$

当$\chi_1\chi_3,\chi_2\chi_3$是非主特征，$\chi_1\chi_2=\chi_0$时，则$\chi_1\chi_2\chi_3=$

① Chen Jingrun, Wang Tianze. On zeros of Dirichlet's $L$-functions. Chinese Quarterly Journal of Mathematics, to appear.

② 同上.

$\chi_3$. 由 $\chi_1\chi_2=\chi_0$ 易得

$$L(\bar{\rho}_2,\chi_1)=L(\bar{\rho}_1,\chi_2)=0$$

故由相关文献①中的式(39)可得

$$-\operatorname{Re}\frac{L'}{L}(\sigma+\mathrm{i}(\gamma_1+\gamma_2),\chi_1\chi_2)\leqslant$$

$$\operatorname{Re}\frac{1}{\sigma+\mathrm{i}(\gamma_1+\gamma_2)-1}+0.009\ 5+$$

$$0.276\ 4\log(2+2(\log x)^A)+\sum_{p\mid q}\frac{\log p}{p-1}\leqslant$$

$$\operatorname{Re}\frac{1}{\sigma-1+\mathrm{i}(\gamma_1+\gamma_2)}+$$

$$(0.276\ 4A+0.682\ 97)\log\log x+0.380\ 65+e_q \tag{42}$$

其中 $e_q$ 的定义见相关文献②中的式(52). 又我们有

$$-\operatorname{Re}\frac{L'}{L}(\sigma+\mathrm{i}\gamma_j,\chi_j)\leqslant 0.276\ 4\log q(2+(\log x)^A)+$$

$$d_q+(2)(0.723\ 61)-\frac{1}{\sigma-\beta_j}-$$

$$\operatorname{Re}\frac{1}{\sigma+\mathrm{i}\gamma_j-(\beta_k-\mathrm{i}\gamma_k)}$$

$$1\leqslant j\neq k\leqslant 2 \tag{43}$$

当 $\max\limits_{1\leqslant j\leqslant 3}\{b_j\}\leqslant\sigma-1$ 时,则由式㊲～㊵㊷㊸和相关文献③中的引理11可得

① Chen Jingrun, Wang Tianze. On zeros of Dirichlet's $L$-functions. Chinese Quarterly Journal of Mathematics, to appear.

② 同上.

③ Chen Jingrun. On the least prime in an arithmetical progression and theorems concerning the zeros of Dirichlet's $L$-functions(II). Scientia Sinica, 1979, 22:859-889.

$$S(\chi_1,\chi_2,\chi_3;\rho_1,\rho_2,\rho_3)\leqslant$$
$$\frac{A+6.5}{0.378}\log\log x-$$
$$0.570\,54+(3)(0.276\,4)\cdot$$
$$\log q(2+(\log x)^A)+6d_q+$$
$$e_q+(5)(0.723\,61)+0.380\,65+$$
$$(0.276\,4A+0.682\,97)\log\log x+$$
$$0.276\,4\log 3+(2)(0.276\,4\log 2)+$$
$$(3)(0.276\,4)\log q(2+(\log x)^A)-\sum_{j=1}^{3}\frac{1}{\sigma-\beta_j}\leqslant$$
$$(4.580\,31A+29.8)\log\log x-\sum_{j=1}^{3}\frac{1}{\sigma-\beta_j}\qquad ㊹$$

当 $\chi_1\chi_2=\chi_1\chi_3=\chi_0,\chi_2\chi_3\neq\chi_0$；或 $\chi_1\chi_2\chi_3=\chi_0$，$\chi_1\chi_2\neq\chi_0,\chi_2\chi_3\neq\chi_0,\chi_1\chi_3\neq\chi_0$；或 $\chi_1\chi_2=\chi_2\chi_3=\chi_1\chi_3=\chi_0$ 时，使用类似的方法可得

$$S(\chi_1,\chi_2,\chi_3;\rho_1,\rho_2,\rho_3)\leqslant$$
$$(4.580\,31A+30.616\,4)\log\log x-\sum_{j=1}^{3}\frac{1}{\sigma-\beta_j}\qquad ㊺$$

对于式 ㊱ 中的其余三项，有与 $S(\chi_1,\chi_2,\chi_3;\rho_1,\rho_2,\rho_3)$ 完全相同的估计. 于是由式 ㊱㊶㊹㊺ 得到

$$\frac{3}{\frac{0.378}{A+6.5}+\max\limits_{1\leqslant j\leqslant 3}\{b_j\}}\leqslant$$
$$\sum_{j=1}^{3}\frac{1}{\frac{0.378}{A+6.5}+b_j}\leqslant$$
$$4.580\,31A+30.616\,4$$

这就完成了本引理的证明.

**引理 5**　设 $x\geqslant e^{e^{11.3}}$ 是一个实数，$a,q$ 是正整数并

且满足

$$(a,q)=1,(\log x)^3\leqslant q\leqslant(\log x)^{6.5}$$

则有

$$\left|\sum_{l=1}^{q}{}'e\left(\frac{al}{q}\right)\psi(x;q,l)-\frac{\mu(q)x}{\varphi(q)}+\frac{\widetilde{E}\widetilde{\chi}(a)\tau(\widetilde{\chi})x^{\widetilde{\beta}}}{\widetilde{\beta}\varphi(q)}\right|\leqslant$$

$$0.006\ 52xq^{\frac{1}{2}}(\log x)^{-7.5}$$

其中,$\widetilde{\chi}$,$\widetilde{\beta}$,$\widetilde{E}$,$\tau(\widetilde{\chi})$ 的定义与式 ⑤ 中的相同.

**证明** 与相关文献①中定理的证明相类似,使用引理 3 和引理 4 即可证得本引理.

**引理6** 在引理5的条件下,若 $x\geqslant e^{e^{11.302}}$,则我们有

$$\left|\sum_{l=1}^{q}{}'e\left(\frac{al}{q}\right)\pi(x;q,l)-\frac{\mu(q)\mathrm{Li}(x)}{\varphi(q)}+\frac{\widetilde{E}\widetilde{\chi}(a)\tau(\widetilde{\chi})}{\varphi(q)}\int_2^x\frac{t^{\widetilde{\beta}-1}}{\log t}\mathrm{d}t\right|\leqslant$$

$$0.006\ 54xq^{\frac{1}{2}}(\log x)^{-8.5}$$

**证明** 令 $\alpha(n)=\alpha(n;q,l)=\begin{cases}0,n\not\equiv l(\bmod q)\\1,n\equiv l(\bmod q)\end{cases}$,

则有

$$\pi(x;q,l)=\sum_{2<n\leqslant x}\frac{\Lambda(n)\alpha(n)}{\log n}-\sum_{\substack{2<n=p^k\leqslant x\\k\geqslant 2}}\frac{\Lambda(n)\alpha(n)}{\log n}$$

所以由

$$\sum_{\substack{3<n=p^k\leqslant x\\k\geqslant 1}}\frac{\Lambda(n)\alpha(n)}{\log n}\leqslant\left(\frac{\sqrt{x}}{2}\right)\left(\frac{\log x}{\log 2}\right)\leqslant$$

① Chen Jingrun, Wang Tianze. On the distribution of primes in an arithmetical progression. Scientia Sinica, to appear.

$$0.721\,4x^{\frac{1}{2}}\log x$$

可得

$$\pi(x;q,l)=\int_2^x\frac{\psi(u;q,l)}{u(\log u)^2}\mathrm{d}u+\frac{\psi(x;q,l)}{\log x}+R_8 \quad ⑯$$

其中，$|R_8|\leqslant 0.721\,5x^{\frac{1}{2}}\log x$. 用 $e\left(\frac{al}{q}\right)$ 乘式⑯，然后对 $l$ 经过模 $q$ 的简化剩余系求和，则有

$$\sum_{l=1}^{q}{}'e\left(\frac{al}{q}\right)\pi(x;q,l)=$$

$$\int_2^x\frac{\sum_{l=1}^{q}{}'e\left(\frac{al}{q}\right)\psi(u;q,l)}{u(\log u)^2}\mathrm{d}u+$$

$$\frac{\sum_{l=1}^{q}{}'e\left(\frac{al}{q}\right)\psi(x;q,l)}{\log x}+\sum_{l=1}^{q}{}'e\left(\frac{al}{q}\right)R_8 \quad ⑰$$

当 $x\geqslant \mathrm{e}^{\mathrm{e}^{11.3}}$ 时，则由式⑰和引理 5 可得

$$\left|\sum_{l=1}^{q}{}'e\left(\frac{al}{q}\right)\pi(x;q,l)-\frac{\mu(q)\mathrm{Li}(x)}{\varphi(q)}+\right.$$

$$\left.\frac{\widetilde{E}\widetilde{\chi}(a)\tau(\widetilde{\chi})}{\varphi(q)}\int_2^x\frac{u^{\widetilde{\beta}-1}}{\log u}\mathrm{d}u\right|\leqslant$$

$$\left|\sum_{l=1}^{q}{}'e\left(\frac{al}{q}\right)\pi(x;q,l)-\frac{\mu(q)x}{\varphi(q)\log x}-\right.$$

$$\frac{\mu(q)}{\varphi(q)}\int_2^x\frac{\mathrm{d}u}{(\log u)^2}+\frac{\widetilde{E}\widetilde{\chi}(a)\tau(\widetilde{\chi})x^{\widetilde{\beta}}}{\widetilde{\beta}\varphi(q)\log x}+$$

$$\left.\frac{\widetilde{E}\widetilde{\chi}(a)\tau(\widetilde{\chi})}{\widetilde{\beta}\varphi(q)}\int_2^x\frac{u^{\widetilde{\beta}-1}}{(\log u)^2}\mathrm{d}u\right|+$$

$$\frac{2}{\varphi(q)\log 2}+\frac{3q^{\frac{1}{2}}}{\varphi(q)\log 2}\leqslant$$

$$0.006\,53xq^{\frac{1}{2}}(\log x)^{-8.5}+$$

$$\int_2^x \left| \sum_{l=1}^{q}{}' e\left(\frac{al}{q}\right)\psi(u;q,l) - \frac{\mu(q)u}{\varphi(q)} + \right.$$

$$\left. \frac{\widetilde{E}\widetilde{\chi}(a)\tau(\widetilde{\chi})u^{\widetilde{\beta}}}{\widetilde{\beta}\varphi(q)} \right| \frac{\mathrm{d}u}{u(\log u)^2} \qquad ㊽$$

令 $g_1(t) = \mathrm{e}^{-\mathrm{e}^{11.3}} \cdot t(\log t)^{-10}$，当 $t \geqslant \mathrm{e}^{\mathrm{e}^{11.302}}$ 时，则由 $g'_1(t) \geqslant 0$ 和 $g_1(\mathrm{e}^{\mathrm{e}^{11.302}}) > 1$ 可得 $g_1(t) \geqslant 1$. 所以当 $x \geqslant \mathrm{e}^{\mathrm{e}^{11.302}}$ 时由引理 5 可得

$$\int_2^x \left| \sum_{l=1}^{q}{}' e\left(\frac{al}{q}\right)\psi(u;q,l) - \right.$$

$$\left. \frac{\mu(q)u}{\varphi(q)} + \frac{\widetilde{E}\widetilde{\chi}(a)\tau(\widetilde{\chi})u^{\widetilde{\beta}}}{\widetilde{\beta}\varphi(q)} \right| \frac{\mathrm{d}u}{u(\log u)^2} \leqslant$$

$$\int_2^{x(\log x)^{-10}} \frac{u(\log u + 2)}{u(\log u)^2} \mathrm{d}u +$$

$$\int_{x(\log x)^{-10}}^{x} \frac{0.006\ 52 q^{\frac{1}{2}} u}{u(\log u)^{9.5}} \mathrm{d}u \leqslant$$

$$0.000\ 01 x q^{\frac{1}{2}} (\log x)^{-8.5} \qquad ㊾$$

由式 ㊽ 和 ㊾ 知道本引理能够成立.

## 12.4 定理的证明

**引理 7** 若奇数 $N \geqslant \mathrm{e}^{\mathrm{e}^{11.303}}$，则有

$$|I_2(N)| \leqslant 0.075 N^2 r^{-3}$$

**证明** 令 $f_3(t) = (\mathrm{e}^{-\mathrm{e}^{11.302}}) t(\log t)^{-3}$，则易知当 $t \geqslant \mathrm{e}^{\mathrm{e}^{11.303}}$ 时有 $f_3(t) \geqslant 1$. 所以当 $N \geqslant \mathrm{e}^{\mathrm{e}^{11.303}}$ 时有 $Nr^{-3} \geqslant \mathrm{e}^{\mathrm{e}^{11.302}}$. 由 $S(\alpha)$ 的定义可得

$$S(\alpha) = S\left(\frac{a}{q} + z\right) = \sum_{l=1}^{q}{}' e\left(\frac{al}{q}\right) N_z(l) + R(\alpha, N) \qquad ㊿$$

其中

$$N_z(l)=\sum_{\substack{Nr^{-3}\leqslant p\leqslant N\\ p\equiv l(\bmod q)}} e(pz),\ |R(\alpha,N)|\leqslant 2Nr^{-4}$$

因为

$$N_z(l)=\sum_{Nr^{-3}\leqslant k\leqslant N} e^{2\pi izk}(\pi(k;q,l)-\pi(k-1;q,l))=$$
$$\sum_{NT^{-3}\leqslant k\leqslant N-1}\pi(k;q,l)(e^{2\pi izk}-e^{2\pi iz(k+1)})+$$
$$\pi(N;q,l)e^{2\pi izN}-\pi(Nr^{-3}-1;q,l)e^{2\pi izNr^{-3}}$$

所以当 $N\geqslant e^{e^{11.303}}$ 时由引理 6 可得

$$\Bigg|\sum_{l=1}^{q}{}'e\left(\frac{al}{q}\right)\Bigg(N_z(l)-\sum_{Nr^{-3}\leqslant k\leqslant N-1}\Bigg(\frac{\mathrm{Li}(k)}{\varphi(q)}-$$
$$\frac{\widetilde{E}\widetilde{\chi}(l)}{\varphi(q)}\int_2^k\frac{t^{\widetilde{\beta}-1}}{\log t}\mathrm{d}t\Bigg)(e^{2\pi izk}-e^{2\pi iz(k+1)})-$$
$$\Bigg(\frac{\mathrm{Li}(N)}{\varphi(q)}-\frac{\widetilde{E}(\widetilde{\chi})(l)}{\varphi(q)}\int_2^N\frac{t^{\widetilde{\beta}-1}}{\log t}\mathrm{d}t\Bigg)e^{2\pi izN}+$$
$$\Bigg(\frac{\mathrm{Li}(Nr^{-3}-1)}{\varphi(q)}-\frac{\widetilde{E}\widetilde{\chi}(l)}{\varphi(q)}\int_2^{Nr^{-3}-1}\frac{t^{\widetilde{\beta}-1}}{\log t}\mathrm{d}t\Bigg)\cdot e^{2\pi izNr^{-3}}\Bigg)\Bigg|\leqslant$$
$$\sum_{Nr^{-3}\leqslant k\leqslant N-1}(2\pi|z|)(0.006\ 54q^{\frac{1}{2}})k(\log k)^{-8.5}+$$
$$0.006\ 54Nq^{\frac{1}{2}}r^{-8.5}+0.006\ 54Nr^{-3}q^{\frac{1}{2}}(r-3\log r)^{-8.5}\leqslant$$
$$0.021\ 1Nr^{-2.5} \tag{51}$$

当 $N\geqslant e^{e^{11.303}}$ 时，则由式 ⑤⓪ 和 ⑤① 我们有

$$|S(\alpha)|\leqslant 0.021\ 2Nr^{-2.5}+|T(\alpha)| \tag{52}$$

其中

$$T(\alpha)=\sum_{l=1}^{q}{}'e\left(\frac{al}{q}\right)\Bigg(\sum_{Nr^{-3}\leqslant k\leqslant N-1}\Bigg(\frac{\mathrm{Li}(k)}{\varphi(q)}-$$
$$\frac{\widetilde{E}\widetilde{\chi}(l)}{\varphi(q)}\int_0^k\frac{t^{\widetilde{\beta}-1}}{\log t}\mathrm{d}t\Bigg)(e^{2\pi izk}-e^{2\pi iz(k+1)})+$$

$$\left(\frac{\mathrm{Li}(N)}{\varphi(q)}-\frac{\widetilde{E}\widetilde{\chi}(l)}{\varphi(q)}\int_2^N \frac{t^{\widetilde{\beta}-1}}{\log t}\mathrm{d}t\right)\mathrm{e}^{2\pi\mathrm{i}zN}-$$

$$\left(\frac{\mathrm{Li}(Nr^{-3}-1)}{\varphi(q)}-\frac{\widetilde{E}\widetilde{\chi}(l)}{\varphi(q)}\int_2^{Nr^{-3}-1} \frac{t^{\widetilde{\beta}-1}}{\log t}\mathrm{d}t\right)\mathrm{e}^{2\pi\mathrm{i}zNr^{-3}}\Bigg)=$$

$$\left(\frac{\mu(q)}{\varphi(q)}\right)\Big(\sum_{Nr^{-3}\leqslant k\leqslant N-1}(\mathrm{Li}(k))(\mathrm{e}^{2\pi\mathrm{i}zk}-$$

$$\mathrm{e}^{2\pi\mathrm{i}z(k+1)})+\mathrm{Li}(N)\mathrm{e}^{2\pi\mathrm{i}zN}-$$

$$\mathrm{Li}(Nr^{-3}-1)\mathrm{e}^{2\pi\mathrm{i}zNT^{-3}}\Big)-\left(\frac{\widetilde{E}\widetilde{\chi}(a)\tau(\widetilde{\chi})}{\varphi(q)}\right)\cdot$$

$$\Bigg(\sum_{Nr^{-3}\leqslant k\leqslant N-1}\left(\int_2^k \frac{t^{\widetilde{\beta}-1}}{\log t}\mathrm{d}t\right)(\mathrm{e}^{2\pi\mathrm{i}zk}-\mathrm{e}^{2\pi\mathrm{i}z(k+1)})+$$

$$\left(\int_2^N \frac{t^{\widetilde{\beta}-1}}{\log t}\mathrm{d}t\right)\mathrm{e}^{2\pi\mathrm{i}zN}-\left(\int_2^{Nr^{-3}-1} \frac{t^{\widetilde{\beta}-1}}{\log t}\mathrm{d}t\right)\mathrm{e}^{2\pi\mathrm{i}zNr^{-3}}\Bigg)=$$

$$\left(\frac{\mu(q)}{\varphi(q)}\right)\sum_{Nr^{-3}\leqslant k\leqslant N}(\mathrm{Li}(k)-\mathrm{Li}(k-1))\mathrm{e}^{2\pi\mathrm{i}zk}-$$

$$\left(\frac{\widetilde{E}\widetilde{\chi}(a)\tau(\widetilde{\chi})}{\varphi(q)}\right)\sum_{Nr^{-3}\leqslant k\leqslant N}\left(\int_2^k \frac{t^{\widetilde{\beta}-1}}{\log t}\mathrm{d}t-\int_2^{k-1} \frac{t^{\widetilde{\beta}-1}}{\log t}\mathrm{d}t\right)\mathrm{e}^{2\pi\mathrm{i}zk}$$

所以当 $r^3\leqslant q\leqslant r^{6.5}, N\geqslant \mathrm{e}^{\mathrm{e}^{11.303}}$ 时由式①和⑩可得

$$|T(\alpha)|\leqslant \frac{|\mu(q)|}{\varphi(q)}\int_{Nr^{-3}-1}^N \frac{\mathrm{d}t}{\log t}+$$

$$\frac{q^{\frac{1}{2}}}{\varphi(q)}\int_{Nr^{-3}-1}^N \frac{\mathrm{d}t}{\log t}\leqslant 3.65Nr^{-2.38} \quad ⑬$$

当 $r^3\leqslant q\leqslant r^{6.5}, N\geqslant \mathrm{e}^{\mathrm{e}^{11.303}}$ 时,则由式㊾和⑬有

$$|S(\alpha)|\leqslant 0.05Nr^{-2} \quad ⑭$$

由式⑭和 $\pi(N)\leqslant 1.5Nr^{-1}$ 可得

$$|I_2(N)|\leqslant (\max_{\alpha\in E_2}|S(\alpha)|)\int_0^1|S(\alpha)|^2\mathrm{d}\alpha\leqslant$$

$$(0.05Nr^{-2})\pi(N)\leqslant 0.075N^2r^{-3}$$

于是本引理得证.

**引理8**　当奇数 $N \geqslant e^{20\,000}$ 时,我们有

$$|I_3(N)| \leqslant 0.31N^2r^{-3}$$

**证明**　当 $\alpha \in E_3$ 时有 $q \geqslant r^{6.5}$,故当 $N \geqslant e^{20\,000}$ 时由相关文献①中的定理1可得

$$|S(\alpha)| \leqslant 1.2Nr^{0.75}(\log r)(\sqrt{6r^{-6.5}}+\sqrt{r}e^{-0.5\sqrt{r}}) \leqslant 2.94Nr^{-2.5}\log r \quad (55)$$

由式(55)和 $\pi(N) \leqslant 1.5Nr^{-1}$ 可得

$$|I_3(N)| \leqslant (2.94Nr^{-2.5}\log r)\pi(N) \leqslant 0.31N^2r^{-3}$$

这就完成了本引理的证明.

由引理2、引理7和引理8可得

$$I(N) \geqslant (0.657-0.075-0.31)N^2r^{-3} \geqslant 0.272N^2r^{-3}$$

这就完成了本节定理的证明.

① Chen Jingrun. On the estimation of some trigonometrical sums and their application. Scientia Sinica, 1955, 28: 449-458.

# 从哈代、李特伍德到潘承洞

# 第7章

## §1 “整数分析”的若干问题之表整数为素数之和

——哈代　李特伍德

### 1.1　导论

哥德巴赫在1742年6月7日写给欧拉的一封信中断言，每个偶数 $2m$ 都是两个奇素数之和，这个命题通常被称为“哥德巴赫定理”. 没有理由质疑这一定理的正确性，而且当 $m$ 很大时，表示法的数目亦很大，但是所有试图得到一个证明的证明者都没有成功. 事实上，

还不能证明每个数(或每个大数,即从某一数往后的任意数)是 10 个素数,或 1 000 000 个素数之和,这个问题在最近被认为是“不可克服的科学难关”.[①]

本节,我们用“堆垒数论”中的新超越方法来处理这个问题,并给出这个方法的各种应用的一个完备文献目录.

①G. H. Hardy. Asymptotic formulae in combinatory analysis. Comptes rendus du quatrième Congrès des mathematiciens Scandinaves à Stockholm, 1916:45-53.

②G. H. Hardy. On the expression of a number as the sum of any number of squares, and in particular of five or seven. Proceedings of the National Academy of Sciences, 1918,4:189-193.

③G. H. Hardy. Some famous problems of the theory of numbers, and in particular Waring's problem. Oxford: Clarendon Press, 1920:1-34.

④G. H. Hardy. On the representation of a number as the sum of any number of squares, and in particular of five. Transactions of the American Mathematical Society, 1920,21:255-284.

⑤G. H. Hardy. Note on Ramanujan's trigonometrical sum $c_q(n)$. Proceedings of the Cambridge

① E. Landau. Gelöste und ungelöste Probleme aus der Theorie der Primzahlverteilung und der Riemannschen Zetafunktion. Proceedings of the fifth International Congress of Mathematicians, Cambridge, 1912,1(105):93-108. This address was reprinted in the Jahresbericht der Deutschen Math. Vereinigung, 1912,21:208-228.

Philosophical Society, 1921,20:263-271.

⑥G. H. Hardy, J. E. Littlewood. A new solution of Waring's Problem. Quarterly Journal of Pure and Applied Mathematics, 1919,48:272-293.

⑦ G. H. Hardy, J. E. Littlewood. Note on Messrs. Shah and Wilson's paper entitled:On an empirical formula connected with Goldbach's Theorem. Proceedings of the Cambridge Philosophical Society, 1919,19:245-254.

⑧G. H. Hardy, J. E. Littlewood. Some problems of "Partitio numerorum";I: A new solution of Waring's Problem. Nachrichten vonder K. Gesellschaft der Wissenschaften zu Göttingen,1920:33-54.

⑨G. H. Hardy, J. E. Littlewood. Some problems of "Partitio numerorum"; II: Proof that any large number is the sum of at most 21 biquadrates. Mathematische Zeitschrift, 1921,9:14-27.

⑩G. H. Hardy, S. Ramanujan. Une formule asymptotique pour le nombre des partitions de *n*. Comptes rendus de l'Academie des Sciences,2 Jan. , 1917.

⑪G. H. Hardy, S. Ramanujan. Asymptotic formulae in combinatory analysis. Proceedings of the London Mathematical Society, ser. 2, 1918, 17: 75-115.

⑫G. H. Hardy, S. Ramanujan. On the coefficients in the expansions of certain modular functions. Proceedings of the Royal Society of London(A),

1918,95:144-155.

⑬ E. Landau. Zur Hardy-Littlewood'schen Lösung des Waringschen Problems. Nachrichten von der K. Gesellschaft der Wissenschaften zu Göttingen, 1921:88-92.

⑭L. J. Mordell. On the representations of numbers as the sum of an odd number of squares. Transactions of the Cambridge Philosophical Society, 1919,22:361-372.

⑮ A. Ostrowski. Bemerkungen zur Hardy-Littlewood' schen Lösung des Waringschen Problems. Mathematische Zeitschrift, 1921,9:28-34.

⑯ S. Ramanujan. On certain trigonometrical sums and their applications in the theory of numbers. Transactions of the Cambridge Philosophical Society, 1918,22:259-276.

⑰N. M. Shah, B. M. Wilson. On an empirical formula connected with Goldbach's Theorem. Proceedings of the Cambridge Philosophical Society, 1919,19:238-244.

我们未能解决它,甚至未能证明任何数是1 000 000个素数之和.为了证明一些东西,我们假定了一个未被证明的猜想是真实的,而即使在这个假定之下,我们亦未能证明哥德巴赫定理.无论如何,我们证明了这个问题不是"不可克服的",而将它引入解析数论中可认识的方法的范畴中.

我们的主要结果可以叙述为:若一个猜想(关于黎曼Zeta函数零点的黎曼猜想的自然推广)成立,则每

个大奇数 $n$ 为三个奇素数之和，而且表示法的数目渐近地等于

$$\overline{N}_3(n) \sim C_3 \frac{n^2}{(\log n)^3} \prod_p \left(\frac{(p-1)(p-2)}{p^2-3p+3}\right) \quad ①$$

其中 $p$ 过 $n$ 的所有奇素因子，并且

$$C_3 = \prod \left(1 + \frac{1}{(\omega-1)^3}\right) \quad ②$$

其中乘积过所有的奇素数 $\omega$.

下面我们更明确地解释猜想的含义. 假定 $q$ 是一个正整数，且

$$h = \varphi(q)$$

表示小于 $q$ 且与 $q$ 互素的整数个数. 我们用

$$\chi(n) = \chi_k(n), k = 1, 2, \cdots, h$$

表示 $h$ 个模 $q$ 的迪利克雷“特征”中的一个①：$\chi_1$ 为“主”特征②.

我们用 $\overline{\chi}$ 表示 $\chi$ 的共轭复数，$\overline{\overline{\chi}}$ 为一个特征.

当 $\sigma > 1$ 时，由

$$L(s) = L(\sigma + \mathrm{i}t) = L(s, \chi) = L(s, \chi_k) = \sum_{n=1}^{\infty} \frac{\chi(n)}{n^s}$$

定义的函数记为 $L(s, \chi)$. 除做特别声明，模均为 $q$，记

$$\overline{L}(s) = L(s, \overline{\chi})$$

我们用

① 有关 $L$－函数理论的记号，我们采用朗道的书 *Handbuch der Lehre von der Verteilung der Primzahlen* vol. 1, book 2, P. 391 中的相关记号. 今后，我们仅用 $q$ 代替它的 $k$，$k$ 代替 $\chi$，并用 $\omega$ 代替 $p$ 来表示素数.

② 我们未给出 $L$－函数理论的有关部分一个完善的综述，但我们给出的朗道的著作，读者可以从中找到所需要的全部知识.

$$\rho=\beta+\mathrm{i}\gamma$$

表示 $L(s)$ 的一个典型零点，适合 $\gamma=0,\beta\leqslant 0$ 的诸零点被排除了. 我们称这些零点为非寻常零点，并记 $N(T)$ 为 $L(s)$ 满足 $0\leqslant\gamma\leqslant T$ 的零点 $\rho$ 的个数.

黎曼猜想的自然推广：

**猜想 R***　每个 $\rho$ 的实部均小于或等于 $\frac{1}{2}$.①

我们将不使用这样强的猜想，实际上是假定：

**猜想 R**　存在一个数 $\theta<\frac{3}{4}$ 使 $L(s)$ 的每个 $\rho$ 都满足 $\beta\leqslant\theta$.

这个猜想的假定是我们全部工作的基础；本节的所有结果，尽管都是虚幻的，皆依赖于它②；我们将不复述定理中的这个条件.

我们假定 $\theta$ 有它的下确界. 若 $\rho$ 为 $L(s)$ 的一个复零点，则 $\bar{\rho}$ 为 $\bar{L}(s)$ 的一个零点. 因此 $1-\bar{\rho}$ 为 $\bar{L}(1-s)$ 的零点，故由基本方程③，它也是 $L(s)$ 的零点.

下面介绍进一步的记号与术语.

本节将引用下列记号.

$A$ 表示一个绝对正常数，但在不同的地方不表示同一个常数，$B$ 为仅依赖于量 $r$ 的常数. 诸 $O$ 均表示 $n\to\infty$ 的极限过程，与之有关的常数是 $B$ 型的，而与 $o$ 有关的量除 $r$ 之外，对其他量都是均匀的.

---

① 由于下述原因，猜想必须这样叙述：

(i) 并未证明过 $L(s)$ 在 $\frac{1}{2}$ 与 1 之间没有零点；

(ii) 对应于非原特征的 $L-$ 函数在直线 $\sigma=0$ 上有零点.

② 很自然地，许多结果的陈述不依赖于这个猜想.

③ 除非特别声明，参考书均指朗道的著作.

$\omega$ 表示一个素数,$p$(仅与 $n$ 相关联时出现)表示 $n$ 的奇素因子,一般 $p$ 为整数. 若 $q=1$,则 $p=0$,否则

$$0<p<q,(p,q)=1$$

$(m,n)$ 表示 $m$ 与 $n$ 的最大公因子,$m\mid n$ 表示 $m$ 可以整除 $n$,否则记为 $m\nmid n$.

$\Lambda(n)$,$\mu(n)$ 具有数论中的习惯含义. 当 $n=\omega^m$ 时,$\Lambda(n)=\log\omega$,否则,它等于 0. 当 $n$ 为 $k$ 个不同的素因子相乘时,$\mu(n)=(-1)^k$,否则它等于 0. 我们考虑的基本函数为

$$f(x)=\sum_{\omega}\log\omega x^{\omega} \tag{③}$$

为了简化我们的公式,记

$$e(x)=\mathrm{e}^{2\pi\mathrm{i}x},e_q(x)=e\left(\frac{x}{q}\right)$$

及

$$c_q(n)=\sum_{p}e_q(np) \tag{④}$$

若 $\chi_k$ 为原特征,则

$$r_k=\tau(\chi_k)=\sum_{p}e_q(p)\chi_k(p)=\sum_{m=1}^{q}e_q(m)\chi_k(m)^{①} \tag{⑤}$$

这个和有绝对值 $\sqrt{q}$.

法雷分割. 我们用 $\Gamma$ 表示圆

$$|x|=\mathrm{e}^{-H}=\mathrm{e}^{-\frac{1}{n}} \tag{⑥}$$

用下面的方法将 $\Gamma$ 分割为诸弧 $\xi_{p,q}$,它们称为法雷弧. 考虑阶为

$$N=[\sqrt{n}] \tag{⑦}$$

① 若 $(m,q)>1$,则 $\chi_k(m)=0$.

的法雷级数，其首末项分别为$\frac{0}{1}$与$\frac{1}{1}$. 假定$\frac{p}{q}$为法雷级数中的一项，而$\frac{p'}{q'}$与$\frac{p''}{q''}$为它的左右相邻项，并定义$j_{p,q}(q>1)$为区间

$$\left(\frac{p}{q}-\frac{1}{q(q+q')},\frac{p}{q}+\frac{1}{q(q+q'')}\right)$$

用$j_{0,1}$与$j_{1,1}$表示区间$\left(0,\frac{1}{N+1}\right)$与$\left(1-\frac{1}{N+1},1\right)$. 这些区间正好填满了区间$(0,1)$，每个$j_{p,q}$被$\frac{p}{q}$分割成两部分，各有长度小于$\frac{1}{qN}$，而不小于$\frac{1}{2qN}$. 若将区间$j_{p,q}$看作$\frac{\theta}{2\pi}$的变化区间，此处$\theta=\arg x$，而将两个端点区间合并，则得$\Gamma$分成诸$\xi_{p,q}$的分割①.

当我们研究弧$\xi_{p,q}$时，记

$$x=\mathrm{e}^{\frac{2p\pi\mathrm{i}}{q}}X=e_q(p)X=e_q(p)\mathrm{e}^{-Y} \tag{⑧}$$

$$Y=\eta+\mathrm{i}\theta \tag{⑨}$$

我们的整个工作转为研究$|x|\to 1,\eta\to 0$时，$f(x)$的性质，且皆假定$0<\eta\leqslant\frac{1}{2}$. 当$x$在$\xi_{p,q}$上变化时，$X$在一个同余弧$\zeta_{p,q}$上变化，且

$$\theta=-\left(\arg x-\frac{2p\pi}{q}\right)$$

在区间$-\theta'_{p,q}\leqslant\theta\leqslant\theta_{p,q}$上变化(反方向). 显然$\theta_{p,q}$与$\theta'_{p,q}$皆小于$\frac{2\pi}{qN}$，而不小于$\frac{\pi}{qN}$，所以

① 分成优弧与劣弧之别，并非开始于此，而始于我们关于华林问题的工作.

$$\bar{\theta}_{p,q}=\max\{\theta_{p,q},\theta'_{p,q}\}<\frac{A}{qN}$$

在所有情况下,$Y^{-s}=(\eta+\mathrm{i}\theta)^{-s}$ 有其主值

$$\exp(-s\log(\eta+\mathrm{i}\theta))$$

其中(因 $\eta$ 是正的)

$$-\frac{1}{2}\pi<s\log(\eta+\mathrm{i}\theta)<\frac{1}{2}\pi$$

我们用 $N_r(n)$ 表示将 $n$ 表为 $r$ 个素数之和的表示法,注意更序亦算作不同表示法,则得

$$\sum_{n=2}N_r(n)x^n=\left(\sum_{\omega}x^{\omega}\right)^r \tag{10}$$

我们用 $v_r(n)$ 表示和,即

$$v_r(n)=\sum_{\omega_1+\omega_2+\cdots+\omega_r=n}\log\omega_1\log\omega_2\cdots\log\omega_r \tag{11}$$

故得

$$\sum_{n=2}^{\infty}v_r(n)x^n=(f(x))^r \tag{12}$$

最后,$S_r$ 表示奇异级数

$$S_r=\sum_{q=1}^{\infty}\left(\frac{\mu(q)}{\varphi(q)}\right)^r c_q(-n)$$

### 1.2 预备引理

**引理 1** 若 $\eta=R(Y)>0$,则

$$f(x)=f_1(x)+f_2(x) \tag{13}$$

此处

$$f_1(x)=\sum_{(q,n)>1}\Lambda(n)x^n-\sum_{\omega}\log\omega(x^{\omega^2}+x^{\omega^3}+\cdots) \tag{14}$$

$$f_2(x)=\frac{1}{2\pi\mathrm{i}}\int_{2-\mathrm{i}\infty}^{2+\mathrm{i}\infty}Y^{-s}\Gamma(s)Z(s)\mathrm{d}s \tag{15}$$

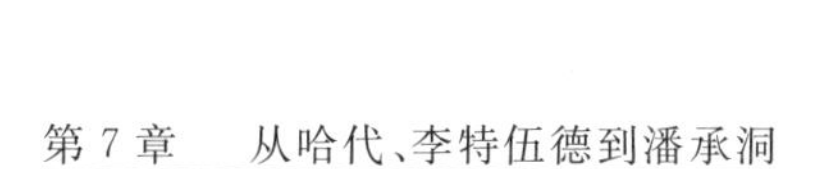



其中 $Y^{-s}$ 有其主值，且

$$Z(s)=\sum_{k=1}^{h}C_k\frac{L'_k(s)}{L_k(s)} \tag{16}$$

$C_k$ 仅依赖于 $p,q$ 与 $\chi_k$，此时

$$C_1=-\frac{\mu(q)}{h} \tag{17}$$

与

$$|C_k|\leqslant\frac{\sqrt{q}}{h} \tag{18}$$

我们得

$$\begin{aligned}f_2(x)=f(x)-f_1(x)=\sum_{(q,n)=1}\Lambda(n)x^n=\\ \sum_{1\leqslant j\leqslant q,(q,j)=1}e_q(pj)\sum_{l=0}^{\infty}\Lambda(lq+j)\mathrm{e}^{-(lq+j)Y}=\\ \sum_j e_q(pj)\sum_l\Lambda(lq+j)\cdot\\ \frac{1}{2\pi\mathrm{i}}\int_{2-\mathrm{i}\infty}^{2+\mathrm{i}\infty}Y^{-s}\Gamma(s)(lq+j)^{-s}\mathrm{d}s=\\ \frac{1}{2\pi\mathrm{i}}\int_{2-\mathrm{i}\infty}^{2+\mathrm{i}\infty}Y^{-s}\Gamma(s)Z(s)\mathrm{d}s\end{aligned}$$

此处

$$Z(s)=\sum_j e_q(pj)\sum_l\frac{\Lambda(lq+j)}{(lq+j)^s}$$

因 $(q,j)=1$，我们得

$$\sum_l\frac{\Lambda(lq+j)}{(lq+j)^s}=-\frac{1}{h}\sum_{k=1}^{h}\chi_k(j)\frac{L'_k(s)}{L_k(s)}$$

因此

$$Z(s)=\sum_{k=1}^{h}C_k\frac{L'_k(s)}{L_k(s)}$$

此处

$$C_k=-\frac{1}{h}\sum_{j=1}^{q}e_q(pj)\overline{\overline{\chi}}_k(j)$$

因为当$(q,j)>1$时,$\overline{\chi}_k(j)=0$,所以条件$(q,j)=1$可略去或加以保留.

因此

$$C_1=-\frac{1}{h}\sum_{1\leqslant j\leqslant q,(q,j)=1}e_q(pj)=$$

$$-\frac{1}{h}\sum_{1\leqslant m\leqslant q,(q,m)=1}e_q(m)=-\frac{\mu(q)}{h}$$

又若$k>1$,我们有

$$C_k=-\frac{1}{h}\sum_{j=1}^{q}e_q(pj)\overline{\overline{\chi}}_k(j)=-\frac{\chi_k(p)}{h}\sum_{m=1}^{q}e_q(m)\overline{\chi}_k(m)$$

若$\overline{\overline{\chi}}_k$为原特征,则

$$\sum_{m=1}^{q}e_q(m)\overline{\chi}_k(m)=\tau(q,\overline{\overline{\chi}}_k)$$

$$|\tau(q,\overline{\overline{\chi}}_k)|=\sqrt{q}$$

$$|C_k|=\frac{\sqrt{q}}{h}$$

若$\chi$为非原特征,则它属于模$Q=\frac{q}{d}$,此处$d>1$.则$\overline{\chi}_k(m)$有周期$Q$,且

$$\sum_{m=1}^{q}e_q(m)\chi_k(m)=\sum_{n=1}^{Q}e_q(n)\overline{\chi}_k(n)\sum_{l=0}^{d-1}e_q(lQ)$$

内和为零.因此$C_k=0$,引理证毕.

**引理 2** 我们有

$$|f_1(x)|<A(\log(q+1))^A\eta^{-\frac{1}{2}} \tag{19}$$

因为

$$f_1(x)=\sum_{(q,n)>1}\Lambda(n)x^n-\sum_{\omega}\log\omega(x^{\omega^2}+x^{\omega^3}+\cdots)=$$

$$f_{1,1}(x)-f_{1,2}(x)$$

但是

$$|f_{1,1}(x)|\leqslant\sum_{\omega|q}\log\omega\sum_{r=1}^{\infty}|x|^{\omega^r}<$$
$$A\log(q+1)\log q\sum_{r=1}^{\infty}|x|^{2^r}<$$
$$A(\log(q+1))^2\sum_{r=1}^{\infty}\mathrm{e}^{-\eta 2^r}<$$
$$A(\log(q+1))^A\log\frac{1}{\eta}<$$
$$A(\log(q+1))^A\eta^{-\frac{1}{2}}$$

及

$$\sum_{r\geqslant 2,\omega^r\leqslant\xi}\log\omega<A\sqrt{\xi}$$

所以

$$|f_{1,2}(x)|\leqslant\sum_{r\geqslant 2,\omega}\log\omega|x|^{\omega^r}<$$
$$A(1-|x|)\sum_{n}\sqrt{n}|x|^n<$$
$$A(1-|x|)^{-\frac{1}{2}}<A\eta^{-\frac{1}{2}}$$

由这两个结果即得引理.

**引理3**　我们有

$$\frac{L'(s)}{L(s)}=-\frac{b}{s-1}+\frac{\delta-b}{s}+b'-$$
$$\frac{1}{2}\psi\left(\frac{s+a}{2}\right)+\sum_{\rho}\left(\frac{1}{s-\rho}+\frac{1}{\rho}\right)\quad ⑳$$

此处

$$\psi(z)=\frac{\Gamma'(z)}{\Gamma(z)}$$

其中诸 $a,\delta,b$ 与 $b'$ 为依赖于 $q$ 与 $\chi$ 的常数,而 $a$ 为0或1.于是

$$b_1=1, b_k=0, k>1 \quad ㉑$$

及

$$0\leqslant\delta<A\log(q+1) \quad ㉒$$

除最后一个以外,所有的结果都是经典的.

$\delta$ 的确切定义是复杂的,在此不考虑它,我们仅用到 $\delta$ 不超过 $q$ 的相异素因子个数,所以适合 ㉒.

**引理 4** 若 $0<\eta\leqslant\frac{1}{2}$,则

$$f(x)=\frac{\mu(q)}{hY}+\sum_{k=1}^{h}C_kG_k+P \quad ㉓$$

此处

$$G_k=\sum_{\rho_k}\Gamma(\rho)Y^{-\rho} \quad ㉔$$

$$|P|<A\sqrt{q}(\log(q+1))^A\left(\frac{1}{h}\sum_{k=1}^{h}|b_k|+\eta^{-\frac{1}{2}}+|Y|^{\frac{1}{4}}\delta^{-\frac{1}{2}}\right) \quad ㉕$$

$$\delta=\arctan\frac{\eta}{|\theta|}$$

由 ⑮ 与 ⑯,我们有

$$f_2(x)=\frac{1}{2\pi i}\int_{2-i\infty}^{2+i\infty}Y^{-s}\Gamma(s)Z(s)ds=$$

$$\sum_{k=1}^{h}\frac{C_k}{2\pi i}\int_{2-i\infty}^{2+i\infty}Y^{-s}\Gamma(s)\frac{L'_k(s)}{L_k(s)}ds=$$

$$\sum_{k=1}^{h}C_kf_{2,k}(x) \quad ㉖$$

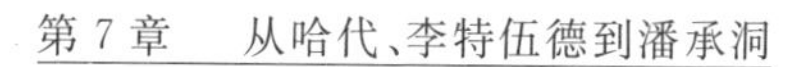

但是[①]

$$\frac{1}{2\pi \mathrm{i}}\int_{2-\mathrm{i}\infty}^{2+\mathrm{i}\infty} Y^{-s}\Gamma(s)\frac{L'(s)}{L(s)}\mathrm{d}s=$$

$$-\frac{b}{Y}+R+\sum_{\rho}\Gamma(\rho)Y^{-\rho}+$$

$$\frac{1}{2\pi \mathrm{i}}\int_{-\frac{1}{4}-\mathrm{i}\infty}^{-\frac{1}{4}+\mathrm{i}\infty} Y^{-s}\Gamma(s)\frac{L'(s)}{L(s)}\mathrm{d}s \qquad ㉗$$

此处

$$R=\left\{Y^{-s}\Gamma(s)\frac{L'(s)}{L(s)}\right\}_0$$

其中$\{f(s)\}_0$通常表示$f(s)$在$s=0$处的留数.

现在

$$\frac{L'(s)}{L(s)}=\log\frac{\pi}{Q}+\sum_{v=1}^{c}\frac{\varepsilon_v\log\omega_v}{\omega_v^s-\varepsilon_v}+\sum_{v=1}^{c}\frac{\overline{\varepsilon}_v\log\omega_v}{\omega_v^{1-s}-\varepsilon_v}-$$

$$\frac{1}{2}\psi\left(\frac{s+a}{2}\right)-\frac{1}{2}\psi\left(\frac{1-s+a}{2}\right)-\frac{\overline{L}'(1-s)}{\overline{L}(1-s)}$$

此处$Q$为$q$的因子且是$\chi$的模,$c$为整除$q$而不能整除$Q$的素数个数,$\omega_1,\omega_2,\cdots$为这些素数,及$\varepsilon_v$为一个单位根.因此若$\sigma=-\frac{1}{4}$,则

$$\left|\frac{L'(s)}{L(s)}\right|<A\log q+Ac\log q+A\log(|t|+2)+A<$$

$$A(\log(q+1))^A\log(|t|+2) \qquad ㉘$$

又若$s=\frac{1}{4}+\mathrm{i}t,Y=\eta+\mathrm{i}\theta$,则

---

① 柯西定理的应用可以用$\psi(x)$与$\pi(x)$的"显公式"的经典证明方法来论证,见朗道的著作,P. 333-368.因当$|t|\to\infty$时,恰如$\mathrm{e}^{-a|t|}$,$Y^{-s}\Gamma(s)\to 0$,故证明更容易.请比较我们的文章 Contributions to the theory of the Riemann Zeta-function and the theory of the distribution of primes, Acta Math., 1917, 41: 117-196.

$$|Y^{-s}|=|Y|^{\frac{1}{4}}\exp\left(t\arctan\frac{\theta}{\eta}\right)$$

$$|Y^{-s}\Gamma(s)|<A|Y|^{\frac{1}{4}}(|t|+2)^{-\frac{3}{4}}\cdot$$
$$\exp\left(-\left(\frac{1}{2}\pi-\arctan\frac{|\theta|}{\eta}\right)|t|\right)<$$
$$A|Y|^{\frac{1}{4}}\frac{|t|^{-\frac{1}{2}}}{\log(|t|+2)}e^{-\delta|t|}$$

所以

$$\left|\frac{1}{2\pi i}\int_{-\frac{1}{4}-i\infty}^{-\frac{1}{4}+i\infty}Y^{-s}\Gamma(s)\frac{L'(s)}{L(s)}ds\right|<$$
$$A(\log(q+1))^{A}|Y|^{\frac{1}{4}}\int_{0}^{\infty}t^{-\frac{1}{2}}e^{-\delta t}dt<$$
$$A(\log(q+1))^{A}|Y|^{\frac{1}{4}}\delta^{-\frac{1}{2}} \tag{29}$$

现在考虑$R$.因为

$$\sum\left(\frac{1}{s-\rho}+\frac{1}{\rho}\right)=0,s=0$$

所以

$$R=\{(b+b')\Gamma(s)\}_0+\left\{\frac{\delta-b}{s}Y^{-s}\Gamma(s)\right\}_0-$$
$$\frac{1}{2}\left\{Y^{-s}\Gamma(s)\psi\left(\frac{s+a}{2}\right)\right\}_0=$$
$$A_1(b+b')-(\delta-b)(A_2+A_3\log Y)+$$
$$C_1(a)+C_2(a)\log Y$$

此处每个$C$为两个绝对常数值中的一个(按照$a$的值).因为

$$0\leqslant b\leqslant 1,0\leqslant\delta<A\log(q+1)$$
$$|\log Y|<A\log\frac{1}{\eta}<A\eta^{-\frac{1}{2}}$$

所以

$$|R|<A|b'|+A\log(q+1)\eta^{-\frac{1}{2}} \tag{30}$$

由 ㉖㉗㉙㉚⑤ 可知

$$f_{2,k}(x)=-\frac{b}{Y}+G_k+P_k$$

$$|P_k|<A(\log(q+1))^A(|b|+\eta^{-\frac{1}{2}}+|Y|^{\frac{1}{4}}\delta^{-\frac{1}{2}})$$

$$f_2(x)=-\frac{\mu(q)}{hY}+\sum_k C_k G_k+P \tag{31}$$

$$|P|<A\sqrt{q}(\log(q+1))^A\cdot$$
$$\left(\frac{1}{h}\sum_k|b_k|+\eta^{-\frac{1}{2}}+|Y|^{\frac{1}{4}}\delta^{-\frac{1}{2}}\right) \tag{32}$$

由 ㉛㉜⑬⑲ 即得引理 4.

**引理 5**　若 $q>1$ 及 $\chi_k$ 为原特征(从而为非主特征),则

$$L(s)=\frac{a'\mathrm{e}^{b's}}{\Gamma\left(\frac{s+a}{2}\right)}\prod_{\rho}\left(\left(1-\frac{s}{\rho}\right)\mathrm{e}^{\frac{s}{\rho}}\right) \tag{33}$$

此处

$$a'=a'(q,\chi)=a'_k$$

$$|L(1)|=\pi q^{-\frac{1}{2}}|L(0)|,a=1 \tag{34}$$

$$|L(1)|=2q^{-\frac{1}{2}}|L'(0)|,a=0 \tag{35}$$

进而言之

$$1-\theta\leqslant R(\rho)\leqslant\theta \tag{36}$$

与

$$\frac{|L'(1)|}{|L(1)|}<A(\log(q+1))^A \tag{37}$$

这一引理仅为引理 6 与引理 7 证明中所需结果的综合,它们有很不相同的深度.公式 ㉝ 是经典的,其余两个可以从 $L(s)$ 的函数方程立刻推出.

不等式 ㊱ 立刻由 $L(s)$ 的函数方程及它没有因子

$1-\varepsilon_v\omega_v^{-s}$(对于原特征 $\chi$)而得出. 最后,㊲ 是 Gronwall① 证明的.

**引理 6** 若 $M(T)$ 表示 $L(s)$ 在

$$0\leqslant T\leqslant|\gamma|\leqslant T+1$$

中的零点个数,则

$$M(T)<A(\log(q+1))^A\log(T+2) \tag{38}$$

非原特征对应的 $L(s)$ 的 $\rho$ 为对应的模 $Q$ 的原特征的 $L(s)$ 的零点,此处 $Q\mid q$,加上($s=0$ 除外)某函数

$$E_v=1-\varepsilon_v\omega_v^{-s}$$

---

① 见 T. H. Gronwall, Sur les séries de Dirichlet correspondant à des caractères complexes. Rendiconti del Circolo Matematico di Palermo, 1913, 35:145-159. Gronwall 证明了对于每个复特征,当猜想 R(或较弱的猜想)成立时,对于实特征有

$$\frac{1}{|L(1)|}<A\log q(\log\log q)^{\frac{3}{8}}$$

朗道(Über die Klassenzahl imaginär quadratischer Zahlkörper, Göttinger Nachrichten, 1918:285-295(286, f. n. 2))指出,当 $\chi$ 为实特征时,Gronwall 的方法只能得到较弱的不等式,即

$$\frac{1}{|L(1)|}<A\log q\sqrt{\log\log q}$$

朗道还证明了与基本判别式 $-q$ 有关的实特征 $\left(\frac{-q}{n}\right)$,有

$$\frac{1}{|L(1)|}<A\log q$$

这方面的第一个结果是属于朗道自己的(见 Über das Nichtverschwinden der Dirichletschen Reihen, welche Komplexen Charakteren entsprechen, Math., Annalen, 1911, 70:69-78). 朗道在那里证明了,对于复特征 $\chi$ 有

$$\frac{1}{|L(1)|}<(\log q)^5$$

容易证明(见最后征引的朗道的文章)

$$|L'(1)|<A(\log q)^7$$

所以所有这些结果均比我们需要者更多.

的诸零点，此处

$$|\varepsilon_v|=1, \omega_v \mid q$$

$\omega_v$ 的个数不超过 $A\log(q+1)$，每个 $E_v$ 在 $\sigma=0$ 上有一个零点集，并有等距

$$\frac{2\pi}{\log \omega_v} > \frac{2\pi}{\log(q+1)}$$

这些零点加于 $M(T)$ 的量小于 $A(\log(q+1))^2$，从而我们仅需考虑一个原特征（因此，当 $q>1$ 时，非主特征）的 $L(s)$.

我们注意到：对于 $L(s)$ 与 $\overline{L}(s)$，$a$ 是一样的；对于实数 $s$，$L(s)$ 与 $\overline{L}(s)$ 互为共轭，所以对应于 $\overline{L}(s)$ 的 $b'$ 为对应于 $\overline{L}(s)$ 的 $b'$ 的共轭 $\overline{b'}$；$\overline{L}(s)$ 的典型零点 $\rho$ 或为 $\overline{\rho}$，或（由函数方程）为 $1-\rho$，所以

$$S=\sum\left(\frac{1}{\rho}+\frac{1}{1-\rho}\right)=\sum\left(\frac{1}{\rho}+\frac{1}{\rho}\right)$$

为实的.

记住这些注记，首先假定 $a=1$，则由 ㉝ 与 ㉞ 可知

$$\frac{\pi^2}{q}=\left|\frac{L(1)\overline{L}(1)}{L(0)\overline{L}(0)}\right|=A\left|\mathrm{e}^{b'}\prod\left(\left(1-\frac{1}{\rho}\right)\mathrm{e}^{\frac{1}{\rho}}\right)\mathrm{e}^{\overline{b'}}\right|\cdot$$

$$\prod\left(\left(1-\frac{1}{1-\rho}\right)\mathrm{e}^{\frac{1}{1-\rho}}\right)=A\mathrm{e}^{2R(b')+S}$$

这里用到

$$\left(1-\frac{1}{\rho}\right)\left(1-\frac{1}{1-\rho}\right)=1$$

因此

$$|2R(b')+S|<A\log(q+1) \tag{39}$$

另外，若 $a=0$，由 ㉝ 与 ㉟ 得

$$\frac{4}{q}=\left|\frac{L(1)\overline{L}(1)}{L'(0)\overline{L}'(0)}\right|=$$

$$A\left|\mathrm{e}^{b'}\prod\left(\left(1-\frac{1}{\rho}\right)\mathrm{e}^{-\frac{1}{\rho}}\right)\mathrm{e}^{\bar{b}'}\cdot\right.$$

$$\left.\prod\left(\left(1-\frac{1}{1-\rho}\right)\mathrm{e}^{\frac{1}{1-\rho}}\right)\right|$$

如前仍可得 ㊴.

对于每一非主特征(原特征或非原特征),由 ⑳ 可知

$$\frac{L'(1)}{L(1)}=\delta+b'-\frac{1}{2}\psi\left(\frac{1+a}{2}\right)+\sum\left(\frac{1}{1-\rho}+\frac{1}{\rho}\right) \quad ㊵$$

特别地,当 $\chi$ 为原特征时,由 ㊵㊲㉒ 得

$$|R(b)+S|=\left|R\frac{L'(1)}{L(1)}-\delta+\frac{1}{2}\psi\left(\frac{1+a}{2}\right)\right|<$$

$$A(\log(q+1))^A \quad ㊶$$

由 ㊵ 与 ㊶ 得

$$S<A(\log(q+1))^A \quad ㊷$$

与

$$|R(b)|<A(\log(q+1))^A \quad ㊸$$

若 $q>1$,$\chi$ 为原特征(所以 $b=0$),及 $s=2+\mathrm{i}T$,则由 ⑳㉑㊸ 得

$$0<\sum\left(\frac{2-\beta}{(2-\beta)^2+(T-\gamma)^2}+\frac{\beta}{\beta^2+\gamma^2}\right)=$$

$$R\sum\left(\frac{1}{s-\rho}+\frac{1}{\rho}\right)=$$

$$R\frac{L'(s)}{L(s)}-R\left(\frac{\delta}{s}\right)-R(b')+\frac{1}{2}R\left(\psi\left(\frac{s+a}{2}\right)\right)\leqslant$$

$$\left|\frac{L'(s)}{L(s)}\right|+\left|\frac{\delta}{s}\right|+|R(b)|+\left|\psi\left(\frac{s+a}{2}\right)\right|<$$

$$A+A\log(q+1)+A(\log(q+1))^A+$$

$$A\log(|T|+2)<$$

$$A(\log(q+1))^A\log(|T|+2)$$

$$\sum_{|T-\gamma|\leqslant 1}\frac{2-\beta}{(2-\beta)^2+(T-\gamma)^2}<$$
$$A(\log(q+1))^A\log(|T|+2)$$

左端的每一项皆大于$A$，而项数不少于$M(T)$，故得引理的结果. 除去$q=1$的情况，这时的结果是熟知的.

**引理7**　我们有

$$|b'|<Aq(\log(q+1))^A \tag{44}$$

首先假定$\chi$为非主特征，则由㊵与㊲得

$$|b'|<A(\log(q+1))^A+\left|\sum\left(\frac{1}{1-\rho}+\frac{1}{\rho}\right)\right| \tag{45}$$

我们记

$$\sum=\sum\nolimits_1+\sum\nolimits_2 \tag{46}$$

此处$\sum_1$的求和范围为$1-\theta\leqslant R(\rho)\leqslant\theta$，而$\sum_2$过$R(\rho)=0$的$\rho$求和. 易知$\sum_1=S'$，此处$S'$为对应于模$Q$的原特征的$L(s)$所对应的$S$，且$Q\mid q$. 因此由㊷得

$$\left|\sum\nolimits_1\right|<A(\log(Q+1))^A<A(\log(q+1))^A \tag{47}$$

由于$\sum_2$中的零点$\rho$为

$$\prod_v\left(1-\frac{\varepsilon_v}{\omega_v^s}\right)$$

的零点($s=0$除外)，其中$\omega_v$为$q$的因子，而$\varepsilon_v$为$m$次单位根，此处$m=\varphi(Q)<q$[①]. 因此$\omega_v$的个数小于$A\log q$及

$$\varepsilon_v=e^{2\pi i\omega'_v}$$

其中$\omega'_v=0$或

① 由于$\varepsilon_v=X(\omega_v)$，其中$X$是模$Q$的一个特征.

$$\frac{1}{q} \leqslant |\omega'_v| \leqslant \frac{1}{2}$$

我们用 $\rho_v$ 表示 $1-\varepsilon_v\omega_v^{-s}$ 的一个零点,用 $\rho'_v$ 表示满足 $|\rho_v| \leqslant 1$ 的零点,用 $\rho''_v$ 表示满足 $|\rho_v| > 1$ 的一个零点,则

$$\left|\sum\nolimits_2\left(\frac{1}{1-\rho}+\frac{1}{\rho}\right)\right| \leqslant \sum_v\left(\sum_{\rho'_v}\sum_{\rho''_v}\right)\left|\frac{1}{1-\rho}+\frac{1}{\rho}\right| \tag{48}$$

任何 $\rho_v$ 皆有形式

$$\rho_v = \frac{2\pi \mathrm{i}(m+\omega'_v)}{\log \omega_v}$$

此处 $m$ 为一个整数. 因此 $\rho'_v$ 的个数不超过 $A\log \omega_v$ 或 $A\log(q+1)$. 在我们的和中对应项的绝对值不超过

$$\frac{A}{|\rho|} < \frac{A\log \omega_v}{|\omega'_v|} < Aq\log(q+1) \tag{49}$$

因此

$$\left|\sum_{\rho'_v}\right| < Aq(\log(q+1))^2 \tag{50}$$

还有

$$\left|\sum_{\rho'_v}\right| \leqslant \sum_{\rho'_v}\left|\frac{1}{\rho(1-\rho)}\right| < \sum_{\rho''_v}\frac{1}{|\rho|^2} <$$

$$A(\log \omega_v)^2\sum_{m=1}^{\infty}\frac{1}{m^2} < A(\log(q+1))^2 \tag{51}$$

由 ⑱⑳㉑ 可知

$$\left|\sum\nolimits_2\right| < Aq(\log(q+1))^A \tag{52}$$

而由 ⑯⑰㉒ 即得引理.

我们已经假定 $\chi$ 不是主特征:对于主特征 $(\mathrm{mod}\ q)$,我们有

$$L_1(s) = \prod_{\omega \mid q}\left(1-\frac{1}{\omega^s}\right)\zeta(s)$$

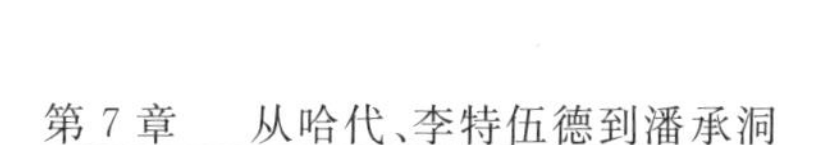



因 $a=0,b=1$,我们得

$$\sum_{\omega\mid q}\frac{\log\omega}{\omega^{s}-1}+\frac{\zeta'(s)}{\zeta(s)}=\frac{L'_1(s)}{L_1(s)}=$$

$$\frac{\delta-1}{s}-\frac{1}{s-1}+b'-\frac{1}{2}\psi\left(\frac{1}{2}s\right)+$$

$$\sum\left(\frac{1}{s-\rho}+\frac{1}{\rho}\right)$$

$$\sum_{\omega\mid q}\frac{\log\omega}{\omega-1}+\lim_{s\to1}\left(\frac{\zeta'(s)}{\zeta(s)}+\frac{1}{s-1}\right)=$$

$$\delta-1+b'-\frac{1}{2}\psi\left(\frac{1}{2}\right)+\sum\left(\frac{1}{1-\rho}+\frac{1}{\rho}\right)$$

$$|b'|<A\log(q+1)+\left|\sum\left(\frac{1}{1-\rho}+\frac{1}{\rho}\right)\right|$$

这对应于 ㊺,由此可如前加以证明.

**引理 8**　若 $0<\eta\leqslant\frac{1}{2}$,则

$$f(x)=\frac{\mu(q)}{hY}+\sum_{k=1}^{h}C_kG_k+P \tag{53}$$

此处

$$G_k=\sum_{\rho_k}\Gamma(\rho)Y^{-\rho} \tag{54}$$

$$|P|<A\sqrt{q}(\log(q+1))^A(q+\eta^{-\frac{1}{2}}+|Y|^{\frac{1}{4}}\delta^{-\frac{1}{2}}) \tag{55}$$

$$\delta=\arctan\frac{\eta}{|\theta|} \tag{56}$$

这是引理 4 与引理 7 的直接推论.

**引理 9**　若 $0<\eta\leqslant\frac{1}{2}$,则

$$f(x)=\varphi+\Phi \tag{57}$$

此处

$$\varphi=\frac{\mu(q)}{hY} \tag{58}$$

$$|\Phi|<A\sqrt{q}(\log(q+1))^{A}\cdot$$
$$\left(q+\eta^{-\frac{1}{2}}+|Y|^{-\theta}\delta^{-\theta-\frac{1}{2}}\log\left(\frac{1}{\delta}+2\right)\right) \tag{59}$$

$$\delta=\arctan\frac{\eta}{|\theta|} \tag{60}$$

我们有

$$|G_{k}|\leqslant\sum\nolimits_{1}|\Gamma(\rho)Y^{-\rho}|+\sum\nolimits_{2}|\Gamma(\rho)Y^{-\rho}|$$

$$|Y^{-\rho}|=|Y|^{-\beta}\exp\left(\gamma\arctan\frac{\theta}{\eta}\right)<A|Y|^{-\beta} \tag{61}$$

而在$\sum_{2,1}$中有$|\Gamma(\rho)|<A$.所以

$$\left|\sum\nolimits_{2,1}\right|<A|Y|^{-\beta}\sum\nolimits_{2,1}|\Gamma(\rho)|<$$
$$A|Y|^{-\theta}\sum\nolimits_{2,1}1<A(\log(q+1))^{A}|Y|^{-\theta} \tag{62}$$

在$\sum_{2,2}$中有$|Y|<A$,及由㊾有

$$\frac{1}{|\rho|}<Aq\log(q+1)$$

所以

$$\left|\sum\nolimits_{2,2}\right|<A\sum\nolimits_{2,2}|\Gamma(\rho)|=A\sum\nolimits_{2,2}\frac{|\Gamma(1+\rho)|}{|\rho|}<$$
$$A\sum\nolimits_{2,2}\frac{1}{|\rho|}<Aq(\log(q+1))^{A} \tag{63}$$

由㊶㊺㊻㊷㊸得

$$|G_{k}|<A(\log(q+1))^{A}\left(q+|Y|^{-\theta}\delta^{-\theta-\frac{1}{2}}\cdot\right.$$
$$\left.\log\left(\frac{1}{\delta}+2\right)\right)=H_{k} \tag{64}$$

及由㊸㊹㊺㊼㊽㊿得

$$|\Phi|=\left|\sum_{k=1}^{h}C_kG_k+P\right|<\sum_{k=1}^{h}|C_kG_k|+$$
$$A\sqrt{q}(\log(q+1))^A(q+\eta^{-\frac{1}{2}}+|Y|^{\frac{1}{4}}\delta^{-\frac{1}{2}})$$

此处$\sum_1$过适合$|\gamma|\geqslant 1$的诸$\rho_k$求和，$\sum_2$则过适合$|\gamma|<1$的$\rho_k$求和. 在$\sum_1$中我们有

$$|\Gamma(\rho)Y^{-\rho}|=|\Gamma(\beta+\mathrm{i}\gamma)||Y|^{-\beta}\exp\left(\gamma\arctan\frac{\theta}{\eta}\right)\leqslant$$
$$A|\gamma|^{\beta-\frac{1}{2}}|Y|^{-\beta}\cdot$$
$$\exp\left(-\left(\frac{1}{2}\pi-\arctan\frac{|\theta|}{\eta}\right)|\gamma|\right)\leqslant$$
$$A|\gamma|^{\theta-\frac{1}{2}}|Y|^{-\theta}\mathrm{e}^{-\delta|\gamma|}$$

(因$|Y|<A$,及由猜想R,$\beta\leqslant\theta$) 由㊳可知$|\gamma|$介于$T$与$T+1(T\geqslant 0)$中的$\rho$的个数$M(T)$不超过$A(\log(q+1))^A\log(T+2)$. 因此

$$\sum_1|\gamma|^{\theta-\frac{1}{2}}\mathrm{e}^{-\delta|\gamma|}\leqslant$$
$$A(\log(q+1))^A\sum_{n=0}^{\infty}(n+1)^{\theta-\frac{1}{2}}\log(n+2)\mathrm{e}^{-\delta n}<$$
$$A(\log(q+1))^A\delta^{-\theta-\frac{1}{2}}\log\left(\frac{1}{\delta}+2\right)$$

$$\sum_1|\Gamma(\rho)Y^{-\rho}|<$$
$$A(\log(q+1))^A|Y|^{-\theta}\delta^{-\theta-\frac{1}{2}}\log\left(\frac{1}{\delta}+2\right) \tag{65}$$

再由㊳，$\sum_2$最多含有$A(\log(q+1))^A$项. 记

$$\sum_2=\sum_{2,1}+\sum_{2,2} \tag{66}$$

$\sum_{2,1}$过适合$1-\theta\leqslant\beta\leqslant\theta$的零点，而$\sum_{2,2}$则过$\beta=0$的零点. 在$\sum_2$中有

$$\frac{\sqrt{q}}{h}\sum_{k=1}^{h}H_k+A\sqrt{q}(\log(q+1))^A\cdot$$
$$\left(q+\eta^{-\frac{1}{2}}+|Y|^{-\theta}\delta^{-\theta-\frac{1}{2}}\left(\frac{1}{\delta}+2\right)\right)<$$
$$A\sqrt{q}(\log(q+1))^A\left(q+\eta^{-\frac{1}{2}}+\right.$$
$$\left.|Y|^{-\theta}\delta^{-\theta-\frac{1}{2}}\log\left(\frac{1}{\delta}+2\right)\right)$$

式 ⑸⑼ 证毕.

**引理 10** 我们有

$$h=\varphi(q)>Aq(\log q)^{-A} \tag{67}$$

事实上,我们有

$$\varphi(q)>(1-\delta)\mathrm{e}^{-C}\frac{q}{\log\log q},q>q_v(\delta)$$

此处 $\delta$ 为任意正数,$C$ 为欧拉常数.

### 1.3 主要定理的证明

**定理 1** 若 $r$ 为一个整数,且 $r\geqslant 3$,及

$$(f(x))^r=\sum v_r(n)x^n \tag{68}$$

于是

$$v_r(n)=\sum_{\omega_1+\omega_2+\cdots+\omega_r=n}\log\omega_1\log\omega_2\cdots\log\omega_r \tag{69}$$

则

$$v_r(n)=\frac{n^{r-1}}{(r-1)!}S_r+O(n^{r-1+\left(\theta-\frac{3}{4}\right)}(\log n)^B)\sim$$
$$\frac{n^{r-1}}{(r-1)!}S_r \tag{70}$$

此处

$$S_r=\sum_{q=1}^{\infty}\left(\frac{\mu(q)}{\varphi(q)}\right)^r c_q(-n) \tag{71}$$

有这样的了解,今后与 $O$ 有关的常数仅依赖于 $r$,而它表示 $n\to\infty$ 的极限过程.

若 $n\geqslant 2$,则得

$$v_r(n)=\frac{1}{2\pi\mathrm{i}}\int(f(x))^r\frac{\mathrm{d}x}{x^{n+1}} \tag{72}$$

积分路径为圆 $|x|=\mathrm{e}^{-H}$,此处 $H=\frac{1}{n}$,所以

$$1-|x|=\frac{1}{n}+O\left(\frac{1}{n^2}\right)\sim\frac{1}{n}$$

用阶为 $N=[\sqrt{n}]$ 的法雷分割,得

$$\begin{aligned}v_r(n)=&\sum_{q=1}^{N}\sum_{p<q,(p,q)=1}\frac{1}{2\pi\mathrm{i}}\int_{\xi_{p,q}}(f(x))^r\frac{\mathrm{d}x}{x^{n+1}}=\\&\sum e_q(-np)\frac{1}{2\pi\mathrm{i}}\int_{\zeta_{p,q}}(f(x))^r\frac{\mathrm{d}X}{X^{n+1}}\\&\sum e_q(-np)j_{p,q}\end{aligned} \tag{73}$$

因为

$$\begin{aligned}|f^r-\varphi^r|\leqslant&\Phi(|f^{r-1}|+|f^{r-2}\rho|+\cdots+|\varphi^{r-1}|)<\\&B(|\Phi f^{r-1}|+|\Phi\varphi^{r-1}|)\end{aligned}$$

及 $|X^{-n}|=\mathrm{e}^{nH}<A$,所以

$$j_{p,q}=l_{p,q}+m_{p,q} \tag{74}$$

此处

$$l_{p,q}=\frac{1}{2\pi\mathrm{i}}\int_{\zeta_{p,q}}\varphi^r\frac{\mathrm{d}X}{X^{n+1}} \tag{75}$$

$$|m_{p,q}|=O\left(\int_{-\theta'_{p,q}}^{\theta_{p,q}}(|\Phi f^{r-1}|+|\Phi\varphi^{t-1}|)\mathrm{d}\theta\right) \tag{76}$$

我们有 $\eta=H=\frac{1}{n}$ 及 $q\leqslant\sqrt{n}$,故由 ⑲ 有

$$\begin{aligned}|\Phi|<&An^{\frac{3}{4}}(\log n)^A+A(\log n)^A\sqrt{q}\cdot\\&|Y|^{-\theta}\delta^{-\theta-\frac{1}{2}}\log\left(\frac{1}{\delta}+2\right)\end{aligned} \tag{77}$$

此外 $\delta=\arctan\frac{\eta}{|\theta'|}$. 我们分两种情况来讨论. 若 $|\theta'|\leqslant\eta$, 则

$$|Y|>A\eta,\delta>A$$

及

$$\sqrt{q}|Y|^{-\theta}\delta^{-\theta-\frac{1}{2}}\log\left(\frac{1}{\delta}+2\right)<An^{\frac{1}{4}}\eta^{-\theta}=An^{\theta+\frac{1}{4}} \quad ⑱$$

若 $\eta<|\theta'|\leqslant\bar{\theta}'_{p,q}$, 则由于

$$q|\theta'|\leqslant q\bar{\theta}'_{p,q}<An^{-\frac{1}{2}}$$

所以

$$\delta>A\frac{\eta}{|\theta'|}>\frac{A}{n},|Y|>A|\theta'|$$

$$\begin{aligned}&\sqrt{q}|Y|^{-\theta}\delta^{-\theta-\frac{1}{2}}\log\left(\frac{1}{\delta}+2\right)<\\&A\sqrt{q}|\theta'|^{-\theta}\eta^{-\theta-\frac{1}{2}}|\theta'|^{\theta+\frac{1}{2}}\log n=\\&An^{\theta+\frac{1}{2}}\log n(q|\theta'|)^{\frac{1}{2}}<\\&An^{\theta+\frac{1}{2}}\log n\cdot n^{-\frac{1}{4}}=An^{\theta+\frac{1}{4}}\log n\end{aligned} \quad ⑲$$

故对任何情况皆有 ⑲. 由 $\theta\geqslant\frac{1}{2}$ 及 ⑰ 可知

$$|\Phi|<An^{\theta+\frac{1}{4}}(\log n)^A \quad ⑳$$

现在注意 $r\geqslant 3$, 所以

$$\begin{aligned}&\int_{-\theta'_{p,q}}^{\theta_{p,q}}|\varphi|^{r-1}\mathrm{d}\theta<\\&Bh^{-(r-1)}\int_{-\theta'_{p,q}}^{\theta_{p,q}}|Y|^{-(r-1)}\mathrm{d}\theta<\\&Bh^{-(r-1)}\int_0^{\infty}(\eta^2+\theta^2)^{-\frac{1}{2}(r-1)}\mathrm{d}\theta<\\&Bh^{-(r-1)}n^{r-2}\end{aligned}$$

故由 ⑳ 与 ⑮ 可知

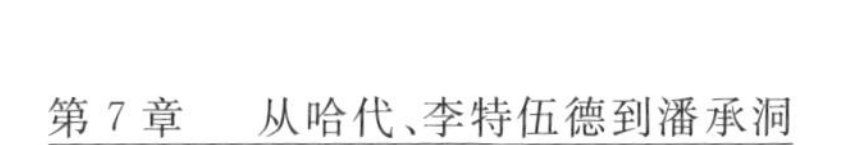



$$\sum_{p,q}\int_{-\theta'_{p,q}}^{\theta_{p,q}} |\Phi\varphi^{r-1}| \mathrm{d}\theta <$$

$$Bn^{r-2}(\max|\Phi|)\sum_{q}h^{-(r-2)} <$$

$$Bn^{r-2+\theta+\frac{1}{4}}(\log n)^{B} =$$

$$Bn^{r-1+(\theta-\frac{3}{4})}(\log n)^{B} \tag{81}$$

若 $\arg x=\psi$，则得

$$\sum\int_{-\theta'_{p,q}}^{\theta_{p,q}} |f|^2\mathrm{d}\theta=\int_0^{2\pi}|f|^2\mathrm{d}\psi=$$

$$2\pi\sum_{\omega}(\log\omega)^2|x|^{2\omega}<A\sum_{m=2}^{\infty}\log m\Lambda(m)|x|^{2m}<$$

$$A(1-|x|^2)\sum_{m=2}^{\infty}\Big(\sum_{k=2}^{m}\log k\Lambda(k)\Big)|x|^{2m}<$$

$$A(1-|x|)\sum_{m=2}^{\infty}m\log m|x|^{2m}<$$

$$\frac{A}{1-|x|}\log\left(\frac{1}{1-|x|}\right)<An\log n$$

类似地

$$|f|\leqslant\sum_{\omega}\log\omega|x|^{\omega}<\sum_{m}\Lambda(m)|x|^{m}<$$

$$\frac{A}{1-|x|}<An$$

因此

$$\sum_{p,q}\int_{-\theta'_{p,q}}^{\theta_{p,q}} |f|^{r-1}|\Phi|\mathrm{d}\theta\leqslant$$

$$\max|\Phi f^{r-3}|\int_0^{2\pi}|f|^2\mathrm{d}\psi<$$

$$Bn^{\theta+\frac{1}{4}}\log n\cdot n^{r-3}\cdot n\log n<$$

$$Bn^{r-1+(\theta-\frac{3}{4})}(\log n)^{B} \tag{82}$$

由⑦3⑦4⑦6⑧1⑧2得

$$v_r(n)=\sum e_q(-np)l_{p,q}+O(n^{r-1+\left(\theta-\frac{3}{4}\right)}(\log n)^B)$$

⑧③

此处 $l_{p,q}$ 由 ⑦⑤ 定义.

在 $l_{p,q}$ 中,我们记 $X=\mathrm{e}^{-Y}$, $\mathrm{d}X=-\mathrm{e}^{-Y}\mathrm{d}Y$,则 $Y$ 沿直线由 $\eta+\mathrm{i}\theta_{p,q}$ 变至 $\eta-\mathrm{i}\theta'_{p,q}$. 所以由 ⑤⑧ 与 ⑦⑤ 得

$$l_{p,q}=-\frac{1}{2\pi\mathrm{i}}\left(\frac{\mu(q)}{h}\right)^r\int_{\eta+\mathrm{i}\theta_{p,q}}^{\eta-\mathrm{i}\theta'_{p,q}}Y^{-r}\mathrm{e}^{nY}\mathrm{d}Y \quad ⑧④$$

现在

$$-\int_{\eta+\mathrm{i}\theta_{p,q}}^{\eta-\mathrm{i}\theta'_{p,q}}\mathrm{d}Y=\int_{\eta-\mathrm{i}\infty}^{\eta+\mathrm{i}\infty}Y^{-r}\mathrm{e}^{nY}\mathrm{d}Y+O\left(\int_{\theta_q}^{\infty}|\eta+\mathrm{i}\theta|^{-r}\mathrm{d}\theta\right)=$$
$$2\pi\mathrm{i}\frac{n^{r-1}}{(r-1)!}+O\left(\int_{\theta_q}^{\infty}|\eta+\mathrm{i}\theta|^{-r}\mathrm{d}\theta\right)$$

⑧⑤

此处

$$\theta_q=\min_{p<q}\{\theta_{p,q},\theta'_{p,q}\}\geqslant\frac{1}{2qN}$$

又有

$$\int_{\theta_q}^{\infty}(\eta+\mathrm{i}\theta)^{-r}\mathrm{d}\theta<\int_{\theta_q}^{\infty}\theta^{-r}\mathrm{d}\theta<B\theta_q^{1-r}<B(q\sqrt{n})^{r-1}$$

⑧⑥

由 ⑧④ ~ ⑧⑥ 可知

$$\sum e_q(-np)l_{p,q}=$$
$$\frac{n^{r-1}}{(r-1)!}\sum_{p,q}\left(\frac{\mu(q)}{\varphi(q)}\right)^r e_q(-np)+Q \quad ⑧⑦$$

此处

$$|Q|<B\sum_{p,q}h^{-r}q^{r-1}n^{\frac{1}{2}(r-1)}<$$
$$Bn^{\frac{1}{2}(r-1)}\sum_q\left(\frac{q}{h}\right)^{r-1}<$$

$$Bn^{\frac{1}{2}(r-1)}\sum_{q=1}^{N}(\log q)^{B}<$$
$$Bn^{\frac{1}{2}r}(\log n)^{B} \quad ⑧⑧$$

因 $r\geqslant 3$ 及 $\theta\geqslant\frac{1}{2}$，$\frac{1}{2}r<r-1-\frac{1}{4}\leqslant r-1+\left(\theta-\frac{3}{4}\right)$，及由 ⑧③⑧⑥⑧⑧ 得

$$v_r(n)=\frac{n^{r-1}}{(r-1)!}\sum_{p,q}\left(\frac{\mu(q)}{\varphi(q)}\right)^{r}e_q(-np)+$$
$$O(n^{r-1+\left(\theta-\frac{3}{4}\right)}(\log n)^{B})=$$
$$\frac{n^{r-1}}{(r-1)!}\sum_{q\leqslant N}\left(\frac{\mu(q)}{\varphi(q)}\right)^{r}c_q(-n)+$$
$$O(n^{r-1+\left(\theta-\frac{3}{4}\right)}(\log n)^{B}) \quad ⑧⑨$$

为了完成定理1的证明，我们仅需证明 ⑧⑨ 中的有限级数可以换成 $S_r$. 由于

$$\frac{1}{2}r<r-1+\left(\theta-\frac{3}{4}\right)$$

及

$$\left|n^{r-1}\sum_{q>N}\left(\frac{\mu(q)}{\varphi(q)}\right)^{r}c_q(-n)\right|<$$
$$Bn^{r-1}\sum_{q>N}q^{1-r}(\log q)^{B}<$$
$$Bn^{\frac{1}{2}}(\log n)^{B}$$

因此这个误差可以吸收在 ⑧⑨ 的第二项之中. 定理证毕.

下面介绍奇异级数求和.

**引理11**　若

$$c_q(n)=\sum e_q(np) \quad ⑨⓪$$

此处 $n$ 为一个正整数，求和范围为小于 $q$ 且与 $q$ 互素的

所有正整数 $p$;当 $q=1$ 时,$p=0$ 包含在内,否则不包含在内,则

$$c_q(-n)=c_q(n) \tag{91}$$

$$c_{qq'}(n)=c_q(n)c_{q'}(n) \tag{92}$$

此处 $(q,q')=1$;并且

$$c_q(n)=\sum \delta\mu\left(\frac{q}{\delta}\right) \tag{93}$$

此处 $\delta$ 为 $q$ 与 $n$ 的公因子.

因为对应于 $p$ 与 $q-p$ 的项是共轭的,所以 $c_q(n)$ 是实的. 由于 $c_q(n)$ 与 $c_q(-n)$ 互为共轭,故得 ⑰[1].

又可知

$$c_q(n)c_{q'}(n)=\sum_{p,p'}\exp\left(2n\pi \mathrm{i}\left(\frac{p}{q}+\frac{p'}{q'}\right)\right)=$$

$$\sum_{p,p'}\exp\left(\frac{2nP\pi \mathrm{i}}{qq'}\right)$$

此处

$$P=pq'+p'q$$

当 $p$ 过 $\varphi(q)$ 个正的,与 $q$ 互素,且关于模 $q$ 互不同余的整数,而 $p'$ 过模 $q'$ 的类似集合时,则 $P$ 过一个 $\varphi(q)\varphi(q')=\varphi(qq')$ 个值的集合,其元素为正的,与 $qq'$ 互素,且关于模 $qq'$ 互不同余,故得 ㉒.

最后,显然有

$$\sum_{d\mid q}c_d(n)=\sum_{h=0}^{q-1}e_q(nh)$$

除 $q\mid n$,它等于 $q$ 之外,均取值 0. 因此,若记

$$\eta(q)=q, q\mid n, \eta(q)=0, q\nmid n$$

---

① 若 $q=1$ 或 $q=2$,则推理有误,但 $c_1(n)=c_1(-n)=1$,$c_2(n)=c_2(-n)=-1$.

则得

$$\sum_{d|q} c_d(n) = \eta(q)$$

所以由熟知的麦比乌斯反转公式，得

$$c_q(n) = \sum_{d|q} \eta(d) \mu\left(\frac{q}{d}\right)$$

这就是 ⑬[①].

**引理 12**　假定 $r \geqslant 2$ 及

$$S_r = \sum_{q=1}^{\infty} \left(\frac{\mu(q)}{\varphi(q)}\right)^r c_q(-n) \tag{94}$$

则当 $n$ 与 $r$ 奇偶相异时

$$S_r = 0 \tag{95}$$

否则

$$S_r = 2C_r \prod_p \left(\frac{(p-1)^r + (-1)^r (p-1)}{(p-1)^r - (-1)^r}\right) \tag{96}$$

此处 $p$ 表示 $n$ 的奇素因子及

$$C_r = \prod_{\omega=3}^{\infty} \left(1 - \frac{(-1)^r}{(\omega-1)^r}\right) \tag{97}$$

命

$$\left(\frac{\mu(q)}{\varphi(q)}\right)^r c_q(-n) = A_q \tag{98}$$

则当 $(q, q') = 1$ 时

$$\mu(qq') = \mu(q)\mu(q')$$

---

① 公式 ⑬ 是拉马努金证明的(On certain trigonometrical sums and their applications in the theory of numbers. Trans. Camb. Phil. Soc.，1918，22：259-276(260)). 朗道已给出 $n=1$ 时的结果(Handbuch (1909)，572，朗道将它当作已知结果)，一般情况则是詹森(Jensen) 证明的(Et nyt Udtryk for den talteoretiske Funktion $\sum \mu(n) = M(n)$，Den 3 Skand. Mate. Kongres，Kristiania，1915：145)，拉马努金给出这个和很多漂亮的应用，所以可以用其名字来命名这个和.

$$\varphi(qq')=\varphi(q)\varphi(q')$$
$$c_{q,q'}(-n)=c_q(-n)c_{q'}(-n)$$

所以(在相同假定下)

$$A_{qq'}=A_qA_{q'} \tag{99}$$

因此①

$$S_r=A_1+A_2+A_3+\cdots=1+A_2+\cdots=\prod_{\omega}\chi_{\omega}$$

此处

$$\chi_{\omega}=1+A_{\omega}+A_{\omega^2}+A_{\omega^3}+\cdots=1+A_{\omega} \tag{100}$$

这是由于因子 $\mu(q)$,所以 $A_{\omega^2},A_{\omega^3},\cdots$ 都等于 0.

一方面,若 $\omega\nmid n$,则

$$\mu(\omega)=-1,\varphi(\omega)=\omega-1,c_{\omega}(n)=\mu(\omega)=-1$$

$$A_{\omega}=-\frac{(-1)^r}{(\omega-1)^r} \tag{101}$$

另一方面,若 $\omega\mid n$,则

$$c_{\omega}(n)=\mu(\omega)+\omega\mu(1)=\omega-1$$

$$A_{\omega}=\frac{(-1)^r}{(\omega-1)^{r-1}} \tag{102}$$

因此

$$S_r=\prod_{\omega\mid n}\left(1+\frac{(-1)^r}{(\omega-1)^{r-1}}\right)\cdot\prod_{\omega\nmid n}\left(1-\frac{(-1)^r}{(\omega-1)^r}\right) \tag{103}$$

若 $n$ 为偶数及 $r$ 为奇数,则由 $\omega=2$ 对应的因子可知第一个因子为零;若 $n$ 为奇数及 $r$ 为偶数,则类似,第

---

① 因 $|c_q(n)|\leqslant\sum\delta$,此处 $\delta\mid n$,所以 $c_q(n)=O(1)$(当 $n$ 固定及 $q\to\infty$). 又由引理 10 可知 $\varphi(q)>Aq(\log q)^{-A}$,因此我们研究的级数与乘积是绝对收敛的.

二个因子为零.故当 $n$ 与 $r$ 奇偶相异时有 $S_r=0$.

当 $n$ 与 $r$ 奇偶相同时,$\omega=2$ 对应的因子恒等于2,及如引理所示

$$S_r=2\prod_{\omega=3}^{\infty}\left(1-\frac{(-1)^r}{(\omega-1)^r}\right)\cdot$$
$$\prod_p\left(\frac{(p-1)^r+(-1)^r(p-1)}{(p-1)^r-(-1)^r}\right)$$

**定理2**　假定 $r\geqslant 3$,则当 $n$ 与 $r$ 奇偶相异时有

$$v_r(n)=o(n^{r-1}) \tag{104}$$

但当 $n$ 与 $r$ 奇偶相同时有

$$v_r(n)\sim\frac{2C_r}{(r-1)!}n^{r-1}\prod_p\left(\frac{(p-1)^r+(-1)^r(p-1)}{(p-1)^r-(-1)^r}\right) \tag{105}$$

此处 $p$ 为 $n$ 的奇素因子及

$$C_r=\prod_{\omega=3}^{\infty}\left(1-\frac{(-1)^r}{(\omega-1)^r}\right) \tag{106}$$

这可以由定理1及引理12直接推出.

**引理13**　若 $r\geqslant 3$ 及 $n$ 与 $r$ 奇偶相同,则当 $n\geqslant n_0(r)$ 时有

$$v_r(n)>Bn^{r-1}$$

在证明定理3时要用到这条引理:若 $r$ 为偶数,则

$$\prod\left(\frac{(p-1)^r+p-1}{(p-1)^r-1}\right)>1$$

若 $r$ 为奇数,则

$$\prod\left(\frac{(p-1)^r-p+1}{(p-1)^r+1}\right)>$$
$$\prod\left(\frac{(p-1)^r-p}{(p-1)^r}\right)>$$
$$\prod_{\omega=3}^{\infty}\left(1-\frac{\omega}{(\omega-1)^3}\right)=A$$

在任何情况下,由 ⑯ 可得引理之结论.

**定理 3** 若 $r \geqslant 3$ 及 $n$ 与 $r$ 奇偶相同,则

$$N_r(n) \sim \frac{v_r(n)}{(\log n)^r} \tag{107}$$

首先可见

$$N_r(n) = \sum_{\omega_1+\omega_2+\cdots+\omega_r=n} 1 \leqslant \sum_{m_1+m_2+\cdots+m_r=n} 1 \leqslant Bn^{r-1}$$

及

$$v_r(n) = \sum_{\omega_1+\omega_2+\cdots+\omega_r=n} \log \omega_1 \cdots \log \omega_r \leqslant$$

$$(\log n)^r N_r(n) < Bn^{r-1}(\log n)^r \tag{108}$$

记

$$v_r = v'_r + v''_r, N_r = N'_r + N''_r \tag{109}$$

此处 $v'_r$ 与 $N'_r$ 包含求和中适合于

$$\omega_s \geqslant n^{1-\delta}, 0 < \delta < 1, s = 1, 2, \cdots, r$$

的所有项.则显然

$$v'_r(n) \geqslant (1-\delta)^r (\log n)^r N'_r(n) \tag{110}$$

又可知

$$N''_r(n) \leqslant r \sum_{\omega_r < n^{1-\delta}} \left( \sum_{\omega_1+\omega_2+\cdots+\omega_{r-1}=n-\omega_r} 1 \right) <$$

$$B \sum_{\omega_r < n^{1-\delta}} N_{r-1}(n-\omega_r) < Bn^{1-\delta} \cdot n^{r-2} = Bn^{r-1-\delta}$$

$$v''_r(n) \leqslant (\log n)^r N''_r(n) < Bn^{r-1-\delta}(\log n)^r$$

但当 $n \geqslant n_0(r)$ 时,$v_r(n) > Bn^{r-1}$(引理 13),所以对于每一正数 $\delta$ 皆有

$$(\log n)^r N''_r(n) = o(v_r(n))$$

$$v''_r(n) = o(v_r(n)) \tag{111}$$

由 ⑱ ~ ⑪ 可知

$$(1-\delta)^r (\log n)^r (N_r - N''_r) \leqslant v_r - v''_r \leqslant (\log n)^r N_r$$

$$(1-\delta)^r(\log n)^r N_r \leqslant v_r + o(v_r) \leqslant (\log n)^r N_r$$

$$(1-\delta)^r \leqslant \underline{\lim} \frac{v_r}{(\log n)^r N_r}, \overline{\lim} \frac{v_r}{(\log n)_r N_r} \leqslant 1$$

因 $\delta$ 是任意的，故得 ⑩⑦.

**定理4**　每个大奇数 $n$ 都是三个奇素数之和，表示法个数 $\overline{N}_3(n)$ 的渐近公式为

$$\overline{N}_3(n) \sim C_3 \frac{n^2}{(\log n)^3} \prod \left(\frac{(p-1)(p-2)}{p^2-3p+3}\right) \tag{112}$$

此处 $p$ 为 $n$ 的一个素因子及

$$C_3 = \prod_{\omega=3}^{\infty} \left(1 + \frac{1}{(\omega-1)^3}\right) \tag{113}$$

这几乎是定理2与定理3的直接推论，这些定理给出 $N_3(n)$ 的对应公式. 若非所有素数为奇的，则必两个为2及 $n-4$ 为素数. 这种表示法的个数最多只有一个.

**定理5**　每个大偶数 $n$ 为四个奇素数之和(自然地，其中的一个可以预先确定)，表示法的总数有渐近公式

$$\overline{N}_4(n) \sim \frac{1}{3} C_4 \frac{n^3}{(\log n)^4} \cdot$$

$$\prod \left(\frac{(p-1)(p^2-3p+3)}{(p-2)(p^2-2p+2)}\right) \tag{114}$$

此处 $p$ 为 $n$ 的一个奇素因子，及

$$C_4 = \prod_{\omega=3}^{\infty} \left(1 - \frac{1}{(\omega-1)^4}\right) \tag{115}$$

这也是定理2与定理3的推论，我们仅需注意不全为奇素数的四个素数和的表示法的总和为 $O(n)$，对于更大的 $r$，我们有完全类似的结果.

### 1.4 关于"哥德巴赫定理"的注记

(1) 当 $r=2$ 时,我们的方法失败了,但对于主项,它没有失败,因它得到一个看来是正确的结果,但即使假定 $\theta=\frac{1}{2}$,我们亦不能克服证明中的难点.我们能得到的最佳误差上界估计亦嫌大,略言之,大了一个因子 $n^{\frac{1}{4}}$.

由我们的方法可以得到的公式包含于:

**猜想 1** 每个大偶数为两个奇素数之和.表示法的个数的渐近公式为

$$N_2(n)\sim 2C_2\frac{n}{(\log n)^2}\prod_p\left(\frac{p-1}{p-2}\right) \tag{116}$$

此处 $p$ 为 $n$ 的一个奇素因子,及

$$C_2=\prod_{\omega=3}^{\infty}\left(1-\frac{1}{(\omega-1)^2}\right) \tag{117}$$

我们说几句关于这个公式的历史的话,其真实性由经验验证[①].

这种性质的第一个确切结果是属于西尔维斯特(Sylvester)[②]的,他在 1871 发表于 *Proceedings of London Mathematical Society* 上的一篇短文中建议

① 关于"哥德巴赫定理"较早的历史,见狄克逊,History of the theory of Numbers,(Washington),1919,1:421-425.

② J. J. Sylvester. On the partition of an even number into two primes. Proc. London Math. Soc.,ser. 1,1871,4:4-6 (Math. Papers,2:709-711). See also"On the Goldbach-Euler Theorem regarding prime numbers", Nature, 1896-1897,55:196-197,269(Math. Papers,4:734-737),关于西尔维斯特文章的知识与剑桥大学三一学院的威尔逊(Wilson)先生有关.

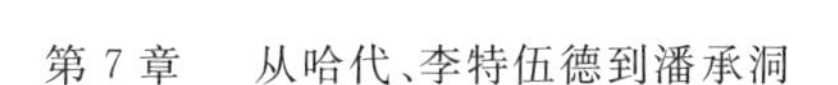



$$N_2(n) \sim \frac{2n}{\log n}\prod\left(\frac{\omega-2}{\omega-1}\right) \qquad (118)$$

此处

$$3 \leqslant \omega < \sqrt{n}, \omega \nmid n$$

由于

$$\prod_{\omega<\sqrt{n}}\left(\frac{\omega-2}{\omega-1}\right)=\prod_{\omega<\sqrt{n}}\left(1-\frac{1}{(\omega-1)^2}\right)\cdot$$

$$\prod_{\omega<\sqrt{n}}\left(1-\frac{1}{\omega}\right) \sim C_2\prod_{\omega<\sqrt{n}}\left(1-\frac{1}{\omega}\right)$$

及

$$\prod_{\omega<\sqrt{n}}\left(1-\frac{1}{\omega}\right) \sim \frac{2\mathrm{e}^{-C}}{\log n} \qquad (119)$$

此处 $C$ 为欧拉常数. (118) 等价于

$$N_2(n) \sim 4\mathrm{e}^{-C}C_2\frac{n}{(\log n)^2}\prod_{p}\left(\frac{p-1}{p-2}\right) \qquad (120)$$

这与 (116) 矛盾，这两个公式相差一个因子 $2\mathrm{e}^{-C}=1.123\cdots$，我们将证明 (116) 是这种类型公式中唯一可能正确者，所以西尔维斯特公式是错误的，但西尔维斯特是第一个找到与 $N_2(n)$ 不规则性有关的因子

$$\prod\left(\frac{p-1}{p-2}\right) \qquad (121)$$

者，但没有充分证据来表明他是如何得到他的结果的.

1896 年，史泰克尔[①](Stäckel) 建议了一个完全不同的公式

$$N_2(n) \sim \frac{n}{(\log n)^2}\prod\left(\frac{p}{p-1}\right)$$

---

① P. Stäckel. Über Goldbach's empirisches Theorem: Jede grade Zahl kann als Summe von zwei Primzahlen dargestellt werden. Göttinger Nachrichten，1896:292-299.

这个公式中没有引进因子 ⑫1,而且事实上并未给出好的逼近;1900 年,朗道[①]证明无论如何这个公式也是不对的.

在 1915 年,麦尔林(Merlin)[②] 有一篇关于哥德巴赫定理的未完成的论文,麦尔林未给出一个完全的渐近公式,但他亦认识到(如西尔维斯特一样)因子 ⑫1 的重要性.

差不多同一时间,布朗[③]研究了这个问题. 由布朗方法很自然地得到公式

$$N_2(n) \sim 2Hn \prod_p \left(\frac{p-1}{p-2}\right) \tag{122}$$

此处

$$H = \prod_{3 \leqslant \omega < \sqrt{n}} \left(1 - \frac{2}{\omega}\right) \tag{123}$$

很容易证明它等价于

$$N_2(n) \sim 8e^{-2\gamma} C_2 \frac{n}{(\log n)^2} \prod_p \left(\frac{p-1}{p-2}\right) \tag{124}$$

它与 ⑪6 相差一个因子 $4e^{-2C} = 1.263\cdots$ 的论证将表明如同西尔维斯特公式一样,这个公式也是不正确的.

---

① E. Landau. Über die zahlentheoretische Funktion $\varphi(n)$ und ihre Beziehung zum Goldbachschen Satz. Göttinger Nachrichten, 1900: 177-186.

② J. Merlin. Un travail sur les nombres premiers. Bulletin des sciences mathematiques, 1915, 39: 121-136.

③ V. Brun. Über das Goldbachsche Gesatz und die Anzahl der primzahlpaare. Archiv for Mathematik(Christiania), part 2, 1915, 34(8): 1-15. 公式 ⑫4 实际上并非布朗得到的;见 Shahand Wilson(1),及 Hardy and Littlewood(2) 的讨论,亦见布朗的第二篇文章,Sur les nombres premiers de laforme $ap+b$, ibid; part, 1917(14): 1-9;及本文之附录.

最后，在 1916 年，斯泰克尔在发表于 *Sitzungsberichte der Heidelberger Akademie der Wissenschaften* 上的一系列论文上，又回到这个主题，直到最近我们尚未论及，在我们文章的最后注记中将给出关于这些文章的进一步注记.

(2) 今证明我们的结论，即 ⑳ 与 ㉔ 是不正确的.

**定理 6**　假定[①]当

$$n=2^{\alpha}p^{a}p'^{a'}\cdots,\alpha>0,a,a',\cdots>0$$

时有

$$N_2(n)\sim A\frac{n}{(\log n)^2}\prod_p\left(\frac{p-1}{p-2}\right) \tag{125}$$

及当 $n$ 为奇数时有

$$N_2(n)=o\left(\frac{n}{(\log n)^2}\right) \tag{126}$$

则

$$A=2C_2=\prod_{\omega=3}^{\infty}\left(1-\frac{1}{(\omega-1)^2}\right) \tag{127}$$

记

$$\Omega(n)=An\prod_p\left(\frac{p-1}{p-2}\right)(n\text{ 偶}),\Omega(n)=0(n\text{ 奇}) \tag{128}$$

则由 ㉕ 与定理 3 得

$$v_2(n)=\sum_{\omega+\omega'=n}\log\omega\log\omega'\sim\Omega(n) \tag{129}$$

这被了解为，当 $n$ 为奇数时，这个公式的含义为

$$v_2(n)=o(n)$$

进一步，命

---

① 在整个文章中，$A$ 表示同一常数.

$$f(s)=\sum\frac{\Omega(n)}{n^{s}}=\frac{\Omega(n)}{\sum n^{1+u}}$$

若 $R(s)>2, R(u)>1$,则这些级数是绝对收敛的.所以

$$f(s)=A\sum_{n\equiv 0(\bmod 2)}n^{-u}\prod_{p}\left(\frac{p-1}{p-2}\right)=$$

$$A\sum_{\alpha>0}2^{-\alpha u}p^{-\alpha u}p'^{-\alpha' u}\cdots\frac{(p-1)(p'-1)\cdots}{(p-2)(p'-2)\cdots}=$$

$$\frac{2^{-u}A}{1-2^{-u}}\prod_{\omega=3}^{\infty}\left(1+\frac{\omega-1}{\omega-2}\cdot\frac{\omega^{-u}}{1-\omega^{-u}}\right)=\frac{2^{-u}A}{1-2^{-u}}\xi(u) \tag{130}$$

现在假定 $u\to 1$,及命

$$\eta(u)=\prod_{\omega=3}^{\infty}\left(1+\frac{\omega^{-u}}{1-\omega^{-u}}\right)=$$

$$\prod_{\omega=3}^{\infty}\left(\frac{1}{1-\omega^{-u}}\right)=(1-2^{-u})\zeta(u)$$

则

$$\frac{\xi(u)}{\eta(u)}=\prod\left(\left(1+\frac{\omega-1}{\omega-2}\cdot\frac{\omega^{-u}}{1-\omega^{-u}}\right)/\left(1+\frac{\omega^{-u}}{1-\omega^{-u}}\right)\right)-$$

$$\prod\left(\left(1+\frac{1}{\omega-2}\right)/\left(1+\frac{1}{\omega-1}\right)\right)=$$

$$\prod\left(\frac{(\omega-1)^{2}}{\omega(\omega-2)}\right)=\prod\left(\frac{(\omega-1)^{2}}{(\omega-1)^{2}-1}\right)=\frac{1}{C_{2}}$$

因此

$$f(s)\sim A\xi(u)\sim\frac{A}{C_{2}}\eta(u)\sim\frac{A}{2C_{2}}\zeta(u)\sim$$

$$\frac{A}{2C_{2}(u-1)}=\frac{A}{2C_{2}(s-2)} \tag{131}$$

另外,当 $x\to 1$ 时有

$$\sum v_{2}(n)x^{n}\sim\left(\sum\log\omega x^{\omega}\right)^{2}\sim\frac{1}{(1-x)^{2}}$$

所以[①]

$$v_2(1)+v_2(2)+\cdots+v_2(n)\sim\frac{1}{2}n^2 \tag{132}$$

用初等运算[②]可知，当 $s\to 2$ 时有

$$g(s)=\sum\frac{v_2(n)}{n^s}\sim\sum\frac{1}{n^{s-1}}\sim\frac{1}{s-2}$$

所以（在假定 ⑫⑤ 与 ⑫⑥ 之下）

$$f(s)\sim\frac{1}{s-2} \tag{133}$$

比较 ⑬① 与 ⑬③ 即得定理的结果.

无论西尔维斯特公式还是布朗公式皆包含一个错误的因子，在每一种情况下，这个因子都是 $e^{-C}$ 的简单函数，故并不是很严重.

首先我们注意到素数论中的任何公式，若它们是从概率的角度考虑推导出来的，常常可能有这样的错误. 例如，考虑这样的问题“一个大数 $n$ 是一个素数的‘概率’是多少？”我们已知“概率”渐近于$\frac{1}{\log n}$.

但现在已知 $n$ 不被任何小于固定数 $x$ 的素数整除的“概率”渐近于

---

① 我们在此用到我们的文章 Tauberian theorems concerning power series and Dirichlet's series whose coefficients are positive, Proc. London Math. Soc., Ser. 2,13:174-192. 这是一个最快的证明，但并非最初等的. 应用前面征引的朗道的文章可知 ⑫④ 等价于公式

$$\sum_{m=1}^{n}N_2(m)\sim\frac{n^2}{2(\log n)^2}$$

② 对于一般的定理，包括用到这里的一些特例，见 K. Knopp, Divergenzcharactere gewisser Dirichlet'scher Reihen, Acta Math., 1909,34:165-204(定理 Ⅳ. P176)

$$\prod_{w<\sqrt{x}}\left(1-\frac{1}{\omega}\right)$$

由于很自然地推出①所欲求的“概率”渐近于

$$\prod_{w<\sqrt{n}}\left(1-\frac{1}{\omega}\right)$$

但

$$\prod_{w>\sqrt{n}}\left(1-\frac{1}{\omega}\right)\sim\frac{2\mathrm{e}^{-C}}{\log n}$$

所以上面这一推论是不正确的,它多了一个因子 $2\mathrm{e}^{-C}$.

布朗的论证中的确未用到概率的语言②,但是他用了不严格的趋限,这如上述论证方法有同样的性质.布朗首先发现(天才地运用“埃拉托斯尼筛法”)将 $n$ 表示为两个素因子个数不超过固定数的整数之和的表示法的渐近公式,这个公式是对的,因此它是上述论证中的第一步;它在于枚举各种可能,所有涉及“概率”③处均可去掉.正是在趋限时导致了错误,在各种情况下,错误的性质是同样的.

(4)夏(Shah)与威尔逊广泛地检验了猜想1,与康托(Cantor)、奥锐(Aubry)、哈斯勒尔(Haussner)及李坡尔特(Ripert)收集的经验数据相比较,我们复印了他们结果的表格,但需做些注记.首先重要的,其数值验证如公式⑪⑥的 $N_2(n)$,而不是如⑫⑨的 $v_2(n)$.我们的分析正相反,首先应是 $v_2(n)$,而 $N_2(n)$ 的公式则是第二位的.为了导出 $N_2(n)$ 的渐近公式,我们有

① 我们可以将 $\omega<\sqrt{n}$ 换成 $\omega<n$,则所得“概率”减少一半,这个事实本身就足以说明论证是不充分的.

② 西尔维斯特的论证中是否用到“概率”,我们尚不能判断.

③ 概率并非纯数学的一个标志,它是属于哲学与物质的标志.

$$v_2(n)=\sum_{\omega+\omega'=n}\log\omega\log\omega'\sim(\log n)^2N_2(n)$$

因子$(\log n)^2$只是阶$\log n$的错误，更为自然地可将$v_2(n)$换为

$$((\log n)^2-2\log n+\cdots)N_2(n)$$

对于我们采用的变换，渐近公式自然是无差别的，但以一定范围内验证为目的，则是有区别的，因$\log n$的项并非可以忽略不计，它对于结果的似真性有巨大差异. 基于这些考虑，夏与威尔逊不搞公式 ⑯，而搞一个修改过的公式

$$N_2(n)\sim\rho(n)=2C_2\frac{n}{(\log n)^2-2\log n}\prod_p\left(\frac{p-1}{p-2}\right)$$

这种错误与过去一系列误解有关，因此（如夏与威尔逊指出）在附表给出的值$n$的范围内，西尔维斯特的公式确实比未经修改的公式 ⑯ 得到的结果好.

还有次重要的一点注记：在我们的分析中，最自然的函数不是

$$f(x)=\sum\log\omega x^{\omega}$$

而是

$$g(x)=\sum\Lambda(n)x^n=\sum_{w,l}\log\omega x^{\omega^l}$$

对应的数值函数不是$v_2(n)$与$N_2(n)$，而是

$$g_2(n)=\sum_{m+m'=n}\Lambda(m)\Lambda(m'),Q_2(n)=\sum_{\omega^l+\omega^{l'}=n}1$$

（因此$Q_2(n)$为将$n$表为两个素数或素数幂的表示法个数）. $N_2(n)$与$Q_2(n)$是渐近等价的，它们的差异为低阶的，低于任何情况下我们所忽略者，当$n$（不可避免地）的值不太大时，将它作为以后做比较的基础.

在附表中，表示为两个素数之和及素数幂之和的

表示法是分开算的,但以其总和与$\rho(n)$比较,常数$2C_2$为1.320 3.我们可以看出计算值与真值之间的对应是良好的.

**附表**

| $n$ | $Q_2(n)$ | $\rho(n)$ | $Q_2(n):\rho(n)$ |
|---|---|---|---|
| $30=2\cdot3\cdot5$ | $6+4=10$ | 22 | 0.45 |
| $32=2^5$ | $4+7=11$ | 8 | 1.38 |
| $34=2\cdot17$ | $7+6=13$ | 9 | 1.44 |
| $36=2^2\cdot3^2$ | $8+8=16$ | 17 | 0.94 |
| $210=2\cdot3\cdot5\cdot7$ | $42+0=42$ | 49 | 0.85 |
| $214=2\cdot107$ | $17+0=17$ | 16 | 1.07 |
| $216=2^3\cdot3^3$ | $28+0=28$ | 32 | 0.88 |
| $256=2^8$ | $16+3=19$ | 17 | 1.10 |
| $2\ 048=2^{11}$ | $50+17=67$ | 63 | 1.06 |
| $2\ 250=2\cdot3^2\cdot5^3$ | $174+26=200$ | 179 | 1.11 |
| $2\ 304=2^8\cdot3^2$ | $134+8=142$ | 136 | 1.04 |
| $2\ 306=2\cdot1\ 153$ | $67+20=87$ | 69 | 1.26 |
| $2\ 310=2\cdot3\cdot5\cdot7\cdot11$ | $228+16=244$ | 244 | 1.00 |
| $3\ 888=2^4\cdot3^5$ | $186+24=210$ | 107 | 1.06 |
| $3\ 898=2\cdot1\ 949$ | $99+6=105$ | 99 | 1.06 |
| $3\ 990=2\cdot3\cdot5\cdot7\cdot19$ | $328+20=348$ | 342 | 1.02 |
| $4\ 096=2^{12}$ | $104+5=109$ | 107 | 1.06 |
| $4\ 996=2^2\cdot1\ 249$ | $124+16=140$ | 119 | 1.18 |
| $4\ 998=2\cdot3\cdot7^2\cdot17$ | $288+20=308$ | 305 | 1.01 |
| $5\ 000=2^3\cdot5^4$ | $150+26=176$ | 157 | 1.12 |

续附表

| $n$ | $Q_2(n)$ | $\rho(n)$ | $Q_2(n)$;$\rho(n)$ |
|---|---|---|---|
| $8\ 190 = 2 \cdot 3^2 \cdot 5 \cdot 7 \cdot 13$ | $578 + 26 = 604$ | 597 | 1.01 |
| $8\ 192 = 2^{13}$ | $150 + 32 = 182$ | 171 | 1.06 |
| $8\ 194 = 2 \cdot 17 \cdot 241$ | $192 + 10 = 202$ | 219 | 0.92 |
| $10\ 008 = 2^3 \cdot 3^2 \cdot 139$ | $388 + 30 = 418$ | 396 | 1.06 |
| $10\ 010 = 2 \cdot 5 \cdot 7 \cdot 11 \cdot 13$ | $384 + 36 = 420$ | 384 | 1.09 |
| $10\ 014 = 2 \cdot 3 \cdot 1\ 669$ | $408 + 8 = 416$ | 396 | 1.05 |
| $30\ 030 = 2 \cdot 3 \cdot 5 \cdot 7 \cdot 11 \cdot 13$ | $1\ 800 + 54 = 1\ 854$ | 1 795 | 1.03 |
| $36\ 960 = 2^5 \cdot 3 \cdot 5 \cdot 7 \cdot 11$ | $1\ 956 + 38 = 1\ 994$ | 1 937 | 1.03 |
| $39\ 270 = 2 \cdot 3 \cdot 5 \cdot 7 \cdot 11 \cdot 17$ | $2\ 152 + 36 = 2\ 188$ | 2 213 | 0.99 |
| $41\ 580 = 2^2 \cdot 3^3 \cdot 5 \cdot 7 \cdot 11$ | $2\ 140 + 44 = 2\ 184$ | 2 125 | 1.03 |
| $50\ 026 = 2 \cdot 25\ 013 =$ | $702 + 8 = 710$ | 692 | 1.03 |
| $50\ 144 = 2^5 \cdot 1\ 567$ | $607 + 99 = 706$ | 694 | 1.02 |
| $170\ 166 = 2 \cdot 3 \cdot 79 \cdot 359$ | $3\ 734 + 46 = 3\ 780$ | 3 762 | 1.00 |
| $170\ 170 = 2 \cdot 5 \cdot 7 \cdot 11 \cdot 13 \cdot 17$ | $3\ 784 + 8 = 3\ 792$ | 3 841 | 0.99 |
| $170\ 172 = 2^2 \cdot 3^2 \cdot 29 \cdot 163$ | $3\ 732 + 48 = 3\ 780$ | 3 866 | 0.98 |

**编者注**　我们略去论文的其余部分，在那里包含了仅考虑优弧，用圆法得到的有关其他许多堆垒问题的猜想.

## §2 Goldbach's Problems[①]

——R. C. VAUGHAN

### 2.1 The ternary Goldbach problem

Vinogradov's attack on Goldbach's ternary problem follows the pattern of the previous chapter, but this time with

$$f(\alpha)=\sum_{p\leqslant n}(\log p)e(\alpha p) \qquad ①$$

The poor current state of knowledge concerning the distribution of primes in arithmetic progressions demands that the major arcs be rather sparse. The principal difficulty then lies on the minor arcs and the establishment of a suitable analogue of Weyl's inequality.

Let $B$ denote a positive constant, and for $n$ sufficiently large, write

$$P=(\log n)^{B} \qquad ②$$

When $1\leqslant a\leqslant q\leqslant P$ and$(a,q)=1$,let

$$M(q,a)=\{\alpha\mid|\alpha-\frac{a}{q}|\leqslant Pn^{-1}\} \qquad ③$$

denote a typical major arc and write $M$ for their union. Since $n$ is large, the major arcs are disjoint

① 摘自 R. C. VAUGHAN. THE HARDY-LITTLEWOOD METHOD. 世界图书出版公司.

and lie in

$$u=(Pn^{-1},1+Pn^{-1})$$

Let $m=u\backslash M$. Then, by①, we have

$$R(n)=\int_u f^3(\alpha)e(-n\alpha)\mathrm{d}\alpha=$$
$$\int_M f^3(\alpha)e(-n\alpha)\mathrm{d}\alpha+\int_m f^3(\alpha)e(-n\alpha)\mathrm{d}\alpha \quad ④$$

where

$$R(n)=\sum_{\substack{p_1,p_2,p_3\\p_1+p_2+p_3=n}}(\log p_1)(\log p_2)(\log p_3) \quad ⑤$$

The treatment of the minor arcs rests principally on the following theorem.

**Theorem 1** Suppose that $(a,q)=1, q\leqslant n$ and $|\alpha-\frac{a}{q}|\leqslant q^{-2}$. Then

$$f(\alpha)\ll(\log n)^4(nq^{-\frac{1}{2}}+n^{\frac{4}{5}}+n^{\frac{1}{2}}q^{\frac{1}{2}})$$

**Proof** Let

$$\tau_x=\sum_{\substack{d\mid x\\d\leqslant X}}\mu(d)$$

where $\mu$ is Möbius's function. Then taking $X=n^{\frac{2}{5}}$ and $\lambda(x,y)=\Lambda(y)e(\alpha xy)$ in the identity

$$\sum_{X<y\leqslant n}\lambda(1,y)+\sum_{X<x\leqslant n}\sum_{X<y\leqslant n/x}\tau_x\lambda(x,y)=$$
$$\sum_{d\leqslant X}\sum_{X<y\leqslant n/d}\sum_{z\leqslant n/(yd)}\mu(d)\lambda(dz,y)$$

gives

$$f(\alpha)=S_1-S_2-S_3+O(n^{\frac{1}{2}})$$

where

$$S_1=\sum_{x\leqslant X}\sum_{y\leqslant n/x}\mu(x)(\log y)e(\alpha xy)$$

$$S_2=\sum_{x\leqslant X^2}\sum_{y\leqslant n/x}c_x e(\alpha xy)\text{ with }c_x=\sum_{\substack{d\leqslant X\\ dy=x}}\sum_{y\leqslant X}\mu(d)\Lambda(y)$$

$$S_3=\sum_{\substack{x>X\\ xy\leqslant n}}\sum_{y>X}\tau_x\Lambda(y)e(\alpha xy)$$

Here $\Lambda$ is von Mangoldt's function, and the identity follows by observing that $\tau_x=0(1<x\leqslant X)$ and inverting the order of summation.

The inner sum in $S_1$ is

$$\mu(x)\int_1^{n/x}\sum_{\gamma<y\leqslant n/x}e(\alpha xy)\frac{\mathrm{d}\gamma}{\gamma}$$

and $c_x<\log x$. Hence

$$S_1,S_2\ll(\log n)\sum_{x\leqslant x^2}\min\left\{\frac{n}{x},\|\alpha x\|^{-1}\right\}$$

Therefore

$$S_1,S_2\ll(\log n)^2(nq^{-1}+n^{\frac{4}{5}}+q)$$

Thus it remains to estimate $S_3$: Let

$$\mathscr{A}=\{X,2X,4X,\cdots,2^kX\mid 2^kX^2<n\leqslant 2^{k+1}X^2\}$$

Then

$$S_3=\sum_{Y\in\mathscr{A}}S(Y)$$

where

$$S(Y)=\sum_{Y<x\leqslant 2Y}\sum_{X<y\leqslant n/x}\tau_x\Lambda(y)e(\alpha xy)$$

By Cauchy's inequality

$$|S(Y)|^2\ll\Big(\sum_{x\leqslant 2Y}d^2(x)\Big)\sum_{Y<x\leqslant 2Y}\Big|\sum_{X<y\leqslant n/x}\Lambda(y)e(\alpha xy)\Big|^2$$

It is easily shown that $\sum_{x\leqslant Z}d^2(x)\ll Z(\log 2Z)^3$.

Hence

$$|S(Y)|^2\ll Y(\log n)^5\sum_{y\leqslant n/Y}\sum_{z\leqslant n/Y}\min\{Y,\|\alpha(y-z)\|^{-1}\}$$

Thus

$$|S(Y)|^2 \ll n(\log n)^6 (nq^{-1} + Y + \frac{n}{Y} + q)$$

which gives

$$S_3 \ll \sum_{Y \in \mathscr{A}} (\log n)^3 (nq^{-\frac{1}{2}} + n^{\frac{1}{2}} Y^{\frac{1}{2}} + nY^{-\frac{1}{2}} + n^{\frac{1}{2}} q^{\frac{1}{2}}) \ll (\log n)^4 (nq^{-\frac{1}{2}} + n^{\frac{4}{5}} + n^{\frac{1}{2}} q^{\frac{1}{2}})$$

as required.

To estimate

$$\int_M f^3(\alpha) e(-\alpha n) \mathrm{d}\alpha$$

it is now only necessary to make two observations. First that Parseval's identity and elementary prime number theory together give

$$\int_0^1 |f(\alpha)|^2 \mathrm{d}\alpha = \sum_{p \leqslant n} (\log p)^2 \ll n \log n$$

Second that, by Theorem 1

$$\sup_{\alpha \in m} |f(\alpha)| \ll n(\log n)^{4-\frac{B}{2}}$$

Thus:

**Theorem 2** Suppose that $A$ is a positive constant and $B \geqslant 2A + 10$. Then

$$\int_M |f(\alpha)|^3 \mathrm{d}\alpha \ll n^2 (\log n)^{-A}$$

The treatment of the major arcs, although straightforward, requires an appeal to the theory of the distribution of primes in arithmetic progressions.

**Lemma** Let

$$v(\beta)=\sum_{m=1}^{n} e(\beta m) \quad ⑥$$

Then there is a positive constant $C$ such that whenever $1 \leqslant a \leqslant q \leqslant P,(a,q)=1, \alpha \in M(q,a)$ one has

$$f(\alpha)=\frac{\mu(q)}{\phi(q)} v\left(\alpha-\frac{a}{q}\right)+O\left(n \exp \left(-C(\log n)^{\frac{1}{2}}\right)\right)$$

**Proof** Let

$$f_X(\alpha)=\sum_{p \leqslant X}(\log p) e(\alpha p)$$

Then

$$f_X\left(\frac{a}{q}\right)=\sum_{\substack{r=1 \\ (r,q)=1}}^{q} e\left(\frac{ar}{q}\right) \vartheta(X,q,r)+O((\log X)(\log q))$$

where

$$\vartheta(X,q,r)=\sum_{\substack{p \leqslant X \\ p \equiv r(\bmod q)}} \log p$$

By Theorem 53 and (40) of Estermann(1952) it follows that whenever $\sqrt{n}<X \leqslant n$ one has

$$f_X\left(\frac{a}{q}\right)=\frac{X}{\phi(q)} \sum_{\substack{r=1 \\ (r,q)=1}}^{q} e\left(\frac{ar}{q}\right)+O\left(n \exp \left(-C_1(\log n)^{\frac{1}{2}}\right)\right) \quad ⑦$$

Observe that this is trivial when $X \leqslant \sqrt{n}$. Also, by Theorem 271 of Hardy & Wright (1979)

$$\sum_{\substack{r=1 \\ (r,q)=1}}^{q} e\left(\frac{ar}{q}\right)=\mu(q)$$

Hence, by ①⑥⑦ with $X=n$, $F(m)=e(\beta m)$, $\beta=\alpha-\frac{a}{q}$.

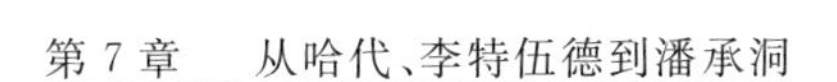

$$C_m=\begin{cases}e\left(\frac{am}{q}\right)\log m-\frac{\mu(q)}{\phi(q)},\text{when } m \text{ is prime}\\ -\frac{\mu(q)}{\phi(q)},\text{otherwise}\end{cases}$$

one has

$$f(\alpha)-\frac{\mu(q)}{\phi(q)}v\left(\alpha-\frac{a}{q}\right)\ll \left(1+n\mid\alpha-\frac{a}{q}\mid\right)n\cdot \exp(-C_1(\log n)^{\frac{1}{2}})$$

With ③ and ② this establishes the lemma.

Let $\alpha\in M(q,a)$. Then, by the above lemma

$$f^3(\alpha)-\frac{\mu(q)}{\phi^3(q)}v^3\left(\alpha-\frac{a}{q}\right)\ll n^3\exp(-C(\log n)^{\frac{1}{2}})$$

Now integrating over $M$ gives

$$\sum_{q\leqslant P}\sum_{\substack{a=1\\(a,q)=1}}^{q}\int_{M(q,a)}\left(f^3(\alpha)-\frac{\mu(q)}{\phi^3(q)}v^3\left(\alpha-\frac{a}{q}\right)\right)e(-\alpha n)\mathrm{d}\alpha\ll P^3n^2\exp(-C(\log n)^{\frac{1}{2}})$$

Therefore, by ③

$$\int_M f^3(\alpha)e(-\alpha n)\mathrm{d}\alpha=G(n,P)\int_{-P/n}^{P/n}v^3(\beta)e(-\beta n)\mathrm{d}\beta+O(P^3n^2\exp(-C(\log n)^{\frac{1}{2}}))\quad ⑧$$

where

$$G(n,P)=\sum_{q\leqslant P}\sum_{\substack{a=1\\(a,q)=1}}^{q}\frac{\mu(q)}{\phi^3(q)}e\left(-\frac{an}{q}\right)\quad ⑨$$

By ⑥, when $\beta$ is not an integer

$$v(\beta)\ll\|\beta\|^{-1}\quad ⑩$$

Hence the interval of integration $\left[-\frac{P}{n},\frac{P}{n}\right]$ can be replaced by $\left[-\frac{1}{2},\frac{1}{2}\right]$ with a total error

$$\ll \sum_{q\leqslant P}\phi^{-2}(q)n^2P^{-2}$$

Therefore, by ②

$$\int_M f^3(\alpha)e(-\alpha n)\mathrm{d}\alpha = G(n,P)J(n)+O(n^2(\log n)^{-2B}) \quad ⑪$$

where

$$J(n)=\int_{-\frac{1}{2}}^{\frac{1}{2}} v^3(\beta)e(-\beta n)\mathrm{d}\beta$$

By ⑥, $J(n)$ is the number of solutions of $m_1+m_2+m_3=n$ with $1\leqslant m_j\leqslant n$. Thus

$$J(n)=\frac{1}{2}(n-1)(n-2) \quad ⑫$$

Also, by ⑨

$$G(n,P)=G(n)+O\Big(\sum_{q\leqslant P}\phi^{-2}(q)\Big)$$

where

$$G(n)=\sum_{q=1}^{\infty}\frac{\mu(q)}{\phi^3(q)}\sum_{\substack{a=1\\(a,q)=1}}^{q}e\left(-\frac{an}{q}\right) \quad ⑬$$

Hence, by ①⑪ and Theorem 327 of Hardy & Wright(1979)

$$\int_M f^3(\alpha)e(-\alpha n)\mathrm{d}\alpha = G(n)J(n)+O(n^2(\log n)^{-\frac{B}{2}})$$

By Theorems 67 and 272 of Hardy & Wright (1979) Ramanjuan's sum

$$c_q(n)=\sum_{\substack{a=1\\(a,q)=1}}^{q}e\left(-\frac{an}{q}\right)$$

is a multiplicative function of $q$ and satisfies

$$c_q(n)=\frac{\mu\left(\frac{q}{(q,n)}\right)\phi(q)}{\phi\left(\frac{q}{(q,n)}\right)} \qquad ⑭$$

Hence, by ⑬

$$G(n)=\Big(\prod_{p\mid n}(1+(p-1)^{-3})\Big)\prod_{p\mid n}(1-(p-1)^{-2}) \qquad ⑮$$

This establishes:

**Theorem 3** Suppose that $A$ is a positive constant and $B\geqslant 2A$. Then

$$\int_M f^3(\alpha)e(-\alpha n)\mathrm{d}\alpha=\frac{1}{2}n^2G(n)+O(n^2(\log n)^{-A})$$

where $G(n)$ satisfies ⑮.

Note that $G(n)\gg 1$ when $n$ is odd and $G(n)=0$ when $n$ is even. When coupled with Theorem 2 and ④, Theorem 3 yields:

**Theorem 4** Suppose that $A$ is a positive constant and $R(n)$ satisfies ⑤. Then

$$R(n)=\frac{1}{2}n^2G(n)+O(n^2(\log n)^{-A})$$

where $G(n)$ satisfies ⑮.

**Corollary** Every sufficiently large odd number is the sum of three primes.

### 2.2 The binary Goldbach problem

In the binary Goldbach problem it is not possible to obtain an asymptotic formula in the same manner as in 2.1. However, a nontrivial estimate can be obtained for

$$\sum_{m=1}^{n}(R_1(m)-mG_1(m))^2$$

where

$$R_1(m)=\sum_{\substack{p_1,p_2\\p_1+p_2=m}}(\log p_1)(\log p_2)$$

and $G_1(m)$ is the corresponding singular series. This is because the above expression corresponds to a quaternary problem, rather than to a binary problem. It leads to the less precise conclusion that almost every even number is a sum of two primes.

Let

$$R_1(m)=R_1(m,n)=\sum_{\substack{p_1\leqslant n\\p_1+p_2=m}}\sum_{p_2\leqslant n}(\log p_1)(\log p_2) \quad ⑯$$

Then

$$R_1(m)=R_2(m)+R_3(m) \quad ⑰$$

where

$$R_2(m)=\int_M f^2(\alpha)e(-\alpha m)\mathrm{d}\alpha \quad ⑱$$

and

$$R_3(m)=\int_M f^3(\alpha)e(-\alpha m)\mathrm{d}\alpha \quad ⑲$$

Here $f,M,m$ are as in 2.1.

Now $R_3(m)$ is the Fourier coefficient of the function which if $f^2(\alpha)$ on $m$ and 0 elsewhere. Hence, by Bessel's inequality

$$\sum_{m=1}^{n}|R_3(m)|^2\leqslant\int_m|f(\alpha)|^4\mathrm{d}\alpha \quad ⑳$$

**Theorem 5** Suppose that $A$ is a positive constant and $B\geqslant A+9$. Then

$$\sum_{m=1}^{n} |R_3(m)|^2 \ll n^3(\log n)^{-A}$$

This can be deduced, via ⑳, in a similar manner to Theorem 2. Let

$$G_1(m,P)=\sum_{q\leqslant P}\sum_{\substack{a=1\\(a,q)=1}}^{q}\frac{\mu|q|^2}{\phi^2(q)}e\left(-\frac{am}{q}\right) \qquad ㉑$$

Then by making only trivial adjustments to the argument that gives ⑧ one obtains

$$R_2(m)=G_1(m,P)\int_{-P/n}^{P/n}v^2(\beta)e(-\beta m)\mathrm{d}\beta+$$
$$O(P^3 n\exp(-C(\log n)^{\frac{1}{2}}))$$

Moreover, by ⑩

$$\int_{P/n}^{\frac{1}{2}}|v(\beta)|^2\mathrm{d}\beta\ll nP^{-1}$$

Hence, by ㉑ and the elementary estimate $\sum_{q\leqslant P}\phi(q)^{-1}\ll\log n$, one has

$$R_2(m)=G_1(m,P)J_1(m)+O(n(\log n)^{1-B})$$

where

$$J_1(m)=\int_{-\frac{1}{2}}^{\frac{1}{2}}v^2(\beta)e(-\beta m)\mathrm{d}\beta$$

By ⑥, $J_1(m)$ is the number of solutions of $m_1+m_2=m$ with $1\leqslant m_j\leqslant n$. Hence, when $m\leqslant n$, one has $J_1(m)=m-1$. Therefore, by ㉑

$$R_2(m)=mG_1(m,P)+O(n(\log n)^{1-B}),1\leqslant m\leqslant n \qquad ㉒$$

By ⑭, one has

$$\sum_{X<q\leqslant Y}\frac{\mu^2(q)}{\phi^2(q)}\sum_{\substack{a=1\\(a,q)=1}}^{q}e\left(-\frac{am}{q}\right)=\sum_{d|m}\frac{\mu^2(d)}{\phi(d)}\sum_{\substack{X/d<q\leqslant Y/d\\(q,m)=1}}\frac{\mu(q)}{\phi^2(q)}\ll$$

$$\sum_{d \mid m} \frac{\mu^2(d)}{\phi(d)} \min\left\{\frac{d}{X}, 1\right\} \qquad ㉓$$

using the elementary fact that

$$\sum_{q>Z} \phi^{-2}(q) \ll Z^{-1}$$

Hence

$$G_1(m) = \sum_{q=1}^{\infty} \frac{\mu^2(q)}{\phi^2(q)} \sum_{\substack{a=1 \\ (a,q)=1}}^{q} e\left(-\frac{am}{q}\right) \qquad ㉔$$

converges

$$G_1(m, P) - G_1(m) \ll \log m$$

and

$$\sum_{m=1}^{n} | G_1(m, P) - G_1(m) |^2 \ll$$

$$(\log n) \sum_{d \leqslant n} \frac{\mu^2(d) n}{\phi(d) d} \min\left\{\frac{d}{P}, 1\right\} \ll$$

$$n(\log n) P^{-1} \sum_{d \leqslant n} \frac{\mu^2(d)}{\phi(d)} \ll$$

$$n(\log n)^2 P^{-1}$$

Hence, by ② and ㉒

$$\sum_{m=1}^{n} | R_2(m) - mG_1(m) |^2 \ll n^3 (\log n)^{2-B} \qquad ㉕$$

By ⑭

$$G_1(m) = \left(\prod_{p \mid m} (1 - (p-1)^{-2})\right) \prod_{p \mid m} (1 + (p-1)^{-1}) \qquad ㉖$$

Now, by choosing $B$ suitably one obtains.

**Theorem 6** Suppose that $A$ is a positive constant and $B \geqslant A + 2$. Then

$$\sum_{m=1}^{n} | R_2(m) - mG_1(m) |^2 \ll n^3 (\log n)^{-A}$$

where $G_1(m)$ satisfies ㉖.

Combining ⑰ and Theorems 5 and 6 establishes.

**Theorem 7** Let $A$ denote a positive constant. Then

$$\sum_{m=1}^{n} | R_1(m) - mG_1(m) |^2 \ll n^3 (\log n)^{-A}$$

where $R_1$ and $G_1$ satisfy ⑯ and ㉖ respectively.

Note that $G_1(m) \gg 1$ when $m$ is even and $G_1(m) = 0$ when $m$ is odd.

**Corollary** The number $E(n)$ of even numbers $m$ not exceeding $n$ for which $m$ is not the sum of two primes satisfies

$$E(n) \ll n(\log n)^{-A}$$

**Proof** By ⑯ and ㉖, for each $m$ counted by $E(n)$, has

$$m^{-2} | R_2(m) - mG_1(m) |^2 = G_1^2(m) \gg 1$$

Hence

$$E(n) \ll \sum_{m=1}^{n} m^{-2} | R_2(m) - mG_1(m) |^2$$

The conclusion now follows from Theorem 7 by partial summation.

### 2.3 Exercises

(1) Show that ever large natural number can be written in the form $p_1 + p_2 + x^k$.

(2) Suppose that $a_1, \cdots, a_4$ are fixed non-zero integers with $a_1, a_2, a_3$ not all of the same sign.

Show that

$$R(n)=\sum_{\substack{p_1\leqslant n p_2\leqslant n p_3\leqslant n\\ a_1p_1+a_2p_2+a_3p_3+a_4=0}}\sum\sum(\log p_1)(\log p_2)(\log p_3)$$

satisfies

$$R(n)=J(n)G+O(n^2(\log n)^{-A})$$

where $J(n)$ is the number of solutions of

$$a_1m_1+a_2m_2+a_3m_3+a_4=0$$

with $m_j\leqslant n$ and

$$G=\sum_{q=1}^{\infty}\phi^{-3}(q)\prod_{j=1}^{4}c_q(a_j)$$

Show that if $(a_1,a_2,a_3)\mid a_4$, then $J(n)\gg n^2$ for large $n$.

(3) In the notation of the previous exercise show that a sufficient condition for $G\gg 1$ to hold is that

$$(a_2,a_3,a_4)=(a_1,a_3,a_4)=(a_1,a_2,a_4)=(a_1,a_2,a_3)$$

$$a_1+a_2+a_3+a_4\equiv 0(\bmod 2\ (a_1,a_2,a_3,a_4))$$

Show that this condition is also necessary, and that, if it fails, then $G=0$.

## §3　三素数定理的一个新证明[①]

——潘承彪

(1) 在哈代—李特伍德圆法的基础上,1937年,维

① 原载于《数学学报》,1977,20(3):206-211.

诺格拉多夫[1]首先利用他所提出的估计素数变数的三角和的方法证明了任一充分大的奇数都是三个素数之和，它通常称为哥德巴赫－维诺格拉多夫定理，简称三素数定理．此后，林尼克[2]及 И. Г. Чудаков[3] 利用 $L$－函数零点密度估计给出了另外两个证明．最近，蒙哥马利[4]及 M. N. Huxley[5] 仍用 $L$－函数零点密度估计给出两个较为简化的证明，但他们利用了复杂的 $L$－函数的渐近函数方程和 $L$－函数四次幂的均值公式．本节的目的是不用维诺格拉多夫方法及 $L$－函数的零点密度估计，而只用一些熟知的基本结果，对三素数定理给出一个新的简单的分析证明．

（2）本节中用 $N$ 表示充分大的正整数，$p,p_1,p_2,p_3$ 为素数以及 $e(x)=\mathrm{e}^{2\pi\mathrm{i}x}$．设

$$S(x,N)=\sum_{p\leqslant N}e(px) \qquad ①$$

那么 $N$ 表为三个素数之和的形式的个数为

$$r(N)=\sum_{d_1+d_2+d_3=N}1=\int_0^1 S^3(x,N)e(-Nx)\mathrm{d}x \qquad ②$$

三素数定理就是要证明：当 $N$ 为充分大的奇数时必有

---

① И. М. Виноградов. Представление Нечётного числа суммой трёх Простых чисел. ДАН СССР，1937，15：291-294.

② Ю. В. Линник. О возможности единого метода В Некоторых Вопросах “аддитивной” И “Дистрибутивной” Теории Простых чисел. ДАН СССР，1945，49：3-7.

③ Н. Г. Чудаков(N. Tchudakoff). On Goldbach-Vinogradov's theorem，Ann. of Math.，1947，48(2)：515-545.

④ H. L. Montgomery. Topics in Multiplicative Number Theory. Lecture Notes in Math.，1971，227.

⑤ M. N. Huxley. The Distribution of Prime Numbers. Oxford Mathematical Monographs，1972.

$r(N)>0$. 证明的关键是要得到下面的结果:设 $c$ 为某一正整数,若

$$\log^{c}N<q\leqslant N\log^{-c}N,(q,h)=1 \quad ③$$

则

$$S\left(\frac{h}{q},N\right)\ll N\log^{-3}N \quad ④$$

本节主要是证明下面的定理.

**定理** 设

$$T_1(x,N)=\sum_{n\leqslant N}\Lambda(n)\log\frac{N}{n}e(nx) \quad ⑤$$

若 $(q,h)=1,1\leqslant q\leqslant N$,则

$$T_1\left(\frac{h}{q},N\right)\ll Nq^{-\frac{1}{2}}\log^{10}N+N^{\frac{3}{4}}q^{\frac{1}{4}}\log^{\frac{13}{2}}N \quad ⑥$$

由我们的定理就可推出 ④,因而就证明了三素数定理. 为此需要下面熟知的引理.

**引理 1** 设 $\chi(n)$ 是模 $q$ 的特征,则

$$\sum_{\chi}\left|\sum_{n=n_0+1}^{n_0+K}a_n\chi(n)\right|^2\leqslant(q+K)\sum_{n=n_0+1}^{n_0+K}|a_n|^2 \quad ⑦$$

其中 $\sum\limits_{\chi}$ 表示对全体模 $q$ 的特征求和.

**证明** 当 $(q,h)=1$ 时,有

$$\begin{aligned}T_1\left(\frac{h}{q},N\right)=&\sum_{\substack{l=1\\(l,q)=1}}^{q}e\left(\frac{hl}{q}\right)\sum_{\substack{n\leqslant N\\n\equiv l(q)}}\Lambda(n)\log\frac{N}{n}+\\&\sum_{\substack{n\leqslant N\\(n,q)>1}}\Lambda(x)\log\frac{N}{n}e\left(\frac{hl}{q}\right)=\\&\frac{1}{\phi(q)}\sum_{\chi}\tau(\bar{\chi})\chi(h)\psi_1(N,\chi)+\\&O(\log^2N\log q)\end{aligned} \quad ⑧$$

其中 $\phi(q)$ 为欧拉函数,及

$$\tau(\chi)=\sum_{h=1}^{q}\chi(h)e\left(\frac{h}{q}\right) \tag{⑨}$$

$$\psi_1(N,\chi)=\sum_{n\leqslant N}\Lambda(n)\chi(n)\log\frac{N}{n} \tag{⑩}$$

由于 $\tau(\chi_0)=\mu(q)$（$\chi_0$ 为主特征），$|\tau(\chi)|\leqslant\sqrt{q}$（$\chi\neq\chi_0$）及 $\phi(q)\gg q\log^{-1}q$，故

$$T_1\left(\frac{h}{q},N\right)\ll\frac{\log q}{q}\psi_1(N,\chi_0)+\frac{\log q}{\sqrt{q}}\sum_{\chi\neq\chi_0}|\psi_1(N,\chi)|+\log^2 N\log q \tag{⑪}$$

容易证明当 $\alpha>1$ 时，有

$$\psi_1(N,\chi)=\frac{1}{2\pi\mathrm{i}}\int_{(\alpha)}-\frac{L'}{L}(s,\chi)\frac{N^s}{s^2}\mathrm{d}s=\frac{1}{2\pi\mathrm{i}}\int_{\alpha-\mathrm{i}\infty}^{\alpha+\mathrm{i}\infty}-\frac{L'}{L}(s,\chi)\frac{N^s}{s^2}\mathrm{d}s \tag{⑫}$$

设 $A\leqslant N$ 为一个待定常数，及

$$M(s,\chi)=\sum_{n\leqslant A}\frac{\mu(n)\chi(n)}{n^s} \tag{⑬}$$

其中 $\mu(n)$ 为麦比乌斯函数，把 $-\frac{L'}{L}(s,\chi)$ 分为[①]

$$-\frac{L'}{L}(s,\chi)=-\frac{L'}{L}(s,\chi)(1-L(s,\chi)M(s,\chi))-L'(s,\chi)M(s,\chi) \tag{⑭}$$

现取 $\alpha=1+\log^{-1}N$，$B=[6\log^2 N]$，熟知有

$$-\frac{L'}{L}(s,\chi)=f_1(s,\chi)+f_2(s,\chi)+O(N^{-3}) \tag{⑮}$$

① 潘承洞，丁夏畦．一个均值定理．数学学报，1975，18(4)：254-262．

其中

$$f_1(s,\chi)=\sum_{n\leqslant A}\frac{\Lambda(n)\chi(n)}{n^s},f_2(s,\chi)=\sum_{A<n\leqslant 2^BA}\frac{\Lambda(n)\chi(n)}{n^s} \tag{16}$$

由于在 $\mathrm{Re}\ s=1+\log^{-1}N$ 上

$$L(s,\chi)\ll\log N,M(s,\chi)\ll\log N$$

故从 ⑭⑮ 得,在 $\mathrm{Re}\ s=1+\log^{-1}N$ 上有

$$-\frac{L'}{L}(s,\chi)=f_1(1-LM)+f_2(1-LM)-L'M+O(N^{-2}) \tag{17}$$

由 ⑫⑰ 得

$$\psi_1(N,\chi)=\frac{1}{2\pi\mathrm{i}}\int_{(\alpha)}[f_1(1-LM)+f_2(1-LM)-L'M]\frac{N^s}{s^2}\mathrm{d}s+O(N^{-1}) \tag{18}$$

当 $\chi\neq\chi_0$ 时,其中第一、三项积分可移至直线 $\mathrm{Re}\ s=\frac{1}{2}$ 上,故得

$$\psi_1(N,\chi)=\frac{1}{2\pi\mathrm{i}}\int_{(\frac{1}{2})}[f_1(1-LM)-L'M]\frac{N^s}{s^2}\mathrm{d}s+\frac{1}{2\pi\mathrm{i}}\int_{(\alpha)}f_2(1-LM)\frac{N^s}{s^2}\mathrm{d}s+O(N^{-1})\ll\int_{(\frac{1}{2})}(|f_1|+|f_1LM|+|L'M|)\cdot\frac{N^{\frac{1}{2}}}{|s|^2}|\mathrm{d}s|+\int_{(\alpha)}|f_2||1-LM|\cdot\frac{N}{|s|^2}|\mathrm{d}s|+O(N^{-1}) \tag{19}$$

利用赫尔德不等式由 ⑲ 即得

$$
\begin{aligned}
\sum_{\chi\neq\chi_0} |\psi_1(N,\chi)| \ll{} & N^{\frac{1}{2}} q^{\frac{1}{2}} \sup_{\mathrm{Re}\, s=\frac{1}{2}} \Big(\sum_{\chi\neq\chi_0} |f_1|^2\Big)^{\frac{1}{2}} + \\
& N^{\frac{1}{2}} \sup_{\mathrm{Re}\, s=\frac{1}{2}} \Big(\sum_{\chi\neq\chi_0} |f_1|^4\Big)^{\frac{1}{4}} \cdot \\
& \sup_{\mathrm{Re}\, s=\frac{1}{2}} \Big(\sum_{\chi\neq\chi_0} |M|^4\Big)^{\frac{1}{4}} \cdot \\
& \int_{(\frac{1}{2})} \Big(\sum_{\chi\neq\chi_0} |L|^2\Big)^{\frac{1}{2}} \frac{|\mathrm{d}s|}{|s|^2} + \\
& N^{\frac{1}{2}} \sup_{\mathrm{Re}\, s=\frac{1}{2}} \Big(\sum_{\chi\neq\chi_0} |M|^2\Big)^{\frac{1}{2}} \cdot \\
& \int_{(\frac{1}{2})} \Big(\sum_{\chi\neq\chi_0} |L'|^2\Big)^{\frac{1}{2}} \frac{|\mathrm{d}s|}{|s|^2} + \\
& N \sup_{\mathrm{Re}\, s=\alpha} \Big(\sum_{\chi\neq\chi_0} |f_2|^2\Big)^{\frac{1}{2}} \cdot \\
& \sup_{\mathrm{Re}\, s=\alpha} \Big(\sum_{\chi\neq\chi_0} |1-LM|^2\Big)^{\frac{1}{2}} + qN^{-1}
\end{aligned} \tag{20}
$$

由简单而熟知的结果

$$
\sum_{\chi\neq\chi_0} \left| L\left(\frac{1}{2}+\mathrm{i}t,\chi\right) \right|^2 \ll q\,|s|\log^2 q\,|s|, s=\frac{1}{2}+\mathrm{i}t \tag{21}
$$

$$
\sum_{\chi\neq\chi_0} \left| L'\left(\frac{1}{2}+\mathrm{i}t,\chi\right) \right|^2 \ll q\,|s|\log^4 q\,|s|, s=\frac{1}{2}+\mathrm{i}t \tag{22}
$$

可推得

$$
\int_{(\frac{1}{2})} \Big(\sum_{\chi\neq\chi_0} |L^2|\Big)^{\frac{1}{2}} \frac{|\mathrm{d}s|}{|s|^2} \ll \sqrt{q}\log q \tag{23}
$$

$$
\int_{(\frac{1}{2})} \Big(\sum_{\chi\neq\chi_0} |L'|^2\Big)^{\frac{1}{2}} \frac{|\mathrm{d}s|}{|s|^2} \ll \sqrt{q}\log^2 q \tag{24}
$$

因而,为了估计 ⑳ 就只要利用引理 1 来估计其中的各个和.下面都利用了条件

$$q \leqslant N, A \leqslant N$$

(i) 由 ⑯ 和引理 1 得

$$\sum_{\chi}\left|f_1\left(\frac{1}{2}+\mathrm{i}t,\chi\right)\right|^2 \leqslant (q+A)\log^3 N \qquad ㉕$$

(ii) 由 ⑬ 和引理 1 得

$$\sum_{\chi}\left|M\left(\frac{1}{2}+\mathrm{i}t,\chi\right)\right|^2 \leqslant (q+A)\log N \qquad ㉖$$

(iii) 由 ⑯ 得

$$f_1^2(s,\chi)=\sum_{n\leqslant A^2}\frac{a_n\chi(n)}{n^s},\ |a_n|\leqslant d(n)\log^2 n$$

其中 $d(n)$ 为除数函数.故从引理 1 得

$$\sum_{\chi}\left|f_1\left(\frac{1}{2}+\mathrm{i}t,\chi\right)\right|^4 \leqslant (q+A^2)\log^8 N \qquad ㉗$$

这里用到了 $\sum_{n\leqslant x}\frac{d^2(n)}{n}\ll \log^4 x$. 在(iv) 和(vi) 中亦要用到此结果.

(iv) 由 ⑬ 得

$$M^2(s,\chi)=\sum_{n\leqslant A^2}\frac{b_n\chi(n)}{n^s},\ |b_n|\leqslant d(n)$$

故从引理 1 及 $\sum_{n\leqslant x}\frac{d^2(n)}{n}\ll \log^4 x$ 得

$$\sum_{\chi}\left|M\left(\frac{1}{2}+\mathrm{i}t,\chi\right)\right|^4 \leqslant (q+A^2)\log^4 N \qquad ㉘$$

(v) 由 ⑯ 得当 $\mathrm{Re}\ s=1+\log^{-1}N$ 时,有

$$\sum_{\chi}|f_2(s,\chi)|^2=$$

$$\sum_{\chi}\left|\sum_{j=0}^{B-1}\sum_{2^jA<n\leqslant 2^{j+1}A}\frac{\Lambda(n)\chi(n)}{n^s}\right|^2\leqslant$$

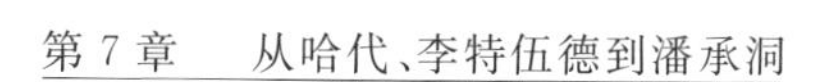

$$B\sum_{j=0}^{B-1}\sum_{\chi}\left|\sum_{2^jA<n\leqslant 2^{j+1}A}\frac{\Lambda(n)\chi(n)}{n^s}\right|^2\ll$$

$$\log^2 N\sum_{j=0}^{B-1}(q+2^jA)\sum_{2^jA<n\leqslant 2^{j+1}A}\frac{\Lambda^2(n)}{n^2}\ll$$

$$\left(\frac{q}{A}+\log^2 N\right)\log^6 N \tag{29}$$

(vi) 由于当 $\mathrm{Re}\, s=1+\log^{-1}N$ 时，有

$$1-LM=\sum_{A<n\leqslant 2^BA}\frac{c_n\chi(n)}{n^s}+O(N^{-1})$$

$$|c_n|\leqslant d(n)$$

和(v)一样并利用 $\sum\limits_{n\leqslant x}d^2(n)\ll x\log^3 x$ 可证当 $\mathrm{Re}\, s=1+\log^{-1}N$ 时，有

$$\sum_{\chi}|1-LM|^2\ll\left(\frac{q}{A}+\log^2 N\right)\log^8 N \tag{30}$$

由 ⑳ 及 ㉓ ～ ㉚ 即得

$$\sum_{\chi\neq\chi_0}|\psi_1(N,\chi)|\ll N^{\frac{1}{2}}q^{\frac{1}{2}}(q+A^2)^{\frac{1}{2}}\log^4 N+$$

$$N\left(\frac{q}{A}+\log^2 N\right)\log^7 N \tag{31}$$

现取 $A=N^{\frac{1}{4}}q^{\frac{1}{4}}\log^{\frac{2}{3}}N$，则由 ⑪㉛ 及 $\psi_1(N,\chi_0)\ll N$ 即得 ⑥. 定理证毕.

由我们的定理推得：

**引理 2**　设 $c$ 是一个大于 42 的整数，则当

$$\log^c N<q\leqslant N\log^{-c}N,(q,h)=1 \tag{32}$$

时，有

$$T_1\left(\frac{h}{q},N\right)\ll N\log^{-4}N \tag{33}$$

(3) 为了证明三素数定理，即证明 ④ 需要下面的引理.

**引理 3**[①] 设 $c$ 是一个大于 46 的整数

$$T_0(x,N)=\sum_{n\leqslant N}\Lambda(n)e(nx) \quad (34)$$

则当 $\log^c N<q\leqslant N\log^{-c}N,(q,h)=1$ 时,有

$$T_0\left(\frac{h}{q},N\right)\ll N\log^{-2}N \quad (35)$$

**证明** 设 $\lambda=\log^{-2}N$,则有

$$T_1\left(\frac{h}{q},N+\lambda N\right)-T_1\left(\frac{h}{q},N\right)=$$

$$\log(1+\lambda)T_0\left(\frac{h}{q},N\right)+$$

$$\sum_{N<n\leqslant N+\lambda N}\Lambda(n)\log\frac{N+\lambda N}{n}e(nx) \quad (36)$$

故由引理 2 和 ㊱ 得

$$\log(1+\lambda)T_0\left(\frac{h}{q},N\right)\ll N\log^{-4}N+\lambda N\log(1+\lambda) \quad (37)$$

由于当 $0<x<\frac{1}{2}$ 时,有

$$\log(1+x)>\frac{1}{2}x$$

故

$$T_0\left(\frac{h}{q},N\right)\ll\lambda^{-1}N\log^{-4}N+\lambda N\ll N\log^{-2}N \quad (38)$$

证毕.

利用分部求和不难从引理 3 推得,当

$$\log^c N<q\leqslant N\log^{-c}N,(q,h)=1,c\geqslant 42 \quad (39)$$

---

① 这个引理是丁夏畦同志提出的,事实上,用下面的方法亦可得到关于 $T_0(x,N)$ 的一个一般估计式.

时,有

$$\sum_{2\leqslant n\leqslant N}\frac{\Lambda(n)}{\log n}e\left(\frac{nh}{q}\right)\ll N\log^{-3}N \tag{40}$$

而这就等于 ④,因而也就证明了三素数定理.

(4)㉑㉒ 的证明. 先证明 ㉑. 设

$$\chi\neq\chi_0, H=[q\mid s\mid], 及\ F(x)=\sum_{H<n\leqslant x}\chi(n)$$

由波利亚定理知

$$F(x)\ll\sqrt{q}\log q$$

故

$$\begin{aligned}\sum_{n=H+1}^{\infty}\frac{\chi(n)}{n^{\frac{1}{2}+it}}=\int_H^{\infty}\frac{dF(x)}{x^{\frac{1}{2}+it}}=&\\ \int_H^{\infty}\left(\frac{1}{2}+it\right)\frac{F(x)}{x^{\frac{3}{2}+it}}dx\ll&\\ \mid s\mid\sqrt{q}\log q\int_H^{\infty}\frac{dx}{x^{\frac{3}{2}}}\ll&\\ \sqrt{\mid s\mid}\cdot\log q&\end{aligned} \tag{41}$$

由此及引理1得

$$\begin{aligned}&\sum_{\chi\neq\chi_0}\left|L\left(\frac{1}{2}+it,\chi\right)\right|^2\ll\\ &\sum_{\chi\neq\chi_0}\left[\left|\sum_{n=1}^{H}\frac{\chi(n)}{n^{\frac{1}{2}+it}}\right|^2+\mid s\mid\log^2 q\right]\ll\\ &(q+H)\log H+q\mid s\mid\log^2 q\ll\\ &q\mid s\mid\log^2 q\mid s\mid\end{aligned} \tag{42}$$

这就证明了 ㉑. ㉒ 可完全同样地加以证明.

## §4 小区间上的三素数定理①

——贾朝华

北京大学数学系的贾朝华教授 1989 年给出了素变数方程

$$N = p_1 + p_2 + p_3$$

$$\frac{N}{3} - U < p_j \leqslant \frac{N}{3} + U, j = 1,2,3$$

的渐近解数,其中 $N$ 为充分大的奇数,$U = N^{\frac{13}{17}+\varepsilon}$.

### 4.1 引言

维诺格拉多夫在 1937 年证明了著名的三素数定理,即充分大的奇数可表示成三个素数之和.此后,Haselgrove、潘承洞、陈景润先后得出在小区间上的结果,但潘承洞、陈景润给出的证明是有缺陷的.最近,潘承洞、潘承彪弥补了这一缺陷,并用复变积分法提供了一条纯分析证明的途径.本节用零点密度方法,得出:

**定理** 设 $N$ 是充分大的奇数,$\varepsilon\left(\varepsilon < \frac{1}{100}\right)$ 为任意给定的小正数,$U = N^{\frac{13}{17}+\varepsilon}$,则素变数方程

$$N = p_1 + p_2 + p_3$$

$$\frac{N}{3} - U < p_j \leqslant \frac{N}{3} + U, j = 1,2,3$$

① 原载于《数学学报》,1989,32(4):464-473.

一定有解,且解数

$$T(N)=3\sigma(N)\cdot U^2\log^{-3}N+O(U^2(\log N)^{-4})$$

其中

$$\sigma(N)=\prod_{p\mid N}\left(1-\frac{1}{(p-1)^2}\right)\prod_{p\nmid N}\left(1+\frac{1}{(p-1)^3}\right)>\frac{1}{2}$$

以下设 $\delta=\frac{\varepsilon}{40\ 000}$, $Q_1=\log^{20}N$, $Q_2=\exp(\log\log^3 N)$, $\tau=N^{\frac{9}{17}+\frac{4}{3}\varepsilon}$, $c,c_1,c_2$ 均为正常数,在不同的地方取不同的值.

### 4.2　问题的转化

$$T(N)=\int_{-\frac{1}{\tau}}^{1-\frac{1}{\tau}}\Big(\sum_{\frac{N}{3}-U<p\leqslant\frac{N}{3}+U}e(p\theta)\Big)^3 e(-N\theta)\,\mathrm{d}\theta \quad ①$$

$\left[-\frac{1}{\tau},1-\frac{1}{\tau}\right)$ 上任一实数 $\theta$ 均可表作

$$\theta=\frac{a}{q}+\alpha,(a,q)=1,0\leqslant a<q,1\leqslant q\leqslant\tau,|\alpha|\leqslant\frac{1}{q\tau} \quad ②$$

凡对应 $q\leqslant Q_1$ 的 $\theta$ 构成 $E_1$,其余集构成 $E_2$. 因为 $\tau>2Q_1$,所以区间

$$\left[\frac{a}{q}-\frac{1}{q\tau},\frac{a}{q}+\frac{1}{q\tau}\right],q\leqslant Q_1$$

两两不交. 在 $E_1$ 中,区间 $\left[\frac{a}{q}-\frac{\log^6 N}{U},\frac{a}{q}+\frac{\log^6 N}{U}\right]$ $(q\leqslant Q_1)$ 之和集构成 $E_{1,1}$,余者记为 $E_{1,2}$. 在 $E_2$ 中,对应 $Q_1<q\leqslant Q_2$ 的 $\theta$ 构成 $E_{2,1}$,余者记为 $E_{2,2}$.

### 4.3　$E_{2,2}$ 上的积分的估计

**引理1**(维诺格拉多夫)　若

$$\theta=\frac{a}{q}+\alpha,\ |\alpha|\leqslant\frac{1}{q^2},0<q\leqslant N,(a,q)=1$$

则

$$\sum_{N-A<p\leqslant N}e(p\theta)\ll A\exp(c\log\log^2N)\cdot$$

$$\left(\frac{N^{\frac{1}{2}}q^{\frac{1}{2}}}{A}+\frac{1}{q^{\frac{1}{2}}}+\frac{N^{\frac{1}{3}+\delta}}{A^{\frac{1}{2}}}\right)$$

当 $\theta\in E_{2,2}$ 时,有

$$\theta=\frac{a}{q}+\alpha,\ |\alpha|\leqslant\frac{1}{q^2},\exp(\log\log^3N)<q\leqslant\tau$$

由引理 1 知

$$\sum_{\frac{N}{3}-U<p\leqslant\frac{N}{3}+U}e(p\theta)\ll$$

$$U\exp(c\log\log^2N)\left(\frac{N^{\frac{1}{2}}\tau^{\frac{1}{2}}}{U}+\right.$$

$$\left.\exp(-c_1\log\log^3N)+\frac{N^{\frac{1}{3}+\delta}}{U^{\frac{1}{2}}}\right)\ll$$

$$U\log^{-6}N \tag{③}$$

$$\int_{\theta\in E_{2,2}}\Big(\sum_{\frac{N}{3}-U<p\leqslant\frac{N}{3}+U}e(p\theta)\Big)^3e(-N\theta)\mathrm{d}\theta\ll$$

$$\max_{\theta\in E_{2,2}}\Big|\sum_{\frac{N}{3}-U<p\leqslant\frac{N}{3}+U}e(p\theta)\Big|\int_0^1\Big|\sum_{\frac{N}{3}-U<p\leqslant\frac{N}{2}+U}e(p\theta)\Big|^2\mathrm{d}\theta\ll$$

$$U^2\log^{-6}N \tag{④}$$

### 4.4 关于零点的几个引理

**引理 2** 若 $c_1N<x\leqslant c_2N,T\geqslant2$,且

$$\psi(x;q,l)=\sum_{\substack{n\leqslant x\\ n\equiv l(\bmod q)}}\Lambda(n)$$

则当 $q\leqslant\exp(\log\log^3N)$ 时,有

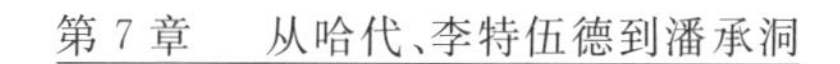


$$\psi(x;q,l)=\frac{x}{\varphi(q)}-\frac{\tilde{\chi}(l)}{\varphi(q)}\cdot\frac{x^{\tilde{\beta}}}{\tilde{\beta}}-\frac{V_x}{\varphi(q)}+$$

$$O\left(\frac{N}{T}\log^2 N+\frac{N^{\frac{1}{4}}\log N}{\varphi(q)}\right)$$

其中 $V_x=\sum_{\chi(\bmod q)}\bar{\chi}(l)\sum_{|\gamma|\leqslant T}{}'\frac{x^\rho}{\rho}$，$\rho=\beta+\mathrm{i}\gamma$ 为 $\mathscr{L}(s,\chi)$ 在 $0\leqslant\beta\leqslant 1$ 内的零点，$\tilde{\chi}$ 为例外特征，$\tilde{\beta}$ 为 $\mathscr{L}(s,\tilde{\chi})$ 的例外零点，$\sum{}'$ 表示对除去例外零点求和.

**引理3**　$T\geqslant 4$，$q\leqslant Q=\exp(c\log\log^3 T)$，$\chi$ 为 $\bmod q$ 的特征，$N(\sigma,T,\chi)$ 为 $\mathscr{L}(s,\chi)$ 在 $\sigma\leqslant\beta<1$，$|t|\leqslant T$ 中零点的个数，则有：

(1) $N(\sigma,T+1,\chi)-N(\sigma,T,\chi)\ll\log T$；

(2) 当 $\frac{13}{17}\leqslant\sigma<1$ 时，有

$$N(\sigma,T,\chi)\ll T^{\left(\frac{6}{5\sigma-1}+\delta\right)(1-\sigma)}Q^{c_1}$$

(3) $N(\sigma,T,\chi)\ll T^{\left(\frac{12}{5}+\delta\right)(1-\sigma)}Q^{c_1}$；

(4) $N\left(\frac{1}{2},T,\chi\right)\ll T\log^2 T$.

**证明**　(1) 可见潘承洞、潘承彪所著的《哥德巴赫猜想》第76页引理1.

以下我们来证(2).

张益唐[1]曾得出

$$N(\sigma,T)\ll T^{A(\sigma)(1-\sigma)+10^{-20}\varepsilon}$$

这里

---

① 张益唐. Two theorems on the zero density of the Riemann Zeta function. Acta Math. Sin., 1985, 1(3): 274-284.

$$A(\sigma)=\begin{cases}\dfrac{3}{2\sigma},\dfrac{4}{5}\leqslant\sigma<1\\[2mm] \dfrac{3}{7\sigma-4},\dfrac{11}{14}\leqslant\sigma<\dfrac{4}{5}\\[2mm] \dfrac{9}{7\sigma-1},\dfrac{41}{53}\leqslant\sigma<\dfrac{11}{14}\\[2mm] \dfrac{7}{29\sigma-19},\dfrac{107}{139}\leqslant\sigma<\dfrac{41}{53}\\[2mm] \dfrac{6}{5\sigma-1},\dfrac{13}{17}\leqslant\sigma<\dfrac{107}{139}\end{cases}$$

对$\frac{13}{17}\leqslant\sigma<1$有 $A(\sigma)\leqslant\frac{6}{5\sigma-1}$.

当 $q\leqslant Q$ 时,我们可平行地推得:

当$\frac{13}{17}\leqslant\sigma<1$ 时,有

$$N(\sigma,T,\chi)\ll T^{\frac{6(1-\sigma)}{5\sigma-1}+10^{-20}\varepsilon} \qquad ⑤$$

具体作法可参考 Meurman 的文章[①].

当$\frac{152}{153}\leqslant\sigma<1$ 时,有

$$N(\sigma,T)\ll T^{1\,600(1-\sigma)^{\frac{3}{2}}}\log^{15}T$$

见 Ivić 文章[②]中的定理 11.3.

同样,我们可平行地推得:

当 $q\leqslant Q,\frac{152}{155}\leqslant\sigma<1$ 时,有

$$N(\sigma,T,\chi)\ll T^{1\,600(1-\sigma)^{\frac{3}{2}}}Q^{c_1} \qquad ⑥$$

① Tom Meurman. The mean twelfth power of Dirichlet $\mathscr{L}$-functions on the critical line. Ann. Acad. Sci. Sin. Fen. ,series A, 1983,52.

② A. Ivić. The Riemann Zeta-function. New York: Wiley, 1985.

当$\frac{13}{17} \leqslant \sigma \leqslant 1-\frac{1}{10^8}$时，由式⑤知

$$N(\sigma,T,\chi) \ll T^{\left(\frac{6}{5\sigma-1}+\delta\right)(1-\sigma)}$$

当$1-\frac{1}{10^3} \leqslant \sigma < 1$时，由式⑥知

$$N(\sigma,T,\chi) \ll T^{\left(\frac{6}{5\sigma-1}+\delta\right)(1-\sigma)} Q^{c_1}$$

综上，当$\frac{13}{17} \leqslant \sigma < 1$时，有

$$N(\sigma,T,\chi) \ll T^{\left(\frac{6}{5\sigma-1}+\delta\right)(1-\sigma)} Q^{c_1}$$

(3) 可由 Huxley① 所得的结果平行地推出.

(4) 由(1) 可推得.

**引理4**(西格尔)　若$\tilde{\beta}$为模$q$的例外零点，则

$$\operatorname{Re} \tilde{\beta} < 1-\frac{c(\varepsilon)}{q^{\varepsilon}}$$

**引理5**　$s=\sigma+\mathrm{i}t$，除了模$q$的例外零点，$\prod\limits_{\chi(\bmod q)} \mathscr{L}(s,\chi)$在区域

$$\sigma \geqslant 1-c\left(\log q+\log^{\frac{4}{5}}(|t|+2)\right)^{-1}$$

中无零点.

**引理6**　$q \leqslant Q_2=\exp(\log\log^3 N)$，$T=N^{\frac{5}{12}-10\delta}$，则有

$$\sum_{\chi(\bmod q)} \sum_{|\gamma| \leqslant T}{}' N^{\beta-1}=O\left(\exp\left(-c\log^{\frac{1}{5}} N\right)\right)$$

**证明**　设$N(\sigma,T,q)=\sum\limits_{\chi(\bmod q)} N(\sigma,T,\chi)$，由引理3的(3)(4)和引理5知

① M. N. Huxley. On the difference between consecutive primes. Invent. Math., 1972, 15: 164-170.

$$\sum_{\chi}\sum_{|\gamma|\leqslant T}{}'N^{\beta-1}\ll\sum_{\chi}\sum_{\substack{|\gamma|\leqslant T\\ \beta\geqslant\frac{1}{2}}}{}'N^{\beta-1}=$$

$$\int_{\frac{1}{2}}^{1}N^{\sigma-1}\mathrm{d}N(\sigma,T,q)=$$

$$N^{-\frac{1}{2}}N\left(\frac{1}{2},T,q\right)+$$

$$\int_{\frac{1}{2}}^{1}N(\sigma,T,q)N^{\sigma-1}\log N\mathrm{d}\sigma\ll$$

$$\left(\frac{T}{N^{\frac{1}{2}}}+\int_{\frac{1}{2}}^{1-\frac{c}{(\log N)^{\frac{4}{5}}}}T^{\left(\frac{12}{5}+\delta\right)(1-\sigma)}N^{\sigma-1}\mathrm{d}\sigma\right)Q_2^{c_1}\ll$$

$$\exp(-c\log^{\frac{1}{5}}N)Q_2^{c_1}\ll\exp(-c_2\log^{\frac{1}{5}}N)$$

### 4.5 $E_{2,1}$ 上的积分的估计

$$S(\theta,N)=\sum_{\frac{N}{3}-U<n\leqslant\frac{N}{3}+U}\Lambda(n)e(n\theta)=$$

$$\sum_{\frac{N}{3}-U<p\leqslant\frac{N}{3}+U}\log p e(p\theta)+O(N^{\frac{1}{2}})=$$

$$\log\frac{N}{3}\cdot\sum_{\frac{N}{3}-U<p\leqslant\frac{N}{3}+U}e(p\theta)+O\left(\frac{U^2}{N}\right)$$

$$\sum_{\frac{N}{3}-U<p\leqslant\frac{N}{3}+U}e(p\theta)=\left(\log\frac{N}{3}\right)^{-1}S(\theta,N)+O\left(\frac{U^2}{N}\right)\quad ⑦$$

$$\sum_{\frac{N}{3}-U<n\leqslant\frac{N}{3}+U}\Lambda(n)e(n\theta)=$$

$$\sum_{\frac{N}{3}-U<n\leqslant\frac{N}{3}+U}\Lambda(n)e\left(\left(\frac{a}{q}+\alpha\right)n\right)=$$

$$\sum_{\substack{l=1\\(l,q)=1}}^{q}e\left(\frac{al}{q}\right)\sum_{\substack{\frac{N}{3}-U<n\leqslant\frac{N}{3}+U\\ n\equiv l(\bmod q)}}\Lambda(n)e(n\alpha)+O(\log^3N)\quad ⑧$$

$$\sum_{\substack{\frac{N}{3}-U<n\leqslant\frac{N}{3}+U\\ n\equiv l(\bmod q)}}\Lambda(n)e(n\alpha)=\int_{\frac{N}{3}-U}^{\frac{N}{3}+U}e(\alpha x)\mathrm{d}\psi(x;q,l)=$$

$$\psi\left(\frac{N}{3}+U;q,l\right)e\left(\alpha\left(\frac{N}{3}+U\right)\right)-$$

$$\psi\left(\frac{N}{3}-U;q,l\right)e\left(\alpha\left(\frac{N}{3}-U\right)\right)-$$

$$\int_{\frac{N}{3}-U}^{\frac{N}{3}+U}\psi(x;q,l)\mathrm{d}(e(\alpha x))$$

由引理 2 及分部积分可得

$$\sum_{\substack{\frac{N}{3}-U<n\leqslant\frac{N}{3}+U\\ n\equiv l(\bmod q)}}\Lambda(n)e(n\theta)=$$

$$\left\{\frac{\frac{N}{3}+U}{\varphi(q)}-\frac{\tilde{\chi}(l)}{\varphi(q)}\cdot\frac{\left(\frac{N}{3}+U\right)^{\tilde{\beta}}}{\tilde{\beta}}-\frac{V_{\frac{N}{3}+U}}{\varphi(q)}+\right.$$

$$\left.O\left(\frac{N}{T}\log^2 N+\frac{N^{\frac{1}{4}}\log N}{\varphi(q)}\right)\right\}e\left(\alpha\left(\frac{N}{3}+U\right)\right)-$$

$$\left\{\frac{\frac{N}{3}-U}{\varphi(q)}-\frac{\tilde{\chi}(l)}{\varphi(q)}\cdot\frac{\left(\frac{N}{3}-U\right)^{\tilde{\beta}}}{\tilde{\beta}}-\frac{V_{\frac{N}{3}-U}}{\varphi(q)}+\right.$$

$$\left.O\left(\frac{N}{T}\log^2 N+\frac{N^{\frac{1}{4}}\log N}{\varphi(q)}\right)\right\}e\left(\alpha\left(\frac{N}{3}-U\right)\right)-$$

$$\left\{\frac{x}{\varphi(q)}-\frac{\tilde{\chi}(l)}{\varphi(q)}\cdot\frac{x^{\tilde{\beta}}}{\tilde{\beta}}-\frac{V_x}{\varphi(q)}\right\}e(\alpha x)\Bigg|_{\frac{N}{3}-U}^{\frac{N}{3}-U}+$$

$$\frac{1}{\varphi(q)}\int_{\frac{N}{3}-U}^{\frac{N}{3}+U}e(\alpha x)\mathrm{d}x-\frac{\tilde{\chi}(l)}{\varphi(q)}\int_{\frac{N}{3}-U}^{\frac{N}{3}+U}x^{\tilde{\beta}-1}e(\alpha x)\mathrm{d}x-$$

$$\sum_{\chi}\bar{\chi}(l)\sum_{|\gamma|\leqslant T}\int_{\frac{N}{3}-U}^{\frac{N}{3}+U}x^{\rho-1}e(\alpha x)\mathrm{d}x+$$

$$O\left(\frac{NU|\alpha|}{T}\log^2 N+\frac{N^{\frac{1}{4}}U|\alpha|\log N}{\varphi(q)}\right)$$

$$\sum_{\substack{\frac{N}{3}-U<n\leqslant\frac{N}{3}+U\\ n\equiv l(\bmod q)}}\Lambda(n)e(n\theta)=\frac{1}{\varphi(q)}\int_{\frac{N}{3}-U}^{\frac{N}{3}+U}e(\alpha x)\mathrm{d}x-$$

$$\sum_{\chi}\bar{\chi}(l)\sum_{|\gamma|\leqslant T}\int_{\frac{N}{3}-U}^{\frac{N}{3}+U}x^{\rho-1}e(\alpha x)\mathrm{d}x-$$

$$\frac{\tilde{\chi}(l)}{\varphi(q)}\int_{\frac{N}{3}-U}^{\frac{N}{3}+U}x^{\tilde{\beta}-1}e(\alpha x)\mathrm{d}x+$$

$$O\left(\frac{(1+|\alpha|U)N}{T}\log^2 N+\right.$$

$$\left.\frac{(1+|\alpha|U)N^{\frac{1}{4}}\log N}{\varphi(q)}\right) \qquad ⑨$$

以下设 $q\leqslant\exp(\log\log^3 N)$.

当 $|\alpha|\leqslant\frac{1}{N^{\frac{7}{12}+\varepsilon}}$ 时,取 $T=N^{\frac{5}{12}-10\delta}$. 由引理 6 可得

$$\sum_{\chi}\bar{\chi}(l)\sum_{|\gamma|\leqslant T}{}'\int_{\frac{N}{3}-U}^{\frac{N}{3}+U}x^{\rho-1}e(\alpha x)\mathrm{d}x\ll$$

$$\sum_{\chi(\bmod q)}\sum_{|\gamma|\leqslant T}{}'N^{\beta-1}\cdot U=O(U\exp(-c\log^{\frac{1}{5}}N))$$

$$\sum_{\substack{\frac{N}{3}-U<n\leqslant\frac{N}{3}+U\\ n\equiv l(\bmod q)}}\Lambda(n)e(n\theta)=\frac{1}{\varphi(q)}\int_{\frac{N}{3}-U}^{\frac{N}{3}+U}e(\alpha x)\mathrm{d}x-$$

$$\frac{\tilde{\chi}(l)}{\varphi(q)}\int_{\frac{N}{3}-U}^{\frac{N}{3}+U}x^{\tilde{\beta}-1}e(\alpha x)\mathrm{d}x+$$

$$O(U\exp(-c\log^{\frac{1}{5}}N)) \qquad ⑩$$

**引理 7** $G(x)$,$F'(x)$ 单调,且 $F'(x)\geqslant r>0$,则

$$\int_a^b G(x)e(F(x))\mathrm{d}x\ll\frac{\max\limits_{a\leqslant x\leqslant b}|G(x)|}{r}$$

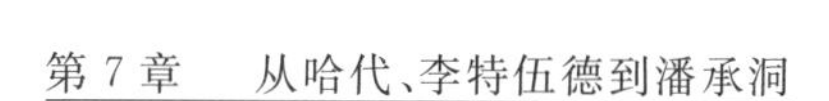



我们可设$\frac{1}{N^{\frac{7}{12}+\varepsilon}}<\alpha\leqslant\frac{1}{q\tau}$,取$T=\alpha N^{1+\delta}$. 由引理7,有

$$\int_{\frac{N}{3}-U}^{\frac{N}{3}+U}x^{\rho-1}e(\alpha x)\mathrm{d}x=$$
$$\int_{\frac{N}{3}-U}^{\frac{N}{3}+U}x^{\beta-1}e\left(\alpha x+\frac{\gamma\log x}{2\pi}\right)\mathrm{d}x\ll$$
$$N^{\beta-1}\min\left\{U,\frac{N}{\min\limits_{\frac{N}{3}-U\leqslant x\leqslant\frac{N}{3}+U}|\gamma+2\pi\alpha x|}\right\}$$

若$\alpha U\geqslant\frac{1}{10}\frac{N}{U}$,则

$$\sum_{\chi}\overline{\chi}(l)\sum_{|\gamma|\leqslant T}{}'\int_{\frac{N}{3}-U}^{\frac{N}{3}+U}x^{\rho-1}e(\alpha x)\mathrm{d}x\ll$$
$$\sum_{\chi}\Bigg(\sum_{|\gamma+\frac{2\pi}{3}\cdot\alpha N|\leqslant 3\alpha U}N^{\beta-1}\cdot U+$$
$$\sum_{3\leqslant n\ll N^{\varepsilon}}\sum_{n\cdot\alpha U\leqslant|\gamma+\frac{2\pi}{3}\cdot\alpha N|\leqslant(n+1)\alpha U}N^{\beta-1}\frac{N}{n\alpha U}\Bigg)\ll$$
$$U\log^2 N\cdot\max_{|T_1|\leqslant 2T}\sum_{\chi}\sum_{T_1\leqslant\gamma\leqslant T_1+\alpha U}N^{\beta-1}$$

若$\alpha U\leqslant\frac{1}{10}\frac{N}{U}$,则

$$\sum_{\chi}\overline{\chi}(l)\sum_{|\gamma|\leqslant T}{}'\int_{\frac{N}{3}-U}^{\frac{N}{3}+U}x^{\rho-1}e(\alpha x)\mathrm{d}x\ll$$
$$\sum_{\chi}\Bigg(\sum_{|\gamma+\frac{2\pi}{3}\cdot\alpha N|\leqslant 3\cdot\frac{N}{U}}N^{\rho-1}\cdot U+$$
$$\sum_{3\leqslant n\ll N^{\varepsilon}}\sum_{n\cdot\frac{N}{U}\leqslant|\gamma+\frac{2\pi}{3}\cdot\alpha N|\leqslant(n+1)\frac{N}{U}}N^{\beta-1}\cdot\frac{U}{n}\Bigg)\ll$$
$$U\log^2 N\cdot\max_{|T_1|\leqslant 2T}\sum_{\chi}\sum_{T_1\leqslant\gamma\leqslant T_1+\frac{N}{U}}N^{\beta-1}$$

令 $T_0=\max\left\{\alpha U,\frac{N}{U}\right\}$,总有

$$\sum_{\chi}\overline{\chi}(l)\sum_{|\gamma|\leqslant T}{}'\int_{\frac{N}{3}-U}^{\frac{N}{3}+U}x^{\rho-1}e(\alpha x)\mathrm{d}x\ll$$

$$U\log^2 N\cdot\max_{|T_1|\leqslant 2T}\sum_{\chi}\sum_{\substack{T_1\leqslant\gamma\leqslant T_1+T_0\\ \beta\geqslant\frac{1}{2}}}N^{\beta-1} \qquad ⑪$$

由引理 3 的(1)(2) 可得

$$\sum_{\chi}\sum_{\substack{T_1\leqslant\gamma\leqslant T_1+T_0\\ \beta\geqslant\frac{1}{2}}}N^{\beta-1}=$$

$$-\int_{\frac{1}{2}}^{1}N^{\sigma-1}\mathrm{d}(N(\sigma,T_1+T_0,q)-N(\sigma,T_1,q))=$$

$$N^{-\frac{1}{2}}\left(N\left(\frac{1}{2},T_1+T_0,q\right)-N\left(\frac{1}{2},T_1,q\right)\right)+$$

$$\int_{\frac{1}{2}}^{1}(N(\sigma,T_1+T_0,q)-N(\sigma,T_1,q))N^{\sigma-1}\log N\mathrm{d}\sigma\ll$$

$$\Big(N^{-\frac{1}{2}}T_0+\int_{\frac{1}{2}}^{\frac{13}{17}}N^{\sigma-1}T_0\mathrm{d}\sigma+$$

$$\int_{\frac{13}{17}}^{1-\frac{c}{\log^{4/5}N}}N^{\sigma-1}T^{\left(\frac{6}{5\sigma-1}+\delta\right)(1-\sigma)}\mathrm{d}\sigma\Big)Q_2^{c_1}\ll$$

$$\Big(N^{-\frac{1}{2}}\alpha U+N^{-\frac{1}{2}}\cdot\frac{N}{U}+$$

$$\int_{\frac{1}{2}}^{\frac{13}{17}}N^{\sigma-1}\alpha U\mathrm{d}\sigma+\int_{\frac{1}{2}}^{\frac{13}{17}}N^{\sigma-1}\cdot\frac{N}{U}\mathrm{d}\sigma+$$

$$\int_{\frac{13}{17}}^{1-\frac{c}{\log^{4/5}N}}N^{\sigma-1}T^{\left(\frac{17}{8}+\delta\right)(1-\sigma)}\mathrm{d}\sigma\Big)Q_2^{c_1}\ll$$

$$\left(\frac{N^{-\frac{4}{17}}U}{\tau}+\frac{N^{\frac{13}{17}}}{U}+\exp(-c\log^{\frac{1}{5}}N)\right)Q_2^{c_1}\ll$$

$$\exp(-c_2\log^{\frac{1}{5}}N)$$

我们又得到式 ⑩,因而有

$$\sum_{\frac{N}{3}-U<n\leqslant\frac{N}{3}+U}\Lambda(n)e(n\theta)=$$

$$\sum_{\substack{l=1\\(l,q)=1}}^{q}e\left(\frac{a}{q}l\right)\cdot\sum_{\substack{\frac{N}{3}-U<n\leqslant\frac{N}{3}+U\\n\equiv l(\bmod q)}}\Lambda(n)e(n\alpha)+O(\log^3 N)=$$

$$\frac{\mu(q)}{\varphi(q)}\int_{\frac{N}{3}-U}^{\frac{N}{3}+U}e(\alpha x)\mathrm{d}x+$$

$$O\left(\frac{1}{\varphi(q)}\left|\sum_{l=1}^{q}\tilde{\chi}(l)e\left(\frac{a}{q}l\right)\right|\cdot\right.$$

$$\left.\left|\int_{\frac{N}{3}-U}^{\frac{N}{3}+U}x^{\mathrm{Re}\,\tilde{\beta}-1}\mathrm{d}x\right|\right)+O(U\exp(-c\log^{\frac{1}{5}}N))\qquad⑫$$

若 $\theta\in E_{2,1}$，由

$$\left|\sum_{l=1}^{q}\tilde{\chi}(l)e\left(\frac{a}{q}l\right)\right|\ll q^{\frac{1}{2}},\varphi(q)\gg\frac{q}{\log q}$$

可知

$$\sum_{\frac{N}{3}-U<n\leqslant\frac{N}{3}+U}\Lambda(n)e(n\theta)\ll$$

$$\frac{U}{\varphi(q)}+\frac{U\log N}{q^{\frac{1}{2}}}+U\exp(-c\log^{\frac{1}{5}}N)\ll U\log^{-6}N\qquad⑬$$

由式 ⑦ 知

$$\sum_{\frac{N}{3}-U<p\leqslant\frac{N}{3}+U}e(p\theta)\ll\frac{U}{\log^6 N}$$

$$\int_{\theta\in E_{2,1}}\Big(\sum_{\frac{N}{3}-U<p\leqslant\frac{N}{3}+U}e(p\theta)\Big)^3e(-N\theta)\mathrm{d}\theta\ll$$

$$\max_{\theta\in E_{2,1}}\left|\sum_{\frac{N}{3}-U<p\leqslant\frac{N}{3}+U}e(p\theta)\right|\cdot$$

$$\int_0^1\left|\sum_{\frac{N}{3}-U<p\leqslant\frac{N}{3}+U}e(p\theta)\right|^2\mathrm{d}\theta\ll$$

$$U^2\log^{-6}N \tag{14}$$

### 4.6 $E_{1,2}$ 上的积分的估计

由引理 4, $q\leqslant \log^{20}N$, 则

$$\operatorname{Re}\tilde{\beta}-1<-\frac{c(\varepsilon)}{q\varepsilon}<-\frac{1}{\log^{20\varepsilon}N}$$

$$N^{\operatorname{Re}\tilde{\beta}-1}=O(\exp(-\log^{1-20\varepsilon}N))=O\left(\frac{1}{\log^6 N}\right)$$

$$\int_{\frac{N}{3}-U}^{\frac{N}{3}+U}e(\alpha x)\mathrm{d}x\ll\frac{1}{|\alpha|}$$

若 $\theta\in E_{1,2}$, 则 $q\leqslant\log^{20}N$, $\frac{\log^6 N}{U}\leqslant|\alpha|\leqslant\frac{1}{q\tau}$, 由式 ⑫ 知

$$\sum_{\frac{N}{3}-U<n\leqslant\frac{N}{3}+U}\Lambda(n)e(n\theta)\ll\frac{U}{\log^6 N} \tag{15}$$

由式 ⑦ 知

$$\sum_{\frac{N}{3}-U<p\leqslant\frac{N}{3}+U}e(p\theta)\ll\frac{U}{\log^6 N}$$

$$\int_{\theta\in E_{2,1}}\Big(\sum_{\frac{N}{3}-U<p\leqslant\frac{N}{3}+U}e(p\theta)\Big)^3 e(-N\theta)\mathrm{d}\theta\ll$$

$$\max_{\theta\in E_{1,2}}\Big|\sum_{\frac{N}{3}-U<p\leqslant\frac{N}{3}+U}e(p\theta)\Big|\cdot$$

$$\int_0^1\Big|\sum_{\frac{N}{3}-U<p\leqslant\frac{N}{3}+U}e(p\theta)\Big|^2\mathrm{d}\theta\ll$$

$$U^2\log^{-6}N \tag{16}$$

### 4.7 $E_{1,1}$ 上积分的计算

$E_{1,1}$ 的总长度不超过

$$\sum_{q\leqslant Q_1}\varphi(q)\cdot\frac{2\log^6 N}{U}\ll\frac{\log^{50}N}{U}$$

综合以上结果,知

$$T(N)=\left(\log\frac{N}{3}\right)^{-3}\int_{\theta\in E_{1,1}}S^3(\theta,N)\cdot$$
$$e(-N\theta)\mathrm{d}\theta+O\left(\frac{U^2}{\log^6 N}\right)$$

由式⑫及4.6中的讨论知

$$S(\theta,N)=\frac{\mu(q)}{\varphi(q)}\int_{\frac{N}{3}-U}^{\frac{N}{3}+U}e(\alpha x)\mathrm{d}x+O\left(\frac{U}{\log^{20}N}\right)$$

$$S^3(\theta,N)=\frac{\mu(q)}{\varphi^3(q)}\left(\int_{\frac{N}{3}-U}^{\frac{N}{3}+U}e(\alpha x)\mathrm{d}x\right)^3+O\left(\frac{U^3}{\log^{40}N}\right)=$$
$$\frac{\mu(q)}{\varphi^3(q)}\frac{e(N\alpha)}{(\pi\alpha)^3}\sin^3 2\pi U\alpha+O\left(\frac{U^3}{\log^{40}N}\right)$$

$$T(N)=\left(\log\frac{N}{3}\right)^{-3}\sum_{q\leqslant Q_1}\frac{\mu(q)}{\varphi^3(q)}\sum_{\substack{a=1\\(l,q)=1}}^{q}e\left(-\frac{a}{q}N\right)\cdot$$
$$\int_{|\alpha|\leqslant\frac{\log^6 N}{U}}\frac{\sin^3 2\pi U\alpha}{(\pi\alpha)^3}\mathrm{d}\alpha+O\left(\frac{U^2}{\log^6 N}\right)$$

$$\int_{|\alpha|\leqslant\frac{\log^6 N}{U}}\frac{\sin^3 2\pi U\alpha}{(\pi\alpha)^3}\mathrm{d}\alpha=3U^2+O(U^2(\log N)^{-12})$$

$$T(N)=\left(\log\frac{N}{3}\right)^{-3}\cdot\sum_{q\leqslant Q_1}\frac{\mu(q)}{\varphi^3(q)}\left(\sum_{a=1}^{q}{}'e\left(-\frac{aN}{q}\right)\right)\cdot$$
$$3U^2+O\left(\frac{U^2}{\log^6 N}\right)=$$
$$\frac{3U^2}{\log^3 N}\cdot\sigma(N)+O\left(\frac{U^2}{\log^4 N}\right)$$

至此,我们证明了定理.

## §5　哥德巴赫猜想的一种新尝试①

——潘承洞

设 $N$ 是大偶数,$D(N)$ 是 $N$ 表为两个素数之和的表法个数,即

$$D(N)=\sum_{N=p_1+p_2} 1 \tag{①}$$

利用圆法可以得到

$$D(N)=G(N)\frac{N}{\log^2 N}+R \tag{②}$$

其中

$$G(N)=2\prod_{p>2}\left(1-\frac{1}{(p-1)^2}\right)\prod_{p\mid N,\,p>2}\left(1+\frac{1}{p-2}\right)$$

$$R=\left(\sum_{q>Q}\frac{\mu^2(q)}{\phi^2(q)}C_q(-N)\right)\frac{N}{\log^2 N}+\int_E S^2(\alpha,N)\mathrm{e}^{-2\pi\mathrm{i}\alpha N}\,\mathrm{d}\alpha \tag{③}$$

$$S(\alpha,N)=\sum_{p\leqslant N}\mathrm{e}^{2\pi\mathrm{i}\alpha p},C_q(-N)=\sum_{h=1}^{q}\mathrm{e}^{-\frac{2\pi\mathrm{i}Nh}{q}}$$

$Q=\log^{16}N$ 以及 $E$ 表示通常的余区间. 这一结论使我们猜想 $D(N)$ 的主项是 $G(N)\frac{N}{\log^2 N}$,即

$$D(N)\sim G(N)\frac{N}{\log^2 N} \tag{④}$$

大家知道,证明这一猜想的困难在于处理误差项

---

① 原载于《数学年刊》,1982,3:555-560.

$R$ 中的积分. 据我所知, 至今支持我们认为猜想 ④ 成立的唯一途径是圆法[①]. 本节将提出另一种方法, 它也支持我们认为猜想 ④ 成立. 这一方法看起来比圆法更为直接和初等.

为方便起见, 代替 $D(N)$ 我们来考虑

$$\hat{D}(N)=\sum_{N=d+d'}\Lambda(d)\Lambda(d')=\sum_{d\leqslant N}\Lambda(d)\Lambda(N-d)$$

容易看出

$$D(N)=\frac{\hat{D}(N)}{\log^2 N}\left[1+O\left(\frac{\log\log N}{\log N}\right)\right]+O\left(\frac{N}{\log^3 N}\right)$$

我们要证明下面的定理:

**定理 1**　设 $N$ 是大偶数, 那么, 对于

$$Q=\sqrt{N}\log^{-20}N$$

我们有

$$\hat{D}(N)=G(N)N+\hat{R} \tag{5}$$

其中 $G(N)$ 由式 ③ 给出

$$\hat{R}=R_1+R_2+R_3+O(N\log^{-1}N) \tag{6}$$

及

$$R_1=\sum_{n\leqslant N}\Big(\sum_{\substack{d_1\mid n\\ d_1\leqslant Q}}a(d_1)\Big)\Big(\sum_{\substack{d_2\mid N-n\\ (d_2,N)=1\\ d_2>Q}}a(d_2)\Big)$$

$$R_2=\sum_{n\leqslant N}\Big(\sum_{\substack{d_1\mid n\\ d_1>Q}}a(d_1)\Big)\Big(\sum_{\substack{d_2\mid N-n\\ (d_2,N)=1\\ d_2\leqslant Q}}a(d_2)\Big)$$

$$R_3=\sum_{n\leqslant N}\Big(\sum_{\substack{d_1\mid n\\ d_1>Q}}a(d_1)\Big)\Big(\sum_{\substack{d_2\mid N-n\\ (d_2,N)=1\\ d_2>Q}}a(d_2)\Big)$$

---

① 最近, 华罗庚教授对此提出了一个不同的新方法, 但还未发表.

$$a(m)=\mu(m)\log m$$

**定理 2** 利用朋比尼定理可得

$$R_1=R_2=O(N\log^{-1}N) \qquad ⑦$$

首先证明几个引理:

**引理 1** 设 $m$ 是正整数及 $m\leqslant N^{c_1}$,那么,对于

$$\sigma\geqslant 1-\frac{c_2}{\sqrt{\log N}}\geqslant\frac{1}{2}$$

我们有

$$\prod_{p\mid m}\left(1-\frac{1}{p^s}\right)^{-1}\ll\log^{c_3}N \qquad ⑧$$

**证明** 取 $T=\mathrm{e}^{\sqrt{\log N}}$,我们有

$$\left|\prod_{p\mid m}\left(1-\frac{1}{p^s}\right)^{-1}\right|\leqslant\prod_{p\mid m}\left(1-\frac{1}{p^\sigma}\right)^{-1}=\prod_{p\mid m}\left(1+\frac{1}{p^\sigma-1}\right)$$

及

$$\log\prod_{p\mid m}\left(1+\frac{1}{p^\sigma-1}\right)\leqslant\sum_{p\mid m}\frac{1}{p^\sigma-1}\ll\sum_{p\mid m}\frac{1}{p^\sigma}=$$

$$\sum_{\substack{p\mid m\\p\leqslant T}}\frac{1}{p^\sigma}+\sum_{\substack{p\mid m\\p>T}}\frac{1}{p^\sigma}=\Sigma_1+\Sigma_2$$

进而得到

$$\Sigma_1\ll\log\log N$$

及

$$\Sigma_2\ll T^{-\frac{1}{2}}\log N\ll 1$$

因为 $\sigma\geqslant\frac{1}{2}$,综合以上各式即得引理.

**引理 2** 设 $m$ 是正整数,$m\leqslant N^{c_1}$. 我们有

$$\sum_{\substack{d\leqslant N\\(d,m)=1}}\frac{\mu(d)}{d}\ll\mathrm{e}^{-c_4\sqrt{\log N}} \qquad ⑨$$

和

$$\sum_{\substack{d\leqslant N\\(d,m)=1}}\frac{\mu(d)}{d}\log d=-\frac{m}{\phi(m)}+O(\mathrm{e}^{-c_5\sqrt{\log N}})\qquad ⑩$$

**证明**　取 $X=N+\frac{1}{2}$ 及

$$F(s)=\prod_{p\mid m}\left(1-\frac{1}{p^s}\right)\zeta(s)$$

那么有

$$\sum_{\substack{d\leqslant N\\(d,m)=1}}\frac{\mu(d)}{d}=\frac{1}{2\pi\mathrm{i}}\int_{b-\mathrm{i}T}^{b+\mathrm{i}T}\frac{1}{F(1+w)}\frac{X^w}{w}\mathrm{d}w+O\left(\frac{\log N}{T}\right)$$

其中

$$b=\frac{1}{\log X},T=\mathrm{e}^{\sqrt{\log X}}$$

把积分线路移至 $[c-\mathrm{i}T,c+\mathrm{i}T]$，$c=-\frac{c_6}{\sqrt{\log X}}$，并用引理 1 就得到

$$\sum_{\substack{d\leqslant N\\(d,m)=1}}\frac{\mu(d)}{d}\ll\mathrm{e}^{-c_4\sqrt{\log N}}$$

利用阿贝尔求和法易证

$$\sum_{\substack{d=1\\(d,m)=1}}^{\infty}\frac{\mu(d)}{d}\log d=\sum_{\substack{d\leqslant X\\(d,m)=1}}\frac{\mu(d)}{d}\log d+O(\mathrm{e}^{-c_7\sqrt{\log X}})\qquad ⑪$$

及

$$\sum_{\substack{d=1\\(d,m)=1}}^{\infty}\frac{\mu(d)}{d}\log d=\lim_{\sigma\to1^+}\sum_{\substack{d=1\\(d,m)=1}}^{\infty}\frac{\mu(d)}{d^\sigma}\log d=-\left(\frac{1}{F(s)}\right)'_{s=1}\qquad ⑫$$

从式 ⑪⑫ 及

$$\left(\frac{1}{F(s)}\right)'_{s=1}=\prod_{p\mid m}\left(1-\frac{1}{p}\right)^{-1}=\frac{m}{\phi(m)}\qquad ⑬$$

立即推出式 ⑩.

**引理 3** 我们有

$$\sum_{\substack{n\leqslant N\\(n,m)=1}}\frac{\mu(n)\log n}{\phi(n)}=-G(m)+O(\mathrm{e}^{-c_8\sqrt{\log N}})$$

**证明** 我们有

$$\begin{aligned}\sum_{\substack{d\leqslant N\\(d,m)=1}}\frac{\mu(d)\log d}{\phi(d)}=&\sum_{\substack{d\leqslant N\\(d,m)=1}}\frac{\mu(d)\log d}{d}\sum_{t\mid d}\frac{\mu^2(t)}{\phi(t)}\cdot\\&\sum_{\substack{t\leqslant N\\(t,m)=1}}\frac{\mu^2(t)}{\phi(t)}\sum_{\substack{d\leqslant N\\(d,m)=1\\t\mid d}}\frac{\mu(d)\log d}{d}=\\&\sum_{\substack{t\leqslant N\\(t,m)=1}}\frac{\mu^2(t)}{\phi(t)}\sum_{\substack{v\leqslant N/t\\(v,m)=1}}\frac{\mu(vt)\log vt}{vt}=\\&\sum_{\substack{t\leqslant N\\(t,m)=1}}\frac{\mu^2(t)}{\phi(t)}\frac{\mu(t)}{t}\cdot\\&\sum_{\substack{v\leqslant N/t\\(v,mt)=1}}\frac{\mu(v)}{v}(\log v+\log t)=\\&\sum_{\substack{t\leqslant N\\(t,m)=1}}\frac{\mu(t)}{t\phi(t)}\sum_{\substack{v\leqslant N/t\\(v,mt)=1}}\frac{\mu(v)}{v}\log v+\\&\sum_{\substack{t\leqslant N\\(t,m)=1}}\frac{\mu(t)\log t}{t\phi(t)}\sum_{\substack{v\leqslant N/t\\(v,mt)=1}}\frac{\mu(v)}{v}=\\&\Sigma_1+\Sigma_2\end{aligned}$$

利用式 ⑩ 得

$$\begin{aligned}\Sigma_1=&\sum_{\substack{t\leqslant\sqrt{N}\\(t,m)=1}}\frac{\mu(t)}{t\phi(t)}\sum_{\substack{v\leqslant N/t\\(v,mt)=1}}\frac{\mu(v)}{v}\log v+\sum_{\sqrt{N}<t\leqslant N}=\\&-\sum_{\substack{t\leqslant\sqrt{N}\\(t,m)=1}}\frac{\mu(t)}{t\phi(t)}\frac{rt}{\phi(rt)}+O(\mathrm{e}^{-c_5\sqrt{\log N}})=\\&-\frac{m}{\phi(m)}\sum_{\substack{t=1\\(t,m)=1}}^{\infty}\frac{\mu(t)}{\phi^2(t)}+O(\mathrm{e}^{-c_5\sqrt{\log N}})=\end{aligned}$$

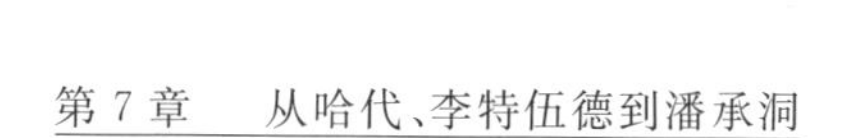


$$-G(m)+O(e^{-c_5\sqrt{\log N}})$$

类似地,利用式⑨可推出

$$\Sigma_2=\sum_{\substack{t\leqslant\sqrt{N}\\(t,m)=1}}\frac{\mu(t)\log t}{t\phi(t)}\sum_{\substack{v\leqslant N/t\\(v,mt)=1}}\frac{\mu(v)}{v}+$$

$$\sum_{\substack{\sqrt{N}<t\leqslant N\\(t,m)=1}}\sum_{\substack{v\leqslant N/t\\(v,mt)=1}}\frac{\mu(v)}{v}=$$

$$O(e^{-c_4\sqrt{\log N}})$$

综合以上各式即得引理.

**定理1的证明**　我们有

$$\hat{D}(N)=-\sum_{n\leqslant N}\Lambda(n)\sum_{d\mid N-n}a(d)=$$

$$-\sum_{n\leqslant N}\Lambda(n)\sum_{\substack{d\mid N-n\\(d,N)=1}}a(d)-$$

$$\sum_{n\leqslant N}\Lambda(n)\sum_{\substack{d\mid N-n\\(d,N)>1}}a(d)=I_1+I_2 \tag{14}$$

显有

$$I_2=O(N^{\frac{2}{3}}) \tag{15}$$

以及

$$I_1=\sum_{n\leqslant N}\sum_{d_1\mid n}a(d_1)\sum_{\substack{d_2\mid N-n\\(d_2,N)=1}}a(d_2)=$$

$$\sum_{n\leqslant N}\Bigl(\sum_{\substack{d_1\mid n\\d_1\leqslant Q}}a(d_1)+\sum_{\substack{d_1\mid n\\d_1>Q}}a(d_1)\Bigr)\cdot$$

$$\Bigl(\sum_{\substack{d_2\mid N-n\\(d_2,N)=1\\d_2\leqslant Q}}a(d_2)+\sum_{\substack{d_2\mid N-n\\(d_2,N)=1\\d_2>Q}}a(d_2)\Bigr)=$$

$$\Sigma_1+R_1+R_2+R_3 \tag{16}$$

其中

$$\Sigma_1=\sum_{n\leqslant N}\sum_{\substack{d_1\mid n\\ d_1\leqslant Q}}a(d_1)\sum_{\substack{d_2\mid N-n\\ d_2\leqslant Q\\ (d_2,N)=1}}a(d_2)$$

容易看出

$$\Sigma_1=\sum_{n\leqslant N}\sum_{\substack{d_1\mid n\\ d_1\leqslant Q}}a(d_1)\sum_{\substack{d_2\mid N-n\\ d_2\leqslant Q\\ (d_2,N)=1}}a(d_2)=$$

$$\sum_{\substack{d_2\leqslant Q\\ (d_2,N)=1}}a(d_2)\sum_{\substack{d_1\leqslant Q\\ (d_1,d_2)=1}}a(d_1)\sum_{\substack{d_1n\leqslant N\\ d_1n\equiv N(d_2)}}1=$$

$$N\sum_{\substack{d_2\leqslant Q\\ (d_2,N)=1}}\frac{a(d_2)}{d_2}\sum_{\substack{d_1\leqslant Q\\ (d_1,d_2)=1}}\frac{a(d_1)}{d_1}+O(Q^2\log^2N) \quad ⑰$$

从式 ⑰、引理 2 和引理 3 就得到

$$\Sigma_1=N\sum_{\substack{d_2\leqslant Q\\ (d_2,N)=1}}\frac{\mu(d_2)\log d_2}{d_2}\cdot$$

$$\sum_{\substack{d_1\leqslant Q\\ (d_1,d_2)=1}}\frac{\mu(d_1)\log d_1}{d_1}+O(N\log^{-1}N)=$$

$$-N\sum_{\substack{d_2\leqslant Q\\ (d_2,N)=1}}\frac{\mu(d_2)\log d_2}{\phi(d_2)}+O(N\log^{-1}N)=$$

$$G(N)N+O(N\log^{-1}N)$$

定理证毕.

现在来证明定理 2.

**定理 2 的证明**

$$R_1=\sum_{n\leqslant N}\sum_{\substack{d_1\mid n\\ d_1\leqslant Q}}\mu(d_1)\log d_1\sum_{\substack{d_2\mid N-n\\ (d_2,N)=1\\ d_2>Q}}\mu(d_2)\log d_2=$$

$$\sum_{d_1\leqslant Q}\mu(d_1)\log d_1\Big(\sum_{\substack{n\leqslant N\\ n_1\equiv 0(d_1)}}\sum_{\substack{d_2\mid N-n\\ (d_2,N)=1\\ d_2>Q}}\mu(d_2)\log d_2\Big)=$$

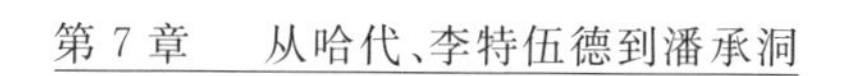

$$\sum_{d_1 \leqslant Q} \mu(d_1) \log d_1 \Big( \sum_{\substack{n \leqslant N \\ n \equiv 0(d_1)}} \Lambda(N-n) -$$

$$\sum_{\substack{n \leqslant N \\ n \equiv 0(d_1)}} \sum_{\substack{d_2 \mid N-n \\ (d_2, N)=1 \\ d_2 \leqslant Q}} \mu(d_2) \log d_2 \Big) + O(N \log^{-1} N) =$$

$$\sum_{d_1 \leqslant Q} \mu(d_1) \log d_1 \Big( \sum_{\substack{n \leqslant N \\ n \equiv N(d_1)}} \Lambda(n) -$$

$$\frac{N}{d_1} \sum_{\substack{d_2 \leqslant Q \\ (d_2, d_1)=1}} \frac{\mu(d_2) \log d_2}{d_2} \Big) + O(N \log^{-1} N) =$$

$$\sum_{d_1 \leqslant Q} \mu(d_1) \log d_1 \Big( \sum_{\substack{n \leqslant N \\ n_1 \equiv N(d_1)}} \Lambda(n) - \frac{N}{\phi(d_1)} \Big) +$$

$$O(N \log^{-1} N) =$$

$$\sum_{\substack{d_1 \leqslant Q \\ (d_1, N)=1}} \mu(d_1) \log d_1 \Big( \sum_{\substack{n \leqslant N \\ n \equiv N(d_1)}} \Lambda(n) - \frac{N}{\phi(d_1)} \Big) +$$

$$O(N \log^{-1} N) =$$

$$O(N \log^{-1} N)$$

类似可证

$$R_2 = O(N \log^{-1} N)$$

定理证毕.

## §6 关于哥德巴赫问题(Ⅱ)[①]

——潘承洞

设

$$r(N)=\sum_{N=p_1+p_2}\log p_1\log p_2$$

本节证明了

$$r(N)=2N\prod_{p>2}\left(1-\frac{1}{(p-1)^2}\right)\prod_{\substack{p\mid N\\ p>2}}\left(1+\frac{1}{p-2}\right)+R$$

这里

$$R=\sum_{n\leqslant N}\Lambda(n)a_{N-n}+O(n\log^{-1}N)$$

$$a_n=\sum_{\substack{d\mid n\\ d>A}}\mu(d)\log d, A=\sqrt{N}\log^{-16}N$$

令

$$r(N)=\sum_{N=p_1+p_2}\log p_1\log p_2 \qquad ①$$

这里 $N$ 为偶数,$p_1$,$p_2$ 为素数.哥德巴赫猜想就是要证明当 $N\geqslant 4$ 时恒有

$$r(N)>0 \qquad ②$$

在20世纪20年代,英国数学家哈代及李特伍德利用他们所创造的"圆法"提出了下面更强的猜想

$$r(N)\sim 2N\prod_{p>2}\left(1-\frac{1}{(p-1)^2}\right)\prod_{\substack{p\mid N\\ p>2}}\left(1+\frac{1}{p-2}\right) \qquad ③$$

---

① 原载于《山东大学学报》,1981(1):1-6.

此处 $N$ 为大偶数.

本节的目的是要从另一个途径来研究哥德巴赫猜想,主要结果如下:

**定理**　设 $N$ 为大偶数

$$A=\sqrt{N}\log^{-16}N, a_n=\sum_{\substack{d\mid n\\ d>A}}\mu(d)\log d$$

则

$$r(N)=2N\prod_{p>2}\left(1-\frac{1}{(p-1)^2}\right)\prod_{\substack{p\mid N\\ p>2}}\left(1+\frac{1}{p-2}\right)+R$$

这里

$$R=\sum_{n\leqslant N}\Lambda(n)a_{N-n}+O(N\log^{-1}N)$$

下面我们用 $C_1,C_2,C_3,\cdots$ 表示正的绝对常数.

**引理1**　设 $r\leqslant N^{C_1}$, $\alpha=\frac{C_2}{\sqrt{\log N}}$,则当 $\sigma\geqslant 1-\alpha$ 时,有

$$\prod_{p\mid r}(1-p^{-s})^{-1}\ll\log^{C_3}N$$

这里 $s=\sigma+\mathrm{i}t$.

**证明**

$$\prod_{p\mid r}(1-p^{-s})^{-1}=$$

$$\prod_{p\mid r}\left(1+\frac{1}{p^s-1}\right)\ll$$

$$\prod_{p\mid r}\left(1+\frac{1}{p^\sigma-1}\right)\ll$$

$$\exp\left(\sum_{p\mid r}\log\left(1+\frac{1}{p^\sigma-1}\right)\right)\ll$$

$$\exp\left(\sum_{p\mid r}\frac{1}{p^\sigma-1}\right)\ll$$

$$\exp\left(C_4\sum_{p\mid r}\frac{1}{p^{\sigma}}\right)\ll$$
$$\exp(\Sigma_1+\Sigma_2) \tag{④}$$

此处

$$\Sigma_1=C_4\sum_{\substack{p\mid r\\ p\leqslant e^{\sqrt{\log N}}}}\frac{1}{p^{\sigma}}$$

$$\Sigma_2=C_4\sum_{\substack{p\mid r\\ p> e^{\sqrt{\log N}}}}\frac{1}{p^{\sigma}}$$

显见

$$\Sigma_1\leqslant C_5 e^{\alpha\sqrt{\log N}}\sum_{p\leqslant e^{\sqrt{\log N}}}\frac{1}{p}\leqslant C_6\log\log N \tag{⑤}$$

$$\Sigma_2\leqslant e^{-\frac{1}{2}\sqrt{\log N}}\sum_{p\mid r}1\leqslant e^{-\frac{1}{2}\sqrt{\log N}}\log r=O(1)$$

由以上几式立即推出

$$\prod_{p\mid r}(1-p^{-s})^{-1}\ll\log^{C_3}N$$

**引理 2** 设 $r\leqslant N^{C_1}$,则

$$\sum_{\substack{n\leqslant N\\ (n,r)=1}}\frac{\mu(n)}{n}=O(e^{-C_7\sqrt{\log N}}) \tag{⑥}$$

$$\sum_{\substack{n\leqslant N\\ (n,r)=1}}\frac{\mu(n)}{n}\log\frac{N}{n}=\frac{r}{\phi(r)}+O(e^{-C_8\sqrt{\log N}}) \tag{⑦}$$

**证明**

$$\sum_{\substack{n\leqslant N\\ (n,r)=1}}\frac{\mu(n)}{n}\log\frac{N}{n}=$$
$$\frac{1}{2\pi i}\int_{a-iT}^{a+iT}\prod_{p\mid r}(1-p^{-1-s})^{-1}\frac{N^s}{s(1+s)s^2}ds+O\left(\frac{N^s\log^2 N}{T}\right) \tag{⑧}$$

此处

$$a=\frac{1}{\log N}, T=\mathrm{e}^{\sqrt{\log N}} \quad ⑨$$

利用围道积分方法将积分线路移至$(-b-\mathrm{i}T, -b+\mathrm{i}T)$，这里$b=\frac{C_2}{\sqrt{\log N}}$，则熟知

$$\frac{1}{s(1+s)}=O(\log N), \sigma \geqslant 1-\frac{C_2}{\sqrt{\log N}}, |t| \leqslant T$$

再利用引理 1 的结果即得引理.（同法证式 ⑥）

由引理 2 立即推出

$$\sum_{\substack{n \leqslant N \\ (n,r)=1}} \frac{\mu(n)\log n}{n}=-\frac{r}{\phi(r)}+O(\mathrm{e}^{-C_9\sqrt{\log N}}) \quad ⑩$$

**引理 3**

$$\sum_{\substack{n \leqslant N \\ (n,r)=1}} \frac{\mu(n)\log n}{\phi(n)}=-2\prod_{p>2}\left(1-\frac{1}{(p-1)^2}\right) \cdot \prod_{\substack{p \mid r \\ p>2}}\left(1+\frac{1}{p-2}\right)+O(\mathrm{e}^{-C_{14}\sqrt{\log N}}) \quad ⑪$$

**证明**

$$\sum_{\substack{n \leqslant N \\ (n,r)=1}} \frac{\mu(n)\log n}{\phi(n)}=$$

$$\sum_{\substack{n \leqslant N \\ (n,r)=1}} \frac{\mu(n)\log n}{n} \cdot \frac{n}{\phi(n)}=$$

$$\sum_{\substack{n \leqslant N \\ (n,r)=1}} \frac{\mu(n)\log n}{N} \sum_{d \mid n} \frac{\mu^2(d)}{\phi(d)}=$$

$$\sum_{d \leqslant N} \frac{\mu^2(d)}{\phi(d)} \sum_{\substack{n \leqslant N \\ n \equiv 0(d) \\ (n,r)=1}} \frac{\mu(n)\log n}{n}=$$

$$\sum_{\substack{d \leqslant N \\ (d,r)=1}} \frac{\mu^2(d)}{\phi(d)} \sum_{\substack{dn \leqslant N \\ (n,dr)=1}} \frac{\mu(nd)\log nd}{nd}=$$

$$\sum_{\substack{d\leqslant N\\(d,r)=1}}\frac{\mu(d)}{d\phi(d)}\sum_{\substack{n\leqslant N/d\\(n,dr)=1}}\frac{\mu(n)\log n}{n}+$$

$$\sum_{\substack{d\leqslant N\\(d,r)=1}}\frac{\mu(d)\log d}{d\phi(d)}\sum_{\substack{n\leqslant N/d\\(n,dr)=1}}\frac{\mu(n)}{n}=$$

$$I_1+I_2 \tag{12}$$

$$I_1=\sum_{\substack{d\leqslant N\\(d,r)=1}}\frac{\mu(d)}{d\phi(d)}\sum_{\substack{n\leqslant N/d\\(n,dr)=1}}\frac{\mu(n)\log n}{n}=$$

$$\sum_{\substack{d\leqslant\sqrt{N}\\(d,r)=1}}\frac{\mu(d)}{d\phi(d)}\sum_{\substack{n\leqslant N/d\\(n,dr)=1}}\frac{\mu(n)\log n}{n}+I_3 \tag{13}$$

$$I_3=\sum_{\substack{\sqrt{N}<d\leqslant N\\(d,r)=1}}\frac{\mu(d)}{d\phi(d)}\sum_{\substack{n\leqslant N/d\\(n,dr)=1}}\frac{\mu(n)\log n}{n}=O(\mathrm{e}^{-C_{10}\sqrt{\log N}}) \tag{14}$$

由引理 2 及式 ⑬⑭ 得到

$$I_1=-\sum_{\substack{d\leqslant\sqrt{N}\\(d,r)=1}}\frac{\mu(d)}{d\phi(d)}\cdot\frac{dr}{\phi(dr)}+O(\mathrm{e}^{-C_{11}\sqrt{\log N}})=$$

$$-\frac{r}{\phi(r)}\sum_{\substack{d\leqslant\sqrt{N}\\(d,r)=1}}\frac{\mu(d)}{\phi^2(d)}+O(\mathrm{e}^{-C_{11}\sqrt{\log N}})=$$

$$-\frac{r}{\phi(r)}\prod_{p\mid r}\left(1-\frac{1}{(p-1)^2}\right)+O(\mathrm{e}^{-C_{12}\sqrt{\log N}})=$$

$$-2\prod_{p>2}\left(1-\frac{1}{(p-1)^2}\right)\prod_{\substack{p\mid r\\p>2}}\left(1+\frac{1}{p-2}\right)+$$

$$O(\mathrm{e}^{-C_{12}\sqrt{\log N}})$$

由引理 2 的式 ⑥ 可以证明

$$I_2=O(\mathrm{e}^{-C_{13}\sqrt{\log N}})$$

引理得证.

现在来证明本节的主要结果. 令

$$D(N)=\sum_{n\leqslant N}\Lambda(n)\Lambda(N-n) \tag{15}$$

则

$$D(N)=r(N)+O(\sqrt{N}\log^3 N) \tag{16}$$

$$\begin{aligned}D(N)=&-\sum_{n\leqslant N}\Lambda(n)\sum_{d\mid N-n}\mu(d)\log d=\\&-\sum_{n\leqslant N}\Lambda(n)\sum_{\substack{d\mid N-n\\d\leqslant A}}\mu(d)\log d-\sum_{n\leqslant N}\Lambda(n)\alpha_{N-n}=\\&-\sum_{d\leqslant A}\mu(d)\log d\sum_{\substack{n\leqslant N\\n\equiv N(d)}}\Lambda(n)-R\end{aligned} \tag{17}$$

此处

$$R=\sum_{n\leqslant N}\Lambda(n)\alpha_{N-n}$$

而

$$\begin{aligned}&\sum_{d\leqslant A}\mu(d)\log d\sum_{\substack{n\leqslant N\\n\equiv N(d)}}\Lambda(n)=\\&\sum_{\substack{d\leqslant A\\(d,N)=1}}\mu(d)\log d\sum_{\substack{n\leqslant N\\n\equiv N(d)}}\Lambda(n)+O(\sqrt{N}\log N^3)=\\&N\sum_{\substack{d\leqslant A\\(d,N)=1}}\frac{\mu(d)\log d}{\phi(d)}+\sum_{\substack{d\leqslant A\\(d,N)=1}}\mu(d)\log d\cdot\\&\left(\sum_{\substack{n\leqslant N\\n\equiv N(d)}}\Lambda(n)-\frac{N}{\phi(d)}\right)+O(\sqrt{N}\log^3 N)\end{aligned}$$

由朋比尼的均值定理得到

$$\begin{aligned}&\sum_{d\leqslant A}\mu(d)\log d\sum_{\substack{n\leqslant N\\n\equiv N(d)}}\Lambda(d)=\\&N\sum_{\substack{d\leqslant A\\(d,N)=1}}\frac{\mu(d)\log d}{\phi(d)}+O(N\log^{-1}N)\end{aligned}$$

由引理 3 得到

$$D(N)=2N\prod_{p>2}\left(1-\frac{1}{(p-2)^2}\right)\prod_{\substack{p\mid N\\p>2}}\left(1+\frac{1}{p-2}\right)+R$$

这里

$$R=\sum_{n\leqslant N}\Lambda(n)\alpha_{N-n}+O(N\log^{-1}N)$$

由上式及式 ⑯ 定理得证.

## §7 关于哥德巴赫问题的余区间[①]

——潘承洞

设 $N$ 为大偶数,令

$$r(N)=\int_0^1 S^2(\alpha)\mathrm{e}^{-2\pi\mathrm{i}\alpha N}\mathrm{d}\alpha \quad ①$$

这里

$$S(\alpha)=\sum_{n\leqslant N}\Lambda(n)\mathrm{e}^{2\pi\mathrm{i}n\alpha}$$

$$\Lambda(n)=\begin{cases}\log p, n=p^k\\ 0,\text{其他}\end{cases}$$

再令 $L=\log N,\tau=NL^{-15}$,将积分区间移至 $\left(-\frac{1}{\tau},1-\frac{1}{\tau}\right)$,用 $M_{a,q}$ 表示区间

$$\alpha=\frac{a}{q}+\beta,\ |\beta|\leqslant\frac{1}{\tau},1\leqslant q\leqslant L^{17},(a,q)=1$$

显然这些小区间互不重叠.以 $m$ 表示这些小区间的总和,称为基本区间,余下的部分记作 $E$,称为余区间,我们将下面这些小区间的总和记作 $E_1$

$$\alpha=\frac{a}{q}+\beta,\ |\beta|\leqslant\frac{1}{q\tau},L^{17}<q\leqslant\tau L^{-1-\varepsilon},(a,q)=1 \quad ②$$

① 原载于《山东大学学报》,1980(3):1-4.

这里 $\varepsilon$ 为任意小的正数.

本节的目的是要证明下面的定理.

**定理**

$$\int_{E_1} |S(\alpha)|^2 \mathrm{d}\alpha \ll NL^{-\varepsilon} \quad ③$$

显然,定理的意义在于缩小了余区间的研究范围.

当 $q \leqslant L^{17}$ 时,由西格尔－瓦尔菲茨定理容易得到下面的估计

$$S\left(\frac{a}{q}+\beta\right)=\frac{\mu(q)}{\phi(q)}\sum_{n\leqslant N}\mathrm{e}^{2\pi i n\beta}+O(N\mathrm{e}^{-c_1\sqrt{L}}) \quad ④$$

这里 $c_1$ 为一个正常数.

由上式得到

$$S^2\left(\frac{a}{q}+\beta\right)=\frac{\mu^2(q)}{\phi^2(q)}\left(\sum_{n\leqslant N}\mathrm{e}^{2\pi i n\beta}\right)^2+O(N^2\mathrm{e}^{-\frac{1}{2}c_1\sqrt{L}}) \quad ⑤$$

由经典方法我们得到下面的结论

$$\int_M S^2(\alpha)\mathrm{e}^{-2\pi i\alpha N}\mathrm{d}\alpha = N\sum_{q\leqslant L^{17}}\frac{\mu^2(q)}{\phi^2(q)}\sum_{(a,q)=1}\mathrm{e}^{-2\pi i\frac{a}{q}N}+O\left(\frac{N}{L^2}\right) \quad ⑥$$

现在来证明本节的主要定理. 设 $e(\alpha n)=\mathrm{e}^{2\pi i\alpha n}$,令

$$T(\alpha,n)=\sum_{m\leqslant n}e(\alpha n)$$

$$S(\alpha,n)=\sum_{m\leqslant n}\Lambda(n)e(\alpha n)$$

显然有

$$T(\beta,n)=e(n\beta)T(0,n)-2\pi i\beta\int_0^n e(t\beta)T(0,t)\mathrm{d}t \quad ⑦$$

$$S\left(\frac{a}{q}+\beta,n\right)=e(n\beta)S\left(\frac{a}{q},n\right)-2\pi i\beta\int_0^n e(t\beta)S\left(\frac{a}{q},t\right)\mathrm{d}t \quad ⑧$$

由 ⑦ 及 ⑧ 得到

$$S\left(\frac{a}{q}+\beta,n\right)-\frac{\mu(q)}{\phi(q)}T(\beta,n)=$$

$$e(n\beta)\left\{S\left(\frac{a}{q},n\right)-\frac{\mu(q)}{\phi(q)}T(0,n)\right\}-$$

$$2\pi\mathrm{i}\beta\int_0^n e(\beta t)\left\{S\left(\frac{a}{q},t\right)-\frac{\mu(q)}{\phi(q)}T(0,t)\right\}\mathrm{d}t \qquad ⑨$$

所以

$$\left|S\left(\frac{a}{q}+\beta,N\right)-\frac{\mu(q)}{\phi(q)}T(\beta,N)\right|\leqslant$$

$$\left|S\left(\frac{a}{q},N\right)-\frac{\mu(q)}{\phi(q)}T(0,N)\right|+$$

$$2\pi|\beta|\int_0^N\left|S\left(\frac{a}{q},t\right)-\frac{\mu(q)}{\phi(q)}T(0,t)\right|\mathrm{d}t\leqslant$$

$$(1+2\pi|\beta|N)\max_{V\leqslant N}\left|S\left(\frac{a}{q},V\right)-\frac{\mu(q)}{\phi(q)}T(0,V)\right| \qquad ⑩$$

设 $\alpha=\frac{a}{q}+\beta$ 为 $E_1$ 中的点,则有 $|\beta|\leqslant L^{-1}N^{-1}$,所以当 $\alpha\in E_1$ 时,有

$$\left|S\left(\frac{a}{q}+\beta,N\right)-\frac{\mu(q)}{\phi(q)}T(\beta,N)\right|\leqslant$$

$$2\max_{V\leqslant N}\left|S\left(\frac{a}{q},V\right)-\frac{\mu(q)}{\phi(q)}T(0,V)\right| \qquad ⑪$$

而

$$\left|S^2\left(\frac{a}{q}+\beta,N\right)\right|\leqslant$$

$$\left|S\left(\frac{a}{q}+\beta,N\right)-\frac{\mu(q)}{\phi(q)}T(\beta,N)+\frac{\mu(q)}{\phi(q)}T(\beta,N)\right|^2\leqslant$$

$$2\left|S\left(\frac{a}{q}+\beta,N\right)-\frac{\mu(q)}{\phi(q)}T(\beta,N)\right|^2+$$

$$2\frac{\mu^2(q)}{\phi^2(q)}|T(\beta,N)|^2$$

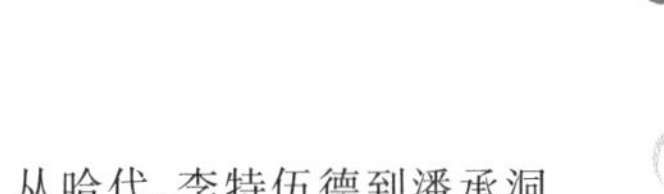



令 $Q=\tau L^{-1}$，则由上式得到

$$\int_{E_1}|S(\alpha)|^2\mathrm{d}\alpha\leqslant$$

$$2\sum_{L^{17}<q\leqslant Q}\sum_{(a,q)=1}\int_{-\frac{1}{q\tau}}^{\frac{1}{q\tau}}\left|S\left(\frac{a}{q}+\beta,N\right)-\right.$$

$$\left.\frac{\mu(q)}{\phi(q)}T(\beta,N)\right|^2\mathrm{d}\beta+$$

$$2\sum_{L^{17}<q\leqslant Q}\frac{1}{\phi^2(q)}\sum_{(a,q)=1}\int_{-\frac{1}{q\tau}}^{\frac{1}{q\tau}}|T(\beta,N)|^2\mathrm{d}\beta \qquad ⑫$$

由 ⑪ 及 ⑫ 得到

$$\int_{E_1}|S(\alpha)|^2\mathrm{d}\alpha\leqslant$$

$$4\max_{V\leqslant N}\sum_{q\leqslant Q}\frac{1}{q\tau}\sum_{(a,q)=1}\left|S\left(\frac{a}{q},V\right)-\right.$$

$$\left.\frac{\mu(q)}{\phi(q)}T(0,V)\right|^2+O(NL^{-1}) \qquad ⑬$$

为了估计 ⑬ 右边的和，我们需要下面的引理.

**引理**　设 $A>0,Q_1=NL^{-A}$，则

$$\max_{V\leqslant N}\sum_{q\leqslant Q_1}\frac{1}{q}\sum_{(a,q)=1}\left|S\left(\frac{a}{q},V\right)-\frac{\mu(q)}{\phi(q)}T(0,V)\right|^2\ll N^2L^{1-A}$$

**证明**

$$\sum_{q\leqslant Q_1}\frac{1}{q}\sum_{(a,q)=1}\left|S\left(\frac{a}{q},V\right)-\frac{\mu(q)}{\phi(q)}T(0,V)\right|^2=$$

$$\sum_{q\leqslant Q_1}\frac{1}{q}\sum_{(a,q)=1}\left|\sum_{(l,q)=1}e\left(\frac{a}{q}l\right)\sum_{\substack{n\leqslant V\\ n\equiv l(q)}}\Lambda(n)-\right.$$

$$\left.\frac{\mu(q)}{\phi(q)}T(0,V)\right|^2+O(Q_1^2)=$$

$$\sum_{q\leqslant Q_1}\frac{1}{q}\sum_{(a,q)=1}\left|\sum_{(l,q)=1}e\left(\frac{a}{q}l\right)\left(\Psi(l,q,V)-\right.\right.$$

$$\left.\left.\frac{T(0,V)}{\phi(q)}\right)\right|^2+O(Q_1^2)\leqslant$$

$$\sum_{q\leqslant Q_1}\frac{1}{q}\sum_{a=1}^{q}\left|\sum_{(l,q)=1}e\left(\frac{a}{q}l\right)\left(\Psi(l,q,V)-\frac{T(0,V)}{\phi(q)}\right)\right|^2+O(Q_1^2)\leqslant$$

$$\sum_{q\leqslant Q_1}\sum_{(l,q)=1}\left|\Psi(l,q,V)-\frac{V}{\phi(q)}\right|^2+O(Q_1^2)$$

由熟知的巴尔巴恩均值定理①立即推出所需结果.

由 ⑬ 及引理,我们得到

$$\int_{E_1}|S(\alpha)|^2\mathrm{d}\alpha\ll\frac{NQL}{\tau}+O(NL^{-1})\ll NL^{-\varepsilon}$$

定理得证.

## §8 哥德巴赫猜想与潘承洞

——刘建亚

人的首要责任就是要有雄心.在拿破仑的雄心中有某些高贵的因素,但是最高贵的雄心,就是要在死后留下具有永久价值的东西.

——哈代:《一个数学家的自白》

编者按:也许是因为徐迟的那篇充满激情和诗意的报告文学,也许是因为历史的因缘巧合,哥德巴赫猜想居然成了中国人家喻户晓的一个名词.这个词代表了一段传奇,代表了一代人的集体记忆,也代表了一个

① P. X. Gallagher. The large sieve. Mathematika, 1967,14.

民族的光荣与梦想. 直到今天,仍然有难以计数的人们,有大学老师、中学老师,甚至工人、农民,为哥德巴赫猜想着魔.

我们无法准确地评价延续20多年的"哥德巴赫猜想现象",也许不同的人站在不同的视角上,都会发出自己的思考.

而下面的文章,则纯粹从学术的角度介绍了哥德巴赫猜想的研究历史,也是一篇很好的科普文章. 希望有助于人们更深入地了解哥德巴赫猜想,当然,我们也把此文献给去世的潘承洞先生——他的名字已经镌刻在哥德巴赫猜想研究的年表上.

### 8.1 数学与数论

数学王子高斯有一句名言:"数学是科学的女王."他又讲"数论是数学的王冠". 正如他所说,数论在数学中一直处于醒目的地位.

18世纪的领袖数学家拉格朗日有一个著名的定理,即任何一个正整数都能写成四个整数的平方和. 这个定理是费马早年的猜测,与拉格朗日同时代的大数学家欧拉曾经给出一个不完整的证明. 第一个完整的证明是拉格朗日给出的. 他在完成这个工作之后很感慨,在写给欧拉的一封信中,他说:"对我来讲,算术是最难的."这里,算术就是数论. 这是拉格朗日对数论的评价.

### 8.2 何谓哥德巴赫猜想

俄国数学家辛钦曾经评论说,哥德巴赫猜想是王冠上的一颗明珠. 当然,这个王冠上可能还有其他明珠.

哥德巴赫并不是职业数学家,而是一个喜欢研究数学的富家子弟.他出生于1690年,受过很好的教育.哥德巴赫喜欢到处旅游,结交数学家,然后跟他们通信.1742年,他在给好友欧拉的一封信里陈述了他著名的猜想——哥德巴赫猜想.欧拉在回信中说,他相信这个猜想是正确的,虽然他不能给出证明.

用当代语言来叙述,哥德巴赫猜想有两个内容,第一部分叫作奇数的猜想,第二部分叫作偶数的猜想.奇数的猜想指出,任何一个大于或等于7的奇数都是三个素数的和.偶数的猜想是说,大于或等于4的偶数一定是两个素数的和.

任何人看了这个猜想之后,都能发现这是一个漂亮的猜想.本人认为,一个好的猜想应该具备以下四个条件.第一,它的表述应该很简单,大凡智力正常的人一听就能明白.我相信,小学四五年级的学生都能明白哥德巴赫猜想的内容.第二个条件,虽然表述很简单,但是这个猜想的证明断然不能简单.第三点,一旦有了证明,这个证明一定是出人意料的.一个好的猜想的证明一定是有趣的,绝对不能像愚公移山一样,天天重复同样枯燥的工作,重复了上万年,才取得成功.第四点,这个猜想绝对不能是孤立的,任何孤立的猜想在数学中都没有太大的意义.一个好的猜想的研究应该可以提升到人类文化史的高度上来看,能够带动其他相关领域甚至是数学以外的学科的发展.具备上面这四点,那就是一个伟大的猜想.我个人认为,哥德巴赫猜想就具备以上这四个条件.

给定一个猜想,人们可以用各种各样的方法进行

研究. 譬如,对于哥德巴赫猜想,有人可能用数手指头的方法来研究,这人可能是个小学生. 有人想用打算盘的方法来研究,那这人可能是一个小店的会计兼出纳. 真正研究这个猜想,则需要很高深的数学工具. 还必须指出的是,从这个猜想可以看出数学的特征——数学是在所有学科当中唯一能够处理无穷的学科. 我们不能用做实验的方法来研究哥德巴赫猜想. 计算机算得再快,也只能在有限时间内算有限个数;然而,遗憾的是,奇数和偶数都有无穷多个. 所以,这个猜想让迷信实验的人非常沮丧. 不过,在最好的计算机所能算到的范围之内,哥德巴赫猜想全是对的.

### 8.3　奇数的哥德巴赫猜想

相对来讲,奇数的猜想比较容易,因为它是偶数的猜想的推论. 如果每个大偶数都能写成两个素数之和,那么我们就能够证明任何大奇数都是三个素数之和,因为任何奇数减去3都是一个偶数.

关于哥德巴赫猜想的研究,历史上第一个重要文献是哈代和李特伍德1921年的伟大论文,在这篇长达70页的文章里,他们提出了圆法. 哈代在英国皇家学会演讲时说:"我和李特伍德的工作是历史上第一次严肃地研究哥德巴赫猜想."虽然此前很多有名的数学家都研究过这个猜想,甚至有人宣布证明了猜想. 然而,哈代和李特伍德对奇数猜想的证明依赖于一个条件——广义黎曼猜想——这个猜想到现在也未被证明. 在英国人看来,哈代重振了牛顿以后的英国分析.

1937年,俄国数学家维诺格拉多夫无条件地基本证明了奇数的哥德巴赫猜想. 维诺格拉多夫定理指出,任何充分大的奇数都能写成三个素数之和.也就是说,在数轴上取一个大数,从这个数往后看,哥德巴赫猜想都对;在这个数前面的奇数,需要用手或计算机来验证.然而,至今计算机还未能触及那个大数.

维诺格拉多夫的证明发表之后,又出现了几个新证明.这些证明既简捷,又提供了完全不同的方法.在这些新证明中,有三个特别应该强调的:一个是俄国数学家林尼克的,再一个是潘承彪先生的,还有英国数学家沃恩的.在相当长的一个阶段内,人们认为林尼克是离哥德巴赫猜想很近的人,他对哥德巴赫猜想进行了深入的研究.与此同时,他还是一个很好的数理统计学家.

## 8.4 偶数的哥德巴赫猜想

很遗憾,偶数的哥德巴赫猜想到现在都没有得到证明.但是,数学家们从各个方向逼近这个猜想,并且取得了辉煌的成就.我将介绍研究偶数的哥德巴赫猜想的四个途径,其中几乎每个途径都有潘老师的工作.这四个途径分别是:殆素数,例外集合,小变量的三素数定理,以及几乎哥德巴赫问题.

## 8.5 途径一:殆素数

殆素数就是素因子个数不多的正整数.现设 $N$ 是偶数,虽然现在不能证明 $N$ 是两个素数之和,但是可以证明它能够写成两个殆素数之和,即 $N=A+B$,其中 $A$ 和 $B$ 的素因子个数都不太多,譬如说素因子个数不超过10.现在用"$a+b$"来表示如下命题:每个大偶数 $N$ 都可以表为 $A+B$,其中 $A$ 和 $B$ 的素因子个数分

别不超过 $a$ 和 $b$. 显然，哥德巴赫猜想就可以写成“1＋1”. 在这一方向上的进展都是用所谓的筛法得到的.

1920 年，布朗首先取得突破性的进展，证明了命题“9＋9”. 后续进展如下：拉德马切尔，1924 年，“7＋7”；埃斯特曼，1932 年，“6＋6”；里奇，1937 年，“5＋7”；布赫夕塔布，1938 年，“5＋5”；布赫夕塔布，1940 年，“4＋4”；库恩，1941 年，“$a+b$”小于或等于 6. 1950 年，菲尔兹奖得主塞尔伯格改进了筛法. 王元先生 1956 年证明了“3＋4”. 另一位苏联数学家维诺格拉多夫 1957 年证明了“3＋3”，王元先生 1957 年进一步证明了“2＋3”.

上述结果有一个共同的特点，就是 $a$ 和 $b$ 中没有一个是 1，即 $A$ 和 $B$ 没有一个是素数. 所以，要是能证明 $a=1$，再改进 $b$，那就是一件更了不起的工作. 林尼克 1941 年提出来的大筛法使得这项工作成为可能. 后来，林尼克的学生、匈牙利数学家瑞尼深入地研究了大筛法，并在 1948 年证明了命题“1＋$b$”. 用王元先生的话说，这个 $b$ 是个天文数字. 当时，没有人知道 $b$ 究竟有多大. 这个 $b$ 的数值依赖于素数在算术级数中平均分布的水平，即另外一个重要常数 $\theta$ 的值.

此后便是潘承洞先生的伟大工作. 1962 年，28 岁的潘承洞定出 $\theta$ 可以取 $\frac{1}{3}$，从而推出命题“1＋5”，一下子把 $b$ 从天文数字降到了 5. 这是一个决定性的突破. 王元先生改进筛法之后，证明了“1＋4”. 同一年，潘老师又得到了一个更大的 $\theta=\frac{3}{8}$. 从 $\frac{3}{8}$ 出发，潘老师也证明了“1＋4”. 然后，布赫夕塔布证明了 $\frac{3}{8}$ 蕴含命题“1＋

3”,即从潘老师的 $\theta=\frac{3}{8}$ 可以推出命题“1+3”来. 以上结果表明,$\theta$ 做得越大,$b$ 就越小. 但 $\theta$ 不能太大,其可能的最大值是 $\frac{1}{2}$;比 $\frac{1}{2}$ 再大,均值定理的形式就会发生变化,所以可以认为 $\frac{1}{2}$ 是最佳的. 1965 年,$\theta$ 的最佳值 $\frac{1}{2}$ 被取到,这个定理就叫作朋比尼－维诺格拉多夫定理,是朋比尼和维诺格拉多夫独立证明的. 朋比尼是意大利数学家,因为这项工作获得了菲尔兹奖. 虽然朋比尼证明了 $\theta$ 能取到 $\frac{1}{2}$,但是他未能证明“1+2”.

命题“1+2”的证明是陈景润先生完成的. 1966 年,陈景润先生在《科学通报》上登了命题“1+2”证明的简报,此后“文化大革命”开始,《科学通报》与《中国科学》随即停刊. 直到 1973 年《中国科学》复刊之后,陈先生“1+2”证明的全文才得以发表.

以上是沿着殆素数方向研究哥德巴赫猜想的进展. 直到现在,“1+2”还是最好的结果. 虽然突破“1+2”就会得到“1+1”,但是大家公认再用筛法去证明“1+1”几乎是不可能的,只有发展革命性的新方法,才有可能证明“1+1”,所以,哈伯斯坦在他们的名著《筛法》(*Sieve Methods*)的最后一章指出:“陈氏定理是所有筛法理论的光辉顶点.”

### 8.6　途径二:例外集合

在数轴上取定大整数 $x$,再从 $x$ 往前看,寻找使得哥德巴赫猜想不成立的那些偶数,即例外偶数. $x$ 之前

所有例外偶数的个数记为$E(x)$.我们希望,无论$x$多大,$x$之前只有一个例外偶数,那就是2,即只有2使得猜想是错误的.这样一来,哥德巴赫猜想就等价于$E(x)$永远等于1.当然,直到现在还不能证明$E(x)=1$;但是能够证明$E(x)$远比$x$小.在$x$前面的偶数个数大概为$\frac{x}{2}$;如果当$x$趋于无穷大时,$E(x)$与$x$的比值趋于零,那就说明这些例外偶数密度是零,即哥德巴赫猜想对于几乎所有的偶数成立.这就是例外集合的思路.

维诺格拉多夫的三素数定理发表于1937年.第二年,在例外集合这一途径上,就同时出现了四个证明,其中,包括华罗庚先生的著名定理.

现在,我每个月都要接见几个业余搞哥德巴赫猜想的人,其中不乏有人声称"证明"了哥德巴赫猜想在概率意义下是对的.实际上他们就是"证明"了例外偶数是零密度.我告诉他们,这个结论华老早在60年前就真正证明出来了.

注意,我们的目标是证明$E(x)$的上界是$x$的零次方,然而1938年$E(x)$上界的世界纪录基本上是$x$的1次方,二者相差很远.因此降低该上界中$x$的方次将是一件很重要的事.1975年,蒙哥马利与沃恩证明了存在一个小于1的正数$\delta$,使得$E(x)$的上界是$x$的$\delta$次方.1979年,潘老师与陈景润先生合作,证明了这个$\delta$可以取0.99.按照陈先生和潘老师的思路,后来有很多人都改进了$\delta$的值.目前最好的结果是李红泽教授2000年得到的,$\delta$可以取0.92.

在广义黎曼猜想之下,哈代和李特伍德证明了$\delta$

可取$\frac{1}{2}$,就是说,即使能够证明广义黎曼猜想,我们也不能进而推出哥德巴赫猜想.最近,我与叶扬波教授合作,利用广义黎曼猜想和$L$—函数零点分布的统计规律猜想,进一步推进了例外集合的上界,证明了$E(x)$不超过$\log x$的平方.请注意,与$x$的任何$\delta$次方相比,$\log x$增长都是很慢的.因此我们的结果指出,$E(x)$小于$x$的任何$\delta$次方.

但是我们毕竟没能证明哥德巴赫猜想.到目前为止,猜想研究的现状仍然可以用潘老师生前的一句话来概括,即"哥德巴赫猜想甚至没有一个假设性的证明".哈代1921年在皇家学会演讲时指出:"哥德巴赫猜想似乎不能用布朗的方法(即筛法)来证明."他说:"能够最终证明猜想的方法,应该与我和李特伍德圆法类似.我们不是在原则上没有成功,而是在细节上没有成功."哈代同时还指出,不是圆法无力,而是他与李特伍德的分析能力不够.作者认为,更高阶的$L$—函数应该是哈代和李特伍德所需要的分析工具;或许,将高阶的$L$—函数融入圆法就会最终证明哥德巴赫猜想.

### 8.7 途径三:小变量的三素数定理

上文曾经提到,如果偶数的哥德巴赫猜想正确,那么奇数的猜想也正确.我们可以把这个问题反过来思考.已知奇数$N$可以表示成三个素数之和,假如又能证明这三个素数中有一个非常小,譬如说第一个素数可以总取3,那么我们也就证明了偶数的哥德巴赫猜想.这个思想就促使潘承洞先生在1959年,即他25岁时,研究有一个小素变数的三素数定理.这个小素变数

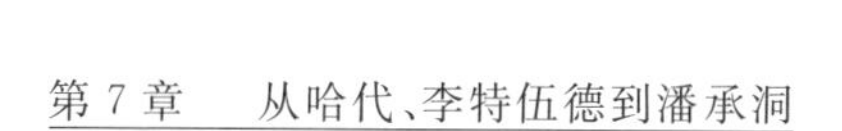



不超过 $N$ 的 $\theta$ 次方.我们的目标是要证明 $\theta$ 可以取0,即这个小素变数有界,从而推出偶数的哥德巴赫猜想.潘承洞先生首先证明 $\theta$ 可取 $\frac{1}{4}$.后来的很长一段时间内,这方面的工作一直没有进展,直到1995年展涛教授把潘老师的定理推进到 $\frac{7}{120}$.这个数已经比较小了,但是仍然大于0.

### 8.8　途径四:几乎哥德巴赫问题

1953年,林尼克发表了一篇长达70页的论文.在文中,他率先研究了几乎哥德巴赫问题,证明了存在一个固定的非负整数 $k$,使得任何大偶数都能写成两个素数与 $k$ 个2的方幂之和.这个定理,看起来好像丑化了哥德巴赫猜想,实际上它是非常深刻的.我们注意,能写成 $k$ 个2的方幂之和的整数构成一个非常稀疏的集合;事实上,对任意取定的 $x$,$x$ 前面这种整数的个数不会超过 $\log x$ 的 $k$ 次方.因此,林尼克定理指出,虽然我们还不能证明哥德巴赫猜想,但是我们能在整数集合中找到一个非常稀疏的子集,每次从这个稀疏子集里面拿一个元素贴到这两个素数中去,这个表达式就成立.这时的 $k$ 用来衡量几乎哥德巴赫问题向哥德巴赫猜想逼近的程度,数值较小的 $k$ 表示更好的逼近度.显然,如果 $k=0$,几乎哥德巴赫问题中2的方幂就不再出现,从而,林尼克的定理就是哥德巴赫猜想.

林尼克1953年的论文并没有具体定出 $k$ 的可容许数值,此后四十多年间,人们还是不知道一个多大的 $k$ 才能使林尼克定理成立.但是按照林尼克的论证,这个 $k$ 应该很大.1999年,作者与廖明哲及王天泽两位教授合作,首次定出$k$的可容许值54 000.这第一个可容许值后来被不断改进.其中有两个结果必须提到,即李红泽、王天泽独立地得到$k=2\ 000$.目前最好的结果$k=13$是英国数学家希思-布朗和德国数学家普赫塔(Puchta)合作取得的,这是一个很大的突破.

### 8.9 一个数学家的价值

以上缅怀了潘承洞先生的部分工作,以及哥德巴赫猜想研究的最新进展.最后,我想引用哈代《一个数学家的自白》中的几句话,来总结作为数学的潘承洞先生的生平.哈代说:

> "人的首要责任就是要有雄心.在拿破仑的雄心中有某些高贵的因素,但是最高贵的雄心,就是要在死后留下具有永久价值的东西."

《一个数学家的自白》结尾写道:

> "我的一生,或者在相同意义上作为数学家的那些人的一生,可以这样总结:我们丰富了知识,也帮助别人更多地丰富了知识,而我们所做的这一切,与那些历史上的大数学家和艺术家的不朽贡献相比,只有程度的不同,没有本质的差异."

哈代的朋友罗素说过:

> "我希望在工作中满足地死去,因为我清楚

地知道，所有能做的事都已完成，而且会有后人继续我未竟的事业.”

潘承洞老师永垂不朽，因为他的事业永垂不朽.

（本文根据作者在纪念潘承洞院士逝世5周年学术报告会上讲演整理而成，整理者：徐长平、曲彦. 刘建亚是潘承洞先生的学生，现为“长江学者奖励计划”特聘教授，山东大学数学与系统科学学院副院长.）

## §9　小于3亿的全部偶数均为哥德巴赫数①

——尹定

“不小于6的任一偶数都是两个素数之和”这就是至今未能证明的哥德巴赫猜想. 国外已有人验证1亿之内的全部偶数都是两个素数之和.

最近我们用计算机证实1亿到3亿之间的全部偶数也都是两个素数之和.

若$M$,$L$为两个偶数，$M<L$，$X$为$[M,L]$间的一个偶数，令$X=P_1+P_2$，其中$P_1$，$P_2$均为素数，则可能有许多解. 这个程序能找出使$P_1$最小的一种解. 具体做法如下：

(1)用筛法找出小于$[\sqrt{L}]$的全部奇素数序列$P_1$.

(2)用筛法找出$M-[\sqrt{L}]$到$L$间的全部素数序

① 原载于《科学通报》，1984：1150.

列 $P_2$.

(3)按由小到大的顺序用 $P_1$ 中的一个素数加 $P_2$ 中的一个素数,得一个偶数.若这个偶数在区间$[M, L]$内则将它剔除.这样可按 $P_1$ 的大小对$[M,L]$间的偶数分类.

(4)若以上工作做完,$[M,L]$间仍有偶数未被剔除,则应做进一步验证.但实际计算表明,1 亿到 3 亿间的 1 亿个偶数中 $P_1$ 大于 1 000 的偶数只有 30 个,最大 $P_1$ 值也仅为 1 321,远远小于$[\sqrt{L}]$.

## §10 缅怀我的导师潘承洞院士[①]

——展涛

潘承洞先生是杰出的数学家、教育家,1997 年 12 月 27 日离开了我们,至今已经 5 年了.

作为潘老师的学生,我在近 20 年的时间里,除了中间在国外学习进修,其他的时间基本上都是以潘老师的学生、学术科研助手,以及后来作为副校长的身份陪伴在他的左右.应该说,我对潘校长的了解是比较多的.但是,在今天这个时刻,我发现自己的语言是多么贫乏.

作为教师,潘老师首先是一位敬业的教师,是一位把数学看得比生命还重的教师.我 1979 年进入数学

① 原载于《科学文萃》,2003,4(28):58.

系，数学分析的第一堂课是潘老师讲的. 回忆往事，仿佛就是昨天：黑板前他那高大的身影，一笔一画特别认真仔细的板书，还有铿锵有力、非常简洁的话语. 他的板书总是从左边开始，由于潘老师是 1.85 米的大个子，从左边最高处写着写着就往右低下去了，所以看到的是一行行斜线. 他近视得厉害，所以他写的字特别大，生怕学生们看不见，而且特别用力. 他讲的课很有自己的特色，内容不是非常细致，但是他站得很高，能留给学生非常多的遐想和自由思考的空间. 后来听他的第二堂课，是他自己和于秀源一起写的《阶的估计》. 还听过他的一门数论基础课，那是在 1982 年，潘老师给本科生讲的最后一门课，以后他没有再给本科生上课. 那时潘老师已经生病了，但是他只是意识到自己的身体不舒服，没有当回事，一节课没讲完，已是大汗淋漓，然后说讲不动了，休息一会儿，第二节课继续讲. 后来查出来，他那时已经长了肿瘤，现在回忆起他当时讲课的镜头，我仍然非常感动.

潘老师第一次住院做肿瘤手术的时候，我刚刚考上研究生，在师母的安排下给他送饭. 手术之后不久，潘老师觉得无聊，想看书，他给了我一个纸条，上面写了两本书的名字，让我悄悄地把那两本书带去. 我那时年轻，不懂事，真的按照他的要求做了，从数学院的资料室借了书带给他，记得其中的一本特别厚，是关于函数论方面的. 后来，没过两天，就听说大夫和护士非常严厉地批评了他，还问是谁把书带给他的. 潘老师在病床上跟我们谈的就是学习怎么样，看了什么新书，然后讲我们能听得懂的数论或者数学其他方面的知识. 那是最初和老师近距离地接触.

作为一个老师,他是一个特别爱学生的人,经常在周末的时候到我们的教室里转,看到我们在上自习,就非常高兴,问我们看了什么书,有什么收获.特别是我在做了研究生之后,就更能亲身感受到他对学生的那种爱.我们每个人的博士论文,几乎都是潘校长给定的题目,许多学术上的成果,都包含着他的心血,而且都包含着他许多独特的、关键的思想.但是,我们没有一个人和他联名写过论文.每一篇论文后面只写了几个字——感谢潘承洞教授.

作为老师,潘老师还是一个特别富有人格魅力的人.他很少直接告诉我们应该怎样做事、做人,但是他的言谈举止,他的一举一动,对我们影响很大.有人说,我讲的普通话有点像南方普通话,起初,我百思不得其解,后来有人不经意地问我是不是受潘老师的影响,我才恍然有点觉察.而且现在我说话走路的一些方式,往往不自觉地在模仿潘老师的动作,因为非常崇敬他.在他的周围聚集了一批非常优秀的年轻人,而且这些年轻人基本上都有一段海外的经历,但几乎所有人都自觉地、开心地回到他身边,在他身边工作,为学校工作,为我们的祖国工作.

作为一个学者,潘老师是一位大学者."大"是指他事业之大.他本身研究的领域就比较宽了,但他还考虑一些相关领域的发展.像信息网络安全,数论在信息网络安全中的应用,他就非常敏锐地意识到这是非常有发展前途的方向.于是果断决定招收了研究生,并为他们的学习创造了难得的条件,这就为一个新的领域的开创和发展起到了至关重要的作用.

"大"还体现在他研究的问题之"大"和成果之

"大".他往往对那些小的成果不放在眼里,告诉我们应该做大问题,有意义的问题.他是这样说的,更是这样做的.潘老师一生发表的论文并不是太多,但是几乎每一篇论文都有他独到的思想.比如他在20世纪50年代末发表的一篇文章,那是他非常年轻时发表的,至今还有非常高的引用率,就是因为那篇文章里面所隐含的思想和方法为后人继续关注,继续研究.

"大"还体现在潘老师的心胸之"大".他是无私的、胸怀坦荡的人.他在数学界的口碑特别好.王元先生在《潘承洞文集》的序中称他淡泊名利,胸襟坦荡,为人正直,我认为是十分中肯的.也正是因为如此,他不仅在数学院,在山东大学,而且在整个中国的数学界,在国际的数论学界都享有很高的声誉.这一方面是因为他的成果,另一方面也是因为他的人品.

作为校长,首先他是一个战略家.潘老师做校长时,是整个高等教育发展处于低谷的时候,他清楚地看到了学校面临的困难,提出一个大胆的想法,就是山东大学应该面向山东,教育应该面向地方的经济、社会发展.是他首先倡议并促成了山东大学和山东人民政府之间的紧密合作,正是因为这种关系,在学校困难的时候,每年从政府得到了政策上和经费上的大力支持.如果没有他战略的思考,没有山东大学面向山东经济发展的战略调整,就不可能得到山东政府强有力的支持,新的山东大学也不可能那么顺利地实现教育部和山东省的共建.

其次他是一位特别爱才的校长.20世纪90年代初,山东大学当时是新老交替的关键时期,他提议并顺利实施了每年破格提拔一批年轻学者成为教授,第一批是 16 位,我们数学院有 4 位,我也是其中的一位.现在这 16 个人以及以后每年 10 名左右的破格教授,已经成为山东大学学术和管理的中坚力量,有些已成为国家学术界非常有影响力的人物,还有些在国外取得了突出的成绩.

他对人才的热爱是无条件的,他喜欢一个人,就是因为这个人特别有才.比如现在中国政法大学的徐显明校长,潘校长最初并不熟悉他,但是了解到他很有才,就一直提携他.像这样的例子还有很多,在潘老师看来很普通很自然,但正是他,影响了一代年轻学者的成长,也为学校的发展奠定了坚实的基础.

作为校长,潘老师还是一位具有国际视野的校长.他自己出访过许多国际上知名的大学,通过他学术上的影响和他个人的人格魅力,使山东大学逐步迈开了走外向型发展之路的步伐.

潘老师尽管离开我们 5 年了,但是他留给我们许多难以忘记、难以抹去的东西.他留给我们的财富是一种精神,这种精神将激励我们为学校的发展、为中华民族的复兴贡献我们的青春和力量.新山东大学成立之后,我们正在努力营造学校的文化氛围,确定了“气有浩然,学无止境”的新校训.我想,我们踏踏实实地做事,潘老师会含笑九泉的!

(本文根据作者在纪念潘承洞院士逝世 5 周年学术报告会上的讲演整理而成,整理者:徐长平、李文娟.展涛先生是潘承洞先生的学生,现为山东大学校长.)